国家出版基金资助项目

国家出版基金项目
NATIONAL PUBLICATION FOUNDATION

U0225321

空间微重力测量技术

（下册）

薛大同 著

西北工业大学出版社

西安

第 4 篇
准稳态加速度测量

第17章 静电悬浮加速度计的工作原理

本章的物理量符号

A	电极面积,m^2;由式(17-51)、式(17-59)表达,m
a_d	大气阻力导致的航天器质心加速度,m/s^2
a_E	地球长半轴:$a_E = 6.378\ 137\ 0 \times 10^6$ m
$a_{ti,y}$	所观察质点在 y 轴(径向)上受到的潮汐加速度,m/s^2
A_x	x 向电极面积,m^2
$A_{x/4}$	x 向单块电极面积($4\ A_{x/4} = A_x$),m^2
A_y	y 向电极面积,m^2
$A_{y/2}$	y 向单块电极面积($2\ A_{y/2} = A_y$),m^2
A_z	z 向电极面积,m^2
$A_{z/2}$	z 向单块电极面积($2\ A_{z/2} = A_z$),m^2
B	由式(17-51)、式(17-56)表达,m
C	电容器的电容,F;由式(17-51)、式(17-52)表达,m
$C_1(t)$	检验质量与下电极间形成的电容,F
$C_2(t)$	检验质量与上电极间形成的电容,F
C_d	阻力系数,无量纲
C_f	电荷放大器的反馈电容,F
C_{mean}	检验质量处于电极笼正中位置时检验质量与电极间的电容,F
C_{stray}	差动变压器单个初级绕组的分布电容,F
D	由式(17-46)表达,s^{-6}
d	电容器两极板间的距离;检验质量与电极间的平均间隙,m
d_x	x 向检验质量至极板的平均间隙,m
d_y	y 向检验质量至极板的平均间隙,m
d_z	z 向检验质量至极板的平均间隙,m
E	带电电容器的能量,J
F	平行板中所形成的静电力,N
f	频率,Hz
f_0	加速度计的基础频率,Hz
$F_1(t)$	检验质量与下电极间形成的、施加到检验质量上的静电力(向上为正),N
$F_2(t)$	检验质量与上电极间形成的、施加到检验质量上的静电力(向上为正),N
$f_{-3\ dB}$	归一化闭环传递函数的截止频率,Hz

F_a	检验质量与限位相接触所产生的黏着结合力,N
$F_{a,max}$	加速度计最坏情形的黏着力,N
f_c	环内一阶有源低通滤波器的截止频率,Hz
$F_{el}(0)$	检验质量与限位相贴时受到的静电力(向上为正),N
$F_{el}(t)$	检验质量受到的静电力(向上为正),N
$F_{en}(t)$	由环境(磁、电、热)引起的检验质量扰动力,N
GM	地球的地心引力常数:$GM=3.986\ 004\ 418\times10^{14}\ \mathrm{m}^3/\mathrm{s}^2$(包括地球大气质量)
G_p	物理增益,$\mathrm{m}\cdot\mathrm{s}^{-2}/\mathrm{V}$
$G_{p,x}$	x 向的物理增益,$\mathrm{m}\cdot\mathrm{s}^{-2}/\mathrm{V}$
$G_{p,y}$	y 向的物理增益,$\mathrm{m}\cdot\mathrm{s}^{-2}/\mathrm{V}$
$G_{p,z}$	z 向的物理增益,$\mathrm{m}\cdot\mathrm{s}^{-2}/\mathrm{V}$
h	轨道高度,m
i	轨道倾角,(°)
I_{sec}	通过变压器次级绕组的电流,A
J_2	CGCS2000 参考椭球导出的二阶带谐系数:$J_2=1.082\ 629\ 832\ 258\times10^{-3}$
k_c	差动变压器的耦合系数
K_{cl}	闭环伺服控制形成的刚度,N/m
k_{neg}	静电负刚度,N/m
$k_{neg,x}$	x 向的静电负刚度,N/m
$k_{neg,y}$	y 向的静电负刚度,N/m
$k_{neg,z}$	z 向的静电负刚度,N/m
K_s	前向通道的总增益,V/m
L_{pri}	差动变压器单个初级绕组的电感,H
m_i	检验质量的惯性质量,kg
n	次级绕组与单个初级绕组的匝数比
p	由式(17-37)表达,s^{-1}
Q	差动变压器的品质因数
q	由式(17-37)表达,s^{-2}
r	由式(17-37)表达,s^{-3}
r_d	ADC1 的输出数据率,DAC 的输入数据率,Sps
s	Laplace 变换建立的的复数角频率,也称为 Laplace 算子,rad/s
t	时间,s
T_1	由式(17-98)、式(17-99)、式(17-101)表达,$\mathrm{m}^2\cdot\mathrm{V}$
T_2	由式(17-98)、式(17-99)、式(17-101)表达,$\mathrm{m}^2\cdot\mathrm{V}$
t_{p1}	非重力加速度阶跃使检验质量偏离平衡位置的一次峰发生时刻,s
u	由式(17-48)表达,s^{-1}
V	电容器两极板间的电势差,V
v	由式(17-48)表达,s^{-1}

V_d	电容位移检测电压的有效值
$V_f(0)$	检验质量与限位相贴时的反馈
$V_{f,\,max}$	在输入范围极限值处,稳定后上 压,V
$|V_{f,\,max}(0)|$	$|V_f(0)|$ 的适用范围上限,V
$|V_{f,\,min}(0)|$	$|V_f(0)|$ 的适用范围下限,V
$V_f(t)$	反馈控制电压,V
V_p	检验质量上施加的固定偏压,V
v_s	卫星飞行速度,m/s
V_{sec}	变压器次级绕组两端的电压差,V
V_x	输入到 PID 校正网络的 x 轴(平动轴)信号,V
V_{x1}	PID 校正网络针对 x_1-x_5 通道的输出,V
V_{x15}	电极对 x_1-x_5 所在的电容位移检测通道的输出,V
V_{x2}	PID 校正网络针对 x_2-x_6 通道的输出,V
V_{x26}	电极对 x_2-x_6 所在的电容位移检测通道的输出,V
V_{x3}	PID 校正网络针对 x_3-x_7 通道的输出,V
V_{x37}	电极对 x_3-x_7 所在的电容位移检测通道的输出,V
V_{x4}	PID 校正网络针对 x_4-x_8 通道的输出,V
V_{x48}	电极对 x_4-x_8 所在的电容位移检测通道的输出,V
V_y	输入到 PID 校正网络的 y 轴(平动轴)信号,V
V_{y1}	PID 校正网络针对 y_1-y_3 通道的输出,V
V_{y13}	电极对 y_1-y_3 所在的电容位移检测通道的输出,V
V_{y2}	PID 校正网络针对 y_2-y_4 通道的输出,V
V_{y24}	电极对 y_2-y_4 所在的电容位移检测通道的输出,V
V_z	输入到 PID 校正网络的 z 轴(平动轴)信号,V
V_{z1}	PID 校正网络针对 z_1-z_3 通道的输出,V
V_{z13}	电极对 z_1-z_3 所在的电容位移检测通道的输出,V
V_{z2}	PID 校正网络针对 z_2-z_4 通道的输出,V
V_{z24}	电极对 z_2-z_4 所在的电容位移检测通道的输出,V
V_ϕ	输入到 PID 校正网络的 ϕ 轴(转动轴)信号,V
V_θ	输入到 PID 校正网络的 θ 轴(转动轴)信号,V
V_ψ	输入到 PID 校正网络的 ψ 轴(转动轴)信号,V
$r(0)$	检验质量与限位相贴时相对电极笼中心的偏离(向上为正),m
x_{ACC}	SuperSTAR 加速度计 x 轴
x_{acc}	STAR 加速度计 x 轴
x_{Acc1}	第 1 台 GRADIO 加速度计 x 轴
x_{Acc2}	第 2 台 GRADIO 加速度计 x 轴
x_{Acc3}	第 3 台 GRADIO 加速度计 x 轴
x_{Acc4}	第 4 台 GRADIO 加速度计 x 轴

	GRADIO 加速度计 x 轴
	GRADIO 加速度计 x 轴
	$_e(t)$ 的 Laplace 变换
	电极笼相对所选坐标系的位移,m
	$x_m(t)$ 的 Laplace 变换
$x_m(t)$	检验质量相对所选坐标系的位移,m
$X_n(s)$	$x_n(t)$ 的 Laplace 变换
$x_n(t)$	以时域位移表达的电容传感器的噪声(简称合成的位移噪声),m
$X(s)$	$x(t)$ 的 Laplace 变换
x_s	GRACE 卫星本体坐标系 x 轴
x_{SAT}	GOCE 卫星本体坐标系 x 轴
$x_{s/c}$	CHAMP 航天器本体坐标系 x 轴
$x(t)$	检验质量相对电极笼的位移(即检验质量相对电极笼中心的偏离,向上为正),m
y	径向上一对加速度计的质心在径向上偏离卫星质心的距离,m
y_{ACC}	SuperSTAR 加速度计 y 轴
y_{acc}	STAR 加速度计 y 轴
y_{Acc1}	第 1 台 GRADIO 加速度计 y 轴
y_{Acc2}	第 2 台 GRADIO 加速度计 y 轴
y_{Acc3}	第 3 台 GRADIO 加速度计 y 轴
y_{Acc4}	第 4 台 GRADIO 加速度计 y 轴
y_{Acc5}	第 5 台 GRADIO 加速度计 y 轴
y_{Acc6}	第 6 台 GRADIO 加速度计 y 轴
y_s	GRACE 卫星本体坐标系 y 轴
y_{SAT}	GOCE 卫星本体坐标系 y 轴
$y_{s/c}$	CHAMP 航天器坐本体标系 y 轴
z_{ACC}	SuperSTAR 加速度计 z 轴
z_{acc}	STAR 加速度计 z 轴
z_{Acc1}	第 1 台 GRADIO 加速度计 z 轴
z_{Acc2}	第 2 台 GRADIO 加速度计 z 轴
z_{Acc3}	第 3 台 GRADIO 加速度计 z 轴
z_{Acc4}	第 4 台 GRADIO 加速度计 z 轴
z_{Acc5}	第 5 台 GRADIO 加速度计 z 轴
z_{Acc6}	第 6 台 GRADIO 加速度计 z 轴
z_s	GRACE 卫星本体坐标系 z 轴
z_{SAT}	GOCE 卫星本体坐标系 z 轴
$z_{s/c}$	CHAMP 航天器本体坐标系 z 轴
α	由式(17-49)表达,s^{-1}
β	由式(17-49)表达,s^{-1}

$\Gamma_{en}(s)$	$\gamma_{en}(t)$ 的 Laplace 变换
$\gamma_{en}(t)$	由环境(磁、电、热)引起的检验质量扰动加速度,m/s^2
$\Gamma_{msr}(s)$	$\gamma_{msr}(t)$ 的 Laplace 变换
$\gamma_{msr}(t)$	加速度测量值,m/s^2
γ_s	非重力加速度阶跃;捕获过程中的外来加速度(向上为正),m/s^2
$\Gamma_s(s)$	$\gamma_s(t)$ 的 Laplace 变换
$\gamma_s(t)$	输入加速度,即加速度计所在位置的微重力加速度,m/s^2
$\tilde{\gamma}_{x_n}(t)$	合成的时域位移噪声引起的时域加速度测量噪声,m/s^2
ΔC	检验质量偏离正中位置引起的检验质量与电极间的电容相对于正中位置的偏离,F
ε_0	真空介电常数:$\varepsilon_0 = 8.854\ 188 \times 10^{-12}$ F/m
η	由式(17-44)表达,s^{-3}
θ	静电悬浮加速度计的俯仰轴(绕静电悬浮加速度计的 y 轴转动),CHAMP 航天器滚动轴(绕静电悬浮加速度计的 y 轴转动)
ξ	由式(17-44)表达,s^{-2}
η_{el}	检验质量移动的电阻尼系数,N/(m · s)$^{-1}$
λ	由式(17-42)表达,s^{-1}
μ	磁导率,H/m
μ_0	真空磁导率:$\mu_0 = 4\pi \times 10^{-7}$ H/m
μ_1	由式(17-47)表达,s^{-1}
μ_2	由式(17-47)表达,s^{-1}
μ_3	由式(17-47)表达,s^{-1}
τ_d	PID 校正网络的微分时间常数,s
τ_i	PID 校正网络的积分时间常数,s
ϕ	静电悬浮加速度计的滚动轴(绕静电悬浮加速度计的 x 轴转动),CHAMP 航天器偏航轴(绕静电悬浮加速度计的 x 轴转动)
χ_m	磁化率:$\chi_m = \mu/\mu_0 - 1$
ψ	静电悬浮加速度计的偏航轴(绕静电悬浮加速度计的 z 轴转动),CHAMP 航天器俯仰轴(绕静电悬浮加速度计的 z 轴转动)
ω	卫星绕自身质心自转的角速度,rad/s;由式(17-49)表达,s^{-1}
ω_0	加速度计的基础角频率,rad/s
ω_d	位移检测的抽运角频率,rad/s
ω_p	受静电负刚度制约的角频率,rad/s

本 章 独 有 的 缩 略 语

ACC or Acc，acc	Accelerometer,加速度计
ASEE	American Society of Engineering Education,美国工程教育协会

ASME	American Society of Mechanical Engineers,美国机械工程师协会
ASTRE	Accéléromètre Spatial Triaxial Électrostatique,空间三轴静电加速度计
CACTUS	Capteur Accélérométrique Capacitif Triaxial Ultra Sensible,电容三轴超灵敏加速度传感器
CR	Contractor Report,承包商报告
DFACS	Drag-Free Attitude and Orbit Control System,无拖曳姿态和轨道控制系统
EJSM	Europa Jupiter System Mission,木卫二系统任务
FL	Florida,佛罗里达州(美国)
Gel	Gain of Electrostatic Actuator,静电致动器的增益,亦称其为物理增益,其表达式如式(17-21)所示
IPA	Ion Propulsion Assembly,离子推进组件
SAE	Society of Automotive Engineers,汽车工程师学会(美国)
SAGE	Space Accelerometer for Gravitation Experiment,用于引力实验的空间加速度计
SAT or s	Satellite,卫星
S/C	Spacecraft,航天器

17.1 测量准稳态加速度的意义

2.1.1 节指出：

(1)准稳态加速度指频率低于航天器结构模型最低谐振频率的加速度,准稳态加速度的频率上限因航天器而异,对于国际空间站,大约为 0.1 Hz,航天器在准稳态加速度的频率范围内可视为刚体;准稳态加速度变化缓慢,典型的变化过程超过一分钟;国际空间站对准稳态加速度的定义是:在 5 400 s 时段(大约一圈的时间)范围内测量到的加速度至少 95% 的功率处于 0.01 Hz 以下。

(2)空气动力学拖曳、重力梯度力、回转效应是引发准稳态加速度的三个主要因素:空气动力学拖曳是地球轨道中的残余大气引起的,它导致航天器降低高度,其原因是大气阻力的方向与低轨道航天器的速度方向相反;重力梯度和回转效应都与所关心对象偏离航天器质心有关,对于三轴稳定对地定向且沿圆轨道飞行(均速圆周运动)的航天器而言,重力梯度力和回转效应(对于均速圆周运动而言只存在径向加速度)构成作用在该点上的潮汐力。

(3)除此之外,航天器及其附属部分(如太阳电池翼、空间站遥操作系统、通信天线)的运动,空气和水的排放,飞行器控制速率误差引起的加速度,太阳辐射压、航天器总质量变化(例如由于推进器工作、质量卸弃、出气或材料升华)等等也落在准稳态范围内。

2.2.2.3 节指出,国际空间站对准稳态加速度的需求规定是:在内部载荷位置的中心处,量值小于或者等于 $1\ \mu g_n$,除此之外,对准稳态加速度矢量有一个附加的方向稳定性需求,即轨道平均准稳态矢量的垂直成分必须等于或少于 $0.20\ \mu g_n$。

2.2.2.5 节指出,国际空间站对振动加速度的限值规定中,OTOB 方均根加速度在其中心频率(0.01～0.1) Hz 范围内为 1.6 μg_n。由于此频率范围内共有 10 个 OTOB,跟据 Parseval 定理可知,仅此频率范围内的方均根振动加速度上限即达 5.06 μg_n,明显高于国际 空间站对准稳态加速度的需求规定。由此可知,从科学实验的角度,迫切需要测量或控制准 稳态加速度。

文献[1]指出,对于微重力实验,空间平台的加速度(即本书所称准稳态加速度)水平必 须在大约 1 Hz 以下直至轨道频率的非常低的频率范围内以优于 1 μg_n 的足够分辨力[①]被特 别监测。对于为苛刻实验专用的隔离平台的控制来说,这样的分辨力[②]甚至还要提高(即分 辨力的数值要更小)。

图 2-26 给出神舟四号大气阻力导致的加速度的计算结果,量值大多在(-0.3～ -0.1) μg_n 范围内波动。2.4 节通过分析和计算给出神舟号飞船返回舱有效载荷支架上处 于靠近 I 象限舱壁位置的载荷受到的潮汐加速度最大,但不超过 5.1×10^{-7} g_n。2.5.1 节 给出神舟号飞船太阳光压引起的加速度不超过 7×10^{-9} g_n。

由此可见,准稳态加速度的特点是频率低(1 Hz 以下)、量值小(1 μg_n 以下)。

航天器在轨飞行中各种非保守力产生的速度增量会改变轨道,或对轨道产生摄动,在航 天器上配置准稳态加速度测量设备,是获取非保守摄动力的最直接、最准确方法,是开发航 天器自主导航的必备条件(参见文献[1-2])。通过卫星加速度数据的标校、卫星姿态数据 的处理、加速度计坐标系和惯性系之间的坐标转换以及加速度改正数的归算,可以得到经过 预处理后的非保守力加速度数据[3]。利用星载加速度计提高卫星受力模型准确性,可以提 升动力法定轨准确度和可靠性[③][4]。星载加速度计还可以用来标校电推进器的推力[5]和作 为空间大气密度探测的手段(参见文献[6-7])。

地球重力场对导弹、卫星、空间站等飞行器运行轨迹和轨道起支配作用,因而地球重力 场信息是计算导弹弹道和卫星轨道的必用信息。地球重力场信息不仅在军事和航天上非常 重要,在资源调查、物理勘探、海洋动力学、固体地球过程和海平面变化研究方面都有重要的 作用。在研究地球形状以及建立大地参考系等科学应用上也有特别的意义。由于地理和地 缘政治原因,陆地重力测量仍有大量空白;海洋重力测量多限于沿岸和近海;分析卫星轨道 摄动推导地球位系数只能得到低阶重力场;卫星雷达测高技术得到的高度是平均海平面的 高度,而不是大地水准面的高度。通过卫星-卫星跟踪测量轨道摄动,不受自然或政治因素 的限制,可以低误差[④]、高分辨力和高效率地得到全球的重力场信息[8]。这需要通过超灵敏 加速度计测量作用于低地球轨道卫星上的表面力,以排除非重力的影响[1],即测量由于卫星 轨道处的热层大气密度、水平中性风以及太阳和地球的辐射压力对卫星引起的拖曳[9]。反 演较高阶次的地球重力场需要重力梯度卫星。用更灵敏的加速度计进行组合,可以构成重 力梯度仪[10]。

卫星重力梯度测量,以及基本物理学领域的等效原理测试、引力波观察,都需要无拖曳

---

① 文献[1]原文为"灵敏度"。4.1.1.2 节给出,测量系统的灵敏度(sensitivity of a measuring system,简称灵敏度) 的定义为:"测量系统的示值变化除以相应的被测量值变化所得的商。"分辨力(resolution)的定义为"引起相应示值产生 可觉察变化的被测量的最小变化",并注明该术语可能与诸如噪声(内部或外部的)或摩擦有关,也可能与被测量的值有 关。显然,此处的本意是指分辨力(resolution)而不是灵敏度。

② 文献[1]原文为"灵敏度"。

③ 文献[4]原文为"提升动力法定轨精度和可靠性",不妥(参见 4.1.3.1 节)。

④ 文献[8]原文为"高精度",不妥(参见 4.1.3.1 节)。

飞行的卫星,这意味作用于卫星的所有的非重力被具有闭环控制的调节推力补偿,该闭环控制使用更为精密的加速度传感器[1, 11]。

17.2　静电悬浮加速度计的特点及国外研发历程

文献[12]指出,就一个高度高于$(600\sim800)$ km航天器来说,与其质量和沿速度方向的投影面积有关的大气拖曳导致的负加速度数值变得低于辐射压力效应(直接太阳辐射、地球反照、地球红外辐射)引起的、量级为$n\times10^{-8}$ m·s^{-2}的加速度数值。当空间加速度计在输入范围内必须检测出如此弱的量值时,它必须呈现出杰出的准确度。在地球重力测绘领域中,当考虑 SST-LL(参见 23.1 节)技术的时候,加速度差模的测量误差[①]必须小到10^{-10} m·s^{-2},而当考虑 SGG(参见 23.1 节)技术的时候,加速度差模的测量误差[②]必须小到$n\times10^{-12}$ m·s^{-2}。对于空间基本物理实验,必须探测低于10^{-16} m·s^{-2}的加速度信号。具有如此极小误差[③]的加速度计不可能测量甚至不可能忍受地球上 1 g_n正常重力。

由于准稳态加速度频率低(1 Hz 以下)、量值小(1 μg_n以下),第 9 章介绍的几种适合瞬态和振动加速度测量的加速度计显然都不适合准稳态加速度测量。而静电悬浮加速度计的特点是灵敏度和分辨力高、输入量程小、频带低,因此,用静电悬浮加速度计检测准稳态加速度是很适合的。

静电悬浮加速度计之所以灵敏度高而输入量程小是因为静电力十分微弱,因而反馈控制的电压信号很强;之所以分辨力高而频带窄是因为检验质量基本上与外界没有机械接触,且处于高真空环境中,因而噪声很弱(参见文献[1]);进一步采用了 24 位 Δ-Σ ADC(例如 STAR 加速度计所用 24 位 Δ-Σ ADC,原始采样率为 10 kSps,每 0.1 s 给出有效位数为21.5[④]的信号积分[13])和软件后续处理(例如 SuperSTAR 和 GRADIO 加速度计在 24 位 Δ-Σ ADC 输出数据率为 10 Sps 的基础上再通过数字滤波给出输出数据率为 1 Sps 的科学数据[9-10, 14])这种方法来压缩带宽,平抑噪声。

然而,正因为静电力十分微弱,所以以输入量程小。如果要扩大输入量程,需要:

(1)提高极间电压;

(2)缩短极间距离;

(3)减薄检验质量的厚度。

联合采用措施(1)和(2)将受到高电压击穿的限制,而联合采用措施(2)和(3)更适合于微机械加速度计。同时,正是压缩带宽的措施使得响应速度很慢。

图 15-2 给出了美国空间加速度测量系统(SAMS)的研发历程。该图显示,美国检测准稳态加速度的唯一手段为 1991 年开始研制的 OARE,而 15.4.2 节指出,OARE 的传感器组件为微型静电加速度计(MESA),它其实就是静电悬浮加速度计(electrostatically suspended

---

①　文献[12]原文为"准确度",不妥(参见 4.1.3.1 节)。

②　文献[12]原文为"准确度",不妥(参见 4.1.3.1 节)。

③　文献[12]原文为"杰出的准确度",不妥(参见 4.1.3.1 节)。

④　7.3.4 节给出了有效位数的定义和计算公式,24.2.2 节第(6)条据此推算 GRADIO 加速度计测量支路的有效位数小于 22.1。7.3.5.1 节指出第 7 章文献[28]给出的有效位数计算式是不正确的,所得结果偏大。由于该文献是 2003 年发表的,而给出 STAR 加速度计每 0.1 s 输出的有效位数为 21.5 的本章文献[14]是 1998 年发表的,所以此处 21.5 很可能也偏大。

accelerometer）。表 17-1 给出了 OARE 传感器的输入范围、显示分辨力和带宽[15]。

表 17-1　OARE 传感器的输入范围、显示分辨力和带宽[15]

分挡	输入范围/mg$_n$		显示分辨力（分层值）/ng$_n$		带宽/Hz
	x 轴	y 轴和 z 轴	x 轴	y 轴和 z 轴	
A	± 10	± 25	305.2	762.9	
B	± 1	± 1.97	30.52	60.12	$1\times 10^{-5}\sim 0.1$
C	$\pm .1$	± 0.15	3.052	4.578	

然而，世界上研制静电悬浮加速度计最出色的国家不是美国，而是法国。法国国家航空航天工程研究局（ONERA）在 1964 年至 1975 年间开发了 CACTUS，动态范围为（$10^{-10}\sim 10^{-5}$）g_n，采用球形的检验质量，其位置被控制但是旋转不受控制。这种简单的设计对于高灵敏度是十分适合的，但与低误差①不相容：无论仪器被制造得多么仔细，球度的残余几何缺陷或电气缺陷均会使加速度计的灵敏度随检验质量的转动而波动。为了避免这种限制，在其后研制 ASTRE、STAR、SuperSTAR、GRADIO 时，将检验质量由球形改为正四棱柱，各面间的平行度和垂直度优于 10^{-5} rad，以保证地基测试时三个敏感轴之间非常高的去耦。而 SAGE 从等效原理探测的需求出发，采用了套筒式的检验质量[1]。表 17-2 给出了以上几种静电悬浮加速度计的超灵敏（US[16]）轴输入范围、噪声水平和测量带宽[17-18]。

表 17-2　ONERA 研制的几种静电悬浮加速度计的
US 轴输入范围、噪声水平和测量带宽[17-18]

卫星	加速度计	US 轴输入范围 m·s^{-2}	噪声水平 m·s^{-2}·Hz$^{-1/2}$	测量带宽 Hz	飞行情况
	ASTRE	$\pm 1\times 10^{-2}$	4.5×10^{-8}	$2\times 10^{-4}\sim 0.5$	1995—1996 年三次搭载航天飞机
CHAMP	STAR	$\pm 1\times 10^{-4}$	$<1\times 10^{-8}$	$1\times 10^{-4}\sim 0.1$	2000 年 7 月 15 日发射，一台在轨，2010 年 9 月 19 日坠毁
GRACE	SuperSTAR	$\pm 5\times 10^{-5}$	1×10^{-10}	$1\times 10^{-4}\sim 0.1$	2002 年 3 月 17 日发射，两台在轨，2017 年坠毁
GOCE	GRADIO	$\pm 6.5\times 10^{-6}$	2×10^{-12}	$5\times 10^{-3}\sim 0.1$	2009 年 3 月 17 日发射，六台在轨，2013 年 11 月 11 日坠毁
MICROSCOPE	SAGE	$\pm 3\times 10^{-8}$	1×10^{-12}	$1\times 10^{-4}\sim 4\times 10^{-3}$	2016 年 4 月 25 日发射，一台在轨，2018 年 10 月 18 日左右退役

ONERA 还研制了 μSTAR 静电悬浮加速度计，文献[19]指出其输入范围为 $\pm 2\times 10^{-5}$ m·s^{-2}，并给出了频率区间（$1\times 10^{-5}\sim 0.75$）Hz 内的噪声谱。该曲线显示在 0.1 Hz 附近

---

① 文献[1]原文为"高准确度"，不妥（参见 4.1.3.1 节）。

合计的噪声最低，为 1×10^{-11} m·s^{-2}/Hz$^{1/2}$；进一步利用式(5-40)所示 Parseval 定理作积分运算，可以得到累积至 1×10^{-4} Hz 的积分噪声方均根值为 1×10^{-11} m·s^{-2}；而累积至 0.1 Hz 为 1.18×10^{-11} m·s^{-2}。

17.3 静电悬浮加速度计的构成及基本原理

17.3.1 静电悬浮加速度计的结构特点

由于法国研制的静电悬浮加速度计最出色，其中 ASTRE、STAR、SuperSTAR、GRADIO 又具有相似的结构，以下各节均以这些加速度计为叙述对象，作定量分析时则以 SuperSTAR 为典型代表。

如 9.1.1 节所述，石英挠性加速度计的检验质量是粘贴有一对力矩线圈的熔融石英摆舌，支承靠熔融石英挠性梁，位移检测靠差动电容，反馈控制的执行机构为力矩线圈，具有电磁阻尼和气体压膜阻尼。而静电悬浮加速度计为了实现小输入量程、超灵敏，尽量消除检验质量的任何机械连接，尽量遏制噪声源和热涨落效应是关键[20]。因此，静电悬浮加速度计除位移检测仍靠差动电容外均与之不同：检验质量是金属，支承及反馈控制的执行均靠静电力（因而不再存在电磁阻尼），并将气体压膜阻尼改为电阻尼。检验质量采用金属的好处是可以通过选择不同密度的材料方便地调整加速度计的输入量程[1]和有利于保证温度的一致性，以减少热涨落效应。检验质量的支承靠静电力，除了需要通过金丝导入电容位移检测电压和固定偏压，从而不可避免地存在金丝刚度和阻尼诱导出的加速度测量噪声外，与仪表的框架没有机械接触，这样做的最大好处是大幅度降低噪声。反馈控制的执行靠静电力既有利于提高检测灵敏度，又有利于降低噪声。用电阻尼取代气体压膜阻尼是降低噪声的必要手段，为此需要维持高真空，而残余的气体仍是一种噪声的来源。

石英挠性加速度计的摆片形状和支承方式决定了它只能实现单轴检测，静电悬浮加速度计的支承方式决定了它有可能实现三轴检测。例如，检验质量形状采用立方体，除了在三个轴向上提供线加速度测量外，还可以提供绕三个轴的角加速度测量。

文献[10]给出了静电悬浮加速度计单通道的构成及基本原理图，图 17-1 在此基础上依据文献[14，21]给出的原理图将读出电路单元部分细化。可以看到，静电悬浮加速度计由加速度计传感头、前端电路单元、数字电路单元等三部分构成，其中传感头敏感结构的电极具有三重作用：

(1)支承作用：检验质量被各个方向的电极所包围，靠检验质量与电极组间的静电力（即静电悬浮）支承，而不是靠弹性或挠性元件支承。

(2)位移检测作用：靠检验质量与各个电极间的电容变化检测检验质量的位移。

(3)反馈控制作用：伺服控制系统将位移信号转换为分别施加到各个电极上的不同反馈电压，以控制静电力的大小，使检验质量始终保持在准平衡位置。

为了防止位移检测作用与支承-反馈控制作用相冲突，位移检测的抽运频率（pumping frequency，即电容位移检测电压的频率）远高于支承-反馈控制的带宽。

17.3.2 加速度计传感头

带有外壳和超小型、长寿命高真空维持装置的加速度计传感头外形如图 17-2 所示[14]，内部结构如图 17-3 所示[22]。

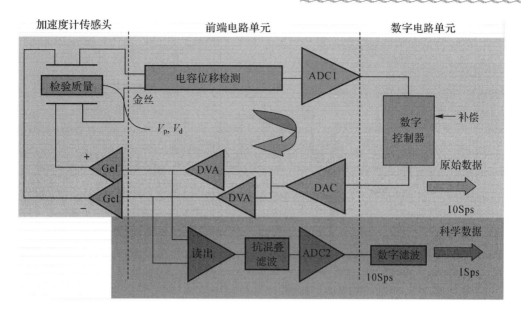

图 17-1 静电悬浮加速度计单通道的构成及基本原理[10, 14, 21]

图 17-2 带有外壳和超小型、长寿命高真空维持装置的加速度计传感头外形[14]

从图 17-3 可以看到,检验质量上、下和四周围绕着电极,因此,将承载这些电极的结构称为电极笼。检验质量与电极笼共同构成加速度计传感头的敏感结构,简称芯(core)。

为了实现 6 轴检测和控制,并考虑到电极的对称性,x 向上、下电极均分割成 4 块,y,z 向前后、左右电极均分割成 2 块,因而敏感结构共有 8 对电极,即在电极笼的上、下电极板上的是 x 轴的 4 对电极,在电极笼的电极框上的是 y,z 轴的 4 对电极,如图 17-4 所示[14]。

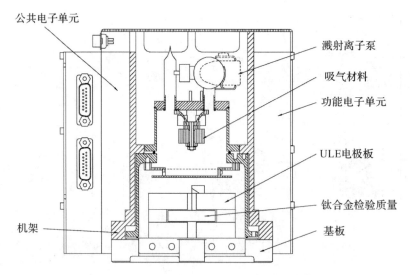

图 17-3 加速度计传感头的内部结构[22]

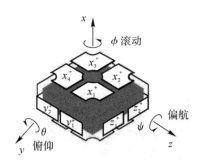

图 17-4 敏感结构的电极安排[14]

8 对电极分别是 x_1-x_5，x_2-x_6，x_3-x_7，x_4-x_8，y_1-y_3，y_2-y_4，z_1-z_3，z_2-z_4，其中 x 轴为欠灵敏(LS)轴，y，z 轴为超灵敏(US)轴。8 对电极分别对应 8 个电容位移检测通道。

敏感结构的外观如图 17-5 所示[10]。可以看到，在电极笼上下电极板上的是 x 轴的 4 对电极，在电极笼的电极框上的是 y，z 轴的 4 对电极。

从图 17-6[23] 和图 17-7[23] 可以更清晰地看到包含有机械限位的上、下电极板和电极框内侧的外观。

从图 17-4 可以看到，电极面积远小于检验质量的对应截面积。x 向电极面积 $A_x = 9.92\ \text{cm}^2$[24]，分割成 4 块后每块 $A_{x/4} = 2.48\ \text{cm}^2$，$y$，$z$ 向电极面积 $A_y = A_z = 2.08\ \text{cm}^2$[24]，分别分割成 2 块后每块 $A_{y/2} = A_{z/2} = 1.04\ \text{cm}^2$。

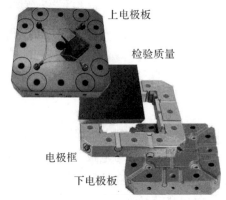

图 17-5 敏感结构的外观[10]

图 17 - 6　电极框[23]

图 17 - 7　上、下电极板内侧[23]

ASTRE，STAR，SuperSTAR 和 GRADIO 加速度计的检验质量尺寸均为 40 mm×40 mm×10 mm[22, 24-26]，几何偏差在 ±1 μm 以内①[27]。为了确保地面试验时三个敏感轴之间非常高的去耦，要求检验质量各面间的不垂直度和不平行度小于 $1×10^{-5}$ rad（相当于 $2''$）[1, 12]（显然，也应该要求电极笼内侧各电极间的不垂直度和不平行度小于 $1×10^{-5}$ rad）。ASTRE，STAR 和 SuperSTAR 加速度计的检验质量采用低磁化率的钛合金 TA6V[18]，其磁化率 $\chi_m = 2×10^{-4}$[22]（$\chi_m = \mu/\mu_0 - 1$，其中 μ 为磁导率，μ_0 为真空磁导率：$\mu_0 = 4\pi×10^{-7}$ H/m[28]），密度 $\rho = 4.43$ g/cm³[29]，相应的惯性质量 $m_i = 72$ g[18]；GRADIO 采用 Pt - Rh 合金 PtRh10[18]，其 $\chi_m = 3×10^{-4}$[30]，密度 $\rho = 20$ g/cm³[31]，相应的惯性质量 $m_i = 318$ g[32]。采用不同密度的材料是为了适应不同的输入量程要求[1]。

ASTRE，STAR，SuperSTAR 及 GRADIO 的上下电极板和电极框的主体材料为极低膨胀系数材料（ULE）[22-33]，它是一种钛玻璃陶瓷（Titanium glass-ceramics）[33]，即硅酸钛（Titanium silicate）[27]，有时称为 ULE 硅石（ULE Silica）[34]，甚至简称为硅石（Silica）[35]，其

---

①　文献[27]原文为"几何准确度为 1 μm"，不妥（参见 4.1.3.1 节）

室温下的线胀系数极低，为好的 $10^{-8}/℃^{[27]}$。上下电极板和电极框主体经超声加工制成[36]，所有部分都经过研磨，以达到 $1\ \mu m$ 的公差①要求[27]，表面镀金以界定静电悬浮电极的轮廓[27]。上下电极板和电极框上装有专用的机械限位。ASTRE，STAR，SuperSTAR 加速度计的限位用镀金的钛合金制造[27]；而 GRADIO 加速度计的限位用被称为 Arcap 的铜-镍合金制造[37]。该限位限制检验质量的运动，以便承受发射振动，并且在加速度计工作时避免检验质量与电极间发生电接触[27]。从 17.6.1 节的叙述可以看到，限位还保证了在反馈控制电压 V_f 能够达到的限度内能够实现捕获。与检验质量相接触的限位表面有肉眼看不到的轻微弯曲，以确保检验质量不与限位的棱边相接触；用二硫化钼干膜润滑剂涂覆限位；该设计将接触压力最小化，且减小限位与检验质量间材料转移的风险；在限位与检验质量间搬运的只是二硫化钼，而二硫化钼的存在与检验质量在最大允许加速度噪声方面的需求是相容的[37]。

检验质量至极板的平均间隙：STAR 的 x 向 $d_x=60\ \mu m$，y，z 向 $d_y=d_z=75\ \mu m^{[18]}$；SuperSTAR 的 x 向 $d_x=60\ \mu m$，y，z 向 $d_y=d_z=175\ \mu m^{[18]}$；GRADIO 的 x 向 $d_x=32\ \mu m$，y，z 向 $d_y=d_z=299\ \mu m^{[18]}$。

表 17-3 总结了 STAR，SuperSTAR，GRADIO 加速度计敏感结构的不同参数。

表 17-3　STAR，SuperSTAR，GRADIO 加速度计敏感结构的不同参数

规格	单位	STAR	SuperSTAR	GRADIO
检验质量材料		TA6V	TA6V	PtRh10
m_i	kg	0.072	0.072	0.318
d_x	μm	60	60	32
d_y，d_z	μm	75	175	299

从图 17-5 可以看到，上电极中心有孔，孔上方有一个突起的支架，它用于固定金丝，如图 17-8 所示[14]。金丝直径为 $(5\sim15)\ \mu m$，如图 17-9 所示[32]。检验质量通过金丝施加固定偏压 V_p 和抽运频率 100 kHz 的检测电压 $\sqrt{2}V_d\cos\omega_d t$，如图 17-1 所示。金丝下端用直径 0.5mm 的导电胶黏合在检验质量上，如图 17-10 所示[36]，上端穿过上电极中心孔引出，并固定在金丝支架上，如图 17-11 所示[14]。

图 17-8　固定金丝的支架[14]

---

①　文献[27]原文为"准确度"，不妥（参见 4.1.3.1 节）。

图 17 - 9　5 μm 直径金丝(扫描电镜照片)[36]

图 17 - 10　金丝下端[36]

图 17 - 11　金丝上端[14]

在 0.1 ℃/200 s 热变化的情况下,为了保证所需要的定位和定向的高稳定性,敏感结构需安装在经过研磨等精细加工的殷钢基座上,该基座的垂直度和平行度公差为 5×10^{-5} rad (相当于 10")[33]。安装在殷钢基座上的敏感结构如图 17-12 所示[38]。

图 17-12　安装在殷钢基座上的敏感结构[38]

为了保持敏感结构清洁、从阻挡磁场角度保护检验质量以及确保传感器的性能,敏感结构被围在一个密封的真空壳中[39]。真空壳用殷钢(Fe-Ni 合金)制成[33],其形状和结构如图 17-2 和图 17-3 所示。与真空壳相通的溅射离子泵用以在加速度计整合和地面验收试验期间维持高真空①;而真空壳内部的吸气材料用以在落塔试验、存储和在轨运行期间维持高真空②[27]。溅射离子泵对侧为预抽管道,制造过程中通过它使传感头的真空腔获得高真空,然后将其夹死。

17.3.3　前端电路单元

由图 17-1 可以看到,所谓"前端电路单元"实际上包括了全部模拟电路部分:电容位移检测、ADC1、DAC、驱动电压放大、读出差动放大、抗混叠滤波、ADC2 等。显然,只有电容位移检测、ADC1 真正属于前端电路,其他各部分只是电路特性与之相近,因而集成在同一个单元盒里罢了。图 17-13 所示为前端电路单元的外形图[38]。

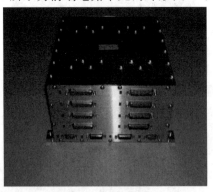

图 17-13　前端电路单元的外形图[38]

---

①　文献[27]原文为"超高真空"。25.1.4 节指出,对于 SuperSTAR 和 GRADIO 加速度计,在设定的热控稳定性下为控制辐射计效应引起的加速度测量噪声,需要热力学温度 293 K 下残余气体的压力 $p_0\leqslant1\times10^{-5}$ Pa。依据文献[40],该残气压力属于高真空范围。
②　文献[27]原文为"超高真空"。

需要说明的是,"前端电路单元"对于图 17 - 4 所示 8 个电极对的每一对都是互相独立的,其中 ADC 和 DAC 在相关图书资料中会有介绍,超出了本书的讨论范围,此处不做技术分析。

17.3.3.1　电容位移检测

单通道电容位移检测电路的原理如图 17 - 14 所示[41]。

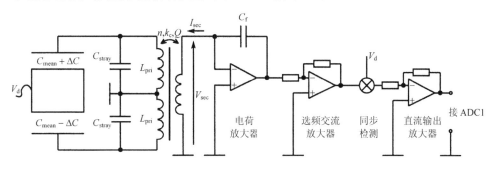

图 17 - 14　单通道电容位移检测电路的原理图[41]

图 17 - 14 中 V_d 为电容位移检测电压的有效值;C_{mean} 为检验质量处于电极笼正中位置时检验质量与电极间的电容;当出现外来加速度时,检验质量因为惯性而偏离正中位置,该电容呈现 ΔC 的变化;L_{pri} 为差动变压器单个初级绕组的电感;C_{stray} 为该绕组的分布电容;n 为次级绕组与单个初级绕组的匝数比;k_c 为差动变压器的耦合系数;Q 为差动变压器的品质因数;V_{sec} 为变压器次级绕组两端的电压差;I_{sec} 为通过变压器次级绕组的电流;C_f 为电荷放大器的反馈电容。

从图 17 - 14 可以看到,差动电容位移检测由敏感结构、电容位移检测电压、差动变压器、电荷放大器、选频交流放大器、同步检测、直流输出放大器构成。电荷放大器输出的是调幅波,其载波为抽运频率 100 kHz 的检测电压,而幅度调制信号反映了检验质量相对于电极的位移(参见 19.2 节)。同步检测采用乘法器将电荷放大器输出的调幅波与载波相乘。乘法器除了输出低频幅度调制信号外,还输出约两倍于载波频率的无用信号,后者要靠低通滤波滤除(参见 19.3 节)。

17.3.3.2　驱动电压放大

从图 17 - 1 可以看到,数-模转换后的反馈信号经驱动电压放大器 DVA 放大后施加到电极上,以控制检验质量回复到准平衡位置。驱动电压放大器实际上有两级,第一级采用斩波稳定运算放大器(chopper stabilized operational amplifier)[①],以便在测量带宽内摆脱 $1/f$ 噪声,第二级为 45 V 专用高电压提升器,用于在飞行状态下捕获检验质量使之悬浮[42]。

17.3.3.3　读出差动放大

图 17 - 1 中读出放大器是一个差动放大器,它在每一对电极的正反相驱动电压放大器之后拾取加速度测量信号,并实施差动放大以适合 ADC2(24 位 Δ-Σ ADC)的输入范围[42]。

17.3.3.4　抗混叠滤波

GRADIO 加速度计噪声频谱如图 17 - 15 所示,可以看到,该噪声 PSD(以 $m^2 \cdot s^4 \cdot Hz^{-1}$

---

①　斩波放大是采用脉宽调制将低频微弱幅度变化转换为高频恒幅方波的占空比变化,再经放大、解调,使放大后的失调电压和噪声脱离放大后的信号,以提取出相对纯净的放大后信号的一种方法。

计)在低频处以 $1/f$ 增加且具有 10^{-2} Hz 的转角频率,而在高于 0.1 Hz 的频率处以 f^4 增加[43]。为了防止频率混叠,如 15.9.6 节所述,在 ADC2(24 位 Δ-Σ ADC)之前设置抗混叠模拟滤波器是非常必要的。抗混叠滤波器也是一种低通滤波器,该滤波器自身也存在噪声,图 17 - 15 同时给出了该抗混叠滤波器的噪声频谱,可以看到,该噪声在 1 Hz 附近达到最大,之后随着频率升高噪声急剧降低;图17 - 15还显示出,欠灵敏轴的噪声(以 m·s^2·Hz$^{-1/2}$ 计)比其他两个轴大 1 000 倍[43]。

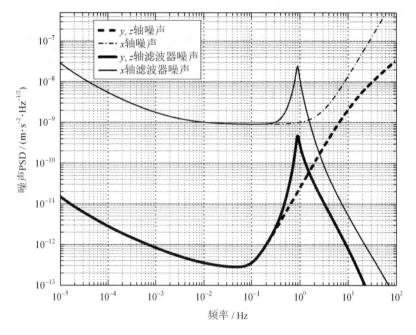

图 17 - 15　GRADIO 加速度计及其抗混叠模拟滤波器的噪声频谱[43]

文献[43]提出,GRADIO 加速度计科学测量和下行的输出数据率应为 1 Sps,然而,从图 17 - 15 可以看到,抗混叠滤波器的噪声在 1 Hz 附近达到最大。为了避开该噪声最大值,不采取直接由 ADC2 给出输出数据率 1 Sps 的科学数据,而采取先由 ADC2 给出输出数据率为 10 Sps 的数据,再用软件进行数字滤波,才给出输出数据率 1 Sps 的科学数据的办法①。

17.3.4　数字电路单元

由图 17 - 1 可以看到,数字电路单元包括数字控制器和通过数字滤波将读出数据由10 Sps

图 17 - 16　数字电路单元的外形图[38]

---

① 文献[43]未给出 ADC2 的 Δ-Σ 调制器采样率 r_s,也未给出 ADC2 之前的抗混叠模拟滤波器幅频特性,所以无从知晓图 17 - 15 所示抗混叠模拟滤波器的噪声频谱是否可以优化。更重要的是,参照 7.1.1 节中的相关表述,此段文字使人感觉文献[43]作者似乎没有意识到 Δ-Σ ADC 的输出数据率 $r_d = 1$ Sps 时的 Nyquist 频率 $f_N = 0.5$ Hz 而非 1 Hz,且Δ-Σ ADC 中的数字抽取滤波器可以近乎完美地去除 f_N 以上的所有频率成份。况且,参照 7.2.2.2 节中的相关表述,Δ-Σ ADC 之前所用抗混叠模拟滤波器只要保证频率不高于 f_N 的信号品质不减退,并保证频率值高于 $r_s - f_N$(r_s 为Δ-Σ ADC的采样率)的干扰信号抑制到可忽略的程度就可以。因此,这种办法是否必要,是否有效,均值得怀疑。

转换为 1 Sps 的科学数据两部分。图 17-16 所示为数字电路单元的外形图[38]。

图 17-17 所示为 GRADIO 加速度计的伺服控制环原理框图,该图右半部用方框包围的部分即图 17-1 所示数字电路单元的内部构成。

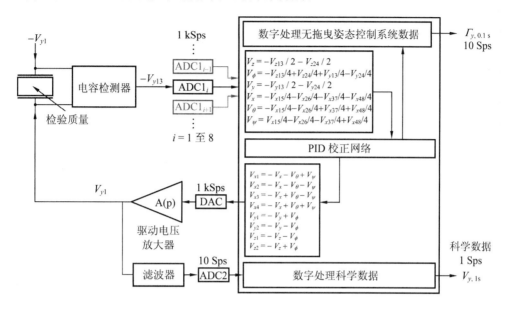

图 17-17　GRADIO 加速度计的伺服控制环原理图[14]

$\Gamma_{y,0.1\,s}$—y 路输出的加速度原始数据,数据间隔为 0.1 s

需要说明的是,尽管 17.5.1 节给出 GRADIO 加速度计 US 轴基础频率 $f_0=20$ Hz(关于基础频率的含义详见 17.5.1 节);19.5.1.1 节第(3)条给出在 $f_0=20$ Hz 的情况下,该轴科学模式下归一化闭环传递函数[①]的截止频率 $f_{-3\,dB}=88.7$ Hz;5.2.3.3 节指出,只要关注所考察对象的时域变化,离散采样率的数值就应该达到对象最高频率值的 10 倍以上。因此,ADC1 的输出数据率和 DAC 的输入数据率只需要 $r_d=1$ kSps,如图 17-17 所示。然而,由于 19.6.1 节指出对于 GRADIO 加速度计 LS 轴,宜取 $f_0=100$ Hz;19.6.2.1 节第(3)条给出在 $f_0=100$ Hz 的情况下,该轴科学模式下归一化闭环传递函数的截止频率 $f_{-3\,dB}=443.5$ Hz。因此,ADC1 的输出数据率和 DAC 的输入数据率应取 $r_d=5$ kSps。由于数字电路单元是对 US 轴、LS 轴的数字信号统一处理的,因此,ADC1 的输出数据率和 DAC 的输入数据率应统一取 $r_d=5$ kSps。

可以看到,图 17-17 是图 17-1 的扩展,表达了图 17-1 中"数字控制器"的具体工作方式。图 17-17 中 V 的下标 x,y,z 表示敏感结构的三个平动轴,ϕ,θ,ψ 表示敏感结构的三个转动轴,从图 17-4 所示的敏感结构的电极安排中可以看到敏感结构与这八个轴相互之间的几何关系;图 17-17 中 V_{x15} 表示电极对 x_1-x_5 所在的电容位移检测通道的输出,V_{x26},V_{x37},V_{x48},V_{y13},V_{y24},V_{z13},V_{z24} 以此类推。图 17-17 中 V_{x1} 表示 PID 校正网络针对 x_1-x_5 通道的输出,该输出经 DAC 和正、反相驱动电压放大后作为反馈控制电压分别施加到 x_1,x_5 电极上,V_{x2},V_{x3},V_{x4},V_{y1},V_{y2},V_{z1},V_{z2} 以此类推。

数字控制器先将 8 个通道输出的电压数据整合为三个平动轴 x,y,z 的电压数据

---

① 传递函数的定义参见 18.1 节。

和三个转动轴 ϕ、θ、ψ 的电压数据,然后再进行 PID 校正,PID 校正后的六轴电压数据再恢复成 8 个通道的电压数据用于伺服反馈控制。由于 8 个通道的输出彼此有一定的相关性,先将它们整合为彼此无关的六轴电压数据,以充分解耦,再进行 PID 校正,会效果更好。

图 17-17 中 PID 校正网络的微分时间常数用以产生电阻尼,良好的阻尼应该使得检验质量的运动经过不多几次振荡就稳定下来,这就需要恰当地设置微分参数;而 PID 校正网络的积分时间常数使得输入范围内不论非重力阶跃加速度是大是小,检验质量经历最初的运动之后,都能逐渐回复到准平衡位置。文献[20]指出,检验质量块的运动被限制到小于 1 nm 对加速度计的线性度及其特性的稳定性有益。而根据文献[1]的叙述使我们认识到,由于敏感结构不可避免存在对称性的缺陷,从而使得电容位移检测电压的有效值 V_d、固定偏压 V_p 和接触电位差的波动都会与对称性缺陷共同作用,引起加速度测量噪声;检验质量稳定在准平衡位置,可以使该项噪声最小化。

图 17-17 所示的 GRADIO 加速度计伺服控制环是一种闭环控制系统,而闭环控制系统存在着稳定与不稳定的问题:所谓不稳定,就是指系统失控,被控变量不是趋于所希望的数值,而是趋于所能达到的最大值,或在两个较大的量值之间剧烈波动和振荡。系统不稳定就表明系统不能正常运行,此时常常会损伤设备,甚至造成系统的彻底损坏,引起重大事故[44]。因此,对静电悬浮加速度计的伺服控制环进行稳定性分析和稳定裕度(即鲁棒性)分析是非常必要的。

由于该伺服控制环用于 17.1 节所述无拖曳飞行卫星,所以输出的间隔为 0.1 s 的数据是作为"数字处理无拖曳姿态控制系统数据"使用的。然而,如 6.1.1 节第(3)条所述,GRACE 卫星为了考察加速度尖峰的影响,以及验证所用的静电悬浮加速度计 SuperSTAR 的噪声水平,也需要使用间隔为 0.1 s(即输出数据率为 10 Sps)的数据,且采样前(但在伺服控制环外)使用了截止频率为 3 Hz 的四阶 Butterworth 有源低通滤波器。

17.3.5 静电悬浮加速度计工作的基本原理

静电悬浮加速度计的工作是以测量维持加速度计检验质量相对电极笼不动所需的静电力为基础的。施加到检验质量上的固定偏压和施加到成对电极上且正负相反的反馈控制电压使检验质量完全悬浮在电极笼中,消除任何的机械接触,以便提高分辨力并形成三轴加速度测量(参见文献[1])。电极笼固定在卫星上,当卫星受到非重力作用时,电极笼跟随卫星加速度运动,检验质量因为惯性而偏离电极笼的正中位置。检验质量上施加有抽运频率 100 kHz 的检测电压,以便通过电容检测电路检测出检验质量的位移,经过以 PID 校正网络为核心的伺服控制电路处理并通过驱动电压放大,成为正负相反的反馈控制电压,施加到成对电极上,以便对检验质量形成电阻尼并维持其相对电极笼不动。该反馈控制电压反映了卫星的非重力加速度。

静电悬浮加速度计有两种工作模式,分别为"捕获模式"和"科学模式"。上述"施加到检验质量上的固定偏压和施加到成对电极上且正负相反的反馈控制电压使检验质量完全悬浮在电极笼中,消除任何的机械接触,以便提高分辨力并形成三轴加速度测量"中"使检验质量完全悬浮在电极笼中"的启动过程称为"实施捕获"。即"捕获模式"用以将检验质量从紧贴限位位置稳定捕获到电极笼中心附近,此后静电悬浮加速度计可以继续在"捕获模式"下作为大量程工作,也可以自动切换到"科学模式"下工作。对于前者,要求"捕获模式"的稳定裕度足够高,以保证长期稳定性足够好;对于后者,完成捕获后,即检验质量已经稳定地处于电极笼中心附近时,才能切换至"科学模式",应保证加速度计在"科学模式"下工作的稳定裕度足够高、加速度测量噪声足够小,但并不追求"捕获模式"下加速度测量噪声有多低。由于启动前检验质量不可能稳定地处于电极笼中心附近,所以静电悬浮加速度计不能在"科学模式"下启动。由于任务需求不同,"捕获模式"与"科学模式"的区别不仅在于固定偏压不同、反馈控制电压可输出的最大绝对值不同,而且前向通道总增益 K_s(参见 17.5.1 节)及其在"数字控制器"前、中、后的分配也可能需要随之调整。按此思路设计的加速度计仅在"捕获模式"下才有可能"实施捕获"。

17.4 检验质量在电极笼内运动的微分方程

本节的讨论只适用于完成捕获后的情况。

17.4.1 选用的坐标系

1.5.3 节引用了著名物理学家 Pauli 对等效原理的表述:对于每一个无限小的世界区域(在这样一个世界区域中,引力随空间和时间的变化可以忽略不计),总存在一个坐标系 $K_0(x_1, x_2, x_3, x_4)$,在这个坐标系中,引力既不影响粒子的运动,也不影响任何其他物理过程。即在一个无限小的世界区域中,每一个引力场可以被变换掉。这种"变换掉"之所以可能,是由于重力场具有这样的基本性质:它对所有物体都赋予相同的加速度;或者换一种说法,是由于引力质量总等于惯性质量的缘故。

1.5.3 节还引用了 Pauli 的进一步表述:我们可以设想用一个自由地飘浮的、充分小的匣子来作为定域坐标系统 K_0 的物理体现,这个匣子除受重力作用外,不受任何外力,并且在重力的作用下自由落下。

以下的讨论将上述坐标系作为瞬间坐标系处理,即:该瞬间坐标系处于自由飘浮状态,且其原点及三轴指向与航天器(S/C)/卫星(SAT or s)轨道坐标系重合。显然,根据以上表述,该瞬间坐标系的原点处任何物理过程均感受不到引力的存在。

1.8 节指出,全书讨论质点在非惯性参考系中相对运动的场合时,所述瞬间非惯性参考系的三轴指向不是与航天器/卫星轨道坐标系重合,而是与航天器/卫星本体坐标系重合。而上述瞬间坐标系则相当于进一步假设航天器/卫星的俯仰角、偏航角、滚动角均为零,即航天器/卫星本体坐标系与轨道坐标系重合,其目的是为了使本章中讨论检验质量位移和电极笼位移时得到进一步简化。

航天器/卫星轨道坐标系原点位于卫星的质心处,x 轴沿轨迹指向前方(简称沿迹方向),z 轴沿径向指向地心(简称径向),y 轴垂直于轨道面指向右舷(简称轨道面法线方向)[24, 42, 45]①。

加速度计检验质量处于电极笼的正中央,对于 CHAMP 和 GRACE 卫星,加速度计坐标系原点位于检验质量的质心处,且与卫星质心重合[45, 46];对于 GOCE 卫星,重力梯度仪坐标系原点位于其中心处,且与卫星质心重合,而重力梯度仪是由三对加速度计组成的,每对处于卫星的一个轴线上,相对于重力梯度仪的中心呈对称分布,相互之间的距离(被称为基线长度)为 0.5 m[42]。

需要说明的是,加速度计(ACC or Acc,acc)坐标系与航天器/卫星本体坐标系的方向并不一致:STAR 加速度计坐标系与 CHAMP 航天器本体坐标系的关系如图 17-18 所示[45];SuperSTAR 加速度计坐标系与 GRACE 卫星本体坐标系的关系如图 17-19 所

---

① 与 GJB 1028A—2017《航天器坐标系》中轨道坐标系 $O_c x_o y_o z_o$ 相同。

示[46]；6台GRADIO加速度计各自的坐标系与GOCE卫星本体坐标系的关系如图17-20所示[42]。

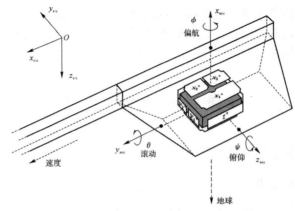

图 17-18　STAR加速度计坐标系与CHAMP航天器本体坐标系的关系[45]
下标 S/C—航天器本体坐标系；　下标 acc—加速度计坐标系

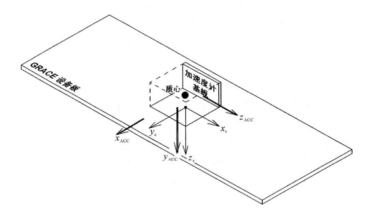

图 17-19　SuperSTAR加速度计坐标系与GRACE卫星本体坐标系的关系[46]
下标 s—卫星本体坐标系；　下标 ACC—加速度计坐标系

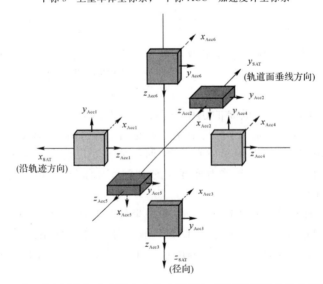

图 17-20　6台GRADIO加速度计各自的坐标系与GOCE卫星本体坐标系的关系[42]
下标 SAT—卫星本体坐标系；　下标 Acc—加速度计坐标系

17.4.2　电极笼的运动

由于电极笼固定在卫星上,电极笼的运动非常简单:

$$x''_e(t) = \gamma_s(t) \tag{17-1}$$

式中　t—— 时间,s;

　　　$\gamma_s(t)$—— 输入加速度,即加速度计所在位置的微重力加速度,m/s^2;

　　　$x_e(t)$—— 电极笼相对上述坐标系的位移,m。

17.4.3　检验质量的运动

检验质量的运动复杂得多。

我们知道,带电电容器的能量为[47]

$$E = \frac{1}{2}CV^2 \tag{17-2}$$

式中　E—— 带电电容器的能量,J;

　　　C—— 电容器的电容,F;

　　　V—— 电容器两极板间的电势差,V。

对于平行板电容器而言[47]:

$$C = \frac{\varepsilon_0 A}{d} \tag{17-3}$$

式中　ε_0—— 真空介电常数:$\varepsilon_0 = 8.854\ 188 \times 10^{-12}\ F/m$[48];

　　　A—— 电极面积,m^2;

　　　d—— 电容器两极板间的距离,m。

将式(17-3)代入式(17-2),得到

$$E = \frac{\varepsilon_0 A V^2}{2d} \tag{17-4}$$

因此,平行板中所形成的静电力为[49]

$$F = \frac{\partial E}{\partial d} = -\frac{\varepsilon_0 A}{2}\left(\frac{V}{d}\right)^2 \tag{17-5}$$

式中　F—— 平行板中所形成的静电力,N。

式(17-5)中的负号表示静电力具有使d减少的趋势①。因此,如果没有伺服控制,在静电力的作用下,检验质量不可能稳定在电极笼的中央。

17.3.5节指出,检验质量上施加有抽运频率100 kHz的检测电压;施加到检验质量上的固定偏压和施加到成对电极上且正负相反的反馈控制电压使检验质量完全悬浮在电极笼中。图17-21给出了检验质量受到静电力的示意图。

图17-21中m_t为检验质量的惯性质量,A为电极面积,d为检验质量与电极间的平均间隙,$x_e(t)$为电极笼相对上述坐标系的位移(向上为正),$x_m(t)$为检验质量相对上述坐标系的位移(向上为正)。令

$$x(t) = x_m(t) - x_e(t) \tag{17-6}$$

式中　$x(t)$—— 检验质量相对电极笼的位移(即检验质量相对电极笼中心的偏离,向上为

----

①　平行板电容器只要有外电路接通且达到静电平衡,两极板相对的内表面必然带有等量异号电荷,所以必然相互吸引。

正),m;

$x_m(t)$—— 检验质量相对上述坐标系的位移,m。

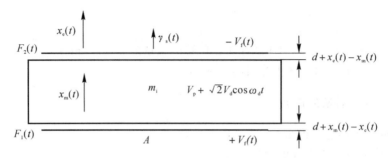

图 17 - 21　检验质量受到静电力的示意图

由图 17 - 21 和式(17 - 6)得到,检验质量与下电极间的间隙为 $d + x(t)$,检验质量与上电极间的间隙为 $d - x(t)$。

我们规定施加到上电极的反馈控制电压为 $-V_f(t)$,施加到下电极的反馈控制电压为 $+V_f(t)$。若固定偏压用 V_p 表示,电容位移检测电压的有效值(即 RMS 值)用 V_d 表示,位移检测的抽运角频率用 ω_d 表示,则检验质量与下电极间的电势差为 $|V_p + \sqrt{2} V_d \cos\omega_d t - V_f(t)|$,检验质量与上电极间的电势差为 $|V_p + \sqrt{2} V_d \cos\omega_d t + V_f(t)|$。

我们规定检验质量与下电极间形成的、施加到检验质量上的静电力(向上为正)用 $F_1(t)$ 表示,检验质量与上电极间形成的、施加到检验质量上的静电力(向上为正)用 $F_2(t)$ 表示。

上述规定与图 17 - 21 所示是一致的。

由式(17 - 5) 得到

$$
\left.
\begin{aligned}
F_1(t) &= -\frac{\varepsilon_0 A}{2} \left[\frac{V_p + \sqrt{2} V_d \cos\omega_d t - V_f(t)}{d + x(t)} \right]^2 \\
F_2(t) &= \frac{\varepsilon_0 A}{2} \left[\frac{V_p + \sqrt{2} V_d \cos\omega_d t + V_f(t)}{d - x(t)} \right]^2
\end{aligned}
\right\}
\tag{17 - 7}
$$

式中　$F_1(t)$—— 检验质量与下电极间形成的、施加到检验质量上的静电力(向上为正),N;

　　　$F_2(t)$—— 检验质量与上电极间形成的、施加到检验质量上的静电力(向上为正),N;

　　　V_p—— 检验质量上施加的固定偏压,V;

　　　V_d—— 电容位移检测电压的有效值,即 RMS 值,V;

　　$V_f(t)$—— 反馈控制电压,V;

　　　d—— 检验质量与电极间的平均间隙,m。

因此,检验质量受到的静电力为

$$
F_{el}(t) = F_2(t) + F_1(t)
\tag{17 - 8}
$$

式中　$F_{el}(t)$—— 检验质量受到的静电力(向上为正),N。

必须正确把握施加到上下电极板上的正负反馈控制电压的符号,以保证任何情况下检验质量受到的静电力始终指向电极笼中央。例如,当电极笼受到图示方向的加速度 $\gamma_s(t)$ 时,上电极间隙变大,下电极间隙变小,即 $x(t)$ 为负值。通过电容位移检测和反馈控制,使 $F_2(t) > -F_1(t)$,即检验质量受到的静电力之代数和是向上的,它使检验质量回到准平衡位置。结合式(17-7) 和式(17-8) 可以看到,由于 $x(t)$ 为负值时,$F_{el}(t)$ 必须为正值,所以 $x(t)$ 为负值时,$V_f(t)$ 也必须为正值。反之,当 $x(t)$ 为正值时,$F_{el}(t)$ 必须为负值,$V_f(t)$ 也必须为负值。

将式(17-7) 代入式(17-8),得到

$$F_{el}(t) = \frac{\varepsilon_0 A}{2} \left\{ \left[\frac{V_p + \sqrt{2} V_d \cos\omega_d t + V_f(t)}{d - x(t)} \right]^2 - \left[\frac{V_p + \sqrt{2} V_d \cos\omega_d t - V_f(t)}{d + x(t)} \right]^2 \right\}$$

$$(17-9)$$

由式(17-9) 可以看到,如果 $V_f(t)=0$,$F_{el}(t)$ 必然与 $x(t)$ 同符号,即如果 $x(t)$ 为正(检验质量向上偏离电极笼中心),$F_{el}(t)$ 也为正(检验质量受到向上的静电力),这将会使 $x(t)$ 更大。这一情况说明,如果没有伺服控制,在静电力的作用下,检验质量不可能稳定在电极笼的中央。

将式(17-9) 展开得到

$$F_{el}(t) = \frac{2\varepsilon_0 A}{[d^2 - x^2(t)]^2} \times$$

$$[V_p^2 x(t)d + V_f^2 x(t)d + V_p V_f(t)d^2 + V_p V_f(t)x^2(t) + 2\sqrt{2} x(t)d V_p V_d \cos\omega_d t +$$

$$\sqrt{2} d^2 V_f(t)V_d \cos\omega_d t + \sqrt{2} x^2(t)V_f(t)V_d \cos\omega_d t + 2x(t)d V_d^2 \cos^2\omega_d t]$$

$$(17-10)$$

将式(17-5) 代入式(17-10),得到

$$F_{el}(t) = \frac{2\varepsilon_0 A}{[d^2 - x^2(t)]^2} \times$$

$$\{V_p^2 x(t)d + V_d^2 x(t)d + V_f^2(t)x(t)d + V_p V_f(t)[d^2 + x^2(t)] +$$

$$2\sqrt{2} x(t)d V_p V_d \cos\omega_d t + \sqrt{2} [d^2 + x^2(t)]V_f(t)V_d \cos\omega_d t + x(t)d V_d^2 \cos 2\omega_d t\}$$

$$(17-11)$$

由于位移检测的抽运频率高达 100 kHz,检验质量对于这么高的频率是无法响应的,因此,式(17-11) 中含有 $\cos\omega_d t$ 和 $\cos 2\omega_d t$ 的项应该剔除,即变为[50]

$$F_{el}(t) = 2\varepsilon_0 A \frac{V_p V_f(t)[d^2 + x^2(t)] + [V_p^2 + V_d^2 + V_f^2(t)]x(t)d}{[d^2 - x^2(t)]^2} \qquad (17-12)^{①}$$

需要说明的是,检验质量受到的静电力必须指向电极笼中央,因此,当 $x(t)$ 为负值时,$F_{el}(t)$ 必须为正值,$V_f(t)$ 也必须为正值。反之,当 $x(t)$ 为正值时,$F_{el}(t)$ 必须为负值,$V_f(t)$ 也必须为负值。

依靠伺服控制保证捕获完成后 $x^2(t) \ll d^2$。因此,式(17-12) 可以简化为

$$F_{el}(t) = \frac{2\varepsilon_0 A}{d^2} V_p V_f(t) + \frac{2\varepsilon_0 A}{d^3} [V_p^2 + V_d^2 + V_f^2(t)]x(t) \qquad (17-13)$$

引入由环境(磁、电、热) 引起的检验质量扰动加速度:

$$\gamma_{en}(t) = \frac{F_{en}(t)}{m_i} \qquad (17-14)$$

式中 $\gamma_{en}(t)$——由环境(磁、电、热) 引起的检验质量扰动加速度,m/s²。

---

① 如果用绝对值进行计算,式(17-12) 应该表达为

$$F_{el}(t) = 2\varepsilon_0 A \frac{V_p V_f(t)[d^2 + x^2(t)] - [V_p^2 + V_d^2 + V_f^2(t)]x(t)d}{[d^2 - x^2(t)]^2}$$

$F_{en}(t)$——由环境(磁、电、热)引起的检验质量扰动力,N;

m_i——检验质量的惯性质量,kg。

检验质量受到由环境(磁、电、热)引起的检验质量扰动力 $F_{en}(t)$ 和静电力 $F_{el}(t)$,产生加速运动:

$$F_{en}(t) + F_{el}(t) = m_i x''_m(t) \qquad (17-15)$$

将式(17-13)和式(17-14)代入式(17-15),得到

$$\gamma_{en}(t) = x''_m(t) - \frac{2\varepsilon_0 A}{m_i d^2} V_p V_f(t) - \frac{2\varepsilon_0 A}{m_i d^3}[V_p^2 + V_d^2 + V_f^2(t)]x(t) \qquad (17-16)$$

文献[1,51]中类似的公式存在明显缺陷,相当于式(17-16)左端加了一项引力加速度 g_n,与1.5.3节引用的广义相对论知识相抵触。我们知道对于自由飘浮的卫星而言,引力与输运惯性力相互抵消,因而表现不出引力。

17.4.4　检验质量相对电极笼的运动

将式(17-16)与式(17-1)相减,得到

$$\gamma_{en}(t) - \gamma_s(t) = x''_m(t) - x''_e(t) - \frac{2\varepsilon_0 A}{m_i d^2} V_p V_f(t) - \frac{2\varepsilon_0 A}{m_i d^3}[V_p^2 + V_d^2 + V_f^2(t)]x(t)$$

$$(17-17)$$

将式(17-6)二次微分后代入式(17-17),得到

$$\gamma_{en}(t) - \gamma_s(t) = x''(t) - \frac{2\varepsilon_0 A}{m_i d^2} V_p V_f(t) - \frac{2\varepsilon_0 A}{m_i d^3}[V_p^2 + V_d^2 + V_f^2(t)]x(t) \quad (17-18)$$

18.1节指出,在自动控制理论中,内容丰富且便于实用的是定常系统部分,而时变系统理论尚不够成熟和系统化,虽然严格说来,实际系统的参数都具有某种程度的时变性,但对大多数工业系统来说,其参数随时间变化并不很明显,因而可按定常系统来处理。从式(17-18)可以看到,$x(t)$ 的系数随 $V_f(t)$ 而变,这不符合定常系统的特征(参见18.4.1节),因此,设计中要做到:

$$V_f^2(t) \ll V_p^2 + V_d^2 \qquad (17-19)$$

以使其基本符合定常系统的特征。SuperSTAR 和 GRADIO 加速度计在卫星测量阶段 $V_f(t)$ 值符合式(17-19)的验证在17.4.5节中陈述。

在式(17-19)得到满足的前提下,令

$$k_{neg} = -\frac{2\varepsilon_0 A}{d^3}(V_p^2 + V_d^2) \qquad (17-20)$$

式中　k_{neg}——静电负刚度[51],N/m。
并令

$$G_p = \frac{2\varepsilon_0 A}{m_i d^2} V_p \qquad (17-21)$$

式中　G_p——物理增益,m·s^{-2}/V。

18.2.3节指出,G_p 既可以称为物理增益,也可以称为反馈增益;通用计量领域中的"灵敏度"就是惯性技术领域中的"标度因数",理想情况下等于静电悬浮加速度计"物理增益"的倒数。

图17-4显示 x 轴被拆分为四对电极,y 轴和 z 轴分别被拆分为两对电极。从式(17-21)可以看到,虽然每对电极的面积被拆分小了,但拆分后每对电极分担的质量也被拆分小了,因而不论电极是否被拆分,G_p 的值都是不变的。

在式(17-19)得到满足的前提下,将式(17-20)和式(17-21)代入式(17-18),得到

$$\gamma_{en}(t) - \gamma_s(t) = x''(t) - G_p V_f(t) + \frac{k_{neg}}{m_i} x(t) \tag{17-22}$$

从式(17-22)可以看到,将 G_p 称为物理增益,将 k_{neg} 称为静电负刚度是非常妥当的。显然,之所以存在静电负刚度是由于平行板中所形成的静电力具有使平行板两极板间的距离减少的趋势,即没有伺服控制的话,在静电力的作用下,检验质量不可能稳定在电极笼的中央(参见 17.4.3 节)。

从式(17-22)还可以看到,在式(17-19)得到满足的前提下,检验质量相对电极笼运动的微分方程符合线性定常系统的特征。

STAR 加速度计 $V_p = 20$ V, $V_d = 5$ V;SuperSTAR 加速度计 $V_p = 10$ V, $V_d = 5$ V;GRADIO 加速度计 $V_p = 7.5$ V, $V_d = 7.6$ V[18]。使用 17.3.2 节给出的敏感结构参数,由式(17-21)和式(17-20)得到相应的 G_p 和 k_{neg},如表 17-4 所示。

表 17-4　STAR,SuperSTAR,GRADIO 加速度计的 V_p,V_d,
以及相应的 x 轴、y 轴、z 轴的 G_p 和 k_{neg}

参数	单位	STAR	SuperSTAR	GRADIO
V_d	V	5	5	7.6
V_p	V	20	10	7.5
$G_{p,x}$	m·s^{-2}/V	$1.355\,5 \times 10^{-3}$	$6.777\,3 \times 10^{-4}$	$4.046\,0 \times 10^{-4}$
$G_{p,y}$, $G_{p,z}$	m·s^{-2}/V	$1.818\,9 \times 10^{-4}$	$1.670\,4 \times 10^{-5}$	$9.717\,0 \times 10^{-7}$
$k_{neg,x}$	N/m	-34.564	-10.166	-61.120
$k_{neg,y}$, $k_{neg,z}$	N/m	$-3.710\,6$	$-8.590\,9 \times 10^{-2}$	$-1.571\,0 \times 10^{-2}$

17.3.5 节指出,当卫星受到非重力作用时,检验质量偏离电极笼的正中位置,反馈控制电压施加到成对电极上,以便维持检验质量相对电极笼不动。也就是说,在输入范围内不论施加的阶跃加速度 $\gamma_s(t)$ 大小如何,靠伺服控制,在过渡过程结束后,$x(t) = 0$,$x'(t) = 0$,$x''(t) = 0$,于是由式(17-22)得到,若不计环境引起的检验质量扰动加速度,则过渡过程结束后 $\gamma_s(t) = G_p V_f(t)$。即 $V_f(t)$ 与 $\gamma_s(t)$ 的比值等于 $1/G_p$。为此,我们把式(17-22)中不计环境引起的检验质量扰动加速度,也不计过渡过程引起的检验质量位移,单由反馈控制电压计算出来的加速度称为加速度测量值[39]:

$$\gamma_{msr}(t) = G_p V_f(t) \tag{17-23}$$

式中　$\gamma_{msr}(t)$ —— 加速度测量值,m/s^2。

由上述叙述可知,由于实际存在环境引起的检验质量扰动加速度,存在过渡过程引起的检验质量位移,加速度测量值 $\gamma_{msr}(t)$ 与输入加速度 $\gamma_s(t)$ 之间存在差异。23.3.2.2 节进一步指出,引起加速度测量误差的因素有:加速度计标度因数偏差、加速度计偏值、加速度计随机噪声、加速度计轴在安装期间与卫星轴不重合、卫星姿态测量误差、加速度计检验质量位置和卫星质心间的质心偏移与卫星姿态运动间耦合产生的一些寄生加速度感应误差、可以忽略或者未包含在该研究之中的其他误差源。

从式(17-23)可以看到,$1/G_p$ 为静电悬浮加速度计的理论标度因数。将式(17-21)代入式(17-23),得到[39,49]

$$\gamma_{\mathrm{msr}}(t)=\frac{2\varepsilon_0 A}{m_{\mathrm{i}} d^2}V_{\mathrm{p}}V_{\mathrm{f}}(t) \qquad\qquad (17-24)$$

式(17-24)为由反馈控制电压计算所检测到的加速度的理论公式。该公式适用于位移检测采用差动电容方式且反馈控制的执行机构采用静电力方式的任何加速度计,而不论其检验质量的支承方式如何。

17.4.5 关于是否符合式(17-19)的讨论

17.4.4节指出,为了基本符合定常系统的特征,设计中要做到式(17-19)所表达的 $V_{\mathrm{f}}^2(t)\ll V_{\mathrm{p}}^2+V_{\mathrm{d}}^2$ 这一要求。以下分别以 SuperSTAR 加速度计和 GRADIO 加速度计为例,讨论式(17-19)的符合情况。

17.4.5.1 SuperSTAR 加速度计

(1)从输入范围角度。

对于 SuperSTAR 加速度计,表17-2给出其 US 轴输入范围为 $\pm5\times10^{-5}$ m/s²,表17-4给出其 US 轴物理增益 $G_{\mathrm{p},y}=G_{\mathrm{p},z}=1.6704\times10^{-5}$ m·s⁻²/V,因而由式(17-23)得到在输入范围极限值处、稳定后且不考虑 F_{en} 影响时 US 轴的反馈控制电压 $V_{\mathrm{f,max}}=2.99$ V。表17-4还给出其 $V_{\mathrm{p}}=10$ V,$V_{\mathrm{d}}=5$ V。因此,$V_{\mathrm{p}}^2+V_{\mathrm{d}}^2$ 是 $V_{\mathrm{f,max}}^2$ 的14.0倍,基本符合式(17-19)的要求。

需要说明的是,LS 轴的情况与此不同。LS 轴的输入范围需求指标仅为 $\pm5\times10^{-4}$ m/s²[46]。表17-4给出 SuperSTAR 加速度计 LS 轴物理增益 $G_{\mathrm{p},x}=6.7773\times10^{-4}$ m·s⁻²/V。因此,由式(17-23)得到在输入范围极限值处、稳定后且不考虑 F_{en} 影响时 LS 轴的反馈控制电压 $V_{\mathrm{f,max}}=0.738$ V。$V_{\mathrm{p}}^2+V_{\mathrm{d}}^2$ 是 $V_{\mathrm{f,max}}^2$ 的230倍,完全符合式(17-19)的要求。

(2)从最低轨道高度和大气密度最高值下的大气阻力角度。

在 GRACE 卫星的测量阶段,SuperSTAR 加速度计测到的外来加速度主要来自大气阻力导致的 GRACE 卫星质心负加速度。23.5.2节给出,卫星初始重432 kg,前视图面积1.001 m²,最低轨道高度300 km,相应的飞行速度7.73 km/s。忽略 GRACE-A 卫星略为上仰、GRACE-B 卫星略为下俯,假设卫星的俯仰角、偏航角、滚动角均为零,即将前视图面积视为沿速度方向的投影面积,按高度300 km 的大气密度最高值 8.91×10^{-11} kg/m³、阻力系数 $C_{\mathrm{d}}=2.2$ 计算,大气阻力导致的 GRACE 卫星质心负加速度最大为 1.36×10^{-5} m/s²,因而由式(17-23)得到相应的 $V_{\mathrm{f}}(t)=0.832$ V。$V_{\mathrm{p}}^2+V_{\mathrm{d}}^2$ 是 $V_{\mathrm{f}}^2(t)$ 的181倍,符合式(17-19)的要求。

(3)从卫星发射后第一年某一天实测加速度计数据角度。

23.1节给出,GRACE 卫星初始高度485 km。文献[52]给出 GRACE A 星和 B 星在发射后第一年的某一天内分别沿三轴的加速度计数据曲线,如图17-22所示。图17-22中呈现的若干"spikes"是由于姿态推进器点火,而另一些是由于那些"twangs"异常(spikes 和 twangs 的含义参见23.6.1节)。

观看图17-22(b)时需要注意,为了反映 GRACE B 星处于倒飞状态,此图的沿迹方向、轨道面法线方向的纵坐标是倒置的。

从图17-22可以看到,沿迹方向的加速度不超过 4.5×10^{-7} m/s²,仅为上述按最低轨道高度和大气密度最高值计算得到的最大值 1.39×10^{-5} m/s² 的1/31,因而相应的 $V_{\mathrm{f}}(t)$ 值更加符合式(17-19)的要求。

17.4.5.2　GRADIO 加速度计

(1) 从输入范围角度。

对于 GRADIO 加速度计,表 17 - 2 给出其 US 轴输入范围为 $\pm 6.5 \times 10^{-6}$ m/s^2。

首先讨论该输入范围的必要性。

1) 从性能需求规定参数下的大气阻力角度。

大气阻力导致的加速度即拖曳加速度,其方向为沿迹方向的反方向。从图 17 - 20 可以看到,对于沿迹方向的一对加速度计而言,这是加速度计的 z 向;而对于沿轨道面法线方向的一对加速度计和沿径向的一对加速度计而言,这是加速度计的 y 向。y 向和 z 向都沿着加速度计的 US 轴。

文献[30]给出 GOCE 卫星测量阶段的平均运行高度 $h = 268.6$ km。由式(2-14)得到飞行速度 $v_s = 7.744$ km/s。该文献还给出该高度的大气密度平均值 4.5×10^{-11} kg/m^3,最大值为 8.1×10^{-11} kg/m^3。文献[53]给出该卫星发射质量为 1 050 kg,横截面积为 1.1 m^2。2.3.7 节给出阻力系数通常取 $C_d = 2.2 \pm 0.2$,因而由式(2-13)得到大气阻力导致的航天器质心加速度平均值 $a_d = -3.11 \times 10^{-6}$ m/s^2,极端值为 $a_d = -5.60 \times 10^{-6}$ m/s^2。

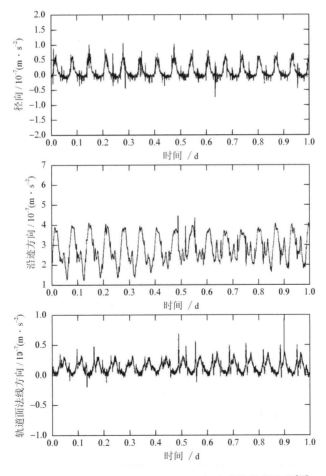

图 17 - 22　GRACE 卫星 SuperStar 加速度计数据曲线[52]

(a)GRACE A 星;

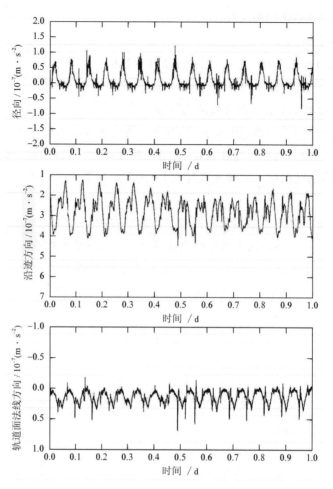

续图 17-22 GRACE 卫星 SuperStar 加速度计数据曲线[52]

(b)GRACE B 星

2) 从实际的拖曳加速度角度。

文献[53]给出 GOCE 卫星测量阶段的实际运行高度 $h=259.6$ km,平均推力曲线如图 17-23 所示。可以看到,测量阶段历时 2 年又 10 个半月;不计高度偏离 259.6 km 的情况和平均推力曲线上的尖刺,拖曳补偿推力最小约为 1.5 mN,最大约为 6.0 mN。若质量始终按 1 050 kg 估计,则拖曳加速度的绝对值最小约为 1.4×10^{-6} m/s²,最大约为 5.7×10^{-6} m/s²(约为 US 轴输入极限绝对值的 88%)。

由于 GRADIO 加速度计还担当了无拖曳控制中的残余加速度测量任务,以作为是否需要调整离子推进器推力的依据,所以必须保证在该项任务中加速度计不饱和。从以上两个角度所作的分析可以看到,将 US 轴输入范围定为 $\pm 6.5 \times 10^{-6}$ m/s² 是绝对必要的。

表 17-4 给出其 US 轴物理增益 $G_{p,y}=G_{p,z}=9.717\ 0 \times 10^{-7}$ m·s⁻²/V,因此,由式 (17-23) 得到在输入范围极限值处、稳定后且不考虑 F_{en} 影响时 US 轴 $V_{f,max}=6.689$ V。表 17-4 还给出其 $V_p=7.5$ V,$V_d=7.6$ V,$V_p^2+V_d^2$ 仅为 $V_{f,max}^2$ 的 2.55 倍,因此,US 轴从输入范围角度看似乎不符合式(17-19)的要求。

然而,该项任务并不需要准确的加速度数值,这与 SuperSTAR 加速度计在 GRACE 卫星中需要下行准确的非重力加速度数值以便事后在重力场反演时予以扣除是不同的。因此,并不要求 GRADIO 加速度计在整个输入范围内都符合式(17-19)的要求。

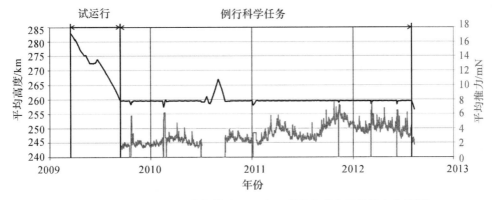

图 17-23　GOCE 卫星从发射到 2012 年 7 月的高度和平均推力曲线[53]

需要说明的是,LS 轴的情况与此完全不同。虽然 LS 轴早期的输入范围指标为 $\pm 3 \times 10^{-4}$ m/s^2[33],然而,从图 17-20 所示 6 台 GRADIO 加速度计的配置方向可以看到,LS 轴可能出现的非重力加速度不会越出 US 轴输入范围 $\pm 6.5 \times 10^{-6}$ m/s^2。表 17-4 给出 GRADIO 加速度计 LS 轴物理增益 $G_{p,x} = 4.046\ 0 \times 10^{-4}$ m·s^{-2}/V。因此,由式(17-23)得到在输入范围极限值处、稳定后且不考虑 F_{en} 影响时 LS 轴的反馈控制 $V_{f, max} = 1.61 \times 10^{-2}$ V。$V_p^2 + V_d^2$ 是 $V_{f, max}^2$ 的 4.40×10^5 倍,完美符合式(17-19)的要求。

(2)从测量阶段处于无拖曳模式角度。

17.4.1 节指出,对于 GOCE 卫星,重力梯度仪坐标系原点位于其中心处,且与卫星质心重合,而重力梯度仪是由三对 GRADIO 加速度计组成的,每对处于卫星的一个轴线上,相对于重力梯度仪的中心呈对称分布,相互之间的距离(被称为基线长度)为 0.5 m。因此,在 GOCE 卫星的测量阶段,GRADIO 加速度计测到的外来加速度包括潮汐加速度和卫星质心处的非重力线性加速度。

1)潮汐加速度。

关于潮汐加速度,1.9 节指出,偏离质心处存在重力梯度和离心力而产生潮汐力。2.4 节对潮汐力引起的加速度进行了详细分析,并得到所观察质点在三个轴向上受到的潮汐加速度表达式(2-27)。对于组成 GOCE 重力梯度仪的 6 台 GRADIO 加速度计,由于距卫星质心均为 0.25 m[42],因此由式(2-27)得到,径向上一对加速度计在径向上遇到的潮汐加速度最大:

$$a_{ti,z} \approx -3\omega^2 z \qquad (17-25)^①$$

式中　$a_{ti,z}$——所观察质点在 z 轴(径向)上受到的潮汐加速度,m/s^2;

ω——卫星绕自身质心自转的角速度,rad/s;

z——径向上一对加速度计的质心在径向上偏离卫星质心的距离,m。

我们知道,GOCE 卫星飞行在具有倾角 96.7° 的太阳同步昏晨轨道(升交点的地方时为 18 时)上[54],以地球长半轴为基线,其测量阶段的实际运行高度为 259.6 km[53]。考虑到三

①　式(2-27)使用的是莱查坐标系,此处使用的是图 17-20 所示的径向上一对加速度计坐标系,其 z 轴相当于莱查坐标系的 $-y_L$ 轴。

轴稳定对地定向航天器的自转角速率 ω 与该航天器绕地心公转的角速率 ω_s 相同,将式(2 - 18)代入式(17 - 25),得到

$$a_{ti,z} \approx -3 \frac{GM(a_E + h)}{[(a_E + h)^2 - 1.5J_2 a_E^2(3 - 4\sin^2 i)]^2} z \qquad (17-26)$$

式中 GM——地球的地心引力常数,1.2 节给出 $GM = 3.986\,004\,418 \times 10^{14}$ m³/s²(包括地球大气质量);

a_E——地球长半轴,1.6.2 节给出 $a_E = 6.378\,137\,0 \times 10^6$ m;

h——轨道高度,m;

J_2——CGCS2000 参考椭球导出的二阶带谐系数,2.3.7 节给出 $J_2 = 1.082\,629\,832\,258 \times 10^{-3}$;

i——轨道倾角,(°)。

由图 17 - 20 可以看到,对于组成 GOCE 重力梯度仪的 GRADIO 加速度计来说,径向上一对加速度计的径向是这对加速度计的 z 轴。由式(17 - 26)得到,其受到的潮汐加速度 $a_{ti,z} = \pm 1.019 \times 10^{-6}$ m/s²(对于径向上处于较高位置的加速度计为正值,较低位置的加速度计为负值)。

2)从性能需求规定的角度。

测量阶段 GOCE 卫星处于无拖曳模式下,文献[30]给出,在重力梯度仪参考系质心处 x,y,z 三方向的非重力(大气拖曳、热辐射压力、推进器动作等等)线性加速度部分在直流至 5 mHz 带宽内最大值分别不超过 1×10^{-6} m/s²。

因此,径向上一对加速度计的径向(加速度计的 z 轴)测到的外来加速度(包括潮汐加速度和卫星质心处的非重力线性加速度)在直流至 5 mHz 带宽内最大值不超过 2.02×10^{-6} m/s²,由式(17 - 23)得到反馈控制电压 $V_f(t)$ 不超过 2.08 V,$V_p^2 + V_d^2$ 为 $V_f^2(t)$ 的 26.4 倍,基本符合式(17 - 19)的要求。

3)从轨道降低到 $h = 228.9$ km 且遭遇强地磁暴时沿迹方向观测到的线性加速度峰值角度。

文献[53]给出,GOCE 卫星 2012 年 7 月 13 日开始分 5 阶段降低轨道,并于 2013 年 5 月 13 日到达第 5 阶段 $h = 228.9$ km 下的无拖曳模式科学运行,直至 2013 年 9 月 24 日。由于轨道降低,航天器遭受的平均拖曳力明显增强。在强太阳和地磁活动期间,大气密度急速增加,偶然会遇到离子推进组件(IPA)提供的推力达到最大值 21 mN 的情况。此时,无拖曳姿态和轨道控制系统(DFACS)无法完全补偿大气拖曳,因而呈现出线性加速度负峰。图 17 - 24 即呈现了 2013 年 6 月 1 日在强地磁暴期间发生的此种事件:在少于 10 min 的时间跨度内有数次推力达到最大值 21 mN(图 17 - 24 展示了其中的一次),这导致一段时间没有达到科学状态。

从图 17 - 24 可以看到,由于 GOCE 卫星轨道降低到 $h = 228.9$ km,航天器遭受的平均拖曳力明显增强,尤其在强地磁暴期间大气密度急速增加,导致需要的推力最高达到 21.9 mN,超出离子推进组件推力最大值 21 mN,造成观测到的线性加速度出现一个绝对值很大的负峰,其峰值达到 -5.9×10^{-7} m/s²。而且,由于离子推进组件推力的变动不够快,导致大气密度迅即恢复正常时离子推进组件的推力偏大,造成观测到的线性加速度随即出现一个很大的正峰,其峰值达到 1.15×10^{-6} m/s²。

由于以上现象发生在沿迹方向,由 2.4 节式(2 - 27)可知,此方向潮汐加速度为零,所以

此方向此刻测到的外来加速度就是 1.15×10^{-6} m/s^2，由式(17-23)得到相应的反馈控制电压 $V_{\mathrm f}(t)=1.18$ V，$V_{\mathrm p}^2+V_{\mathrm d}^2$ 为 $V_{\mathrm f}^2(t)$ 的 81.9 倍，符合式(17-19)的要求。

4) 从轨道降低到 $h=228.9$ km 但情况正常时无拖曳模式下沿迹方向观测到的线性加速度角度。

从图 17-24 可以看到，尽管 GOCE 卫星轨道高度降低到 $h=228.9$ km，导致航天器遭受的平均拖曳力明显增强，正常无拖曳模式下观测到的线性加速度平均值也仅为 1.9×10^{-7} m/s^2。

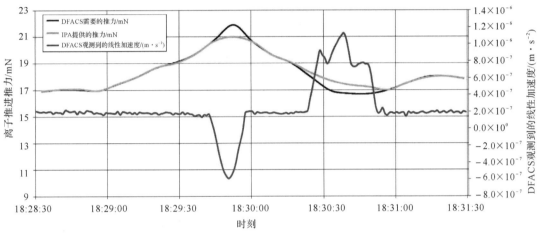

图 17-24　与强地磁暴期间大气密度急速增加相应的离子推进需要的推力、
提供的推力及观测到的线性加速度[53]①
DFACS—无拖曳姿态和轨道控制系统；　IPA—离子推进组件

由于这里指的是沿迹方向，而此方向潮汐加速度为零，所以这种情况下无拖曳模式未能抵消的残余外来加速度就是约 1.9×10^{-7} m/s^2，由式(17-23)得到相应的反馈控制电压 $V_{\mathrm f}(t)=0.196$ V，$V_{\mathrm p}^2+V_{\mathrm d}^2$ 为 $V_{\mathrm f}^2(t)$ 的 2.97×10^3 倍，充分符合式(17-19)的要求。

17.5　受伺服控制的检验质量运动方程

本节的讨论只适用于完成捕获后的情况。

17.5.1　积分微分方程

为了更为清晰地观察检验质量运动受伺服控制的原理，结合图 17-1 和图 17-17，省略其中的 ADC、DAC 和 Gel（静电致动器的增益，即物理增益），重新给出单通道伺服控制环基本原理，如图 17-25 所示[25]。图中 $V_{\mathrm d}$ 为电容位移检测电压的有效值；$C_1(t)$ 为检验质量与下电极间形成的电容；$C_2(t)$ 为检验质量与上电极间形成的电容。

为了讨论受伺服控制的检验质量运动积分微分方程，首先引入前向通道总增益的概念：

---

①　文献[53]中此图纵坐标始于 0 mN，并可看到离子推进组件推力最大值为 12 mN，与文字叙述的 21 mN 不符。由于残余线性加速度负峰比正常值低 7.8×10^{-7} m/s^2，相应的离子推进组件推力差额为 0.9 mN，按卫星发射质量 1 050 kg 估计，二者基本相符，所以纵坐标每格相差 2 mN 是正确的，由此推断纵坐标应始于 9 mN。

前向通道总增益指从检验质量相对电极笼的位移 $x(t)$ 至反馈控制电压 $V_\mathrm{f}(t)$ 的增益,即 $V_\mathrm{f}(t)/x(t)$ 的比例部分,单位为 V/m。从图 17-25 可以看到,前向通道总增益包括电容位移检测电路增益、PID 校正网络的比例系数、驱动电压放大器增益。

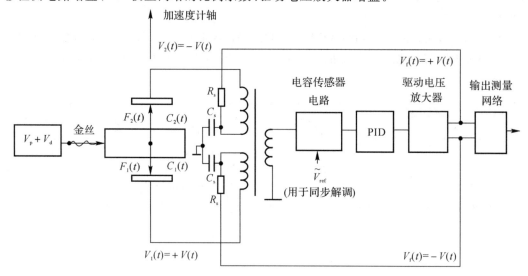

图 17-25 单通道伺服控制环基本原理[25]

值得注意的是,在图 17-1 和图 17-17 中,驱动电压放大器虽然是绘在伺服控制环的折返部分的,但这绝不意味着驱动电压放大器属于伺服控制的反馈环节。

19.2.3 节指出,在 $x \ll d$ 的情况下,电荷放大器第一级(FET 级)的输出电压有效值 V_out 与检验质量相对电极的位移 x 间为线性关系。图 17-14 给出了单通道电容位移检测电路的原理。从该图可以看到,电容位移检测电路在电荷放大器之后还有选频交流放大器、同步检测、直流输出放大器。19.1 节指出,图 17-14 中电荷放大器实际包括采用场效应晶体管(FET)的第一级和采用双极结型晶体管(BJT)的第二级;选频交流放大器和带通滤波器没有本质区分。17.3.3.1 节指出,电荷放大器输出的是调幅波,其载波为抽运频率 100 kHz 的检测电压,而幅度调制信号反映了检验质量相对于电极的位移。19.3 节指出,乘法器从调幅波中检测出幅度调制信号的同时会产生频率两倍于载波频率检测电压的无用信号,因而同步检测在乘法器之后还跟随有环内一阶有源低通滤波器。从该节式(19-68)可以看到,同步检测的增益为常数,即输出与输入间呈线性关系。

由此可知,从位移信号的角度来看,在 $x \ll d$ 的情况下,由于电荷放大器、选频交流放大器、同步检测、直流输出放大器的输出与输入间均呈线性关系,所以整个电容位移检测电路的输出与位移呈线性关系。因此,由图 17-25 可以得到

$$V_\mathrm{f}(t) = -K_\mathrm{s} \left\{ [x(t) - x_\mathrm{n}(t)] + \tau_\mathrm{d} \frac{\mathrm{d}[x(t) - x_\mathrm{n}(t)]}{\mathrm{d}t} + \frac{1}{\tau_\mathrm{i}} \int_0^t [x(\tau) - x_\mathrm{n}(\tau)] \mathrm{d}\tau \right\}$$

$$(17-27)$$

式中 K_s —— 前向通道的总增益,V/m;

       τ_d —— PID 校正网络的微分时间常数,s;

       τ_i —— PID 校正网络的积分时间常数,s;

   $x_\mathrm{n}(t)$ —— 以时域位移表达的电容传感器的噪声(简称合成的位移噪声),m。

由于位移噪声是随机的,且无法对随机噪声实施反馈控制,即只能对 $[x(t) - x_\mathrm{n}(t)]$ 实

施反馈控制,所以式(17-27)等式右端大括号中的比例、微分、积分项中的函数均为$[x(t)-x_n(t)]$,而不是$x(t)$。

根据图 17-21 的规定,若在 $t=0$ 时施加一个 γ_s 为负值的阶跃加速度,会使检验质量相对于电极笼向上运动,即检验质量相对电极笼的位移 $x(0)$ 为正。为了把检验质量向下回拉至电极笼中心,必须加大检验质量与下电极间的电势差,减小验质量与上电极间的电势差。17.4.3节指出,检验质量与下电极间的电势差为 $|V_p+\sqrt{2}V_d\cos\omega_d t-V_f(t)|$,检验质量与上电极间的电势差为 $|V_p+\sqrt{2}V_d\cos\omega_d t+V_f(t)|$。因此,必须使反馈控制电压 $V_f(0)$ 为负值。由于 $x'(0)=0,\int_0^0 x(\tau)\,\mathrm{d}\tau=0$ 且视前向通道的总增益 K_s 为正值,所以式(17-27)等号右端有负号。

将式(17-27)代入式(17-22),得到受伺服控制的检验质量运动积分微分方程为

$$\gamma_{en}(t)-\gamma_s(t)=x''(t)+\tau_d G_p K_s x'(t)+\left(G_p K_s+\frac{k_{neg}}{m_i}\right)x(t)+$$

$$G_p K_s \frac{1}{\tau_i}\int_0^t x(\tau)\,\mathrm{d}\tau-G_p K_s\left[x_n(t)+\tau_d x'_n(t)+\frac{1}{\tau_i}\int_0^t x_n(\tau)\,\mathrm{d}\tau\right] \tag{17-28}$$

令

$$\omega_0^2=G_p K_s \tag{17-29}$$

式中　ω_0——加速度计的基础角频率[55],rad/s。

并令

$$\omega_p^2=\frac{k_{neg}}{m_i} \tag{17-30}$$

式中　ω_p——受静电负刚度制约的角频率[51],rad/s。

从式(17-20)可以看到,k_{neg} 为负数。因此,由式(17-30)得到的 ω_p 为虚数,即 ω_p 并不引起振荡,而是使得无伺服控制时电极笼中心为"势能顶点",检验质量不可能在此停留,会向四周"跌落"。将式(17-29)和式(17-30)代入式(17-28),得到

$$\gamma_{en}(t)-\gamma_s(t)=x''(t)+\tau_d\omega_0^2 x'(t)+(\omega_0^2+\omega_p^2)x(t)+\frac{\omega_0^2}{\tau_i}\int_0^t x(\tau)\,\mathrm{d}\tau-$$

$$\omega_0^2\left[x_n(t)+\tau_d x'_n(t)+\frac{1}{\tau_i}\int_0^t x_n(\tau)\,\mathrm{d}\tau\right] \tag{17-31}$$

如果忽略环境(磁、电、热)引起的检验质量扰动加速度 $\gamma_{en}(t)$ 和合成的位移噪声 $x_n(t)$,式(17-31)所表达的受伺服控制的检验质量运动积分微分方程可以改写为

$$-\gamma_s(t)=x''(t)+\tau_d\omega_0^2 x'(t)+(\omega_0^2+\omega_p^2)x(t)+\frac{\omega_0^2}{\tau_i}\int_0^t x(\tau)\,\mathrm{d}\tau \tag{17-32}$$

从式(17-32)可以看出,闭环伺服控制形成的刚度为

$$k_{cl}=m_i(\omega_0^2+\omega_p^2) \tag{17-33}$$

式中　k_{cl}——闭环伺服控制形成的刚度,N/m。

从式(17-33)可以看到,称 ω_0 为加速度计的基础角频率是非常恰当的。

从式(17-32)还可以看出,检验质量移动的电阻尼(或称冷阻尼)系数为

$$\eta_{el}=m_i\tau_d\omega_0^2 \tag{17-34}$$

式中　η_{el}——检验质量移动的电阻尼系数,N/(m/s)。

式(17-34)证实了 17.3.4 节所述,"PID 校正网络的微分时间常数用以产生电阻尼"。

将式(17-20)代入式(17-30),得到

$$-\omega_p^2 = \frac{2\varepsilon_0 A}{m_i d^3}(V_p^2 + V_d^2) \tag{17-35}$$

图 17-4 显示 x 轴被拆分为四对电极,y 轴和 z 轴分别被拆分为两对电极。从式(17-35)可以看到,虽然每对电极的面积被拆分小了,但拆分后每对电极分担的质量也被拆分小了,因此,不论电极是否被拆分,$|\omega_p^2|$ 的值是不变的。

将式(17-35)与式(17-24)相对照可以看到,想要显著降低 $-\omega_p^2$ 值而不降低静电悬浮加速度计的量程,又不想随之加大 $V_f(t)$ 值,只能显著加大 d 值,并依平方关系更加显著地加大 A 值,即显著加大敏感结构的尺寸才行。从工程角度来看,这是不现实的。

文献[55]给出 GRADIO 加速度计取 $\tau_d = 3/\omega_0$,$\tau_i = 10/\omega_0$,此种选择理应具有普遍意义。其中

$$\omega_0 = 2\pi f_0 \tag{17-36}$$

式中 f_0 —— 加速度计的基础频率[55],Hz。

f_0 也称为闭环自然频率[20]。需要指出的是,文献[56]将之称为闭环控制带宽、文献[57]将之称为加速度计带宽是不恰当的,因为这样称呼会与 -3 dB 带宽相混淆。

文献[58]给出 STAR 加速度计 $f_0 = 5$ Hz,即 $\omega_0 = 31.416$ rad/s。文献[56,57]给出 GRADIO 加速度计 $f_0 = 20$ Hz,即 $\omega_0 = 125.66$ rad/s。考虑到 SuperSTAR 加速度计是在 GRADIO 加速度计研制过程中穿插进来的,且有同样的 1a 级和 1b 级输出数据率,揣测也是 $f_0 = 20$ Hz,即 $\omega_0 = 125.66$ rad/s(该揣测的正确性参见 18.3.6 节)。利用表 17-3 给出的 m_i 和表 17-4 给出的 k_{neg} 和 G_p,由式(17-29)和式(17-30)得到 STAR,SuperSTAR 和 GRADIO 加速度计 US 轴 K_s 和 ω_p^2,如表 17-5 所示。

表 17-5 STAR,SuperSTAR,GRADIO 加速度计 US 轴 f_0,ω_0,K_s 和 ω_p^2

参数	单位	STAR	SuperSTAR	GRADIO
f_0	Hz	5	20	20
ω_0	rad/s	31.416	125.66	125.66
K_s	V/m	$5.426\,2 \times 10^6$	$9.453\,1 \times 10^8$	$1.625\,1 \times 10^{10}$
ω_p^2	rad²/s²	-51.536	$-1.193\,2$	$-4.940\,3 \times 10^{-2}$

令

$$\left. \begin{array}{l} p = \tau_d \omega_0^2 \\ q = \omega_0^2 + \omega_p^2 \\ r = \dfrac{\omega_0^2}{\tau_i} \end{array} \right\} \tag{17-37}$$

利用表 17-3 给出的 m_i 和表 17-5 给出的 ω_0,ω_p^2,由式(17-33)至式(17-37)得到 STAR,SuperSTAR 和 GRADIO 加速度计 US 轴 k_{cl},τ_d,τ_i,η_{el},p,q 和 r,如表 17-6 所示。

表 17-6　STAR，SuperSTAR，GRADIO 加速度计 US 轴 k_{el}，τ_d，τ_i，η_{el}，p，q 和 r

参数	单位	STAR	SuperSTAR	GRADIO
K_{el}	N/m	67.351	1 136.8	5 021.3
$\tau_d (= 3/\omega_0)$	s	$9.549\ 3 \times 10^{-2}$	$2.387\ 3 \times 10^{-2}$	$2.387\ 3 \times 10^{-2}$
$1/\tau_i (\tau_i = 10/\omega_0)$	s^{-1}	3.141 6	12.566	12.566
η_{el}	N/(m/s)	6.785 8	27.143	119.88
p	s^{-1}	94.248	376.99	376.99
q	s^{-2}	935.42	15 790	15 791
r	s^{-3}	3 100.6	$1.984\ 4 \times 10^5$	$1.984\ 4 \times 10^5$

将式(17-37)代入式(17-32)，得到

$$x''(t) + px'(t) + qx(t) + r\int_0^t x(\tau)\,\mathrm{d}\tau = -\gamma_s(t) \tag{17-38}$$

17.5.2　位移对于输入加速度的阶跃响应

对式(17-38)求导，得到

$$x'''(t) + px''(t) + qx'(t) + rx(t) = -\gamma'_s(t) \tag{17-39}$$

式(17-39)为常系数非齐次线性微分方程，其相应的齐次线性微分方程为

$$x'''(t) + px''(t) + qx'(t) + rx(t) = 0 \tag{17-40}$$

式(17-40)的特征方程为

$$\lambda^3 + p\lambda^2 + q\lambda + r = 0 \tag{17-41}$$

令[59]

$$\lambda = \mu - \frac{p}{3} \tag{17-42}$$

将式(17-42)代入式(17-41)，得到

$$\mu^3 + \left(q - \frac{1}{3}p^2\right)\mu + \frac{1}{3}p\left(\frac{2}{9}p^2 - q\right) + r = 0 \tag{17-43}$$

令

$$\left.\begin{array}{l} \xi = q - \dfrac{1}{3}p^2 \\[2mm] \eta = \dfrac{1}{3}p\left(\dfrac{2}{9}p^2 - q\right) + r \end{array}\right\} \tag{17-44}$$

将式(17-44)代入式(17-43)，得到

$$\mu^3 + \xi\mu + \eta = 0 \tag{17-45}$$

式(17-45)所示特征方程的判别式为[59]

$$D = \left(\frac{\xi}{3}\right)^3 + \left(\frac{\eta}{2}\right)^2 \tag{17-46}$$

式(17-45)的根表达式为[59]

$$
\left.
\begin{array}{l}
\mu_1 = -\dfrac{1}{2}(u+v) + \mathrm{j}\dfrac{\sqrt{3}}{2}(u-v) \\[2mm]
\mu_2 = -\dfrac{1}{2}(u+v) - \mathrm{j}\dfrac{\sqrt{3}}{2}(u-v) \\[2mm]
\mu_3 = u+v
\end{array}
\right\}
\tag{17-47}
$$

其中[59]

$$
\left.
\begin{array}{l}
u = -\sqrt[3]{\dfrac{1}{2}\eta - \sqrt{D}} \\[3mm]
v = -\sqrt[3]{\dfrac{1}{2}\eta + \sqrt{D}}
\end{array}
\right\}
\tag{17-48}
$$

利用表 17-6 给出的 p，q，r，由式（17-44）～式（17-48）和式（17-42）得到 STAR，SuperSTAR 和 GRADIO 加速度计 US 轴 ξ，η，D，u，v，μ_1，μ_2，μ_3，λ_1，λ_2 和 λ_3，如表 17-7 所示。

表 17-7　STAR，SuperSTAR 和 GRADIO 加速度计 US 轴
ξ，η，D，u，v，μ_1，μ_2，μ_3，λ_1，λ_2 和 λ_3

参数	单位	STAR	SuperSTAR	GRADIO
ξ	s^{-2}	$-2\,025.5$	$-31\,584$	$-31\,583$
η	s^{-3}	$35\,726$	$2.183\,0 \times 10^6$	$2.182\,9 \times 10^6$
D	s^{-6}	$1.131\,2 \times 10^7$	$2.446\,2 \times 10^{10}$	$2.446\,3 \times 10^{10}$
u	s^{-1}	-24.385	-97.788	-97.786
v	s^{-1}	-27.688	-107.66	-107.66
μ_1	s^{-1}	$26.037+2.860\,5\mathrm{j}$	$102.72+8.549\,4\mathrm{j}$	$102.72+8.551\,1\mathrm{j}$
μ_2	s^{-1}	$26.037-2.860\,5\mathrm{j}$	$102.72-8.549\,4\mathrm{j}$	$102.72-8.551\,1\mathrm{j}$
μ_3	s^{-1}	-52.073	-205.45	-205.45
λ_1	s^{-1}	$-5.379+2.860\,5\mathrm{j}$	$-22.94+8.549\,4\mathrm{j}$	$-22.94+8.551\,1\mathrm{j}$
λ_2	s^{-1}	$-5.379-2.860\,5\mathrm{j}$	$-22.94-8.549\,4\mathrm{j}$	$-22.94-8.551\,1\mathrm{j}$
λ_3	s^{-1}	-83.489	-331.11	-331.11

由式（17-47）和式（17-48）得到，若 $D>0$，则存在一个实根和两个共轭复根；若 $D=0$，则存在三个实根，其中至少有一对等根；若 $D<0$，则存在三个相异的实根[59]。由表 17-7 可知，对于 SuperSTAR，GRADIO 加速度计 US 轴 $D>0$。

由表 17-7 可以看到，λ_1，λ_2，λ_3 可表达为

$$
\left.
\begin{array}{l}
\lambda_1 = -\alpha + \mathrm{j}\omega \\
\lambda_2 = -\alpha + \mathrm{j}\omega \\
\lambda_3 = -\beta
\end{array}
\right\}
\tag{17-49}
$$

对于 SuperSTAR 加速度计 US 轴，由表 17-7 的 λ_1，λ_2，λ_3 得到

$$
\left.
\begin{array}{l}
\omega = 8.549\,\mathrm{s}^{-1} \\
\alpha = 22.94\,\mathrm{s}^{-1} \\
\beta = 331.1\,\mathrm{s}^{-1}
\end{array}
\right\}
\tag{17-50}
$$

由此得到式(17 - 40) 所表达的齐次线性微分方程的通解为[59]

$$x(t) = (A\cos\omega t + B\sin\omega t)\exp(-\alpha t) + C\exp(-\beta t) \tag{17-51}$$

将 $x(0) = 0$ 代入式(17 - 51),得到

$$A + C = 0 \tag{17-52}$$

将式(17 - 51) 求导,得到

$$x'(t) = -\alpha(A\cos\omega t + B\sin\omega t)\exp(-\alpha t) +$$
$$(B\omega\cos\omega t - A\omega\sin\omega t)\exp(-\alpha t) - \frac{C}{\tau_2}\exp(-\beta t) \tag{17-53}$$

将 $x'(0) = 0$ 代入式(17 - 53),得到

$$B\omega = \alpha A + \beta C \tag{17-54}$$

将式(17 - 52) 代入式(17 - 54),得到

$$B\omega = A(\alpha - \beta) \tag{17-55}$$

将式(17 - 50) 代入式(17 - 55),得到

$$\{B\}_m \{\omega\}_{rad/s} = -308.17 \{A\}_m \tag{17-56}$$

已知定积分公式[60]:

$$\left. \begin{array}{l} \displaystyle\int_0^\infty e^{-ax}\cos bx\,dx = \frac{a}{a^2+b^2} \\[2mm] \displaystyle\int_0^\infty e^{-ax}\sin bx\,dx = \frac{b}{a^2+b^2} \\[2mm] \displaystyle\int_0^\infty e^{-ax}\,dx = \frac{1}{a} \end{array} \right\}, \quad a > 0 \tag{17-57}$$

利用式(17 - 57) 求式(17 - 51) 的定积分,得到

$$\int_0^\infty x(\tau)\,d\tau = \frac{\alpha A + B\omega}{\alpha^2 + \omega^2} + \frac{C}{\beta} \tag{17-58}$$

将式(17 - 50)、式(17 - 52) 和式(17 - 56) 代入式(17 - 58),得到

$$\int_0^\infty \{x(\tau)\}_m d\{\tau\}_s = -0.4789 \{A\}_m \tag{17-59}$$

对于非重力加速度阶跃而言,$\gamma_s(t)$ 为常数,记为 γ_s。这种情况下,将 $x''(\infty) = 0$,$x'(\infty) = 0$,$x(\infty) = 0$ 和式(17 - 59) 代入式(17 - 38),得到

$$0.4789 \{r\}_s^{-3} \{A\}_m = \{\gamma_s\}_{m/s^2} \tag{17-60}$$

将表 17 - 6 所示 SuperSTAR 加速度计 US 轴 r 值代入式(17 - 60),得到

$$\{A\}_m = 1.052 \times 10^{-5} \{\gamma_s\}_{m/s^2} \tag{17-61}$$

将式(17 - 61) 代入式(17 - 52),得到

$$\{C\}_m = -1.052 \times 10^{-5} \{\gamma_s\}_{m/s^2} \tag{17-62}$$

将式(17 - 50) 中的 ω 值和式(17 - 61) 代入式(17 - 56),得到

$$\{B\}_m = -3.792 \times 10^{-4} \{\gamma_s\}_{m/s^2} \tag{17-63}$$

将式(17 - 50) 中的 ω 值和式(17 - 61) ~ 式(17 - 63) 代入式(17 - 51),得到

$$-\frac{\{x(t)\}_m}{\{\gamma_s\}_{m/s^2}} = (3.792 \times 10^{-4}\sin 8.549\{t\}_s - 1.052 \times 10^{-5}\cos 8.549\{t\}_s) \times$$
$$\exp(-22.94\{t\}_s) + 1.052 \times 10^{-5}\exp(-331.1\{t\}_s) \tag{17-64}$$

图 17 - 26 给出了式(17 - 64) 所示 SuperSTAR 加速度计 US 轴位移对于输入加速度的阶跃响应。

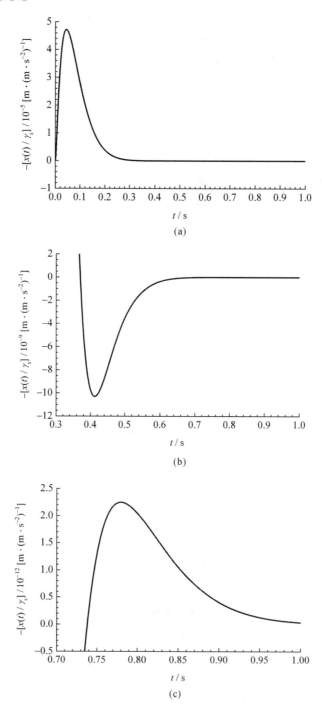

图 17-26　式(17-64)所示 SuperSTAR 加速度计 US 轴位移对于输入加速度的阶跃响应

(a) 主峰；　(b) 二次峰；　(c) 三次峰

从图 17-26(a) 所对应的 Origin 原图可以得到，该阶跃响应的主峰发生在 $t_{p1} = 0.045$ s，相应的 $x(t_{p1})/\gamma_s = -4.722 \times 10^{-5}$ m/(m·s^{-2})。表 17-2 给出，SuperSTAR 加速度计 US 轴输入范围为 $\pm 5 \times 10^{-5}$ m·s^{-2}，由该主峰得到，在规定输入范围内非重力加速度阶跃的作用下，检验质量产生的位移在 $t_{p1} = 0.045$ s 达到 2.36 nm 的反向最大值。

从图 17-26(a) 所对应的 Origin 原图还可以得到,在规定输入范围内非重力加速度阶跃的作用下,当 $t=0.100$ s 时位移 1.41 nm,当 $t \geqslant 0.121$ s 时位移小于 1.00 nm。从而证明符合 17.3.4 节所述:"PID 校正网络的积分时间常数使得输入范围内不论非重力阶跃加速度是大是小,检验质量经历最初的运动之后,都能逐渐回复到准平衡位置。""检验质量块的运动被限制到小于 1 nm 对加速度计的线性度及其特性的稳定性有益。""由于敏感结构不可避免存在对称性的缺陷,从而使得电容位移检测电压的有效值 V_d、固定偏压 V_p 和接触电位差的波动都会与对称性缺陷共同作用,引起加速度测量噪声;检验质量稳定在准平衡位置,可以使该项噪声最小化。"

从图 17-26(b) 可以看到,该阶跃响应的二次峰与一次峰方向相反。从该图所对应的 Origin 原图可以得到,二次峰发生在 $t_{p2} = 0.412$ s,相应的 $x(t_{p2})/\gamma_s = 1.030 \times 10^{-8}$ m/(m·s^{-2})。由该二次峰得到,在规定输入范围内非重力加速度阶跃的作用下,检验质量产生的位移在 $t_{p2} = 0.412$ s 达到 0.515 pm 的反向最大值。

从图 17-26(c) 可以看到,该阶跃响应的三次峰与一次峰方向相同。从该图所对应的 Origin 原图可以得到,三次峰发生在 $t_{p3} = 0.780$ s,相应的 $x(t_{p3})/\gamma_s = -2.248 \times 10^{-12}$ m/(m·s^2)。由该三次峰得到,在规定输入范围内非重力加速度阶跃的作用下,检验质量产生的位移在 $t_{p3} = 0.780$ s 达到 0.124 fm 的正向最大值。

为了了解在非重力加速度阶跃作用下,检验质量以衰减振荡运动的方式回归到准平衡位置所需要的时间,图 17-27 给出了上述三个峰的绝对值 $|x(t_p)/\gamma_s|$ 相对于峰时刻 t_p 的关系曲线。可以看到,每过 0.1 s,$|x(t_p)/\gamma_s|$ 缩小一个量级。

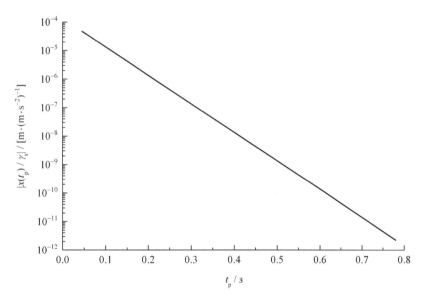

图 17-27　$|x(t_p)/\gamma_s| - t_p$ 关系曲线

位移的二次峰和三次峰会被位移噪声所掩盖。从而证明符合 17.3.4 节"良好的阻尼应该使得检验质量的运动经过不多几次振荡就稳定下来"的要求。

17.5.3　PID 校正网络的积分时间常数所起作用的反向验证

为了反向验证 PID 校正网络的积分时间常数所起作用,我们强制式(17-32)中积分时

间常数的倒数 $1/\tau_i = 0$。于是,式(17-32)改写为

$$x''(t) + px'(t) + qx(t) = -\gamma_s(t) \qquad (17-65)$$

式(17-65)为常系数非齐次线性微分方程,其相应的齐次线性微分方程为

$$x''(t) + px'(t) + qx(t) = 0 \qquad (17-66)$$

式(17-66)的特征方程为

$$\lambda^2 + p\lambda + q = 0 \qquad (17-67)$$

式(17-67)所示特征方程的判别式为[59]

$$D = p^2 - 4q \qquad (17-68)$$

将表17-6所示 SuperSTAR 加速度计 US 轴 p, q 值代入式(17-68),得到 $D = 78\,961$ s^{-2},即 $D > 0$。此时式(17-67)的根表达式为[59]

$$\left.\begin{aligned} \lambda_1 &= \frac{-p + \sqrt{D}}{2} \\ \lambda_2 &= \frac{-p - \sqrt{D}}{2} \end{aligned}\right\} \qquad (17-69)$$

式(17-66)所表达的齐次线性微分方程的通解为[59]

$$x(t) = A\exp(\lambda_1 t) + B\exp(\lambda_2 t) \qquad (17-70)$$

将上述 p, D 值代入式(17-69),得到 $\lambda_1 = -47.995 \ \mathrm{s}^{-1}$, $\lambda_2 = -329.00 \ \mathrm{s}^{-1}$。将其代入式(17-70),得到

$$\{x(t)\}_m = \{A\}_m \exp(-47.995\,\{t\}_s) + \{B\}_m \exp(-329.00\,\{t\}_s) \qquad (17-71)$$

如17.5.2节所述,对于非重力加速度阶跃而言,$\gamma_s(t)$ 为常数,记为 γ_s。这种情况下,将 $x''(\infty) = 0$, $x'(\infty) = 0$ 代入式(17-65),得到

$$x(\infty) = -\frac{\gamma_s}{q} \qquad (17-72)$$

式(17-72)是式(17-65)的一个特解。鉴于非齐次线性微分方程的通解是它的一个特解与对应齐次线性微分方程的通解之和[60],所以由式(17-71)和式(17-72)得到式(17-65)的通解为

$$\{x(t)\}_m = \{A\}_m \exp(-47.995\,\{t\}_s) + \{B\}_m \exp(-329.00\,\{t\}_s) - \frac{\{\gamma_s\}_{m/s^2}}{\{q\}_{s^{-2}}} \qquad (17-73)$$

将 $x(0) = 0$ 代入式(17-73),得到

$$B = \frac{\gamma_s}{q} - A \qquad (17-74)$$

将式(17-73)求导,得到

$$\{x'(t)\}_{m/s} = -47.995\,\{A\}_m \exp(-47.995\,\{t\}_s) - 329.00\,\{B\}_m \exp(-329.00\,\{t\}_s) \qquad (17-75)$$

将 $x'(0) = 0$ 代入式(17-75),得到

$$47.995\,\{A\}_m + 329.00\,\{B\}_m = 0 \qquad (17-76)$$

将式(17-74)及表17-6所示 SuperSTAR 加速度计 US 轴 q 值代入式(17-76),得到

$$\{A\}_m = 7.414\,8 \times 10^{-5}\,\{\gamma_s\}_{m/s^2} \qquad (17-77)$$

将式(17-77)代入式(17-76),得到

$$\{B\}_m = -1.081\,7 \times 10^{-5}\,\{\gamma_s\}_{m/s^2} \qquad (17-78)$$

将式(17－77)、式(17－78)及表 17－6 所示 SuperSTAR 加速度计 US 轴 q 值代入式(17－73),得到

$$-\frac{\{x(t)\}_m}{\{\gamma_s\}_{m/s^2}}=6.333\ 1\times10^{-5}-7.414\ 8\times10^{-5}\exp(-47.995\ \{t\}_s)+$$
$$1.081\ 7\times10^{-5}\exp(-329.00\ \{t\}_s) \tag{17－79}$$

图 17－28 给出式(17－79)所示积分时间常数的倒数 $1/\tau_i=0$ 时 SuperSTAR 加速度计 US 轴位移对于输入加速度的阶跃响应。

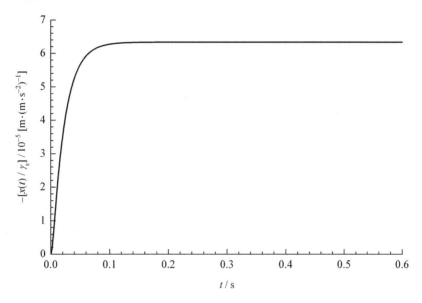

图 17－28　式(17－79)所示积分时间常数的倒数 $1/\tau_i=0$ 时 SuperSTAR 加速度计
US 轴位移对于输入加速度的阶跃响应

从图 17－28 可以看到,积分时间常数的倒数 $1/\tau_i=0$ 时 $x(\infty)$ 与 γ_s 成正比,从该图所对应的 Origin 原图可以得到,$x(\infty)/\gamma_s=-6.333\ 1\times10^{-5}$ m/(m · s^2),从而反向证实了 17.3.4 节对积分时间常数作用的描述。

由于 SuperSTAR 加速度计 US 轴输入范围为 $\pm5\times10^{-5}$ ms^{-2},因此,在规定输入范围内非重力加速度阶跃的作用下,检验质量产生的位移不超过 3.167 nm。

为了了解积分时间常数的倒数 $1/\tau_i=0$ 时,在非重力加速度阶跃作用下,检验质量运动到新的稳定位置所需要的时间,图 17－29 给出了式(17－79)所表达的位移对于输入加速度的阶跃响应 $x(t)/\gamma_s$ 与 $x(\infty)/\gamma_s$ 之差随时间的变化曲线。从该图所对应的 Origin 原图可以得到,$t=0.1$ s 时 $[x(t)-x(\infty)]/\gamma_s=6.105\ 2\times10^{-7}$ m/(m · s^2),$t=0.2$ s 时 $[x(t)-x(\infty)]/\gamma_s=5.027\ 0\times10^{-9}$ m/(m · s^2),$t=0.3$ s 时 $[x(t)-x(\infty)]/\gamma_s=4.139\ 1\times10^{-11}$ m/(m · s^2),即每过 0.1 s,检验质量与新稳定位置的距离就缩短两个量级以上。考虑到 SuperSTAR 加速度计 US 轴输入范围为 $\pm5\times10^{-5}$ m · s^{-2},得到在规定输入范围内非重力加速度阶跃的作用下,$t=0.1$ s 时 $x(t)-x(\infty)_s$ 不超过 30.526 pm,$t=0.2$ s 时 $x(t)-x(\infty)_s$ 不超过 0.251 35 pm,$t=0.3$ s 时 $x(t)-x(\infty)_s$ 不超过 2.069 6 fm,从而证明文献[55]给出的微分时间常数起到了很好的电阻尼作用。

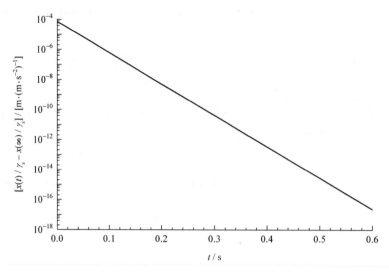

图 17-29 $[x(t) - x(\infty)]/\gamma_s$ 随时间的变化曲线

17.5.4 实施 Laplace 变换

17.5.2 节和 17.5.3 节用求解微分方程的方法得到了位移对于输入加速度的阶跃响应，并反向验证了 PID 校正网络的积分时间常数所起作用。可以看到，求解微分方程的方法直观、准确，但相当烦琐。而且，17.5.3 节与 17.5.2 节相比，只是改变了一个参数（令积分时间常数 $\tau_i \to \infty$ s），就需要重新求解新的微分方程。如果微分方程的阶次进一步提高，求解将变得更加困难。

运用 Laplace 变换求解线性定常系统时域模型的常系数线性积分微分方程，即先变换，再求解，最后还原为时间函数，可以使复杂问题简单化。从数学角度看，运用 Laplace 变换方法的优点表现在[61]：

（1）求解的步骤得到简化，同时可以给出积分微分方程的特解和补解（也称余解，即齐次解），而且初始条件自动包含在变换式里。

（2）Laplace 变换分别将"微分"、"积分"运算转换为"乘法"、"除法"运算。也即把积分微分方程转换为代数方程。这种变换与初等数学中的对数变换很相似，在那里，乘、除法被转换为加、减法运算。当然，对数变换所处理的对象是"数"，而 Laplace 变换所处理的对象是函数。

（3）指数函数、超越函数以及有不连续点的函数，经 Laplace 变换可转换为简单的初等函数。对于某些非周期性的具有不连续点的函数，用古典法求解比较烦琐，而用 Laplace 变换方法就很简便。

（4）Laplace 变换把时域中的两函数的卷积运算转换为变换域中两函数的乘法运算，在此基础上建立了系统函数[①]的概念，这一重要概念的应用为研究信号经线性系统传输问题提供了许多方便。

---

① 系统零状态（初始条件为零）响应（即输出）的 Laplace 变换与激励（即输入）的 Laplace 变换之比称为"系统函数"。

（5）利用系统函数零点、极点分布可以简明、直观地表达系统性能的许多规律。系统的时域、频域特性集中地以其系统函数零、极点特征表现出来；从系统的观点看，为了考查输入-输出关系，并不需要关心组成系统内部的结构和参数，只需从外部特性，从零、极点特性来考察和处理。

为此，我们对式（17-31）进行 Laplace 变换。我们知道 $x(t)$ 的 Laplace 变换为 $X(s)$，$x'(t)$ 的 Laplace 变换为 $sX(s)-x(0)$，$x''(t)$ 的 Laplace 变换为 $s^2X(s)-sx(0)-x'(0)$，$\int_0^t x(\tau)\,\mathrm{d}\tau$ 的 Laplace 变换为 $X(s)/s^{[60]}$。由于 $x(0)=0,x'(0)=0$，得到

$$\Gamma_{en}(s)-\Gamma_s(s)=\left[\omega_0^2\left(1+\tau_d s+\frac{1}{\tau_i s}\right)+(s^2+\omega_p^2)\right]X(s)-\omega_0^2\left(1+\tau_d s+\frac{1}{\tau_i s}\right)X_n(s)$$

$$(17-80)$$

式中　　s——Laplace 变换建立的复数角频率，也称为 Laplace 算子，$\mathrm{rad/s}$；

　　$\Gamma_{en}(s)$——$\gamma_{en}(t)$ 的 Laplace 变换；

　　$\Gamma_s(s)$——$\gamma_s(t)$ 的 Laplace 变换；

　　$X(s)$——$x(t)$ 的 Laplace 变换；

　　$X_n(s)$——$x_n(t)$ 的 Laplace 变换。

令[1]

$$H(s)=\omega_0^2\left(1+\tau_d s+\frac{1}{\tau_i s}\right)\tag{17-81}$$

式中　　$H(s)$——$h(t)$ 的 Laplace 变换，s^{-2}。

将式（17-81）代入式（17-80），得到

$$\Gamma_{en}(s)-\Gamma_s(s)=\left[H(s)+(s^2+\omega_p^2)\right]X(s)-H(s)X_n(s)\tag{17-82}$$

将式（17-30）和式（17-23）代入式（17-22），并进行 Laplace 变换，得到

$$\Gamma_{msr}(s)=\Gamma_s(s)-\Gamma_{en}(s)+(s^2+\omega_p^2)X(s)\tag{17-83}$$

式中　　$\Gamma_{msr}(s)$——$\gamma_{msr}(t)$ 的 Laplace 变换。

式（17-82）与式（17-83）联立，可以消除 $\Gamma_{msr}(s)-\Gamma_s(s)$：

$$\Gamma_{msr}(s)=-H(s)\left[X(s)-X_n(s)\right]\tag{17-84}$$

从式（17-84）可以看到，$H(s)$ 代表加速度测量值与位移间的关系。

由式（17-84）得到

$$X(s)=-\frac{\Gamma_{msr}(s)-H(s)X_n(s)}{H(s)}\tag{17-85}$$

将式（17-85）代入式（17-83），得到

$$\Gamma_{msr}(s)=\frac{H(s)}{H(s)+(s^2+\omega_p^2)}\left[\Gamma_s(s)-\Gamma_{en}(s)+(s^2+\omega_p^2)X_n(s)\right]\tag{17-86}$$

对式（17-6）进行 Laplace 变换，得到

$$X(s)=X_m(s)-X_e(s)\tag{17-87}$$

式中　　$X_m(s)$——$x_m(t)$ 的 Laplace 变换；

　　$X_e(s)$——$x_e(t)$ 的 Laplace 变换。

将式（17-87）代入式（17-82），得到

$$X_m(s)=X_e(s)+\frac{\Gamma_{en}(s)-\Gamma_s(s)}{H(s)+(s^2+\omega_p^2)}+\frac{H(s)X_n(s)}{H(s)+(s^2+\omega_p^2)}\tag{17-88}$$

17.5.5 讨论

17.5.5.1 测量带宽内合成的位移噪声引起的加速度测量噪声

表 17-2 给出 SuperSTAR 加速度计 US 轴测量带宽为 $(1 \times 10^{-4} \sim 0.1)$ Hz，17.5.1 节揣测 SuperSTAR 加速度计的基础频率 $f_0 = 20$ Hz，文献[24]之图 8.20 给出了 SuperSTAR 加速度计 US 轴归一化闭环传递函数的幅值谱，据此三点揣测 SuperSTAR 加速度计 US 轴环内采用一阶有源低通滤波电路[由于简单的 RC 低通网络即为一阶无源低通滤波器，它的缺点是当加负载时，其特性将发生变化(参见 12.8.3 节)，而一阶有源低通滤波器是一个阻抗变换器，可以有效隔断负载的影响，且低频增益 A0 可以自由地选取，所以该低通滤波电路应该是有源的]，其截止频率 $f_c = 7.5 f_0$，即 $f_c = 150$ Hz，或 $\omega_c = 942.48$ rad/s(该揣测的正确性参见 18.3.6 节)。

由此可见，测量带宽内 $f \ll f_0 \ll f_c$，即 $s \to 0$。而由式(17-81)得到，当 $s \to 0$ 时，$H(s) \to \infty$，因此，由式(17-86)得到

$$\Gamma_{msr}(s) \to \left[\Gamma_s(s) - \Gamma_{en}(s) + \omega_p^2 X_n(s) \right], \quad s \to 0 \tag{17-89}$$

式(17-89)表示，当 $s \to 0$(即 $f \ll f_0 \ll f_c$)时，加速度测量值由卫星的非重力加速度、环境(磁、电、热)引起的检验质量扰动加速度以及合成的位移噪声引起的加速度等三项组成。因此，其中合成的位移噪声引起的加速度测量噪声为

$$\tilde{\gamma}_{x_n}(t) = \omega_p^2 x_n(t), \quad f \ll f_0 \ll f_c \tag{17-90}$$

式中 $\tilde{\gamma}_{x_n}(t)$—— 合成的时域位移噪声引起的时域加速度测量噪声，m/s^2。

将式(17-20)和式(17-30)代入式(17-90)，得到

$$\tilde{\gamma}_{x_n}(t) = -\frac{2\varepsilon_0 A}{m_i d^3}(V_p^2 + V_d^2) x_n(t), \quad f \ll f_0 \ll f_c \tag{17-91}$$

式(17-91)即为测量带宽内合成的位移噪声引起加速度测量噪声的数学表达式。

17.5.5.2 测量带宽内检验质量相对电极笼中心的偏离

当 $s \to 0$ 时，$H(s) \to \infty$，因此，由式(17-88)得到

$$X_m(s) \to X_e(s) + X_n(s), \quad s \to 0 \tag{17-92}$$

将式(17-87)代入式(17-92)得到

$$X(s) \to X_n(s), \quad s \to 0 \tag{17-93}$$

对式(17-93)进行 Laplace 变换的反演，得到

$$x(t) = x_n(t), \quad f \ll f_0 \ll f_c \tag{17-94}$$

式(17-94)表示，在规定输入范围和测量带宽内，检验质量相对电极笼中心的偏离与非重力加速度大小无关，仅由合成的位移噪声决定。这与 17.3.4 节所述"PID 校正网络的积分时间常数使得输入范围内不论非重力阶跃加速度是大是小，检验质量经历最初的运动之后，都能逐渐回复到准平衡位置"是一致的。

17.6 实施捕获所需要的条件

17.6.1 机理

17.4 节推导检验质量在电极笼内运动的微分方程时，从式(17-13)开始，使用了只对捕获完成后适用的 $x^2(t) \ll d^2$ 这一条件。而推导实施捕获所需要的反馈控制电压范围时，该条件

不成立,为此需要从式(17-12)出发进行推导。

17.3.2 节指出,机械限位用于限制检验质量自由运动。由此可知,倘若捕获过程中(包括捕获前及捕获后)存在外来加速度,捕获前检验质量必定处于限位处。文献[37]指出:

(1)检验质量如果与限位相接触,参与接触的机械部分不可避免会产生黏着,其特性和强度仰赖于材料、表面延伸、压力和经受的振动等等。

(2)长期施加稳定的压力会使黏着现象增强。

(3)STAR 和 SuperSTAR 加速度计的开发和飞行经验已经显示,在检验质量与限位间的黏着力比 10^{-5} N 低得多。

(4)在 GRADIO 加速度计中,采取三项措施使检验质量与限位间的黏着力最小化:用称之为 Arcap 的铜-镍合金制造终端限位;与检验质量相接触的终端限位表面有一个微小的弯曲,对于裸眼不可见,确保检验质量与棱边不接触;用二硫化钼干膜润滑剂涂覆终端限位。

(5)GRADIO 加速度计典型的黏着力为 $F_a = 0.95 \mu$N,最坏情形的黏着力为 $F_{a,\max} = 1.75 \mu$N。

若外来加速度 γ_s 为正值,即检验质量相对于电极笼存在一个惯性力 $-m_i\gamma_s$(负号表示方向朝下),则按图 17-21 定义的正方向,捕获前检验质量必定与下限位相贴,即 $x(0)$ 为负值。按式(17-12)后的说明,为了实现捕获,施加反馈控制后检验质量受到的静电力必须指向电极笼中央,即检验质量与下限位相贴时反馈控制电压 $V_f(0)$ 必须为正值。由于存在惯性力 $-m_i\gamma_s$ 以及检验质量与限位相贴所产生的黏着力 F_a,$F_{el}(0)$ 必须大于 $F_a + m_i\gamma_s$,才能把检验质量拉离下限位处。将此要求代入式(17-12),得到

$$F_{el}(0) = 2\varepsilon_0 A \frac{V_p V_f(0)\left[d^2 + x^2(0)\right] + \left[V_p^2 + V_d^2 + V_f^2(0)\right] x(0)d}{\left[d^2 - x^2(0)\right]^2} > F_a + m_i\gamma_s$$

$$(17-95)^{①}$$

式中　$F_{el}(0)$——检验质量与限位相贴时受到的静电力(向上为正),N;

　　　$V_f(0)$——检验质量与限位相贴时的反馈控制电压[施加到下电极的为 $+V_f(0)$],V;

　　　$x(0)$——检验质量与限位相贴时相对电极笼中心的偏离(向上为正),m;

　　　F_a——检验质量与限位相接触所产生的黏着结合力,N;

　　　γ_s——捕获过程中的外来加速度(向上为正),m/s²。

从式(17-95)可以得到,在敏感结构参数及 V_p,V_d 已经确定的前提下,能实现捕获的外来加速度范围取决于反馈控制电压可输出的最大绝对值。

由式(17-95)得到

$$-x(0)dV_f^2(0) - \left[d^2 + x^2(0)\right]V_p V_f(0) - (V_p^2 + V_d^2)x(0)d + \frac{F_a + m_i\gamma_s}{2\varepsilon_0 A}\left[d^2 - x^2(0)\right]^2 < 0$$

$$(17-96)^{②}$$

由式(17-96)得到检验质量与下限位相贴时能够实施捕获的反馈控制申压范围为

---

① 如果用绝对值进行计算,式(17-95)应该表达为

$$F_{el}(0) = 2\varepsilon_0 A \frac{V_p V_f(0)\left[d^2 + x^2(0)\right] + \left[V_p^2 + V_d^2 + V_f^2(0)\right] x(0)d}{\left[d^2 - x^2(0)\right]^2} > F_a + m_i\gamma_s$$

② 如果用绝对值进行计算,式(17-96)应该表达为

$$x(0)dV_f^2(0) - \left[d^2 + x^2(0)\right]V_p V_f(0) - (V_p^2 + V_d^2)x(0)d + \frac{F_a + m_i\gamma_s}{2\varepsilon_0 A}\left[d^2 - x^2(0)\right]^2 < 0$$

$$V_f(0) > \cfrac{[d^2 + x^2(0)]V_p - \sqrt{[d^2 - x^2(0)]^2\left[V_p^2 + \cfrac{2x(0)d(F_a + m_i\gamma_s)}{\varepsilon_0 A}\right] - [2x(0)dV_d]^2}}{-2x(0)d} \Bigg\}$$

$$V_f(0) < \cfrac{[d^2 + x^2(0)]V_p + \sqrt{[d^2 - x^2(0)]^2\left[V_p^2 + \cfrac{2x(0)d(F_a + m_i\gamma_s)}{\varepsilon_0 A}\right] - [2x(0)dV_d]^2}}{-2x(0)d}$$

$$(17 - 97)^{①}$$

式(17-97)表明,反馈控制电压可输出的最大绝对值必须限制在一定的范围内才能实施捕获,过高过低都不行。

式(17-97)不应出现虚根,因而必须:

$$T_1 > T_2 \qquad\qquad (17 - 98)$$

其中

$$\left.\begin{array}{l} T_1 = [d^2 - x^2(0)]\sqrt{V_p^2 + \cfrac{2x(0)d(F_a + m_i\gamma_s)}{\varepsilon_0 A}} \\[4mm] T_2 = -2x(0)dV_d \end{array}\right\} \qquad (17 - 99)^{②}$$

以上推导基于 γ_s 为正值,因而 $x(0)$ 为负值,$V_f(0)$ 为正值得到的。若 γ_s 为负值,捕获前检验质量必定与上限位相贴,因而 $x(0)$ 为正值,$V_f(0)$ 为负值,则检验质量与上限位相贴时能够实施捕获的反馈控制电压范围为

$$-V_f(0) > \cfrac{[d^2 + x^2(0)]V_p - \sqrt{[d^2 - x^2(0)]^2\left[V_p^2 - \cfrac{2x(0)d(F_a - m_i\gamma_s)}{\varepsilon_0 A}\right] - [2x(0)dV_d]^2}}{2x(0)d} \Bigg\}$$

$$-V_f(0) < \cfrac{[d^2 + x^2(0)]V_p + \sqrt{[d^2 - x^2(0)]^2\left[V_p^2 - \cfrac{2x(0)d(F_a - m_i\gamma_s)}{\varepsilon_0 A}\right] - [2x(0)dV_d]^2}}{2x(0)d}$$

$$(17 - 100)^{③}$$

且

---

① 如果用绝对值进行计算,式(17-97)应该表达为

$$|V_f(0)| > \cfrac{[d^2 + x^2(0)]V_p - \sqrt{[d^2 - x^2(0)]^2\left[V_p^2 + \cfrac{2x(0)d(F_a + m_i\gamma_s)}{\varepsilon_0 A}\right] - [2x(0)dV_d]^2}}{-2x(0)d} \Bigg\}$$

$$|V_f(0)| < \cfrac{[d^2 + x^2(0)]V_p + \sqrt{[d^2 - x^2(0)]^2\left[V_p^2 + \cfrac{2x(0)d(F_a + m_i\gamma_s)}{\varepsilon_0 A}\right] - [2x(0)dV_d]^2}}{-2x(0)d}$$

② 如果用绝对值进行计算,式(17-99)应该表达为

$$\left.\begin{array}{l} T_1 = [d^2 - x^2(0)]\sqrt{V_p^2 + \cfrac{2x(0)d(F_a + m_i\gamma_s)}{\varepsilon_0 A}} \\[4mm] T_2 = -2x(0)dV_d \end{array}\right\}$$

③ 如果用绝对值进行计算,式(17-100)应该表达为

$$|V_f(0)| > \cfrac{[d^2 + x^2(0)]V_p - \sqrt{[d^2 - x^2(0)]^2\left[V_p^2 - \cfrac{2x(0)d(F_a - m_i\gamma_s)}{\varepsilon_0 A}\right] - [2x(0)dV_d]^2}}{2x(0)d} \Bigg\}$$

$$|V_f(0)| < \cfrac{[d^2 + x^2(0)]V_p + \sqrt{[d^2 - x^2(0)]^2\left[V_p^2 - \cfrac{2x(0)d(F_a - m_i\gamma_s)}{\varepsilon_0 A}\right] - [2x(0)dV_d]^2}}{2x(0)d}$$

$$T_1 = [d^2 - x^2(0)]\sqrt{V_p^2 - \frac{2x(0)d(F_a - m_i\gamma_s)}{\varepsilon_0 A}} \Biggr\}$$
$$T_2 = 2x(0)dV_d$$

$$(17-101)^{①}$$

17.6.2　验证

文献[37]用地基重力场倾角法检测了 GRADIO 加速度计 US 轴捕获模式下的输入范围、线性、标度因数和实施捕获期间反馈控制电压随输入加速度的变化。具体做法是:将加速度计安装在摆测试台(详见 26.1.3 节)的平台(以下简称摆平台)上并且用特定的高电压启动电路沿铅垂 LS 轴提供漂浮。对 US 轴的每个轴沿两侧慢慢地倾斜摆平台。倾角作为时间的函数沿锯齿形移动。最初,检验质量被漂浮在电极笼的中心,而且它相对于电极保持不动。当角度达到 1 g_{local} 的投影大于静电控制能力时,检验质量从中心"跌落",沿着 1 g_{local} 投影的方向与机械限位相贴。沿着这个轴,加速度测量是饱和的,但是检验质量沿着其他自由度仍然处于悬浮状态。然后,当静电力再次充分平衡 1 g_{local} 的投影时,检验质量被控制在中心。在检验质量捕获的短暂阶段之后,输出测量再次跟随施加的加速度。图 17-30 给出了 GRADIO 加速度计飞行件 ♯3 捕获模式下($V_p = 40$ V)沿 z 轴如此测量的一个例子。横坐标是倾角,纵坐标是依据式(17-23)由实际反馈控制电压 $V_f(t)$ 计算出来的加速度测量值 $\gamma_{msr}(t)$。

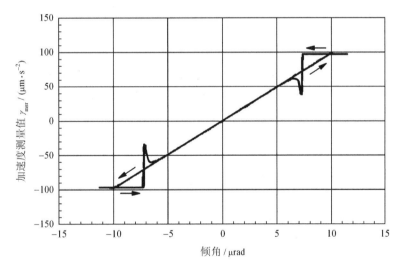

图 17-30　GRADIO 加速度计飞行件 ♯3 捕获模式下沿 z 轴来回倾斜摆平台时加速度测量值的变化[37]
(原图中没用箭头标识曲线的变化方向)

17.3.2 节给出 GRADIO 加速度计检验质量的惯性质量 $m_i = 318$ g,US 轴电极面积 $A = 2.08$ cm²,检验质量至极板的平均间隙 $d = 299$ μm。17.4.4 节给出电容位移检测电压的有效值 $V_d = 7.6$ V。文献[32]给出,GRADIO 加速度计检验质量的自由移动受机械限位限

---

①　如果用绝对值进行计算,式(17-101)应该表达为
$$T_1 = [d^2 - x^2(0)]\sqrt{V_p^2 - \frac{2x(0)d(F_a + m_i\gamma_s)}{\varepsilon_0 A}} \Biggr\}$$
$$T_2 = 2x(0)dV_d$$

制,沿 US 轴为 58 μm[即检验质量与限位相贴时相对电极笼中心的偏离 $x(0)=29\ \mu$m]。文献[37]给出捕获模式下检验质量上施加的固定偏压 $V_p=40$ V,在检验质量与限位间的典型的黏着力为 $F_a=0.95\ \mu$N。

用图片中曲线变成 Excel 表数据的软件 GetData Graph Digitizer 采集图 17-30 所示曲线,得到 GRADIO 加速度计飞行件 ♯3 捕获模式下倾角由 $-9.89\ \mu$rad 增大到 $-7.20\ \mu$rad,或由 $+9.75\ \mu$rad 减小到 $+7.31\ \mu$rad,加速度测量值 $\gamma_{msr}(t)$ 才开始脱离饱和状态。按 1.2 节给出的标准重力加速度 $g_n=9.806\ 65$ m/s² 计算,捕获模式下 US 轴仅在外来加速度处于 $\gamma_s=(-70.6\sim71.7)\ \mu$m/s² 的范围内才能够实现捕获。

若捕获过程中(包括捕获前及捕获后)外来加速度 $\gamma_s=71.7\ \mu$m/s²,则捕获前检验质量相对电极笼中心的偏离 $x(0)=-29\ \mu$m。将以上参数代入式(17-99),得到 $T_1=3.286\times10^{-6}$ m²·V,$T_2=1.318\times10^{-7}$ m²·V,式(17-98)成立。代入式(17-97),得到检验质量与下限位相贴时能够实施捕获的反馈控制电压范围为 18.85 V < $V_f(0)$ < 397.45 V,即 $V_f(0)$ < 18.85 V 或 $V_f(0)$ > 397.45 V 都无法实施捕获。

若捕获过程中(包括捕获前及捕获后)外来加速度 $\gamma_s=-70.6\ \mu$m/s²,则捕获前检验质量相对电极笼中心的偏离 $x(0)=29\ \mu$m。将以上参数代入式(17-101),得到 $T_1=3.290\times10^{-6}$ m²·V,$T_2=1.318\times10^{-7}$ m²·V,式(17-98)成立。代入式(17-100),得到检验质量与上限位相贴时能够实施捕获的反馈控制电压范围为 18.62 V < $-V_f(0)$ < 397.67 V,即 $-V_f(0)$ < 18.62 V 或 $-V_f(0)$ > 397.67 V 都无法实施捕获。

用 GetData Graph Digitizer 采集图 17-30 所示曲线,得到沿 z 轴的加速度测量值 $\gamma_{msr}(t)$ 被限制在 $(-96.44\sim96.94)\ \mu$m/s²。将相关参数代入式(17-21),得到捕获模式下 US 轴 $G_p=5.182\ 4\times10^{-6}$ m·s^{-2}/V,因而由式(17-23)得到,捕获模式下 US 轴反馈控制电压 $V_f(t)$ 被限制在 $(-18.6\sim18.7)$ V,在误差范围内分别刚刚满足上述捕获条件 18.62 V < $-V_f(0)$ < 397.67 V 和 18.85 V < $V_f(0)$ < 397.45 V。即图 17-30 所示实测结果验证了式(17-95)～式(17-101)的正确性。

由图 17-30 得到的上述结果表明,"能够实现捕获的外来加速度的范围"与"加速度测量值被限制的范围"不是相同的概念,不能互相混淆。前者于捕获前通过式(17-97)或式(17-100)、后者于捕获后通过式(17-23)受到"反馈控制电压被限制的范围"的制约;前者的范围为 $\gamma_s=(-70.6\sim71.7)\ \mu$m/s²,后者的范围为 $\gamma_{msr}(t)=(-96.44\sim96.94)\ \mu$m/s²,后者比前者宽。注意不要将各自对应的公式弄混。

还需要说明的是,文献[37]的作者以为检验质量的惯性质量 m_i 乘以图 17-30 曲线的纵坐标——即依据式(17-23)由实际反馈控制电压 $V_f(t)$ 计算出来的加速度测量值 $\gamma_{msr}(t)$——就是检验质量受到的静电力 $F_{el}(t)$,进而以为 US 捕获模式下的最大静电力为 32 μN。这是不对的。捕获完成前不满足 $x^2(t)\ll d^2$ 这一条件,只能用式(17-12)计算检验质量受到的静电力。仅在捕获完成后满足 $x^2(t)\ll d^2$ 这一条件,可用式(17-13)计算检验质量受到的静电力,并由式(17-13)得到,进一步当 $x(t)\ll d$ 时,第二项可以忽略,$F_{el}(t)=m_i\gamma_{msr}(t)=m_iG_pV_f(t)$ 才成立。

文献[37]作者的这一误解,导致对图 17-30 显示的静电控制能力的误解,认为除了黏着力外,还存在另一种阻止检验质量脱离限位的"静电寄生力",且该"静电寄生力"与固定偏压 V_p 成正比,典型的比例系数为 0.078 μN/V,最坏情况的比例系数为 0.17 μN/V。由于捕获模式下 $V_p=40$ V,因此捕获模式下"静电寄生力"的作用明显大于黏着力。实际上,这种"静电寄生力"是不存在的。

尽管文献[37]作者的理解是错误的,但是图17-30所示的测试结果起到了对17.6.1节所述机理的验证作用。证明了除黏着力外,再没有其他阻止检验质量脱离限位的作用力存在。

17.6.3　能够实施捕获的反馈控制电压范围与检验质量可自由移动距离的关系

17.6.3.1　概述

以 GRADIO 加速度计为例:17.3.2节给出检验质量的惯性质量 $m_i = 318$ g;电极面积:LS轴 $A = 9.92$ cm^2,US轴 $A = 2.08$ cm^2;检验质量至极板的平均间隙:LS轴 $d = 32$ μm,US轴 $d = 299$ μm。17.4.4节给出电容位移检测电压的有效值 $V_d = 7.6$ V。文献[32]给出,GRADIO 加速度计检验质量的自由移动受机械限位限制,沿 LS 轴为 32 μm[即检验质量与限位相贴时相对电极笼中心的偏离 $x(0) = 16$ μm]。17.6.2节给出检验质量的自由移动沿 US轴为 ±29 μm。文献[37,62]给出捕获模式下检验质量上施加的固定偏压 $V_p = 40$ V。文献[37]给出在检验质量与限位间的典型的黏着力为 $F_a = 0.95$ μN。

文献[21]给出 GRADIO 加速度计捕获模式下 US 轴输入范围为 ±2.3×10^{-5} m/s^2。由式(17-24)得到捕获模式下与输入极限对应的 $V_f(t) = 4.44$ V。若 GRADIO 加速度计 LS 轴捕获模式下与输入极限对应的 $V_f(t)$ 也是 4.44 V,则 LS 轴捕获模式下输入范围为 ±9.6×10^{-3} m/s^2。

17.6.2节给出 GRADIO 加速度计 US 轴能实现捕获的外来加速度范围为 $\gamma_s = \pm 71$ μm/s^2。即约为输入极限的3.1倍。仿照这一比例,按 LS 轴捕获模式下输入范围为 ±9.6×10^{-3} m/s^2 计算,LS轴能实现捕获的外来加速度范围为 $\gamma_s = \pm 3.0 \times 10^{-2}$ m/s^2。

由此可见,"捕获模式下的输入范围"与"能够实现捕获的外来加速度的范围"也不是相同的概念,也不能互相混淆。"捕获模式下的输入范围"需满足式(17-19)的要求,以使其基本符合定常系统的特征;而"能够实现捕获的外来加速度的范围"通过式(17-97)或式(17-100)受到"反馈控制电压被限制的范围"的制约,即"反馈控制电压被限制的范围"要考虑"能够实现捕获的外来加速度的范围"这一因素,且"反馈控制电压被限制的范围"并非均满足式(17-19)的要求,亦即并非均符合定常系统的特征,其结果必然导致后者比前者宽。

17.6.3.2　US轴

17.6.2节给出 GRADIO 加速度计 US 轴能实现捕获的外来加速度范围为 $\gamma_s = \pm 71$ μm/s^2。将以上参数代入式(17-99)或式(17-101),可以绘出 US 轴捕获模式下 $T_1 - x(0)$ 和 $T_2 - x(0)$ 关系曲线,如图17-31所示。

从图17-31可以看到,检验质量与限位相贴时相对电极笼中心的偏离 $x(0)$ 太大则不可能捕获。显然,能够实现捕获的 $x(0)$ 极大值与反馈控制电压可输出的最大绝对值 $|V_f(t)|_{\max}$ 有关。反言之,限位保证了在反馈控制电压 $V_f(t)$ 可达到的限度内能够实现捕获。由图17-31得到,$x(0)$ 不能超过 181.4 μm,显著大于单边 29 μm 的实际行程。因此,就 US 轴而言,在捕获模式下启动完全没有问题。将以上参数代入式(17-97)或式(17-100),可以绘出 $|V_f(0)| - x(0)$ 关系曲线,如图17-32所示。

从图17-32可以看到,检验质量与限位相贴时相对电极笼中心的偏离 $x(0)$ 越大,能实施捕获的反馈控制电压可输出的最大绝对值范围越窄。从图17-32所对应的 Origin 原图可以得到,当 $x(0) = 29$ μm 时,能够实施捕获的 $|V_f(0)|$ 范围为(18.7 ~ 397.6) V,即 $|V_f(0)| < 18.7$ V 或 $|V_f(0)| > 397.6$ V 都无法启动。需要说明的是,此处 18.7 V 与能

够实现捕获的外来加速度范围 $\gamma_s = (-70.6 \sim 71.7)\ \mu m/s^2$ 有关。为了减少过冲，启动时检验质量的运动加速度度应尽量小，由于 17.6.3.1 节给出能够实现捕获的外来加速度约为输入极限的 3.1 倍，所以不需要再添加余量，即取 $|V_f(0)| = 18.7\ V$ 即可。

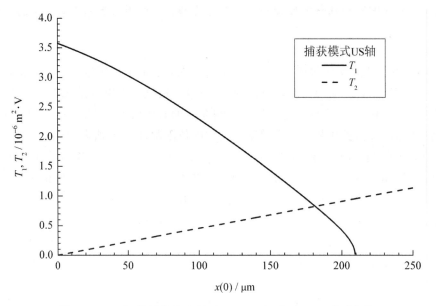

图 17-31　US 轴捕获模式下 $T_1 - x(0)$ 和 $T_2 - x(0)$ 关系曲线

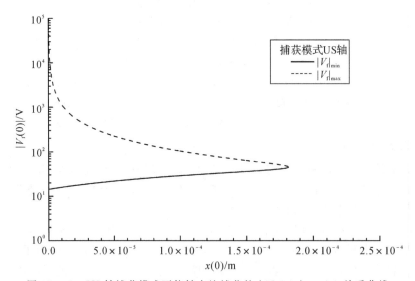

图 17-32　US 轴捕获模式下能够实施捕获的 $|V_f(0)| - x(0)$ 关系曲线

17.6.3.3　LS 轴

17.6.3.1 节给出 GRADIO 加速度计 LS 轴能实现捕获的外来加速度范围为 $\gamma_s = \pm 3.0 \times 10^{-2}\ m/s^2$。将以上参数代入式（17-99）或式（17-101），可以绘出 LS 轴捕获模式下 $T_1 - x(0)$ 和 $T_2 - x(0)$ 关系曲线，如图 17-33 所示。

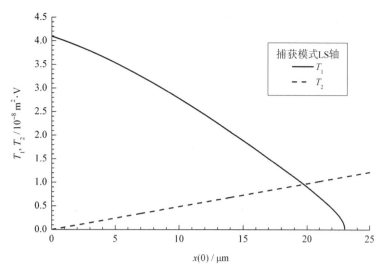

图 17-33 LS 轴捕获模式下 T_1-$x(0)$ 和 T_2-$x(0)$ 关系曲线

由图 17-33 所对应的 Origin 原图可以得到，$x(0)$ 不能超过 19.72 μm，略大于单边 16 μm 的实际行程。因此，就 LS 轴而言，只要控制好机械限位的长度，在捕获模式下启动也没有问题。将以上参数代入式(17-97)或式(17-100)，可以绘出 $|V_f(0)|$-$x(0)$ 关系曲线，如图 17-34 所示。

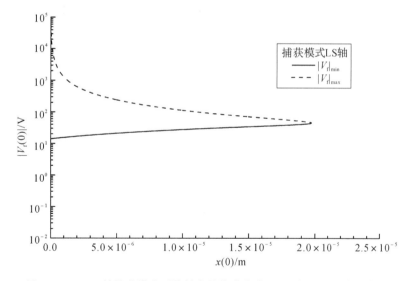

图 17-34 LS 轴捕获模式下能够实施捕获的 $|V_f(0)|$-$x(0)$ 关系曲线

从图 17-34 所对应的 Origin 原图可以得到，当 $x(0)=16$ μm 时，能够实施捕获的 $|V_f(0)|$ 范围为(35.3~64.7) V，即 $|V_f(0)|<35.3$ V 或 $|V_f(0)|>64.7$ V 都无法启动。需要说明的是，此处 35.3 V 与能够实现捕获的外来加速度范围 $\gamma_s=\pm 3.0 \times 10^{-2}$ m/s^2 有关。为了减少过冲，启动时检验质量的加速度应尽量小，由于外来加速度已按 3.1 倍输入极限计算，所以不需要再增添余量，即取 $|V_f(0)|=35.3$ V 即可。

17.6.4 关于科学模式下能否实施捕获的分析

17.6.4.1 概述

以 GRADIO 加速度计为例：17.3.2 节给出检验质量的惯性质量 $m_i = 318$ g；电极面积：LS 轴 $A = 9.92$ cm²，US 轴 $A = 2.08$ cm²；检验质量至极板的平均间隙：LS 轴 $d = 32$ μm，US 轴 $d = 299$ μm。17.4.4 节给出电容位移检测电压的有效值 $V_d = 7.6$ V，科学模式下检验质量上施加的固定偏压 $V_p = 7.5$ V。17.6.3.1 节给出检验质量的自由移动沿 LS 轴为 ± 16 μm，17.6.2 节给出沿 US 轴为 ± 29 μm。文献[37]给出在检验质量与限位间的典型的黏着力为 $F_a = 0.95$ μN。

17.6.3.1 节给出 GRADIO 加速度计捕获模式下 US 轴输入范围为 $\pm 2.3 \times 10^{-5}$ m/s²，17.6.2 节给出 GRADIO 加速度计 US 轴能实现捕获的外来加速度范围为 $\gamma_s = \pm 71$ μm/s²。即约为捕获模式输入极限的 3.1 倍。表 17-2 给出 GRADIO 加速度计 US 轴科学模式下输入范围为 $\pm 6.5 \times 10^{-6}$ m/s²。倘若仿照这一比例，US 轴科学模式下似乎能实现捕获的外来加速度范围可达 $\gamma_s = \pm 2.0 \times 10^{-5}$ m/s²。

17.4.5.2 节第（1）条第 2）点指出，表 17-4 给出 US 轴物理增益 $G_{p,y} = G_{p,z} = 9.717\,0 \times 10^{-7}$ m·s⁻²/V，因此，由式(17-23)得到在输入极限处，稳定后且不考虑 F_{en} 影响时 US 轴 $V_{f,max} = 6.689$ V。若 LS 轴科学模式下与输入极限对应的 $V_{f,max}$ 也是 6.689 V，将之与表 17-4 给出的 GRADIO 加速度计 LS 轴物理增益 $G_{p,x} = 4.046\,0 \times 10^{-4}$ m·s⁻²/V 一起代入式(17-23)，得到 LS 轴科学模式下输入范围为 $\pm 2.7 \times 10^{-3}$ m/s²。倘若仍仿照 US 轴 3.1 倍的比例，LS 轴科学模式下似乎能实现捕获的外来加速度范围可达 $\gamma_s = \pm 8.4 \times 10^{-3}$ m/s²。

然而，从以下分析可以看到，实际情况并非如此。

17.6.4.2 US 轴

按捕获过程中的外来加速度 $\gamma_s = 2.0 \times 10^{-5}$ m/s² 计算，将以上参数代入式(17-99)或式(17-101)，可以绘出 US 轴科学模式下 $T_1 - x(0)$ 和 $T_2 - x(0)$ 关系曲线，如图 17-35 所示。

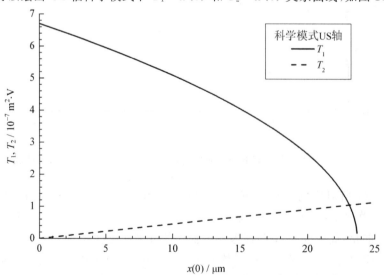

图 17-35 US 轴科学模式下 $T_1 - x(0)$ 和 $T_2 - x(0)$ 关系曲线

由图 17-35 所对应的 Origin 原图可以得到，$x(0)$ 不能超过 $23.1~\mu\text{m}$，小于单边 $29~\mu\text{m}$ 的实际行程。因此，就 US 轴而言，不可能在科学模式下启动。将以上参数代入式(17-97) 或式(17-100)，可以绘出 $|V_f(0)|-x(0)$ 关系曲线，如图 17-36 所示。

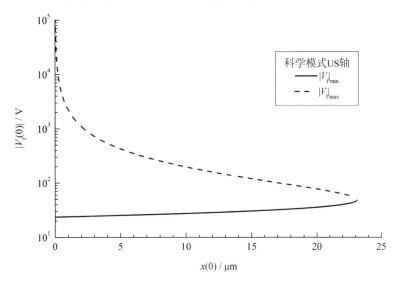

图 17-36　US 轴科学模式下能够实施捕获的 $|V_f(0)|-x(0)$ 关系曲线

从图 17-36 所对应的 Origin 原图再次可以得到，$x(0)$ 不能超过 $23.1~\mu\text{m}$。且从图 17-36 可以看到，$x(0)$ 比 $23.1~\mu\text{m}$ 小得越少，能够实施捕获的 $|V_f(0)|$ 范围越窄，如表 17-8 所示。

表 17-8　US 轴科学模式下能够实施捕获的 $|V_f(0)|$ 范围与 $x(0)$ 的关系

$x(0)/\mu\text{m}$	$|V_{f,\min}(0)|/\text{V}$	$|V_{f,\max}(0)|/\text{V}$
16	31.2	109.4
17	32.1	100.3
18	33.0	92.0
19	34.2	76.9
20	35.6	11.1
21	37.4	69.9
22	40.0	62.5
23	45.7	52.4
23.1	47.8	49.8

17.6.4.3　LS 轴

按捕获过程中的外来加速度 $\gamma_s = 8.4 \times 10^{-3}~\text{m/s}^2$ 计算，将以上参数代入式(17-99) 或式 (17-101)，可以绘出 LS 轴科学模式下 $T_1-x(0)$ 和 $T_2-x(0)$ 关系曲线，如图 17-37 所示。

由图 17-37 所对应的 Origin 原图可以得到，$x(0)$ 不能超过 $2.79~\mu\text{m}$，小于单边 $16~\mu\text{m}$ 的实际行程。因此，就 LS 轴而言，不可能在科学模式下启动。将以上参数代入式(17-97) 或式(17-100)，可以绘出 $|V_f(0)|-x(0)$ 关系曲线，如图 17-38 所示。

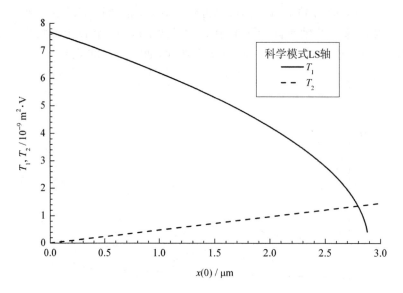

图 17 - 37 LS 轴科学模式下 $T_1 - x(0)$ 和 $T_2 - x(0)$ 关系曲线

从图 17 - 38 所对应的 Origin 原图再次可以得到，$x(0)$ 不能超过 2.79 μm。且从图 17 - 38 可以看到，$x(0)$ 比 2.79 μm 小得越少，能够实施捕获的 $|V_f(0)|$ 范围越窄，如表 17 - 9 所示。

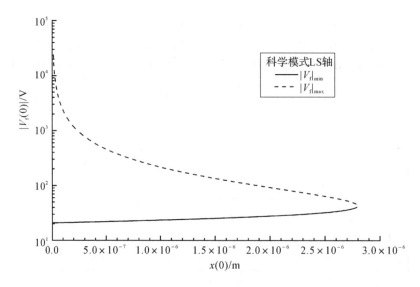

图 17 - 38 LS 轴科学模式下能够实施捕获的 $|V_f(0)| - x(0)$ 关系曲线

表 17 - 9 LS 轴科学模式下能够实施捕获的 $|V_f(0)|$ 范围与 $x(0)$ 的关系

$x(0)/\mu$m	$|V_{f,\,min}(0)|/V$	$|V_{f,\,max}(0)|/V$
2.0	28.0	92.5
2.1	28.6	86.1
2.2	29.4	80.2
2.3	34.2	76.9

续表

$x(0)/\mu m$	$|V_{f,min}(0)|/V$	$|V_{f,max}(0)|/V$
2.4	31.3	69.3
2.5	32.5	64.1
2.6	34.1	58.8
2.7	36.4	53.1
2.79	41.2	45.5

图 17-31~图 17-38 直观显示了 17.6.1 节所述"反馈控制电压可输出的最大绝对值必须限制在一定的范围内才能实施捕获",以及 17.6.3.2 节所述"限位保证了在反馈控制电压可达到的限度内能够实现捕获"。

17.7　本章阐明的主要论点

17.7.1　测量准稳态加速度的意义

(1)对于微重力实验,空间平台的准稳态加速度水平必须在大约 1 Hz 以下直至轨道频率的非常低的频率范围内以优于 1 μg_n 的足够分辨力被特别监测。对于为苛刻实验专用的隔离平台的控制来说,这样的分辨力甚至还要提高(即分辨力的数值要更小)。

(2)准稳态加速度的特点是频率低(1 Hz 以下)、量值小(1 μg_n 以下)。

(3)航天器在轨飞行中各种非保守力产生的速度增量会改变轨道,或对轨道产生摄动,在航天器上配置准稳态加速度测量设备,是获取非保守摄动力的最直接、最准确方法,是开发航天器自主导航的必备条件。通过卫星加速度数据的标校、卫星姿态数据的处理、加速度计坐标系和惯性系之间的坐标转换以及加速度改正数的归算,可以得到经过预处理后的非保守力加速度数据。利用星载加速度计提高卫星受力模型准确性,可以提升动力法定轨准确度和可靠性。星载加速度计还可以用来标校电推进器的推力和作为空间大气密度探测的手段。

(4)地球重力场对导弹、卫星、空间站等飞行器运行轨迹和轨道起支配作用,因而地球重力场信息是计算导弹弹道和卫星轨道的必用信息。地球重力场信息不仅在军事和航天上非常重要,在资源调查、物理勘探、海洋动力学、固体地球过程和海平面变化研究方面都有重要的作用。在研究地球形状以及建立大地参考系等科学应用上也有特别的意义。

(5)由于地理和地缘政治原因,陆地重力测量仍有大量空白;海洋重力测量多限于沿岸和近海;分析卫星轨道摄动推导地球位系数只能得到低阶重力场;卫星雷达测高技术得到的高度是平均海平面的高度,而不是大地水准面的高度。通过卫星-卫星跟踪测量轨道摄动,不受自然或政治因素的限制,可以低误差、高分辨力和高效率地得到全球的重力场信息。这需要通过超灵敏加速度计测量作用于低地球轨道卫星上的表面力,以排除非重力的影响,即测量由于卫星轨道处的热层大气密度、水平中性风以及太阳和地球的辐射压力对卫星引起的拖曳。反演较高阶次的地球重力场需要重力梯度卫星。用更灵敏的加速度计进行组合,可以构成重力梯度仪。

(6)卫星重力梯度测量,以及基本物理学领域的等效原理测试、引力波观察,都需要无拖曳飞行的卫星,这意味作用于卫星的所有的非重力被具有闭环控制的调节推力补偿,该闭环控制使用更为精密的加速度传感器。

17.7.2 静电悬浮加速度计的特点及国外研发历程

(1)就一个高度高于(600～800) km 航天器来说,与其质量和沿速度方向的投影面积有关的大气拖曳导致的负加速度数值变得低于辐射压力效应(直接太阳辐射,地球反照率,地球红外辐射)导致的、量级为 $n\times10^{-8}$ m·s^{-2} 的加速度数值。当空间加速度计在输入范围内必须检测出如此弱的量值时,它必须呈现出杰出的准确度。在地球重力测绘领域中,当考虑 SST-LL 技术的时候,加速度差模的测量误差必须到 10^{-10} m·s^{-2},而当考虑 SGG 技术的时候,加速度差模的测量误差必须到 $n\times10^{-12}$ m·s^{-2}。对于空间基本物理实验,必须探测低于 10^{-16} m·s^{-2} 的加速度信号。具有如此极小误差的加速度计不可能测量甚至不可能忍受地球上 1 g_n 正常重力。

(2)由于准稳态加速度频率低(1 Hz 以下)、量值小(1 μg_n 以下),适合瞬态和振动加速度测量的加速度计显然都不适合准稳态加速度测量。而静电悬浮加速度计的特点是灵敏度和分辨力高,输入量程小、频带窄,因此,用静电悬浮加速度计检测准稳态加速度是很适合的。

(3)静电悬浮加速度计之所以灵敏度和分辨力高是因为:①静电力十分微弱,因而反馈控制的电压信号很强;②检验质量基本上与外界没有机械接触,且处于高真空环境中,因而噪声很弱;③采用 24 位 Δ-Σ ADC 和软件后续处理这种方法来压缩带宽,平抑噪声。

(4)正因为静电力十分微弱,所以输入量程小。要扩大输入量程需要:①提高极间电压;②缩短极间距离;③减薄检验质量的厚度。联合采用措施①②将受到高电压击穿的限制,而联合采用措施②③更适合于微机械加速度计。同时,正是压缩带宽的措施使得响应速度很慢。

(5)球形检验质量的位置被控制但是没有旋转。这种设计对于高灵敏度是十分适合的,但与低误差不相容:无论仪器被建造得多么小心,球度的残余几何或电气缺点使加速度计的灵敏度随检验质量的转动而变动。

17.7.3 静电悬浮加速度计的结构特点

(1)石英挠性加速度计的检验质量是粘贴有一对力矩线圈的熔融石英摆舌,支承靠熔融石英挠性梁,位移检测靠差动电容,反馈控制的执行机构为力矩线圈,具有电磁阻尼和气体压膜阻尼。而静电悬浮加速度计为了实现低输入量程、超灵敏,尽量消除检验质量的任何机械连接、尽量遏制噪声源和热涨落效应是关键。因此,静电悬浮加速度计除位移检测仍靠差动电容外均与之不同:检验质量是金属,支承及反馈控制的执行均靠静电力(因而不再存在电磁阻尼),并将气体压膜阻尼改为电阻尼。检验质量采用金属的好处是可以通过选择不同密度的材料方便地调整加速度计的输入量程和有利于保证温度的一致性,以减少热涨落效应。检验质量的支承靠静电力,除了需要通过金丝导入电容位移检测电压和固定偏压,从而不可避免地存在金丝刚度和阻尼诱导出的加速度测量噪声外,与仪表的框架没有机械接触,这样做的最大好处是大幅度降低噪声。反馈控制的执行靠静电力既有利于提高检测灵敏度,又有利于降低噪声。用电阻尼取代气体压膜阻尼是降低噪声的必要手段,为此需要维持高真空,而残余的气体仍是一种噪声的来源。

(2)石英挠性加速度计的摆片形状和支承方式决定了它只能实现单轴检测,静电悬浮加速度计的支承方式决定了它有可能实现三轴检测。例如,检验质量形状采用立方体,除了在三个轴向上提供线加速度测量外,还可以提供绕三个轴的角加速度测量。

(3)静电悬浮加速度计由加速度计传感头、前端电路单元、数字电路单元等三部分构成,其中传感头的敏感结构电极具有三重作用:①支承作用:检验质量被各个方向的电极所包围,靠检验质量与电极组间的静电力(即静电悬浮)支承,而不是靠弹性或挠性元件支承;②位移检测作用:靠检验质量与各个电极间的电容变化检测检验质量的位移;③反馈控制作用:伺服控制系统将位移信号转换为分别施加到各个电极上的不同反馈电压,以控制静电力的大小,使检验质量始终保持在准平衡位置。为了防止位移检测作用与支承-反馈控制作用相冲突,位移检测的抽运频率(pumping frequency,即电容位移检测电压的频率)远高于支承-反馈控制的带宽。

17.7.4　加速度计传感头和结构

(1)检验质量上、下和四周围绕着电极,因此,将承载这些电极的结构称为电极笼。检验质量与电极笼共同构成加速度计传感头的敏感结构,简称芯(core)。为了实现 6 轴检测和控制,并考虑到电极的对称性,x 向上、下电极均分割成 4 块,y,z 向前后、左右电极均分割成 2 块,因而敏感结构共有 8 对电极,即在电极笼的上、下电极板上的是 x 轴的 4 对电极,在电极笼的电极框上的是 y,z 轴的 4 对电极,它们分别对应 8 个电容位移检测通道,其中 x 轴为欠灵敏轴,y,z 轴为超灵敏轴。

(2)上下电极板和电极框的主体材料为 ULE,它是一种钛玻璃陶瓷,即硅酸钛,有时称为 ULE 硅石,甚至简称为硅石,其室温下的线胀系数极低,为好的 $10^{-8}/℃$。上下电极板和电极框主体经超声加工制成,所有部分都经过研磨,以达到 $1\ \mu m$ 的公差要求,表面镀金以界定静电悬浮电极的轮廓。上下电极板和电极框上装有专用的机械限位,该限位限制检验质量的运动,以便承受发射振动,并且在加速度计工作时避免检验质量与电极间发生电接触,限位还保证了在反馈控制电压 $V_f(t)$ 能够达到的限度内能够实现捕获。

(3)上电极中心有孔,孔上方有一个突起的支架,它用于固定金丝,检验质量通过金丝施加固定偏压和抽运频率 100 kHz 的检测电压。

(4)为了保证所需的定位和定向的高稳定性,敏感结构需安装在经过研磨等精细加工的殷钢基座上。

(5)为了保持敏感结构清洁、从阻挡磁场角度保护检验质量以及确保传感器的性能,敏感结构被围在一个密封的真空壳中。真空壳用殷钢(Fe-Ni 合金)制成。与真空壳相通的溅射离子泵用以在加速度计整合和地面验收试验期间维持高真空;而真空壳内部的吸气材料用以在落塔试验、存储和在轨运行期间维持高真空。溅射离子泵对侧为预抽管道,制造过程中通过它使传感头的真空腔获得高真空,然后将其夹死。

17.7.5　前端电路单元的结构

(1)所谓"前端电路单元"实际上包括了全部模拟电路部分:电容位移检测、ADC1、DAC、驱动电压放大、读出差动放大、抗混叠滤波、ADC2 等。显然,只有电容位移检测、ADC1 真正属于前端电路,其他各部分只是电路特性与之相近,因而集成在同一个单元盒里罢了。"前端电路单元"对于 8 个电极对的每一对都是互相独立的。

（2）差动电容位移检测由敏感结构、电容位移检测电压、差动变压器、电荷放大器、选频交流放大器、同步检测、直流输出放大器构成。电荷放大器输出的是调幅波，其载波为抽运频率 100 kHz 的检测电压，而幅度调制信号反映了检验质量相对于电极的位移。同步检测采用乘法器将电荷放大器输出的调幅波与载波相乘。乘法器除了输出低频幅度调制信号外，还输出约两倍于载波频率的无用信号，后者要靠低通滤波滤除。

（3）数-模转换后的反馈信号经驱动电压放大器放大后施加到电极上，以控制检验质量回复到准平衡位置。驱动电压放大器实际上有两级，第一级采用斩波稳定运算放大器，以便在测量带宽内摆脱 $1/f$ 噪声，第二级为 45 V 专用高电压提升器，用于在飞行状态下捕获检验质量使之悬浮。

（4）读出差动放大在每一对电极的正反相驱动电压放大器之后拾取加速度测量信号，并实施差动放大以适合 ADC2（24 位 Δ-Σ ADC）的输入范围。

（5）GRADIO 加速度计噪声 PSD（以 $m^2 \cdot s^4 \cdot Hz^{-1}$ 计）在低频处以 $1/f$ 增加且具有 10^{-2} Hz 的转角频率，而高于 0.1 Hz 的频率处以 f^4 增加。为了防止频率混叠，在 ADC2 之前设置抗混叠模拟滤波器是非常必要的。抗混叠滤波器也是一种低通滤波器，该滤波器自身也存在噪声，该噪声在 1 Hz 附近达到最大，之后随着频率升高噪声急剧降低。有文献提出，GRADIO 加速度计科学测量和下行的输出数据率应为 1 Sps，为了避开抗混叠滤波器的噪声最大值，不采取直接由 ADC2 给出输出数据率 1 Sps 的科学数据，而采取先由 ADC2 给出输出数据率为 10 Sps 的数据，再用软件进行数字滤波，才给出输出数据率 1 Sps 的科学数据的办法。但此办法似乎没有意识到 Δ-Σ ADC 的输出数据率 $r_d = 1$ Sps 时的 Nyquist 频率 $f_N = 0.5$ Hz 而非 1 Hz，且 Δ-Σ ADC 中的数字抽取滤波器可以近乎完美地去除 f_N 以上的所有频率成份。况且，Δ-Σ ADC 之前所用抗混叠模拟滤波器只要保证频率不高于 f_N 的信号品质不减退，并保证频率值高于 $r_s - f_N$（r_s 为 Δ-Σ ADC 的采样率）的干扰信号抑制到可忽略的程度就可以。因此，这种办法是否必要，是否有效，均值得怀疑。

17.7.6　数字电路单元的结构

（1）数字电路单元包括数字控制器和通过数字滤波将读出数据由 10 Sps 转换为 1 Sps 的科学数据两部分。数字控制器先将 8 个通道输出的电压数据整合为三个平动轴 x, y, z 的电压数据和三个转动轴 ϕ, θ, ψ 的电压数据，然后再进行 PID 校正，PID 校正后的六轴电压数据再恢复成 8 个通道的电压数据用于伺服反馈控制。由于 8 个通道的输出彼此有一定的相关性，先将它们整合为彼此无关的六轴电压数据，以充分解耦，再进行 PID 校正，会效果更好。

（2）PID 校正网络的微分时间常数 τ_d 用以产生电阻尼，良好的阻尼应该使得检验质量的运动经过不多几次振荡就稳定下来，这就需要恰当地设置 τ_d；而 PID 校正网络的积分时间常数 τ_i 使得输入范围内不论非重力阶跃加速度是大是小，检验质量经历最初的运动之后，都能逐渐回复到准平衡位置。检验质量块的运动被限制到小于 1 nm 对加速度计的线性度及其特性的稳定性有益。由于敏感结构不可避免存在对称性的缺陷，从而使得电容位移检测电压的有效值 V_d、固定偏压 V_p 和接触电位差的波动都会与对称性缺陷共同作用，引起加速度测量噪声；检验质量稳定在准平衡位置，可以使该项噪声最小化。

（3）闭环控制系统存在着稳定与不稳定的问题：所谓不稳定，就是指系统失控，被控变量不是趋于所希望的数值，而是趋于所能达到的最大值，或在两个较大的量值之间剧烈波动和振荡。系统不稳定就表明系统不能正常运行,此时常常会损伤设备,甚至造成系统的彻底损坏,引起重大事故。因此,对静电悬浮加速度计的伺服控制环进行稳定性分析和稳定裕度(即鲁棒性)分析是非常必要的。

(4)GRADIO 加速度计的伺服控制环用于 GOCE 卫星的无拖曳飞行时,输出的间隔为 0.1 s 的数据是作为"数字处理无拖曳姿态控制系统数据"使用的。然而,GRACE 卫星为了考察加速度尖峰的影响,以及验证所用的静电悬浮加速度计 SuperSTAR 的噪声水平,也需要使用间隔为 0.1 s 的数据,且采样前(但在伺服控制环外)使用了截止频率为 3 Hz 的四阶 Butterworth 有源低通滤波器。

17.7.7　静电悬浮加速度计工作的基本原理

(1)静电悬浮加速度计的工作是以测量维持加速度计检验质量相对电极笼不动所需的静电力为基础的。施加到检验质量上的 V_p 和施加到成对电极上且正负相反的 $V_f(t)$ 使检验质量完全悬浮在电极笼中,消除任何的机械接触,以便提高分辨力并形成三轴加速度测量。电极笼固定在卫星上,当卫星受到非重力作用时,电极笼跟随卫星加速度运动,检验质量因为惯性而偏离电极笼的正中位置。检验质量上施加有 V_d,以便通过电容检测电路检测出检验质量相对电极笼的位移 $x(t)$,经过伺服控制电路处理并通过驱动电压放大,成为正负相反的 $V_f(t)$,施加到成对电极上,以便维持检验质量相对电极笼不动。$V_f(t)$ 反映了卫星的非重力加速度。

(2)"使检验质量完全悬浮在电极笼中"的启动过程称为"实施捕获"。静电悬浮加速度计有两种工作模式,分别为"捕获模式"和"科学模式"。只有在"捕获模式"下才有可能"实施捕获",即将检验质量从紧贴限位位置稳定捕获到电极笼中心附近。完成捕获后静电悬浮加速度计可以继续在"捕获模式"下工作,也可以自动切换到"科学模式"下工作。"捕获模式"下不追求加速度测量噪声有多低,且仅当完成捕获后继续在"捕获模式"下作为大量程工作时,才要求其稳定裕度足够高,以保证长期稳定性足够好;而"科学模式"下不仅要求稳定裕度足够高,还要求加速度测量噪声足够小。由于启动前检验质量不可能稳定地处于电极笼中心附近,所以静电悬浮加速度计不能在"科学模式"下启动。"捕获模式"与"科学模式"的区别不仅在于 V_p 不同、$V_f(t)$ 可输出的最大绝对值不同,而且前向通道总增益 K_s 及其在"数字控制器"前、中、后的分配也可能需要随之调整。

17.7.8　检验质量在电极笼内运动的微分方程

(1)航天器/卫星轨道坐标系原点位于卫星的质心处,x 轴沿轨迹指向前方(简称沿迹方向),z 轴沿径向指向地心(简称径向),y 轴垂直于轨道面指向右舷(简称轨道面法线方向)。当航天器/卫星的俯仰角、偏航角、滚动角均为零时,航天器/卫星本体坐标系与轨道坐标系重合。加速度计坐标系与航天器/卫星本体坐标系的方向并不一致。

(2)采用如下瞬间坐标系:该瞬间坐标系处于自由飘浮状态,且其原点及三轴指向与航天器/卫星轨道坐标系重合。显然,该瞬间坐标系的原点处任何物理过程均感受不到引力的存在。此瞬间坐标系相当于进一步假设航天器/卫星的俯仰角、偏航角、滚动角均为零,即航天器/卫星本体坐标系与轨道坐标系重合,其目的是为了使讨论检验质量位移和电极笼位移时得到进一步简化。

(3)平行板中所形成的静电力具有使两极板间的距离减少的趋势。因此,如果没有伺服控制,在静电力的作用下,检验质量不可能稳定在电极笼的中央。这是检验质量相对电极笼的运动存在静电负刚度 k_{neg} 的根本原因。

(4)必须正确把握施加正负相反的 $V_f(t)$ 的符号,以保证任何情况下检验质量受到的静电力始终指向电极笼中央。

(5)依靠伺服控制保证捕获完成后 $x(t)$ 远小于检验质量与电极间的平均间隙 d。

(6)为了在科学模式或无拖曳测量模式下基本符合定常系统的特征,设计中要做到 $V_f^2(t) \ll V_p^2 + V_d^2$。

(7)不计环境引起的与静电悬浮无关的加速度,也不计过渡过程引起的 $x(t)$,单由 $V_f(t)$ 计算出来的加速度称为加速度测量值 $\gamma_{msr}(t)$。$\gamma_{msr}(t)/V_f(t)$ 称之为物理增益 G_p。

(8)x 轴被拆分为四对电极,y 轴和 z 轴分别被拆分为两对电极,虽然每对电极的面积被拆分小了,但拆分后每对电极分担的质量也被拆分小了,因而不论电极是否被拆分,G_p 的值是不变的。

17.7.9 受伺服控制的检验质量运动方程

(1)前向通道总增益 K_s 指从 $x(t)$ 至 $V_f(t)$ 的增益,即 $V_f(t)/x(t)$ 的比例部分,单位为V/m。

(2)在 $x(t) \ll d$ 的情况下,电容位移检测电路的输出与 $x(t)$ 呈线性关系。

(3)由于 $x(t)$ 的噪声 $x_n(t)$ 是随机的,且无法对随机噪声实施反馈控制,所以只能对 $[x(t) - x_n(t)]$ 实施反馈控制。

(4)$\sqrt{G_p K_s}$ 称之为加速度计的基础角频率 ω_0。$\omega_0/2\pi$ 称之为加速度计的基础频率 f_0。f_0 也可以称为闭环自然频率,但不应称之为闭环控制带宽或加速度计带宽,因为这样称呼会与 -3 dB 带宽相混淆。

(5)受 k_{neg} 制约的角频率 ω_p 为虚数,它并不引起振荡,而是使得无伺服控制时电极笼中心为"势能顶点",检验质量不可能在此停留,会向四周"跌落"。

(6)检验质量的惯性质量 m_i 与 $(\omega_0^2 + \omega_p^2)$ 相乘构成闭环伺服控制刚度 k_{cl}。由此可见,ω_0 称之为加速度计的基础角频率是非常恰当的。

(7)$m_i \tau_d \omega_0^2$ 构成检验质量移动的电阻尼系数 η_{el}。

(8)想要显著降低 $-\omega_p^2$ 值而不降低静电悬浮加速度计的量程,又不想随之加大 $V_f(t)$ 值,只能显著加大 d 值,并依平方关系更加显著地加大电极面积 A 的值,即显著加大敏感结构的尺寸才行。从工程角度来看,这是不现实的。

(9)$1/\tau_i = 0$ 时 $x(\infty)$ 与输入加速度 γ_s 成正比。

(10)运用 Laplace 变换求解线性定常系统时域模型的常系数线性积分微分方程,即先变换,再求解,最后还原为时间函数,可以使复杂问题简单化。从数学角度看,运用 Laplace 变换方法优点表现在:①求解的步骤得到简化,同时可以给出积分微分方程的特解和补解(也称余解,即齐次解),而且初始条件自动包含在变换式里。②Laplace 变换分别将"微分"与"积分"运算转换为"乘法"和"除法"运算。也即把积分微分方程转换为代数方程。这种变换与初等数学中的对数变换很相似,在那里,乘、除法被转换为加、减法运算。当然,对数变换所处理的对象是"数",而 Laplace 变换所处理的对象是函数。③指数函数、超越函数以及有不连续点的函数,经 Laplace 变换可转换为简单的初等函数。对于某些非周期性的具有不连续点的函数,用古典法求解比较烦琐,而用 Laplace 变换方法就很简便。④Laplace 变换把时域中的两函数的卷积运算转换为变换域中两函数的乘法运算,在此基础上建立了系统函数的概念,这一重要概念的应用为研究信号经线性系统传输问题提供了许多方便。⑤利用系统函数零点、极点分布可以简明、直观地表达系统性能的许多规律。系统的时域、频域特性集中地以其系统函数零、极点特征表现出来;从系统的观点看,为了考查输入-输出关系,并不需要关心组成系统内部的结构和参数,只需从外部特性,从零、极点特性来考察和处理。

(11)在规定输入量程和测量带宽内,检验质量相对电极笼中心的偏离与非重力加速度大小无关,仅由合成的位移噪声决定。

17.7.10　实施捕获所需要的条件

(1)检验质量如果与限位相接触,参与接触的机械部分不可避免会产生黏着,其特性和强度仰赖于材料、表面延伸、压力和经受的振动等等。长期施加稳定的压力会使黏着现象增强。

(2)用地基重力场倾角法检测 GRADIO 加速度计 US 轴捕获模式下输入范围、线性、标度因数和实施捕获期间反馈控制电压随输入加速度的变化。具体做法是:将加速度计安装在摆测试台的平台(以下简称摆平台)上并且用特定的高电压启动电路沿铅垂 LS 轴提供漂浮。对 US 轴的每个轴沿两侧慢慢地倾斜摆平台。倾角作为时间的函数沿锯齿形移动。最初,检验质量被漂浮在电极笼的中心,而且它相对于电极保持不动。当角度达到 1 g_{local} 的投影大于静电控制能力时,检验质量从中心"跌落",沿着 1 g_{local} 投影的方向与机械限位相贴。沿着这个轴,加速度测量是饱和的,但是检验质量沿着其他自由度仍然处于悬浮状态。然后,当静电力再次充分平衡 1 g_{local} 的投影时,检验质量被控制在中心。在检验质量捕获的短暂阶段之后,输出测量再次跟随施加的加速度。

(3)"捕获模式下的输入范围""能够实现捕获的外来加速度的范围""加速度测量值被限制的范围"三者是不同的概念,不能互相混淆。"捕获模式下的输入范围"需基本符合定常系统的特征;"能够实现捕获的外来加速度的范围"于捕获前受到"反馈控制电压被限制的范围"的制约,而"反馈控制电压被限制的范围"并非均符合定常系统的特征;"加速度测量值被限制的范围"于捕获后受到"反馈控制电压被限制的范围"的制约。三者从前向后依次加宽。

(4)不存在黏着力之外阻止检验质量脱离限位的"静电寄生力"。

(5)检验质量与限位相贴时的反馈控制电压 $|V_f(0)|$ 过小或过大都无法实施捕获;检验质量可自由移动距离越大,能够实施捕获的 $|V_f(0)|$ 范围越窄;若检验质量可自由移动距离过大,则无论如何调整 $|V_f(0)|$ 都不能实施捕获;限位保证了在 $V_f(t)$ 能够达到的限度内能够实现捕获;为了保证正常启动和减少启动过冲,$|V_f(0)|$ 的选取在保证应付有可能出现的最大外来加速度的前提下应尽量小。

参 考 文 献

[1]　TOUBOUL P, FOULON B, WILLEMENOT E. Electrostatic space accelerometers for present and future missions:IAF - 96 - J. 1. 02 [C]//The 47th International Astronautical Congress, Beijing, China, October 7 - 11, 1996.

[2]　韩健,杨龙,董绪荣. 星载加速度计数据在卫星定轨中的应用[J]. 上海航天,2006,

23 (4):20 - 22.

[3]　刘红新. CHAMP 卫星定轨方法研究[D]. 上海:同济大学,2006.

[4]　杨龙,董绪荣. 利用 GPS 非差观测值的 GRACE 卫星精密定轨[J]. 宇航学报,2006,
27 (3):373 - 378.

[5]　DIETRICH R W,FOX J C. LANGE W G. An electrostatically suspended cube
proofmass triaxial accelerometer for electric propulsion thrust measurement:AIAA
96 - 2734 [C]//The 32nd AIAA/ASME/SAE/ASEE Joint Propulsion Con-ference,
Lake Buena Vista, FL, United States, July 1 - 3, 1996.

[6]　PICONE M, HEDIN A E, DROB D. Atmosphere Models:NRLMSISE - 00 model
2001 [EB/OL]. https://ccmc. gsfc. nasa. gov/modelweb/atmos/nrlmsise00. html.

[7]　MATISAK B P, FRENCH L A, WAGAR W O, et al. Results of the quasi-steady
acceleration environment from the STS - 62 and STS - 65 missions:AIAA 95 - 0691
[C]//The 33rd Aerospace Sciences Meeting and Exhibit, Reno, NV, United State,
January 9 - 12, 1995.

[8]　魏子卿. 卫星重力测量[C]//中国科协 2001 年学术年会,长春,吉林,9 月 1 日,
2001. 中国科协 2001 年学术年会分会场特邀报告汇编. 北京:中国科协,2001:
19 - 25.

[9]　FLURY J, BETTADPUR S, TAPLEY B D. Precise accelerometry onboard the
GRACE gravity field satellite mission [J]. Advances in Space Research,2008,42
(8):1414 - 1423.

[10]　MARQUE J-P, CHRISTOPHE B, FOULON B, et al. The ultra sensitive GOCE
accelerometers and their future developments [C]//Towards a Roadmap for Future
Satellite Gravity Missions, Graz, Austria, September 30 - October 2, 2009.

[11]　WILLEMENOT E, TOUBOUL P. On-ground investigation of space accelerome-
ters noise with an electrostatic torsion pendulum [J]. Review of Scientific Instru-
ments, 2000, 71 (1):302 - 309.

[12]　TOUBOUL P, FOULON B. Space accelerometer developments and drop tower ex-
periments [J]. Space Forum, 1998, 4:145 - 165.

[13]　PERRET A. STAR:The accelerometric system to measure non-gravitational forces
on the CHAMP S/C:IAF - 98 - U. 1. 06 [C]//The 49th International Astronautical
Congress, Melbourne, Australia, September 28 - October 2, 1998.

[14]　FLOBERGHAGEN R. GOCE programme status [C]//De 2e Nederlandse GOCE
Gebruikersdag, ESTEC (European Space Technonlogy Centre), October 28, 2003.

[15]　RICE J E. OARE STS - 94 (MSL - 1R) final report:NASA CR - 1998 - 207933
[R/OL]. Hanover, Maryland:The NASA Center for AeroSpace Information,
1998. https://ntrs. nasa. gov/api/citations/19980203951/downloads/19980203951. pdf.

[16]　SERCO/DATAMAT Consortiu. GOCE L1b products user handbook:GOCE - GSEG -
EOPG - TN - 06 - 0137 [R/OL]. Issue 2. revision 0. Frascati, south of Rome in
Italy:European Space Research Institute (ESRIN),2008. https://earth. esa. int/
eogateway/documents/20142/37627/GOCE-Level-1b-Products-User-Handbook. pdf/

dbade746-01d1-a687-4951-9e7ea68c53f1.

[17] TOUBOUL P. MICROSCOPE status, mission definition and recent instrument development [C]//GREX (GRavitation and EXperiments meeting) workshop, Florence, Italy, september 30, 2006.

[18] TOUBOUL P, FOULON B, CHRISTOPHE B. CHAMP, GRACE, GOCE instruments and beyond [C/J/OL]//IAG (International Association of Geodesy) Symposium, Buenos Aires, Argentina, August 31 – September 4, 2009, Kenyon S, Pacino M C, Marti U. Geodesy for Planet Earth:Proceedings of the 2009 IAG Symposium, 2012:215 – 221. http://www. doc88. com/p-4475270495180. html. DOI 10. 1007/978-3-642-20338-1_26.

[19] WIELDERS A. Payload definition document for the jupiter ganymede orbiter of the europa jupiter system mission:SCI – PA/2008. 029/CE [R]. Issue 2. revision 0. London:EJSM (Europa/Jupiter System Mission) JSDT (Joint ESA-NASA Science Definition Team), Instrument Contacts, ESA Study Team, 2009.

[20] TOUBOUL P, FOULON B, RODRIGUES M, et al. In orbit nano-*g* measurements, lessons for future space missions [J]. Aerospace Science and Technology, 2004, 14 (8):431 – 441.

[21] CHRISTOPHE B, MARQUE J-P, FOULON B. Accelerometers for the ESA GOCE mission:one year of in-orbit results [C/OL]//GPHYS (Gravitation and Fundamental Physics in Space) Symposium, Paris, France, June 22 – 24, 2010. http://gphys. obspm. fr/Paris2010/mardi%2022/GPHYS-GOCE-final. pdf.

[22] TOUBOUL P, FOULON B, LE CLERC G M. STAR, the accelerometer of the geodesic mission CHAMP:IAF – 98 – B. 3. 07 [C]//The 49th International Astronautical Congress, Melbourne, Australia, September 28 – October 2, 1998.

[23] ANON. L'usinage par ultrasons affirme sa polyvalence [J/OL]. Arts et Métiers Magazine, 2007, (Octobre):22 – 24. http://www. microcertec. com/pdf/1212091533_11_Article_AM_Oct_2007. pdf.

[24] FROMMKNECHT B. Simulation des sensorverhaltens bei der GRACE-mission[D]. München:TUM (Technische Universität München), August 31, 2001.

[25] BERNARD A. A three-axis ultrasensitive accelerometer for space [C]//The 1st Space Microdynamics and Accurate Control Symposium, Nice, France, November 30 – December 3, 1992.

[26] BALMINO G. Accélérométrie et CHAMP de gravité terrestre [C]//The Four Candidate Earth Explorer Core Missions Consultative Workshop, Granada, Spain, October 12 – 14, 1999.

[27] TOUBOUL P, FOULON B. ASTRE accelerometer:verification tests in drop tower Bremen:ONERA – TAP – 96 – 124 [C/OL]//Proceeding of Drop Tower Days 1996, Bremen, Germany, July 10, 1996. https://www. researchgate. net/profile/Pierre_Touboul/publication/265147915_ASTRE_ACCELEROMETER_VERIFICATION_TESTS_IN_DROP_TOWER_BREMEN/links/5772273708ae10de639df66f/ASTRE-

ACCELEROMETER-VERIFICATION-TESTS-IN-DROP-TOWER-BREMEN. pdf? origin＝publication_detail.

[28]　中国大百科全书总编辑委员会《物理学》编辑委员会. 磁导率[M/CD]//中国大百科全书：物理学. 北京：中国大百科全书出版社，1987.

[29]　Aubert & Duval. Titanium Alloy TA6V [EB/OL]. http://www. docin. com/p-1386993376. html.

[30]　CESARE S. Performance requirements and budgets for the gradiometric mission：Thales Alenia Space Reference GO－TN－Al－0027 [R/OL]. Issue 04. Vidauban, France：Thales Alenia Space,2008. https://earth. esa. int/eogateway/documents/20142/37627/Performance%20Requirements%20and%20Budgets%20for%20the%20Gradiometric%20Mission.

[31]　Hyndman Industrial Products, Inc.. Special Alloy Wire for High Temp Heating or Thermocouple Applications－PTRH10 [EB/OL]. http://resistancewire. com/uploads/page/ADT2001_12_17_PTRH10_MET. pdf.

[32]　BODOVILLÉ G, LEBAT V. Development of the acceleromefer sensor heads for the GOCE satelli1e：assessmenr of the critical items and qualification：IAC－10－C2. 1. 1 [C]//The 61st International Astronautical Congress, Prague, Czech Republic, September 27－October 1, 2010.

[33]　BEMARD A, TOUBOUL P. The GRADIO accelerometer：design and development status：ONERA－TAP－91－134 [C]//Workshop ESA/NASA on Solid-Earth Mission Aristoteles, Anacapri, Italy, September 23－24, 1991. Proceedings of the Workshop ESA/NASA on Solid-Earth Mission Aristoteles：61－67.

[34]　TOUBOUL P. μSCOPE [C]//ESA-CERN Workshop Fundamental Physics in Space and Related Topics, Geneva, Switzerland, April 5－7, 2000.

[35]　PIONNIER G, RODRIGUES M, TOUBOUL P, et al. Free fall campaigns of the MICROSCOPE differential accelerometers：IAC－11－A2. 1. 7 [C]//The 62nd International Astronautical Congress, Cape Town, South Africa, October 3－7, 2011.

[36]　TOUBOUL P. Accéléromètres spatiaux [C/OL]//La 2ème Ecole d'été GRGS, Géodésie spatiale, physique de la mesure et physique fondamentale, Forcalquier, France, August 30－September 4, 2004. http://www-g. oca. eu/gemini/ecoles_colloq/ecoles/grgs_04/pdf/PTouboul 1. pdf.

[37]　BORTOLUZZI D, FOULON B, MARIRRODRIGA C G, et al. Object injection in geodesic conditions：In-flight and on-ground testing issues [J]. Advances in Space Research, 2010, 45 (11)：1358－1379.

[38]　TOUBOUL P, FOULON B. LISA senseur gravitationnel & accéléromètres electrostatiques [C]//La 1ères journées LISA-France, Paris, France, janvier 20－21, 2005.

[39]　MARQUE J-P, CHRISTOPHE B, LIORZOU F, et al. The ultra sensitive accelerometers of the ESA GOCE mission：IAC－08－B1. 3. 7 [C]//The 59th International Astronautical Congress, Glasgow, UK, September 28－October 2, 2008.

[40] 全国真空技术标准化技术委员会. 真空技术：术语：GB/T 3163—2007 [S]. 北京：中国标准出版社，2008.

[41] JOSSELIN V, TOUBOUL P, KIELBASA R. Capacitive detection scheme for space accelerometers applications [J]. Sensors and Actuators，1999，78 (2/3)：92 – 98.

[42] MARQUE J-P, CHRISTOPHE B, LIORZOU F, et al. Preliminary in-orbit data of the accelerometers of the ESA GOCE mission：IAC – 09 – B. 1. 3. 1 [C]//The 60th International Astronautical Congress，Daejeon，Republic of Korea，October 12 – 16，2009.

[43] OBERNDORFER H, MÜLLER J. GOCE closed-loop simulation [J]. Journal of Geodynamics，2002，33 (1)：53 – 63.

[44] 梅晓榕. 自动控制原理[M]. 2 版. 北京：科学出版社，2007.

[45] BRUINSMA S, TAMAGNAN D, BIANCALE R. Atmospheric densities derived from CHAMP/STAR accelerometer observations [J]. Planetary and Space Science，2004，52 (4)：297 – 312.

[46] STANTON R, BETTADPUR S, DUNN C, et al. Science & Mission Requirements Document：GRACE327 – 200(JPL D – 15928) [R]. Revision D. Pasadena，California：Jet Propulsion Laboratory (JPL)，2002.

[47] 诸葛向彬. 工程物理学[M]. 杭州：浙江大学出版社，1999.

[48] 全国量和单位标准化技术委员会. 电学和磁学的量和单位：GB 3102.5—1993 [S]. 北京：中国标准出版社，1994.

[49] 吴伟民. 微加速度计强韧控制之探讨[D/OL]. 高雄：臺灣中山大學，2000. http://etd. lib. nsysu. edu. tw/ETD-db/ETD-search-c/view_etd? URN=etd-0822100-152645.

[50] 薛大同. 静电悬浮加速度计伺服控制分析[C/J]//第六届全国微重力科学学术会议，温州，浙江，8 月 22 – 25 日，2007. 空间科学学报，2009，29(1)：102 – 106.

[51] TOUBOUL P, LAFARGUE L, RODRIGUES M. MICROSCOPE，microsatellite mission for the test of the Equivalence Principle：H0. 1 – 0012：TP 2001 – 162 [C]// COSPAR (Committee for Space Research)，Varsovie，Pologne，July 16 – 23，2000. Ce Tiré à part fait référence au Document d'Accompagnement de Publication DMPH0119.

[52] TAPLEY B, REIGBER C. GRACE newsletter No. 2 [N/OL]，August 15，2003. http://www. doc88. com/p-9743193909020. html.

[53] GHISI C E, GHISI C, ROMANAZZO M, et al. Drag-Free Attitude and Orbit Control System Performance of ESA's GOCE Mission during Low Orbit Operations and De-orbiting：AIAA 2014 – 1906 [C/OL]//SpaceOps 2014 Conferences，Pasadena，CA，United States，May 5 – 9，2014. DOI：10. 2514/6. 2014-1906. https://sci-hub. ren/10. 2514/6. 2014-1906.

[54] ALLASIO A, MUZI D, VINAI B, et al. GOCE：Space Technology for the Reference Earth Gravity Field Determination [C]//The European Conference for Aero-Space Sciences 2009，Paris，France，July 6 – 9，2009.

[55] MÜLLER J, OBERNDORFER H. Validation of GOCE simulation [R/OL]. München，

Germany：TUM （Technische Universität München）. FESG （Forschungseinrichtung Satellitengeodäsie）. IAPG （Institut für Astrunomische und Phy-sikalische Geodäsie），1999. http：//www. goce-projektbuero. de/mediadb/36077/36078/iapg_fesg_rpt_01. pdf. http：//mediatum. ub. tum. de/doc/1370220/file. pdf.

［56］ CANUTO E, MARTELLA P, SECHI G. Attitude and drag control：an application to GOCE satellite ［J］. Space Science Reviews，2003，108 （1）：357－366.

［57］ CANUTO E, MOLANO A, MASSOTTI L. Drag-free control of the GOCE satellite：noise and observer design ［J］. IEEE Transactions on Control Systems Technology，2010，18 （2）：501－509.

［58］ JOSSELIN V. Architecture mixte pour les accéléromètres ultrasensibles dédiés aux missions spatiales de physique fondamentale ［D］. Paris：Université de Paris Ⅺ，1999.

［59］ 图马，沃尔什. 工程数学手册［M］. 欧阳芳锐，张玉平，译. 4 版. 北京：科学出版社，2002.

［60］ 数学手册编写组. 数学手册［M］. 北京：人民教育出版社，1979.

［61］ 郑君里，应启珩，杨为理. 信号与系统：上［M］.2 版. 北京：高等教育出版社，2000.

［62］ LIORZOU F, CHHUN R, FOULON B. Ground based tests of ultra sensitive accelerometers for space mission：IAC－09. A2. 4. 3 ［C］//The 60th International Astronautical Congress，Daejeon，Republic of Korea，October 12－16，2009.

第18章 静电悬浮加速度计系统的传递函数、稳定性及伺服控制参数调整方法分析

本章的物理量符号

A	由式(18-38)表达,s^{-4}
a	衰减曲线法衰减振荡曲线第三波的幅度
a_i	控制系统特征方程的系数($i=0,1,2,\cdots,n$);$N_k(s)$中第i阶的系数,由式(18-101)表达
$A(s)$	控制系统特征方程中与K无关的部分
B	由式(18-38)表达,s^{-4}
b_1,b_2,b_3,b_4	由式(18-50)表达
b_i	$N_l(s)$中第i阶的系数,由式(18-101)表达
$B(s)$	控制系统特征方程中与K相关的部分
C	电容,F;由式(18-38)表达,s^{-4}
c_1,c_2,c_3,c_4	由式(18-50)表达
$C(s)$	PID控制系统校正后的输出信号
D	由式(18-38)表达,s^{-4}
d	检验质量与电极间的平均间隙,m
d_1,d_2,d_3,d_4	由式(18-50)表达
$D(s)$	控制系统的特征方程
e_1,e_2,e_3,e_4	由式(18-50)表达
$E(s)$	PID控制系统的误差信号
f_0	加速度计的基础频率,Hz
$f_{0,\min}$	加速度计的基础频率下限,Hz
f_1,f_2	由式(18-50)表达
$f_{-3\,dB}$	归一化闭环传递函数的截止频率,Hz
f_c	环内一阶有源低通滤波器的截止频率(-3 dB处的角频率),Hz
f_{cut}	幅值穿越频率,Hz
$f_{c,\min}$	环内一阶有源低通滤波截止频率下限,Hz
f_g	相位穿越频率,Hz
f_{g1}	第一个相位穿越频率,Hz
f_{g2}	第二个相位穿越频率,Hz
g	传递函数
$G_0(s)$	PID控制系统被控对象的传递函数

$G_1(s)$	检验质量的惯性及静电负刚度造成的传递函数，s^2
$G_2(s)$	前向通道总增益及 PID 校正器造成的传递函数，V/m
$G_3(j\omega)$	一阶有源低通滤波电路的传递函数
$G_3(s)$	一阶有源低通滤波电路的传递函数
$G_{cl}(s)$	闭环传递函数，$V/(m/s^2)$
$G_c(s)$	PID 校正器的传递函数
$G_{fr}(s)$	前向通道传递函数，$V/(m/s^2)$
$G_{K=1/\tau_i,op}(s)$	相对于可变量 $K=1/\tau_i$ 的等效开环传递函数
$G_{K=1/\omega_c,op}(s)$	相对于可变量 $K=1/\omega_c$ 的等效开环传递函数
$G_{K,op}(s)$	相对于可变量 K 的等效开环传递函数
$G_{K=\tau_d,op}(s)$	相对于可变量 $K=\tau_d$ 的等效开环传递函数
$G_{K=\omega_0^2,op}(s)$	相对于可变量 $K=\omega_0^2$ 的等效开环传递函数
$G_{op}(s)$	开环传递函数，无量纲
G_p	物理增益，$m \cdot s^{-2}/V$
$G_{ucl}(j\omega)$	随角频率变化的归一化闭环传递函数，无量纲
$G_{ucl}(s)$	归一化闭环传递函数，无量纲
h	幅值裕度 K_g 的 dB 数：$h=20\lg K_g$
$H(s)$	反馈环节传递函数
K	FOPDT 模型的开环增益
k	$N_k(s)$ 的阶
K_{alt}	控制系统的可变参量
K_d	衰减曲线法的衰减比为 $n=4:1$ 或 $n=10:1$ 时 PID 校正器的比例系数
K_g	幅值裕度
k_{neg}	静电负刚度，N/m
K_p	PID 校正器的比例系数
K_s	前向通道的总增益，V/m
K_u	临界比例度法的临界增益
l	$N_l(s)$ 的阶
N	Nyquist 曲线在点 $(-1,j0)$ 左侧逆时针穿越负实轴的次数
n	向量 $\boldsymbol{x}$ 的维数；控制系统特征方程的阶次；纯滞后（或称时滞）环节 $e^{-\tau s}$ 的 Padé 逼近的阶；衰减曲线法的衰减比
N_+	Nyquist 曲线从上向下穿越点 $(-1,j0)$ 的左侧的负实轴次数，即逆时针包围点 $(-1,j0)$ 的次数
N_-	Nyquist 曲线从下向上穿越点 $(-1,j0)$ 的左侧的负实轴次数，即顺时针包围点 $(-1,j0)$ 的次数
$N_k(s)$	$R(s)$ 的分母
$N_l(s)$	$R(s)$ 的分子
P	开环正实部极点个数

R	电阻，Ω
r_{d}	ADC1 的输出数据率，DAC 的输入数据率，Sps
$R(s)$	PID 控制系统的给定输入信号；纯滞后（或称时滞）环节 $\mathrm{e}^{-\tau s}$ 的 $[l, k]$ 阶有理分式 Padé 逼近
s	Laplace 变换建立的复数角频率，也称为 Laplace 算子，rad/s
T	FOPDT 模型的惯性时间常数，s
t_0	系统初态所对应的时间，s
T_{d}	衰减曲线法的衰减振荡周期，s
t_{p}	衰减曲线法的输出响应上升时间，s
T_{u}	临界比例度法的临界振荡周期，s
$U(s)$	PID 校正器的输出信号
V_{d}	电容位移检测电压的有效值，即 RMS 值，V
$V_{\mathrm{f}}(s)$	$V_{\mathrm{f}}(t)$ 的 Laplace 变换
$V_{\mathrm{f}}(t)$	反馈控制电压，V
V_{p}	检验质量上施加的固定偏压，V
$\boldsymbol{x}$	n 维向量：$\boldsymbol{x} = [x_1 \quad x_2 \quad \cdots \quad x_n]^{\mathrm{T}}$
$\lVert \boldsymbol{x} \rVert_2$	n 维向量 $\boldsymbol{x}$ 的 2-范数：$\lVert \boldsymbol{x} \rVert_2 = \sqrt{x_1^2 + x_2^2 + \cdots + x_n^2}$
$\boldsymbol{x}_0$	系统的初态
$\boldsymbol{x}_{\mathrm{e}}$	系统的平衡状态
$X_{\mathrm{n}}(s)$	$x_{\mathrm{n}}(t)$ 的 Laplace 变换
$x_{\mathrm{n}}(t)$	以位移表达的电容传感器的噪声（简称合成的位移噪声），m
$X(s)$	$x(t)$ 的 Laplace 变换
$x(t)$	检验质量相对电极笼的位移（即检验质量相对电极笼中心的偏离），m
γ	相位裕度
$\Gamma_{\mathrm{en}}(s)$	$\gamma_{\mathrm{en}}(t)$ 的 Laplace 变换
$\gamma_{\mathrm{en}}(t)$	由环境（磁、电、热）引起的检验质量扰动加速度，$\mathrm{m/s^2}$
$\Gamma_{\mathrm{msr}}(s)$	$\gamma_{\mathrm{msr}}(t)$ 的 Laplace 变换
$\gamma_{\mathrm{msr}}(t)$	加速度测量值，$\mathrm{m/s^2}$
$\Gamma_{\mathrm{s}}(s)$	$\gamma_{\mathrm{s}}(t)$ 的 Laplace 变换
$\gamma_{\mathrm{s}}(t)$	输入加速度，即加速度计所在位置的微重力加速度，$\mathrm{m/s^2}$
$\delta(\varepsilon, t_0)$	t_0 时刻与 ε 相关且不大于 ε 的正实数
ε	任意给定的正实数，无穷小的正数
ν	串联积分环节的个数
τ	延迟环节的时间常数；FOPDT 模型的纯滞后时间常数，s
τ_{d}	PID 校正器的微分时间常数，s
$\tau_{\mathrm{d,min}}$	PID 校正器微分时间常数的下限，s
$\tau_{\mathrm{ucl}}(0)$	0 频处归一化闭环传递函数的群时延，s
$\tau_{\mathrm{ucl}}(f)$	归一化闭环传递函数的群时延，s

τ_i	PID 校正器的积分时间常数,s
$\tau_{i,\min}$	PID 校正器积分时间常数的下限,s
$\phi_{ucl}(f)$	归一化闭环传递函数的相频特性,(°)
$\phi_{ucl}(j\omega)$	归一化闭环传递函数随角频率变化的辐角,rad
ω	角频率,rad/s
ω_0	加速度计的基础角频率,rad/s
ω_c	环内一阶有源低通滤波电路的截止角频率(-3 dB 处的角频率),rad/s
ω_{cut}	幅值穿越角频率,或称为剪切角频率,rad/s
ω_g	相位穿越角频率,rad/s
ω_p	受静电负刚度制约的角频率,rad/s

本章独有的缩略语

IAE	Integral of AbsoluteValue of Error,误差绝对值积分
ISE	Iintegral of Square of Error,误差平方积分
ITAE	Integral of the Time Multiplied by Absolute Value of Error,时间乘以误差绝对值积分
Z-N	Ziegler and Nichols

18.1 引　　言

17.3.5 节已经指出,静电悬浮加速度计采用伺服控制。因此,静电悬浮加速度计系统是一种伺服控制系统。我们知道,在线性系统中,系统的稳定性只与其结构和参数有关,而与初始条件和外加输入信号无关。而非线性系统的稳定性除了与系统的结构参数有关之外,还与初始条件和输入信号有关[1]。严格地说,纯粹的线性系统是不存在的,实际系统的特性总存在某种程度的非线性。一般来说,非线性系统可分为两大类,一类是"非本质"非线性系统,另一类是"本质"非线性系统。"非本质"指的是大多数系统的非线性程度较弱,可根据小偏差理论对其进行线性化处理,即:使得系统运行在平衡点附近的小范围内,而在平衡点附近的特性曲线与其切线相差甚小,故可用切线来逼近曲线,用线性模型来近似描述非线性系统,把非线性问题转化为线性问题来处理。大多数实系统是可以这样处理的,由此所造成的误差,通常在工程的容许范围内[2]。人们对线性系统已经进行了长期的研究,形成了一套较为完整的分析和设计方法,并且在实践中已经获得了相当广泛的应用。而非线性控制系统很难用数学方法处理,目前尚无解决各种非线性系统的通用方法[3]。

自动控制系统的非线性特性,主要是由被控对象、检测传感元件、执行机构、调节机构和各种放大器等部件的非线性特性所造成的。在一个控制系统中,只要包含有一个非线性元件,就构成了非线性控制系统。在自动控制系统中经常遇到的典型非线性特性有饱和特性、死区(即不灵敏区)特性、间隙特性、摩擦(即阻尼)特性、继电器特性和滞环特性等。这些非线性特性一般都会对控制系统的正常工作带来不利影响[4]。静电悬浮加速度计采用限位措施将检验质量的位移限制在平衡点附近的小范围内,进一步依靠伺服控制保证检验质量相对电极笼位移 $x(t)$ 远小于检验质量与电极间的平均间隙 d 以克服饱和特性和改善间隙的非线性特性;检验质量所需阻尼靠电阻尼方式,处于高真空状态以减轻辐射计效应和降低气体阻尼;采用静电悬浮而非机械支承,只有(5~15) μm 直径金丝与之连接以避免机械支承带来的死区特性和机械阻尼;不存在继电器特性和滞环特性。以上措施为静电悬浮加速度计符合线性系统的特征提供了保证。因此,我们采用线性模型来分析系统的稳定性是合理的。

在自动控制理论中,内容丰富且便于实用的是定常系统部分。而时变系统理论既不够成熟,也不够系统化。虽然严格说来,实际系统的参数都具有某种程度的时变性,但对大多数工业系统来说,其参数随时间变化并不很明显,因而可按定常系统来处理[2]。关于静电悬浮加速度计符合定常系统的证明将在 18.4.1 节中阐述。

传递函数是在零初始条件下,线性定常系统输出量的 Laplace 变换与输入量的 Laplace 变换之比,它不仅可以表征系统的动态特性,而且可以用于研究系统的结构或参数变化对系统性能的影响,因而是经典控制理论中广泛应用的分析设计方法的重要基础。上述零初始条件是指:①输入作用是在 $t=0$ 以后才作用于系统,因此,系统输入量及其各阶导数在 $t \leqslant 0$ 时均为零;②输入作用于系统之前,系统是"相对静止"的,即系统输出量及各阶导数在 $t \leqslant 0$ 时的值也为零[5]。

反馈控制系统从输入端沿信号传递方向到输出端的通道称为前向通道,从输出端沿信号传递方向到输入端的通道称为反馈通道。当主反馈通道断开时,反馈信号对于输入信号的传递函数称为开环传递函数,开环传递函数为前向通道传递函数与反馈通道传递函数的乘积。闭环系统的输出信号对于输入信号的传递函数称为闭环传递函数[3]。

闭环控制系统存在着稳定与不稳定的问题。所谓不稳定,就是指系统失控,被控变量不是趋于所希望的数值,而是趋于所能达到的最大值,或在两个较大的量值之间剧烈波动和振荡[1]。

稳定性分析时,忽略由环境(磁、电、热)引起的检验质量扰动加速度 $\Gamma_{en}(s)$ 和合成的位移噪声 $X_n(s)$。

本章以 SuperSTAR 加速度计超灵敏(US)轴科学模式为例,开展传递函数和稳定性分析。19.5 节和 19.6 节分别对 GRADIO 加速度计超灵敏(US)轴科学模式、捕获模式和欠灵敏(LS)轴科学模式、捕获模式开展了简约的传递函数和稳定性分析。20.4.3 节和 20.4.4 节则对地面 x 轴高电压悬浮开展了简约的传递函数和稳定性分析。

18.2　不考虑低通滤波环节时系统的传递函数

18.2.1　位移对于输入加速度的传递函数

忽略由环境(磁、电、热)引起的检验质量扰动加速度 $\Gamma_{en}(s)$ 和合成的位移噪声 $X_n(s)$ 时,式(17-80)改写为

$$-\frac{X(s)}{\Gamma_{\mathrm{s}}(s)} = \frac{1}{\omega_0^2\left(1 + \tau_{\mathrm{d}}s + \dfrac{1}{\tau_{\mathrm{i}}s}\right) + (s^2 + \omega_{\mathrm{p}}^2)} \tag{18-1}$$

式中　$X(s)$——$x(t)$ 的 Laplace 变换；

$\quad\quad x(t)$——检验质量相对电极笼的位移(即检验质量相对电极笼中心的偏离)，m；

$\quad\quad \Gamma_{\mathrm{s}}(s)$——$\gamma_{\mathrm{s}}(t)$ 的 Laplace 变换；

$\quad\quad \gamma_{\mathrm{s}}(t)$——输入加速度，即加速度计所在位置的微重力加速度，m/s^2；

$\quad\quad \omega_0$——加速度计的基础角频率，rad/s；

$\quad\quad \tau_{\mathrm{d}}$——PID 校正器的微分时间常数，s；

$\quad\quad s$——Laplace 变换建立的复数角频率，也称为 Laplace 算子，rad/s；

$\quad\quad \tau_{\mathrm{i}}$——PID 校正器的积分时间常数，s；

$\quad\quad \omega_{\mathrm{p}}$——受静电负刚度制约的角频率，rad/s。

式(18-1)即为不考虑低通滤波环节且忽略由环境(磁、电、热)引起的检验质量扰动加速度 $\Gamma_{\mathrm{en}}(s)$ 和合成的位移噪声 $X_{\mathrm{n}}(s)$ 的情况下位移对于输入加速度的传递函数。

将式(18-1)整理为 s 的有理分式：

$$-\frac{X(s)}{\Gamma_{\mathrm{s}}(s)} = \frac{s}{s^3 + \tau_{\mathrm{d}}\omega_0^2 s^2 + (\omega_0^2 + \omega_{\mathrm{p}}^2)s + \dfrac{\omega_0^2}{\tau_{\mathrm{i}}}} \tag{18-2}$$

对于 SuperSTAR 加速度计 US 轴，将表 17-5 给出的 ω_0，ω_{p}^2 及表 17-6 给出的 τ_{d}，$1/\tau_{\mathrm{i}}$ 值代入式(18-2)，得到

$$-\frac{\{X(s)\}_{\mathrm{m}}}{\{\Gamma_{\mathrm{s}}(s)\}_{\mathrm{m/s}^2}} = \frac{s}{s^3 + 376.99s^2 + 15\,790s + 1.984\,4 \times 10^5} \tag{18-3}$$

bode 为 MATLAB 控制系统工具箱中的函数，它计算线性定常模型频率响应的幅度和相位，而 bode(sys) 则用于绘制任意线性定常模型 sys 的 Bode 响应[6]。由式(18-3)得到使用 MATLAB 软件绘制 SuperSTAR 加速度计 US 轴不考虑低通滤波环节时位移对于输入加速度的传递函数 Bode 图程序[1] 为

```
g = tf([1  0],[1  376.99  15790  1.9844e5]);bode(g)
```

图 18-1 即为绘制出来的 SuperSTAR 加速度计 US 轴不考虑低通滤波环节时位移对于输入加速度的传递函数 Bode 图。

18.2.2　位移对于输入加速度阶跃的响应

将 MATLAB 软件的单位阶跃响应函数 step[7] 用于由式(18-3)表达的 SuperSTAR 加速度计 US 轴不考虑低通滤波环节时位移对于输入加速度的传递函数，就可以得到阶跃响应曲线，具体程序为

```
g = tf([1  0],[1  376.99  15790  1.9844e5]);step(g,1.0)
```

图 18-2 即为绘制出来的 SuperSTAR 加速度计 US 轴不考虑低通滤波环节时位移对于输入加速度阶跃的响应。

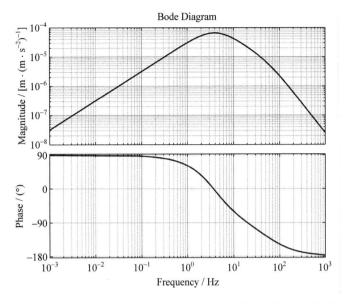

图 18-1　SuperSTAR 加速度计 US 轴不考虑低通滤波环节时位移对于输入加速度的传递函数 Bode 图

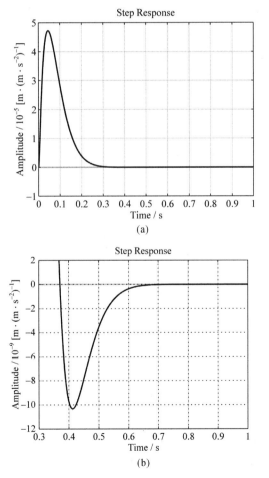

图 18-2　SuperSTAR 加速度计 US 轴不考虑低通滤波环节时位移对于输入加速度阶跃的响应

(a) 主峰；　(b) 二次峰；

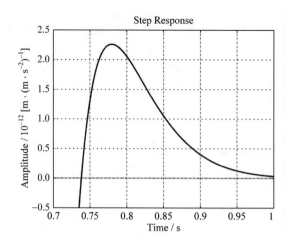

续图 18-2　SuperSTAR 加速度计 US 轴不考虑低通滤波环节时位移对于输入加速度阶跃的响应

(c) 三次峰

将图 18-2 与 17.5.2 节图 17-26 比较，可以看到二者完全一致。显然，与 17.5.2 节采用解微分方程的方法相比，采用基于 Laplace 方程的传递函数概念和 MATLAB 软件，可以使深奥而烦琐的计算得到极度的简化。

18.2.3　伺服控制系统的框图

令

$$G_1(s) = \frac{1}{s^2 + \omega_p^2} \tag{18-4}$$

式中　$G_1(s)$——检验质量的惯性及静电负刚度造成的传递函数，s^2。

及[8]

$$G_2(s) = K_s\left(1 + \tau_d s + \frac{1}{\tau_i s}\right) \tag{18-5}$$

式中　$G_2(s)$——前向通道总增益及 PID 校正器造成的传递函数，V/m。

将式 (17-29) 代入式 (18-5)，得到

$$G_2(s) = \frac{\omega_0^2}{G_p}\left(1 + \tau_d s + \frac{1}{\tau_i s}\right) \tag{18-6}$$

式中　G_p——物理增益，m·s^{-2}/V。

将式 (18-4) 和式 (18-6) 代入式 (18-1)，得到位移对于输入加速度的传递函数为

$$-\frac{X(s)}{\Gamma_s(s)} = \frac{G_1(s)}{1 + G_1(s)G_2(s)G_p} \tag{18-7}$$

对式 (17-23) 进行 Laplace 变换，得到

$$\Gamma_{msr}(s) = G_p V_f(s) \tag{18-8}$$

式中　$\Gamma_{msr}(s)$——$\gamma_{msr}(t)$ 的 Laplace 变换；

　　　$\gamma_{msr}(t)$——加速度测量值，m/s^2；

　　　$V_f(s)$——$V_f(t)$ 的 Laplace 变换；

　　　$V_f(t)$——反馈控制电压，V。

17.5.4 节指出，$x(t)$ 的 Laplace 变换为 $X(s)$，$x'(t)$ 的 Laplace 变换为 $sX(s) - x(0)$，$\int_0^t x(\tau)\,\mathrm{d}\tau$ 的 Laplace 变换为 $X(s)/s$。由于 $x(0) = 0$，$x'(0) = 0$，忽略位移噪声 $X_n(s)$ 后，式(17-27) 的 Laplace 变换为

$$V_f(s) = -K_s X(s)\left(1 + \tau_d s + \frac{1}{\tau_i s}\right) \tag{18-9}$$

将式(18-5) 代入式(18-9)，得到

$$V_f(s) = -G_2(s) X(s) \tag{18-10}$$

将式(18-8) 和式(18-10) 代入式(18-7)，得到

$$-X(s) = \left[\Gamma_s(s) - \Gamma_{msr}(s)\right] G_1(s) \tag{18-11}$$

由式(18-8) 至式(18-11) 可以绘出不考虑低通环节时静电悬浮加速度计伺服控制系统的框图，如图 18-3 所示。

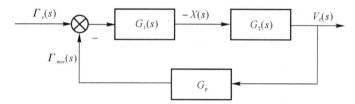

图 18-3　不考虑低通环节时静电悬浮加速度计伺服控制系统的框图

从图 18-3 可以看到，G_p 既可以称为物理增益，也可以称为反馈增益。

4.1.1.2 节给出，测量系统的灵敏度(sensitivity of a measuring system，简称灵敏度) 的定义为："测量系统的示值变化除以相应的被测量值变化所得的商。"4.1.2.4 节给出，标度因数(scale factor) 的定义为："输出的变化与要测量的输入变化的比值。"17.4.4 节指出，若不计由环境引起的检验质量扰动加速度，也不计加速度计标度因数偏差、偏值、随机噪声，则过渡过程结束后，输出的反馈控制电压 $V_f(t)$ 与输入加速度(即加速度计所在位置的微重力加速度)$\gamma_s(t)$ 的比值为物理增益 G_p 的倒数。因此，通用计量领域中的"灵敏度"就是惯性技术领域中的"标度因数"，理想情况下等于静电悬浮加速度计"物理增益"的倒数。

18.2.4　前向通道传递函数

由图 18-3，前向通道传递函数为[3]

$$G_{fr}(s) = G_1(s) G_2(s) \tag{18-12}$$

式中　$G_{fr}(s)$——前向通道传递函数，$\mathrm{V/(m/s^2)}$。

将式(18-4) 和式(18-6) 代入式(18-12)，得到

$$G_{fr}(s) = \frac{\omega_0^2\left(\tau_d s^2 + s + \dfrac{1}{\tau_i}\right)}{G_p s(s^2 + \omega_p^2)} \tag{18-13}$$

18.2.5　开环传递函数

由图 18-3，闭环系统的开环传递函数为[3]

$$G_{op}(s) = G_{fr}(s) H(s) = G_{fr}(s) G_p \tag{18-14}$$

式中　$G_{op}(s)$——开环传递函数,无量纲;

$\quad\quad H(s)$——反馈通道传递函数。

将式(18-12)和式(18-14)代入式(18-7),得到

$$-\frac{X(s)}{\Gamma_s(s)}=\frac{G_1(s)}{1+G_{op}(s)} \quad\quad (18-15)$$

由式(18-15)得到,位移对于输入加速度的传递函数的分子是检验质量的惯性及静电负刚度造成的传递函数 $G_1(s)$,分母是开环传递函数 $G_{op}(s)$ 与 1 之和。

将式(18-4)式(18-6)代入式(18-14),得到

$$G_{op}(s)=\frac{\omega_0^2\left(\tau_d s^2+s+\dfrac{1}{\tau_i}\right)}{s(s^2+\omega_p^2)} \quad\quad (18-16)$$

由 18.4.6.3 节第(2)条提供的判据可知,由于不考虑低通滤波环节时静电悬浮加速度计伺服控制系统的开环传递函数有正实部的极点,即开环不稳定,所以该系统一定是非最小相位系统。

18.2.6　闭环传递函数

由图 18-3,闭环传递函数为[3]

$$G_{cl}(s)=\frac{V_f(s)}{\Gamma_s(s)} \quad\quad (18-17)$$

式中　$G_{cl}(s)$——闭环传递函数,$V/(m/s^2)$。

将式(18-8)、式(18-10)和式(18-11)代入式(18-17),得到

$$G_{cl}(s)=\frac{G_1(s)G_2(s)}{1+G_1(s)G_2(s)G_p} \quad\quad (18-18)$$

将式(18-12)和式(18-14)代入式(18-18),得到

$$G_{cl}(s)=\frac{G_{fr}(s)}{1+G_{op}(s)} \quad\quad (18-19)$$

即闭环传递函数的分子是前向通道传递函数,分母是开环传递函数与 1 之和[3]。

将式(18-4)式(18-6)代入式(18-18),得到

$$G_{cl}(s)=\frac{\omega_0^2\left(\tau_d s^2+s+\dfrac{1}{\tau_i}\right)}{G_p\left[s^3+\tau_d\omega_0^2 s^2+(\omega_0^2+\omega_p^2)s+\dfrac{\omega_0^2}{\tau_i}\right]} \quad\quad (18-20)$$

18.2.7　归一化闭环传递函数

在静电悬浮加速度计的文献中,常采用归一化闭环传递函数:

$$G_{ucl}(s)=G_{cl}(s)G_p \quad\quad (18-21)$$

式中　$G_{ucl}(s)$——归一化闭环传递函数,无量纲。

将式(18-8)和式(18-17)代入式(18-21),得到

$$G_{ucl}(s)=\frac{\Gamma_{msr}(s)}{\Gamma_s(s)} \quad\quad (18-22)$$

从式(18-22)可以看到,归一化闭环传递函数就是加速度测量值对于输入加速度的传

递函数。需要注意,此处加速度测量值指的是伺服控制环内的加速度测量值,而不是伺服控制环外的最终加速度测量值。将式(18-18)代入式(18-21),得到

$$G_{ucl}(s) = \frac{G_1(s)G_2(s)G_p}{1 + G_1(s)G_2(s)G_p} \tag{18-23}$$

即归一化闭环传递函数的分子是开环传递函数,分母是开环传递函数与1之和。将式(18-23)与式(18-18)相比较,可以看到归一化闭环传递函数的分母与闭环传递函数的分母一致。将式(18-4)和式(18-6)代入式(18-23),得到

$$G_{ucl}(s) = \frac{\omega_0^2 \left(\tau_d s^2 + s + \dfrac{1}{\tau_i}\right)}{s^3 + \tau_d \omega_0^2 s^2 + (\omega_0^2 + \omega_p^2)s + \dfrac{\omega_0^2}{\tau_i}} \tag{18-24}$$

由式(18-24)可以看到,当$s \to 0$时,$G_{ucl}(s) \to 1$。即$G_{ucl}(s)$确实是对闭环传递函数进行归一化处理或称无量纲化处理后的结果。

对于SuperSTAR加速度计US轴,将表17-5给出的ω_0,ω_p^2及表17-6给出的τ_d,$1/\tau_i$值代入式(18-24),得到

$$G_{ucl}(s) = \frac{376.99s^2 + 15\ 791s + 1.984\ 4 \times 10^5}{s^3 + 376.99s^2 + 15\ 790s + 1.984\ 4 \times 10^5} \tag{18-25}$$

由式(18-25)得到使用MATLAB软件绘制SuperSTAR加速度计US轴归一化闭环传递函数Bode图程序[1]为

```
g = tf([376.99  15791  1.9844e5],[1  376.99  15790  1.9844e5]);bode(g)
```

图18-4即为绘制出来的SuperSTAR加速度计US轴不考虑低通滤波环节时归一化闭环传递函数Bode图。

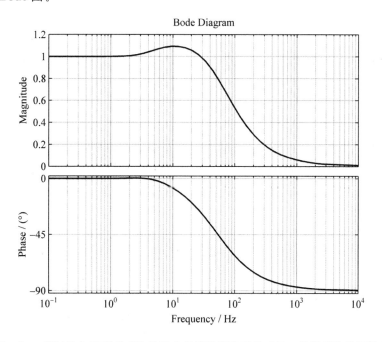

图18-4　SuperSTAR加速度计US轴不考虑低通滤波环节时归一化闭环传递函数Bode图

18.2.8 加速度测量值对于输入加速度阶跃的响应

将 MATLAB 软件的单位阶跃响应函数 step[7] 用于由式(18-25)表达的 SuperSTAR 加速度计 US 轴不考虑低通滤波环节时归一化闭环传递函数,就可以得到加速度测量值对于输入加速度阶跃的响应,具体程序为

$$g = tf([376.99 \quad 15791 \quad 1.9844e5], [1 \quad 376.99 \quad 15790 \quad 1.9844e5]); step(g, 0.5)$$

图 18-5 即为绘制出来的 SuperSTAR 加速度计 US 轴不考虑低通滤波环节时加速度测量值对于输入加速度阶跃的响应。

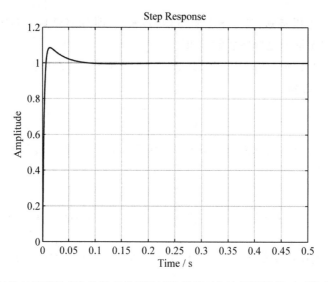

图 18-5 SuperSTAR 加速度计 US 轴不考虑低通滤波环节时加速度测量值对于输入加速度阶跃的响应

18.3 考虑低通滤波环节时系统的传递函数

18.3.1 伺服控制系统的框图

19.3 节指出,乘法器除了输出低频幅度调制信号外,还输出约两倍于载波频率的无用信号,后者要靠低通滤波滤除。因此,实际上电容位移检测电路中的直流输出放大器应包含低通滤波功能。为了突出该低通滤波功能,我们把低通滤波器电路框从图 17-25 中的电容传感器电路框中拆分出来,从而将图 17-25 改画为图 18-6。

与此相应,图 18-3 应改画为图 18-7。

图 18-7 即为考虑低通滤波环节时静电悬浮加速度计伺服控制系统的框图。

对照图 18-6,图 18-7 中 $G_2(s)$ 理应为低通滤波环节的传递函数,$G_3(s)$ 理应为前向通道总增益及 PID 校正器造成的传递函数,然而,由于 $G_2(s)$ 和 $G_3(s)$ 为串联关系,对于稳定性分析来说不分前后,而式(18-6)已定义 $G_2(s)$ 为前向通道总增益及 PID 校正器造成的传递函数,所以我们把 $G_3(s)$ 当作低通滤波环节的传递函数。

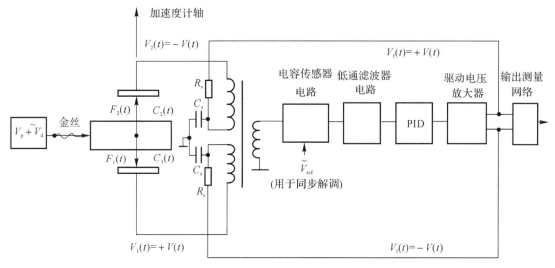

图 18-6　考虑低通滤波环节时单通道伺服环基本原理

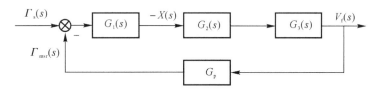

图 18-7　考虑低通滤波环节时静电悬浮加速度计伺服控制系统的框图

18.3.2　低通滤波环节的传递函数

如 6.1.1 节第(3)条所述,GRACE 卫星及 GOCE 卫星与加速度测量有关的低通有三种,需求各不相同:

(1)GOCE 卫星所用的加速度计 GRADIO 向用户正式提供的 1b 级数据,是 Δ-Σ ADC 先给出 10 Sps 的输出数据,再用软件进行数字滤波转换为 1 Sps 的,在 Δ-Σ ADC 之前设置了抗混叠模拟滤波器,它也是一种低通滤波器。

(2)考察加速度尖峰的影响,以及验证 GRACE 卫星所用的加速度计 SuperSTAR 的噪声水平,必须使用 1a 级加速度计原始观测数据,输出数据率为 10 Sps,相应采用截止频率为 3 Hz 的四阶 Butterworth 低通滤波器。

(3)静电悬浮加速度计电容位移检测电路使用的抽运频率为 100 kHz,在该检测电路之后必须用低通滤波器滤除该高频分量。该低通滤波环节是静电悬浮加速度计伺服控制系统的组成环节,与上述抗混叠模拟滤波器及截止频率为 3 Hz 的四阶 Butterworth 低通处于环外不同,分析闭环传递函数的稳定性和鲁棒性时必须考虑该环内低通滤波环节的影响。由于位移检测的抽运频率高达 100 kHz,离环外 1a 级加速度计原始观测数据的 3 Hz 带宽非常远,所以该环内低通滤波环节可以采用一阶低通滤波电路。

12.8.3 节指出,简单的 RC 低通网络即为一阶无源低通滤波器,它的缺点是当加负载时,其特性将发生变化;一阶有源低通滤波器是一个阻抗变换器,可以有效隔断负载的影响,且低频增益 A_0 可以自由地选取。正好,低频增益 A_0 可调有利于保证前向通道总增益需求,因而此处应采用一阶有源低通滤波电路。17.5.5.1 节揣测 SuperSTAR 加速度计 US 轴环内采用的一阶有源低通滤波电路的截止频率（$-3\ \text{dB}$ 处的角频率）$f_c = 7.5\ f_0$，即 $f_c = 150\ \text{Hz}$，或 $\omega_c = 942.48\ \text{rad/s}$（该揣测的正确性参见 18.3.6 节）。

由式（12-132）或式（12-136）得到直流增益为 1 时一阶有源低通滤波电路的传递函数为

$$|G_3(\text{j}\omega)| = \frac{1}{\text{j}\omega RC + 1} \tag{18-26}$$

式中　　R—— 电阻，Ω；

　　　　C—— 电容，F；

　　　　j—— 虚数单位，$\text{j} = \sqrt{-1}$；

　　　　ω—— 角频率，rad/s；

　　$G_3(\text{j}\omega)$—— 一阶有源低通滤波电路的传递函数。

式（12-107）给出了任何一级有源滤波器的传递函数通式。12.8.3 节指出，对于一阶有源滤波器而言，式（12-107）中的 $b_i = b_1 = 0$；当只有一级且为一阶时，$a_i = a_1 = 1$，不再存在临界阻尼、Bessel、Butterworth、Chebyshev-Ⅰ、Cauer 等滤波器类型之间的区别。由式（12-134）或式（12-138）得到[9]

$$\omega_c = \frac{1}{RC} \tag{18-27}$$

式中　　ω_c—— 环内一阶有源低通滤波电路的截止角频率（$-3\ \text{dB}$ 处的角频率），rad/s。

将式（11-5）和式（18-27）代入式（18-26），得到[9]

$$G_3(s) = \frac{1}{\dfrac{1}{\omega_c}s + 1} \tag{18-28}$$

式中　　$G_3(s)$—— 一阶有源低通滤波电路的传递函数。

将 $\omega_c = 942.48\ \text{rad/s}$ 代入式（18-28），得到

$$G_3(s) = \frac{1}{1.061\ 0 \times 10^{-3}s + 1} \tag{18-29}$$

由式（18-29）得到使用 MATLAB 软件绘制 SuperSTAR 加速度计 US 轴环内一阶有源低通滤波电路传递函数的 Bode 图程序[1] 为

```
g = tf([1],[1.0610e-3  1]);bode(g)
```

图 18-8 即为绘制出来的 SuperSTAR 加速度计 US 轴环内一阶有源低通滤波电路传递函数的 Bode 图。

18.3.3　前向通道传递函数

由图 18-7，前向通道传递函数为[3]

$$G_{fr}(s) = G_1(s)G_2(s)G_3(s) \tag{18-30}$$

将式（18-4）、式（18-6）和式（18-28）代入式（18-30），得到

$$G_{fr}(s) = \frac{\omega_0^2 \omega_c \left(\tau_d s^2 + s + \dfrac{1}{\tau_i}\right)}{G_p s(s^2 + \omega_p^2)(s + \omega_c)} \tag{18-31}$$

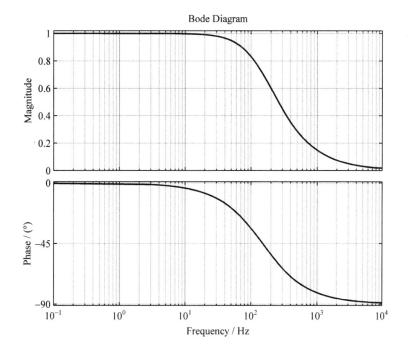

图 18-8　SuperSTAR 加速度计 US 轴环内一阶有源低通滤波电路传递函数的 Bode 图

18.3.4　开环传递函数

由图 18-7,开环传递函数为[3]

$$G_{op}(s) = G_1(s)G_2(s)G_3(s)G_p \tag{18-32}$$

将式(18-4)、式(18-6)和式(18-28)代入式(18-32),得到

$$G_{op}(s) = \frac{\omega_0^2 \omega_c \left(\tau_d s^2 + s + \frac{1}{\tau_i} \right)}{s(s^2 + \omega_p^2)(s + \omega_c)} \tag{18-33}$$

由 18.4.6.3 节第(2)条提供的判据可知,由于静电悬浮加速度计伺服控制系统的开环传递函数有正实部的极点,即开环不稳定,所以该系统一定是非最小相位系统。

18.3.5　闭环传递函数

18.2.6 节指出,闭环传递函数的分子是前向通道传递函数,分母是开环传递函数与 1 之和。因此,可以直接利用式(18-31)和式(18-33)写出闭环传递函数:

$$G_{cl}(s) = \frac{\omega_0^2 \omega_c \left(\tau_d s^2 + s + \frac{1}{\tau_i} \right)}{G_p \left[s^4 + \omega_c s^3 + (\tau_d \omega_0^2 \omega_c + \omega_p^2) s^2 + (\omega_0^2 + \omega_p^2) \omega_c s + \frac{\omega_0^2 \omega_c}{\tau_i} \right]} \tag{18-34}$$

18.3.6　归一化闭环传递函数

18.2.7 节指出,归一化闭环传递函数的分子是开环传递函数,分母是开环传递函数与 1 之和。因此,可以直接利用式(18-33)写出归一化闭环传递函数:

$$G_{ucl}(s) = \frac{\omega_0^2 \omega_c \left(\tau_d s^2 + s + \dfrac{1}{\tau_i} \right)}{s^4 + \omega_c s^3 + (\tau_d \omega_0^2 \omega_c + \omega_p^2) s^2 + (\omega_0^2 + \omega_p^2) \omega_c s + \dfrac{\omega_0^2 \omega_c}{\tau_i}} \tag{18 - 35}$$

由式(18 - 35)可以看到,当 $s \to 0$ 时,$G_{ucl}(s) \to 1$。

对于 SuperSTAR 加速度计 US 轴,将表 17 - 5 给出的 ω_0,ω_p^2,表 17 - 6 给出的 τ_d,$1/\tau_i$ 以及 17.5.5.1 节揣测并经本节此后证实的 ω_c 值代入式(18 - 35),得到

$$G_{ucl}(s) = \frac{1.488\ 2 \times 10^7 (2.387\ 3 \times 10^{-2} s^2 + s + 12.566)}{s^4 + 942.48 s^3 + 3.552\ 8 \times 10^5 s^2 + 1.488\ 1 \times 10^7 s + 1.870\ 1 \times 10^8} \tag{18 - 36}$$

由式(18 - 36)得到使用 MATLAB 软件绘制 SuperSTAR 加速度计 US 轴考虑低通滤波环节时归一化闭环传递函数 Bode 图程序[1] 为

```
g = tf(1.4882e7 * [2.3873e - 2  1  12.566],[1  942.48  3.5528e5  1.4881e7  1.8701e8]);bode(g)
```

图 18 - 9 即为绘制出来的 SuperSTAR 加速度计 US 轴考虑低通滤波环节时归一化闭环传递函数 Bode 图。

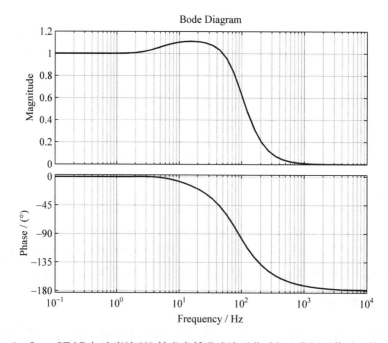

图 18 - 9 SuperSTAR 加速度计 US 轴考虑低通滤波环节时归一化闭环传递函数 Bode 图

从图 18 - 9 所对应的 Origin 原图可以得到,SuperSTAR 加速度计 US 轴归一化闭环传递函数的截止频率 $f_{-3\,dB} = 89.2$ Hz。

6.1.2 节第(2)条指出,在测量带宽($1 \times 10^{-4} \sim 0.1$) Hz 内,SuperSTAR 加速度计每秒 10 次采样下归一化闭环传递函数的振幅不平坦度应小于 -90 dB,由于每秒 10 次采样前(但在伺服控制环外)使用了截止频率为 3 Hz 的低通滤波器,所以该项指标不仅与伺服控制环内归一化闭环传递函数有关,而且与该环外低通滤波器的特性有关,为此,该低通滤波器使用了截止频率 3 Hz 的四阶 Butterworth 有源低通滤波器。6.3.2.2 节给出,该低通滤波器在

测量带宽$(1 \times 10^{-4} \sim 0.1)$ Hz 内幅度衰减小于 1×10^{-12}(即 -240 dB)。由于比 -90 dB 小了 150 dB(7 个半量级),其影响几乎可以忽略,所以是否满足 -90 dB 的要求只取决于图 18-9 所示 SuperSTAR 加速度计 US 轴归一化闭环传递函数的幅频特性在该测量带宽内对 1 的偏离情况。为知晓其影响程度,需要给出归一化闭环传递函数的幅频特性表达式。将式(11-5)代入式(18-36),得到

$$G_{ucl}(j\omega) = \frac{(-3.552\ 8 \times 10^5 \omega^2 + 1.870\ 1 \times 10^8) + 1.488\ 2 \times 10^7 j\omega}{(\omega^4 - 3.552\ 8 \times 10^5 \omega^2 + 1.870\ 1 \times 10^8) + j(-942.48\omega^3 + 1.488\ 1 \times 10^7 \omega)}$$

$$(18-37)$$

式中　　$G_{ucl}(j\omega)$——随角频率变化的归一化闭环传递函数,无量纲。

令

$$\left.\begin{aligned}
\{A\}_{s^{-4}} &= -3.552\ 8 \times 10^5\ (\{\omega\}_{rad/s})^2 + 1.870\ 1 \times 10^8 \\
\{B\}_{s^{-4}} &= 1.488\ 2 \times 10^7\ \{\omega\}_{rad/s} \\
\{C\}_{s^{-4}} &= (\{\omega\}_{rad/s})^4 - 3.552\ 8 \times 10^5\ (\{\omega\}_{rad/s})^2 + 1.870\ 1 \times 10^8 \\
\{D\}_{s^{-4}} &= -942.48\ (\{\omega\}_{rad/s})^3 + 1.488\ 1 \times 10^7\ \{\omega\}_{rad/s}
\end{aligned}\right\} \quad (18-38)$$

将式(18-38)代入式(18-37),得到

$$G_{ucl}(j\omega) = \frac{A + jB}{C + jD} \quad (18-39)$$

用式(18-39)分母的共轭复数分别乘以该式的分子和分母,得到

$$G_{ucl}(j\omega) = \frac{(AC + BD) + j(BC - AD)}{C^2 + D^2} \quad (18-40)$$

由式(18-40)得到归一化闭环传递函数的幅频特性为

$$\left| G_{ucl}(j\omega) \right| = \sqrt{\frac{A^2 + B^2}{C^2 + D^2}} \quad (18-41)$$

用式(18-38)和式(18-41)绘出的幅频特性与图 18-9 给出的幅频特性完全一致。而用式(18-38)和式(18-41)绘出的幅度随频率增长而增长的$[\left| G_{ucl}(jf) \right| - 1] - f$关系曲线如图 18-10 所示。

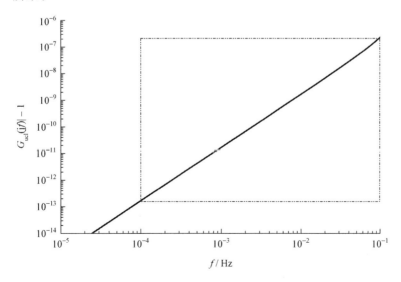

图 18-10　SuperSTAR 加速度计 US 轴$[\left| G_{ucl}(jf) \right| - 1] - f$关系曲线

由图 18 - 10 所对应的 Origin 原图可以看到,在测量带宽($1 \times 10^{-4} \sim 0.1$) Hz 内,$|G_{ucl}(jf)| - 1 \leqslant 2 \times 10^{-7}$(即 -134 dB),这对于保证 SuperSTAR 加速度每秒 10 次采样下归一化闭环传递函数在测量带宽内的振幅不平坦度小于 -90 dB 是非常有利的。

6.1.3 节第(2)条给出,在测量带宽内,SuperSTAR 加速度计每秒 10 次采样下归一化闭环传递函数相频特性 $\phi_{ucl}(f)$ 相对于线性变化的离差应小于 $0.002°$,群时延 $\tau_{ucl}(f)$ 的标定误差应小于 10 ms。为了了解图 18 - 9 所示 SuperSTAR 加速度计 US 轴归一化闭环传递函数相频特性在该测量带宽内相对于线性变化的离差和群时延的标定误差,需要给出归一化闭环传递函数的相频特性表达式。由式(18 - 40)得到

$$\phi_{ucl}(j\omega) = \arctan\left(\frac{BC - AD}{AC + BD}\right) + \frac{|BC - AD|}{BC - AD}\left(1 - \frac{|AC + BD|}{AC + BD}\right)\frac{\pi}{2} \quad (18 - 42)$$

式中　　$\phi_{ucl}(j\omega)$——归一化闭环传递函数随角频率变化的辐角,rad。

我们知道反正切的主值范围为($-\pi/2$,$\pi/2$),为了把它延伸至$[-\pi, \pi]$,需判别式(18 - 40)实部和虚部的正负号,当实部为负号、虚部为正号时,应加 π;当实部和虚部均为负号时,应减 π。为此,式(18 - 42)增加第二项,它所起的作用正是将值域从($-\pi/2$,$\pi/2$)调整为$[-\pi, \pi]$。

用式(18 - 38)和式(18 - 42)绘出的相频特性与图 18 - 9 给出的相频特性完全一致。而以线性刻度在($0 \sim 0.1$) Hz 范围内绘制图 18 - 9 所示的 SuperSTAR 加速度计 US 轴考虑低通滤波环节时归一化闭环传递函数的相频曲线 $\phi_{ucl}(f) - f$,如图 18 - 11 所示。

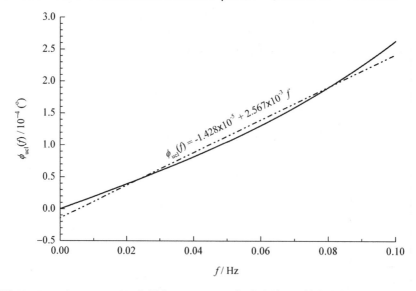

图 18 - 11 　($0 \sim 0.1$) Hz 范围内 SuperSTAR 加速度计 US 轴考虑低通滤波环节时
归一化闭环传递函数的相频曲线(线性刻度)

用最小二乘法线性拟合图 18 - 11 所示的($0 \sim 0.1$) Hz 范围内、SuperSTAR 加速度计 US 轴考虑低通滤波环节时归一化闭环传递函数的相频曲线 $\phi_{ucl}(f) - f$,得到的拟合公式也绘于该图中。将 $\phi_{ucl}(f)$ 值与拟合值相减,即可得到在测量带宽($1 \times 10^{-4} \sim 0.1$) Hz 内 $\phi_{ucl}(f)$ 相对于线性变化的离差,如图 18 - 12 所示。

由图 18 - 12 所对应的 Origin 原图可以得到,在测量带宽($1 \times 10^{-4} \sim 0.1$) Hz 内 SuperSTAR 加速度计 US 轴考虑低通滤波环节时归一化闭环传递函数的相频特性 $\phi_{ucl}(f)$

相对于线性变化的离差处于$(-9.16 \times 10^{-6} \sim 2.13 \times 10^{-5})°$范围内，比截止频率为 3 Hz 的四阶 Butterworth 低通滤波器在此测量带宽内相频特性相对于线性变化的离差处于$(-2.3 \times 10^{-4} \sim 9.9 \times 10^{-5})°$范围内（参见 6.3.2.4 节）还小。这对于保证 SuperSTAR 加速度计每秒 10 次采样下归一化闭环传递函数的相频特性 $\phi(f)$ 相对于线性变化的离差小于 $0.002°$ 是非常有利的。

将式(6-10)用于图 18-11 所示的$(0 \sim 0.1)$ Hz 范围内、SuperSTAR 加速度计 US 轴考虑低通滤波环节时归一化闭环传递函数的相频曲线 $\phi_{ucl}(f) - f$，可以得到$(0 \sim 0.1)$ Hz 范围内该传递函数的群时延随频率的变化曲线 $\tau_{ucl}(f) - f$，如图 18-13 所示。

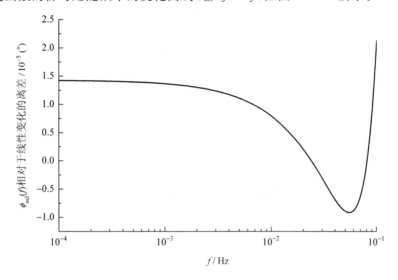

图 18-12　在测量带宽$(1 \times 10^{-4} \sim 0.1)$ Hz 内 SuperSTAR 加速度计 US 轴考虑低通滤波环节时归一化闭环传递函数的相频特性 $\phi_{ucl}(f)$ 相对于线性变化的离差

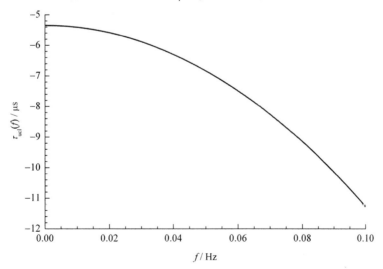

图 18-13　$(0 \sim 0.1)$ Hz 范围内 SuperSTAR 加速度计 US 轴考虑低通滤波环节时归一化闭环传递函数的群时延

从图 18-13 可以看到，在$(0 \sim 0.1)$ Hz 范围内随着频率提高，群时延 $\tau_{ucl}(f)$ 的负向增大越来越明显。若以 0 频处的群时延值 $\tau_{ucl}(0)$ 作为群时延标定值，并将 $\tau_{ucl}(0)$ 与 $\tau_{ucl}(f)$ 相减,即可从该图所对应的 Origin 原图得到在测量带宽$(1 \times 10^{-4} \sim 0.1)$ Hz 内该传递函数群时延 $\tau_{ucl}(f)$ 的标定误差,如图 18-14 所示。

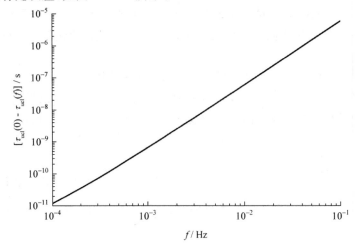

图 18-14　在测量带宽$(1 \times 10^{-4} \sim 0.1)$ Hz 内 SuperSTAR 加速度计 US 轴考虑低通滤波环节时归一化闭环传递函数群时延 $\tau_{ucl}(f)$ 的标定误差

　　由图 18-14 所对应的 Origin 原图可以得到,在测量带宽$(1 \times 10^{-4} \sim 0.1)$ Hz 内 SuperSTAR 加速度计 US 轴考虑低通滤波环节时归一化闭环传递函数的群时延 $\tau_{ucl}(f)$ 的标定误差不超过 5.92×10^{-6} s,比截止频率为 3 Hz 的四阶 Butterworth 低通滤波器在此测量带宽内群时延的标定误差不超过 6.38×10^{-5} s(参见 6.3.2.5 节)小一个多量级。这对于保证 SuperSTAR 加速度计每秒 10 次采样下归一化闭环传递函数群时延 $\tau_{ucl}(f)$ 的标定误差小于 10 ms、最大不稳定性小于 2 ms 是非常有利的。

　　文献[10] 图 8.20 给出了 SuperSTAR 加速度计 US 轴归一化闭环传递函数的幅值谱,如图 18-15 灰色实线所示。图中叠合了用式(18-38)和式(18-41)绘出的幅值谱,用黑色虚线表示。

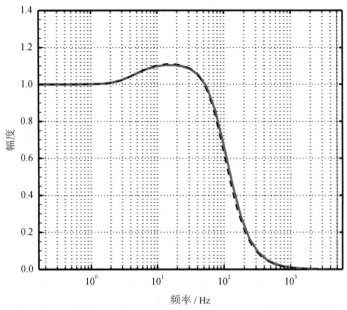

图 18-15　SuperSTAR 加速度计 US 轴归一化闭环传递函数幅值谱

可以看到,两条谱线几乎完全重合。由此证明,式(18-36)所采用的各参数 —— 包括 17.5.1 节揣测 SuperSTAR 加速度计的基础频率 $f_0 = 20$ Hz,17.5.5.1 节揣测 SuperSTAR 加速度计 US 轴环内采用截止频率 $f_c = 150$ Hz 的一阶有源低通滤波电路 —— 与 SuperSTAR 加速度计 US 轴设计参数是一致的。当然,这并不意味着实际 SuperSTAR 加速度计 US 轴最终采用的参数与此完全一致。

18.3.7　加速度测量值对于输入加速度阶跃的响应

将 MATLAB 软件的单位阶跃响应函数 step[7] 用于由式(18-36)表达的 SuperSTAR 加速度计 US 轴考虑低通滤波环节时归一化闭环传递函数,就可以得到加速度测量值对于输入加速度阶跃的响应,具体程序为

$$g = \mathrm{tf}(1.4882\mathrm{e}7 * [2.3873\mathrm{e}-2 \quad 1 \quad 12.566], [1 \quad 942.48 \quad 3.5528\mathrm{e}5 \quad 1.4881\mathrm{e}7 \quad 1.8701\mathrm{e}8]); \mathrm{step}(g, 0.5)$$

图 18-16 即为绘制出来的 SuperSTAR 加速度计 US 轴考虑低通滤波环节时加速度测量值对于输入加速度阶跃的响应。

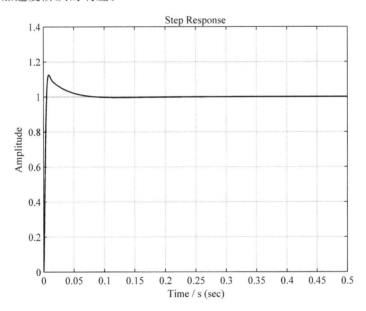

图 18-16　SuperSTAR 加速度计 US 轴考虑低通滤波环节时
加速度测量值对于输入加速度阶跃的响应

如 6.1.1 节第(3)条第 2)点所述,1a 级加速度计原始观测数据的输出数据率为每秒 10 次,即间隔为 0.1 s。由图 18-16 所对应的 MATLAB 原图可以得到,当 $t = 0.009\,46$ s 时单位阶跃响应达到最高点 1.123 7,当 $t = 0.100$ s 时已下降至 0.997 28,而后当 $t = 0.127\,6$ s 时下降至最低点 0.995 89,$t = 0.234\,1$ s 时回升至 0.999,$t = 0.321\,8$ s 时回升至 0.999 9。

由此可见,0.1 s 时加速度测量值对于输入加速度阶跃的响应对于 $f_0 = 20$ Hz 来说刚刚经历完过冲阶段。因此,从加速度测量值对于输入加速度阶跃的响应角度来看,$f_0 = 20$ Hz 已是可允许的最低频率。

18.3.8 位移对于输入加速度的传递函数

18.2.5 节指出,位移对于输入加速度的传递函数的分子是检验质量的惯性及静电负刚度造成的传递函数 $G_1(s)$,分母是开环传递函数与 1 之和。因此,可以直接利用式(18-4)和式(18-33)写出位移对于输入加速度的传递函数:

$$-\frac{X(s)}{\Gamma_s(s)} = \frac{\dfrac{1}{s^2 + \omega_p^2}}{1 + \dfrac{\omega_0^2 \omega_c \left(\tau_d s^2 + s + \dfrac{1}{\tau_i} \right)}{s(s^2 + \omega_p^2)(s + \omega_c)}} \tag{18-43}$$

即

$$-\frac{X(s)}{\Gamma_s(s)} = \frac{s^2 + \omega_c s}{s^4 + \omega_c s^3 + (\tau_d \omega_0^2 \omega_c + \omega_p^2) s^2 + (\omega_0^2 + \omega_p^2) \omega_c s + \dfrac{\omega_0^2 \omega_c}{\tau_i}} \tag{18-44}$$

对于 SuperSTAR 加速度计 US 轴,将表 17-5 给出的 ω_0,ω_p^2,表 17-6 给出的 τ_d,$1/\tau_i$ 以及 17.5.5.1 节揣测并经 18.3.6 节证实的 ω_c 值代入式(18-44),得到

$$-\frac{\{X(s)\}_m}{\{\Gamma_s(s)\}_{m/s^2}} = \frac{s^2 + 942.48 s}{s^4 + 942.48 s^3 + 3.5528 \times 10^5 s^2 + 1.4881 \times 10^7 s + 1.8701 \times 10^8}$$

$$\tag{18-45}$$

由式(18-45)得到使用 MATLAB 软件绘制 SuperSTAR 加速度计 US 轴位移对于输入加速度的传递函数 Bode 图程序[1] 为

```
g = tf([1  942.48  0],[1  942.48  3.5528e5  1.4881e7  1.8701e8]);bode(g)
```

图 18-17 即为绘制出来的 SuperSTAR 加速度计 US 轴位移对于输入加速度的传递函数 Bode 图。

将图 18-17 与图 18-1 比较可以看到,二者只有微小的差别,说明环内低通滤波环节对于位移对非重力加速度传递函数的 Bode 图影响不大。

对于 SuperSTAR 加速度计 US 轴,表 17-2 给出输入范围为 $\pm 5 \times 10^{-5}$ m·s^{-2},测量带宽为 $(1 \times 10^{-4} \sim 0.1)$ Hz。由图 18-17 所对应的 MATLAB 原图可以得到,检验质量在规定输入范围内和任何频率下的位移不超过 3.29 nm,而在规定输入范围和测量带宽内的位移不超过 0.16 nm,且测量带宽内频率越低(相当于阶跃加速度延续时间越长),位移越小。

18.3.9 位移对于输入加速度阶跃的响应

将 MATLAB 软件的单位阶跃响应函数 step[7] 用于由式(18-45)表达的 SuperSTAR 加速度计 US 轴考虑低通滤波环节时位移对于输入加速度的传递函数,就可以得到位移对于输入加速度阶跃的响应,具体程序为

```
g = tf([1  942.48  0],[1  942.48  3.5528e5  1.4881e7  1.8701e8]);step(g,1.0)
```

图 18-18 即为绘制出来的 SuperSTAR 加速度计 US 轴考虑低通滤波环节时位移对于输入加速度阶跃的响应。

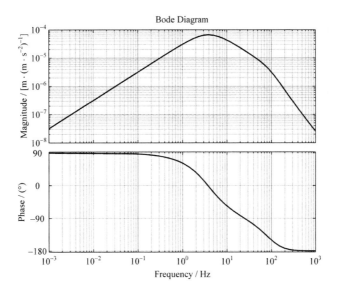

图 18-17　SuperSTAR 加速度计 US 轴位移对于输入加速度的传递函数 Bode 图

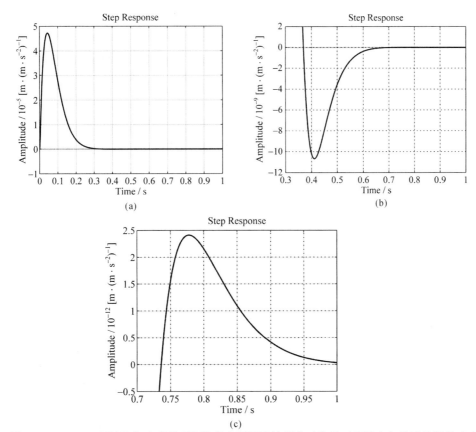

图 18-18　SuperSTAR 加速度计 US 轴考虑低通滤波环节时位移对于输入加速度阶跃的响应
(a) 主峰；　(b) 二次峰；　(c) 三次峰

将图 18-18 与图 18-2 比较可以看到,低通滤波环节会略微影响位移对非重力加速度阶跃的响应:主要表现在二次峰和三次峰的峰高比不考虑低通滤波环节时略大。然而,由于二次峰远小于一次峰,三次峰远小于二次峰,且会被位移噪声所掩盖,所以这么一点点略微影响几乎可以忽略。

表 17-2 给出 SuperSTAR 加速计 US 轴输入范围为 $\pm 5 \times 10^{-5}$ ms^{-2},由图 18-18 所对应的 MATLAB 原图可以得到,在规定输入范围内非重力加速度阶跃的作用下,检验质量产生的位移在 $t = 0.044$ s 左右达到不超过 2.37 nm 的最大值,当 $t = 0.100$ s 时不超过 1.39 nm,当 $t \geqslant 0.119\ 9$ s 时小于 1.00 nm。

17.3.4 节指出,检验质量块的运动被限制到小于 1 nm 对加速度计的线性度及其特性的稳定性有益。由于敏感结构不可避免存在对称性的缺陷,从而使得电容位移检测电压的有效值、固定偏压和接触电位差的波动都会与对称性缺陷共同作用,引起加速度测量噪声;检验质量稳定在准平衡位置,可以使该项噪声最小化。鉴于检验质量块的运动被限制到小于 1 nm 的重要性,从位移对于输入加速度阶跃的响应角度来看,选择 $f_0 \geqslant 20$ Hz 并合理配置参数也是必要的。

18.4　稳定性和稳定裕度分析

18.4.1　关于稳定性的基本概念

1892 年,俄国学者 A. M. Ляпунов(英文译为 Liapunov)给出了稳定性的一般定义,这个定义直到现在仍然是最严格和最一般的定义[3]

(1) 稳定。

如果对于任意给定的每个实数 $\varepsilon > 0$,都对应存在着另一实数 $\delta(\varepsilon, t_0) > 0$,使得从满足不等式 $\| x_0 - x_e \|_2 \leqslant \delta(\varepsilon, t_0)$ 的任意初态 x_0 出发的系统响应 x,在所有的时间内都满足 $\| x - x_e \|_2 \leqslant \varepsilon$,则称系统的平衡状态 x_e 是稳定的:若 δ 与 t_0 的选取无关,则称平衡状态 x_e 是一致稳定的。

以上叙述中,$\| x \|_2$ 称为 n 维向量 $x = [x_1 \quad x_2 \quad \cdots \quad x_n]^T$ 的 2-范数:

$$\| x \|_2 = \sqrt{x_1^2 + x_2^2 + \cdots + x_n^2}$$

(2) 渐近稳定。

若平衡状态 x_e 是 Ляпунов 意义下稳定的,并且当 $t \to \infty$ 时,$x(t) \to x_e$,即

$$\lim_{x \to \infty} \| x(t) - x_e \|_2 = 0$$

则称平衡状态 x_e 是渐近稳定的。

(3) 大范围(渐近)稳定。

如果对任意大的 δ,系统总是稳定的,则称系统是大范围稳定的。如果系统总是渐近稳定的,则称系统是大范围渐近稳定的。

(4) 不稳定。

如果对于某一实数 $\varepsilon > 0$,不论 δ 取多小,由 δ 为半径的球域 $s(\delta)$ 内出发的轨迹,至少有一条轨迹越出 ε 为半径的球域 $s(\varepsilon)$,则称平衡状态 x_e 是不稳定的。

二维状态空间的 Ляпунов 稳定性的几何意义如图 18-19 所示[3]。

在控制工程中,一般希望系统是大范围渐近稳定的,如果系统不是大范围渐近稳定的,那么就会遇到渐近稳定的最大范围有多大的问题,这常常是困难的。对于线性系统,由于只

有一个平衡状态,所以只要线性系统是稳定的,就一定是大范围渐近稳定的[3]。

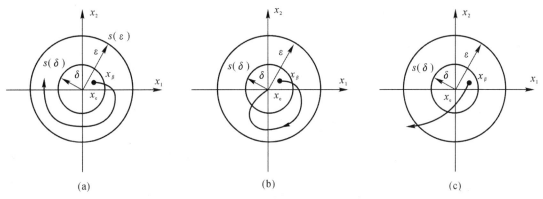

图 18 - 19 Ляпунов 稳定性定义的几何意义[3]

(a)Ляпунов 稳定; (b)渐近稳定; (c)不稳定

Ляпунов 稳定性的物理意义如图 18 - 20 所示[3]。

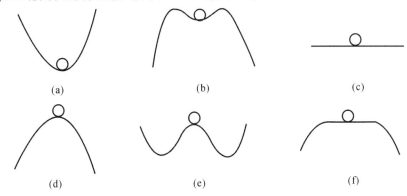

图 18 - 20 Ляпунов 稳定性定义的物理意义[3]

(a)大范围渐近稳定; (b)局部渐近稳定; (c)大范围稳定;

(d)不稳定; (e)局部不稳定; (f)局部稳定

应注意到,稳定性讨论的是系统没有输入(包括参考输入和扰动)作用或者输入作用消失以后的自由运动状态。因此,通常通过分析系统的零输入响应,或者脉冲响应来分析系统的稳定性[3]①。

对于单输入单输出线性定常连续系统来说,闭环传递函数分母多项式等于零的根称为特征根,特征根即闭环传递函数的极点[3,5]。由特征根可以判定单输入单输出线性定常连续系统的稳定性[3]。

18.1 节已经说明,静电悬浮加速度计符合线性系统的特征。至于是否属于定常系统问题,可以用图 18 - 7 给出的静电悬浮加速度计伺服控制系统框图来分析:从图 18 - 7 可以看到,静电悬浮加速度计伺服控制系统由前向环节 $G_1(s)$(检验质量的惯性及静电负刚度造成的传递函数),$G_2(s)$(前向通道总增益及 PID 校正器造成的传递函数),$G_3(s)$(一阶有源低

---

① 这段话是对系统稳定性基本概念的总结,可以理解为:如果一个系统受到扰动,偏离了原来的平衡状态,而在扰动取消后,经过充分长的时间,这个系统又能以一定的精度逐渐恢复到原来的状态,则称系统是稳定的。否则,称这个系统是不稳定的。

通滤波电路的传递函数)和反馈环节 G_p(物理增益)组成。其中:$G_1(s)$ 由式(18-4)表达,式(18-4)涉及的参数 ω_p 由式(17-30)表达,式(17-30)涉及的参数 k_{neg}(静电负刚度,N/m)由式(17-20)表达,式(17-20)成立的前提为式(17-19),即 $V_f^2(t) \ll V_p^2 + V_d^2$($V_p$ 为检验质量上施加的固定偏压;V_d 为电容位移检测电压的有效值,即 RMS 值),SuperSTAR 加速度计在科学模式下、GRADIO 加速度计在无拖曳测量模式下 $V_f(t)$ 值符合或基本符合式(17-19)的验证已在 17.4.5 节中陈述;$G_2(s)$ 由式(18-5)表达,式(18-5)涉及的参数 K_s(前向通道的总增益,V/m)由式(19-1)至式(19-3)表达,其中式(19-2)涉及的参数 K_x [从位移到电荷放大器第一级(FET级)输出的增益]由式(19-52)表达,式(19-52)成立的前提为检验质量相对电极笼的位移 x 远小于检验质量与电极间的平均间隙 d 以及电荷放大器的反馈电阻值远大于反馈电容的容抗值;$G_3(s)$ 由式(18-28)表达,G_p 由式(17-21)表达。追溯这些公式及其所涉及的参数,可以知道,SuperSTAR 和 GRADIO 加速度的伺服控制系统分别在科学模式下或无拖曳测量模式下确为定常系统。

可以采用各种不同的方法分析线性定常闭环系统的稳定性。以下各节以 SuperSTAR 加速度计 US 轴伺服控制系统为例,介绍几种常用的线性定常闭环系统稳定性分析方法。

18.4.2　由单位阶跃响应曲线判断系统的稳定性

从系统的单位阶跃响应曲线就可以判断系统的稳定性。单位阶跃响应曲线与系统稳定性间的关系,如图 18-21 所示[2]。

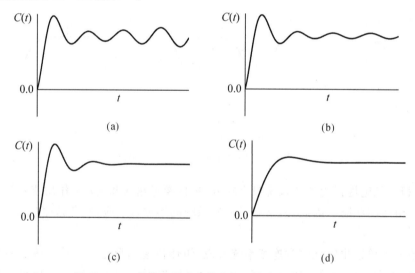

图 18-21　单位阶跃响应曲线与系统稳定性间的关系

(a) 不稳定系统;　(b) 临界稳定系统;　(c) 稳定系统(相对稳定性较差);　(d) 稳定系统(相对稳定性较好)

将图 18-16 与图 18-21 相比较,可以看出,在表 17-5 给出的 ω_0,ω_p^2,表 17-6 给出的 τ_d,$1/\tau_i$ 以及 17.5.5.1 节揣测并经 18.3.6 节证实的 ω_c 下,系统是稳定的,且相对稳定性较好。

18.4.3　用 Ляпунов 第一法判断闭环系统的稳定性

18.1 节已经指出,非线性控制系统很难用数学方法处理,目前尚无解决各种非线性系统的通用方法。鉴于静电悬浮加速度计伺服控制系统不存在继电器之类本质非线性器件,具有小偏差线性化的条件,因而采用 PID 校正理念将检验质量的位移限制在平衡点附近的小范围内,使控制系统的输入与输出关系近似为线性,并按线性化模型分析系统稳定性。但是这样做的结果是否符合系统的实际情况? Ляпунов 在 1892 年提出了 Ляпунов 稳定判据,其中 Ляпунов 第一法即所谓的小偏差理论,回答了上述问题[3]。

Poincare-Ляпунов 第一近似定理:

(1) 若线性化模型的特征根均具有负实部,则非线性系统渐近稳定;

(2) 若线性化模型的特征根有实部为正的根,则非线性系统不稳定;

(3) 若线性化模型的特征根有实部为零但无实部为正的根,则非线性系统的稳定性不能按线性化模型判别。

文献[3]指出,上述第(3)种情况对于单输入单输出线性定常连续系统而言是一种临界情况,称为临界稳定。临界稳定在 Ляпунов 稳定性意义下是稳定的,但在工程上不允许系统工作在临界稳定状态,因此,临界稳定在工程上是不稳定的。综合上面的讨论结果,可以得到下面的结论:

线性定常连续系统稳定的充分必要条件是:系统的全部特征根或闭环极点都具有负实部,或者说都位于复平面左半部。

将 MATLAB 软件的多项式求根函数 roots[1] 应用于式(18-36)中的分母多项式,即可得到 SuperSTAR 加速度计 US 轴伺服控制系统的特征根,即输入

$$p = [1 \quad 942.48 \quad 3.5528e5 \quad 1.4881e7 \quad 1.8701e8];r = roots(p)$$

得到(MATLAB 软件中用 i 表示虚数单位)

r =
1.0e+002 *
−4.4837 + 3.3561i
−4.4837 − 3.3561i
−0.2287 + 0.0856i
−0.2287 − 0.0856i

即特征根的实部为 −448.37,−448.37,−22.87,−22.87。

由于特征根确实只有负实部,所以 SuperSTAR 加速度计 US 轴伺服控制闭环系统是稳定的。

附带说明,Ляпунов 第二法,或称 Ляпунов 直接法,是确定线性时变系统和非线性系统稳定性的更为一般的方法[11]。由于超出了本书的讨论范围,所以不予介绍。

18.4.4　依据 Routh-Hurwitz 稳定判据判断闭环系统的稳定性和稳定裕度

18.4.4.1　概述

线性定常系统闭环传递函数的分母称为系统的特征多项式,令特征多项式为零即构成系统的特征方程[8]。Routh-Hurwitz 判据亦称代数判据。由于直接求解特征方程的根非常困难,计算工作量相当大,人们转而讨论特征方程根的分布,观测根的分布是否在 s 平面的

左半平面,在此基础上产生了一系列的稳定性判据,其中最主要的一个判据就是 1877 年由 E. J. Routh 提出的判据,称为 Routh 判据;1895 年,A. Hurwitz 提出了用特征方程系数来判别系统稳定性的方法,称之为 Hurwitz 判据[7]。我国很多教科书上把 Routh-Hurwitz 稳定判据简称为 Routh 稳定判据。Routh-Hurwitz 稳定判据的基础是 Ляпунов 第一法[11],因此,Routh-Hurwitz 稳定判据只适用于线性定常系统。

我们知道,一个虽然稳定但一经扰动就会不稳定的系统是不能投入实际使用的。我们总是希望所设计的控制系统不仅是稳定的,而且具有一定的稳定裕度[4]。控制系统具有一定的稳定裕度时,即使系统的结构或参数发生一定的变化,仍能维持系统是稳定的,甚至具有较好的控制性能,系统的这种特性又称作鲁棒性(Robustness)。过大的稳定裕度虽然鲁棒性较强,但响应速度缓慢;过小的稳定裕度鲁棒性较差,系统响应呈衰减振荡,且稳定裕度越小,衰减振荡次数越多,幅值也会多少有些增大。在实际系统中应根据具体要求,合理地加以选择[2]。

18.4.4.2 系统稳定的必要条件

Routh-Hurwitz 稳定判据给出控制系统稳定的必要条件是:控制系统的特征方程的所有系数均为正值,且特征方程不缺项[1]。由式(18-34)得到,SuperSTAR 加速度计 US 轴伺服控制系统的特征方程为

$$s^4 + \omega_c s^3 + (\tau_d \omega_0^2 \omega_c + \omega_p^2) s^2 + (\omega_0^2 + \omega_p^2) \omega_c s + \frac{\omega_0^2 \omega_c}{\tau_i} = 0 \qquad (18-46)$$

由于 Routh-Hurwitz 稳定判据给出的控制系统稳定的必要条件是控制系统的特征方程的所有系数均为正值,且特征方程不缺项,所以静电悬浮加速度计系统稳定的必要条件分别为

$$\omega_0^2 >- \omega_p^2 \qquad (18-47)$$
$$\tau_d \omega_0^2 \omega_c >- \omega_p^2 \qquad (18-48)$$

对于 SuperSTAR 加速度计 US 轴,使用表 17-5 给出的 ω_0,ω_p^2,表 17-6 给出的 τ_d 以及 17.5.5.1 节揣测并经 18.3.6 节证实的 ω_c 值,得知满足式(18-47)和式(18-48)。

18.4.4.3 系统稳定的充分必要条件

设控制系统的特征方程为[1]

$$D(s) = a_0 s^n + a_1 s^{n-1} + a_2 s^{n-2} + \cdots + a_{n-1} s + a_n = 0 \qquad (18-49)$$

式中　　$D(s)$——控制系统的特征方程;

　　　　n——控制系统特征方程的阶次;

　　　　a_i——控制系统特征方程的系数($i = 0, 1, 2, \cdots, n$)。

Routh-Hurwitz 稳定判据要求将特征多项式的系数排成表 18-1 所示的 Routh-Hurwitz 表[1]。

表 18-1　Routh-Hurwitz 表[1]

s^n	a_0	a_2	a_4	a_6	$\cdots$
s^{n-1}	a_1	a_3	a_5	a_7	$\cdots$
s^{n-2}	b_1	b_2	b_3	b_4	$\cdots$
s^{n-3}	c_1	c_2	c_3	c_4	$\cdots$
s^{n-4}	d_1	d_2	d_3	d_4	$\cdots$
s^{n-5}	e_1	e_2	e_3	e_4	$\cdots$
s^{n-6}	f_1	f_2	f_3	f_4	$\cdots$
$\vdots$	$\vdots$	$\vdots$	$\vdots$	$\vdots$	$\vdots$

表中[1]

$$
\left.
\begin{array}{llll}
b_1 = \dfrac{a_1 a_2 - a_0 a_3}{a_1}, & b_2 = \dfrac{a_1 a_4 - a_0 a_5}{a_1}, & b_3 = \dfrac{a_1 a_6 - a_0 a_7}{a_1}, & b_4 = \dfrac{a_1 a_8 - a_0 a_9}{a_1} \\[3mm]
c_1 = \dfrac{b_1 a_3 - a_1 b_2}{b_1}, & c_2 = \dfrac{b_1 a_5 - a_1 b_3}{b_1}, & c_3 = \dfrac{b_1 a_7 - a_1 b_4}{b_1}, & c_4 = \dfrac{b_1 a_9 - a_1 b_5}{b_1} \\[3mm]
d_1 = \dfrac{c_1 b_2 - b_1 c_2}{c_1}, & d_2 = \dfrac{c_1 b_3 - b_1 c_3}{c_1}, & d_3 = \dfrac{c_1 b_4 - b_1 c_4}{c_1}, & d_4 = \dfrac{c_1 b_5 - b_1 c_5}{c_1} \\[3mm]
e_1 = \dfrac{d_1 c_2 - c_1 d_2}{d_1}, & e_2 = \dfrac{d_1 c_3 - c_1 d_3}{d_1}, & e_3 = \dfrac{d_1 c_4 - c_1 d_4}{d_1}, & e_4 = \dfrac{d_1 c_5 - c_1 d_5}{d_1} \\[3mm]
f_1 = \dfrac{e_1 d_2 - d_1 e_2}{e_1}, & f_2 = \dfrac{e_1 d_3 - d_1 e_3}{e_1}, & f_3 = \dfrac{e_1 d_4 - d_1 e_4}{e_1}, & f_4 = \dfrac{e_1 d_5 - d_1 e_5}{e_1}
\end{array}
\right\}
\tag{18-50}
$$

Routh-Hurwitz 稳定判据：系统稳定的充分必要条件是 Routh-Hurwitz 表的第一列数的符号相同[3]。

将式(18-46)与式(18-49)对照，得到

$$
\left.
\begin{array}{l}
n = 4 \\
a_0 = 1 \\
a_1 = \omega_c \\
a_2 = \tau_d \omega_0^2 \omega_c + \omega_p^2 \\
a_3 = (\omega_0^2 + \omega_p^2)\omega_c \\
a_4 = \dfrac{\omega_0^2 \omega_c}{\tau_i}
\end{array}
\right\}
\tag{18-51}
$$

将式(18-51)代入式(18-50)，得到

$$
\left.
\begin{array}{lll}
b_1 = (\tau_d \omega_c - 1)\omega_0^2, & b_2 = \dfrac{\omega_0^2 \omega_c}{\tau_i}, & b_3 = 0 \\[3mm]
c_1 = (\omega_0^2 + \omega_p^2)\omega_c - \dfrac{\omega_c^2}{\tau_i(\tau_d \omega_c - 1)}, & c_2 = 0, & c_3 = 0 \\[3mm]
d_1 = \dfrac{\omega_0^2 \omega_c}{\tau_i}, & d_2 = 0, & d_3 = 0 \\[3mm]
e_1 = 0, & e_2 = 0, & e_3 = 0
\end{array}
\right\}
\tag{18-52}
$$

将式(18-51)和式(18-52)代入表 18-1，得到针对式(18-46)的 Routh-Hurwitz 表第一列，如表 18-2 所示。

表 18-2　针对式(18-46)的 Routh-Hurwitz 表第一列

s^4	1
s^3	ω_c
s^2	$(\tau_d \omega_c - 1)\omega_0^2$
s^1	$(\omega_0^2 + \omega_p^2)\omega_c - \dfrac{\omega_c^2}{\tau_i(\tau_d \omega_c - 1)}$
s^0	$\dfrac{\omega_0^2 \omega_c}{\tau_i}$

由于 Routh-Hurwitz 稳定判据给出的系统稳定的充分必要条件是 Routh-Hurwitz 表的第一列数的符号相同,所以静电悬浮加速度计系统稳定的充分必要条件分别为

$$\tau_d > \frac{1}{\omega_c} \tag{18-53}$$

$$\tau_d > \frac{1}{\omega_c} + \frac{1}{\tau_i(\omega_0^2 + \omega_p^2)} \tag{18-54}$$

从式(18-53)和式(18-54)可以看到,只要满足式(18-54),必然满足式(18-53)。也就是说,式(18-54)给出了系统是否稳定的各项可变参数间的解析关系;并且指明了为使系统稳定,各项可变参数应比临界值增大还是缩小。

对于 SuperSTAR 加速度计 US 轴,将 17.5.5.1 节揣测并经 18.3.6 节证实的 $\omega_c =$ 942.48 rad/s、表 17-5 给出的 $\omega_0 = 125.66$ rad/s 和 $\omega_p^2 = -1.1932$ rad^2/s^2 以及表 17-6 给出的 $1/\tau_i = 12.566$ s^{-1} 代入式(18-54),得到为满足系统稳定的充分必要条件,需要 $\tau_d > 1.8569 \times 10^{-3}$ s。实际表 17-6 给出 $\tau_d = 2.3873 \times 10^{-2}$ s,因而满足系统稳定的充分必要条件。鉴于人们把幅值增大多少倍还能稳定称为幅值裕度,记作 K_g[1],所以 $1/\tau_d$ 的幅值裕度 $K_g = 12.86$,即 τ_d 的幅值裕度 $K_g = 1/12.86$。

由式(18-54)得到

$$\omega_0^2 > \frac{1}{\tau_i\left(\tau_d - \frac{1}{\omega_c}\right)} - \omega_p^2 \tag{18-55}$$

$$\frac{1}{\omega_c} < \tau_d - \frac{1}{\tau_i(\omega_0^2 + \omega_p^2)} \tag{18-56}$$

$$\frac{1}{\tau_i} < (\omega_0^2 + \omega_p^2)\left(\tau_d - \frac{1}{\omega_c}\right) \tag{18-57}$$

从式(18-54)至式(18-57)可以看到,$1/\tau_d$,$1/\omega_0^2$,$1/\omega_c$,$1/\tau_i$ 四个参数均为整定对象,在稳定判据中互相纠缠在一起,任何一个参数变化均会影响另三个参数的稳定判据。因此,为保证有足够的稳定裕度,仅依 18.4.6.3 节第(3)条所述,要求幅值裕度大于 2 是明显不够的。

从式(18-55)可以看到,为使系统稳定,只要积分时间常数的倒数 $1/\tau_i \neq 0$ s^{-1},就不能仅保证 $\omega_0^2 + \omega_p^2 > 0$,尽管从式(17-32)我们看到,当 $\omega_0^2 + \omega_p^2 > 0$ 时,受伺服控制的检验质量运动积分微分方程中 $x(t)$ 项的符号已不再为负,即系统的刚度已不再为负。另外,从式(18-55)还可以看到,由于 τ_d,ω_c,τ_i 都是影响稳定性的参数,因此,如果想要显著降低 ω_0 而又不降低稳定性,必须显著降低 $|\omega_p^2|$。

若无法降低 $|\omega_p^2|$,则从式(18-55)可以看到,为使系统稳定,基础角频率的平方 ω_0^2 要足够高。而从式(17-29)可以看到,ω_0^2 与前向通道总增益 K_s 成正比,因而为使系统稳定,K_s 要足够高。

从式(17-23)可以看到,为了维持适度的反馈控制电压 V_f,物理增益 G_p 应随输入量程减小而同比减小。而从式(17-29)可以看到,为了维持足够高的 ω_0^2,前向通道总增益 K_s 应随物理增益 G_p 减小而反比增大。因此,前向通道总增益 K_s 应随输入量程减小而反比增大。

将上述各参数代入式(18-55),得到为满足系统稳定的充分必要条件,需要 $\omega_0^2 >$ 552.05 rad^2/s^2(即 $\omega_0 > 23.5$ rad/s),由于实际上 $\omega_0^2 = 15791$ rad^2/s^2,所以 $1/\omega_0^2$ 的幅值裕

度 $K_g = 28.60$，即 ω_0^2 的幅值裕度 $K_g = 1/28.60$；将上述各参数代入式（18-56），得到为满足系统稳定的充分必要条件，需要 $1/\omega_c < 2.307\ 7 \times 10^{-2}$ s/rad（即 $\omega_c > 43.3$ rad/s），由于实际上 $1/\omega_c = 1.061\ 0 \times 10^{-3}$ s/rad，所以以 $1/\omega_c$ 的幅值裕度 $K_g = 21.75$，即 ω_c 的幅值裕度 $K_g = 1/21.75$；将上述各参数代入式（18-57），得到为满足系统稳定的充分必要条件，需要 $1/\tau_i < 360.21$ s^{-1}。由于实际上 $1/\tau_i = 12.566$ s^{-1}，所以 $1/\tau_i$ 的幅值裕度 $K_g = 28.67$，即 τ_i 的幅值裕度 $K_g = 1/28.67$。

从上述分析可以看到，对于 SuperSTAR 加速度计 US 轴，尽管在给定参数下满足系统稳定的充分必要条件，但是无论对于加速度计的基础角频率 ω_0 之平方而言，还是对于微分时间常数 τ_d、积分时间常数 τ_i、一阶有源低通滤波电路的截止角频率 ω_c 而言，都是幅值裕度 $K_g < 1$ 时系统稳定，$K_g > 1$ 时系统不稳定，这点与最小相位系统 $K_g > 1$ 时系统稳定，$K_g < 1$ 时系统不稳定正好相反［参见 18.4.6.3 节第（3）条］。

18.4.5　用根轨迹法判断闭环系统的稳定性和稳定裕度

18.4.5.1　概述

根轨迹法是 W. R. Evans 在 1948 年提出的一种图解反馈系统特征方程的工程方法，用于由已知反馈系统的开环传递函数确定其闭环极点分布，实际上就是解决系统特征方程的求根问题[1,11]。而依据 Ляпунов 第一法，反馈系统的稳定性由其闭环极点惟一确定。因此，根轨迹法的基础也是 Ляпунов 第一法，根轨迹法也只适用于线性定常系统。运用根轨迹法还可以看出参数变化对闭环极点分布的影响，因而在分析和设计反馈系统方面具有重要意义[11]。

18.4.4.1 节指出，令闭环传递函数分母多项式为零即构成系统的特征方程，闭环系统的稳定性取决于系统的特征方程。

我们知道[2]，当系统的可变量在可能的取值范围内变化时，系统特征方程的根在 s 平面变化的轨迹称为系统的根轨迹。根轨迹曲线显示了系统极点的变化情况及其趋势，因而显示了参数对系统特性的影响。绘制根轨迹的基本规则为：设系统的可变参量为 K_{alt}，首先将特征方程改写为

$$A(s) + K_{alt} B(s) = 0 \tag{18-58}$$

式中　$A(s)$——控制系统特征方程中与 K_{alt} 无关的部分；

　　　K_{alt}——控制系统的可变参量；

　　　$B(s)$——控制系统特征方程中与 K_{alt} 相关的部分。

然后用 $A(s)$ 去除式（18-58）的两边，得到

$$1 + K_{alt} \frac{B(s)}{A(s)} = 0 \tag{18-59}$$

由式（18-59）得到相对于可变参量 K_{alt} 的等效开环传递函数为[2]

$$G_{K,op}(s) = K_{alt} \frac{B(s)}{A(s)} \tag{18-60}$$

式中　$G_{K,op}(s)$——相对于可变参量 K_{alt} 的等效开环传递函数。

系统根轨迹的绘制是以相对于可变参量 K_{alt} 的等效开环传递函数为依据的。

18.4.5.2　以 ω_0^2 为可变参数

令

$$K_{alt} = \omega_0^2 \tag{18-61}$$

将式(18-61)代入由式(18-46)表达的SuperSTAR加速度计US轴伺服控制系统特征方程,得到

$$1 + \frac{K_{alt}\omega_c \left(\tau_d s^2 + s + \dfrac{1}{\tau_i}\right)}{s(s+\omega_c)(s^2+\omega_p^2)} = 0 \tag{18-62}$$

由式(18-62)与式(18-59)的相似性,仿照式(18-60)得到相对于可变参量 $K_{alt}=\omega_0^2$ 的 SuperSTAR 加速度计 US 轴伺服控制系统等效开环传递函数为

$$G_{K=\omega_0^2,op}(s) = \frac{K_{alt}\omega_c \left(\tau_d s^2 + s + \dfrac{1}{\tau_i}\right)}{s(s+\omega_c)(s^2+\omega_p^2)} \tag{18-63}$$

式中　$G_{K=\omega_0^2,op}(s)$——相对于可变参量 $K=\omega_0^2$ 的等效开环传递函数。

对于 SuperSTAR 加速度计 US 轴,将表 17-5 给出的 ω_p^2、表 17-6 给出的 τ_d, $1/\tau_i$ 以及 17.5.5.1 节揣测并经 18.3.6 节证实的 ω_c 值代入式(18-63),得到

$$G_{K=\omega_0^2,op}(s) = \frac{942.48 K_{alt}(2.387\,3 \times 10^{-2} s^2 + s + 12.566)}{s(s+942.48)(s^2-1.193\,2)} \tag{18-64}$$

由式(18-64)得到使用 MATLAB 软件绘制相对于可变参量 $K_{alt}=\omega_0^2$ 的 SuperSTAR 加速度计 US 轴伺服控制系统根轨迹图程序[7]为

```
g = tf(942.48 * [2.3873e-2  1  12.566],conv([1  0],conv([1  942.48],[1  0  -1.1932])));rlocus(g)
```

图 18-22 即为绘制出来的相对于可变参量 $K_{alt}=\omega_0^2$ 的 SuperSTAR 加速度计 US 轴伺服控制系统根轨迹图。其中系统的零点用"○"表示,极点用"×"表示[7]。还有一个极点为 $s=-942.5$,在图 18-22 中未显示。

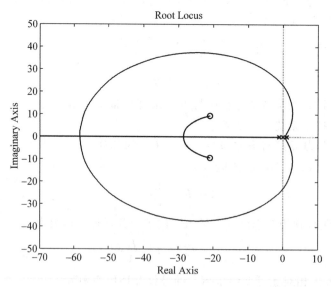

图 18-22　相对于可变参量 $K_{alt}=\omega_0^2$ 的 SuperSTAR 加速度计 US 轴伺服控制系统根轨迹图

从图 18-22 可以看到,相对于可变参量 $K_{alt}=\omega_0^2$ 的根轨迹与 s 平面的虚轴相交。根轨迹与虚轴的交点上的特征根的实部为零,这时控制系统处于临界稳定状态[4]。因此,根轨迹与虚轴的交点处的 K_{alt} 值,就是临界开环增益[7]。当根轨迹处于 s 平面的左半平时,系统稳

定[7];反之,当根轨迹处于 s 平面的右半平时,系统不稳定。求闭环系统所有极点的程序为[7]

```
[k,poles]=rlocfind(g)
```

当执行[k,poles]=rlocfind(g) 时,在根轨迹图形窗口中显示十字形光标,当用户选择根轨迹上任意一点时,其相应的增益由 k 记录,与增益相关的所有极点由 poles 记录[7]。

(1)我们在根轨迹邻近虚轴左侧取一点,得到

```
selected_point =
－0.0019＋23.4724i
k =
552.1921
poles =
1.0e＋002 *
－9.2971
－0.0000＋0.2347i
－0.0000－0.2347i
－0.1277
```

根据输出的结果,不存在正实部极点,因而系统是稳定的[7]。

(2)我们在根轨迹邻近虚轴右侧取一点,得到

```
selected_point =
0.0014＋23.4655i
k =
551.7922
poles =
1.0e＋002 *
－9.2972
0.0000＋0.2347i
0.0000－0.2347i
－0.1276
```

根据输出的结果,存在两个正实部极点,因而系统不稳定[7]。

从以上两种情况得到,可变参量 $K_{alt}=\omega_0^2$ 的临界开环增益处于 551.792 2 ～ 552.192 1 之间,相应的临界 $f_{0,min}$ 处于(3.738 6 ～ 3.739 9)Hz 间,实际 f_0 值必须大于此临界值,系统才稳定。我们将 $f_{0,min}$ 称为加速度计的基础频率下限。

表 17-5 给出,SuperSTAR 加速度计 US 轴 $f_0=20$ Hz。由于 $f_0 > f_{0,min}$,所以系统是稳定的,且 $K_{alt}=\omega_0^2$ 的幅值裕度 $K_g=1/28.6$,与 18.4.4.3 节用 Routh-Hurwitz 稳定判据得到结果一致。

18.4.5.3　以 $1/\omega_c$ 为可变参数

令

$$K_{\text{alt}} = \frac{1}{\omega_c} \qquad\qquad (18-65)$$

将式(18-65)代入由式(18-46)表达的SuperSTAR加速度计US轴伺服控制系统特征方程,得到

$$1 + \frac{K_{\text{alt}} s^2 (s^2 + \omega_p^2)}{s^3 + \tau_d \omega_0^2 s^2 + (\omega_0^2 + \omega_p^2) s + \dfrac{\omega_0^2}{\tau_i}} = 0 \qquad\qquad (18-66)$$

由式(18-66)与式(18-59)的相似性,仿照式(18-60)得到相对于可变参量 $K_{\text{alt}} = 1/\omega_c$ 的 SuperSTAR 加速度计 US 轴伺服控制系统等效开环传递函数为

$$G_{K=1/\omega_c, \text{op}}(s) = \frac{K_{\text{alt}} s^2 (s^2 + \omega_p^2)}{s^3 + \tau_d \omega_0^2 s^2 + (\omega_0^2 + \omega_p^2) s + \dfrac{\omega_0^2}{\tau_i}} \qquad\qquad (18-67)$$

式中　$G_{K=1/\omega_c, \text{op}}(s)$ —— 相对于可变参量 $K_{\text{alt}} = 1/\omega_c$ 的等效开环传递函数。

对于 SuperSTAR 加速度计 US 轴,将表17-5给出的 ω_0, ω_p^2 及表17-6给出的 τ_d, $1/\tau_i$ 值代入式(18-67),得到

$$G_{K=1/\omega_c, \text{op}}(s) = \frac{K_{\text{alt}} s^2 (s^2 - 1.193\,2)}{s^3 + 376.99 s^2 + 15\,790 s + 1.984\,4 \times 10^5} \qquad\qquad (18-68)$$

由式(18-68)得到使用MATLAB软件绘制相对于可变参量 $K_{\text{alt}} = 1/\omega_c$ 的 SuperSTAR 加速度计 US 轴伺服控制系统根轨迹图程序[7] 为

```
g = tf(conv([1  0  0],[1  0  -1.1932]),[1  376.99  15790  1.9844e5]); rlocus(g)
```

图 18-23 即为绘制出来的相对于可变参量 $K_{\text{alt}} = 1/\omega_c$ 的 SuperSTAR 加速度计 US 轴伺服控制系统根轨迹图。

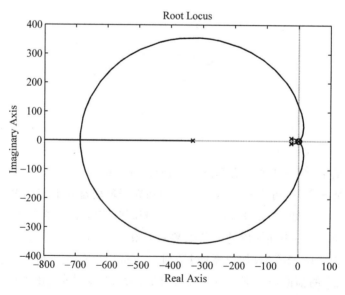

图 18-23　相对于可变参量 $K_{\text{alt}} = 1/\omega_c$ 的 SuperSTAR 加速度计 US 轴伺服控制系统根轨迹图

从图 18-23 可以看到,相对于可变参量 $K_{alt}=1/\omega_c$ 的根轨迹与 s 平面的虚轴相交。根轨迹与虚轴的交点处的 K_{alt} 值,就是临界开环增益[7]。

(1)用 MATLAB 程序[k,poles]=rlocfind(g)在根轨迹邻近虚轴左侧取一点,得到

selected_point=

−8.2938e−002+1.2585e+002i

k=

0.0230

poles=

1.0e+002 *

−0.0007+1.2586i

−0.0007−1.2586i

−0.2167+0.0867i

−0.2167−0.0867i

根据输出的结果,不存在正实部极点,因而系统是稳定的[7]。

(2)用 MATLAB 程序[k,poles]=rlocfind(g)在根轨迹邻近虚轴右侧取一点,得到

selected_point =

1.2085e−001+1.2539e+002i

k =

0.0232

poles =

1.0e+002 *

0.0010+1.2538i

0.0010−1.2538i

−0.2166+0.0867i

−0.2166−0.0867i

根据输出的结果,存在两个正实部极点,因而系统不稳定[7]。

从以上两种情况得到,可变参量 $K_{alt}=1/\omega_c$ 的临界开环增益处于 $0.023\,0 \sim 0.023\,2$ 之间,相应的临界 $f_{c,min}$ 处于 $(6.86 \sim 6.92)$ Hz 间,实际 f_c 值必须大于此临界值,系统才稳定。我们将 $f_{c,min}$ 称为环内一阶有源低通滤波截止频率下限。

17.5.5.1 节揣测并经 18.3.6 节证实,SuperSTAR 加速度计 US 轴 $f_c=7.5\,f_0$,即 $f_c=150$ Hz,或 $\omega_c=942.48$ rad/s。由于 $f_c > f_{c,min}$,所以系统是稳定的,且 $K_{alt}=1/\omega_c$ 的幅值裕度 $K_g=21.8$,与 18.4.4.3 节用 Routh-Hurwitz 稳定判据得到结果一致。

18.4.5.4　以 τ_d 为可变参数

令

$$K_{alt}=\tau_d \tag{18-69}$$

将式(18-69)代入由式(18-46)表达的 SuperSTAR 加速度计 US 轴伺服控制系统特征方程,得到

$$1 + \frac{K_{alt}\omega_0^2\omega_c s^2}{s^4 + \omega_c s^3 + \omega_p^2 s^2 + (\omega_0^2 + \omega_p^2)\omega_c s + \frac{\omega_0^2\omega_c}{\tau_i}} = 0 \qquad (18-70)$$

由式(18-70)与式(18-59)的相似性,仿照式(18-60)得到相对于可变参量 $K_{alt} = \tau_d$ 的 SuperSTAR 加速度计 US 轴伺服控制系统等效开环传递函数为

$$G_{K=\tau_d, op}(s) = \frac{K\omega_0^2\omega_c s^2}{s^4 + \omega_c s^3 + \omega_p^2 s^2 + (\omega_0^2 + \omega_p^2)\omega_c s + \frac{\omega_0^2\omega_c}{\tau_i}} \qquad (18-71)$$

式中 $G_{K=\tau_d, op}(s)$—— 相对于可变参量 $K_{alt} = \tau_d$ 的等效开环传递函数。

对于 SuperSTAR 加速度计 US 轴,将表 17-5 给出的 ω_0,ω_p^2,表 17-6 给出的 $1/\tau_i$ 以及 17.5.5.1 节揣测并经 18.3.6 节证实的 ω_c 值代入式(18-71),得到

$$G_{K=\tau_d, op}(s) = \frac{1.488\ 2 \times 10^7 K_{alt} s^2}{s^4 + 942.48 s^3 - 1.193\ 2 s^2 + 1.488\ 1 \times 10^7 s + 1.870\ 1 \times 10^8} \qquad (18-72)$$

利用 MATLAB 软件的多项式求根函数 roots[1],可以得到式(18-72)的极点为

p = [1 942.48 −1.1932 1.4881e7 1.8701e8];r = roots(p)

得到

r =
1.0e + 002 ∗
−9.5847
0.1422 + 1.2439i
0.1422 − 1.2439i
−0.1245

即极点的实部为 −958.47,−12.45,14.22,14.22。

由式(18-72)得到使用 MATLAB 软件绘制相对于可变参量 $K_{alt} = \tau_d$ 的 SuperSTAR 加速度计 US 轴伺服控制系统根轨迹图程序[7]为

g = tf(1.4882e7 ∗ [1 0 0],[1 942.48 −1.1932 1.4881e7 1.8701e8]); rlocus(g)

图 18-24 即为绘制出来的相对于可变参量 $K_{alt} = \tau_d$ 的 SuperSTAR 加速度计 US 轴伺服控制系统根轨迹图。还有一个极点为 $s = -958.47$,在图 18-24 中未显示。

从图 18-24 可以看到,相对于可变参量 $K_{alt} = \tau_d$ 的根轨迹与 s 平面的虚轴相交。根轨迹与虚轴的交点处的 K_{alt} 值,就是临界开环增益[7]。

(1)用 MATLAB 程序[k,poles]＝rlocfind(g)在根轨迹邻近虚轴左侧取一点,得到

selected_point =
−4.0284e − 001 + 1.2531e + 002i
k =

0.0019

poles =

1.0e + 002 *

− 9.2897

− 0.0040 + 1.2567i

− 0.0040 − 1.2567i

− 0.1275

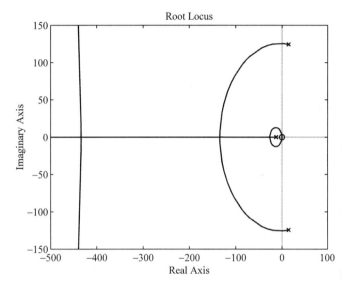

图 18 − 24　相对于可变量 $K_{alt} = \tau_d$ 的 SuperSTAR 加速度计 US 轴伺服控制系统根轨迹图

根据输出的结果，不存在正实部极点，因而系统是稳定的[7]。

（2）用 MATLAB 程序[k,poles] = rlocfind(g)在根轨迹邻近虚轴右侧取一点，得到

selected_point =

4.5024e − 001 + 1.2531e + 002i

k =

0.0018

poles =

1.0e + 002 *

− 9.3069

0.0046 + 1.2564i

0.0046 − 1.2564i

− 0.1273

根据输出的结果，存在两个正实部极点，因而系统不稳定[7]。

从以上两种情况得到，可变量 $K_{alt} = \tau_{d,min}$ 的临界开环增益处于(0.001 8 ～ 0.001 9) s 之间，实际 τ_d 值必须大于此临界值，系统才稳定。我们将 $\tau_{d,min}$ 称为 PID 校正器微分时间常数的下限。

表 17-6 给出，SuperSTAR 加速度计 US 轴 $\tau_d = 2.387\ 3 \times 10^{-2}$ s。由于 $\tau_d > \tau_{d,\min}$，所以系统是稳定的；由此得到 $K_{alt} = \tau_d$ 的幅值裕度 $K_g = 1/13$，与 18.4.4.3 节用 Routh-Hurwitz 稳定判据得到结果一致。

18.4.5.5　以 $1/\tau_i$ 为可变参数

令

$$K_{alt} = \frac{1}{\tau_i} \qquad (18-73)$$

将式（18-73）代入由式（18-46）表达的 SuperSTAR 加速度计 US 轴伺服控制系统特征方程，得到

$$1 + \frac{K_{alt}\omega_0^2\omega_c}{s\left[s^3 + \omega_c s^2 + (\tau_d\omega_0^2\omega_c + \omega_p^2)s + (\omega_0^2 + \omega_p^2)\omega_c\right]} = 0 \qquad (18-74)$$

由式（18-74）与式（18-59）的相似性，仿照式（18-60）得到相对于可变参量 $K_{alt} = 1/\tau_i$ 的 SuperSTAR 加速度计 US 轴伺服控制系统等效开环传递函数为

$$G_{K=1/\tau_i,op}(s) = \frac{K_{alt}\omega_0^2\omega_c}{s\left[s^3 + \omega_c s^2 + (\tau_d\omega_0^2\omega_c + \omega_p^2)s + (\omega_0^2 + \omega_p^2)\omega_c\right]} \qquad (18-75)$$

式中　$G_{K=1/\tau_i,op}(s)$—— 相对于可变参量 $K_{alt} = 1/\tau_i$ 的等效开环传递函数。

对于 SuperSTAR 加速度计 US 轴，将表 17-5 给出的 ω_0，ω_p^2，表 17-6 给出的 τ_d 以及 17.5.5.1 节揣测并经 18.3.6 节证实的 ω_c 值代入式（18-75），得到

$$G_{K=1/\tau_i,op}(s) = \frac{1.488\ 2 \times 10^7 K_{alt}}{s(s^3 + 942.48s^2 + 3.552\ 8 \times 10^5 s + 1.488\ 1 \times 10^7)} \qquad (18-76)$$

由式（18-76）得到使用 MATLAB 软件绘制相对于可变参量 $K_{alt} = 1/\tau_i$ 的 SuperSTAR 加速度计 US 轴伺服控制系统根轨迹图程序[7] 为

```
g = tf(1.4882e7,conv([1  0],[1  942.48  3.5528e5  1.4881e7])); rlocus(g)
```

图 18-25 即为绘制出来的相对于可变参量 $K_{alt} = 1/\tau_i$ 的 SuperSTAR 加速度计 US 轴伺服控制系统根轨迹图。

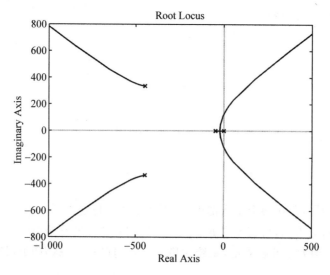

图 18-25　相对于可变参量 $K_{alt} = 1/\tau_i$ 的 SuperSTAR 加速度计 US 轴伺服控制系统根轨迹图

从图 18-25 可以看到,相对于可变参量 $K_{alt} = 1/\tau_i$ 的根轨迹与 s 平面的虚轴相交。根轨迹与虚轴的交点处的 K_{alt} 值,就是临界开环增益[7]。

(1)用 MATLAB 程序[k,poles]＝rlocfind(g)在根轨迹邻近虚轴左侧取一点,得到

selected_point ＝

$-2.7962e-004+1.2565e+002i$

k ＝

360.1963

poles ＝

1.0e＋002 *

$-4.7125+3.4269i$

$-4.7125-3.4269i$

$-0.0000+1.2565i$

$-0.0000-1.2565i$

根据输出的结果,不存在正实部极点,因而系统是稳定的[7]。

(2)用 MATLAB 程序[k,poles]＝rlocfind(g)在根轨迹邻近虚轴右侧取一点,得到

selected_point ＝

$-4.9763e-004+1.2566e+002i$

k ＝

360.2095

poles ＝

1.0e＋002 *

$-4.7125+3.4269i$

$-4.7125-3.4269i$

$0.0000+1.2566i$

$0.0000-1.2566i$

根据输出的结果,存在两个正实部极点,因而系统不稳定[7]。

从以上两种情况得到,可变参量 $K_{alt} = 1/\tau_{i,min}$ 的临界开环增益处于 360.196 3 ～ 360.209 5 之间,实际 $1/\tau_i$ 值必须小于此临界值,系统才稳定。我们将 $\tau_{i,min}$ 称为 PID 校正器积分时间常数的下限。

表 17-6 给出的 SuperSTAR 加速度计 US 轴 $1/\tau_i = 12.566$ s^{-1}。由于 $1/\tau_i < 1/\tau_{i,min}$,所以系统是稳定的;由此得到 $K_{alt} = 1/\tau_i$ 的幅值裕度 $K_g = 28.66$,与 18.4.4.3 节用 Routh-Hurwitz 稳定判据得到结果一致。

18.4.6　依据 Nyquist 判据判断闭环系统的稳定性和稳定裕度

18.4.6.1　概述

Nyquist 稳定判据是 Bell 实验室的瑞典裔美国电气工程师 Harry Nyquist 于 1932 年提出的一种用于确定动态系统稳定性的图形方法,它作为一种频域稳定判据,在频率分析法中

占有重要地位。利用 Nyquist 稳定判据,不但可以判断系统是否稳定(绝对稳定性)并确定系统的稳定裕度(相对稳定性),还可以用于分析系统的动态性能并指出改善系统性能指标的途径[5]。

Nyquist 稳定判据是通过发掘闭环系统的开环频率特性与其闭环特征方程的根在 s 平面上分布之间的内在联系,由开环频率特性判别闭环系统稳定性的一种准则[11]。由此可见,Nyquist 判据的基础也是 Ляпунов 第一法,因此,Nyquist 稳定判据也只适用于线性定常系统。由于开环频率特性不仅可从开环传递函数获得,还可根据实验数据绘制,所以基于 Nyquist 稳定判据分析闭环系统的稳定性是工程上广泛应用的方法[11]。

18.4.4 节和 18.4.5 节分别用 Routh-Hurwitz 稳定判据和根轨迹法判断闭环系统的稳定性和稳定裕度时已经证明 SuperSTAR 加速度计 US 轴的 ω_0,$1/\omega_c$,τ_d,$1/\tau_i$ 等参数均有很大的稳定裕度。

运用 Nyquist 判据时,可采用开环幅相曲线极坐标图(Nyquist 图)或开环传递函数的 Bode 图(Bode 的含义参见 18.2.1 节)。Nyquist 图中的开环幅相曲线称为 Nyquist 曲线。与 Nyquist 图相比,开环传递函数的 Bode 图计算简单,绘图容易,而且能直观地表现时间常数等参数变化对系统性能的影响[4]。

18.4.6.2 稳定判据

(1)采用 Nyquist 图。

采用 Nyquist 图时,控制系统的 Nyquist 稳定判据的充要条件是:当 s 从 $s \to -j\infty$ 到 $s \to +j\infty$ 变化时,控制系统的 Nyquist 曲线按逆时针方向包围点 $(-1, j0)$ 的圈数 $N = P$,其中 P 为开环传递函数正实部极点的个数。而圈数 N 一般表达成以下形式[12]:

$$N = N_+ - N_- \qquad (18-77)$$

式中 N——Nyquist 曲线在点 $(-1, j0)$ 左侧逆时针穿越负实轴的次数;

N_+——Nyquist 曲线从上向下穿越点 $(-1, j0)$ 的左侧的负实轴次数,即逆时针包围点 $(-1, j0)$ 的次数;

N_-——Nyquist 曲线从下向上穿越点 $(-1, j0)$ 的左侧的负实轴次数,即顺时针包围点 $(-1, j0)$ 的次数。

需注意,无论是最小相位系统,还是非最小相位系统,若开环传递函数含有串联积分环节,即开环传递函数有 $s=0$ 的极点时,所谓 s 从 $s \to -j\infty$ 到 $s \to +j\infty$,指的是在原点附近 s 要经过以原点为圆心、以无穷小的正数 $\varepsilon(\varepsilon \to 0)$ 为半径、位于 s 的右半平面的小半圆,而其在 Nyquist 图上的映射是半径为无穷大的圆弧,从 $\omega = 0^-$ 的映射点开始,顺时针转过 $180°$,到 $\omega = 0^+$ 的映射点结束。若含有 ν 个串联积分环节,则从 $\omega = 0^-$ 的映射点开始,顺时针转过 $\nu \cdot 180°$,到 $\omega = 0^+$ 的映射点结束[1, 3]。

关于上述在 Nyquist 图上映射的半径无穷大圆弧的起讫点,文献[13]具体给出,对于最小相位系统,$\nu=1$ 时,为从 $90°$ 顺时针转到 $-90°$;$\nu=2$ 时,为从 $180°$ 顺时针转到 $-180°$;$\nu=3$ 时,为从 $270°$ 顺时针转到 $-270°$。对于非最小相位系统,$\nu=1$ 时,为从 $270°$ 顺时针转到 $90°$。

(2)采用开环传递函数的 Bode 图。

采用开环传递函数的 Bode 图时,系统稳定充要条件的 Nyquist 判据是:在开环幅频特性大于 0 dB 的所有频段内,相频特性曲线对 $-180°$ 线的正、负穿越次数之差等于 $P/2$,其中 P

为开环正实部极点个数[1]。

正负穿越的定义如下：ω 增加时，相角增加的穿越为正穿越（从 $-180°$ 线开始的正穿越为半次正穿越）；相角减少的穿越为负穿越（从 $-180°$ 线开始的负穿越为半次负穿越）[7]。

当开环传递函数 $G(s)H(s)$［$G(s)$ 为前向通道传递函数，$H(s)$ 为反馈环节传递函数］包含 ν 个串联积分环节时，在对数相频曲线 ω 为 0^+ 的地方，应该补画一条从相角 $\angle G(j0^+)H(j0^+) + \nu \cdot 90°$ 到 $\angle G(j0^+)H(j0^+)$ 的虚线①，这里 ν 为串联积分环节的个数。计算正负穿越时，应将补画上的虚线看作相频曲线的一部分[7]。

18.4.6.3　稳定裕度判据

（1）相位裕度与幅值裕度的含义与确定方法。

1）采用 Nyquist 图。

由 Nyquist 稳定判据可知，位于 Nyquist 图点 $(-1, j0)$ 附近的 Nyquist 曲线对系统的稳定性影响最大，曲线越是接近该点，系统的稳定程度越差，因而称点 $(-1, j0)$ 为临界点，且将 Nyquist 曲线与临界点的距离，作为相对稳定性的度量。通常用相位裕度 γ 和幅值裕度 K_g/h 度量 Nyquist 曲线与临界点的距离[3]：

在 Nyquist 图上，Nyquist 曲线由 $\omega = 0^+$ 至 $\omega \to +\infty$ 的过程中穿越单位圆的点所对应的角频率就是幅值穿越角频率，或称为剪切角频率，记为 ω_{cut}。该点所对应的相角与 $-180°$ 之差称为相位裕度，记为 γ，负实轴绕原点逆时针转到该点为正角，顺时针转到该点为负角[1]。

Nyquis 曲线的相位等于 $-180°$ 的点所对应的角频率称为相位穿越角频率，记为 ω_g。该点幅值的倒数称为控制系统的幅值裕度，记作 K_g[1]。幅值裕度通常用 K_g 的 dB 数 h 表示，$h = 20 \lg K_g$[3]。当 $K_g > 1$ 时，$h > 0$ dB，称幅值裕度为正；当 $K_g < 1$ 时，$h < 0$ dB，则称幅值裕度为负[1]。

2）采用开环传递函数的 Bode 图。

开环幅频特性穿越 0 dB 线的点所对应的角频率就是 ω_{cut}；开环频率特性的相位等于 $-180°$ 的点所对应的角频率就是 ω_g。

18.2.1 节已经指出，绘制传递函数 g 的 Bode 图的 MATLAB 命令是 bode(g)。而 margin(g) 将绘制并标出幅值裕度、相位裕度及对应的频率[1]。

（2）是否属于最小相位系统及开环是否稳定的判定方法。

对于闭环系统，如果它的开环传递函数没有正实部的极点，则称系统是开环稳定②的；如果它的开环传递函数的极点和零点的实部小于或等于零，则称它是最小相位系统[1]。因此，最小相位系统一定是开环稳定的，而开环稳定的系统不一定是最小相位系统；反言之，开环不稳定的系统一定是非最小相位系统，而非最小相位系统不一定是开环不稳定的系统。

如果开环传递函数中有正实部的零点或极点，或有延迟环节（又称纯滞后环节、时滞环节）$e^{-\tau v}$，则属于非最小相位系统，因为把 $e^{-\tau v}$ 用零点和极点的形式近似表达时，会发现它也具有正实部零点[1]。

（3）稳定裕度的判断。

---

① 文献［7］原文为"到 $\angle G(j0)H(j0)$ 的虚线"，似不妥。
② 控制系统开环稳定未必闭环稳定。开环稳定即开环传递函数正实部极点的个数 $P = 0$，因而仅当该系统的 Nyquist 曲线按逆时针方向包围点 $(-1, j0)$ 的圈数 $N = P = 0$ 时，该系统才是闭环稳定的［详见 18.4.6.2 节第（1）条］。

对于最小相位系统,相位裕度 γ 和幅值裕度 h 的符号是一致的。当 $\gamma > 0, h > 0$(即 $K_g > 1$)时,系统稳定;当 $\gamma < 0, h < 0$(即 $K_g < 1$)时,系统不稳定[3]。从控制工程实践得出,为使控制系统具有满意的相对稳定性及对高频干扰的必要抑制能力,相位裕度应选在 $30° \sim 60°$ 之间,即需 $30° \leqslant \gamma \leqslant 60°$;$h$ 应大于 6 dB,即要求 $K_g > 2$[11]。但对于非最小相位系统,相位裕度 γ 和幅值裕度 h 的符号可能是不一致的。因此,相位裕度 γ 和幅值裕度 h 的符号一般是没有太大意义的,不能用来判别系统稳定性。对于稳定系统,$|\gamma|$ 和 $|h|$ 表示了系统稳定的程度,它们的值越大,系统越稳定。对于不稳定系统,$|\gamma|$ 和 $|h|$ 表示了系统不稳定的程度,它们的值越大,系统越不稳定[3]。

进行系统的稳定裕度判断时,应当同时考虑幅值裕度和相位裕度,不应当只用其中一项,除非有一项无法考虑[4]。对非最小相位系统进行分析或综合时,必须同时考虑其幅值裕度与相位裕度[2]。

18.4.7 用 Nyquist 判据判断各种可变参数下闭环系统的稳定性和稳定裕度

18.4.7.1 方法

文献[7]指出,系统的开环传递函数增益与幅值裕度直接相关。从式(18-33)可以看到,静电悬浮加速度计开环传递函数 $G_{op}(s)$ 与基础角频率的平方 ω_0^2 成正比,因而 ω_0^2 与幅值裕度直接相关。18.4.4.3 节指出,为使系统稳定,ω_0^2 要足够高;18.4.5.2 节指出,f_0 值必须大于加速度计的基础频率下限 $f_{0,\min}$,系统才稳定。而从式(17-29)可以看到,ω_0^2 与前向通道总增益 K_s 成正比,因而为使系统稳定,K_s 要足够高。然而,文献[7]还指出,对于开环系统中除开环增益外还有其他参数发生变化的系统,开环增益则不足以表明系统的稳定程度。

为此,我们利用 18.4.5 节所述可变参量 K_{alt} 的等效开环传递函数的概念,用等效开环传递函数的 Nyquist 图和 Bode 图分别讨论 SuperSTAR 加速度计 US 轴各种可变参数下闭环系统的稳定性和稳定裕度。

18.4.6.3 节第(3)条指出,对于最小相位系统,当 $\gamma > 0$ 且 $h > 0$ 时系统稳定,当 $\gamma < 0$ 且 $h < 0$ 时系统不稳定;而对于非最小相位系统,γ 和 h 的符号不能用来判别系统稳定性。因此,我们讨论每一种可变参数下闭环系统的稳定性和稳定裕度时,首先进行是否属于最小相位系统的判定。

18.4.7.2 以 ω_0^2 为可变参数

将式(18-61)代入由式(18-63)表达的相对于可变参量 $K_{alt} = \omega_0^2$ 的 SuperSTAR 加速度计 US 轴伺服控制系统等效开环传递函数,得到

$$G_{K=\omega_0^2, op}(s) = \frac{\omega_0^2 \omega_c \left(\tau_d s^2 + s + \dfrac{1}{\tau_i}\right)}{s(s^2 + \omega_p^2)(s + \omega_c)} \tag{18-78}$$

式(18-78)与式(18-33)完全一致,即相对于可变参量 $K_{alt} = \omega_0^2$ 的 SuperSTAR 加速度计 US 轴伺服控制系统等效开环传递函数就是该系统的开环传递函数。对于 SuperSTAR 加速度计 US 轴,将表 17-5 给出的 ω_0,ω_p^2,表 17-6 给出的 τ_d,$1/\tau_i$ 以及 17.5.5.1 节揣测并经 18.3.6 节证实的 ω_c 值代入式(18-78),得到

$$G_{K=\omega_0^2, op}(s) = \frac{1.488\ 3 \times 10^7 (2.387\ 3 \times 10^{-2} s^2 + s + 12.566)}{s(s^2 - 1.193\ 2)(s + 942.48)} \tag{18-79}$$

（1）是否属于最小相位系统及开环是否稳定的判定。

由式（18-79）可以直接得到，SuperSTAR 加速度计 US 轴伺服控制系统开环传递函数的极点为 $0, \pm 1.092\,3, -942.48$，由于有一个正实部的极点，所以 $P=1$，该系统属于非最小相位系统，且开环不稳定。

（2）等效开环传递函数的 Nyquist 图。

由式（18-79）得到使用 MATLAB 软件绘制的 SuperSTAR 加速度计 US 轴伺服控制系统开环传递函数 Nyquist 图程序[1] 为

$$g = \mathrm{tf}(1.4883\mathrm{e}7 * [2.3873\mathrm{e}-2 \quad 1 \quad 12.566], \mathrm{conv}([1 \quad 0], \mathrm{conv}([1 \quad 0 \quad -1.1932], [1 \quad 942.48]))); \ \mathrm{nyquist}(g)$$

图 18-26 即为绘制出来的 SuperSTAR 加速度计 US 轴伺服控制系统开环传递函数 Nyquist 图。为便于判读，在图 18-26(b) 中标出了 $1/K_g$，在图 18-26(c) 中标出了 γ。

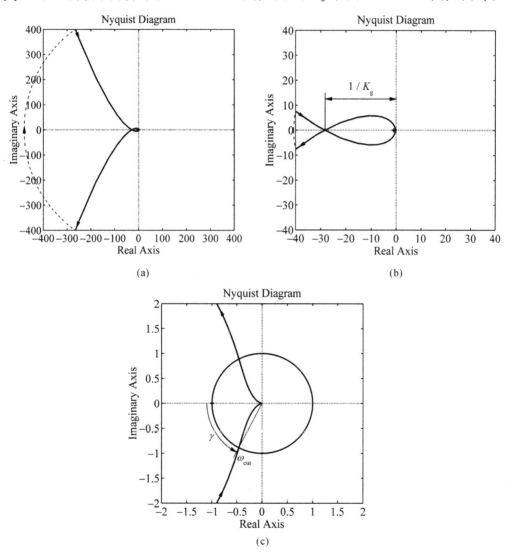

(a)　　　　　　　　　　　　(b)

(c)

图 18-26　SuperSTAR 加速度计 US 轴伺服控制系统开环传递函数 Nyquist 图及稳定裕度

（a）大比例尺图；　（b）中比例尺图；　（c）小比例尺图

由式(18-78)可知,SuperSTAR 加速度计 US 轴伺服控制系统开环传递函数有一个 $s=0$ 的极点,因此,图 18-26(a) 和(b)中增补了用虚线表示的半径为无穷大的圆弧,从 $\omega=0^-$ 的映射点开始,顺时针转过 180°,到 $\omega=0^+$ 的映射点结束(图中由于半径并非无穷大,虚线小于半圆,目的仅只为表达与 MATLAB 软件绘制出来的 Nyquist 曲线相衔接)。从图 18-26(a) 和(b)可以看到,增补后的 Nyquist 曲线从上向下穿越点 $(-1,j0)$ 的左侧的负实轴 2 次,即 $N_+=2$;从下向上穿越点 $(-1,j0)$ 的左侧的负实轴 1 次,即 $N_-=1$,故 $N=N_+-N_-=1$。由于 $P=1$,所以 $N=P$,因而 SuperSTAR 加速度计 US 轴伺服控制系统稳定性符合 Nyquist 判据的闭环系统稳定充要条件。

(3)等效开环传递函数的 Bode 图。

由式(18-79)得到使用 MATLAB 软件绘制 SuperSTAR 加速度计 US 轴伺服控制系统开环传递函数的 Bode 图程序[1] 为

```
g = tf(1.4883e7 * [2.3873e-2  1  12.566],conv([1  0],conv([1  0  -1.1932],[1  942.48])));bode(g)
```

求稳定裕度的程序[1] 为

```
margin(g)
```

图 18-27 即为绘制出来的 SuperSTAR 加速度计 US 轴伺服控制系统开环传递函数 Bode 图及稳定裕度。

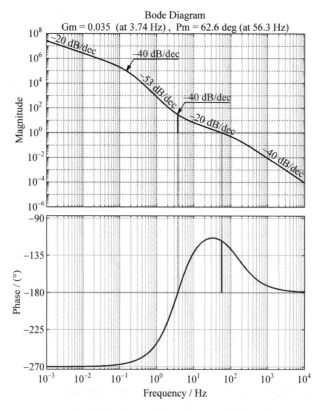

图 18-27   SuperSTAR 加速度计 US 轴伺服控制系统开环传递函数 Bode 图及稳定裕度

由于 SuperSTAR 加速度计 US 轴伺服控制系统开环传递函数有一个 $s=0$ 的极点,因此,在对数相频曲线 ω 为 0^+ 的地方,应该补画一条从相角 $\angle G(\mathrm{j}0^+)H(\mathrm{j}0^+)+90°$ 到 $\angle G(\mathrm{j}0^+)H(\mathrm{j}0^+)$ 的虚线,计算正负穿越时,应将补画上的虚线看作相频曲线的一部分。于是,从图 18-27 所示的相频曲线可以看到,开环幅频特性大于 0 dB 的所有频段内,相频特性曲线从 $-180°$ 起,陡直下降至 $-270°$,再爬升越过 $-180°$ 线,即相频特性曲线对 $-180°$ 线负穿越半次,正穿越一次,正、负穿越次数之差为半次正穿越。由于 $P=1$,所以 SuperSTAR 加速度计 US 轴伺服控制系统稳定性符合 Nyquist 判据的闭环系统稳定充要条件。

我们将幅值穿越频率以 Hz 为单位时记为 f_{cut},相位穿越频率以 Hz 为单位时记为 f_{g}。从图 18-27 可以看到,$f_{\mathrm{cut}}=56.3$ Hz,γ(即图中 Pm)$=62.6°$,与图 18-26(c) 标出的 γ 一致;$f_{\mathrm{g}}=3.74$ Hz,K_{g}(即图中的 Gm)$=0.035$,与图 18-26(b) 标出的 $1/K_{\mathrm{g}}$ 一致,并得到 $h=-29.1$ dB。由于属于非最小相位系统,γ 和 h 的符号没有太大意义,而系统是稳定的,由此可见相位裕度 $|\gamma|$ 和幅值裕度 $|h|$ 足够大。由 $K=\omega_0^2$ 存在 0.035 倍的幅值裕度,而 $\omega_0=2\pi f_0=125.66$ rad/s 得到,f_0 从 20 Hz 降到 3.74 Hz,系统还是稳定的,这与 18.4.4.3 节用 Routh-Hurwitz 稳定判据、18.4.5.2 节用根轨迹法得到的结果一致。这也验证了 18.4.6.3 节第(3)条所述:"对于非最小相位系统,……相角裕度 γ 和幅值裕度 h 的符号一般是没有太大意义的,……对于稳定系统,$|\gamma|$ 和 $|h|$ 表示了系统稳定的程度,它们的值越大,系统越稳定。"

另外,从图 18-27 可以看到,无论 ω_0^2 增大多少,该系统也不会变得不稳定。

文献 [14] 提出,在设计系统时应当使 f_{cut} 点附近相当宽的频段上幅频特性的斜率保持约为 -20 dB/dec。如果幅频特性随 f 单调减小,且幅频特性的斜率在低于 $\omega_{\mathrm{cut}}/2.5$ 的频段内不陡于 -40 dB/dec,在 $\omega_{\mathrm{cut}}/2.5\sim 2.5\omega_{\mathrm{cut}}$ 的频段内保持为 -20 dB/dec,在高于 $2.5\omega_{\mathrm{cut}}$ 的频段内不陡于 -80 dB/dec,则系统必定是稳定的。从图 18-27 可以看到,$f_{\mathrm{cut}}=56.3$ Hz,幅频特性在 $f_{\mathrm{cut}}/352$ 以下的频段内不陡于 -40 dB/dec,在 $f_{\mathrm{cut}}/352\sim f_{\mathrm{cut}}/15.1$ 的频段内比 -40 dB/dec 更陡,在 $f_{\mathrm{cut}}/15.1\sim f_{\mathrm{cut}}/5.6$ 的频段内不陡于 -40 dB/dec,在 $f_{\mathrm{cut}}/5.6\sim f_{\mathrm{cut}}$ 的频段内保持为 -20 dB/dec,在高于 f_{cut} 的频段内不陡于 -40 dB/dec,与文献 [14] 提出的系统必定稳定的条件有些出入,但鉴于 18.3.6 节用同样参数下归一化闭环传递函数幅值谱与文献 [10] 图 8.20 比较,证明所采用的参数与 SuperSTAR 加速度计 US 轴设计参数是一致的。而 SuperSTAR 加速度计已通过飞行实践验证了它的稳定性,由此可见,与文献 [14] 的要求相比,f_{cut} 点附近幅频特性的斜率保持约为 -20 dB/dec 的频段低移并略窄,且在 $f_{\mathrm{cut}}/352\sim f_{\mathrm{cut}}/15.1$ 的频段内比 -40 dB/dec 更陡,并不影响系统的稳定性。

18.4.7.3　以 $1/\omega_{\mathrm{c}}$ 为可变参数

将式(18-65)代入由式(18-67)表达的相对于可变参量 $K_{\mathrm{alt}}=1/\omega_{\mathrm{c}}$ 的 SuperSTAR 加速度计 US 轴伺服控制系统等效开环传递函数,得到

$$G_{K=1/\omega_{\mathrm{c}},\,\mathrm{op}}(s)=\frac{\dfrac{1}{\omega_{\mathrm{c}}}s^2(s^2+\omega_{\mathrm{p}}^2)}{s^3+\tau\omega_0^2 s^2+(\omega_0^2+\omega_{\mathrm{p}}^2)s+\dfrac{\omega_0^2}{\tau_{\mathrm{i}}}} \tag{18-80}$$

对于 SuperSTAR 加速度计 US 轴,将表 17-5 给出的 ω_0,ω_{p}^2,表 17-6 给出的 τ_{d},$1/\tau_{\mathrm{i}}$ 以及 17.5.5.1 节揣测并经 18.3.6 节证实的 ω_{c} 值代入式(18-80),得到

$$G_{K=1/\omega_c, \text{op}}(s) = \frac{1.061\ 0 \times 10^{-3} s^2 (s^2 - 1.193\ 2)}{s^3 + 376.99 s^2 + 15\ 790 s + 1.984\ 4 \times 10^5} \tag{18-81}$$

（1）是否属于最小相位系统及开环是否稳定的判定。

由式（18-81）可以直接得到，相对于可变参量 $K_{\text{alt}} = 1/\omega_c$ 的 SuperSTAR 加速度计 US 轴伺服控制系统等效开环传递函数的零点为 0, 0, $\pm 1.092\ 3$。利用 MATLAB 软件的多项式求根函数 roots[1]，可以得到式（18-81）所表达的相对于可变参量 $K_{\text{alt}} = 1/\omega_c$ 的 SuperSTAR 加速度计 US 轴伺服控制系统等效开环传递函数的极点。输入

$$p = [1 \quad 376.99 \quad 15790 \quad 1.9844e5]; r = \text{roots}(p)$$

得到

r =
1.0e + 002 *
— 3.3111
— 0.2294 + 0.0855i
— 0.2294 — 0.0855i

即极点的实部为 —331.11，—22.94，—22.94。

由于等效开环传递函数中有正实部的零点，因而相对于可变参量 $K_{\text{alt}} = 1/\omega_c$ 的 SuperSTAR 加速度计 US 轴伺服控制系统属于非最小相位系统；由于等效开环传递函数中没有正实部极点，所以 $P = 0$，开环稳定。

（2）等效开环传递函数的 Nyquist 图。

由式（18-81）得到使用 MATLAB 软件绘制相对于可变参量 $K_{\text{alt}} = 1/\omega_c$ 的 SuperSTAR 加速度计 US 轴伺服控制系统等效开环传递函数 Nyquist 图程序[1] 为

$$g = \text{tf}(1.0610e-3 * \text{conv}([1 \quad 0 \quad 0], [1 \quad 0 \quad -1.1932]), [1 \quad 376.99 \quad 15790 \quad 1.9844e5]); \text{nyquist}(g)$$

图 18-28 即为绘制出来的相对于可变参量 $K_{\text{alt}} = 1/\omega_c$ 的 SuperSTAR 加速度计 US 轴伺服控制系统等效开环传递函数 Nyquist 图。为便于判读，在该图中标出了标出了 γ 和 $1/K_{\text{g}}$。

从图 18-28 可以看到，Nyquist 曲线按逆时针方向包围点 $(-1, \text{j}0)$ 的圈数 $N = P = 0$，所以相对于可变参量 $K_{\text{alt}} = 1/\omega_c$ 的 SuperSTAR 加速度计 US 轴伺服控制系统稳定性符合 Nyquist 判据的闭环系统稳定充要条件。

（3）等效开环传递函数的 Bode 图。

由式（18-81）得到使用 MATLAB 软件绘制相对于可变参量 $K_{\text{alt}} = 1/\omega_c$ 的 SuperSTAR 加速度计 US 轴伺服控制系统等效开环传递函数 Bode 图程序[1] 为

$$g = \text{tf}(1.0610e-3 * \text{conv}([1 \quad 0 \quad 0], [1 \quad 0 \quad -1.1932]), [1 \quad 376.99 \quad 15790 \quad 1.9844e5]); \text{bode}(g)$$

求稳定裕度的程序[1] 为

margin(g)

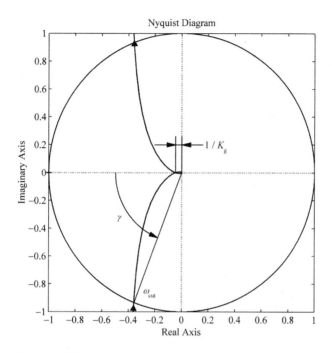

图 18-28　相对于可变参量 $K_{alt} = 1/\omega_c$ 的 SuperSTAR 加速度计 US 轴伺服控制系统
等效开环传递函数 Nyquist 图及稳定裕度

图 18-29 即为绘制出来的相对于可变参量 $K_{alt} = 1/\omega_c$ 的 SuperSTAR 加速度计 US 轴
伺服控制系统等效开环传递函数 Bode 图及稳定裕度。

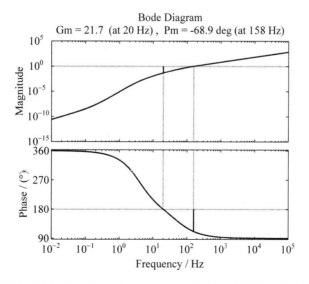

图 18-29　相对于可变参量 $K_{alt} = 1/\omega_c$ 的 SuperSTAR 加速度计 US 轴伺服控制系统
等效开环传递函数 Bode 图及稳定裕度

如果我们把 $360°$ 看作是可以扣除的周期,则从图 18-29 可以看到,在开环幅频特性大于 0 dB 的所有频段内,相频特性曲线对 $-180°$ 线没有穿越。由于 $P=0$,所以相对于可变参量 $K_{alt}=1/\omega_c$ 的 SuperSTAR 加速度计 US 轴伺服控制系统稳定性符合 Nyquist 判据的闭环系统稳定的充要条件。

从图 18-29 可以看到,$f_{cut}=158$ Hz,$\gamma=-68.9°$,其绝对值与图 18-28 标出的 γ 一致;$f_g=20$ Hz,$K_g=21.7$,与图 18-28 标出的 $1/K_g$ 一致,并得到 $h=26.7$ dB。由于属于非最小相位系统,γ 和 h 的符号没有太大意义。而系统是稳定的,由此可见相位裕度 $|\gamma|$ 和幅值裕度 $|h|$ 足够大。由 $K_{alt}=1/\omega_c$ 存在 21.7 倍的幅值裕度,而 $\omega_c=2\pi f_c=942.48$ rad/s 得到,f_c 从 150 Hz 降到 6.9 Hz,系统还是稳定的,这与 18.4.4.3 节用 Routh-Hurwitz 稳定判据、18.4.5.3 节用根轨迹法得到的结果一致。这也验证了 18.4.6.3 节第(3)条所述:"对于非最小相位系统,…… 相角裕度 γ 和幅值裕度 h 的符号一般是没有太大意义的,…… 对于稳定系统,$|\gamma|$ 和 $|h|$ 表示了系统稳定的程度,它们的值越大,系统越稳定。"

另外,从图 18-29 可以看到,无论 $1/\omega_c$ 减小(即 ω_c 增大)多少,系统也不会变得不稳定。

18.4.7.4 以 τ_d 为可变参数

将式(18-69)代入由式(18-71)表达的相对于可变参量 $K_{alt}=\tau_d$ 的 SuperSTAR 加速度计 US 轴伺服控制系统等效开环传递函数,得到

$$G_{K=\tau_d,op}(s)=\frac{\tau_d\omega_0^2\omega_c s^2}{s^4+\omega_c s^3+\omega_p^2 s^2+(\omega_0^2+\omega_p^2)\omega_c s+\dfrac{\omega_0^2\omega_c}{\tau_i}} \tag{18-82}$$

对于 SuperSTAR 加速度计 US 轴,将表 17-5 给出的 ω_0,ω_p^2,表 17-6 给出的 τ_d,$1/\tau_i$ 以及 17.5.5.1 节揣测并经 18.3.6 节证实的 ω_c 值代入式(18-82),得到

$$G_{K=\tau_d,op}(s)=\frac{3.552\,8\times10^5 s^2}{s^4+942.48s^3-1.193\,2s^2+1.488\,1\times10^7 s+1.870\,1\times10^8} \tag{18-83}$$

(1)是否属于最小相位系统及开环是否稳定的判定。

由式(18-83)可以直接得到,相对于可变参量 $K_{alt}=\tau_d$ 的 SuperSTAR 加速度计 US 轴伺服控制系统等效开环传递函数的零点为 0,0。鉴于式(18-83)等号右端的分母与式(18-72)等号右端的分母相同,所以可以直接引用 18.4.5.4 节得到的式(18-72)的极点,即极点的实部为 -958.47,-12.45,14.22,14.22。

由于相对于可变参量 $K_{alt}=\tau_d$ 的 SuperSTAR 加速度计 US 轴伺服控制系统等效开环传递函数中有两个正实部的极点,所以 $P=2$,该系统属于非最小相位系统,且开环不稳定。

(2)等效开环传递函数的 Nyquist 图。

由式(18-83)得到使用 MATLAB 软件绘制相对于可变参量 $K_{alt}=\tau_d$ 的 SuperSTAR 加速度计 US 轴伺服控制系统等效开环传递函数 Nyquist 图程序[1] 为

```
g = tf(3.5528e5 * [1  0  0],[1  942.48  −1.1932  1.4881e7  1.8701e8]);nyquist(g)
```

图 18-30 即为绘制出来的相对于可变参量 $K_{alt}=\tau_d$ 的 SuperSTAR 加速度计 US 轴伺服控制系统等效开环传递函数 Nyquist 图。为便于判读,在该图中标出了 γ 和 $1/K_g$。

从图 18-30 可以看到，Nyquist 曲线按逆时针方向包围点$(-1, j0)$的圈数 $N=P=2$，因而相对于可变参量 $K_{alt} = \tau_d$ 的 SuperSTAR 加速度计 US 轴伺服控制系统稳定性符合 Nyquist 判据的闭环系统稳定充要条件。

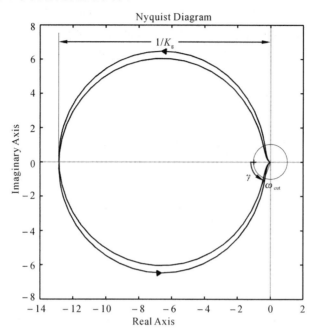

图 18-30　相对于可变参量 $K_{alt} = \tau_d$ 的 SuperSTAR 加速度计 US 轴伺服控制系统
　　　　　等效开环传递函数 Nyquist 图及稳定裕度

（3）等效开环传递函数的 Bode 图。

由式（18-83）得到使用 MATLAB 软件绘制相对于可变参量 $K_{alt} = \tau_d$ 的 SuperSTAR 加速度计 US 轴伺服控制系统等效开环传递函数 Bode 图程序[1] 为

g = tf(3.5528e5 * [1　0　0],[1　942.48　−1.1932　1.4881e7　1.8701e8]);bode(g)

求稳定裕度的程序为[1]

margin(g)

图 18-31 即为绘制出来的相对于可变参量 $K_{alt} = \tau_d$ 的 SuperSTAR 加速度计 US 轴伺服控制系统等效开环传递函数 Bode 图及稳定裕度。

从图 18-31 可以看到，在开环幅频特性大于 0 dB 的所有频段内，相频特性曲线对 $-180°$ 线的正、负穿越次数之差为一次正穿越。由于 $P=2$，所以相对于可变参量 $K_{alt} = \tau_d$ 的 SuperSTAR 加速度计 US 轴伺服控制系统稳定性符合 Nyquist 判据的闭环系统稳定的充要条件。

从图 18-31 可以看到，$f_{cut} = 61.1$ Hz，$\gamma = 65.3°$，与图 18-30 标出的 γ 一致；$f_g = 20$ Hz，$K_g = 0.077\,8$，与图 18-30 标出的 $1/K_g$ 一致，并得到 $h = -22.2$ dB。由于属于非最小相位系统，γ 和 h 的符号没有太大意义，而系统是稳定的，由此可见相位裕度 $|\gamma|$ 和幅值裕度

$|h|$ 足够大。由 $K_{alt}=\tau_d$ 存在 0.077 8 倍的幅值裕度,而 $\tau_d=2.387\ 3\times10^{-2}$ s 得到,τ_d 从 $2.387\ 3\times10^{-2}$ s 降到 1.86×10^{-3} s,系统还是稳定的,这与 18.4.4.3 节用 Routh-Hurwitz 稳定判据、18.4.5.4 节用根轨迹法得到的结果一致。这也验证了 18.4.6.3 节第(3)条所述: "对于非最小相位系统,…… 相角裕度 γ 和幅值裕度 h 的符号 — 般是没有太大意义的,…… 对于稳定系统,$|\gamma|$ 和 $|h|$ 表示了系统稳定的程度,它们的值越大,系统越稳定。"

另外,从图 18-31 可以看到,无论 τ_d 增大多少,系统也不会变得不稳定。

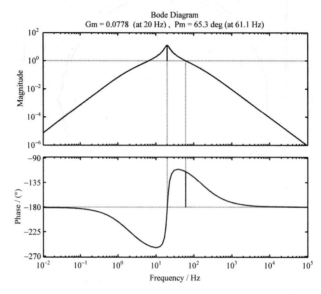

图 18-31　相对于可变参量 $K_{alt}=\tau_d$ 的 SuperSTAR 加速度计 US 轴伺服控制系统等效开环传递函数 Bode 图及稳定裕度

18.4.7.5　以 $1/\tau_i$ 为可变参数

将式(18-73)代入由式(18-75)表达的相对于可变参量 $K_{alt}=1/\tau_i$ 的 SuperSTAR 加速度计 US 轴伺服控制系统等效开环传递函数,得到

$$G_{K=1/\tau_i,op}(s)=\frac{\dfrac{\omega_0^2\omega_c}{\tau_i}}{s\left[s^3+\omega_c s^2+(\tau_d\omega_0^2\omega_c+\omega_p^2)s+(\omega_0^2+\omega_p^2)\omega_c\right]} \tag{18-84}$$

对于 SuperSTAR 加速度计 US 轴,将表 17-5 给出的 ω_0,ω_p^2,表 17-6 给出的 τ_d,$1/\tau_i$ 以及 17.5.5.1 节揣测并经 18.3.6 节证实的 ω_c 值代入式(18-84),得到

$$G_{K=1/\tau_i,op}(s)=\frac{1.870\ 1\times10^8}{s(s^3+942.48s^2+3.552\ 8\times10^5 s+1.488\ 1\times10^7)} \tag{18-85}$$

(1)是否属于最小相位系统及开环是否稳定的判定。

由于式(18-85)的分子为常数,所以没有零点,当然也就没有正实部零点。利用 MATLAB 软件的多项式求根函数 roots[1],可以得到式(18-85)所表达的相对于可变参量 $K_{alt}=1/\tau_i$ 的 SuperSTAR 加速度计 US 轴伺服控制系统等效开环传递函数的极点。输入

p = conv([1　0],[1　942.48　3.5528e5　1.4881e7]);r = roots(p)

得到

r =

1.0e+002 *

0

－4.4745＋3.3539i

－4.4745－3.3539i

－0.4759

即极点的实部为 － 447.45，－ 447.45，－ 47.59，0。

由于相对于可变参量 $K_{alt}=1/\tau_i$ 的 SuperSTAR 加速度计 US 轴伺服控制系统等效开环传递函数没有正实部极点和零点，所以属于最小相位系统，且 $P=0$，开环稳定。

（2）等效开环传递函数的 Nyquist 图。

由式(18－85)得到使用 MATLAB 软件绘制相对于可变参量 $K_{alt}=1/\tau_i$ 的 SuperSTAR 加速度计 US 轴伺服控制系统等效开环传递函数 Nyquist 图程序[1] 为

g = tf(1.8701e8,conv([1　0],[1　942.48　3.5528e5　1.4881e7]));nyquist(g)

图 18－32 即为绘制出来的相对于可变参量 $K_{alt}=1/\tau_i$ 的 SuperSTAR 加速度计 US 轴伺服控制系统等效开环传递函数 Nyquist 图。为便于判读，在图 18 － 32(a) 中标出了 γ，在图 18 － 32(b) 中标出了 $1/K_g$。

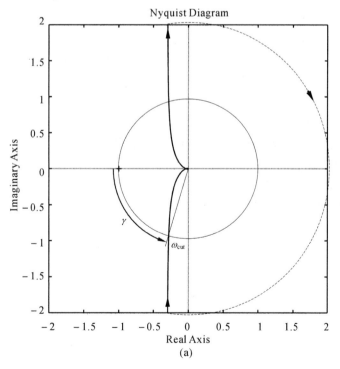

图 18 － 32　相对于可变参量 $K_{alt}=1/\tau_i$ 的 SuperSTAR 加速度计 US 轴伺服控制系统

等效开环传递函数 Nyquist 图及稳定裕度

（a）大比例尺图；

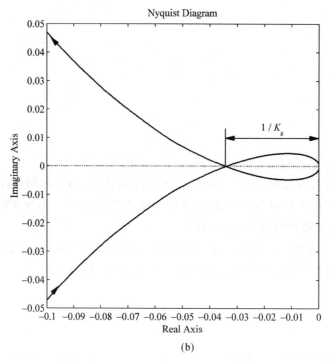

(b)

续图 18-32　相对于可变参量 $K_{alt}=1/\tau_i$ 的 SuperSTAR 加速度计 US 轴伺服控制系统
等效开环传递函数 Nyquist 图及稳定裕度

(b) 小比例尺图

由式(18-84)可知,相对于可变参量 $K_{alt}=1/\tau_i$ 的 SuperSTAR 加速度计 US 轴伺服控制系统等效开环传递函数有一个 $s=0$ 的极点,因此,图 18-32(a)中增补了用虚线表示的半径为无穷大的圆弧,从 $\omega=0^-$ 的映射点开始,顺时针转过 180°,到 $\omega=0^+$ 的映射点结束(图中由于半径并非无穷大,虚线大于半圆,目的仅只为表达与 MATLAB 软件绘制出来的 Nyquist 曲线相衔接)。从图 18-32 可以看到,增补后的 Nyquist 曲线按逆时针方向包围点 $(-1,\text{j}0)$ 的圈数 $N=P=0$,因而相对于可变参量 $K_{alt}=1/\tau_i$ 的 SuperSTAR 加速度计 US 轴伺服控制系统稳定性符合 Nyquist 判据的闭环系统稳定充要条件。

(3) 等效开环传递函数的 Bode 图。

由式(18-85)得到使用 MATLAB 软件绘制相对于可变参量 $K_{alt}=1/\tau_i$ 的 SuperSTAR 加速度计 US 轴伺服控制系统等效开环传递函数 Bode 图程序[1] 为

```
g = tf(1.8701e8,conv([1  0],[1  942.48  3.5528e5  1.4881e7]));bode(g)
```

求稳定裕度的程序[1] 为

```
margin(g)
```

图 18-33 即为绘制出来的相对于可变参量 $K_{alt}=1/\tau_i$ 的 SuperSTAR 加速度计 US 轴伺服控制系统等效开环传递函数 Bode 图及稳定裕度。

由于开环系统含有一个 $s=0$ 的极点,因此,在对数相频曲线 ω 为 0^+ 的地方,应该补画一

条从相角 $\angle G(\mathrm{j}0^+)H(\mathrm{j}0^+)+90°$ 到 $\angle G(\mathrm{j}0^+)H(\mathrm{j}0^+)$ 的虚线,计算正负穿越时,应将补画上的虚线看作相频曲线的一部分。于是,从图 18-33 所示的相频曲线可以看到,开环幅频特性大于 0 dB 的所有频段内,相频特性曲线从 0° 起,陡直下降至 $-90°$,再略有缓慢下降,即相频特性曲线对 $-180°$ 线没有穿越。由于 $P=0$,所以相对于可变参量 $K_{\mathrm{alt}}=1/\tau_i$ 的 SuperSTAR 加速度计 US 轴伺服控制系统稳定性符合 Nyquist 判据的闭环系统稳定充要条件。

从图 18-33 可以看到,$f_{\mathrm{cut}}=1.94$ Hz,$\gamma=73.7°$,与图 18-32 标出的 γ 一致;$f_{\mathrm{g}}=20$ Hz,$K_{\mathrm{g}}=28.7$,与图 18-32 标出的 $1/K_{\mathrm{g}}$ 一致,并得到 $h=29.2$ dB。由于属于最小相位系统,且 $\gamma>0,h>0$,所以系统稳定,且相位裕度 γ 和幅值裕度 h 足够大。由 $K_{\mathrm{alt}}=1/\tau_i$ 存在 28.7 倍的幅值裕度,而 $1/\tau_i=12.566$ s^{-1} 得到,$1/\tau_i$ 从 12.566 s^{-1} 升到 360 s^{-1},系统还是稳定的,这与 18.4.4.3 节用 Routh-Hurwitz 稳定判据、18.4.5.5 节用根轨迹法得到的结果一致。

另外,从图 18-33 可以看到,无论 $1/\tau_i$ 减小多少,系统也不会变得不稳定。

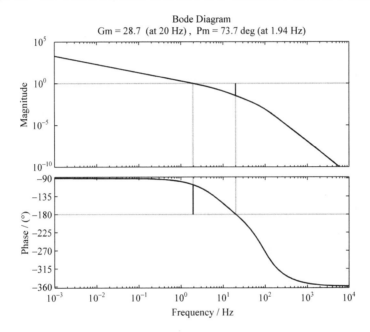

图 18-33　相对于可变参量 $K_{\mathrm{alt}}=1/\tau_i$ 的 SuperSTAR 加速度计 US 轴伺服控制系统
等效开环传递函数 Bode 图及稳定裕度

18.4.8　对幅值裕度要求的验证

18.4.8.1　概述

图 18-16 给出了 $\omega_0=125.66$ rad/s,$\omega_c=942.48$ rad/s,$\tau_d=2.3873\times10^{-2}$ s,$1/\tau_i=12.566$ s^{-1} 时加速度测量值对于输入加速度阶跃的响应;18.4.4.3 节给出了各种可变参数下系统稳定的充分必要条件分别为 $\omega_0^2>552.05$ $\mathrm{rad}^2/\mathrm{s}^2$,$1/\omega_c<2.3077\times10^{-2}$ s/rad,$\tau_d>1.8569\times10^{-3}$ s,$1/\tau_i<360.21$ s^{-1},并给出对于图 18-16 所用各种参数而言,ω_0^2 的幅值裕度 $K_{\mathrm{g}}=1/28.60,1/\omega_c$ 的幅值裕度 $K_{\mathrm{g}}=21.75,\tau_d$ 的幅值裕度 $K_{\mathrm{g}}=1/12.86,1/\tau_i$ 的幅值裕度 $K_{\mathrm{g}}=28.67$;由 18.4.6.3 节第(3)条的叙述可知,对于稳定系统幅值裕度的要求是 $K_{\mathrm{g}}>2$ 或 $1/K_{\mathrm{g}}>2$。以下我们分别改变各种可变参数下的幅值裕度,取 $K_{\mathrm{g}}=2$,$K_{\mathrm{g}}=1$,

$K_g = 1/2$，并考察相应的加速度测量值对于输入加速度阶跃的响应，来验证对幅值裕度的要求。

18.4.8.2 以 ω_0^2 为可变参数

(1) $K_g = 1/2$。

18.4.4.3 节指出，幅值增大多少倍还能稳定称为幅值裕度，记作 K_g。18.4.7.2 节第 (3) 条给出，以 ω_0^2 为可变参数、$\omega_0 = 125.66 \text{ rad/s}$ 时 $K_g = 0.035$。因此，$K_g = 1/2$ 时 $\omega_0 = 33.247 \text{ rad/s}$。若图 18-16 所用的其他参数不变，则由式(18-35) 得到

$$G_{ucl}(s) = \frac{1.041\ 8 \times 10^6 (2.387\ 3 \times 10^{-2} s^2 + s + 12.566)}{s^4 + 942.48 s^3 + 24\ 869 s^2 + 1.040\ 7 \times 10^6 s + 1.309\ 1 \times 10^7} \tag{18-86}$$

将 MATLAB 软件的单位阶跃响应函数 step[7] 用于由式(18-86) 表达的归一化闭环传递函数，就可以得到加速度测量值对于输入加速度阶跃的响应，具体程序为

$\text{g} = \text{tf}(1.0418\text{e}6 * [2.3873\text{e} - 2 \quad 1 \quad 12.566], [1 \quad 942.48 \quad 24869 \quad 1.0407\text{e}6 \quad 1.3091\text{e}7]); \text{step}(\text{g}, 1.0)$

图 18-34 即为绘制出来的加速度测量值对于输入加速度阶跃的响应。

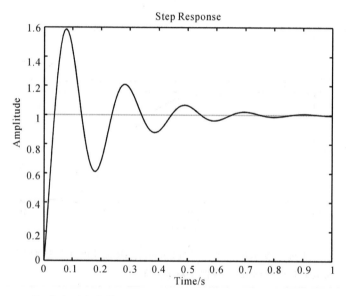

图 18-34　以 ω_0^2 为可变参数、$K_g = 1/2$ 时加速度测量值对于输入加速度阶跃的响应

(2) $K_g = 1$。

$K_g = 1$ 时 $\omega_0 = 23.509 \text{ rad/s}$。若图 18-16 所用的其他参数不变，则由式(18-35) 得到

$$G_{ucl}(s) = \frac{5.208\ 8 \times 10^5 (2.387\ 3 \times 10^{-2} s^2 + s + 12.566)}{s^4 + 942.48 s^3 + 12\ 434 s^2 + 5.197\ 6 \times 10^5 s + 6.545\ 4 \times 10^6} \tag{18-87}$$

将 MATLAB 软件的单位阶跃响应函数 step[7] 用于由式(18-87) 表达的归一化闭环传递函数，就可以得到加速度测量值对于输入加速度阶跃的响应，具体程序为

$\text{g} = \text{tf}(5.2088\text{e}5 * [2.3873\text{e} - 2 \quad 1 \quad 12.566], [1 \quad 942.48 \quad 12434 \quad 5.1976\text{e}5 \quad 6.5454\text{e}6]); \text{step}(\text{g}, 1.0)$

图 18-35 即为绘制出来的加速度测量值对于输入加速度阶跃的响应。

（3）$K_g = 2$。

$K_g = 2$ 时 $\omega_0 = 16.623$ rad/s。若图 18-16 所用的其他参数不变，则由式（18-35）得到

$$G_{ucl}(s) = \frac{2.604\ 3 \times 10^5 (2.387\ 3 \times 10^{-2} s^2 + s + 12.566)}{s^4 + 942.48 s^3 + 6\ 216.1 s^2 + 2.593\ 1 \times 10^5 s + 3.272\ 6 \times 10^6} \qquad (18-88)$$

将 MATLAB 软件的单位阶跃响应函数 step[7] 用于由式（18-88）表达的归一化闭环传递函数，就可以得到加速度测量值对于输入加速度阶跃的响应，具体程序为

```
g = tf(2.6043e5 * [2.3873e−2  1  12.566],[1  942.48  6216.1  2.5931e5  3.2726e6]);step(g,1.0)
```

图 18-36 即为绘制出来的加速度测量值对于输入加速度阶跃的响应。

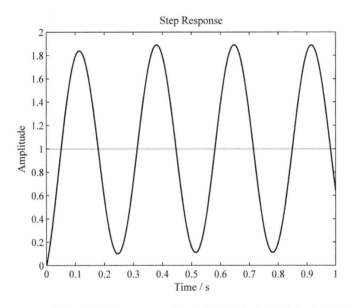

图 18-35　以 ω_0^2 为可变参数、$K_g = 1$ 时加速度测量值对于输入加速度阶跃的响应

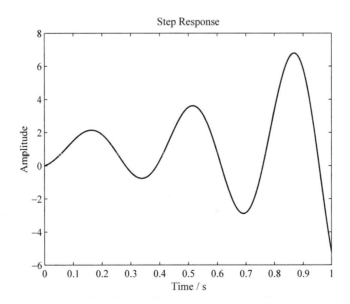

图 18-36　以 ω_0^2 为可变参数、$K_g = 2$ 时加速度测量值对于输入加速度阶跃的响应

18.4.8.3 以 $1/\omega_c$ 为可变参数

(1) $K_g = 2$。

18.4.7.3 节第(3)条给出,以 $1/\omega_c$ 为可变参数、$\omega_c = 942.48$ rad/s 时 $K_g = 21.7$。因此,$K_g = 2$ 时 $\omega_c = 86.865$ rad/s。若图 18-16 所用的其他参数不变,则由式(18-35)得到

$$G_{ucl}(s) = \frac{1.371\ 6 \times 10^6 (2.387\ 3 \times 10^{-2} s^2 + s + 12.566)}{s^4 + 86.865 s^3 + 32\ 744 s^2 + 1.371\ 5 \times 10^6 s + 1.723\ 6 \times 10^7} \quad (18-89)$$

将 MATLAB 软件的单位阶跃响应函数 step[7] 用于由式(18-89)表达的归一化闭环传递函数,就可以得到加速度测量值对于输入加速度阶跃的响应,具体程序为

g = tf(1.3716e6 * [2.3873e − 2 1 12.566],[1 86.865 32744 1.3715e6 1.7236e7]);step(g,0.5)

图 18-37 即为绘制出来的加速度测量值对于输入加速度阶跃的响应。

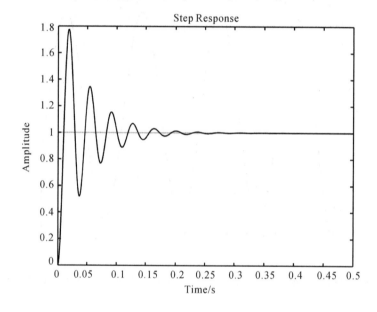

图 18-37   以 $1/\omega_c$ 为可变参数、$K_g = 2$ 时加速度测量值对于输入加速度阶跃的响应

(2) $K_g = 1$。

$K_g = 1$ 时 $\omega_c = 43.43\ 2$ rad/s。若图 18-16 所用的其他参数不变,则由式(18-35)得到

$$G_{ucl}(s) = \frac{6.858\ 1 \times 10^5 (2.387\ 3 \times 10^{-2} s^2 + s + 12.566)}{s^4 + 43.432 s^3 + 16\ 371 s^2 + 6.857\ 6 \times 10^5 s + 8.617\ 9 \times 10^6} \quad (18-90)$$

将 MATLAB 软件的单位阶跃响应函数 step[7] 用于由式(18-90)表达的归一化闭环传递函数,就可以得到加速度测量值对于输入加速度阶跃的响应,具体程序为

g = tf(6.8581e5 * [2.3873e − 2 1 12.566],[1 43.432 16371 6.8576e5 8.6179e6]);step(g,0.5)

图 18-38 即为绘制出来的加速度测量值对于输入加速度阶跃的响应。

(3) $K_g = 1/2$。

$K_g = 1/2$ 时 $\omega_c = 21.716$ rad/s。若图 18-16 所用的其他参数不变,则由式(18-35)得到

$$G_{ucl}(s) = \frac{3.429\ 1 \times 10^5 (2.387\ 3 \times 10^{-2} s^2 + s + 12.566)}{s^4 + 21.716 s^3 + 8\ 185.0 s^2 + 3.428\ 8 \times 10^5 s + 4.308\ 9 \times 10^6} \tag{18-91}$$

将 MATLAB 软件的单位阶跃响应函数 step[7] 用于由式(18-91)表达的归一化闭环传递函数,就可以得到加速度测量值对于输入加速度阶跃的响应,具体程序为

```
g = tf(3.4291e5 * [2.3873e-2   1   12.566],[1   21.716   8185.0   3.4288e5   4.3089e6]);step(g,0.5)
```

图 18-39 即为绘制出来的加速度测量值对于输入加速度阶跃的响应。

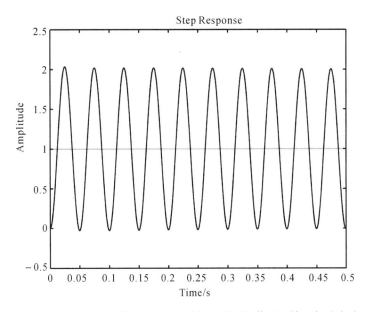

图 18-38　以 $1/\omega_c$ 为可变参数、$K_g = 1$ 时加速度测量值对于输入加速度阶跃的响应

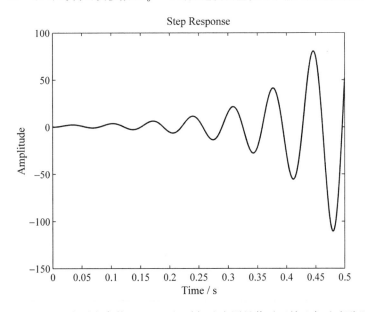

图 18-39　以 $1/\omega_c$ 为可变参数、$K_g = 1/2$ 时加速度测量值对于输入加速度阶跃的响应

18.4.8.4 以 τ_d 为可变参数

(1) $K_g = 1/2$。

18.4.7.4 节第(3)条给出,以 τ_d 为可变参数、$\tau_d = 2.387\ 3 \times 10^{-2}$ s 时 $K_g = 0.077\ 8$。因此,$K_g = 1/2$ 时 $\tau_d = 3.762\ 4 \times 10^{-3}$ s。若图 18 - 16 所用的其他参数不变,则由式(18 - 35)得到

$$G_{ucl}(s) = \frac{1.488\ 2 \times 10^7 (3.762\ 4 \times 10^{-3} s^2 + s + 12.566)}{s^4 + 942.48 s^3 + 55\ 991 s^2 + 1.488\ 1 \times 10^7 s + 1.870\ 1 \times 10^8} \quad (18 - 92)$$

将 MATLAB 软件的单位阶跃响应函数 step[7] 用于由式(18 - 92)表达的归一化闭环传递函数,就可以得到加速度测量值对于输入加速度阶跃的响应,具体程序为

g = tf(1.4882e7 * [3.7624e − 3 1 12.566],[1 942.48 55991 1.4881e7 1.8701e8]);step(g,0.5)

图 18 - 40 即为绘制出来的加速度测量值对于输入加速度阶跃的响应。

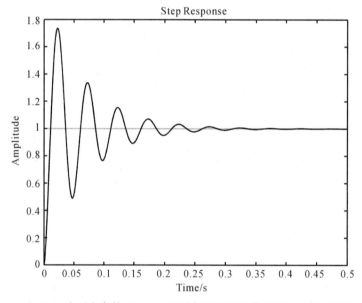

图 18 - 40 以 τ_d 为可变参数、$K_g = 1/2$ 时加速度测量值对于输入加速度阶跃的响应

(2) $K_g = 1$。

$K_g = 1$ 时 $\tau_d = 1.857\ 3 \times 10^{-3}$ s。若图 18-16 所用的其他参数不变,则由式(18-35)得到

$$G_{ucl}(s) = \frac{1.488\ 2 \times 10^7 (1.857\ 3 \times 10^{-3} s^2 + s + 12.566)}{s^4 + 942.48 s^3 + 27\ 639 s^2 + 1.488\ 1 \times 10^7 s + 1.870\ 1 \times 10^8} \quad (18 - 93)$$

将 MATLAB 软件的单位阶跃响应函数 step[7] 用于由式(18-93)表达的归一化闭环传递函数,就可以得到加速度测量值对于输入加速度阶跃的响应,具体程序为

g = tf(1.4882e7 * [1.8573e − 3 1 12.566],[1 942.48 27639 1.4881e7 1.8701e8]);step(g,0.5)

图 18 - 41 即为绘制出来的加速度测量值对于输入加速度阶跃的响应。

(3) $K_g = 2$。

$K_g = 2$ 时 $\tau_d = 9.286\ 6 \times 10^{-4}$ s。若图 18-16 所用的其他参数不变,则由式(18-35)得到

$$G_{ucl}(s) = \frac{1.488\ 2 \times 10^7 (9.286\ 6 \times 10^{-4} s^2 + s + 12.566)}{s^4 + 942.48 s^3 + 13\ 819 s^2 + 1.488\ 1 \times 10^7 s + 1.870\ 1 \times 10^8} \quad (18-94)$$

将 MATLAB 软件的单位阶跃响应函数 step[7] 用于由式(18-94)表达的归一化闭环传递函数,就可以得到加速度测量值对于输入加速度阶跃的响应,具体程序为

```
g = tf(1.4882e7 * [9.2866e - 4   1   12.566],[1   942.48   13819   1.4881e7   1.8701e8]);step(g,0.5)
```

图 18-42 即为绘制出来的加速度测量值对于输入加速度阶跃的响应。

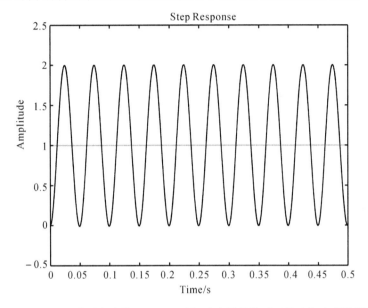

图 18-41　以 τ_d 为可变参数、$K_g = 1$ 时加速度测量值对于输入加速度阶跃的响应

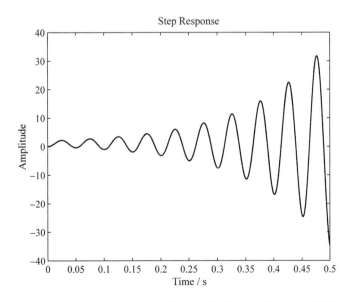

图 18-42　以 τ_d 为可变参数、$K_g = 2$ 时加速度测量值对于输入加速度阶跃的响应

18.4.8.5 以 $1/\tau_i$ 为可变参数

(1)$K_g = 2$。

18.4.7.5 节第(3)条给出,以 $1/\tau_i$ 为可变参数、$1/\tau_i = 12.566$ s^{-1} 时 $K_g = 28.7$。因此,$K_g = 2$ 时 $1/\tau_i = 180.32$ s^{-1}。若图 18-16 所用的其他参数不变,则由式(18-35)得到

$$G_{ucl}(s) = \frac{1.488\,2 \times 10^7 (2.387\,3 \times 10^{-2} s^2 + s + 180.32)}{s^4 + 942.48 s^3 + 3.552\,8 \times 10^5 s^2 + 1.488\,1 \times 10^7 s + 2.683\,6 \times 10^9}$$

$$(18-95)$$

将 MATLAB 软件的单位阶跃响应函数 step[7] 用于由式(18-95)表达的归一化闭环传递函数,就可以得到加速度测量值对于输入加速度阶跃的响应,具体程序为

$g = tf(1.4882e7 * [2.3873e-2 \quad 1 \quad 180.32], [1 \quad 942.48 \quad 3.5528e5 \quad 1.4881e7 \quad 2.6836e9]); step(g, 0.5)$

图 18-43 即为绘制出来的加速度测量值对于输入加速度阶跃的响应。

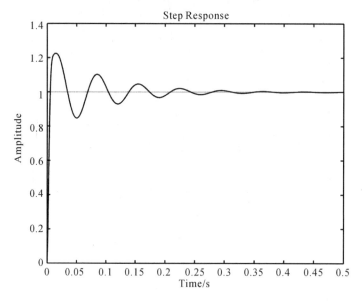

图 18-43 以 $1/\tau_i$ 为可变参数、$K_g = 2$ 时加速度测量值对于输入加速度阶跃的响应

(2)$K_g = 1$。

$K_g = 1$ 时 $1/\tau_i = 360.64$ s^{-1}。若图 18-16 所用的其他参数不变,则由式(18-35)得到

$$G_{ucl}(s) = \frac{1.488\,2 \times 10^7 (2.387\,3 \times 10^{-2} s^2 + s + 360.64)}{s^4 + 942.48 s^3 + 3.552\,8 \times 10^5 s^2 + 1.488\,1 \times 10^7 s + 5.367\,1 \times 10^9}$$

$$(18-96)$$

将 MATLAB 软件的单位阶跃响应函数 step[7] 用于由式(18-96)表达的归一化闭环传递函数,就可以得到加速度测量值对于输入加速度阶跃的响应,具体程序为

$g = tf(1.4882e7 * [2.3873e-2 \quad 1 \quad 360.64], [1 \quad 942.48 \quad 3.5528e5 \quad 1.4881e7 \quad 5.3671e9]); step(g, 0.5)$

图 18-44 即为绘制出来的加速度测量值对于输入加速度阶跃的响应。

(3)$K_g = 1/2$。

$K_g = 1/2$ 时 $1/\tau_i = 721.29 \text{ s}^{-1}$。若图 18-16 所用的其他参数不变,则由式(18-35)得到

$$G_{ucl}(s) = \frac{1.488\ 2 \times 10^7 (2.387\ 3 \times 10^{-2} s^2 + s + 721.29)}{s^4 + 942.48 s^3 + 3.552\ 8 \times 10^5 s^2 + 1.488\ 1 \times 10^7 s + 1.073\ 4 \times 10^{10}}$$

$$(18-97)$$

将 MATLAB 软件的单位阶跃响应函数 step[7] 用于由式(18-97)表达的归一化闭环传递函数,就可以得到加速度测量值对于输入加速度阶跃的响应,具体程序为

$g = tf(1.4882e7 * [2.3873e-2 \quad 1 \quad 721.29], [1 \quad 942.48 \quad 3.5528e5 \quad 1.4881e7 \quad 1.0734e10]); step(g, 0.5)$

图 18-45 即为绘制出来的加速度测量值对于输入加速度阶跃的响应。

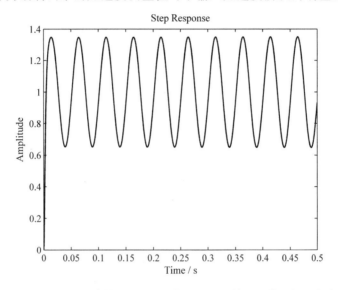

图 18-44　以 $1/\tau_i$ 为可变参数、$K_g = 1$ 时加速度测量值对于输入加速度阶跃的响应

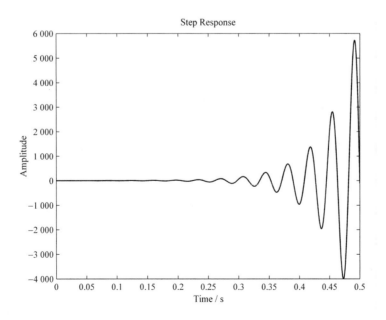

图 18-45　以 $1/\tau_i$ 为可变参数、$K_g = 1/2$ 时加速度测量值对于输入加速度阶跃的响应

18.4.8.6 小结

从 18.4.8.2 节 ～ 18.4.8.5 节给出的各种可变参数下取 $K_g = 2$，$K_g = 1$，$K_g = 1/2$ 时加速度测量值对于输入加速度阶跃的响应可以看到：

（1）稳定状态下取 $K_g = 2$ 或 $1/K_g = 2$ 时，呈现为明显的衰减振荡，与图 18-16 相比，虽然系统还是稳定的，但性能很差。由此可知，对稳定系统幅值裕度的要求定为 $K_g > 2$ 或 $1/K_g > 2$（参见 18.4.8.1 节）只是给出了一个下限。

（2）$K_g = 1$ 时呈现为等幅振荡，系统处于临界稳定，18.4.3 节指出，临界稳定在工程上是不稳定的。

（3）从稳定状态的 $K_g = 2$ 或 $1/K_g = 2$ 跨越 $K_g = 1$ 变成不稳定状态后取 $1/K_g = 2$ 或 $K_g = 2$ 时，呈现出发散振荡，系统不稳定。

18.4.9 讨论

18.4.9.1 关于闭环带宽

18.4.6.3 节第（1）条指出，开环幅频特性穿越 0 dB 线的点所对应的角频率就是幅值穿越角频率，或称为剪切角频率，记为 ω_{cut}。文献［14］指出，f_{cut} 大致上就相当于闭环带宽，只不过闭环频率特性在 f_{cut} 点的幅值并不一定准确等于 -3 dB 罢了。18.4.7.2 节第（3）条给出，SuperSTAR 加速度计 US 轴伺服控制系统 $f_{cut} = 56.3$ Hz；18.3.6 节给出，SuperSTAR 加速度计 US 轴归一化闭环传递函数的截止频率 $f_{-3\,dB} = 89.2$ Hz，从而印证了 f_{cut} 大致上就相当于闭环带宽的说法。由于 f_{cut} 大致上就相当于闭环带宽，所以 f_{cut} 愈高，则愈能准确地复现形状复杂的输入信号。因此，设计一个控制系统时显然应当尽可能使 f_{cut} 高一些[14]。

文献［14］还给出，大多数工程上比较实用的系统，其阶跃响应时间大约在 $(0.6 \sim 1.4)/f_{cut}^{①}$ 的范围内。由上述 SuperSTAR 加速度计 US 轴伺服控制系统 $f_{cut} = 56.3$ Hz 得到其阶跃响应时间为 $11.3 \sim 25.4$ ms。而从 18.3.9 节图 18-18(a) 所对应的 MATLAB 原图可以得到，主峰上升到峰值的 0.707 倍的时间为 18.1 ms。二者吻合得很好。

18.3.7 节给出，1a 级加速度计原始观测数据的间隔为 0.1 s，0.1 s 时加速度测量值对于输入加速度阶跃的响应，对于 $f_0 = 20$ Hz 来说刚刚经历完过冲阶段。因此，从加速度测量值对于输入加速度阶跃的响应角度来看，$f_0 = 20$ Hz 已是可允许的最低频率。

18.4.7.2 节第（3）条指出，无论 ω_0^2 增大多少，SuperSTAR 加速度计 US 轴伺服控制系统也不会变得不稳定。从式（17-29）可以看到，加速度计伺服控制系统的前向通道的总增益 K_s 与基础角频率的平方 ω_0^2 成正比，由此可以导出，前向通道的总增益 K_s 无论增大多少，SuperSTAR 加速度计 US 轴伺服控制系统也不会变得不稳定。然而，文献［14］指出，由于受到系统中各部件物理性质的限制，控制系统的通频带实际上不可能设计得太宽。另外，通频带太宽容易在电路中引进高频噪声以致造成放大器的堵塞等障碍，以致系统不能正常工作。鉴于控制系统的通频带必定随着基础角频率增大而加宽，因而前向通道的总增益 K_s 也并非越大越好。

由此可见，正如文献［14］所指出的：如何把握控制系统通频带的宽度，是设计控制系统的一项重要内容。

---

① 文献［13］原文为"其阶跃响应时间大约在 $(4 \sim 9)/\omega_{cut}$"，用的是数值方程式，其阶跃响应时间的单位为 s，ω_{cut} 的单位为 rad/s。

18.4.9.2　关于是否属于最小相位系统

从 18.4.7 节可以看到,同一个系统相对于不同的可变参量,有的属于最小相位系统,有的属于非最小相位系统,可见是否属于最小相位系统有一定的相对性。

该节对于不同的可变参量所做的分析验证了 18.4.6.3 节第(2)条所述:"最小相位系统一定是开环稳定的,而开环稳定的系统不一定是最小相位系统。反言之,开环不稳定的系统一定是非最小相位系统,而非最小相位系统不一定是开环不稳定的系统。"

18.4.9.3　关于幅值裕度和相位裕度

(1)Routh-Hurwitz 稳定判据、根轨迹法、Nyquist 判据得到的幅值裕度完全一致。其中:Routh-Hurwitz 稳定判据最麻烦,但给出了系统稳定的充要条件,由此可以得到系统是否稳定的各项可变参数间的解析关系,并知晓为使系统稳定,各项可变参数应比临界值增大还是缩小;根轨迹法在 MATLAB 支持下直接指明可变参数在临界稳定左右大小变化使系统稳定还是不稳定;Routh-Hurwitz 稳定判据和根轨迹法得不到相位裕度;Nyquist 判据在 MATLAB 支持下直接给出幅值裕度和相位裕度的数值。

(2)18.4.7 节对各种可变参量 K_{alt} 所作的 Bode 图分析印证了文献[3]的说法:"对于非最小相位系统,…… 相角裕度 γ 和幅值裕度 h 的符号 — 般是没有太大意义的,…… 对于稳定系统,$|\gamma|$ 和 $|h|$ 表示了系统稳定的程度,它们的值越大,系统越稳定。"

18.5　伺服控制参数的调整方法

18.5.1　概述

18.5.1.1　PID 控制系统的基本概念

17.3.4 节图 17-17 给出了 GRADIO 加速度计的伺服控制环,可以看到,PID 校正网络是数字控制器的核心。这很容易诱使我们从以往经验形成的思维定势出发,将参数调整的重点凝聚到 PID 校正器参数整定上来。

我们知道,PID 校正器是一类通用的自动控制装置。它适用于各种被控过程或对象的控制。PID 校正器的三个参数 —— 比例系数 K_p、微分时间常数 τ_d、积分时间常数 τ_i 都是可调整的,即可以"整定"的。由于被控过程或对象的动态特性是各不相同的,只有将 PlD 校正器的参数整定到与被控过程或对象的动态特性相匹配时,才能满足被控过程或对象对控制系统所要求的性能指标[4]。

PID 校正器的传递函数为[8]

$$G_c(s) = K_p \left(1 + \tau_d s + \frac{1}{\tau_i s} \right) \tag{18-98}$$

式中　　$G_c(s)$——PID 校正器的传递函数;

　　　　K_p——PID 校正器的比例系数。

可以绘出 PID 控制系统的框图如图 18-46 所示[8]。

图 18-46 中 $R(s)$ 为系统的给定输入信号,$C(s)$ 为系统校正后的输出信号,$E(s)$ 为系统的误差信号,$U(s)$ 为 PID 校正器的输出信号,$G_0(s)$ 为系统被控对象的传递函数。

我们知道,MATLAB 程序中两个定常线性模型 sys1 与 sys2 间串联连接的常用句法为[15]

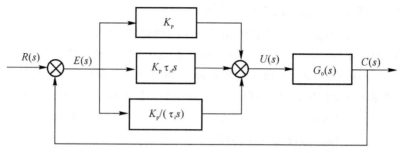

图 18-46 PID 控制系统的框图

sys = series(sys1,sys2)

或直接表达为

sys = sys2 * sys1

而前向通道传递函数 sys1 与反馈环节传递函数 sys2 间的负反馈连接返回一个闭环传递函数 sys,常用句法为[16]

sys=feedback(sys1,sys2)

该程序中 feedback( ) 为两个定常线性模型间的反馈连接。

从图 18-46 可以看到,该 PID 控制系统反馈环节的传递函数为 1。因此,该图所示 PID 控制系统返回闭环传递函数 Gcc1 的句法为

Gcc1=feedback(Gc * G0,1)

该程序中 Gc 由式(18-98)表达,G0 由 $G_0(s)$ 表达。

18.5.1.2 目前常采用的 PID 校正器参数整定方法

关于 PID 校正器参数整定,目前常采用的方法有工程实验整定法、自整定法和理论计算整定法[17-19]。

(1)工程实验整定法。

工程实验整定法是一种适用于被控对象的传递函数为 FOPDT 模型的方法,该方法直接在过程控制系统的实验中通过特定响应曲线得到所需的特征量,然后查照经验表,求得校正器的相关参数。该方法简单且易于掌握,但是也有缺点:由于是人为按照一定的计算规则完成,所以要在实际工程中经过多次反复调整[17-19]。

Ziegler 和 Nichols 于 1942 年首次提出了 PID 校正器参数的工程实验整定法,简称 Z-N 法,Z-N 法包括阶跃响应法和临界比例度法[20-22]。数十年来,不仅对阶跃响应法和临界比例度法作了不少改进,还进一步开发出源于 Z-N 法的衰减曲线法和现场凑试法[19]。

(2)自整定法。

自整定法是在工程实验整定法的基础上,设法对运行中的控制系统进行 PID 校正器参

数的自动调整，以使系统在运行中始终具有良好的控制品质的一种方法。使用自整定法后，当被控过程特性发生变化时，控制器参数会进行自适应调整。具体做法是：利用控制器输出 u 和被控量 c 的测量值，对被控过程的输入-输出关系进行辨识，然后根据辨识模型，按照参数整定原则计算控制器的最佳参数值，并调整参数。例如，将模糊控制与常规的 PID 控制相结合，用模糊控制器实现 PID 参数的在线自动最佳整定，就构成了模糊式 PID 自整定控制器。模糊控制器实现 PID 参数自整定的方法有两种：一种是直接将模糊控制器构造成具有 PID 控制功能的控制器，另一种则是用模糊监督器完成 PID 参数的在线修正。又如：采用临界比例度法整定控制器参数时，要得到真正的等幅振荡并保持一段时间，对于某些生产过程是不能实现的，或不允许出现的。针对该问题，极限环自整定法采用具有继电特性的非线住环节替代比例控制器，使闭环系统自动稳定在等幅振荡状态[17, 19]。

由此可见，自整定法也是一种适用于被控对象的传递函数为 FOPDT 模型的方法。

（3）理论计算整定法。

该方法需要获取被控对象的动态特性，然后根据广义对象的数学模型和性能要求，采用控制理论中的根轨迹法、对数频率特性法等，经过理论计算确定控制参数的数值。这种方法完全依赖于数学模型，计算比较烦琐，所得到的计算数据必须通过工程实践进行调整和修改[17-19]。理论计算整定法不受被控对象的传递函数是何种模型的制约。

为了分析这三种方法所适用的不同对象，必须首先介绍 FOPDT 模型，因为只有当被控对象的传递函数为 FOPDT 模型时才可以使用工程实验整定法和自整定法，而理论计算整定法不受被控对象的传递函数是何种模型的制约。

18.5.2　FOPDT 模型

18.5.2.1　FOPDT 模型的特点

被控对象如果是一种工业过程，其传递函数大多数都能用一阶惯性加纯滞后（FOPDT）模型来近似描述[8, 20-21]：

$$G_0(s) = \frac{Ke^{-\tau s}}{Ts + 1} \tag{18-99}$$

式中　$G_0(s)$——FOPDT 模型的传递函数；

$\quad\quad K$——FOPDT 模型的开环增益；

$\quad\quad \tau$——FOPDT 模型的纯滞后时间常数，s；

$\quad\quad T$——FOPDT 模型的惯性时间常数，s。

FOPDT 是一种最小假设模型[20]，该模型多用于描述化工过程[22]，包括温升过程[23]。其特点为[21]：

（1）通常被控制对象是一维的。

（2）FOPDT 模型不是通过对实际工业过程所使用的物理原理、电路拓扑和具体参数进行控制系统理论分析得到的，该模型只是对大多数工业过程开环传递函数的一种唯象学①意义上的近似描述。

---

①　物理学中的唯象学是指解释释物理现象时，不问其内在原因，仅通过概括和提炼试验事实总结出物理规律的学问。唯象学对物理现象有描述与预言功能，但无法用已有的科学理论体系作出解释。简言之，唯象学是根据经验总结又被实践证明有效的学问，即知其然不知其所以然的学问。

（3）通常并不预知 FOPDT 模型参数 K，τ，T 的具体数值。

（4）若将 FOPDT 模型的纯滞后环节（又称时滞环节、延迟环节）$e^{-\tau s}$ 用 Padé 逼近转换为 $[l,k]$ 阶有理分式，可以看到该有理分式有正实部的零点而没有正实部极点，因而适用该环节的系统是一种开环稳定的非最小相位系统。由此可知，适用 FOPDT 模型的大多数工业过程也是一种开环稳定的非最小相位系统。

18.5.2.2　FOPDT 模型纯滞后环节的 Padé 逼近

FOPDT 模型的纯滞后环节 $e^{-\tau s}$ 为 s 的超越函数[①]，为此，MATLAB 采用了 n 阶 pade( ) 函数来逼近[24]。Padé 逼近是一种利用 $[l,k]$ 阶有理分式逼近 $e^{-\tau s}$ 的方法[25]。Padé 逼近与多项式逼近相比，可以降低阶次而得到同样的效果，由于无须计算自变量的高次幂，从而使得计算大为简化。Padé 逼近在极点附近具有很好的逼近效果，而且由于有理分式自身的特性，求其零点与极点很方便[26]。

$e^{-\tau s}$ 的 $[l,k]$ 阶有理分式 Padé 逼近的表达式为[25]

$$e^{-\tau s} \approx R(s) = \frac{N_l(s)}{N_k(s)} = \frac{\displaystyle\sum_{i=0}^{l} b_i \,(\tau s)^i}{\displaystyle\sum_{i=0}^{k} a_i \,(\tau s)^i} \tag{18-100}$$

式中　$R(s)$——纯滞后环节 $e^{-\tau s}$ 的 $[l,k]$ 阶有理分式 Padé 逼近；

$N_l(s)$——$R(s)$ 的分子；

l——$N_l(s)$ 的阶；

$N_k(s)$——$R(s)$ 的分母；

k——$N_k(s)$ 的阶；

b_i——$N_l(s)$ 中第 i 阶的系数；

a_i——$N_k(s)$ 中第 i 阶的系数。

其中，系数 a_i 和 b_i 可以由下式求出[25]：

$$\left. \begin{array}{l} a_i = \dfrac{(l+k-i)!\ k!}{i!\ (k-i)!} \\[3mm] b_i = (-1)^i \dfrac{(l+k-i)!\ l!}{i!\ (l-i)!} \end{array} \right\} \tag{18-101}$$

式（18-100）中，阶数 l 和 k 越大，$R(s)$ 越接近于 $e^{-\tau s}$。通常情况下，取 $l=k$。时滞越小，频域中 $R_i(s)$ 与 $e^{-\tau s}$ 相位一致的区间越大，即频带越宽[25]。

MATLAB 常用的 pade( ) 句法为[27]

[num,den] = pade(T,N)

它对 e^{-Ts} 返回一个传递函数形式的 N 阶 Padé 近似，其中 num 为分子（s 的 N 阶降幂多项式）的系数，den 为分母（s 的 N 阶降幂多项式）的系数。

（1）纯滞后环节 1 阶 Padé 逼近。

由式（18-100）和式（18-101）得到，$e^{-\tau s}$ 的 1 阶 Padé 逼近（$l=k=1$）为

---

　① 　超越函数指的是变量之间的关系不能用有限次加、减、乘、除、乘方、开方运算表示的函数。如三角函数、对数函数、反三角函数、指数函数等就属于超越函数。

$$e^{-\tau s} \approx \frac{-\tau s + 2}{\tau s + 2} \qquad (18-102)$$

式(18-102)是否属于最小相位系统及开环是否稳定的判定：

将 MATLAB 软件的多项式求根函数 roots[1] 分别应用于式(18-102)中的分子和分母,即可以得到传递函数的零点和极点。求零点时输入

$p = [-1 \quad 2]; r = \text{roots}(p)$

得到

r =
2

求极点时输入

$p = [1 \quad 2]; r = \text{roots}(p)$

得到

r =
-2

依照 18.4.6.3 节第(2)条给出的判定方法,由于传递函数中有正实部的零点,所以属于非最小相位系统;由于没有正实部极点,所以是开环稳定的。

(2) 纯滞后环节 2 阶 Padé 逼近。

$e^{-\tau s}$ 的 2 阶 Padé 逼近($l = k = 2$)为

$$e^{-\tau s} \approx \frac{(\tau s)^2 - 6\tau s + 12}{(\tau s)^2 + 6\tau s + 12} \qquad (18-103)$$

式(18-103)是否属于最小相位系统及开环是否稳定的判定：

求零点时输入

$p = [1 \quad -6 \quad 12]; r = \text{roots}(p)$

得到

r =
3.0000 + 1.7321i
3.0000 - 1.7321i

求极点时输入

$p = [1 \quad 6 \quad 12]; r = \text{roots}(p)$

得到

r =
− 3.0000 + 1.7321i
− 3.0000 − 1.7321i

由于传递函数中有正实部的零点，所以属于非最小相位系统；由于没有正实部极点，所以是开环稳定的。

（3）纯滞后环节 3 阶 Padé 逼近。

$e^{-\tau s}$ 的 3 阶 Padé 逼近（$l=k=3$）为

$$e^{-\tau s} \approx \frac{-(\tau s)^3 + 12(\tau s)^2 - 60\tau s + 120}{(\tau s)^3 + 12(\tau s)^2 + 60\tau s + 120} \tag{18-104}$$

式（18-104）是否属于最小相位系统及开环是否稳定的判定：

求零点时输入

p = [−1 12 −60 120];r = roots(p)

得到

r =
3.6778 + 3.5088i
3.6778 − 3.5088i
4.6444

求极点时输入

p = [1 12 60 120];r = roots(p)

得到

r =
− 3.6778 + 3.5088i
− 3.6778 − 3.5088i
− 4.6444

由于传递函数中有正实部的零点，所以属于非最小相位系统；由于没有正实部极点，所以是开环稳定的。

（4）纯滞后环节 4 阶 Padé 逼近。

$e^{-\tau s}$ 的 4 阶 Padé 逼近（$l=k=4$）为

$$e^{-\tau s} \approx \frac{(\tau s)^4 - 20(\tau s)^3 + 180(\tau s)^2 - 840\tau s + 1\,680}{(\tau s)^4 + 20(\tau s)^3 + 180(\tau s)^2 + 840\tau s + 1\,680} \tag{18-105}$$

式(18－105)是否属于最小相位系统及开环是否稳定的判定：

求零点时输入

$$p = [1 - 20\ 180 - 840\ 1680];r = roots(p)$$

得到

r ＝
4.2076 ＋ 5.3148i
4.2076 － 5.3148i
5.7924 ＋ 1.7345i
5.7924 － 1.7345i

求极点时输入

$$p = [1\quad 20\quad 180\quad 840\quad 1680];r = roots(p)$$

得到

r ＝
－ 4.2076 ＋ 5.3148i
－ 4.2076 － 5.3148i
－ 5.7924 ＋ 1.7345i
－ 5.7924 － 1.7345i

由于传递函数中有正实部的零点，所以属于非最小相位系统；由于没有正实部极点，所以是开环稳定的。

（5）小结。

由 1 ～ 4 阶 Padé 逼近可以看到，纯滞后环节 $e^{-\tau s}$ 是一种开环稳定的非最小相位系统，因此，FOPDT 模型也是一种开环稳定的非最小相位系统。

图 18－47 绘出了 $\tau s = 0 \sim 10$ 的 $e^{-\tau s}$ 及其 1 ～ 4 阶 Padé 逼近曲线。

由图 18－47 可以看到，$e^{-\tau s}$ 的 1 阶 Padé 逼近在 $\tau s \leqslant 0.5$ 时很准确，$e^{-\tau s}$ 的 2 阶 Padé 逼近在 $\tau s \leqslant 1.5$ 时很准确，$e^{-\tau s}$ 的 3 阶 Padé 逼近在 $\tau s \leqslant 3$ 时很准确，$e^{-\tau s}$ 的 4 阶 Padé 逼近在 $\tau s \leqslant 7$ 时很准确。

18.5.2.3　三个具有代表性的 FOPDT 模型示例

（1）示例 1。

文献[23]给出的一个 FOPDT 模型示例为 $K = 0.5$，$\tau = 5$ s，$T = 50$ s，代入式(18－99)得到

$$G_0(s) = \frac{0.5e^{-5s}}{50s + 1} \tag{18－106}$$

1）开环阶跃响应。

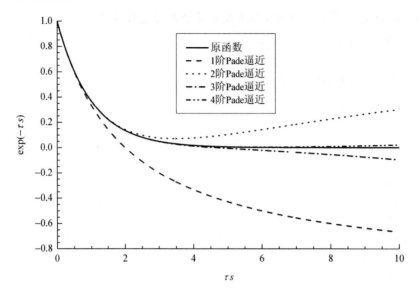

图 18-47 $\tau s = 0 \sim 10$ 的 $e^{-\tau s}$ 及其 $1 \sim 4$ 阶 Padé 逼近曲线

采用 $e^{-\tau s}$ 的 3 阶 Padé 逼近,由式(18-106)可以给出绘制其开环阶跃响应的 MATLAB 程序为

```
G1 = tf(0.5,[50  1]);
[np,dp] = pade(5,3);
Gp = tf(np,dp);
G0 = G1 * Gp;
step(G0);
```

图 18-48 即为 FOPDT 模型 $K = 0.5$,$\tau = 5$ s,$T = 50$ s 时 MATLAB 绘制出来的开环阶跃响应。

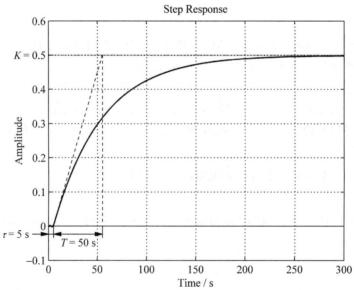

图 18-48 FOPDT 模型 $K = 0.5$,$\tau = 5$ s,$T = 50$ s 时 MATLAB 绘制出来的开环阶跃响应

2）闭环阶跃响应。

相应绘制其闭环阶跃响应的 MATLAB 程序为

```
G1=tf(0.5,[50  1]);
[np,dp]=pade(5,3);
Gp=tf(np,dp);
Gcc1=feedback(G1 * Gp,1);
step(Gcc1,200);
```

图 18 - 49 即为 FOPDT 模型 $K=0.5$，$\tau=5$ s，$T=50$ s 时 MATLAB 绘制出来的闭环阶跃响应。

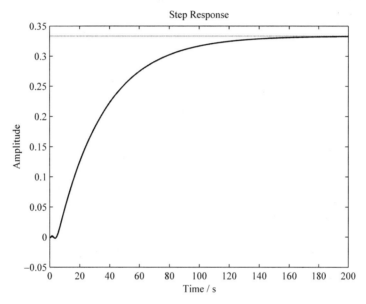

图 18 - 49　FOPDT 模型 $K = 0.5$，$\tau = 5$ s，$T = 50$ s 时 MATLAB 绘制出来的闭环阶跃响应

3）开环 Bode 图。

相应绘制其开环 Bode 图 MATLAB 程序为

```
G1=tf(0.5,[50  1]);
[np,dp]=pade(5,3);
Gp=tf(np,dp);
G0=G1 * Gp;
bode(G0);margin(G0);
```

图 18 - 50 即为 FOPDT 模型 $K=0.5$，$\tau=5$ s，$T=50$ s 时 MATLAB 绘制出来的开环 Bode 图。

4）闭环阶跃响应呈现等幅振荡所需的开环增益。

从图 18 - 50 可以得到，相位穿越频率 $f_g=0.051\,9$ Hz，幅值裕度 K_g（即图中的 Gm）$=32.7$，即将增益增大至 32.7 倍，闭环阶跃响应就会呈现频率为 $0.051\,9$ Hz 的振荡。为此，改

为开环增益 $K = 16.35$,绘制其闭环阶跃响应的 MATLAB 程序为

```
G1=tf(16.35,[50  1]);
[np,dp]=pade(5,3);
Gp=tf(np,dp);
Gcc4=feedback(G1 * Gp,1);
step(Gcc4,200);
```

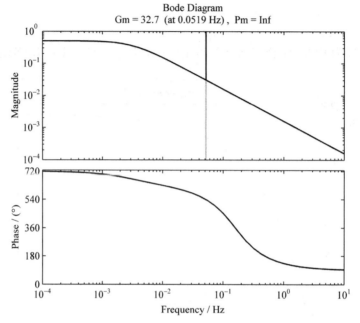

图 18 - 50　FOPDT 模型 $K = 0.5$,$\tau = 5$ s,$T = 50$ s 时 MATLAB 绘制出来的开环 Bode 图

图 18 - 51 即为 FOPDT 模型 $K = 16.35$,$\tau = 5$ s,$T = 50$ s 时 MATLAB 绘制出来的闭环阶跃响应。

从图 18 - 51 可以看到,事实确实如此。

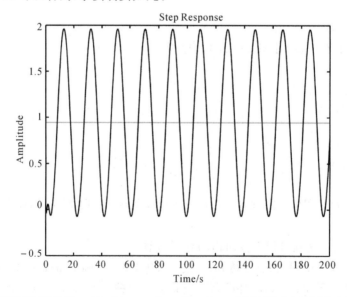

图 18 - 51　FOPDT 模型 $K = 16.354$,$\tau = 5$ s,$T = 50$ s 时 MATLAB 绘制出来的闭环阶跃响应

（2）示例 2。

文献[20]给出的一个 FOPDT 模型示例为 $K=2$，$\tau=1.5$ s，$T=4$ s,代入式(18-99)得到

$$G_0(s)=\frac{2\mathrm{e}^{-1.5s}}{4s+1} \tag{18-107}$$

1）开环阶跃响应。

采用 $\mathrm{e}^{-\tau s}$ 的 3 阶 Padé 逼近,由式(18-107)可以给出绘制其开环阶跃响应的 MATLAB 程序为

```
G1=tf(2,[4  1]);
[np,dp]=pade(1.5,3);
Gp=tf(np,dp);
G0=G1*Gp;
step(G0);
```

图 18-52 即为 FOPDT 模型 $K=2$，$\tau=1.5$ s，$T=4$ s 时 MATLAB 绘制出来的开环阶跃响应。

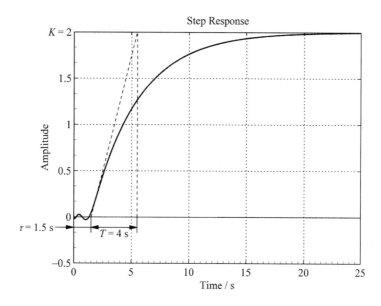

图 18-52　FOPDT 模型 $K=2$，$\tau=1.5$ s，$T=4$ s 时 MATLAB 绘制出来的开环阶跃响应

2）闭环阶跃响应。

相应绘制其闭环阶跃响应的 MATLAB 程序为

```
G1=tf(2,[4  1]);
[np,dp]=pade(1.5,3);
Gp=tf(np,dp);
Gcc1=feedback(G1*Gp,1);
step(Gcc1,50);
```

图 18 - 53 即为 FOPDT 模型 $K=2$，$\tau=1.5$ s，$T=4$ s 时 MATLAB 绘制出来的闭环阶跃响应。

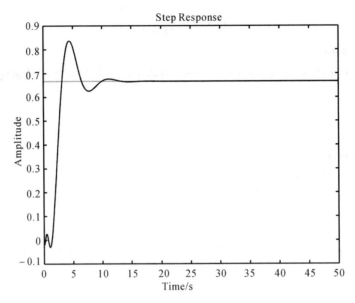

图 18 - 53　FOPDT 模型 $K=2$，$\tau=1.5$ s，$T=4$ s 时 MATLAB 绘制出来的闭环阶跃响应

3）开环 Bode 图。

相应绘制其开环 Bode 图 MATLAB 程序为

```
G1＝tf(2,[4  1]);
[np,dp]＝pade(1.5,3);
Gp＝tf(np,dp);
G0＝G1 * Gp;
bode(G0);
margin(G0);
```

图 18 - 54 即为 FOPDT 模型 $K=2$，$\tau=1.5$ s，$T=4$ s 时 MATLAB 绘制出来的开环 Bode 图。

4）闭环阶跃响应呈现等幅振荡所需的开环增益。

从图 18 - 54 可以得到，相位穿越频率 $f_g=0.189$ Hz，幅值裕度 K_g（即图中的 Gm）= 2.42，即若将增益增大至 2.42 倍，闭环阶跃响应就会呈现频率为 0.189 Hz 的振荡。为此，改为开环增益 $K=4.84$，绘制其闭环阶跃响应的 MATLAB 程序为

```
G1＝tf(4.84,[4  1]);
[np,dp]＝pade(1.5,3);
Gp＝tf(np,dp);
Gcc4＝feedback(G1 * Gp,1);
step(Gcc4,50);
```

图 18-55 即为 FOPDT 模型 $K=4.84$，$\tau=1.5$ s，$T=4$ s 时 MATLAB 绘制出来的闭环阶跃响应。

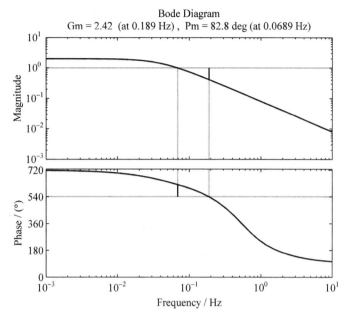

图 18-54　FOPDT 模型 $K=2$，$\tau=1.5$ s，$T=4$ s 时 MATLAB 绘制出来的开环 Bode 图

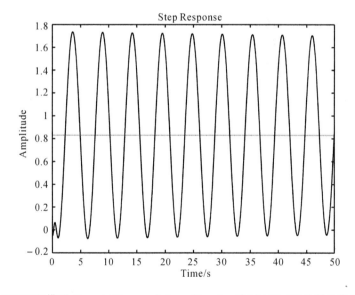

图 18-55　FOPDT 模型 $K=4.84$，$\tau=1.5$ s，$T=4$ s 时 MATLAB 绘制出来的闭环阶跃响应

从图 18-55 可以看到，事实确实如此。

（3）示例 3。

文献[8]给出的一个 FOPDT 模型示例为 $K=8$，$\tau=180$ s，$T=360$ s，代入式（18-98）得到

$$G_0(s) = \frac{8\mathrm{e}^{-180s}}{360s+1} \tag{18-108}$$

1）开环阶跃响应。

采用 $e^{-\tau s}$ 的 3 阶 Padé 逼近，由式（18-108）可以给出绘制其开环阶跃响应的 MATLAB 程序为

```
G1=tf(8,[360  1]);
[np,dp]=pade(180,3);
Gp=tf(np,dp);
G0=G1*Gp;
step(G0);
```

图 18-56 即为 FOPDT 模型 $K=8$，$\tau=180$ s，$T=360$ s 时 MATLAB 绘制出来的开环阶跃响应。

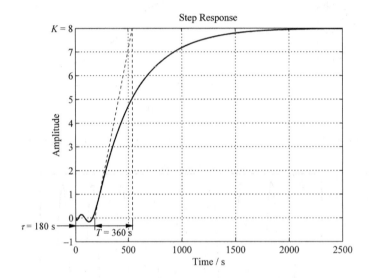

图 18-56　FOPDT 模型 $K=8$，$\tau=180$ s，$T=360$ s 时 MATLAB 绘制出来的开环阶跃响应

2）闭环阶跃响应。

相应绘制其闭环阶跃响应的 MATLAB 程序为

```
G1=tf(8,[360  1]);
[np,dp]=pade(180,3);
Gp=tf(np,dp);
Gcc1=feedback(G1*Gp,1);
step(Gcc1,6000);
```

图 18-57 即为 FOPDT 模型 $K=8$，$\tau=180$ s，$T=360$ s 时 MATLAB 绘制出来的闭环阶跃响应。

3）开环 Bode 图。

相应绘制其开环 Bode 图 MATLAB 程序为

```
G1 = tf(8,[360  1]);
[np,dp] = pade(180,3);
Gp = tf(np,dp);
G0 = G1 * Gp;
bode(G0);
margin(G0);
```

图 18 - 58 即为 FOPDT 模型 $K = 8$，$\tau = 180$ s，$T = 360$ s 时 MATLAB 绘制出来的开环 Bode 图。

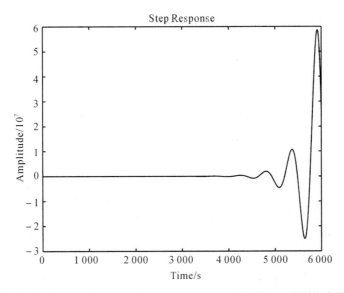

图 18 - 57　FOPDT 模型 $K = 8$，$\tau = 180$ s，$T = 360$ s 时 MATLAB 绘制出来的闭环阶跃响应

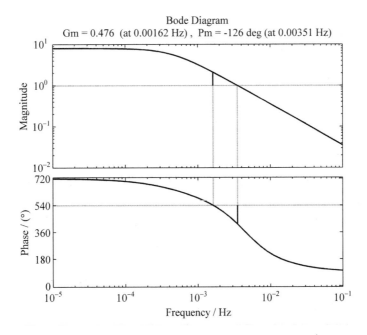

图 18 - 58　FOPDT 模型 $K = 8$，$\tau = 180$ s，$T = 360$ s 时 MATLAB 绘制出来的开环 Bode 图

4)闭环阶跃响应呈现等幅振荡所需的开环增益。

从图 18-58 可以得到,相位穿越频率 $f_g = 0.001\,62$ Hz,幅值裕度 K_g(即图中的 Gm)= 0.476,即将增益减小至 0.476 倍,闭环阶跃响应就会呈现频率为 0.001 62 Hz 的振荡。为此,改为开环增益 $K = 3.808$,绘制其闭环阶跃响应的 MATLAB 程序为

```
G1＝tf(3.808,[360  1]);
[np,dp]＝pade(180,3);
Gp＝tf(np,dp);
Gcc4＝feedback(G1 * Gp,1);
step(Gcc4,6000);
```

图 18-59 即为 FOPDT 模型 $K = 3.808$,$\tau = 180$ s,$T = 360$ s 时 MATLAB 绘制出来的闭环阶跃响应。

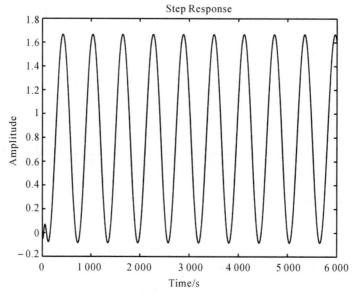

图 18-59　FOPDT 模型 $K = 3.808$,$\tau = 180$ s,$T = 360$ s 时 MATLAB 绘制出来的闭环阶跃响应

从图 18-59 可以看到,事实确实如此。

(4) 小结。

从以上三个示例可以看到:

1)由开环阶跃响应曲线可以大体上得到 FOPDT 模型的 K,τ,T 参数[20],如图 18-48、图 18-52、图 18-56 所示。

2)FOPDT 模型的闭环阶跃响应曲线既可能如图 18-49 所示为增速越来越缓的单调上升,也可能如图 18-53 所示为上升中带有过冲的衰减振荡,还可能如图 18-57 所示为幅度越来越大的振荡。

3)参数 τ,T 固定的情况下,闭环阶跃响应曲线呈现哪种形状仅取决于 FOPDT 模型的开环增益,开环增益由小变大,依次出现上述 3 种形状,且在第 2 种形状和第 3 种形状之间,还会出现等幅振荡,如图 18-51、图 18-55、图 18-59 所示。

4)FOPDT 模型虽然属于非最小相位系统,但仍具有幅值裕度 $K_g > 1$(即开环增益小于

临界值)时闭环系统稳定,幅值裕度 $K_g < 1$(即开环增益大于临界值)时闭环系统不稳定的性质。

5)示例 1 纯滞后时间常数与惯性时间常数之比 $\tau/T=0.1$,闭环阶跃响应呈现等幅振荡所需的开环增益 $K=16.35$;示例 2 纯滞后时间常数与惯性时间常数之比 $\tau/T=0.375$,闭环阶跃响应呈现等幅振荡所需的开环增益 $K=4.84$;示例 3 纯滞后时间常数与惯性时间常数之比 $\tau/T=0.5$,闭环阶跃响应呈现等幅振荡所需的开环增益 $K=3.808$。从而表明 τ/T 值越大,系统的纯滞后越严重,闭环系统越不容易稳定,因而需减小开环增益以保证闭环系统的稳定性[17]。

以下通过 18.5.2.3 节给出的三个具有代表性的 FOPDT 模型示例展示阶跃响应法、临界比例度法、衰减曲线法的整定效果,并对现场凑试法作简要介绍。

18.5.3　阶跃响应法①

18.5.3.1　方法

阶跃响应法是基于时域的 PID 校正器参数工程实验整定法,又称 Z-N 第一方法[22]。该方法是一种开环整定方法,在系统开环并处于稳定的情况下,由开环阶跃响应曲线测得 FOPDT 模型的 K,T,τ 参数,然后利用 K,T,τ 由经验公式求出 P,PI 和 PID 这三种校正器的参数整定值[18-19]。阶跃响应法整定 PID 校正器参数的 Ziegler-Nichols 经验公式如表 18 - 3 所示[8]。

表 18 - 3　阶跃响应法整定 PID 校正器参数的 Ziegler-Nichols 经验公式[8]

	K_p	τ_d	τ_i
P	$T/(K\tau)$		
PI	$0.9T/(K\tau)$		3.3τ
PID	$1.2T/(K\tau)$	0.5τ	2.2τ

由以上描述可知,阶跃响应法既不需要太多过程对象的先验知识,也不太受试验条件的限制,简单,快捷,适用性较广,并为校正器参数的最佳整定提供了可能,但对外界干扰的抑制能力差,控制品质很差,特别是作用于大滞后的过程中时,系统很难工作在令人满意的状态[17, 28]。

18.5.3.2　示例

(1)示例 1。

18.5.2.3 节第(1)条给出的 FOPDT 模型参数为 $K=0.5$,$\tau=5$ s,$T=50$ s,将表 18 - 3 所列 PID 校正器参数用于该示例,得到 $K_p=240$,$\tau_d=2.5$ s,$\tau_i=11$ s,因此,绘制图 18 - 46 所示 PID 控制系统闭环阶跃响应的 MATLAB 程序为

---

① 文献[16]称之为反应曲线法,文献[18]又称之为响应曲线法。文献[8,17-18]称之为动态特性参数法,但是与其将 K,T,τ 称为动态特性参数,不如将临界比例度法依赖的临界增益 K_u 和临界振荡周期 T_u 称为动态特性参数更合适;文献[19]称之为 ZN 经验公式法,但是临界比例度法整定 PID 校正器参数用的也是 Ziegler-Nichols 提出的经验公式,只是不同于表 18 - 3。因此,动态特性参数法、ZN 经验公式法这两种称谓是不确切的。

```
Gc=tf(240 * [27.5  11  1],[11  0]);
G1=tf(0.5,[50  1]);
[np,dp]=pade(5,3);
Gp=tf(np,dp);
Gcc2=feedback(Gc * G1 * Gp,1);
step(Gcc2);
```

图 18-60 即为 FOPDT 模型参数 $K=0.5$，$\tau=5$ s，$T=50$ s 下采用表 18-3 所示经验公式进行 PID 校正后由 MATLAB 绘制出来的闭环阶跃响应。

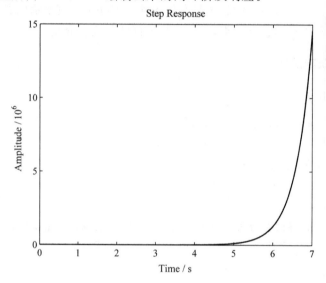

图 18-60　FOPDT 参数 $K=0.5$，$\tau=5$ s，$T=50$ s 下采用表 18-3 所示
公式进行 PID 校正后的闭环阶跃响应

将图 18-60 与图 18-49 相比较，可以看到采用表 18-3 所示公式进行 PID 校正后，闭环阶跃响应曲线由增速越来越缓但不趋近于 1 的单调上升变成为增速越来越急的单调上升。也就是说，图 18-60 所示的 PID 校正是完全失败的。

若改为 $K_p=12$，而 τ_d，τ_i 值不变，即绘制图 18-46 所示 PID 控制系统闭环阶跃响应的 MATLAB 程序改为

```
Gc=tf(12 * [27.5  11  1],[11  0]);
G1=tf(0.5,[50  1]);
[np,dp]=pade(5,3);
Gp=tf(np,dp);
Gcc3=feedback(Gc * G1 * Gp,1);
step(Gcc3,200);
```

则得到 PID 校正后的闭环阶跃响应如图 18-61 所示。

将图 18-61 与图 18-49 相比较，可以看到，改为 $K_p=12$，而 τ_d，τ_i 值不变，进行 PID 校正后，闭环阶跃响应曲线由增速越来越缓但不趋近于 1 的单调上升变成为过冲不大、振荡次

数很少且趋近于 1 的衰减振荡,校正效果相当理想。

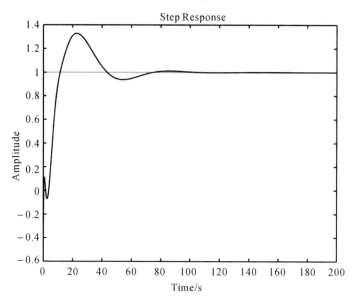

图 18 - 61　FOPDT 参数 $K = 0.5$, $\tau = 5$ s, $T = 50$ s 下改为
$K_p = 12$ 进行 PID 校正后的闭环阶跃响应

(2) 示例 2。

18.5.2.3 节第(2)条给出的 FOPDT 模型参数为 $K = 2$, $\tau = 1.5$ s, $T = 4$ s,将表 18 - 3 所列 PID 校正器参数用于该示例,得到 $K_p = 1.6$, $\tau_d = 0.75$ s, $\tau_i = 3.3$ s,因此,绘制图 18 - 46 所示 PID 控制系统闭环阶跃响应的 MATLAB 程序为

```
Gc＝tf(1.6 * [2.475  3.3  1],[3.3  0]);
G1＝tf(2,[4  1]);
[np,dp]＝pade(1.5,3);
Gp＝tf(np,dp);
Gcc2＝feedback(Gc * G1 * Gp,1);
step(Gcc2,50);
```

图 18 - 62 即为 FOPDT 模型参数 $K = 2$, $\tau = 1.5$ s, $T = 4$ s 下采用表 18 - 3 所示经验公式进行 PID 校正后由 MATLAB 绘制出来的闭环阶跃响应。

将图 18 - 62 与图 18 - 53 相比较,可以看到采用表 18 - 3 所示公式进行 PID 校正后,闭环阶跃响应由过冲不大、振荡次数很少、只是不趋近于 1 的衰减振荡变成为过冲不太大、振荡次数不很多的衰减振荡,只是解决了闭环阶跃响应不趋近于 1 的问题。显然,校正效果并不理想。

若改为 $K_p = 1.25$,而 τ_d, τ_i 值不变,即绘制图 18 - 46 所示 PID 控制系统闭环阶跃响应的 MATLAB 程序改为

```
Gc＝tf(1.25 * [2.475  3.3  1],[3.3  0]);
G1＝tf(2,[4  1]);
```

```
[np,dp]＝pade(1.5,3);
Gp＝tf(np,dp);
Gcc3＝feedback(Gc * G1 * Gp,1);
step(Gcc3,50);
```

则得到 PID 校正后的闭环阶跃响应如图 18－63 所示。

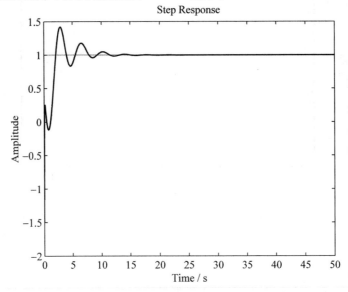

图 18－62　FOPDT 参数 $K = 2$，$\tau = 1.5$ s，$T = 4$ s 下采用表 18－3 所示
公式进行 PID 校正后的闭环阶跃响应

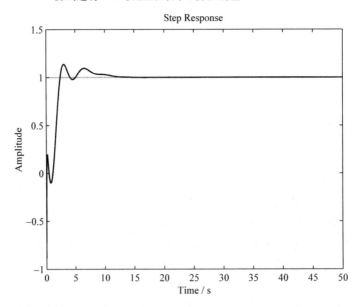

图 18－63　FOPDT 参数 $K = 2$，$\tau = 1.5$ s，$T = 4$ s 下改为
$K_p = 1.25$ 进行 PID 校正后的闭环阶跃响应

将图 18－63 与图 18－53 相比较，可以看到，改为 $K_p = 1.25$，而 τ_d，τ_i 值不变，进行 PID

校正后,闭环阶跃响应曲线由过冲不大、振荡次数很少,只是不趋近于 1 的衰减振荡变成为过冲很小、振荡次数不多的衰减振荡,且解决了闭环阶跃响应不趋近于 1 的问题,校正效果相当理想。

(3) 示例 3。

18.5.2.3 节第(3)条给出的 FOPDT 模型参数为 $K=8$,$\tau=180$ s,$T=360$ s,将表 18 - 3 所列 PID 校正器参数用于该示例,得到 $K_p=0.3$,$\tau_d=90$ s,$\tau_i=396$ s,因此,绘制图 18 - 46 所示 PID 控制系统闭环阶跃响应的 MATLAB 程序为

```
Gc＝tf(0.3 * [35640  396  1],[396  0]);
G1＝tf(8,[360  1]);
[np,dp]＝pade(180,3);
Gp＝tf(np,dp);
Gcc2＝feedback(Gc * G1 * Gp,1);
step(Gcc2,6000);
```

图 18 - 64 即为 FOPDT 模型参数 $K=8$,$\tau=180$ s,$T=360$ s 下采用表 18 - 3 所示经验公式进行 PID 校正后由 MATLAB 绘制出来的闭环阶跃响应。

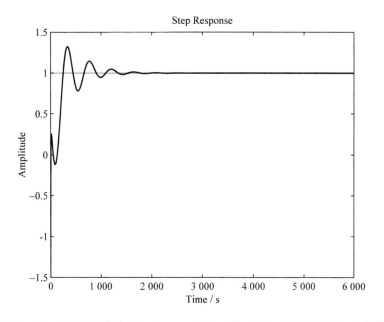

图 18 - 64　FOPDT 参数 $K=8$,$\tau=180$ s,$T=360$ s 下采用表 18 - 3 所示
公式进行 PID 校正后的闭环阶跃响应

将图 18 - 64 与图 18 - 57 相比较,可以看到采用表 18 - 3 所示公式进行 PID 校正后,闭环阶跃响应曲线由幅度越来越大的振荡变成为过冲不大、振荡次数不很多且趋近于 1 的衰减振荡,总体上校正效果相当理想。

若改为 $K_p=0.25$,而 τ_d,τ_i 值不变,即绘制图 18 - 46 所示 PID 控制系统闭环阶跃响应的 MATLAB 程序改为

```
Gc=tf(0.25*[35640  396  1],[396  0]);
G1=tf(8,[360  1]);
[np,dp]=pade(180,3);
Gp=tf(np,dp);
Gcc3=feedback(Gc*G1*Gp,1);
step(Gcc3,6000);
```

则得到 PID 校正后的闭环阶跃响应如图 18-65 所示。

　　将图 18-65 与图 18-57 相比较,可以看到,改为 $K_p = 0.25$,而 τ_d, τ_i 值不变,进行 PID 校正后,闭环阶跃响应曲线由幅度越来越大的振荡变成为过冲很小、振荡次数不很多且趋近于 1 的衰减振荡,总体校正效果十分理想。

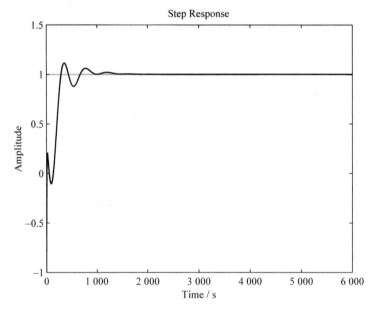

图 18-65　FOPDT 参数 $K = 8$, $\tau = 180$ s, $T = 360$ s 下改为 $K_p = 0.25$
　　　　　进行 PID 校正后的闭环阶跃响应

18.5.4　临界比例度法

18.5.4.1　方法

　　临界比例度法是基于频域的 PID 校正器参数工程实验整定法,又称 Z-N 第二方法。该方法曾在工程上得到广泛的应用。与阶跃响应法不同,该方法仅依赖于被控对象的闭环动态特性参数:临界增益 K_u 和临界振荡周期 T_u[20, 22]。具体步骤为[17, 29]:

　　(1) 先置 PID 校正器的 $\tau_d = 0$ s, $\tau_i \to \infty$ s, K_p 为较小的数值,使系统投入闭环运行。

　　(2) 等系统运行稳定后,对设定值施加一个阶跃扰动,然后从小到大逐渐增大校正器的比例系数 K_p,直到系统出现等幅振荡(即临界振荡)为止。

　　(3) 此时的比例系数 K_p 称为临界增益,记为 K_u;而相邻两个波峰间的时间间隔称为临界振荡周期,记为 T_u。

　　(4) 根据 K_u 和 T_u 值,按表 18-4 给出的经验公式计算出校正器的 K_p, τ_d 及 τ_i。

（5）按"先 P 后 I 最后 D"的操作程序将校正器整定参数调到计算值上。若不够满意，可作进一步调整。

具体做法是：在闭环的情况下，将 PID 校正器的微分和积分作用先去掉（即 $\tau_d = 0$ s，$\tau_i \to \infty$ s），仅留下比例作用，然后在系统中加入一个阶跃扰动，如果系统响应是衰减的，则需要增大校正器的比例系数 K_p，重做实验，相反如果系统响应的振荡幅度不断增大，则需要减小 K_p。实验的最终目的，是要使闭环系统做临界等幅周期振荡，此时的比例系数 K_p 就被称为临界增益，记为 K_u；而此时系统的振荡周期称为临界振荡周期，记为 T_u[20]。也可以由开环 Bode 图得到的相位穿越频率 f_g 及其幅值裕度 K_g 计算出 K_u 和 T_u，其中 $K_u = K_g K_p$，$T_u = 1/f_g$[30-31]。然后利用 K_u 和 T_u 由经验公式求出 P，PI 和 PID 这三种校正器的参数整定值[20]。临界比例度法整定 PID 校正器参数的 Ziegler-Nichols 经验公式如表 18 – 4 所示[8]。

表 18 – 4　临界比例度法整定 PID 校正器参数的 Ziegler-Nichols 经验公式[8]

	K_p	τ_d	τ_i
P	$0.5K_u$		
PI	$0.45K_u$		$0.85T_u$
PID	$0.6K_u$	$0.125T_u$	$0.5T_u$

虽然临界比例度法非常简单，并且也曾在工程上得到广泛应用，但是该法存在着以下一些不足[20]：

（1）通常，为了获得 K_u 和 T_u 要进行多次实验，这是比较费时的，特别是对具有大时间常数的慢系统而言。

（2）由于现场实验中存在着不确定的影响会给实验数据带来一定甚至关键的噪声，因而会对最终的控制品质带来很大的影响。

（3）当闭环阶跃响应等幅振荡的幅值很小时，如果系统内部存在滞环或者较大的阀门摩擦阻力，就容易产生"有限环"；相反，如控制系统的某个元素饱和了，则有可能出现大振幅的持续等幅振荡。这两种情况都很容易让人以为是达到了临界振荡，从而得到错误的 K_u 和 T_u，给 PID 校正器参数的整定带来大误差。通常情况下，增大／减小比例系数 K_p，会相应地带来系统振幅的增大／减小，但是在以上"有限环"和"饱和效应"这两种情况下，K_p 的小变化不会对系统的振荡产生任何影响。

（4）对不允许做临界振荡实验的系统，该法不能得到运用。在很多工业过程中，不允许系统出现临界周期振荡的情况，一旦出现这种现象，就可能会导致整个系统的崩溃。

18.5.4.2　示例

（1）示例 1。

18.5.2.3 节第（1）条给出的 FOPDT 模型参数为 $K = 0.5$，$\tau = 5$ s，$T = 50$ s，相位穿越频率 $f_g = 0.051\,9$ Hz，幅值裕度 $K_g = 32.7$，由 $K_u = K_g K$，$T_u = 1/f_g$ 得到 $K_u = 16.35$，$T_u = 19.27$，将表 18 – 4 所列 PID 校正器参数用于该示例，得到 $K_p = 9.81$，$\tau_d = 2.408$ s，$1/\tau_i = 0.103\,8$ s^{-1}，因此，绘制图 18 – 46 所示 PID 控制系统闭环阶跃响应的 MATLAB 程序为

```
Gc=tf(9.81*[2.048  1  0.1038],[1  0]);
G1=tf(0.5,[50  1]);
```

```
[np,dp]=pade(5,3);
Gp=tf(np,dp);
Gcc5=feedback(Gc * G1 * Gp,1);
step(Gcc5,200);
```

图 18-66 即为 FOPDT 模型 $K=0.5$，$\tau=5$ s，$T=50$ s 下采用表 18-4 所示临界比例度法经验公式进行 PID 校正后由 MATLAB 绘制出来的闭环阶跃响应。

将图 18-66 与图 18-49 相比较，可以看到采用表 18-4 所示临界比例度法经验公式进行 PID 校正后，闭环阶跃响应曲线由增速越来越缓但不趋近于 1 的单调上升变成为过冲不太大、振荡次数很少且趋近于 1 的衰减振荡，总体上校正效果相当理想。

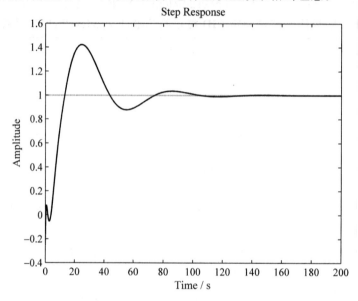

图 18-66　FOPDT 模型 $K=0.5$，$\tau=5$ s，$T=50$ s 下采用临界比例度法
公式进行 PID 校正后的闭环阶跃响应

（2）示例 2。

18.5.2.3 节第（2）条给出的 FOPDT 模型参数为 $K=2$，$\tau=1.5$ s，$T=4$ s，相位穿越频率 $f_g=0.189$ Hz，幅值裕度 $K_g=2.42$，由 $K_u=K_g K$，$T_u=1/f_g$ 得到 $K_u=4.84$，$T_u=5.291$，将表 18-4 所列 PID 校正器参数用于该示例，得到 $K_p=2.904$，$\tau_d=0.6614$ s，$1/\tau_i=0.378$ s^{-1}，因此，绘制图 18-46 所示 PID 控制系统闭环阶跃响应的 MATLAB 程序为

```
Gc=tf(2.904 * [0.6614  1  0.378],[1  0]);
G1=tf(2,[4  1]);
[np,dp]=pade(1.5,3);
Gp=tf(np,dp);
Gcc5=feedback(Gc * G1 * Gp,1);
step(Gcc5,50);
```

图 18-67 即为 FOPDT 模型 $K=2$，$\tau=1.5$ s，$T=4$ s 下采用表 18-4 所示临界比例

度法经验公式进行 PID 校正后由 MATLAB 绘制出来的闭环阶跃响应。

　　将图 18-67 与图 18-53 相比较,可以看到采用表 18-4 所示临界比例度法经验公式进行 PID 校正后,闭环阶跃响应曲线由过冲不大、振荡次数很少、只是不趋近于 1 的衰减振荡变成为幅度越来越大的振荡。也就是说,图 18-67 所示的 PID 校正是失败的。

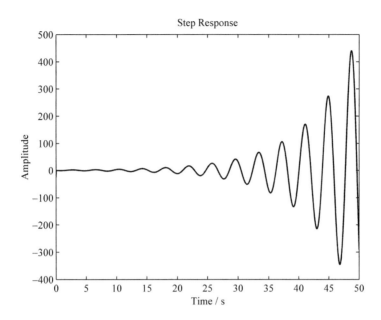

图 18-67　FOPDT 模型 $K=2$, $\tau=1.5$ s, $T=4$ s 下采用临界比例度法
公式进行 PID 校正后的闭环阶跃响应

　　若改为 $K_p=1.0$,而 τ_d, τ_i 值不变,即绘制图 18-46 所示 PID 控制系统闭环阶跃响应的 MATLAB 程序改为

```
Gc=tf(1.0*[0.6614  1  0.378],[1  0]);
G1=tf(2,[4  1]);
[np,dp]=pade(1.5,3);
Gp=tf(np,dp);
Gcc6=feedback(Gc*G1*Gp,1);
step(Gcc6,50);
```

则得到 PID 校正后的闭环阶跃响应如图 18-68 所示。

　　将图 18-68 与图 18-53 相比较,可以看到,改为 $K_p-1.0$,而 τ_d, τ_i 值不变,进行 PID 校正后,闭环阶跃响应由过冲不大、振荡次数很少、只是不趋近于 1 的衰减振荡变成为过冲很小、振荡次数很少且趋近于 1 的衰减振荡,校正效果比较理想。

　　(3) 示例 3。

　　18.5.2.3 节第(3)条给出的 FOPDT 模型参数为 $K=8$, $\tau=180$ s, $T=360$ s,相位穿越频率 $f_g=0.001\,62$ Hz,幅值裕度 $K_g=0.476$,由 $K_u=K_g K$, $T_u=1/f_g$ 得到 $K_u=3.808$, $T_u=617.3$,将表 18-4 所列 PID 校正器参数用于该示例,得到 $K_p=2.285$, $\tau_d=77.16$ s, $1/\tau_i=0.003\,24$ s^{-1},因此,绘制图 18-46 所示 PID 控制系统闭环阶跃响应的 MATLAB 程

序为

```
Gc=tf(2.285*[77.16  1  0.00324],[1  0]);
G1=tf(8,[360  1]);
[np,dp]=pade(180,3);
Gp=tf(np,dp);
Gcc5=feedback(Gc*G1*Gp,1);
step(Gcc5);
```

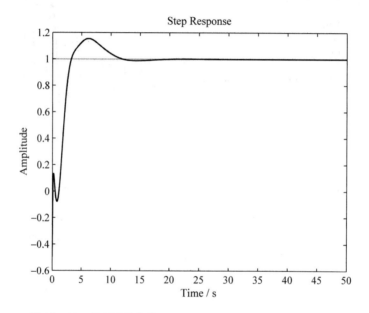

图 18 - 68　FOPDT 参数 $K = 2$，$\tau = 1.5$ s，$T = 4$ s 下改为
$K_p = 1.0$ 进行 PID 校正后的闭环阶跃响应

图 18 - 69 即为 FOPDT 模型 $K = 8$，$\tau = 180$ s，$T = 360$ s 下采用表 18 - 4 所示临界比例度法经验公式进行 PID 校正后由 MATLAB 绘制出来的闭环阶跃响应。

将图 18 - 69 与图 18 - 57 相比较，可以看到采用表 18 - 4 所示临界比例度法经验公式进行 PID 校正后，闭环阶跃响应曲线由幅度越来越大的振荡变成为增速越来越急的单调上升。也就是说，图 18 - 69 所示的 PID 校正是不成功的。

若改为 $K_p = 0.23$，而 τ_d，τ_i 值不变，即绘制图 18 - 46 所示 PID 控制系统闭环阶跃响应的 MATLAB 程序改为

```
Gc=tf(0.23*[77.16  1  0.00324],[1  0]);
G1=tf(8,[360  1]);
[np,dp]=pade(180,3);
Gp=tf(np,dp);
Gcc6=feedback(Gc*G1*Gp,1);
step(Gcc6,6000);
```

则得到 PID 校正后的闭环阶跃响应如图 18 - 70 所示。

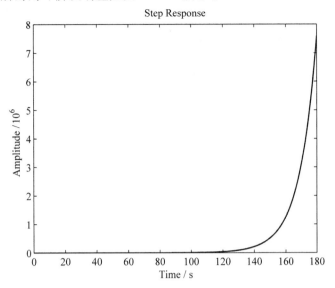

图 18 - 69　FOPDT 模型 $K = 8$，$\tau = 180$ s，$T = 360$ s 下采用临界比例度法
公式进行 PID 校正后的闭环阶跃响应

　　将图 18 - 70 与图 18 - 57 相比较，可以看到，改为 $K_p = 0.23$，而 τ_d，τ_i 值不变，进行 PID 校正后，闭环阶跃响应曲线由幅度越来越大的振荡变成为过冲很小、振荡次数不多且趋近于 1 的衰减振荡，总体校正效果极为理想。

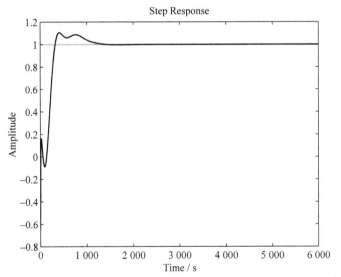

图 18 - 70　FOPDT 参数 $K = 8$，$\tau = 180$ s，$T = 360$ s 下改为 $K_p = 0.23$
进行 PID 校正后的闭环阶跃响应

18.5.5　衰减曲线法

18.5.5.1　方法

由于工业生产安全稳定性要求，在不允许进行闭环阶跃响应等幅振荡实验，或者对象特

性无法达到等幅振荡的场合，可以采用衰减曲线法进行 PID 校正器参数的工程实验整定[29]。

这种方法与临界比例度法相类似，所不同的是无需出现等幅振荡过程。具体步骤为[4,17-19,29]：

(1) 设置 $\tau_d = 0$ s，$\tau_i \rightarrow \infty$ s，K_p 较小后闭环运行。

(2) 等系统运行稳定后，对设定值施加一个阶跃扰动，然后从小到大逐渐增大校正器的比例系数 K_p，直到出现如图 18-71(a) 所示最大超调量为 4a，衰减振荡曲线第三波的幅度为 a，即衰减比 $n=4:1$ 的振荡过程(适用于定值控制系统，即输送给控制器比较元件的参比变量值固定的闭环控制系统[32])，或者如图 18-71(b) 所示最大超调量为 10a，衰减振荡曲线第三波的幅度为 a，即衰减比 $n=10:1$ 的振荡过程(适用于随动系统，即参比变量因其他变量而随时间变化，但其时间进程并不预知的闭环控制系统) 为止。

(3) 记录下此时的 K_p(记为 K_d)，以及相应的衰减振荡周期 T_d[见图 18-71(a)] 或者输出响应的上升时间 t_p[见图 18-71(b)]。

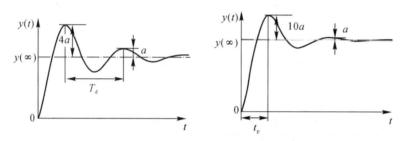

图 18-71　系统的衰减振荡过程

(a)4：1衰减曲线；　(b)10：1衰减曲线

(4) 根据所记录的 K_d，T_d 或 t_p，按表 18-5 给出的经验公式计算出校正器的 K_p，τ_d 及 τ_i。

表 18-5　衰减曲线法整定计算公式

衰减比	控制规律	K_p	τ_d	τ_i
$n=4:1$	P	K_d		
	PI	$K_d/1.2$		$0.5T_d$
	PID	$K_d/0.8$	$0.1T_d$	$0.3T_d$
$n=10:1$	P	K_d		
	PI	$K_d/1.2$		$2t_p$
	PID	$K_d/0.8$	$0.4t_p$	$1.2t_p$

衰减曲线法适用于大多数过程。但是该方法的最大缺点是要准确地确定系统 4：1(或 10：1) 的衰减程度比校困难，从而使获得的 K_d 值和 T_d(或 t_p) 值可能存在误差。尤其是对于一些扰动比较频繁、过程变化较快的过程控制系统，不宜采用此法[17]。

18.5.5.2　示例

(1) 示例 1。

1) 衰减比 $n = 4 : 1$。

18.5.2.3 节第(1)条给出的 FOPDT 模型参数为 $K = 0.5$，$\tau = 5$ s，$T = 50$ s,为实现 $\tau_d = 0$ s，$\tau_i \rightarrow \infty$ s 下衰减比 $n = 4 : 1$,取 $K_d = 21$,因此,采用 $e^{-\tau s}$ 的 3 阶 Padé 逼近绘制其闭环阶跃响应的 MATLAB 程序为

```
G1=tf(10.5,[50  1]);
[np,dp]=pade(5,3);
Gp=tf(np,dp);
Gcc7=feedback(G1*Gp,1);
step(Gcc7,200);
```

图 18-72 即为 FOPDT 模型 $K = 0.5$，$\tau = 5$ s，$T = 50$ s,衰减曲线法 $\tau_d = 0$ s，$\tau_i \rightarrow \infty$ s，$K_d = 21$ 时由 MATLAB 绘制出来的闭环阶跃响应。

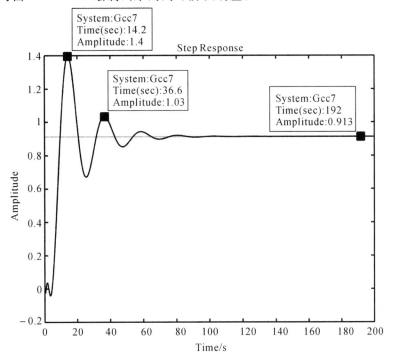

图 18-72　FOPDT 模型 $K = 0.5$，$\tau = 5$ s，$T = 50$ s,衰减曲线法
$\tau_d = 0$ s，$\tau_i \rightarrow \infty$ s，$K_d = 21$ 时的闭环阶跃响应

由图 18-72 所对应的 MATLAB 原图可以得到,最大超调量为 48.7%,衰减振荡曲线第三波的超调量为 11.7%,即衰减比 $n = 4 : 1$,相应的衰减振荡周期 $T_d = 22.4$,而 $K_d = 21$。将表 18-5 所列 PID 校正器参数用于该示例,得到 $K_p = 26.25$，$\tau_d = 2.24$ s，$\tau_i = 6.72$ s,因此,绘制图 18-46 所示 PID 控制系统闭环阶跃响应的 MATLAB 程序为

```
Gc=tf(26.25*[15.05  6.72  1],[6.72  0]);
G1=tf(0.5,[50  1]);
[np,dp]=pade(5,3);
```

```
Gp=tf(np,dp);
Gcc8=feedback(Gc * G1 * Gp,1);
step(Gcc8,200);
```

图 18-73 即为 FOPDT 模型参数 $K=0.5$, $\tau=5$ s, $T=50$ s,衰减曲线法的衰减比 $n=4:1$,采用表 18-5 所示经验公式进行 PID 校正后由 MATLAB 绘制出来的闭环阶跃响应。

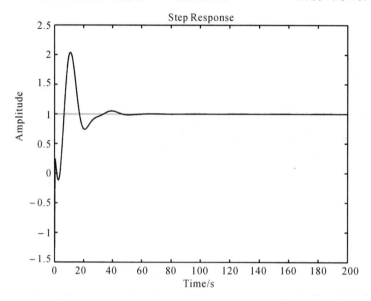

图 18-73　FOPDT 参数 $K=0.5$, $\tau=5$ s, $T=50$ s,用 $n=4:1$ 的衰减曲线法进行 PID 校正后的闭环阶跃响应

将图 18-73 与图 18-49 相比较,可以看到采用表 18-5 所示 $n=4:1$ 的衰减曲线法整定计算公式进行 PID 校正后,闭环阶跃响应曲线由增速越来越缓但不趋近于 1 的单调上升变成为过冲很大,振荡次数很少且趋近于 1 的衰减振荡,总体上校正效果相当理想。

若改为 $K_p=20$,而 τ_d, τ_i 值不变,即绘制图 18-46 所示 PID 控制系统闭环阶跃响应的 MATLAB 程序改为

```
Gc=tf(20 * [15.05  6.72  1],[6.72  0]);
G1=tf(0.5,[50  1]);
[np,dp]=pade(5,3);
Gp=tf(np,dp);
Gcc4=feedback(Gc * G1 * Gp,1);
step(Gcc4,200);
```

则得到 PID 校正后的闭环阶跃响应如图 18-74 所示。

将图 18-74 与图 18-49 相比较,可以看到,改为 $K_p=20$,而 τ_d, τ_i 值不变,进行 PID 校正后,闭环阶跃响应曲线由增速越来越缓但不趋近于 1 的单调上升变成为过冲相当大、振荡次数很少且趋近于 1 的衰减振荡,与图 18-73 相比改善不大。

2) 衰减比 $n=10:1$。

18.5.2.3 节第(1)条给出的 FOPDT 模型参数为 $K=0.5$，$\tau=5$ s，$T=50$ s，为实现 $\tau_d=0$ s，$\tau_i \to \infty$ s 下衰减比 $n=10:1$，取 $K_d=16.8$，因此，采用 $\mathrm{e}^{-\tau s}$ 的 3 阶 Padé 逼近绘制其闭环阶跃响应的 MATLAB 程序为

```
G1=tf(8.4,[50  1]);
[np,dp]=pade(5,3);
Gp=tf(np,dp);
Gcc2=feedback(G1*Gp,1);
step(Gcc2,100);
```

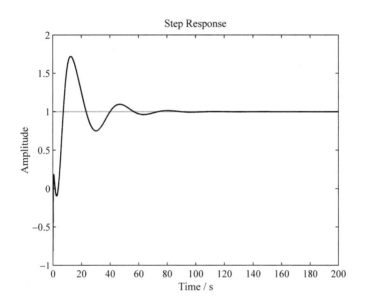

图 18-74　FOPDT 参数 $K=0.5$，$\tau=5$ s，$T=50$ s 下改为
$K_p=20$ 进行 PID 校正后的闭环阶跃响应

图 18-75 即为 FOPDT 模型 $K=0.5$，$\tau=5$ s，$T=50$ s，衰减曲线法 $\tau_d=0$ s，$\tau_i \to \infty$ s，$K_d=16.8$ 时由 MATLAB 绘制出来的闭环阶跃响应。

由图 18-75 所对应的 MATLAB 原图可以得到，最大超调量为 29.6%，衰减振荡曲线第三波的超调量为 3%，即衰减比 $n=10:1$，输出响应的上升时间 $t_p=15$，而 $K_d=16.8$。将表 18-5 所列 PID 校正器参数用于该示例，得到 $K_p=21$，$\tau_d=6$ s，$\tau_i=18$ s，因此，绘制图 18-46 所示 PID 控制系统闭环阶跃响应的 MATLAB 程序为

```
Gc=tf(21*[108  18  1],[18  0]);
G1=tf(0.5,[50  1]);
[np,dp]=pade(5,3);
Gp=tf(np,dp);
Gcc4=feedback(Gc*G1*Gp,1);
step(Gcc4,0.7);
```

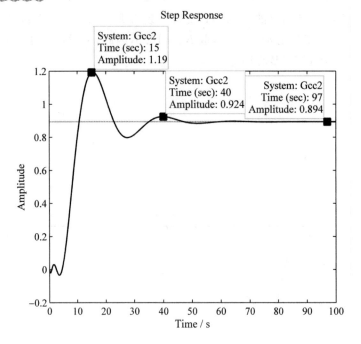

图 18-75　FOPDT 模型 $K = 0.5$，$\tau = 5$ s，$T = 50$ s，衰减曲线法 $\tau_d = 0$ s，

$\tau_i \rightarrow \infty$ s，$K_d = 16.8$ 时的闭环阶跃响应

图 18-76 即为 FOPDT 模型参数 $K = 0.5$，$\tau = 5$ s，$T = 50$ s，衰减曲线法的衰减比 $n = 10:1$，采用表 18-5 所示经验公式进行 PID 校正后由 MATLAB 绘制出来的闭环阶跃响应。

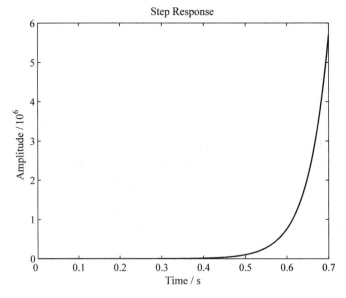

图 18-76　FOPDT 参数 $K = 0.5$，$\tau = 5$ s，$T = 50$ s，用 $n = 10:1$ 的
衰减曲线法进行 PID 校正后的闭环阶跃响应

将图 18-76 与图 18-49 相比较，可以看到采用表 18-5 所示 $n = 10:1$ 的衰减曲线法整定计算公式进行 PID 校正后，闭环阶跃响应曲线由增速越来越缓但不趋近于 1 的单调上升变成为急速单调上升。也就是说，图 18-76 所示的 PID 校正是完全失败的。

若改为 $K_p = 13$,而 τ_d, τ_i 值不变,即绘制图 18-46 所示 PID 控制系统闭环阶跃响应的 MATLAB 程序改为

```
Gc=tf(13*[108  18  1],[18  0]);
G1=tf(0.5,[50  1]);
[np,dp]=pade(5,3);
Gp=tf(np,dp);
Gcc4=feedback(Gc*G1*Gp,1);
step(Gcc4,200);
```

则得到 PID 校正后的闭环阶跃响应如图 18-77 所示。

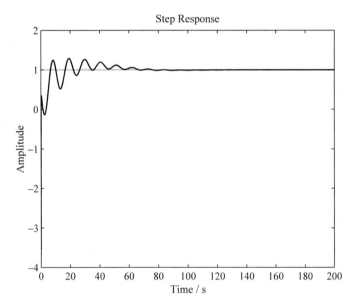

图 18-77　FOPDT 参数 $K = 0.5$, $\tau = 5$ s, $T = 50$ s 下改为
$K_p = 13$ 进行 PID 校正后的闭环阶跃响应

将图 18-77 与图 18-49 相比较,可以看到,改为 $K_p = 13$,而 τ_d, τ_i 值不变,进行 PID 校正后,闭环阶跃响应曲线由增速越来越缓但不趋近于 1 的单调上升变成为过冲不大、振荡次数比较多且趋近于 1 的衰减振荡,校正效果不错。

(2)示例 2。

1)衰减比 $n = 4:1$。

18.5.2.3 节第(2)条给出的 FOPDT 模型参数为 $K = 2$, $\tau = 1.5$ s, $T = 4$ s,为实现 $\tau_d = 0$ s, $\tau_i \to \infty$ s 下衰减比 $n = 4:1$,取 $K_d = 1.48$,因此,采用 $e^{-\tau s}$ 的 3 阶 Padé 逼近绘制其闭环阶跃响应的 MATLAB 程序为

```
G1=tf(2.96,[4  1]);
[np,dp]=pade(1.5,3);
Gp=tf(np,dp);
Gcc4=feedback(G1*Gp,1);
```

```
step(Gcc4,50);
```

图 18-78 即为 FOPDT 模型 $K=2$，$\tau=1.5$ s，$T=4$ s，衰减曲线法 $\tau_d=0$ s，$\tau_i \rightarrow \infty$ s，$K_d=1.48$ 时由 MATLAB 绘制出来的闭环阶跃响应。

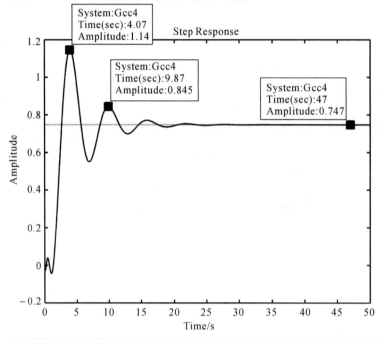

图 18-78　FOPDT 模型 $K=2$，$\tau=1.5$ s，$T=4$ s，衰减曲线法 $\tau_d=0$ s，
$\tau_i \rightarrow \infty$ s，$K_d=1.48$ 时的闭环阶跃响应

由图 18-78 所对应的 MATLAB 原图可以得到，最大超调量为 39.3%，衰减振荡曲线第三波的超调量为 9.8%，即衰减比 $n=4:1$，相应的衰减振荡周期 $T_d=5.8$，而 $K_d=1.48$。将表 18-5 所列 PID 校正器参数用于该示例，得到 $K_p=1.85$，$\tau_d=0.58$ s，$\tau_i=1.74$ s，因此，绘制图 18-46 所示 PID 控制系统闭环阶跃响应的 MATLAB 程序为

```
Gc=tf(1.85*[1.009  1.74  1],[1.74  0]);
G1=tf(2,[4  1]);
[np,dp]=pade(1.5,3);
Gp=tf(np,dp);
Gcc4=feedback(Gc*G1*Gp,1);
step(Gcc4,50);
```

图 18-79 即为 FOPDT 模型参数 $K=2$，$\tau=1.5$ s，$T=4$ s，衰减曲线法的衰减比 $n=4:1$，采用表 18-5 所示经验公式进行 PID 校正后由 MATLAB 绘制出来的闭环阶跃响应。

将图 18-79 与图 18-53 相比较，可以看到采用表 18-5 所示 $n=4:1$ 的衰减曲线法整定计算公式进行 PID 校正后，闭环阶跃响应曲线由过冲不大、振荡次数很少、只是不趋近于 1 的衰减振荡变成为过冲很大、振荡次数很少且趋近于 1 的衰减振荡。总体上校正效果不理想。

若改为 $K_p=1.4$，而 τ_d，τ_i 值不变，即绘制图 18-46 所示 PID 控制系统闭环阶跃响应的

MATLAB 程序改为

```
Gc=tf(1.4*[1.009  1.74  1],[1.74  0]);
G1=tf(2,[4  1]);
[np,dp]=pade(1.5,3);
Gp=tf(np,dp);
Gcc4=feedback(Gc*G1*Gp,1);
step(Gcc4,50);
```

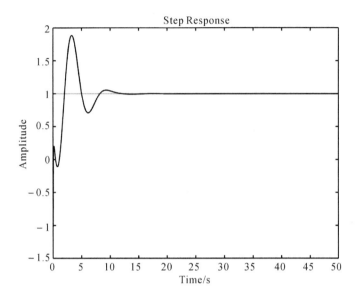

图 18-79　FOPDT 参数 $K = 2$，$\tau = 1.5$ s，$T = 4$ s,用 $n = 4:1$ 的衰减曲线法
进行 PID 校正后的闭环阶跃响应

则得到 PID 校正后的闭环阶跃响应如图 18-80 所示。

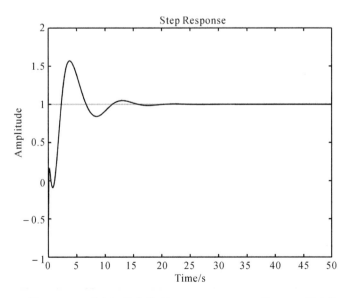

图 18-80　FOPDT 参数 $K = 2$，$\tau = 1.5$ s，$T = 4$ s 下改为
$K_p = 1.4$ 进行 PID 校正后的闭环阶跃响应

将图 18-80 与图 18-53 相比较,可以看到,改为 $K_p = 1.4$,而 τ_d,τ_i 值不变,进行 PID 校正后,闭环阶跃响应曲线由过冲不大、振荡次数很少、只是不趋近于 1 的衰减振荡变成为过冲不太大、振荡次数很少且趋近于 1 的衰减振荡,与图 18-79 相比改善不大。

2)衰减比 $n = 10 : 1$。

18.5.2.3 节第(2)条给出的 FOPDT 模型参数为 $K = 2$,$\tau = 1.5$ s,$T = 4$ s,为实现 $\tau_d = 0$ s,$\tau_i \to \infty$ s 下衰减比 $n = 10 : 1$,取 $K_d = 1.15$,因此,采用 $e^{-\tau s}$ 的 3 阶 Padé 逼近绘制其闭环阶跃响应的 MATLAB 程序为

```
G1=tf(2.3,[4  1]);
[np,dp]=pade(1.5,3);
Gp=tf(np,dp);
Gcc4=feedback(G1*Gp,1);
step(Gcc4,25);
```

图 18-81 即为 FOPDT 模型 $K = 2$,$\tau = 1.5$ s,$T = 4$ s,衰减曲线法 $\tau_d = 0$ s,$\tau_i \to \infty$ s,$K_d = 1.15$ 时由 MATLAB 绘制出来的闭环阶跃响应。

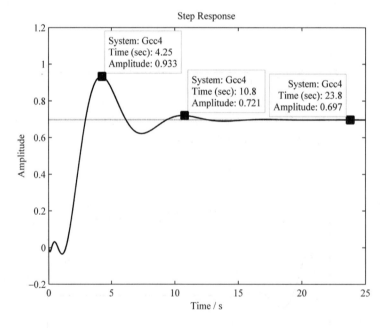

图 18-81　FOPDT 模型 $K = 2$,$\tau = 1.5$ s,$T = 4$ s,衰减曲线法 $\tau_d = 0$ s,
$\tau_i \to \infty$ s,$K_d = 1.15$ 时的闭环阶跃响应

由图 18-81 所对应的 MATLAB 原图可以得到,最大超调量为 23.6%,衰减振荡曲线第三波的超调量为 2.4%,即衰减比 $n = 10 : 1$,输出响应的上升时间 $t_p = 4.25$,而 $K_d = 1.15$。将表 18-5 所列 PID 校正器参数用于该示例,得到 $K_p = 1.438$,$\tau_d = 1.7$ s,$\tau_i = 5.1$ s,因此,绘制图 18-46 所示 PID 控制系统闭环阶跃响应的 MATLAB 程序为

```
Gc=tf(1.438*[8.67  1.7  1],[1.7  0]);
```

```
G1=tf(2,[4  1]);
[np,dp]=pade(1.5,3);
Gp=tf(np,dp);
Gcc4=feedback(Gc * G1 * Gp,1);
step(Gcc4,1.2);
```

图 18-82 即为 FOPDT 模型参数 $K=2$，$\tau=1.5$ s，$T=4$ s，衰减曲线法的衰减比 $n=10:1$，采用表 18-5 所示经验公式进行 PID 校正后由 MATLAB 绘制出来的闭环阶跃响应。

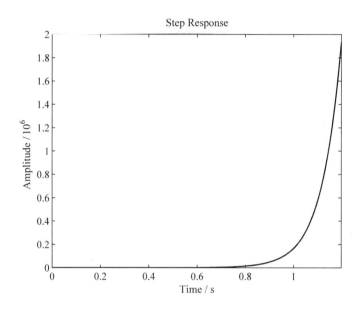

图 18-82　FOPDT 参数 $K=2$，$\tau=1.5$ s，$T=4$ s、用 $n=10:1$
的衰减曲线法进行 PID 校正后的闭环阶跃响应

将图 18-82 与图 18-53 相比较，可以看到采用表 18-5 所示 $n=10:1$ 的衰减曲线法整定计算公式进行 PID 校正后，闭环阶跃响应曲线由过冲不大、振荡次数很少、只是不趋近于 1 的衰减振荡变成为急速单调上升。也就是说，图 18-82 所示的 PID 校正是完全失败的。

若改为 $K_p=0.2$，而 τ_d，τ_i 值不变，即绘制图 18-46 所示 PID 控制系统闭环阶跃响应的 MATLAB 程序改为

```
Gc=tf(0.2 * [8.67  1.7  1],[1.7  0]);
G1=tf(2,[4  1]);
[np,dp]=pade(1.5,3);
Gp=tf(np,dp);
Gcc4=feedback(Gc * G1 * Gp,1);
step(Gcc4,1.2);
```

则得到 PID 校正后的闭环阶跃响应如图 18-83 所示。

将图 18-83 与图 18-53 相比较，可以看到，改为 $K_p=0.2$，而 τ_d，τ_i 值不变，进行 PID 校

正后,闭环阶跃响应曲线由过冲不大、振荡次数很少、只是不趋近于 1 的衰减振荡变成为过冲很小、振荡次数很少且趋近于 1 的衰减振荡,但响应速度慢了许多。校正效果不理想。

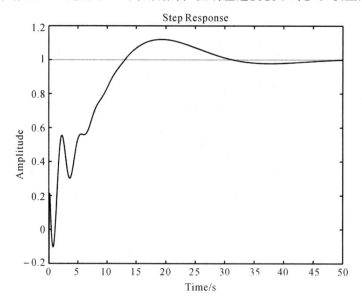

图 18 - 83   FOPDT 参数 $K = 2$,$\tau = 1.5$ s,$T = 4$ s 下改为
$K_p = 0.2$ 进行 PID 校正后的闭环阶跃响应

(3) 示例 3。

1) 衰减比 $n = 4 : 1$。

18.5.2.3 节第(3) 条给出的 FOPDT 模型参数为 $K = 8$,$\tau = 180$ s,$T = 360$ s,为实现 $\tau_d = 0$ s,$\tau_i \to \infty$ s 下衰减比 $n = 4 : 1$,取 $K_d = 0.287$,因此,采用 $e^{-\tau s}$ 的 3 阶 Padé 逼近绘制其闭环阶跃响应的 MATLAB 程序为

```
G1=tf(2.296,[360  1]);
[np,dp]=pade(180,3);
Gp=tf(np,dp);
Gcc4=feedback(G1 * Gp,1);
step(Gcc4,6000);
```

图 18 - 84 即为 FOPDT 模型 $K = 8$,$\tau = 180$ s,$T = 360$ s,衰减曲线法 $\tau_d = 0$ s,$\tau_i \to \infty$ s,$K_d = 0.287$ 时由 MATLAB 绘制出来的闭环阶跃响应。

由图 18 - 84 所对应的 MATLAB 原图可以得到,最大超调量为 37.3%,衰减振荡曲线第三波的超调量为 9.3%,即衰减比 $n = 4 : 1$,相应的衰减振荡周期 $T_d = 672$,而 $K_d = 0.287$。将表 18 - 5 所列 PID 校正器参数用于该示例,得到 $K_p = 0.358\ 8$,$\tau_d = 67.2$ s,$\tau_i = 201.6$ s,因此,绘制图 18 - 46 所示 PID 控制系统闭环阶跃响应的 MATLAB 程序为

```
Gc=tf(0.3588 * [1.355e4  201.6  1],[201.6  0]);
G1=tf(8,[360  1]);
[np,dp]=pade(180,3);
```

```
Gp＝tf(np,dp);
Gcc5＝feedback(Gc * G1 * Gp,1);
step(Gcc5,6000);
```

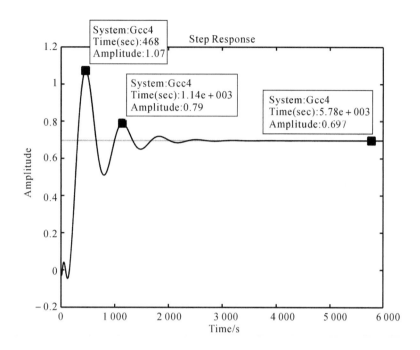

图 18 - 84　FOPDT 模型 $K = 8$，$\tau = 180$ s，$T = 360$ s，衰减曲线法 $\tau_d = 0$ s，
$\tau_i \rightarrow \infty$ s，$K_d = 0.287$ 时的闭环阶跃响应

　　图 18 - 85 即为 FOPDT 模型参数 $K = 8$，$\tau = 180$ s，$T = 360$ s，衰减曲线法的衰减比 $n = 4:1$，采用表 18 - 5 所示经验公式进行 PID 校正后由 MATLAB 绘制出来的闭环阶跃响应。

　　将图 18 - 85 与图 18 - 57 相比较，可以看到采用表 18 - 5 所示 $n = 4:1$ 的衰减曲线法整定计算公式进行 PID 校正后，闭环阶跃响应曲线由幅度越来越大的振荡变成为过冲相当大、振荡次数很少且趋近于 1 的衰减振荡，总体上校正效果相当理想。

　　若改为 $K_p = 0.27$，而 τ_d，τ_i 值不变，即绘制图 18 - 46 所示 PID 控制系统闭环阶跃响应的 MATLAB 程序改为

```
Gc＝tf(0.27 * [1.355e4  201.6  1],[201.6  0]);
G1＝tf(8,[360  1]);
[np,dp]＝pade(180,3);
Gp＝tf(np,dp);
Gcc5＝feedback(Gc * G1 * Gp,1);
step(Gcc5,6000);
```

则得到 PID 校正后的闭环阶跃响应如图 18 - 86 所示。

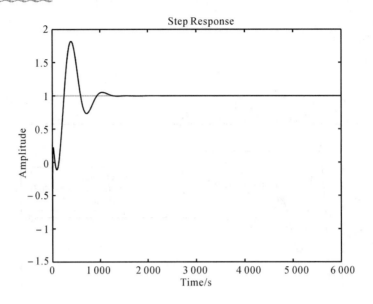

图 18-85 FOPDT 参数 $K = 8$，$\tau = 180$ s，$T = 360$ s，用 $n = 4:1$ 的衰减曲线法进行 PID 校正后的闭环阶跃响应

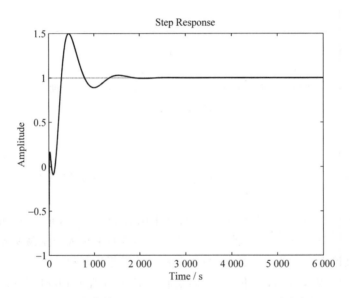

图 18-86 FOPDT 参数 $K = 8$，$\tau = 180$ s，$T = 360$ s 下改为 $K_p = 0.27$ 进行 PID 校正后的闭环阶跃响应

将图 18-86 与图 18-57 相比较，可以看到，改为 $K_p = 0.27$，而 τ_d，τ_i 值不变，进行 PID 校正后，闭环阶跃响应曲线由幅度越来越大的振荡变成为过冲不太大、振荡次数很少且趋近于 1 的衰减振荡，与图 18-79 相比过冲降低了些，但响应速度也变慢了些。

2）衰减比 $n = 10:1$。

18.5.2.3 节第（3）条给出的 FOPDT 模型参数为 $K = 8$，$\tau = 180$ s，$T = 360$ s，为实现 $\tau_d = 0$ s，$\tau_i \to \infty$ s 下衰减比 $n = 10:1$，取 $K_d = 0.22$，因此，采用 $\mathrm{e}^{-\tau s}$ 的 3 阶 Padé 逼近绘制其闭环阶跃响应的 MATLAB 程序为

```
G1=tf(1.76,[360  1]);
[np,dp]=pade(180,3);
Gp=tf(np,dp);
Gcc4=feedback(G1 * Gp,1);
step(Gcc4,3000);
```

图 18-87 即为 FOPDT 模型 $K=8$，$\tau=180$ s，$T=360$ s，衰减曲线法 $\tau_d=0$ s，$\tau_i \to \infty$ s，$K_d=0.22$ 时由 MATLAB 绘制出来的闭环阶跃响应。

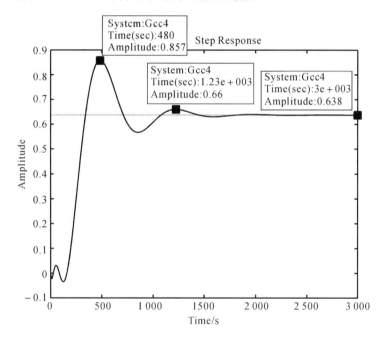

图 18-87　FOPDT 模型 $K=8$，$\tau=180$ s，$T=360$ s，衰减曲线法 $\tau_d=0$ s，
$\tau_i \to \infty$ s，$K_d=0.22$ 时的闭环阶跃响应

由图 18-87 所对应的 MATLAB 原图可以得到，最大超调量为 21.9%，衰减振荡曲线第三波的超调量为 2.2%，即衰减比 $n=10:1$，输出响应的上升时间 $t_p=480$，而 $K_d=0.22$。将表 18-5 所列 PID 校正器参数用于该示例，得到 $K_p=0.275$，$\tau_d=192$ s，$\tau_i=576$ s，因此，绘制图 18-46 所示 PID 控制系统闭环阶跃响应的 MATLAB 程序为

```
Gc=tf(0.275 * [1.106e5  576  1],[576  0]);
G1=tf(8,[360  1]);
[np,dp]=pade(180,3);
Gp=tf(np,dp);
Gcc5=feedback(Gc * G1 * Gp,1);
step(Gcc5,18);
```

图 18-88 即为 FOPDT 模型参数 $K=8$，$\tau=180$ s，$T=360$ s，衰减曲线法的衰减比 $n=10:1$，采用表 18-5 所示经验公式进行 PID 校正后由 MATLAB 绘制出来的闭环阶跃响应。

将图 18-88 与图 18-57 相比较,可以看到采用表 18-5 所示 $n=10:1$ 的衰减曲线法整定计算公式进行 PID 校正后,闭环阶跃响应曲线由幅度越来越大的振荡变成为急速单调上升。也就是说,图 18-88 所示的 PID 校正是完全失败的。

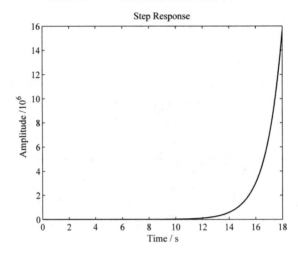

图 18-88　FOPDT 参数 $K=8$, $\tau=180\ \mathrm{s}$, $T=360\ \mathrm{s}$,用 $n=10:1$ 的衰减曲线法
进行 PID 校正后的闭环阶跃响应

若改为 $K_\mathrm{p}=0.18$,而 τ_d, τ_i 值不变,即绘制图 18-46 所示 PID 控制系统闭环阶跃响应的 MATLAB 程序改为

```
Gc＝tf(0.18 * [1.106e5   576   1],[576   0]);
G1＝tf(8,[360   1]);
[np,dp]＝pade(180,3);
Gp＝tf(np,dp);
Gcc5＝feedback(Gc * G1 * Gp,1);
step(Gcc5,6000);
```

则得到 PID 校正后的闭环阶跃响应如图 18-89 所示。

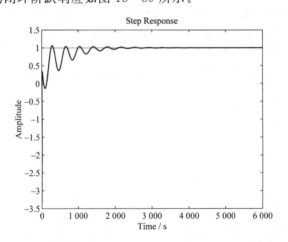

图 18-89　FOPDT 参数 $K=8$, $\tau=180\ \mathrm{s}$, $T=360\ \mathrm{s}$ 下改为 $K_\mathrm{p}=0.18$
进行 PID 校正后的闭环阶跃响应

将图 18-89 与图 18-57 相比较,可以看到,改为 $K_p=0.18$,而 τ_d、τ_i 值不变,进行 PID 校正后,闭环阶跃响应曲线由幅度越来越大的振荡变成为过冲很小、振荡次数比较多且趋近于 1 的衰减振荡,校正效果相当理想。

18.5.6　现场凑试法

该方法也称之为经验试凑法[19]。对响应曲线较不规则的控制系统、外界干扰频繁的系统采用现场凑试法比较适合。通常凑试的过程按照先比例(P),再积分(I),最后微分(D)的顺序。具体步骤为[18]:

(1) 设置 $\tau_d=0$ s,$\tau_i \to \infty$ s,K_p 较小后闭环运行。

(2) 系统稳定后加入阶跃扰动,调整 K_p,使振荡衰减比 $n=4:1$(适用于定值控制系统)或 $n=10:1$(适用于随动系统)。

(3) 记录此时的 K_p(记为 K_d),T_d 或 t_p。

(4) 引入积分作用(此时应将 K_p 减小 $10\% \sim 20\%$),将 τ_i 由大到小进行整定。

(5) 若需引入微分作用时,则将 τ_d 按经验值或按 $\tau_d=\tau_i/4 \sim \tau_i/3$ 设置,并由小到大加入。

这种方法简单、方便、可靠,但主要靠经验,参数凑试较费时间[18]。

18.5.7　工程实验整定法的参数整定原则

文献[18] 对 PID 校正器参数的工程实验整定提出了如下原则:

(1) 保证控制系统闭环稳定运行。

控制系统的首要要求是闭环系统的稳定性,所有参数的确定必须保证闭环系统应能运行正常且具有一定的稳定裕度。通常,可取衰减比作为稳定性指标:对于随动控制系统,常取衰减比为 $n=10:1$;对于定值控制系统,则取衰减比为 $n=4:1$。随动系统阶跃响应的 $[y(\infty)-y(0)]$ 值较大,即使衰减比较小,系统的超调量仍较大,因而取 $n=10:1$ 可以在最短时间内控制系统的过渡过程无振荡;定值控制系统阶跃响应的 $y(\infty)$ 与 $y(0)$ 相等或相近,采用 $n=4:1$ 的衰减比可使系统的过渡过程快些,系统的动态偏差小些。

(2) 考虑被控对象动态参数 τ/τ_d,τ/τ_i 对 PID 校正器参数的影响。

τ/τ_d,τ/τ_i 值越大,表明系统的纯滞后越严重,闭环系统越不容易稳定。此时,应减小系统的比例系数以保证闭环系统的稳定性,同时,τ_d/τ 和 τ_i/τ 应合适,通常 $\tau_d=0.5\tau$,$\tau_i=2\tau$。

(3) 考虑 PID 校正器参数对系统动、静态特性的影响。

在 PID 校正中,K_p 过大时,比例控制作用很强,闭环系统有可能产生振荡;积分时间常数 τ_i 过小时,积分控制作用很强,易引起振荡;微分时间常数 τ_d 过大时,微分控制作用过强,易产生振荡。另外,PID 校正中,比例作用是最基本的控制作用,积分作用消除余差,微分作用预测控制,但对高频噪声不利。

(4) 根据系统的性能指标要求调整 PID 校正器参数。

PID 校正器参数整定过程中,需要通过反映闭环系统控制品质的性能指标来衡量参数整定是否达到最佳过渡过程。性能指标可以是单项控制指标,如超调量或最大偏差(系统输出量的最大值与输出的稳态值之差)、衰减比、余差(输出系统的过渡过程稳态值与设定值之差)及过渡过程时间(控制系统受到扰动作用后开始,直到被控量从过渡过程状态恢复到新的平衡状态的 $\pm 5\%$ 或 $\pm 2\%$ 误差带的范图内所需要的最短时间)等。另外,也可采用综合性能指标,如误差绝对值积分(Integral of Absolute value of Error, or IAE) $\displaystyle\int_0^\infty |e(t)| \, dt$ 趋

于最小(适用于衰减和无静差系统)、误差平方积分(Iintegral of Square of Error, or ISE)$\int_0^\infty e^2(t)dt$ 趋于最小(重点考虑抑制过渡过程中的大偏差)、时间乘以误差绝对值积分(Integral of the Time multiplied by Absolute value of Error, or ITAE)$\int_0^\infty t|e(t)|dt$ 趋于最小(既包含了控制系统初始大误差对性能指标的影响,又同时强调了过渡过程后期的误差对系统性能指标的影响)等。

18.5.8　对工程实验整定 PID 校正器参数四种方法的讨论

(1)Z-N 阶跃响应法基于 FOPDT 模型,使用的是该模型的 K, τ, T 参数,与该模型的关系不言而喻。Z-N 临界比例度法同样基于 FOPDT 模型,使用的是临界增益 K_u 和临界振荡周期 T_u;衰减曲线法是在 Z-N 法基础上开发出来的,使用的是衰减比 $n=4:1$ 时的比例项 K_d 和相应的衰减振荡周期 T_d,或 $n=10:1$ 时的比例项 K_d 和相应的输出响应上升时间 t_p;现场凑试法则以衰减曲线法 $n=4:1$ 或 $n=10:1$ 时得到的比例项 K_d 为基础。正因为如此,后三种方法很容易被扩展应用于与 FOPDT 模型有类似特性的其他传递函数模型。值得注意的是,这种扩展是基于特性类似的基础上的,而特性是否类似只能通过扩展应用是否有效来判定。因此,必须采用某种方法验证这种扩展应用是否有效。

(2)对 FOPDT 模型使用阶跃响应法或临界比例度法,根据所给经验公式计算出来的 K_p 值有的相当合适,PID 校正后的闭环阶跃响应曲线呈现为过冲不太大、振荡次数很少的衰减振荡;有的略嫌偏大,导致过冲偏大,衰减振荡的次数较多;有的明显太大,以至于进行 PID 校正后的闭环阶跃响应曲线呈现为幅度越来越大的振荡、增速越来越急的单调上升甚至急速的单调上升。

(3)对 FOPDT 模型使用衰减曲线法,衰减比取 $n=4:1$ 时根据所给整定计算公式计算出来的 K_p 值略嫌偏大,导致过冲略嫌偏高。而取 $n=10:1$ 时根据所给整定计算公式计算出来的 K_p 值太大,导致进行 PID 校正后的闭环阶跃响应曲线呈现为急速单调上升。

(4)对 FOPDT 模型使用衰减比 $n=4:1$ 的衰减曲线法效果最好,使用阶跃响应法或临界比例度法的效果不稳定,使用现场凑试法的效果取决于经验和凑试所用功夫的深浅,使用衰减比 $n=10:1$ 的衰减曲线法效果最差。

(5)对 FOPDT 模型无论使用阶跃响应法、临界比例度法还是衰减曲线法,当按照文献给出的计算规则得到 PID 校正后的闭环阶跃响应曲线过冲偏大、衰减振荡的次数偏多乃至呈现为幅度越来越大的振荡、增速越来越急的单调上升甚至急速单调上升时,仅仅将 K_p 值适度调小就可以对衰减振荡起到降低过冲、减少衰减振荡的次数的作用,或将各种不稳定现象变成为过冲不大(甚至很小)、振荡次数比较多(甚至很少)且趋近于 1 的衰减振荡。

18.5.9　静电悬浮加速度计伺服控制系统的特点

18.5.9.1　仅施加比例作用时的开环特性

与 FOPDT 模型相对比,静电悬浮加速度计伺服控制系统仅施加比例作用时有如下开环特性:

(1) 从图 17 - 17 可以看到,被控制对象是 6 维的(三个平动轴加三个转动轴)。

(2) 从 18.3.4 节及与其相关的章节可以看到,开环传递函数是通过对静电悬浮加速度计所使用的物理原理、电路拓扑和具体参数进行控制系统理论中的线性定常简化分析得到的,因而在所给参数和式(17-19)、式(19-8)、式(19-51)等三个简化条件成立的前提下,从工程角度来看,式(18-33)表达的开环传递函数是足够准确的。

（3）令式(18-33)中的微分时间常数 $\tau_d = 0$ s,积分时间常数 $\tau_i \to \infty$ s,即得到仅施加比例作用时的开环传递函数为

$$G_{op}(s) = \frac{\omega_0^2 \omega_c}{(s + \omega_c)(s^2 + \omega_p^2)} \tag{18-109}$$

可以看到它仅与加速度计的基础角频率 ω_0、受静电负刚度制约的角频率 ω_p、一阶低通截止角频率 ω_c 有关。从式(17-21)、式(17-29)、式(17-35)和式(18-27)可以看到,式(18-33)中的 ω_0, ω_p, ω_c 均可以通过所采用的机电参数计算出来。

（4）由式(18-109)和式(17-35)可以看到,仅施加比例作用时的开环传递函数有正实部的极点。而从18.4.6.3节第(2)条的叙述可以得到,对于闭环系统,如果它的开环传递函数有正实部的极点,则系统是开环不稳定的。而开环不稳定的系统一定是非最小相位系统。这与 FOPDT 模型属于开环稳定的非最小相位系统不同。

以 SuperSTAR 加速度 US 轴为例,表 17-5 给出 $\omega_0 = 125.66$ rad/s, $\omega_p^2 = -1.1932$ rad^2/s^2,17.5.5.1节揣测并经 18.3.6节证实 $\omega_c = 942.48$ rad/s。将以上参数代入式(18-109),得到

$$G_{op}(s) = \frac{15\,790}{(1.061\,0 \times 10^{-3} s + 1)(s^2 - 1.193\,2)} \tag{18-110}$$

由式(18-110)可以给出绘制其开环阶跃响应的 MATLAB 程序为

```
Gop=tf(15790,conv([1.0610e−3  1],[1  0  −1.1932]));step(Gop);
```

图 18-90 即为 SuperSTAR 加速度 US 轴仅施加比例作用时 MATLAB 绘制出来的开环阶跃响应。

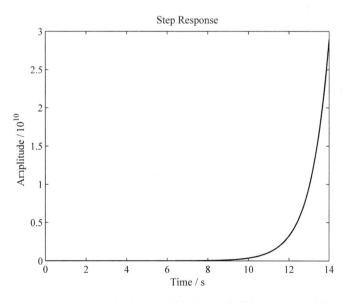

图 18-90　SuperSTAR 加速度 US 轴仅施加比例作用时的开环阶跃响应

从图 18-90 所示的 SuperSTAR 加速度 US 轴仅施加比例作用时的开环阶跃响应曲线可以看到,该系统确实是开环不稳定的。

由于静电悬浮加速度计系统仅施加比例作用时开环不稳定,所以不可能由开环阶跃响应曲线测得 FOPDT 模型的 K,T,τ 参数,进而不可能利用 K,T,τ 由经验公式求出 PID 校正器的参数整定值,即不可能采用阶跃响应法。

18.5.9.2 仅施加比例作用时的闭环特性

(1) 闭环系统是否稳定的判定。

令式(18-34)中的微分时间常数 $\tau_d=0$ s,积分时间常数 $\tau_i \to \infty$ s,即得到仅施加比例作用时的闭环传递函数为

$$G_{cl}(s)=\frac{\omega_0^2\omega_c}{G_p\left[s^3+\omega_c s^2+\omega_p^2 s+(\omega_0^2+\omega_p^2)\omega_c\right]} \qquad (18-111)$$

由式(18-111)得到,仅施加比例作用时系统的特征方程为

$$s^3+\omega_c s^2+\omega_p^2 s+(\omega_0^2+\omega_p^2)\omega_c=0 \qquad (18-112)$$

由于 Routh-Hurwitz 稳定判据给出的系统稳定的必要条件是控制系统的特征方程的所有系数均为正值,且特征方程不缺项,而 ω_p^2 为负值,所以仅施加比例作用时,无论开环增益是大是小,闭环系统都是不稳定的。由此可见,该系统与 FOPDT 模型开环增益小于临界值时闭环系统稳定,大于临界值时闭环系统不稳定是不同的。

(2) 加速度测量值对于输入加速度阶跃的响应。

令式(18-35)中的微分时间常数 $\tau_d=0$ s,积分时间常数 $\tau_i \to \infty$ s,即得到仅施加比例作用时加速度测量值对于输入加速度阶跃的响应为

$$G_{ucl}(s)=\frac{\omega_0^2\omega_c}{s^3+\omega_c s^2+\omega_p^2 s+(\omega_0^2+\omega_p^2)\omega_c} \qquad (18-113)$$

以 SuperSTAR 加速度 US 轴为例,将 18.5.9.1 节所示参数代入式(18-113),得到

$$G_{ucl}(s)=\frac{1.488\,2\times10^7}{s^3+942.48 s^2-1.193\,2s+1.488\,1\times10^7} \qquad (18-114)$$

由式(18-114)可以给出绘制其阶跃响应的 MATLAB 程序为

```
g=tf(1.4882e7,[1  942.48  -1.1932  1.4881e7]);step(g,0.5)
```

图 18-91 即为绘制出来的 SuperSTAR 加速度计 US 轴仅施加比例作用时加速度测量值对于输入加速度阶跃的响应。

从图 18-91 所示的 SuperSTAR 加速度 US 轴仅施加比例作用时加速度测量值对于输入加速度阶跃的响应可以看到,该系统确实是闭环不稳定的。

由于静电悬浮加速度计系统仅施加比例作用时闭环不稳定,所以不可能在仅施加比例作用的情况下靠调整比例系数 K_p 使系统出现等幅振荡或衰减振荡,即不可能采用临界比例度法、衰减曲线法、现场凑试法。

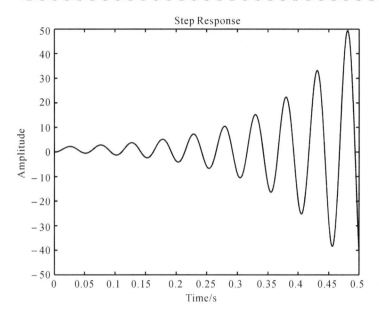

图 18 - 91　SuperSTAR 加速度计 US 轴仅施加比例作用时加速度测量值对于输入加速度阶跃的响应

18.5.9.3　施加比例、积分、微分作用时闭环系统的稳定性

从参数的变化趋势与系统稳定性的关系来看,与 FOPDT 模型的特性也大相径庭。18.4.4.3 节指出,静电悬浮加速度计系统施加比例、积分、微分作用时系统稳定的充分必要条件如式(18-54)至式(18-57)所示。从这些式子可以看到,从定性角度来看,微分时间常数 τ_d、积分时间常数 τ_i、加速度计的基础角频率 ω_0、一阶有源低通滤波电路的截止角频率 ω_c 过小均会使闭环系统不稳定。而由式(17-29)可知,ω_0 过小的原因是前向通道的总增益 K_s 过小,因此,该系统前向通道的总增益 K_s 过小会使闭环系统不稳定。这与 FOPDT 模型考虑 PID 校正器的作用时比例系数 K_p 过大、微分时间常数 τ_d 过大均会使闭环系统不稳定[参见 18.5.7 节第(3)条]是完全相反的。

由于静电悬浮加速度计系统施加比例、积分、微分作用时,包含比例系数 K_p 在内的前向通道的总增益 K_s 过小会使闭环系统不稳定,所以与临界比例度法、衰减曲线法或现场凑试法调试时从小到大逐渐增大比例系数 K_p 不同,应先置前向通道的总增益 K_s 为足够大的数值。

由于静电悬浮加速度计系统施加比例、积分、微分作用时,微分时间常数 τ_d 过小会使闭环系统不稳定,所以与临界比例度法、衰减曲线法或现场凑试法调试时先置微分时间常数 $\tau_d=0$ s 不同,应先置微分时间常数 τ_d 为足够大的数值。

18.5.9.4　小结

从 18.5.9.1 节 ~ 18.5.9.3 节的叙述可以看到,静电悬浮加速度计伺服控制系统仅施加比例作用时的开环特性、闭环特性以及施加比例、积分、微分作用时闭环系统的稳定性均与 FOPDT 模型相对立。有鉴于此,静电悬浮加速度计伺服控制参数的整定不能采用与 FOPDT 模型的特性有不可分割关系的工程实验整定法和自整定法。

由于理论计算整定法不受被控对象的传递函数是何种模型的制约,且与上述两种整定法都属于常用的整定法,十分成熟(参见 18.5.1.2 节),所以我们最终选定用理论计算整定法对静电悬浮加速度计伺服控制参数进行整定。

18.5.10 PID 校正网络对静电悬浮加速度计伺服控制系统的作用

（1）微分时间常数的作用。

我们知道,根据能量守恒定律,振动系统如果没有阻尼,即没有能量消耗,一旦受到扰动,所激发出来的振动将永不停歇[33]。由于静电悬浮加速度计未施加 PID 校正前敏感结构中只有金丝阻尼和残余气体平衡态阻尼,这两种阻尼非常微弱,所以必须采取其他措施产生足够的阻尼,才能使检验质量因外来加速度变化或其他因素扰动而产生的振荡迅速衰减。17.5.1 节给出了静电悬浮加速度计受伺服控制的检验质量运动积分微分方程,其中位移一阶导数项的系数即为阻尼系数,可以看到,该阻尼系数与微分时间常数 τ_d 成正比,如式(17-34)所示,且 τ_d 在该积分微分方程中只出现在位移一阶导数项中,因而如 17.3.4 节所述,"PID 校正网络的微分时间常数用以产生电阻尼"。由此可知,整定时绝对不能先置 $\tau_d = 0$ s,恰恰相反,τ_d 必须足够大。

（2）积分时间常数的作用。

17.3.4 节指出,检验质量块的运动被限制到小于 1 nm 对加速度计的线性度及其特性的稳定性有益。由于敏感结构不可避免存在对称性的缺陷,从而使得电容位移检测电压的有效值、固定偏压和接触电位差的波动都会与对称性缺陷共同作用,引起加速度测量噪声;检验质量稳定在准平衡位置,可以使该项噪声最小化。

17.5.2 节和 18.2.2 节给出 SuperSTAR 加速度计 US 轴不考虑低通滤波环节时位移对于输入加速度阶跃的响应,可以看到,在规定输入范围内非重力加速度阶跃的作用下,检验质量在 1 s 内经历最初的运动之后就回复到准平衡位置。而 17.5.3 节给出,仅改动积分时间常数 τ_i,使 $1/\tau_i = 0 \text{ s}^{-1}$,在规定输入范围内非重力加速度阶跃的作用下,检验质量的最终稳定位置就变成与输入的阶跃加速度成正比。因此,如 17.3.4 节所述,"PID 校正网络的积分时间常数使得输入范围内不论非重力阶跃加速度是大是小,检验质量经历最初的运动之后,都能逐渐回复到准平衡位置"。

18.5.11 静电悬浮加速度计伺服控制系统参数调整的重点

由于静电悬浮加速度计伺服控制系统开环传递函数的参数是已知的,被控制对象又具有 6 个自由度,所以没必要、也不可能采用工程实验方法逐渐调整 PID 参数,正确的做法是依据系统的数学模型,采用控制理论中的稳定性分析和稳定裕度(即鲁棒性)分析,通过计算确定静电悬浮加速度计伺服控制系统的参数。值得注意的是:

（1）从 18.4.4 节 ~ 18.4.7 节的分析可以看到:确定了基础角频率 ω_0、一阶低通截止角频率 ω_c、微分时间常数 τ_d、积分时间常数 τ_i 都有很大裕度,且由 ω_0,ω_c,τ_d,τ_i 确定的归一化闭环传递函数的截止频率 $f_{-3\,dB}$ 与 ADC1 的输出数据率和 DAC 的输入数据率 r_d 相关,不需要也不应该做大幅度调整,甚至根本不需要调整。

（2）由于 $\omega_0^2 = G_p K_s$ [式(17-29)],从 18.4.4 节 ~ 18.4.7 节的分析还可以看到:要将 PID 参数中的比例系数 K_p 纳入到前向通道总增益 K_s 中一并考虑,即需要调整的是 K_s,而

不仅仅是其中的 K_p。

（3）在"数字控制器"之前的 ADC1 输入范围和之后的 DAC 输出范围均为 ± 5 V 的情况下，由于受到反馈控制电压可输出的最大绝对值 $|V_f(t)|_{max}$ 限制（对于科学模式，从 17.4.5 节的叙述可以知道，$|V_f(t)|_{max}$ 与需要检测的外来加速度及基本符合定常系统的要求有关；对于捕获模式，从 17.6.3 节的叙述可以知道，$|V_f(t)|_{max}$ 与能够实现捕获的外来加速度范围有关），驱动电压放大器的增益不可能大幅度变动。因此，如 19.4 节所述，根据稳定需求确定 K_s 之后，在一定的 ADC1 和 DAC 位数下，靠加大 K_p 来减小电容位移检测电路增益 K_{cd}，会受到检验质量回到电极笼中央后的位置起伏随之增大以及 ADC1 以位移噪声形式表达的量化噪声随之增大的节制。而这两种因素都会使检验质量的位移噪声随之增大。

（4）如 24.4.2.8 节所述，位移噪声引起的加速度测量噪声只与敏感结构的几何参数、检验质量上施加的固定偏压和电容位移检测电压的有效值有关，而与电荷放大器第一级之后、ADC1 之前的各级增益无关。因此，以为电荷放大器第一级之后、ADC1 之前的各级增益越大，位移噪声就会被放大得越多的观点是错误的（也可以从闭环增益不同于开环增益的角度认识这一问题）。

（5）从表 19-3 可以看到，为了分别满足捕获模式下、科学模式下的不同需求，需调整 K_s 及其在电容位移检测电路增益 K_{cd}、PID 校正器的比例系数 K_p、驱动电压放大器增益 K_{drv} 间的分配。

18.6　环内采用二阶低通滤波时的稳定性分析

18.3 节、18.4 节和 18.5.9 节的所有分析均以环内低通滤波环节采用一阶低通滤波电路为前提。作为对照，本节讨论环内采用二阶低通滤波时的稳定性。

18.6.1　特征方程

当环内采用二阶低通滤波时，由于同样应满足 6.1.2 节第（2）条针对环外 3 Hz 低通提出的"应该在零频处具有最大平坦响应"这一要求，所以应采用 Butterworth 低通滤波。

将式（11-5）、式（22-2）、式（22-5）、式（22-42），$m=1$，$n=2$，$A_0=1$ 代入式（22-43），得到二阶 Butterworth 低通滤波电路的传递函数为

$$G_3(s) = \frac{\omega_c^2}{s^2 + \sqrt{2}\,\omega_c s + \omega_c^2} \tag{18-115}$$

将式（18-4）、式（18-6）和式（18-115）代入式（18-30），得到前向通道传递函数为

$$G_{fr}(s) = \frac{\omega_0^2 \omega_c^2 \left(\tau_d s^2 + s + \dfrac{1}{\tau_i}\right)}{G_p s(s^2 + \omega_p^2)(s^2 + \sqrt{2}\,\omega_c s + \omega_c^2)} \tag{18-116}$$

将式（18-4）、式（18-6）和式（18-115）代入式（18-32），得到开环传递函数为

$$G_{op}(s) = \frac{\omega_0^2 \omega_c^2 \left(\tau_d s^2 + s + \dfrac{1}{\tau_i}\right)}{s(s^2 + \omega_p^2)(s^2 + \sqrt{2}\,\omega_c s + \omega_c^2)} \tag{18-117}$$

18.2.6 节指出，闭环传递函数的分子是前向通道传递函数，分母是开环传递函数与 1 之

和。因此,可以直接利用式(18-116)和式(18-117)写出闭环传递函数:

$$G_{cl}(s) = \cfrac{\omega_0^2\omega_c^2\left(\tau_d s^2 + s + \cfrac{1}{\tau_i}\right)}{G_p\left[s^5 + \sqrt{2}\,\omega_c s^4 + (\omega_c^2 + \omega_p^2)s^3 + (\tau_d\omega_0^2\omega_c^2 + \sqrt{2}\,\omega_c\omega_p^2)s^2 + (\omega_0^2 + \omega_p^2)\omega_c^2 s + \cfrac{\omega_0^2\omega_c^2}{\tau_i}\right]}$$

$$(18-118)$$

由式(18-118)得到,环内采用二阶低通滤波的 SuperSTAR 加速度计 US 轴伺服控制系统的特征方程为

$$s^5 + \sqrt{2}\,\omega_c s^4 + (\omega_c^2 + \omega_p^2)s^3 + (\tau_d\omega_0^2\omega_c^2 + \sqrt{2}\,\omega_c\omega_p^2)s^2 + (\omega_0^2 + \omega_p^2)\omega_c^2 s + \frac{\omega_0^2\omega_c^2}{\tau_i} = 0$$

$$(18-119)$$

18.6.2 依据 Routh-Hurwitz 稳定判据判断闭环系统的稳定性和稳定裕度

18.6.2.1 系统稳定的必要条件

由于 Routh-Hurwitz 稳定判据给出的系统稳定的必要条件是控制系统的特征方程的所有系数均为正值,且特征方程不缺项,所以静电悬浮加速度计系统稳定的必要条件为

$$\left.\begin{array}{l} \omega_0^2 > -\omega_p^2 \\[4pt] \omega_c^2 > -\omega_p^2 \\[4pt] \tau_d\omega_0^2\omega_c > -\sqrt{2}\,\omega_p^2 \end{array}\right\} \qquad (18-120)$$

17.5.1 节给出 $\tau_d = 3/\omega_0$,代入式(18-120)得到

$$\left.\begin{array}{l} \omega_0^2 > -\omega_p^2 \\[4pt] \omega_c^2 > -\omega_p^2 \\[4pt] 3\omega_0\omega_c > -\sqrt{2}\,\omega_p^2 \end{array}\right\} \qquad (18-121)$$

对于 SuperSTAR 加速度计 US 轴,表 17-5 给出 $\omega_0 = 125.66$ rad/s,$\omega_p^2 = -1.193\,2$ rad^2/s^2,17.5.5.1 节揣测并经 18.3.6 节证实 $\omega_c = 942.48$ rad/s,代入式(18-121),可知满足系统稳定的必要条件。

18.6.2.2 仅变化单一参数下系统稳定的充分必要条件

(1)方法。

将式(18-119)与式(18-49)对照,得到

$$\left.\begin{array}{l} n = 5 \\[4pt] a_0 = 1 \\[4pt] a_1 = \sqrt{2}\,\omega_c \\[4pt] a_2 = \omega_c^2 + \omega_p^2 \\[4pt] a_3 = \tau_d\omega_0^2\omega_c^2 + \sqrt{2}\,\omega_c\omega_p^2 \\[4pt] a_4 = (\omega_0^2 + \omega_p^2)\omega_c^2 \\[4pt] a_5 = \dfrac{\omega_0^2\omega_c^2}{\tau_i} \end{array}\right\} \qquad (18-122)$$

将式(18-122)代入式(18-50),得到

$$b_1 = \omega_c^2 - \frac{\tau_d \omega_0^2 \omega_c}{\sqrt{2}}, \qquad\qquad\qquad b_2 = (\omega_0^2 + \omega_p^2)\,\omega_c^2 - \frac{\omega_0^2 \omega_c}{\sqrt{2}\,\tau_i}, \quad b_3 = 0$$

$$c_1 = \tau_d \omega_0^2 \omega_c^2 + \sqrt{2}\,\omega_c \omega_p^2 - \frac{2\omega_c^2(\omega_0^2 + \omega_p^2) - \dfrac{\sqrt{2}\,\omega_0^2 \omega_c}{\tau_i}}{\sqrt{2}\,\omega_c - \tau_d \omega_0^2}, \quad c_2 = \frac{\omega_0^2 \omega_c^2}{\tau_i}, \qquad\qquad c_3 = 0$$

$$d_1 = (\omega_0^2 + \omega_p^2)\,\omega_c^2 - \frac{\omega_0^2 \omega_c}{\sqrt{2}\,\tau_i} -$$

$$\frac{\dfrac{\omega_0^2 \omega_c^2}{\tau_i}\left(\omega_c^2 - \dfrac{\tau_d \omega_0^2 \omega_c}{\sqrt{2}}\right)}{\tau_d \omega_0^2 \omega_c^2 + \sqrt{2}\,\omega_c \omega_p^2 - \dfrac{2\omega_c^2(\omega_0^2 + \omega_p^2) - \dfrac{\sqrt{2}\,\omega_0^2 \omega_c}{\tau_i}}{\sqrt{2}\,\omega_c - \tau_d \omega_0^2}}, \quad d_2 = 0, \qquad\qquad d_3 = 0$$

$$e_1 = \frac{\omega_0^2 \omega_c^2}{\tau_i}, \qquad\qquad\qquad e_2 = 0, \qquad\qquad\qquad e_3 = 0$$

$$f_1 = 0, \qquad\qquad\qquad\qquad f_2 = 0, \qquad\qquad\qquad\qquad f_3 = 0$$

$$(18-123)$$

将式(18-122)和式(18-123)代入表 18-1,得到针对式(18-119)的 Routh-Hurwitz 表第一列,如表 18-6 所示。

表 18-6　针对式(18-119)的 Routh-Hurwitz 表第一列

s^5	1
s^4	$\sqrt{2}\,\omega_c$
s^3	$\omega_c^2 - \dfrac{\tau_d \omega_0^2 \omega_c}{\sqrt{2}}$
s^2	$\tau_d \omega_0^2 \omega_c^2 + \sqrt{2}\,\omega_c \omega_p^2 - \dfrac{2\omega_c^2(\omega_0^2 + \omega_p^2) - \dfrac{\sqrt{2}\,\omega_0^2 \omega_c}{\tau_i}}{\sqrt{2}\,\omega_c - \tau_d \omega_0^2}$
s^1	$(\omega_0^2 + \omega_p^2)\,\omega_c^2 - \dfrac{\omega_0^2 \omega_c}{\sqrt{2}\,\tau_i} - \dfrac{\dfrac{\omega_0^2 \omega_c^2}{\tau_i}\left(\omega_c^2 - \dfrac{\tau_d \omega_0^2 \omega_c}{\sqrt{2}}\right)}{\tau_d \omega_0^2 \omega_c^2 + \sqrt{2}\,\omega_c \omega_p^2 - \dfrac{2\omega_c^2(\omega_0^2 + \omega_p^2) - \dfrac{\sqrt{2}\,\omega_0^2 \omega_c}{\tau_i}}{\sqrt{2}\,\omega_c - \tau_d \omega_0^2}}$
s^0	$\dfrac{\omega_0^2 \omega_c^2}{\tau_i}$

由于 Routh-Hurwitz 稳定判据给出的系统稳定的充分必要条件是 Routh-Hurwitz 表的第一列数的符号相同,所以系统稳定的充分必要条件分别为

$$\omega_c > \frac{\tau_d \omega_0^2}{\sqrt{2}} \qquad\qquad (18-124)$$

$$\tau_d \omega_0^2 \omega_c + \sqrt{2}\,\omega_p^2 > \frac{2\omega_c(\omega_0^2 + \omega_p^2) - \dfrac{\sqrt{2}\,\omega_0^2}{\tau_i}}{\sqrt{2}\,\omega_c - \tau_d \omega_0^2} \qquad\qquad (18-125)$$

$$\tau_d \omega_0^2 \omega_c + \sqrt{2}\,\omega_p^2 - \dfrac{\dfrac{\omega_0^2 \omega_c}{\tau_i}(\sqrt{2}\,\omega_c - \tau_d \omega_0^2)}{\sqrt{2}\,\omega_c(\omega_0^2 + \omega_p^2) - \dfrac{\omega_0^2}{\tau_i}} > \dfrac{2\omega_c(\omega_0^2 + \omega_p^2) - \dfrac{\sqrt{2}\,\omega_0^2}{\tau_i}}{\sqrt{2}\,\omega_c - \tau_d \omega_0^2} \qquad (18-126)$$

以下分析仅变化单一参数的情况下,环内采用二阶低通滤波的 SuperSTAR 加速度计 US 轴满足系统稳定的充分必要条件。

(2) 仅变化 ω_0。

表 17-5 给出 $\omega_p^2 = -1.193\,2\ \mathrm{rad^2/s^2}$,固定表 17-6 所列 $\tau_d = 2.387\,3 \times 10^{-2}\ \mathrm{s}$,$1/\tau_i = 12.566\ \mathrm{s^{-1}}$,17.5.5.1 节揣测并经 18.3.6 节证实 $\omega_c = 942.48\ \mathrm{rad/s}$,代入式(18-124)～式(18-126),分别得到

$$\omega_0^2 < 55\,831\ \mathrm{rad^2/s^2} \qquad (18-127)$$

$$22.500\,(\{\omega_0\}_{\mathrm{rad/s}})^2 - 1.687\,4 > \dfrac{1\,867.2\,(\{\omega_0\}_{\mathrm{rad/s}})^2 - 2\,249.1}{1332.9 - 2.387\,3 \times 10^{-2}\,(\{\omega_0\}_{\mathrm{rad/s}})^2} \qquad (18-128)$$

$$22.500\,(\{\omega_0\}_{\mathrm{rad/s}})^2 - 1.687\,4 - \dfrac{11\,843\,(\{\omega_0\}_{\mathrm{rad/s}})^2(1\,332.9 - 2.387\,3 \times 10^{-2}\,(\{\omega_0\}_{\mathrm{rad/s}})^2)}{1\,320.3\,(\{\omega_0\}_{\mathrm{rad/s}})^2 - 1\,590.4} >$$

$$\dfrac{1\,867.2\,(\{\omega_0\}_{\mathrm{rad/s}})^2 - 2\,249.1}{1\,332.9 - 2.387\,3 \times 10^{-2}\,(\{\omega_0\}_{\mathrm{rad/s}})^2} \qquad (18-129)$$

图 18-92 绘出了式(18-128)左端和右端的值随 ω_0^2 变化的曲线。由该图得到,$\omega_0^2 \leqslant 25\,356\ \mathrm{rad^2/s^2}$ 或 $\omega_0^2 \geqslant 55\,832\ \mathrm{rad^2/s^2}$ 时式(18-128)成立。

图 18-93 绘出了式(18-129)左端和右端的值随 ω_0^2 变化的曲线。由该图得到,$\omega_0^2 \leqslant 1.204\ \mathrm{rad^2/s^2}$,$563\ \mathrm{rad^2/s^2} \leqslant \omega_0^2 \leqslant 52\,354\ \mathrm{rad^2/s^2}$ 或 $\omega_0^2 \geqslant 55\,833\ \mathrm{rad^2/s^2}$ 时式(18-129)成立。

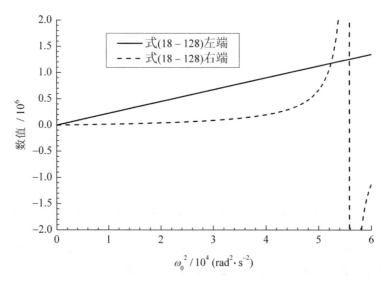

图 18-92　式(18-128)左端和右端的值随 ω_0^2 变化的曲线

综合式(18-127)～式(18-129),固定表 17-6 所列 $\tau_d = 2.387\,3 \times 10^{-2}\ \mathrm{s}$,$1/\tau_i = 12.566\ \mathrm{s^{-1}}$,17.5.5.1 节揣测并经 18.3.6 节证实 $\omega_c = 942.48\ \mathrm{rad/s}$ 的情况下,仅在 $\omega_0^2 \leqslant 1.204\ \mathrm{rad^2/s^2}$(即 $\omega_0 \leqslant 1.097\ \mathrm{rad/s}$)或 $563\ \mathrm{rad^2/s^2} \leqslant \omega_0^2 \leqslant 52\,354\ \mathrm{rad^2/s^2}$(即 $23.7\ \mathrm{rad/s} \leqslant$

$\omega_0 \leqslant 228.8 \ \text{rad/s}$) 时环内采用二阶低通滤波的 SuperSTAR 加速度计 US 轴满足系统稳定的充分必要条件。其中,$\omega_0 \leqslant 1.097 \ \text{rad/s}$(即 $f_0 \leqslant 0.174 \ 6 \ \text{Hz}$)这一稳定条件完全不适用,因为 18.3.7 节已经指出,1a 级加速度计原始观测数据的间隔为 0.1 s,而 0.1 s 时加速度测量值对于输入加速度阶跃的响应对于 $f_0 = 20 \ \text{Hz}$ 来说刚刚经历完过冲阶段。因此,从加速度测量值对于输入加速度阶跃的响应角度来看,$f_0 = 20 \ \text{Hz}$ 已是可允许的最低频率。至于 $23.7 \ \text{rad/s} \leqslant \omega_0 \leqslant 228.8 \ \text{rad/s}$ 才稳定,则表明环内采用二阶低通滤波的 SuperSTAR 加速度计 US 轴伺服控制系统是一个条件稳定系统,其中 ω_0 的上限离实际采用的 125.66 rad/s 很近,稳定裕度很小,这会给调试带来困难。与之相对照,采用一阶低通时相应的要求为 $\omega_0 > 23.5 \ \text{rad/s}$,没有上限(详见 18.4.4.3 节),因而实际采用 $\omega_0 = 125.66 \ \text{rad/s}$ 时有很大的稳定裕度。

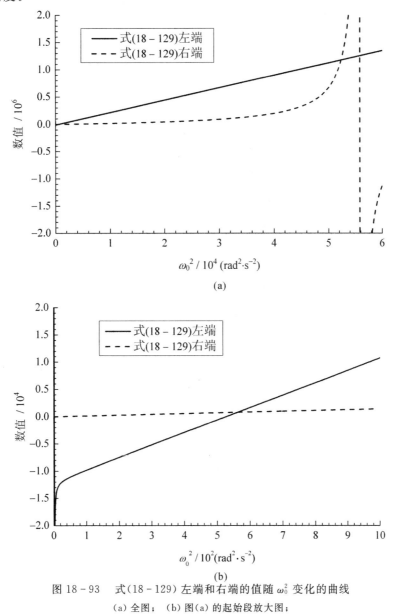

图 18 - 93　式(18 - 129)左端和右端的值随 ω_0^2 变化的曲线

(a) 全图;　(b) 图(a)的起始段放大图;

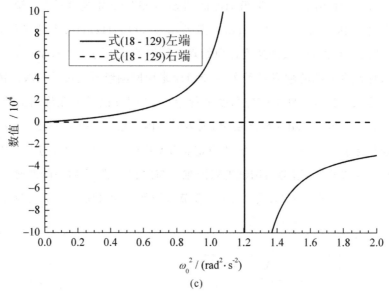

续图 18 - 93　式(18 - 129)左端和右端的值随 ω_0^2 变化的曲线

(c)图(b)的起始段放大图

(3) 仅变化 ω_c。

表 17-5 给出 $\omega_p^2 = -1.193\ 2\ \mathrm{rad^2/s^2}$，固定表 17-5 所列 $\omega_0 = 125.66\ \mathrm{rad/s}$，表 17-6 所列 $\tau_d = 2.387\ 3 \times 10^{-2}\ \mathrm{s}$，$1/\tau_i = 12.566\ \mathrm{s^{-1}}$，代入式(18 - 124) ～ 式(18 - 126)，分别得到

$$\omega_c > 266.55\ \mathrm{rad/s} \tag{18 - 130}$$

$$376.97\ \{\omega_c\}_{\mathrm{rad/s}} - 1.687\ 4 > \frac{31\ 578\ \{\omega_c\}_{\mathrm{rad/s}} - 2.806\ 1 \times 10^5}{\sqrt{2}\ \{\omega_c\}_{\mathrm{rad/s}} - 376.97} \tag{18 - 131}$$

$$376.97\ \{\omega_c\}_{\mathrm{rad/s}} - 1.687\ 4 - \frac{1.984\ 2 \times 10^5\ \{\omega_c\}_{\mathrm{rad/s}}(\sqrt{2}\ \{\omega_c\}_{\mathrm{rad/s}} - 376.97)}{22\ 329\ \{\omega_c\}_{\mathrm{rad/s}} - 1.984\ 2 \times 10^5} >$$

$$\frac{31\ 578\ \{\omega_c\}_{\mathrm{rad/s}} - 2.806\ 1 \times 10^5}{\sqrt{2}\ \{\omega_c\}_{\mathrm{rad/s}} - 376.97} \tag{18 - 132}$$

图 18 - 94 绘出了式(18 - 131)左端和右端的值随 ω_c 变化的曲线。由该图得到，$\omega_c \leqslant$ 266.55 rad/s 或 $\omega_c \geqslant$ 324.17 rad/s 时式(18 - 131)成立。

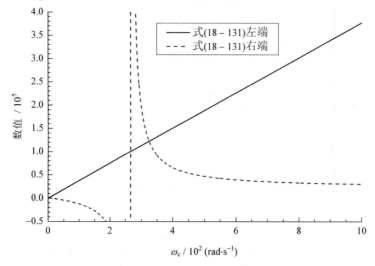

图 18 - 94　式(18 - 131)左端和右端的值随 ω_c 变化的曲线

图 18-95 绘出了式(18-132)左端和右端的值随 ω_c 变化的曲线。由该图得到,8.89 rad/s $\leqslant \omega_c \leqslant$ 266.55 rad/s 或 $\omega_c \geqslant$ 324.53 rad/s 时式(18-132)成立。

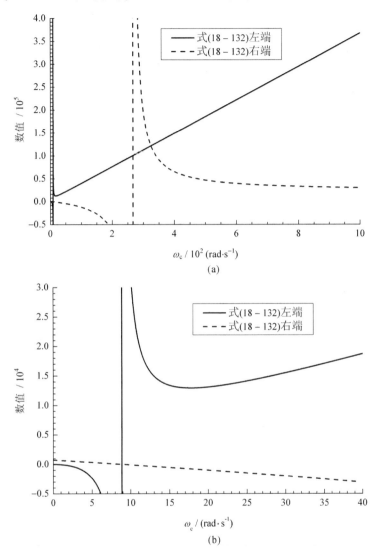

图 18-95　式(18-132)左端和右端的值随 ω_c 变化的曲线

(a)全图;　(b)图(a)起始段放大图

综合式(18-130)～式(18-132),固定表 17-5 所列 $\omega_0 =$ 125.66 rad/s,表 17-6 所列 $\tau_d =$ 2.387 3 $\times 10^{-2}$ s, $1/\tau_i =$ 12.566 s^{-1} 的情况下,仅当 $\omega_c \geqslant$ 324.53 rad/s 时环内采用二阶低通滤波的 SuperSTAR 加速度计 US 轴满足系统稳定的充分必要条件。可见 ω_c 的下限离实际采用的 942.48 rad/s 很近,稳定裕度很小,这会给调试带来困难。与之相对照,采用一阶低通时相应的要求为 $\omega_c >$ 43.3 rad/s,因此实际采用 $\omega_c =$ 942.48 rad/s 时有很大的稳定裕度。

(4) 仅变化 τ_d。

表 17-5 给出 $\omega_p^2 = -$1.193 2 rad^2/s^2,固定表 17-5 所列 $\omega_0 =$ 125.66 rad/s,表 17-6 所列 $1/\tau_i =$ 12.566 s^{-1},17.5.5.1 节揣测并经 18.3.6 节证实 $\omega_c =$ 942.48 rad/s,代入式(18-124)～式(18-126),分别得到

$$\tau_d < 8.440\ 6 \times 10^{-2}\ \text{s} \tag{18-133}$$

$$1.488\ 2 \times 10^7\ \{\tau_d\}_s - 1.687\ 4 > \frac{2.948\ 1 \times 10^7}{1\ 332.9 - 15\ 790\ \{\tau_d\}_s} \qquad (18-134)$$

$$1.474\ 0 \times 10^7\ \{\tau_d\}_s - 11\ 959 > \frac{2.948\ 1 \times 10^7}{1\ 332.9 - 15\ 790\ \{\tau_d\}_s} \qquad (18-135)$$

图 18-96 绘出了式(18-134)左端和右端的值随 τ_d 变化的曲线。由该图得到,1.514×10^{-3} s $\leqslant \tau_d \leqslant 8.290\ 0 \times 10^{-2}$ s 或 $\tau_d \geqslant 8.441\ 5 \times 10^{-2}$ s 时式(18-134)成立。

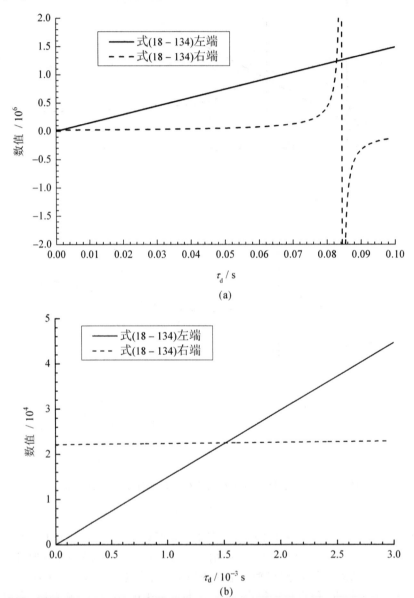

图 18-96 式(18-134)左端和右端的值随 τ_d 变化的曲线

(a) 全图; (b) 图(a)起始段放大图

图 18-97 绘出了式(18-135)左端和右端的值随 τ_d 变化的曲线。由该图得到,2.355×10^{-3} s $\leqslant \tau_d \leqslant 8.287\ 0 \times 10^{-2}$ s 或 $\tau_d \geqslant 8.441\ 5 \times 10^{-2}$ s 时式(18-135)成立。

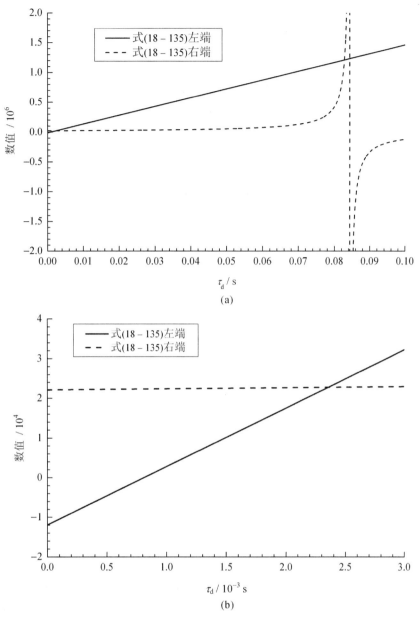

图 18-97　式(18-135)左端和右端的值随 τ_d 变化的曲线

(a) 全图；　(b) 图(a)起始段放大图

综合式(18-133)～式(18-135)，固定表 17-5 所列 $\omega_0 = 125.66$ rad/s，表 17-6 所列 $1/\tau_i = 12.566$ s^{-1}，17.5.5.1 节揣测并经 18.3.6 节证实 $\omega_c = 942.48$ rad/s 的情况下，仅当 2.36×10^{-3} s$\leqslant \tau_d \leqslant 8.29 \times 10^{-2}$ s 时环内采用二阶低通滤波的 SuperSTAR 加速度计 US 轴满足系统稳定的充分必要条件。这表明相对于可变参量 $K_{alt} = \tau_d$，环内采用二阶低通滤波的 SuperSTAR 加速度计 US 轴伺服控制系统是一个条件稳定系统，其中 τ_d 的上限离实际采用的 $2.387\ 3 \times 10^{-2}$ s 很近，稳定裕度很小，这会给调试带来困难。与之相对照，采用一阶低通时相应的要求为 $\tau_d > 1.856\ 9 \times 10^{-3}$ s，没有上限（详见 18.4.4.3 节），因而实际采用 $\tau_d = 2.387\ 3 \times 10^{-2}$ s 时有很大的稳定裕度。

(5) 仅变化 $1/\tau_i$。

表 17-5 给出 $\omega_p^2 = -1.193\,2$ rad^2/s^2,固定表 17-5 所列 $\omega_0 = 125.66$ rad/s,表 17-6 所列 $\tau_d = 2.387\,3 \times 10^{-2}$ s,17.5.5.1 节揣测并经 18.3.6 节证实 $\omega_c = 942.48$ rad/s,代入式 (18-124) ~ 式(18-126),分别得到

$$942.48 > 266.55 \tag{18-136}$$

$$1/\tau_i > -13\,875 \text{ s}^{-1} \tag{18-137}$$

$$3.552\,8 \times 10^5 - \frac{\dfrac{1.422\,6 \times 10^{10}}{\{\tau_i\}_s}}{2.104\,5 \times 10^7 - \dfrac{15\,790}{\{\tau_i\}_s}} > \frac{2.976\,2 \times 10^7 - \dfrac{22\,331}{\{\tau_i\}_s}}{955.90} \tag{18-138}$$

图 18-98 绘出了式(18-138)左端和右端的值随 $1/\tau_i$ 变化的曲线。由该图得到,$1/\tau_i \leqslant$ 359.31 s^{-1} 时式(18-138)成立。

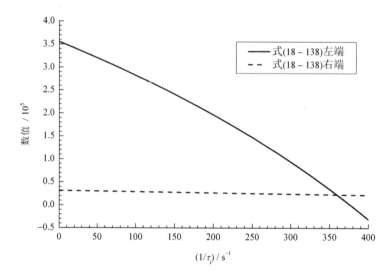

图 18-98　式(18-138)左端和右端的值随 $1/\tau_i$ 变化的曲线

综合式(18-136) ~ 式(18-138),固定表 17-5 所列 $\omega_0 = 125.66$ rad/s,表 17-6 所列 $\tau_d = 2.387\,3 \times 10^{-2}$ s,17.5.5.1 节揣测并经 18.3.6 节证实 $\omega_c = 942.48$ rad/s 的情况下,仅当 $1/\tau_i \leqslant 359.31$ s^{-1} 时环内采用二阶低通滤波的 SuperSTAR 加速度计 US 轴满足系统稳定的充分必要条件。与之相对照,采用一阶低通时相应的要求为 $1/\tau_i < 360.21$ s^{-1},由于实际采用 $1/\tau_i = 12.566$ s^{-1},所以无论采用一阶低通还是二阶低通,均有很大的稳定裕度。

(6) 小结。

为保证环内采用二阶 Butterworth 低通滤波的 SuperSTAR 加速度计 US 轴满足系统稳定的充分必要条件,虽然可以仍然沿用针对一阶低通滤波的加速度计的基础角频率 $\omega_0 = 125.66$ rad/s,低通滤波电路的截止角频率 $\omega_c = 942.48$ rad/s,微分时间常数 $\tau_d = 2.387\,3 \times 10^{-2}$ s,积分时间常数 $1/\tau_i = 12.566$ s^{-1} 等各项参数,但是除了积分时间常数的倒数 $1/\tau_i$ 仍然有很大的稳定裕度外,加速度计的基础角频率 ω_0、低通滤波电路的截止角频率 ω_c、微分时间常数 τ_d 的稳定裕度均很小,且 ω_0 和 τ_d 均既有下限,又有上限,加之如 18.4.4.3 节所述,ω_0、ω_c、τ_d、τ_i 四个参数均为整定对象,在稳定判据中互相纠缠在一起,任何一个参数变化均会影响另三个参数的稳定判据,因此,环内采用二阶低通滤波会给稳定裕度调试带来困难。与之相对照,采用一阶低通时,虽然 18.4.4.3 节所述 ω_0、ω_c、τ_d、τ_i 四个参数在稳定判据中互

相纠缠在一起的现象仍然存在,但由于每一个参数的稳定裕度很大,且均只有下限,没有上限,因此,稳定裕度调试会容易得多。进一步考虑到位移检测的抽运频率高达 100 kHz,离环外 1a 级加速度计原始观测数据的 3 Hz 带宽非常远[参见 6.1.1 节第(3)条第 3)点],用一阶低通滤波完全能满足原始观测数据几乎无衰减、抽运频率高达 100 kHz 的载波被极度抑制的要求。凡此种种决定了该环内低通滤波环节采用一阶低通滤波电路为好。

18.6.3　依据 Nyquist 判据判断闭环系统的稳定性和稳定裕度

仿照 18.4.7 节,用等效开环传递函数的 Nyquist 图和 Bode 图分别讨论环内采用二阶低通滤波的 SuperSTAR 加速度计 US 轴各种可变参数下闭环系统的稳定性和稳定裕度。

18.6.3.1　以 ω_0^2 为可变参数

由式(18-119)得到

$$1 + \frac{\omega_0^2 \omega_c^2 \left(\tau_d s^2 + s + \dfrac{1}{\tau_i}\right)}{s(s^2 + \omega_p^2)(s^2 + \sqrt{2}\,\omega_c s + \omega_c^2)} = 0 \tag{18-139}$$

由式(18-139)与式(18-59)的相似性,仿照式(18-60)得到相对于可变参量 $K_{alt} = \omega_0^2$,环内采用二阶低通滤波的 SuperSTAR 加速度计 US 轴伺服控制系统等效开环传递函数为

$$G_{K=\omega_0^2,\text{op}}(s) = \frac{\omega_0^2 \omega_c^2 \left(\tau_d s^2 + s + \dfrac{1}{\tau_i}\right)}{s(s^2 + \omega_p^2)(s^2 + \sqrt{2}\,\omega_c s + \omega_c^2)} \tag{18-140}$$

式(18-140)与式(18-117)完全一致,即相对于可变参量 $K_{alt} = \omega_0^2$,环内采用二阶低通滤波的 SuperSTAR 加速度计 US 轴伺服控制系统等效开环传递函数就是该系统的开环传递函数。对于 SuperSTAR 加速度计 US 轴,将表 17-5 给出的 ω_0、ω_p^2,表 17-6 给出的 τ_d、$1/\tau_i$ 以及 17.5.5.1 节描测并经 18.3.6 节证实的 ω_c 值代入式(18-140),得到

$$G_{K=\omega_0^2,\text{op}}(s) = \frac{1.402\,6 \times 10^{10}(2.387\,3 \times 10^{-2} s^2 + s + 12.566)}{s(s^2 - 1.193\,2)(s^2 + 1\,332.9 s + 8.882\,7 \times 10^5)} \tag{18-141}$$

(1)是否属于最小相位系统及开环是否稳定的判定。

由式(18-141)可以直接得到,环内采用二阶低通滤波的 SuperSTAR 加速度计 US 轴伺服控制系统开环传递函数的极点实部为 -666.43、-666.43、$-1.092\,3$、0、$+1.092\,3$,由于有一个正实部的极点,所以 $P = 1$,该系统属于非最小相位系统,且开环不稳定。

(2)等效开环传递函数的 Bode 图。

由式(18-141)得到使用 MATLAB 软件绘制环内采用二阶低通滤波的 SuperSTAR 加速度计 US 轴伺服控制系统开环传递函数的 Bode 图程序[1] 为

```
g = tf(1.4026e10 * [2.3873e-2  1  12.566],conv([1  0],conv([1  0  -1.1932],[1  1332.9  8.8827e5])));
bode(g)
```

求稳定裕度的程序为[1]

```
margin(g)
```

图 18-99 即为绘制出来的环内采用二阶低通滤波的 SuperSTAR 加速度计 US 轴伺服

控制系统开环传递函数 Bode 图及稳定裕度。

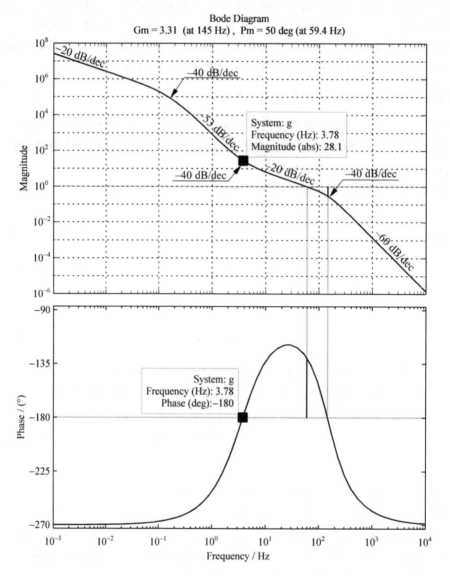

图 18-99　环内采用二阶低通滤波的 SuperSTAR 加速度计 US 轴
伺服控制系统开环传递函数 Bode 图及稳定裕度

　　由式(18-117)可知,环内采用二阶低通滤波的 SuperSTAR 加速度计 US 轴伺服控制系统开环传递函数有一个 $s=0$ 的极点,因此,在对数相频曲线 ω 为 0^+ 的地方,应该补画一条从相角 $\angle G(j0^+) H(j0^+) + 90°$ 到 $\angle G(j0^+) H(j0^+)$ 的虚线,计算正负穿越时,应将补画上的虚线看作相频曲线的一部分。于是,从图 18-99 所示的相频曲线可以看到,开环幅频特性大于 0 dB 的所有频段内,相频特性曲线从 $-180°$ 起,陡直下降至 $-270°$,再爬升越过 $-180°$ 线,即相频特性曲线对 $-180°$ 线负穿越半次,正穿越一次,正、负穿越次数之差为半次正穿越。由于 $P=1$,所以环内采用二阶低通滤波的 SuperSTAR 加速度计 US 轴伺服控制系统稳定性符合 Nyquist 判据的闭环系统稳定充要条件。

　　从图 18-99 可以看到,系统有两个相位穿越频率值: $f_{g1} = 3.78$ Hz 和 $f_{g2} = 145$ Hz。固

定表 17-6 所列的 τ_d,$1/\tau_i$ 值和 17.5.5.1 节描测并经 18.3.6 节证实的 ω_c 值情况下,开环增益如果增大到 3.31 倍以上,或减小到 1/28.1 以下,系统将不稳定。我们知道,对于条件稳定系统来讲,只有当开环增益落在两个临界值之间时,闭环系统才能稳定。开环增益小于下界临界值或大于上界临界值时,系统均不稳定[7]。因此,相对于可变量 $K_{alt}=\omega_0^2$,环内采用二阶低通滤波的 SuperSTAR 加速度计 US 轴伺服控制系统是一个条件稳定系统。表 17-5 给出 $\omega_0=125.66$ rad/s,因此,固定所给出的 τ_d,$1/\tau_i$,ω_c 值的情况下,ω_0 的理论值如果增大到 228.6 rad/s 以上或减小到 23.7 rad/s 以下,系统将不稳定。这些都与 18.6.2.2 节第 (2) 条用 Routh-Hurwitz 稳定判据得出的结论是一致的。进一步,由于 $\omega_0^2=G_pK_s$[式(17-29)],所以可变量 $K_{alt}=G_pK_s$,而 G_p 是固定的,因此,固定所给出的 τ_d,$1/\tau_i$,ω_c 值的情况下,如果前向通道的总增益 K_s 增大到 3.31 倍以上,或减小到 1/28.1 以下,系统将不稳定。表 17-5 给出,为了控制 $f_0=20$ Hz,K_s 的理论值为 9.453 1×10⁸ V/m。因此,固定所给出的 τ_d,$1/\tau_i$,ω_c 值的情况下,K_s 的理论值如果增大到 3.129 0×10⁹ V/m 以上或减小到 3.364 1×10⁷ V/m 以下,系统将不稳定。由于实际上 τ_d,$1/\tau_i$,ω_c 值均属于需要整定的参数,所以实际上可允许的 K_s 值整定范围要窄得多。

此外,当有大的输入信号加到这种条件稳定的系统时,条件稳定系统可能变成不稳定。因为大信号会引起饱和,而饱和又会降低系统的开环增益。在工程实践中,必须防止饱和现象发生,因为它将使开环增益降低到临界值以下,从而使系统变得不稳定[7]。

文献[14]提出,在设计系统时应当使 f_{cut} 点附近相当宽的频段上幅频特性的斜率保持约为 -20 dB/dec。如果幅频特性随 f 单调减小,且幅频特性的斜率在低于 $\omega_{cut}/2.5$ 的频率段内不陡于 -40 dB/dec,在 $\omega_{cut}/2.5 \sim 2.5\omega_{cut}$ 的频率段内保持为 -20 dB/dec,在高于 $2.5\omega_{cut}$ 的频率内不陡于 -80 dB/dec,则系统必定是稳定的。从图 18-99 所对应的 MATLAB 原图可以得到,$f_{cut}=59.4$ Hz,幅频特性在 $f_{cut}/371$ 以下的频段内不陡于 -40 dB/dec,在 $f_{cut}/371 \sim f_{cut}/15.7$ 的频段内比 -40 dB/dec 更陡,在 $f_{cut}/15.7 \sim f_{cut}/5.9$ 的频段内不陡于 -40 dB/dec,在 $f_{cut}/5.9 \sim f_{cut}$ 的频段内保持约为 -20 dB/dec,在 $f_{cut} \sim 2.9f_{cut}$ 的频段内不陡于 -40 dB/dec,在高于 $2.9f_{cut}$ 的频段内为 -60 dB/dec,与文献[14]提出的系统必定稳定的条件有些出入。

文献[14]还提出,工程上常采用典型 4 阶开环系统,其开环系统的折线对数幅频特性如图 18-100 所示。

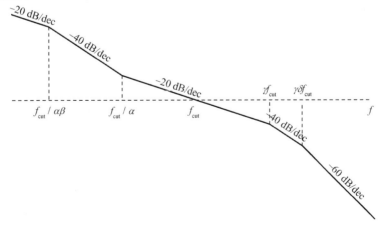

图 18-100 典型 4 阶开环系统的折线对数幅频特性[14]

$\alpha \geqslant 2, \beta \geqslant 2, \gamma \geqslant 2, \delta \geqslant 1$

将图 18-27、图 18-99 所对应的 MATLAB 原图与图 18-100 相比较，可以得到，图 18-27 在 $f_{cut}/352 \sim f_{cut}/15.1$ 的频段内比 $-40\ dB/dec$ 更陡，且不存在 $-60\ dB/dec$ 的高频段，而图 18-99 除了在 $f_{cut}/371 \sim f_{cut}/15.7$ 的频段内比 $-40\ dB/dec$ 更陡外，与图 18-100 相当接近。然而，这并不意味图 18-27 所对应的环内采用一阶低通滤波系统不如图 18-99 所对应的环内采用二阶低通滤波系统稳定。将 18.4.7.2 节第(3)条对图 18-27 所做的分析与上述对图 18-99 所做的分析相对照，可以看到，事实正好相反，图 18-27 所对应的环内采用一阶有源低通滤波系统比图 18-99 所对应的环内采用二阶 Butterworth 有源低通滤波系统更稳定。实际调试结果也完全证实了这一点。

18.6.3.2　以 $1/\omega_c$ 为可变参数

由式(18-119)得到

$$1 + \frac{\dfrac{1}{\omega_c}s^2(s^2+\omega_p^2)\left(\dfrac{1}{\omega_c}s+\sqrt{2}\right)}{s^3+\tau_d\omega_0^2 s^2+(\omega_0^2+\omega_p^2)s+\dfrac{\omega_0^2}{\tau_i}}=0 \qquad (18-142)$$

从式(18-142)可以看到，不能把 $1/\omega_c$ 当成单纯的增益因子，即该式与式(18-59)不相似，因而不能得到相对于可变参量 $K_{alt}=1/\omega_c$，环内采用二阶低通滤波的 SuperSTAR 加速度计 US 轴伺服控制系统等效开环传递函数。也就不能用 Nyquist 判据判断相对于可变参量 $K_{alt}=1/\omega_c$，环内采用二阶低通滤波的 SuperSTAR 加速度计 US 轴伺服控制系统的稳定性和稳定裕度。

18.6.3.3　以 τ_d 为可变参数

由式(18-119)得到

$$1 + \frac{\tau_d\omega_0^2\omega_c^2 s^2}{s^5+\sqrt{2}\,\omega_c s^4+(\omega_c^2+\omega_p^2)s^3+\sqrt{2}\,\omega_c\omega_p^2 s^2+(\omega_0^2+\omega_p^2)\omega_c^2 s+\dfrac{\omega_0^2\omega_c^2}{\tau_i}}=0$$

$$(18-143)$$

由式(18-143)与式(18-59)的相似性，仿照式(18-60)得到相对于可变参量 $K_{alt}=\tau_d$，环内采用二阶低通滤波的 SuperSTAR 加速度计 US 轴伺服控制系统等效开环传递函数为

$$G_{K=\tau_d,op}(s)=\frac{\tau_d\omega_0^2\omega_c^2 s^2}{s^5+\sqrt{2}\,\omega_c s^4+(\omega_c^2+\omega_p^2)s^3+\sqrt{2}\,\omega_c\omega_p^2 s^2+(\omega_0^2+\omega_p^2)\omega_c^2 s+\dfrac{\omega_0^2\omega_c^2}{\tau_i}}$$

$$(18-144)$$

对于 SuperSTAR 加速度计 US 轴，将表 17-5 给出的 ω_0,ω_p^2，表 17-6 给出的 τ_d，$1/\tau_i$ 以及 17.5.5.1 节揣测并经 18.3.6 节证实的 ω_c 值代入式(18-144)，得到

$$G_{K=\tau_d,op}(s)=\frac{3.348\,5\times10^8 s^2}{s^5+1\,332.9 s^5+8.882\,7\times10^5-1\,590.4 s^2+1.402\,5\times10^{10}s+1.762\,5\times10^{11}}$$

$$(18-145)$$

(1) 是否属于最小相位系统及开环是否稳定的判定。

由式(18-145)可以直接得到，相对于可变参量 $K_{alt}=\tau_d$，环内采用二阶低通滤波的 SuperSTAR 加速度计 US 轴伺服控制系统等效开环传递函数的零点为 0，0。利用 MATLAB 软件的多项式求根函数 roots[1]，可以得到式(18-145)的极点为

p = [1 1332.9 8.8827e5 −1590.4 1.4025e10 1.7625e11];r = roots(p)

得到

r =
1.0e+002 *
−6.7797 + 6.6682i
−6.7797 − 6.6682i
0.1774 + 1.2387i
0.1774 − 1.2387i
−0.1245

即极点的实部为 −677.97, −677.97, −12.45, 17.74, 17.74。

由于相对于可变参量 $K_{alt} = \tau_d$,环内采用二阶低通滤波的 SuperSTAR 加速度计 US 轴伺服控制系统等效开环传递函数中有两个正实部的极点,所以 P = 2,该系统属于非最小相位系统,且开环不稳定。

(2)等效开环传递函数的 Bode 图。

由式(18 - 145)得到使用 MATLAB 软件绘制相对于可变参量 $K_{alt} = \tau_d$,环内采用二阶低通滤波的 SuperSTAR 加速度计 US 轴伺服控制系统等效开环传递函数 Bode 图程序[1] 为

g = tf(3.3485e8 * [1 0 0],[1 1332.9 8.8827e5 −1590.4 1.4025e10 1.7625e11]);bode(g)

求稳定裕度的程序[1] 为

margin(g)

图 18 - 101 即为绘制出来的相对于可变参量 $K_{alt} = \tau_d$,环内采用二阶低通滤波的 SuperSTAR 加速度计 US 轴伺服控制系统等效开环传递函数 Bode 图及稳定裕度。

从图 18 - 101 可以看到,在开环幅频特性大于 0 dB 的所有频段内,相频特性曲线对 −180° 线的正、负穿越次数之差为一次正穿越。由于 P = 2,所以相对于可变参量 $K_{alt} = \tau_d$,环内采用二阶低通滤波的 SuperSTAR 加速度计 US 轴伺服控制系统稳定性符合 Nyquist 判据的闭环系统稳定的充要条件。

从图 18 - 101 还可以看到,系统有两个相位穿越频率值:$f_{g1} = 20.2$ Hz 和 $f_{g2} = 149$ Hz。固定表 17 - 5 表所列的 ω_0 值、表 17 - 6 所列的 $1/\tau_i$ 值和 17.5.5.1 节揣测并经 18.3.6 节证实的 ω_c 值情况下,开环增益如果增大到 3.47 倍以上,或减小到 1/9.99 以下,系统将不稳定,因而相对于可变参量 $K_{alt} = \tau_d$,环内采用二阶低通滤波的 SuperSTAR 加速度计 US 轴伺服控制系统是一个条件稳定系统。表 17 - 6 给出 $\tau_d = 2.387\,3 \times 10^{-2}$ s,因此,固定所给出的 ω_0,$1/\tau_i$,ω_c 值的情况下,τ_d 的理论值如果增大到 8.28×10^{-2} s 以上或减小到 2.39×10^{-3} s 以下,系统将不稳定。这些都与 18.6.2.2 节第(4)条用 Routh-Hurwitz 稳定判据得出的结论是一致的。由于实际上 ω_0,$1/\tau_i$,ω_c 值均属于需要整定的参数,所以实际上可允许的 τ_d 值整定范围要窄得多。

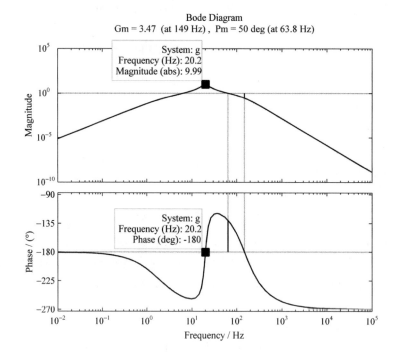

图 18-101   相对于可变参量 $K_{alt} = \tau_d$,环内采用二阶低通滤波的 SuperSTAR 加速度计
US 轴伺服控制系统等效开环传递函数 Bode 图及稳定裕度

18.6.3.4   以 $1/\tau_i$ 为可变参数

由式(18-119)得到

$$1 + \cfrac{\cfrac{\omega_0^2 \omega_c^2}{\tau_i}}{s \left[s^4 + \sqrt{2}\,\omega_c s^3 + (\omega_c^2 + \omega_p^2) s^2 + (\tau_d \omega_0^2 \omega_c^2 + \sqrt{2}\,\omega_c \omega_p^2) s + (\omega_0^2 + \omega_p^2) \omega_c^2 \right]} = 0$$

$$(18-146)$$

由式(18-146)与式(18-59)的相似性,仿照式(18-60)得到相对于可变参量 $K_{alt} = 1/\tau_i$,环内采用二阶低通滤波的 SuperSTAR 加速度计 US 轴伺服控制系统等效开环传递函数为

$$G_{K=1/\tau_i,\,op}(s) = \cfrac{\cfrac{\omega_0^2 \omega_c^2}{\tau_i}}{s \left[s^4 + \sqrt{2}\,\omega_c s^3 + (\omega_c^2 + \omega_p^2) s^2 + (\tau_d \omega_0^2 \omega_c^2 + \sqrt{2}\,\omega_c \omega_p^2) s + (\omega_0^2 + \omega_p^2) \omega_c^2 \right]}$$

$$(18-147)$$

对于 SuperSTAR 加速度计 US 轴,将表 17-5 给出的 ω_0,ω_p^2,表 17-6 给出的 τ_d,$1/\tau_i$ 以及 17.5.5.1 节揣测并经 18.3.6 节证实的 ω_c 值代入式(18-147),得到

$$G_{K=1/\tau_i,\,op}(s) = \cfrac{1.762\,5 \times 10^{11}}{s \left[s^4 + 1\,332.9 s^3 + 8.882\,7 \times 10^5 s^2 + 3.348\,5 \times 10^8 s + 1.402\,5 \times 10^{10} \right]}$$

$$(18-148)$$

(1) 是否属于最小相位系统及开环是否稳定的判定。

由于式(18-148)的分子为常数,所以没有零点,当然也就没有正实部零点。利用

MATLAB 软件的多项式求根函数 roots[1]，可以得到式(18-148)所表达的相对于可变参量 $K_{alt}=1/\tau_i$，环内采用二阶低通滤波的 SuperSTAR 加速度计 US 轴伺服控制系统等效开环传递函数的极点。输入

p = conv([1　0],[1　1332.9　8.8827e5　3.3485e8　1.4025e10]);r = roots(p)

得到

r =
1.0e + 002 *
0
− 7.0671
− 2.8937 + 5.7839i
− 2.8937 − 5.7839i
− 0.4745

　　即极点的实部为 − 706.71，− 289.37，− 289.37，− 47.45，0。

　　由于相对于可变参量 $K_{alt}=1/\tau_i$，环内采用二阶低通滤波的 SuperSTAR 加速度计 US 轴伺服控制系统等效开环传递函数没有正实部极点和零点，所以属于最小相位系统，且 $P=0$，开环稳定。

　　(2) 等效开环传递函数的 Bode 图。

　　由式(18-148)得到使用 MATLAB 软件绘制相对于可变参量 $K_{alt}=1/\tau_i$，环内采用二阶低通滤波的 SuperSTAR 加速度计 US 轴伺服控制系统等效开环传递函数 Bode 图程序[1] 为

g = tf(1.7625e11,conv([1　0],[1　1332.9　8.8827e5　3.3485e8　1.4025e10]));bode(g)

求稳定裕度的程序[1] 为

margin(g)

　　图 18-102 即为绘制出来的相对于可变参量 $K_{alt}=1/\tau_i$，环内采用二阶低通滤波的 SuperSTAR 加速度计 US 轴伺服控制系统等效开环传递函数 Bode 图及稳定裕度。

　　由式(18-147)可知，相对于可变参量 $K_{alt}=1/\tau_i$，环内采用二阶低通滤波的 SuperSTAR 加速度计 US 轴伺服控制系统开环传递函数有一个 $s=0$ 的极点，因此，在对数相频曲线 ω 为 0^+ 的地方，应该补画一条从相角 $\angle G(j0^+)H(j0^+)+90°$ 到 $\angle G(j0^+)H(j0^+)$ 的虚线，计算正负穿越时，应将补画上的虚线看作相频曲线的一部分。于是，从图 18-102 所示的相频曲线可以看到，开环幅频特性大于 0 dB 的所有频段内，相频特性曲线从 0° 起，陡直下降至 − 90°，再略有缓慢下降，即相频特性曲线对 − 180° 线没有穿越。由于 $P=0$，所以相对于可变参量 $K_{alt}=1/\tau_i$，环内采用二阶低通滤波的 SuperSTAR 加速度计 US 轴伺服控制系统稳定性符合 Nyquist 判据的闭环系统稳定充要条件。

　　从图 18-102 可以看到，$f_{cut}=1.94$ Hz，$\gamma=73.7°$；$f_g=20.2$ Hz，$K_g=28.6$，即 $h=$

29.1 dB。由于属于最小相位系统,且 $\gamma > 0,h > 0$,所以系统稳定,且相位裕度 γ 和幅值裕度 h 足够大。由 $K_{alt} = 1/\tau_i$ 存在 28.6 倍的幅值裕度得到,$1/\tau_i$ 从 12.566 s^{-1} 升到 359 s^{-1},系统还是稳定的,这与 18.6.2.2 节第(5)条用 Routh-Hurwitz 稳定判据得到的结果一致。

另外,从图 18-102 可以看到,无论 $1/\tau_i$ 减小多少,系统也不会变得不稳定。

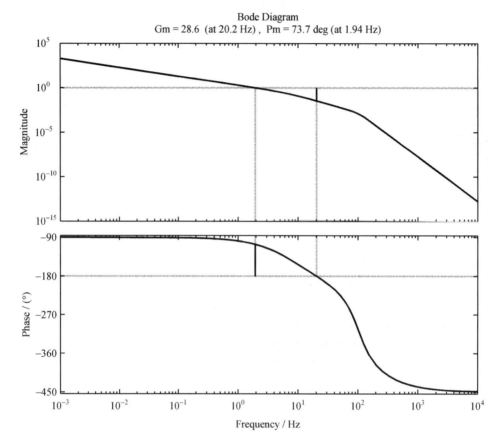

图 18-102   相对于可变参量 $K_{alt} = 1/\tau_i$,环内采用二阶低通滤波的 SuperSTAR 加速度计 US 轴伺服控制系统等效开环传递函数 Bode 图及稳定裕度

18.6.3.5   小结

(1) 环内采用二阶低通滤波的 SuperSTAR 加速度计 US 轴伺服控制系统不能得到相对于可变参量 $K_{alt} = 1/\omega_c$ 的等效开环传递函数,因而不能用 Nyquist 判据判断其稳定性和稳定裕度。

(2) 与环内采用一阶低通时相同,相对于文献提出的系统稳定要求,环内采用二阶低通滤波的 SuperSTAR 加速度计 US 轴伺服控制系统相对于可变参量 $K_{alt} = \omega_0^2$ 或相对于可变参量 $K_{alt} = \tau_d$ 均属于非最小相位系统,且开环不稳定;而相对于可变参量 $K_{alt} = 1/\tau_i$ 属于最小相位系统,开环稳定。

(3) 再次证实,与环内采用一阶低通时相同,积分时间常数的倒数 $1/\tau_i$ 有很大的稳定裕度。

(4) 与环内采用一阶低通时类似,相对于文献[14]提出的系统必定稳定要求,环内采用二阶低通滤波的 SuperSTAR 加速度计 US 轴伺服控制系统在 f_{cut} 点附近,幅频特性的斜率保持约为 -20 dB/dec 的频段低移并略窄,且在 $f_{cut}/371 \sim f_{cut}/15.7$ 的频段内比 -40 dB/dec 更陡。

(5) 环内采用二阶低通滤波的 SuperSTAR 加速度计 US 轴伺服控制系统幅频特性的斜率在高于 $2.9 f_{cut}$ 的频段内为 -60 dB/dec,与文献[14]提出的工程上常采用的典型 4 阶开环系统高频段完全一致,而环内采用一阶低通时不存在幅频特性的斜率为 -60 dB/dec 的高频段,但这点并不意味着环内采用一阶低通滤波的 SuperSTAR 加速度计 US 轴伺服控制系统不如该系统采用二阶低通滤波时稳定。

(6) 再次证实,相对于可变参量 $K_{alt} = \omega_0^2$ 或相对于可变参量 $K_{alt} = \tau_d$,环内采用二阶 Butterworth 低通滤波的 SuperSTAR 加速度计 US 轴伺服控制系统均为条件稳定系统。虽然可以仍然沿用针对一阶低通滤波的加速度计的基础角频率 $\omega_0 = 125.66$ rad/s,低通滤波电路的截止角频率 $\omega_c = 942.48$ rad/s,微分时间常数 $\tau_d = 2.387\ 3 \times 10^{-2}$ s,积分时间常数的倒数 $1/\tau_i = 12.566\ s^{-1}$ 等各项参数,但是为使系统稳定,ω_0 和 τ_d 均既有下限,又有上限,加之 ω_0,ω_c,τ_d,τ_i 四个参数在稳定判据中互相纠缠在一起,因此,环内采用二阶低通滤波会给稳定裕度调试带来困难。

18.7　本章阐明的主要论点

18.7.1　引言

(1) 在线性系统中,系统的稳定性只与其结构和参数有关,而与初始条件和外加输入信号无关。而非线性系统的稳定性除了与系统的结构参数有关之外,还与初始条件和输入信号有关。严格地说,纯粹的线性系统是不存在的,实际系统的特性总存在某种程度的非线性。一般来说,非线性系统可分为两大类,一类是"非本质"非线性系统,另一类是"本质"非线性系统。"非本质"指的是大多数系统的非线性程度较弱,可根据小偏差理论对其进行线性化处理,即:使得系统运行在平衡点附近的小范围内,而在平衡点附近的特性曲线与其切线相差甚小,故可用切线来逼近曲线,用线性模型来近似描述非线性系统,把非线性问题转化为线性问题来处理。大多数实系统是可以这样处理的,由此所造成的误差,通常在工程的容许范围内。人们对线性系统已经进行了长期的研究,形成了一套较为完整的分析和设计方法,并且在实践中已经获得了相当广泛的应用。而非线性控制系统很难用数学方法处理,目前尚无解决各种非线性系统的通用方法。

(2) 自动控制系统的非线性特性,主要是由被控对象、检测传感元件、执行机构、调节机构和各种放大器等部件的非线性特性所造成的。在一个控制系统中,只要包含有一个非线性元件,就构成了非线性控制系统。在自动控制系统中经常遇到的典型非线性特性有饱和特性、死区(即不灵敏区)特性、间隙特性、摩擦(即阻尼)特性、继电器特性和滞环特性等。这些非线性特性一般都会对控制系统的正常工作带来不利影响。静电悬浮加速度计采用限位措施将检验质量的位移限制在平衡点附近的小范围内,进一步依靠伺服控制保证捕获完成后检验质量相对电极笼位移 $x(t)$ 远小于检验质量与电极间的平均间隙 d,以克服饱和特性和改善间隙的非线性特性;检验质量所需阻尼靠电阻尼方式,处于高真空状态以减轻辐射计效应和降低气体阻尼;采用静电悬浮而非机械支承,只有 $(5 \sim 15)\ \mu m$ 直径金丝与之连接以避免机械支承带来的死区特性和机械阻尼;不存在继电器特性和滞环特性。以上措施为静电悬浮加速度计符合线性系统的特征提供了保证。因此,我们采用线性模型来分析系统的稳定性是合理的。

(3) 在自动控制理论中,内容丰富且便于实用的是定常系统部分。而时变系统理论既不够成熟,也不够系统化。虽然严格说来,实际系统的参数都具有某种程度的时变性,但对大多数工业系统来说,其参数随时间变化并不很明显,因而可按定常系统来处理。静电悬浮加速度计伺服控制系统由前向环节 $G_1(s)$(检验质量的惯性及静电负刚度造成的传递函数), $G_2(s)$(前向通道总增益及 PID 校正器造成的传递函数), $G_3(s)$(一阶有源低通滤波电路的传递函数)和反馈环节 G_p(物理增益)组成[$G_2(s)$ 理应为低通滤波环节的传递函数, $G_3(s)$ 理应为前向通道总增益及 PID 校正器造成的传递函数,然而,由于 $G_2(s)$ 和 $G_3(s)$ 为串联关系,对于稳定性分析来说不分前后,所以我们把 $G_3(s)$ 当作低通滤波环节的传递函数],追朔其所涉及的参数,可以知道,SuperSTAR 和 GRADIO 加速度的伺服控制系统分别在科学模式下或无拖曳测量模式下确为定常系统。

(4) 传递函数是在零初始条件下,线性定常系统输出量的 Laplace 变换与输入量的 Laplace 变换之比,它不仅可以表征系统的动态特性,而且可以用于研究系统的结构或参数变化对系统性能的影响,因而是经典控制理论中广泛应用的分析设计方法的重要基础。

(5) 反馈控制系统从输入端沿信号传递方向到输出端的通道称为前向通道,从输出端沿信号传递方向到输入端的通道称为反馈通道。当主反馈通道断开时,反馈信号对于输入信号的传递函数称为开环传递函数 $G_{op}(s)$, $G_{op}(s)$ 为前向通道传递函数 $G_{fr}(s)$ 与反馈通道传递函数 $H(s)$ 的乘积。闭环系统的输出信号对于输入信号的传递函数称为闭环传递函数 $G_{cl}(s)$。

(6) 闭环控制系统存在着稳定与不稳定的问题。所谓不稳定,就是指系统失控,被控变量不是趋于所希望的数值,而是趋于所能达到的最大值,或在两个较大的量值之间剧烈波动和振荡。

(7) 稳定性分析时,忽略由环境(磁、电、热)引起的检验质量扰动加速度和合成的位移噪声。

18.7.2 不考虑低通滤波环节时系统的传递函数

(1) 采用基于 Laplace 方程的传递函数概念和 MATLAB 软件,与采用解积分微分方程的方法相比,可以使深奥而烦琐的计算得到极度的简化。

(2) 物理增益 G_p 也可以称为反馈增益。通用计量领域中的"灵敏度"就是惯性技术领域中的"标度因数",也就是加速度计"物理增益"的倒数。

(3) 位移对于输入加速度的传递函数的分子是 $G_1(s)$,分母是 $1+G_{op}(s)$。

(4) 由于 $G_{op}(s)$ 有正实部的极点,即开环不稳定,所以该系统一定是非最小相位系统。

(5) $G_{cl}(s)$ 的分子是 $G_{fr}(s)$,分母是 $1+G_{op}(s)$。

(6) 归一化闭环传递函数 $G_{ucl}(s)$ 就是加速度测量值对于输入加速度的传递函数,此处加速度测量值指的是伺服控制环内的加速度测量值,而不是伺服控制环外的最终加速度测量值。

(7) $G_{ucl}(s)$ 是对 $G_{cl}(s)$ 进行归一化处理或称无量纲化处理后的结果, $G_{ucl}(s)=G_{cl}(s)G_p=G_{op}(s)/[1+G_{op}(s)]$。

18.7.3　考虑低通滤波环节时系统的传递函数

(1) 由传递函数的复数表达式求相频特性表达式时需使用反正切,反正切的主值范围为$(-\pi/2, \pi/2)$,为了把它延伸至$[-\pi, \pi]$,需判别传递函数复数表达式实部和虚部的正负号,当实部为负号、虚部为正号时,应加π;当实部和虚部均为负号时,应减π。

(2) 由于$0.1\,s$时加速度测量值对于输入加速度阶跃的响应对于基础频率$f_0 = 20\,Hz$来说刚刚经历完冲阶段,因此,从加速度测量值对于输入加速度阶跃的响应角度来看,$f_0 = 20\,Hz$已是可允许的最低频率。

(3) 环内低通滤波环节对于位移对非重力加速度传递函数的 Bode 图影响不大。

(4) 鉴于检验质量块的运动被限制到小于$1\,nm$的重要性,从位移对于输入加速度阶跃的响应角度来看,选择$f_0 \geqslant 20\,Hz$并合理配置参数也是必要的。

18.7.4　关于稳定性的基本概念

(1) Ляпунов 稳定的定义:如果对于任意给定的每个实数$\varepsilon > 0$,都对应存在着另一实数$\delta(\varepsilon, t_0) > 0$,使得从满足不等式$\parallel x_0 - x_e \parallel \leqslant \delta(\varepsilon, t_0)$的任意初态$x_0$出发的系统响应$x$,在所有的时间内都满足$\parallel x - x_e \parallel \leqslant \varepsilon$,则称系统的平衡状态$x_e$是稳定的;若$\delta$与$t_0$的选取无关.则称平衡状态$x_e$是一致稳定的(以上叙述中,$\parallel x \parallel$称为$n$维向量$x$的范数,其中$x = [x_1 \quad x_2 \quad \cdots \quad x_n]^T$, $\parallel x \parallel = \sqrt{x_1^2 + x_2^2 + \cdots + x_n^2}$)。

(2) Ляпунов 渐近稳定的定义:若平衡状态x_e是 Ляпунов 意义下稳定的,并且当$t \to \infty$时,$x(t) \to x_e$,即$\lim\limits_{t \to \infty} \parallel x(t) - x_e \parallel = 0$,则称平衡状态$x_e$是渐近稳定的。

(3) Ляпунов 大范围(渐近)稳定的定义:如果对任意大的δ,系统总是稳定的,则称系统是大范围稳定的。如果系统总是渐近稳定的,则称系统是大范围渐近稳定的。

(4) Ляпунов 不稳定的定义:如果对于某一实数$\varepsilon > 0$,不论δ取多小,由δ为半径的球域$s(\delta)$内出发的轨迹,至少有一条轨迹越出ε为半径的球域$s(\varepsilon)$,则称平衡状态x_e为不稳定。

(5) 在控制工程中,一般希望系统是大范围渐近稳定的,如果系统不是大范围渐近稳定的,那么就会遇到渐近稳定的最大范围有多大的问题,这常常是困难的。对于线性系统,由于只有一个平衡状态,所以只要线性系统是稳定的,就一定是大范围渐近稳定的。

(6) 稳定性讨论的是系统没有输入(包括参考输入和扰动)作用或者输入作用消失以后的自由运动状态。因此,通常通过分析系统的零输入响应,或者脉冲响应来分析系统的稳定性。

(7) 对于单输入单输出线性定常连续系统来说,闭环传递函数分母多项式等于零的根称为特征根,特征根即闭环传递函数的极点。由特征根可以判定单输入单输出线性定常连续系统的稳定性。

18.7.5　由单位阶跃响应曲线判断系统的稳定性

从系统的单位阶跃响应曲线就可以判断系统的稳定性。

18.7.6　用 Ляпунов 第一法判断闭环系统的稳定性

(1) Poincare-Ляпунов 第一近似定理:① 若线性化模型的特征根均具有负实部,则非线性系统渐近稳定;② 若线性化模型的特征根有实部为正的根,则非线性系统不稳定;③ 若线性化模型的特征根有实部为零但无实部为正的根,则非线性系统的稳定性不能按线性化模型判别。上述第 ③ 种情况对于单输入单输出线性定常连续系统而言是一种临界情况,称为临界稳定。临界稳定在 Ляпунов 稳定性意义下是稳定的,但在工程上不允许系统工作在临界稳定状态,因此,临界稳定在工程上是不稳定的。

(2)Ляпунов 第二法,或称 Ляпунов 直接法,是确定线性时变系统和非线性系统稳定性的更为一般的方法(由于超出了本书的讨论范围,所以不予介绍)。

18.7.7　依据 Routh-Hurwitz 稳定判据判断闭环系统的稳定性和稳定裕度

(1)线性定常系统闭环传递函数的分母称为系统的特征多项式,令特征多项式为零即构成系统的特征方程,特征方程的根称为特征根,由特征根是否分布在 s 平面的左半平面即可确定闭环系统是否稳定。

(2)Routh-Hurwitz 稳定判据的基础是 Ляпунов 第一法,因此,Routh-Hurwitz 稳定判据只适用于线性定常系统。

(3)一个虽然稳定但一经扰动就会不稳定的系统是不能投入实际使用的。我们总是希望所设计的控制系统不仅是稳定的,而且具有一定的稳定裕度。控制系统具有一定的稳定裕度时,即使系统的结构或参数发生一定的变化,仍能维持系统是稳定的,甚至具有较好的控制性能,系统的这种特性又称作鲁棒性。过大的稳定裕度虽然鲁棒性较强,但响应速度缓慢;过小的稳定裕度鲁棒性较差,系统响应呈衰减振荡,且稳定裕度越小,衰减振荡次数越多,幅值也会多少有些增大。在实际系统中应根据具体要求,合理地加以选择。

(4)Routh-Hurwitz 稳定判据给出控制系统稳定的必要条件是:控制系统的特征方程的所有系数均为正值,且特征方程不缺项。

(5)Routh-Hurwitz 稳定判据给出控制系统稳定的充分必要条件是:Routh-Hurwitz 表的第一列数的符号相同。

(6)幅值增大多少倍还能稳定称为幅值裕度,记作 K_g。

(7)微分时间常数 τ_d 的倒数、基础角频率 ω_0 之平方的倒数、一阶有源低通滤波电路的截止角频率 ω_c 的倒数、积分时间常数 τ_i 的倒数均为整定对象,在稳定判据中互相纠缠在一起,任何一个参数变化均会影响另三个参数的稳定判据。因此,为保证有足够的稳定裕度,仅要求幅值裕度大于 2 是明显不够的。

(8)为使系统稳定,只要 $1/\tau_i \neq 0$,就不能仅保证 ω_0^2 与受静电负刚度制约的角频率 ω_p 之平方的代数和大于零。

(9)由于 τ_d, ω_c, τ_i 都是影响稳定性的参数,因此,如果想要显著降低 ω_0 而又不降低稳定性,必须显著降低 $|\omega_p^2|$。

(10)为使系统稳定,ω_0^2 要足够高。由于 ω_0^2 与前向通道总增益 K_s 成正比,所以为使系统稳定,K_s 要足够高。

(11)为了维持适度的反馈控制电压 V_f 和足够高的 ω_0^2,K_s 应随输入量程减小而反比增大。

(12)对于 SuperSTAR 加速度计 US 轴,尽管在给定参数下满足系统稳定的充分必要条件,但是无论对于 ω_0^2,还是对于 τ_d, τ_i, ω_c,都是 $K_g < 1$ 时系统稳定,$K_g > 1$ 时系统不稳定,这点与最小相位系统 $K_g > 1$ 时系统稳定,$K_g < 1$ 时系统不稳定正好相反。

18.7.8　用根轨迹法判断闭环系统的稳定性和稳定裕度

（1）根轨迹法是一种图解反馈系统特征方程的工程方法，用于由已知 $G_{op}(s)$ 确定其闭环极点分布，实际上就是解决系统特征方程的求根问题。根轨迹法的基础也是 Ляпунов 第一法，根轨迹法也只适用于线性定常系统。运用根轨迹法还可以看出参数变化对闭环极点分布的影响，因而在分析和设计反馈系统方面具有重要意义。

（2）当系统的可变参量在可能的取值范围内变化时，系统特征方程的根在 s 平面变化的轨迹称为系统的根轨迹。根轨迹曲线显示了系统极点的变化情况及其趋势，因而显示了参数对系统特性的影响。系统根轨迹的绘制是以相对于控制系统的可变参量 K_{alt} 的等效开环传递函数为依据的。

（3）相对于 K_{alt} 的根轨迹与 s 平面的虚轴相交。根轨迹与虚轴的交点上的特征根的实部为零。这时控制系统处于临界稳定状态。因此，根轨迹与虚轴的交点处的 K_{alt} 值，就是临界开环增益。当根轨迹处于 s 平面的左半平时，系统稳定；反之，当根轨迹处于 s 平面的右半平时，系统不稳定。

18.7.9　依据 Nyquist 判据判断闭环系统的稳定性和稳定裕度

（1）利用 Nyquist 稳定判据，不但可以判断系统是否稳定（绝对稳定性）并确定系统的稳定裕度（相对稳定性），还可以用于分析系统的动态性能并指出改善系统性能指标的途径。

（2）Nyquist 稳定判据是通过闭环系统的开环频率特性与其闭环特征方程的根在 s 平面上分布之间的联系，根据开环频率特性判别闭环系统稳定性的一种准则。Nyquist 判据的基础也是 Ляпунов 第一法，Nyquist 稳定判据也只适用于线性定常系统。由于开环频率特性不仅可从开环传递函数获得，还可根据实验数据绘制，所以基于 Nyquist 稳定判据分析闭环系统的稳定性是工程上广泛应用的方法。

（3）运用 Nyquist 判据时，可采用开环幅相曲线极坐标图（Nyquist 图）或 $G_{op}(s)$ 的 Bode 图。Nyquist 图中的开环幅相曲线称为 Nyquist 曲线。与 Nyquist 图相比，$G_{op}(s)$ 的 Bode 图计算简单，绘图容易，而且能直观地表现时间常数等参数变化对系统性能的影响。

（4）采用 Nyquist 图时，控制系统的 Nyquist 稳定判据的充要条件是：当 s 从 $s \rightarrow -j\infty$ 到 $s \rightarrow +j\infty$ 变化时，控制系统的 Nyquist 曲线按逆时针方向包围点 $(-1, j0)$ 的圈数 $N = P$，其中 P 为 $G_{op}(s)$ 正实部极点的个数。无论是最小相位系统，还是非最小相位系统，若 $G_{op}(s)$ 含有串联积分环节，即 $G_{op}(s)$ 有 $s = 0$ 的极点时，所谓 s 从 $s \rightarrow -j\infty$ 到 $s \rightarrow +j\infty$，指的是在原点附近 s 要经过以原点为圆心、以无穷小的正数 $\varepsilon(\varepsilon \rightarrow 0)$ 为半径、位于 s 的右半平面的小半圆，而其在 Nyquist 图上的映射是半径为无穷大的圆弧，从 $\omega = 0^{-}$ 的映射点开始，顺时针转过 $180°$，到 $\omega = 0^{+}$ 的映射点结束。若含有 ν 个串联积分环节，则从 $\omega = 0^{-}$ 的映射点开始，顺时针转过 $\nu \cdot 180°$，到 $\omega = 0^{+}$ 的映射点结束。

（5）采用 $G_{op}(s)$ 的 Bode 图时，系统稳定充要条件的 Nyquist 判据是：在开环幅频特性大于 0 dB 的所有频段内，相频特性曲线对 $-180°$ 线的正、负穿越次数之差等于 $P/2$，其中 P 为开环正实部极点个数。正负穿越的定义如下：角频率 ω 增加时，相角增加的穿越为正穿越（从 $-180°$ 线开始的正穿越为半次正穿越）；相角减少的穿越为负穿越（从 $-180°$ 线开始的负穿越为半次负穿越）。当 $G_{op}(s)$ 包含 ν 个串联积分环节时，在对数相频曲线 ω 为 0^{+} 的地方，应该补画一条从相角 $\angle G_{op}(j0^{+}) + \nu \cdot 90°$ 到 $G_{op}(j0^{+})$ 的虚线，这里 ν 为串联积分环节的个数。计算正负穿越时,应将补画上的虚线看作相频曲线的一部分。

（6）由 Nyquist 稳定判据可知,位于 Nyquist 图点(－1,j0)附近的 Nyquist 曲线对系统的稳定性影响最大,曲线越是接近该点,系统的稳定程度越差,因而称点(－1,j0)为临界点,且将 Nyquist 曲线与临界点的距离,作为相对稳定性的度量。通常用相位裕度 γ 和 K_g/h 度量 Nyquist 曲线与临界点的距离:在 Nyquist 图上,Nyquist 曲线由 $\omega=0^+$ 至 $\omega\to+\infty$ 的过程中穿越单位圆的点所对应的角频率就是幅值穿越角频率,或称为剪切角频率,记为 ω_{cut}。该点所对应的相角与 －180° 之差称为相位裕度,记为 γ,负实轴绕原点逆时针转到该点为正角,顺时针转到该点为负角。Nyquis 曲线的相位等于 －180° 的点所对应的角频率称为相位穿越角频率,记为 ω_g。该点幅值的倒数即为 K_g。幅值裕度通常用 K_g 的 dB 数 h 表示,$h=20\lg K_g$。$K_g>1$ 时,$h>0$ dB,称幅值裕度为正;$K_g<1$ 时,$h<0$ dB,则称幅值裕度为负。

（7）开环幅频特性穿越 0 dB 线的点所对应的角频率就是 ω_{cut};开环频率特性的相位等于 －180° 的点所对应的角频率就是 ω_g。

（8）对于闭环系统,如果它的 $G_{\mathrm{op}}(s)$ 没有正实部的极点,则称系统是开环稳定的;如果 $G_{\mathrm{op}}(s)$ 的极点和零点的实部小于或等于零,则称它是最小相位系统。因此,最小相位系统一定是开环稳定的,而开环稳定的系统不一定是最小相位系统;反言之,开环不稳定的系统一定是非最小相位系统,而非最小相位系统不一定是开环不稳定的系统。如果 $G_{\mathrm{op}}(s)$ 中有正实部的零点或极点,或有延迟环节(又称纯滞后环节、时滞环节)$e^{-\tau s}$,则属于非最小相位系统,因为把 $e^{-\tau s}$ 用零点和极点的形式近似表达时,会发现它也具有正实部零点。

（9）对于最小相位系统,γ 和 h 的符号是一致的。当 $\gamma>0,h>0$(即 $K_g>1$),系统稳定;当 $\gamma<0,h<0$(即 $K_g<1$),系统不稳定。从控制工程实践得出,为使控制系统具有满意的相对稳定性及对高频干扰的必要抑制能力,需 $30°\leqslant\gamma\leqslant60°$;$h$ 应大于 6 dB,即要求 $K_g>2$。但对于非最小相位系统,γ 和 h 的符号可能是不一致的。因此,γ 和 h 的符号一般是没有太大意义的,不能用来判别系统稳定性。对于稳定系统,$|\gamma|$ 和 $|h|$ 表示了系统稳定的程度,它们的值越大,系统越稳定。对于不稳定系统,$|\gamma|$ 和 $|h|$ 表示了系统不稳定的程度,它们的值越大,系统越不稳定。进行系统的稳定裕度判断时,应当同时考虑 h 和 γ,不应当只用其中一项,除非有一项无法考虑。对非最小相位系统进行分析或综合时,必须同时考虑其 h 和 γ。

18.7.10　用 Nyquist 判据判断各种可变参数下闭环系统的稳定性和稳定裕度

（1）系统的 $G_{\mathrm{op}}(s)$ 增益与 h 直接相关。对于静电悬浮加速度计而言,开环传递函数与 ω_0^2 成正比,因此 ω_0^2 与 h 直接相关。为使系统稳定,ω_0^2 要足够高。而 ω_0^2 与 K_s 成正比,因此为使系统稳定,K_s 要足够高。然而,对于开环系统中除 $G_{\mathrm{op}}(s)$ 增益外还有其他参数发生变化的系统,$G_{\mathrm{op}}(s)$ 增益则不足以表明系统的稳定程度。为此,借鉴根轨迹法之可变参量 K_{alt} 的等效开环传递函数概念,用等效开环传递函数的 Nyquist 图和 Bode 图分别讨论加速度计各种可变参数下闭环系统的稳定性和稳定裕度。由于非最小相位系统的 γ 和 h 之符号不能用来判别系统稳定性,所以我们讨论每一种可变参数下闭环系统的稳定性和稳定裕度时,首先进行是否属于最小相位系统的判定。

（2）相对于文献提出的系统稳定要求,环内采用一阶低通滤波的 SuperSTAR 加速度计 US 轴伺服控制系统 f_{cut} 点附近,幅频特性的斜率保持约为 －20 dB/dec 的频段低移并略窄。

18.7.11　对幅值裕度要求的验证

稳定状态下取 $K_g = 2$ 或 $1/K_g = 2$ 时,呈现为明显的衰减振荡,虽然系统还是稳定的,但性能很差,由此可知,对稳定系统幅值裕度的要求定为 $K_g > 2$ 或 $1/K_g > 2$ 只是给出了一个下限;$K_g = 1$ 时呈现为等幅振荡,系统处于临界稳定,临界稳定在工程上是不稳定的;从稳定状态的 $K_g = 2$ 或 $1/K_g = 2$ 跨越 $K_g = 1$ 变成不稳定状态后取 $1/K_g = 2$ 或 $K_g = 2$ 时,呈现出发散振荡,系统不稳定。

18.7.12　关于稳定性和稳定裕度的讨论

(1) 开环幅频特性穿越 0 dB 线的点所对应的角频率就是 ω_{cut}。幅值穿越频率 f_{cut} 大致上就相当于闭环带宽,只不过闭环频率特性在 f_{cut} 点的幅值并不一定准确等于 -3 dB 罢了。由于 f_{cut} 大致上就相当于闭环带宽,所以 f_{cut} 愈高,则愈能准确地复现形状复杂的输入信号。因此,设计一个控制系统时显然应当尽可能使 f_{cut} 高一些。

(2) 大多数工程上比较实用的系统,其阶跃响应时间大约在 $(0.6 \sim 1.4)/f_{cut}$ 的范围内。

(3) 尽管为使系统稳定,ω_0^2 要足够高,因而 K_s 要足够高。然而,由于受到系统中各部件物理性质的限制,控制系统的通频带实际上不可能设计得太宽。另外,通频带太宽容易在电路中引进高频噪声以致造成放大器的堵塞等障碍,以致系统不能正常工作。鉴于控制系统的通频带必定随着 ω_0 增大而加宽,所以 K_s 也并非越大越好。由此可见,如何把握控制系统通频带的宽度,是设计控制系统的一项重要内容。

(4) 同一个系统相对于不同的可变参量,有的属于最小相位系统,有的属于非最小相位系统,可见是否属于最小相位系统有一定的相对性。

(5) Routh-Hurwitz 稳定判据、根轨迹法、Nyquist 判据得到的幅值裕度完全一致。其中:Routh-Hurwitz 稳定判据最麻烦,但给出了系统稳定的充要条件,由此可以得到系统是否稳定的各项可变参数间的解析关系,并知晓为使系统稳定,各项可变参数应比临界值增大还是缩小;根轨迹法在 MATLAB 支持下直接指明可变参数在临界稳定左右大小变化使系统稳定还是不稳定;Routh-Hurwitz 稳定判据和根轨迹法得不到 γ;Nyquist 判据在 MATLAB 支持下直接给出 K_g 和 γ 的数值。

18.7.13　伺服控制参数的调整方法概述

(1) PID 校正器是一类通用的自动控制装置。它适用于各种被控过程或对象的控制。PID 校正器的三个参数　　　比例系数 K_p, τ_d, τ_i 都是可调整的,即可以"整定"的。由于被控过程或对象的动态特性是各不相同的,只有将 K_p, τ_d, τ_i 整定到与被控过程或对象的动态特性相匹配时,才能满足被控过程或对象对控制系统所要求的性能指标。

(2) 目前常采用的 PID 校正器参数整定方法有:① 工程实验整定法:该方法直接在过程控制系统的实验中通过特定响应曲线得到所需的特征量,然后查照经验表,求得校正器的相关参数。该方法简单、易于掌握,但是由于是人为按照一定的计算规则完成,所以要在实际工程中经过多次反复调整。常用的工程实验整定法有阶跃响应法、临界比例度法、衰减曲线法和现场凑试法等。② 自整定法:该方法对运行中的控制系统进行 PID 校正器参数的自动调整,以使系统在运行中始终具有良好的控制品质。③ 理论计算整定法:该方法主要依据系统的数学模型,采用控制理论中的根轨迹法、对数频率特性法等,经过理论计算确定控制参数的数值。这种方法完全依赖于数学模型,计算比较烦琐,所得到的计算数据必须通过工程实践进行调整和修改。这三种方法中,工程实验整定法和自整定法绝大多数与 FOPDT 模型有不可分割的关系,而理论计算整定法不受被控对象的传递函数是何种模型的制约。

18.7.14　FOPDT 模型

(1)FOPDT 模型是一种最小假设模型,被控对象如果是一种工业过程,其传递函数大多数都能用 FOPDT 模型来近似描述。该模型多用于描述化工过程,包括温升过程。

(2)适用 FOPDT 模型的大多数工业过程具有以下特性:① 通常被控制对象是一维的;②FOPDT 模型不是通过对实际工业过程所使用的物理原理、电路拓扑和具体参数进行控制系统理论分析得到的,该模型只是对大多数工业过程开环传递函数的一种唯象学意义上的近似描述;③ 通常并不预知 FOPDT 模型参数 K(开环增益),τ(纯滞后时间常数),T(惯性时间常数)的具体数值;④ 若将 FOPDT 模型的纯滞后环节(又称时滞环节、延迟环节)$e^{-\tau s}$ 用 Padé 逼近转换为 $[l, k]$ 阶有理分式,可以看到该有理分式有正实部的零点而没有正实部极点,因而适用该环节的系统是一种开环稳定的非最小相位系统。由此可知,适用 FOPDT 模型的大多数工业过程也是一种开环稳定的非最小相位系统。

(3)$e^{-\tau s}$ 为 Laplace 算子 s 的超越函数,可采用 n 阶 pade( ) 函数来逼近。Padé 逼近是一种利用 $[l, k]$ 阶有理分式逼近 $e^{-\tau s}$ 的方法。Padé 逼近与多项式逼近相比,可以降低阶次而得到同样的效果,由于无须计算自变量的高次幂,从而使得计算大为简化。Padé 逼近在极点附近具有很好的逼近效果,而且由于有理分式自身的特性,求其零点与极点很方便。

(4)由 1 ~ 4 阶 Padé 逼近可以看到,纯滞后环节 $e^{-\tau s}$ 是一种开环稳定的非最小相位系统,因此,FOPDT 模型也是一种开环稳定的非最小相位系统。$e^{-\tau s}$ 的 1 阶 Padé 逼近在 $\tau s \leqslant 0.5$ 时很准确,$e^{-\tau s}$ 的 2 阶 Padé 逼近在 $\tau s \leqslant 1.5$ 时很准确,$e^{-\tau s}$ 的 3 阶 Padé 逼近在 $\tau s \leqslant 3$ 时很准确,$e^{-\tau s}$ 的 4 阶 Padé 逼近在 $\tau s \leqslant 7$ 时很准确。

(5)通过对三个具有代表性的 FOPDT 模型示例的分析得到:① 由开环阶跃响应曲线可以大体上得到 FOPDT 模型的 K,τ,T 参数;②FOPDT 模型的闭环阶跃响应曲线既可能为增速越来越缓的单调上升,也可能为上升中带有过冲的衰减振荡,还可能为幅度越来越大的振荡;③ 参数 τ,T 固定的情况下,闭环阶跃响应曲线呈现哪种形状仅取决于 FOPDT 模型的开环增益,开环增益由小变大,依次出现上述 3 种形状,且在第 2 种形状和第 3 种形状之间,还会出现等幅振荡;④FOPDT 模型虽然属于非最小相位系统,但仍具有 $K_g > 1$(即开环增益小于临界值)时闭环系统稳定,$K_g < 1$(即开环增益大于临界值)时闭环系统不稳定的性质;⑤τ/T 值越大,系统的纯滞后越严重,闭环系统越不容易稳定,因而需减小开环增益以保证闭环系统的稳定性。

18.7.15　阶跃响应法

阶跃响应法是一种开环整定方法,在系统开环并处于稳定的情况下,由开环阶跃响应曲线测得 FOPDT 模型的 K,T,τ 参数,然后利用 K,T,τ 由经验公式求出 P、PI 和 PID 这三种校正器的参数整定值。阶跃响应法既不需要太多过程对象的先验知识,也不太受试验条件的限制,简单、快捷,适用性较广,并为校正器参数的最佳整定提供了可能,但对外界干扰的抑制能力差,控制品质很差,特别是作用于大滞后的过程中时,系统很难工作在令人满意的状态。

18.7.16　临界比例度法

(1) 临界比例度法曾在工程上得到广泛的应用。该方法仅依赖于被控对象的闭环动态特性参数:临界增益 K_u 和临界振荡周期 T_u。具体做法是:① 设置 $\tau_d = 0$ s, $\tau_i \to \infty$ s, K_p 较小后闭环运行;② 系统稳定后加入阶跃扰动,调整 K_p,使闭环系统做临界等幅周期振荡;③ 读取此时的 K_u, T_u 或由开环 Bode 图得到的相位穿越频率 f_g 及其 K_g 计算出 K_u 和 T_u,其中 $K_u = K_g K_p$, $T_u = 1/f_g$;④ 利用 K_u 和 T_u 由经验公式求出 P,PI 和 PID 这三种校正器的参数整定值;⑤ 按"先 P 后 I 最后 D"的操作程序将校正器整定参数调到计算值上。若不够满意,可作进一步调整。

(2) 临界比例度法的不足:① 需多次实验以获得 K_u 和 T_u,较费时,时间常数大的慢系统尤甚。② 现场存在的噪声会影响最终的控制品质。③ 若系统内部存在滞环或较大摩擦阻力,当等幅振荡幅值很小时容易产生"有限环";相反,若控制系统某元素饱和则可能出现大振幅持续等幅振荡。这两种情况都会误以为达到了临界振荡,从而得到错误的 K_u 和 T_u,给 PID 校正器参数的整定带来大误差。通常,增大/减小 K_p,会相应地带来系统振幅的增大/减小,但是在以上"有限环"和"饱和效应"情况下,K_p 的小变化不会对系统的振荡产生任何影响。④ 很多工业过程不允许系统出现临界周期振荡,否则可能导致整个系统崩溃,因而不允许做临界振荡实验。

18.7.17　衰减曲线法

(1) 衰减曲线法适用于对象特性无法达到等幅振荡或等幅振荡不稳定、不安全的场合。具体步骤为:① 设置 $\tau_d = 0$ s, $\tau_i \to \infty$ s, K_p 较小后闭环运行;② 系统稳定后加入阶跃扰动,调整 K_p,使振荡衰减比 $n = 4:1$(适用于定值控制系统,即输入变量固定的闭环控制系统)或 $n = 10:1$(适用于随动系统,即输入变量随时间变化且其进程未知的闭环控制系统);③ 记录此时的 K_p(记为 K_d),相应的衰减振荡周期 T_d 或输出响应的上升时间 t_p;④ 利用 K_d 以及 T_d 或 t_p 由经验公式求出 K_p, τ_d 及 τ_i。

(2) 衰减曲线法适用于大多数过程。其最大缺点是难于准确确定振荡衰减比 $4:1$(或 $10:1$),导致获得的 K_d 值和 T_d(或 t_p)值存在误差。尤其对于扰动较频繁、过程变化较快的控制系统,不宜采用此法。

18.7.18　现场凑试法

现场凑试法比较适合于对响应曲线较不规则的控制系统或外界干扰频繁的系统。通常凑试的过程按照先比例(P),再积分(I),最后微分(D)的顺序。具体步骤为:① 设置 $\tau_d = 0$ s, $\tau_i \to \infty$ s, K_p 较小后闭环运行;② 系统稳定后加入阶跃扰动,调整 K_p,使振荡衰减比 $n = 4:1$(适用于定值控制系统)或 $n = 10:1$(适用于随动系统);③ 记录此时的 K_p(记为 K_d),T_d 或 t_p;④ 将 K_p 减小 $10\% \sim 20\%$,将 τ_i 由大到小进行整定;⑤ 需引入微分作用时将 τ_d 按经验值或按 $\tau_d = \tau_i/4 \sim \tau_i/3$ 设置,并由小到大加入。这种方法简单、方便、可靠,但主要靠经验,参数凑试较费时间。

18.7.19　工程实验整定法的参数整定原则

(1) 必须保证闭环系统运行正常且有一定的稳定裕度。

(2) τ/τ_d、τ/τ_i 值越大闭环系统越不容易稳定,通常 $\tau_d=0.5\tau$,$\tau_i=2\tau$。

(3) K_p 过大、τ_i 过小、τ_d 过大均易产生振荡。τ_i 用于消除余差,τ_d 用于预测控制,但对高频噪声不利。

(4) 需通过闭环系统的性能指标来衡量参数整定是否达到最佳过渡过程。单项性能指标有超调量或最大偏差、衰减比、余差及过渡过程时间等。综合性能指标有误差绝对值积分 $\int_0^\infty |e(t)|\,dt$ 趋于最小、误差平方积分 $\int_0^\infty e^2(t)\,dt$ 趋于最小、时间乘以 $\int_0^\infty t|e(t)|\,dt$ 趋于最小等。

18.7.20　对工程实验整定 PID 校正器参数四种方法的讨论

(1) 临界比例度法、衰减曲线法、现场凑试法可扩展应用于与 FOPDT 模型有类似特性的其他传递函数模型,但必须验证这种扩展应用是否有效。

(2) 阶跃响应法或临界比例度法得到的 K_p 值有的相当合适,有的略嫌偏大,有的明显太大,分别表现为校正后的闭环阶跃响应曲线过冲不太大、振荡次数很少,过冲偏大、衰减振荡的次数较多,振荡幅度越来越大甚至急速单调上升三种不同情况。

(3) 对 FOPDT 模型使用衰减曲线法,衰减比取 $n=4:1$ 时得到的 K_p 值略嫌偏大,过冲略嫌偏高。而取 $n=10:1$ 时得到的 K_p 值太大,导致闭环阶跃响应曲线急速单调上升。

(4) 对 FOPDT 模型使用衰减比 $n=4:1$ 的衰减曲线法效果最好,使用阶跃响应法或临界比例度法的效果不稳定,使用现场凑试法的效果取决于经验和凑试所用功夫的深浅,使用衰减比 $n=10:1$ 的衰减曲线法效果最差。

(5) 对 FOPDT 模型无论使用阶跃响应法、临界比例度法还是衰减曲线法,按照文献给出的计算规则得到的闭环阶跃响应曲线效果均不理想,然而仅将 K_p 值适度调小就可以对衰减振荡起到降低过冲、减少衰减振荡的次数的作用,或将各种不稳定现象变成为过冲不大(甚至很小)、振荡次数比较多(甚至很少)且趋近于 1 的衰减振荡。

18.7.21　静电悬浮加速度计伺服控制系统的特点

(1) 静电悬浮加速度计伺服控制系统仅施加比例作用时有如下开环特性:① 被控制对象是 6 维的(三个平动轴加三个转动轴);② $G_{op}(s)$ 是通过对静电悬浮加速度计所使用的物理原理、电路拓扑和具体参数进行控制系统理论中的线性定常简化分析得到的,因而在所给参数和简化条件成立的前提下,从工程角度来看,$G_{op}(s)$ 是足够准确的;③ $G_{op}(s)$ 仅与 ω_0,ω_c,ω_p 有关,且 ω_0,ω_p,ω_c 均是已知的;④ 仅施加比例作用时的 $G_{op}(s)$ 有正实部的极点,因而系统是开环不稳定的。从仅施加比例作用时的开环阶跃响应曲线可以看到,该系统确实是开环不稳定的。而开环不稳定的系统一定是非最小相位系统。这与 FOPDT 模型属于开环稳定的非最小相位系统不同。

(2) 由于静电悬浮加速度计系统仅施加比例作用时开环不稳定,所以不可能由开环阶跃响应曲线测得 FOPDT 模型的 K,T,τ 参数,进而不可能利用 K,T,τ 由经验公式求出 PID 校正器的参数整定值,即不可能采用阶跃响应法。

（3）静电悬浮加速度计伺服控制系仅施加比例作用时，无论开环增益是大是小，闭环系统都是不稳定的。从仅施加比例作用时加速度测量值对于输入加速度阶跃的响应可以看到，该系统确实是闭环不稳定的。由此可见，该系统与 FOPDT 模型开环增益小于临界值时闭环系统稳定，大于临界值时闭环系统不稳定是不同的。

（4）由于静电悬浮加速度计系统仅施加比例作用时闭环不稳定，所以不可能在仅施加比例作用的情况下靠调整 K_p 使系统出现等幅振荡或衰减振荡，即不可能采用临界比例度法、衰减曲线法、现场凑试法。

（5）静电悬浮加速度计系统施加比例、积分、微分作用时，τ_d，τ_i，ω_0，ω_c 过小均会使闭环系统不稳定，其中 ω_0 过小的原因是 K_s 过小，即 K_s 过小会使闭环系统不稳定。这与 FOPDT 模型考虑 PID 校正器的作用时 K_p 过大、τ_d 过大均会使闭环系统不稳定是完全相反的。

（6）由于静电悬浮加速度计系统施加比例、积分、微分作用时，包含 K_p 在内的 K_s 过小会使闭环系统不稳定，所以与临界比例度法、衰减曲线法或现场凑试法调试时从小到大逐渐增大 K_p 不同，应先置 K_s 为足够大的数值。

（7）由于静电悬浮加速度计系统施加比例、积分、微分作用时，τ_d 过小会使闭环系统不稳定，所以与临界比例度法、衰减曲线法或现场凑试法调试时先置 $\tau_d = 0$ s 不同，应先置 τ_d 为足够大的数值。

（8）由于静电悬浮加速度计伺服控制系统仅施加比例作用时的开环特性、闭环特性以及施加比例、积分、微分作用时闭环系统的稳定性均与 FOPDT 模型相对立，所以静电悬浮加速度计伺服控制参数的整定不能采用与 FOPDT 模型的特性有不可分割关系的工程实验整定法和自整定法。

（9）由于理论计算整定法不受被控对象的传递函数是何种模型的制约，且与上述两种整定法都属于常用的整定法，十分成熟，所以我们最终选定用理论计算整定法对静电悬浮加速度计伺服控制参数进行整定。

18.7.22　PID 校正网络微分时间常数对静电悬浮加速度计伺服控制系统的作用

根据能量守恒定律，振动系统如果没有阻尼，即没有能量消耗，一旦受到扰动，所激发出来的振动将永不停歇，而静电悬浮加速度计未施加 PID 校正前敏感结构中只有非常微弱的金丝阻尼和残余气体平衡态阻尼，不足以使检验质量因外来加速度变化或其他因素扰动而产生的振荡迅速衰减，因而需要靠 PID 校正网络的微分时间常数来产生足够的电阻尼。由于电阻尼的阻尼系数与 τ_d 成正比，所以 τ_d 必须足够大，绝对不能先置 $\tau_d = 0$ s。

18.7.23　静电悬浮加速度计伺服控制系统参数调整的重点

（1）由于静电悬浮加速度计伺服控制系统开环传递函数的参数是已知的，被控制对象又具有 6 个自由度，所以没必要、也不可能采用工程实验方法逐渐调整 PID 参数，正确的做法是依据系统的数学模型，采用控制理论中的稳定性分析和稳定裕度（即鲁棒性）分析，通过计算确定 PID 参数。

（2）确定了的 ω_0，ω_c，τ_d，τ_i 都有很大裕度，且由 ω_0，ω_c，τ_d，τ_i 确定的归一化闭环传递函数的截止频率 $f_{-3\,dB}$ 与 ADC1 的输出数据率和 DAC 的输入数据率 r_d 相关，不需要也不应该做大幅度调整，甚至根本不需要调整。

(3) 要将 K_p 纳入到 K_s 中一并考虑,即需要调整的是 K_s,而不仅仅是其中的 K_p;因为受"数字控制器"ADC1 输入范围和 DAC 输出范围以及反馈控制电压可输出最大绝对值的限制,驱动电压放大器的增益不可能大幅度变动。因此,根据稳定需求确定 K_s 之后,在一定的 ADC1 和 DAC 位数下,靠加大 K_p 来减小电容位移检测电路增益 K_{cd},会受到检验质量回到电极笼中央后的位置起伏随之增大以及 ADC1 以位移噪声形式表达的量化噪声随之增大的节制。

(4) 位移噪声引起的加速度测量噪声只与敏感结构的几何参数、检验质量上施加的固定偏压 V_p 和电容位移检测电压的有效值 V_d 有关,而与电荷放大器第一级之后、ADC1 之前的各级增益无关。因此,以为电荷放大器第一级之后、ADC1 之前的各级增益越大,位移噪声就会被放大得越多的观点是错误的(也可以从闭环增益不同于开环增益的角度认识这一问题)。

(5) 为了分别满足科学模式下、捕获模式下的不同需求,需调整 K_s 及其在 K_{cd}、K_p、驱动电压放大器增益 K_{drv} 间的分配。

18.7.24 环内采用二阶低通滤波时的稳定性分析

(1) 为保证环内采用二阶 Butterworth 低通滤波的 SuperSTAR 加速度计 US 轴满足系统稳定的充分必要条件,可以仍然沿用针对一阶低通滤波的 ω_0、ω_c、τ_d、τ_i。但是除了 $1/\tau_i$ 仍然有很大的稳定裕度外,ω_0、ω_c、τ_d 的稳定裕度均很小,且 ω_0 和 τ_d 均既有下限,又有上限,加之 ω_0、ω_c、τ_d、τ_i 四个参数均为整定对象,在稳定判据中互相纠缠在一起,任何一个参数变化均会影响另三个参数的稳定判据,因此,环内采用二阶低通滤波会给稳定裕度调试带来困难。与之相对照,采用一阶低通时,虽然 ω_0、ω_c、τ_d、τ_i 四个参数在稳定判据中互相纠缠在一起的现象仍然存在,但由于每一个参数的稳定裕度很大,且均只有下限,没有上限,因此,稳定裕度调试会容易得多。进一步考虑到位移检测的抽运频率高达 100 kHz,离环外 1a 级加速度计原始观测数据的 3 Hz 带宽非常远,用一阶低通滤波完全能满足原始观测数据几乎无衰减、抽运频率高达 100 kHz 的载波被极度抑制的要求。凡此种种决定了该环内低通滤波环节采用一阶低通滤波电路为好。

(2) 相对于可变参量 $K_{alt}=\omega_0^2$ 或 $K_{alt}=\tau_d$,环内采用二阶低通滤波的 SuperSTAR 加速度计 US 轴伺服控制系统是一个条件稳定系统。条件稳定系统的特点是,只有当开环增益落在两个临界值之间时,闭环系统才能稳定;开环增益小于下界临界值或大于上界临界值时,系统均不稳定。当有大的输入信号加到这种条件稳定的系统时,条件稳定系统可能变成不稳定。因为大信号会引起饱和,而饱和又会降低系统的开环增益。在工程实践中,必须防止饱和现象发生,因为它将使开环增益降低到临界值以下,从而使系统变得不稳定。

(3) 对于静电悬浮加速度计伺服控制而言,环内采用一阶有源低通滤波系统比环内采用二阶 Butterworth 有源低通滤波系统更稳定。实际调试结果也完全证实了这一点。

(4) 环内采用二阶低通滤波的 SuperSTAR 加速度计 US 轴伺服控制系统不能得到相对于可变参量 $K=1/\omega_c$ 的等效开环传递函数,因而不能用 Nyquist 判据判断其稳定性和稳定裕度。

(5) 与环内采用一阶低通时相同,环内采用二阶低通滤波的 SuperSTAR 加速度计 US 轴伺服控制系统相对于可变参量 $K_{alt}=\omega_0^2$ 或相对于可变参量 $K_{alt}=\tau_d$ 均属于非最小相位系统,且开环不稳定;而相对于可变参量 $K_{alt}=1/\tau_i$ 属于最小相位系统,开环稳定。

（6）与环内采用一阶低通时类似，相对于文献提出的系统稳定要求，环内采用二阶低通滤波的 SuperSTAR 加速度计 US 轴伺服控制系统 f_{cut} 点附近，幅频特性的斜率保持约为 -20 dB/dec 的频段低移并略窄。

（7）环内采用二阶低通滤波的 SuperSTAR 加速度计 US 轴伺服控制系统幅频特性的斜率在高频段内为 -60 dB/dec，与典型 4 阶开环系统高频段完全一致，而环内采用一阶低通时不存在幅频特性的斜率为 -60 dB/dec 的高频段，但这点并不意味着环内采用一阶低通滤波的 SuperSTAR 加速度计 US 轴伺服控制系统不如该系统采用二阶低通滤波时稳定。

参 考 文 献

［1］　梅晓榕. 自动控制原理［M］. 2 版. 北京：科学出版社，2007.

［2］　黄家英. 自动控制原理：上［M］. 南京：东南大学出版社，1991.

［3］　王万良. 自动控制原理［M］. 北京：科学出版社，2001.

［4］　翁思义，杨平. 自动控制原理［M］. 北京：中国电力出版社，2001.

［5］　候加林. 自动控制原理［M］. 北京：中国电力出版社，2008.

［6］　The MathWorks，Inc.. Help：Control System Toolbox＞Function Reference＞Alphabetical List＞bode［EB/CD］. Matlab Version 7.6.0.324 (R2008a)，2008.

［7］　胡国清，刘文艳. 工程控制理论［M］. 北京：机械工业出版社，2004.

［8］　黄忠霖. 自动控制原理的 MATLAB 实现［M］. 北京：国防工业出版社，2007.

［9］　吴丙申，卞祖富. 模拟电路基础［M］. 北京：北京理工大学出版社，1997.

［10］　FROMMKNECHT B. Simulation des sensorverhaltens bei der GRACE-mission［D］. München：TUM (Technische Universität München)，2001.

［11］　李友善. 自动控制原理［M］. 北京：国防工业出版社，2005.

［12］　夏德钤. 自动控制理论［M］. 北京：机械工业出版社，1989.

［13］　佚名. 画 Nyquist 图的一些方法（1）［EB/OL］. （2011－12－01）. https://wenku. baidu. com/view/9b0c7e2a453610661ed9f436. html.

［14］　吴麒，王诗宓. 自动控制原理：上［M］. 北京：清华大学出版社，2006.

［15］　The MathWorks，Inc.. Help：Control System Toolbox＞Function Reference＞Alphabetical List＞series［EB/CD］. Matlab Version 7.6.0.324 (R2008a)，2008.

［16］　The MathWorks，Inc.. Help：Control System Toolbox＞Function Reference＞Alphabetical List＞feedback［EB/CD］. Matlab Version 7.6.0.324 (R2008a)，2008.

［17］　郭一楠，常俊林，赵峻，等. 过程控制系统［M］. 北京：机械工业出版社，2009.

［18］　刘文定，王东林. 过程控制系统的 MATLAB 仿真［M］. 北京：机械工业出版社，2009.

［19］　严爱军，张亚庭，高学金. 过程控制系统［M］. 北京：北京工业大学出版社，2010.

［20］　何芝强. PID 控制器参数整定方法及其应用研究［D］. 杭州：浙江大学，2005.

［21］　薛定宇. 反馈控制系统设计与分析：MATLAB 语言应用［M］. 北京：清华大学出版社，2000.

［22］　张晶涛. PID 控制器参数自整定方法及其应用研究［D］. 沈阳：东北大学，2001.

［23］　欧阳磊. 基于自整定 PID 控制器的温度控制系统研究［D］. 合肥：安徽理工大学，2009.

［24］ 佚名. MATLAB 控制系统的数学模型［EB/OL］. http://wenku. baidu. com/view/
96749d1fff00bed5b9f31db0. html.

［25］ 叶华，霍健，刘玉田. 基于 Padé 近似的时滞电力系统特征值计算方法［J］. 电力系统自动
化，2013，37（7）:25 - 30.

［26］ 郑成德. Padé 逼近若干问题研究［D］. 大连:大连理工大学，2004.

［27］ The MathWorks，Inc.. Help:Control System Toolbox＞Function Reference＞Alphabetical
List＞pade［EB/CD］. MATLAB Version 7. 6. 0. 324（R2008a），2008.

［28］ 韩帮华. PID 控制器参数整定方法及应用研究［D］. 青岛:青岛科技大学，2009.

［29］ 蔡大泉，张晓东，耿建风，等. 过程控制系统及工程应用［M］. 北京:中国电力出版
社，2010.

［30］ 陶永华，尹怡欣，葛芦生. 新型 PID 控制及其应用［M］. 北京:机械工业出版社. 1998.

［31］ 魏克新，王云亮，陈志敏. MATLAB 语言与自动控制系统设计［M］. 北京:机械工
业出版社,1997.

［32］ 全国电工术语标准化技术委员会，全国工业过程测量和控制标准化技术委员会. 电
工术语:控制技术;GB/T 2900. 56—2008［S］. 北京:中国标准出版社，2008.

［33］ 诸葛向彬. 工程物理学［M］. 杭州:浙江大学出版社，1999.

第 19 章　静电悬浮加速度计系统的前向通道增益与分配及相应性能分析

本章的物理量符号

A	电极面积，m^2
A_c	单通道的电极面积，m^2
A_x	x 向电极面积，m^2
$A_{x/4}$	x 向单块电极面积（$4A_{x/4} = A_x$），m^2
A_y	y 向电极面积，m^2
$A_{y/2}$	y 向单块电极面积（$2A_{y/2} = A_y$），m^2
A_z	z 向电极面积，m^2
$A_{z/2}$	z 向单块电极面积（$2A_{z/2} = A_z$），m^2
B	由式（19-25）表达，S
C	由式（19-41）表达的机电转换器阻抗中的等效电容，F
C_c	输入电缆的静电电容，F
C_f	电荷放大器的反馈电容，F
C_i	电荷放大器的输入电容，F
C_{mean}	检验质量处于电极笼正中位置时检验质量与电极间的电容，F
$C_{mean,x/4}$	检验质量处于电极笼正中位置时检验质量与 x 向单块电极间的电容，F
$C_{mean,y/2}$	检验质量处于电极笼正中位置时检验质量与 y 向单块电极间的电容，F
$C_{mean,z/2}$	检验质量处于电极笼正中位置时检验质量与 z 向单块电极间的电容，F
C_{pri}	映射到差动变压器初级的单边等效电容，F
$C_{pri,x/4}$	$C_{mean} + C_{mean,x/4}$，F
$C_{pri,y/2}$	$C_{mean} + C_{mean,y/2}$，F
$C_{pri,z/2}$	$C_{mean} + C_{mean,z/2}$，F
C_s	压电传感器固有电容，F
C_{stray}	差动变压器单个初级绕组的分布电容，F
d	检验质量与电极间的平均间隙，m
d_x	x 向检验质量至极板的平均间隙，m
d_y	y 向检验质量至极板的平均间隙，m
d_z	z 向检验质量至极板的平均间隙，m
f	频率，Hz
f_0	加速度计的基础频率，Hz
$f_{-3\,dB}$	归一化闭环传递函数的截止频率，Hz

F_a	检验质量与限位相接触所产生的黏着结合力，N
f_c	环内一阶有源低通滤波器的截止频率，Hz
f_d	位移检测的抽运频率，Hz
$F_{el}(t)$	检验质量受到的静电力（向上为正），N
f_N	Nyquist 频率，Hz
G_{op}	电荷放大器的开环电压增益
G_p	物理增益，$m \cdot s^{-2}/V$
$G_{ucl}(s)$	归一化闭环传递函数，无量纲
$H(\omega_d)$	由式（19－35）表达
I_1	桥式电路上端的输出电流，A
I_2	桥式电路下端的输出电流，A
I_{off}	电荷放大器的等效输入失调电流，A
I_{sec}	通过变压器次级绕组的电流，A
K_{bjt}	电荷放大器第二级（BJT 级）的增益，无量纲
K_{bp}	带通滤波器的增益，无量纲
k_c	差动变压器的耦合系数
K_{cd}	电容位移检测电路增益，V/m
K_{csa}	斩波稳定运算放大器的增益，无量纲
K_{DCoa}	直流输出放大器的增益，无量纲
K_{dhvb}	45 V 专用高电压提升器的增益，无量纲
K_{drv}	驱动电压放大器增益，无量纲
K_g	幅值裕度
$K_{g,1/\omega_0^2}$	$1/\omega_0^2$ 的幅值裕度
K_{lp}	环内一阶有源低通滤波器的增益，无量纲
K_m	同步检测的增益，无量纲
K_p	PID 校正网络的比例系数，无量纲
K_s	前向通道的总增益，V/m
K_x	从位移到电荷放大器第一级（FET 级）输出的增益，V/m
L	由式（19－40）表达的机电转换器阻抗中的等效电感，H
L_{pri}	差动变压器单个初级绕组的电感，H
L_{sec}	差动变压器次级绕组的电感，H
$M_{1,2}$	差动变压器两个初级绕组之间的互感，H
$M_{1,sec}$	差动变压器第一个初级绕组与次级绕组之间的互感，H
$M_{2,sec}$	差动变压器第二个初级绕组与次级绕组之间的互感，H
m_i	检验质量的惯性质量，kg
N	ADC1 的位数
n	次级绕组与单个初级绕组的匝数比
$N_{0,PSD}$	以位移噪声的形式表达的 Nyquist 型 ADC1 量化噪声的功率谱密度，$m/Hz^{1/2}$

Q	差动变压器的品质因数
Q_e	压电传感器电荷量,C
q_{LSB}	ADC1 的 1 LSB 对应的位移,m
R	由式(19-42)表达的机电转换器阻抗中的等效电阻;电阻,Ω
R_c	输入电缆的绝缘电阻,Ω
r_d	ADC1 的输出数据率,DAC 的输入数据率,Sps
R_f	电荷放大器的反馈电阻,Ω
R_i	电荷放大器的直流输入电阻,Ω
R_L	差动变压器次级绕组的铜损,Ω
R_{pri}	差动变压器各个初级绕组的电阻,Ω
r_s	ADC1 的采样率,Sps
R_{sec}	差动变压器次级绕组的电阻,Ω
t	时间,s
u_d	电容位移检测电压的瞬时值,V
u_{in}	电荷放大器输出的 100 kHz 信号的瞬时值,V
u_{out}	乘法器的输出,V
V_1	桥式电路上端的输出电压,V
V_2	桥式电路下端的输出电压,V
V_d	电容位移检测电压的有效值,即 RMS 值,V
V_f	反馈控制电压,V
$V_f(0)$	检验质量与限位相贴时的反馈控制电压[施加到下电极的为 $+V_f(0)$],V
$V_{f,max}$	电路能实施的反馈控制电压范围,V
$V_f(t)$	反馈控制电压,V
$V_{in}(t)$	电荷放大器输出的 100 kHz 信号的有效值,V
V_{of}	I_{off} 和 V_{off} 在输出端产生的零点漂移,V
V_{off}	电荷放大器的等效输入失调电压,V
$V_{of,I}$	I_{off} 在输出端产生的零点漂移,V
$V_{of,V}$	V_{off} 在输出端产生的零点漂移,V
V_{out}	电荷放大器第一级(FET 级)的输出电压有效值,V
V_p	检验质量上施加的固定偏压,V
V_{sd}	同步检测的输出(即滤除约两倍于载波频率的无用信号后的乘法器输出),V
V_{sec}	变压器次级绕组两端的电压差,V
x	检验质量相对电极的位移,m
$X(s)$	$x(t)$ 的 Laplace 变换
$x(t)$	检验质量相对电极笼的位移(即检验质量相对电极笼中心的偏离),m
$Z_{transducer}(\omega_d)$	从差动变压器输出端向前看的机电转换器阻抗,Ω
$Z(\omega_d)$	由(19-36)表达,Ω
$\gamma_{msr}(t)$	加速度测量值,m/s^2

$\tilde{\gamma}_{N_0,PSD}$	以加速度噪声的形式表达的 ADC1 量化噪声的功率谱密度，$m \cdot s^{-2}/Hz^{1/2}$
γ_s	捕获过程的外来加速度，m/s^2
$\Gamma_s(s)$	$\gamma_s(t)$ 的 Laplace 变换
$\gamma_s(t)$	输入加速度，即加速度计所在位置的微重力加速度，m/s^2
Δ	量化器 1 LSB 高度，U(U 指观测量的单位)
ΔC	检验质量偏离正中位置引起的检验质量与电极间的电容相对于正中位置的偏离，F
ε_0	真空介电常数：$\varepsilon_0 = 8.854\,188 \times 10^{-12}$ F/m
τ_d	PID 校正网络的微分时间常数，s
τ_i	PID 校正网络的积分时间常数，s
ω_0	加速度计的基础角频率，rad/s
ω_c	环内一阶有源低通滤波电路的截止角频率(−3 dB 处的角频率)，rad/s
ω_d	位移检测的抽运角频率，rad/s
ω_p	受静电负刚度制约的角频率，rad/s

本章独有的缩略语

IGFET	Insulated Gate Field Effect Transister，绝缘栅型场效应晶体管
JFET	Junction Field Effect Transistor，结型场效应晶体管

19.1 前向通道总增益所包含的项目

17.5.1 节指出，前向通道总增益包括电容位移检测电路增益、PID 校正网络的比例系数、驱动电压放大器增益。以下分述它们各自包含的项目：

(1)电容位移检测电路如图 17－14 所示。从图 17－14 可以看到，电容位移检测电路包括电荷放大器、选频交流放大器、同步检测和直流输出放大器。需要说明的是：

1)图 17－14 中电荷放大器实际上有两级，第一级采用场效应晶体管(FET)以完成阻抗匹配，第二级采用双极结型晶体管(BJT)以便在 100 kHz 处达到 200 的增益[1]。

2)如 19.2.3 节所述，从位移到电荷放大器第一级(FET级)输出的增益 K_x 是具有低频特性的位移 x 到载波频率 100 kHz 的调幅波有效值 V_{out} 的增益，单位为 V/m。

3)文献[1]指出，图 17－14 中选频交流放大器用于剔除高于或低于检测频率的宽频噪声；文献[2]则标明在同一位置采用的是带通滤波器，并给出其在中心频率处的增益为 1。

4)如 19.3 节所述，乘法器从调幅波中检测出反映检验质量相对电极位移的幅度调制信号，但同时会产生频率两倍于载波频率的无用信号，因而同步检测在乘法器之后还跟随有环内一阶有源低通滤波器。

5)如 19.3 节所述，同步检测的增益是从载波频率 100 kHz 的调幅波有效值到低频电压输出的增益，增益值(无量纲量)$K_m = 0.1\{V_d\}_V$，其中 V_d 为电容位移检测电压的有效值，$\{\ \}_V$ 表示仅取其以 V 为单位的数值。

(2)图 17－17 给出加速度计的伺服控制环原理图，该图右半部用方框包围的部分为图

17-1 所示数字电路单元的内部构成。可以看到,PID 校正网络是数字电路单元的重要组成部分。而 PID 校正网络的比例系数是前向通道总增益的构成环节。

(3)17.3.3.2 节指出,驱动电压放大器实际上有两级,第一级采用斩波稳定运算放大器,以便在测量带宽内摆脱 $1/f$ 噪声,第二级为 45 V 专用高电压提升器,用于在飞行状态下捕获检验质量使之悬浮。

因此,前向通道总增益 K_s 由三个因子构成:电容位移检测电路增益 K_{cd}、PID 校正网络的比例系数 K_p、驱动电压放大器增益 K_{drv}。其中,K_{cd} 包括从位移到电荷放大器第一级(FET 级)输出的增益 K_x、电荷放大器第二级(BJT 级)的增益 K_{bjt}、带通滤波器增益 K_{bp}、同步检测增益 K_m、环内一阶有源低通滤波器增益 K_{lp}、直流输出放大器增益 K_{DCoa} 等 6 个因子,K_{drv} 包括斩波稳定运算放大器增益 K_{csa}、45 V 专用高电压提升器增益 K_{dhvb} 等 2 个因子。

根据以上叙述,前向通道总增益可表示为

$$K_s = K_{cd} K_p K_{drv} \tag{19-1}$$

式中　K_s —— 前向通道总增益,V/m;

$\quad\quad K_{cd}$ —— 电容位移检测电路增益,V/m;

$\quad\quad K_p$ —— PID 校正网络的比例系数,无量纲;

$\quad\quad K_{drv}$ —— 驱动电压放大器增益,无量纲。

其中

$$K_{cd} = K_x K_{bjt} K_{bp} K_m K_{lp} K_{DCoa} \tag{19-2}$$

式中　K_x —— 从位移到电荷放大器第一级(FET 级)输出的增益,V/m;

$\quad\quad K_{bjt}$ —— 电荷放大器第二级(BJT 级)的增益,无量纲;

$\quad\quad K_{bp}$ —— 带通滤波器的增益,无量纲;

$\quad\quad K_m$ —— 同步检测的增益,无量纲;

$\quad\quad K_{lp}$ —— 环内一阶有源低通滤波器的增益,无量纲;

$\quad\quad K_{DCoa}$ —— 直流输出放大器的增益,无量纲。

而

$$K_{drv} = K_{csa} K_{dhvb} \tag{19-3}$$

式中　K_{csa} —— 斩波稳定运算放大器的增益,无量纲;

$\quad\quad K_{dhvb}$ —— 45 V 专用高电压提升器的增益,无量纲。

需要说明的是,图 17-1 中最下面一排,包括读出放大器、抗混叠滤波、ADC2、数字滤波,由于处于伺服控制环外,所以与前向通道总增益无关。

以下以 GRADIO 加速度计为例,分别讨论 US 轴、LS 轴科学模式和捕获模式下的前向通道增益与分配及其相应性能。

19.2　从位移到电荷放大器第一级(FET 级)输出的增益

19.2.1　概述

从图 17-14 可以看到:静电悬浮加速度计采用电容式位置传感;每个检测方向的电容由一对固定的电极以及可以在其中自由移动的质量块组成,它们构成了差动式电容结构 —— 这种做法优于标准电容与测量电容间差分,因为前者配对性更好,而且没有标准电容与测量电容间温度差造成的漂移;差动电容测量是建立在差动变压器基础上的,且运行的是载波频率 100 kHz 的调幅波;差动电容位移检测电路第一级通常采用电荷放大器[3]。图 19-1 给出了这部分的原理框图,图中 V_{out} 为电荷放大器第一级(FET 级)的输出电压有效值,该图与图 17-14 中相关部分不同的是增加了反馈电阻 R_f。我们知道,电容负反馈电路在运放等效输入失调电压驱动下,经过或长或短的一段时间后,会使输出达到饱和,因而必须用 R_f 与 C_f 并联[3](对 R_f 取值的分析参见 19.2.3 节)。从图 19-1 可以看到,由于电荷放大器用足够的增益将其输入端强加一个虚地,而电荷放大器的输入端正是差动变压器的输出端,因而 $V_{sec} = 0^{[1,4]}$,即差动变压器次级绕组的分布电容被旁路,这是图 17-14 和本图中没有绘出该分布电容的原因。

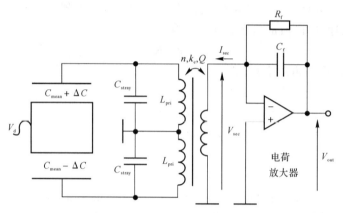

图 19-1   到电荷放大器第一级(FET 级)为止的电容位移检测电路原理框图

图 17-14 所示电容位移检测电路在同步检测之前以调幅波的形式运行,其载波频率为 100 kHz,因而 19.2 节中涉及的各种电压和电流,均为频率 100 kHz 的有效值。

19.2.2   电荷放大器的输入电路

19.2.2.1   概述

图 19-2 给出了电荷放大器的输入电路[1]。位移检测采用电容检测原理,并通过差动变压器获得电信号。这是一个简化原理图。实际上敏感结构电极需通过具有一定静电电容的同轴电缆与电容位移检测及伺服反馈电路相连[3]。

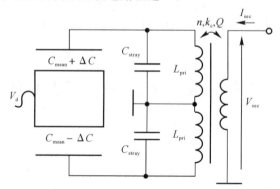

图 19-2   电荷放大器的输入电路[1]

　　检验质量与两个极板形成的差动电容与一个差动变压器组成桥式电路,电容位移检测电压 V_d 通过检测质量对电路进行激励,电容差动形成的电压差和电流差经差动变压器的初级绕组耦合到次级绕组输出,形成电荷放大器的输入电流[4]。

　　以下推导电容差动通过桥式电路形成电压差和电流差、再经差动变压器耦合、形成次级绕组输出电流 I_{sec} 这一过程的拓扑关系。

19.2.2.2　桥路输出

　　首先看差动电容与差动变压器初级绕组的分布电容形成的桥式电路,如图 19-3 所示[4]。这里,桥式电路的作用体现在输出电压 V_1、V_2 和电流 I_1、I_2 上。

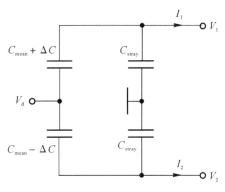

图 19-3　电容桥式电路[4]

　　由图 19-3 可以列出:

$$\left.\begin{array}{l} I_1 = j\omega_d \left(C_{mean} + \Delta C\right)\left(V_d - V_1\right) - j\omega_d C_{stray} V_1 \\ I_2 = j\omega_d \left(C_{mean} - \Delta C\right)\left(V_d - V_2\right) - j\omega_d C_{stray} V_2 \end{array}\right\} \tag{19-4}$$

式中　I_1—— 桥式电路上端的输出电流,A;

　　　I_2—— 桥式电路下端的输出电流,A;

　　　j—— 虚数单位,$j = \sqrt{-1}$;

　　　ω_d—— 位移检测的抽运角频率,rad/s;

　　C_{mean}—— 检验质量处于电极笼正中位置时检验质量与电极间的电容,F;

　　　ΔC—— 检验质量偏离正中位置引起的检验质量与电极间的电容相对于正中位置的偏离,F;

　　　V_d—— 电容位移检测电压的有效值,即 RMS 值,V;

　　　V_1—— 桥式电路上端的输出电压,V;

　　　V_2—— 桥式电路下端的输出电压,V;

　C_{stray}—— 差动变压器单个初级绕组的分布电容,F。

并有[5]

$$C_{mean} = \frac{\varepsilon_0 A_c}{d} \tag{19-5}$$

式中　ε_0—— 真空介电常数,17.4.3 节给出 $\varepsilon_0 = 8.854\ 188 \times 10^{-12}$ F/m;

　　　A_c—— 单通道的电极面积,m^2;

　　　d—— 检验质量与电极间的平均间隙,m。

及

$$\left.\begin{array}{l} C_{\text{mean}} + \Delta C = \dfrac{\varepsilon_0 A_c}{d-x} \\[3mm] C_{\text{mean}} - \Delta C = \dfrac{\varepsilon_0 A_c}{d+x} \end{array}\right\} \qquad (19-6)$$

式中　x——检验质量相对电极的位移，m。

将式（19-5）代入式（19-6），得到

$$\Delta C = \frac{\varepsilon_0 A_c x}{d(d \pm x)} \qquad (19-7)$$

若

$$x \ll d \qquad (19-8)$$

则

$$\Delta C \approx \frac{\varepsilon_0 A_c x}{d^2} \qquad (19-9)$$

令[1]

$$C_{\text{pri}} = C_{\text{mean}} + C_{\text{stray}} \qquad (19-10)$$

式中　C_{pri}——映射到差动变压器初级的单边等效电容，F。

需要说明的是，C_{pri} 实际上还与连接电极之电缆（原理图中未反映）的静电电容有关。

将式（19-10）代入式（19-4），得到

$$\left.\begin{array}{l} I_1 = \mathrm{j}\omega_d (C_{\text{mean}} + \Delta C) V_d - \mathrm{j}\omega_d (C_{\text{pri}} + \Delta C) V_1 \\[2mm] I_2 = \mathrm{j}\omega_d (C_{\text{mean}} - \Delta C) V_d - \mathrm{j}\omega_d (C_{\text{pri}} - \Delta C) V_2 \end{array}\right\} \qquad (19-11)$$

由式（19-11）得到[4]

$$I_1 + I_2 = 2\mathrm{j}\omega_d C_{\text{mean}} V_d - \mathrm{j}\omega_d C_{\text{pri}} (V_1 + V_2) - \mathrm{j}\omega_d \Delta C (V_1 - V_2) \qquad (19-12)$$

$$I_1 - I_2 = 2\mathrm{j}\omega_d \Delta C V_d - \mathrm{j}\omega_d C_{\text{pri}} (V_1 - V_2) - \mathrm{j}\omega_d \Delta C (V_1 + V_2) \qquad (19-13)$$

19.2.2.3　差动变压器输出

图19-4给出了差动变压器的自感、互感，输入电压、电流，输出电压、电流间的关系[4]。

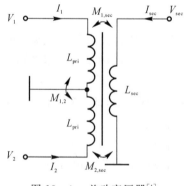

图 19-4　差动变压器[4]

由图19-4可以列出：

$$\left.\begin{array}{l} V_1 = \mathrm{j}\omega_d L_{\text{pri}} I_1 - \mathrm{j}\omega_d M_{1,2} I_2 + \mathrm{j}\omega_d M_{1,\text{sec}} I_{\text{sec}} \\[2mm] V_2 = \mathrm{j}\omega_d L_{\text{pri}} I_2 - \mathrm{j}\omega_d M_{1,2} I_1 - \mathrm{j}\omega_d M_{2,\text{sec}} I_{\text{sec}} \\[2mm] V_{\text{sec}} = \mathrm{j}\omega_d L_{\text{sec}} I_{\text{sec}} + \mathrm{j}\omega_d M_{1,\text{sec}} I_1 - \mathrm{j}\omega_d M_{2,\text{sec}} I_2 \end{array}\right\} \qquad (19-14)$$

式中　L_{pri}——差动变压器单个初级绕组的电感，H；

$M_{1,2}$——差动变压器两个初级绕组之间的互感，H；

$M_{1,\text{sec}}$——差动变压器第一个初级绕组与次级绕组之间的互感，H；

$M_{2,\text{sec}}$——差动变压器第二个初级绕组与次级绕组之间的互感，H；

V_{sec}——变压器次级绕组两端的电压差，V；

L_{sec}——差动变压器次级绕组的电感，H；

I_{sec}——通过变压器次级绕组的电流，A。

我们有

$$L_{\text{sec}} = n^2 L_{\text{pri}} \tag{19-15}$$

式中　n——次级绕组与单个初级绕组的匝数比。

$$\left. \begin{array}{l} M_{1,2} = k_{\text{c}} \sqrt{L_{\text{pri}} L_{\text{pri}}} = k_{\text{c}} L_{\text{pri}} \\ M_{1,\text{sec}} = M_{2,\text{sec}} = k_{\text{c}} \sqrt{L_{\text{pri}} L_{\text{sec}}} = k_{\text{c}} n L_{\text{pri}} \end{array} \right\} \tag{19-16}$$

式中　k_{c}——差动变压器的耦合系数。

$$R_{\text{pri}} = \frac{\omega_{\text{d}} L_{\text{pri}}}{Q} \tag{19-17}$$

式中　R_{pri}——差动变压器各个初级绕组的电阻，Ω；

Q——差动变压器的品质因数。

$$R_{\text{sec}} = \frac{\omega_{\text{d}} L_{\text{sec}}}{Q} \tag{19-18}$$

式中　R_{sec}——差动变压器次级绕组的电阻，Ω。

将式(19-16)代入式(19-14)，并考虑差动变压器绕组电阻时[4]：

$$\left. \begin{array}{l} V_1 = (R_{\text{pri}} + \text{j}\omega_{\text{d}} L_{\text{pri}}) I_1 - \text{j}\omega_{\text{d}} k_{\text{c}} L_{\text{pri}} I_2 + \text{j}\omega_{\text{d}} n k_{\text{c}} L_{\text{pri}} I_{\text{sec}} \\ V_2 = (R_{\text{pri}} + \text{j}\omega_{\text{d}} L_{\text{pri}}) I_2 - \text{j}\omega_{\text{d}} k_{\text{c}} L_{\text{pri}} I_1 - \text{j}\omega_{\text{d}} n k_{\text{c}} L_{\text{pri}} I_{\text{sec}} \\ V_{\text{sec}} = (R_{\text{sec}} + \text{j}\omega_{\text{d}} L_{\text{sec}}) I_{\text{sec}} + \text{j}\omega_{\text{d}} n k_{\text{c}} L_{\text{pri}} I_1 - \text{j}\omega_{\text{d}} n k_{\text{c}} L_{\text{pri}} I_2 \end{array} \right\} \tag{19-19}$$

将式(19-15)代入式(19-18)后与式(19-17)一起代入式(19-19)，得到

$$\left. \begin{array}{l} V_1 = \omega_{\text{d}} L_{\text{pri}} \left(\dfrac{1}{Q} + \text{j} \right) I_1 - \text{j}\omega_{\text{d}} k_{\text{c}} L_{\text{pri}} I_2 + \text{j}\omega_{\text{d}} n k_{\text{c}} L_{\text{pri}} I_{\text{sec}} \\[2mm] V_2 = \omega_{\text{d}} L_{\text{pri}} \left(\dfrac{1}{Q} + \text{j} \right) I_2 - \text{j}\omega_{\text{d}} k_{\text{c}} L_{\text{pri}} I_1 - \text{j}\omega_{\text{d}} n k_{\text{c}} L_{\text{pri}} I_{\text{sec}} \\[2mm] V_{\text{sec}} = \omega_{\text{d}} n^2 L_{\text{pri}} \left(\dfrac{1}{Q} + \text{j} \right) I_{\text{sec}} + \text{j}\omega_{\text{d}} n k_{\text{c}} L_{\text{pri}} (I_1 - I_2) \end{array} \right\} \tag{19-20}$$

由式(19-20)得到[4]

$$V_1 + V_2 = \left[\frac{\omega_{\text{d}} L_{\text{pri}}}{Q} + \text{j}\omega_{\text{d}} (1 - k_{\text{c}}) L_{\text{pri}} \right] (I_1 + I_2) \tag{19-21}$$

$$V_1 - V_2 = \left[\frac{\omega_{\text{d}} L_{\text{pri}}}{Q} + \text{j}\omega_{\text{d}} (1 + k_{\text{c}}) L_{\text{pri}} \right] (I_1 - I_2) + 2\text{j}\omega_{\text{d}} n k_{\text{c}} L_{\text{pri}} I_{\text{sec}} \tag{19-22}$$

$$I_1 - I_2 = \frac{V_{\text{sec}} - \omega_{\text{d}} n^2 L_{\text{pri}} \left(\dfrac{1}{Q} + \text{j} \right) I_{\text{sec}}}{\text{j}\omega_{\text{d}} n k_{\text{c}} L_{\text{pri}}} \tag{19-23}$$

将式(19-12)代入式(19-21)，得到[4]

$$V_1 + V_2 = \frac{2\text{j}\omega_{\text{d}} C_{\text{mean}} V_{\text{d}} - \text{j}\omega_{\text{d}} \Delta C (V_1 - V_2)}{B + \text{j}\omega_{\text{d}} C_{\text{pri}}} \tag{19-24}$$

其中

$$B = \frac{1}{\dfrac{\omega_{\mathrm{d}} L_{\mathrm{pri}}}{Q} + \mathrm{j}\omega_{\mathrm{d}}(1 - k_{\mathrm{c}}) L_{\mathrm{pri}}} \tag{19-25}$$

为了进行合理简化,我们采用17.3.2节给出的电极面积(x 向 $A_x = 9.92\ \mathrm{cm}^2$,每块 $A_{x/4} = 2.48\ \mathrm{cm}^2$,$y$,$z$ 向 $A_y = A_z = 2.08\ \mathrm{cm}^2$,每块 $A_{y/2} = A_{z/2} = 1.04\ \mathrm{cm}^2$)、SuperSTAR 加速度计检验质量至极板的平均间隙(x 向 $d_x = 60\ \mu\mathrm{m}$,y,z 向 $d_y = d_z = 175\ \mu\mathrm{m}$)和文献[1,6]给出的电路参数($C_{\mathrm{pri}} = 400\ \mathrm{pF}$,$n = 1$,$k_{\mathrm{c}} = 0.999\ 9$,$Q = 50$,$\omega_{\mathrm{d}} = 6.283\ 2 \times 10^5\ \mathrm{rad/s}$)进行计算。另外,24.4.2.4节指出,为了减小放大器输入电压噪声引起的位移噪声,需要调整参数使得式(19-39)所示从差动变压器输出端向前看的机电转换器阻抗 $Z_{\mathrm{transducer}}(\omega_{\mathrm{d}})$ 恰好调谐在 ω_{d} 上。这意味着式(19-43)成立,由此导出,$L_{\mathrm{pri}} = 3.166\ \mathrm{mH}$。

利用所给参数,由式(19-5)得到敏感结构各向电极分成几块后的每个小电容:$C_{\mathrm{mean},x/4} = 36.6\ \mathrm{pF}$,$C_{\mathrm{mean},y/2} = C_{\mathrm{mean},z/2} = 5.26\ \mathrm{pF}$。

利用所给参数得到,$\omega_{\mathrm{d}} L_{\mathrm{pri}} / Q = 39.8\ \Omega$,而 $\omega_{\mathrm{d}}(1 - k_{\mathrm{c}}) L_{\mathrm{pri}} = 0.196\ \Omega$,于是

$$B \approx \frac{Q}{\omega_{\mathrm{d}} L_{\mathrm{pri}}} = 2.51 \times 10^{-2}\ \mathrm{S} \tag{19-26}$$

而 $\omega_{\mathrm{d}} C_{\mathrm{pri},x/4} = 2.43 \times 10^{-4}\ \mathrm{S}$,$\omega_{\mathrm{d}} C_{\mathrm{pri},y/2} = \omega_{\mathrm{d}} C_{\mathrm{pri},z/2} = 2.23 \times 10^{-4}\ \mathrm{S}$,于是

$$B + \mathrm{j}\omega_{\mathrm{d}} C_{\mathrm{pri}} \approx B \approx \frac{Q}{\omega_{\mathrm{d}} L_{\mathrm{pri}}} \tag{19-27}$$

将式(19-27)代入式(19-24),得到

$$V_1 + V_2 \approx \frac{\mathrm{j}\omega_{\mathrm{d}}^2 L_{\mathrm{pri}}}{Q}\left[2C_{\mathrm{mean}} V_{\mathrm{d}} - \Delta C (V_1 - V_2)\right] \tag{19-28}$$

将式(19-23)和式(19-28)代入式(19-13),得到

$$2\omega_{\mathrm{d}} \Delta C\left(\mathrm{j} + \frac{\omega_{\mathrm{d}}^2 L_{\mathrm{pri}} C_{\mathrm{mean}}}{Q}\right) V_{\mathrm{d}} - \omega_{\mathrm{d}}\left(\mathrm{j} C_{\mathrm{pri}} - \frac{\Delta^2 C}{C_{\mathrm{mean}}}\frac{\omega_{\mathrm{d}}^2 L_{\mathrm{pri}} C_{\mathrm{mean}}}{Q}\right)(V_1 - V_2) \approx$$
$$\frac{V_{\mathrm{sec}} - \omega_{\mathrm{d}} n^2 L_{\mathrm{pri}}\left(\dfrac{1}{Q} + \mathrm{j}\right) I_{\mathrm{sec}}}{\mathrm{j}\omega_{\mathrm{d}} n k_{\mathrm{c}} L_{\mathrm{pri}}} \tag{19-29}$$

利用所给参数得到,$\omega_{\mathrm{d}}^2 L_{\mathrm{pri}} C_{\mathrm{mean},x/4} / Q = 9.15 \times 10^{-4}$,$\omega_{\mathrm{d}}^2 L_{\mathrm{pri}} C_{\mathrm{mean},y/2} / Q = \omega_{\mathrm{d}}^2 L_{\mathrm{pri}} C_{\mathrm{mean},z/2} / Q = 1.31 \times 10^{-4}$,$\Delta C < C_{\mathrm{mean}} < C_{\mathrm{pri}}$,于是

$$\left.\begin{aligned}
\mathrm{j} + \frac{\omega_{\mathrm{d}}^2 L_{\mathrm{pri}} C_{\mathrm{mean}}}{Q} &\approx \mathrm{j} \\
\mathrm{j} C_{\mathrm{pri}} - \frac{\Delta^2 C}{C_{\mathrm{mean}}}\frac{\omega_{\mathrm{d}}^2 L_{\mathrm{pri}} C_{\mathrm{mean}}}{Q} &\approx \mathrm{j} C_{\mathrm{pri}}
\end{aligned}\right\} \tag{19-30}$$

将式(19-30)代入式(19-29),得到

$$2\mathrm{j}\omega_{\mathrm{d}} \Delta C V_{\mathrm{d}} - \mathrm{j}\omega_{\mathrm{d}} C_{\mathrm{pri}}(V_1 - V_2) \approx \frac{V_{\mathrm{sec}} - \omega_{\mathrm{d}} n^2 L_{\mathrm{pri}}\left(\dfrac{1}{Q} + \mathrm{j}\right) I_{\mathrm{sec}}}{\mathrm{j}\omega_{\mathrm{d}} n k_{\mathrm{c}} L_{\mathrm{pri}}} \tag{19-31}$$

将式(19-23)代入式(19-22),再代入式(19-31),得到[4]

$$2\Delta C V_{\mathrm{d}} \approx \frac{1}{\mathrm{j}\omega_{\mathrm{d}} n k_{\mathrm{c}}}\left[\frac{1}{\mathrm{j}\omega_{\mathrm{d}} L_{\mathrm{pri}}} + \mathrm{j}\omega_{\mathrm{d}}(1 + k_{\mathrm{c}}) C_{\mathrm{pri}} + \frac{\omega_{\mathrm{d}} C_{\mathrm{pri}}}{Q}\right] V_{\mathrm{sec}} -$$
$$\frac{n}{\mathrm{j}\omega_{\mathrm{d}} k_{\mathrm{c}}}\left\{1 + \omega_{\mathrm{d}}^2 L_{\mathrm{pri}} C_{\mathrm{pri}}\left(\frac{1}{Q^2} + 2k_{\mathrm{c}}^2 - k_{\mathrm{c}} - 1\right) + \frac{\mathrm{j}\left[\omega_{\mathrm{d}}^2(2 + k_{\mathrm{c}}) L_{\mathrm{pri}} C_{\mathrm{pri}} - 1\right]}{Q}\right\} I_{\mathrm{sec}}$$
$$\tag{19-32}$$

利用所给参数得到

$$\omega_{\mathrm{d}}^2 L_{\mathrm{pri}} C_{\mathrm{pri},x/4} (1/Q^2 + 2k_{\mathrm{c}}^2 - k_{\mathrm{c}} - 1) = 4.58 \times 10^{-8}$$

$$\mathrm{j} [\omega_{\mathrm{d}}^2 (2 + k_{\mathrm{c}}) L_{\mathrm{pri}} C_{\mathrm{pri},x/4} - 1]/Q = -1.73 \times 10^{-2} \mathrm{j}$$

$$\omega_{\mathrm{d}}^2 L_{\mathrm{pri}} C_{\mathrm{pri},y/2} (1/Q^2 + 2k_{\mathrm{c}}^2 - k_{\mathrm{c}} - 1) = \omega_{\mathrm{d}}^2 L_{\mathrm{pri}} C_{\mathrm{pri},z/2} (1/Q^2 + 2k_{\mathrm{c}}^2 - k_{\mathrm{c}} - 1) = 6.58 \times 10^{-7}$$

$$\mathrm{j} [\omega_{\mathrm{d}}^2 (2 + k_{\mathrm{c}}) L_{\mathrm{pri}} C_{\mathrm{pri},y/2} - 1]/Q = \mathrm{j} [\omega_{\mathrm{d}}^2 (2 + k_{\mathrm{c}}) L_{\mathrm{pri}} C_{\mathrm{pri},z/2} - 1]/Q = -1.96 \times 10^{-2} \mathrm{j}$$

于是

$$1 + \omega_{\mathrm{d}}^2 L_{\mathrm{pri}} C_{\mathrm{pri}} \left(\frac{1}{Q^2} + 2k_{\mathrm{c}}^2 - k_{\mathrm{c}} - 1 \right) + \frac{\mathrm{j} [\omega_{\mathrm{d}}^2 (2 + k_{\mathrm{c}}) L_{\mathrm{pri}} C_{\mathrm{pri}} - 1]}{Q} \approx 1 \qquad (19-33)$$

将式(19-33)代入式(19-32),得到[4]

$$\frac{2\Delta C V_{\mathrm{d}}}{C_{\mathrm{mean}}} \approx H(\omega_{\mathrm{d}}) V_{\mathrm{sec}} - Z(\omega_{\mathrm{d}}) I_{\mathrm{sec}} \qquad (19-34)$$

其中

$$H(\omega_{\mathrm{d}}) = \frac{1}{\mathrm{j}\omega_{\mathrm{d}} n k_{\mathrm{c}} C_{\mathrm{mean}}} \left[\frac{1}{\mathrm{j}\omega_{\mathrm{d}} L_{\mathrm{pri}}} + \mathrm{j}\omega_{\mathrm{d}} (1 + k_{\mathrm{c}}) C_{\mathrm{pri}} + \frac{\omega_{\mathrm{d}} C_{\mathrm{pri}}}{Q} \right] \qquad (19-35)$$

$$Z(\omega_{\mathrm{d}}) = \frac{n}{\mathrm{j}\omega_{\mathrm{d}} k_{\mathrm{c}} C_{\mathrm{mean}}} \qquad (19-36)$$

将式(19-5)和式(19-9)代入式(19-34),得到

$$\frac{2x}{d} V_{\mathrm{d}} \approx H(\omega_{\mathrm{d}}) V_{\mathrm{sec}} - Z(\omega_{\mathrm{d}}) I_{\mathrm{sec}} \qquad (19-37)$$

式(19-37)即表示了检验质量位移产生的电容位移检测电压的幅度调制量$(2x/d) V_{\mathrm{d}}$与差动变压器次级绕组电压V_{sec}及电流I_{sec}的关系。

由式(19-37)可以看到,当$x=0$时,$V_{\mathrm{sec}} = \dfrac{Z(\omega_{\mathrm{d}})}{H(\omega_{\mathrm{d}})} I_{\mathrm{sec}}$,因此,从差动变压器输出端向前看的机电转换器阻抗为[1]

$$Z_{\mathrm{transducer}}(\omega_{\mathrm{d}}) = \frac{Z(\omega_{\mathrm{d}})}{H(\omega_{\mathrm{d}})} \qquad (19-38)$$

式中　$Z_{\mathrm{transducer}}(\omega_{\mathrm{d}})$——从差动变压器输出端向前看的机电转换器阻抗,$\Omega$。

将式(19-35)和式(19-36)代入式(19-38),得到[4]

$$Z_{\mathrm{transducer}}(\omega_{\mathrm{d}}) = \frac{1}{\dfrac{1}{\mathrm{j}\omega_{\mathrm{d}} n^2 L_{\mathrm{pri}}} + \dfrac{\mathrm{j}\omega_{\mathrm{d}} (1 + k_{\mathrm{c}}) C_{\mathrm{pri}}}{n^2} + \dfrac{\omega_{\mathrm{d}} C_{\mathrm{pri}}}{n^2 Q}} \qquad (19-39)$$

式(19-39)等效于一个并联 LCR 网络[4]:

$$L = n^2 L_{\mathrm{pri}} \qquad (19-40)$$

$$C = \frac{(1 + k_{\mathrm{c}}) C_{\mathrm{pri}}}{n^2} \qquad (19-41)$$

$$R = \frac{n^2 Q}{\omega_{\mathrm{d}} C_{\mathrm{pri}}} \qquad (19-42)$$

由式(19-39)得到,$Z_{\mathrm{transducer}}(\omega_{\mathrm{d}})$恰好调谐在$\omega_{\mathrm{d}}$上意味着:

$$C_{\mathrm{pri}} = \frac{1}{\omega_{\mathrm{d}}^2 L_{\mathrm{pri}} (1 + k_{\mathrm{c}})} \qquad (19-43)$$

$$Z_{\mathrm{transducer}}(\omega_{\mathrm{d}}) = \frac{n^2 Q}{\omega_{\mathrm{d}} C_{\mathrm{pri}}}, \quad \omega_{\mathrm{d}}^2 (1 + k_{\mathrm{c}}) L_{\mathrm{pri}} C_{\mathrm{pri}} = 1 \qquad (19-44)$$

将式(19-10)代入式(19-43),得到

$$C_{\text{stray}} = \frac{1}{\omega_{\text{d}}^2 L_{\text{pri}}(1+k_{\text{c}})} - C_{\text{mean}} \qquad (19-45)$$

即需要按式(19-45)调整差动变压器单个初级绕组的并联电容。

在本条此前所给参数下,$R = 1.99 \times 10^5\ \Omega$。因此,$Z_{\text{transducer}}(\omega_{\text{d}})$ 为高阻源[1]。由此可知,电荷放大器应该选用高输入阻抗的放大器,比如具有结型场效应晶体管(JFET)输入级的放大器,以完成阻抗匹配[1,7]。

19.2.3　电荷放大器输出与位移的关系

图19-5给出了电荷放大器第一级(FET级)的电原理图。由于 $V_{\text{sec}} = 0$(原因如19.2.1节所述),式(19-37)可以进一步简化为

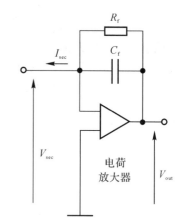

图 19-5　电荷放大器第一级(FET级)的电原理图

$$\frac{2x}{d}V_{\text{d}} \approx -Z(\omega_{\text{d}})\,I_{\text{sec}} \qquad (19-46)$$

并有

$$I_{\text{sec}} = \left(\frac{1}{R_{\text{f}}} + j\omega_{\text{d}}C_{\text{f}}\right)V_{\text{out}} \qquad (19-47)$$

式中　R_{f}——电荷放大器的反馈电阻,Ω;

C_{f}——电荷放大器的反馈电容,F;

V_{out}——电荷放大器第一级(FET级)的输出电压有效值,V。

将式(19-5)代入式(19-36),再代入式(19-46),最后代入式(19-47),得到

$$V_{\text{out}} \approx -\frac{2k_{\text{c}}\varepsilon_0 A_{\text{c}} V_{\text{d}}}{nd^2\left(\dfrac{1}{j\omega_{\text{d}}R_{\text{f}}} + C_{\text{f}}\right)}x \qquad (19-48)$$

令[4]

$$K_x = -\frac{2k_{\text{c}}\varepsilon_0 A_{\text{c}} V_{\text{d}}}{nd^2\left(\dfrac{1}{j\omega_{\text{d}}R_{\text{f}}} + C_{\text{f}}\right)} \qquad (19-49)$$

将式(19-49)代入式(19-48),得到

$$V_{\text{out}} \approx K_x x \qquad (19-50)$$

19.2.1节指出,19.2节中涉及电容位移检测电路的各种电压和电流,均为频率100 kHz的有效值。因此,由式(19-50)得到的 V_{out} 也是频率为 100 kHz 的有效值。而式(19-50)等号右端检验质量相对电极的位移 x,则如图18-17位移对于输入加速度的幅频特性所示,在 4 Hz 附近有最大响应;而低于 1×10^{-3} Hz 或高于 600 Hz 处的响应已衰减到低于 1/1 000。因此,从位移到电荷放大器第一级(FET级)输出的增益 K_x 是从具有低频特性的位移 x 到载波频率 100 kHz 的调幅波有效值 V_{out} 的增益,单位为 V/m。

从式(19-50)可以看到,将 K_x 称为从位移到电荷放大器第一级(FET级)输出的增益是非常妥当的。从式(19-49)可以看到,K_x 为常数,仅由单通道的电极面积 A_{c}、检验质量与电极间的平均间隙 d 及电路参数决定。因此,在 $x \ll d$ 的情况下(19.2.2.2节的推导是在 $x \ll d$ 下得到的),V_{out} 与 x 间为线性关系,且与差动变压器初、次级绕组的电感及其分布电

容无关。

图 17-4 显示 x 轴被拆分为四对电极,y 轴和 z 轴分别被拆分为两对电极。从式 (19-49) 可以看到,由于每对电极的面积被拆分小了,所以 K_x 也按比例变小了。与此相应,为了保持前向通道的总增益不变,电极被拆分后需相应增大环内一阶有源低通滤波器与/或直流输出放大器的增益。

从式 (19-48) 可以看到,V_{out} 不仅与 x 有关,而且和 C_f,R_f 有关,仅当 $R_f \gg 1/|\omega_d C_f|$ 时,R_f 对 $V_{out}-x$ 关系的影响才可以忽略,V_{out} 才与 C_f 成反比,而与位移检测的抽运角频率 ω_d 无关,且 V_{out} 相对于 x 才无相移。因此,ω_d 越低,需 C_f,R_f 的值越大。这是位移检测的抽运频率 f_d 通常为 100 kHz 的原因之一。

若

$$C_f \gg \frac{1}{j\omega_d R_f} \qquad (19-51)$$

则式 (19-49) 可以简化为

$$K_x \approx -\frac{2k_c \varepsilon_0 A_c V_d}{n d^2 C_f} \qquad (19-52)$$

将式 (19-52) 与式 (19-49) 相比较,可以看到 $R_f \gg 1/|\omega_d C_f|$ 可以避免 K_x 出现相移,且从位移到电荷放大器第一级 (FET 级) 输出的增益 K_x 的稳定性主要取决于电容位移检测电压的有效值 V_d 和反馈电容 C_f 的稳定性,而与位移检测的抽运角频率 ω_d 无关。

17.3.2 节给出 x 向每块电极面积 $A_{x/4} = 2.48 \text{ cm}^2$,$y$,$z$ 向每块电极面积 $A_{y/2} = A_{z/2} = 1.04 \text{ cm}^2$,对于 SuperSTAR 加速度计 $d_x = 60 \ \mu\text{m}$,$d_y = d_z = 175 \ \mu\text{m}$,对于 GRADIO 加速度计 $d_x = 32 \ \mu\text{m}$,$d_y = d_z = 299 \ \mu\text{m}$,17.4.4 节给出对于 SuperSTAR 加速度计 $V_d = 5 \text{ V}$,对于 GRADIO 加速度计 $V_d = 7.6 \text{ V}$,19.2.2.3 节给出 $n = 1$,$k_c = 0.999\,9$,文献[6]给出 $C_f = 10 \text{ pF}$。将以上参数代入式 (19-52),得到 SuperSTAR 和 GRADIO 加速度计从位移到电荷放大器第一级 (FET 级) 输出的增益 K_x 如表 19-1 所示。

表 19-1　SuperSTAR 和 GRADIO 加速度计从位移到电荷放大器第一级 (FET 级) 输出的增益 K_x　　　　　　单位:V/m

通道	SuperSTAR	GRADIO
US(Ultra Sensitive,超灵敏) 轴单通道 (两对电极中的一对)	-3.01×10^4	-1.57×10^4
LS(Less Sensitive,欠灵敏) 轴单通道 (四对电极中的一对)	-6.10×10^5	-3.26×10^6

文献[6]给出 R_f 应远大于 $1/|\omega_d C_f|$,即远大于 160 kΩ,并给出的 R_f 的最小值为 500 kΩ,即最小值为 $\pi/|\omega_d C_f|$。显然,这是最起码的要求。我们按 $R_f = 100/|\omega_d C_f|$ 来估计 R_f 的影响,即 $C_f = 10 \text{ pF}$ 下 $R_f = 16 \text{ M}\Omega$。

我们知道,当电荷放大器用于压电传感器电荷量检测时,电荷放大器输出电压与压电传感器电荷量的关系为[8]

$$V_{out} = -\frac{Q_e G_{op}}{\left(\dfrac{1}{j\omega R_f} + C_f\right)(1 + G_{op}) + \dfrac{1}{j\omega R_i} + \dfrac{1}{j\omega R_c} + C_i + C_c + C_s} \qquad (19-53)$$

式中　Q_e——压电传感器电荷量,C;

G_{op} —— 电荷放大器的开环电压增益;

R_i —— 电荷放大器的直流输入电阻,Ω;

R_c —— 输入电缆的绝缘电阻,Ω;

C_i —— 电荷放大器的输入电容,F;

C_c —— 输入电缆的静电电容,F;

C_s —— 压电传感器固有电容,F。

由于 G_{op} 很大,通常满足[8]

$$\left.\begin{array}{r} \dfrac{1}{j\omega R_f}(1+G_{op}) \gg \dfrac{1}{j\omega R_i} + \dfrac{1}{j\omega R_c} \\[2mm] C_f(1+G_{op}) \gg C_i + C_c + C_s \\[2mm] G_{op} \gg 1 \end{array}\right\} \qquad (19-54)$$

将式(19-54)代入式(19-53),得到[8]

$$V_{out} \approx - \frac{Q_e}{\dfrac{1}{j\omega R_f} + C_f} \qquad (19-55)$$

由式(19-54)和式(19-55)可以得到:

(1) 只要满足式(19-54),输入电缆的长度(电缆越长,R_c 越小,而 C_c 越大)不会影响 V_{out} 与 Q_e 的关系;

(2) 对于需要低至准静态的宽带测量来说,为了保持增益在通带内的一致性,电荷放大器的 R_f 会选得非常大,例如文献[9]提出 $R_f = (10^8 \sim 10^{10})\,\Omega$。

可以看到,式(19-55)与式(19-48)有很大的相似性。然而,对于静电悬浮加速度计差动电容位移检测来说,由于信号频率固定为 100 kHz,并非直至准静态的宽带测量,$C_f = 10\ \mathrm{pF}$ 下 R_f 不需要达到 $10^8\ \Omega$ 这么高。

19.2.4 用于电容位移检测的电荷放大器的零点漂移

图 19-1 给出了到电荷放大器第一级(FET 级)为止的电容位移检测电路原理框图,文献[8]指出,电荷放大器零点漂移和其他放大器一样,主要是由于输入级差动晶体管的失调电压及失调电流产生的。该文献还指出,零点漂移是一种变化缓慢的信号。因此,分析失调电压及失调电流引起的电荷放大器零点漂移时,只需要考虑到电荷放大器为止的电路直流成分。

从图 19-1 可以看到,从差动变压器输出端向前看的直流成分仅为差动变压器次级绕组的铜损(即直流电阻),这与 19.2.2.3 节从载波频率 100 kHz 的角度认为从差动变压器输出端向前看的机电转换器阻抗等效于一个由式(19-40)～式(19-42)所表达的并联 LCR 网络是完全不同的。

电荷放大器本身的直流成分包括电荷放大器的输入电阻 R_i、等效输入失调电压 V_{off}、等效输入失调电流 I_{off}。

电荷放大器反馈环节的直流成分则为反馈电阻 R_f。

综合这些噪声因素,我们有图 19-6 所示的零点漂移模型,其中 V_{of} 为 I_{off} 和 V_{off} 在输出端产生的零点漂移。

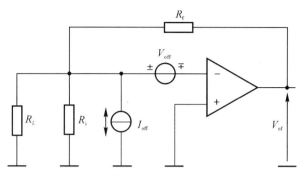

图 19-6 电荷放大器型电容位移检测电路零点漂移模型

由图 19-6 可以列出：

$$\left.\begin{array}{l} V_{\mathrm{of},I}=R_{\mathrm{f}}I_{\mathrm{off}} \\ V_{\mathrm{off}}\left(\dfrac{1}{R_L}+\dfrac{1}{R_{\mathrm{i}}}\right)=\dfrac{V_{\mathrm{of},V}-V_{\mathrm{off}}}{R_{\mathrm{f}}} \\ V_{\mathrm{of}}=V_{\mathrm{of},I}+V_{\mathrm{of},V} \end{array}\right\} \qquad (19-56)$$

式中 I_{off}——电荷放大器的等效输入失调电流，A；

$\qquad V_{\mathrm{of},I}$——I_{off} 在输出端产生的零点漂移，V；

$\qquad V_{\mathrm{off}}$——电荷放大器的等效输入失调电压，V；

$\qquad R_L$——差动变压器次级绕组的铜损，Ω；

$\qquad R_{\mathrm{i}}$——电荷放大器的直流输入电阻，Ω；

$\qquad V_{\mathrm{of},V}$——V_{off} 在输出端产生的零点漂移，V；

$\qquad V_{\mathrm{of}}$——I_{off} 和 V_{off} 在输出端产生的零点漂移，V。

由式(19-56)得到

$$V_{\mathrm{of}}=R_{\mathrm{f}}I_{\mathrm{off}}+\left[1+\frac{R_{\mathrm{f}}(R_{\mathrm{i}}+R_L)}{R_L R_{\mathrm{i}}}\right]V_{\mathrm{off}} \qquad (19-57)$$

由于 $R_L\ll R_{\mathrm{i}}$，式(19-57)可以简化为

$$V_{\mathrm{of}}=R_{\mathrm{f}}I_{\mathrm{off}}+\left(1+\frac{R_{\mathrm{f}}}{R_L}\right)V_{\mathrm{off}} \qquad (19-58)$$

19.2.2.3 节给出 $Q=50$，$L_{\mathrm{pri}}=3.166$ mH。由式(19-17)得到，$R_{\mathrm{pri}}=39.8\ \Omega$。由于 R_{pri} 是由铜损和铁损共同组成的，按 $R_L=R_{\mathrm{pri}}/2$ 估计，$R_L=20\ \Omega$。19.2.3 节给出 $R_{\mathrm{f}}=16$ MΩ。文献[7]给出，1.6 GHz、低噪声、场效应晶体管(FET)输入运算放大器 OPA657 等效输入失调电流典型值 $I_{\mathrm{off}}=\pm 1$ pA，等效输入失调电压典型值 $V_{\mathrm{off}}=\pm 0.25$ mV。将以上参数代入式(19-58)，得到 $V_{\mathrm{of}}=200$ V。而 OPA657 电源电压 +5 V，无负载下的电压输出摆幅典型值仅 ± 3.9 V，因而在运放等效输入失调电压驱动下，经过很短时间就会使输出达到饱和。文献[10]给出，超低失真、超低噪声运算放大器 AD797A 等效输入失调电流典型值 $I_{\mathrm{off}}=100$ nA，等效输入失调电压典型值 $V_{\mathrm{off}}=25\ \mu$V。将以上参数代入式(19-58)，得到 $V_{\mathrm{of}}=21.6$ V。而 AD797A 电源电压 ± 15 V，负载电阻 2 kΩ 下输出电压摆幅典型值为 ± 13 V，因而在运放等效输入失调电压驱动下，也会使输出达到饱和。为了减小 V_{off} 在输出端产生的零点漂移，可以在差动变压器输出端与电荷放大器输入端之间增加一个隔直电容[6]，以隔离 R_L，此时，式(19-56)相应改写为

$$\left.\begin{array}{l} V_{of,I} = R_f I_{off} \\[2mm] \dfrac{V_{off}}{R_i} = \dfrac{V_{of,V} - V_{off}}{R_f} \\[2mm] V_{of} = V_{of,I} + V_{of,V} \end{array}\right\} \qquad (19-59)$$

由式(19-59)得到

$$V_{of} = R_f I_{off} + \left(1 + \frac{R_f}{R_i}\right) V_{off} \qquad (19-60)$$

从式(19-60)可以看到,为了控制电荷放大器的零点漂移,要控制反馈电阻 R_f 不要太大,并选择 $R_i \gg R_f$ 的运算放大器。

文献[7]给出 OPA657 的共模输入电阻 $R_i = 1 \times 10^{12}\ \Omega$,将以上参数代入式(19-60),得到 $V_{of} = 0.266\ mV$,远低于 OPA657 可以提供的电压输出摆幅。文献[10]给出 AD797A 的共模输入电阻 $R_i = 1 \times 10^8\ \Omega$,将以上参数代入式(19-60),得到 $V_{of} = 1.60\ V$,低于 AD797A 可以提供的电压输出摆幅。由此可见,从控制电荷放大器零点漂移的角度,虽然 OPA657 比 AD797A 好,但二者都是可以采用的。

由于电容位移检测电路以调幅波的形式运行,其载波频率为 100 kHz,而零点漂移是一种变化缓慢的信号,因此,零点漂移对于用于电容位移检测的电荷放大器来说,只是在载波频率 100 kHz 的检测信号上叠加上了一个变化缓慢的直流分量而已,只要该直流分量不影响载波频率 100 kHz 的检测信号的准确性,就没有危害,因此,并不要求零点漂移必须多么多么小。

文献[8]给出了当电荷放大器用于压电传感器电荷量检测时,电荷放大器的零点漂移与其等效输入失调电压的关系。如加上电荷放大器的等效输入失调电流对零点漂移的贡献,则可表达为

$$V_{of} = R_f I_{off} + \left(1 + \frac{R_f}{R_i} + \frac{R_f}{R_c}\right) V_{off} \qquad (19-61)$$

可以看到,式(19-61)与式(19-60)有很大的相似性。为了控制电荷放大器的零点漂移,要控制反馈电阻 R_f 不要太大,控制 $R_c \gg R_f$,并选择 $R_i \gg R_f$ 的运算放大器。需要说明的是,式(19-61)适用于直接用长电缆连接至电荷放大器输入端的压电传感器的电荷量检测,而我们在差动变压器输出端与电荷放大器输入端间并没有长电缆,因而不存在 R_f/R_c 项。

该文献指出,为了获得高 R_i,输入级不能用一般晶体管,必须选择高输入阻抗器件,通常大都选用结型场效应晶体管(JFET),或绝缘栅型场效应晶体管(IGFET),或静电计管。一般 JFET $R_i = (10^{10} \sim 10^{12})\ \Omega$,IGFET $R_i = (10^{12} \sim 10^{14})\ \Omega$,而静电计管 $R_i \geqslant 10^{14}\ \Omega$。当要求电荷放大器能进行准静态测量时,则下限频率必须低至 $10^{-6}\ Hz$,因而电荷转换级必须选用 IGFET 或静电计管。若选用 JFET 做输入级,则必须选择具有 $R_i \geqslant 10^{12}\ \Omega$ 特性的 JFET 配对管,并附加漂移补偿措施。

对于静电悬浮加速度计检验质量电容位移检测来说,由于对零点漂移并不敏感,且 19.2.3 节指出,$C_f = 10\ pF$ 下 R_f 不需要达到 $10^8\ \Omega$ 这么高,因此,从控制零点漂移的角度,不需要采用 IGFET 或静电计管。

19.2.5　电容位移检测电路的第一级选择电荷放大器的原因

从 19.2.2 节所做的分析可以知道,从差动变压器输出端向前看的机电转换器阻抗等效为一个并联 LCR 网络:其等效电感 L 与差动变压器单个初级绕组的电感 L_{pri} 有关;其等效

电容 C 与映射到差动变压器初级的单边等效电容 C_{pri} 有关,而 C_{pri} 既与检验质量与电极间的平均电容有关,也与差动变压器初级单个初级绕组的分布电容以及连接电极之电缆(原理图中未反映)的静电电容有关;其等效电阻 R 既与差动变压器的品质因数 Q 有关,也与 C_{pri} 有关,而且等效电阻 R 为高阻。电容位移检测电路的第一级若选择电荷放大器,由于其增益高、输入阻抗高、输出阻抗低、抗干扰能力强[9],所以恰好适合作为电容位移检测电路的第一级。而且,19.2.3 节指出,电荷放大器输出电压与位移信号成正比,且与差动变压器初、次级绕组的电感及其分布电容无关;理想情况下从位移到电荷放大器第一级(FET 级)输出的增益 K_x 与反馈电容的容值成反比,而与位移检测的抽运角频率 ω_d 无关,且输出电压相对于位移信号无相移。由此可见,用电荷放大器检测位移信号是非常合适的。

19.3　同步检测的增益

同步检测采用集成乘法器产品将电荷放大器输出的 100 kHz 信号(调幅波)与抽运频率 100 kHz 的电容位移检测电压信号(载波)相乘,其中电容位移检测电压信号可以表达为

$$u_d = \sqrt{2} V_d \cos\omega_d t \tag{19-62}$$

式中　u_d——电容位移检测电压的瞬时值,V。

而电荷放大器输出的 100 kHz 信号可以表达为

$$u_{in} = \sqrt{2} V_{in}(t) \cos\omega_d t \tag{19-63}$$

式中　u_{in}——电荷放大器输出的 100 kHz 信号的瞬时值,V;

$V_{in}(t)$——电荷放大器输出的 100 kHz 信号的有效值,V。

文献[11]给出,集成乘法器产品的标度系数多数为 ±0.1:

$$\{u_{out}\}_V = 0.1 \{u_d\}_V \{u_{in}\}_V \tag{19-64}$$

式中　u_{out}——乘法器的输出,V。

将式(19-62)和式(19-63)代入式(19-64),得到

$$\{u_{out}\}_V = 0.2 \{V_d\}_V \{V_{in}(t)\}_V \cos^2 \{\omega_d\}_{rad/s}(t)_s \tag{19-65}$$

利用三角函数降幂公式[12]:

$$\cos^2\alpha = \frac{1}{2}(1+\cos2\alpha) \tag{19-66}$$

可以得到

$$\{u_{out}\}_V = 0.1 \{V_d\}_V \{V_{in}(t)\}_V (1+\cos2 \{\omega_d\}_{rad/s}(t)_s) \tag{19-67}$$

由式(19-67)可以看到,乘法器除了输出幅度调制信号外,还输出两倍于载波频率的无用信号,后者要靠低通滤波滤除。因此,图 17-14 中的直流输出放大器实际上应包含低通滤波功能。

滤除约两倍于载波频率的无用信号后,由式(19-67)得到

$$\{V_{sd}\}_V = 0.1 \{V_d\}_V \{V_{in}(t)\}_V \tag{19-68}$$

式中　V_{sd}——同步检测的输出(即滤除约两倍于载波频率的无用信号后的乘法器输出),V。

从式(19-68)可以看到,同步检测的增益是从载波频率 100 kHz 的调幅波有效值到低频电压输出的增益,增益值(无量纲量)为 $K_m = 0.1\{V_d\}_V$,其中 V_d 为电容位移检测电压的有效值,$\{\ \}_V$ 表示仅取其以 V 为单位的数值。

19.4 保持 K_s 不变的前提下靠加大 K_p 来减小 K_{cd} 所受到的节制

19.4.1 受检验质量回到电极笼中央后的位置起伏随之增大的节制

17.3.4 节指出,检验质量块的运动被限制到小于 1 nm 对加速度计的线性度及其特性的稳定性有益;由于敏感结构不可避免存在对称性的缺陷,从而使得电容位移检测电压的有效值、固定偏压和接触电位差的波动都会与对称性缺陷共同作用,引起加速度测量噪声;检验质量稳定在准平衡位置,可以使该项噪声最小化。

显然,为了使验质量回到电极笼中央后的位置起伏小于 1 nm,ADC1 的 1 LSB(最低有效位)对应的位移 q_{LSB} 应明显小于 1 nm,例如 0.1 nm。

在 ADC1 输入范围为 ±5 V 的情况下,ADC1 输入范围对应的位移为 ±5 V/K_{cd}。由于 ADC1 输入为 −5 V 时输出的数字为 0,ADC1 输入为 +5 V 时输出的数字为 $2^N - 1$,式中 N 为 ADC1 的位数,因此,对于 ADC1 而言,q_{LSB} 对应的位移为

$$\{q_{LSB}\}_m = \frac{10}{(2^N - 1)\{K_{cd}\}_{V/m}} \qquad (19-69)$$

式中　q_{LSB}——ADC1 的 1 LSB 对应的位移,m;

　　　　N——ADC1 的位数。

由式(19-69)得到,为使 q_{LSB} 不超过 0.1 nm,需 $K_{cd} \geqslant 1 \times 10^{11}/(2^N - 1)$ V/m。若 $N = 16$,则 $K_{cd} \geqslant 1.53 \times 10^6$ V/m。

从式(19-69)可以看到,q_{LSB} 与 K_{cd} 成反比,因此,减小 K_{cd} 受检验质量回到电极笼中央后的位置起伏随之增大的节制。

19.4.2 受以位移噪声或加速度噪声形式表达的 Nyquist 型 ADC1 量化噪声随之增大的节制

7.2.1 节指出,通常假设理论量化噪声表现为白噪声,均匀地分布在 $0 \sim f_N$ 范围内,其中 f_N 为 Nyquist 频率,$f_N = r_s/2$,式中 r_s 为 ADC 的采样率,因此,Nyquist 型 ADC 的量化噪声在 $0 \sim f_N$ 范围内具有不变的功率谱密度,并由式(7-47)表达。用 q_{LSB} 替换式(7-47)中的 $\triangle$,得到

$$N_{0,PSD} = \frac{q_{LSB}}{\sqrt{6r_s}} \qquad (19-70)$$

式中　$N_{0,PSD}$——以位移噪声的形式表达的 Nyquist 型 ADC1 量化噪声的功率谱密度,m/Hz$^{1/2}$;

　　　　r_s——ADC1 的采样率,Sps。

将式(19-69)代入式(19-70),得到

$$\{N_{0,PSD}\}_{m/Hz^{1/2}} = \frac{10}{(2^N - 1)\sqrt{6 \{r_s\}_{Sps}} \{K_{cd}\}_{V/m}} \qquad (19-71)$$

从式(19-71)可以看到,$N_{0,PSD}$ 与 K_{cd} 成反比,因此,减小 K_{cd} 受以位移噪声形式表达的量化噪声随之增大的节制。

式(17-90)给出了作为时间函数的测量带宽内合成的位移噪声引起加速度测量噪声的数学表达式,将其应用于以位移噪声的形式表达的 Nyquist 型 ADC1 量化噪声,并将其改换为功率谱密度的表达形式:

$$\tilde{\gamma}_{N_0,\mathrm{PSD}} = |\omega_\mathrm{p}^2| \, N_{0,\mathrm{PSD}} \tag{19-72}$$

式中　$\tilde{\gamma}_{N_0,\mathrm{PSD}}$——以加速度噪声的形式表达的 Nyquist 型 ADC1 量化噪声的功率谱密度,$\mathrm{m \cdot s^{-2}/Hz^{1/2}}$;

　　　　ω_p——受静电负刚度制约的角频率,rad/s。

17.5.1 节指出,ω_p 为虚数。因此,ω_p^2 为负数。我们知道,功率谱密度是幅度谱的衍生产品,而幅度谱中不含相位信息(参见 5.7.1 节),因而功率谱密度也不含相位信息。为此,将式(17-90)转换为式(19-72)时,将 ω_p^2 取绝对值。

将式(19-71)代入式(19-72),得到

$$\{\tilde{\gamma}_{N_0,\mathrm{PSD}}\}_{\mathrm{m \cdot s^{-2}/Hz^{1/2}}} = \frac{10 \, |\{\omega_\mathrm{p}^2\}_{\mathrm{rad^2/s^2}}|}{(2^N-1)\sqrt{6 \, \{r_\mathrm{s}\}_{\mathrm{Sps}}} \, \{K_{\mathrm{cd}}\}_{\mathrm{V/m}}} \tag{19-73}$$

从式(19-73)可以看到,$\tilde{\gamma}_{N_0,\mathrm{PSD}}$ 与 K_{cd} 成反比,因此,减小 K_{cd} 受以加速度噪声形式表达的 Nyquist 型 ADC1 量化噪声随之增大的节制。

将式(19-70)代入式(19-72),得到

$$\tilde{\gamma}_{N_0,\mathrm{PSD}} = |\omega_\mathrm{p}^2| \, \frac{q_{\mathrm{LSB}}}{\sqrt{6r_\mathrm{s}}} \tag{19-74}$$

从式(19-74)可以看到,$\tilde{\gamma}_{N_0,\mathrm{PSD}}$ 只与 ω_p^2,q_{LSB},r_s 有关。

19.5　US 轴前向通道增益与分配及相应性能分析

19.5.1　科学模式

科学模式下确定前向通道增益与分配的方法是:由稳定裕度确定加速度计的基础频率 f_0、一阶有源低通滤波电路的截止频率 f_c、微分时间常数 τ_d、积分时间常数 τ_i,进而得到归一化闭环传递函数的截止频率 $f_{-3\,\mathrm{dB}}$;依据离散采样率的数值应该达到对象最高频率值的 10 倍以上的要求确定 ADC1 的输出数据率和 DAC 的输入数据率 r_d;由加速度计的基础频率 f_0 确定前向通道总增益 K_s;由施加幅度达输入极限的阶跃加速度产生的反馈控制电压 $V_\mathrm{f}(t)$ 瞬间最大值确定驱动电压放大器增益 K_{drv};由 ADC1 的 1 LSB(最低有效位)对应的位移 q_{LSB} 明显小于 1 nm 和以加速度噪声形式表达的 Nyquist 型 ADC1 量化噪声功率谱密度 $\tilde{\gamma}_{N_0,\mathrm{PSD}}$ 明显低于规定的噪声指标确定电容位移检测电路增益 K_{cd} 下限,由前向通道总增益 K_s、驱动电压放大器增益 K_{drv} 和 PID 校正网络比例系数 K_p 不小于 1 确定电容位移检测电路增益 K_{cd} 上限。

19.5.1.1　前向通道的总增益及相应的闭环特性分析

(1)前向通道的总增益。

对于 GRADIO 加速度计 US 轴,表 17-4 给出科学模式下物理增益 $G_\mathrm{p} = 9.717\,0 \times 10^{-7}\,\mathrm{m \cdot s^{-2}/V}$,17.5.1 节给出基础频率 $f_0 = 20\,\mathrm{Hz}$,即基础角频率 $\omega_0 = 125.66\,\mathrm{rad/s}$;代入式(17-29)得到前向通道的总增益 $K_\mathrm{s} = 1.625\,1 \times 10^{10}\,\mathrm{V/m}$。

(2)稳定裕度分析。

稳定裕度分析采用如下参数:表 17-5 给出 GRADIO 加速度计 US 轴科学模式下受静电负刚度制约的角频率的平方 $\omega_p^2 = -4.940\ 3 \times 10^{-2}\ \text{rad}^2/\text{s}^2$;17.5.1 节给出 GRADIO 加速度基础角频率 $\omega_0 = 125.66\ \text{rad/s}$,微分时间常数 $\tau_d = 3/\omega_0$,即 $\tau_d = 2.387\ 3 \times 10^{-2}$ s,积分时间常数 $\tau_i = 10/\omega_0$,即 $1/\tau_i = 12.566\ \text{s}^{-1}$;我们认为 17.5.5.1 节揣测并经 18.3.6 节证实的 SuperSTAR 加速度计环内一阶有源低通滤波电路截止频率 $f_c = 7.5 f_0$,即 $f_c = 150$ Hz,或 $\omega_c = 942.48\ \text{rad/s}$ 也适用于 GRADIO 加速度计。

由式(18-54)得到为满足系统稳定的充分必要条件,需要 $\tau_d > 1.856\ 8 \times 10^{-3}$ s。实际 $\tau_d = 2.387\ 3 \times 10^{-2}$ s,即 $1/\tau_d$ 的幅值裕度 $K_g = 12.9$。

由式(18-55)得到为满足系统稳定的充分必要条件,需要 $\omega_0^2 > 550.90\ \text{rad}^2/\text{s}^2$。实际 $\omega_0^2 = 15\ 790\ \text{rad}^2/\text{s}^2$,即 $1/\omega_0^2$ 的幅值裕度 $K_g = 28.7$。

由式(18-56)得到为满足系统稳定的充分必要条件,需要 $1/\omega_c < 2.307\ 7 \times 10^{-2}$ s/rad。实际 $1/\omega_c = 1.061\ 0 \times 10^{-3}$ s/rad,即 $1/\omega_c$ 的幅值裕度 $K_g = 21.8$。

由式(18-57)得到为满足系统稳定的充分必要条件,需要 $1/\tau_i < 360.21\ \text{s}^{-1}$。实际 $1/\tau_i = 12.566\ \text{s}^{-1}$,即 $1/\tau_i$ 的幅值裕度 $K_g = 28.7$。

由此可见,系统是稳定的,且稳定裕度很大[参见 18.4.6.3 节第(3)条]。

(3)归一化闭环传递函数。

将上述参数代入式(18-35)表达的归一化闭环传递函数,得到

$$G_{ucl}(s) = \frac{1.488\ 2 \times 10^7 (2.387\ 3 \times 10^{-2} s^2 + s + 12.566)}{s^4 + 942.48 s^3 + 3.553\ 0 \times 10^5 s^2 + 1.488\ 2 \times 10^7 s + 1.870\ 1 \times 10^8}$$

$$(19-75)$$

式中 $G_{ucl}(s)$——归一化闭环传递函数,无量纲。

由式(19-75)得到使用 MATLAB 软件绘制 GRADIO 加速度计 US 轴科学模式下归一化闭环传递函数 Bode 图程序[13]为

```
g=tf(1.4882e7 * [2.3873e-2  1  12.566],[1  942.48  3.5530e5  1.4882e7  1.8701e8]);bode(g)
```

图 19-7 为绘制出来的 GRADIO 加速度计 US 轴科学模式下归一化闭环传递函数 Bode 图。

从图 19-7 所对应的 MATLAB 原图可以看到,幅值谱在 2 Hz 以后出现上翘,到 14 Hz 附近达到 1.112 的最大值。由于表 17-2 给出测量带宽为 $(5 \times 10^{-3} \sim 0.1)$ Hz,所以该上翘对测量没有影响。

从图 19-7 所对应的 MATLAB 原图还可以得到,归一化闭环传递函数的截止频率为 $f_{-3\ \text{dB}} = 88.7$ Hz。

将图 19-7 与图 18-9 所示 SuperSTAR 加速度计的相应 Bode 图相比较,可以看到二者几乎完全相同。由 18.3.6 节的叙述可知,这样的 Bode 图所显示的性能非常优异。

(4)加速度测量值对于输入加速度阶跃的响应。

将 MATLAB 软件的单位阶跃响应函数 step[14]用于由式(19-75)表达的 GRADIO 加速度计 US 轴科学模式下归一化闭环传递函数,就可以得到加速度测量值对于输入加速度阶跃的响应,具体程序为

```
g=tf(1.4882e7 * [2.3873e-2  1  12.566],[1  942.48  3.5530e5  1.4882e7  1.8701e8]);step(g,0.5)
```

图 19 - 8 即为绘制出来的 GRADIO 加速度计 US 轴科学模式下加速度测量值对于输入加速度阶跃的响应。

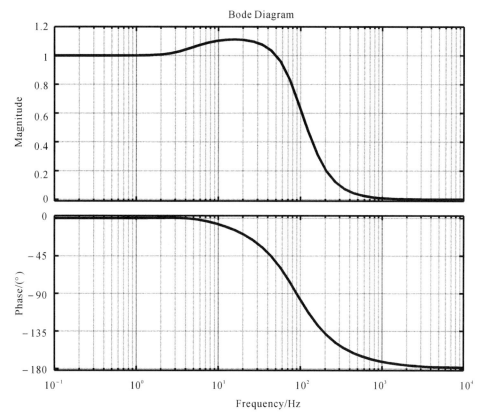

图 19 - 7 GRADIO 加速度计 US 轴科学模式下归一化闭环传递函数 Bode 图

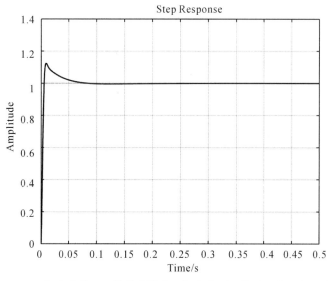

图 19 - 8 GRADIO 加速度计 US 轴科学模式下加速度测量值对于输入加速度阶跃的响应

(5)位移对于输入加速度的传递函数。

将上述参数代入式(18-44)表达的位移对于输入加速度的传递函数,得到

$$-\frac{\{X(s)\}_m}{\{\Gamma_s(s)\}_{m/s^2}}=\frac{s^2+942.48s}{s^4+942.48s^3+3.553\ 0\times10^5s^2+1.488\ 2\times10^7s+1.870\ 1\times10^8}$$

$$(19-76)$$

式中　$X(s)$——$x(t)$的 Laplace 变换;

　　　$x(t)$——检验质量相对电极笼的位移(即检验质量相对电极笼中心的偏离),m;

　　　$\Gamma_s(s)$——$\gamma_s(t)$的 Laplace 变换;

　　　$\gamma_s(t)$——输入加速度,即加速度计所在位置的微重力加速度,m/s²。

由式(19-76)得到使用 MATLAB 软件绘制 GRADIO 加速度计 US 轴科学模式下位移对于输入加速度的传递函数 Bode 图程序[13]为

```
g=tf([1  942.48  0],[1  942.48  3.5530e5  1.4882e7  1.8701e8]);bode(g)
```

图 19-9 即为绘制出来的 GRADIO 加速度计 US 轴科学模式下位移对于输入加速度的传递函数 Bode 图。

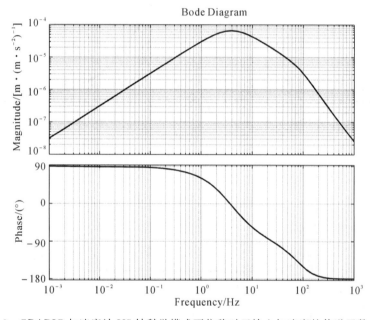

图 19-9　GRADIO 加速度计 US 轴科学模式下位移对于输入加速度的传递函数 Bode 图

(6)位移对于输入加速度阶跃的响应。

将 MATLAB 软件的单位阶跃响应函数 step[14]用于由式(19-76)表达的 GRADIO 加速度计 US 轴科学模式下位移对于输入加速度的传递函数,就可以得到位移对于输入加速度阶跃的响应,具体程序为

```
g=tf([1  942.48  0],[1  942.48  3.5530e5  1.4882e7  1.8701e8]);step(g,1.0)
```

图 19-10 即为绘制出来的 GRADIO 加速度计 US 轴科学模式下位移对于输入加速度

阶跃的响应。

表 17 - 2 给出 GRADIO 加速度计 US 轴科学模式的输入范围为 $\pm 6.5 \times 10^{-6}$ m·s^{-2}。从图 19 - 10 所对应的数据可以得到,若在 $t = 0$ 时施加幅度为输入极限 6.5×10^{-6} m·s^{-2} 的阶跃加速度,则在 $t = 0.044$ s 左右达到位移约 307 pm 的最大值。在 19.4.1 节设定 ADC1 输入范围为 ± 5 V 的情况下,电容位移检测电路增益应不超过 1.63×10^{10} V/m。

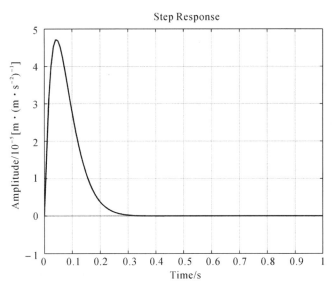

图 19 - 10　GRADIO 加速度计 US 轴科学模式下位移对于输入加速度阶跃的响应

17.3.4 节指出,检验质量块的运动被限制到小于 1 nm 对加速度计的线性度及其特性的稳定性有益;由于敏感结构不可避免存在对称性的缺陷,从而使得电容位移检测电压的有效值、固定偏压和接触电位差的波动都会与对称性缺陷共同作用,引起加速度测量噪声;检验质量稳定在准平衡位置,可以使该项噪声最小化。由此可见,上述参数——包括 $f_0 = 20$ Hz——都是必要的。另外,从式(18 - 55)可以看到,f_0 越大,稳定裕度越大。因此,保证 US 轴前向通道的总增益 K_s 能达到 $1.625\ 1 \times 10^{10}$ V/m,以保证 f_0 能达到 20 Hz,是很有必要的。

19.5.1.2　驱动电压放大器的增益及相应的反馈控制电压最大值

19.1 节第(3)条指出,驱动电压放大器实际上有两级,第一级采用斩波稳定运算放大器,以便在测量带宽内摆脱 $1/f$ 噪声,第二级为 45 V 专用高电压提升器,用于在飞行状态下捕获检验质量使之悬浮。

从图 19 - 8 所对应的 MATLAB 原图得到,若在 $t = 0$ 时施加幅度为输入极限 6.5×10^{-6} m·s^{-2} 的阶跃加速度,则加速度测量值 $\gamma_{msr}(t)$ 在 $t = 8.8$ ms 左右达到约 7.31×10^{-6} m·s^{-2} 的最大值,将之与表 17 - 4 给出的 GRADIO 加速度计 US 轴 $G_p = 9.717\ 0 \times 10^{-7}$ m·s^{-2}/V 一起代入式(17 - 23),得到相应的 $V_f = 7.53$ V。由此可见,在 DAC 输出范围为 ± 5 V 的情况下,驱动电压放大器增益应为 $K_{drv} = 1.51$,且 US 轴科学模式下不需要 45 V 专用高电压提升器。

从图 19 - 8 所对应的 MATLAB 原图还可以得到,若在 $t = 0$ 时施加幅度为输入极限 6.5×10^{-6} m·s^{-2} 的阶跃加速度,加速度测量值在 $t = 86$ ms 左右基本达到与输入加速度

6.5×10^{-6} m·s^{-2}同样的稳定值,除以物理增益得到相应的 $V_f = 6.69$ V。

19.5.1.3 电容位移检测电路增益 K_{cd}的下限和上限

(1) K_{cd}下限。

19.4.1 节指出,为使 q_{LSB}不超过 0.1 nm,应控制 $K_{cd} \geqslant 1 \times 10^{11}/(2^N - 1)$ V/m,其中 N 为 ADC1 的位数。若 $N = 16$,则 $K_{cd} \geqslant 1.53 \times 10^6$ V/m。

表 17-5 给出 GRADIO 加速度计 US 轴科学模式下受静电负刚度制约的角频率的平方 $\omega_p^2 = -4.940\,3 \times 10^{-2}$ rad^2/s^2,19.6.2.1 节第(3)条指出 ADC1 的输出数据率和 DAC 的输入数据率应统一取 $r_d = 5$ kSps,由式(19-74)得到,若 q_{LSB}不超过 0.1 nm,则 ADC1 量化噪声功率谱密度 $\tilde{\gamma}_{N_0,PSD} \leqslant 2.85 \times 10^{-14}$ m·s^{-2}/Hz$^{1/2}$;若按图 17-17,取 $r_d = 1$ kSps,则 $\tilde{\gamma}_{N_0,PSD} \leqslant 6.38 \times 10^{-14}$ m·s^{-2}/Hz$^{1/2}$。表 17-2 给出 GRADIO 加速度计 US 轴科学模式的噪声指标在测量带宽($5 \times 10^{-3} \sim 0.1$) Hz 内为 2×10^{-12} m·s^{-2}/Hz$^{1/2}$,相比之下 ADC1 量化噪声的影响可以忽略。

(2) 调节 K_{cd}下限。

本节第(1)条给出 $K_{cd} \geqslant 1.53 \times 10^6$ V/m;表 19-1 给出 GRADIO 加速度计 US 轴单通道(内对电极中的一对)科学模式从位移到电荷放大器第一级(FET 级)输出的增益 $|K_x| = 1.57 \times 10^4$ V/m;19.1 节给出电荷放大器第二级(BJT 级)的增益 $K_{bjt} = 200$;我们仿照文献[2]取带通滤波器增益 $K_{bp} = 1$;19.3 节给出同步检测的增益 $K_m = 0.1\{V_d\}_V$,17.4.4 节给出电容位移检测电压的有效值 $V_d = 7.6$ V,因而同步检测增益 $K_m = 0.76$。以上参数代入式(19-2)得到 $K_{lp}K_{DCoa} \geqslant 0.641$。由于 K_s 的值很大,作为其中一个环节的 $K_{lp}K_{DCoa}$ 不应小于 1,即应 $K_{lp}K_{DCoa} \geqslant 1$,所以 K_{cd}的下限应修正为 2.39×10^6 V/m,即 $K_{cd} \geqslant 2.39 \times 10^6$ V/m。

(3) K_{cd}上限。

19.5.1.1 节第(1)条给出前向通道的总增益 $K_s = 1.625\,1 \times 10^{10}$ V/m;19.5.1.2 节给出驱动电压放大器增益 $K_{drv} = 1.51$;由于 K_s 的值很大,作为其中一个环节的 K_p 不应小于 1。将以上参数代入式(19-1),得到 $K_{cd} \leqslant 1.076 \times 10^{10}$ V/m,符合 19.5.1.1 节第(6)条电容位移检测电路增益应不超过 1.63×10^{10} V/m 的要求。

19.5.2 捕获模式

捕获模式下确定前向通道增益与分配的方法是:由能实现捕获的外来加速度范围确定相应的检验质量与限位相贴时的反馈控制电压 $V_f(0)$范围,取其下限确定驱动电压放大器增益 K_{drv};取加速度计的基础频率 f_0、一阶有源低通滤波电路的截止频率 f_c、PID 校正网络的微分时间常数 τ_d、积分时间常数 τ_i 与科学模式相同,并验证稳定裕度符合要求;由加速度计的基础频率 f_0 确定前向通道总增益 K_s;由施加捕获模式幅度为输入极限的阶跃加速度产生的 x 瞬间最大值确定电容位移检测电路增益 K_{cd} 可允最大值;由前向通道总增益 K_s、驱动电压放大器增益 K_{drv} 和 PID 校正网络比例系数 K_p 不小于 1 确定电容位移检测电路增益 K_{cd} 上限。K_{cd} 取此上限时,检验质量从极限位置(与限位相贴)至最终稳定到电极笼中心的捕获过程中,仅当处于电极笼中心附近一个确定的窄小区间内,ADC1 不饱和。在此窄小区间外,由于 ADC1 饱和,导致丧失 PID 微分时间常数 τ_d 的电阻尼作用,因而检验质量往复振荡的次数会非常多;更不利的情况下可能因几何结构不严格对称而导致检验质量撞击对面的限位,如果这种撞击是双向的,捕获就会失败。在保证加速度计基础频率 f_0 的前提下,可以加大 PID 校正网络比例系数 K_p 以保证整个捕获过程中 ADC1 不饱和,以免因 ADC1 饱和而丧失 PID 微分时间常数 τ_d 的电阻尼作用。由此得到,电容位移检测电路增益 K_{cd} 的下限取决于检验质量可自由移动的距离和 ADC1 的输入极限电压值。

19.5.2.1　能实现捕获的外来加速度范围及相应的反馈控制电压最大值和驱动电压放大器的增益

19.1 节第(3)条指出,驱动电压放大器实际上有两级,第一级采用斩波稳定运算放大器,以便在测量带宽内摆脱 $1/f$ 噪声,第二级为 45 V 专用高电压提升器,用于在飞行状态下捕获检验质量使之悬浮。

17.6.2 节给出 GRADIO 加速度计 US 轴能实现捕获的外来加速度范围为 $\gamma_s = \pm 7.1 \times 10^{-5}$ m/s^2。与此相应,检验质量与限位相贴时能够实施捕获的反馈控制电压范围约为 18.7 V $< |V_f(0)| <$ 397.6 V。这与 17.6.3.2 节给出的结论是一致的。如该节所述,为了减少过冲,启动时检验质量的加速度度应尽量小,由于外来加速度已按 3.1 倍输入极限计算,所以不需要再增添余量,即取 $|V_f(0)| =$ 18.7 V 即可。因此,在 19.5.1.2 节设定 DAC 输出范围为 ± 5 V 的情况下,驱动电压放大器增益 $K_{drv} = 3.74$。

19.5.2.2　输入范围及对应的反馈控制电压、物理增益、受静电负刚度制约的角频率

18.1 节、18.4.4.1 节、18.4.5.1 节、18.4.6.1 节指出,静电悬浮加速度计系统的传递函数和稳定性分析是建立在线性定常系统基础上的;17.4.4 节指出,为了符合定常系统的特征,设计中要做到 $V_f^2(t) \ll V_p^2 + V_d^2$。因此,捕获完成后继续在捕获模式下工作的输入范围不能按反馈控制电压可输出的最大绝对值 18.7 V 计算。17.6.3.1 节给出 GRADIO 加速度计 US 轴捕获模式下输入范围为 $\pm 2.3 \times 10^{-5}$ m/s^2,与此对应的反馈控制电压 $V_f = \pm 4.44$ V。

对于 GRADIO 加速度计 US 轴,17.3.2 节给出检验质量的惯性质量 $m_i = 318$ g,电极面积 $A = 2.08$ cm^2,检验质量与电极间的平均间隙 $d = 299$ μm;17.4.4 节给出电容位移检测电压的有效值 $V_d = 7.6$ V;17.6.3.1 节给出捕获模式下检验质量上施加的固定偏压 $V_p = 40$ V。以上参数代入式(17 - 21)得到 US 轴捕获模式下物理增益 $G_p = 5.182\ 4 \times 10^{-6}$ m·s^{-2}/V,代入式(17 - 35)得到受静电负刚度制约的角频率的平方 $\omega_p^2 = -0.718\ 33$ rad^2/s^2。

19.5.2.3　前向通道的总增益及相应的闭环特性分析

(1)前向通道的总增益。

由于科学模式采用 $f_0 = 20$ Hz,所以捕获模式也采用 $f_0 = 20$ Hz。将之与 19.5.2.2 节给出的 $G_p = 5.182\ 4 \times 10^{-6}$ m·s^{-2}/V 代入式(17 - 29)得到前向通道的总增益 $K_、= 3.047\ 1 \times 10^9$ V/m。

(2)稳定裕度分析。

$f_0 = 20$ Hz 即 $\omega_0 = 125.66$ rad/s;19.5.2.2 节给出受静电负刚度制约的角频率的平方 $\omega_p^2 = -0.718\ 33$ rad^2/s^2。19.5.1.1 节第(2)条给出科学模式下 $f_c = 150$ Hz,即 $\omega_c = 942.48$ rad/s;表 17 - 6 给出 $\tau_d = 2.387\ 3 \times 10^{-2}$ s,$1/\tau_i = 12.566$ s^{-1}。假定维持这些参数不变。

由式(18 - 54)得到为满足系统稳定的充分必要条件,需要 $\tau_d > 1.856\ 9 \times 10^{-3}$ s。实际

$\tau_d = 2.387\,3 \times 10^{-2}$ s，即 $1/\tau_d$ 的幅值裕度 $K_g = 12.9$。

由式(18-55)得到为满足系统稳定的充分必要条件，需要 $\omega_0^2 > 551.57$ rad^2/s^2。实际 $\omega_0^2 = 15\,790$ rad^2/s^2，即 $1/\omega_0^2$ 的幅值裕度 $K_g = 28.6$。

由式(18-56)得到为满足系统稳定的充分必要条件，需要 $1/\omega_c < 2.307\,7 \times 10^{-2}$ s/rad。实际 $1/\omega_c = 1.061\,0 \times 10^{-3}$ s/rad，即 $1/\omega_c$ 的幅值裕度 $K_g = 21.8$。

由式(18-57)得到为满足系统稳定的充分必要条件，需要 $1/\tau_i < 360.19$ s^{-1}。实际 $1/\tau_i = 12.566$ s^{-1}，即 $1/\tau_i$ 的幅值裕度 $K_g = 28.7$。

由此可见系统是稳定的，且稳定裕度很大[参见18.4.6.3节第(3)条]。

(3)归一化闭环传递函数。

将上述参数代入式(18-35)表达的归一化闭环传递函数，得到

$$G_{ucl}(s) = \frac{1.488\,2 \times 10^7 (2.387\,3 \times 10^{-2} s^2 + s + 12.566)}{s^4 + 942.48 s^3 + 3.553\,0 \times 10^5 s^2 + 1.488\,1 \times 10^7 s + 1.870\,1 \times 10^8}$$

$$(19-77)$$

由式(19-77)得到使用MATLAB软件绘制GRADIO加速度计US轴捕获模式下归一化闭环传递函数Bode图程序[13]为

```
g=tf(1.4882e7 * [2.3873e-2  1  12.566],[1  942.48  3.5530e5  1.4881e7  1.8701e8]);bode(g)
```

图19-11即为绘制出来的GRADIO加速度计US轴捕获模式下归一化闭环传递函数Bode图。

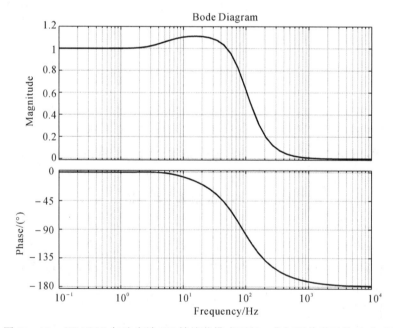

图19-11　GRADIO加速度计US轴捕获模式下归一化闭环传递函数Bode图

从图19-11所对应的MATLAB原图可以看到，幅值谱在2.2 Hz以后出现上翘，到14 Hz附近达到1.112的最大值。由于表17-2给出测量带宽为 $(5 \times 10^{-3} \sim 0.1)$ Hz，所以该上翘对测量没有影响。

从图 19-11 所对应的 MATLAB 原图还可以得到,归一化闭环传递函数的截止频率 $f_{-3\,dB}=88.7$ Hz。

将图 19-11 与图 19-7 相比较,可以看到二者几乎完全一致。因此,为了捕获完成后继续在"捕获模式"下工作时保证加速度计的线性度和其特性稳定性,采用 $f_0=20$ Hz 是必要的。

(4)加速度测量值对于输入加速度阶跃的响应。

将 MATLAB 软件的单位阶跃响应函数 step[14] 用于由式(19-77)表达的 GRADIO 加速度计 US 轴捕获模式下归一化闭环传递函数,就可以得到加速度测量值对于输入加速度阶跃的响应,具体程序为

g=tf(1.4882e7 * [2.3873e-2　1　12.566],[1　942.48　3.5530e5　1.4881e7　1.8701e8]);step(g,0.5)

图 19-12 即为绘制出来的 GRADIO 加速度计 US 轴捕获模式下加速度测量值对于输入加速度阶跃的响应。

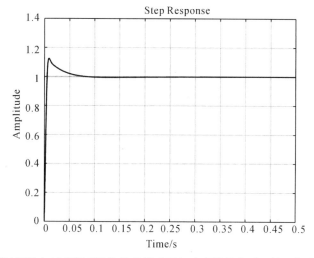

图 19-12　GRADIO 加速度计 US 轴捕获模式下加速度测量值对于输入加速度阶跃的响应

将图 19-12 与图 19-8 相比较,可以看到二者几乎完全一致。17.6.3.1 节给出 GRADIO 加速度计 US 轴捕获模式下输入范围为 $\pm2.3\times10^{-5}$ m/s²。从图 19-12 所对应的 MATLAB 原图得到,捕获完成后继续在"捕获模式"下工作时,若在 $t=0$ 时施加 2.3×10^{-5} m/s² 的阶跃加速度,则加速度测量值 $\gamma_{msr}(t)$ 在 $t=8.8$ ms 左右达到约 2.59×10^{-5} m·s⁻² 的最大值,将之与 19.5.2.2 节给出的 US 轴捕获模式下物理增益 $G_p=5.182\,4\times10^{-6}$ m·s⁻²/V 一起代入式(17-23),得到相应的 $V_f=4.99$ V。

从图 19-12 所对应的 MATLAB 原图还可以得到,捕获完成后继续在"捕获模式"下工作时,若在 $t=0$ 时施加 2.3×10^{-5} m/s² 的阶跃加速度,加速度测量值在 $t=86$ ms 左右基本达到与输入加速度 2.3×10^{-5} m/s² 同样的稳定值,除以物理增益得到,相应的 $V_f=4.44$ V。

(5)位移对于输入加速度的传递函数。

将上述参数代入式(18-44)表达的位移对于输入加速度的传递函数,得到

$$-\frac{\{X(s)\}_{\mathrm{m}}}{\{\varGamma_s(s)\}_{\mathrm{m/s^2}}}=\frac{s^2+942.48s}{s^4+942.48s^3+3.553\,0\times10^5s^2+1.488\,1\times10^7s+1.870\,1\times10^8}$$

$$(19-78)$$

由式(19-78)得到使用 MATLAB 软件绘制 GRADIO 加速度计 US 轴捕获模式下位移对于输入加速度的传递函数 Bode 图程序[13]为

```
g=tf([1  942.48  0],[1  942.48  3.5530e5  1.4881e7  1.8701e8]);bode(g)
```

图 19-13 即为绘制出来的 GRADIO 加速度计 US 轴捕获模式下位移对于输入加速度的传递函数 Bode 图。

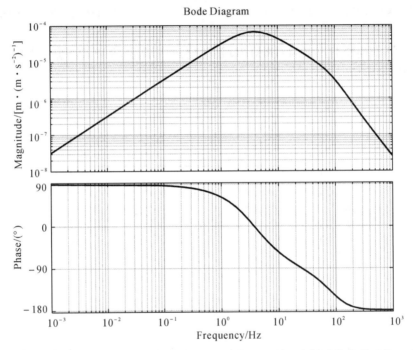

图 19-13　GRADIO 加速度计 US 轴捕获模式下位移对于输入加速度的传递函数 Bode 图

将图 19-13 与图 19-9 相比较,可以看到二者几乎完全一致。

(6)位移对于输入加速度阶跃的响应。

将 MATLAB 软件的单位阶跃响应函数 step[14]用于由式(19-78)表达的 GRADIO 加速度计 US 轴捕获模式下位移对于输入加速度的传递函数,就可以得到位移对于输入加速度阶跃的响应,具体程序为

```
g=tf([1  942.48  0],[1  942.48  3.5530e5  1.4881e7  1.8701e8]);step(g,1.0)
```

图 19-14 即为绘制出来的 GRADIO 加速度计 US 轴捕获模式下位移对于输入加速度阶跃的响应。

将图 19-14 与图 19-10 相比较,可以看到二者几乎完全一致。从图 19-14 所对应的 MATLAB 原图得到,捕获完成后继续在"捕获模式"下工作时,若在 $t=0$ 时施加 2.3×10^{-5}

$m \cdot s^{-2}$ 的阶跃加速度,则在 $t=44$ ms 左右达到位移约 1.09 nm 的最大值。在 19.4.1 节设定 ADC1 输入范围为 ± 5 V 的情况下,电容位移检测电路增益 K_{cd} 应不超过 4.59×10^9 V/m。需要说明的是,由于图 19-14 是依据线性定常系统理论并假定施加阶跃加速度前已经完成捕获得到的,所以并不代表检验质量捕获过程的运动情况。

从图 19-14 所对应的 MATLAB 原图还可以得到,捕获完成后继续在“捕获模式”下工作时,若在 $t=0$ 时施加一个阶跃加速度,则检验质量在 $t=0.37$ s 左右基本回到电极笼中心。

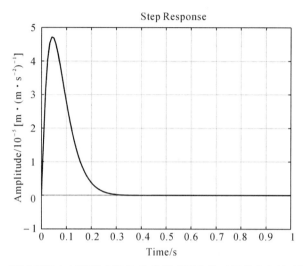

图 19-14　GRADIO 加速度计 US 轴捕获模式下位移对于输入加速度阶跃的响应

19.5.2.4　电容位移检测电路增益 K_{cd} 和 PID 校正网络的比例系数 K_p

(1)$K_p=1$。

19.5.2.3 节第(1)条给出 $f_0=20$ Hz 下 $K_s=3.0471 \times 10^9$ V/m,19.5.2.1 节给出 $K_{drv}=3.74$,若 $K_p=1$,则 $K_{cd}=8.147 \times 10^8$ V/m,符合 19.5.2.3 节第(6)条 $K_{cd} \leqslant 4.59 \times 10^9$ V/m 的要求。

以下分析这种情况下的捕获过程。

在 19.4.1 节设定 ADC1 输入范围为 ± 5 V 的情况下,由 $K_{cd}=8.147 \times 10^8$ V/m 得到检验质量偏离中心 6.137 nm 以上将会使 ADC1 饱和,而 17.6.2 节给出检验质量的自由移动沿 US 轴为 ± 29 μm,也就是说,检验质量以偏离电极笼中心 29 μm 为起点、以电极笼中心为终点的捕获过程中,只要偏离中心仍超过 6.137 nm,ADC1 就仍处于饱和状态,这时伺服控制系统检测不到检验质量位置随时间的变化,从而丧失 17.3.4 节所述 PID 校正网络的微分时间常数的电阻尼作用(剩下的金丝阻尼和残余气体平衡态阻尼非常微弱,几乎可以忽略),而积分时间常数则使 DAC 的输出持续线性增长,直至 DAC 也处于饱和状态。在 19.5.1.2 节设定 DAC 输出范围为 ± 5 V 的情况下,由于 19.5.2.1 节给出驱动电压放大器增益为 3.74,所以 $|V_f(t)|$ 维持 18.7 V 不变,由式(17-12)可以看到,这意味着 $F_{el}(t)$ 仅随检验质量相对电极笼的位置 $x(t)$ 而变。并可据此绘出 $|V_f(t)|$ 维持 18.7 V 不变的情况下 $F_{el}(t)$ 随 $x(t)$ 的变化曲线,如图 19-15 所示。

从图 19-15 可以看到,US 轴捕获模式 ADC1 和 DAC 处于饱和状态下 $F_{el}(t)$ 随检验质量向中心移动而增大。

由于 ADC1 和 DAC 处于饱和状态下检验质量受到的静电力 $F_{el}(t)$ 仅随检验质量相对电极笼的位置而变，所以 ADC1 和 DAC 处于饱和状态下静电力 $F_{el}(t)$ 对检验质量构成了一个势能阱。参照文献[15]的叙述，我们以 ADC1 处于临界饱和时检验质量的位置 $|x(t)|=$ 6.137 nm 作为零势位置，并将"检验质量在可自由运动的范围内从任一位置移动到零势位置时静电力所做的功"称为检验质量在该位置的势能。用图 19-15 所对应的数据可以绘出 $x(t)=-29\ \mu m\sim-6.137\ nm$ 和 $x(t)=+6.137\ nm\sim+29\ \mu m$（ADC1 和 DAC 处于饱和状态）的区间内静电力 $F_{el}(t)$ 对检验质量构成的势能阱，如图 19-16 所示。

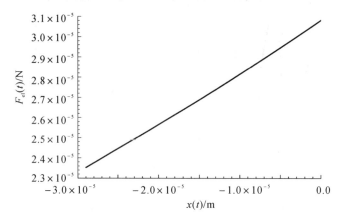

图 19-15　US 轴捕获模式 ADC1 和 DAC 处于饱和状态下 $F_{el}(t)$ 随 $x(t)$ 的变化曲线

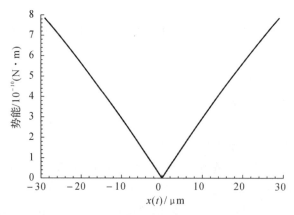

图 19-16　US 轴捕获模式下 $x(t)=-29\ \mu m\sim-6.137\ nm$ 和 $x(t)=+6.137\ nm\sim+29\ \mu m$ 范围内
静电力 $F_{el}(t)$ 对检验质量构成的势能阱
（图中纵坐标的零点指 ADC1 和 DAC 处于饱和状态的势能最低点）

如前所述，在图 19-16 所示的势能阱范围内几乎不存在阻尼作用。因此，检验质量在图 19-16 所示的势能阱中从左右两端的势能高处"跌落"时，会在势能阱中几乎无衰减地左右振荡，仅当短暂处于势能阱底部 ±6.137 nm（势能低于图 19-16 所定义的零值）的窄小区间时脱离 ADC1 的饱和状态，电阻尼才能发挥作用，以通过消耗动能来逐渐消耗势能。在动能完全耗尽之前，由于惯性，检验质量会冲过电极笼中心；若在相对方向上冲到偏离中心 6.137 nm 以外，会使 ADC1 反向饱和。捕获过程所需的时间取决于势能消耗到图19-16

纵坐标零点所需要的时间与随后检验质量在 ± 6.137 nm 范围内电阻尼持续发挥作用后振荡进一步衰减直至稳定到电极笼中心所需要的时间之和。由于电阻尼发挥作用的区间极为窄小，且检验质量处于势能阱底部时相对电极笼的移动速度最快，所以检验质量在势能阱中的振荡次数会非常多；更不利的情况下可能因几何结构不严格对称而导致检验质量撞击对面的限位，如果这种撞击是双向的，捕获就会失败。

在 DAC 达到饱和之前，指向电极笼中心的静电力 $|F_{el}(t)|$ 不仅随检验质量相对电极笼的位置而变，而且积分时间常数使反馈控制电压 $|V_f(t)|$ 持续线性增长，这将使图 19-16 所示的势能阱形状发生变化。此外，由式（17-95）可以看到，如果捕获过程存在外来加速度 γ_s（但不用考虑黏着结合力 F_a，因为检验质量与限位脱离接触后 F_a 不再起作用），则图 19-16 所示的势能阱也将变形：一侧的坡度会变缓，另一侧的坡度会变陡，因而两侧同势能点距离电极笼中心的距离是不同的。

（2）ADC1 不饱和。

在保证 $f_0 = 20$ Hz 的前提下，可以加大"数字控制器"PID 校正网络中的比例系数 K_p，以保证整个捕获过程中 ADC1 不饱和，以免因 ADC1 饱和而丧失 PID 微分时间常数 τ_d 的电阻尼作用。

17.6.2 节给出 GRADIO 加速度计检验质量的自由移动沿 US 轴为 ± 29 μm。在 19.4.1 节设定 ADC1 输入范围为 ± 5 V 的情况下，只要 K_{cd} 的值小至 1.724×10^5 V/m，就可以保证 ADC1 不饱和。即 K_{cd} 的下限为 1.724×10^5 V/m。

19.5.2.5　调节 K_{cd} 和 K_p 的范围

19.5.2.4 节第（1）条和第（2）条给出 US 轴捕获模式下 1.724×10^5 V/m $\leqslant K_{cd} \leqslant$ 8.147×10^8 V/m，19.5.1.3 节第（2）条和第（3）条给出 US 轴科学模式下 2.39×10^6 V/m $\leqslant$ $K_{cd} \leqslant 1.076 \times 10^{10}$ V/m。为了方便两者间切换，希望将 K_{cd} 的范围统一为 2.39×10^6 V/m $\leqslant$ $K_{cd} \leqslant 8.147 \times 10^8$ V/m。由于将 US 轴捕获模式下的 K_{cd} 下限上调，导致捕获过程中电阻尼发挥作用的最宽区间由检验质量的全部自由活动区间压缩至 ± 2.092 μm。

对于 US 轴科学模式，将 2.39×10^6 V/m $\leqslant K_{cd} \leqslant 8.147 \times 10^8$ V/m，19.5.1.1 节第（1）条给出的 $K_s = 1.625 \ 1 \times 10^{10}$ V/m，19.5.1.2 节给出的 $K_{drv} = 1.51$ 代入式（19-1），得到 $13.2 \leqslant K_p \leqslant 4.50 \times 10^3$。

对于 US 轴捕获模式，将 2.39×10^6 V/m $\leqslant K_{cd} \leqslant 8.147 \times 10^8$ V/m，19.5.2.1 节给出的 $K_{drv} = 3.74$，19.5.2.3 节第（1）条给出的 $K_s = 3.0471 \times 10^9$ V/m 代入式（19-1），得到 $1 \leqslant$ $K_p \leqslant 341$。

19.5.2.6　电容位移检测电路增益 K_{cd} 的分配

19.5.2.5 节给出 2.39×10^6 V/m $\leqslant K_c \leqslant 8.147 \times 10^8$ V/m；表 19-1 给出 GRADIO 加速度计 US 轴单通道（两对电极中的一对）从位移到电荷放大器第一级（FET 级）输出的增益 $|K_x| = 1.57 \times 10^4$ V/m；19.1 节给出电荷放大器第二级（BJT 级）的增益 $K_{bjt} = 200$；19.5.1.3 节第（2）条给出带通滤波器增益 $K_{bp} = 1$，同步检测增益 $K_m = 0.76$。将以上参数代入式（19-2），得到 $1 \leqslant K_{lp} K_{DCoa} \leqslant 341$，式中 K_{lp} 为环内一阶有源低通滤波器的增益，K_{DCoa} 为直流输出放大器的增益。

19.5.2.7　小结

（1）如 19.5.2.3 节第（2）条所述，US 轴捕获模式由于采用 $f_0 = 20$ Hz，稳定裕度很大，所以捕获完成后可以在"捕获模式"下稳定工作。

（2）如 19.5.2.4 节第（1）条所述，US 轴捕获模式若取 $K_p = 1$（相应的 $K_{cd} = 8.147 \times 10^8$ V/m），则检验质量在捕获过程中所处的 ± 29 μm 自由活动范围中，仅当短暂处于势能阱底部 ± 6.137 nm 的极窄小区间时，电阻尼才能发挥作用以逐渐消耗势能；由于电阻尼发挥作用的区间极为窄小，有可能因几何结构不严格对称而导致检验质量撞击对面的限位，如果这种撞击是双向的，捕获就会失败。如 19.5.2.5 节所述，若取 $K_p = 341$（相应的 $K_{cd} = 2.39 \times 10^6$ V/m），则电阻尼发挥作用的区间拓宽至 ± 2.092 μm，情况会好得多。

（3）US 轴捕获模式若取 $K_p = 1$，则相应的 $K_{cd} = 8.147 \times 10^8$ V/m，因而如 19.5.2.5 节所述，与 US 轴科学模式 $K_p = 13.2$ 相对应；US 轴捕获模式若取 $K_p = 341$，则相应的 $K_{cd} = 2.39 \times 10^6$ V/m，因而与 US 轴科学模式 $K_p = 4.50 \times 10^3$ 相对应。选择 K_{cd} 时还需注意：保持 K_s 不变的前提下靠加大 K_p 来减小 K_{cd} 会受到检验质量回到电极笼中央后的位置起伏随之增大以及 ADC1 以位移噪声形式表达的量化噪声随之增大的节制（参见 19.4 节）。

（4）由上述第（2）条与第（3）条的叙述可知，较小的电容位移检测电路增益 K_{cd} 有利于捕获，但会增大科学模式下位移噪声引起的加速度测量噪声。反之，较大的 K_{cd} 有利于减小科学模式下位移噪声引起的加速度测量噪声，但不利于捕获。因此，两种模式是否能共用同样的 K_{cd}，K_{cd} 取多大恰当，要通过实际调试来确定。

19.6 LS 轴前向通道增益与分配及相应性能分析

19.6.1 确定基础频率

由式（18 - 55）得到 $1/\omega_0^2$ 的幅值裕度为

$$K_{g, 1/\omega_0^2} = \frac{\omega_0^2}{\dfrac{1}{\tau_i \left(\tau_d - \dfrac{1}{\omega_c} \right)} - \omega_p^2} \tag{19 - 79}$$

式中 $K_{g, 1/\omega_0^2}$——$1/\omega_0^2$ 的幅值裕度；

  ω_0——加速度计的基础角频率，rad/s；

  τ_i——PID 校正网络的积分时间常数，s；

  τ_d——PID 校正网络的微分时间常数，s；

  ω_c——环内一阶有源低通滤波电路的截止角频率（-3 dB 处的角频率），rad/s。

17.5.1 节给出微分时间常数 $\tau_d = 3/\omega_0$、积分时间常数 $\tau_i = 10/\omega_0$，并指出此种选择具有普遍意义；19.5.1.1 节第（2）条给出环内一阶有源低通滤波电路截止频率 $f_c = 7.5 f_0$，即 $\omega_c = 7.5\omega_0$。将以上参数代入式（19 - 79），得到

$$K_{g, 1/\omega_0^2} = \frac{1}{\dfrac{7.5}{215} + \dfrac{|\omega_p^2|}{\omega_0^2}} \tag{19 - 80}$$

对于 GRADIO 加速度计 LS 轴捕获模式，17.3.2 节给出检验质量的惯性质量 $m_i = 318$ g，电极面积 $A = 9.92$ cm²，检验质量与电极间的平均间隙 $d = 32$ μm；17.4.4 节给出电容位移检测电压的有效值 $V_d = 7.6$ V；17.6.3.1 节给出捕获模式下检验质量上施加的固定偏压 $V_p = 40$ V。以上参数代入式（17 - 21）得 LS 轴捕获模式下物理增益 $G_p = 2.157\ 9 \times$

10^{-3} m·s^{-2}/V,代入式(17－35)得到受静电负刚度制约的角频率的平方 $\omega_\mathrm{p}^2 = -2\,794.7$ rad^2/s^2。若仍取基础频率 $f_0 = 20$ Hz,即 $\omega_0 = 125.66$ rad/s,则由式(19－80)得到 $K_{\mathrm{g},1/\omega_0^2} = 4.72$。

18.4.8.6 节指出稳定状态下取 $K_\mathrm{g} = 2$ 或 $1/K_\mathrm{g} = 2$ 时,呈现为明显的衰减振荡,虽然系统还是稳定的,但性能很差。对于 GRADIO 加速度计 US 轴科学模式,17.5.1 节给出基础频率 $f_0 = 20$ Hz,表 17－5 给出 $\omega_\mathrm{p}^2 = -4.940\,3\times10^{-2}$ rad^2/s^2,19.5.1.1 节给出 $K_{\mathrm{g},1/\omega_0^2} = 28.7$,从给出的归一化闭环传递函数 Bode 图、位移对于输入加速度阶跃的响应、加速度测量值对于输入加速度阶跃的响应可以看到性能非常优异;对于 GRADIO 加速度计 US 轴捕获模式,19.5.2.3 节第(1)条给出基础频率 $f_0 = 20$ Hz,19.5.2.2 节给出 $\omega_\mathrm{p}^2 = -0.718\,33$ rad^2/s^2,19.5.2.3 节第(2)条给出 $K_{\mathrm{g},1/\omega_0^2} = 28.6$,从给出的归一化闭环传递函数 Bode 图、位移对于输入加速度阶跃的响应、加速度测量值对于输入加速度阶跃的响应可以看到性能非常优异。然而,如上所述,LS 轴捕获模式由于 $|\omega_\mathrm{p}^2|$ 高达 $2\,794.7$ rad^2/s^2,若仍取基础频率 $f_0 = 20$ Hz,由于得到的 $K_{\mathrm{g},1/\omega_0^2}$ 仅为 4.72,势必得不到良好的性能。

对于 GRADIO 加速度计 LS 轴捕获模式,若改为基础频率 $f_0 = 100$ Hz 即 $\omega_0 = 628.32$ rad/s,则由式(19－80)得到 $K_{\mathrm{g},1/\omega_0^2} = 23.8$。

对于 GRADIO 加速度计 LS 轴科学模式,17.3.2 节给出检验质量的惯性质量 $m_\mathrm{i} = 318$ g,表 17－4 给出 LS 轴科学模式下静电负刚度 $k_\mathrm{neg} = -61.120$ N/m,代入式(17－30)得到 $\omega_\mathrm{p}^2 = -192.20$ rad^2/s^2。改为基础频率 $f_0 = 100$ Hz 即 $\omega_0 = 628.32$ rad/s 之后,由式(19－80)得到 $K_{\mathrm{g},1/\omega_0^2} = 28.3$。

由此可见,对于 GRADIO 加速度计 LS 轴,宜取 $f_0 = 100$ Hz,即 $\omega_0 = 628.32$ rad/s。

19.6.2　科学模式

19.5.1 节已经阐述科学模式下确定前向通道增益与分配的方法。

19.6.2.1　前向通道的总增益及相应的闭环特性分析

(1)前向通道的总增益。

对于 GRADIO 加速度计 LS 轴,将 $\omega_0 = 628.32$ rad/s 和表 17－4 给出的科学模式下物理增益 $G_\mathrm{p} = 4.046\,0\times10^{-4}$ m·s^{-2}/V 代入式(17－29),得到前向通道的总增益 $K_\mathrm{s} = 9.757\,4\times10^8$ V/m。

(2)稳定裕度分析。

稳定裕度分析采用如下参数:19.6.1 节给出 $\omega_0 = 628.32$ rad/s,17.5.1 节给出微分时间常数 $\tau_\mathrm{d} = 3/\omega_0$,因此,$\tau_\mathrm{d} = 4.774\,6\times10^{-3}$ s;17.5.1 节给出积分时间常数 $\tau_\mathrm{i} = 10/\omega_0$,因此,$1/\tau_\mathrm{i} = 62.832$ s^{-1};19.5.1.1 节第(2)条给出环内一阶有源低通滤波电路截止角频率 $\omega_\mathrm{c} = 7.5\omega_0$,因此,$\omega_\mathrm{c} = 4\,712.4$ rad/s,或 $f_\mathrm{c} = 750$ Hz;19.6.1 节给出受静电负刚度制约角频率的平方 $\omega_\mathrm{p}^2 = -192.20$ rad^2/s^2。

由式(18－54)得到为满足系统稳定的充分必要条件,需要 $\tau_\mathrm{d} > 3.714\,4\times10^{-4}$ s。实际 $\tau_\mathrm{d} = 4.774\,6\times10^{-3}$ s,即 $1/\tau_\mathrm{d}$ 的幅值裕度 $K_\mathrm{g} = 12.9$。

由式(18－55)得到为满足系统稳定的充分必要条件,需要 $\omega_0^2 > 13\,964$ rad^2/s^2。实际 $\omega_0^2 = 3.947\,8\times10^5$ rad^2/s^2,即 $1/\omega_0^2$ 的幅值裕度 $K_\mathrm{g} = 28.3$。

由式(18－56)得到为满足系统稳定的充分必要条件,需要 $1/\omega_\mathrm{c} < 4.615\,4\times10^{-3}$ s/rad。

实际 $1/\omega_c = 2.122\ 1\times10^{-4}$ s/rad，即 $1/\omega_c$ 的幅值裕度 $K_g = 21.7$。

由式(18-57)得到为满足系统稳定的充分必要条件，需要 $1/\tau_i < 1\ 800.3$ s^{-1}。实际 $1/\tau_i = 62.832$ s^{-1}，即 $1/\tau_i$ 的幅值裕度 $K_g = 28.3$。

由此可见系统是稳定的，且稳定裕度很大[参见 18.4.6.3 节第(3)条]。

(3)归一化闭环传递函数。

将上述参数代入式(18-35)表达的归一化闭环传递函数，得到

$$G_{ucl}(s) = \frac{1.860\ 4\times10^9(4.774\ 6\times10^{-3}s^2 + s + 62.832)}{s^4 + 4\ 712.4s^3 + 8.882\ 5\times10^6 s^2 + 1.859\ 5\times10^9 s + 1.168\ 9\times10^{11}} \quad (19-81)$$

由式(19-81)得到使用 MATLAB 软件绘制 GRADIO 加速度计 LS 轴科学模式下归一化闭环传递函数 Bode 图程序[13]为

```
g＝tf(1.8604e9 * [4.7746e-3  1  62.832],[1  4712.4  8.8825e6  1.8595e9  1.1689e11]);bode(g)
```

图 19-17 即为绘制出来的 GRADIO 加速度计 LS 轴科学模式下归一化闭环传递函数 Bode 图。

从图 19-17 所对应的 MATLAB 原图可以看到，幅值谱在 8 Hz 以后出现上翘，到 80 Hz 附近达到 1.112 的最大值。由于表 17-2 给出测量带宽为 $(5\times10^{-3}\sim0.1)$ Hz，所以该上翘对测量没有影响。

从图 19-17 所对应的 MATLAB 原图还可以得到，归一化闭环传递函数的截止频率 $f_{-3\ dB} = 443.5$ Hz。

5.2.3.3 节指出，只要关注所考察对象的时域变化，离散采样率的数值就应该达到对象最高频率值的 10 倍以上。因此，ADC1 的输出数据率和 DAC 的输入数据率应取 $r_d = 5$ kSps。

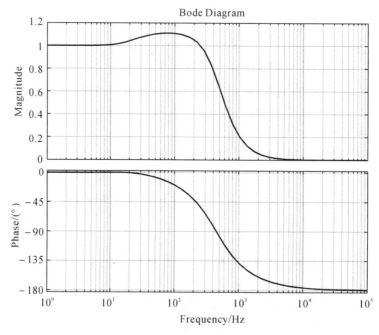

图 19-17　GRADIO 加速度计 LS 轴科学模式下归一化闭环传递函数 Bode 图

将图 19-17 与图 19-7 相比较,可以看到二者除频率相差 5 倍外,曲线形状几乎完全一致。因此,为了保证加速度计 LS 轴的线性度和其特性稳定性,维持 $f_0=100$ Hz 是必要的。

(4)加速度测量值对于输入加速度阶跃的响应。

将 MATLAB 软件的单位阶跃响应函数 step[14]用于由式(19-81)表达的 GRADIO 加速度计 LS 轴科学模式下归一化闭环传递函数,就可以得到加速度测量值对于输入加速度阶跃的响应,具体程序为

g=tf(1.8604e9 * [4.7746e−3　1　62.832],[1　4712.4　8.8825e6　1.8595e9　1.1689e11]);step(g,0.1)

图 19-18 即为绘制出来的 GRADIO 加速度计 LS 轴科学模式下加速度测量值对于输入加速度阶跃的响应。

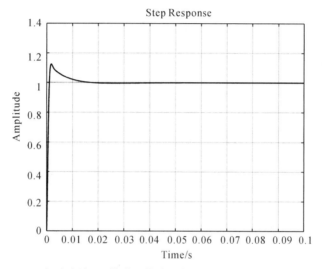

图 19-18　GRADIO 加速度计 LS 轴科学模式下加速度测量值对于输入加速度阶跃的响应

将图 19-18 与图 19-8 相比较,可以看到二者除时间相差 5 倍外,曲线形状几乎完全一致。

(5)位移对于输入加速度的传递函数。

将上述参数代入式(18-44)表达的位移对于输入加速度的传递函数,得到

$$-\frac{\{X(s)\}_{\mathrm{m}}}{\{\varGamma_{\mathrm{s}}(s)\}_{\mathrm{m/s}^2}}=\frac{s^2+4\,712.4s}{s^4+4\,712.4s^3+8.882\,5\times10^6 s^2+1.859\,5\times10^9 s+1.168\,9\times10^{11}}$$

$$(19-82)$$

由式(19-82)得到使用 MATLAB 软件绘制 GRADIO 加速度计 LS 轴科学模式下位移对于输入加速度的传递函数 Bode 图程序[13]为

g=tf([1　4712.4　0],[1　4712.4　8.8825e6　1.8595e9　1.1689e11]);bode(g)

图 19-19 即为绘制出来的 GRADIO 加速度计 US 轴科学模式下位移对于输入加速度的传递函数 Bode 图。

(6)位移对于输入加速度阶跃的响应。

将 MATLAB 软件的单位阶跃响应函数 step[14]用于由式(19-82)表达的 GRADIO 加

速度计 LS 轴科学模式下位移对于输入加速度的传递函数，就可以得到位移对于输入加速度阶跃的响应，具体程序为

g＝tf([1　4712.4　0],[1　4712.4　8.8825e6　1.8595e9　1.1689e11]);step(g,0.2)

图 19－20 即为绘制出来的 GRADIO 加速度计 LS 轴科学模式下位移对于输入加速度阶跃的响应。

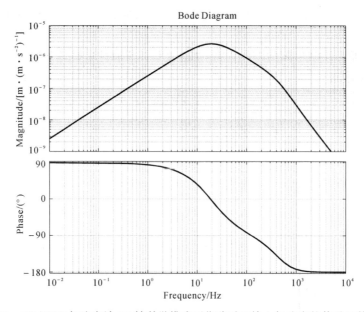

图 19－19　GRADIO 加速度计 LS 轴科学模式下位移对于输入加速度的传递函数 Bode 图

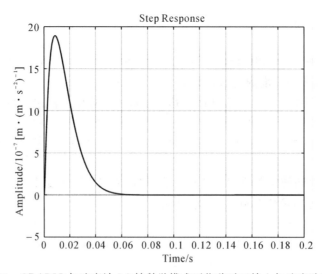

图 19－20　GRADIO 加速度计 LS 轴科学模式下位移对于输入加速度阶跃的响应

19.5.1.2 节给出，GRADIO 加速度计 US 轴科学模式下与输入极限相对应的反馈控制电压为 6.69 V，若 LS 轴科学模式下与输入极限对应的反馈控制电压也是 6.69 V，则 LS 轴

科学模式下输入范围为 $\pm 2.7 \times 10^{-3}$ m/s^2。从图 19 - 20 所对应的 MATLAB 原图可以得到,若在 $t = 0$ 时施加幅度为输入极限 2.7×10^{-3} m·s^{-2} 的阶跃加速度,则在 $t = 8.75$ ms 左右达到位移约 5.10 nm 的最大值。在 19.4.1 节设定 ADC1 输入范围为 ± 5 V 的情况下,电容位移检测电路增益应不超过 9.8×10^8 V/m。

19.6.2.2　驱动电压放大器的增益及相应的反馈控制电压最大值

从图 19 - 18 所对应的 MATLAB 原图可以得到,若在 $t = 0$ 时施加幅度为输入极限 2.7×10^{-3} m·s^{-2} 的阶跃加速度,则加速度测量值 $\gamma_{\mathrm{msr}}(t)$ 在 $t = 1.76$ ms 左右达到约 3.04×10^{-3} ms^{-2} 的最大值,将之与表17 - 4 给出的 GRADIO 加速度计 LS 轴科学模式下物理增益 $G_{\mathrm{p}} = 4.046\ 0 \times 10^{-4}$ m·s^{-2}/V 一起代入式(17 - 23),得到相应的 $V_{\mathrm{f}} = 7.51$ V。由此可见,在 19.5.1.2 节设定 DAC 输出范围为 ± 5 V 的情况下,驱动电压放大器增益应为 $K_{\mathrm{drv}} = 1.50$,且 LS 轴科学模式下不需要 45 V 专用高电压提升器。

从图 19 - 18 所对应的 MATLAB 原图还可以得到,若在 $t = 0$ 时施加幅度为输入极限 2.7×10^{-3} m·s^{-2} 的阶跃加速度,加速度测量值在 $t = 17$ ms 左右基本达到与输入加速度 2.7×10^{-3} m·s^{-2} 同样的稳定值,除以物理增益得到相应的 $V_{\mathrm{f}} = 6.67$ V。

19.6.2.3　电容位移检测电路增益 K_{cd} 的下限和上限

(1)K_{cd} 下限。

19.4.1 节指出,为使 q_{LSB} 不超过 0.1 nm,应控制 $K_{\mathrm{cd}} \geqslant 1 \times 10^{11}/(2^N - 1)$ V/m,其中 N 为 ADC1 的位数。

19.6.1 节给出 LS 轴科学模式下 $\omega_{\mathrm{p}}^2 = -192.20$ rad^2/s^2,19.6.2.1 节第(3)条指出 ADC1 的输出数据率和 DAC 的输入数据率应统一取 $r_{\mathrm{d}} = 5$ k Sps,由式(19 - 74)得到,若 q_{LSB} 不超过 0.1 nm,则 ADC1 量化噪声功率谱密度 $\tilde{\gamma}_{N_0,\mathrm{PSD}} \leqslant 1.11 \times 10^{-10}$ m·s^{-2}/Hz$^{1/2}$;若按图 17 - 17,取 $r_{\mathrm{d}} = 1$ kSps,则 $\tilde{\gamma}_{N_0,\mathrm{PSD}} \leqslant 2.48 \times 10^{-10}$ m·s^{-2}/Hz$^{1/2}$。24.4.1 节给出 GRADIO 加速度计 LS 轴科学模式的噪声指标为 1×10^{-10} m·s^{-2}/Hz$^{1/2}$[按指应测量带宽$(5 \times 10^{-3} \sim 0.1)$ Hz 内],相比之下 ADC1 量化噪声的影响太大。因此,LS 轴科学模式下必须控制 q_{LSB} 明显小于 0.1 nm,例如 0.01 nm。由式(19 - 69)得到,为使 q_{LSB} 不超过 0.01 nm,需 $K_{\mathrm{cd}} \geqslant 1.0 \times 10^{12}/(2^N - 1)$ V/m。若 $N = 16$,则 $K_{\mathrm{cd}} \geqslant 1.53 \times 10^7$ V/m。

将 $\omega_{\mathrm{p}}^2 = -192.20$ rad^2/s^2,$r_{\mathrm{d}} = 5$ kSps,$q_{\mathrm{LSB}} \leqslant 0.01$ nm 代入式(19 - 74),得到 ADC1 量化噪声功率谱密度 $\tilde{\gamma}_{N_0,\mathrm{PSD}} \leqslant 1.11 \times 10^{-11}$ m·s^{-2}/Hz$^{1/2}$;若按图 17 - 17,取 $r_{\mathrm{d}} = 1$ kSps,则 $\tilde{\gamma}_{N_0,\mathrm{PSD}} \leqslant 2.48 \times 10^{-11}$ m·s^{-2}/Hz$^{1/2}$。与 GRADIO 加速度计 LS 轴科学模式的噪声指标 1×10^{-10} m·s^{-2}/Hz$^{1/2}$ 相比,可以接受。

(2)检验 K_{cd} 下限。

本节第(1)条给出 $K_{\mathrm{cd}} \geqslant 1.53 \times 10^7$ V/m;表 19 - 1 给出 GRADIO 加速度计 LS 轴(四对电极中的一对)科学模式从位移到电荷放大器第一级(FET 级)输出的增益 $|K_x| = 3.26 \times 10^6$ V/m;19.5.1.3 节第(2)条给出带通滤波器增益 $K_{\mathrm{bp}} = 1$,同步检测增益 $K_{\mathrm{m}} = 0.76$。若取消电荷放大器第二级(BJT 级),并将以上参数代入式(19 - 2)得到 $K_{\mathrm{lp}} K_{\mathrm{DCoa}} \geqslant 6.18$。这与 K_{s} 的值很大,因而作为其中一个环节的 $K_{\mathrm{lp}} K_{\mathrm{DCoa}}$ 不应小于 1 是一致的。

(3)K_{cd} 上限。

19.6.2.1 节第(1)条给出前向通道的总增益 $K_{\mathrm{s}} = 9.757\ 4 \times 10^8$ V/m;19.6.2.2 节给出驱动电压放大器增益 $K_{\mathrm{drv}} = 1.50$;由于 K_{s} 的值很大,作为其中一个环节的 K_{p} 不应小于 1。

将以上参数代入式(19-1),得到 $K_{cd} \leqslant 6.505 \times 10^8$ V/m,符合 19.6.2.1 节第(6)条电容位移检测电路增益应不超过 9.8×10^8 V/m 的要求。

19.6.3 捕获模式

19.5.2 节已经阐述捕获模式下确定前向通道增益与分配的方法。

19.6.3.1 能实现捕获的外来加速度范围及相应的反馈控制电压最大值和驱动电压放大器的增益

17.6.3.1 节给出 GRADIO 加速度计 LS 轴能实现捕获的外来加速度范围为 $\gamma_s = \pm 3.0 \times 10^{-2}$ m/s^2。与此相应,17.6.3.3 节给出检验质量与限位相贴时能够实施捕获的反馈控制电压范围约为 35.3 V$< |V_f(0)| <$64.7 V。如该节所述,为了减少过冲,启动时检验质量的加速度度应尽量小,由于外来加速度已按 3.1 倍输入极限计算,所以不需要再增添余量,即取 $|V_f(0)| = 35.3$ V 即可。因此,在 19.5.1.2 节设定 DAC 输出范围为 ± 5 V 的情况下,驱动电压放大器增益 $K_{drv} = 7.06$。

19.6.3.2 输入范围及对应的反馈控制电压、物理增益、受静电负刚度制约的角频率

18.1 节、18.4.4.1 节、18.4.5.1 节、18.4.6.1 节指出,静电悬浮加速度计系统的传递函数和稳定性分析是建立在线性定常系统基础上的;17.4.4 节指出,为了符合定常系统的特征,设计中要做到 $V_f^2(t) \ll V_p^2 + V_d^2$。因此,捕获完成后继续在捕获模式下工作的输入范围不能按反馈控制电压可输出的最大绝对值 35.3 V 计算。17.6.3.1 节给出 GRADIO 加速度计 LS 轴捕获模式下输入范围为 $\pm 9.6 \times 10^{-3}$ m/s^2,与此对应的反馈控制电压 $V_f = \pm 4.44$ V。

19.6.1 节已经给出 LS 轴捕获模式下物理增益 $G_p = 2.157\ 9 \times 10^{-3}$ m·s^{-2}/V,受静电负刚度制约的角频率的平方 $\omega_p^2 = -2\ 794.7$ rad^2/s^2。

19.6.3.3 前向通道的总增益及相应的闭环特性分析

(1)前向通道的总增益。

由于科学模式采用 $f_0 = 100$ Hz,所以捕获模式也采用 $f_0 = 100$ Hz。将之与 19.6.1 节给出的 $G_p = 2.157\ 9 \times 10^{-3}$ m·s^{-2}/V 代入式(17-29)得到前向通道的总增益 $K_s = 1.829\ 5 \times 10^8$ V/m。

(2)稳定裕度分析。

$f_0 = 100$ Hz 即 $\omega_0 = 628.32$ rad/s;19.6.1 节给出受静电负刚度制约的角频率的平方 $\omega_p^2 = -2\ 794.7$ rad^2/s^2。19.6.2.1 节第(2)条给出科学模式下 $f_c = 750$ Hz,即 $\omega_c = 4\ 712.4$ rad/s;$\tau_d = 4.774\ 6 \times 10^{-3}$ s,$1/\tau_i = 62.832$ s^{-1}。假定维持这些参数不变。

由式(18-54)得到为满足系统稳定的充分必要条件,需要 $\tau_d > 3.725\ 0 \times 10^{-4}$ s。实际 $\tau_d = 4.774\ 6 \times 10^{-3}$ s,即 $1/\tau_d$ 的幅值裕度 $K_g = 12.8$。

由式(18-55)得到为满足系统稳定的充分必要条件,需要 $\omega_0^2 > 16\ 566$ rad^2/s^2。实际 $\omega_0^2 = 3.947\ 8 \times 10^5$ rad^2/s^2,即 $1/\omega_0^2$ 的幅值裕度 $K_g = 23.8$。

由式(18-56)得到为满足系统稳定的充分必要条件,需要 $1/\omega_c < 4.614\ 3 \times 10^{-3}$ s/rad。实际 $1/\omega_c = 2.122\ 1 \times 10^{-4}$ s/rad,即 $1/\omega_c$ 的幅值裕度 $K_g = 21.7$。

由式(18-57)得到为满足系统稳定的充分必要条件,需要 $1/\tau_i < 1\ 788.4$ s^{-1}。实际

$1/\tau_i = 62.832 \text{ s}^{-1}$，即 $1/\tau_i$ 的幅值裕度 $K_g = 28.5$。

由此可见系统是稳定的，且稳定裕度很大［参见 18.4.6.3 节第（3）条］。

（3）归一化闭环传递函数。

将上述参数代入式（18-35）表达的归一化闭环传递函数，得到

$$G_{el/s}(s) = \frac{1.860\,4\times10^9(4.774\,6\times10^{-3}s^2+s+62.832)}{s^4+4\,712.4s^3+8.879\,9\times10^6s^2+1.847\,2\times10^9s+1.168\,9\times10^{11}}$$

$$(19-83)$$

由式（19-83）得到使用 MATLAB 软件绘制 GRADIO 加速度计 LS 轴捕获模式下归一化闭环传递函数 Bode 图（$f_0 = 20$ Hz 方案）程序[13]为

```
g=tf(1.8604e9 * [4.7746e-3  1  62.832],[1  4712.4  8.8799e6  1.8472e9  1.1689e11]);bode(g)
```

图 19-21 即为绘制出来的 GRADIO 加速度计 LS 轴捕获模式下归一化闭环传递函数 Bode 图。

将图 19-21 与图 19-17 相比较，可以看到二者几乎完全一致。因此，为了捕获完成后继续在"捕获模式"下工作时保证加速度计的线性度和其特性稳定性，采用 $f_0 = 100$ Hz 是必要的。

从图 19-21 所对应的 MATLAB 原图可以得到，归一化闭环传递函数的截止频率 $f_{-3\text{ dB}} = 443.2$ Hz。

（4）加速度测量值对于输入加速度阶跃的响应。

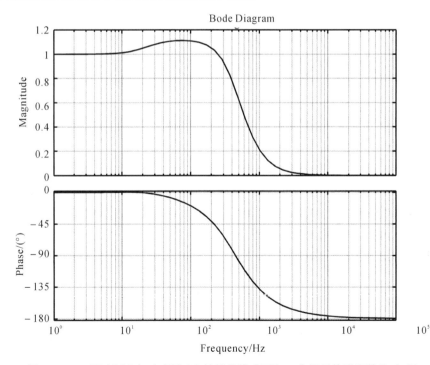

图 19-21　GRADIO 加速度计 LS 轴捕获模式下归一化闭环传递函数 Bode 图

将 MATLAB 软件的单位阶跃响应函数 step[14]用于由式（19-83）表达的 GRADIO 加速度计 LS 轴捕获模式下归一化闭环传递函数，就可以得到加速度测量值对于输入加速度

阶跃的响应,具体程序为

g=tf(1.8604e9 * [4.7746e−3　1　62.832],[1　4712.4　8.8799e6　1.8472e9　1.1689e11]);step(g,0.1)

图 19−22 即为绘制出来的 GRADIO 加速度计 LS 轴捕获模式下加速度测量值对于输入加速度阶跃的响应。

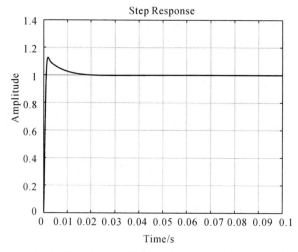

图 19−22　GRADIO 加速度计 LS 轴捕获模式下加速度测量值对于输入加速度阶跃的响应

将图 19−22 与图 19−18 相比较,可以看到二者几乎完全一致。17.6.3.1 节给出 GRADIO 加速度计 LS 轴捕获模式下输入范围为 $\pm 9.6 \times 10^{-3}$ m/s^2。从图 19−22 所对应的 MATLAB 原图可以得到,捕获完成后继续在"捕获模式"下工作时,若在 $t=0$ 时施加 9.6×10^{-3} m/s^2 的阶跃加速度,则加速度测量值 $\gamma_{\mathrm{msr}}(t)$ 在 $t=1.77$ ms 达到约 1.08×10^{-2} m/s^2 的最大值,将之与 19.6.1 节给出的 LS 轴捕获模式下物理增益 $G_{\mathrm{p}}=2.157\,9 \times 10^{-3}$ m·s^{-2}/V 一起代入式(17−23),得到相应的 $V_{\mathrm{f}}=5.00$ V。

从图 19−22 所对应的 MATLAB 原图还可以得到,捕获完成后继续在"捕获模式"下工作时,若在 $t=0$ 时施加 9.6×10^{-3} m/s^2 的阶跃加速度,加速度测量值在 $t=20$ ms 左右基本达到与输入加速度 9.6×10^{-3} m/s^2 同样的稳定值,除以物理增益得到相应的 $V_{\mathrm{f}}=4.44$ V。

(5)位移对于输入加速度的传递函数。

将上述参数代入式(18−44)表达的位移对于输入加速度的传递函数,得到

$$-\frac{\{X(s)\}_{\mathrm{m}}}{\{\Gamma_s(s)\}_{\mathrm{m/s^2}}} = \frac{s^2 + 4\,712.4s}{s^4 + 4\,712.4s^3 + 8.879\,9 \times 10^6 s^2 + 1.847\,2 \times 10^9 s + 1.168\,9 \times 10^{11}}$$

$$(19-84)$$

由式(19−84)得到使用 MATLAB 软件绘制 GRADIO 加速度计 LS 轴捕获模式下位移对于输入加速度的传递函数 Bode 图程序[13]为

g=tf([1　4712.4　0],[1　4712.4　8.8799e6　1.8472e9　1.1689e11]);bode(g)

图 19−23 即为绘制出来的 GRADIO 加速度计 US 轴捕获模式下位移对于输入加速度

的传递函数 Bode 图。

将图 19 - 23 与图 19 - 19 相比较，可以看到二者几乎完全一致。

(6)位移对于输入加速度阶跃的响应。

将 MATLAB 软件的单位阶跃响应函数 step[14] 用于由式(19 - 84)表达的 GRADIO 加速度计 LS 轴捕获模式下位移对于输入加速度的传递函数，就可以得到位移对于输入加速度阶跃的响应，具体程序为

g＝tf([1 4712.4 0],[1 4712.4 8.8799e6 1.8472e9 1.1689e11]);step(g,0.2)

图 19 - 24 即为绘制出来的 GRADIO 加速度计 LS 轴捕获模式下位移对于输入加速度阶跃的响应。

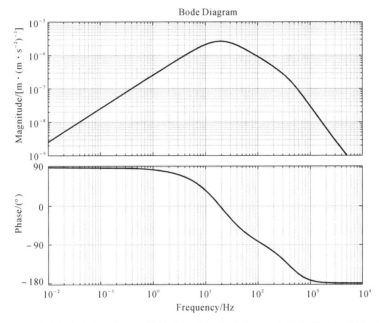

图 19 - 23 GRADIO 加速度计 LS 轴捕获模式下位移对于输入加速度的传递函数 Bode 图

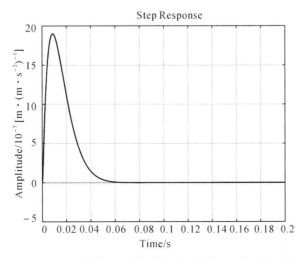

图 19 - 24 GRADIO 加速度计 LS 轴捕获模式下位移对于输入加速度阶跃的响应

将图 19-24 与图 19-20 相比较,可以看到二者几乎完全一致。从图 19-24 所对应的 MATLAB 原图可以得到,捕获完成后继续在"捕获模式"下工作时,若在 $t=0$ 时施加 9.6×10^{-3} m/s^2 的阶跃加速度,则在 $t=8.75$ ms 左右达到位移约 18.2 nm 的最大值。在 19.4.1 节设定 ADC1 输入范围为 ± 5 V 的情况下,电容位移检测电路增益 K_{cd} 应不超过 2.74×10^8 V/m。需要说明的是,由于图 19-24 是依据线性定常系统理论并假定施加阶跃加速度前已经完成捕获得到的,所以并不代表检验质量捕获过程的运动情况。

从图 19-24 所对应的 MATLAB 原图还可以得到,捕获完成后继续在"捕获模式"下工作时,若在 $t=0$ 时施加一个阶跃加速度,则检验质量在 $t=70$ ms 左右基本回到电极笼中心。

19.6.3.4　电容位移检测电路增益 K_{cd} 和 PID 校正网络的比例系数 K_p

(1)$K_p=1$。

19.6.3.3 节第(1)条给出 $f_0=100$ Hz 下 $K_s=1.829\ 5 \times 10^8$ V/m,19.6.3.1 节给出 $K_{drv}=7.06$,若 $K_p=1$,则 $K_{cd}=2.591 \times 10^7$ V/m,符合 19.6.3.3 节第(6)条 $K_{cd} \leqslant 2.74 \times 10^8$ V/m 的要求。

以下分析这种情况下的捕获过程。

在 19.4.1 节设定 ADC1 输入范围为 ± 5 V 的情况下,由 $K_c=2.591 \times 10^7$ V/m 得到检验质量偏离中心 193.0 nm 以上将会使 ADC1 饱和。而 17.6.3.1 节给出检验质量的自由移动沿 LS 轴为 ± 16 μm,也就是说,检验质量以偏离电极笼中心 16 μm 为起点、以电极笼中心为终点的捕获过程中,只要偏离中心仍超过 193.0 nm,ADC1 就仍处于饱和状态,这时伺服控制系统检测不到检验质量位置随时间的变化,从而丧失 17.3.4 节所述 PID 校正网络的微分时间常数的电阻尼作用(剩下的金丝阻尼和残余气体平衡态阻尼非常微弱,几乎可以忽略),而积分时间常数则使 DAC 的输出持续线性增长,直至 DAC 也处于饱和状态。在 19.5.1.2 节设定 DAC 输出范围为 ± 5 V 的情况下,由于 19.6.3.1 节给出驱动电压放大器增益为 7.06,所以 $|V_f(t)|$ 维持 35.3 V 不变,由式(17-12)可以看到,这意味着 $F_{el}(t)$ 仅随检验质量相对电极笼的位置 $x(t)$ 而变,并可据此绘出 $|V_f(t)|$ 维持 35.3 V 不变的情况下 $F_{el}(t)$ 随 $x(t)$ 的变化曲线,如图 19-25 所示。

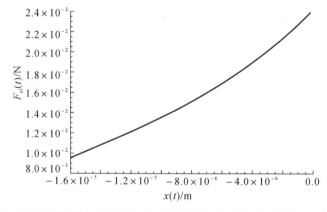

图 19-25　LS 轴捕获模式 ADC1 和 DAC 处于饱和状态下 $F_{el}(t)$ 随 $x(t)$ 的变化曲线

从图 19-25 可以看到,LS 轴捕获模式 ADC1 和 DAC 处于饱和状态下 $F_{el}(t)$ 随检验质量向中心移动而增大。

以 ADC1 处于临界饱和时检验质量的位置 $|x(t)|=193.0$ nm 作为零势位置,用图 19-25 所对应的数据可以绘出 $x(t)=-16$ μm～-193.0 nm 和 $x(t)=+193.0$ nm～$+16$ μm(ADC1 和 DAC 处于饱和状态)的区间内静电力 $F_{el}(t)$ 对检验质量构成的势能阱,如图 19-26 所示。

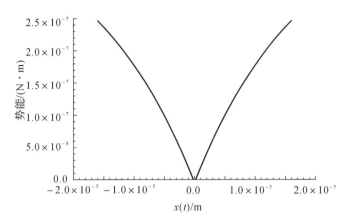

图 19-26　LS 轴捕获模式下 $x(t)=-16$ μm～-193.0 nm 和 $x(t)=+193.0$ nm～$+16$ μm 范围内
静电力 $F_{el}(t)$ 对检验质量构成的势能阱
图中纵坐标的零点指 ADC1 和 DAC 处于饱和状态的势能最低点

如前所述,在图 19-26 所示的势能阱范围内几乎不存在阻尼作用。因此,检验质量在图 19-26 所示的势能阱中从左右两端的势能高处"跌落"时,会在势能阱中几乎无衰减地左右振荡,仅靠处于 ±193.0 nm(势能低于图 19-26 所定义的零值)时脱离 ADC1 的饱和状态,电阻尼发挥作用,通过消耗动能来逐渐消耗势能。在动能完全耗尽之前,由于惯性,检验质量会冲过电极笼中心;若在相对方向上冲到偏离中心 193.0 nm 以外,会使 ADC1 反向饱和。捕获过程所需的时间取决于势能消耗到图 19-26 纵坐标零点所需的时间与随后检验质量在 ±193.0 nm 范围内电阻尼持续发挥作用后振荡进一步衰减直至稳定到电极笼中心所需的时间之和。由于电阻尼发挥作用的区间较为窄小,且检验质量处于势能阱底部时相对电极笼的移动速度最快,所以检验质量在势能阱中的振荡次数会相当多;更不利的情况下仍可能因几何结构不严格对称而导致检验质量撞击对面的限位,如果这种撞击是双向的,捕获就会失败。

在 DAC 达到饱和之前,指向电极笼中心的静电力 $|F_{el}(t)|$ 不仅随检验质量相对电极笼的位置而变,而且积分时间常数使反馈控制电压 $|V_f(t)|$ 持续线性增长,这将使图 19-26 所示的势能阱形状发生变化。此外,由式(17-95)可以看到,如果捕获过程存在外来加速度 γ_s(但不用考虑黏着结合力 F_a,因为检验质量与限位脱离接触后 F_a 不再起作用),则图 19-26 所示的势能阱也将变形:一侧的坡度会变缓,另一侧的坡度会变陡,因而两侧同势能点距离电极笼中心的距离是不同的。

(2)ADC1 不饱和。

在保证 $f_0=100$ Hz 的前提下,可以加大"数字控制器"PID 校正网络中的比例系数 K_p,以保证整个捕获过程中 ADC1 不饱和,以免因 ADC1 饱和而丧失 PID 微分时间常数 τ_d 的电阻尼作用。

17.6.3.1 节给出 GRADIO 加速度计检验质量的自由移动沿 LS 轴为 ±16 μm。在

19.4.1节设定 ADC1 输入范围为 ± 5 V 的情况下,只要 K_{cd} 的值小至 3.125×10^5 V/m,就可以保证 ADC1 不饱和。即 K_{cd} 的下限为 3.125×10^5 V/m。

19.6.3.5 调节 K_{cd} 和 K_p 的范围

19.6.3.4 节第(1)条和第(2)条给出 LS 轴捕获模式下 3.125×10^5 V/m $\leqslant K_{cd} \leqslant$ 2.591×10^7 V/m,19.6.2.3 节第(1)条和第(3)条给出 LS 轴科学模式下 1.53×10^7 V/m $\leqslant$ $K_{cd} \leqslant 6.505 \times 10^8$ V/m。为了方便两者间切换,希望将 K_{cd} 的范围统一为 1.53×10^7 V/m $\leqslant$ $K_{cd} \leqslant 2.591 \times 10^7$ V/m。由于将 LS 轴捕获模式下的 K_{cd} 下限上调,导致捕获过程中电阻尼发挥作用的最宽区间由检验质量的全部自由活动区间压缩至 ± 326.8 nm。

对于 LS 轴科学模式,将 1.53×10^7 V/m $\leqslant K_{cd} \leqslant 2.591 \times 10^7$ V/m,19.6.2.1 节第(1)条给出的 $K_s = 9.7574 \times 10^8$ V/m,19.6.2.2 节给出的 $K_{drv} = 1.50$ 代入式(19-1),得到 $25.1 \leqslant K_p \leqslant 42.5$。

对于 LS 轴捕获模式,将 1.53×10^7 V/m $\leqslant K_{cd} \leqslant 2.591 \times 10^7$ V/m,19.6.3.1 节给出的 $K_{drv} = 7.06$,19.6.3.3 节第(1)条给出的 $K_s = 1.8295 \times 10^8$ V/m 代入式(19-1),得到 $1 \leqslant$ $K_p \leqslant 1.69$。

19.6.3.6 电容位移检测电路增益 K_{cd} 的分配

19.6.3.5 节给出 1.53×10^7 V/m $\leqslant K_{cd} \leqslant 2.591 \times 10^7$ V/m;表 19-1 给出 GRADIO 加速度计 LS 轴单通道(四对电极中的一对)从位移到电荷放大器第一级(FET 级)输出的增益 $|K_x| = 3.26 \times 10^6$ V/m;19.6.2.3 节第(2)条提出取消电荷放大器第二级(BJT 级);19.5.1.3节第(2)条给出带通滤波器增益 $K_{bp} = 1$,同步检测增益 $K_m = 0.76$。以上参代入式(19-2)得到 $6.18 \leqslant K_{lp}K_{DCoa} \leqslant 10.5$,式中 K_{lp} 为环内一阶有源低通滤波器的增益,K_{DCoa} 为直流输出放大器的增益。

19.6.3.7 小结

(1)如 19.6.3.3 节第(2)条所述,LS 轴捕获模式由于采用 $f_0 = 100$ Hz,稳定裕度很大,所以捕获完成后可以在"捕获模式"下稳定工作。

(2)如 19.6.3.4 节第(1)条所述,LS 轴捕获模式若取 $K_p = 1$(相应的 $K_{cd} = 2.591 \times 10^7$ V/m),则检验质量在捕获过程中所处的 ± 16 μm 自由活动范围中,仅当短暂处于势能阱底部 ± 193.0 nm 的较窄小区间时,电阻尼才能发挥作用以逐渐消耗势能;由于电阻尼发挥作用的区间较为窄小,仍可能因几何结构不严格对称而导致检验质量撞击对面的限位,如果这种撞击是双向的,捕获就会失败。如 19.6.3.5 节所述,若取 $K_p = 1.69$(相应的 $K_{cd} =$ 1.53×10^7 V/m),则电阻尼发挥作用的区间拓宽至 ± 326.8 nm,情况会好一点。

(3)LS 轴捕获模式若取 $K_p = 1$,则相应的 $K_{cd} = 2.591 \times 10^7$ V/m,因而如 19.6.3.5 节所述,与 LS 轴科学模式 $K_p = 25.1$ 相对应;LS 轴捕获模式若取 $K_p = 1.69$,则相应的 $K_{cd} =$ 1.53×10^7 V/m,因而如 19.6.3.5 节所述,与 LS 轴科学模式 $K_p = 42.5$ 相对应。19.4 节指出,保持 K_s 不变的前提下靠加大 K_p 来减小 K_{cd} 会使检验质量回到电极笼中央后的位置起伏及 ADC1 量化噪声随之增大,从而增大位移噪声引起的加速度测量噪声。

(4)由上述第(2)条与第(3)条的叙述可知,较小的电容位移检测电路增益 K_{cd} 有利于捕获,但会增大科学模式下位移噪声引起的加速度测量噪声。反之,较大的 K_{cd} 有利于减小科学模式下位移噪声引起的加速度测量噪声,但不利于捕获。因此,两种模式是否能共用同样的 K_{cd},K_{cd} 取多大恰当,要通过实际调试来确定。

19.7 前向通道增益与分配归纳

从 19.5 节和 19.6 节的叙述可以看到,静电悬浮加速度计前向通道增益与分配对伺服控制系统的稳定性和性能优劣起重要作用。除此而外,各可调整参数的选择同样对伺服控制系统的稳定性和性能优劣起重要作用,因而不可游离于前向通道增益与分配之外。表 19-2 归纳了 19.5 节和 19.6 节给出的 GRADIO 加速度计 US,LS 轴科学模式和捕获模式下的各项有关参数。

表 19-2 GRADIO 加速度计各项有关参数

项目	US轴		LS轴	
	科学模式	捕获模式	科学模式	捕获模式
检验质量的惯性质量 m_i/kg	0.318			
电极面积 A/m²	2.08×10^{-4}		9.92×10^{-4}	
检验质量与电极间的平均间隙 d/m	2.99×10^{-4}		3.2×10^{-5}	
检验质量的自由移动范围/m	$\pm2.9\times10^{-5}$		$\pm1.6\times10^{-5}$	
检验质量与限位间的黏着力 F_a/N	9.5×10^{-7}			
位移检测的抽运频率 f_d/Hz	1.0×10^{5}			
电容位移检测电压的有效值 V_d/V	7.6			
固定偏压 V_p/V	7.5	40	7.5	40
受静电负刚度制约的角频率的平方 ω_p^2/(rad²/s²)	-4.94×10^{-2}	-0.718	-192	-2.79×10^{3}
物理增益 G_p/(m·s⁻²/V)	9.72×10^{-7}	5.18×10^{-6}	4.05×10^{-4}	2.16×10^{-3}
输入范围/(m·s⁻²)	$\pm6.5\times10^{-6}$	$\pm2.3\times10^{-5}$	$\pm2.7\times10^{-3}$	$\pm9.6\times10^{-3}$
相应的稳定后反馈控制电压范围 V_f/V	±6.69	±4.44	±6.67	±4.44
能实现捕获的外来加速度范围/(m·s⁻²)		$\pm7.1\times10^{-5}$		$\pm3.0\times10^{-2}$
电路相应能实施的反馈控制电压范围 $V_{f,max}$/V		±18.7		±35.3
差动变压器的耦合系数 k_c	0.999 9			
次级绕组与单个初级绕组的匝数比 n	1			
电荷放大器的反馈电容 C_f/F	1.0×10^{-11}			
ADC1 输入范围/V	±5			
DAC 输出范围/V	±5			

在表 19-2 所列数据的基础上,表 19-3 归纳了 19.5 节和 19.6 节给出的 GRADIO 加速度计 US 轴、LS 轴科学模式和捕获模式下的前向通道总增益与分配及各可调整参数选择。

表 19 - 3　GRADIO 加速度计前向通道总增益与分配及各可调整参数选择

项目	US轴		LS轴	
	科学模式	捕获模式	科学模式	捕获模式
前向通道总增益 K_s/(V·m^{-1})	1.63×10^{10}	3.05×10^{9}	9.76×10^{8}	1.83×10^{8}
1　电容位移检测电路增益 K_{cd}[①]/(V·m^{-1})	$2.39\times10^{6}\sim8.15\times10^{8}$		$1.53\times10^{7}\sim2.59\times10^{7}$	
1.1　从位移到电荷放大器第一级(FET级)输出的增益 K_x/(V·m^{-1})	1.57×10^{4} (两对电极中的一对)		3.26×10^{6} (四对电极中的一对)	
1.2　BJT 放大级增益 K_{bjt}	200			
1.3　带通滤波器增益 K_{bp}	1			
1.4　同步检测的增益 K_m	0.76			
1.5　一阶有源低通滤波器增益 K_{lp} 与直流输出放大器增益 K_{DCoa} 的乘积[①]	$1\sim341$		$6.18\sim10.5$	
2　PID 校正网络的比例系数 K_p[①]	$13.2\sim$ 4.50×10^{3}	$1\sim341$	$25.1\sim42.5$	$1\sim1.69$
3　驱动电压放大器增益 K_{drv}	1.51	3.74	1.50	7.06
基础频率 f_0/Hz	20		100	
一阶低通滤波的截止频率 f_c/Hz	150		750	
PID 校正网络的微分时间常数 τ_d/s	2.39×10^{-2}		4.76×10^{-3}	
PID 校正网络的积分时间常数 τ_i/s	7.96×10^{-2}		1.59×10^{-2}	
闭环传递函数的截止频率 $f_{-3\,dB}$/Hz	88.7	88.7	443.5	443.2
ADC1 的输出数据率和 DAC 的输入数据率 r_d/Sps	5 000			

①K_p 的下限与 K_{cd} 的上限(即 $K_{lp}K_{DCoa}$ 的上限)相对应,K_p 的上限与 K_{cd} 的下限(即 $K_{lp}K_{DCoa}$ 的下限)相对应

19.8　本章阐明的主要论点

19.8.1　前向通道总增益所包含的项目

从位移到电荷放大器第一级(FET 级)输出的增益概述。

(1)电容位移检测电路包括电荷放大器、带通滤波器、同步检测、直流输出放大器。其中:电荷放大器实际上有两级,第一级采用场效应晶体管(FET)以完成阻抗匹配,其增益 K_x 指的是从具有低频特性的位移 x 到第一级输出的载波频率为 100 kHz 的调幅波有效值 V_{out} 的增益,单位为 V/m,第二级采用双极结型晶体管(BJT)以便在 100 kHz 处达到 200 的增益;带通滤波器用于消除高于或低于检测频率的宽频噪声;同步检测在乘法器之后还跟随有环内一阶有源低通滤波器。

(2)前向通道总增益 K_s 由三个因子构成:电容位移检测电路增益 K_{cd}、PID 校正网络的比例系数 K_p、驱动电压放大器增益 K_{drv}。其中,K_{cd} 包括 K_x、电荷放大器第二级(BJT 级)的增益 K_{bjt}、带通滤波器增益 K_{bp}、同步检测的增益 K_m、环内一阶有源低通滤波器增益 K_{lp}、直

流输出放大器增益 K_{DCoa} 等 6 个因子，K_{drv} 包括斩波稳定运算放大器增益 K_{csa}、45 V 专用高电压提升器增益 K_{dhvb} 等 2 个因子。需要说明，读出放大器增益、抗混叠滤波增益、数字滤波增益并不包括在前向通道总增益内。

19.8.2　从位移到电荷放大器第一级(FET 级)输出的增益概述

(1)静电悬浮加速度计采用电容式位置传感；每个检测方向的电容由两个固定的电极以及可以在其中自由移动的质量块组成，它们构成了差动电容式位移检测；差动电容测量是建立在差动变压器基础上的，且运行的是载波频率 100 kHz 的调幅波；这种做法优于标准电容与测量电容间差分，因为前者配对性更好，而且没有标准电容与测量电容间温度差造成的漂移；差动电容位移检测电路第一级通常采用电荷放大器。

(2)电容负反馈电路在运放等效输入失调电压驱动下，经过或长或短的一段时间后，会使输出达到饱和，因而必须在反馈电容 C_f 两端关联上反馈电阻 R_f。

(3)由于电荷放大器用足够的增益将其输入端强加一个虚地，而电荷放大器的输入端正是差动变压器的输出端，因而差动变压器输出端的电位为零，即差动变压器次级绕组的分布电容被旁路。

(4)电容位移检测电路在同步检测之前以调幅波的形式运行，其载波频率为 100 kHz，因而从位移到电荷放大器第一级的各种电压和电流，均为频率 100 kHz 的有效值。

19.8.3　电荷放大器的输入电路

(1)从差动变压器输出端向前看的机电转换器阻抗 $Z_{transducer}(\omega_d)$ 等效于一个并联 LCR 网络。该并联 LCR 网络中：L 取决于差动变压器单个初级绕组的电感 L_{pri} 及次级绕组与单个初级绕组的匝数比 n；C 取决于映射到差动变压器初级的单边等效电容 C_{pri}，n 以及差动变压器的耦合系数 k_c，其中 C_{pri} 为检验质量处于电极笼正中位置时检验质量与电极间的电容 C_{mean} 与差动变压器单个初级绕组的分布电容 C_{stray} 之和；R 取决于差动变压器的品质因数 Q，C_{pri}，n 以及位移检测的抽运角频率 ω_d。

(2)为了减小放大器输入电压噪声引起的位移噪声，需要调整参数使得 $Z_{transducer}(\omega_d)$ 恰好调谐在 ω_d 上，为此需要调整差动变压器单个初级绕组的并联电容。

(3)$Z_{transducer}(\omega_d)$ 为高阻源，因此，电荷放大器应该选用高输入阻抗的放大器，比如具有结型场效应管(JFET)输入级的放大器，以完成阻抗匹配。

19.8.4　电荷放大器输出与位移的关系

(1)K_x 为常数，仅由单通道的电极面积 A_c、检验质量与电极间的平均间隙 d 及电路参数决定，与差动变压器初、次级绕组的电感及其分布电容无关。

(2)x 轴被拆分为四对电极，y 轴和 z 轴分别被拆分为两对电极。由于每对电极的面积被拆分小了，所以 K_x 也按比例变小了。与此相应，为了保持 K_s 不变，电极被拆分后需相应增大环内一阶有源低通滤波器与/或直流输出放大器的增益。

(3)V_{out} 不仅与 x 有关，而且和 C_f，R_f 有关，仅当 $R_f \gg 1/|\omega_d C_f|$ 时，R_f 对 V_{out}-x 关系的影响才可以忽略，V_{out} 才与 C_f 成反比，而与 ω_d 无关，且 V_{out} 相对于 x 才无相移。因此，ω_d 越低，需要选择 C_f，R_f 的值越大。这是位移检测的抽运频率通常为 100 kHz 的原因之一。

(4)$R_f \gg 1/|\omega_d C_f|$ 可以避免 K_x 出现相移，且 K_x 的稳定性主要取决于 V_d 和 C_f 的稳定

性,而与 ω_d 无关。

(5)当电荷放大器用于压电传感器电荷量检测时,通常输入电缆的长度(电缆越长,其绝缘电阻 R_c 越小,而静电电容 C_c 越大)不会影响 V_{out} 与压电传感器电荷量 Q_e 的关系,且需要低至准静态的宽带测量时,为了保持增益在通带内的一致性,R_f 会选得非常大。而对于静电悬浮加速度计差动电容位移检测而言,由于运行的是载波频率 100 kHz 的调幅波,并非直至准静态的宽带测量,因而所需 R_f 会小得多。

19.8.5   用于电容位移检测的电荷放大器的零点漂移

(1)电荷放大器零点漂移主要是由于输入级差动晶体管的失调电压及失调电流产生的。零点漂移是一种变化缓慢的信号。因此,分析失调电压及失调电流引起的电荷放大器零点漂移时,只需要考虑到电荷放大器为止的电路直流成分:① 差动变压器输出端向前看的直流成分仅为差动变压器次级绕组的铜损 R_L(即直流电阻),这与从载波频率 100 kHz 的角度认为 $Z_{transducer}(\omega_d)$ 等效于一个并联 LCR 网络是完全不同的;② 电荷放大器本身的直流成分包括电荷放大器的直流输入电阻 R_i、等效输入失调电压 V_{off}、等效输入失调电流 I_{off};③ 电荷放大器反馈环节的直流成分则为 R_f。

(2)为了减小 V_{off} 在输出端产生的零点漂移,可以在差动变压器输出端与电荷放大器输入端之间增加一个隔直电容,以隔离 R_L。

(3)为了控制电荷放大器的零点漂移,要控制 R_f 不要太大,并选择 $R_i \gg R_f$ 的运算放大器。

(4)由于电容位移检测电路以调幅波的形式运行,其载波频率为 100 kHz,而零点漂移是一种变化缓慢的信号,因此,零点漂移对于用于电容位移检测的电荷放大器来说,只是在载波频率 100 kHz 的检测信号上叠加上了一个变化缓慢的直流分量而已,只要该直流分量不影响载波频率 100 kHz 的检测信号的准确性,就没有危害,因此,并不要求零点漂移必须多么多么小。

(5)当电荷放大器用于压电传感器电荷量检测时,为了控制电荷放大器的零点漂移,要控制 R_f 不要太大,控制 $R_c \gg R_f$,并选择 $R_i \gg R_f$ 的运算放大器。而对于静电悬浮加速度计差动电容位移检测而言,在差动变压器输出端与电荷放大器输入端间并没有长电缆,所以不存在 R_f/R_c 项。

(6)当电荷放大器用于压电传感器电荷量检测时,为了获得高 R_i,输入级不能用一般晶体管,必须选择高输入阻抗器件,通常大都选用结型场效应晶体管(JFET),或绝缘栅型场效应晶体管(IGFET),或静电计管。当要求电荷放大器能进行准静态测量时,下限频率必须低至 10^{-6} Hz,因而电荷转换级必须选用 IGFET 或静电计管。若选用 JFET 做输入级,则必须选择具有 $R_i \geqslant 10^{12}$ Ω 特性的 JFET 配对管,并附加漂移补偿措施。而对于静电悬浮加速度计差动电容位移检测而言,由于对零点漂移并不敏感,且所需 R_f 小得多,因此,从控制零点漂移的角度,不需要采用 IGFET 或静电计管。

19.8.6   电容位移检测电路的第一级选择电荷放大器的原因

由于电荷放大器的增益高、输入阻抗高、输出阻抗低、抗干扰能力强,V_{out} 与 x 成正比,且与差动变压器初、次级绕组的电感及其分布电容无关;理想情况下 K_x 与 C_f 成反比,而与 ω_d 无关,且输出电压相对于位移信号无相移,因此,静电悬浮加速度计差动电容位移检测用电荷放大器检测位移信号是非常合适的。

19.8.7　同步检测的增益

同步检测采用集成乘法器产品将电荷放大器输出的 100 kHz 信号（调幅波）与抽运频率 100 kHz 的检测电压信号（载波）相乘。乘法器除了输出幅度调制信号外，还输出两倍于载波频率的无用信号，后者要靠低通滤波滤除。同步检测的增益是从载波频率 100 kHz 的调幅波有效值到低频电压输出的增益，增益值（无量纲量）为 $K_m = 0.1\{V_d\}_v$，其中 V_d 为电容位移检测电压的有效值，$\{\ \}_v$ 表示仅取其以 V 为单位的数值。

19.8.8　保持 K_s 不变的前提下靠加大 K_p 来减小 K_{cd} 所受到的节制

（1）检验质量块的运动被限制到小于 1 nm 对加速度计的线性度及其特性的稳定性有益，且检验质量稳定在准平衡位置，可以使敏感结构对称性缺陷引起加速度测量噪声最小化。为使验质量回到电极笼中央后的位置起伏小于 1 nm，ADC1 的 1 LSB（最低有效位）对应的位移 q_{LSB} 应明显小于 1 nm，而 q_{LSB} 与 K_{cd} 成反比，因此，减小 K_{cd} 受检验质量回到电极笼中央后的位置起伏随之增大的节制。

（2）以位移噪声的形式表达的 Nyquist 型 ADC1 量化噪声的功率谱密度 $N_{0,PSD}$ 与 K_{cd} 成反比，因此，减小 K_{cd} 受 $N_{0,PSD}$ 随之增大的节制；以加速度噪声的形式表达的 Nyquist 型 ADC1 量化噪声的功率谱密度 $\tilde{\gamma}_{N_0,PSD}$ 与 K_{cd} 成反比，因此，减小 K_{cd} 受 $\tilde{\gamma}_{N_0,PSD}$ 随之增大的节制。

19.8.9　科学模式前向通道增益与分配及相应性能分析

由稳定裕度确定加速度计的基础频率 f_0、一阶有源低通滤波电路的截止频率 f_c、微分时间常数 τ_d、积分时间常数 τ_i，并进而得到归一化闭环传递函数的截止频率 f_{-3dB}；由 f_{-3dB} 确定 ADC1 的输出数据率和 DAC 的输入数据率 r_d（据 5.2.3.3 节所述，其数值需达到 f_{-3dB} 之数值的 10 倍以上，以满足时域性伺服控制的要求）；由 f_0 确定 K_s；由施加幅度为输入极限的阶跃加速度产生的反馈控制电压 $V_f(t)$ 瞬间最大值确定 K_{drv}；由 q_{LSB} 明显小于 1 nm 和 $\tilde{\gamma}_{N_0,PSD}$ 明显低于规定的噪声指标确定 K_{cd} 下限，由 K_s，K_{drv} 和 K_p 不小于 1 确定 K_{cd} 上限。

19.8.10　捕获模式前向通道增益与分配及相应性能分析

（1）由能实现捕获的外来加速度范围确定相应的 $|V_f(0)|$ 范围，取 $|V_f(0)|$ 下限确定 K_{drv}；取 f_0, f_c, τ_d, τ_i 与科学模式相同，并验证稳定裕度符合要求；由 f_0 确定 K_s；由施加捕获模式幅度为输入极限的阶跃加速度产生的 ι 瞬间最大值确定 K_{cd} 可允最大值；由 K_s，K_{drv} 和 K_p 不小于 1 确定 K_{cd} 上限。

（2）K_{cd} 取上限时，检验质量从极限位置（与限位相贴）至最终稳定到电极笼中心的捕获过程中，仅当处于电极笼中心附近一个确定的窄小区间内，ADC1 不饱和。在此窄小区间外，由于 ADC1 饱和，伺服控制系统检测不到检验质量位置随时间的变化，从而丧失 PID 校正网络的微分时间常数的电阻尼作用，而积分时间常数则使 DAC 的输出持续线性增长，直至 DAC 也处于饱和状态，此时检验质量受到的静电力 $F_{el}(t)$ 仅随 $|x(t)|$ 而变，且随 $|x(t)|$ 减小而加大，即 ADC1 和 DAC 处于饱和状态下 $F_{el}(t)$ 对检验质量构成一个势能阱。在此势

能阱范围内几乎不存在阻尼作用。因此,检验质量在此势能阱中从左右两端的势能高处"跌落"时,会在势能阱中几乎无衰减地左右振荡,仅当短暂处于势能阱底部的窄小区间内时脱离 ADC1 的饱和状态,电阻尼才能发挥作用,以通过消耗动能来逐渐消耗势能。在动能完全耗尽之前,由于惯性,检验质量会冲过电极笼中心;若在相对方向上冲到势能阱底部的窄小区间外,会使 ADC1 反向饱和。捕获过程所需的时间取决于势能消耗到检验质量不再冲出势能阱底部的窄小区间,电阻尼持续发挥作用,直至稳定到电极笼中心所需要的时间。由于电阻尼发挥作用的区间极为窄小,且检验质量处于势能阱底部时相对电极笼的移动速度最快,所以检验质量在势能阱中的振荡次数会非常多;更不利的情况下可能因几何结构不严格对称而导致检验质量撞击对面的限位,如果这种撞击是双向的,捕获就会失败。

(3)在 DAC 达到饱和之前,指向电极笼中心的静电力 $|F_{el}(t)|$ 不仅随检验质量相对电极笼的位置而变,而且积分时间常数使 $|V_f(t)|$ 持续线性增长,这将使势能阱形状发生变化。此外,如果捕获过程存在外来加速度,则势能阱也将变形:一侧的坡度会变缓,另一侧的坡度会变陡,因而两侧同势能点距离电极笼中心的距离是不同的。

(4)在保证 f_0 的前提下,可以加大 K_p 以保证整个捕获过程中 ADC1 不饱和,以免因 ADC1 饱和而丧失 PID 微分时间常数 τ_d 的电阻尼作用。由此得到,K_{cd} 的下限取决于检验质量可自由移动的距离和 ADC1 的输入极限电压值。

(5)为了方便捕获模式向科学模式切换,应将 K_{cd} 的上下限范围统一。并相应调整 K_p 的范围。选择 K_{cd} 时还需注意:保持 K_s 不变的前提下靠加大 K_p 来减小 K_{cd} 会受到检验质量回到电极笼中央后的位置起伏随之增大、以及 ADC1 以位移噪声形式表达的量化噪声随之增大的节制。

(6)较小的 K_{cd} 有利于捕获,但会增大科学模式下位移噪声引起的加速度测量噪声。反之,较大的 K_{cd} 有利于减小科学模式下位移噪声引起的加速度测量噪声,但不利于捕获。因此,两种模式是否能共用同样的 K_{cd},K_{cd} 取多大恰当,要通过实际调试来确定。

(7)K_{cd} 确定之后,再对决定 K_{cd} 的各因子进行分配。

参 考 文 献

[1] JOSSELIN V, TOUBOUL P, KIELBASA R. Capacitive detection scheme for space accelerometers applications [J]. Sensors and Actuators, 1999, 78 (2/3): 92 - 98.

[2] MANCE D. Development of Electronic System for Sensing and Actuation of Test Mass of the Inertial Sensor LISA[D/OL]. Split, Croatia: University of Split, 2012. http://spaceserv1. ethz. ch/aeil/download/Davor_Mance_Thesis_text. pdf.

[3] 薛大同, 陈光锋. 静电悬浮加速度计位移检测电路增益分析[C]//2006 年空间电子学学术年会, 贵阳, 贵州, 11 月 8—10 日, 2006. 2006 空间电子学学术年会论文集. 北京: 中国电子学会空间电子学分会, 2006: 591 - 602.

[4] 廖成旺, 李树德. 重力卫星微加速度计位移检测电路噪声分析[J]. 大地测量与地球动力学, 2005, 25 (2): 82 - 87.

[5] 诸葛向彬. 工程物理学[M]. 杭州: 浙江大学出版社, 1999.

[6] JOSSELIN V. Architecture mixte pour les accéléromètres ultrasensibles dédiés aux missions spatiales de physique fondamentale [D]. Paris: Université de Paris

Ⅺ,1999.

[7]　Texas Instruments. 1. 6 GHz,low-noise,FET-input operational amplifier OPA657 [EB/OL]. http://www. ti. com/lit/ds/symlink/opa657. pdf.

[8]　品俊芳,钱政,袁梅. 传感器调理电路设计理论及应用[M]. 北京:北京航空航天大学出版社,2010.

[9]　李希文,赵建,李智奇,等. 传感器与信号调理技术[M]. 西安:西安电子科技大学出版社,2008:236.

[10]　Analog Devices,Inc.. Ultralow distortion,ultralow noise op. Amp. AD797 [EB/OL]. http://www. analog. com/static/imported-files/data_sheets/AD797. pdf.

[11]　吴丙申,卞祖富. 模拟电路基础[M]. 北京:北京理工大学出版社,1997.

[12]　数学手册编写组. 数学手册[M]. 北京:人民教育出版社,1979.

[13]　梅晓榕. 自动控制原理[M].2 版. 北京:科学出版社,2007.

[14]　胡国清,刘文艳. 工程控制理论[M]. 北京:机械工业出版社,2004.

[15]　中国大百科全书总编辑委员会《物理学》编辑委员会. 势能[M/CD]//中国大百科全书:物理学. 北京:中国大百科全书出版社,1987.

第 20 章 静电悬浮加速度计地面 x 轴高电压悬浮参数分析

本章的物理量符号

A_x	x 向电极面积，m^2
C_f	电荷放大器第一级(FET级)的反馈电容，F
d_x	x 向检验质量与电极间的平均间隙，m
$f_{0,h}$	地面 x 轴高电压悬浮形成的加速度计基础频率，Hz
$F_1(t)$	检验质量与上电极间形成的、施加到检验质量上的静电力(向下为正)，N
$F_2(t)$	检验质量与下电极间形成的、施加到检验质量上的静电力(向下为正)，N
F_a	检验质量与限位相接触所产生的黏着结合力，N
F_{el}	过渡过程结束后检验质量受到的静电力(向下为正)，N
$F_{el}(0)$	检验质量与下限位相贴时受到的静电力(向下为正)，N
$F_{el}(t)$	检验质量受到的静电力(向下为正)，N
F_g	检验质量受到的重力，N
g	检验质量沿 x 向(铅垂方向)受到的重力加速度(向下为正)，m/s^2
$G_1(s)$	检验质量的惯性及静电负刚度造成的传递函数，s^2
$G_2(s)$	前向通道总增益及 PID 校正器造成的传递函数，V/m
$G_3(s)$	低通滤波环节的传递函数，无量纲
$G_{cl}(s)$	闭环传递函数，$V/(m/s^2)$
$G_{ucl}(s)$	归一化闭环传递函数，无量纲
$G_{fr}(s)$	前向通道传递函数，$V/(m/s^2)$
$G_{op}(s)$	开环传递函数，无量纲
$G_{p,h}$	地面 x 轴高电压悬浮的物理增益，$m \cdot s^{-2}/V$
$K_{cl,h}$	地面 x 轴高电压悬浮形成的闭环伺服控制刚度，N/m
$K_{drv,h}$	地面 x 轴高电压悬浮的驱动电压放大器增益，无量纲
K_g	幅值裕度
K_h	地面 x 轴高电压提升器电路的放大倍数，无量纲
K_m	同步检测的增益，无量纲
$k_{neg,h}$	地面 x 轴高电压悬浮的静电负刚度，N/m
$K_{p,h}$	地面 x 轴高电压悬浮的 PID 校正网络比例系数，无量纲
$K_{s,h}$	地面 x 轴前向通道(包括电容传感器、PID 校正器、驱动电压放大器，但不包括对 $V_{f,h}(t)$ 实现平方根运算的集成乘法器和直接对上电极施加高电压的高电压提升器)的总增益，V/m

K_x	从位移到电荷放大器第一级(FET 级)输出的增益,V/m
m_i	检验质量的惯性质量,kg
s	Laplace 变换建立的的复数角频率,也称为 Laplace 算子,rad/s
t	时间,s
$u_{out}(t)$	平方根运算电路的输出,V
V_d	电容位移检测电压的有效值,即 RMS 值,V
V_e	过渡过程结束后上电极所施高电压,V
$V_e(0)$	与限位相贴时上电极所施高电压,V
$V_e(t)$	上电极所施高电压,V
$V_{f,h}$	过渡过程结束后地面 x 轴反馈控制电压(低压),V
$V_{f,h}(s)$	$V_{f,h}(t)$ 的 Laplace 变换
$V_{f,h}(t)$	地面 x 轴随时间变化的反馈控制电压(低压),V
V_p	检验质量上施加的固定偏压,V
x	过渡过程结束后检验质量相对电极的位移,m
$x(0)$	检验质量与限位相贴时相对电极笼中心的偏离(向下为正),m
$x_e(t)$	电极笼相对所选坐标系的位移(向下为正),m
$x_m(t)$	检验质量相对所选坐标系的位移(向下为正),m
$X(s)$	$x(t)$ 的 Laplace 变换
$x(t)$	检验质量相对电极笼的位移(即检验质量相对电极笼中心的偏离,向下为正),m
$\gamma_{en}(t)$	电极笼感受到的地面 x 轴环境加速度(向下为正),m/s²
γ_{msr}	过渡过程结束后加速度测量值,m/s²
$\Gamma_{msr}(s)$	$\gamma_{msr}(t)$ 的 Laplace 变换
$\gamma_{msr}(t)$	加速度测量值,m/s²
$\gamma(t)$	输入加速度,即加速度计感知的外来加速度(向下为正),m/s²
$\Gamma(s)$	$\gamma(t)$ 的 Laplace 变换
ε_0	真空介电常数:$\varepsilon_0=8.854\,188\times10^{-12}$ F/m
$\eta_{el,h}$	地面 x 轴高电压悬浮形成的检验质量电阻尼系数,N/(m·s⁻¹)
$\tau_{d,h}$	地面 x 轴 PID 校正器的微分时间常数,s
$\tau_{i,h}$	地面 x 轴 PID 校正器的积分时间常数,s
$\omega_{0,h}$	地面 x 轴高电压悬浮形成的加速度计基础角频率,rad/s
$\omega_{c,h}$	一阶有源低通滤波电路的截止角频率(-3 dB 处的角频率),rad/s
ω_d	位移检测的抽运角频率,rad/s
$\omega_{p,h}$	地面 x 轴高电压悬浮下受静电负刚度制约的角频率,rad/s

20.1　引　言

　　文献[1]指出,法国国家航空航天工程研究局(ONERA)设计的加速度计的一个基本特点是靠重力下浮起检验质量的办法提供广泛的地基功能测试可能性;为了克服重力举起检验质量,依靠需要施以高电压(对于 GRADIO 加速度计暂态达到 1 300 V)的特定配置使检验质量垂直悬浮;而为了使该高电压适度,设计检验质量在垂直轴(x)方向上线度较小,且距电极的间隙较窄,因此,与能够满足最终性能需求的两个水平轴(y,z)相比,该轴是欠灵敏的。

该文献还指出,GOCE 任务首次装载了所需分辨力低于 2×10^{-12} m·s^{-2}/Hz$^{1/2}$ 的 6 个 GRADIO 加速度计组成的三轴重力梯度仪;对于该任务而言,仍然可能获得一种传感器的设计,使之兼容 1 g_{local} 静电悬浮和噪声性能需求;检验质量是一块质量 320 g、材质为铂铑合金形状为 4 cm × 4 cm × 1 cm 的正四棱柱,引入一个适当的电压(稳定状态下在正上方30 μm 处施加900 V)以便地基测试时支撑检验质量。

文献[2]也指出,检验质量在实验室环境中漂浮使得测试 GRADIO 加速度计功能和性能的若干关键方面——包括传感器噪声特性和检验质量对限位的残余黏着特性——成为可能;上电极最初施加 1 300 V,一旦实现检验质量悬浮,则降到 900 V,如图 20 - 1 所示;原理上,在这种状态下的测试可以被持续好几天;然而,为安全计,通常测试不会跨过周末。

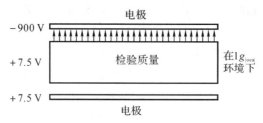

图 20 - 1　呈现在 1 g_{local} 下的 GRADIO 加速度计中的典型电压[2]①

该文献还指出,在 1 g_{local} 下靠静电力漂浮带来的困难主要是各单元和测试设备必须在设计、规程、安全特征和污染控制方面能够克服高电压带来的不利影响:

(1)高电压下污染粒子可能在漂浮起来的检验质量上产生异常的约束刚度②和阻尼,更糟糕的是污染粒子产生的放电可能导致表面变质或导电通道熔化;

(2)虽然检验质量的漂浮为表征加速度计沿两个 US 轴的噪声提供了条件,但是,它受到不可避免地采用不同于飞行配置的定制电路和控制律的限制(飞行配置是对线性响应最优化的,且与悬浮所需高电压不相容);

(3)如果 LS 轴(x 轴)相对于铅垂轴有所倾斜,US 轴(y,z 轴)受重力场分量的影响,容易达到饱和。

本章以 GRADIO 加速度计为例,不讨论以上各项不利影响。仅对地面 x 轴高电压悬浮的捕获模式、检验质量在电极笼内运动的动力学方程、传递函数、稳定性、增益及其分配进行分析。

20.2　捕 获 模 式

20.2.1　检验质量受到的静电力

图 20 - 2 给出了检验质量受到静电力的示意图。

---

①　固定偏压 V_p 为正电压的情况下,上电压施加负高压与施加正高压相比,所需的绝对值略低。若不便施加负高压,也可以施加正高压。

②　使被约束对象产生单位位移所需的力称为约束刚度。

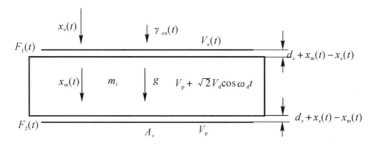

图 20-2　地面 x 轴高电压悬浮下检验质量受到静电力的示意图

图 20-2 中 m_i 为检验质量的惯性质量，A_x 为 x 向电极面积，d_x 为 x 向检验质量与电极间的平均间隙，$x_e(t)$ 为电极笼相对所选坐标系的位移（向下为正），$x_m(t)$ 为检验质量相对所选坐标系的位移（向下为正），$\gamma_{en}(t)$ 为电极笼受到的地面 x 轴环境加速度（向下为正），g 为检验质量沿 x 向（铅垂方向）受到的重力加速度（向下为正）。对上电极施加高电压 $V_e(t)$，对下电极施加固定偏压 V_p；对检验质量施加 V_p 和抽运频率 100 kHz 的检测电压 $\sqrt{2}V_d\cos\omega_d t$，其中 V_d 为电容位移检测电压的有效值，即 RMS 值，ω_d 为位移检测的抽运角频率。$F_1(t)$ 为检验质量与上电极间形成的、施加到检验质量上的静电力（向下为正），$F_2(t)$ 为检验质量与下电极间形成的、施加到检验质量上的静电力（向下为正）。

令

$$x(t) = x_m(t) - x_e(t) \tag{20-1}$$

式中　$x(t)$——检验质量相对电极笼的位移（即检验质量相对电极笼中心的偏离，向下为正），m；

　　　$x_m(t)$——检验质量相对所选坐标系的位移（向下为正），m；

　　　$x_e(t)$——电极笼相对所选坐标系的位移（向下为正），m。

图 20-2 定义了各参数及其正方向，由于受到地面 $1\ g_{local}$ 重力作用，电极上未施加电压前检验质量必定处于"下限位"处，即 $x(0) > 0$，且存在一个向下的重力 $m_i g_{local}$。对检验质量施加固定偏压 V_p 和抽运频率 100 kHz 的检测电压 $\sqrt{2}V_d\cos\omega_d t$，对上电极施加高电压 $V_e(t)$，对下电极施加固定偏压 V_p，由式（17-5）得到

$$\left. \begin{array}{l} F_1(t) = -\dfrac{\varepsilon_0 A_x}{2}\left[\dfrac{V_p + \sqrt{2}V_d\cos\omega_d t - V_e(t)}{d_x + x(t)}\right]^2 \\[4mm] F_2(t) = \dfrac{\varepsilon_0 A_x}{2}\left[\dfrac{\sqrt{2}V_d\cos\omega_d t}{d_x - x(t)}\right]^2 \end{array} \right\} \tag{20-2}$$

式中　$F_1(t)$——检验质量与上电极间形成的、施加到检验质量上的静电力（向下为正），N；

　　　$F_2(t)$——检验质量与下电极间形成的、施加到检验质量上的静电力（向下为正），N；

　　　ε_0——真空介电常数，17.4.3 节给出 $\varepsilon_0 = 8.854\,188 \times 10^{-12}$ F/m；

　　　A_x——x 向电极面积，m^2；

　　　V_p——检验质量上施加的固定偏压，V；

　　　V_d——电容位移检测电压的有效值，即 RMS 值，V；

　　　ω_d——位移检测的抽运角频率，rad/s；

　　　t——时间，s；

　　　$V_e(t)$——上电极所施高电压，V；

d_x——x 向检验质量与电极间的平均间隙,m。

将式(20-2)代入式(17-8),并进行演算,得到

$$F_{el}(t) = \frac{\varepsilon_0 A_x}{2 [d_x^2 - x^2(t)]^2} \times \{8d_x x(t) V_d^2 \cos^2\omega_d t - [d_x - x(t)]^2 [V_p - V_e(t)]^2 -$$

$$2\sqrt{2} V_d [d_x - x(t)]^2 [V_p - V_e(t)] \cos\omega_d t\} \qquad (20-3)$$

式中 $F_{el}(t)$——检验质量受到的静电力(向下为正),N。

将式(19-66)代入式(20-3),得到

$$F_{el}(t) = \frac{\varepsilon_0 A_x}{2 [d_x^2 - x^2(t)]^2} \times \{4d_x x(t) V_d^2 - [d_x - x(t)]^2 [V_p - V_e(t)]^2 -$$

$$2\sqrt{2} V_d [d_x - x(t)]^2 [V_p - V_e(t)] \cos\omega_d t + 4d_x x(t) V_d^2 \cos2\omega_d t\} \qquad (20-4)$$

由于位移检测的抽运频率高达 100 kHz,检验质量对于这么高的频率是无法响应的。因此,式(20-4)中含有 $\cos\omega_d t$ 和 $\cos2\omega_d t$ 的项应该剔除,即变为

$$F_{el}(t) = \varepsilon_0 A_x \frac{4d_x x(t) V_d^2 - [d_x - x(t)]^2 [V_p - V_e(t)]^2}{2 [d_x^2 - x^2(t)]^2} \qquad (20-5)$$

20.2.2　使检验质量离开下限位所需的高电压

由式(20-5)得到检验质量与限位相贴时受到的静电力:

$$F_{el}(0) = \varepsilon_0 A_x \frac{4d_x x(0) V_d^2 - [d_x - x(0)]^2 [V_p - V_e(0)]^2}{2 [d_x^2 - x^2(0)]^2} \qquad (20-6)$$

式中 $F_{el}(0)$——检验质量与限位相贴时受到的静电力(向下为正),N;

　　　$x(0)$——检验质量与限位相贴时相对电极笼中心的偏离(向下为正),m;

　　　$V_e(0)$——与限位相贴时上电极所施高电压,V。

由 17.6.1 节的叙述可知,为了使检验质量沿 x 向(铅垂方向)离开下限位,必须

$$-F_{el}(0) > F_a + m_i g \qquad (20-7)$$

式中 F_a——检验质量与限位相接触所产生的黏着结合力,N;

　　　m_i——检验质量的惯性质量,kg;

　　　g——检验质量沿 x 向(铅垂方向)受到的重力加速度(向下为正),m/s²。

将式(20-6)代入式(20-7),得到

$$\varepsilon_0 A_x \frac{[d_x - x(0)]^2 [V_p - V_e(0)]^2 - 4d_x x(0) V_d^2}{2 [d_x^2 - x^2(0)]^2} > F_a + m_i g \qquad (20-8)$$

即

$$V_e^2(0) - 2V_p V_e(0) + V_p^2 - \frac{2}{\varepsilon_0 A_x} (F_a + m_i g) [d_x + x(0)]^2 - \frac{4d_x x(0) V_d^2}{[d_x - x(0)]^2} > 0$$

$$(20-9)$$

由式(20-9)得到

$$V_e(0) < V_p - \sqrt{\frac{2}{\varepsilon_0 A_x} (F_a + m_i g) [d_x + x(0)]^2 + \frac{4d_x x(0) V_d^2}{[d_x - x(0)]^2}} \qquad (20-10)$$

或

$$V_e(0) > V_p + \sqrt{\frac{2}{\varepsilon_0 A_x} (F_a + m_i g) [d_x + x(0)]^2 + \frac{4d_x x(0) V_d^2}{[d_x - x(0)]^2}} \qquad (20-11)$$

若以 1.2 节给出的标准重力加速度 $g_n = 9.80665$ m/s² 作为 g 值;17.3.2 节给出 x 向电

极面积 $A_x = 9.92\ \text{cm}^2$，GRADIO 加速度计检验质量的惯性质量 $m_i = 318\ \text{g}$，x 向检验质量至极板的平均间隙 $d_x = 32\ \mu\text{m}$；17.4.4 节给出电容位移检测电压的有效值 $V_d = 7.6\ \text{V}$；17.6.1 节给出典型的黏着力为 $F_a = 0.95\ \mu\text{N}$；17.6.2 节给出捕获模式下检验质量上施加的固定偏压 $V_p = 40\ \text{V}$。将以上参数代入式（20-10）和式（20-11），可以绘出使检验质量离开下限位所需的高电压 $V_e(0)$ 随 $x(0)$ 变化的关系曲线，如图 20-3 所示。

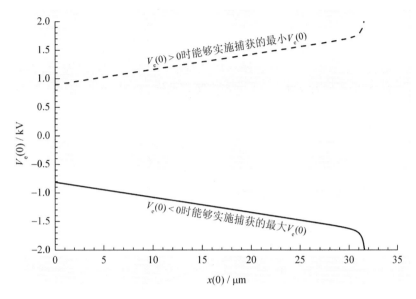

图 20-3　使检验质量离开下限位所需的高电压 $V_e(0)$ 随 $x(0)$ 变化的关系曲线

从图 20-3 可以看到，为了使检验质量离开下限位，上电极所施高电压绝对值 $|V_e(0)|$ 要足够大，且随 $x(0)$ 增大而增大。

17.6.3.1 节给出 x 向检验质量与限位相贴时相对电极笼中心的偏离 $x(0) = 16\ \mu\text{m}$。将以上参数代入式（20-9），得到

$$\left[\{V_e(0)\}_v\right]^2 - 80\,\{V_e(0)\}_v - 1.634\ 93 \times 10^6 > 0 \tag{20-12}$$

由式（20-12）解得

$$\left[\{V_e(0)\}_v + 1\ 238.80\right]\left[\{V_e(0)\}_v - 1\ 318.8\right] > 0 \tag{20-13}$$

由式（20-13）得到，地基测试时为了使 GRADIO 加速度计检验质量离开下限位，若向上电极施加负高电压，必须 $V_e(0) < -1\ 238.80\ \text{V}$；若向上电极施加正高电压，必须 $V_e(0) > 1\ 318.80\ \text{V}$。这与文献[1-2]所述向上电极最初施加 1 300 V 相符。

20.2.3　检验质量过冲到"上限位"处时，为使检验质量离开上限位所需的高电压

启动后若检验质量过冲到"上限位"处，则启动过程重新开始。为简化分析，不考虑撞击上限位引起的反冲作用。为了使检验质量离开上限位，必须

$$m_i g > F_a - F_{el}(0) \tag{20-14}$$

将式（20-6）代入式（20-14），得到

$$m_i g > F_a - \varepsilon_0 A_x \frac{4 d_x x(0) V_d^2 - [d_x - x(0)]^2 [V_p - V_e(0)]^2}{2\left[d_x^2 - x^2(0)\right]^2} \tag{20-15}$$

即

$$V_e{}^2(0) - 2V_p V_e(0) + V_p^2 - \frac{2}{\varepsilon_0 A_x}(m_i g - F_a)\left[d_x + x(0)\right]^2 - \frac{4d_x x(0) V_d^2}{\left[d_x - x(0)\right]^2} < 0$$

$$(20-16)$$

由式(20-16)得到

$$\left.\begin{array}{l} V_e(0) > V_p - \sqrt{\dfrac{2}{\varepsilon_0 A_x}(m_i g - F_a)\left[d_x + x(0)\right]^2 + \dfrac{4d_x x(0) V_d^2}{\left[d_x - x(0)\right]^2}} \\[4mm] V_e(0) < V_p + \sqrt{\dfrac{2}{\varepsilon_0 A_x}(m_i g - F_a)\left[d_x + x(0)\right]^2 + \dfrac{4d_x x(0) V_d^2}{\left[d_x - x(0)\right]^2}} \end{array}\right\}$$

$$(20-17)$$

将前述参数代入式(20-17),可以绘出检验质量过冲到"上限位"处时,为使检验质量离开上限位所需的高电压 $V_e(0)$ 随 $x(0)$ 变化的关系曲线,如图 20-4 所示。

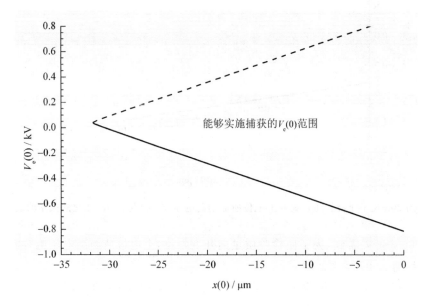

图 20-4　检验质量过冲到"上限位"处时所需的高电压 $V_e(0)$ 随 $x(0)$ 变化的关系曲线

从图 20-4 可以看到,为了使过冲到"上限位"处的检验质量离开上限位,上电极所施高电压的可输出最小绝对值 $|V_e(0)|$ 要足够小,且随 $-x(0)$ 增大而减小。

检验质量过冲到"上限位"处时 $x(0) = -16\ \mu m$,其余参数不变,代入式(20-16),得到

$$\left[\{V_e(0)\}_v\right]^2 - 80\,\{V_e(0)\}_v - 18\,0134 < 0 \tag{20-18}$$

由式(20-18)解得

$$\left[\{V_e(0)\}_v + 384.893\right]\left[\{V_e(0)\}_v - 464.893\right] < 0 \tag{20-19}$$

由式(20-19)得到,地基测试时为了使过冲到"上限位"处的检验质量离开上限位,若向上电极施加负高电压,必须 $V_e(0) > -384.893\ V$;若向上电极施加正高电压,必须 $V_e(0) <$ 464.893 V。

20.2.4　小结

为了减少过冲,启动时检验质量的运动加速度应尽量小。因此,若向上电极施加负高电压,则 $V_e(t)$ 可输出的电压范围虽然必须包容 $-1\,238.80\ V \sim -384.893\ V$,但不要过宽。

20.3　检验质量在电极笼内运动的动力学方程

20.3.1　电极笼的运动

电极笼受到桌面支撑,直接受到地面环境的 x 轴加速度:

$$\gamma_{en}(t) = x''_e(t) \qquad (20-20)$$

式中　$\gamma_{en}(t)$——电极笼受到的地面 x 轴环境加速度(向下为正),m/s^2。

20.3.2　检验质量的运动

依靠伺服控制保证 $x^2(t) \ll d_x^2$。因此,式(20-5)可以简化为

$$F_{el}(t) = \frac{\varepsilon_0 A_x}{d_x^3}\{[V_p - V_e(t)]^2 + 2V_d^2\} x(t) - \frac{\varepsilon_0 A_x}{2d_x^2}[V_p - V_e(t)]^2 \qquad (20-21)$$

地面 x 轴高电压悬浮下检验质量受到方向向下的重力作用:

$$F_g = m_i g \qquad (20-22)$$

式中　F_g——检验质量受到的重力,N。

检验质量受到重力 F_g 和静电力 F_{el},产生加速运动:

$$F_g + F_{el}(t) = m_i x''_m(t) \qquad (20-23)$$

将式(20-21)和式(20-22)代入式(20-23),得到

$$g = x''_m(t) + \frac{\varepsilon_0 A_x}{2m_i d_x^2}[V_p - V_e(t)]^2 - \frac{\varepsilon_0 A_x}{m_i d_x^3}\{[V_p - V_e(t)]^2 + 2V_d^2\} x(t) \qquad (20-24)$$

20.3.3　检验质量相对电极笼的运动

将式(20-24)与式(20-20)相减,得到

$$g - \gamma_{en}(t) = x''_m(t) - x''_e(t) + \frac{\varepsilon_0 A_x}{2m_i d_x^2}[V_p - V_e(t)]^2 -$$

$$\frac{\varepsilon_0 A_x}{m_i d_x^3}\{[V_p - V_e(t)]^2 + 2V_d^2\} x(t) \qquad (20-25)$$

对于加速度计来说,不能区分所检测到的是 $\gamma_{en}(t)$ 还是 $-g$,令

$$\gamma(t) = \gamma_{en}(t) - g \qquad (20-26)$$

式中　$\gamma(t)$——输入加速度,即加速度计感知的外来加速度(向下为正),m/s^2。

将式(20-1)二次微分:

$$x''(t) = x''_m(t) \quad x''_e(t) \qquad (20\quad 27)$$

将式(20-26)和式(20-27)代入式(20-25),得到

$$-\gamma(t) = x''(t) + \frac{\varepsilon_0 A_x}{2m_i d_x^2}[V_p - V_e(t)]^2 - \frac{\varepsilon_0 A_x}{m_i d_x^3}\{[V_p - V_e(t)]^2 + 2V_d^2\} x(t) \qquad (20-28)$$

通过集成乘法器对反馈控制电压 $V_{f,h}(t)$ 实现平方根运算[3]:

$$\{u_{out}(t)\}_V = -\sqrt{10\{V_{f,h}(t)\}_V} \qquad (20-29)$$

式中　$u_{out}(t)$——平方根运算电路的输出,V;

$V_{f,h}(t)$—— 地面 x 轴随时间变化的反馈控制电压（低压），V。

再通过高电压提升器得到上电极所施高电压 $V_e(t)$[4]：

$$V_e(t) = V_p + K_h u_{out}(t) \qquad (20-30)$$

式中　　K_h—— 地面 x 轴高电压提升器电路的放大倍数，无量纲。

将式(20-29)代入式(20-30)，得到

$$\{V_e(t)\}_V = \{V_p\}_V - K_h \sqrt{10 \overline{\{V_{f,h}(t)\}_V}} \qquad (20-31)$$

17.6.2 节给出捕获模式下检验质量上施加的固定偏压 $V_p = 40$ V。从式(20-31)可以看到，$V_{f,h}(t)$ 必须只能输出正电压。如果我们设定 $V_{f,h}(t)$ 可输出的最大值为 5 V，可输出的最小值为 0.36 V，$K_h = 190$，则由式(20-31)得到 $V_e(t)$ 可输出的负高电压绝对值不超过 1 304 V，不低于 320 V。20.2.4 节指出，若向上电极施加负高电压，则 $V_e(t)$ 可输出的电压范围必须包容 $-1\ 238.80$ V ~ -384.893 V，但不要过宽。由此可见，设定 $V_{f,h}(t)$ 可输出的最大值为 5 V，可输出的最小值为 0.36 V，$K_h = 190$ 是符合要求的。

为了控制 $V_{f,h}(t)$ 可输出的最大值为 5 V，可输出的最小值为 0.36 V，应在地面 x 轴反馈控制电压 $V_{f,h}(t)$ 的输出端口处施加上、下限幅。

由式(20-31)得到

$$10 K_h^2 V_{f,h}(t) = [V_p - V_e(t)]^2 \qquad (20-32)$$

20.2.2 节给出，临启动前 x 向检验质量与下限位相贴，即 $x(0) = 16\ \mu m$，若 $-V_e(t) > 1\ 238.80$ V，则检验质量会离开下限位。代入式(20-32)得到，相应的 $V_{f,h}(t) > 4.530$ V。

将式(20-32)代入式(20-28)，得到

$$-\gamma(t) = x''(t) + \frac{5\varepsilon_0 A_x}{m_i d_x^2} K_h^2 V_{f,h}(t) - \frac{2\varepsilon_0 A_x}{m_i d_x^3} [5 K_h^2 V_{f,h}(t) + V_d^2] x(t) \qquad (20-33)$$

由于 $5 K_h^2 V_{f,h}(t) \gg V_d^2$，所以式(20-33)可以简化为

$$-\gamma(t) = x''(t) + \frac{5\varepsilon_0 A_x}{m_i d_x^2} K_h^2 V_{f,h}(t) - \frac{10\varepsilon_0 A_x}{m_i d_x^3} K_h^2 V_{f,h}(t) x(t) \qquad (20-34)$$

令

$$k_{neg,h} = -\frac{10\varepsilon_0 A_x}{d_x^3} K_h^2 V_{f,h}(t) \qquad (20-35)$$

式中　　$k_{neg,h}$—— 地面 x 轴高电压悬浮的静电负刚度，N/m。
并令

$$G_{p,h} = \frac{5\varepsilon_0 A_x}{m_i d_x^2} K_h^2 \qquad (20-36)$$

式中　　$G_{p,h}$—— 地面 x 轴高电压悬浮的物理增益，m·s^{-2}/V。

从式(20-35)和式(20-36)可以看到，与 y、z 轴及在轨 x 轴不同，地面 x 轴高电压悬浮的静电负刚度 $k_{neg,h}$ 和物理增益 $G_{p,h}$ 均与固定偏压 V_p 无关。显然，这对于保证地面 x 轴高电压悬浮的稳定性不因模式切换而遭到破坏是非常有利的。

将式(20-35)和式(20-36)代入式(20-33)，得到

$$-\gamma(t) = x''(t) + G_{p,h} V_{f,h}(t) + \frac{k_{neg,h}}{m_i} x(t) \qquad (20-37)$$

可以看到，式(20-37)与式(17-22)的形式非常近似。

从式(20-37)可以看出，将 $G_{p,h}$ 称为地面 x 轴高电压悬浮的物理增益，将 $k_{neg,h}$ 称为地面 x 轴高电压悬浮的静电负刚度是非常妥当的。

从式(20-37)还可以看到,只要按式(20-31)先通过集成乘法器对反馈控制电压 $V_{f,h}(t)$ 实现平方根运算,再通过高电压提升器得到上电极所施高电压 $V_e(t)$,就可以使地面 x 轴高电压悬浮下检验质量相对电极笼运动的微分方程基本符合线性定常系统的特征。

从式(20-35)可以看到,地面 x 轴高电压悬浮的静电负刚度 $k_{\text{neg,h}}$ 与反馈控制电压 $V_{f,h}(t)$ 成正比,这点与 17.4.4 节所述 y,z 轴及在轨 x 轴的静电负刚度 k_{neg} 在 $V_f^2(t) \ll V_p^2 + V_d^2$ 得到满足的情况下与 $V_f(t)$ 无关是不同的,显然,这对于地面 x 轴高电压悬浮下检验质量相对电极笼运动的微分方程符合线性定常系统的特征是非常不利的。幸亏地面 x 轴高电压悬浮需要克服的是不变的地面 $1\,g_{\text{local}}$ 重力,而不像 y,z 轴及在轨 x 轴需要克服的是输入范围内不断变化的加速度,因此,过渡过程结束后与 $1\,g_{\text{local}}$ 相应的反馈控制电压也是确定不变的。由此可见,做稳定性分析时,可以认为静电负刚度 $k_{\text{neg,h}}$ 是常数。

17.3.2 节给出 $A_x = 9.92\ \text{cm}^2$,$m_i = 318\ \text{g}$,$d_x = 32\ \mu\text{m}$;17.4.4 节给出 $V_d = 7.6\ \text{V}$,本节给出 $K_h = 190$,代入式(20-36),得到地面 x 轴高电压悬浮的物理增益 $G_{p,h} = 4.868\ 7\ \text{m} \cdot \text{s}^{-2}/\text{V}$。

式(20-37)中,我们把不计过渡过程引起的检验质量位移,单由反馈控制电压 $V_{f,h}(t)$ 计算出来的加速度称为加速度测量值:

$$-\gamma_{\text{msr}}(t) = G_{p,h} V_{f,h}(t) \tag{20-38}$$

式中　$\gamma_{\text{msr}}(t)$——加速度测量值,m/s^2。

从式(20-38)可以看到,$1/G_{p,h}$ 为高电压静电悬浮的理论标度因数。将式(20-36)代入式(20-38),得到

$$-\gamma_{\text{msr}}(t) = \frac{5\varepsilon_0 A_x}{m_i d_x^2} K_h^2 V_{f,h}(t) \tag{20-39}$$

式(20-39)为由地面 x 轴反馈控制电压计算所检测到的加速度的理论公式。

由于 $\gamma_{\text{en}} \ll g$,过渡过程结束后应该

$$-\gamma_{\text{msr}} = g \tag{20-40}$$

式中　γ_{msr}——过渡过程结束后加速度测量值,m/s^2。

将式(20-40)代入式(20-39),得到

$$V_{f,h} = \frac{m_i d_x^2 g}{5\varepsilon_0 A_x K_h^2} \tag{20-41}$$

式中　$V_{f,h}$——过渡过程结束后地面 x 轴反馈控制电压(低压),V。

17.4.4 节给出 GRADIO 加速度计科学模式下检验质量上施加的固定偏压 $V_p = 7.5$ V,17.6.2 节给出捕获模式下 $V_p = 40$ V。若以 1.2 节给出的标准重力加速度 $g_n = 9.806\ 65\ \text{m/s}^2$ 作为 g 值,将上述参数代入式(20-41),得到为克服 $1\,g_n$ 所需的地面 x 轴反馈控制电压 $V_{f,h} = 2.014\ 23$ V。再代入式(20-31),得到过渡过程结束后上电极所施高电压 V_e,当 $V_p = 40$ V 时 $V_e = -812.724$ V;当 $V_p = 7.5$ V 时 $V_e = -845.224$ V。

将 $A_x = 9.92\ \text{cm}^2$,$m_i = 318\ \text{g}$,$d_x = 32\ \mu\text{m}$,$V_d = 7.6$ V,$K_h = 190$ 代入式(20-35),得到 x 轴高电压悬浮的静电负刚度与 $V_{f,h}(t)$ 可输出最大值为 5 V 相应的最大绝对值 $|k_{\text{neg,h}}|_{\text{max}} = 4.838\ 2 \times 10^5\ \text{N/m}$;与 $V_{f,h}(t)$ 可输出最小值为 0.36 V 相应的最小绝对值 $|k_{\text{neg,h}}|_{\text{min}} = 3.483\ 5 \times 10^4\ \text{N/m}$;与克服 $1\,g_n$ 所需的地面 x 轴反馈控制电压 $V_{f,h} = 2.014\ 23$ V 相应的过渡过程结束后最终绝对值 $|k_{\text{neg,h}}|_{\text{fin}} = 1.949\ 1 \times 10^5\ \text{N/m}$。

过渡过程结束后检验质量相对电极的位移 $x = 0$,由式(20-5)得到过渡过程结束后检验质量受到的静电力(向下为正):

$$F_{el} = -\varepsilon_0 A_x \frac{(V_p - V_e)^2}{2d_x^2} \tag{20-42}$$

式中　F_{el}——过渡过程结束后检验质量受到的静电力(向下为正),N;

　　　V_e——过渡过程结束后上电极所施高电压,V。

将式(20-32″)代入式(20-42),得到

$$F_{el} = -\frac{5\varepsilon_0 A_x K_h^2 V_{f,h}}{d_x^2} \tag{20-43}$$

由此我们看到,只要按式(20-31)先通过集成乘法器对反馈控制电压 $V_{f,h}(t)$ 实现平方根运算,再通过高电压提升器得到上电极所施高电压 $V_e(t)$,$x=0$ 时检验质量受到的静电力就与 V_p 无关,从而为地面 x 轴高电压悬浮下 y,z 轴由捕获模式切换到科学模式创造了条件。

需要注意的是,按式(20-31)设计高电压提升器电路时,式中的 V_p 必须真正与检验质量和下极板上施加的固定偏压保持一致,即捕获模式时式(20-31)中的 $V_p = 40\ V$,切换到科学模式时式(20-31)中的 $V_p = 7.5\ V$。切实做到这一点,就可以保证地面 x 轴高电压悬浮的稳定性不因模式切换而遭到破坏。

20.3.4　受伺服控制的检验质量运动方程

伺服控制电路输出的反馈控制电压与位移的关系为

$$V_{f,h}(t) = K_{s,h}\left[x(t) + \tau_{d,h}x'(t) + \frac{1}{\tau_{i,h}}\int_0^t x(\tau)d\tau\right] \tag{20-44}$$

式中　$K_{s,h}$——地面 x 轴前向通道(包括电容传感器、PID 校正器、驱动电压放大器,但不包括对 $V_{f,h}(t)$ 实现平方根运算的集成乘法器和直接对上电极施加高电压的高电压提升器)的总增益,V/m;

　　　$\tau_{d,h}$——地面 x 轴 PID 校正器的微分时间常数,s;

　　　$\tau_{i,h}$——地面 x 轴 PID 校正器的积分时间常数,s。

图 20-2 定义了各参数及其正方向,由于受到地面 $1\ g_{local}$ 重力作用,临启动前检验质量必定处于"下限位"处,即 $x(0) > 0, x'(0) = 0, \int_0^0 x(\tau)d\tau = 0$;20.3.3 节指出,若按式(20-31)先通过集成乘法器对反馈控制电压 $V_{f,h}(t)$ 实现平方根运算,再通过高电压提升器得到上电极所施高电压 $V_e(t)$,则 $V_{f,h}(t)$ 必须只能输出正电压;我们视地面 x 轴前向通道的总增益 $K_{s,h}$ 为正值。因此,与式(17-27)等号右端有负号不同,式(20-44)等号右端没有负号。

将式(20-44)代入式(20-37),得到受伺服控制的检验质量运动积分微分方程为

$$-\gamma(t) = x''(t) + \tau_{d,h}G_{p,h}K_{s,h}x'(t) + \left(G_{p,h}K_{s,h} + \frac{k_{neg,h}}{m_i}\right)x(t) + \frac{G_{p,h}K_{s,h}}{\tau_{i,h}}\int_0^t x(\tau)d\tau \tag{20-45}$$

令

$$\omega_{0,h}^2 = G_{p,h}K_{s,h} \tag{20-46}$$

式中　$\omega_{0,h}$——地面 x 轴高电压悬浮形成的加速度计基础角频率[5],rad/s。

并令

$$\omega_{p,h}^2 = \frac{k_{neg,h}}{m_i} \tag{20-47}$$

式中　$\omega_{\mathrm{p,h}}$——地面 x 轴高电压悬浮下受静电负刚度制约的角频率[6]，rad/s。

从式(20-35)可以看到，k_{neg} 为负数。因此，由式(20-47)得到的 $\omega_{\mathrm{p,h}}$ 为虚数，即 $\omega_{\mathrm{p,h}}$ 并不引起振荡，而是使得检验质量在电极笼的中央位置处于不稳定平衡，即处于"势能顶点"。将式(20-46)式(20-47)代入式(20-45)，得到

$$-\gamma(t)=x''(t)+\tau_{\mathrm{d,h}}\omega_{0,\mathrm{h}}^2 x'(t)+(\omega_{0,\mathrm{h}}^2+\omega_{\mathrm{p,h}}^2)\,x(t)+\frac{\omega_{0,\mathrm{h}}^2}{\tau_{\mathrm{i,h}}}\int_0^t x(\tau)\mathrm{d}\tau \quad (20-48)$$

从式(20-48)可以看出，地面 x 轴高电压悬浮形成的闭环伺服控制刚度为

$$k_{\mathrm{cl,h}}=m_{\mathrm{i}}(\omega_{0,\mathrm{h}}^2+\omega_{\mathrm{p,h}}^2) \quad (20-49)$$

式中　$k_{\mathrm{cl,h}}$——地面 x 轴高电压悬浮形成的闭环伺服控制刚度，N/m。

从式(20-49)可以看到，称 $\omega_{0,\mathrm{h}}$ 为地面 x 轴高电压悬浮形成的加速度计基础角频率是非常恰当的。

从式(20-48)还可以看出，地面 x 轴高电压悬浮形成的检验质量移动的电阻尼（或称冷阻尼）系数为

$$\eta_{\mathrm{el,h}}=m_{\mathrm{i}}\tau_{\mathrm{d,h}}\omega_{0,\mathrm{h}}^2 \quad (20-50)$$

式中　$\eta_{\mathrm{el,h}}$——地面 x 轴高电压悬浮形成的检验质量电阻尼系数，N/(m/s)。

从式(20-50)可以看到，地面 x 轴 PID 校正器的微分时间常数 $\tau_{\mathrm{d,h}}$ 用以产生电阻尼。

将我们采用的相关参数代入式(20-47)，得到与 $V_{\mathrm{f,h}}(t)$ 可输出最大值为 5 V 相应的 $|\omega_{\mathrm{p,h}}^2|_{\max}=1.521\,5\times10^6\ \mathrm{rad}^2/\mathrm{s}^2$，对应的虚频率为 196.31 Hz；与 $V_{\mathrm{f,h}}(t)$ 可输出最小值为 0.36 V 相应的 $|\omega_{\mathrm{p,h}}^2|_{\min}=1.095\,5\times10^5\ \mathrm{rad}^2/\mathrm{s}^2$，对应的虚频率为 52.676 Hz；与克服 1 g_{n} 所需的地面 x 轴反馈控制电压 $V_{\mathrm{f,h}}=2.014\,23$ V 相应的 $|\omega_{\mathrm{p,h}}^2|_{\mathrm{fin}}=6.129\,1\times10^5\ \mathrm{rad}^2/\mathrm{s}^2$，对应的虚频率为 124.60 Hz。

20.4　传递函数和稳定性分析

20.4.1　不考虑低通环节时伺服控制系统的框图

我们对式(20-48)进行 Laplace 变换。17.5.4 节指出：$x(t)$ 的 Laplace 变换为 $X(s)$，$x'(t)$ 的 Laplace 变换为 $sX(s)-x(0)$，$x''(t)$ 的 Laplace 变换为 $s^2 X(s)-sx(0)-x'(0)$，$\int_0^t x(\tau)\mathrm{d}\tau$ 的 Laplace 变换为 $X(s)/s$。由于 $x(0)=0$，$x'(0)=0$，得到

$$-\frac{X(s)}{\Gamma(s)}=\cfrac{1}{\omega_{0,\mathrm{h}}^2\left(1+\tau_{\mathrm{d,h}}s+\cfrac{1}{\tau_{\mathrm{i,h}}s}\right)+(s^2+\omega_{\mathrm{p,h}}^2)} \quad (20-51)$$

式中　s——Laplace 变换建立的的复数角频率，也称为 Laplace 算子，rad/s；

$\Gamma(s)$——$\gamma(t)$ 的 Laplace 变换；

$X(s)$——$x(t)$ 的 Laplace 变换。

可以看到，式(20-51)与式(18-1)的形式完全一致。仿照式(18-4)和式(18-5)，可以给出

$$G_1(s)=\frac{1}{s^2+\omega_{\mathrm{p,h}}^2} \quad (20-52)$$

式中　$G_1(s)$——检验质量的惯性及静电负刚度造成的传递函数，s^2。

以及

$$G_2(s) = K_{s,h}\left(1 + \tau_{d,h}s + \frac{1}{\tau_{i,h}s}\right) \qquad (20-53)$$

式中　$G_2(s)$——前向通道总增益及 PID 校正器造成的传递函数，V/m。

将式（20-46）代入式（20-53），得到

$$G_2(s) = \frac{\omega_{0,h}^2}{G_{p,h}}\left(1 + \tau_{d,h}s + \frac{1}{\tau_{i,h}s}\right) \qquad (20-54)$$

将式（20-52）和式（20-54）代入式（20-51），得到位移对于输入加速度的传递函数：

$$-\frac{X(s)}{\Gamma(s)} = \frac{G_1(s)}{1 + G_1(s)G_2(s)G_{p,h}} \qquad (20-55)$$

可以看到，式（20-55）与式（18-7）的形式完全一致。对式（20-38）进行 Laplace 变换，得到

$$-\Gamma_{msr}(s) = G_{p,h}V_{f,h}(s) \qquad (20-56)$$

式中　$\Gamma_{msr}(s)$——$\gamma_{msr}(t)$ 的 Laplace 变换；

$V_{f,h}(s)$——$V_{f,h}(t)$ 的 Laplace 变换。

仿照式（18-9），可以给出式（20-44）的 Laplace 变换：

$$V_{f,h}(s) = K_{s,h}X(s)\left(1 + \tau_{d,h}s + \frac{1}{\tau_{i,h}s}\right) \qquad (20-57)$$

将式（20-53）代入式（20-57），得到

$$V_{f,h}(s) = G_2(s)X(s) \qquad (20-58)$$

将式（20-56）和式（20-58）代入式（20-55），得到

$$-X(s) = [\Gamma(s) - \Gamma_{msr}(s)]G_1(s) \qquad (20-59)$$

可以看到，式（20-59）与式（18-11）的形式完全一致。由式（20-56）～式（20-59）可以绘出不考虑低通环节时静电悬浮加速度计伺服控制系统的框图，如图 20-5 所示。

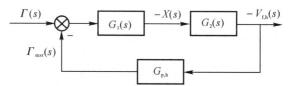

图 20-5　不考虑低通环节时伺服控制系统的框图

从图 20-5 可以看到，$G_{p,h}$ 既可以称为地面 x 轴高电压悬浮的物理增益，也可以称为地面 x 轴高电压悬浮的反馈增益。

20.4.2　考虑低通滤波环节时伺服控制系统的框图

实际电容位移检测电路中含有用于滤除高频分量的低通滤波环节，因而式（20-58）应改写为

$$V_{f,h}(s) = G_2(s)G_3(s)X(s) \qquad (20-60)$$

式中　$G_3(s)$——低通滤波环节的传递函数，无量纲。

式（20-60）中 $G_2(s)$ 理应为低通滤波环节的传递函数，$G_3(s)$ 理应为前向通道总增益及 PID 校正器造成的传递函数，然而，由于 $G_2(s)$ 和 $G_3(s)$ 为串联关系，对于稳定性分析来说不分前后，而式（20-55）已定义 $G_2(s)$ 为前向通道总增益及 PID 校正器造成的传递函数，所以

我们把 $G_3(s)$ 当作低通滤波环节的传递函数。

20.4.3 节第(4)条给出 $f_{0,h} = 2\,000\ \text{Hz}$。由于位移检测的抽运频率高达 $100\ \text{kHz}$,比 $f_{0,h}$ 大得多,所以该环内低通滤波环节可以采用一阶有源低通滤波电路。因而可以沿用式 $(18-26)$,并且仿照式 $(18-27)$ 和式 $(18-28)$,可以给出

$$\omega_{c,h} = \frac{1}{RC} \tag{20-61}$$

式中　$\omega_{c,h}$——一阶有源低通滤波电路的截止角频率($-3\ \text{dB}$ 处的角频率),rad/s。

以及

$$G_3(s) = \frac{1}{\dfrac{1}{\omega_{c,h}}s + 1} \tag{20-62}$$

与式 $(20-58)$ 改为式 $(20-60)$ 相应,图 $20-5$ 应改画为图 $20-6$。

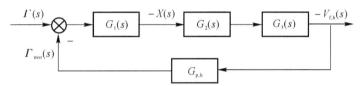

图 $20-6$　考虑低通滤波环节时单通道伺服环基本原理

相应地,式 $(20-55)$ 应改为

$$-\frac{X(s)}{\varGamma(s)} = \frac{G_1(s)}{1 + G_1(s)G_2(s)G_3(s)G_{p,h}} \tag{20-63}$$

20.4.3　考虑低通滤波环节时系统的传递函数

(1)前向通道传递函数。

由图 $20-6$,前向通道传递函数为[7]

$$G_{fr}(s) = G_1(s)G_2(s)G_3(s) \tag{20-64}$$

式中　$G_{fr}(s)$——前向通道传递函数,$\text{V}/(\text{m/s}^2)$。

将式 $(20-52)$、式 $(20-54)$ 和式 $(20-62)$ 代入式 $(20-64)$,得到

$$G_{fr}(s) = \frac{\omega_{0,h}^2 \omega_{c,h}\left(\tau_{d,h}s^2 + s + \dfrac{1}{\tau_{i,h}}\right)}{G_{p,h}s(s^2 + \omega_{p,h}^2)(s + \omega_{c,h})} \tag{20-65}$$

可以看到,式 $(20-65)$ 与式 $(18-31)$ 的形式完全一致。

(2)开环传递函数。

由图 $20-6$,开环传递函数为[7]

$$G_{op}(s) = G_1(s)G_2(s)G_3(s)G_{p,h} \tag{20-66}$$

式中　$G_{op}(s)$——开环传递函数,无量纲。

将式 $(20-52)$、式 $(20-54)$ 和式 $(20-62)$ 代入式 $(20-66)$,得到

$$G_{op}(s) = \frac{\omega_{0,h}^2 \omega_{c,h}\left(\tau_{d,h}s^2 + s + \dfrac{1}{\tau_{i,h}}\right)}{s(s^2 + \omega_{p,h}^2)(s + \omega_{c,h})} \tag{20-67}$$

可以看到,式 $(20-67)$ 与式 $(18-33)$ 的形式完全一致。

(3)闭环传递函数。

18.2.6 节指出,闭环传递函数的分子是前向通道传递函数,分母是开环传递函数与 1 之和。因此,可以直接利用式(20-65)和式(20-67)写出闭环传递函数:

$$G_{cl}(s) = \frac{\omega_{0,h}^2 \omega_{c,h} \left(\tau_{d,h} s^2 + s + \dfrac{1}{\tau_{i,h}} \right)}{G_{p,h} \left[s^4 + \omega_{c,h} s^3 + \left(\tau_{d,h} \omega_{0,h}^2 \omega_{c,h} + \omega_{p,h}^2 \right) s^2 + \left(\omega_{0,h}^2 + \omega_{p,h}^2 \right) \omega_{c,h} s + \dfrac{\omega_{0,h}^2 \omega_{c,h}}{\tau_{i,h}} \right]}$$

$$(20-68)$$

式中 $G_{cl}(s)$ —— 闭环传递函数,$V/(m/s^2)$。

可以看到,式(20-68)与式(18-34)的形式完全一致。

(4)归一化闭环传递函数。

18.2.7 节指出,归一化闭环传递函数的分子是开环传递函数,分母是开环传递函数与 1 之和。因此,可以直接利用式(20-67)写出归一化闭环传递函数:

$$G_{ucl}(s) = \frac{\omega_{0,h}^2 \omega_{c,h} \left(\tau_{d,h} s^2 + s + \dfrac{1}{\tau_{i,h}} \right)}{s^4 + \omega_{c,h} s^3 + \left(\tau_{d,h} \omega_{0,h}^2 \omega_{c,h} + \omega_{p,h}^2 \right) s^2 + \left(\omega_{0,h}^2 + \omega_{p,h}^2 \right) \omega_{c,h} s + \dfrac{\omega_{0,h}^2 \omega_{c,h}}{\tau_{i,h}}}$$

$$(20-69)$$

式中 $G_{ucl}(s)$ —— 归一化闭环传递函数,无量纲。

可以看到,式(20-69)与式(18-35)的形式完全一致。

我们有

$$\omega_{0,h} = 2\pi f_{0,h} \qquad (20-70)$$

式中 $f_{0,h}$ —— 地面 x 轴高电压悬浮形成的加速度计基础频率,Hz。

与 17.5.1 节所述类似,$f_{0,h}$ 也称为地面 x 轴高电压悬浮形成的闭环自然频率,但不能称为闭环控制带宽或加速度计带宽,因为这样称呼会与 -3 dB 带宽相混淆。

17.5.1 节给出微分时间常数 $\tau_d = 3/\omega_0$,积分时间常数 $\tau_i = 10/\omega_0$,并指出此种选择具有普遍意义;17.5.5.1 节揣测并经 18.3.6 节证实环内一阶有源低通滤波电路截止频率 $f_c = 7.5 f_0$,即 $\omega_c = 7.5\omega_0$。若取 $f_{0,h} = 2\,000\,Hz$,即 $\omega_{0,h} = 12\,566\,rad/s$,则 $\tau_{d,h} = 2.387\,3 \times 10^{-4}\,s$,$1/\tau_{i,h} = 1\,256.6\,s^{-1}$,$\omega_{c,h} = 94\,248\,rad/s$。20.3.4 节给出与克服 $1\,g_n$ 所需的地面 x 轴反馈控制电压 $V_{f,h} = 2.014\,23\,V$ 相应的 $\omega_{p,h}^2 = -6.129\,1 \times 10^5\,rad^2/s^2$。代入式(20-69),得到

$$G_{ucl}(s) = \frac{1.488\,2 \times 10^{13} (2.387\,3 \times 10^{-4} s^2 + s + 1256.6)}{s^4 + 94\,248 s^3 + 3.552\,3 \times 10^9 s^2 + 1.482\,4 \times 10^{13} s + 1.870\,1 \times 10^{16}}$$

$$(20-71)$$

由式(20-71)得到使用 MATLAB 软件绘制 GRADIO 加速度计地面 x 轴归一化闭环传递函数 Bode 图程序[8]为

```
g=tf(1.4882e13 * [2.3873e-4  1  1256.6],[1  94248  3.5523e9  1.4824e13  1.8701e16]);bode(g)
```

图 20-7 即为绘制出来的 GRADIO 加速度计地面 x 轴归一化闭环传递函数 Bode 图。

可以看到,图 20-7 与图 19-17 及图 19-21 极为相似,仅频率高了 20 倍。从图 20-7 所对应的 MATLAB 原图可以得到,GRADIO 加速度计地面 x 轴归一化闭环传递函数的截止频率 $f_{-3\,dB} = 8\,865\,Hz$。

5.2.3.3 节指出,只要关注所考察对象的时域变化,离散采样率的数值就应该达到对象最高频率值的 10 倍以上。据此,若仍采用"数字控制器",ADC1 的输出数据率和 DAC 的输入数据率需高达 $r_d = 100$ kSps 左右。

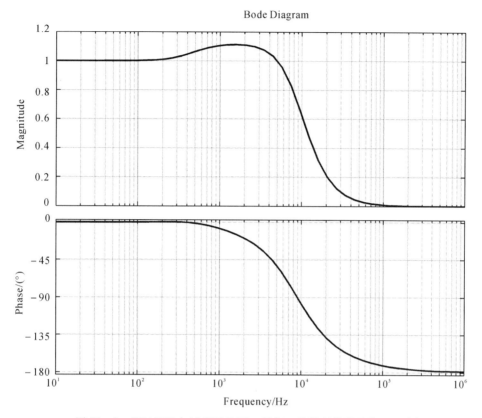

图 20 - 7 　GRADIO 加速度计地面 x 轴归一化闭环传递函数 Bode 图

（5）加速度测量值对于输入加速度阶跃的响应。

将 MATLAB 软件的单位阶跃响应函数 step[9] 用于由式(20 - 71)表达的 GRADIO 加速度计地面 x 轴归一化闭环传递函数,就可以得到加速度测量值对于输入加速度阶跃的响应,具体程序为

g＝tf(1.4882e13 * [2.3873e-4　1　1256.6],[1　94248　3.5523e9　1.4824e13　1.8701e16]);step(g,5e-3)

图 20 - 8 即为绘制出来的 GRADIO 加速度计地面 x 轴加速度测量值对于输入加速度阶跃的响应。

可以看到,图 20 - 8 与图 19 - 18 及图 19 - 22 极为相似,仅时间缩短至 1/20。

需要说明的是,式(20-26)给出,输入加速度 $\gamma(t)$ 是电极笼受到的地面 x 轴环境加速度 $\gamma_{en}(t)$ 与检验质量沿 x 向受到的重力加速度 g 之差。显然,对于一个固定的测试地点而言, g 是常数(1 g_{local})。因此, $\gamma(t)$ 阶跃实际上是幅度远小于 g 值的 $\gamma_{en}(t)$ 阶跃,而不是 0 g_{local} ～ 1 g_{local} 这种大幅度阶跃。20.3.3 节指出,地面 x 轴高电压悬浮的静电负刚度 $k_{neg,h}$ 与反馈控制电压 $V_{f,h}(t)$ 成正比,幸亏地面 x 轴高电压悬浮需要克服的是不变的地面 1 g_{local} 重力,因此,过渡过程结束后与 1 g_{local} 相应的反馈控制电压也是确定不变的。以上事实保证了 $\gamma_{en}(t)$

阶跃不会破坏系统的线性定常特征,从而保证了传递函数和稳定性分析的有效性。

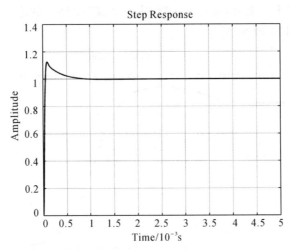

图 20-8　GRADIO 加速度计地面 x 轴加速度测量值对于输入加速度阶跃的响应

(6) 位移对于输入加速度的传递函数。

从式(18-17)可以看到,闭环传递函数是闭环输出的 Laplace 变换除以输入的 Laplace 变换;18.2.6 节指出,闭环传递函数的分子是前向通道传递函数,分母是开环传递函数与 1 之和;本节第(1)条给出,前向通道传递函数 $G_{fr}(s)=G_1(s)G_2(s)G_3(s)$;从图 20-6 可以看到,闭环输出除以 $G_2(s)G_3(s)$ 就是位移。因此,位移对于输入加速度的传递函数的分子是检验质量的惯性及静电负刚度造成的传递函数 $G_1(s)$,分母是开环传递函数与 1 之和。于是,可以直接利用式(20-52)和式(20-67)得到位移对于输入加速度的传递函数:

$$-\frac{X(s)}{\Gamma_s(s)}=\frac{s^2+\omega_{c,h}s}{s^4+\omega_{c,h}s^3+(\tau_{d,h}\omega_{0,h}^2\omega_{c,h}+\omega_{p,h}^2)s^2+(\omega_{0,h}^2+\omega_{p,h}^2)\omega_{c,h}s+\dfrac{\omega_{0,h}^2\omega_{c,h}}{\tau_{i,h}}}$$

$$(20-72)$$

可以看到,式(20-72)与式(18-44)的形式完全一致。将本节第(4)条所给参数代入式(20-72),得到

$$-\frac{\{X(s)\}_m}{\{\Gamma_s(s)\}_{m/s^2}}=\frac{s^2+94\ 248s}{s^4+94\ 248s^3+3.552\ 3\times10^9 s^2+1.482\ 4\times10^{13}s+1.870\ 1\times10^{16}}$$

$$(20-73)$$

由式(20-73)得到使用 MATLAB 软件绘制 GRADIO 加速度计地面 x 轴位移对于输入加速度的传递函数 Bode 图程序[8]为

```
g=tf([1  94248  0],[1  94248  3.5523e9  1.4824e13  1.8701e16]);bode(g)
```

图 20-9 即为绘制出来的 GRADIO 加速度计地面 x 轴位移对于输入加速度的传递函数 Bode 图。

将图 20-9 与图 19-19 及图 19-23 相比较,可以看到频率提高到 20 倍,幅度降低到 1/400。

作为人工振源产生的振动的一个示例,13.3.3 节图 13-12、图 13-14 和图 13-16、图

13-18 分别给出了我们用我国第三代微重力测量装置 CMAMS[仪器通带(0～108.5) Hz]
检测的北京中关村微重力国家实验室落塔 0 m 大厅无人值守下 y,z 轴(水平方向)凌晨 2 h
09 min 和上午 8 h 09 min 的环境振动噪声时域图。可以看到,凌晨 2 h 09 min 的噪声单峰
值小于 8×10^{-4} m·s^{-2},上午 8 h 09 min 的噪声单峰值小于 7×10^{-3} m·s^{-2}。因此,我们
可以用噪声单峰值小于 1×10^{-2} m·s^{-2} 作为可达到的实验室环境来估计,从图 20-9 所对
应的 MATLAB 原图可以得到,x 向检验质量在任何频率下与此相应的位移不超过 66 pm。
对照17.6.3.1节给出 x 向检验质量与限位相贴时相对电极笼中心的偏离 $x(0)=16$ μm 可
知,这么小的位移毫无疑问是完全可以承受的。

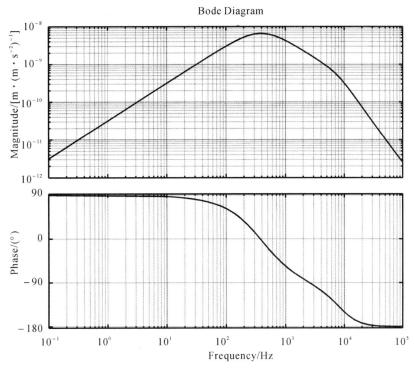

图 20-9　GRADIO 加速度计地面 x 轴位移对于输入加速度的传递函数 Bode 图

(7)位移对于输入加速度阶跃的响应。

将 MATLAB 软件的单位阶跃响应函数 step[9] 用于由式(20-73)表达的 GRADIO 加
速度计地面 x 轴位移对于输入加速度的传递函数,就可以得到位移对于输入加速度阶跃的
响应,具体程序为

```
g=tf([1 94248 0],[1 94248 3.5523e9 1.4824e13 1.8701e16]);step(g,0.01)
```

图 20-10 即为绘制出来的 GRADIO 加速度计地面 x 轴位移对于输入加速度阶跃
的响应。

可以看到,图 20-10(a)与图 19-20 及图 19-24 极为相似,但时间缩短至 1/20,幅度降
低至 1/400。

从图 20-10 所对应的 MATLAB 原图可以得到,位移的二次峰(负向)高度仅为一次峰
的 $1/(3.4\times10^3)$,三次峰高度仅为二次峰的 $1/(3.3\times10^3)$。

如前所述,我们可以用噪声单峰值小于 1×10^{-2} m·s^{-2} 作为可达到的实验室环境来估计。从图 20-10 所对应的 MATLAB 原图得到,检验质量在 1×10^{-2} m·s^{-2} 阶跃加速度的作用下,检验质量产生的位移不超过 48 pm。对照 17.6.3.1 节给出 x 向检验质量与限位相贴时相对电极笼中心的偏离 $x(0) = 16$ μm 可知,这么小的位移毫无疑问是完全可以承受的。

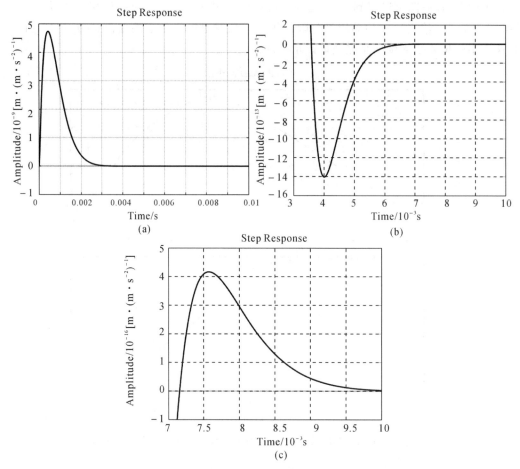

图 20-10 GRADIO 加速度计地面 x 轴位移对于输入加速度阶跃的响应

(a)主峰; (b)二次峰; (c)三次峰

20.4.4 依据 Routh-Hurwitz 稳定判据判断闭环系统的稳定性和幅值裕度

18.4 节已经证明,为了判断闭环系统的稳定性和稳定裕度,无论用 Routh-Hurwitz 稳定判据,还是用根轨迹法或 Nyquist 判据,其结果是一致的。因此,本节只用 Routh-Hurwitz 稳定判据判断闭环系统的稳定性和幅值裕度。

18.4.4.1 节指出,线性定常系统闭环传递函数的分母称为系统的特征多项式,令特征多项式为零即构成系统的特征方程。因此,可由式(20-68)得到系统的特征方程为

$$s^4 + \omega_{c,h} s^3 + (\tau_{d,h} \omega_{0,h}^2 \omega_{c,h} + \omega_{p,h}^2) s^2 + (\omega_{0,h}^2 + \omega_{p,h}^2) \omega_{c,h} s + \frac{\omega_{0,h}^2 \omega_{c,h}}{\tau_{i,h}} = 0$$

$$(20-74)$$

可以看到,式(20-74)与式(18-46)的形式完全一致。因此,可以直接仿照式(18-54)依据 Routh-Hurwitz 稳定判据得到的系统稳定的充分必要条件,将之改写为

$$\tau_{\mathrm{d,h}} > \frac{1}{\omega_{\mathrm{c,h}}} + \frac{1}{\tau_{\mathrm{i,h}}(\omega_{0,\mathrm{h}}^2 + \omega_{\mathrm{p,h}}^2)} \tag{20-75}$$

由式(20-75)可以得到

$$\omega_{0,\mathrm{h}}^2 > \frac{1}{\tau_{\mathrm{i,h}}\left(\tau_{\mathrm{d,h}} - \dfrac{1}{\omega_{\mathrm{c,h}}}\right)} - \omega_{\mathrm{p,h}}^2 \tag{20-76}$$

$$\frac{1}{\omega_{\mathrm{c,h}}} < \tau_{\mathrm{d,h}} - \frac{1}{\tau_{\mathrm{i,h}}(\omega_{0,\mathrm{h}}^2 + \omega_{\mathrm{p,h}}^2)} \tag{20-77}$$

$$\frac{1}{\tau_{\mathrm{i,h}}} < (\omega_{0,\mathrm{h}}^2 + \omega_{\mathrm{p,h}}^2)\left(\tau_{\mathrm{d,h}} - \frac{1}{\omega_{\mathrm{c,h}}}\right) \tag{20-78}$$

将 20.4.3 节第(4)条所给参数代入式(20-75),得到为满足系统稳定的充分必要条件,需要 $\tau_{\mathrm{d,h}} > 1.859\,9 \times 10^{-5}$ s,实际 $\tau_{\mathrm{d,h}} = 2.387\,3 \times 10^{-4}$ s,因而 $1/\tau_{\mathrm{d,h}}$ 的幅值裕度 $K_{\mathrm{g}} = 12.8$,即 $\tau_{\mathrm{d,h}}$ 的幅值裕度 $K_{\mathrm{g}} = 1/12.8$;将上述各参数代入式(20-76),得到为满足系统稳定的充分必要条件,需要 $\omega_{0,\mathrm{h}}^2 > 6.121\,4 \times 10^6$ rad^2/s^2,实际 $\omega_{0,\mathrm{h}}^2 = 1.579\,0 \times 10^8$ rad^2/s^2,因而 $1/\omega_{0,\mathrm{h}}^2$ 的幅值裕度 $K_{\mathrm{g}} = 25.8$,即 $\omega_{0,\mathrm{h}}^2$ 的幅值裕度 $K_{\mathrm{g}} = 1/25.8$;将上述各参数代入式(20-77),得到为满足系统稳定的充分必要条件,需要 $1/\omega_{\mathrm{c,h}} < 2.307\,4 \times 10^{-4}$ s/rad(即 $\omega_{\mathrm{c,h}} > 4\,334$ rad/s),实际 $1/\omega_{\mathrm{c,h}} = 1.061\,0 \times 10^{-5}$ s/rad,因而 $1/\omega_{\mathrm{c,h}}$ 的幅值裕度 $K_{\mathrm{g}} = 21.7$,即 $\omega_{\mathrm{c,h}}$ 的幅值裕度 $K_{\mathrm{g}} = 1/21.7$;将上述各参数代入式(20-78),得到为满足系统稳定的充分必要条件,需要 $1/\tau_{\mathrm{i,h}} < 35\,102$。实际 $1/\tau_{\mathrm{i,h}} = 1\,256.6$ s^{-1},因而 $1/\tau_{\mathrm{i,h}}$ 的幅值裕度 $K_{\mathrm{g}} = 27.9$,即 $\tau_{\mathrm{i,h}}$ 的幅值裕度 $K_{\mathrm{g}} = 1/27.9$。

20.5　增益需求与分配

20.3.3 节给出 $G_{\mathrm{p,h}} = 4.868\,7$ m·s^{-2}/V,20.4.3 节第(4)条给出 $\omega_{0,\mathrm{h}} = 12\,566$ rad/s,代入式(20-46),得到地面 x 轴前向通道[包括电容传感器、PID 校正器、驱动电压放大器,但不包括对 $V_{\mathrm{f,h}}(t)$ 实现平方根运算的集成乘法器和直接对上电极施加高电压的高电压提升器]的总增益 $K_{\mathrm{s,h}} = 3.243\,3 \times 10^7$ V/m。

表 19-1 给出 GRADIO 加速度计 LS 轴单通道(四对电极中的一对)从位移到电荷放大器第一级(FET 级)在反馈电容采用 $C_{\mathrm{f}} = 10$ pF 的情况下的输出增益 $K_x = -3.26 \times 10^6$ V/m。

19.5.1.3 节第(2)条提出带通滤波器增益 $K_{\mathrm{bp}} = 1$,并给出电容位移检测电压的有效值 $V_{\mathrm{d}} = 7.6$ V 下同步检测增益 $K_{\mathrm{m}} = 0.76$。

19.6.2.3 节第(2)条提出取消电荷放大器第二级(BJT 级)。

20.3.3 节设定 $V_{\mathrm{f,h}}(t)$ 可输出的最大值为 5 V。据此,设定地面 x 轴高电压悬浮的驱动电压放大器增益 $K_{\mathrm{drv,h}}$ 为 1。

因此,一阶有源低通滤波器增益 K_{lp}、直流输出放大器增益 K_{DCoa}、地面 x 轴高电压悬浮的 PID 校正网络比例系数 K_{p} 之乘积为 13。

取电容位移检测电路增益 K_{cd} 与在轨 x 轴相同,由 $K_{\mathrm{s,h}}$,K_{cd},$K_{\mathrm{drv,h}}$ 决定 $K_{\mathrm{p,h}}$。

20.3.3 节指出,地面 x 轴高电压悬浮的静电负刚度 $k_{\mathrm{neg,h}}$ 和物理增益 $G_{\mathrm{p,h}}$ 均与固定偏压

V_p 无关。因此，地面 x 轴高电压悬浮伺服控制电路的增益需求与分配不因 $V_p = 7.5$ V 还是 $V_p = 40$ V 而变。只是按式(20-31)设计高电压提升器电路时，式中的 V_p 必须真正与检验质量上施加的固定偏压保持一致，即捕获模式时式(20-31)中的 $V_p = 40$ V，切换到科学模式时式(20-31)中的 $V_p = 7.5$ V。切实做到这一点，就可以保证地面 x 轴高电压悬浮的稳定性不因模式切换而遭到破坏。

20.6 本章阐明的主要论点

20.6.1 引言

(1)法国 ONERA 设计的加速度计的一个基本特点是靠重力下浮起检验质量的办法提供广泛的地基功能测试可能性。

(2)为了克服重力举起检验质量，依靠需要施以高电压(对于 GRADIO 加速度计暂态达到 1 300 V)的特定配置使检验质量垂直悬浮。而为了使该高电压适度，设计检验质量在垂直轴(x)方向上线度较小，且距电极的间隙较窄，因此，与能够满足最终性能需求的两个水平轴(y,z)相比，该轴是欠灵敏的。

(3)对于 GRADIO 加速度计而言，检验质量用一块质量 320 g 材质为铂铑合金、形状为 4 cm × 4 cm × 1 cm 的正四棱柱，引入一个适当的电压(稳定状态下在正上方 30 μm 处施加 900 V)以便地基测试时支撑该检验质量，仍然可能设计出适合 1 g_{local} 静电悬浮且噪声低于 2×10^{-12} m·s^{-2}/Hz$^{1/2}$ 的静电悬浮加速度计。

(4)检验质量在实验室环境中漂浮使得测试 GRADIO 加速度计功能和性能的若干关键方面——包括传感器噪声特性和检验质量对限位的残余黏着特性——成为可能；原理上，在这种状态下的测试可以被持续好几天；然而，为安全计，通常测试不会跨过周末。

(5)在 1 g_{local} 下靠静电力漂浮带来的困难主要是各单元和测试设备必须在设计、规程、安全特征和污染控制方面能够克服高电压带来的不利影响：① 高电压下污染粒子可能在漂浮起来的检验质量上产生异常的约束刚度和阻尼，更糟糕的是污染粒子产生的放电可能导致表面变质或导电通道熔化；② 虽然检验质量的漂浮为表征加速度计沿两个 US 轴的噪声提供了条件，但是，它受到不可避免地采用不同于飞行配置的定制电路和控制律的限制(飞行配置是对线性响应最优化的，且与悬浮所需高电压不相容)；③ 如果 LS 轴(x 轴)相对于铅垂轴有所倾斜，US 轴(y,z 轴)受重力场分量的影响，容易达到饱和。

20.6.2 捕获模式

(1)由于受到地面 1 g_{local} 重力作用，电极上未施加电压前检验质量必定处于"下限位"处，且存在一个向下的重力 $m_i g_{local}$，其中 m_i 为检验质量的惯性质量。

(2)为了使检验质量离开下限位，上电极所施高电压绝对值 $|V_e(0)|$ 要足够大，且随检验质量与限位相贴时相对电极笼中心的偏离 $x(0)$ 增大而增大。

(3)启动后若检验质量过冲到"上限位"处，则启动过程重新开始。为简化分析，不考虑撞击上限位引起的反冲作用。

(4)为了使过冲到"上限位"处的检验质量离开上限位，$|V_e(0)|$ 要足够小，且随 $-x(0)$ 增大而减小。

(5)为了减少过冲,启动时检验质量的运动加速度应尽量小。因此,上电极所施高电压 $V_e(t)$ 的可输出电压范围不要过宽。

20.6.3　检验质量在电极笼内运动的动力学方程

(1)对于加速度计来说,不能区分所检测到的是电极笼受到的地面 x 轴环境加速度还是检验质量受到的重力加速度。

(2)设定地面 x 轴随时间变化的反馈控制电压(低压)$V_{f,h}(t)$ 可输出的最大值为 5 V。按 $V_e(t)=V_p-K_h \sqrt{10V_{f,h}(t)}$,式中 V_p 为检验质量和下极板上施加的固定偏压,K_h 为地面 x 轴高电压提升器电路的放大倍数,先通过集成乘法器对 $V_{f,h}(t)$ 实现平方根运算,再通过高电压提升器得到 $V_e(t)$,可以使地面 x 轴高电压悬浮下检验质量相对电极笼运动的微分方程基本符合线性定常系统的特征。值得注意的是:① 由于需要对 $V_{f,h}(t)$ 实现平方根运算,$V_{f,h}(t)$ 必须只能输出正电压;② 为了控制 $V_e(t)$ 的可输出电压范围不要过宽,应在 $V_{f,h}(t)$ 的输出端口处施加上、下限幅;③ 按上式设计高电压提升器电路时,式中的 V_p 必须真正与检验质量和下极板上施加的固定偏压保持一致,即从捕获模式转换到科学模式时,由于检验质量和下极板上施加的固定偏压发生切换,按上式设计的高电压提升器电路式中的 V_p 必须同时切换。

(3)采用上述方法的情况下,① 地面 x 轴高电压悬浮的静电负刚度 $k_{neg,h}$ 和物理增益 $G_{p,h}$ 均与 V_p 无关,显然,这对于地面 x 轴高电压悬浮的稳定性不因模式切换而遭到破坏是非常有利的;② 过渡过程结束后检验质量受到的静电力与 V_p 无关,从而为地面 x 轴高电压悬浮下 y,z 轴由捕获模式切换到科学模式创造了条件。

(4)采用上述方法的情况下,$k_{neg,h}$ 与 $V_{f,h}(t)$ 成正比,显然,这对于地面 x 轴高电压悬浮下检验质量相对电极笼运动的微分方程符合线性定常系统的特征是非常不利的。幸亏地面 x 轴高电压悬浮需要克服的是不变的地面 $1\ g_{local}$ 重力,而不像 y,z 轴及在轨 x 轴需要克服的是输入范围内不断变化的加速度,因此,过渡过程结束后与 $1\ g_{local}$ 相应的反馈控制电压也是确定不变的。由此可见,做稳定性分析时,可以认为 $k_{neg,h}$ 是常数。

20.6.4　传递函数和稳定性分析

(1)由稳定裕度确定地面 x 轴高电压悬浮形成的加速度计基础频率 $f_{0,h}$、一阶有源低通滤波电路的截止频率 f_c、微分时间常数 τ_d、积分时间常数 τ_i,并进而得到归一化闭环传递函数的截止频率 $f_{-3\,dB}$;由于只要关注所考察对象的时域变化,离散采样率的数值就应该达到对象最高频率值的 10 倍以上,因此,若仍采用"数字控制器"时,由 $f_{-3\,dB}$ 确定 ADC1 的输出数据率和 DAC 的输入数据率 r_d。

(2)输入加速度 $\gamma(t)$ 是电极笼受到的地面 x 轴环境加速度 $\gamma_{en}(t)$ 与检验质量沿 x 向受到的重力加速度 g 之差。对于一个固定的测试地点而言,g 是常数($1\ g_{local}$)。因此,$\gamma(t)$ 阶跃实际上是幅度远小于 g 值的 $\gamma_{en}(t)$ 阶跃,而不是 $0\ g_{local} \sim 1\ g_{local}$ 这种大幅度阶跃。加之过渡过程结束后与 $1\ g_{local}$ 相应的反馈控制电压也是确定不变的。以上事实保证了 $\gamma_{en}(t)$ 阶跃不会破坏系统的线性定常特征,从而保证了传递函数和稳定性分析的有效性。

20.6.5　增益需求与分配

(1)由 $f_{0,h}$ 确定地面 x 轴前向通道[包括电容传感器、PID 校正器、驱动电压放大器,但

不包括对 $V_{f,h}(t)$ 实现平方根运算的集成乘法器和直接对上电极施加高电压的高电压提升器]的总增益 $K_{s,h}$。

(2)由于设定 $V_{f,h}(t)$ 可输出的最大值为 5 V，所以设定驱动电压放大器的增益 $K_{drv,h}$ 为 1。

(3)取电容位移检测电路增益 K_{cd} 与在轨 x 轴相同，由 $K_{s,h}$，K_{cd}，$K_{drv,h}$ 决定地面 x 轴高电压悬浮的 PID 校正网络比例系数 $K_{p,h}$。

参 考 文 献

[1] LIORZOU F, CHHUN R, FOULON B. Ground based tests of ultra sensitive accelerometers for space mission：IAC － 09. A2. 4. 3 [C]// The 60th International Astronautical Congress,Daejeon,Republic of Korea,October 12 － 16,2009.

[2] BORTOLUZZI D, FOULON B, MARIRRODRIGA C G, et al. Object injection in geodesic conditions：In-flight and on-ground testing issues [J]. Advances in Space Research,2010,45 (11)：1358 － 1379.

[3] 吴丙申,卞祖富. 模拟电路基础[M]. 北京：北京理工大学出版社,1997.

[4] 陈光锋. 静电悬浮加速度计控制系统设计分析[D]. 北京：中国空间技术研究院,2006.

[5] MÜLLER J, OBERNDORFER H. Validation of GOCE simulation ［R/OL］. München, Germany：TUM （Technische Universität München）. FESG (Forschungseinrichtung Satellitengeodäsie). IAPG (Institut für Astrunomische und Physikalische Geodäsie),1999. http://www. goce-projektbuero. de/mediadb/36077/36078/iapg_fesg_rpt_01. pdf. http://mediatum. ub. tum. de/doc/1370220/file. pdf.

[6] TOUBOUL P, LAFARGUE L, RODRIGUES M. MICROSCOPE, microsatellite mission for the test of the Equivalence Principle：H0. 1 － 0012：TP 2001 － 162 [C]// COSPAR (Committee for Space Research),Varsovie ,Pologne,July 16 － 23,2000. Ce Tiré à part fait référence au Document d'Accompagnement de Publication DMPH0119.

[7] 王万良. 自动控制原理[M]. 北京：科学出版社,2001.

[8] 梅晓榕. 自动控制原理[M]. 2 版. 北京：科学出版社,2007.

[9] 胡国清,刘文艳. 工程控制理论[M]. 北京：机械工业出版社,2004.

第21章 静电悬浮加速度计位移检测电路带通滤波器的需求分析与物理设计

本章的物理量符号

a	二阶有源滤波器的系数
A_0	二阶有源低通滤波器 $\omega=0$ 时的增益
$A_b(jf)$	带通滤波器的传递函数
$\mid A_b(jf)\mid$	$A_b(jf)$ 的幅频特性
$\mid A_b(jf_d)\mid$	$\mid A_b(jf)\mid$ 在 f_d 处的值
$\mid A_b(jf_r)\mid$	带通滤波器在 f_r 处的增益
$\mid A_b(jf_v)\mid$	f_v 处的幅值
$A_b(s)$	带通滤波器的传递函数
a_h	二阶有源高通滤波器的系数
$A_h(j\omega)$	二阶有源高通滤波器的传递函数
$\mid A_h(j\omega)\mid$	二阶有源高通滤波器的幅频特性
$A_h(s)$	二阶有源高通滤波器在复数角频率 s 处的复数增益
a_l	二阶有源低通滤波器的系数
$A_l(j\omega)$	二阶有源低通滤波器的传递函数
$\mid A_l(j\omega)\mid$	二阶有源低通滤波器的幅频特性
$A_l(s)$	二阶有源低通滤波器在复数角频率 s 处的复数增益
$A_{pb}(j\omega)$	无源带通滤波器的传递函数
$\mid A_{pb}(j\omega)\mid$	无源带通滤波器的幅频特性
A_{pbr}	无源带通滤波器谐振角频率处的增益
$A_{pb}(s)$	无源带通滤波器在复数角频率 s 处的复数增益
$A_{sob}(j\omega)$	二阶带通滤波器的传递函数
$\mid A_{sob}(j\omega)\mid$	二阶带通滤波器的幅频特性
$A_{sob}(j\omega_{sobr})$	二阶带通滤波器谐振角频率处的增益
$A_{sob}(p)$	二阶带通滤波器在归一化复频率 p 处的复数增益
$A_{sob}(s)$	多重负反馈型二阶带通滤波器在复数角频率 s 处的复数增益
A_∞	二阶有源高通滤波器 $\omega\to\infty$ 时的增益
b	二阶有源滤波器的系数
b_h	二阶有源高通滤波器的系数
b_l	二阶有源低通滤波器的系数
C	电容,F

C_1	负反馈电容输入端(M 点)与运放反向输入端间的连接电容,F
C_{11}	第一级负反馈电容输入端(M 点)与运放反向输入端间的连接电容,F
C_{12}	第一级负反馈电容,F
C_2	负反馈电容,F
C_{21}	第二级负反馈电容输入端(M 点)与运放反向输入端间的连接电容,F
C_{22}	第二级负反馈电容,F
C_{h1}	输入端与正反馈电阻输入端(M 点)间的连接电容,F
C_{h2}	正反馈电阻输入端(M 点)与运放同向输入端间的连接电容,F
f	频率,Hz
$f_{c,h}$	有源高通滤波器 $-3\ dB$ 截止频率处的频率,Hz
$f_{c,l}$	有源低通滤波器 $-3\ dB$ 截止频率处的频率,Hz
f_d	位移检测的抽运频率,Hz
f_r	带通滤波器的幅值谐振频率(幅值达到最大值处的频率),Hz
f_s	调幅波中幅度调制信号的频率,Hz
f_{sobr}	二阶带通滤波器的谐振频率,Hz
f_v	图 21-40 所示幅频特性谷底处的频率,Hz
$f_{\phi r}$	带通滤波器的相位谐振频率(相位为零处的频率),Hz
$G_{op}(s)$	开环传递函数,无量纲
$\|G_{op}(s)\|$	$G_{op}(s)$ 的幅频特性
$G_{ucl}(s)$	归一化闭环传递函数
$\|G_{ucl}(s)\|$	归一化闭环传递函数的幅频特性
i	自变量的序号
n	互相独立自变量的个数,滤波器的阶数
P	Laplace 变换建立的 $-3\ dB$ 归一化复频率
p	Laplace 变换建立的归一化复频率
P_{f-f_d}	以 $\|A_b(jf_d)\|$ 为基准的 $\|A_b(jf)\|$ 相对偏差百分绝对值
P_{f-f_r}	$\|A_b(jf)\|$ 对 $\|A_b(jf_r)\|$ 的相对偏差百分绝对值
P_{f-f_v}	$\|A_b(jf)\|$ 对 $\|A_b(jf_v)\|$ 的相对偏差百分绝对值
Q	品质因数
Q_h	单一正反馈有源二阶高通滤波器的品质因数(即在特征角频率处的增益与 $\omega \to \infty$ 时增益的比值)
Q_{pb}	无源带通滤波器的品质因数
$Q_{pb,max}$	Q_{pb} 的最大值
Q_{sob}	二阶带通滤波器的品质因数
R	电阻,Ω
R_1	输入端与负反馈电容输入端(M 点)间的连接电阻,Ω
R_{11}	第一级输入端与负反馈电容输入端(M 点)间的连接电阻,Ω
R_{12}	第一级负反馈电容输入端(M 点)的接地电阻,Ω
R_{13}	第一级负反馈电阻,Ω

R_2	负反馈电容输入端（M 点）的接地电阻，Ω
R_{21}	第二级输入端与负反馈电容输入端（M 点）间的连接电阻，Ω
R_{22}	第二级电容输入端（M 点）的接地电阻，Ω
R_{23}	第二级负反馈电阻，Ω
R_3	负反馈电阻，Ω
R_{h1}	正反馈电阻，Ω
R_{h2}	运放正输入端的接地电阻，Ω
$R_{P,h}$	在 $\Omega \geqslant 1$ 范围内 Chebyshev－I 型有源高通滤波器增益幅值波动的 dB 数
$R_{P,l}$	在 $0 \leqslant \Omega \leqslant 1$ 范围内 Chebyshev－I 型有源低通滤波器增益幅值波动的 dB 数
s	Laplace 变换建立的复数角频率，也称为 Laplace 算子，rad/s
t	时间，s
U_{in}	调幅波中幅度调制信号的幅值，V
u_{in}	调幅波的瞬时值，V
V_i	输入电压，无源带通滤波器的输入电压，V
V_M	负反馈电容输入端（M 点）的电位，正反馈电容输入端（M 点）的电位，V
V_m	低通环节和高通环节串联结点的电压，V
V_o	输出电压，无源带通滤波器的输出电压，V
V_+	运放同向输入端电位，V
α	调幅波中幅度调制信号的相位，rad；电阻的因子
δ_0	二阶有源滤波器椭圆方程的长轴
$\delta_{0,h}$	Chebyshev－I 型有源高通滤波器椭圆方程的长轴
$\delta_{0,l}$	Chebyshev－I 型有源低通滤波器椭圆方程的长轴
ε	波动因子
ε_h	在 $\Omega \geqslant 1$ 范围内 Chebyshev－I 型有源高通滤波器增益幅值的波动因子
ε_l	在 $0 \leqslant \Omega \leqslant 1$ 范围内 Chebyshev－I 型有源低通滤波器增益幅值的波动因子
σ_0	二阶有源滤波器椭圆方程的短轴
$\sigma_{0,h}$	Chebyshev－I 型有源高通滤波器椭圆方程的短轴
$\sigma_{0,l}$	Chebyshev－I 型有源低通滤波器椭圆方程的短轴
$\dfrac{\sigma_{C_1}}{C_1}$	C_1 的相对偏差（1σ）
$\dfrac{\sigma_{C_2}}{C_2}$	C_2 的相对偏差（1σ）
σ_i	第 i 个自变量折算到输出端的标准差
$\dfrac{\sigma_{R_1}}{R_1}$	R_1 的相对偏差（1σ）
$\dfrac{\sigma_{R_2}}{R_2}$	R_2 的相对偏差（1σ）
$\dfrac{\sigma_{R_3}}{R_3}$	R_3 的相对偏差（1σ）

$\dfrac{\sigma_{\omega_{\mathrm{sobr}}}}{\omega_{\mathrm{sobr}}}$	多重负反馈型二阶带通滤波器阻容元件值偏差引起的谐振角频率相对偏差(1σ)
τ_{d}	PID 校正网络的微分时间常数,s
τ_{i}	PID 校正网络的积分时间常数,s
$\phi_{\mathrm{b}}(\mathrm{j}f)$	带通滤波器的相频特性,(°)
$\phi_{\mathrm{h}}(\mathrm{j}\omega)$	二阶有源高通滤波器的相频特性,rad
$\phi_{\mathrm{l}}(\mathrm{j}\omega)$	二阶有源低通滤波器的相频特性,rad
$\phi_{\mathrm{pb}}(\mathrm{j}f)$	无源带通滤波器的相频特性,(°)
$\phi_{\mathrm{pb}}(\mathrm{j}\omega)$	无源带通滤波器的相频特性,rad
$\phi_{\mathrm{sob}}(\mathrm{j}\omega)$	二阶带通滤波器的相频特性,rad
Ω	第一类 Chebyshev 多项式的自变量,归一化频率
ω	角频率,rad/s
ω_0	加速度计的基础角频率,rad/s
Ω_{c}	二阶有源滤波器的归一化截止频率($-3\,\mathrm{dB}$ 处的归一化频率)
ω_{c}	环内一阶有源低通滤波电路的截止角频率($-3\,\mathrm{dB}$ 处的角频率),rad/s
$\Omega_{\mathrm{c,h}}$	二阶有源高通滤波器的归一化截止频率($-3\,\mathrm{dB}$ 处的频率)
$\omega_{\mathrm{c,h}}$	二阶有源高通滤波器的截止角频率($-3\,\mathrm{dB}$ 处的角频率),rad/s
$\Omega_{\mathrm{c,l}}$	二阶有源低通滤波器的归一化截止频率($-3\,\mathrm{dB}$ 处的频率)
$\omega_{\mathrm{c,l}}$	二阶有源低通滤波器的截止角频率($-3\,\mathrm{dB}$ 处的角频率),rad/s
ω_{d}	位移检测的抽运角频率,rad/s
ω_{h}	单一正反馈有源二阶高通滤波器的特征角频率,rad/s
ω_{p}	受静电负刚度制约的角频率,rad/s
ω_{pbr}	无源带通滤波器的谐振角频率,rad/s
ω_{s}	调幅波中幅度调制信号的角频率,rad/s
ω_{sobr}	二阶带通滤波器的谐振角频率,rad/s

21.1　带通滤波器的需求分析

21.1.1　一般性需求

19.1 节指出,电容位移检测电路在电荷放大器与同步检测之间采用选频交流放大器以消除高于或低于检测频率的宽频噪声。文献[1]则标明在同一位置采用的是带通滤波器。文献[2]指出,输入信号的频带很宽、而输出信号的频带仅为其中一个窄带的特殊放大器称为选频放大器,或谐振放大器;谐振特性曲线接通近于理想矩形的放大器称为带通放大器;如果研究对象是频率固定的窄带,采用选频放大器是非常有用的。文献[3]指出,作为选频电路应该具有如下特性:对于需要的信号,具有均匀的频响,以避免需要的信号产生频率失真;对那些不需要的信号,要给予尽可能强的抑制:在理想情况下,是将其完全抑制掉,输出为零。因此,理想的选频电路的频率特性曲线应该具有矩形形状。然而,任何实际的选频电路均满足不了上述要求。通频带以内的频响曲线并非水平,因而不可避免地出现频率失真;

通频带以外无用的输出信号则是缓慢减小,并非骤然减至零。

　　由上一自然段的叙述可知,谐振放大器、选频放大器、带通滤波器(或称为带通放大器)的频率特性具有类似的形状。若通带既宽又平,通常称之为带通滤波器;若通带既窄又锐,通常称之为谐振放大器;除此而外,在三个称谓之间不必要也不可能加以区分,即上一自然段的叙述对三个称谓均适用。而由上一自然段所述带通滤波器"对于需要的信号,具有均匀的频响,以避免需要的信号产生频率失真"可知,添加了带通滤波器后,静电悬浮加速度计归一化闭环传递函数的幅频特性应不发生可觉察的改变。

21.1.2　特定需求

21.1.2.1　对通带的原理性需求

17.3.3.1 节指出,电容位移检测电路的电荷放大器输出的是调幅波,其载波为高频检测电压,而幅度调制信号反映了检验质量相对于电极的位移。

　　调幅波可以表达为

$$u_{in} = U_{in} \cos(\omega_s t + \alpha) \cos \omega_d t \tag{21-1}$$

式中　u_{in}——调幅波的瞬时值,V;

　　　　U_{in}——调幅波中幅度调制信号的幅值,V;

　　　　ω_s——调幅波中幅度调制信号的角频率,rad/s;

　　　　α——调幅波中幅度调制信号的相位,rad;

　　　　ω_d——位移检测的抽运角频率,rad/s;

　　　　t——时间,s。

　　已知三角函数积化和差公式[4]:

$$\cos\alpha\cos\beta = \frac{1}{2}[\cos(\alpha+\beta) + \cos(\alpha-\beta)] \tag{21-2}$$

　　将式(21-2)应用于式(21-1),得到

$$u_{in} = \frac{U_{in}}{2}[\cos(\omega_d t + \omega_s t + \alpha) + \cos(\omega_d t - \omega_s t - \alpha)] \tag{21-3}$$

　　由式(21-3)可以看到,带通滤波器的通带应为 $f_d \pm f_s$,其中 $f_d = \omega_d/2\pi$,$f_s = \omega_s/2\pi$,且 $f_d = 1 \times 10^5$ Hz[5]。

21.1.2.2　对通带的实质性需求

(1)归一化闭环传递函数的幅频特性 $|G_{ucl}(s)|$。

18.3.6 节式(18-35)给出了静电悬浮加速度计归一化闭环传递函数(即加速度测量值对于输入加速度的传递函数)$G_{ucl}(s)$ 的表达式,并且对于 SuperSTAR 加速度计 US 轴,将表 17-5 给出的 $\omega_0 = 125.66$ rad/s,$\omega_p^2 = -1.1932$ rad^2/s^2、表 17-6 给出的 $\tau_d - 2.3873 \times 10^{-2}$ s,$1/\tau_I = 12.566$ s^{-1} 及 17.5.5.1 节揣测并经 18.3.6 节证实的 $\omega_c = 942.48$ rad/s 代入式(18-35),得到式(18-36)。由式(18-36)得到使用 MATLAB 软件绘制 SuperSTAR 加速度计 US 轴归一化闭环传递函数 Bode 图程序[6]为

```
g=tf(1.4882e7 * [2.3873e−2  1  12.566],[1  942.48  3.5528e5  1.4881e7  1.8701e8]);bode(g)
```

　　将图 18-9 中的横坐标下限扩展到 1×10^{-4} Hz,幅频特性曲线纵坐标由线性刻度改为

对数刻度,重新绘制出来的 SuperSTAR 加速度计 US 轴 $G_{ucl}(s)$ 的 Bode 图如图 21-1 所示。

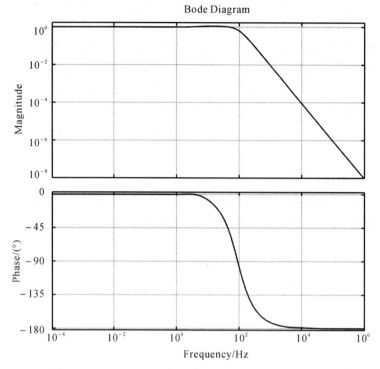

图 21-1 SuperSTAR 加速度计 US 轴 $G_{ucl}(s)$ 的 Bode 图

（2）开环传递函数的幅频特性 $|G_{op}(s)|$。

18.3.4 节式(18-33)给出了静电悬浮加速度计的开环传递函数 $G_{op}(s)$ 的表达式,将以上参数代入式(18-33),得到

$$G_{op}(s) = \frac{1.4882 \times 10^7 (2.3873 \times 10^{-2} s^2 + s + 12.566)}{s(s + 942.48)(s^2 - 1.1932)} \quad (21-4)$$

式中　　$G_{op}(s)$——开环传递函数,无量纲;

　　　　　s——Laplace 变换建立的复数角频率,也称为 Laplace 算子,rad/s。

由式(21-4)得到使用 MATLAB 软件绘制 SuperSTAR 加速度计 US 轴 $G_{op}(s)$ 的 Bode 图程序[6]为

```
g=tf(1.4882e7*[2.3873e-2  1  12.566],conv([1  0],conv([1  942.48],  [1  0  -1.1932])));bode(g)
```

图 21-2 即为绘制出来的 SuperSTAR 加速度计 US 轴 $G_{op}(s)$ 的 Bode 图。

（3）$|G_{ucl}(s)|$ 与 $|G_{op}(s)|$ 随频率变化的趋势比较。

对于 SuperSTAR 加速度计 US 轴,从图 21-1 和图 21-2 所对应的 MATLAB 原图可以分别得到各个频率处 $G_{ucl}(s)$ 的幅频特性 $|G_{ucl}(s)|$ 和 $G_{op}(s)$ 的幅频率特性 $|G_{op}(s)|$,如表 21-1 所示。

（4）带通滤波器的幅频特性指标。

从表 21-1 可以看到:SuperSTAR 加速度计 US 轴在 $(1 \times 10^{-4} \sim 0.1)$ Hz 的测量通带内 $G_{op}(s)$ 的幅频特性 $|G_{op}(s)|$ 具有非常高的值,且频率越低,其值越高;而 $G_{ucl}(s)$ 的幅频特

性 $|G_{ucl}(s)|$ 之值恒为 1。由此可知,带通滤波器作为电容位移检测电路的一个环节,尽管其传递函数 $A_b(jf)$ 的幅频特性 $|A_b(jf)|$ 是 $|G_{op}(s)|$ 的一个因子,但只要 $f-f_d=\pm(1\times 10^{-4}\sim 0.1)$ Hz 落在带通滤波器 -3 dB 通带范围内,就不会影响到测量通带内 $|G_{ucl}(s)|$ 之值恒为 1。

表 21 - 1　SuperSTAR 加速度计 US 轴各个频率处的 $|G_{ucl}(s)|$ 和 $|G_{op}(s)|$

频率/Hz	$\|G_{ucl}(s)\|$	$\|G_{op}(s)\|$
1×10^{-4}	1	5.50×10^9
1×10^{-3}	1	6.18×10^7
1×10^{-2}	1	2.69×10^6
0.1	1	2.05×10^5
1	1.000 6	905.07
10	1.102 9	6.702 7
100	0.627 77	0.507 76
1×10^3	$9.194\ 5\times10^{-3}$	$9.054\ 2\times10^{-3}$
1×10^4	9×10^{-5}	9×10^{-5}
1×10^5	9×10^{-7}	9×10^{-7}
1×10^6	9×10^{-9}	9×10^{-9}

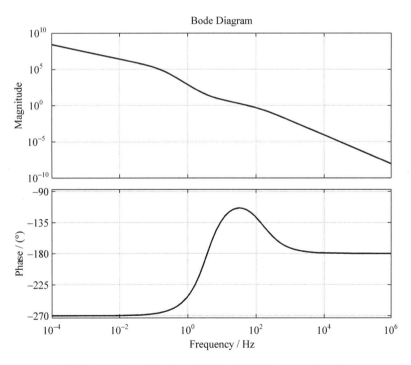

图 21 - 2　SuperSTAR 加速度计 US 轴 $G_{op}(s)$ 的 Bode 图

从表 21-1 还可以看到，频率高于测量通带时，$|G_{op}(s)|$ 之值继续随频率升高而降低；而 $|G_{ucl}(s)|$ 之值则开始出现先升后降的情况：1 Hz 处略升至 1.000 6，10 Hz 处继续升至 1.102 9，而 100 Hz 处则降为 0.627 77，且此处及更高频率处与 $|G_{op}(s)|$ 之值相当接近，直至 1×10^4 Hz 处与 $|G_{op}(s)|$ 之值一致，均已降至 9×10^{-5}，此后 $|G_{op}(s)|$ 之值和 $|G_{op}(s)|$ 之值均以 -40 dB/dec 的速率单调下降。由此可知，为了保持 $|G_{ucl}(s)|$ 谱形状不受 $|A_b(jf)|$ 的影响，可以对 $|A_b(jf)|$ 提出一个 P_{f-f_d} 指标：

$$P_{f-f_d} = \left| \frac{|A_b(jf)| - |A_b(jf_d)|}{|A_b(jf_d)|} \right| \times 100\% \tag{21-5}$$

式中　　　　j—— 虚数单位，$j = \sqrt{-1}$；

　　　　　　f—— 频率，Hz；

　　　　　　f_d—— 位移检测的抽运频率，Hz；

　　　　$A_b(jf)$—— 带通滤波器的传递函数；

　　　$|A_b(jf)|$——$A_b(jf)$ 的幅频特性；

　　　$|A_b(jf_d)|$——$|A_b(jf)|$ 在 f_d 处的值；

　　　　P_{f-f_d}—— 以 $|A_b(jf_d)|$ 为基准的 $|A_b(jf)|$ 相对偏差百分绝对值。

并要求

$$P_{f-f_d} < \begin{cases} 0.1\%, & f - f_d = \pm(1 \sim 1 \times 10^2)\ \text{Hz} \\ \dfrac{7.13 \times 10^{-2}}{\sqrt{|G_{op}(s)|}}\%, & f - f_d = \pm(1 \times 10^2 \sim 1 \times 10^4)\ \text{Hz} \end{cases} \tag{21-6}$$

式中　　　$|G_{op}(s)|$——$G_{op}(s)$ 的幅频特性。

从式 (21-6) 可以看到：由于 $f - f_d = \pm 100$ Hz 时 $|G_{op}(s)| = 0.507\ 76$，即 $\sqrt{|G_{op}(s)|} = 0.713$，所以该式"$<$"号右端为连续函数；由 $f - f_d = \pm 1 \times 10^3$ Hz 处 $|G_{op}(s)| = 9.054\ 2 \times 10^{-3}$ 得到 $P_{f-f_d} < 0.749\%$；由 $f - f_d = \pm 1 \times 10^4$ Hz 处 $|G_{op}(s)| = 9 \times 10^{-5}$ 得到 $P_{f-f_d} < 7.52\%$。由于 $f - f_d = \pm 1 \times 10^4$ Hz 处 $|G_{ucl}(s)|$ 仅为 9×10^{-5}，所以 P_{f-f_d} 即使达到 7.52%，也已不会影响 $|G_{ucl}(s)|$ 的谱图形状。更高频率处带通滤波器逐渐过渡到阻带范围，有利于将重点逐渐转移到消除宽频噪声上。

21.2　多重负反馈型二阶带通滤波器分析

带通滤波器可以采用单级或多级串联。显然，多级串联可以使过渡带和阻带变陡。文献[7]指出，如果高频截止频率与低频截止频率之比很大，宜将低通滤波器与高通滤波器级联；如果高频截止频率与低频截止频率之比很小，宜将谐振频率不同的两个二阶带通滤波器级联，级联后带通滤波器的中心频率定义为通带上限频率与下限频率（通常指 -3 dB 衰减频率）乘积的平方根[8]。

21.1.2.2 节第（4）条给出了静电悬浮加速度计位移检测电路带通滤波器的幅频特性指标。由于该指标要求在 $f_d \pm 1 \times 10^4$ Hz 处带通滤波器的幅频特性相对于 f_d 处的偏差百分绝对值小于 7.52%，而 -3 dB 处该值为 29.3%，所以带通滤波器的带宽肯定大于 2×10^4 Hz，即高频截止频率与低频截止频率之比大于 1.22。这个数值既非"很大"，也非"很小"。因此，既可以采用低通滤波器与高通滤波器级联的方法，也可以采用谐振频率不同的两个二阶带通滤波器级联的方法。

文献[1]采用的是低通滤波器与高通滤波器级联的方法,作为对比,本章在滤波器设计软件的支持下给出一种两个二阶带通滤波器级联的方法。

关于二阶带通滤波器,文献[9]介绍了多种拓扑结构。其中一种电路如图 21-3 所示。因电路中存在两条反馈路径,故名为多重负反馈型带通滤波器[10]。与单一正反馈二阶带通滤波器电路相比,该电路结构形式的主要优点是:

(1)可以通过微调 R_2 以准确调整谐振频率,而不会引起谐振频率处的增益 A_{sobr} 和品质因数 Q 的大幅度变化。由于谐振频率的准确度十分重要,所以这是它的突出优点[7]。

(2)滤波特性对电路元件参数变化的敏感度较低[10]。

(3)即使对于低的增益 A_{sobr},也能获得高 Q 值[9]。

(4)在谐振频率下,即使电路元件参数与它的理论值不很相配,电路也不易引起振荡。当然,这个优点只有运算放大器进行了正确的频率补偿时才是真实的。否则,容易产生高频振荡[9]。

主要缺点是:

(1)元件值的分散性较大[10]。

(2)准确调整谐振频率之后,不能再调整通带增益 A_{sobr},否则会引起谐振频率的显著变化[10]。

(3)运算放大器的开环增益必须比 $2Q^2$ 大。该要求是特别严格的,因为这个要求需要在谐振频率附近也能满足。因而,它决定了运算放大器的选择,对较高频率的应用尤其如此[9]。

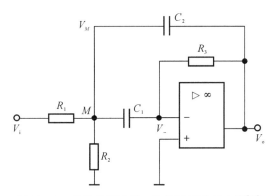

图 21-3　多重负反馈型二阶带通滤波器电路[10]

用图 21-3 所注明的符号。由于运放的输入阻抗极高,我们有

$$j\omega C_1 V_M = -\frac{V_o}{R_3} \tag{21-7}$$

式中　ω——角频率,rad/s;

C_1——负反馈电容输入端(M 点)与运放反向输入端间的连接电容,F;

V_M——负反馈电容输入端(M 点)的电位,V;

V_o——输出电压,V;

R_3——负反馈电阻,Ω。

由式(21-7)得到

$$V_M = -\frac{V_o}{j\omega C_1 R_3} \tag{21-8}$$

在 M 点运用节点电流法,得到

$$\frac{V_i - V_M}{R_1} = j\omega C_2 (V_M - V_o) + \frac{V_M}{R_2} + j\omega C_1 V_M \tag{21-9}$$

式中　　V_i —— 输入电压,V;

R_1 —— 输入端与负反馈电容输入端(M 点)间的连接电阻,Ω;

C_2 —— 负反馈电容,F;

R_2 —— 负反馈电容输入端(M 点)的接地电阻,Ω。

将式(21-8)代入式(21-9),得到传递函数为

$$A_{\text{sob}}(j\omega) = \frac{V_o}{V_i} = -\frac{\dfrac{j\omega}{R_1 C_2}}{(j\omega)^2 + \dfrac{j\omega}{R_3}\left(\dfrac{1}{C_1} + \dfrac{1}{C_2}\right) + \dfrac{1}{R_3 C_1 C_2}\left(\dfrac{1}{R_1} + \dfrac{1}{R_2}\right)} \tag{21-10}$$

式中　　$A_{\text{sob}}(j\omega)$ —— 二阶带通滤波器的传递函数。

其谐振角频率为

$$\omega_{\text{sobr}} = \sqrt{\frac{1}{R_3 C_1 C_2}\left(\frac{1}{R_1} + \frac{1}{R_2}\right)} \tag{21-11}$$

式中　　ω_{sobr} —— 二阶带通滤波器的谐振角频率,rad/s。

其品质因数为

$$Q_{\text{sob}} = \frac{R_3 \omega_{\text{sobr}}}{\dfrac{1}{C_1} + \dfrac{1}{C_2}} \tag{21-12}$$

式中　　Q_{sob} —— 二阶带通滤波器的品质因数。

由式(21-11)得到

$$\frac{1}{R_1} + \frac{1}{R_2} = \omega_{\text{sobr}}^2 R_3 C_1 C_2 \tag{21-13}$$

由式(21-12)得到

$$R_3 = \frac{Q_{\text{sob}}}{\omega_{\text{sobr}}}\left(\frac{1}{C_1} + \frac{1}{C_2}\right) \tag{21-14}$$

将式(21-14)代入式(21-13),得到

$$\frac{1}{R_1} + \frac{1}{R_2} = \omega_{\text{sobr}} Q_{\text{sob}} (C_1 + C_2) \tag{21-15}$$

将式(21-11)和式(21-12)代入式(21-10),得到

$$A_{\text{sob}}(j\omega) = -\frac{\dfrac{j\omega}{R_1 C_2}}{(j\omega)^2 + j\omega\dfrac{\omega_{\text{sobr}}}{Q_{\text{sob}}} + \omega_{\text{sobr}}^2} \tag{21-16}$$

式(21-16)可以改写为

$$A_{\text{sob}}(j\omega) = -\frac{\dfrac{Q_{\text{sob}}}{R_1 C_2 \omega_{\text{sobr}}}}{1 + jQ_{\text{sob}}\left(\dfrac{\omega}{\omega_{\text{sobr}}} - \dfrac{\omega_{\text{sobr}}}{\omega}\right)} \tag{21-17}$$

由式(21-17)得到幅频特性为

$$|A_{sob}(j\omega)| = -\frac{\dfrac{Q_{sob}}{R_1 C_2 \omega_{sobr}}}{\sqrt{1 + \left[Q_{sob}\left(\dfrac{\omega}{\omega_{sobr}} - \dfrac{\omega_{sobr}}{\omega}\right)\right]^2}} \qquad (21-18)$$

式中 $|A_{sob}(j\omega)|$ —— 二阶带通滤波器的幅频特性。

而相频特性为

$$\phi_{sob}(j\omega) = -\arctan\left[Q_{sob}\left(\frac{\omega}{\omega_{sobr}} - \frac{\omega_{sobr}}{\omega}\right)\right] \qquad (21-19)$$

式中：$\phi_{sob}(j\omega)$ —— 二阶带通滤波器的相频特性，rad。

由式(21-18)得到谐振角频率处的增益为

$$A_{sobr} = |A_{sob}(j\omega_{sobr})| = -\frac{Q_{sob}}{R_1 C_2 \omega_{sobr}} \qquad (21-20)$$

式中 $A_{sob}(j\omega_{sobr})$ —— 二阶带通滤波器谐振角频率处的增益。

将式(21-12)代入式(21-20)，得到

$$A_{sobr} = -\frac{1}{\dfrac{R_1}{R_3}\left(1 + \dfrac{C_2}{C_1}\right)} \qquad (21-21)$$

将式(21-20)代入式(21-16)，得到

$$A_{sob}(j\omega) = \frac{j\omega\omega_{sobr}\dfrac{A_{sobr}}{Q_{sob}}}{(j\omega)^2 + j\omega\dfrac{\omega_{sobr}}{Q_{sob}} + \omega_{sobr}^2} \qquad (21-22)$$

将式(11-5)代入式(21-22)，得到

$$A_{sob}(s) = \frac{\dfrac{A_{sobr}}{Q_{sob}}\omega_{sobr}s}{s^2 + \dfrac{\omega_{sobr}}{Q_{sob}}s + \omega_{sobr}^2} \qquad (21-23)$$

式中 $A_{sob}(s)$ —— 多重负反馈型二阶带通滤波器在复数角频率 s 处的复数增益。

将式(21-20)代入式(21-17)，得到

$$A_{sob}(j\omega) = \frac{A_{sobr}}{1 + jQ_{sob}\left(\dfrac{\omega}{\omega_{sobr}} - \dfrac{\omega_{sobr}}{\omega}\right)} \qquad (21-24)$$

将式(21-20)代入式(21-18)，得到

$$|A_{sob}(j\omega)| = \frac{A_{sobr}}{\sqrt{1 + \left[Q_{sob}\left(\dfrac{\omega}{\omega_{sobr}} - \dfrac{\omega_{sobr}}{\omega}\right)\right]^2}} \qquad (21-25)$$

为了更普遍地讨论问题，定义[9]

$$p = \frac{s}{\omega_{sobr}} \qquad (21-26)$$

式中 p —— Laplace 变换建立的归一化复频率。

将式(21-26)代入式(21-23)，得到

$$A_{sob}(p) = \frac{\dfrac{A_{sobr}}{Q_{sob}}p}{p^2 + \dfrac{1}{Q_{sob}}p + 1} \qquad (21-27)$$

式中 $A_{sob}(p)$ —— 二阶带通滤波器在归一化复频率 p 处的复数增益。

式(21-27)是二阶带通滤波器在归一化复频率 p 处的复数增益的一般表达式[9]。

21.3 影响谐振频率偏差的因素

我们知道,带通滤波器的通带是由谐振频率和带宽两个因素决定的。因此,带通滤波器谐振频率相对于位移检测的抽运频率的偏差是必须考虑的因素。

21.3.1 阻容元件值偏差

21.3.1.1 阻容元件特性

12.8.4 节介绍的电容、电阻选用原则对带通滤波器同样适用。

对于 21.2 节图 21-3 所示的多重负反馈型二阶带通滤波器电路而言,由于运放负输入端为虚地,因而 R_3 可视为本级负载,故其下限值约为 $1×10^3$ Ω;同时,R_3 还是负反馈电阻,R_3 过大使得寄生电容对频率的影响不可忽略,从而影响谐振频率处的增益值[10]。

12.8.4.2 节指出,在滤波器的设计中,先确定电容,然后计算电阻有利;如果有源滤波器的阻抗值允许自由选定,那么,首先应该设定电容器的容量值。按此思路,使用附录 E 介绍的滤波器设计软件 Filter Solutions 2009 时,应先初步选择 R_3,待软件依所选参数——包括根据所选电容型号规定的标称电容量系列值选定 Cap Compute 和 Caps Select 误差等级(如 E24 系列为 $±5\%$),但 Resis Select 应选为 Ideal Parts——生成 C_1,C_2 并给出品质因数和谐振频率后,测定 C_1,C_2 的真实电容值,再依式(21-14)计算并调整 R_3,依式(21-15)计算并调整 R_1 和/或 R_2,以保证品质因数和谐振频率不变。

21.3.1.2 对谐振频率的影响

(1)原理。

式(24-10)给出了当函数(输出端)$f_2(x_1,x_2,\cdots,x_n)$ 是 n 个互相独立的自变量(输入端)$x_i(i=1,2,\cdots,n)$ 的非线性组合时,函数 $f(x_1,x_2,\cdots,x_n)$ 的标准差的表达式。将式(24-10) 应用于式(21-11),得到 21.2 节图 21-3 所示多重负反馈型二阶带通滤波器阻容元件值偏差引起的谐振角频率相对偏差的表达式为

$$\frac{\sigma_{\omega_{sobr}}}{\omega_{sobr}} = \frac{1}{2}\sqrt{\left(\frac{R_2}{R_1+R_2}\frac{\sigma_{R_1}}{R_1}\right)^2 + \left(\frac{R_1}{R_1+R_2}\frac{\sigma_{R_2}}{R_2}\right)^2 + \left(\frac{\sigma_{R_3}}{R_3}\right)^2 + \left(\frac{\sigma_{C_1}}{C_1}\right)^2 + \left(\frac{\sigma_{C_2}}{C_2}\right)^2}$$

$$(21-28)$$

式中 $\dfrac{\sigma_{\omega_{sobr}}}{\omega_{sobr}}$ —— 多重负反馈型二阶带通滤波器阻容元件值偏差引起的谐振角频率相对偏差(1σ);

$\dfrac{\sigma_{R_1}}{R_1}$ —— R_1 的相对偏差(1σ);

$\dfrac{\sigma_{R_2}}{R_2}$ —— R_2 的相对偏差(1σ);

$\dfrac{\sigma_{R_3}}{R_3}$ —— R_3 的相对偏差(1σ);

$$\frac{\sigma_{C_1}}{C_1}\text{——}C_1\text{ 的相对偏差}(1\sigma);$$

$$\frac{\sigma_{C_2}}{C_2}\text{——}C_2\text{ 的相对偏差}(1\sigma)。$$

式(21-28)成立的前提是阻容元件值的偏差具有随机性。

由于式(21-28)表达的是各个阻容元件相对偏差对谐振角频率相对偏差的影响关系，所以该式等号左右两端各参数的相对偏差也可以均取 2σ 或 3σ。

（2）电容值偏差。

12.8.4.1 节给出了 CCS41 和 CCS4 型高可靠 1 类多层瓷介固定电容器的三个重要指标：

1）允许偏差最好的一挡 270 pF 以上为 $\pm1\%$；

2）按规定进行温度冲击和电压处理后电容量不超过允许偏差极限值的 1%；

3）20 pF 以上的电容量变化为 $(0\pm30)\times10^{-6}/K$。

关于指标 1）和 2），由于文献[11]规定对航天器用多层瓷介电容器必须进行高温贮存和温度冲击筛选；21.3.1.1 节要求"测定 C_1，C_2 的真实电容值，依式(21-14)计算并调整 R_3，依式(21-15)计算并调整 R_1 和/或 R_2，以保证品质因数和谐振频率不变"；文献[12]规定测试电容量的仪器应保证测试误差在 $\pm(0.5\%+0.2\text{ pF})$ 范围内。因此，指标 1）和 2）的合计偏差可以控制在 $\pm0.5\%$ 以内。

关于指标 3），由于航天器舱内温度通常为 $(0\sim40)$ ℃，所以该指标造成的偏差不超过 $\pm0.12\%$。

综上所述，采取上述措施后，电容值偏差按 $\pm1\%$ 估计是偏保守的。

（3）电阻值偏差。

12.8.4.2 节第（1）条第 1）点给出了 RJK53 和 RJK54 型有失效率等级的金属膜固定电阻器的三个重要指标：

1）E192 系列阻值允许偏差分 $\pm(0.10,0.25)\%$ 两挡，E96 系列分 $\pm(0.5,1.0)\%$ 两挡；

2）温度冲击和过载组合试验后阻值变化不超过 $\pm(0.20\%R+0.01\ \Omega)$；

3）电阻温度特性分 $\pm2.5\times10^{-5}/K$ 和 $\pm5.0\times10^{-5}/K$ 两挡。

关于指标 1）和 2），文献[13]规定对航天器用电阻器必须进行高温贮存和温度冲击筛选，且随后在室温环境条件下测量电阻器的直流电阻，应符合产品标称阻值和允许偏差的要求；文献[12]规定直流电阻的测试，应使用电阻电桥或其他适用的测试仪器，其误差不得超过被测电阻规定误差的 1/10。因此，若选用 E192 系列中阻值允许偏差 $\pm0.25\%$ 挡，指标 1）和 2）的合计偏差可以控制在 $\pm0.3\%$ 以内。

关于指标 3），由于航天器舱内温度通常为 $(0\sim40)$ ℃，因此，若选用电阻温度特性 $\pm2.5\times10^{-5}/K$ 挡，该指标造成的偏差不超过 $\pm0.1\%$。

综上所述，采取上述措施后，电阻值偏差按 $\pm0.5\%$ 估计是偏保守的。

（4）造成的谐振频率偏差。

将电容值偏差 1%、电阻值偏差 0.5% 代入式(21-28)，得到

$$\frac{\sigma_{\omega_{sobr}}}{\omega_{sobr}}=\frac{1}{2}\sqrt{\left(\frac{R_2}{R_1+R_2}\times0.005\right)^2+\left(\frac{R_1}{R_1+R_2}\times0.005\right)^2+0.005^2+0.01^2+0.01^2}$$

$$(21-29)$$

即

$$\frac{\sigma_{\omega_{\text{sobr}}}}{\omega_{\text{sobr}}} = \frac{1}{2}\sqrt{\frac{R_1^2 + R_2^2}{(R_1 + R_2)^2} \times 0.005^2 + 0.005^2 + 0.01^2 + 0.01^2} \qquad (21-30)$$

由于 $R_1^2 + R_2^2 / (R_1 + R_2)^2 < 1$，所以

$$\frac{\sigma_{\omega_{\text{sobr}}}}{\omega_{\text{sobr}}} < \sqrt{\frac{0.005^2 + 0.01^2}{2}} = 7.9 \times 10^{-3} \qquad (21-31)$$

由式（21-31）可以看到，采用本节第（2）条和第（3）条所述措施后，阻容元件值偏差造成的谐振频率相对偏差按 ±1.0% 估计是偏保守的。

21.3.2　其他因素

Filter Solutions 2009 软件可以在生成的滤波器原理图中任一元器件处单击鼠标左键以修改其参数和设置公差。还可以如附录 E.7.3.3 节所述，通过 Real Parameters 按钮输入运放的实际参数和元件的分布参数。其中：运放参数包括分布输出电阻、分布输入电阻、分布输入电容、真实运放产品的增益带宽乘积、真实运放带宽；电阻参数指输入电阻寄生旁路电容；电容参数包括电容 Q 值、电容串联电阻、电容并联电阻。

除以上这些因素外，可能还有未列出的因素。由于很难对它们的影响一一作定量分析，姑且将所有其他因素造成的谐振频率相对偏差按 ±1.0% 估计。可以认为这种估计也是偏保守的，否则 21.3.1.2 节第（2）条和第（3）条所述措施就失去意义了。

21.3.3　综合

式（24-6）给出了 n 个互相独立的自变量（输入端）、各自分别折算到输出端的标准差的合成标准差表达式。式（24-6）适用于输出端偏差与各个输入端偏差之间的关系可用一个或多个偏差模型表达的场合。需要强调，式（24-6）中的 σ_i 是第 i 个自变量折算到输出端的标准差，而不是第 i 个自变量在其输入端的标准差。

与 21.3.1.2 节第（1）条对式（21-28）所做的说明类似，分析合成偏差与各个自变量折算到输出端的偏差之间的关系时，各参数的相对偏差既可以均取 1σ，也可以均取 2σ 或 3σ。

21.3.1.2 节第（4）条指出，阻容元件值偏差造成的谐振频率相对偏差按 ±1.0% 估计是偏保守的；21.3.2 节给出，所有其他因素造成的谐振频率相对偏差按 ±1.0% 估计。可以认为这两类因素是互相独立的，因此，由式（24-6）得到，所有因素造成的谐振频率偏差不超过 ±1.4%。也就是说，所有因素造成的谐振频率偏差按 ±2.0% 估计是偏保守的。

21.4　LISA 带通滤波器分析

文献[1]给出了一种 LISA 位移检测电路中的带通滤波器的解决方案，如图 21-4 所示。该文献还给出了每级及组合滤波器的幅频特性曲线，如图 21-5 所示。

从图 21-4 和图 21-5 可以看到，该带通滤波器共有三级，第一级为多重负反馈二阶 Chebyshev-Ⅰ 有源低通滤波器，第二级为单一正反馈二阶 Chebyshev-Ⅰ 有源高通滤波器，第三级为无源带通滤波器。

21.4.1　第一级的传递函数和幅频、相频特性

如前所述，LISA 带通滤波器第一级为多重负反馈二阶 Chebyshev-Ⅰ 有源低通滤波

器。将式(6-3)代入式(6-2),得到二阶有源低通滤波器的传递函数为

$$A_1(j\omega) = \frac{A_0}{1 - \frac{b_1\omega^2}{\omega_{c,1}^2} + j\frac{a_1\omega}{\omega_{c,1}}} \tag{21-32}$$

式中　$A_1(j\omega)$——二阶有源低通滤波器的传递函数;

$\quad\quad A_0$——二阶有源低通滤波器 $\omega = 0$ 时的增益;

$\quad\quad a_1,b_1$——二阶有源低通滤波器的系数;

$\quad\quad \omega_{c,1}$——二阶有源低通滤波器的截止角频率(-3 dB 处的角频率),rad/s。

将式(11-5)代入式(21-32),得到

$$A_1(s) = \frac{A_0}{\frac{b_1}{\omega_{c,1}^2}s^2 + \frac{a_1}{\omega_{c,1}}s + 1} \tag{21-33}$$

式中　$A_1(s)$——二阶有源低通滤波器在复数角频率 s 处的复数增益。

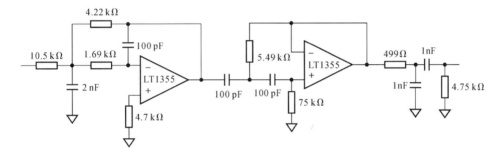

图 21-4　一种 LISA 位移检测电路中的带通滤波器的解决方案[1]

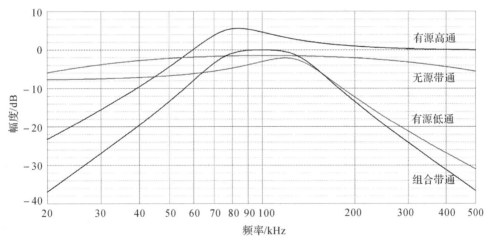

图 21-5　LISA 带通滤波器每级及组合滤波器的幅频特性曲线[1]

由式(21-32)得到二阶有源低通滤波器的幅频特性为

$$|A_1(j\omega)| = \frac{A_0}{\sqrt{\left(1 - \frac{b_1\omega^2}{\omega_{c,1}^2}\right)^2 + \left(\frac{a_1\omega}{\omega_{c,1}}\right)^2}} \tag{21-34}$$

式中　$|A_1(j\omega)|$——二阶有源低通滤波器的幅频特性。

而相频频特性为

$$\phi_1(j\omega) = -\arctan\left(\frac{a_1\omega_{c,1}\omega}{\omega_{c,1}^2 - b_1\omega^2}\right) - \left(1 - \frac{|\omega_{c,1}^2 - b_1\omega^2|}{\omega_{c,1}^2 - b_1\omega^2}\right) \cdot \frac{\pi}{2} \qquad (21-35)$$

式中 $\phi_1(j\omega)$—— 二阶有源低通滤波器的相频特性,rad。

我们知道反正切的主值范围为$(-\pi/2, \pi/2)$,为了把它延伸至$[-\pi, \pi]$,需判别实部和虚部的正负号,当实部为负号、虚部为正号时,应加π;当实部和虚部均为负号时,应减π。由式(21-32)可以看到,虚部不会出现正号,即实际值域范围为$[-\pi, 0]$。为此,式(21-35)增加第二项,它所起的作用正是将值域从$(-\pi/2, \pi/2)$调整为$[-\pi, 0]$。

由式(12-91)得到,对于 Chebyshev-I 型二阶有源滤波器($i=1, n=2$):

$$\left. \begin{aligned} b &= \frac{\Omega_c^2}{\delta_0^2 - 0.5} \\ a &= \frac{\sqrt{2}\, b\sigma_0}{\Omega_c} \end{aligned} \right\} \qquad (21-36)$$

式中 a, b—— 二阶有源滤波器的系数;

　　　Ω_c—— 二阶有源滤波器的归一化截止频率(-3 dB 处的归一化频率);

　　　σ_0—— 二阶有源滤波器椭圆方程的短轴;

　　　δ_0—— 二阶有源滤波器椭圆方程的长轴。

由式(12-30)和式(12-58)得到,其中

$$\left. \begin{aligned} \Omega_c &= \cosh\left[\frac{1}{2}\operatorname{arcosh}\left(\sqrt{\frac{1}{\varepsilon^2} + 2}\right)\right] \\ \sigma_0 &= \sinh\left[\frac{1}{2}\operatorname{arsinh}\left(\frac{1}{\varepsilon}\right)\right] \\ \delta_0 &= \cosh\left[\frac{1}{2}\operatorname{arsinh}\left(\frac{1}{\varepsilon}\right)\right] \end{aligned} \right\} \qquad (21-37)$$

式中 ε—— 波动因子。

式(12-18)给出了ε与通带范围内 Chebyshev-I 型有源滤波器幅值波动的 dB 数 R_P 之间的关系。

用图片中曲线变成 Excel 表数据的软件 GetData Graph Digitizer 采集图 21-5 中有源低通幅频曲线-10.915 5 dB 处(即有源低通滤波器-3 dB 截止频率处)的频率值,得到 $f_{c,1} =$ 189 455 Hz,即 $\omega_{c,1} = 1.190\ 38 \times 10^6$ rad/s。文献[1]给出所采用的 Chebyshev-I 型二阶有源低通滤波器 $A_0 = 0.402$,即-7.915 5 dB;采集图 21-5 中有源低通幅频曲线峰值处的纵坐标,得到-2.156 0 dB。因此,通带幅值波动的 dB 数 $R_{P,1} = 5.759\ 5$ dB,代入式(12-18)得到波动因子 $\varepsilon_1 = 1.663\ 3$,再代入式(21-37)得到归一化截止频率 $\Omega_{c,1} = 1.126\ 2$,椭圆方程长轴 $\delta_{0,1} = 1.040\ 9$,椭圆方程短轴 $\sigma_{0,1} = 0.288\ 80$,再代入式(21-36)得到 $b_1 = 2.17\ 38$,$a_1 = 0.788\ 33$。

将以上参数代入式(21-33),得到

$$A_1(s) = \frac{0.402}{1.534\ 1 \times 10^{-12} s^2 + 6.622\ 5 \times 10^{-7} s + 1} \qquad (21-38)$$

由式(21-38)得到使用 MATLAB 软件绘制 LISA 带通滤波器第一级的传递函数 Bode 图程序[6]为

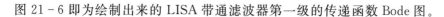

g＝tf(0.402,[1.5341e−12　6.6225e−7　1]);bode(g)

图 21-6 即为绘制出来的 LISA 带通滤波器第一级的传递函数 Bode 图。

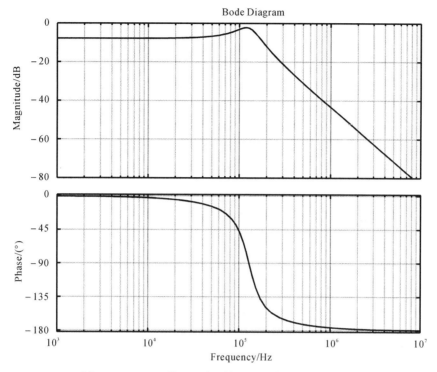

图 21-6　LISA 带通滤波器第一级的传递函数 Bode 图

将以上参数代入式(21-34),即可绘出 LISA 带通滤波器第一级的幅频特性曲线,如图 21-7 中虚线所示,可以看到,与原图有源低通幅频特性曲线吻合得相当好。

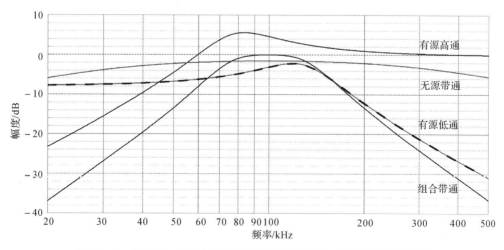

图 21-7　与图 21-5 叠合的 LISA 带通滤波器第一级的幅频特性曲线

将以上参数代入式(21-35),即可绘出 LISA 带通滤波器第一级的相频特性曲线,如图 21-8 所示。

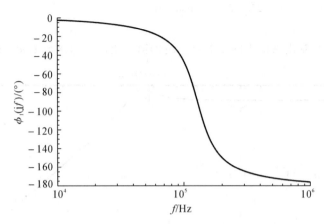

图 21-8　LISA 带通滤波器第一级的相频特性曲线

21.4.2　第二级的传递函数和幅频、相频特性

如前所述，LISA 带通滤波器第二级为单一正反馈二阶 Chebyshev-I 有源高通滤波器。我们知道，将式（6-2）中的 P 替换为 $1/P$，就可以将低通滤波器的传递函数转换为高通滤波器的传递函数[9]。因此，二阶有源高通滤波器的传递函数为

$$A_h(j\omega) = \frac{A_\infty}{1 - \dfrac{b_h\omega_{c,h}^2}{\omega^2} + \dfrac{a_h\omega_{c,h}}{j\omega}} \tag{21-39}$$

式中　$A_h(j\omega)$——二阶有源高通滤波器的传递函数；

　　　A_∞——二阶有源高通滤波器 $\omega \to \infty$ 时的增益；

　　　a_h, b_h——二阶有源高通滤波器的系数；

　　　$\omega_{c,h}$——二阶有源高通滤波器的截止角频率（$-3\ dB$ 处的角频率），rad/s。

将式（11-5）代入式（21-39），得到

$$A_h(s) = \frac{A_\infty s^2}{s^2 + a_h\omega_{c,h}s + b_h\omega_{c,h}^2} \tag{21-40}$$

式中　$A_h(s)$——二阶有源高通滤波器在复数角频率 s 处的复数增益。

由式（21-39）得到二阶有源高通滤波器的幅频特性为

$$|A_h(j\omega)| = \frac{A_\infty}{\sqrt{\left(1 - \dfrac{b_h\omega_{c,h}^2}{\omega^2}\right)^2 + \left(\dfrac{a_h\omega_{c,h}}{\omega}\right)^2}} \tag{21-41}$$

式中　$|A_h(j\omega)|$——二阶有源高通滤波器的幅频特性。

而相频特性为

$$\phi_h(j\omega) = \arctan\left(\frac{a_h\omega_{c,h}\omega}{\omega^2 - b_h\omega_{c,h}^2}\right) + \left(1 - \frac{|\omega^2 - b_h\omega_{c,h}^2|}{\omega^2 - b_h\omega_{c,h}^2}\right) \cdot \frac{\pi}{2} \tag{21-42}$$

式中　$\phi_h(j\omega)$——二阶有源高通滤波器的相频特性，rad。

我们知道反正切的主值范围为 $(-\pi/2, \pi/2)$，为了把它延伸至 $[-\pi, \pi]$，需判别实部和虚部的正负号，当实部为负号、虚部为正号时，应加 π；当实部和虚部均为负号时，应减 π。由式（21-39）可以看到，虚部不会出现负号，即实际值域范围为 $[0, \pi]$。为此，式（21-42）增加第二项，它所起的作用正是将值域从 $(-\pi/2, \pi/2)$ 调整为 $[0, \pi]$。

用图片中曲线变成 Excel 表数据的软件 GetData Graph Digitizer 采集图 21-5 中有源高通幅频曲线 −3 dB 处的频率值，得到 $f_{c,h} = 52\ 997$ Hz，即 $\omega_{c,h} = 332\ 990$ rad/s。文献[1] 给出所采用的 Chebyshev-Ⅰ 型二阶有源高通滤波器 $A_\infty = 1$，采集图 21-5 中有源高通幅频曲线峰值处的纵坐标，得到通带幅值波动的 dB 数 $R_{P,h} = 5.573\ 4$ dB，代入式(12-18)得到波动因子 $\varepsilon_h = 1.615\ 1$，再代入式(21-37)得到归一化截止频率 $\Omega_{c,h} = 1.127\ 8$、椭圆方程长轴 $\delta_{0,h} = 1.043\ 1$、椭圆方程短轴 $\sigma_{0,h} = 0.296\ 78$，再代入式(21-36)得到 $b_h = 2.162\ 9$，$a_h = 0.804\ 94$。

以上参数代入式(21-40)，得到

$$A_h(s) = \frac{s^2}{s^2 + 2.680\ 4 \times 10^5 s + 2.398\ 3 \times 10^{11}} \tag{21-43}$$

由式(21-43)得到使用 MATLAB 软件绘制 LISA 带通滤波器第二级的传递函数 Bode 图程序[6] 为

```
g=tf([1  0  0],[1  2.6804e5  2.3983e11]);bode(g)
```

图 21-9 即为绘制出来的 LISA 带通滤波器第二级的传递函数 Bode 图。

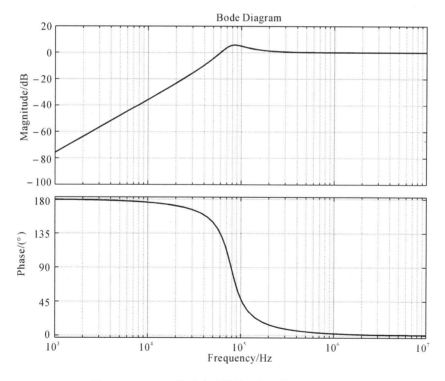

图 21-9　LISA 带通滤波器第二级的传递函数 Bode 图

将以上参数代入式(21-41)，即可绘出 LISA 带通滤波器第二级的幅频特性曲线，如图 21-10 中灰色虚线所示，可以看到，以幅频特性曲线峰值处的频率为界，低于此频率处与原图有源高通幅频特性曲线吻合得相当好；而高于此频率处吻合得不够好，具体表现为与原图有源高通幅频特性曲线相比略显偏高。

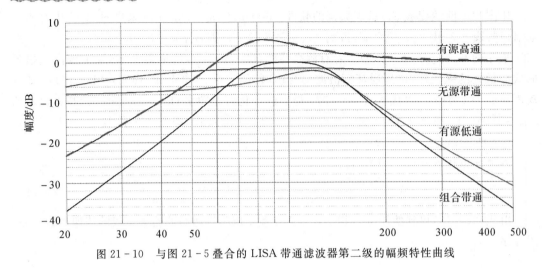

图 21-10　与图 21-5 叠合的 LISA 带通滤波器第二级的幅频特性曲线

将以上参数代入式(21-42)，即可绘出 LISA 带通滤波器第二级的相频特性曲线，如图 21-11 所示。

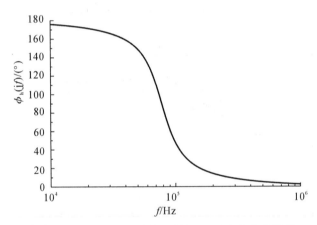

图 21-11　LISA 带通滤波器第二级的相频特性曲线

为了复核图 21-10 所示高于幅频特性曲线峰值处与原图吻合得不够好是否与二阶有源高通滤波器的具体拓扑结构有关，以下直接从图 21-4 所示第二级单一正反馈有源二阶高通滤波器的原理图出发，推导其传递函数和幅频、相频特性，并采用该图所示明的元器件数值，绘制与图 21-5 叠合的 LISA 带通滤波器第二级幅频特性曲线，观察高于幅频特性曲线峰值处与原图的吻合情况。

由图 21-4 可以看到，第二级所采用的单一正反馈有源二阶高通滤波器的原理图如图 21-12 所示。

从图 21-12 可以看到，运算放大器的闭环增益为 1，即

$$V_o = V_+ \tag{21-44}$$

式中　　V_o——输出电压，V；

　　　　V_+——运放同向输入端电位，V。

由于运放的输入阻抗极高，我们有

$$j\omega C_{h2}(V_M - V_+) = \frac{V_+}{R_{h2}} \qquad (21-45)$$

式中　C_{h2}——正反馈电阻输入端(M点)与运放同向输入端间的连接电容,F;

　　　V_M——正反馈电容输入端(M点)的电位,V;

　　　R_{h2}——运放正输入端的接地电阻,Ω。

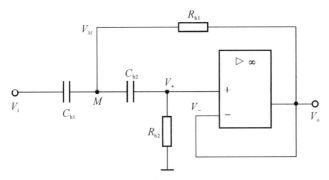

图 21-12　单一正反馈有源二阶高通滤波器的原理图

由式(21-45)得到

$$V_M = \left(1 + \frac{1}{j\omega C_{h2} R_{h2}}\right) V_+ \qquad (21-46)$$

在 M 点运用节点电流法,得到

$$j\omega C_{h1}(V_i - V_M) = \frac{1}{R_{h1}}(V_M - V_o) + (V_M - V_+)j\omega C_{h2} \qquad (21-47)$$

式中　C_{h1}——输入端与正反馈电阻输入端(M点)间的连接电容,F;

　　　R_{h1}——正反馈电阻,Ω。

将式(21-46)代入式(21-47),得到

$$j\omega C_{h1}\left[V_i - \left(1 + \frac{1}{j\omega C_{h2} R_{h2}}\right)V_+\right] = \frac{1}{R_{h1}}\left[\left(1 + \frac{1}{j\omega C_{h2} R_{h2}}\right)V_+ - V_o\right] + \frac{V_+}{R_{h2}} \qquad (21-48)$$

将式(21-44)代入式(21-48),得到传递函数为

$$A_h(j\omega) = \frac{V_o}{V_i} = \frac{(j\omega)^2}{(j\omega)^2 + \dfrac{j\omega R_{h1}(C_{h1} + C_{h2})}{C_{h1} C_{h2} R_{h1} R_{h2}} + \dfrac{1}{C_{h1} C_{h2} R_{h1} R_{h2}}} \qquad (21-49)$$

令

$$\left.\begin{array}{l} \omega_h = \dfrac{1}{\sqrt{C_{h1} C_{h2} R_{h1} R_{h2}}} \\[4mm] Q_h = \dfrac{1}{\omega_h R_{h1}(C_{h1} + C_{h2})} \end{array}\right\} \qquad (21-50)$$

式中　ω_h——单一正反馈有源二阶高通滤波器的特征角频率,rad/s;

　　　Q_h——单一正反馈有源二阶高通滤波器的品质因数[14](即在特征角频率处的增益
与 $\omega \to \infty$ 时增益的比值)。

将式(21-50)代入式(21-49),得到

$$A_h(j\omega) = \frac{(j\omega)^2}{(j\omega)^2 + \dfrac{\omega_h}{Q_h}j\omega + \omega_h^2} \qquad (21-51)$$

将正文式(11-5)代入式(21-51),得到

$$A_h(s) = \frac{s^2}{s^2 + \dfrac{\omega_h}{Q_h}s + \omega_h^2} \qquad (21-52)$$

与式(21-26)类似,定义

$$p = \frac{s}{\omega_h} \qquad (21-53)$$

将式(21-53)代入式(21-52),得到

$$A_h(s) = \frac{p^2}{p^2 + \dfrac{1}{Q_h}p + 1} \qquad (21-54)$$

式(21-54)是 $\omega \to \infty$ 时增益为1的二阶高通滤波器传递函数的一般表达式。

由式(21-51)得到二阶有源高通滤波器的幅频特性为

$$|A_h(j\omega)| = \frac{1}{\sqrt{\left(1 - \dfrac{\omega_h^2}{\omega^2}\right)^2 + \left(\dfrac{\omega_h}{Q_h\omega}\right)^2}} \qquad (21-55)$$

而相频频特性为

$$\phi_h(j\omega) = \arctan\left(\frac{\omega_h\omega}{Q_h(\omega^2 - \omega_h^2)}\right) + \left(1 - \frac{|\omega^2 - \omega_h^2|}{\omega^2 - \omega_h^2}\right) \cdot \frac{\pi}{2} \qquad (21-56)$$

我们知道反正切的主值范围为 $(-\pi/2, \pi/2)$,为了把它延伸至 $[-\pi, \pi]$,需判别实部和虚部的正负号,当实部为负号、虚部为正号时,应加 π;当实部和虚部均为负号时,应减 π。由式(21-51)可以看到,虚部不会出现负号,即实际值域范围为 $[0, \pi]$。为此,式(21-56)增加第二项,它所起的作用正是将值域从 $(-\pi/2, \pi/2)$ 调整为 $[0, \pi]$。

将图 21-12 与图 21-4 相比较,得到 $C_{h1} = 100$ pF,$C_{h2} = 100$ pF,$R_{h1} = 5.49$ kΩ,$R_{h2} = 75$ kΩ。代入式(21-50)得到 $\omega_h = 4.928\ 1 \times 10^5$ rad/s,$Q_h = 1.848\ 1$。代入式(21-52)得到

$$A_h(s) = \frac{s^2}{s^2 + 2.666\ 6 \times 10^5 s + 2.428\ 6 \times 10^{11}} \qquad (21-57)$$

由式(21-57)得到使用 MATLAB 软件绘制二阶有源高通滤波器传递函数的 Bode 图程序[6]为

```
g=tf([1  0  0],[1  2.6666e5  2.4286e11]);bode(g)
```

图 21-13 即为绘制出来的 Chebyshev-Ⅰ型二阶有源高通滤波器传递函数 Bode 图。

将以上参数代入式(21-55),即可绘出 Chebyshev-Ⅰ型二阶有源高通滤波器的幅频特性,如图 21-14 中灰色虚线所示,可以看到,以波峰处的频率为界,低于此频率处与原图有源高通幅频特性吻合得相当好;而高于此频率处吻合得不够好,具体表现为与原图有源高通幅频特性相比略显偏高,即高于幅频特性曲线峰值处与原图吻合得不够好的现象仍然存在。然而,文献[1]作者并未指出此现象,当然也不可能给出解释。

将以上参数代入式(21-56),即可绘出单一正反馈有源二阶高通滤波器的相频特性,如图 21-15 所示。

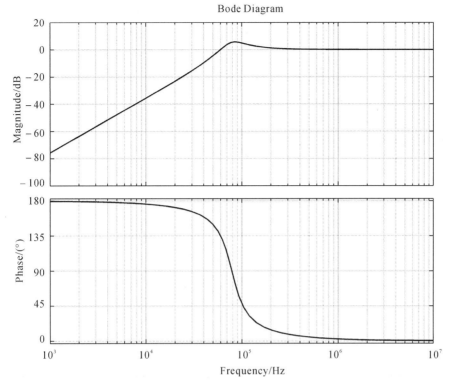

图 21 - 13 Chebyshev - Ⅰ 型二阶有源高通滤波器传递函数 Bode 图

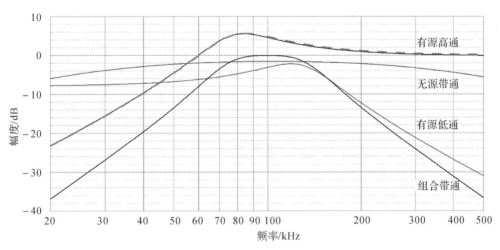

图 21 - 14 与图 21 - 5 叠合的单一正反馈有源二阶高通滤波器的幅频曲线

21.4.3 第三级的传递函数和幅频、相频特性

如前所述,LISA 带通滤波器第三级为无源带通滤波器。从图 21 - 4 可以看到,该无源带通滤波器的拓扑结构为低通环节和高通环节的串联,如图 21 - 16 所示。

由图 21 - 16 可以列出:

$$\left. \begin{array}{l} \dfrac{V_i - V_m}{\alpha R} = j\omega C V_m + j\omega C (V_m - V_o) \\[3mm] j\omega C (V_m - V_o) = \dfrac{\alpha V_o}{R} \end{array} \right\} \qquad (21-58)$$

式中　V_i——无源带通滤波器的输入电压，V；

$\quad\ \ V_m$——低通环节和高通环节串联结点的电压，V；

$\quad\ \ \alpha$——电阻的因子；

$\quad\ \ R$——电阻，Ω；

$\quad\ \ C$——电容，F；

$\quad\ \ V_o$——无源带通滤波器的输出电压，V。

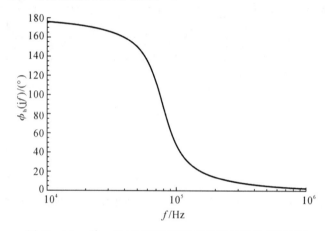

图 21-15　单一正反馈有源二阶高通滤波器的相频特性

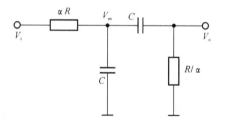

图 21-16　图 21-4 中的无源带通滤波器

由式(21-58)解得

$$A_{pb}(j\omega) = \frac{V_o}{V_i} = \frac{\dfrac{j\omega CR}{\alpha}}{(j\omega CR)^2 + \left(\dfrac{1+2\alpha^2}{\alpha}\right)j\omega CR + 1} \qquad (21-59)$$

式中　$A_{pb}(j\omega)$——无源带通滤波器的传递函数。

其谐振角频率为

$$\omega_{pbr} = \frac{1}{RC} \qquad (21-60)$$

式中　ω_{pbr}——无源带通滤波器的谐振角频率，rad/s。

其品质因数为

$$Q_{pb} = \frac{\alpha}{1 + 2\alpha^2} \tag{21-61}$$

式中　　Q_{pb}——无源带通滤波器的品质因数。

由式（21-61）得到 $\alpha = 0.427\,80$ 时 Q_{pb} 有最大值，$Q_{pb,max} = 0.313\,17$。

将式（21-60）和式（21-61）代入式（21-59），得到

$$A_{pb}(j\omega) = \frac{j\omega \dfrac{\omega_{pbr}}{\alpha}}{(j\omega)^2 + j\omega \dfrac{\omega_{pbr}}{Q_{pb}} + \omega_{pbr}^2} \tag{21-62}$$

式（21-6）可以改写为

$$A_{pb}(j\omega) = \frac{\dfrac{Q_{pb}}{\alpha}}{1 + jQ_{pb}\left(\dfrac{\omega}{\omega_{pbr}} - \dfrac{\omega_{pbr}}{\omega}\right)} \tag{21-63}$$

由式（21-63）得到幅频特性为

$$|A_{pb}(j\omega)| = \frac{\dfrac{Q_{pb}}{\alpha}}{\sqrt{1 + \left[Q_{pb}\left(\dfrac{\omega}{\omega_{pbr}} - \dfrac{\omega_{pbr}}{\omega}\right)\right]^2}} \tag{21-64}$$

式中　　$|A_{pb}(j\omega)|$——无源带通滤波器的幅频特性。
而相频特性为

$$\phi_{pb}(j\omega) = \arctan\left[Q_{pb}\left(\frac{\omega_{pbr}}{\omega} - \frac{\omega}{\omega_{pbr}}\right)\right] \tag{21-65}$$

式中　　$\phi_{pb}(j\omega)$——无源带通滤波器的相频特性，rad。

由式（21-64）得到谐振角频率处的增益为

$$A_{pbr} = |A_{pb}(j\omega_{pbr})| = \frac{Q_{pb}}{\alpha} \tag{21-66}$$

式中　　A_{pbr}——无源带通滤波器谐振角频率处的增益。

将式（21-66）代入式（21-62），即可得到式（21-22），因而式（21-23）、式（21-27）也适用于无源带通滤波器。此外，将式（21-66）代入式（21-63）即可得到式（21-24），将式（21-66）代入式（21-64）即可得到式（21-25）。由此可以佐证，式（21-22）～式（21-27）适用于不同形式的二阶带通滤波器。

将图 21-16 与图 21-4 相比较可以得到 $C = 1$ nF；$\alpha R = 499$ Ω，$R/\alpha = 4.75$ kΩ，由此解得 $\alpha = 0.324\,12$，$R = 1.539\,6$ kΩ。代入式（21-60）得到 $\omega_{pbr} = 6.495\,2 \times 10^5$ rad/s，代入式（21-61）得到 $Q_{pb} = 0.267\,84$，代入式（21-66）得到 $A_{pbr} = 0.826\,36$。

用图片中曲线变成 Excel 表数据的软件 GetData Graph Digitizer 采集图 21-5 中无源带通幅频曲线峰值处的纵坐标，得到 $-1.559\,6$ dB，即 $A_{pbr} = 0.835\,64$，采用此值而不采用由式（21-66）得到的 $A_{pbr} = 0.826\,36$，但保持 $\omega_{pbr} = 6.495\,2 \times 10^5$ rad/s，$Q_{pb} = 0.267\,84$ 不变。

将以上参数代入式（21-23），得到

$$A_{sob}(s) = \frac{2.026\,5 \times 10^6 s}{s^2 + 2.425\,0 \times 10^6 s + 4.218\,8 \times 10^{11}} \tag{21-67}$$

由式（21-67）得到使用 MATLAB 软件绘制 LISA 带通滤波器第三级的传递函数 Bode 图程序[6]为

g＝tf([2.0265e6　0],[1　2.4250e6　4.2188e11]);bode(g)

图 21‑17 即为绘制出来的 LISA 带通滤波器第三级的传递函数 Bode 图。

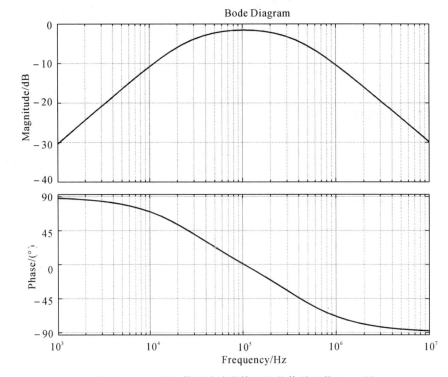

图 21‑17　LISA 带通滤波器第三级的传递函数 Bode 图

将以上参数代入式(21‑25),即可绘出 LISA 带通滤波器第三级的幅频特性曲线,如图 21‑18 中虚线所示,可以看到,与原图无源带通幅频特性曲线吻合得相当好。

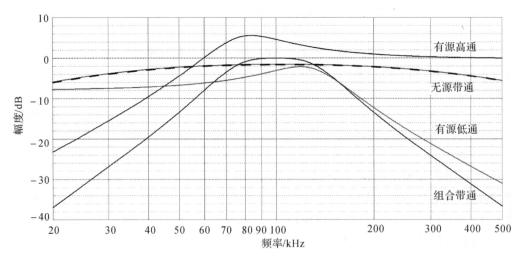

图 21‑18　与图 21‑5 叠合的 LISA 带通滤波器第三级的幅频特性曲线

将以上参数代入式(21‑65),即可绘出 LISA 带通滤波器第三级的相频特性曲线,如图 21‑19 所示。

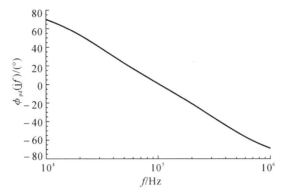

图 21 - 19 LISA 带通滤波器第三级的相频特性曲线

21.4.4 组合的 LISA 带通滤波器的传递函数和幅频、相频特性

21.4.4.1 幅频特性

将式(21-38)表达的 LISA 带通滤波器第一级的传递函数、式(21-43)表达的 LISA 带通滤波器第二级的传递函数、式(21-67)表达的 LISA 带通滤波器第三级的传递函数三者相乘,即可得到组合的 LISA 带通滤波器的传递函数:

$$A_b(s) = 8.146\ 5 \times 10^5 s^3 / [(1.534\ 1 \times 10^{-12} s^2 + 6.622\ 5 \times 10^{-7} s + 1) \times$$
$$(s^2 + 2.680\ 4 \times 10^5 s + 2.398\ 3 \times 10^{11}) \times$$
$$(s^2 + 2.425\ 0 \times 10^6 s + 4.218\ 8 \times 10^{11})] \tag{21-68}$$

式中 $A_b(s)$——带通滤波器的传递函数。

由式(21-68)得到使用 MATLAB 软件绘制组合的 LISA 带通滤波器的传递函数 Bode 图程序[6]为

```
g=tf([8.1465e5  0  0  0],conv([1.5341e-12  6.6225e-7  1], ...
   conv([1  2.6804e5  2.3983e11],[1  2.4250e6  4.2188e11])));bode(g)
```

图 21-20 即为绘制出来的组合的 LISA 带通滤波器的传递函数 Bode 图。

我们知道,不论何种类型的低通或高通滤波器阻带内增益均以$-20n$ dB/dec 的速率单调下降,其中 n 指滤波器的阶数。由于 LISA 带通滤波器由二阶低通、二阶高通、二阶带通串联而成,所以其阻带内增益以-60 dB/dec 的速率单调下降。由图 21-20 可以看到,事实上正是如此。

将图 21-7 表达的二阶有源低通滤波器的幅频特性、图 21-10 表达的二阶有源高通滤波器的幅频特性、图 21-18 表达的无源带通滤波器的幅频特性三者相乘,即可得到组合的 LISA 带通滤波器的幅频特性$|A_b(jf)|$,并可绘出相应的幅频特性曲线,如图 21-21 中灰色虚线所示,由下文可以看到,与原图组合的 LISA 带通滤波器幅频特性曲线相比,幅值谐振频率(幅值达到最大值处的频率)略显偏高。显然,其原因主要是二阶有源高通滤波器的幅频特性在高于幅频特性曲线峰值处与原图吻合得不够好。

从图 21-21 中灰色虚线所对应的数据可以得到,我们导出的组合 LISA 带通滤波器的幅值谐振频率 $f_r = 102\ 565$ Hz,比位移检测的抽运频率 $f_d = 100$ kHz 高出 2 565 Hz;f_r 处的

增益$|A_b(jf_r)|=1.011\,39$，比文献[1]给出的$|A_b(jf_r)|=1$高出1.139%；低端的截止频率（-3 dB处的频率）为$72\,092$ Hz，比文献[1]给出的71.4 kHz高出692 Hz；高端的截止频率（-3 dB处的频率）为$140\,150$ Hz，比文献[1]给出的139.5 kHz高出650 Hz。

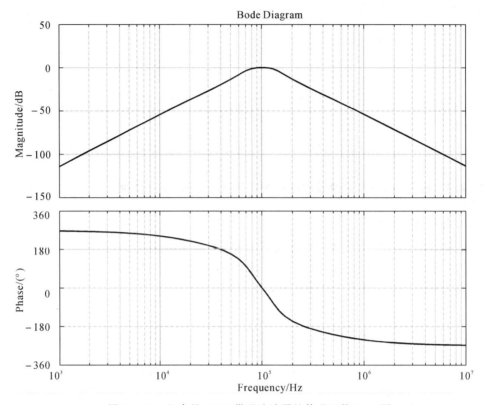

图 21-20　组合的 LISA 带通滤波器的传递函数 Bode 图

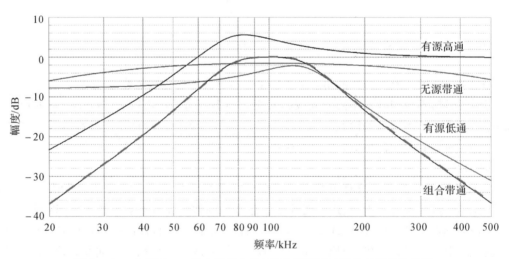

图 21-21　与图 21-5 叠合的组合的 LISA 带通滤波器的幅频特性曲线

顺便可以计算出高频截止频率与低频截止频率之比为1.944，而由文献[1]提供的相关数据得到该比值为1.954。

21.4.4.2　相频特性

将图 21-8 表达的二阶有源低通滤波器的相频特性、图 21-11 表达的二阶有源高通滤波器的相频特性、图 21-19 表达的无源带通滤波器的相频特性三者相加,即可绘出组合的 LISA 带通滤波器的相频特性曲线,如图 21-22 所示。

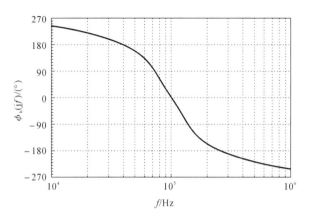

图 21-22　组合的 LISA 带通滤波器的相频特性曲线

从图 21-22 所对应的数据可以得到,我们导出的组合 LISA 带通滤波器的相位谐振频率(相位为零处的频率)$f_{\phi r} = 100\,709$ Hz,比位移检测的抽运频率 $f_d = 100$ kHz 高 709 Hz,比幅值谐振频率 $f_r = 102\,565$ Hz 低 1 856 Hz。

由此可见,文献[1]所示 LISA 带通滤波器的最大问题是幅值谐振频率、相位谐振频率、位移检测的抽运频率三者不一致,且相差颇大。

21.4.5　讨论

21.4.5.1　幅频特性

用图 21-21 所示组合的 LISA 带通滤波器 $|A_b(jf)| - f$ 关系曲线所对应的数据可以得到相对增益 $[|A_b(jf)|/|A_b(jf_r)|] - (f - f_r)$ 关系曲线,如图 21-23 所示。

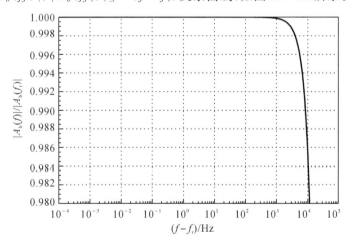

图 21-23　组合的 LISA 带通滤波器的 $[|A_b(jf)|/|A_b(jf_r)|] - (f - f_r)$ 关系曲线

从图 21-23 所对应的数据可以得到,f 从 f_r 到 $f_r + 1 \times 10^3$ Hz,基本上保持 $|A_b(jf)| = |A_b(jf_r)|$;而在 $f = f_r + 1 \times 10^4$ Hz 处则降至 $|A_b(jf)| = 0.985|A_b(jf_r)|$。

为了更清楚地表达这点，我们提出一个 P_{f-f_r} 指标：

$$P_{f-f_r} = \left| \frac{|A_b(jf)| - |A_b(jf_r)|}{|A_b(jf_r)|} \right| \times 100\% \tag{21-69}$$

式中　　　　f_r——带通滤波器的幅值谐振频率，Hz；

$|A_b(jf_r)|$——带通滤波器在 f_r 处的增益；

P_{f-f_r}——$|A_b(jf)|$ 对 $|A_b(jf_r)|$ 的相对偏差百分绝对值。

需注意，式(21-69)表达的 P_{f-f_r} 与式(21-5)表达的 P_{f-f_d} 之区别在于前者表达的是组合的 LISA 带通滤波器的幅频特性对幅值谐振频率处增益的相对偏差，而后者表达的是带通滤波器的幅频特性对位移检测的抽运频率处幅值的相对偏差。

以下的分析表明，虽然式(21-69)与式(21-5)颇为相似，但是我们却不能直接把式(21-6)表达的对 P_{f-f_d} 的要求当成是对 p_{f-f_r} 的要求，其原因是带通滤波器的幅值谐振频率不可避免地偏离位移检测的抽运频率，造成带通滤波器的通带必须相当宽，即对 P_{f-f_r} 的要求必须比对 P_{f-f_d} 的要求严得多，才能满足式(21-6)表达的对 P_{f-f_d} 的要求。

用图 21-21 所示组合的 LISA 带通滤波器 $|A_b(jf)|-f$ 关系曲线所对应的数据依式(21-69)可绘出 $P_{f-f_r}-(f-f_r)$ 关系曲线，如图 21-24 所示。

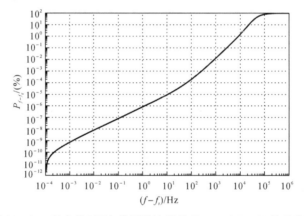

图 21-24　组合的 LISA 带通滤波器的 $P_{f-f_r}-(f-f_r)$ 关系曲线

从图 21-24 所对应的数据可以得到各个 $f-f_r$ 处的 P_{f-f_r}，如表 21-2 所示。为了便于对照，表 21-2 中同时复制了表 21-1 中 SuperSTAR 加速度计 US 轴各个频率处的 $|G_{op}(s)|$。

表 21-2　组合的 LISA 带通滤波器各个 $f-f_r$ 处的 P_{f-f_r} 与 SuperSTAR US 轴各个频率处的 $|G_{op}(s)|$ 对照表

$(f-f_r)/\text{Hz}$	$P_{f-f_r}/(\%)$	频率/Hz	$|G_{op}(s)|$
1×10^{-4}	1×10^{-12}	1×10^{-4}	5.50×10^9
1×10^{-3}	7.23×10^{-10}	1×10^{-3}	6.18×10^7
1×10^{-2}	7.95×10^{-9}	1×10^{-2}	2.69×10^6
0.1	8.03×10^{-8}	0.1	2.05×10^5
1	8.1487×10^{-7}	1	905.07
10	9.2082×10^{-6}	10	6.7027
100	1.9808×10^{-4}	100	0.50776
1×10^3	1.2714×10^{-2}	1×10^3	9.0542×10^{-3}
1×10^4	1.4674	1×10^4	9×10^{-5}
1×10^5	79.338	1×10^5	9×10^{-7}
1×10^6	99.847	1×10^6	9×10^{-9}

21.1.2.2节第(4)条指出：只要 $f-f_{d}=\pm(1\times10^{-4}\sim0.1)$ Hz落在带通滤波器-3 dB通带范围内，就不会影响到测量通带内 $|G_{ucl}(s)|$ 之值恒为1；并在 $f-f_{d}=\pm(1\sim1\times10^{2})$ Hz范围内要求 $P_{f-f_{d}}<0.1\%$，在 $f-f_{d}=\pm1\times10^{3}$ Hz处要求 $P_{f-f_{d}}<0.749\%$，在 $f-f_{d}=\pm1\times10^{4}$ Hz处要求 $P_{f-f_{d}}<7.52\%$。从表 $21-2$ 可以看到，如果不考虑 f_{r} 与 f_{d} 的差别，LISA带通滤波器的设计似乎是过于保守了。

由于我们导出的LISA带通滤波器的幅值谐振频率比规定的100 kHz高出$2\,565$ Hz，若 f_{d} 确为 100 kHz，则应将图 $21-23$ 所示 $[\,|A_{b}(jf)|\,/\,|A_{b}(jf_{r})|\,]-(f-f_{r})$ 关系曲线改为 $[\,|A_{b}(jf)|\,/\,|A_{b}(jf_{d})|\,]-(f_{d}-f)$ 关系曲线（$|A_{b}(jf_{d})|$ 为组合的LISA带通滤波器的幅频特性在 f_{d} 处的值），如图 $21-25$ 所示；与此相应，应将图 $21-24$ 所示 $P_{f-f_{r}}-(f-f_{r})$ 关系曲线改为 $P_{f-f_{d}}-(f_{d}-f)$ 关系曲线（$P_{f-f_{d}}$ 为 $|A_{b}(jf)|$ 之值对 $|A_{b}(jf_{d})|$ 的相对偏差百分绝对值），如图 $21-26$ 所示。

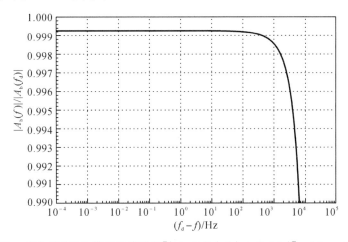

图 $21-25$　组合的LISA带通滤波器的 $[\,|A_{b}(jf)|\,/\,|A_{b}(jf_{d})|\,]-(f_{d}-f)$ 关系曲线

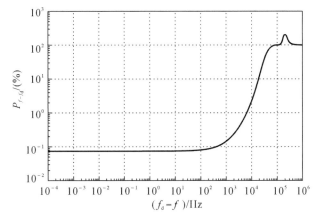

图 $21-26$　组合的LISA带通滤波器的 $P_{f-f_{d}}-(f_{d}-f)$ 关系曲线

从图 $21-26$ 所对应的数据可以得到：在 $f_{d}-f=(1\sim1\times10^{2})$ Hz范围内 $P_{f-f_{d}}$ 仅为 $(0.074\sim0.080)\%$［由式(21-6)得到要求为 $<0.1\%$］；在 $f_{d}-f=1\times10^{3}$ Hz处为 $0.144\,4\%$［由式(21-6)得到要求为 $<0.749\%$］；在 $f_{d}-f=1\times10^{4}$ Hz处为 2.244%［由式(21-6)得到要求为 $<7.52\%$］，依然是合格的。

由此可见，LISA带通滤波器之所以将通带做得如此之宽，就是因为幅值谐振频率偏差很难准确控制。

以上分析未考虑 21.3 节所述阻容元件值和其他因素造成的谐振频率偏差。由于这些因素具有随机性,21.3.3 节只是从统计学角度偏保守估计所有因素造成的谐振频率偏差为 $\pm 2.0\%$,不可能给出每个因素的具体偏差值,所以不可能给出考虑这些因素后的真实幅频特性。作为一种替代估计,我们将原本位移检测的抽运频率不变、带通滤波器出现谐振频率偏差,替代为带通滤波器谐振频率不变、位移检测的抽运频率出现偏差。考虑到 21.4.4.1 节给出我们导出的组合 LISA 带通滤波器的幅值谐振频率比位移检测的抽运频率高出 2 565 Hz,21.3.3 节给出偏保守的谐振频率偏差为 $\pm 2.0\%$,我们在替代估计中将位移检测的抽运频率调低为 98 kHz,则图 21 - 26 被相应替代为图 21 - 27。

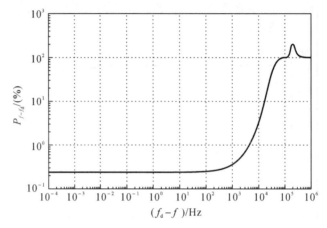

图 21 - 27　将 f_d 调低为 98 kHz 后得到的组合的 LISA 带通滤波器的 P_{f-f_d} - $(f_\mathrm{d} - f)$ 关系曲线

从图 21 - 27 所对应的数据可以得到:在 $f_\mathrm{d} - f = (1 \sim 1 \times 10^2)$ Hz 范围内 P_{f-f_d} 为 $(0.24 \sim 0.25)\%$,超出了 0.1% 的要求;但在 $f_\mathrm{d} - f = 1 \times 10^3$ Hz 处为 0.360%,在 $f_\mathrm{d} - f = 1 \times 10^4$ Hz 处为 3.30%,依然是合格的。此结果表明,进一步考虑阻容元件值和其他因素造成的谐振频率偏差之后,P_{f-f_d} 会随之进一步变大,是否仍满足式(21 - 6)表达的对 P_{f-f_d} 的要求,是必须考虑的问题。

21.4.5.2　相频特性

用图 21 - 22 所示组合的 LISA 带通滤波器 $\phi_\mathrm{b}(\mathrm{j}f)$ - f 关系曲线所对应的数据可以得到 $\phi_\mathrm{b}(\mathrm{j}f)$ - $(f_{\phi\mathrm{r}} - f)$ 关系曲线,如图 21 - 28 所示。

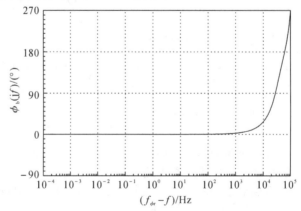

图 21 - 28　组合的 LISA 带通滤波器的 $\phi_\mathrm{b}(\mathrm{j}f)$ - $(f_{\phi\mathrm{r}} - f)$ 关系曲线(纵坐标为线性)

从图 21-28 所对应的数据可以得到,在 $f_d - f = (1 \sim 1 \times 10^2)$ Hz 范围内 $\phi_b(jf)$ 基本上保持为零,并可得到在 $f_d - f = 1 \times 10^3$ Hz 处为 $2°38'$,在 $f_d - f = 1 \times 10^4$ Hz 处为 $27°58'$。

为了更清楚地表达这点,我们将图 21-28 的纵坐标由线性改为对数,如图 21-29 所示。

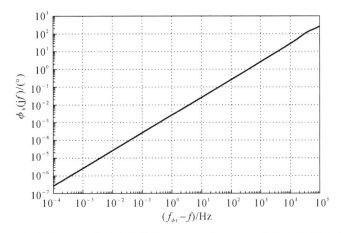

图 21-29　组合的 LISA 带通滤波器的 $\phi_b(jf) - (f_{\phi r} - f)$ 关系曲线(纵坐标为对数)

从图 21-29 所对应的数据可以得到各个 $f_{\phi r} - f$ 处的 $\phi_b(jf)$,如表 21-3 所示。

表 21-3　组合的 LISA 带通滤波器各个 $f_{\phi r} - f$ 处的 $\phi_b(jf)$

$(f_{\phi r} - f)$/ Hz	$\phi_b(jf)$	$(f_{\phi r} - f)$/ Hz	$\phi_b(jf)$
1×10^{-4}	$(9.445 \times 10^{-4})''$	10	$1'34.5''$
1×10^{-3}	$(9.445 \times 10^{-3})''$	100	$15'45''$
1×10^{-2}	$(9.445 \times 10^{-2})''$	1×10^3	$2°38'09''$
0.1	$0.944\ 5''$	1×10^4	$27°58'$
1	$9.445''$	1×10^5	$268°04'$

由于我们导出的组合 LISA 带通滤波器的相位谐振频率比位移检测的抽运频率高 709 Hz,若 f_d 确为 100 kHz,则应将图 21-29 所示 $\phi_b(jf) - (f_{\phi r} - f)$ 关系曲线改为 $\phi_b(jf) - (f_d - f)$ 关系曲线,如图 21-30 所示。

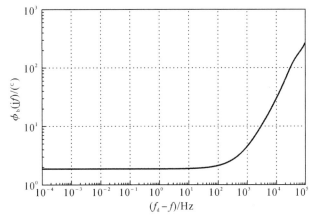

图 21-30　组合的 LISA 带通滤波器的 $\phi_b(jf) - (f_d - f)$ 关系曲线

从图 21-30 所对应的数据可以得到,在 $f_d-f=(1\sim1\times10^2)$ Hz 范围内 $\phi_b(jf)$ 为 $1°52'\sim2°08'$,在 $f_d-f=1\times10^3$ Hz 处为 $4°31'$,在 $f_d-f=1\times10^4$ Hz 处为 $30°08'$。

与 21.4.5.1 节所述相类似,以上分析未考虑 21.3 节所述阻容元件值和其他因素造成的谐振频率偏差。由于不可能给出考虑这些因素后的真实相频特性,我们将原本位移检测的抽运频率不变、带通滤波器出现谐振频率偏差,替代为带通滤波器谐振频率不变、位移检测的抽运频率出现偏差。考虑到 21.4.4.2 节给出我们导出的组合 LISA 带通滤波器的相位谐振频率比位移检测的抽运频率高出 709 Hz,21.3.3 节给出偏保守的谐振频率偏差为 $\pm2.0\%$,我们在替代估计中将位移检测的抽运频率调低为 98 kHz,则图 21-30 被相应替代为图21-31。

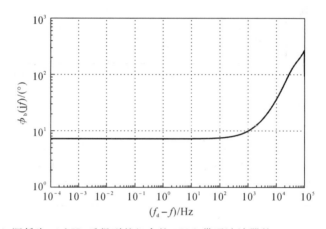

图 21-31　将 f_d 调低为 98 kHz 后得到的组合的 LISA 带通滤波器的 $\phi_b(jf)$ - (f_d-f) 关系曲线

从图 21-31 所对应的数据可以得到,在 $f_d-f=(1\times10^{-4}\sim1\times10^2)$ Hz 范围内 $\phi_b(jf)$ 为 $7°12'\sim7°28'$,在 $f_d-f=1\times10^3$ Hz 处为 $9°55'$,在 $f_d-f=1\times10^4$ Hz 处为 $36°23'$。

21.5　利用滤波器设计软件改进带通滤波器设计

21.5.1　文献[1]设计的 LISA 带通滤波器的优缺点

21.5.1.1　优点

我们知道,在常用的临界阻尼、Bessel、Butterworth、Chebyshev-Ⅰ等四种类型的滤波器中,Chebyshev-Ⅰ的过渡带最为陡峭。因此,该带通滤波器采用 Chebyshev-Ⅰ是非常恰当的。

21.5.1.2　缺点

(1)该带通滤波器为了调整幅频特性,增加了用无源带通滤波器构成的第三级,不仅显得有些臃肿,更重要的是这种级联方法造成幅值谐振频率、相位谐振频率、位移检测的抽运频率三者存在很大差距。

(2)考虑阻容元件值和其他因素造成的谐振频率偏差后,该带通滤波器以位移检测的抽运频率处的幅值为基准的幅频特性相对偏差百分绝对值指标在 $f_d-f=(1\sim1\times10^2)$ Hz 范围内偏大。

（3）该带通滤波器高频截止频率与低频截止频率之比偏大且过渡带衰减不够快,不利于消除高于或低于检测频率的宽频噪声。

21.5.2　改进思路

（1）采用两级谐振频率不同的 Chebyshev-Ⅰ、多重负反馈型二阶带通滤波器串联方案。

（2）利用滤波器设计软件 Filter Solutions 2009 来改进带通滤波器设计（附录 E 对该软件作了简单介绍）。

（3）选择带宽时要考虑可能存在的谐振频率相对于位移检测的抽运频率的偏差。

21.5.3　物理设计

21.5.3.1　利用滤波器设计软件

（1）参数选择与电原理图。

根据 21.5.2 节所述改进思路和 21.3.3 节对所有因素造成的谐振频率偏差估计,我们在 Filter Solutions 2009 软件主界面中选择的参数如图 21-32 所示。

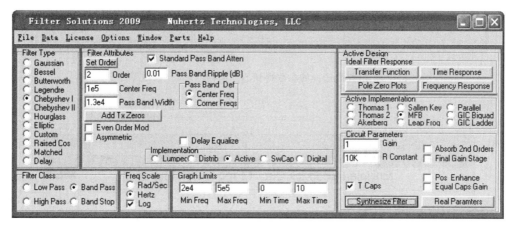

图 21-32　在 Filter Solutions 2009 软件主界面中我们选择的参数

按 Synthesize Filter（滤波器合成）按钮,弹出绘有滤波器原理图（包括元件参数）的窗,如图 21-33 所示。

（2）幅频特性。

按图 21-33 左上角的 Freq 按钮,弹出 Multiple Feedback Circuit Frequency Response（多重负反馈电路频率响应）窗,绘出幅频特性曲线,如图 21-34 所示。

将图 21-34 与图 21-21 相比,可以看到图 21-33 所示带通滤波器通带较窄,过渡带衰减较快。

将频率范围改为（$1 \times 10^3 \sim 1 \times 10^7$）Hz,则如图 21-35 所示。

将图 21-35 与图 21-20 相比,可以看到二者的幅频响应有明显区别,主要是 LISA 带通滤波器由二阶有源低通、二阶有源高通、二阶无源带通串联而成,因而其阻带内增益以 -60 dB/dec 的速率单调下降;而图 21-33 所示带通滤波器由两级二阶有源带通串联而成,因而其阻带内增益以 -40 dB/dec 的速率单调下降。

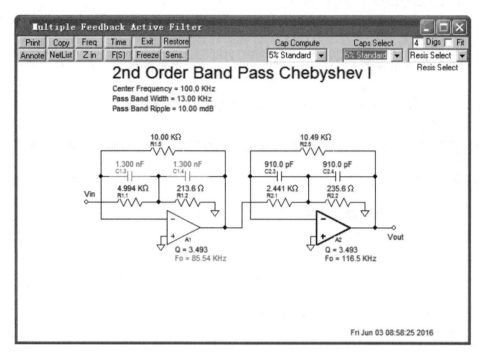

图 21-33　由我们选择的参数得到的滤波器原理图（包括元件参数）

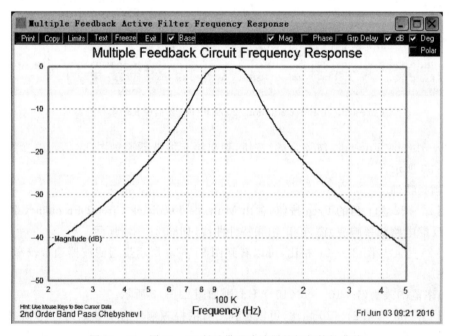

图 21-34　图 21-33 所示带通滤波器的幅频特性曲线

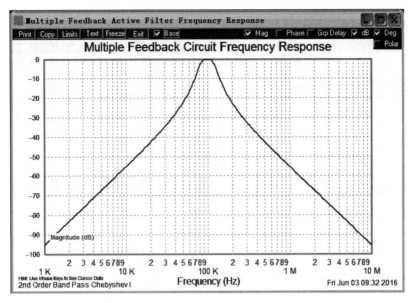

图 21 - 35 图 21 - 33 所示带通滤波器频率范围为 $(1 \times 10^3 \sim 1 \times 10^7)$ Hz 的幅频响应图

（3）相频特性。

其相频特性曲线如图 21 - 36 所示。

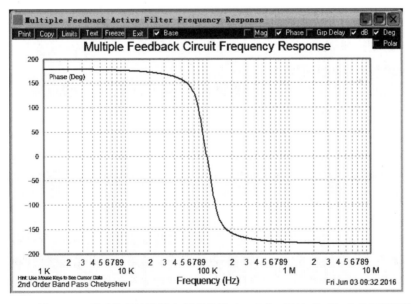

图 21 - 36 图 21 - 33 所示带通滤波器在频率范围 $(1 \times 10^3 \sim 1 \times 10^7)$ Hz 内的相频特性曲线

将图 21 - 36 与图 21 - 20 中的相频响应图相比，可以看到二者有明显区别，主要是 LISA 带通滤波器由二阶有源低通、二阶有源高通、二阶无源带通串联而成，因而其相频响应范围为 $\pm 270°$；而图 21 - 33 所示带通滤波器由两级二阶有源带通串联而成，因而其相频响应范围为 $\pm 180°$。

将频率范围改为 $(1 \times 10^4 \sim 1 \times 10^6)$ Hz，则如图 21 - 37 所示。

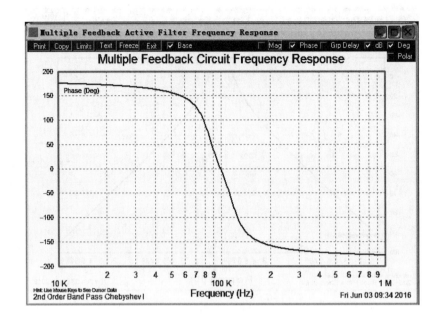

图 21-37　图 21-33 所示带通滤波器在频率范围($1\times10^4\sim1\times10^6$) Hz 内的相频响应图

将图 21-37 与图 21-22 相比,可以看到在零相位附近,图 21-33 所示带通滤波器的相位随频率的变化比 LISA 带通滤波器稍快一些。

21.5.3.2　进一步的分析

(1)谐振角频率和品质因数。

将图 21-33 与图 21-3 相比较,可以得到第一级 $R_{11}=4.994$ kΩ,$R_{12}=213.6$ Ω,$R_{13}=10.00$ kΩ,$C_{11}=1.300$ nF,$C_{12}=1.300$ nF;第二级 $R_{21}=2.441$ kΩ,$R_{22}=235.6$ Ω,$R_{23}=10.49$ kΩ,$C_{21}=910.0$ pF,$C_{22}=910.0$ pF。第一级参数代入式(21-11)得到 $\omega_{sobr}=5.374\ 7\times10^5$ rad/s,即 $f_{sobr}=85.540$ kHz,代入式(21-12)得到 $Q_{sob}=3.493\ 5$;第二级参数代入式(21-11)得到 $\omega_{sobr}=7.319\ 7\times10^5$ rad/s,即 $f_{sobr}=116.496$ kHz,代入式(21-12)得到 $Q_{sob}=3.493\ 6$。

(2)幅频特性。

由于图 21-33 所示电路为两级多重负反馈型二阶带通滤波器串联,所以将上述第一级参数和第二级参数分别代入式(21-18),并将分别得到的第一级和第二级的幅频特性相乘,即可得到串联后的幅频特性,单级及串联后的幅频特性曲线如图 21-38 所示。

从图 21-38 可以看到,第二级的谐振峰比第一级高得多。

以 dB 表示的串联后的幅频特性曲线如图 21-39 所示。

将图 21-39 与图 21-34 相对照,可以看到二者完全相同。

从图 21-39 所示幅频特性曲线所对应的数据可以得到,低端的截止频率(−3 dB 处的频率)为 80 660 Hz,高端的截止频率(−3 dB 处的频率)为 123 547 Hz。

顺便可以计算出高频截止频率与低频截止频率之比为 1.532。

图 21-33 所示带通滤波器的幅频特性曲线的局部视图如图 21-40 所示。

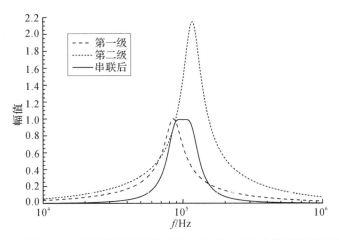

图 21-38　图 21-33 所示带通滤波器的第一级、第二级和串联后的幅频特性曲线

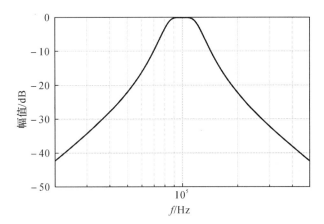

图 21-39　图 21-33 所示带通滤波器以 dB 表示的幅频特性曲线

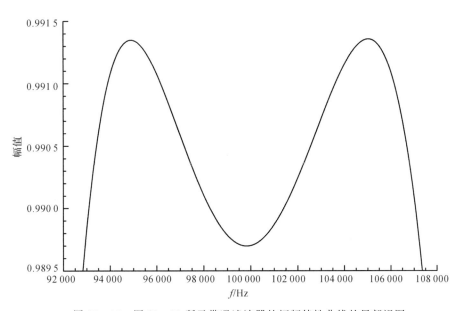

图 21-40　图 21-33 所示带通滤波器的幅频特性曲线的局部视图

从图 21-40 可以看到,通带呈双峰形,两峰之间是低谷,并且从所对应的数据可以得到,第一峰位于 94 894 Hz 处,峰值 0.991 35;第二峰位于 105 018 Hz 处,峰值 0.991 36;谷底位于 99 822 Hz 处,比位移检测的抽运频率 100 kHz 低 178 Hz。谷值 0.989 70,为峰值的 99.83%。

(3)相频特性。

由于图 21-33 所示电路为两级多重负反馈型二阶带通滤波器串联,所以将上述第一级参数和第二级参数分别代入式(21-19),并将分别得到的第一级和第二级的相频特性相加,即可得到串联后的相频特性,单级及串联后的相频特性曲线如图 21-41 所示。

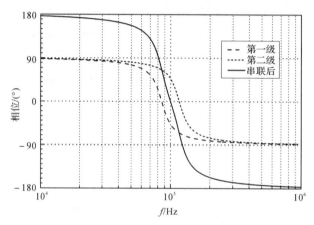

图 21-41 图 21-33 所示带通滤波器的第一级、第二级和串联后的相频特性曲线

将图 21-41 中串联后的相频特性曲线与图 21-37 相对照,可以看到二者完全相同。

图 21-33 所示带通滤波器的相频特性曲线的局部视图如图 21-42 所示。

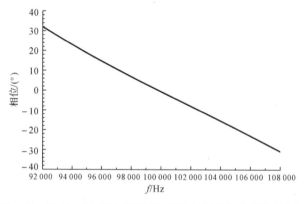

图 21-42 图 21-33 所示带通滤波器的相频特性曲线的局部视图

从图 21-42 所对应的数据可以得到,相位谐振频率 $f_{\phi_r}=99\,826$ Hz,虽然比位移检测的抽运频率 100 kHz 低 174 Hz,但比幅频特性曲线谷底频率仅高 4 Hz。这一特性与组合的 LISA 带通滤波器的相位谐振频率比幅值谐振频率低 1 856 Hz 相比,无疑是个优点。

21.5.3.3 讨论

(1)幅频特性。

若将图 21-33 所示带通滤波器的幅频特性标记为 $|A_b(jf)|$,谷底处的频率标记为 f_v,

f_v 处的幅值标记为 $|A_b(jf_v)|$，则用图 21-38 所示串联后的幅频特性曲线所对应的数据可以绘出 $[|A_b(jf)|/|A_b(jf_v)|]-(f-f_v)$ 关系曲线，如图 21-43 所示。

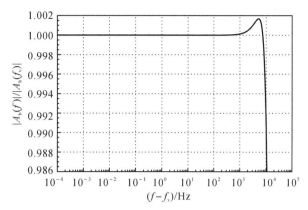

图 21-43　图 21-33 所示带通滤波器 $[|A_b(jf)|/|A_b(jf_v)|]-(f-f_v)$ 关系曲线

从图 21-43 所对应的数据可以得到，f 从 f_v 到 $f_v+1\times10^3$ Hz，基本上保持 $|A_b(jf)|=|A_b(jf_v)|$；在 $f=f_v+5\,248$ Hz 处 $|A_b(jf)|=1.001\,676|A_b(jf_v)|$，为峰值；而在 $f=f_v+1\times10^4$ Hz 处则降至 $|A_b(jf)|=0.991|A_b(jf_v)|$。

为了更清楚地表达这点，我们提出一个 P_{f-f_v} 指标：

$$P_{f-f_v}=\left|\frac{|A_b(jf)|-|A_b(jf_v)|}{|A_b(jf_v)|}\right|\times100\%\qquad(21-70)$$

式中　　　　　　f_v—— 图 21-40 所示幅频特性谷底处的频率，Hz；

$|A_b(jf_v)|$——f_v 处的幅值；

P_{f-f_v}——$|A_b(jf)|$ 对 $|A_b(jf_v)|$ 的相对偏差百分绝对值。

需注意，式（21-70）表达的 P_{f-f_v} 与式（21-69）表达的 P_{f-f_r} 之区别在于前者表达的是图 21-33 所示带通滤波器的幅频特性对谷底处幅值的相对偏差，而后者表达的是组合的 LISA 带通滤波器的幅频特性对谐振频率处增益的相对偏差。

用图 21-38 所示两级带通滤波器串联后的幅频特性曲线所对应的数据依式（21-70）可以绘出 $P_{f-f_v}-(f-f_v)$ 关系曲线，如图 21-44 所示。

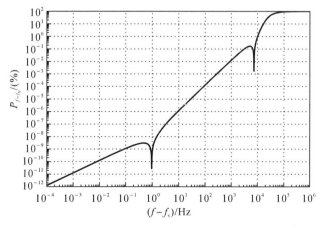

图 21-44　图 21-33 所示带通滤波器 $P_{f-f_v}-(f-f_v)$ 关系曲线

从图 21-44 所对应的数据可以得到各个 $f-f_v$ 处的 P_{f-f_v}，如表 21-4 所示。为了便于对照，表 21-4 中同时复制了表 21-1 中 SuperSTAR 加速度计 US 轴各个频率处的 $|G_{op}(s)|$。

表 21-4   图 21-33 所示带通滤波器各个 $f-f_v$ 处的 P_{f-f_v} 与组合的 LISA 带通滤波器各个 $f-f_r$ 处的 P_{f-f_r} 以及 SuperSTAR US 轴各个频率处的 $|G_{op}(s)|$ 对照表

$(f-f_v)$/Hz	P_{f-f_v}/(%)	$(f-f_r)$/Hz	P_{f-f_r}/(%)	频率/Hz	$|G_{op}(s)|$
1×10^{-4}	1×10^{-12}	1×10^{-4}	1×10^{-12}	1×10^{-4}	5.50×10^9
1×10^{-3}	1.24×10^{-11}	1×10^{-3}	7.23×10^{-10}	1×10^{-3}	6.18×10^7
1×10^{-2}	1.23×10^{-10}	1×10^{-2}	7.95×10^{-9}	1×10^{-2}	2.69×10^6
0.1	1.11×10^{-9}	0.1	8.03×10^{-8}	0.1	2.05×10^5
1	5.5×10^{-10}	1	8.1487×10^{-7}	1	905.07
10	1.1770×10^{-6}	10	9.2082×10^{-6}	10	6.7027
100	1.2878×10^{-4}	100	1.9808×10^{-4}	100	0.50776
1×10^3	1.2634×10^{-2}	1×10^3	1.2714×10^{-2}	1×10^3	9.0542×10^{-3}
1×10^4	0.90643	1×10^4	1.4674	1×10^4	9×10^{-5}
1×10^5	92.393	1×10^5	79.338	1×10^5	9×10^{-7}
1×10^6	99.851	1×10^6	99.847	1×10^6	9×10^{-9}

从表 21-4 可以看到，如果不考虑 f_r，f_v 各自与 f_d 的差别，也不考虑 f_r 与 f_v 的差别，图 21-33 所示带通滤波器的幅频频特性优于组合的 LISA 带通滤波器。

如 21.4.5.1 节所述，以上分析未考虑 21.3 节所述阻容元件值和其他因素造成的谐振频率偏差。由于不可能给出考虑这些因素后的真实幅频特性，我们将原本位移检测的抽运频率不变、带通滤波器出现谐振频率偏差，替代为带通滤波器谐振频率不变、位移检测的抽运频率出现偏差。考虑到 21.5.3.2 节第(2)条给出图 21-33 所示带通滤波器的谷底频率比位移检测的抽运频率 100 kHz 低 178 Hz，21.3.3 节给出偏保守的谐振频率偏差为 ±2.0%，我们在替代估计中将位移检测的抽运频率调高为 102 kHz，则图 21-44 被相应替代为图 21-45。

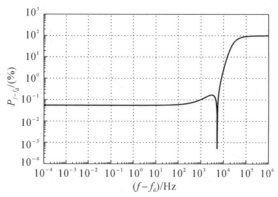

图 21-45   将 f_d 调高为 102 kHz 后得到的图 21-33 所示带通滤波器 P_{f-f_d} - $(f-f_d)$ 关系曲线

从图 21-45 所对应的数据可以得到,在 $f-f_{d}=(1\sim1\times10^{2})$ Hz 范围内 $P_{f-f_{d}}$ 仅为 $(0.055\sim0.060)\%$,在 $f-f_{d}=1\times10^{3}$ Hz 处为 0.103%,在 $f_{d}-f=1\times10^{4}$ Hz 处为 2.63%,依然是合格的。将图 21-45 与图 21-27 相比,可以看到,考虑谐振频率偏差的情况下,图 21-33 所示带通滤波器的幅频特性比 LISA 带通滤波器好。

（2）相频特性。

用图 21-41 所示两级带通滤波器串联后的相频特性曲线所对应的数据可以得到相位 – $(f-f_{\phi r})$ 关系曲线,如图 21-46 所示。

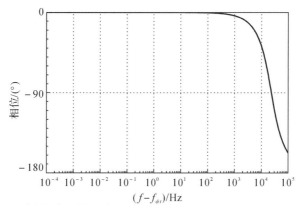

图 21-46　图 21-33 所示带通滤波器相位 –$(f-f_{\phi r})$ 关系曲线（纵坐标为线性）

从图 21-46 可以看到,在 $f-f_{\phi r}=(1\sim1\times10^{2})$ Hz 范围内相位基本上保持为零,并由所对应的数据可以得到在 $f-f_{\phi r}=1\times10^{3}$ Hz 处为 $-3°43'$,在 $f-f_{\phi r}=1\times10^{4}$ Hz 处为 $-38°03'$。

为了更清楚地表达这点,我们将图 21-46 的纵坐标改为负相位,并由线性改为对数,如图 21-47 所示。

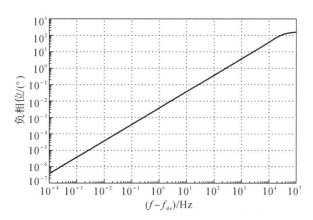

图 21-47　图 21-33 所示带通滤波器负相位 –$(f-f_{\phi r})$ 关系曲线（纵坐标为对数）

从图 21-47 所对应的数据可以得到各个 $f-f_{\phi r}$ 处的 $\phi_{b}(jf)$,如表 21-5 所示。

与 21.4.5.1 节所述相类似,以上分析未考虑 21.3 节所述阻容元件值和其他因素造成的谐振频率偏差。由于不可能给出考虑这些因素后的真实相频特性,我们将原本位移检测的抽运频率不变、带通滤波器出现谐振频率偏差,替代为带通滤波器谐振频率不变、位移检测的抽运频率出现偏差。考虑到 21.5.3.2 节第(3)条给出图 21-33 所示带通滤波器的相位谐振频率比位移检测的抽运频率 100 kHz 低 174 Hz，21.3.3 节给出偏保守的谐振频率偏差为 ±2.0%，我们在替代估计中将位移检测的抽运频率调高为 102 kHz，则图 21-47 被相应替代为图 21-48。

表 21-5   图 21-33 所示带通滤波器各个 $f-f_{\phi r}$ 处的 $\phi_b(\mathrm{j}f)$

$(f-f_{\phi r})$/Hz	$\phi_b(\mathrm{j}f)$	$(f-f_{\phi r})$/Hz	$\phi_b(\mathrm{j}f)$
1×10^{-4}	$(-1.344\times10^{-3})''$	10	$-2'1.44''$
1×10^{-3}	$(-1.344\times10^{-2})''$	100	$-22'24''$
1×10^{-2}	$-0.134\ 4''$	1×10^{3}	$-3°43'07''$
0.1	$-1.344''$	1×10^{4}	$-38°03'$
1	$-13.44''$	1×10^{5}	$-157°17'$

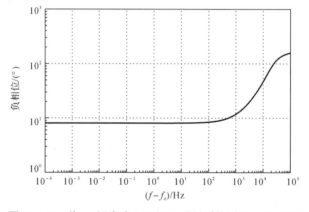

图 21-48   将 f_d 调高为 102 kHz 后得到的图 21-33 所示
带通滤波器负相位 - $(f-f_d)$ 关系曲线

从图 21-48 所对应的数据可以得到，在 $f-f_d=(1\sim1\times10^2)$ Hz 范围内相位为 $-8°04'\sim-8°26'$，在 $f-f_d=1\times10^3$ Hz 处为 $-11°46'$，在 $f-f_d=1\times10^4$ Hz 处为 $-46°56'$。

将图 21-48 与图 21-31 相比，可以看到，考虑谐振频率偏差的情况下，图 21-33 所示带通滤波器的相频特性比 LISA 带通滤波器稍差。

21.6   本章阐明的主要论点

21.6.1   带通滤波器的需求分析

(1)电容位移检测电路在电荷放大器与同步检测之间添加带通滤波器的目的是消除高于或低于检测频率的宽频噪声。但添加了带通滤波器后，静电悬浮加速度计归一化闭环传递函数的幅频特性应不发生可觉察的改变。

(2)为满足第(1)条的要求，对添加的带通滤波器的幅频特性提出了一个以位移检测的抽运频率处的幅值为基准、由式(21-6)表达的幅频特性相对偏差百分绝对值指标。

21.6.2　多重负反馈型二阶带通滤波器分析

(1)如果高频截止频率与低频截止频率之比很大,宜将低通滤波器与高通滤波器级联;如果高频截止频率与低频截止频率之比很小,宜将谐振频率不同的两个二阶带通滤波器级联,级联后带通滤波器的中心频率定义为通带上限频率与下限频率(通常指－3 dB 衰减频率)乘积的平方根。由我们提出的带通滤波器幅频特性相对偏差百分绝对值指标得到高频截止频率与低频截止频率之比应大于 1.22。这个数值既非"很大",也非"很小"。因此,既可以采用低通滤波器与高通滤波器级联的方法,也可以采用谐振频率不同的两个二阶带通滤波器级联的方法。

(2)与单一正反馈二阶带通滤波器电路相比,多重负反馈型带通滤波器的主要优点是:① 可以通过微调 R_2 以准确调整谐振频率,而不会引起谐振频率处的增益 A_{sobr} 和品质因数 Q 的大幅度变化,由于谐振频率的准确度十分重要,所以这是它的突出优点;② 滤波特性对电路元件参数变化的敏感度较低;③ 即使对于低的增益 A_{sobr},也能获得高 Q 值;④ 在谐振频率下,即使电路元件参数与它的理论值不很相配,电路也不易引起振荡,当然,这个优点只有运算放大器进行了正确的频率补偿时才是真实的,否则,容易产生高频振荡。主要缺点是:① 元件值的分散性较大;② 准确调整谐振频率之后,不能再调整通带增益 A_{sobr},否则会引起谐振频率的显著变化;③ 运算放大器的开环增益必须比 $2Q^2$ 大。该要求是特别严格的,因为这个要求需要在谐振频率附近也能满足。因而,它决定了运算放大器的选择,对较高频率的应用尤其如此。

21.6.3　影响谐振频率偏差的因素

(1)带通滤波器的通带是由谐振频率和带宽两个因素决定的,因此,带通滤波器谐振频率相对于位移检测的抽运频率的偏差是必须考虑的因素。

(2)给出了多重负反馈型二阶带通滤波器阻容元件值偏差引起的谐振角频率相对偏差的表达式。分析了阻容元件值偏差造成的谐振频率相对偏差,并估计了其他因素造成的谐振频率相对偏差,提出了控制偏差的措施。并指出,采纳这些措施后所有因素造成的谐振频率偏差按±2.0%估计是偏保守的。

21.6.4　LISA 带通滤波器分析

分析了一种 LISA 位移检测电路中的带通滤波器的解决方案,指出该带通滤波器共有三级,第一级为多重负反馈二阶 Chebyshev - Ⅰ 有源低通滤波器,第二级为单一正反馈二阶 Chebyshev - Ⅰ 有源高通滤波器,第三级为无源带通滤波器;文献给出的第二级幅频特性曲线在频率高于峰值频率处比由特征点或示明的元器件数值导出的幅频特性曲线略显偏低,然而,其作者并未指出此现象,当然也不可能给出解释;我们导出的组合 LISA 带通滤波器的幅值谐振频率(幅值达到最大值处的频率)比位移检测的抽运频率 $f_d = 100$ kHz 高出 2 565 Hz,而相位谐振频率(相位为零处的频率)比位移检测的抽运频率 $f_d = 100$ kHz 高 709 Hz,这是该带通滤波器的最大问题;考虑阻容元件值和其他因素造成的谐振频率偏差后,其以位移检测的抽运频率处的幅值为基准的幅频特性相对偏差百分绝对值指标在 $f_d - f = (1 \sim 1 \times 10^2)$ Hz 范围内偏大;其高频截止频率与低频截止频率之比偏大且过渡带衰减不够快,不利于消除高于或低于检测频率的宽频噪声。

21.6.5　利用滤波器设计软件改进带通滤波器设计

(1)给出了一种利用滤波器设计软件改进带通滤波器设计的方法:该方法采用两级谐振频率不同的 Chebyshev－Ⅰ、多重负反馈型二阶带通滤波器串联方案;利用滤波器设计软件 Filter Solutions 2009 来改进带通滤波器设计;选择带宽时考虑了谐振频率相对于位移检测的抽运频率可能存在的偏差;给出了选择的参数和软件生成的滤波器原理图(包括元件参数)、幅频特性曲线、相频特性曲线;指出该滤波器通带呈双峰形、幅频特性曲线谷底频率比位移检测的抽运频率 100 kHz 低 178 Hz,相位谐振频率仅比幅频特性曲线谷底频率高 4 Hz;考虑阻容元件值和其他因素造成的谐振频率偏差后,其以位移检测的抽运频率处的幅值为基准的幅频特性相对偏差百分绝对值指标合格;其高频截止频率与低频截止频率之比恰当且过渡带衰减较快,有利于消除高于或低于检测频率的宽频噪声。

(2)考虑阻容元件值和其他因素造成的谐振频率偏差后,LISA 三级带通滤波器的相频特性稍优于我们设计的二级带通滤波器。

参 考 文 献

[1]　MANCE D. Development of Electronic System for Sensing and Actuation of Test Mass of the Inertial Sensor LISA[D/OL]. Split,Croatia:University of Split,2012. http://spaceserv1.ethz.ch/aeil/download/Davor_Mance_Thesis_text.pdf.

[2]　邦奇布鲁耶维奇. 电子管在实验物理中的应用:上[M]. 廖增祺,郭汝嵩,王静怡,译. 北京:高等教育出版社,1958.

[3]　谢沅清,解月珍. 电子电路基础[M]. 北京:人民邮电出版社,1999.

[4]　数学手册编写组. 数学手册[M]. 北京:人民教育出版社,1979.

[5]　MARQUE J-P,CHRISTOPHE B,FOULON B,et al. The ultra sensitive GOCE accelerometers and their future developments [C]//Towards a Roadmap for Future Satellite Gravity Missions,Graz,Austria,September 30 – October 2,2009.

[6]　梅晓榕. 自动控制原理[M]. 2 版. 北京:科学出版社,2007.

[7]　远坂俊昭. 测量电子电路设计:滤波器篇[M]. 彭军,译. 北京:科学出版社,2006.

[8]　WILLIAMS A B,TAYLOR F J. 电子滤波器设计[M]. 宁彦卿,姚金科,译. 北京:科学出版社,2008.

[9]　梯策,胜克. 高级电子电路[M]. 王祥贵,周旋,等译. 北京:人民邮电出版社,1984.

[10]　吴丙申,卞祖富. 模拟电路基础[M]. 北京:北京理工大学出版社,1997.

[11]　中国空间技术研究院北京空间科技信息研究所. 航天器用元器件补充筛选要求:第 5 部分　电容器:Q/W 1143.5—2008 [S].北京:北京空间科技信息研究所,2008.

[12]　中国人民解放军总装备部电子信息基础部. 电子及电气元件试验方法:GJB 360B—2009 [S]. 北京:总装备部军标出版发行部,2010.

[13]　中国空间技术研究院北京空间科技信息研究所. 航天器用元器件补充筛选要求:第 4 部分　电阻器:Q/W 1143.4—2008 [S].北京:北京空间科技信息研究所,2008.

[14]　丁士圻. 模拟滤波器[M]. 哈尔滨:哈尔滨工程大学出版社,2004.

第22章 Butterworth 有源低通滤波器设计

本章的物理量符号

A_0	Butterworth 有源低通滤波器 $\Omega=0$ 时的增益
A_{01}	第 1 级滤波器的直流增益
A_{0i}	第 i 级滤波器的直流增益
a_1	第 1 级一阶滤波器的系数
a_i	第 i 级滤波器的系数
A_s	在阻带归一化频率 Ω_s 处衰减的分贝数
$A_u(j\Omega)$	Butterworth 有源低通滤波器在归一化频率 Ω 处的复数增益
$A_u(j\Omega_s)$	Butterworth 有源低通滤波器在阻带归一化频率 Ω_s 处的复数增益
$\|A_u(j\Omega)\|_{\Omega=0}$	$\Omega=0$ 处 Butterworth 有源低通滤波器增益的幅值
$\|A_u(j\Omega)\|_{\Omega=1}$	$\Omega=1$ 处 Butterworth 有源低通滤波器增益的幅值
$A_u(p)$	Butterworth 有源低通滤波器在 Laplace 变换建立的归一化复频率 p 处的复数增益
b_1	第 1 级一阶滤波器的系数
b_i	第 i 级滤波器的系数
C_{12}	第 1 级非反转型一阶有源低通滤波器运放正输入端的接地电容,第 1 级反转型一阶有源低通滤波器的负反馈电容,F
C_{12min}	C_{12} 的选取下限,nF
C_{12max}	C_{12} 的选取上限,nF
C_{i1}	第 i 级正反馈二阶有源低通滤波器的正反馈电容,第 i 级多重负反馈二阶有源低通滤波器负反馈电阻输入端(M 点)的接地电容,F
C_{i2}	第 i 级正反馈二阶有源低通滤波器运放正输入端的接地电容,第 i 级多重负反馈二阶有源低通滤波器的负反馈电容,F
$(C_{i2}/C_{i1})_{extreme}$	C_{i2}/C_{i1} 的极限值,无量纲
f	频率,Hz
f_c	整个低通滤波器的截止频率(-3 dB 处的频率),Hz
F_h	通带高端频率,Hz
f_i	第 i 级滤波器的特征频率,Hz
i	滤波器的级序号
k	滤波器的阶序号
m	滤波器的级数
n	Butterworth 有源低通滤波器的阶数

P	Laplace 变换建立的 -3 dB 归一化复频率
p	Laplace 变换建立的归一化复频率
p_1	第 1 级一阶滤波器的系数
p_{i1}	第 i 级第 1 阶滤波器的系数
p_{i2}	第 i 级第 2 阶滤波器的系数
p_k	第 k 阶滤波器的系数
Q_i	第 i 级滤波器的品质因数(即在特征角频率处的增益与直流增益的比值)
R_{12}	第 1 级非反转型一阶有源低通滤波器输入端与运放同向输入端间的连接电阻,第 1 级反转型一阶有源低通滤波器的负反馈电阻,Ω
R_{13}	第 1 级反转型一阶有源低通滤波器输入端与运放反向输入端间的连接电阻,Ω
R_{1f}	第 1 级非反转型一阶有源低通滤波器的负反馈电阻,Ω
R_{1r}	第 1 级非反转型一阶有源低通滤波器运放负输入端的接地电阻,Ω
R_{i1}	第 i 级正反馈二阶有源低通滤波器输入端与正反馈电容输入端(M 点)间的连接电阻,第 i 级多重负反馈二阶有源低通滤波器负反馈电阻输入端(M 点)与运放反向输入端间的连接电阻,Ω
R_{i2}	第 i 级正反馈二阶有源低通滤波器正反馈电容输入端(M 点)与运放同向输入端间的连接电阻,第 i 级多重负反馈二阶有源低通滤波器的负反馈电阻,Ω
R_{i3}	第 i 级多重负反馈二阶有源低通滤波器输入端与负反馈电阻输入端(M 点)间的连接电阻,Ω
R_{if}	第 i 级正反馈二阶有源低通滤波器的负反馈电阻,Ω
R_{ir}	第 i 级正反馈二阶有源低通滤波器运放负输入端的接地电阻,Ω
δ	p 的虚部
σ	p 的实部
τ	群时延,s
$\phi_u(j\Omega)$	Butterworth 有源低通滤波器在归一化频率 Ω 处的复数增益的辐角,即增益的相位,rad
Ω	归一化频率
ω	角频率,rad/s
ω_c	整个低通滤波器的截止角频率(-3 dB 处的角频率),rad/s
ω_h	通带高端角频率,rad/s
ω_i	第 i 级滤波器的特征角频率,rad/s
Ω_s	阻带的归一化频率

6.1.1 节第(3)条指出,SuperSTAR 加速度计在输出数据率 10 Sps 的 1a 级加速度计原始观测数据前采用截止频率 $f_c=3$ Hz 的二级四阶 Butterworth 有源低通滤波器。6.3.2.1 节给出了该滤波器的幅频曲线和相频曲线。本章系统介绍 Butterworth 有源低通滤波器的设计,其中具体电路及阻容元件选择已在 12.8 节中作了详细介绍,使用滤波器设计软件 Filter Solutions 2009 的方法在附录 E 中作了简介,本章不再重复。

22.1　特　　点

Butterworth 有源低通滤波器的幅频特性为[1]

$$|A_u(j\Omega)| = \frac{A_0}{\sqrt{1+\Omega^{2n}}} \tag{22-1}$$

式中　　　　j——虚数单位，$j = \sqrt{-1}$；

　　　　　　Ω——归一化频率；

　　$A_u(j\Omega)$——Butterworth 有源低通滤波器在归一化频率 Ω 处的复数增益；

　　　　　A_0——Butterworth 有源低通滤波器 $\Omega = 0$ 时的增益；

　　　　　　n——Butterworth 有源低通滤波器的阶数。

并有[1]

$$\Omega = \frac{\omega}{\omega_h} = \frac{f}{f_h} \tag{22-2}$$

式中　　ω——角频率，rad/s；

　　　　ω_h——通带高端角频率，rad/s；

　　　　f——频率，Hz；

　　　　f_h——通带高端频率，Hz。

由式(22-1) 得到

$$|A_u(j\Omega)|_{\Omega=0} = A_0 \tag{22-3}$$

式中：$|A_u(j\Omega)|_{\Omega=0}$——$\Omega = 0$ 处 Butterworth 有源低通滤波器增益的幅值。

即 A_0 为 $\Omega = 0$ 时的增益。且

$$|A_u(j\Omega)|_{\Omega=1} = \frac{A_0}{\sqrt{2}} \tag{22-4}$$

式中　　$|A_u(j\Omega)|_{\Omega=1}$——$\Omega = 1$ 处 Butterworth 有源低通滤波器增益的幅值。

　　由式(22-2)～式(22-4)可知，对于 Butterworth 有源低通滤波器而言，ω_h 即 $-3\ dB$ 处的角频率，f_h 即 $-3\ dB$ 处的频率。6.1.2 节已经指出，本书仅将 $-3\ dB$ 处的频率称为截止频率 f_c。因此，对于 Butterworth 有源低通滤波器而言：

$$\left.\begin{array}{c} \omega_h = \omega_c \\ f_h = f_c \end{array}\right\} \tag{22-5}$$

式中　　ω_c——整个低通滤波器的截止角频率($-3\ dB$ 处的角频率)，rad/s；

　　　　f_c——整个低通滤波器的截止频率($-3\ dB$ 处的频率)，Hz。

　　ω_c, f_c 也称为半功率点[2]。

　　由式(22-1) 得到

$$20n\lg\Omega_s \approx 20\lg\frac{A_0}{|A_u(j\Omega_s)|}, \quad \Omega_s^{2n} \gg 1 \tag{22-6}$$

式中　　Ω_s——阻带的归一化频率；

　　$A_u(j\Omega_s)$——Butterworth 有源低通滤波器在阻带归一化频率 Ω_s 处的复数增益。

　　令

$$A_s = 20\lg\frac{A_0}{|A_u(j\Omega_s)|} \tag{22-7}$$

式中 A_s—— 在阻带归一化频率 Ω_s 处衰减的分贝数。

将式(22-7)代入式(22-6),得到

$$A_s \approx 20n\lg\Omega_s, \quad \Omega_s^2 \gg 1 \tag{22-8}$$

式(22-8)表示,阻带内增益以 $20n$ dB/dec 的速率单调下降。

当预先已确定阻带频率 Ω_s 处衰减的分贝数 A_s 时,可由式(22-8)确定 n[1]。

对式(22-1)求导,得到

$$\frac{\mathrm{d}|A_u(\mathrm{j}\Omega)|}{\mathrm{d}\Omega} = -\frac{nA_0\Omega^{2n-1}}{(1+\Omega^{2n})^{3/2}} \tag{22-9}$$

式(22-9)表示,幅频特性随频率增加而单调下降。

对式(22-9)求导,得到

$$\frac{\mathrm{d}^2|A_u(\mathrm{j}\Omega)|}{\mathrm{d}\Omega^2} = -nA_0\left[(2n-1)\Omega^{2n-2}(1+\Omega^{2n})^{-3/2} - 3n\Omega^{4n-2}(1+\Omega^{2n})^{-5/2}\right]$$

$$\tag{22-10}$$

由式(22-9)和式(22-10)可以看出,在零频点,它的前 $(2n-1)$ 阶导数都等于零。

综上所述,Butterworth 有源低通滤波器的特点是:

(1)-3 dB 的不变性:不管 n 是多少,$\Omega=1$ 处幅频特性都通过 -3 dB 点,因而定义幅频特性下降至 -3 dB 处为通带上限。

(2)通带、阻带下降的单调性:通带、阻带下降的单调性决定了这种滤波器具有良好的相频特性(即通带内相移较为平缓)。

(3)最大平坦性:在零频点,它的前 $(2n-1)$ 阶导数都等于零,这表示 Butterworth 滤波器的幅频特性在零频点附近一段范围内是非常平直的,它以原点的最大平坦性来逼近理想低通滤波器,"最平响应"即由此而得名[2]。

22.2 传递函数

12.4.1 节关于高阶滤波器传递函数的一般性叙述普遍有效。为了形成 Butterworth 有源低通滤波器,所设计的电路的幅频特性应满足式(22-1),然而电路的传递函数是复数,因此,必须求得满足式(22-1)的传递函数。

22.2.1 求极点

22.2.1.1 概述

我们有[2]

$$p = \mathrm{j}\Omega \tag{22-11}$$

式中 p——Laplace 变换建立的归一化复频率。

将式(22-11)代入式(22-1),得到

$$|A_u(p)|^2 = \frac{A_0^2}{1+\left(\dfrac{p}{\mathrm{j}}\right)^{2n}} \tag{22-12}$$

式中 $A_u(p)$—— Butterworth 有源低通滤波器在 Laplace 变换建立的归一化复频率 p 处的复数增益。

为了满足系统稳定性要求,传递函数应具有共轭对称性,由此得到[2]

$$|A_u(p)|^2 = A_u(p) \cdot A_u(-p) \tag{22-13}$$

将式(22-12)代入式(22-13),得到

$$A_u(p) \cdot A_u(-p) = \frac{A_0^2}{1 + \left(\dfrac{p}{j}\right)^{2n}} \tag{22-14}$$

为求极点分布,需求解方程[2]:

$$1 + \left(\frac{p}{j}\right)^{2n} = 0 \tag{22-15}$$

式(22-15)是二项方程,有 $2n$ 个根[3]。这 $2n$ 个根的表达式为[2]

$$p_k = e^{j\left[\frac{(2k-1)\pi}{2n} + \frac{\pi}{2}\right]}, \quad k = 1, 2, \cdots, 2n \tag{22-16}$$

式中　　k—— 滤波器的阶序号;

　　　　p_k—— 第 k 阶滤波器的系数。

已知复数的表示法[3]:

$$re^{j\theta} = r(\cos\theta + j\sin\theta) \tag{22-17}$$

依式(22-17)将式(22-16)改用三角函数表示:

$$p_k = \cos\left[\frac{(2k-1)\pi}{2n} + \frac{\pi}{2}\right] + j\sin\left[\frac{(2k-1)\pi}{2n} + \frac{\pi}{2}\right], \quad k = 1, 2, \cdots, 2n \tag{22-18}$$

即

$$p_k = -\sin\left[\frac{(2k-1)\pi}{2n}\right] + j\cos\left[\frac{(2k-1)\pi}{2n}\right], \quad k = 1, 2, \cdots, 2n \tag{22-19}$$

令

$$p = \sigma + j\delta \tag{22-20}$$

式中　　σ——p 的实部;

　　　　δ——p 的虚部。

利用式(22-20)可以将式(22-19)所示极点坐标在复平面上表征,如图 22-1 所示[2]。

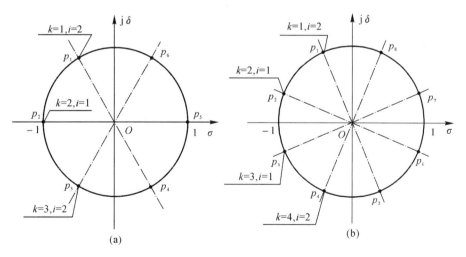

图 22-1　n 阶 Butterworth 有源低通滤波器极点分布[2]

(a)$n = 3$;　(b) $n = 4$

从图 22-1 可以看到[2]:

(1)n 阶 Butterworth 有源低通滤波器极点以 π/n 为间隔均匀分布在半径为 1 的圆周上,用黑点表示。这个圆称为 Butterworth 圆。

(2)所有极点相对 $j\delta$ 轴对称分布,在 $j\delta$ 轴上没有极点。

(3)所有复数极点两两呈共轭对称分布:n 为奇数时,有两个极点分布在 $\sigma=\pm 1$ 的实轴上;n 为偶数时,实轴上没有极点。

为了得到稳定的 $A_u(p)$,只取全部左半平面的极点[2]:

$$p_k = -\sin\left[\frac{(2k-1)\pi}{2n}\right] + j\cos\left[\frac{(2k-1)\pi}{2n}\right], \quad k=1,2,\cdots,n \qquad (22-21)$$

22.2.1.2 n 为奇数

如 12.4.1 节所述,当 n 为奇数时,第一级为一阶 RC 有源滤波器,其余各级均为二阶 RC 有源滤波器,因而

$$m = \frac{n+1}{2} \qquad (22-22)$$

式中 m——滤波器的级数。

从图 22-1(a)可以看到,当 $k=m$ 时,极点坐标位于横轴上,其余各极点坐标关于横轴对称分布,因此,可以将 k 用该图所示方法代换为 i。即

$$\left.\begin{array}{l} i=m-k+1, \quad k\leqslant m \\ i=k-m+1, \quad k>m \end{array}\right\}, \quad i=1,2,\cdots,n \qquad (22-23)$$

式中 i——滤波器的级序号。

将式(22-22)和式(22-23)代入式(22-21),得到

$$\left.\begin{array}{l} p_1 = -1 \\ p_{i1} = -\cos\left(\frac{i-1}{n}\pi\right) + j\sin\left(\frac{i-1}{n}\pi\right) \\ p_{i2} = -\cos\left(\frac{i-1}{n}\pi\right) - j\sin\left(\frac{i-1}{n}\pi\right) \end{array}\right\}, \quad i=1,2,\cdots,m \qquad (22-24)$$

式中 p_1——第 1 级一阶滤波器的系数;

$\quad\quad p_{i1}$——第 i 级第 1 阶滤波器的系数;

$\quad\quad p_{i2}$——第 i 级第 2 阶滤波器的系数。

22.2.1.3 n 为偶数

如 12.4.1 节所述,当 n 为偶数时,各级均为二阶 RC 有源滤波器,因而

$$m = \frac{n}{2} \qquad (22-25)$$

从图 22-1(b)可以看到,各极点坐标关于横轴对称分布,因此,可以将 k 用该所示方法代换为 i。即

$$\left.\begin{array}{l} i=m-k+1, \quad k\leqslant m \\ i=k-m, \quad k>m \end{array}\right\}, \quad k=1,2,\cdots,n \qquad (22-26)$$

将式(22-25)和式(22-26)代入式(22-21),得到

$$\left.\begin{array}{l} p_{i1} = -\cos\left(\frac{2i-1}{2n}\pi\right) + j\sin\left(\frac{2i-1}{2n}\pi\right) \\ p_{i2} = -\cos\left(\frac{2i-1}{2n}\pi\right) - j\sin\left(\frac{2i-1}{2n}\pi\right) \end{array}\right\}, \quad i=1,2,3,\cdots,m \qquad (22-27)$$

22.2.2　传递函数表达式

22.2.2.1　概述

由于式(22-21)是式(22-15)所示极点方程的解,所以 Butterworth 有源低通滤波器的传递函数为[2]

$$A_{\mathrm{u}}(p) = \frac{A_0}{\displaystyle\prod_{k=1}^{n}(p - p_k)} \tag{22-28}$$

将式(22-2)、式(22-5)和式(22-11)代入式(6-3),得到

$$P = p \tag{22-29}$$

式中　P——Laplace 变换建立的 $-3\,\mathrm{dB}$ 归一化复频率。

如 12.4.1 节所述,若没有滤波器设计软件帮助,或阶数在五阶以上,则高阶有源滤波器需由几个低阶 RC 有源滤波器级联而成,为获得最大动态范围,当 n 为奇数时,第一级为一阶 RC 有源滤波器,其余各级均为二阶 RC 有源滤波器;当 n 为偶数时,各级均为二阶 RC 有源滤波器。鉴于一阶 RC 有源滤波器可以视为二阶 RC 有源滤波器的特例,因此,级联 RC 有源滤波器的传递函数如式(6-2)所示。

22.2.2.2　n 为奇数

只要在式(22-24)和式(6-2)间建立起联系,就可以给出 n 为奇数时 a_i, b_i 的表达式。参照式(22-28),由于式(22-24)是 n 为奇数时式(22-15)所示极点方程的解,所以 n 为奇数时 Butterworth 有源低通滤波器的传递函数为

$$A_{\mathrm{u}}(p) = \frac{A_0}{(p - p_1)\displaystyle\prod_{i=2}^{m}(p - p_{i1})(p - p_{i2})} \tag{22-30}$$

将式(22-24)代入式(22-30),得到

$$A_{\mathrm{u}}(p) = \frac{A_0}{(p+1)\displaystyle\prod_{i=2}^{m}\left[p + \cos\left(\frac{i-1}{n}\pi\right) - \mathrm{j}\sin\left(\frac{i-1}{n}\pi\right)\right]\left[p + \cos\left(\frac{i-1}{n}\pi\right) + \mathrm{j}\sin\left(\frac{i-1}{n}\pi\right)\right]} \tag{22-31}$$

将式(22-31)化简,得到

$$A_{\mathrm{u}}(p) = \frac{A_0}{(p+1)\displaystyle\prod_{i=2}^{m}\left\{\left[p + \cos\left(\frac{i-1}{n}\pi\right)\right]^2 + \sin^2\left(\frac{i-1}{n}\pi\right)\right\}} \tag{22-32}$$

将式(22-32)展开,得到

$$A_{\mathrm{u}}(p) = \frac{A_0}{(p+1)\displaystyle\prod_{i=2}^{m}\left[p^2 + 2\cos\left(\frac{i-1}{n}\pi\right)p + \cos^2\left(\frac{i-1}{n}\pi\right) + \sin^2\left(\frac{i-1}{n}\pi\right)\right]} \tag{22-33}$$

将式(12-81)和式(22-29)代入式(22-33),得到

$$A_{\mathrm{u}}(P) = \frac{A_0}{(P+1)\displaystyle\prod_{i=2}^{m}\left[P^2 + 2\cos\left(\frac{i-1}{n}\pi\right)P + 1\right]} \tag{22-34}$$

将式(22-34)与式(6-2)相比较,得到[4]

$$\left.\begin{array}{l} a_1 = 1 \\ b_1 = 0 \end{array}\right\} \tag{22-35}$$

式中　a_1, b_1——第 1 级一阶滤波器的系数。

并有[4]

$$\left.\begin{array}{l} a_i = 2\cos\dfrac{(i-1)\pi}{n} \\ b_i = 1 \end{array}\right\}, \quad i = 2,3,\cdots,m \tag{22-36}$$

22.2.2.3　n 为偶数

只要在式(22-27)和式(6-2)间建立起联系,就可以给出 n 为偶数时 a_i, b_i 的表达式。参照式(22-28),由于式(22-27)是 n 为偶数时式(22-15)所示极点方程的解,所以 n 为偶数时 Butterworth 有源低通滤波器的传递函数为

$$A_u(p) = \frac{A_0}{\displaystyle\prod_{i=1}^{m}(p - p_{i1})(p - p_{i2})} \tag{22-37}$$

将式(22-27)代入式(22-37),得到

$$A_u(p) = \frac{A_0}{\displaystyle\prod_{i=1}^{m}\left[p + \cos\left(\dfrac{2i-1}{2n}\pi\right) - \mathrm{j}\sin\left(\dfrac{2i-1}{2n}\pi\right)\right]\left[p + \cos\left(\dfrac{2i-1}{2n}\pi\right) + \mathrm{j}\sin\left(\dfrac{2i-1}{2n}\pi\right)\right]} \tag{22-38}$$

将式(22-38)化简,得到

$$A_u(p) = \frac{A_0}{\displaystyle\prod_{i=1}^{m}\left\{\left[p + \cos\left(\dfrac{2i-1}{2n}\pi\right)\right]^2 + \sin^2\left(\dfrac{2i-1}{2n}\pi\right)\right\}} \tag{22-39}$$

将式(22-39)展开,得到

$$A_u(p) = \frac{A_0}{\displaystyle\prod_{i=1}^{m}\left[p^2 + 2\cos\left(\dfrac{2i-1}{2n}\pi\right)p + \cos^2\left(\dfrac{2i-1}{2n}\pi\right) + \sin^2\left(\dfrac{2i-1}{2n}\pi\right)\right]} \tag{22-40}$$

将式(22-29)和式(22-34)代入式(22-40),得到

$$A_u(P) = \frac{A_0}{\displaystyle\prod_{i=1}^{m}\left[P^2 + 2\cos\left(\dfrac{2i-1}{2n}\pi\right)P + 1\right]} \tag{22-41}$$

将式(22-41)与式(6-2)相比较,得到[4]

$$\left.\begin{array}{l} a_i = 2\cos\dfrac{(2i-1)\pi}{2n} \\ b_i = 1 \end{array}\right\}, \quad i = 1,2,3,\cdots,m \tag{22-42}$$

将式(22-11)和式(22-29)代入式(6-2),得到

$$A_u(\mathrm{j}\Omega) = \frac{A_0}{\displaystyle\prod_{i=1}^{m}(1 - b_i\Omega^2 + \mathrm{j}a_i\Omega)} \tag{22-43}$$

22.3　幅 频 特 性

由式(22-1)可以绘出 $n=1,3,5,7,9$ 和 $n=2,4,6,8,10$ 的 Butterworth 有源低通滤波器幅频特性曲线,其中线性刻度曲线如图 22-2 和图 22-3 所示,对数刻度曲线如图 22-4 和图 22-5 所示。

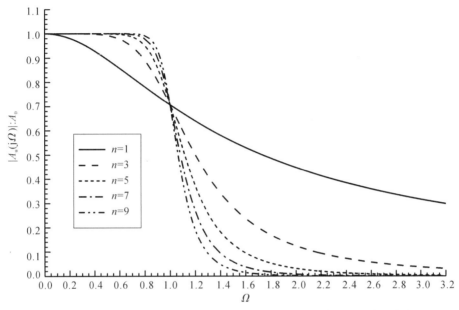

图 22-2　$n=1,3,5,7,9$ 的 Butterworth 有源低通滤波器幅频特性曲线
（线性刻度）

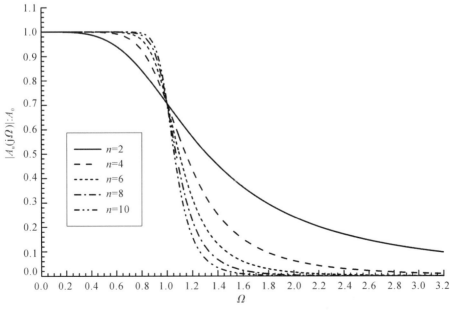

图 22-3　$n=2,4,6,8,10$ Butterworth 有源低通滤波器幅频特性曲线
（线性刻度）

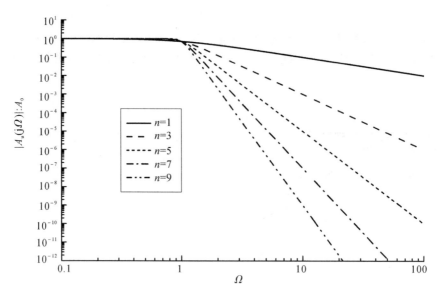

图 22-4 $n = 1,3,5,7,9$ 的 Butterworth 有源低通滤波器幅频特性曲线

（对数刻度）

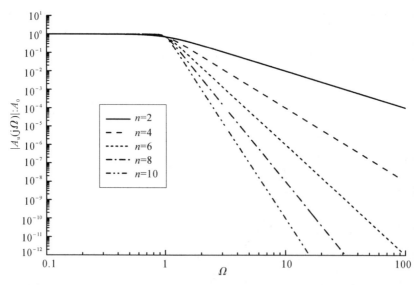

图 22-5 $n = 2,4,6,8,10$ 的 Butterworth 有源低通滤波器幅频特性曲线

（对数刻度）

从图 22-2 和图 22-3 可以看到，Butterworth 有源低通滤波器阶数 n 越高，过渡带越窄，越接近理想特性。从图 22-4 和图 22-5 可以看到，阻带的幅频特性以 $-20n$ dB/dec 的速率单调下降。

22.4　相频特性

22.4.1　概述

式(22-43)可以改写为

$$A_{\mathrm{u}}(\mathrm{j}\Omega) = A_0 \prod_{i=1}^{m} \frac{(1-b_i\Omega^2) - \mathrm{j}a_i\Omega}{(1-b_i\Omega^2)^2 + (a_i\Omega)^2} \tag{22-44}$$

由式(22-44)可以得到相频特性为

$$\phi_{\mathrm{u}}(\mathrm{j}\Omega) = \sum_{i=1}^{m}\left[-\arctan\left(\frac{a_i\Omega}{1-b_i\Omega^2}\right) - \left(1 - \frac{|1-b_i\Omega^2|}{1-b_i\Omega^2}\right)\cdot\frac{\pi}{2} \right] \tag{22-45}$$

式中　$\phi_{\mathrm{u}}(\mathrm{j}\Omega)$——Butterworth 有源低通滤波器在归一化频率 Ω 处的复数增益的辐角,即增益的相位,rad。

我们知道反正切的主值范围为 $(-\pi/2,\pi/2)$,为了把它延伸至 $[-\pi,\pi]$,需判别式(22-44)实部和虚部的正负号,当实部为负号、虚部为正号时,应加 π;当实部和虚部均为负号时,应减 π。由式(22-44)可以看到,虚部不会出现正号,即实际值域范围为 $[-\pi,0]$。为此,式(22-45)方括号中增加第二项,它所起的作用正是将值域从 $(-\pi/2,\pi/2)$ 调整为 $[-\pi,0]$。

22.4.2　n 为奇数

由式(22-22)、式(22-35)、式(22-36)、式(22-45)可以绘出 $n=1,3,5,7,9$ 的 Butterworth 有源低通滤波器相频特性曲线如图 22-6 和图 22-7 所示,其中图 22-6 为线性刻度,图 22-7 为单对数刻度。

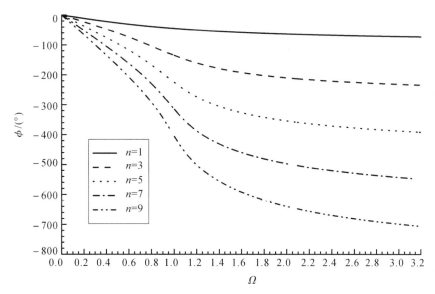

图 22-6　$n=1,3,5,7,9$ 的 Butterworth 有源低通滤波器相频特性曲线
（线性刻度）

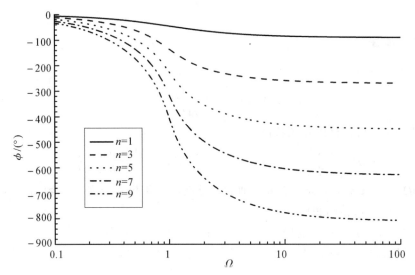

图 22-7 $n = 1,3,5,7,9$ 的 Butterworth 有源低通滤波器相频特性曲线
（单对数刻度）

22.4.3 n 为偶数

由式(22-25)、式(22-42)、式(22-45)可以绘出 $n = 2,4,6,8,10$ 的 Butterworth 有源低通滤波器相频特性曲线如图 22-8 和图 22-9 所示,其中图 22-8 为线性刻度,图 22-9 为单对数刻度。

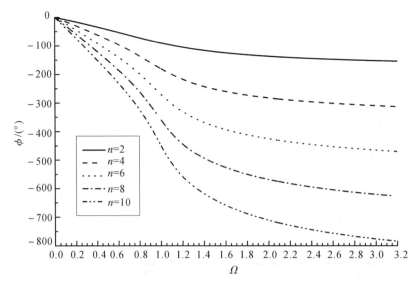

图 22-8 $n = 2,4,6,8,10$ 的 Butterworth 有源低通滤波器相频特性曲线
（线性刻度）

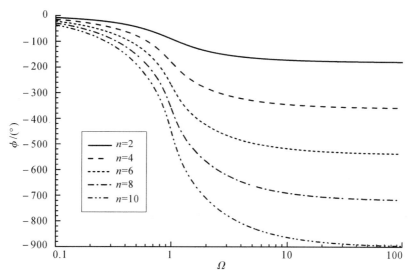

图 22-9　$n = 2, 4, 6, 8, 10$ 的 Butterworth 有源低通滤波器相频特性曲线
（单对数刻度）

　　从图 22-6 ～ 图 22-9 可以看到，Butterworth 有源低通滤波器阶数 n 越高，相移随频率的变化越快。

22.5　群时延和信号传输失真

　　式(6-8)给出了群时延 τ 的定义。依据式(12-96)和式(22-5)，可以用图 22-6 和图 22-8 所对应的数据得到 $n = 1, 3, 5, 7, 9$ 和 $n = 2, 4, 6, 8, 10$ 的 Butterworth 有源低通滤波器 $\tau \times f_c$ 随 Ω 的变化曲线，如图 22-10 和图 22-11 所示。

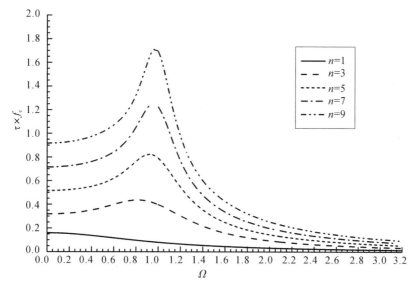

图 22-10　$n = 1, 3, 5, 7, 9$ 的 Butterworth 有源低通滤波器 $\tau \times f_c$ 随 Ω 的变化曲线

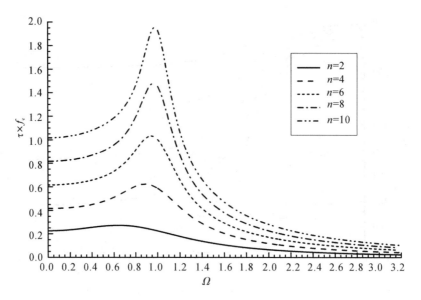

图 22-11　$n = 2,4,6,8,10$ 的 Butterworth 有源低通滤波器 $\tau \times f_c$ 随 Ω 的变化曲线

从图 22-10 和图 22-11 可以看到，Butterworth 有源低通滤波器阶数 n 越高，群时延随频率的变化越大。

Butterworth 有源低通滤波器对方波的响应可以直观地反映信号失真情况。图 22-12 给出了一个方波"quadrate"。

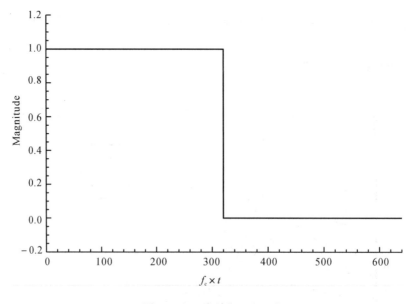

图 22-12　方波"quadrate"

用矩形窗 FFT 变换可以得到其幅频特性和相频特性，如图 22-13、图 22-14 所示。

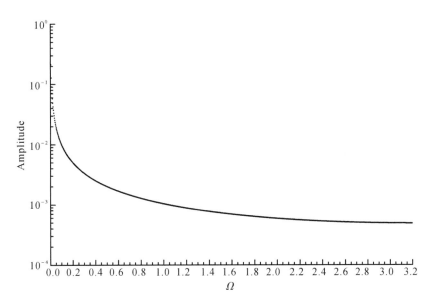

图 22-13　方波"quadrate"的幅频特性

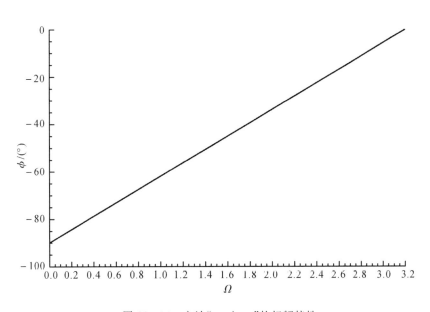

图 22-14　方波"quadrate"的相频特性

　　将图 22-12 所示方波"quadrate"的幅频特性与图 22-3 所示 $n=6$ 的 Butterworth 有源低通滤波器的幅频特性相乘,得到方波"quadrate"通过该滤波器后的幅频特性,如图 22-15所示。

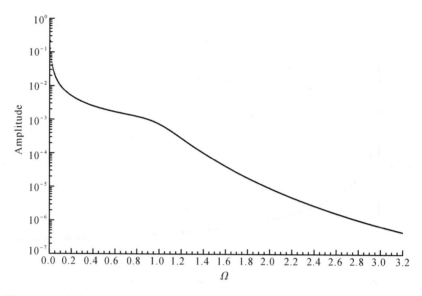

图 22-15　方波"quadrate"通过 $n=6$ 的 Butterworth 有源低通滤波器后的幅频特性

　　将图 22-14 所示方波"quadrate"的相频特性与图 22-8 所示 $n=6$ 的 Butterworth 有源低通滤波器的相频特性相加,得到方波"quadrate"通过该滤波器后的相频特性,如图 22-16 所示。

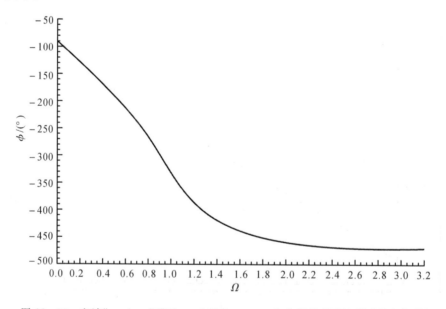

图 22-16　方波"quadrate"通过 $n=6$ 的 Butterworth 有源低通滤波器后的相频特性

　　将图 22-16 所示相频特性数据的单位转换为 rad 后,与图 22-15 所示幅频特性数据组合在一起,以频率、幅度、相位三列数据的方式构成后缀为 .fft 的数据表,用附录 C.2 节所示矩形窗 IFFT 变换,得到方波"quadrate"通过 $n=6$ 的 Butterworth 有源低通滤波器后的响应,如图 22-17 和图 22-18 所示,其中图 22-18 是图 22-17 的局部展开图。

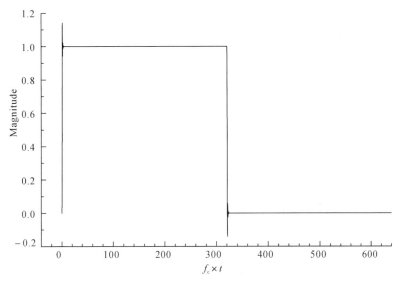

图 22-17　方波"quadrate"通过 $n=6$ 的 Butterworth 有源低通滤波器后的响应

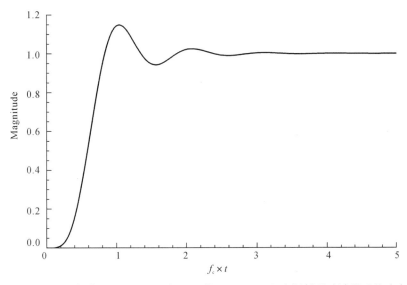

图 22-18　方波"quadrate"通过 $n=6$ 的 Butterworth 有源低通滤波器后的响应
（局部展开图）

22.6　计 算 程 序

22.6.1　原理

22.6.1.1　用若干个单一正反馈二阶有源低通滤波器级联

用若干个单一正反馈二阶有源低通滤波器级联的方法构成 Butterworth 有源低通滤波器的设计步骤如下：

(1) 由物理设计确定整个低通滤波器的阶数 n、截止频率 f_c。

(2) 当 n 为奇数时，第一级采用非反转型一阶有源低通滤波器（12.8.3.1 节解释了与单一正反馈二阶有源低通滤波器的关系），即图 12-22 中的 R_{11} 短路、C_{11} 开路，如式（22-35）所示，第一级滤波器的系数 $a_1 = 1, b_1 = 0$。

(3) 参考 12.8.4.2 节提出的选用原则，通常阻值选取范围为 $100\ \Omega \sim 100\ k\Omega$。当 n 为奇数时将上述阻值选取范围及 $a_1 = 1$ 代入式（12-134），给出第一级（一阶低通滤波器）电容值 C_{12} 的通常选取范围：

$$\left.\begin{aligned} \{C_{12\min}\}_{\mathrm{nF}} &= \frac{1 \times 10^4}{2\pi \{f_c\}_{\mathrm{Hz}}} \\ \{C_{12\max}\}_{\mathrm{nF}} &= \frac{1 \times 10^7}{2\pi \{f_c\}_{\mathrm{Hz}}} \end{aligned}\right\} \tag{22-46}$$

式中　　$C_{12\min}$——C_{12} 的选取下限，nF；

$\qquad C_{12\max}$——C_{12} 的选取上限，nF；

$\qquad C_{12}$—— 第 1 级非反转型一阶有源低通滤波器运放正输入端的接地电容，F。

根据 E24 标称值和所选电容型号的标称电容量范围，并参考式（22-46），选定电容值 C_{12}，再将 $a_1 = 1$ 代入式（12-134）计算相应的电阻值 R_{12}。

(4) 当 n 为奇数时，若当直流增益不为 1，确定第一级一阶滤波器的直流增益 A_{01}。

(5) 当 n 为奇数且直流增益不为 1 时，根据式（12-134）并参考上述阻值选取范围选定第一级（一阶低通滤波器）R_{1f}, R_{1r}。

(6) 当 n 为奇数时，用式（22-22）计算 m，并计算 $(i-1) \cdot \pi/n (i = 2, 3, \cdots, m)$；当 n 为偶数时，用式（22-25）计算 m，并计算 $(2i-1) \cdot \pi/2n (i = 1, 2, 3, \cdots, m)$。

(7) 当 n 为奇数时，用式（22-36）计算各级二阶低通滤波器 $a_i, b_i (i = 2, 3, \cdots, m)$；当 n 为偶数时，用式（22-42）计算各级二阶低通滤波器 $a_i, b_i (i = 1, 2, 3, \cdots, m)$。

(8) 用式（12-108）计算各级二阶低通滤波器 ω_i, Q_i，并用 $f_i = \omega_i/2\pi$ 计算 $f_i (i = 2, 3, \cdots, m)$。

(9) 当直流增益不为 1 时，确定各级二阶低通滤波器的直流增益 A_{0i}。

(10) 按式（12-145）计算 $(C_{i2}/C_{i1})_{\text{extreme}}$。

(11) 根据 E24 标称值和所选电容型号的标称电容量范围，并参考式（12-149），选定电容值 $C_{i1} (i = 2, 3, \cdots, m)$。

(12) 根据标称系列值，在式（12-146）规定的范围内选定电容值 C_{i2}，并用式（12-113）和式（12-114）计算 R_{i1} 和 R_{i2}；当直流增益不为 1 时，根据式（12-103）并参考上述阻值选取范围选定各级二阶低通滤波器 R_{if} 和 $R_{ir} (i = 2, 3, \cdots, m)$。

(13) 需要时输出 Butterworth 有源低通滤波器阶数 n，$-3\ dB$ 的截止频率 f_c，各级滤波器系数 a_i, b_i，各级滤波器特征频率 f_i 和品质因数 Q_i，各级滤波器电容 C_{i1}, C_{i2} 和电阻 R_{i1}，R_{i2}，各级滤波器直流增益 A_{0i} 和相应的电阻 R_{if}, R_{ir}。

22.6.1.2　用若干个多重负反馈二阶有源低通滤波器级联

用若干个多重负反馈二阶有源低通滤波器级联的方法构成 Butterworth 有源低通滤波器的设计步骤如下：

步骤 (1) 同 22.6.1.1 节。

(2) 当 n 为奇数时，第一级采用反转型一阶有源低通滤波器（12.8.3.2 节解释了与多重负反馈二阶有源低通滤波器的关系),即图 12-25 中的 R_{11} 短路,C_{11} 开路。如式(22-35)所示,第一级滤波器的系数 $a_1=1,b_1=0$。

(3) 参考 12.8.4.2 节提出的选用原则,通常阻值选取范围为 $100\ \Omega \sim 100\ \text{k}\Omega$。当 n 为奇数时,将上述阻值选取范围及 $a_1=1$ 代入式(12-138),给出第一级(一阶低通滤波器)电容值 C_{12} 的通常选取范围,表达式与式(22-55)相同。

根据 E24 标称值和所选电容型号的标称电容量范围,并参考式(22-55),选定电容值 C_{12},再将 $a_1=1$ 代入式(12-138)计算相应的电阻值 R_{12}。

(4) 当 n 为奇数时,确定第一级一阶低通滤波器的直流增益 A_{01}。

(5) 当 n 为奇数时,用式(12-138)计算第一级一阶低通滤波器的电阻值 R_{13}。

步骤(6)～(8)同 22.6.1.1 节。

(9) 确定各级二阶低通滤波器的直流增益 A_{0i}。

(10) 按式(12-150)计算 $(C_{i2}/C_{i1})_{\text{extreme}}$。

(11) 根据 E24 标称值和所选电容型号的标称电容量范围,并参考式(12-152),选定电容值 $C_{i1}(i=2,3,\cdots,m)$。

(12) 根据标称系列值,在式(12-146)规定的范围内选定电容值 C_{i2},并用式(12-125)、式(12-126)、式(12-121)分别计算电阻值 $R_{i1},R_{i2},R_{i3}(i=2,3,\cdots,m)$。

(13) 需要时输出 Butterworth 有源低通滤波器阶数 n,$-3\ \text{dB}$ 的截止频率 f_c,各级滤波器系数 a_i,b_i,各级滤波器特征频率 f_i 和品质因数 Q_i,各级滤波器电容 C_{i1},C_{i2} 和电阻 R_{i1},R_{i2},各级滤波器直流增益 A_{0i} 和相应的电阻 R_{i3}。

22.6.2　实际程序示例

见附录 C.7 节,该节给出了由若干个多重负反馈二阶有源低通滤波器级联构成 Butterworth 有源低通滤波器的各相关参数计算程序及其使用示例。

22.6.3　运行效果示例

用 Word 可以将附录表 C-2 所示文件转换为表格,如表 22-1 所示。

表 22-1　Butterworth 低通滤波器参数示例

Butterworth low pass filter based on negative feedback with $n=4,f_c=3.00\ \text{Hz}$					
i	a_i	b_i	f_i/Hz	Q_i	
1	1.847 8	1.000 0	3.00	0.541 2	
2	0.765 4	1.000 0	3.00	1.306 6	
i	C_{i1}/nF	C_{i2}/nF	$R_{i1}/\text{k}\Omega$	$R_{i2}/\text{k}\Omega$	A_{0i}	$R_{i3}/\text{k}\Omega$
1	2 200.000	820.000	19.250	81.044	-1.000	81.044
2	4 700.000	270.000	20.145	110.095	-1.000	110.095

由于电容分挡粗、离散度大,所以在文献[5]规定的标称值系列内选定 C_{i1},C_{i2} 后,应测定其真实电容值,再算出 R_{i1},R_{i2},R_{i3},挑选电阻(参见 12.8.4 节)。

假定表 22-1 所列 C_{i1},C_{i2},R_{i1},R_{i2} 是真实值,则由式(12-121)及 $\omega_i=2\pi f_i$ 可以得到 f_i

和 Q_i，如表 22 - 2 所示。

表 22 - 2 用表 22 - 1 所列 C_{i1}，C_{i2}，R_{i1}，R_{i2}，R_{i3}，由式（12 - 121）及 $\omega_i = 2\pi f_i$ 得到的 f_i 和 Q_i

i	C_{i1}/nF	C_{i2}/nF	$R_{i1}/\mathrm{k\Omega}$	$R_{i2}/\mathrm{k\Omega}$	$R_{i3}/\mathrm{k\Omega}$	f_i	Q_i
1	2 200.000	820.000	19.250	81.044	81.044	3.00	0.541 2
2	4 700.000	270.000	20.145	110.095	110.095	3.00	1.306 6

将表 22 - 2 中所列的 f_i 和 Q_i 与表 22 - 1 所列 f_i 和 Q_i 相对照，可以看到二者完全相符，说明程序计算是正确的。但是，C_{i1}，C_{i2}，R_{i1}，R_{i2}，R_{i3} 的真实值受系列值、允差、温度系数等因素影响，不可能与计算值符合得那么好，因此，实际的 f_i 和 Q_i 不可能完全符合设计要求。

由式（12 - 153）和表 22 - 2 可以绘出 $n = 4$，$f_c = 3$ Hz，$|A_0| = 1$ 的 Butterworth 有源低通滤波器的各级 |幅度| - 频率曲线，如图 22 - 19 ～ 图 22 - 20 所示。将二级幅频特性相乘，即得到整个 2 级 4 阶滤波器的 |幅度| - 频率曲线，如图 22 - 21 所示。为了直接观察各级 |幅度| - 频率曲线相互间及与总的 |幅度| - 频率曲线的关系，将图 22 - 19 ～ 图 22 - 21 的 3 条曲线叠放在一起，如图 22 - 22 所示。

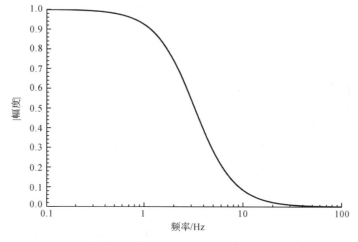

图 22 - 19 $n = 4$，$f_c = 3$ Hz，$|A_0| = 1$ 的 Butterworth 有源低通滤波器第一级 |幅度| - 频率曲线

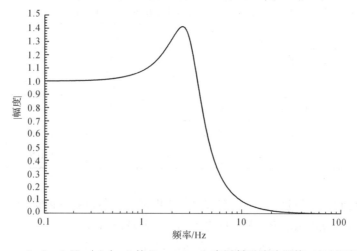

图 22 - 20 $n = 4$，$f_c = 3$ Hz，$|A_0| = 1$ 的 Butterworth 有源低通滤波器第二级 |幅度| - 频率曲线

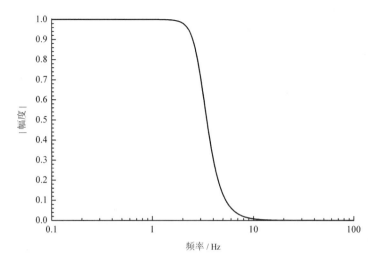

图 22 - 21　$n=4$, $f_c=3$ Hz, $|A_0|=1$ 的 Butterworth 有源低通滤波器二级总的 $|$ 幅度 $|$ - 频率曲线

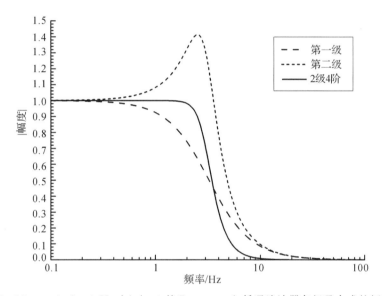

图 22 - 22　$n=4$, $f_c=3$ Hz, $|A_0|=1$ 的 Butterworth 低通滤波器各级及合成的幅频曲线

观察图 22 - 22,可以直观地感受到第二级 Q 值明显比第一级高。

22.7　关于高阶滤波器构成方法的讨论

文献[4]指出:"当滤波器的特性不够陡时,必须使用高阶滤波器,为此应将一阶滤波器、二阶滤波器串联起来,从而可获得各单级滤波器幅频响应相乘的幅频响应曲线[①];但是,例如把两级二阶 Butterworth 滤波器串联起来以求得到四阶 Butterworth 滤波器那样的做法

---

①　文献[4]原文为"各单级滤波器频率响应相乘的频率响应曲线",不妥,频率响应包括幅频响应和相频响应,而串联后的相频响应是通过将各单级滤波器的相频响应相加得到的。

将是错误的,这样会使滤波器的截止频率和特性发生变化,因此,必须适当地选择单级滤波器的系数,使得它们的幅频响应[①]的乘积具有预期的最佳滤波类型。"

以为"把两级二阶 Butterworth 滤波器串联起来可以得到四阶 Butterworth 滤波器"这种认识上的误区可能是受到了 Butterworth 滤波器每一级的特征频率均等于级联后总的截止频率这一现象的误导,其实,每一级的特征角频率$[\omega_i = 1/\sqrt{C_{i1} C_{i2} R_{i1} R_{i2}}$,参见式(12 - 103)或式(12 - 121)]与每一级的截止角频率是两个不同的概念,仅仅对于单级二阶 Butterworth 滤波器而言,特征频率才与其截止频率相同。

以为"把两级二阶 Butterworth 滤波器串联起来可以得到四阶 Butterworth 滤波器"这种认识上的误区也可能是受到了两个谐振频率不同的窄带带通滤波器级联可以拓展窄带带宽的误导。其实,文献[6]指出:带通滤波器分为宽带和窄带两种,如果上截止频率与下截止频率的比例超过 2(一个倍频程),则认为此滤波器是宽带型。宽带带通滤波器可通过级联一个低通滤波器和一个高通滤波器得到,其中高通滤波器可通过以 $1/s$ 代替归一化低通传递函数中的 s 得到;而窄带带通滤波器不能通过分为单独的低通滤波器和高通滤波器来实现。文献[7]指出:如果带通滤波器的上截止频率与下截止频率之比很大,宜将低通滤波器与高通滤波器级联;如果上截止频率与下截止频率之比很小,宜将谐振频率不同的两个二阶带通滤波器级联以扩展带宽(参见 21.5 节提供的实例)。由这些文献的上述表述和实际经验可知,既然试图将窄带带通滤波器级联以拓展窄带带宽的方法扩展到宽带带通滤波器设计中尚且是既无根据,也做不到的;那么以提高滤波器特性陡度为目的试图将两个 Butterworth 低通滤波器级联以得到四阶 Butterworth 低通滤波器就更是既无根据,也做不到的。

不仅对于 Butterworth 低通滤波器来说,用两级该类型二阶低通滤波器串联得不到该类型四阶低通滤波器,对于其他类型的低通滤波器也是这样。

从图 12 - 33($n = 6, R_p = 0.5$ dB, $f_c = 108.5$ Hz, $A_0 = 1$ 的 Chebyshev - I 低通滤波器各级及合成的幅频曲线)和图 22 - 22($n = 4, f_c = 3$ Hz, $|A_0| = 1$ 的 Butterworth 低通滤波器各级及合成的幅频曲线)可以看到,通过级联来改善低通滤波器的幅频特性时,每一级的幅频特性不可能相同。换言之,把具有相同幅频特性的若干级低通滤波器级联起来不可能改善低通滤波器的幅频特性,即使每一级的特征频率有所平移也不行。

22.8 本章阐明的主要论点

22.8.1 特点

Butterworth 有源低通滤波器的特点是:① -3 dB 的不变性:不管 n 是多少,$\Omega = 1$ 处幅频特性均下降至 -3 dB,因而定义幅频特性下降至 -3 dB 处为通带上限。②通带、阻带下降的单调性:通带、阻带下降的单调性决定了这种滤波器具有良好的相频特性(即通带内相移较为平缓)。③最大平坦性:在零频点,它的前 $(2n - 1)$ 阶导数都等于零,这表示 Butterworth 滤波器的幅频特性在零频点附近一段范围内是非常平直的,它以原点的最大平坦性来逼近理想低通滤波器,"最平响应"即由此而得名。

---

① 文献[4]原文为"频率响应"。

22.8.2　传递函数

n 阶 Butterworth 有源低通滤波器极点分布：①n 阶 Butterworth 有源低通滤波器极点以 π/n 为间隔均匀分布在半径为 1 的圆周上，这个圆称为 Butterworth 圆。②所有极点相对 $j\delta$ 轴对称分布，在 $j\delta$ 轴上没有极点。③所有复数极点两两呈共轭对称分布：n 为奇数时，有两个极点分布在 $\sigma = \pm 1$ 的实轴上；n 为偶数时，实轴上没有极点。

22.8.3　幅频特性

Butterworth 有源低通滤波器阶数 n 越高，过渡带越窄，越接近理想特性。阻带的幅频特性以 $-20n$ dB/dec 的速率单调下降。

22.8.4　相频特性

Butterworth 有源低通滤波器阶数 n 越高，相移随频率的变化越快。

22.8.5　群时延和信号传输失真

Butterworth 有源低通滤波器阶数 n 越高，群时延随频率的变化越大。

22.8.6　计算程序

用附录 C.7 节所示 Butterworth 有源低通滤波器的实际计算程序计算 $n=4$，$f_c=3$ Hz，$A_0=1$ 的 Butterworth 低通滤波器各相关参数，并据此绘制各级 |幅度| - 频率曲线，可以看到，第二级 Q 值明显比第一级高。

22.8.7　关于高阶滤波器构成方法的讨论

（1）尽管 Butterworth 滤波器每一级的特征频率均等于级联后总的截止频率，但是对于 Butterworth 滤波器的每一级而言，除了单级二阶 Butterworth 滤波器以外，特征频率与截止角频率是两个不同的概念，用两级 Butterworth 二阶滤波器串联得不到 Butterworth 四阶滤波器。

（2）带通滤波器分为宽带和窄带两种，宽带带通滤波器的上截止频率与下截止频率的比例超过 2（一个倍频程），可通过级联一个低通滤波器和一个高通滤波器得到，其中高通滤波器可通过以 $1/s$ 代替归一化低通传递函数中的 s 得到；窄带带通滤波器的上截止频率与下截止频率之比很小，可采用谐振频率不同的两个二阶带通滤波器级联，但不能通过级联一个低通滤波器和一个高通滤波器得到。

（3）既然试图将窄带带通滤波器级联以拓展窄带带宽的方法扩展到宽带带通滤波器设计中尚且是既无根据，也做不到的；那么以提高滤波器特性陡度为目的试图将两个 Butterworth 低通滤波器级联以得到四阶 Butterworth 低通滤波器就更是既无根据，也做不到的。

（4）不仅对于 Butterworth 低通滤波器来说，用两级该类型二阶低通滤波器串联得不到该类型四阶低通滤波器，对于其他类型的低通滤波器也是这样。

（5）通过级联来改善低通滤波器的幅频特性时，每一级的幅频特性不可能相同。换言之，把具有相同幅频特性的若干级低通滤波器级联起来不可能改善低通滤波器的幅频特性，即使每一级的特征频率有所平移也不行。

参 考 文 献

［1］ 吴丙申，卞祖富. 模拟电路基础［M］. 北京：北京理工大学出版社，1997.

［2］ 郑君里，应启珩，杨为理. 信号与系统：下［M］. 2 版. 北京：高等教育出版社，2000.

［3］ 数学手册编写组. 数学手册［M］. 北京：人民教育出版社，1979.

［4］ 梯策，胜克. 高级电子电路［M］. 王祥贵，周旋，等译. 北京：人民邮电出版社，1984.

［5］ 电子工业部标准化研究所. 电阻器和电容器优先数系：GB/T 2471—1995 ［S］. 北京：
中国标准出版社，1995.

［6］ WILLIAMS A B，TAYLOR F J. 电子滤波器设计［M］. 宁彦卿，姚金科，译. 北京：
科学出版社，2008.

［7］ 远坂俊昭. 测量电子电路设计：滤波器篇［M］. 彭军，译. 北京：科学出版社，2006.

第23章　静电悬浮加速度计基本指标分析

本章的物理量符号

A	电极面积，m^2；位移振动的幅度，N/m
a_E	地球长半轴：$a_E = 6.378\ 137\ 0 \times 10^6\ m$
a_m	重力场倾角小角度静态标定线性区域的最大加速度绝对值，g_n
A_{st}	静变位，m
$\boldsymbol{b}$	加速度计（3×1）偏值矢量，m/s^2
$\overline{C}_{1,0}$	1阶0次完全规格化地球引力位余弦项系数，当真实地球质量作为正常椭球体质量，并取地心为坐标原点时，$\overline{C}_{1,0} = 0$
$\overline{C}_{1,1}$	1阶1次完全规格化地球引力位余弦项系数，当真实地球质量作为正常椭球体质量，并取地心为坐标原点时，$\overline{C}_{1,1} = 0$
$\overline{C}'_{2,0}$	地球正常引力位 V' 的2阶完全规格化带谐系数，对于 CGCS2000 椭球，$\overline{C}'_{2,0} = -4.841\ 667\ 798\ 797 \times 10^{-4}$
$\overline{C}''_{2,0}$	地球正常引力位 V'' 的2阶完全规格化带谐系数
$\overline{C}'''_{2,0}$	1984世界大地测量系统 WGS84 椭球导出的2阶完全规格化带谐系数：$\overline{C}'''_{2,0} = -4.841\ 667\ 749\ 85 \times 10^{-4}$
$\overline{C}''_{2,1}$	地球正常引力位 V'' 的1次完全规格化地球引力位余弦项系数，规定坐标轴为主惯性轴时 $\overline{C}''_{2,1} = 0$
$\overline{C}''_{2,2}$	地球正常引力位 V'' 的2次完全规格化地球引力位余弦项系数，规定坐标轴为主惯性轴时 $\overline{C}''_{2,2} = 0$
$\overline{C}''_{2,m}$	地球正常引力位 V'' 的2阶 m 次完全规格化地球引力位余弦项系数，$m = 0, 1, 2$
$\overline{C}'_{2n,0}$	地球正常引力位 V' 的完全规格化带谐系数，$n \geqslant 1$
$\overline{C}'_{4,0}$	地球正常引力位 V' 的4阶完全规格化带谐系数，对于 CGCS2000 椭球，$\overline{C}'_{4,0} = 7.903\ 037\ 520\ 469 \times 10^{-7}$
$\overline{C}'_{6,0}$	地球正常引力位 V' 的6阶完全规格化带谐系数，对于 CGCS2000 椭球，$\overline{C}'_{6,0} = -1.687\ 249\ 686\ 418 \times 10^{-9}$
$\overline{C}'_{8,0}$	地球正常引力位 V' 的8阶完全规格化带谐系数，对于 CGCS2000 椭球，$\overline{C}'_{8,0} = 3.460\ 525\ 000\ 701 \times 10^{-12}$
$\overline{C}'_{10,0}$	地球正常引力位 V' 的10阶完全规格化带谐系数，对于 CGCS2000 椭球，$\overline{C}'_{10,0} = -2.650\ 023\ 620\ 297 \times 10^{-15}$
C_d	阻力系数
$\overline{C}'_{i,0}$	地球正常引力位 V' 的 i 阶完全规格化带谐系数，当 $i \geqslant 12$ 时 $\overline{C}'_{i,0} = 0$

$\overline{C}'_{n,0}$	地球正常引力位 V' 的 n 阶完全规格化带谐系数，$n \geqslant 2$，且当 n 为奇数时 $\overline{C}'_{n,0} = 0$
$C_{n,m}$	常规引力位余弦项系数，$n \geqslant 2$
$\overline{C}_{n,m}$	n 阶 m 次完全规格化地球引力位余弦项系数，$n \geqslant 2$（当 $m = 0$ 时称为带谐系数，当 $m \neq 0$ 且 $m \neq n$ 时称为田谐系数，$m = n$ 时称为扇谐系数）
$\overline{C}'_{n,m}$	地球正常引力位 V' 的 n 阶 m 次完全规格化地球引力位余弦项系数，$n \geqslant 2$，且当 $m \neq 0$ 时 $\overline{C}'_{n,m} = 0$
$\overline{C}^*_{n,m}$	地球扰动引力位 T 的 n 阶 m 次完全规格化地球引力位余弦项系数，$n \geqslant 2$
D	回归周期，d
d	电容器两极板间的距离；检验质量与电极间的平均间隙，m
$\mathrm{d}m$	地球内部质量元的质量，kg
d_s	以最小地面尺寸表示的重力场空间分辨力，m
d_φ	以最小经、纬度间隔表示的重力场空间分辨力，(°)
$\boldsymbol{e}_x$	地心空间直角坐标系 x 轴方向的单位矢量
$\boldsymbol{e}_y$	地心空间直角坐标系 y 轴方向的单位矢量
$\boldsymbol{e}_z$	地心空间直角坐标系 z 轴方向的单位矢量
F	静态力，简谐激振外力的幅值，N
f	频率，Hz
f_0	加速度计的基础频率，Hz
f_1	测量带宽下限，Hz
f_2	测量带宽上限，Hz
f_c	环内一阶有源低通滤波的截止频率（−3 dB 处的频率），Hz
f_h	通带高端频率，Hz
f_m	原始时域信号最高频率，Hz
f_N	Nyquist 频率，Hz
G	引力常数：$G = (6.670\ 8 \pm 0.000\ 31) \times 10^{-11}\ \mathrm{N \cdot m^2/kg^2}$
$\boldsymbol{g}$	重力加速度矢量，$\mathrm{m/s^2}$
GM	地球的地心引力常数：$GM = 3.986\ 004\ 418 \times 10^{14}\ \mathrm{m^3/s^2}$（包括地球大气质量）
$g(x)$	空间任一点 p（所关心重力位置）的重力加速度在地心空间直角坐标系 x 轴上的分量，$\mathrm{m/s^2}$
$g(y)$	空间任一点 p（所关心重力位置）的重力加速度在地心空间直角坐标系 y 轴上的分量，$\mathrm{m/s^2}$
$g(z)$	空间任一点 p（所关心重力位置）的重力加速度在地心空间直角坐标系 z 轴上的分量，$\mathrm{m/s^2}$
g''_λ	由地球正常引力位 V'' 导出的正常引力加速度在与 ρ 垂直平面内正东方向（$\mathrm{d}\lambda$ 方向）上的分量，$\mathrm{m/s^2}$
g'_λ	由地球正常引力位 V' 导出的正常引力加速度在与 ρ 垂直平面内正东方向（$\mathrm{d}\lambda$ 方向）上的分量，$\mathrm{m/s^2}$
g''_ρ	由地球正常引力位 V'' 导出的正常引力加速度在矢径 ρ 方向上的分量，$\mathrm{m/s^2}$

g'_ρ	由地球正常引力位 V' 导出的正常引力加速度在矢径 ρ 方向上的分量,m/s^2
g''_φ	由地球正常引力位 V'' 导出的正常引力加速度在与 ρ 垂直平面内正北方向（dφ 方向）上的分量,m/s^2
g'_φ	由地球正常引力位 V' 导出的正常引力加速度在与 ρ 垂直平面内正北方向（dφ 方向）上的分量,m/s^2
h	轨道高度,m
i	轨道倾角,(°)
J_2	CGCS2000 参考椭球导出的二阶带谐系数: $J_2 = 1.082\ 629\ 832\ 258 \times 10^{-3}$
J''_2	由地球正常引力位 V'' 导出的二阶带谐系数
k	离散时域数据的序号;单自由度系统的刚度,N/m
$K_{1,t}$	理论标度因数,V/(m·s^{-2})
k_i	包含因子
$\boldsymbol{M}$	加速度计(3 × 3)标度因数矩阵
M	地球质量: $M = 5.972\ 37 \times 10^{24}$ kg
m	球谐函数级数的次(degree,经度方向)
m_i	检验质量的惯性质量,kg
N	回归圈数
n	数据长度,等间隔测试点的对数,球谐函数级数的阶(order,纬度方向)
$n_{\max}$	球谐函数级数展开模型的截断阶,即模型的最高阶,或简称模型的阶
n_N	Nyqust 阶
$\bar{P}_{2,0}(\sin\varphi)$	规格化的 2 阶 0 次缔合 Legendre 函数
$\bar{P}_{2,m}(\sin\varphi)$	规格化的 2 阶 m 次缔合 Legendre 函数,$m = 0,1,2$
$\bar{P}_{2n,0}(\sin\varphi)$	规格化的 $2n$ 阶 0 次缔合 Legendre 函数,$n \geqslant 1$
$P_{n,m}(\sin\varphi)$	缔合 Legendre 函数,$n \geqslant 2$
$\bar{P}_{n,m}(\sin\varphi)$	规格化的 n 阶 m 次缔合 Legendre 函数,$n \geqslant 2$
$P_n(\sin\varphi)$	Legendre 函数,$n \geqslant 2$
$\boldsymbol{R}^{\text{err}}_{I \to S}$	姿态测量误差(注意:这不是姿态控制误差,而是姿态认知误差)
$\boldsymbol{R}^{\text{err}}_{S \to ACC}$	从卫星本体坐标(S)到加速度计坐标(ACC)的旋转矩阵
$\boldsymbol{R}^{\text{obs}}_{I \to S}$	星象跟踪仪的姿态观测量
$\boldsymbol{R}^{\text{true}}_{I \to S}$	从惯性坐标(I)到卫星本体坐标(S)的旋转矩阵
s	单次测量的实验标准差
$\bar{S}_{1,1}$	1 阶 1 次完全规格化地球引力位正弦项系数,当真实地球质量作为正常椭球体质量,并取地心为坐标原点时,$\bar{S}_{1,1} = 0$
$\bar{S}''_{2,1}$	地球正常引力位 V'' 的 1 次完全规格化地球引力位正弦项系数,规定坐标轴为主惯性轴时 $\bar{S}''_{2,1} = 0$
$\bar{S}''_{2,2}$	地球正常引力位 V'' 的 2 次完全规格化地球引力位正弦项系数,规定坐标轴为主惯性轴时 $\bar{S}''_{2,2} = 0$
$\bar{S}''_{2,m}$	地球正常引力位 V'' 的 2 阶 m 次完全规格化地球引力位正弦项系数,$m = 0,1,2$
$S_{n,m}$	常规引力位正弦项系数,$n \geqslant 2$

$\bar{S}_{n,m}$	n 阶 m 次完全规格化地球引力位正弦项系数，$n \geq 2$（当 $m=0$ 时称为带谐系数，当 $m \neq 0$ 且 $m \neq n$ 时称为田谐系数，当 $m=n$ 时称为扇谐系数）
$\bar{S}'_{n,m}$	地球正常引力位 V' 的 n 阶 m 次完全规格化地球引力位正弦项系数，$n \geq 2$，且当 $m \neq 0$ 时 $\bar{S}'_{n,m} = 0$
T	地球扰动引力位，m^2/s^2
T_φ	交点周期（航天器星下点连续两次过同一纬圈 φ 的时间间隔），s
T_s	恒星周期（对应瞬时轨道的周期，只与地球的地心引力常数和长半轴、卫星的轨道高度有关，不受 J_2 的影响），s
U	加速度计输出结果的扩展不确定度
V	地球引力位，m^2/s^2
V'	地球正常引力位（正常椭球产生的引力位），m^2/s^2
V''	地球正常引力位[在地球引力位函数 V 的球谐函数级数展开式中，取 $n=2$（即取位函数展开式中前三项之和）时之位函数]，m^2/s^2
v_k	第 k 次观测的残差，$(v_k = x_k - \bar{x})$
V_p	检验质量上施加的固定偏压，V
v_s	卫星的飞行速度，m/s
W	地球重力位，m^2/s^2
x	空间任一点 p（所关心重力位置）在地心空间直角坐标系横轴上的坐标，m
x_{ACC}	SuperSTAR 加速度计 x 轴
x_s	GRACE 卫星本体坐标系 x 轴
Y	被测量
y	被测量 Y 的最佳估计值；空间任一点 p（所关心重力位置）在地心空间直角坐标系纵轴上的坐标，m
y_{ACC}	SuperSTAR 加速度计 y 轴
y_s	GRACE 卫星本体坐标系 y 轴
z	空间任一点 p（所关心重力位置）在地心空间直角坐标系竖轴上的坐标，m
z_{ACC}	SuperSTAR 加速度计 z 轴
z_s	GRACE 卫星本体坐标系 z 轴
$\gamma_{c.m.}$	加速度计检验质量位置和卫星质心间的质心偏移与卫星姿态运动间耦合产生的一些寄生加速度感应误差矢量，m/s^2
γ_I	在惯性坐标中表达的真实非重力加速度矢量，m/s^2
γ_k	第 k 次观测的噪声值
γ_{msr}	加速度计的测量值矢量，m/s^2
γ_n	加速度计随机噪声矢量，m/s^2
γ_{other}	可以忽略或者未包含在该研究之中的其他误差源矢量，m/s^2
γ_{RMS}	噪声方均根值
$\gamma_{RMS}\big|_{[f_1,f_2]}$	加速度计在测量带宽内累积的噪声方均根值，$m \cdot s^{-2}$
$\Gamma_{PSD}(f)$	频率 f 处的加速度计噪声功率谱密度，$m^2 \cdot s^{-4}/Hz$
Δa	等间隔测试点的加速度间隔，μg_n

$\Delta\alpha$	以经、纬度表示的采样间隔,(°)
δg_λ	扰动引力加速度在与 ρ 垂直平面内正东方向(dλ 方向)上的分量,m/s²
δg_ρ	扰动引力加速度在矢径 ρ 方向上的分量,m/s²
δg_φ	扰动引力加速度在与 ρ 垂直平面内正北方向(dφ 方向)上的分量,m/s²
ζ	所讨论地球内部质量元在地心空间直角坐标系 z 轴上的坐标,m
η	所讨论地球内部质量元在地心空间直角坐标系 y 轴上的坐标,m
λ	地心大地坐标系的地心经度,当地子午面(过 p 点的子午面)与大地起始子午面(平行于 Greenwich 平均天文子午面,与地心空间直角坐标系的 xz 平面重合)间的二面角,且当 p 点在起始大地子午面以东时,称为东经,λ 定义为正;反之,称为西经,定义为负,rad
$\lambda_{\min}$	重力场最短波长,m
ξ	所讨论地球内部质量元在地心空间直角坐标系 x 轴上的坐标,m
ρ	空间任一点 p 在地心大地坐标系中的地心向径,其中地心指包括海洋和大气的整个地球的质量中心,m
$\rho_{dm\to p}$	从所讨论地球内部质量元到空间任一点 p(所关心重力位置)的距离,m
σ_A	A 的误差,m²
σ_a	倾角误差引起的输入加速度误差,ng_n
σ_d	d 的误差,m
$\sigma_{K_{1,t}}$	$K_{1,t}$ 的误差,$V/(m \cdot s^{-2})$
σ_{m_i}	m_i 的误差,kg
Φ	地球离心力位,m²/s²
ϕ	位移振动的相位,rad
φ	纬度,(°);地心大地坐标系的地心纬度,空间任一点 p 的地心向径 ρ 与地球赤道平面(与地心空间直角坐标系的 xy 平面重合)间的夹角,且当 p 点在赤道以北时,称为北纬,φ 定义为正;反之,称为南纬,定义为负,rad
ω	地球自转的角速度,激振角频率,rad/s
ω_{ap}	升交点进动角速率,rad/s
ω_E	地球在惯性空间的自转角速度:$\omega_E = 7.292\,115\,0 \times 10^{-5}$ rad/s

本章独有的缩略语

ARF	Accelerometer Reference Frame,加速度计参考系
CFRP	Carbon Fiber Reinforced Plastic,碳纤维增强塑料
KBR	K-Band Ranging System,K 波段测距系统
NGGM	Next-Generation Gravimetry Mission,下一代重力测量任务
SST	Satellite-to-Satellite Tracking,卫星跟踪卫星
SST-HL	Satellite-to-Satellite Tracking in the High-Low Mode,高轨卫星(GPS 卫星)跟踪低轨卫星(重力测量卫星)技术

23.1 引　言

从 17.1 节的叙述可知,准稳态加速度测量可用于微重力科学实验、航天器轨道预测、推进器推力标校、空间大气密度探测、地球重力场的空间测量、卫星无拖曳飞行等领域,准稳态加速度的特点是频率低(1 Hz 以下)、量值小($1\ \mu g_n$ 以下)。从 17.2 节的叙述可知,静电悬浮加速度计的特点是灵敏度和分辨力高、输入量程小、频带低,因此,静电悬浮加速度计是很适合的。该节还指出,世界上研制静电悬浮加速度计最出色的国家不是美国,而是法国,ONERA 研制的代表性加速度计产品 STAR、SuperSTAR 和 GRADIO 均用于地球重力场的空间测量。

地球重力场是地球的基本物理场之一,研究重力场对人类生活具有重要意义。用空间技术进行重力场测量是大地重力学进入 21 世纪的一个标志。利用卫星测量重力场的方法主要有卫星地面跟踪技术、海洋卫星测高技术、卫星跟踪卫星(SST,简称卫-卫跟踪)测量技术与卫星重力梯度(SGG)测量技术。SST 又包括高轨卫星(GPS 卫星)跟踪低轨卫星(重力测量卫星)技术(SST-HL,简称高-低跟踪)和低轨卫星跟踪低轨卫星(均为重力测量卫星)技术(SST-LL,简称低-低跟踪)。SST-LL 和 SGG 两种模式均需要同时结合 SST-HL 模式才能有效反演地球重力场。2000 年 7 月德国发射了 SST-HL 模式的重力卫星 CHAMP,标志着卫星重力测量迈出了重要一步,随后,2002 年 3 月美欧合作发射了 SST-LL 模式重力卫星 GRACE,2009 年 3 月欧洲空间局发射了 SGG 模式重力卫星 GOCE,从而带动了卫星重力测量研究的快速发展[1]。

低轨卫星在轨道上的摄动除了地球重力和太阳、月球引力等保守力的影响外,还包含大气阻力、太阳辐射压和地面辐射压、姿轨控推力等非保守力的影响。为了从卫星的摄动数据中得到地球重力场,所有非保守力的影响必须消除,即必须通过剔除非保守成分来改正卫星的摄动数据。采用的最简单方法是在卫星上以特定方式放置加速度计,该特定方式保证加速度计的检验质量始终处于卫星质心。由于加速度计之检测质量受到的保守力与卫星质心相同,所以检测到的仅仅是卫星质心的非保守加速度。CHAMP 卫星的 STAR 加速度计和 GRACE 卫星的 SuperSTAR 加速度计是这一原理的典型体现:加速度计敏感结构的中心有一检验质量,其上、下和四周围绕着电极。敏感结构通过外壳固定在卫星上,并且通过安装、质心修正和加速度计伺服控制,保证检验质量始终处于卫星质心。在非保守力作用下,外壳与检测质量之间会产生相对位移,引起电容变化,通过检测电容变化和伺服反馈控制将检测质量推回原位,并将非保守加速度测量出来[1]。

最终获得的重力场空间分辨力和测量误差取决于重力场卫星在轨位置和速度的测量误差以及非重力修正的误差。因此,静电悬浮加速度计是 SST-HL 和 SST-LL 的关键载荷之一[1]。

GOCE 卫星的重力梯度仪由六台加速度计组成,它们分别相对卫星质心在三个轴向上成对对称安装,如图 17 - 20 所示。每个轴向成对加速度输出的共模(平均值)同样反映了卫星质心处的非保守加速度,而差模(半差分值)则是重力梯度作用的结果。因此,静电悬浮加速度计也是 SGG 的基础。

以 GRACE 任务为例:该任务由两颗在 SST-LL 模式下、相同轨道平面中运行、沿迹方向相隔(220 ± 50) km 的伴飞卫星组成[2];轨道偏心率 < 0.005、倾角为 $89°$[3];设计轨道高

度为(500～300) km[4],实际初始高度为 485 km[3];每颗卫星的总体尺寸大约为3.1 m ×
1.9 m × 0.7 m(长×宽×高)[2];每颗卫星初始质量为 432 kg[3];星载 K 波段测距系统
(KBR)用于提供非常准确的距离变化测量,星载 SuperSTAR 静电悬浮加速度计用于准确
测量非重力加速度影响,星载大地测量学品质的全球定位系统(GPS)接收器用于确保连续、
准确测定卫星的轨道,并确保在地球参考系中正确记录重力场评估值[2];应该以直至大约
160 阶次或更高的球谐函数[地球引力位函数 V 的球谐函数级数展开式及其阶次的含义参
见式(23-23)]模型表征长期平均引力位模型[4];理想化的恢复地球重力场误差为 136 阶 1
mGal(参见文献[5]之图 4.1);依照任务需求,一个月的 GRACE 数据应该允许以空间分辨
力值小到约 170 km(相当于 120 阶)、误差①约 1 cm 测定全球大地水准面[6];实际达到重力
场空间分辨力为 175 km 下 1 mGal(参见文献[7]之表 1.3)。以下据此分析 SuperSTAR 加
速度计的基本指标,包括反演重力场所需要的持续数据周期、加速度计的分辨力、加速度计
的测量带宽、加速度计的"输入范围"和"加速度测量值被限制的范围"、尖峰干扰对重力场恢
复的影响、加速度计的噪声水平。

23.2　反演重力场所需要的持续数据周期

23.2.1　数据网的经、纬度间隔

由几何关系得到球谐函数级数展开模型[参见 23.3.3.1 节式(23-23)]的截断阶与重
力场最短波长的关系为

$$\lambda_{\min} = \frac{2\pi a_E}{n_{\max}} \qquad (23-1)$$

式中　$\lambda_{\min}$——重力场最短波长,m;

a_E——地球长半轴,1.6.2 节给出 $a_E = 6.378\ 137\ 0 \times 10^6$ m;

$n_{\max}$——球谐函数级数展开模型的截断阶,即模型的最高阶,或简称模型的阶。

文献[8]则给出该截断阶与重力场空间分辨力的关系为

$$d_s = \frac{\pi a_E}{n_{\max}} \qquad (23-2)$$

式中　d_s——以最小地面尺寸表示的重力场空间分辨力,m。

由式(23-2)可以看到:

(1) 有文献将 $2\pi a_E/n_{\max}$ 称为重力场空间分辨力,这是错误的;

(2) 与式(23-1)相比较得到,$d_s = \lambda_{\min}/2$ [5],这与 5.2.1 节所述原始时域信号最高频率
f_m 不应超过 Nyquist 频率 f_N,以及 5.3.5 节所述 Nyquist 频率 f_N 下一个周期只采集两个样
点是一致的;

(3) 重力场空间分辨力是指能区分重力差异的地面上两相邻点之间的最小线性间隔,
这与 16.6.1 节定义遥感器空间分辨力是指有可能区分的地面上两相邻目标之间的最小线
性间隔是一致的;

(4) 重力场空间分辨力不是指能区分重力差异的的卫星轨道高度上两相邻点之间的最

---

① 　文献[6]原文为"准确度(accuracy)",不妥(参见 4.1.3.1 节)。

小线性间隔。

由式(23-2)得到与重力场空间分辨力 147 km 对应的 n_{max} 为 136 阶,而 170 km 对应 118 阶,175 km 对应 114 阶。

由式(23-2)得到,以最小经、纬度间隔表示的重力场空间分辨力表达式为

$$\{d_\varphi\}_{(°)} = \frac{180}{n_{max}} \qquad (23-3)$$

式中 d_φ —— 以最小经、纬度间隔表示的重力场空间分辨力,(°)。

由于实际获得的重力值具有观测误差且不满足理论上的连续分布要求,决定了任何重力场模型只能是以一定的误差[①]和空间分辨力对真实地球重力位的逼近,因此式(23-3)中 n_{max} 是一个有约束条件的有限数[9-10]。根据 Nyqust 采样定理,存在一个 Nyqust 阶 n_N,n_N 取决于采样间隔,即 $n_N = 180/\Delta\alpha$,其中 $\Delta\alpha$ 为以经、纬度表示的采样间隔,理论上 n_{max} 不可能大于 n_N[10]。因此,为获得(120 × 120)阶次重力场,至少要编织采样间隔 $\Delta\alpha = 1.5°$ 的数据网。

23.2.2   交点周期

2.3.7 节指出,卫星飞行一圈所需的时间可以用交点周期(航天器星下点连续两次过同一纬圈 φ 的时间间隔)T_φ 来表征,T_φ 的最强摄动因素是地球引力位二阶带谐系数(俗称地球扁平摄动作用项)J_2,圆轨道的交点周期 T_φ 与地球的地心引力常数和长半轴、卫星的轨道高度和倾角有关,如式(2-17)所示;而恒星周期 T_s 指对应瞬时轨道的周期,只与地球的地心引力常数和长半轴、卫星的轨道高度有关,不受 J_2 的影响,如式(2-16)所示;由式(2-15)可以看到,圆轨道且轨道倾角为 60° 时 $T_\varphi = T_s$。将 23.1 节给出的 GRACE 卫星设计轨道高度 $h = (500 \sim 300)$ km 和倾角 $i = 89°$ 代入式(2-17),得到 $T_\varphi = (5\ 685 \sim 5\ 439)$ s;将上述 h 值代入式(2-16),得到 $T_s = (5\ 677 \sim 5\ 431)$ s。T_φ、T_s 随高度的变化关系如图 23-1 所示。

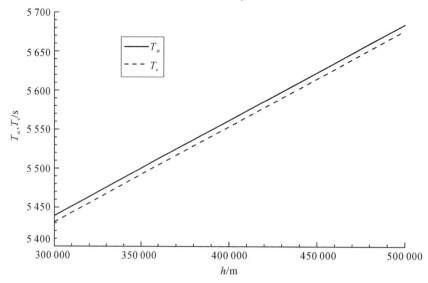

图 23-1   GRACE 卫星交点周期 T_φ、恒星周期 T_s 随高度的变化关系

---

①   文献[9]原文为"精度",不妥(参见 4.1.3.1 节)。

23.2.3 回归周期

若卫星经过 D 天、绕地球转过 N 圈后出现重复的轨道,则称 D 为回归周期、N 为回归圈数。回归周期的表达式为[11]

$$\{D\}_d = \frac{N}{2\pi} \{T_\varphi\}_s (\{\omega_E\}_{rad/s} - \{\omega_{ap}\}_{rad/s}) \tag{23-4}$$

式中　D—— 回归周期,d;

　　　N—— 回归圈数;

　　　T_φ—— 交点周期(航天器星下点连续两次过同一纬圈 φ 的时间间隔),s;

　　　ω_E—— 地球在惯性空间的自转角速度,1.2 节给出 $\omega_E = 7.292\ 115\ 0 \times 10^{-5}$ rad/s;

　　　ω_{ap}—— 升交点进动角速率,rad/s。

对于圆轨道,升交点进动角速率为[11]

$$\omega_{ap} = \frac{v_s}{a_E + h}\left[-\frac{3}{2}J_2\left(\frac{a_E}{a_E + h}\right)^2 \cos i\right] \tag{23-5}$$

式中　v_s—— 卫星的飞行速度,m/s;

　　　h—— 轨道高度,m;

　　　J_2——CGCS2000 参考椭球导出的二阶带谐系数,2.3.7 节给出

$$J_2 = 1.082\ 629\ 832\ 258 \times 10^{-3};$$

　　　i—— 轨道倾角,(°)。

将式(2-14)代入式(23-5),得到

$$\omega_{ap} = -\frac{3a_E^2 J_2}{2(a_E + h)^3}\sqrt{\frac{GM}{a_E + h}}\cos i \tag{23-6}$$

式中　GM—— 地球的地心引力常数,1.2 节给出 $GM = 3.986\ 004\ 418 \times 10^{14}$ m^3/s^2(包括地球大气质量)。

我们知道太阳同步轨道的倾角必须大于 90°,在太阳同步轨道上运行的卫星,以相同方向经过同一纬度的当地时间是相同的,因而在一段不长的日子里光照条件大致相同[12]。17.4.5.2 节第(2)条第 1)点指出,GOCE 卫星飞行在具有倾角 96.7° 的太阳同步昏晨轨道上。文献[13]指出,GOCE 任务后的下一代重力测量任务(NGGM)方案规定两颗低-低跟踪卫星飞行在具有倾角 96.78° 的太阳同步晨昏或昏晨轨道上。但 23.1 节给出 GRACE 卫星倾角为 89°。可见 GRACE 卫星的轨道不是太阳同步轨道,即不要求回归到同一星下点处于同一地方时。因此,GRACE 卫星不要求式(23-4)中 D 与 N 为互相不能约分的正整数。

考虑到经过某一星下点既可以是上行,也可以是下行,因而为编织采样间隔 $\Delta a = 1.5°$ 的数据网,只需要回归圈数 $N = 120$。将 23.1 节给出的 GRACE 卫星设计轨道高度 $h = (500 \sim 300)$ km 和倾角 $i = 89°$ 代入式(23-6),得到 $\omega_{ap} = -(2.697\ 3 \sim 2.990\ 8) \times 10^{-8}$ rad/s。再将回归圈数 $N = 120$ 和 23.2.2 节得到的交点周期 $T_\varphi = (5\ 685 \sim 5\ 439)$ s 一并代入式(23-4),得到回归周期 $D = (7.916 \sim 7.572)$ d(7.916 d 对应起始轨道高度 500 km,7.572 d 对应终了轨道高度 300 km)。

23.2.4 全球覆盖并产生良态信息矩阵所需的重力场反演周期

文献[2]指出,为评估球谐函数 $n = 120, m = 120$ 的重力场使用了 32 d 的 GRACE 卫星测量值。该文献还指出,该评估过程是非常复杂的和计算上很费力的,一次仿真需要四次轨道测定/仿真运行和两次求解器运行,以及几个其他的实用程序,且评估参数的数量——对

于(120 × 120)重力评估而言超过 15 000——导致与参数可观测性相关的问题。如果信息矩阵是在没有任何先验信息的情况下形成的,且可以反求,则完整的参数集是可观察的,也就是说,它可以被估计。该问题的可观测性与观测的空间分布有关,而且已经证明,30 d 的轨道弧长提供了全球覆盖,并将产生条件良好的信息矩阵,且包含了重力协方差分析结果。

为了实现四轨测定,将 23.2.3 节得到的编织采样间隔 $\Delta\alpha=1.5°$ 的数据网所需的回归周期 $D=(7.916\sim7.572)$ d 乘以 4,得到 $(31.66\sim30.29)$ d,与上述 $(32\sim30)$ d(32 d 对应起始轨道高度 500 km,30 d 对应终了轨道高度 300 km)相符。

23.3 加速度计的分辨力

23.3.1 加速度计的噪声与分辨力的关系

一般认为,仪器的噪声与分辨力(resolution)不是同一个概念。5.1 节指出,噪声是频率在测量带宽内(有时还延伸到高于测量带宽)、伴随信号但不是信号的构成部分且倾向于使信号模糊不清的随机起伏,用测量带宽内的噪声功率谱密度曲线或者将其在测量带宽内积分得到的噪声方均根值(RMS)表达。4.1.1.2 节给出,分辨力(resolution)的定义为:"引起相应示值产生可觉察变化的被测量的最小变化。"并注明:"分辨力可能与诸如噪声(内部或外部的)或摩擦有关,也可能与被测量的值有关。"而我们知道,影响分辨力的因素既有噪声又有阈值,还有显示装置的分辨力。如今,数字技术高度发展,一般情况下,显示分辨力不再是仪器分辨力的瓶颈;而阈值来源于静摩擦大于动摩擦。但对静电悬浮加速度计而言,检验质量处于悬浮状态,几乎不存在机械阻尼,因而静电悬浮加速度计的分辨力仅受噪声限制。

反演重力场所需的加速度数据来自静电悬浮加速度计,但加速度数据的噪声不仅由静电悬浮加速度计本身引起,还与时域上的尖峰干扰(twangs,spikes)(详见 23.6 节)、加速度计电极笼两侧的温差噪声(详见 25.1 节)、航天器受到的地磁场磁感应强度起伏(详见 25.2.4.2 节和 25.2.4.3 节)、航天器残余磁感应强度起伏(详见 25.2.4.4 节)等因素有关。

5.9.3.2 节第(1)条已经指出,根据 Parseval 定理,时间信号的方均根值与该信号功率谱密度在其全部频带内积分的平方根是相等的。因此,可以仿照式(5-40)给出加速度计在测量带宽内累积的噪声方均根值为

$$\gamma_{RMS}\big|_{[f_1,f_2]} = \sqrt{\sqrt{\int_{f_1}^{f_2}\Gamma_{PSD}(f)\,\mathrm{d}f}} \tag{23-7}$$

式中 f——频率,Hz;

　　　　f_1——测量带宽下限,Hz;

　　　　f_2——测量带宽上限,Hz;

$\gamma_{RMS}\big|_{[f_1,f_2]}$——加速度计在测量带宽内累积的噪声方均根值,m·s^{-2};

　　$\Gamma_{PSD}(f)$——频率 f 处的加速度计噪声功率谱密度,m^2·s^{-4}/Hz。

其中,γ_{RMS} 的本意为

$$\gamma_{RMS} = \sqrt{\frac{\sum_{k=1}^{n}\gamma_k^2}{n}} \tag{23-8}$$

式中 γ_{RMS}——噪声方均根值;

　　　　k——离散时域数据的序号;

n—— 数据长度;

γ_k—— 第 k 次观测的噪声值。

由于噪声是频率在测量带宽内、伴随信号但不是信号的构成部分且倾向于使信号模糊不清的随机起伏,因而在外来加速度恒定不变的情况下加速度计输出的随机起伏就是加速度计的噪声。由此可知,式(23-8)中的 γ_k 就是在外来加速度恒定不变的情况下加速度计扣除了平均值(包括恒定不变的外来加速度和加速度计的偏值)之后的第 k 次观测输出值。

另外,文献[14]指出,随机误差常用表征其取值分散程度的标准差来评定;在数据长度有限的等权(即相同精密度)测量中,由随机误差的抵偿性①得到,单次测量的实验标准差为

$$s = \sqrt{\frac{\sum\limits_{k=1}^{n} v_k^2}{n-1}} \tag{23-9}$$

式中　s—— 单次测量的实验标准差;

v_k—— 第 k 次观测的残差,$v_k = x_k - \bar{x}$。

显然,在外来加速度恒定不变的情况下,式(23-9)中的 v_k 就是第 k 次观测的噪声值,因而 $v_k = \gamma_k$。

文献[14]还指出,当用单次测量值作为被测量 Y 的估计值时,标准不确定度为单次测量的实验标准差。在此基础上,将式(23-8)与式(23-9)相比较,可以得到,当数据长度 n 充分大时,加速度计输出的标准不确定度为

$$s \approx \gamma_{\text{RMS}} \tag{23-10}$$

且加速度计输出结果的扩展不确定度为[15]

$$U = k_i s \tag{23-11}$$

式中　U—— 加速度计输出结果的扩展不确定度;

k_i—— 包含因子。

被测量与加速度计输出结果间的关系可表示成 $Y = y \pm U$,y 是被测量 Y 的最佳估计值。由 $y - U$ 到 $y + U$ 为包含区间,被测量 Y 的可能值以较高的包含概率落在包含区间内,即 $y - U \leqslant Y \leqslant y + U$。包含因子 k_i 的值是根据 $y \pm U$ 的区间要求的包含概率而选择的。一般 k_i 在 $2 \sim 3$ 范围内。在加速度计噪声为白噪声(幅度分布服从高斯正态分布,功率谱密度均匀分布)的情况下,取 $k_i = 2$ 时,区间的包含概率为 95.45%。当要求更高包含概率时,可以取 $k_i = 3$,此时包含概率为 99.73%[15-17]。

加速度计输出结果的扩展不确定度表征了可觉察的被测加速度值的最小变化。因此,根据分辨力的定义,加速度计输出结果的扩展不确定度就是加速度计的分辨力。

23.3.2.2 节第(4)条给出了 SuperSTAR 加速度计的噪声水平超灵敏(US)轴应小于 $(1 + 0.005 \text{ Hz} / \{f\}_{\text{Hz}})^{1/2} \times 10^{-10} \text{ m} \cdot \text{s}^{-2}/\text{Hz}^{1/2}$,欠灵敏(LS)轴应小于 $(1 + 0.1 \text{ Hz}/\{f\}_{\text{Hz}})^{1/2} \times 10^{-9} \text{ m} \cdot \text{s}^{-2}/\text{Hz}^{1/2}$,表 $17-2$ 给出了 SuperSTAR 加速度计的测量带宽为 $(1 \times 10^{-4} \sim 0.1) \text{ Hz}$,于是可以用式(23-7)计算出在整个测量带宽内累积的噪声方均根值:US 轴为 $3.7 \times 10^{-11} \text{ m} \cdot \text{s}^{-2}$,LS 轴为 $8.9 \times 10^{-10} \text{ m} \cdot \text{s}^{-2}$。进一步,由式(23-10)和式(23-11)得到,在整个测量带宽内加速度计输出结果的扩展不确定度:US 轴为 $1.1 \times 10^{-10} \text{ m} \cdot \text{s}^{-2}$,LS 轴为 $2.7 \times 10^{-9} \text{ m} \cdot \text{s}^{-2}$(包含因子 $k_i = 3$),即 SuperSTAR 加速度计的分辨力:US 轴为 $1.1 \times 10^{-10} \text{ m} \cdot \text{s}^{-2}$,LS 轴为 $2.7 \times 10^{-9} \text{ m} \cdot \text{s}^{-2}$(包含因子 $k_i = 3$)。

---

① 随机误差的抵偿性指的是在测量条件不变的前提下,测量值误差的算术平均值随着测量次数的增加而趋于零这一特性。

因此,在 ONERA 发表的有关静电悬浮加速度计指标的文献中,认为"分辨力(resolution)"与"噪声水平(noise level)"是同一概念,并且只以噪声功率谱密度的形式表示。

需要说明的是,4.1.3.2 节指出,"分辨力"不是构成系统误差的因素,而"测量误差"包括系统误差和随机误差。因此,"分辨力"的值比"测量误差"的值小。该节还指出,标度因数标定不确定度是构成系统误差的因素。SuperSTAR 加速度计的分辨力以及标度因数在轨评估的不确定度可以做为该节所述"分辨力"与"测量误差"关系的一个示例:23.3.2.2 节第(2)条第 3)点给出,通过在轨评估,可以将标度因数的不确定度估计为 0.2%。这被称为标定后的值。23.5.2 节给出大气阻力导致的 GRACE 卫星质心负加速度在轨道高度 300 km 处最大为 1.36×10^{-5} m/s²。因此,仅由标度因数的标定引起的测量误差已达到 $\pm 2.7 \times 10^{-8}$ m/s²。而从图 17-19 可以看到,大气阻力导致的负加速度是由加速度计 US 轴中的 z 轴测量的,如上所述,其分辨力为 1.1×10^{-10} m·s⁻²,说明分辨力值远小于测量误差。

23.3.2 星间距测量误差与加速度测量误差

不仅加速度计的噪声只是引起加速度测量误差的一个因素,而且除了加速度测量误差外,还有星间距测量误差。为了了解加速度计噪声在各种误差中的地位,本节简要介绍这些误差。

23.3.2.1 星间距测量误差

Wolff (1969)率先描述了使用一对同轨卫星进行引力探测的优势[①]。在轨近地卫星的运动方程包含引力位;其变化会影响卫星的运动。这很容易通过观测能量而预见到。当减去两颗同轨卫星的总能量时,两颗卫星的速度差分变得直接与其各自所处位置的引力位差分成比例。因此,GRACE 卫星之间的有偏距离是 GRACE 任务的首要测量要素。KBR 的双重单向测距系统对于这种类型的测量误差[②]为微米级。测量到的有偏距离或导出的距离变率可以被用于引力和轨道估计过程。Kim 等人(2002)给出了星间距测量误差中各种单项误差的功率谱密度,如图 23-2 所示。可以看到,星间距测量误差有三项:KBR 接收机仪器噪声(图中标为"系统")、两颗卫星的视线与 KBR 微波天线视轴不完全一致引起的多路径误差(图中标为"多路径")和 KBR 双重单向测距后的残余振荡器噪声(图中标为"振荡器")。在低频处(低于 2×10^{-3} Hz),"振荡器"噪声是突出的;在高频处,"系统"噪声是突出的[2]。

作为比较,我们将 23.3.2.2 节第(4)条指出的加速度计 US 轴的噪声指标除以 $4\pi^2 f^2$ 后以距离测量误差的形式也绘于图中。可以看到,加速度计较为平坦的噪声指标除以 $4\pi^2 f^2$ 后变成随频率快速下降的距离测量误差谱。因此,低于 1.86 mHz 处,所有三种星间距测量误差均不如加速度计噪声的影响大。由此可以预言,低阶(长波)重力系数的误差[③]将主要受加速度计噪声影响,而高阶(短波)重力系数的误差[④]将主要受星间距测量误差影响[2]。

23.3.2.2 加速度测量误差

(1)概述。

卫星轨道及其相对位置不仅受重力加速度影响,而且受非重力加速度影响,因此,为了在距离变化测量中利用重力信息,必须准确地测量它们的影响。为此目的,每颗 GRACE 卫星携带一台静电悬浮加速度计,该加速度计测量"保持加速度计的检验质量相对于传感器笼

---

① 请注意,引力探测和引力波探测是完全不同的两个概念。
② 文献[2]原文为"准确度",不妥(参见 4.1.3.1 节)。
③ 文献[2]原文为"准确度",不妥(参见 4.1.3.1 节)。
④ 文献[2]原文为"准确度",不妥(参见 4.1.3.1 节)。

不动"所需的静电力。检验质量位于每颗卫星的质心。加速度计测量到的是非重力加速度的总和,包括大气拖曳、辐射压力以及推力,但是各种不同误差源使该测量搀杂讹误。下列方程式描述了用于加速度计测量模拟的测量模型[2]:

$$\boldsymbol{\gamma}_{\mathrm{msr}} = \boldsymbol{M}(\boldsymbol{R}_{\mathrm{S \to ACC}}^{\mathrm{err}} \boldsymbol{R}_{\mathrm{I \to S}}^{\mathrm{true}} \boldsymbol{\gamma}_{\mathrm{I}}) + \boldsymbol{b} + \boldsymbol{\gamma}_{\mathrm{n}} + \boldsymbol{\gamma}_{\mathrm{c.m.}} + \boldsymbol{\gamma}_{\mathrm{other}} \tag{23-12}$$

式中　　$\boldsymbol{\gamma}_{\mathrm{msr}}$——加速度计的测量值矢量,m/s²;

$\boldsymbol{M}$——加速度计(3×3)标度因数矩阵;

$\boldsymbol{R}_{\mathrm{S \to ACC}}^{\mathrm{err}}$——从卫星本体坐标(S)到加速度计坐标(ACC)的旋转矩阵;

$\boldsymbol{R}_{\mathrm{I \to S}}^{\mathrm{true}}$——从惯性坐标(I)到卫星本体坐标(S)的旋转矩阵;

$\boldsymbol{\gamma}_{\mathrm{I}}$——在惯性坐标中表达的真实非重力加速度矢量,m/s²;

$\boldsymbol{b}$——加速度计(3×1)偏值矢量,m/s²;

$\boldsymbol{\gamma}_{\mathrm{n}}$——加速度计随机噪声矢量,m/s²;

$\boldsymbol{\gamma}_{\mathrm{c.m.}}$——加速度计检验质量位置和卫星质心间的质心偏移与卫星姿态运动间耦合产生的一些寄生加速度感应误差矢量,m/s²;

$\boldsymbol{\gamma}_{\mathrm{other}}$——可以忽略或者未包含在该研究之中的其他误差源矢量,m/s²。

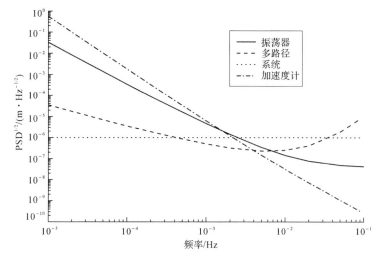

图 23-2　星间距测量误差的功率谱密度[2]①

另外的测量类型来自星象跟踪仪的姿态观测。该测量提供惯性坐标和卫星本体坐标间的坐标变换[2]:

$$\boldsymbol{R}_{\mathrm{I \to S}}^{\mathrm{obs}} = \boldsymbol{R}_{\mathrm{I \to S}}^{\mathrm{err}} \boldsymbol{R}_{\mathrm{I \to S}}^{\mathrm{true}} \tag{23-13}$$

式中　　$\boldsymbol{R}_{\mathrm{I \to S}}^{\mathrm{obs}}$——星象跟踪仪的姿态观测量;

$\boldsymbol{R}_{\mathrm{I \to S}}^{\mathrm{err}}$——姿态测量误差(注意:这不是姿态控制误差,而是姿态认知误差)。

9.1.6 节指出,加速度的测量误差可分为静态误差和动态误差。其中:静态误差包括非线性误差、标度因数误差、偏值误差、失准角误差和静态分辨力带来的误差;动态误差表示了输出量跟踪动态输入量的能力,噪声也应归属于动态误差。将以上表述与式(23-12)一一对照,可以认为式(23-12)中的 $\boldsymbol{\gamma}_{\mathrm{other}}$ 包含了非线性误差、静态分辨力带来的误差和输出量跟踪动态

---

①　23.3.2.2 节第(4)条指出加速度计的噪声指标在 y,z 向为$(1+0.005\ \mathrm{Hz}\,/\,\{f\}_{\mathrm{Hz}})^{1/2} \times 10^{-10}\ \mathrm{m \cdot s^{-2}/Hz^{1/2}}$,文献[2]虽然也给出相同的噪声指标,但在该文献"图 3　星间距误差的功率谱密度"中给出的加速度计随机噪声引起的距离测量误差曲线却与之不相对应。为此在图 23-2 中作了与之相应的修改。

输入量的能力。

(2)M 和 b 的误差。

1)标度因数的理论计算误差。

18.2.3 节指出,惯性技术领域中的"标度因数"理想情况下等于静电悬浮加速度计"物理增益"的倒数。由式(17-21)得到

$$K_{1,t} = \frac{1}{G_p} = \frac{m_i d^2}{2\varepsilon_0 A V_p} \qquad (23-14)$$

式中 $K_{1,t}$ —— 理论标度因数,$V/(m \cdot s^{-2})$。

表 17-4 给出 SuperSTAR 加速度计 US 轴 $G_p = 1.670\ 4 \times 10^{-5}\ m \cdot s^{-2}/V$,代入式(23-14)得到 $K_{1,t} = 59\ 866\ V/(m \cdot s^{-2})$。

将式(24-12)应用于式(23-14),得到理论标度因数的相对误差:

$$\frac{\sigma_{K_{1,t}}}{K_{1,t}} = \sqrt{\left(\frac{\sigma_{m_i}}{m_i}\right)^2 + \left(\frac{2\sigma_d}{d}\right)^2 + \left(\frac{\sigma_A}{A}\right)^2 + \left(\frac{\sigma_{V_p}}{V_p}\right)^2} \qquad (23-15)$$

式中 $\sigma_{K_{1,t}}$ —— $K_{1,t}$ 的误差,$V/(m \cdot s^{-2})$;

σ_{m_i} —— m_i 的误差,kg;

m_i —— 检验质量的惯性质量,kg;

σ_d —— d 的误差,m;

d —— 电容器两极板间的距离;检验质量与电极间的平均间隙,m;

σ_A —— A 的误差,m^2;

A —— 电极面积,m^2;

σ_{V_p} —— V_p 的误差,V;

V_p —— 检验质量上施加的固定偏压,V。

17.3.2 节给出 SuperSTAR 加速度计 US 轴 $A = 2.08\ cm^2$,$d = 175\ \mu m$。由于 A 和 d 的测量均基于长度测量,而长度测量的误差只能保证不超过 $1\ \mu m$,且 d 的数值远小于 A 的数值,所以 d 的相对误差远大于 A,m_i 和 V_p 的相对误差,于是式(23-15)可以简化为

$$\frac{\sigma_{K_{1,t}}}{K_{1,t}} = \frac{2\sigma_d}{d} \qquad (23-16)$$

将上述数据代入式(23-16)得到理论标度因数的相对误差为 1.1%。

2)地面标定误差。

GRACE 科学和任务需求文档[4]规定:SuperSTAR 加速度计射前检验时三个轴的标度因数的偏差均应小于 2%。显然,通过重力场倾角小角度静态标定确定标度因数时为检验此要求,倾角误差引起的标度因数相对误差必须远小于 2%。

27.7.1 节给出,设重力场倾角小角度静态标定的线性区域为 $[-a_m \sim +a_m]$,在此范围内等间隔测试 $2n+1$ 个点,则加速度计重力场倾角小角度静态标定倾角误差引起的 c_0 和 c_1 标准差的理论公式如式(27-72)所示。

表 17-2 给出 SuperSTAR 加速度计的 US 轴输入范围为 $\pm 5 \times 10^{-5}\ m/s^2$,对应的重力场倾角为 $\pm 5.1\ \mu rad$。26.1.3 节给出法国 ONERA 研制的双级摆测试台分辨力可达 2 nrad。即倾角误差引起的输入加速度误差 $\sigma_a = 2\ ng_n$。若取等间隔测试点的角度间隔为 $0.5\ \mu rad$,即加速度间隔 $\Delta a = 0.5\ \mu g_n$,并取正(或负)加速度的测点数 $n = 10$,则可标定到 $\pm 5\ \mu g_n$,即 $\pm 4.9 \times 10^{-5}\ m/s^2$。由式(27-72)得到倾角误差引起的 c_1 标准差为 1.44×10^{-4}。

GRACE 科学和任务需求文档[4]规定:SuperSTAR 加速度计射前检验时三个轴的偏值

均应小于 1×10^{-5} m/s^2,(相当于 1 g_{local} 重力下倾斜 1.02 μrad,或加速度计基座底面对角线高低相差 0.19 μm)。然而,这一指标无法通过 1 g_{local} 重力下的测试得到。原因在于:①加速度计在摆测试台的平台(以下简称摆平台)上贴着向左或向右台面转动 180°前后,仅基座底面倾角正负变号,而输出偏值和失准角均不会变化,由于受失准角的控制水平和检测水平限制(100 μrad 以内,详见 27.7.2 节),无法从中分离出偏值;② 受平面度加工水平限制(100 mm～160 mm 长的平面经精研磨和精刮研后的平面度公差为 0.8 μm),无法保证基座底面与摆平台台面间密实贴合,即无法保证贴着台面向左或向右转动 180°前后基座底面倾角的绝对值不变。

作为替代办法,15.4.4.2 节指出,NASA 的轨道加速度研究实验(OARE)系统带有旋转标定台组件,在轨运行时只要保持外来加速度不变的情况下将旋转标定台的台面反复处于相差 180°的方向,此台面上加速度计任一与此台面平行的轴向正反相差 180°方向的输出平均值即为该轴向输出的偏值。看来这是通过硬件自身准确测定偏值的唯一方法。

17.3.2 节给出,ASTRE,STAR,SuperSTAR 和 GRADIO 加速度计要求检验质量各面间的不垂直度和不平行度小于 1×10^{-5} rad(相当于 2″)。因此,必须使用光学-精密机械方法以误差远小于 2″ 的准确度测出敏感结构 US 轴相对于 LS 轴的不垂直度以及 US 轴相对于静电悬浮加速度计传感头基座底面的不平行度的具体数值和方向。

GRACE 科学和任务需求文档[4]规定:SuperSTAR 加速度计 x_s/z_{ACC} 轴(沿迹方向,下标 s 为卫星坐标系,下标 ACC 为加速度计坐标系,参见图 17-19)和 z_s/y_{ACC} 轴(径向,参见图 17-19)偏值应小于 2×10^{-6} m·s^{-2},y_s/x_{ACC} 轴(轨道面法线方向,参见图 17-19)偏值应小于 5×10^{-5} m·s^{-2};飞行中标度因数的标定误差[①] x_s/z_{ACC} 轴应优于 0.01%,z_s/y_{ACC} 轴应优于 0.2%,y_s/x_{ACC} 轴应优于 1%;标度因数的最大不稳定性 x_s/z_{ACC} 轴应小于 0.01%/年,z_s/y_{ACC} 轴应小于 0.2%/年,y_s/x_{ACC} 轴应小于 1%/年。

为了准确恢复地球重力场,卫星在轨飞行时,需要每天以高的精密度水平(10^{-9} m/s^2)测定加速度计的标定参数,这需要靠在每天的几个弧段中处理 GPS 和加速度计数据,特别是使用可论证为最准确的重力场模型 EIGEN-GL04C 和海洋潮汐模型 FES 2004,通过比较原始加速度计数据与基于模型计算出来的非重力加速度来实现[18-19]。通过在轨评估,可以将标度因数和偏值的不确定度分别估计[②]为 0.2% 和 1×10^{-6}。这些被称为标定后的值。在该标定过程之后,标度因数和偏值漂移的影响变得可忽略[2]。表 23-1 为使用飞行中 GPS 跟踪数据测定的 GRACE-A 卫星 SuperSTAR 加速度计偏值和标度因数的部分结果[18]。

表 23-1　GRACE-A 卫星 SuperSTAR 加速度计偏值和标度因数在轨标定结果[18]

儒略日期[①]	偏值/(m·s^{-2})		
	沿迹方向	轨道面法线方向	径向
19 205.0	$0.110\ 460\ 461\ 198\ 928\times10^{-5}$	$-0.268\ 982\ 098\ 260\ 885\times10^{-4}$	$0.697\ 685\ 192\ 207\ 039\times10^{-6}$
19 206.0	$0.110\ 460\ 714\ 717\ 044\times10^{-5}$	$-0.269\ 465\ 036\ 439\ 426\times10^{-4}$	$0.690\ 198\ 870\ 954\ 024\times10^{-6}$
19 207.0	$0.110\ 468\ 115\ 104\ 013\times10^{-5}$	$-0.269\ 396\ 192\ 932\ 677\times10^{-4}$	$0.682\ 936\ 367\ 880\ 921\times10^{-6}$
⋮	⋮	⋮	⋮
20 874.0	$0.122\ 856\ 274\ 764\ 565\times10^{-5}$	$-0.295\ 465\ 600\ 129\ 501\times10^{-4}$	$0.703\ 148\ 604\ 323\ 279\times10^{-6}$
20 876.0	$0.122\ 829\ 844\ 389\ 385\times10^{-5}$	$-0.295\ 411\ 636\ 083\ 429\times10^{-4}$	$0.679\ 916\ 277\ 679\ 781\times10^{-6}$

①　文献[4]原文为"准确度",不妥(参见 4.1.3.1 节)。

②　文献[2]原文为"概括表述",不妥。

续 表

儒略日期[1]	相对标度因数[2]		
	沿迹方向	轨道面法线方向	径向
19 205.0	0.964	0.936	0.912
19 206.0	0.964	0.936	0.912
19 207.0	0.964	0.936	0.912
⋮	⋮	⋮	⋮
20 874.0	0.964	0.936	0.912
20 876.0	0.964	0.936	0.912

①此处儒略日期指从 1950 年 1 月 1 日起算的日期。

② 相对标度因数为实际标度因数与理论标度因数的比值,而理论标度因数为式(17 - 21)所示物理增益 G_p 的倒数

(3) $\boldsymbol{R}_{S,ACC}^{err}$。

$\boldsymbol{R}_{S,ACC}^{err}$ 来源于加速度计轴在安装期间与卫星轴的不重合度。其值 GRACE 卫星中被假定为 0.3 mrad,且在数据的全量程内保持恒定,其时间可变性也许小于 0.1 mrad[2]。17.3.2 节给出,检验质量各面间的不垂直度和不平行度小于 1×10^{-5} rad,敏感结构的殷钢安装基座的垂直度和平行度公差为 5×10^{-5} rad,GRACE 科学和任务需求文档[4]要求 SuperSTAR 加速度计轴正交性和取向误差不超过 0.1 mrad,这对于保证加速度计轴与卫星轴的不重合度不超过 0.3 mrad 是十分有利的。

(4) γ_n。

17.2 节表 17 - 2 给出 SuperSTAR 加速度计 US 轴测量带宽($1 \times 10^{-4} \sim 0.1$) Hz 内的噪声水平为 1×10^{-10} m·s^{-2}/Hz$^{1/2}$。而 GRACE 科学和任务需求文档[4]规定:SuperSTAR 加速度计的信号带宽为($5 \times 10^{-5} \sim 0.04$) Hz,噪声水平 US 轴应小于$(1 + 0.005$ Hz / $\{f\}_{Hz})^{1/2} \times 10^{-10}$ m·s^{-2}/Hz$^{1/2}$,LS 轴应小于$(1 + 0.1$ Hz / $\{f\}_{Hz})^{1/2} \times 10^{-9}$ m·s^{-2}/Hz$^{1/2}$,三个轴噪声的最大不稳定性均应小于 20%。文献[2]指出,顾及地基测试的需要导致 x 轴比 y,z 轴有较大的误差[1];选择轨道面法线方向为加速度计 x 轴,该轴噪声水平比其他轴大一个量级;由于在线性区域内轨道面法线方向的运动与轨道面内的运动是分开的,所以 x 轴的较大误差[2]对轨道和重力评估误差[3]的影响可以忽略不计。

26.1.3.2 节给出,法国 ONERA 研制的用于地基加速度计检验的摆平台在(0.01~0.1) Hz 范围内提供的最好分辨力大约为 3×10^{-8} m·s^{-2}/Hz$^{1/2}$;26.1.4 节指出,由于摆平台存在热弹性形变和水平方向的测量数据中含有垂直轴(1 g_{local})的耦合,无法使一对静电悬浮加速度计处于同一环境噪声下,因此,地基试验时无论采用共模-差模检测法还是相干性检测法,都不能进一步降低环境噪声的影响;26.1.5 节指出,有鉴于此,STAR、SuperSTAR 和 GRADIO 等静电悬浮加速度计对其噪声指标均采用分析评估方法。

---

① 文献[2]原文为"较低的准确度",不妥(参见 4.1.3.1 节)。

② 文献[2]原文为"降低了灵敏度的轴",不妥[参见 4.1.3.3 节第(2)条]。

③ 文献[2]原文为"准确度",不妥(参见 4.1.3.1 节)。

(5)$\gamma_{\mathrm{c.m.}}$。

为了将质心偏移减到最小,GRACE 卫星定期执行质心标定机动以便找到质心位置。借助于该项评估,一种质心调节机构靠移动质量的方法调节卫星的质心使之靠近检验质量的质心[2]。GRACE 科学和任务需求文档[4]规定:卫星质心相对于卫星坐标系偏移的在轨误差①小于 100 μm,在轨稳定性优于 100 μm/6 个月且优于 2 μm/半圈;两次在轨标定的时间间隔应该不需要短于 30 天就能满足全部性能;质心的测量误差②为:应该在所有三个轴向以小于50 μm 的误差③测量卫星质心与加速度计检验质量质心间的偏移;质心的调节要求④为:应该在每个轴向,遍及±2 mm 的总调节范围,以 10 μm 或更小尺度的步长调节卫星质心。GRACE 卫星发射前曾估计质心控制到 20 μm、测定到(10~50) μm 是可能的[20]。GRACE 卫星 2002 年 3 月 17 日发射[21],文献[22]给出了 GRACE-A 卫星和 GRACE-B 卫星在轨质心偏移评估结果,如表 23 - 2 所示。并指出,在实际标定中,多次机动被一起处理;基于协方差分析,预期滚动轴的测定是最不准确的;模拟数据和实际标定数据的分析显示:沿滚动轴(即沿迹方向)的偏移可以被测定为优于 40 μm (3σ)(即包含因子 $k_i = 3$ 的扩展不确定度不超过 40 μm),沿另外两个轴(即沿轨道面法线方向和径向)的偏移可以被测定为优于30 μm (3σ)(即包含因子 $k_i = 3$ 的扩展不确定度不超过 30 μm)。

表 23 - 2　GRACE 卫星质心偏移评估结果[22]

日期	GRACE-A/mm			GRACE-B/mm		
	沿迹方向	轨道面法线方向	径向	沿迹方向	轨道面法线方向	径向
第 17 天(2012 - 04 - 02)				0.021	0.018	−0.202
第 18 天(2012 - 04 - 03)	0.256	−0.127	0.118			
第 29 天(2012 - 04 - 14)	0.268	−0.133	0.117	−0.011	0.012	−0.195
第 39 天(2012 - 04 - 24)				0.017	−0.004	−0.210
第 43 天(2012 - 04 - 28)	0.236	−0.138	0.121			
第 50 天(2012 - 05 - 05)	质心偏移调整					
第 51 天(2012 - 05 - 06)	0.150	0.002	0.015	0.038	0.015	0.035
第 325 天(2013 - 02 - 04)				−0.020	−0.013	−0.046
第 348 天(2013 - 02 - 27)	0.170	−0.033	0.052			
第 356 天(2013 - 03 - 07)	质心偏移调整					
	−0.047	0.005	−0.036			

从表 23 - 2 可以看到,GRACE-B 卫星在第 50 天(2012 - 05 - 05)质心偏移调整之前,质心偏移就很小,而 GRACE-A 卫星经过第 50 天和第 356 天(2003 - 03 - 07)两次质心偏移调整,才完全符合需求。从表 23 - 2 还可以看到,GRACE-B 卫星从 2012 年 5 月 6 日到 2013

---

① 文献[4]原文为"准确度",不妥(参见 4.1.3.1 节)。
② 文献[4]原文为"准确度",不妥(参见 4.1.3.1 节)。
③ 文献[4]原文为"准确度",不妥(参见 4.1.3.1 节)。
④ 文献[4]原文为"调节准确度",不妥(参见 4.1.3.1 节)。

年 2 月 4 日经历了 274 天,质心偏移最大变化了 81 μm;GRACE-A 卫星从 2012 年 5 月 6 日到 2013 年 2 月 27 日经历了 297 天,质心偏移最大变化了 37 μm。这一事实证明,在轨稳定性小于 100 μm/6 个月的需求得到了很好的满足。

(6)$\boldsymbol{\gamma}_{\text{other}}$。

$\boldsymbol{\gamma}_{\text{other}}$ 起因于 error tones,twangs 和 spikes,在 23.6 节中专门阐述。

(7)$\boldsymbol{R}_{I \to S}^{\text{err}}$。

式(23 - 13)的姿态测量误差 $\boldsymbol{R}_{I \to S}^{\text{err}}$ 主要由两台星象跟踪仪的误差[①]决定,对于 GRACE 卫星其值为 0.05 mrad 白噪声,而且将此白噪声变化假定为测量误差[2]。

总的来说,式(23 - 12)和式(23 - 13)具有两种类型的误差,测量误差($\boldsymbol{M}$,$\boldsymbol{b}$,$\boldsymbol{\gamma}_{\text{n}}$,$\boldsymbol{\gamma}_{\text{c.m.}}$,$\boldsymbol{\gamma}_{\text{other}}$)和坐标转换误差($\boldsymbol{R}_{S \to \text{ACC}}^{\text{err}}$,$\boldsymbol{R}_{I \to S}^{\text{err}}$)[2]。

图 23 - 3 给出了 450 km 轨道高度各个单项加速度计测量误差的功率谱密度比较。为了比较,也画出了非重力加速度。从图 23 - 3 可以看到,随机噪声 $\boldsymbol{\gamma}_{\text{n}}$ 大于其他误差。姿态误差 $\boldsymbol{R}_{I \to S}^{\text{err}}$ 和轴线不重合度误差 $\boldsymbol{R}_{S \to \text{ACC}}^{\text{err}}$ 均通过来自其他轴成分的介入影响加速度计测量,因此,它们的大小依赖于加速度计输入(即非重力的加速度)的大小,轨道越低大气拖曳越严重,因而非重力加速度越大[轨道高度 300 km(最低的任务高度)约比 450 km 大一个量级],以致这些误差对于较低高度轨道变得更明显。对应的姿态误差 $\boldsymbol{R}_{I \to S}^{\text{err}}$ 和轴线不重合度误差 $\boldsymbol{R}_{S \to \text{ACC}}^{\text{err}}$ 也大一个量级[2]。

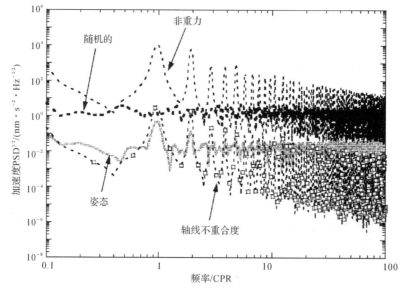

图 23 - 3　处于 450 km 高度的加速度计测量误差的功率谱密度[2]

图中横坐标的单位为 CPR(cycle per revolution,周期每转),即交点周期的倒数,1 CPR ≈ 1.8×10⁻⁴ Hz[2]

以上简要介绍了星间距测量误差和加速度测量误差,因为它们是影响重力解的主要误差源。除此而外,还有 GPS 误差、重力模型误差、时变重力的影响、重力场评估方法误差等等[2]。

---

①　文献[2]原文为"准确度",不妥(参见 4.1.3.1 节)。

23.3.3　由地球引力位球谐函数级数展开式导出第 n 阶扰动引力加速度分量与轨道高度的关系

为了导出第 n 阶扰动引力加速度分量与轨道高度的关系,必须了解地球引力位,包括正常引力位和扰动引力位,以及正常引力加速度分量和扰动引力加速度分量。

23.3.3.1　地球引力位球谐函数级数展开式

1.2 节指出,物体的重力定义为地球对该物体的引力和地球自转产生的惯性离心力的矢量和。然而,式(1-17)是假定地球的质量具有球对称分布下得到的。抛弃该假定,式(1-17)应该改写为[23]

$$
\left.
\begin{aligned}
g(x) &= G\int_M \frac{\xi - x}{\rho_{dm \to p}^3}\,dm + \omega^2 x \\
g(y) &= G\int_M \frac{\eta - y}{\rho_{dm \to p}^3}\,dm + \omega^2 y \\
g(z) &= G\int_M \frac{\zeta - z}{\rho_{dm \to p}^3}\,dm + \omega^2 z
\end{aligned}
\right\}
\tag{23-17}
$$

式中　　　　x,y,z——空间任一点 p(所关心重力位置)在地心空间直角坐标系中的坐标,m;

$g(x),g(y),g(z)$——空间任一点 p(所关心重力位置)的重力加速度在地心空间直角坐标系 x,y,z 三轴上的分量,m/s^2;

G——引力常数,1.2 节给出 $G = (6.678\ 8 \pm 0.000\ 31) \times 10^{-11}$ N·m^2/kg^2;

M——地球质量,1.2 节给出 $M = 5.972\ 37 \times 10^{24}$ kg;

dm——地球内部质量元的质量,kg;

ξ,η,ζ——所讨论地球内部质量元在地心空间直角坐标系 x,y,z 三轴上的坐标,m;

$\rho_{dm \to p}$——从所讨论地球内部质量元到空间任一点 p(所关心重力位置)的距离,m;

ω——地球自转的角速度,rad/s。

上述地心空间直角坐标系的定义是:该坐标系原点 O 与包括海洋和大气的整个地球的质量中心重合[24],z 轴与地球平均自转轴重合,与 z 轴垂直的平赤道面构成 xy 平面;xz 平面是包含平均自转轴和 Greenwich 平均天文台的平面;y 轴的指向使该坐标系成为右手坐标系[25]①。

如果想要用式(23-17)计算所关心位置的重力加速度,就必须知道地球表面的形状及内部物质密度分布,但前者正是我们要研究的,后者分布极其不规则,目前也无法知道,因而想要用式(23-17)计算所关心位置的重力加速度是不切实际的。然而,借助于位理论来研究地球重力场则非常方便[26]。

1.2 节指出,重力单一地取决于它所在的位置,因而重力是场力。而根据场论,如果一个力能够满足下列两个条件:

---

　　①　此处所述"地心空间直角坐标系"与 GJB 1028A—2017《航天器坐标系》6.2 节"地心坐标系"中的"地心固连直角坐标系 $O_e xyz$"相同。

(1)力的大小和方向是研究点坐标的单值连续函数;

(2)力场所做的功与路径无关。

则可以找到一个新的函数,该函数同样是研究点坐标的单值连续函数,而且这个函数的方向导数恰好等于这个力场强度在求导方向的分量。该函数即称为该力场的位函数[23]。因此 $g(x),g(y),g(z)$ 可表示为[23]

$$
\left.\begin{aligned}
g(x) &= \frac{\partial W}{\partial x} \\
g(y) &= \frac{\partial W}{\partial y} \\
g(z) &= \frac{\partial W}{\partial z}
\end{aligned}\right\} \qquad (23-18)
$$

式中　　W——地球重力位,m^2/s^2。

将梯度的定义[17]与式(23-18)相对照可知,地球重力加速度为地球重力位的梯度,并可表达为

$$\boldsymbol{g} = \mathbf{grad}W = \boldsymbol{\nabla} W \qquad (23-19)$$

式中　　$\boldsymbol{g}$——重力加速度(Acceleration of Gravity)矢量,m/s^2;

　　　grad——梯度符号;

　　　$\boldsymbol{\nabla}$——哈密顿算子(Hamiltonian),1.8节给出 $\boldsymbol{\nabla} = e_x \dfrac{\partial}{\partial x} + e_y \dfrac{\partial}{\partial y} + e_z \dfrac{\partial}{\partial z}$,其中 $e_x,e_y,$

　　　e_z 分别为在地心空间直角坐标系 x,y,z 轴方向的单位矢量。

由于位函数是个标量函数,所以地球总体的位函数应等于组成其质量的各基元分体位函数之和[26]。因此,将式(23-17)代入式(23-18)并运用由偏导数求原函数的方法,即可得到地球重力位,其表达式为[23]

$$W = G \int \frac{\mathrm{d}m}{\rho} + \frac{1}{2}\omega^2(x^2 + y^2) \qquad (23-20)$$

令[24]

$$
\left.\begin{aligned}
V &= G \int \frac{\mathrm{d}m}{\rho} \\
\Phi &= \frac{1}{2}\omega^2(x^2 + y^2)
\end{aligned}\right\} \qquad (23-21)
$$

式中　　V——地球引力位,m^2/s^2;

　　　Φ——地球离心力位,m^2/s^2。

将式(23-21)代入式(23-20),得到[24]

$$W = V + \Phi \qquad (23-22)$$

地球引力位模型是对地球实体外部真实引力位的逼近,是在无穷远处收敛到零值的(正则)调和函数,通常展开成一个在理论上收敛的整阶次球谐或椭球谐函数的无穷级数,这个级数展开系数的集合定义一个相应的地球引力位模型[10]。文献[24]给出地球引力位 V 的球谐函数级数展开式为

$$V = \frac{GM}{\rho}\left\{1 + \sum_{n=2}^{n_{\max}}\left[\left(\frac{a_{\mathrm{E}}}{\rho}\right)^n \sum_{m=0}^{n}(\bar{C}_{n,m}\cos m\lambda + \bar{S}_{n,m}\sin m\lambda)\bar{P}_{n,m}(\sin\varphi)\right]\right\} \qquad (23-23)$$

式中　　　　ρ——空间任一点 p 在地心大地坐标系中的地心向径,其中地心指包括海洋和大气的整个地球的质量中心[24],m;

n——球谐函数级数的阶（order，纬度方向）；

m——球谐函数级数的次（degree，经度方向）；

φ——地心大地坐标系的地心纬度，空间任一点 p 的地心向径 ρ 与地球赤道平面（与地心空间直角坐标系的 xy 平面重合[25]）间的夹角，且当 p 点在赤道以北时，称为北纬，φ 定义为正；反之，称为南纬，φ 定义为负[27]，rad；

λ——地心大地坐标系的地心经度，当地子午面（过 p 点的子午面）与大地起始子午面（平行于 Greenwich 平均天文子午面[26]，与地心空间直角坐标系的 xz 平面重合[25]）间的二面角，且当 p 点在起始大地子午面以东时，称为东经，λ 定义为正；反之，称为西经，λ 定义为负[27]，rad；

$\bar{C}_{n,m}, \bar{S}_{n,m}$——$n$ 阶 m 次完全规格化地球引力位系数（当 $m=0$ 时称为带谐系数，当 $m \neq 0$ 且 $m \neq n$ 时称为田谐系数，$m=n$ 时称为扇谐系数[28]）；

$\bar{P}_{n,m}(\sin\varphi)$——规格化的 n 阶 m 次缔合 Legendre 函数。

并有[24]

$$\left.\begin{aligned}\bar{C}_{n,m} &= C_{n,m}\sqrt{\frac{(n+m)!}{(n-m)!(2n+1)k}} \\ \bar{S}_{n,m} &= S_{n,m}\sqrt{\frac{(n+m)!}{(n-m)!(2n+1)k}}\end{aligned}\right\}, \quad k=\begin{cases}1, & m=0 \\ 2, & m \geqslant 1\end{cases} \tag{23-24}$$

式中　$C_{n,m}, S_{n,m}$——常规引力位系数。

以及[24]

$$\bar{P}_{n,m}(\sin\varphi) = P_{n,m}(\sin\varphi)\sqrt{\frac{(n-m)!(2n+1)k}{(n+m)!}}, \quad k=\begin{cases}1, & m=0 \\ 2, & m \geqslant 1\end{cases} \tag{23-25}$$

式中　$P_{n,m}(\sin\varphi)$——缔合 Legendre 函数。

并有[24]

$$P_{n,m}(\sin\varphi) = (\cos\varphi)^m \frac{\mathrm{d}^m}{\mathrm{d}(\sin\varphi)^m} P_n(\sin\varphi) \tag{23-26}$$

式中　$P_n(\sin\varphi)$——Legendre 函数。

并有[24]

$$P_n(\sin\varphi) = \frac{1}{2^n n!} \frac{\mathrm{d}^n}{\mathrm{d}(\sin\varphi)^n} (\sin^2\varphi - 1)^n \tag{23-27}$$

计算 $\bar{P}_{n,m}(\sin\varphi)$ 可采用如下递推关系[24]：

$$\bar{P}_{0,0}(\sin\varphi) = 1 \tag{23-28}$$

$$\bar{P}_{1,0}(\sin\varphi) = \sqrt{3}\sin\varphi \tag{23-29}$$

$$\bar{P}_{n,0}(\sin\varphi) = \frac{\sqrt{4n^2-1}}{n}\sin\varphi \cdot \bar{P}_{n-1,0}(\sin\varphi) - \frac{n-1}{n}\sqrt{\frac{2n+1}{2n-3}} \cdot \bar{P}_{n-2,0}(\sin\varphi), \quad n \geqslant 2 \tag{23-30}$$

$$\bar{P}_{1,1}(\sin\varphi) = \sqrt{3}\cos\varphi \tag{23-31}$$

$$\bar{P}_{n,n}(\sin\varphi) = \sqrt{\frac{2n+1}{2n}}\cos\varphi \cdot \bar{P}_{n-1,n-1}(\sin\varphi), \quad n \geqslant 2 \tag{23-32}$$

$$\bar{P}_{n,n-1}(\sin\varphi) = \sqrt{2n+1}\sin\varphi \cdot \bar{P}_{n-1,n-1}(\sin\varphi), \quad n \geqslant 2 \tag{23-33}$$

$$\bar{P}_{n,m}(\sin\varphi) = \sqrt{\frac{4n^2-1}{n^2-m^2}}\sin\varphi \cdot \bar{P}_{n-1,m}(\sin\varphi) - \sqrt{\frac{2n+1}{2n-3} \cdot \frac{(n-1)^2-m^2}{n^2-m^2}} \cdot \bar{P}_{n-2,m}(\sin\varphi)$$

$$(23-34)$$

式(23-34)仅在 $n \geqslant 2$ 且 $m < n-1$ 下成立。

并有[24]

$$\frac{\partial \bar{P}_{n,m}(\sin\varphi)}{\partial\varphi} = \sqrt{(n-m)(n+m-1)}\,\bar{P}_{n,m+1}(\sin\varphi) - m\tan\varphi\bar{P}_{n,m}(\sin\varphi) \quad (23-35)$$

计算 $\cos m\lambda$ 和 $m\lambda$ 可采用如下递推关系[24]：

$$\left.\begin{array}{l}\cos m\lambda = 2\cos\lambda \cdot \cos(m-1)\lambda - \cos(m-2)\lambda \\ \sin m\lambda = 2\cos\lambda \cdot \sin(m-1)\lambda - \sin(m-2)\lambda\end{array}\right\} \quad (23-36)$$

附带说明,空间任一点 p 在式(23-17)所采用的地心空间直角坐标系中的参量 (x,y,z) 与在式(23-23)所采用的地心大地坐标系中的参量 (ρ,φ,λ) 间的关系为[27]

$$\left.\begin{array}{l}x = \rho\cos\varphi\cos\lambda \\ y = \rho\cos\varphi\sin\lambda \\ z = \rho\sin\varphi\end{array}\right\} \quad (23-37)$$

或[27]

$$\left.\begin{array}{l}\rho = \sqrt{x^2+y^2+z^2} \\ \varphi = \arcsin\dfrac{z}{\rho} \\ \lambda = \dfrac{y}{|y|}\left(\dfrac{\pi}{2} - \arcsin\dfrac{x}{\sqrt{x^2+y^2}}\right)\end{array}\right\} \quad (23-38)$$

由于式(23-23)取地心为坐标原点,所以[29]

$$\bar{C}_{1,0} = \bar{C}_{1,1} = \bar{S}_{1,1} = 0 \quad (23-39)$$

式中　　　$\bar{C}_{1,0}$——1 阶完全规格化带谐系数;

$\bar{C}_{1,1}, \bar{S}_{1,1}$——1 阶完全规格化扇谐系数。

这是式(23-23)中的 $n \geqslant 2$ 的原因。

23.3.3.2　地球正常引力位

有两种地球正常引力位:正常椭球产生的引力位 V' 和真实地球引力位球谐函数级数展开式中的前三项 V''。V' 是正规定义,V'' 是简化定义。

(1)正常椭球产生的引力位 V'。

全国科学技术名词审定委员会公布的正常引力位定义为"正常椭球产生的引力位"。对于一个给定的正常(旋转)椭球体,假设其包含的质量等于地球体的总质量,其中心和旋转轴分别与实际地球的质心和自转轴重合,其旋转角速度等于实际地球的自转角速度,因而其离心力位与实际地球的离心力位相等[10,24]。由于正常椭球相对于转轴的对称性,则其引力位解 V' 有以下特殊形式[10]:

$$V' = \frac{GM}{\rho}\left[1 + \sum_{n=1}^{\infty}\left(\frac{a_{\mathrm{E}}}{\rho}\right)^{2n}\bar{C}'_{2n,0}\bar{P}_{2n,0}(\sin\varphi)\right] \quad (23-40)$$

式中　　　V'——地球正常引力位(正常椭球产生的引力位),$\mathrm{m^2/s^2}$;

$\bar{C}'_{2n,0}$——地球正常引力位 V' 的完全规格化带谐系数;

$\bar{P}_{2n,0}(\sin\varphi)$——规格化的 $2n$ 阶 0 次缔合 Legendre 函数。

将式(23-40)与式(23-23)相对照可以看到,如果地球正常引力位表达式采用类似于式(23-23)的形式,则其完全规格化田谐系数和扇谐系数为零,且当 n 为奇数时,其完全规格化带谐系数 $\overline{C}'_{n,0} = 0$。

2000 中国大地坐标系(CGCS2000)椭球完全规格化带谐系数 $\overline{C}'_{n,0}$ 的值如表 23-3 所示[24]。

表 23-3　CGCS2000 椭球完全规格化带谐系数 $\overline{C}'_{n,0}$[24]

系　数	数　值	系　数	数　值
$\overline{C}'_{2,0}$	$-4.841\ 667\ 798\ 797 \times 10^{-4}$	$\overline{C}'_{8,0}$	$3.460\ 525\ 000\ 701 \times 10^{-12}$
$\overline{C}'_{4,0}$	$7.903\ 037\ 520\ 469 \times 10^{-7}$	$\overline{C}'_{10,0}$	$-2.650\ 023\ 620\ 297 \times 10^{-15}$
$\overline{C}'_{6,0}$	$-1.687\ 249\ 686\ 418 \times 10^{-9}$	$\overline{C}'_{i,0},\quad i \geqslant 12$	0

文献[23]的相应表述为:"假设地球是一个密度均匀而且光滑的理想椭球体,或者是一个密度成层分布的光滑椭球体(在同一层内密度是均匀的,各层的界面也都是共焦旋转椭球面),则球面上各点的重力位或重力值可以根据地球的引力参数、地球长半轴、扁度、自转角速度等计算得出。由此计算出的重力位及重力值称为正常重力位及正常重力值。这种情况下的重力场称为正常重力场,表示正常重力场的数学解析式称为正常重力公式。"

(2)真实地球引力位球谐函数级数展开式中的前三项 V''。

文献[27]提出:"确定正常椭球体外部任一单位质量质点引力位的方法很多,其中最常用的方法就是球谐函数展开法。应用该方法计算引力的基本思想在于:将真实地球引力位函数 V 展成球谐函数级数,并取其展式中的前三项作为正常椭球体对应的正常引力位,然后应用位函数性质求出地球为正常椭球体时的引力。""很显然,正常引力位虽然不完全是真实地球引力位,但两者的差别也仅仅是由于球谐函数展开式中之高阶项而引起的。因此,正常椭球体引力位不仅能够比较精确地反映真实地球引力位,而且其数学模型也比较简单。"运用该方法,在式(23-23)所示地球引力位函数 V 的球谐函数级数展开式中取 $n=2$(即取位函数展开式中前三项之和),得到正常椭球体引力位函数:

$$V'' = \frac{GM}{\rho}\left[1 + \left(\frac{a_E}{\rho}\right)^2 \sum_{m=0}^{2}\left(\overline{C}''_{2,m}\cos m\lambda + \overline{S}''_{2,m}\sin m\lambda\right)\overline{P}_{2,m}(\sin\varphi)\right] \qquad (23-41)$$

式中　　V''——地球正常引力位[在地球引力位函数 V 的球谐函数级数展开式中,取 $n=2$(即取位函数展开式中前三项之和)时之位函数],$\mathrm{m^2/s^2}$;

$\overline{C}''_{2,m}$,$\overline{S}''_{2,m}$——地球正常引力位 V'' 的 2 阶 m 次完全规格化地球引力位系数;

$\overline{P}_{2,m}(\sin\varphi)$——规格化的 2 阶 m 次缔合 Legendre 函数。

规定地固坐标系的 z 轴为地球的惯性主轴,得到[29]

$$\overline{C}''_{2,1} = \overline{S}''_{2,1} = 0 \qquad (23-42)$$

式中　　$\overline{C}''_{2,1}$,$\overline{S}''_{2,1}$——地球正常引力位 V'' 的完全规格化田谐系数。

规定正常椭球体赤道的形状为理想圆,得到[29]

$$\overline{C}''_{2,2} = \overline{S}''_{2,2} = 0 \qquad (23-43)$$

式中　　$\overline{C}''_{2,2}$,$\overline{S}''_{2,2}$——地球正常引力位 V'' 的完全规格化扇谐系数。

在 $n=2$ 下,将式(23-28)和式(23-29)代入式(23-30),得到

$$\overline{P}_{2,0}(\sin\varphi) = \frac{\sqrt{5}}{2}(3\sin^2\varphi - 1) \qquad (23-44)$$

式中　　$\overline{P}_{2,0}(\sin\varphi)$——规格化的 2 阶 0 次缔合 Legendre 函数。

将式(23-42)~式(23-44)代入式(23-41),得到

$$V'' = \frac{GM}{\rho} \left[1 + \left(\frac{a_E}{\rho} \right)^2 \overline{C}''_{2,0} \frac{\sqrt{5}}{2} (3\sin^2\varphi - 1) \right] \qquad (23-45)$$

式中 $\overline{C}''_{2,0}$ —— 地球正常引力位 V'' 的 2 阶完全规格化带谐系数。

一般表达为[27]

$$V'' = \frac{GM}{\rho} \left[1 + J''_2 \left(\frac{a_E}{\rho} \right)^2 \frac{1 - 3\sin^2\varphi}{2} \right] \qquad (23-46)$$

式中 J''_2 —— 由地球正常引力位 V'' 导出的二阶带谐系数。

将式(23-46)与式(23-45)比较,得到

$$\overline{C}''_{2,0} = -\frac{J''_2}{\sqrt{5}} \qquad (23-47)$$

表 23-3 给出 CGCS2000 椭球 2 阶完全规格化带谐系数 $\overline{C}'_{2,0} = -4.841\ 667\ 798\ 797 \times 10^{-4}$,2.3.7 节给出 CGCS2000 参考椭球导出的二阶带谐系数 $J_2 = 1.082\ 629\ 832\ 258 \times 10^{-3}$,由此得到 $\overline{C}'_{2,0} = -J_2/\sqrt{5}$,与式(23-47)类似。

值得注意的是,由于 V'' 和 V' 的定义方法不同,所以 $\overline{C}''_{2,0}$ 理应与 $\overline{C}'_{2,0}$ 不同,也就是说,式(23-46)和式(23-47)中的 J''_2 理应与 2.3.7 节给出的 J_2 不同。

另外,1984 世界大地测量系统 WGS84 椭球导出的 2 阶完全规格化带谐系数 $\overline{C}'''_{2,0} = -4.841\ 667\ 749\ 85 \times 10^{-4}$ [24],与表 23-3 所列 $\overline{C}'_{2,0}$ 也不相同。

23.3.3.3 地球正常引力加速度分量

(1) 由地球正常引力位 V' 导出。

23.3.3.1 节指出,引力位的方向导数恰好等于引力场强度在求导方向的分量。因此,依据式(23-40)导出的正常引力在地心大地坐标系各轴上的分量为[27]

$$\left. \begin{aligned} g'_\rho &= \frac{\partial V'}{\partial \rho} \\ g'_\varphi &= \frac{1}{\rho} \frac{\partial V'}{\partial \varphi} \\ g'_\lambda &= \frac{1}{\rho\cos\varphi} \frac{\partial V'}{\partial \lambda} \end{aligned} \right\} \qquad (23-48)$$

式中 g'_ρ —— 由地球正常引力位 V' 导出的正常引力加速度在矢径 ρ 方向上的分量,m/s^2;

g'_φ —— 由地球正常引力位 V' 导出的正常引力加速度在与 ρ 垂直平面内正北方向（$d\varphi$ 方向）上的分量,m/s^2;

g'_λ —— 由地球正常引力位 V' 导出的正常引力加速度在与 ρ 垂直平面内正东方向（$d\lambda$ 方向）上的分量,m/s^2。

将式(23-40)代入式(23-48),得到

$$\left. \begin{aligned} g'_\rho &= -\frac{GM}{\rho^2} \left\{ 1 + (2n+1) \sum_{n=1}^\infty \left(\frac{a_E}{\rho} \right)^{2n} \overline{C}'_{2n,0} \overline{P}_{2n,0}(\sin\varphi) \right\} \\ g'_\varphi &= \frac{GM}{\rho^2} \sum_{n=1}^\infty \left(\frac{a_E}{\rho} \right)^{2n} \overline{C}'_{2n,0} \frac{\partial \overline{P}_{2n,0}(\sin\varphi)}{\partial \varphi} \\ g'_\lambda &= 0 \end{aligned} \right\} \qquad (23-49)$$

其中,$\dfrac{\partial \overline{P}_{2n,0}(\sin\varphi)}{\partial \varphi}$ 可由式(23-35)得到

$$\frac{\partial \overline{P}_{2n,0}(\sin\varphi)}{\partial \varphi} = \sqrt{2n(2n-1)}\,\overline{P}_{2n,1}(\sin\varphi) \tag{23-50}$$

（2）由地球正常引力位 V'' 导出。

类似地,依据式(23-46)导出的正常引力在地心大地坐标系各轴上的分量为[27]

$$\left.\begin{array}{l} g''_{\rho} = \dfrac{\partial V''}{\partial \rho} \\[2mm] g''_{\varphi} = \dfrac{1}{\rho}\dfrac{\partial V''}{\partial \varphi} \\[2mm] g''_{\lambda} = \dfrac{1}{\rho\cos\varphi}\dfrac{\partial V''}{\partial \lambda} \end{array}\right\} \tag{23-51}$$

式中　g''_{ρ}——由地球正常引力位 V'' 导出的正常引力加速度在矢径 ρ 方向上的分量,m/s^2;

$\quad\;\; g''_{\varphi}$——由地球正常引力位 V'' 导出的正常引力加速度在与 ρ 垂直平面内正北方向
　　　（$\mathrm{d}\varphi$ 方向）上的分量,m/s^2;

$\quad\;\; g''_{\lambda}$——由地球正常引力位 V'' 导出的正常引力加速度在与 ρ 垂直平面内正东方向
　　　（$\mathrm{d}\lambda$ 方向）上的分量,m/s^2。

将式(23-46)代入式(23-51),得到[27]

$$\left.\begin{array}{l} g''_{\rho} = -\dfrac{GM}{\rho^2}\left[1 + 3J''_2\left(\dfrac{a_{\mathrm{E}}}{\rho}\right)^2\dfrac{1-3\sin^2\varphi}{2}\right] \\[4mm] g''_{\varphi} = -\dfrac{3GM}{2\rho^2}J''_2\left(\dfrac{a_{\mathrm{E}}}{\rho}\right)^2\sin 2\varphi \\[4mm] g''_{\lambda} = 0 \end{array}\right\} \tag{23-52}$$

23.3.3.4　地球扰动引力位

地球扰动引力位等于地球引力位与地球正常引力位之差[24]。此处只采用正规定义的
地球正常引力位 V' [10]:

$$T = V - V' \tag{23-53}$$

T——地球扰动引力位,m^2/s^2。

即[24]

$$T = \frac{GM}{\rho}\sum_{n=2}^{n_{\max}}\left[\left(\frac{a_{\mathrm{E}}}{\rho}\right)^n\sum_{m=0}^{n}(\overline{C}^*_{n,m}\cos m\lambda + \overline{S}_{n,m}\sin m\lambda)\overline{P}_{n,m}(\sin\varphi)\right] \tag{23-54}$$

式中　$\overline{C}^*_{n,m}$——地球扰动引力位 T 的 n 阶 m 次完全规格化地球引力位余弦项系数。

并有[10]

$$\left.\begin{array}{l} \overline{C}^*_{n,0} = \begin{cases} \overline{C}_{n,0} - \overline{C}'_{n,0}, & n\text{ 为偶数} \\ \overline{C}_{n,0}, & n\text{ 为奇数} \end{cases} \\[4mm] \overline{C}^*_{n,m} = \overline{C}_{n,m}, \quad m \neq 0 \end{array}\right\} \tag{23-55}$$

23.3.3.5　地球扰动引力加速度分量

此处只采用正规定义的地球正常引力位 V'。与式(23-48)类似,我们有

$$\left.\begin{array}{l} \delta g_{\rho} = \dfrac{\partial T}{\partial \rho} \\[2mm] \delta g_{\varphi} = \dfrac{1}{\rho}\dfrac{\partial T}{\partial \varphi} \\[2mm] \delta g_{\lambda} = \dfrac{1}{\rho\cos\varphi}\dfrac{\partial T}{\partial \lambda} \end{array}\right\} \tag{23-56}$$

式中　δg_ρ—— 扰动引力加速度在矢径 ρ 方向上的分量，m/s^2；

　　　δg_φ—— 扰动引力加速度在与 ρ 垂直平面内正北方向（$d\varphi$ 方向）上的分量，m/s^2；

　　　δg_λ—— 扰动引力加速度在与 ρ 垂直平面内正东方向（$d\lambda$ 方向）上的分量，m/s^2。

将式（23-54）代入式（23-56），得到[24]

$$
\left.\begin{aligned}
\delta g_\rho &= -\frac{GM}{\rho^2}\sum_{n=2}^{n_{\max}}\left[(n+1)\left(\frac{a_{\mathrm{E}}}{\rho}\right)^n\sum_{m=0}^{n}(\overline{C}_{n,m}^*\cos m\lambda+\overline{S}_{n,m}\sin m\lambda)\,\overline{P}_{n,m}(\sin\varphi)\right]\\
\delta g_\varphi &= \frac{GM}{\rho^2}\sum_{n=2}^{n_{\max}}\left[\left(\frac{a_{\mathrm{E}}}{\rho}\right)^n\sum_{m=0}^{n}(\overline{C}_{n,m}^*\cos m\lambda+\overline{S}_{n,m}\sin m\lambda)\,\frac{\partial\overline{P}_{n,m}(\sin\varphi)}{\partial\varphi}\right]\\
\delta g_\lambda &= \frac{GM}{\rho^2\cos\varphi}\sum_{n=2}^{n_{\max}}\left[\left(\frac{a_{\mathrm{E}}}{\rho}\right)^n\sum_{m=0}^{n}m(\overline{C}_{n,m}^*\sin m\lambda-\overline{S}_{n,m}\cos m\lambda)\,\overline{P}_{n,m}(\sin\varphi)\right]
\end{aligned}\right\}
$$

$$(23-57)$$

式（23-57）可以改写为

$$
\left.\begin{aligned}
\delta g_\rho &= -\frac{GM}{a_{\mathrm{E}}^2}\sum_{n=2}^{n_{\max}}\left[(n+1)\left(\frac{a_{\mathrm{E}}}{\rho}\right)^{n+2}\sum_{m=0}^{n}(\overline{C}_{n,m}^*\cos m\lambda+\overline{S}_{n,m}\sin m\lambda)\,\overline{P}_{n,m}(\sin\varphi)\right]\\
\delta g_\varphi &= \frac{GM}{a_{\mathrm{E}}^2}\sum_{n=2}^{n_{\max}}\left[\left(\frac{a_{\mathrm{E}}}{\rho}\right)^{n+2}\sum_{m=0}^{n}(\overline{C}_{n,m}^*\cos m\lambda+\overline{S}_{n,m}\sin m\lambda)\,\frac{\partial\overline{P}_{n,m}(\sin\varphi)}{\partial\varphi}\right]\\
\delta g_\lambda &= \frac{GM}{a_{\mathrm{E}}^2\cos\varphi}\sum_{n=2}^{n_{\max}}\left[\left(\frac{a_{\mathrm{E}}}{\rho}\right)^{n+2}\sum_{m=0}^{n}m(\overline{C}_{n,m}^*\sin m\lambda-\overline{S}_{n,m}\cos m\lambda)\,\overline{P}_{n,m}(\sin\varphi)\right]
\end{aligned}\right\}
$$

$$(23-58)$$

23.3.3.6　扰动引力加速度与轨道高度的关系

由式（23-58）可以看到，扰动引力加速度被分解为 $n=(2\sim n_{\max})$ 阶、$m=(0\sim n)$ 次分量之和，第 n 阶的扰动引力加速度分量与 $(a_{\mathrm{E}}/\rho)^{n+2}$ 成正比。因此，轨道高度 h 处第 n 阶的扰动引力加速度分量与地面上该阶扰动引力加速度分量的比值为 $[a_{\mathrm{E}}/(a_{\mathrm{E}}+h)]^{n+2}$。使用 1.6.2 节给出的 $a_{\mathrm{E}}=6.378\,137\,0\times10^6$ m 可以计算出该比值，表 23-4 给出了部分结果。可以看到，阶次越高，扰动引力加速度分量随轨道高度衰减越快。因此，卫星飞得高虽然可以减少大气阻力，有利于保持轨道和延长寿命，但不利于分辨高阶扰动引力加速度分量。

表 23-4　$[a_{\mathrm{E}}/(a_{\mathrm{E}}+h)]^{n+2}$

h/km	n				
	70	114	120	136	160
300	3.654×10^{-2}	4.836×10^{-3}	3.670×10^{-3}	1.759×10^{-3}	5.838×10^{-4}
500	4.366×10^{-3}	1.577×10^{-4}	1.003×10^{-4}	2.998×10^{-5}	4.899×10^{-6}

考虑到上述情况，不难理解加速度计的分辨力指标不能直接套用以最小地面尺寸表示的重力场空间分辨力 170 km（任务需求）或 175 km（实际情况）下恢复地球重力场误差为 1 mGal（即 1×10^{-5} m/s²）的道理。

23.4　加速度计的测量带宽

GRACE 卫星设计轨道高度为（500～300）km，倾角为 89°，相应的交点周期 $T_\varphi=$

(5 685～5 439) s(详见 23.2.2 节)。因此,为了有可能以直至大约 160 阶次或更高的球谐函数模型表征长期平均引力位模型(参见 23.1 节),加速度计测量带宽的上限应高于(160/5 439) Hz,即高于 2.942×10^{-2} Hz;测量带宽的下限应低于(1/5 685) Hz,即低于 1.759×10^{-4} Hz。因此,表 17-2 给出 SuperSTAR 加速度计测量带宽为(1×10^{-4}～0.1) Hz 是符合要求的。

需要说明的是,上述测量带宽的含义应为反演规定阶次的重力场所需要的带宽,该带宽内数据的正确度和精密度经过标定和修正后是有保证的,既不允许含有影响正确度和超越精密度要求的带内衰减和干扰,也不允许含有超越精密度要求的带外镜频干扰。

6.1.2 节已经强调要厘清截止频率、低通滤波的通带和测量带宽的概念:-3 dB 处的频率称为截止频率 f_c,0 频至通带高端频率 f_h 定义为有源低通滤波的通带(对于 Chebyshev - I 有源低通滤波,f_h 指等波纹最高频率;对于 Bessel 有源低通滤波,f_h 指具有平坦群时延特征的最高频率;对于临界阻尼和 Butterworth 有源低通滤波,f_h 与 f_c 等同),而测量带宽的含义则如上所言。虽然有人将 0 频至 -3 dB 处的频率定义为有源低通滤波的通带,然而,SuperSTAR 加速度计对测量带宽内的信号质量,包括正确度和精密度,都有很严格的要求,因而测量带宽上限既不是 f_h,也不是 f_c。18.3.6 节给出,SuperSTAR 归一化闭环传递函数幅值谱在 -3 dB 处的频率高达 89.2 Hz;而在(1×10^{-4}～0.1) Hz 的测量带宽内对 1 的偏离不足 2×10^{-7}。由此得到,US 轴测量带宽内的输入加速度即使达到表 17-2 给出的输入范围 $\pm 5 \times 10^{-5}$ m/s^2 所允许的极限,由幅值谱对 1 的偏离引起的加速度测量值偏离不足 1.0×10^{-11} m/s^2,远小于(1×10^{-4}～0.1) Hz 测量带宽内噪声的扩展不确定度 1.1×10^{-10} m·s^{-2}(包含因子 $k_i = 3$),因而该偏离不会增大测量带宽(1×10^{-4}～0.1) Hz 内的信号误差。

由此可见,绝不能把 SuperSTAR 加速度计测量带宽(1×10^{-4}～0.1) Hz 理解为衰减不超过 -3 dB 的带宽。更不能把测量带宽与各种谐振频率、各种采样率、各种输出数据率、各种滤波带宽相混淆,如:6.1.1 节第(3)条给出,静电悬浮加速度计电容位移检测电路使用的抽运频率为 100 kHz;17.2 节给出,STAR 加速度计 24 位 Δ-Σ ADC 原始采样率为 10 kSps;图 17-17 所示"GRADIO 加速度计的伺服控制环原理图"中标出 GRADIO 加速度计 ADC1 的输出数据率和 DAC 的输入数据率均为 $r_d = 1$ kSps;18.3.6 节给出,SuperSTAR 加速度计 US 轴归一化闭环传递函数的截止频率 $f_{-3 dB} = 89.2$ Hz,该加速度计的基础频率 $f_0 = 20$ Hz,环内一阶有源低通滤波的截止频率 $f_c = 150$ Hz;6.1.1 节第(3)条指出,该加速度计 1a 级原始观测数据的输出数据率为 10 Sps,此前的四阶 Butterworth 低通滤波器的截止频率为 3 Hz,用于考察加速度尖峰的影响,以及验证所用的 SuperSTAR 加速度计的噪声水平,而 GRADIO 向用户正式提供的 1b 级数据,是 Δ-Σ ADC 先给出 10 Sps 的输出数据,再用软件进行数字滤波转换为 1 Sps 的,在 Δ-Σ ADC 之前设置了抗混叠模拟滤波器,它也是一种低通滤波器。

23.5　加速度计的"输入范围"和"加速度测量值被限制的范围"

23.5.1　输入范围、能够实现捕获的外来加速度范围、加速度测量值被限制的范围三者的区别

4.1.2.4 节以 GJB 585A—1998《惯性技术术语》为蓝本,分别规定了输入范围和输出范

围:将"输入极限之间的范围"称为"输入范围",将"输入范围与标度因数的乘积"称为"输出范围";该节还分别规定了输入量程和输出量程:将"输入范围上、下值之间的代数差值"称为"输入量程",将"输出范围上、下值之间的代数差值"称为"输出量程"。而从 4.1.1.2 节可以看到,JJF 1001—2011《通用计量术语及定义》不区分输入和输出,将"在规定条件下,具有规定的仪器测量不确定度的指定测量仪器或测量系统能够测量出的一组同类量的量值"称为"测量区间";并指出:在某些领域,测量区间也称"测量范围"[16]。由此可见,输入范围内仪器的不确定度应该满足给定的要求。也就是说,如果超出输入范围,仪器有可能饱和;也有可能并未饱和,只是其不确定度已不满足给定值的要求。

17.6.2 节和 17.6.3 节指出,"捕获模式下的输入范围""能够实现捕获的外来加速度的范围""加速度测量值被限制的范围"三者是不同的概念,不能互相混淆:"捕获模式下的输入范围"需基本符合定常系统的特征;"能够实现捕获的外来加速度的范围"于捕获前受到"反馈控制电压被限制的范围"的制约;而"反馈控制电压被限制的范围"并非均符合定常系统的特征,"加速度测量值被限制的范围"于捕获后受到"反馈控制电压被限制的范围"的制约;三者从前向后依次加宽。与此相仿,"科学模式下的输入范围"应基本符合定常系统的特征,而"加速度测量值被限制的范围"受到"反馈控制电压被限制的范围"的制约。

GRACE 科学和任务需求文档[4]规定 SuperSTAR 加速度计的测量范围(即科学模式的输入范围)为:US 轴为 $\pm 5 \times 10^{-5}$ m/s²,LS 轴为 $\pm 5 \times 10^{-4}$ m/s²;控制范围(即捕获模式的输入范围)为:US 轴为 $\pm 2.5 \times 10^{-4}$ m/s²,LS 轴为 $\pm 2.5 \times 10^{-3}$ m/s²。

无论是"输入范围"还是"加速度测量值 γ_{msr} 被限制的范围"都会受仪器的动态范围限制,不可能要求噪声特别小而"输入范围"或"加速度测量值 γ_{msr} 被限制的范围"特别大。由于非重力加速度测量的分辨力要求很高,为了控制动态范围,必须尽量压缩"输入范围"和"加速度测量值 γ_{msr} 被限制的范围"。

为了压缩"输入范围"和"加速度测量值 γ_{msr} 被限制的范围",需要降低大气阻力影响,降低轨控和姿控推进器工作的影响,降低结构动力响应的影响。

需要说明的是,不仅在测量带宽 $(1 \times 10^{-4} \sim 0.1)$ Hz 内的刚性(频率低于卫星最低自然结构频率时,航天器可视为刚体)非重力加速度不能超过"输入范围";而且加速度计 -3 dB 通带(18.3.6 节给出 SuperSTAR 加速度计 US 轴 -3 dB 处的频率为 89.2 Hz)内的非刚性扰动加速度不能超过"加速度测量值 γ_{msr} 被限制的范围"。

23.5.2 减少大气阻力的影响

GRACE 卫星外形如图 23-4 所示[3],其尺寸如图 23-5 所示[30]。

从图 23-4 可以看到,GRACE 卫星的太阳电池片直接贴在卫星外壳上,以减少大气阻力的影响。式(2-13)给出了大气阻力导致的航天器质心加速度矢量表达式。2.3.7 节指出阻力系数取决于航天器形状和分子反射形式(例如散射或镜面反射),通常取阻力系数 $C_d = 2.2 \pm 0.2$。文献[3]给出 GRACE 卫星初始质量为 432 kg。图 23-5 给出了 GRACE 卫星外形尺寸,其前视图的面积为 1.001 m²;图 2-14 和图 2-15 分别给出了大气密度最低值和最高值随轨道高度的变化曲线,23.1 节给出 GRACE 卫星设计的轨道高度为 $(500 \sim 300)$ km。从图 2-14 所对应的数据可以得到,大气密度在轨道高度 500 km 下最低值为 4.20×10^{-14} kg/m³;从图 2-15 所对应的数据可以得到,大气密度在轨道高度 300 km 下最高值为 8.91×10^{-11} kg/m³。式(2-14)给出了当卫星处于圆轨道时,卫星的飞行速度与轨道高度间的关系,由此计算出飞行速度在轨道高度 500 km 下为 7.61 km/s,在轨道高度 300 km 下为 7.73 km/s。因此,忽略 GRACE-A 卫星略为上仰、GRACE-B 卫星略为下俯,假设卫星的俯仰角、偏航角、滚动角均为零,即将前视图面积视为沿速度方向的投影面积,由式(2-13)得到大气阻力导致的 GRACE 卫星质心负加速度在轨道高度 500 km 处最小为 6.20×10^{-9} m/s²,在轨道高度 300 km 处最大为 1.36×10^{-5} m/s²。

图 23-4　GRACE 卫星的外形[3]

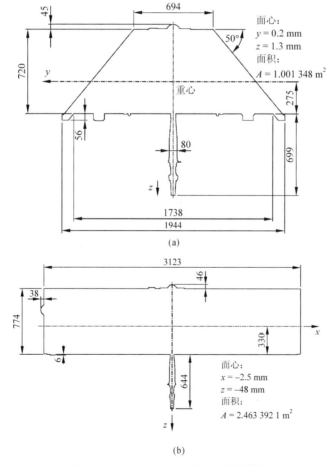

图 23-5　GRACE 卫星框架投影图[30]

(a) y,z 面(前视图)；　(b) x,z 面(左视图)

23.5.3 减少轨控和姿控推进器工作的影响

GRACE 卫星采用两台 40 mN 轨控推进器[31],以便保持两星间的距离,此外还偶尔用于轨道标定和高度补偿[32]。由于卫星质量为 432 kg[3],两台轨控推进器同时工作将产生 1.85×10^{-4} m/s² 的加速度,不仅加速度计输入范围无法包容,而且从恢复重力场的角度,由于此刻轨道处于变动过程之中,也不适合获取科学数据。23.2.4 节指出,30 d 的轨道弧长提供了全球覆盖,并将产生条件良好的信息矩阵,且包含了重力协方差分析结果。因此,轨道机动只在每 30 d 或 60 d 的间歇期进行[32]。

GRACE 卫星的本体坐标系如图 23-6 所示[31]。

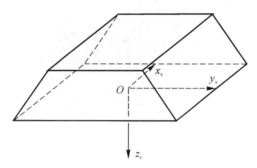

图 23-6　GRACE 卫星的本体坐标系[31]

该卫星共采用 12 台 10 mN 姿控冷气推进器。为了减少对轨道的影响,如图 23-7 所示:两台一组对称配置,对称工作,以保证转动轴通过质心;每个转动轴的正反方向各配一组;不同转动轴互相正交[31]。

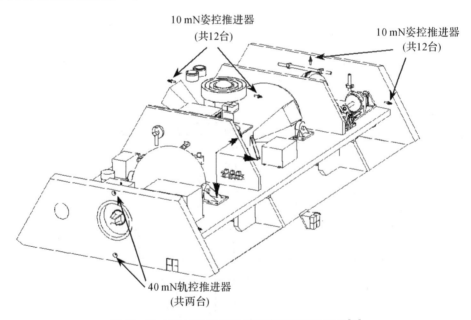

10 mN姿控推进器
(共12台)

10 mN姿控推进器
(共12台)

40 mN轨控推进器
(共两台)

图 23-7　GRACE 卫星轨控和姿控推进器布局[31]

图 23-7 中卫星顶/底±y_s 向两组形成绕 x_s 轴正反转动力矩,卫星前/后±z_s 向两组形成绕 y_s 轴正反转动力矩,卫星前/后±y_s 向两组形成绕 z_s 轴正反转动力矩。每个转动轴

的转动惯量、每组姿控推进器产生的力矩及角加速度如表 23-5 所示[31]。

表 23-5　GRACE 卫星每个转动轴的转动惯量、每组姿控推进器产生的力矩及角加速度[31]

	x_s 轴	y_s 轴	z_s 轴
转动惯量 /(kg·m²)	70.23	345.14	388.84
力矩/(N·m)	0.006	0.029	0.029
角加速度/(rad·s⁻²)	8.5×10^{-5}	8.4×10^{-5}	7.5×10^{-5}

由表 23-5 所示 12 台 10 mN 姿控冷气推进器两台一组产生的绕 x_s, y_s, z_s 轴力矩,可以绘出这些冷气推进器在 GRACE 卫星上的安装位置,如图 23-8 所示。

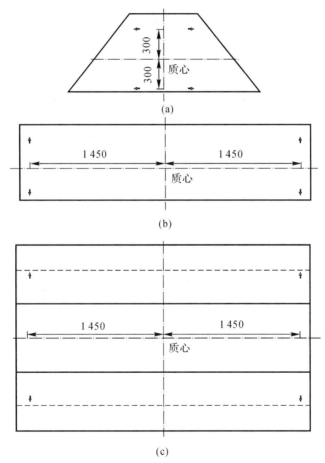

图 23-8　12 台 10 mN 姿控冷气推进器在 GRACE 卫星上的安装位置

(a)绕 x_s 轴的 4 台冷气推进器位置；　(b)绕 y_s 轴的 4 台冷气推进器位置；　(c)绕 z_s 轴的 4 台冷气推进器位置

为了维持 GRACE 卫星姿态和满足 KBR 的指向需求,姿态控制系统大约每天启动卫星的冷气推进器 600 次[33]。文献[34]提出,由于成对推进器同时点火的时机或姿态维护的时机有轻微的不完善,在加速度计数据中可以见到线加速度。图 23-9 给出了 GRACE 卫星升空第一天历时 2 h 的姿控推进器工作(已在图中圈出)引起的径向加速度[35]。可以看到,图中只圈出三次,而按照上述每天约 600 次的频度计算,2 h 内应启动冷气推进器约 50 次,因而圈出的只是其中最突出的。

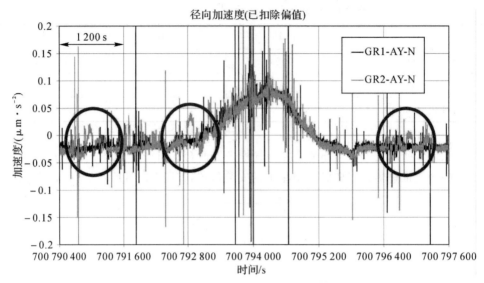

图 23-9　GRACE 卫星姿控推进器工作(已在图中圈出)引起的加速度[35]

从图 23-9 可以看到,在径向检测到姿控推进器工作时引起最大约 5×10^{-8} m/s² 的线加速度。由于姿态维护(包括推进器点火)的响应时间远小于 1 s,其影响在时间坐标刻度间隔长达 1200 s 的图 23-9 中根本反映不出来,所以我们认为,其原因更可能是姿控推进器安装的几何位置相对于加速度计质心并不完全对称和/或这些姿控推进器的推力不完全对称。如果将原因归结于理论上对称配置、对称工作的姿控推进器的瞬态旋转轴实际上偏离加速度计质心,并沿用表 23-5 所示姿控推进器产生的绕 x 轴(y 轴)角加速度 8.5×10^{-5} rad/s² (8.4×10^{-5} rad/s²),由式(2-31)得到瞬态旋转轴偏离加速度计质心最大约 0.6 mm。此处瞬态旋转轴指的是一根瞬态虚拟轴,在该轴所处的位置,由于成对推进器对卫星质心产生的力矩不完全对称所引起的瞬态跟随卫星质心的平动加速度与瞬态绕卫星质心转动引起的切向加速度刚好抵消。

23.5.4　减少结构动力响应的影响

18.3.6 节指出,虽然 GRACE 任务对 SuperSTAR 加速度计要求的测量带宽仅为 $(1\times10^{-4}\sim0.1)$ Hz,但归一化闭环传递函数幅值谱在 -3 dB 处的频率高达 89.2 Hz,而且从图 18-9 可以看到,该幅值谱在 300 Hz 以上才下降到 0.1 以下。因此,考虑 SuperSTAR "加速度测量值 γ_{msr} 被限制的范围"时必须考虑结构动力响应的影响。

从 14.6.3.1 节第(3)条可以看到,单自由度系统受到静态力 F 作用时,会产生 $A_{st}=F/k$ 的静变位,其中 k 为单自由度系统的刚度;而受到简谐激振外力 $F\sin\omega t$ 作用时,会产生 $A\sin(\omega t-\phi)$ 的位移振动。幅值比 A/A_{st} 是激振角频率 ω 的函数。在振动中它被称为振幅放大率。共振时 $\phi=90°$,此比值成为共振振幅放大率。共振振幅放大率主要取决于系统的阻尼比,阻尼比越大,共振振幅放大率越小。由于共振振幅放大率可能处于较宽的范围内,因此,需针对各种情况分别考虑。

GRACE 卫星的太阳电池直接贴在卫星外壳上,不仅可以减少大气阻力的影响,还可以规避太阳电池翼共振、热颤振、驱动噪声。为了利用已掌握的数据进行比较,图 23 - 10 给出了我国返回式卫星 FSW - 2 (F2)的外形、坐标方向及 DW - 1 微重力测量装置所在位置示意图。可以看到该卫星也没有太阳电池翼。图 23 - 11 为该卫星相对平静时沿飞行方向(卫星 x 轴)的微重力加速度,方均根值为 3.14 μg_n。而神舟号飞船有一对相当大的太阳电池翼,如图 2 - 25 所示。图 14 - 71 给出了神舟五号飞船相对平静时沿飞行方向(飞船 x 轴)的微重力加速度,方均根值为 86 μg_n。两相比较,可以看到太阳电池翼对结构动力响应的影响确实很大。

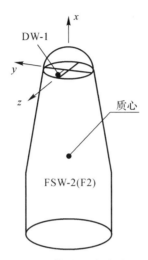

图 23 - 10　FSW - 2 (F2)卫星的外形、坐标方向及 DW - 1 所在位置示意图

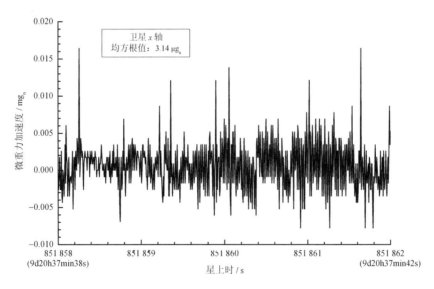

图 23 - 11　FSW - 2 (F2)卫星相对平静时微重力加速度(卫星 x 轴)

14.6.2.4 节指出,图 14 - 20～图 14 - 22 给出了神舟号飞船平稳运行中连续两次150 N大推力姿控动作前后飞船 x,y,z 轴三向上的微重力加速度变化情况:推力发生在飞船$-y$,$+z$ 向,每向引起的加速度跳变绝对值约为 1.4 mg_n,而在 x 向同时引起了峰-峰值最大达3.2 mg_n 的结构动力响应。与之对照,图 14 - 23～图 14 - 25 给出了 25 N 小推力姿控动作

前后飞船 x,y,z 轴三向上的微重力加速度变化情况:推力也发生在飞船一 y,$+z$ 向,每向推力本身引起的加速度跳变绝对值不超过 $0.2\ mg_n$,而在同方向上引起的结构动力响应峰-峰值最大竟达 $2\ mg_n$,在没有推力的 x 向引起的结构动力响应峰-峰值最大更达 $2.3\ mg_n$。

以上事实表明:

(1)在轨飞行时外部作用力引起的结构动力响应具有明显大于1的动力响应放大系数;

(2)一定条件下较小的外部作用力反而对应较大的动力响应放大系数,即表现出系统具有非线性的激励响应。

这两点很容易被设计人员所忽视,务必特别关注。

由于在轨飞行时的结构动力响应影响不可低估,所以不仅要尽量避免各种机构动作,还要从设计上极力降低结构动力响应。作为降低结构动力响应的重要措施之一,GRACE 卫星平台的结构骨架采用非常硬(very stiff)的碳纤维增强塑料(CFRP)材料[35],以提高结构振动频率。

23.6 error tones,twangs,spikes 对重力场恢复的影响

23.6.1 error tones,twangs,spikes 的含义

需要指出的是,姿控推进器工作的影响如果在测量带宽 $(1\times10^{-4}\sim0.1)$ Hz 内大到超过加速度计"输入范围",或者结构动力响应的影响如果在加速度计 -3 dB 通带内大到超过"加速度测量值 γ_{msr} 被限制的范围",固然是不允许的。然而,即使没有超出,虽然推力本身是非保守力,正是我们要检测的对象,但是在部分或全部非机械过程的场合,例如卫星对机械冲量或电磁兼容性(EMC)效应的热响应、卫星结构不充分刚性引起的零部件变形或振动,不代表作用在卫星上的非保守力,因而是有害的[33]。

文献[4]指出,温度效应——特别是那些与轨道周期相关的温度效应,会引入重要的误差:当卫星每轨从日照转为黑夜及相反时,热膨胀和翘曲导致的几何学偏移可以直接映射到重力测量中。由于这个原因,使用低膨胀复合材料 CFRP 制造卫星设备板和其他结构元件。除此而外,磁场和加速度计的相互作用以及大气阻力的水平和方向的变化也与轨道周期密切相关。它们都会在频域的轨道谐波(其对应的基波为轨道周期的倒数)处造成相对固定的加速度尖峰干扰,称为"error tones(误差音调)"。姿态控制推进器工作也存在一定程度的规律性,因而也有可能产生 error tones。

error tones 会映射到重力项中,是制约重力场测量准确性的重要因素[4]。GRACE 科学和任务需求文档[4]规定,SuperSTAR 加速度计测量带宽内的 error tones 三个轴均应小于 $4\times10^{-12}\ m/s^2$,对 US 轴还规定射前检验时应小于 $1\times10^{-12}\ m\cdot s^{-2}$。分析这些已知有规律信号的可重复性,可能对误差①分析有益[33]。

与频域上位置相对固定的尖峰干扰称为 error tones 相呼应,人们把时域上的尖峰干扰称为 twangs(尖锐的颤动)和 spikes(长尖刺)。twangs 与 spikes 之间没有严格的界线。

twangs 指强烈的信号脉冲(直至 $2\times10^{-5}\ m/s^2$,即与外部的非重力加速度达到相同的量级),本身持续时间 $(0.2\sim0.26)$ s,其后还跟随一个持续时间直至 10 s 的阻尼振荡,在径

---

① 文献[33]原文为"准确度",不妥(参见 4.1.3.1 节)。

向加速度分量中能被很好地观察到,而且频繁出现(占数据量的 30%),而在沿迹方向和轨道面法线方向有较小的幅度,且不太频繁(仅占数据量的 1%～3%),这可能与卫星多层隔热箔因热膨胀不均匀引发的振动有关[6,33-34]。有的文献称 twangs 与姿控推进器工作有关,或与热配置的变化有关[36]。

spikes 较小(直至 1×10^{-7} m/s²)和较短(总持续时间 1 s～3 s),在所有的三个加速度计分量的数据中都很频繁(占数据量的 30%～40%),且在沿迹方向的高频扰动中占据重要的支配地位。spikes 首先来自频繁的推进器工作;更为频繁的 spikes 由各种加热器每隔不多几秒通断一次而闪现,部分是由于小的机械变形。spikes 掩盖了由热层密度、风以及辐射压力引起的非重力,且与 twangs 相混淆,因而掌握 spikes 的精细知识很有必要[6,33]。

23.6.2　CHAMP 卫星的加热器通断 spikes

在 CHAMP 卫星的加速度计观测记录中已经呈现出加热器通断 spikes[33]。图 23-12 显示了 CHAMP 卫星加速度计观测记录中所呈现的加热器通断 spikes,可以看到,它们在三个轴向上都存在。通过检查确认这些 spikes 与加热器通断相关联,其水平依赖于加热器的位置,并证实它不是磁效应,不是电磁兼容效应,也不是数字效应[35]。

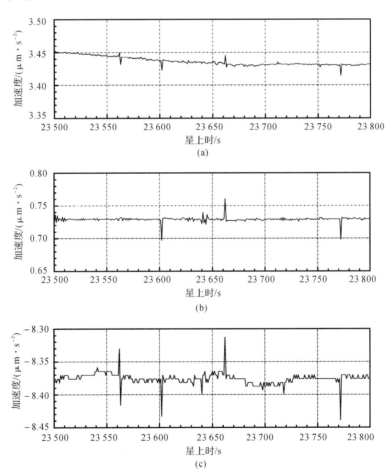

图 23-12　CHAMP 卫星 1.0 Sps 加速度计数据中加热器通断 spikes 的示例[35]
(a)沿迹方向;　(b)轨道面法线方向;　(c)径向

23.6.3 ONERA 的地面加热器通断 spikes 效应实验

在 JPL 参与下,在 ONERA 的实验室里专门进行了加热器通断 spikes 效应实验。实验是在摆平台(详见 26.1.3 节)上进行的,台面上依次分别安放了两种蜂窝夹层安装基板,第一种是 CHAMP 卫星使用的铝面板-铝蜂窝结构,第二种是 GRACE 卫星使用的碳钎维面板-铝蜂窝结构。两种安装基板上均摆放了 SuperSTAR 加速度计的电性件,并贴装了片状加热器。加热器电源 28 V,通断控制采用信号峰-峰值 1.5 V、重复周期为 10 s 的脉冲宽度调制方式,加速度计的输出通过 HP 35670A 动态数字分析仪分析[35]。

图 23-13 为铝面板-铝蜂窝结构安装基板的实验现场照片。共做了 4 种工况:工况 1——加热器加电压 28 V;工况 2——加热器不加电压;工况 3——加热器加电压 14 V;工况 4——加热器在铝面板上方 38 mm 处,加电压 28 V。图 23-14 为铝面板-铝蜂窝结构安装基板加速度计 y 轴(水平方向)测到的功率谱密度变化情况,4 种工况的曲线依次用 $y1_i$,$y2_i$,$y3_i$,$y4_i$ 表示[35]。

图 23-13　铝面板-铝蜂窝结构安装基板的实验现场照片[35]

图中安装基板上的长条贴片即片状加热器

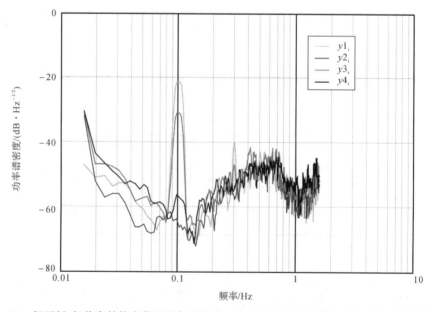

图 23-14　铝面板-铝蜂窝结构安装基板加速度计 y 轴(水平方向)测到的功率谱密度变化情况[35]

从图 23-14 可以看到,对于铝面板-铝蜂窝结构安装基板,0.1 Hz 处的峰在加热器加电压 28 V 下($y1_i$)最高(约−21.3 dB),加热器不加电压下($y2_i$)最低(约−64.7 dB),加热器加电压 14 V 下($y3_i$)次高(约−31.1 dB),加热器在铝面板上方 38 mm 处、加电压 28 V 下($y4_i$)次低(约−56.7 dB)。

图 23-15 为碳钎维面板-铝蜂窝结构安装基板的实验现场照片。共做了 2 种工况:工况 1——加热器加电压 28 V,工况 2——加热器不加电压。图 23-16 为碳钎维面板-铝蜂窝结构安装基板加速度计 y 轴(水平方向)测到的功率谱密度变化情况,2 种工况的曲线依次用 $y1_i$,$y2_i$ 表示[35]。

图 23-15　碳钎维面板-铝蜂窝结构安装基板的实验现场照片[35]

图中安装基板上的长条贴片即片状加热器

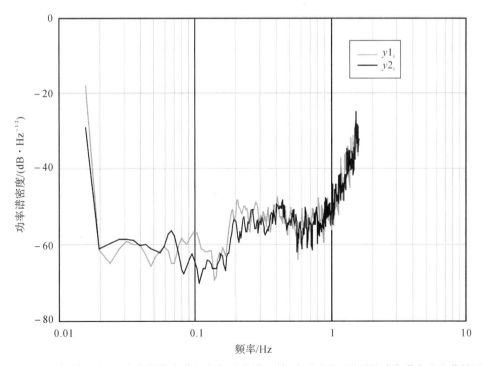

图 23-16　碳钎维面板-铝蜂窝结构安装基板加速度计 y 轴(水平方向)测到的功率谱密度变化情况[35]

从图 23-16 可以看到,对于碳钎维面板-铝蜂窝结构安装基板,0.1 Hz 处的功率谱密度在加热器加电压 28 V 下($y1_i$ 约 -54.9 dB)与加热器不加电压下($y2_i$ 约 -64.7 dB)接近,看不出存在谐振峰。

23.6.4 GRACE 卫星的加热器通断 spikes

根据以上实验,人们曾经乐观地估计,由于 GRACE 平台结构骨架采用了非常硬的 CFRP,不会再出现加热器通断 spikes[33]。

然而,事实并非如此。图 23-17 给出了 GRACE-B 卫星 2004 年 12 月 9 日 17 500 s (4 h 51 min 40 s)～19 500 s (5 h 25 min 0 s)沿迹方向的加速度。从 18 240 s (5 h 4 min 0 s)起断开所有加热器。在该图上可以看到推进器工作 spikes、加热器通断 spikes、twangs 和加速度计噪声[33]。

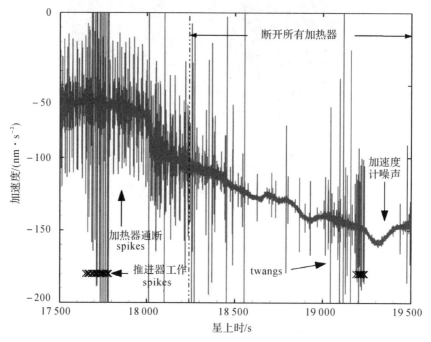

图 23-17　GRACE-B 卫星 2004 年 12 月 9 日沿迹方向的加速度[33]

×—推进器工作

GRACE 任务对热控的需求是很高的。GRACE 科学和任务需求文档[4]规定:加速度计的温度稳定度优于 0.1 K,横跨加速度计两侧的温度梯度稳定在 0.1 K 量级;为了控制 KBR 相位中心随设备温度变化,要求 KBR 设备温度稳定度为 0.2 K;为了控制 K 或 Ka 波段信号的被测相位随喇叭天线温度变化,要求 KBR 喇叭天线温度稳定度为 0.4 K;此外,为了控制主设备板的热膨胀,要求主设备板温度稳定度为 1 K;还要求关键元件的温度被稳定到优于 1 K。

为了满足以上需求而采用的 GRACE 卫星热控在每颗卫星上包括 64 个加热器电路。每个电路启动具有多达 10 W 电功率的一个或几个小加热器。借助于设置在每一个加热器近旁的温度传感器,星载热控系统自主测定和支配加热器运作的时间和持续时间,以便满足载荷和平台每一部分的温度需求。一些载荷系统需要每圈 0.1 K 量级内的热稳定性。加热器运作期间和运作间歇时间间接依赖于卫星表面吸收的辐射量,且因而间接依赖于轨道面相对于太阳的实际方向。一个特定加热器的运作持续时间通常处于(1~40) s 的变化幅度内;运作间歇时间从 1 s 至数千秒变化。开关事件的总频度通常高达每天开关120 000次[33]。

图 23-18 给出了 GRACE 卫星 1a 级 10 Sps 加速度计数据中加热器通断 spikes 的示例,图中已处理掉加速度计偏值。对于每个特定的加热器,spikes 具有一个特定的振幅和由三轴成分导出的空间方向。可以看到,在轨道面法线方向有较高噪声,与预期一致[33]。

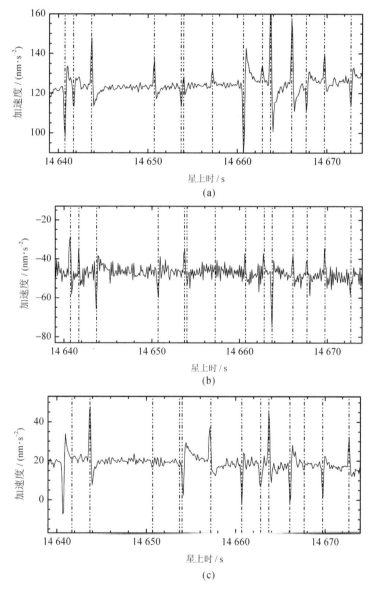

图 23-18　GRACE 卫星 10 Sps 加速度计数据中加热器通断 spikes 的示例[33]

图中双点画线表示此刻发生加热器通断事件(通或断)

(a)沿迹方向;　(b)轨道面法线方向;　(c)径向

按照上述每天 120 000 次的频度计算,每 10 s 应发生加热器开关事件 14 次左右,但从

图 23-18 没看到这么多加热器通断 spikes,这说明每次加热器开关事件引起的 spikes 程度不同。

由于图 23-18 的输出数据率为 10 Sps,而图 23-12 的输出数据率为 1.0 Sps,所以不能直接对这两张图作比较。表面上图 23-18 中呈现的加热器通断 spikes 远比图 23-12 密集,而峰值两图都处于 10^{-8} m/s^2 量级,但是从图 23-18 可以看到,加热器通断 spikes 的时间历程多半不短于 0.3 s。也就是说,图 23-18 的 10 Sps 输出数据率可以大致呈现出加热器通断 spikes 的峰值,而图 23-12 的 1.0 Sps 输出数据率会在一定程度上将加热器通断 spikes 平滑掉。考虑到这一因素,可以相信 GRACE 卫星的加热器通断 spikes 不会比 CHAMP 卫星更密集。

由于加热器开关事件有一定的规律性,因而可以将该类事件对加速度的影响很好地模型化。Flury 等人对于每个加热器使用经过几次改良的建模程序,从星务数据得到相应加热器每个开始运作时刻的模型化 spikes,并与加速度计 1a 级数据的确切采样出现时刻叠合,以获得实际的信号图像,从而得到加热器的模型化开关 spikes 时间序列,如图 23-19 所示。所有加热器的这种 spikes 时间序列之和与得到的高通滤波过的加速度(见图 23-20)匹配良好,且辨析出复杂的 spikes 重叠图案。至少在没有 twangs 和推进器运作的一段时间内,在超过 35 mHz 的频率处,开关 spikes 明显地在加速度观测中占首要地位[33]。

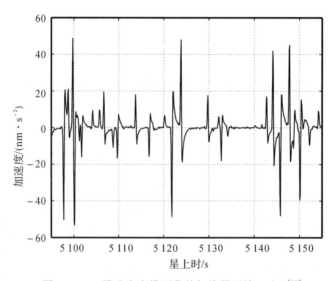

图 23-19　沿迹方向模型化的加热器开关 spikes[33]

Flury 等人从模型化的 spikes 时间序列得到了 spikes 信号的功率谱密度。图 23-21 显示持续一天、针对所有加热器之和的结果,且提供了与加速度计误差模型的比较。spikes 信号在(0.1~3) Hz 之间具有相当高的幅度。在 4 mHz~0.1 Hz 之间的若干明显峰值与若干加热器的有规律运作周期有关(即交替开关机的延续时间大致保持不变)。在低于 4 mHz 的频率处,spikes 信号大体上处于或低于预期的加速度计误差水平。在轨道频率 $(1.8 \times 10^{-4}$ Hz$)$ 和它的倍数处,尤其是对于径向加速度分量,峰值略微超过误差模型[见图 23-21 (c)]。由此可见,开关 Spikes 对重力场测定可能只有轻微的影响。然而,对于研究卫星高层大气物理学和非重力的来源,这种加速度尖峰是不可忽略的[33]。

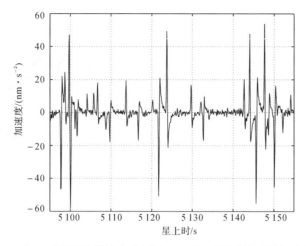

图 23-20　观察到的沿迹方向经过 35 mHz 高通滤波后的加速度[33]

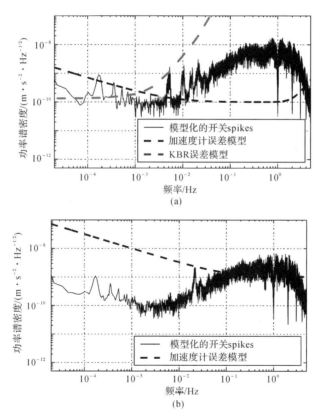

图 23-21　一整天内所有运作的加热器开关 spikes 之和的模型化谱信号信息
（$\sqrt{\Gamma_{\mathrm{PSD}}(f)}$）与预期的传感器噪声水平模型的比较[33]

(a)沿迹方向①；　(b)轨道面法线方向

① 文献[33]虽然指明此图中"KBR 误差模型"取自 Kim 和 Tapley(2002)(即本章文献[2])得到的 KBR 测距误差(即图 23-2 中"振荡器""多路径""系统"等三种星间距测量误差的合成误差),但实际上与之并不相符。为此在此图中做了与之相符的修改,修改方法见图后的文字叙述。

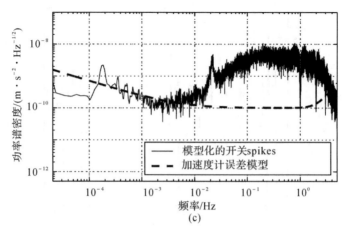

续图 23-21　一整天内所有运作的加热器开关 spikes 之和的模型化谱信号信息
($\sqrt{\Gamma_{\mathrm{PSD}}(f)}$) 与预期的传感器噪声水平模型的比较[33]

(c)径向

　　作为比较,我们将图 23-2 所示"振荡器""多路径""系统"等三项星间距测量误差求方和根并乘以 $4\pi^2 f^2$ 后以距离变变率测量误差(即两颗 GRACE 卫星之间相对加速度的测量误差)的形式也绘于图 23-21(a)中。可以看到,原本随频率先降后升的星间距测量误差谱乘以 $4\pi^2 f^2$ 后变成随频率先平直后快速上升的距离变变率测量误差谱,以致于高频处随频率上升之快远超过开关 spikes 信号成分随频率之上升。因此,对于 GRACE 任务原理和星间距测量误差①来说,可以宽容相对较强的高频加速度效应。然而,如果在 GOCE 卫星上发生,如此的效应会显著影响要在 GOCE 上进行的加速度计观测,因此需要直到高频率的、极小的加速度测量误差②[33]。

23.6.5　对 ONERA 地面加热器通断 spikes 效应实验的讨论

　　显然,ONERA 实验室里所做的碳钎维面板-铝蜂窝结构安装基板加热器通断 spikes 效应实验在 0.1 Hz 处的功率谱密度看不出存在谐振峰,而 GRACE 卫星实际飞行中明显存在加热器通断 spikes,其原因无非是地面实验状态与飞行状态存在明显差别,包括:

　　(1)实验方法设置与实际情况的差别;

　　(2)地面环境与飞行环境的差别。

23.6.5.1　实验方法设置问题

　　23.6.4 节给出,加热器通断 spikes 的时间历程多半不短于 0.3 s,因而 10 Sps 输出数据率可以大致呈现出加热器通断 spikes 的峰值。然而,想要更深入地分析 spikes 的成因,应该取得更为密集的时域数据。鉴于神舟号飞船 25 N 小推力姿控动作的持续时间与此相近,而采样率高达 250 Sps,如图 14-25 所示,我们萌生出用神舟号飞船 25 N 小推力姿控动作前后的数据构建想要的 spikes 模拟信号,以分析问题所在的想法。为此,首先要判断二者的 spikes 形状是否类似。

---

①　文献[33]原文为"准确度",不妥(参见 4.1.3.1 节)。

②　文献[33]原文为"准确度",不妥(参见 4.1.3.1 节)。

　　为此,我们在图 14-25 所使用的原始数据基础上前后扩展,使用从 54 016.3 s 至 54 032.7 s 的原始数据,仿照 SuperSTAR 加速度计那样[如 6.1.1 节第(3)条所述],通过截止频率为 3 Hz 的四阶 Butterworth 低通滤波器(具体做法见 5.9.1 节),然后按 0.1 s 间隔抽样,得到的波形如图 23-22 所示。

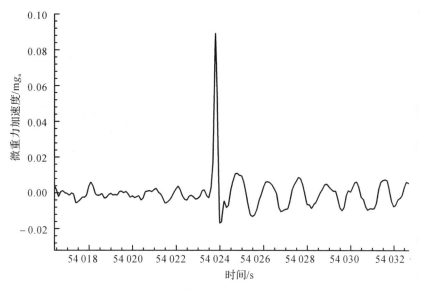

图 23-22　图 14-25 所示间隔 4 ms 的姿控动作波形经过 3 Hz 低通和 0.1 s 间隔抽样后的波形

　　将图 23-22 与图 23-18 比较,可以看到,二者正负尖峰的形状和持续时间相近。

　　基于这种类似性,我们将图 23-22 所示 25 N 小推力姿控动作引起的 spikes 前后 10 s (船上时 54 020 s~54 030 s)数据人为重复,构造数据长度为 2^{11} 的数据,即构造每 10 s 出现一次 25 N 小推力姿控动作引起的 spikes,去均值和去线性趋势后如图 23-23 所示。

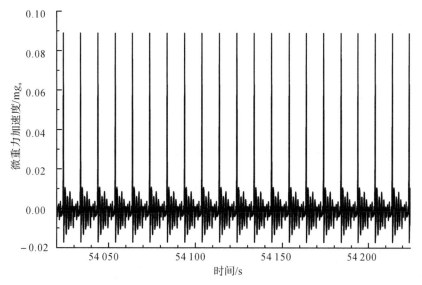

图 23-23　人为构造的每 10 s 出现一次 25 N 小推力姿控动作引起的 spikes
(已处理掉加速度计偏值)

对图 23-23 所示数据用附录 C.1 节所示 Hann 窗功率谱密度平方根计算程序做谱分析,结果如图 23-24 所示。

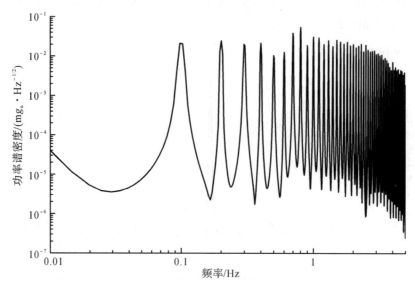

图 23-24　图 23-23 所示数据的功率谱密度

可以看到,尽管在时域图(见图 23-23)上明显呈现每 10 s 一次 25 N 小推力姿控动作引起的 spikes,但在频域图(见图 23-24)上 0.1 Hz 的谐振峰并不比各次倍频峰高,一点也不突出。由此可见,认为时域上重复周期 10 s 的 spikes 仅映射在频域的 0.1 Hz 上是不正确的。

23.6.5.2　地面环境问题

从振动力学的角度看,地面环境与飞行环境不同,无非是地面实验处于 1 g_{local} 重力和大气压下,而实际飞行处于微重力和真空下。回顾 1.4 节"质量"、1.5 节"失重"和 1.8 节"微重力与微重力加速度"中所阐述的原理,微重力状态下卫星大体上在引力场中自由漂移,受到的外部约束力非常小,结构体内部由于承重产生的应力被释放,各结构体之间由于质量引起的摩擦阻力也消失了,而真空条件则使得气动阻尼消失。根据振动理论[37],阻尼不仅会使瞬态激励下的响应迅速衰减,而且响应函数的峰值也会一定程度上降低。因此,在轨飞行时的结构动力响应比地面严重。

23.6.6　GRACE 卫星磁力矩器内部电流变化引发的 spikes

GRACE 卫星轨道姿态和控制系统用磁力矩器维持或重建卫星的标称姿态。磁力矩器是电磁体,Peterseim 等人发现 spikes 的较小效应是由磁力矩器(Magnetic Torquer, or MTQ)内部电流变化引发的。他们针对磁力矩器不同的电流变化情况提取 spikes 并叠合加速度计数据,用这种方法成功地构造出 spikes 的经验模型,并用于产生一个建模软件以计算时间序列。在每天的数据块中计算这些时间序列并使之与加速度计数据具有相同的采样,从而在加速度计 1a 数据中还原出来自磁力矩器的干扰信号。检查模型化 spikes 时间序列结果后确认:沿迹方向由于加速度计灵敏度高而噪声较低,可以清晰地看到 spikes 与磁力矩器作用是相配的。而轨道面法线方向加速度计较不灵敏,径向 twangs 引发的噪声较突出,因此,对于这两个方向来说,较小的 spikes 是不可见的。图 23-25 给出了沿迹方向的一个示例[34]。

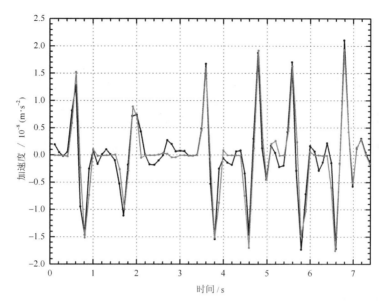

图 23-25　沿迹方向的加速度计数据和磁力矩器电流阶跃引起的加速度干扰[34]

图中黑色折线为 35 Hz 高通滤波后的加速度计数据,灰色折线为模型化的磁力矩器 spikes 时间序列

从图 23-25 可以看到,磁力矩器电流阶跃引起的 spikes 的频度为亚秒级,幅度也处于 10^{-8} m/s² 量级。

图 23-26 为从模型化的磁力矩器 spikes 时间序列得到的 spikes 信号功率谱密度。图中将各轴的功率谱密度与加速度计的噪声模型作了比较。可以看到,对于规定的科学方式,磁力矩器 spikes 信号功率谱密度的低频部分几乎完全不超过加速度计误差模型[34]。

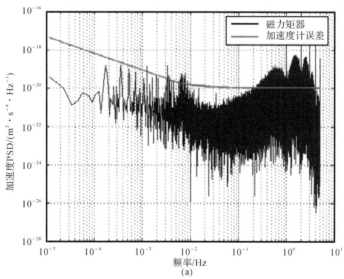

图 23-26　在无加热器的科学模式中持续 1 d 的模型化磁力矩器 spikes 信号功率谱密度[34]

(a)沿迹方向

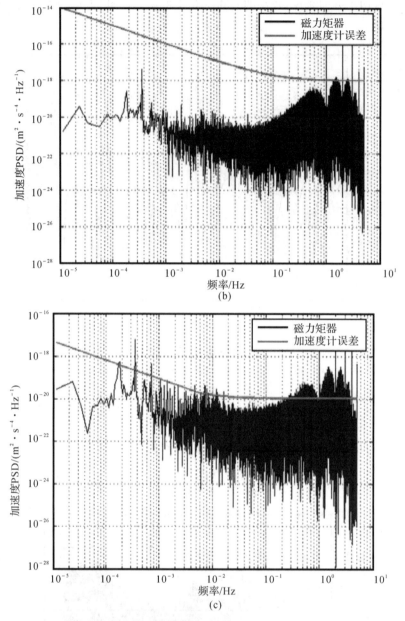

续图 23-26　在无加热器的科学模式中持续 1 d 的模型化磁力矩器 spikes 信号功率谱密度[34]

(b)轨道面法线方向；　(c)径向

　　关于磁力矩器运作对加速度计作用的物理过程,磁力矩器的制造商 ZARM 正在调查(指 2012 年)和确认有关磁力矩器棒本身因产生磁力矩而可能机械变形的假定。这种变形会产生一个可能的质心移动而被加速度计探测到。另外一种假定说的是磁力矩器的电信号以某种方式进入到加速度计之内[34]。

　　磁力矩器运作引发的加速度干扰即使不能被完全排除,也不会对 GRACE 任务的重力场测定有重要影响,因为在关心的 mHz 频率范围中,这些影响不会显著超过加速度计传感器误差。然而,GOCE 和可能的未来卫星重力任务配备有 ZARM 制造的磁力矩器,包括显著改善灵敏度的加速度计。因此,磁力矩器的干扰噪声更可能对这些任务测定的重力场有作用[34]。

23.6.7　讨论

（1）我们知道，GRACE 卫星加热器状态（ON/OFF）数据是通过星务管理记录的，加热器状态数据间隔一般而言是 3 s，从 2007 年 5 月以后以及对于挑选出来的较早周期提高到 1 s。对于每个特定的加热器通道而言，实际开关事件的时机被安排在固定的开关门电路（小于 1 s）中[33]。由此可见，把加热器开始运作时刻[偏差达（1～3）s]插入到加速度计 0.1 s 间隔 1a 级数据中，从而获得加热器模型化开关 spikes 时间序列的做法，仅当此（1～3）s 内没有其他原因会产生 spikes 时才是正确的，因而是有风险的。

（2）由于 GRACE 卫星的实时星务数据只有 32 kb/s 的码速率[4]，估计星务提供的磁力矩器电流变化数据间隔不会更短，因此 Peterseim 等人对磁力矩器内部电流变化引发 spikes 的类似分析方法，存在同样的风险。

（3）想要更深入地分析 spikes 的成因，应该有选择地针对可能引发 spikes 的因素提高星务管理采样率。

（4）twangs 和 spikes 主要影响谱的高频部分，由于 1b 级数据（采样间隔 5 s）是由 1 a 级数据（采样间隔 0.1 s）通过截止频率为 0.035 Hz 的低通滤波器得到的，所以去除了 twangs 和 spikes 的大部分功率。由于高频部分对重力场恢复的影响较小，因此可以对其较为宽容；然而，一些长波贡献似乎也存在：twangs 的发生与轨道频率有关，且可能与卫星上的热辐射行为有关；而 spikes 似乎呈现确定的周期性。这些较长波长的贡献既不能被滤除，又难于定量，是一个悬而未决的问题。因此，低频处的小贡献可能更棘手[6,33]。

（5）来自加速度计的线加速度数据具有大量的 spikes 和 twangs。加速度计数据的噪声水平大约比需求高 1.5 个量级，这似乎是由于 twangs 和 spikes。在数据处理算法中，在数据可以被使用之前，这些异常必须被处理掉[6,20]。

（6）不完全了解 twangs 和 spikes 的原因，且通过当前的研究不能量化滤波后的效果，这可能是 GRACE 导出的重力场模型未能达到预期的部分原因[6]。

23.7　SuperSTAR 加速度计的噪声水平

twangs 和 spikes 是在加速度计时域信号中观察到的尖峰干扰，但并非加速度计的噪声。为了测定加速度计的噪声，Flury 等人选择了无加热器运作、无推进器运作及接近无 twangs 的持续（70～300）s 的周期，测定了加速度计信号的功率谱密度，如图 23 - 27 所示[33]。

需要说明的是，这些噪声水平可能仍然包含除加速度计噪声以外的其他影响：

（1）文献[33]指出，分析证实，0.5 Hz 以上，沿迹方向和径向（而非轨道面法线方向）的噪声谱开始上扬的频率比传感器模型所预期的频率稍微低一些。举例来说，这可能是由于在时间序列中存在微弱残余 twang 效应。可以期望内部 Butterworth 滤波器会抑制 3 Hz 以上的噪声。

（2）30 mHz 以下，加速度计噪声被淹没在非重力加速度的信号中[33]。由于两颗卫星处于非常类似的轨道中，轨道高度（500～300）km，沿迹方向相隔仅（220 ± 50）km[2]，由式（2 - 14）得到卫星的运动速率为（7.61～7.73）km/s，因而飞临同一位置的时间差仅

(28.7±6.7) s,致使它们受到的 30 mHz 以下的非重力非常类似。因此,可以从两颗 GRACE 卫星间的相对加速度的分析得到该谱段的误差[①]信息[33]。据此,Hudson(2003)和 Frommknecht 等人(2006)调研了两颗卫星间的相对加速度,其结果的品质再次受限于 spike 的影响,此外,还受限于两颗卫星间残余力的可变性[33]。分析推进器运作引起的加速度、加热器开关 spike 甚至由卫星在日照与地球阴影间转变引起的加速度信号等已知有规律信号的可重复性,可能对误差[②]分析有益,这对于保障重力场测定的品质而言是必不可少的,但是还没有被开发[33]。而 Hudson 和 Frommknecht 等人的上述研究,已经找到束缚加速度测量准确度的因素,从而使加速度测量误差[③]比期望值降低 7 至 9 成[33]。未来,开关 spikes 的减少或许能进一步改善这种结果[33]。

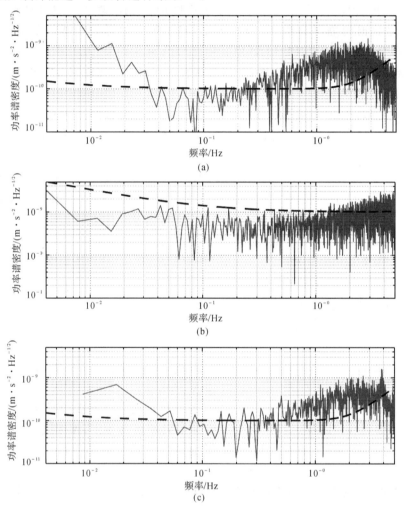

图 23-27　显示了 30 mHz 以上传感器噪声水平的加速度计信号功率谱密度[33]

(图中虚线是预期的加速度计噪声水平模型)

(a)沿迹方向;　(b)轨道面法线方向;　(c)径向

---

　① 文献[33]原文为"准确度",不妥(参见 4.1.3.1 节)。

　② 文献[33]原文为"准确度",不妥(参见 4.1.3.1 节)。

　③ 文献[33]原文为"准确度",不妥(参见 4.1.3.1 节)。

这些结果表明,对于 30 mHz 以上的频率,GRACE 加速度计噪声水平的确符合或甚至略微小于预期,即的确可以达到和证实的噪声水平沿迹方向和径向为 1×10^{-10} m·s^{-2}/Hz$^{1/2}$,沿欠灵敏的轨道面法线方向为 1×10^{-9} m·s^2/Hz$^{1/2}$[33]。

表 23-6 给出了在被选择的无加热器工作、无推进器工作以及接近无 twangs 的持续 $(70\sim300)$ s 周期中,$(35\sim200)$ mHz 频率下的加速度计噪声水平[33]。

表 23-6　$(35\sim200)$ mHz 频率下的加速度计噪声水平[33]

卫星	日期	周期号	$(35\sim200)$ mHz 的加速度计噪声/$(10^{-10}$ m·s^{-2}·Hz$^{-1/2})$		
			z_{ARF}①	x_{ARF}①	y_{ARF}①
GRACE-A	2007-01-17	10	$0.5\sim1.3$	$5.4\sim7.7$	$0.6\sim1.2$
GRACE-B	2004-12-09	9	$0.4\sim1.0$	$4.8\sim7.5$	$0.6\sim1.5$

① ARF:Accelerometer Reference Frame,加速度计参考系

23.8　本章阐明的主要论点

23.8.1　引言

(1)地球重力场是地球的基本物理场之一,研究重力场对人类生活具有重要意义。用空间技术进行重力场测量是大地重力学进入 21 世纪的一个标志。利用卫星测量重力场的方法主要有:卫星地面跟踪技术,海洋卫星测高技术、卫星跟踪卫星(SST)与卫星重力梯度(SGG)测量技术。SST 又包括高轨卫星跟踪低轨卫星(重力测量卫星)技术(SST-HL)和低轨卫星跟踪低轨卫星(均为重力测量卫星)技术(SST-LL)。SST-LL 和 SGG 两种模式均需要同时结合 SST-HL 模式才能有效反演地球重力场。2000 年 7 月德国发射了 SST-HL 模式的重力卫星 CHAMP,标志着卫星重力测量迈出了重要一步,随后,2002 年 3 月美欧合作发射了 SST-LL 模式重力卫星 GRACE,2009 年 3 月欧洲空间局发射了 SGG 模式重力卫星 GOCE,从而带动了卫星重力测量研究的快速发展。

(2)低轨卫星在轨道上的摄动除了地球重力和太阳、月球引力等保守力的影响外,还包含大气阻力、太阳辐射压和地面辐射压、姿轨控推力等非保守力的影响。为了从卫星的摄动数据中得到地球重力场,所有非保守力的影响必须消除,即必须通过剔除非保守成分来改正卫星的摄动数据。采用的最简单方法是在卫星上以特定方式放置加速度计,该特定方式保证加速度计的检验质量始终处于卫星质心。由于加速度计之检测质量受到的保守力与卫星质心相同,所以检测到的仅仅是卫星质心的非保守加速度。最终获得的重力场空间分辨力和测量误差取决于重力场卫星在轨位置和速度的测量误差以及非重力修正的误差。因此,静电悬浮加速度计是 SST-HL 和 SST-LL 的关键载荷之一。

(3)CHAMP 卫星的 STAR 加速度计和 GRACE 卫星的 SuperSTAR 加速度计检测非保守加速度的原理是:加速度计敏感结构的中心有一检验质量,其上、下和四周围绕着电极。敏感结构通过外壳固定在卫星上,并且通过安装、质心修正和加速度计伺服控制,保证检验质量始终处于卫星质心。在非保守力作用下,外壳与检测质量之间会产生相对位移,引起电容变化,通过检测电容变化和伺服反馈控制将非保守加速度测量出来。

（4）GOCE 卫星的重力梯度仪由六台加速度计组成，它们分别相对卫星质心在三个轴向上成对对称安装，每个轴向成对加速度输出的共模（平均值）同样反映了卫星质心处的非保守加速度，而差模（半差分值）则是重力梯度作用的结果。因此，静电悬浮加速度计也是 SGG 的基础。

（5）GRACE 任务由两颗在 SST-LL 模式下、相同轨道平面中运行的伴飞卫星组成，星载 K 波段测距系统（KBR）用于提供非常准确的距离变化测量，星载 SuperSTAR 静电悬浮加速度计用于准确测量非重力加速度影响，星载大地测量学品质的全球定位系统（GPS）接收器用于确保连续、准确测定卫星的轨道，并确保在地球参考系中正确记录重力场评估值。

23.8.2 反演重力场所需要的持续数据周期

（1）重力场空间分辨力指地球赤道半周长——而不是周长——与重力场球谐函数级数展开模型的截断阶 n_{max} 之比。重力场空间分辨力是能区分重力差异的地面上两相邻点之间的最小线性间隔，而不是能区分重力差异的的卫星轨道高度上两相邻点之间的最小线性间隔。

（2）由于实际获得的重力值具有观测误差且不满足理论上的连续分布要求，决定了任何重力场模型只能是以一定的误差和空间分辨力对真实地球重力位的逼近。

（3）根据 Nyqust 采样定理，n_{max} 不可能大于 Nyqust 阶 n_N，而 $n_N = 180/\Delta\alpha$，其中 $\Delta\alpha$ 为以经、纬度表示的采样间隔。因此，为获得（120×120）阶次重力场，至少要编织采样间隔 $\Delta\alpha = 1.5°$ 的数据网。

（4）由 GRACE 卫星设计轨道高度 $h = (500 \sim 300)$ km 和倾角 $i = 89°$ 得到交点周期 $T_\varphi = (5\,685 \sim 5\,439)$ s。

（5）若卫星经过 D 天、绕地球转过 N 圈后出现重复的轨道，则称 D 为回归周期，N 为回归圈数。

（6）太阳同步轨道的倾角必须大于 90°，在太阳同步轨道上运行的卫星，以相同方向经过同一纬度的当地时间是相同的，因而在一段不长的日子里光照条件大致相同。GRACE 卫星倾角为 89°。可见 GRACE 卫星的轨道不是太阳同步轨道，即不要求回归到同一星下点处于同一地方时。因此，GRACE 卫星不要求 D 与 N 为互相不能约分的正整数。

（7）考虑到经过某一星下点既可以是上行，也可以是下行，因而为编织 $\Delta\alpha = 1.5°$ 的数据网，只需要 $N = 120$。进一步由 GRACE 卫星设计轨道高度 $h = (500 \sim 300)$ km、倾角 $i = 89°$、交点周期 $T_\varphi = (5\,685 \sim 5\,439)$ s 得到 $D = (7.916 \sim 7.572)$ d（7.916 d 对应起始轨道高度 500 km，7.572 d 对应终了轨道高度 300 km）。

（8）球谐函数 $n = 120, m = 120$ 重力场的评估过程是非常复杂的和计算上很费力的，一次仿真需要四次轨道测定/仿真运行和两次求解器运行，以及几个其他的实用程序，且评估参数的数量——对于（120 × 120）重力评估而言超过 15 000——导致与参数可观测性相关的问题。如果信息矩阵是在没有任何先验信息的情况下形成的，且可以求反，则完整的参数集是可观察的，也就是说，它可以被估计。该问题的可观测性与观测的空间分布有关，为了实现四轨测定，将 $D = (7.916 \sim 7.572)$ d 乘以 4，得到（31.66 ~ 30.29）d。从而证明，（32 ~ 30）d（32 d 对应起始轨道高度 500 km，30 d 对应终了轨道高度 300 km）的轨道弧长提供了全球覆盖，并将产生条件良好的信息矩阵，且包含了重力协方差分析结果。

23.8.3　加速度计的噪声与分辨力的关系

（1）一般认为，仪器的噪声与分辨力不是同一个概念。影响分辨力的因素既有噪声又有阈值，还有显示装置的分辨力。如今，数字技术高度发展，一般情况下，显示分辨力不再是仪器分辨力的瓶颈；而阈值来源于静摩擦大于动摩擦。但对静电悬浮加速度计而言，检验质量处于悬浮状态，几乎不存在机械阻尼，因而静电悬浮加速度计的分辨力仅受噪声限制。

（2）反演重力场所需的加速度数据来自静电悬浮加速度计，但加速度数据的噪声不仅由静电悬浮加速度计本身引起，还与时域上的尖峰干扰、加速度计电极笼两侧的温差噪声、航天器受到的地磁场磁感应强度起伏、航天器残余磁感应强度起伏等因素有关。

（3）根据 Parseval 定理，时间信号的方均根值与该信号功率谱密度在其全部频带内积分的平方根是相等的。据此，可以由加速度计在测量带宽内的噪声功率谱密度得到加速度计在测量带宽内累积的噪声方均根值。当数据长度 n 充分大时，噪声方均根值等同于噪声测量的标准不确定度。而噪声测量的标准不确定度乘以包含因子，就是噪声测量结果的扩展不确定度。加速度计噪声测量结果的扩展不确定度表征了可觉察的被测加速度值的最小变化。因此，根据分辨力的定义，加速度计噪声测量结果的扩展不确定度就是加速度计的分辨力。

（4）随机误差常用表征其取值分散程度的标准差来评定；在数据长度有限的等权（即相同精密度）测量中，由随机误差的抵偿性得到，单次测量的实验标准差是多次观测的残差的一种统计量。

（5）通过在轨评估，可以将标度因数的不确定度估计为 0.2%。这被称为标定后的值。大气阻力导致的 GRACE 卫星质心负加速度在轨道高度 300 km 处最大为 1.36×10^{-5} m/s²。因此，仅由标度因数的标定导致的测量误差已达到 $\pm 2.7 \times 10^{-8}$ m/s²。而大气阻力导致的负加速度是由加速度计 US 轴中的 z 轴测量的，其分辨力为 1.1×10^{-10} m/s²，说明分辨力值远小于测量误差。

23.8.4　星间距测量误差与加速度测量误差

（1）GRACE 两颗卫星的速度差分直接与其各自位置处的引力位差分成比例。因此，两颗卫星间的有偏距离是 GRACE 任务的首要测量要素。KBR 的双重单向测距系统对于这种类型的测量误差为微米级。测量到的有偏距离或导出的距离变率可以被用于重力和轨道估计过程。

（2）星间距测量误差有三项：KBR 接收机仪器噪声、两颗卫星的视线与 KBR 微波天线视轴不完全一致引起的多路径误差和 KBR 双重单向测距后的残余振荡器噪声。在低频处（低于 2×10^{-3} Hz），"振荡器"噪声是突出的；在高频处，KBR 接收机仪器噪声是突出的。低于 1.86 mHz 处，所有三种星间距误差小于加速度计噪声。由此可以预言，低阶（长波）重力系数的误差将主要受加速度计误差影响，而高阶（短波）重力系数的误差将主要受星间距误差影响。

（3）卫星轨道及其相对位置不仅受重力加速度影响，而且受非重力加速度影响，每颗 GRACE 卫星携带一台静电悬浮加速度计，加速度计测量到的是非重力加速度的总和，包括大气拖曳、辐射压力以及推力，但是各种不同误差源使该测量搀杂讹误。包括加速度计的标度因数误差、偏值误差和随机噪声、从加速度计坐标到卫星本体坐标再到惯性坐标的转换误差(包括星象跟踪仪的姿态测量误差)、加速度计检验质量位置和卫星质心间的质心偏移与卫星姿态运动间耦合产生的一些寄生加速度感应误差以及可以忽略或者未包含在该研究之中的其他误差源,如非线性误差、静态分辨力带来的误差、输出量跟踪动态输入量的能力。

(4)静电悬浮加速度计的理论标度因数等于物理增益 G_p 的倒数。理论标度因数的相对误差取决于检验质量的惯性质量 m_i 的误差、检验质量与电极间的平均间隙 d 的误差、电极面积 A 的误差、检验质量上施加的固定偏压 V_p 的误差。由于 A 和 d 的测量均基于长度测量,而长度测量的误差只能保证不超过 $1\ \mu m$,且 d 的数值远小于 A 的数值,所以 d 的相对误差远大于 A,m_i 和 V_p 的相对误差。由此得到理论标度因数的相对误差为 1.1%。

(5)GRACE 科学和任务需求文档[4]规定:SuperSTAR 加速度计射前检验时三个轴的偏值均应小于 $1\times10^{-5}\ m/s^2$,(相当于 $1\ g_{local}$ 重力下倾斜 $1.02\ \mu rad$,或加速度计基座底面对角线高低相差 $0.19\ \mu m$)。然而,这一指标无法通过 $1\ g_{local}$ 重力下的测试得到。原因在于:①加速度计在摆测试台的平台(以下简称摆平台)上贴着台面向左或向右转动 $180°$ 前后,仅基座底面倾角正负变号,而输出偏值和失准角均不会变化,由于受失准角的控制水平和检测水平限制($100\ \mu rad$ 以内),无法从中分离出偏值;② 受平面度加工水平限制($100\ mm\sim160\ mm$ 长的平面经精研磨和精刮研后的平面度公差为 $0.8\ \mu m$),无法保证基座底面与摆平台台面间密实贴合,即无法保证贴着台面向左或向右转动 $180°$ 前后基座底面倾角的绝对值不变。作为替代办法,NASA 的轨道加速度研究实验(OARE)系统带有旋转标定台组件,在轨运行时只要保持外来加速度不变的情况下将旋转标定台的台面反复处于相差 $180°$ 的方向,此台面上加速度计任一与此台面平行的轴向正反相差 $180°$ 方向的输出平均值即为该轴向输出的偏值。看来这是通过硬件自身准确测定偏值的唯一方法。由于 ASTRE,STAR,SuperSTAR 和 GRADIO 加速度计要求检验质量各面间的不垂直度和不平行度小于 $1\times10^{-5}\ rad$(相当于 $2''$),所以必须使用光学-精密机械方法以误差远小于 $2''$ 的准确度测出敏感结构 US 轴相对于 LS 轴的不垂直度以及 US 轴相对于静电悬浮加速度计传感头基座底面的不平行度的具体数值和方向。

(6)为了准确恢复地球重力场,卫星在轨飞行时,需要每天以高的精密度水平($10^{-9}\ m/s^2$)测定加速度计的标定参数,这需要靠在每天的几个弧段中处理 GPS 和加速度计数据,特别是使用可论证为最准确的重力场模型 EIGEN-GL04C 和海洋潮汐模型 FES 2004,通过比较原始加速度计数据与基于模型计算出来的非重力加速度来实现。在该标定过程之后,标度因数和偏值漂移的影响变得可忽略。

(7)相对标度因数为实际标度因数与理论标度因数的比值。

(8)顾及地基测试的需要导致 x 轴比 y,z 轴有较大的误差。选择轨道面法线方向为加速度计 x 轴,该轴噪声水平比其他轴大一个量级。由于在线性区域内轨道面法线方向的运动与轨道面内的运动是分开的,所以 x 轴的较大误差对轨道和重力评估误差的影响可以忽略不计。

(9)为了将质心偏移减到最小,GRACE 卫星定期执行质心标定机动以便找到质心位置。借助于该项评估,一种质心调节机构靠移动质量的方法调节卫星的质心使之靠近检验质量的质心。

(10)随机噪声大于其他误差。姿态误差和轴线不重合度误差均通过来自其他轴成分的介入影响加速度计测量,因此,它们的大小依赖于加速度计输入(即非重力的加速度)的大小,轨道越低大气拖曳越严重,因而非重力加速度越大[轨道高度 $300\ km$(最低的任务高度)

约比 450 km 大一个量级〕,以致这些误差对于较低高度轨道变得更明显。对应的姿态误差和轴线不重合度误差也大一个量级。

(11)星间距测量误差和加速度测量误差是影响重力解的主要误差源。除此而外,还有 GPS 误差、重力模型误差、时变重力的影响、重力场评估方法误差等等。

23.8.5　由地球引力位球谐函数级数展开式导出第 n 阶扰动引力加速度分量与轨道高度的关系

(1)地心空间直角坐标系的定义是:该坐标系原点 O 与包括海洋和大气的整个地球的质量中心重合,z 轴与地球平均自转轴重合,与 z 轴垂直的平赤道面构成 xy 平面;xz 平面是包含平均自转轴和 Greenwich 平均天文台的平面;y 轴的指向使该坐标系成为右手坐标系。

(2)重力单一地取决于它所在的位置,因而重力是场力,而根据场论,如果一个力能够满足①力的大小和方向是研究点坐标的单值连续函数,②力场所做的功与路径无关这两个条件,则可以找到一个新的函数,该函数同样是研究点坐标的单值连续函数,而且这个函数的方向导数恰好等于这个力场强度在求导方向的分量。该函数即称为该力场的位函数。由此可知,地球重力加速度为地球重力位的梯度。

(3)地球引力位模型是对地球实体外部真实引力位的逼近,是在无穷远处收敛到零值的(正则)调和函数,通常展开成一个在理论上收敛的整阶次球谐或椭球谐函数的无穷级数,这个级数展开系数的集合定义一个相应的地球引力位模型。

(4)空间任一点 p 的地心向径 ρ 与地球赤道平面(与地心空间直角坐标系的 xy 平面重合)间的夹角称为地心大地坐标系的地心纬度 φ,且当 p 点在赤道以北时,称为北纬,φ 定义为正;反之,称为南纬,φ 定义为负。

(5)当地子午面(过 p 点的子午面)与大地起始子午面(平行于 Greenwich 平均天文子午面,与地心空间直角坐标系的 xz 平面重合)间的二面角称为地心大地坐标系的地心经度,且当 p 点在起始大地子午面以东时,称为东经,λ 定义为正;反之,称为西经,λ 定义为负。

(6)n 阶 m 次完全规格化地球引力位系数当 $m=0$ 时称为带谐系数,当 $m\neq0$ 且 $m\neq n$ 时称为田谐系数,当 $m=n$ 时称为扇谐系数。

(7)全国科学技术名词审定委员会公布的正常引力位 V' 定义为"正常椭球产生的引力位"。对于一个给定的正常(旋转)椭球体,假设其包含的质量等于地球体的总质量,其中心和旋转轴分别与实际地球的质心和自转轴重合,其旋转角速度等于实际地球的自转角速度,因而其离心力位与实际地球的离心力位相等。

(8)与之相应表述为:"假设地球是一个密度均匀而且光滑的理想椭球体,或者是一个密度成层分布的光滑椭球体(在同一层内密度是均匀的,各层的界面也都是共焦旋转椭球面),则球面上各点的重力位或重力值可以根据地球的引力参数、地球长半轴、扁度、自转角速度等计算得出。由此计算出的重力位及重力值称为正常重力位及正常重力值。这种情况下的重力场称为正常重力场,表示正常重力场的数学解析式称为正常重力公式。"

(9)确定正常椭球体外部任一单位质量质点引力位的简化定义是将真实地球引力位函数 V 展成球谐函数级数,并取其展式中的前三项作为正常椭球体对应的正常引力位 V'',然后应用位函数性质求出地球为正常椭球体时的引力。由于该简化定义规定地固坐标系的 z 轴为地球的惯性主轴,所以其完全规格化田谐系数等于零;由于该简化定义规定正常椭球体赤道的形状为理想圆,所以其完全规格化扇谐系数等于零。因此,该简化定义只存在完全规

格化带谐系数 $\bar{C}''_{2,0}$。

(10)地球正常引力位 V' 的 2 阶完全规格化带谐系数 $\bar{C}'_{2,0}$ 乘以 $\sqrt{5}$ 即为由地球正常引力位 V' 导出的二阶带谐系数 J_2。与之相似,地球正常引力位 V'' 的完全规格化带谐系数 $\bar{C}''_{2,0}$ 乘以 $\sqrt{5}$ 即为由地球正常引力位 V'' 导出的二阶带谐系数 J''_2。值得注意的是,由于 V'' 和 V' 的定义方法不同,所以 $\bar{C}''_{2,0}$ 理应与 $\bar{C}'_{2,0}$ 不同,也就是说,J''_2 理应与 J_2 不同。另外,1984 世界大地测量系统 WGS84 椭球导出的 2 阶完全规格化带谐系数 $\bar{C}'''_{2,0}$ 与 $\bar{C}'_{2,0}$ 也不相同。

(11)扰动引力加速度被分解为 $n=(2\sim n_{\max})$ 阶、$m=(0\sim n)$ 次分量之和,第 n 阶的扰动引力加速度分量与 $(a_E/\rho)^{n+2}$ 成正比。因此,轨道高度 h 处第 n 阶的扰动引力加速度分量与地面上该阶扰动引力加速度分量的比值为 $[a_E/(a_E+h)]^{n+2}$。计算出该比值后可以看到,阶次越高,扰动引力加速度分量随轨道高度衰减越快。因此,卫星飞得高虽然可以减少大气阻力,有利于保持轨道和延长寿命,但不利于分辨高阶扰动引力加速度分量。由此不难理解加速度计的分辨力指标不能直接套用重力场空间分辨力 170 km(任务需求)或 175 km(实际情况)下恢复地球重力场误差为 1 mGal(即 1×10^{-5} m/s²)的道理。

23.8.6　加速度计的测量带宽

加速度计测量带宽的含义应为反演规定阶次的重力场所需要的带宽,该带宽内数据的正确度和精密度经过标定和修正后是有保证的,既不允许含有影响正确度和超越精密度要求的带内衰减和干扰,也不允许含有超越精密度要求的带外镜频干扰。绝不能把加速度计测量带宽理解为衰减不超过 -3 dB 的带宽。更不能把测量带宽与各种谐振频率、各种采样率、各种输出数据率、各种滤波带宽相混淆。

23.8.7　加速度计的"输入范围"和"加速度测量值被限制的范围"

(1)输入范围内仪器的不确定度应该满足给定的要求。也就是说,如果超出输入范围,仪器有可能饱和;也有可能并未饱和,只是其不确定度已不满足给定值的要求。

(2)"科学模式下的输入范围"应基本符合定常系统的特征,而"加速度测量值被限制的范围"受到"反馈控制电压被限制的范围"的制约。无论是"输入范围"还是"加速度测量值被限制的范围"都会受仪器的动态范围限制,不可能要求噪声特别小而"输入范围"或"加速度测量值被限制的范围"特别大。由于非重力加速度测量的分辨力要求很高,为了控制动态范围,必须尽量压缩"输入范围"和"加速度测量值被限制的范围"。为了压缩"输入范围"和"加速度测量值被限制的范围",需要降低大气阻力影响,降低轨控和姿控推进器工作的影响,降低结构动力响应的影响。

(3)不仅测量带宽内的刚性(频率低于卫星最低自然结构频率时,航天器可视为刚体)非重力加速度不能超过"输入范围";而且加速度计 -3 dB 通带内的非刚性扰动加速度不能超过"加速度测量值被限制的范围"。

(4)加速度计输入范围无法包容轨道机动引起的加速度,由于 GRACE 卫星恢复地球重力场的周期为 30 d,所以轨道机动只在每 30 d 或 60 d 的间歇期进行。

(5)为了维持 GRACE 卫星姿态和满足 KBR 的指向需求,姿态控制系统大约每天启动卫星的冷气推进器 600 次。有文献提出,由于成对推进器同时点火的时机或姿态维护的时机有轻微的不完善,在加速度计数据中可以见到线加速度。

(6)由于姿态维护(包括推进器点火)的响应时间远小于 1 s,其影响在时间坐标刻度间隔长达 1 200 s 的 GRACE 卫星姿控推进器工作引起的加速度图中根本反映不出来,所以我们认为,其原因更可能是姿控推进器安装的几何位置相对于加速度计质心并不完全对称和/或这些姿控推进器的推力不完全对称。

(7)GRACE 卫星的太阳电池直接贴在卫星外壳上,不仅可以减少大气阻力的影响,还可以规避太阳电池翼共振、热颤振、驱动噪声。

(8)在轨飞行时外部作用力引起的结构动力响应具有明显大于 1 的动力响应放大系数;一定条件下较小的外部作用力反而对应较大的动力响应放大系数,即表现出系统具有非线性的激励响应。这两点很容易被设计人员所忽视,务必特别关注。

(9)由于在轨飞行时的结构动力响应影响不可低估,所以不仅要尽量避免各种机构动作,还要从设计上极力降低结构动力响应。作为降低结构动力响应的重要措施之一,GRACE 卫星平台的结构骨架采用非常硬的碳纤维增强塑料,以提高结构振动频率。

23.8.8　error tones,twangs,spikes 的含义

(1)姿控推进器工作的影响如果在测量带宽内大到超过加速度计"输入范围",或者结构动力响应的影响如果在加速度计−3 dB 通带内大到超过"加速度测量值被限制的范围",固然是不允许的。然而,即使没有超出,虽然推力本身是非保守力,正是我们要检测的对象,但是在部分或全部非机械过程的场合,例如卫星对机械冲量或电磁兼容性效应的热响应、卫星结构不充分刚性引起的零部件变形或振动,不代表作用在卫星上的非保守力,因而是有害的。

(2)温度效应——特别是那些与轨道周期相关的温度效应,会引入重要的误差:当卫星每轨从日照转为黑夜及相反时,热膨胀和翘曲导致的几何学偏移可以直接映射到重力测量中。由于这个原因,使用低膨胀碳纤维增强复合材料制造卫星设备板和其他结构元件。除此而外,磁场和加速度计的相互作用以及大气阻力的水平和方向的变化也与轨道周期密切相关。它们都会在频域的轨道谐波处(其对应的基波为轨道周期的倒数)造成相对固定的加速度尖峰干扰,称为"error tones(误差音调)"。姿态控制推进器工作也存在一定程度的规律性,因而也有可能产生 error tones。error tones 会映射到重力项中,是制约重力场测量准确性的重要因素。分析这些已知有规律信号的可重复性,可能对误差分析有益。

(3)与频域上位置相对固定的尖峰干扰称为 error tones 相呼应,人们把时域上的尖峰干扰称为 twangs(尖锐的颤动)和 spikes(长尖刺)。twangs 与 spikes 之间没有严格的界线。twangs 指强烈的信号脉冲(直至与外部的非重力加速度达到相同的量级),本身持续时间 $(0.2\sim0.26)$ s,其后还跟随一个持续时间直至 10 s 的阻尼振荡,在径向加速度分量中能被很好地观察到,而且频繁出现(占数据量的 30%),而在沿迹方向和轨道面法线方向有较小的幅度,且不太频繁(仅占数据量的 1%~3%),这可能与卫星多层隔热箔因热膨胀不均匀引发的振动有关,也可能与姿控推进器工作或热配置的变化有关;spikes 较小(直至 1×10^{-7} m/s^2)和较短(总持续时间 1 s~3 s),在所有的三个加速度计分量的数据中都很频繁(占数据量的 30%~40%),且在沿迹方向的高频噪声中占据重要的支配地位。spikes 首先来自频繁的推进器工作;更为频繁的 spikes 由各种加热器每隔不多几秒通断一次而闪现,部分是由于小的机械变形。spikes 掩盖了由热层密度、风以及辐射压力引起的非重力,且与 twangs 相混淆。因此,掌握 spikes 的精细知识很有必要。

23.8.9　CHAMP 卫星的加热器通断 spikes

在 CHAMP 卫星的加速度计观测记录中已经呈现出加热器通断 spikes,其水平依赖于加热器的位置,并证实它不是磁效应,不是电磁兼容效应,也不是数字效应。

23.8.10　GRACE 卫星的加热器通断 spikes

(1)GRACE 任务对热控的需求是很高的。GRACE 科学和任务需求文档[4]规定:加速度计的温度稳定度优于 0.1 K,横跨加速度计两侧的温度梯度稳定在 0.1 K 量级;为了控制 KBR 相位中心随设备温度变化,要求 KBR 设备温度稳定度为 0.2 K;为了控制 K 或 Ka 波段信号的被测相位随喇叭天线温度变化,要求 KBR 喇叭天线温度稳定度为 0.4 K;此外,为了控制主设备板的热膨胀,要求主设备板温度稳定度为 1 K;还要求关键元件的温度被稳定到优于 1 K。

(2)为了满足以上需求而采用的 GRACE 卫星热控在每颗卫星上包括 64 个加热器电路。每个电路启动具有多达 10 W 电功率的一个或几个小加热器。借助于设置在每一个加热器近旁的温度传感器,星载热控系统自主测定和支配加热器运作的时间和持续时间,以便满足载荷和平台每一部分的温度需求。加热器运作期间和运作间歇时间间接依赖于卫星表面吸收的辐射量,且因而间接依赖于轨道面相对于太阳的实际方向。一个特定加热器的运作持续时间通常处于(1～40)s 的变化幅度内;运作间歇时间从 1 s 至数千秒变化。开关事件的总频度通常高达每天开关 120 000 次开关。

(3)每次加热器开关事件引起的 spikes 程度不同。加热器通断 spikes 的时间历程多半不短于 0.3 s,因而 10 Sps 输出数据率可以大致呈现出加热器通断 spikes 的峰值,而 1.0 Sps 输出数据率会在一定程度上将加热器通断 spikes 平滑掉。

(4)由于加热器开关事件有一定的规律性,因而可以将该类事件对加速度的影响很好地模型化。使用经过几次改良的建模程序,从星务数据得到相应加热器每个开始运作时刻的模型化 spikes,并与加速度计 1a 级数据的确切采样出现时刻叠合,以获得实际的信号图像,从而得到加热器的模型化开关 spikes 时间序列。所有加热器的这种 spikes 时间序列之和与得到的高通滤波过的加速度匹配良好,且辨析出复杂的 spikes 重叠图案。至少在没有 twangs 和推进器运作的一段时间内,在超过 35 mHz 的频率处,开关 spikes 明显地在加速度观测中占首要地位。开关 spikes 对重力场测定可能只有轻微的影响。然而,对于研究卫星高层大气物理学和非重力的来源,这种加速度尖峰是不可忽略的。

(5)高频处相对强烈的开关 spikes 信号成分极其低于星间距测量误差。因此,对于 GRACE 任务概念和星间距测量误差来说,可以宽容相对强烈的高频加速度效应。然而,如果在 GOCE 卫星上发生,如此的效应会显著影响要在 GOCE 上进行的加速度计观测,因而需要直到高频率的、极小的加速度测量误差。

23.8.11　对 ONERA 地面加热器通断 spikes 效应实验的讨论

(1)想要更深入地分析 spikes 的成因,应该取得更为密集的时域数据。

(2)尽管在时域图上明显呈现每 10 s 一次 spikes,但在频域图上 0.1 Hz 的谐振峰并不比各次倍频峰高,一点也不突出。由此可见,认为时域上重复周期 10 s 的 spikes 仅映射在频域的 0.1 Hz 上是不正确的。

(3)从振动力学的角度看,地面环境与飞行环境不同,无非是地面实验处于 $1\ g_{local}$ 重力和大气压下,而实际飞行处于微重力和真空下。微重力状态下卫星大体上在引力场中自由漂移,受到的外约束力非常小,结构体内部由于承重产生的应力被释放,各结构体之间由于质量引起的摩擦阻力也消失了,而真空条件则使得气动阻尼消失。根据振动理论,阻尼不仅会使瞬态激励下的响应迅速衰减,而且响应函数的峰值也会一定程度上降低。因此,在轨飞行时的结构动力响应比地面严重。

23.8.12　GRACE 卫星磁力矩器内部电流变化引发的 spikes

(1)GRACE 卫星轨道姿态和控制系统用磁力矩器维持或重建卫星的标称姿态。磁力矩器是电磁体,spikes 的较小效应是由磁力矩器内部电流变化引发的。从模型化的磁力矩器 spikes 时间序列得到 spikes 信号功率谱密度,将之与加速度计的噪声模型比较,结果表明,对于规定的科学方式,磁力矩器 spikes 信号功率谱密度的低频部分几乎完全不超过加速度计误差模型。

(2)磁力矩器运作引发的加速度干扰即使不能被完全排除,也不会对 GRACE 任务的重力场测定有重要影响,因为在关心的 mHz 频率范围中,这些影响不会显著超过加速度计传感器误差。然而,GOCE 和可能的未来卫星重力任务配备有磁力矩器,包括显著改善灵敏度的加速度计。因此,磁力矩器的干扰噪声更可能对这些任务测定的重力场有作用。

23.8.13　关于 twangs,spikes 对重力场恢复影响的讨论

(1)GRACE 卫星加热器开关状态是通过星务管理记录的,加热器状态数据间隔一般而言是 3 s,从 2007 年 5 月以后以及对于挑选出来的较早周期提高到 1 s。对于每个特定的加热器通道而言,实际开关事件的时机被安排在固定的开关门电路(小于 1 s)中。由此可见,把加热器开始运作时刻[偏差达(1～3)s]插入到加速度计 0.1 s 间隔 1a 级数据中,从而获得加热器模型化开关 spikes 时间序列的做法,仅当此(1～3)s 内没有其他原因会产生 spikes 才是正确的,因而是有风险的。

(2)由于 GRACE 卫星的实时星务数据只有 32 kb/s 的码速率,估计星务提供的磁力矩器电流变化数据间隔不会更短,因而对磁力矩器内部电流变化引发 spikes 的类似分析方法,存在同样的风险。

(3)想要更深入地分析 spikes 的成因,应该有选择地针对可能引发 spikes 的因素提高星务管理采样率。

(4)twangs 和 spikes 主要影响谱的高频部分,由于 1b 级数据(采样间隔 5 s)是由 1a 级数据(采样间隔 0.1 s)通过截止频率为 0.035 Hz 的低通滤波器得到的,所以去除了 twangs 和 spikes 的大部分功率。由于高频部分对重力场恢复的影响较小,因此可以对其较为宽容;然而,一些长波贡献似乎也存在:twangs 的发生与轨道周期有关,且可能与卫星上的热辐射行为有关;而 spikes 似乎呈现确定的周期性。这些较长波长的贡献既不能被滤除,又难于定量,是一个悬而未决的问题。因此,低频处的小贡献可能更棘手。

(5)来自加速度计的线加速度数据具有大量的 spikes 和 twangs。加速度计数据的噪声水平大约比需求高 1.5 个量级,这似乎是由于 twangs 和 spikes。在数据处理算法中,在数据可以被使用之前,这些异常必须被处理掉。

(6)不完全了解 twangs 和 spikes 的原因,且通过当前的研究不能量化滤波后的效果,

这可能是 GRACE 导出的重力场模型未能达到预期的部分原因。

23.8.14 SuperSTAR 加速度计的噪声水平

(1)twangs 和 spikes 是在加速度计时域信号中观察到的尖峰干扰,但并非加速度计的噪声。

(2)分析证实,0.5 Hz 以上,沿迹方向和径向(而非轨道面法线方向)的噪声谱开始上扬的频率比传感器模型所预期的频率稍微低一些,其原因可能是由于在时间序列中存在微弱残余 twang 效应。可以期望内部 Butterworth 滤波器会抑制 3 Hz 以上的噪声。

(3)30 mHz 以下,加速度计噪声被淹没在非重力加速度的信号中。由于两颗卫星处于非常类似的轨道中,所以它们受到的 30 mHz 以下的非重力非常类似,因此,可以从两颗 GRACE 卫星间的相对加速度的分析得到针对谱的这部分的误差信息。其结果的品质再次受限于 spikes 的影响,此外,还受限于两颗卫星间残余力的可变性。分析推进器运作引起的加速度、加热器开关 spikes 甚至由卫星在日照与地球阴影间转变引起的加速度信号等已知有规律信号的可重复性,可能对误差分析有益,这对于重力场测定的品质而言是必不可少的,但是还没有被开发。未来,开关 spikes 的减少或许可能进一步改善这种结果。

参 考 文 献

[1] 薛大同. 重力测量卫星对非重力加速度测量的要求[C]//中国宇航学会飞行器总体专业委员会 2006 年学术研讨会,张家界,湖南,11 月 4—5 日,2006.

[2] KIM J, TAPLEY B D. Error analysis of a low-low satellite-to-satellite tracking mission [J]. Journal of Guidance, Control, and Dynamics, 2002, 25 (6): 1100 - 1106.

[3] HUSSON V. GRACE [EB/OL]. http://ilrs. gsfc. nasa. gov/satellite_missions/ list_of_satellites/grace/grace. html.

[4] STANTON R, BETTADPUR S, DUNN C, et al. Science & Mission Requirements Document: GRACE 327 - 200 (JPL D - 15928) [R]. Revision D. Pasadena, California: Jet Propulsion Laboratory (JPL),2002.

[5] JOHANNESSEN J A, MARTINEZ M A. Gravity Field and Steady-State Ocean Circulation Mission: ESA SP - 1233 (1) [R/OL]. Noordwijk, The Netherlands: ESA Publications Division care of ESTEC (European Space Research and Technology Centre), 1999. http://esamultimedia. esa. int/docs/goce_sp1233_1. pdf.

[6] GERLACH CH, FLURY J, FROMMKNECHT B, et al. GRACE performance study and sensor analysis [C/OL]//Joint CHAMP/GRACE Science Meeting, Potsdam, Germany, July 6 - 8, 2004, GeoForschungsZentrum. Proceedings of the Joint CHAMP/GRACE Science Meeting: id. 6. 1. https://www. researchgate. net/profile/R_ Rummel/publication/228978408_GRACE_performance_study_and_sensor_analysis/links/ 0deec52774f3fe315d000000/GRACE-performance-study-and-sensor-analysis. pdf? origin = publication_detail.

[7] 周旭华. 卫星重力及其应用研究[D]. 武汉：中国科学院测量与地球物理研究所，2005.

[8] 王正涛，姜卫平，晁定波. 卫星跟踪卫星测量确定地球重力场的理论和方法[M]. 武汉：武汉大学出版社，2011.

[9] 宁津生，刘经南，陈俊勇，等. 现代大地测量理论与技术[M]. 武汉：武汉大学出版社，2006.

[10] 李建成，陈俊勇，宁律生，等. 地球重力场逼近理论与中国 2000 似大地水准面的确定[M]. 武汉：武汉大学出版社，2003.

[11] 徐福祥. 卫星工程系列：卫星工程概论：上[M]. 北京：中国宇航出版社，2003.

[12] 中国大百科全书总编辑委员会《航空航天》编辑委员会. 太阳同步轨道[M/CD]//中国大百科全书：航空航天. 北京：中国大百科全书出版社，1985.

[13] CESARE S, AGUIRRE M, ALLASIO A, et al. The measurement of Earth's gravity field after the GOCE mission [J]. Acta Astronautica, 2010, 67 (7/8): 702 – 712.

[14] 沙定国. 误差分析与测量不确定度评定[M]. 北京：中国计量出版社，2003.

[15] 全国法制计量管理计量技术委员会. 测量不确定度评定与表示：JJF 1059.1—2012 [S]. 北京：中国质检出版社，2013.

[16] 全国法制计量管理计量技术委员会. 通用计量术语及定义：JJF 1001—2011 [S]. 北京：中国质检出版社，2012.

[17] 数学手册编写组. 数学手册[M]. 北京：人民教育出版社，1979.

[18] BRUINSMA S, BIANCALE R, PEROSANZ F. Calibration parameters of the CHAMP and GRACE accelerometers [EB/OL]. http://www. massentransporte. de/fileadmin/20071015-17-Postdam/di_1800_05_bruinsma. pdf.

[19] RIM H, KANG Z, NAGEL P, et al. Champ Precision Orbit Determination [J], Advances in the Astronautical Sciences, 2002, 109 (1): 493 – 500.

[20] BETTADPUR S V, WATKINS M M. GRACE Gravity science & its impact on mission design: GP51C – 11 [EB/OL]. AGU (American Geophysical Union), Spring 2000. http://csrserv. csr. utexas. edu/grace/publications/presentations/AGU_S00_MisDes. pdf.

[21] TAPLEY B, REIGBER Ch. GRACE newsletter No. 1 [N/OL], August 1, 2002. http://www-app2. gfz-potsdam. de/pb1/op/grace/more/newsletter_GRACE_001. html.

[22] WANG F. Study on center of mass calibration and K-band ranging system calibration of the GRACE mission[D]. Austin, Texas: The University of Texas, 2003.

[23] 王谦身，张赤军，周文虎，等. 微重力测量：理论、方法与应用[M]. 北京：科学出版社，1995.

[24] 总参谋部测绘局. 2000 中国大地测量系统：GJB 6304—2008 [S]. 北京：总装备部军标出版发行部，2008.

[25] 中国大百科全书总编辑委员会《固体地球物理学、测绘学、空间科学》编辑委员会. 地

心坐标系[M/CD]//中国大百科全书：固体地球物理学、测绘学、空间科学. 北京：中国大百科全书出版社，1985.

[26] 孔祥元，郭际明，刘宗泉. 大地测量学基础[M]. 2 版. 武汉：武汉大学出版社，2010.

[27] 张毅，杨辉耀，李俊莉. 弹道导弹弹道学[M]. 长沙：国防科技大学出版社，1999.

[28] SEEBER G. 卫星大地测量学[M]. 赖锡安，游新兆，邢灿飞，等译. 北京：地震出版社，1998.

[29] 刘林. 航天器轨道理论[M]. 北京：国防工业出版社，2000.

[30] BETTADPUR S V. Product Specification Document：GRACE 327 - 720（CSR - GR - 03 - 02）[R]. Revision 4. 5. Austin，Texas：Center for Space Research，The University of Texas at Austin，2007.

[31] FROMMKNECHT B. Simulation des sensorverhaltens bei der GRACE-mission [D]. München：TUM（Technische Universität München），2001.

[32] KAUFMAN Y. GRACE：launch，components，and systems [EB/OL]. http：//earthobservatory. nasa. gov/Library/GRACE/grace3. html.

[33] FLURY J，BETTADPUR S，TAPLEY B D. Precise accelerometry onboard the GRACE gravity field satellite mission [J]. Advances in Space Research，2008，42 (8)：1414 - 1423.

[34] PETERSEIM N，FLURY J，SCHLICHT A. Magnetic torquer induced disturbing signals within GRACE accelerometer data [J]. Advances in Space Research，2012，49 (9)：1388 - 1394.

[35] RODRIGUES M. Flight experience on CHAMP and GRACE with ultrasensitive accelerometers [C/OL]//Presentation 4th Internat LISA Symposium，Penn State College，Pennsylvania，United States，July 19 - 24，2002. http://cgwp. gravity. psu. edu/events/lisa/presentations/rodrigues. pdf.

[36] TOUBOUL P，FOULON B，RODRIGUES M，et al. In orbit nano-g measurements，lessons for future space missions [J]. Aerospace Science and Technology，2004，8 (5)：431 - 441.

[37] 朱石坚，楼京俊，何其伟，等. 振动理论与隔振技术[M]. 北京：国防工业出版社，2006.

第24章 静电悬浮加速度计噪声的主要来源及电容位移检测噪声

本章的物理量符号

A	电极面积,m^2
a_i	与 x_i 相对应的组合系数
A_c	单通道的电极面积,m^2
A_x	x 向电极面积,m^2
$A_{x/4}$	x 向单块电极面积($4A_{x/4}=A_x$),m^2
A_y	y 向电极面积,m^2
$A_{y/2}$	y 向单块电极面积($2A_{y/2}=A_y$),m^2
A_z	z 向电极面积
$A_{z/2}$	z 向单块电极面积($2A_{z/2}=A_z$),m^2
B	DAC 的位数
B_{ENOB}	测量支路(包括读出放大器、ADC2、测量滤波器)的有效位数
C	$Z_{transducer}(\omega_d)$中的并联等效电容,F
C_{bottom}	下电容,F
C_f	电荷放大器的反馈电容,F
C_{pri}	映射到差动变压器初级的单边等效电容,F
C_{top}	上电容,F
C_v	常数
D	方差记号
d	检验质量与电极间的平均间隙,m
d_x	x 向检验质量至极板的平均间隙,m
d_y	y 向检验质量至极板的平均间隙,m
d_z	z 向检验质量至极板的平均间隙,m
$\tilde{e}_{fet}$	放大器的输入电压噪声,$V/Hz^{1/2}$
f	频率,Hz
$\tilde{f}_1$	n 个等权、互相独立的噪声的合成噪声
$f_1(b_1,b_2,\cdots,b_n)$	$f_1(x_1,x_2,\cdots,x_n)$在 $x_i=b_i(i=1,2,\cdots,n)$处的值,为常数
$F_1(t)$	检验质量与下电极间形成的、施加到检验质量上的静电力(向上为正),N
$f_1(x_1,x_2,\cdots,x_n)$	具有组合系数 $a_i(i=1,2,\cdots,n)$的 n 个互相独立的自变量 $x_i(i=1,2,\cdots,n)$的线性组合
$\tilde{f}_2$	n 个互相独立变量非线性组合的合成噪声
$f_2(b_1,b_2,\cdots,b_n)$	$f_2(x_1,x_2,\cdots,x_n)$在 $x_i=b_i(i=1,2,\cdots,n)$处的值,为常数

$F_2(t)$	检验质量与上电极间形成的、施加到检验质量上的静电力（向上为正），N
$f_2(x_1,x_2,\cdots,x_n)$	n 个互相独立的自变量 $x_i(i=1,2,\cdots,n)$ 的非线性组合
F_{bias,δ_a}	电极面积不对称且电容传感器无输出时检验质量所受到的静电力偏值，N
I_1	桥式电路上端的输出电流，A
I_2	桥式电路下端的输出电流，A
$\tilde{i}_f$	以电流形式表示的、由反馈电阻产生的热噪声，$\text{A}/\text{Hz}^{1/2}$
$\tilde{i}_{\text{fet}}$	放大器的输入电流噪声，$\text{A}/\text{Hz}^{1/2}$
I_{sec}	通过变压器次级绕组的电流，A
$I_{\text{sec},\delta}$	差动变压器不对称引起的、通过变压器次级绕组的电流，A
$\tilde{i}_{\text{th}}$	以电流形式表示的 Johnson-Nyguist 噪声，以电流形式表示的机电转换器阻抗中等效电阻产生的热噪声，$\text{A}/\text{Hz}^{1/2}$
k_B	Boltzmann 常数：$k_B=(1.380\,658\pm0.000\,012)\times10^{-23}$ J/K
k_c	差动变压器的耦合系数
K_x	从位移到电荷放大器第一级（FET 级）输出的增益，V/m
L	$Z_{\text{transducer}}(\omega_d)$ 中的并联等效电感，H
L_1	差动变压器第一个初级绕组的电感，H
L_2	差动变压器第二个初级绕组的电感，H
L_{pri}	差动变压器单个初级绕组的电感，H
$M_{1,2}$	差动变压器两个初级绕组之间的互感，H
$M_{1,\text{sec}}$	差动变压器第一个初级绕组与次级绕组之间的互感，H
$M_{2,\text{sec}}$	差动变压器第二个初级绕组与次级绕组之间的互感，H
m_i	检验质量的惯性质量，kg
n	自变量的个数；次级绕组与单个初级绕组的匝数比
$N_{0,\text{PSD}}$	DAC 的量化噪声功率谱密度，$\text{m}\cdot\text{s}^{-2}/\text{Hz}^{1/2}$
p_k	$\xi=x_k$ 的概率
$P(\xi=x_k)$	$\xi=x_k$ 的概率
Q	差动变压器的品质因数
q_{LSB}	ADC1 的 1 LSB 对应的位移，m
R	电阻，$Z_{\text{transducer}}(\omega_d)$ 中的并联等效电阻，Ω
r_d	ADC1 的输出数据率和 DAC 的输入数据率，Sps
R_f	电荷放大器的反馈电阻，Ω
R_{pri}	差动变压器各个初级绕组的电阻，Ω
r_s	ADC1 的采样率，Sps
$R_{\text{SINAD},p}$	信噪失真比峰值，dB
T	热力学温度，K
t	时间，s
$U(P_b)$	点 $P_b(x_1=b_1,x_2=b_2,\cdots,x_n=b_n)$ 的某邻域
$\tilde{u}_{\text{th}}$	以电压形式表示的 Johnson-Nyguist 噪声，$\text{V}/\text{Hz}^{1/2}$
V_1	桥式电路上端的输出电压，V

V_2	桥式电路下端的输出电压,V
V_d	电容位移检测电压的有效值,即 RMS 值,V
$\tilde{V}_d$	电容位移检测电压有效值的噪声,$\mathrm{V/Hz}^{1/2}$
$\tilde{V}_{\mathrm{DVA}}$	DVA 输出噪声,$\mathrm{V/Hz}^{1/2}$
$\tilde{V}_e$	放大器输入电压噪声引起的噪声电压输出,$\mathrm{V/Hz}^{1/2}$
$V_{\mathrm{else,c}}$	与信噪失真比峰值相应的所有其他频率成分——但不包括直流——的加速度方均根值,$\mathrm{m/s}^2$
$\tilde{V}_f$	$\tilde{i}_f$ 引起的噪声电压输出,$\mathrm{V/Hz}^{1/2}$
$V_{\mathrm{fndm,c}}$	与信噪失真比峰值相应的基波输入加速度方均根值,$\mathrm{m/s}^2$
$\tilde{V}_i$	$\tilde{i}_{\mathrm{fet}}$ 引起的噪声电压输出,$\mathrm{V/Hz}^{1/2}$
$\tilde{V}_{\mathrm{out}}$	电荷放大器输出噪声,$\mathrm{V/Hz}^{1/2}$
V_p	检验质量上施加的固定偏压,V
$\tilde{V}_p$	固定偏压噪声,$\mathrm{V/Hz}^{1/2}$
$\tilde{V}_{\mathrm{ro}}$	读出放大器输入噪声,$\mathrm{V/Hz}^{1/2}$
V_δ	差动变压器不对称引起的电荷放大器输出电压有效值,V
$\tilde{V}_\delta$	差动变压器不对称与电容位移检测电压有效值的噪声联合作用引起的噪声电压输出,$\mathrm{V/Hz}^{1/2}$
V_{sec}	变压器次级绕组两端的电压差,V
$\tilde{V}_{\mathrm{th}}$	$\tilde{i}_{\mathrm{th}}$ 引起的噪声电压输出,$\mathrm{V/Hz}^{1/2}$
$\tilde{x}$	合成的位移噪声,$\mathrm{m/Hz}^{1/2}$
$\tilde{x}_e$	放大器输入电压噪声引起的位移噪声,$\mathrm{m/Hz}^{1/2}$
$\tilde{x}_f$	反馈回路电阻热噪声引起的位移噪声,$\mathrm{m/Hz}^{1/2}$
x_i	自变量$(i=1,2,\cdots,n)$
$\tilde{x}_i$	放大器输入电流噪声引起的位移噪声 $\mathrm{m/Hz}^{1/2}$
$\tilde{x}_i$	第 i 个与其他输入噪声互相独立的输入噪声
$\tilde{x}_{i,\mathrm{o}}$	第 i 个因素引起、已折算成输出变量的噪声,且该噪声与其他噪声等权并互相独立
x_k	ξ 的可能取值$(k=1,2,\cdots,\infty)$
$x_{\mathrm{n}}(t)$	以时域位移表达的电容传感器的噪声(简称合成的位移噪声),m
$\tilde{x}_{\mathrm{th}}$	机电转换器阻抗中的等效电阻的热噪声引起的位移噪声,$\mathrm{m/Hz}^{1/2}$
$\tilde{x}_\delta$	差动变压器不对称与电容位移检测电压有效值的噪声联合作用引起的位移噪声,$\mathrm{m/Hz}^{1/2}$
$Z_{\mathrm{transducer}}(\omega_d)$	从差动变压器输出端向前看的机电转换器阻抗,Ω
$\gamma_{\mathrm{bias},\delta_a}$	电极面积不对称引起的加速度测量偏值,$\mathrm{m/s}^2$
$\tilde{\gamma}_{\mathrm{bias},\delta_a}$	电极面积不对称引起的加速度计偏值噪声,$\mathrm{m\cdot s}^{-2}/\mathrm{Hz}^{1/2}$
$\tilde{\gamma}_{\mathrm{DVA}}$	DVA 噪声引起的加速度测量噪声,$\mathrm{m\cdot s}^{-2}/\mathrm{Hz}^{1/2}$
$\tilde{\gamma}_{N_{0,\mathrm{PSD}}}$	以加速度噪声的形式表达的 ADC1 量化噪声的功率谱密度,$\mathrm{m\cdot s}^{-2}/\mathrm{Hz}^{1/2}$
$\tilde{\gamma}_{\mathrm{ro}}$	读出放大器噪声引起的加速度测量噪声,$\mathrm{m\cdot s}^{-2}/\mathrm{Hz}^{1/2}$
$\tilde{\gamma}_{\tilde{x}}$	位移噪声引起的加速度测量噪声,$\mathrm{m\cdot s}^{-2}/\mathrm{Hz}^{1/2}$
$\tilde{\gamma}_{x_{\mathrm{n}}}(t)$	合成的时域位移噪声引起的时域加速度测量噪声,$\mathrm{m/s}^2$

δ_a	电极面积不对称比值
ΔC	检验质量偏离正中位置引起的检验质量与电极间的电容相对于正中位置的偏离,F
δ_L	差动变压器两个初级绕组的不对称性
ε_0	真空介电常数:$\varepsilon_0 = 8.854\ 188 \times 10^{-12}$ F/m
ξ	离散型随机变量
ξ_1	离散型随机变量
ξ_2	离散型随机变量
σ_{f1}	$f_1(x_1, x_2, \cdots, x_n)$ 的标准差
σ_{f2}	$f_2(x_1, x_2, \cdots, x_n)$ 的标准差
σ_i	x_i 的标准差
$\sigma_{i,o}$	由输入变量 x_i 的标准差折算成的输出变量的标准差
σ_ξ	ξ 的均方差(或标准差)
ω_d	位移检测的抽运角频率,rad/s
ω_p	受静电负刚度制约的角频率,rad/s

本章独有的缩略语

EGU   European Geosciences Union,欧洲地球科学协会

24.1 引　言

23.1 节指出,CHAMP 和 GRACE 卫星的加速度计仅用来改正卫星的非保守摄动数据。也就是说,对于 CHAMP 任务,加速度计协助 GPS 定位系统完成卫星重力测量任务;对于 GRACE 任务,加速度计协助星载 K 波段测距系统和 GPS 定位系统完成卫星重力测量任务。而对于 GOCE 任务,直接由六台加速度计组成重力梯度仪,因此,可以说是 GPS 定位系统协助加速度计完成卫星重力测量任务。然而,加速度计不管是配角还是主角,其噪声终究直接影响反演重力场的水平,因而受到高度关注。为此,本章首先阐明静电悬浮加速度计噪声的主要来源。

17.3.1 节图 17-1 给出了静电悬浮加速度计单通道的构成及基本原理,并指出,传感头的敏感结构电极具有支承作用、位移检测作用和反馈控制作用,其中位移检测作用是靠电容检测完成的。由于位移检测处于静电悬浮加速度计的前端,所以本章在阐明静电悬浮加速度计噪声的主要来源之后,率先讨论电容位移检测噪声,并且在第 25 章接着讨论偏值的热敏感性和寄生噪声,在此基础上在第 26 章讨论静电悬浮加速度计噪声的地基检测与飞行检测。

24.2 静电悬浮加速度计噪声的主要来源

24.2.1 概述

静电悬浮加速度计是重力测量卫星的重要载荷,对于卫-卫跟踪模式,它的作用是消除非保守力的影响,由于扰动引力加速度分量随轨道高度衰减非常快,所以要求加速度计具有

很低的噪声水平(参见 23.3.3.6 节);对于重力梯度模式,为了通过梯度测量敏感引力场的短波变化,要求加速度计的噪声水平更低(参见 26.3.4 节),具体指标如表 17－2 所示。影响静电悬浮加速度计噪声的主要来源有探测器噪声(即电容位移检测噪声)、驱动噪声、测量噪声、驱动检验质量的寄生力(简称寄生噪声)以及加速度计偏值的热敏感性(简称热噪声)[1]。

24.2.2　电路噪声

图 17－1 给出了静电悬浮加速度计单通道的构成及基本原理,依据该图可以分解出探测器噪声、驱动噪声、测量噪声各自所对应的硬件,如图 24－1 所示[2]。我们将这些噪声归类为闭环控制与读出电路引起的加速度测量噪声,简称"电路噪声"。

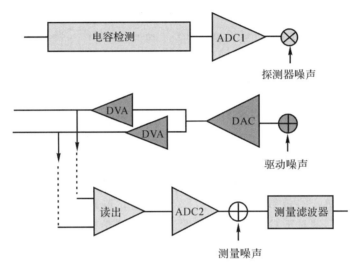

图 24－1　探测器噪声、驱动噪声、测量噪声各自所对应的硬件[2]

从图 24－1 可以看到,探测器噪声包括电容位移检测噪声和 ADC1 的噪声,驱动噪声包括 DAC 的噪声和 DVA 的噪声,测量噪声包括读出放大器的噪声和 ADC2 的噪声。

(1)电容位移检测:电容位移检测噪声包括电极面积不对称引起的加速度测量噪声和电容位移检测电路噪声[3]。

(2)ADC1:ADC1 噪声包括量化噪声和参考电压噪声[1]。

17.3.4 节指出,检验质量稳定在小于 1 nm 的准平衡位置,可以使电容位移检测电压的有效值、固定偏压、接触电位差三者的波动与敏感结构对称性缺陷共同作用引起的加速度测量噪声最小化。

19.4.1 节指出,为此应控制 ADC1 的 1 LSB 对应的位移 q_{LSB} 明显小于 1 nm,例如0.1 nm。

19.4.2 节指出,以加速度噪声的形式表达的 ADC1 量化噪声的功率谱密度 $\tilde{\gamma}_{N_0,PSD}$ 只与受静电负刚度制约的角频率的平方 ω_p^2、ADC1 的 1 LSB 对应的位移 q_{LSB}、ADC1 的采样率 r_s 有关,并由式(19－74)表达。

表 17－5 给出 GRADIO 加速度计 US 轴科学模式下 $\omega_p^2 = -4.940\ 3\times10^{-2}\ \mathrm{rad^2/s^2}$。

图 17－17 给出 ADC1 的输出数据率和 DAC 的输入数据率 $r_d = 1\ \mathrm{kSps}$,而 19.6.2.1 节第(3)条指出应取 $r_d = 5\ \mathrm{kSps}$。

19.5.1.3 节第(1)条指出,由式(19－74)得到,若 GRADIO 加速度计 US 轴科学模式下

q_{LSB} 不超过 0.1 nm, 当 $r_d = 1$ kSps 时 $\tilde{\gamma}_{N_0,PSD} \leqslant 6.38 \times 10^{-14}$ m·s^{-2}/Hz$^{1/2}$; 而当 $r_d = 5$ kSps 时 $\tilde{\gamma}_{N_0,PSD} \leqslant 2.85 \times 10^{-14}$ m·s^{-2}/Hz$^{1/2}$。鉴于表 17-2 给出 GRADIO 加速度计 US 轴科学模式的噪声指标在测量带宽 $(5 \times 10^{-3} \sim 0.1)$ Hz 内为 2×10^{-12} m·s^{-2}/Hz$^{1/2}$, 所以 ADC1 量化噪声的影响可以忽略。

19.6.1 节给出 GRADIO 加速度计 LS 轴科学模式下 $\omega_p^2 = -192.20$ rad^2/s^2。

19.6.2.3 节第 (1) 条指出, 由式 (19-74) 得到, 若 GRADIO 加速度计 LS 轴科学模式下 q_{LSB} 不超过 0.1 nm, 当 $r_d = 1$ kSps 时 $\tilde{\gamma}_{N_0,PSD} \leqslant 2.48 \times 10^{-10}$ m·s^{-2}/Hz$^{1/2}$, 当 $r_d = 5$ kSps 时 $\tilde{\gamma}_{N_0,PSD} \leqslant 1.11 \times 10^{-10}$ m·s^{-2}/Hz$^{1/2}$; 鉴于 24.4.1 节给出 GRADIO 加速度计 LS 轴科学模式的噪声指标为 1×10^{-10} m·s^{-2}/Hz$^{1/2}$ [按理应指测量带宽 $(5 \times 10^{-3} \sim 0.1)$ Hz 内], 相比之下 ADC1 量化噪声的影响太大; 而若 GRADIO 加速度计 LS 轴科学模式下 q_{LSB} 不超过 0.01 nm, 当 $r_d = 1$ kSps 时 $\tilde{\gamma}_{N_0,PSD} \leqslant 2.48 \times 10^{-11}$ m·s^{-2}/Hz$^{1/2}$, 当 $r_d = 5$ kSps 时 $\tilde{\gamma}_{N_0,PSD} \leqslant 1.11 \times 10^{-11}$ m·s^{-2}/Hz$^{1/2}$, 与 GRADIO 加速度计 LS 轴科学模式的噪声指标 1×10^{-10} m·s^{-2}/Hz$^{1/2}$ 相比可以接受。

(3) DAC: 从原理角度, DAC 噪声也包括量化噪声和参考电压噪声。

7.2.1 节式 (7-48) 给出了 Nyquist 型 ADC 的量化噪声功率谱密度表达式。此式对于 DAC 同样适用。从式 (7-48) 可以看到, ADC 或 DAC 位数越多和/或采样率越高, 量化噪声功率谱密度越小。例如, 图 17-17 给出 DAC 的采样率 $r_d = 1$ kSps; 若 DAC 输出范围对应的加速度测量值为 $\pm 1 \times 10^{-5}$ m·s^{-2}, 即量化器的峰-峰值为 2×10^{-5} m·s^{-2}; 则由式 (7-48) 得到, 当 DAC 的位数 $B = 20$ 时, DAC 的量化噪声功率谱密度 $N_{0,PSD} = 2.5 \times 10^{-13}$ m·s^{-2}/Hz$^{1/2}$, 这对于 GRADIO 加速度计 US 轴科学模式 (表 17-2 给出其噪声指标为 2×10^{-12} m·s^{-2}/Hz$^{1/2}$) 而言, 也是足够小的。而 17.3.3.3 节指出, ADC2 采用的是 24 位 Δ-Σ ADC。由此可见, 由于 DAC 的采样率较高, 所以其位数并不需要达到 ADC2 的位数那么高。

文献 [1] 指出, 因为用相同的输入供给每对电极的两个 DVA, 所以不存在 DAC 量化噪声的贡献。图 24-4 所示驱动器噪声曲线的形状和量值也支持不存在 DAC 量化噪声的贡献这一说法。

(4) DVA: 17.3.3.2 节指出 DVA 由两部分组成: 第一级采用斩波稳定运算放大器, 以便在测量带宽内摆脱 $1/f$ 噪声, 第二级为 45 V 专用高电压提升器, 用于在飞行状态下捕获检验质量使之悬浮。GRADIO 加速度计 DVA 在测量带宽内的输入噪声为 1.6×10^{-7} V/Hz$^{1/2}$ [4]。

仿照式 (17-24), 可以给出 DVA 输出噪声引起的加速度测量噪声为 [5]

$$\tilde{\gamma}_{DVA} = \frac{2\varepsilon_0 A}{m_i d^2} V_p \tilde{V}_{DVA} \tag{24-1}$$

式中　$\tilde{\gamma}_{DVA}$ ——DVA 输出噪声引起的加速度测量噪声, m·s^{-2}/Hz$^{1/2}$;

　　　ε_0 ——真空介电常数, 17.4.3 节给出 $\varepsilon_0 = 8.854\,188 \times 10^{-12}$ F/m;

　　　A ——电极面积, m^2;

　　　m_i ——检验质量的惯性质量, kg。

　　　d ——检验质量与电极间的平均间隙, m;

　　　V_p ——检验质量上施加的固定偏压, V;

　　　$\tilde{V}_{DVA}$ ——DVA 输出噪声, V/Hz$^{1/2}$。

将图 24-4 所示 0.1 Hz 处驱动器噪声 $\tilde{\gamma}_{DVA}$ 代入式(24-1),得到该处 DVA 输出噪声 $\tilde{V}_{DVA}=2.35\times10^{-8}$ V/Hz$^{1/2}$。由于第一级采用了斩波稳定运算放大器,在测量带宽内摆脱了 $1/f$ 噪声,所以此值明显小于测量带宽内的输入噪声 1.6×10^{-7} V/Hz$^{1/2}$。

(5)读出放大器:17.3.3.3 节指出,读出放大器是一个差动放大器,它在 DVA 之后拾取加速度测量,并构成静电驱动信号以适合 24 位 Δ-Σ ADC 的输入范围。仿照式(17-24),可以给出读出放大器输入噪声引起的加速度测量噪声为[5]

$$\tilde{\gamma}_{ro}=\frac{2\varepsilon_0 A}{m_i d^2}V_p\tilde{V}_{ro} \tag{24-2}$$

式中　$\tilde{\gamma}_{ro}$——读出放大器输入噪声引起的加速度测量噪声,m·s^{-2}/Hz$^{1/2}$;

　　　$\tilde{V}_{ro}$——读出放大器输入噪声,V/Hz$^{1/2}$。

(6)ADC2:ADC2 采用 24 位、Δ-Σ ADC[4]。ADC2 噪声包括量化噪声和参考电压噪声[1]。通常在数字电路中,测量装置的量化步长被设计为充分低于仪器的噪声水平,因而量化噪声不是限制点。但在 GOCE 任务下的情况下,由于 GRADIO 加速度计的动态范围特别大,因而需要 ADC2 的有效位数(Effective Number of Bits,or ENOB)特别多,已不可能靠进一步减小量化步长的办法降低 ADC2 的量化噪声[4]。

7.3.3 节给出了由式(7-134)表达的 ADC 产品信噪失真比定义,并指出,当基波输入信号大到一定程度时,由于运放输出范围的限制,Δ-Σ 调制器会进入饱和状态。信噪失真比和信噪比会达到各自的峰值,随后信噪失真比和信噪比会跌落。ADC 产品的信噪失真比峰值决定了产品的有效位数,其对应关系由式(7-139)表达。

表 17-2 给出 GRADIO 加速度计 US 轴输入范围为 $\pm6.5\times10^{-6}$ m/s^2,可以将其理解为与测量支路信噪失真比峰值相应的基波输入加速度峰值,即式(7-136)等号右端圆括号内的分子 $V_{fndm,c}$(信噪失真比峰值处基波输入的幅度方均根)为 4.6×10^{-6} m/s^2。从图 24-4 可以看到,GRADIO 加速度计 US 轴测量噪声在 $(1\times10^{-4}\sim0.7)$ Hz 范围内为 1.1×10^{-12} m·s^{-2}/Hz$^{1/2}$ 的白噪声。17.3.3.4 节给出 GRADIO 加速度计科学测量和下行数据的输出数据率为 1 Sps。由式(7-41)可知,相应的 sinc 滤波器截止频率为 0.5 Hz。于是,由式(5-40)表达的 Parseval 定理得到通带内测量噪声的方均根值为 7.8×10^{-13} m/s^2。由于式(7-136)等号右端圆括号内的分母 $V_{else,c}$——信噪失真比峰值处基波之外、频率低于采样率之半(不包括直流)的所有频谱成分之和的平方根——是将噪声功率与失真功率相加后再开方,所以 $V_{else,c}$ 大于 7.8×10^{-13} m/s^2。于是,由式(7-136)得到信噪失真比峰值 $R_{SINAD,p}$ 小于 135 dB,最后代入式(7-139)得到测量支路(由图 24-1 可以看到,测量支路包括读出放大器、ADC2、测量滤波器)的有效位数 $B_{ENOB}<22.1$。

以上各项所涉及的电子器件噪声由于超出了本书的讨论范围,因而不对其做具体筛选和分析。

24.2.3　非电路噪声

我们将加速度计偏值的热敏感性和寄生噪声归类为非电路因素引起的加速度测量噪声,简称"非电路噪声"。

加速度计偏值的热敏感性是由因禁闭检验质量的电极笼在敏感方向上两相向内侧存在温度差引起的,包括辐射计效应的热敏感性和热辐射压力的热敏感性[6]。而寄生噪声的来源主要为接触电位差、金丝刚度和阻尼、气体阻尼[2]、磁场扰动[6]等。详见第 25 章。

24.2.4 示例

图24-2～图24-4分别为法国ONERA对STAR、SuperSTAR和GRADIO加速度计US轴噪声的评估谱图。图24-2中的辐射计效应属于热噪声(参见25.1.1节),而接触电位差和气体阻尼属于寄生噪声(参见25.2节)。由于STAR加速度计分辨力较低,没有考虑热辐射压力的热敏感性,也没有考虑金丝刚度和阻尼的影响。图24-3中的接触电位差和金丝阻尼属于寄生噪声(参见25.2节),而偏值温度起伏和偏值温度梯度属于热噪声(参见25.1.1节)。另外,由于采取了充分的技术措施,SuperSTAR和GRADIO加速度计中电干扰已处于可以忽略的程度,所以在图24-3和图24-4中不再呈现。

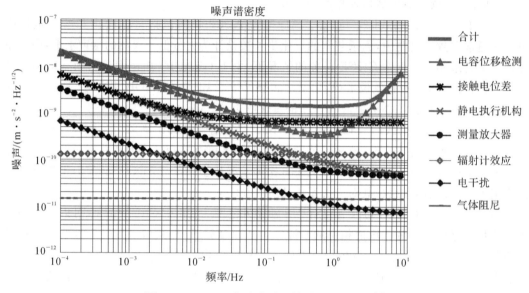

图24-2　STAR加速度计y轴噪声评估谱图[7]

文献[10]指出,图24-4中所示的探测器噪声靠无拖曳姿态控制系统数据(该数据的产生原理参见图17-17)确认,图24-4中所示的测量噪声在飞行试验中确认。

从图24-2～图24-4可以看到,在$(1\times10^{-4}\sim5\times10^{-2})$ Hz范围内,探测器(即电容位移检测)噪声对STAR加速度计而言居于各项噪声之首位,用图片中曲线变成Excel表数据的软件GetData Graph Digitizer采集该电容位移检测噪声的数据,得到5×10^{-2} Hz下为8.50×10^{-10} m·s^{-2}/Hz$^{1/2}$;对SuperSTAR加速度计而言,该噪声既低于接触电位差噪声也低于测量和驱动器噪声,用同一软件采集该探测器噪声的数据,得到5×10^{-2} Hz下为1.36×10^{-11} m·s^{-2}/Hz$^{1/2}$;对GRADIO加速度计而言,该噪声居于各项噪声之末位,且小于1×10^{-14} m·s^{-2}/Hz$^{1/2}$。然而,由式(24-65)可以看到,探测器噪声(单位为m·s^{-2}/Hz$^{1/2}$)是位移噪声(单位为m/Hz$^{1/2}$)与$|\omega_p^2|$(ω_p为受静电负刚度制约的角频率)的乘积,而探测器性能的优劣应该从位移噪声的角度评价。表17-5给出STAR加速度计$|\omega_p^2|=51.54$ rad^2/s^2,SuperSTAR加速度计$|\omega_p^2|=1.193$ rad^2/s^2,GRADIO加速度计$|\omega_p^2|=4.940\times10^{-2}$ rad^2/s^2,因而5×10^{-2} Hz下的位移噪声对于STAR加速度计为1.65×10^{-11}m/Hz$^{1/2}$,对于SuperSTAR加速度计为1.14×10^{-11} m/Hz$^{1/2}$,对于GRADIO加速度计小于2×10^{-13} m/Hz$^{1/2}$。由此可见,就位移噪声而言,SuperSTAR加速度计仅比STAR加速度计略有改

进,GRADIO 加速度计则有显著改进。因此,分析清楚电容位移检测噪声产生的机理和关系对于电路器件的选择乃至结构设计都有重要的意义。

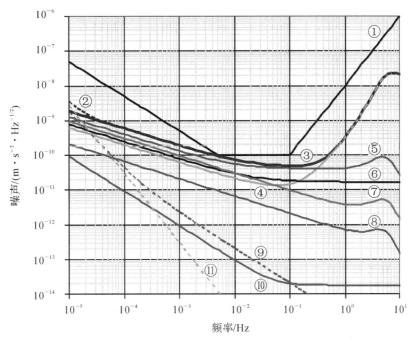

图 24-3 SuperSTAR 加速度计 z 轴噪声评估谱图[8]

①GRACE 需求; ②合计(含偏值); ③合计(不含偏值); ④探测器; ⑤接触电位差; ⑥测量; ⑦驱动器; ⑧金丝阻尼; ⑨偏值温度起伏; ⑩偏值起伏; ⑪偏值温度梯度

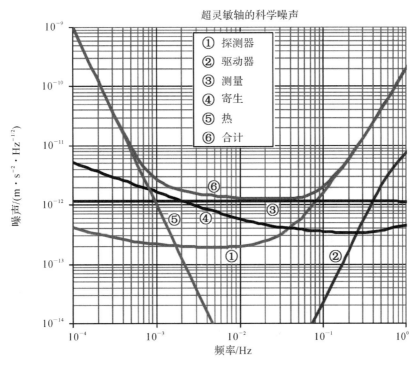

图 24-4 GRADIO 加速度计 US 轴噪声评估谱图[9]

24.3 n 个互相独立自变量的噪声合成原理

在工程师和实验科学家人群中经常忽略变量的相关性即假设变量互相独立[11]，因而本节重点讨论互相独立自变量的噪声的合成。

对于并非互相独立自变量的噪声的合成，25.1.2.2 节、25.1.4.1 节、25.2.5.1 节第（8）条分别给出了示例。25.1.2.2 节指出，出气逸出的分子的平均热运动速率 $\bar{v}_{og}$ 和单位面积出气速率 q_{og} 虽然是完全不同的物理量，但二者均随温度变化而变化，因而讨论二者共同引起的加速度计偏值热噪声时，不能认为它们是互相独立的。25.1.4.1 节指出，辐射计效应引起的加速度测量噪声 $\tilde{\gamma}_{re}$ 和热辐射压力效应引起的加速度测量噪声 $\tilde{\gamma}_{trp}$ 均为温差噪声 $\tilde{\delta}_T$ 的函数，因而不能认为它们是互相独立的。25.2.5.1 节第（8）条指出，检验质量带有的电荷受地磁场扰动引起的加速度测量噪声 $\tilde{\gamma}_{QE}$ 和卫星残余磁感应强度受地磁场扰动引起的加速度测量噪声 $\tilde{\gamma}_{sE}$ 均为卫星受到的地磁场磁感应强度起伏 $\tilde{B}_E$ 的函数，因而不能认为它们是互相独立的。

24.3.1 离散型随机变量的方差

文献[12]指出，若 ξ 是离散型随机变量，其可能取值为 $x_k(k=1,2,\cdots,\infty)$，且 $\xi=x_k$ 的概率 $P(\xi=x_k)=p_k$，则当 $\sum\limits_{k=1}^{\infty}x_kp_k$ 绝对收敛时，ξ 的数学期望 $E\xi=\sum\limits_{k=1}^{\infty}x_kp_k$ 描述了 ξ 的取值中心，而随机变量 $(\xi-E\xi)^2$ 的数学期望 $E[(\xi-E\xi)^2]$ 称为 ξ 的方差，记作 $D\xi$，并有 $D\xi=\sum\limits_{k=1}^{\infty}(x_k-E\xi)^2p_k$，其平方根称为 ξ 的标准差，记作 $\sigma_\xi=\sqrt{D\xi}$，它们描述了随机变量的可能取值与均值的偏差的疏密程度。方差具有下列性质：

$$\left.\begin{array}{c} DC_v=0 \\ D(C_v\xi)=C_v^2D\xi \\ D(\xi_1+\xi_2)=D\xi_1+D\xi_2, \quad \xi_1,\xi_2\ \text{互相独立} \end{array}\right\} \qquad (24-3)$$

式中　C_v——常数；

　　D——方差记号；

　ξ,ξ_1,ξ_2——离散型随机变量。

由式（24-3）中 $D(C_v\xi)=C_v^2D\xi$ 得到，一个离散型随机变量取其负值之后的方差与原离散型随机变量的方差相等，因此，两个互相独立的离散型随机变量之差的方差与这两个离散型随机变量之和的方差相等。

24.3.2 随机误差的评定方法

23.3.1 节指出，随机误差常用表征其取值分散程度的标准差来评定；在数据长度有限的等权（即相同精密度）测量中，由随机误差的抵偿性得到，单次测量的实验标准差是多次观测的残差的一种统计量。由此可知，观测值的残差是一种随机变量；随机误差常用表征其取值分散程度的标准差来评定。文献[13]也指出，被测量 $y=f(x_1,x_2,\cdots,x_n)$ 的随机误差可用 y 的标准差来评定，因此，只要得到函数 y 的标准差与各输入变量 $x_i(i=1,2,\cdots,n)$ 的标准差之间的关系，就可以计算出函数 y 的随机误差。

24.3.3 函数的标准差与自变量的标准差间的关系

24.3.3.1 自变量的线性组合

如果函数(输出变量)$f_1(x_1,x_2,\cdots,x_n)$是具有组合系数$a_i(i=1,2,\cdots,n)$的n个互相独立的自变量(输入变量)$x_i(i=1,2,\cdots,n)$的线性组合:

$$f_1(x_1,x_2,\cdots,x_n) = \sum_{i=1}^{n}(a_i x_i) \qquad (24-4)$$

式中　　　　　　　n—— 自变量的个数;

　　　　　　　　　x_i—— 自变量$(i=1,2,\cdots,n)$;

$f_1(x_1,x_2,\cdots,x_n)$—— 具有组合系数$a_i(i=1,2,\cdots,n)$的n个互相独立的自变量$x_i(i=1,2,\cdots,n)$的线性组合;

　　　　　　　　　a_i—— 与x_i相对应的组合系数。

则由式(24-3)得到,$f_1(x_1,x_2,\cdots,x_n)$的标准差为[11]

$$\sigma_{f1} = \sqrt{\sum_{i=1}^{n}(a_i \sigma_i)^2} \qquad (24-5)$$

式中　　σ_{f1}—— $f_1(x_1,x_2,\cdots,x_n)$的标准差;

　　　　σ_i—— x_i的标准差。

设$\sigma_{i,o}(i=1,2,\cdots,n)$是各输入变量$x_i$的标准差分别折算成输出变量的标准差,则有[13]

$$\sigma_{f1} = \sqrt{\sum_{i=1}^{n}\sigma_{i,o}^2} \qquad (24-6)$$

式中　　$\sigma_{i,o}$—— 由输入变量x_i的标准差折算成的输出变量的标准差。

24.3.3.2 自变量的非线性组合

当$f_2(x_1,x_2,\cdots,x_n)$是n个互相独立的自变量$x_i(i=1,2,\cdots,n)$的非线性组合时,通常必须用近似值将该函数线性化为一阶 Taylor 级数展开式[11]。具体表述如下:

如果$f_2(x_1,x_2,\cdots,x_n)$为单值连续函数,且在点$P_b(x_1=b_1,x_2=b_2,\cdots,x_n=b_n)$的某邻域$U(P_b)$内有$n+1$阶连续的偏导数,点$P_x(x_1,x_2,\cdots,x_n)\in U(P_b)$,则$f_2(x_1,x_2,\cdots,x_n)$在点$P_b$处的一阶 Taylor 级数展开式为[14]

$$f_2(x_1,x_2,\cdots,x_n) \approx f_2(b_1,b_2,\cdots,b_n) + \sum_{i=1}^{n}\left\{\left[\frac{\partial f_2}{\partial x_i}\right]\bigg|_{x_i=b_i}(x_i-b_i)\right\} \qquad (24-7)$$

式中　　$f_2(x_1,x_2,\cdots,x_n)$——n个互相独立的自变量$x_i(i=1,2,\cdots,n)$的非线性组合;

　　　　$f_2(b_1,b_2,\cdots,b_n)$—— $f_2(x_1,x_2,\cdots,x_n)$在$x_i=b_i(i=1,2,\cdots,n)$处的值,为常数。

而由式(24-4)可以得到

$$f_1(b_1,b_2,\cdots,b_n) = \sum_{i=1}^{n}(a_i b_i) \qquad (24-8)$$

式中　　$f_1(b_1,b_2,\cdots,b_n)$——$f_1(x_1,x_2,\cdots,x_n)$在$x_i=b_i(i=1,2,\cdots,n)$处的值,为常数。

我们将式(24-4)改写为在点$P_x(x_1,x_2,\cdots,x_n)\in U(P_b)$内的表达式:

$$f_1(x_1,x_2,\cdots,x_n) = f_1(b_1,b_2,\cdots,b_n) + \sum_{i=1}^{n}[a_i(x_i-b_i)] \qquad (24-9)$$

将式(24-8)代入式(24-9),则回到式(24-4),由此可见式(24-9)是正确的。

由于式(24-7)和式(24-9)具有相似性,所以用近似法将 $f_2(x_1,x_2,\cdots,x_n)$ 线性化为一阶 Taylor 级数展开式后,可以将式(24-5)中 $f_1(x_1,x_2,\cdots,x_n)$ 的线性系数 a_i 替换为 $f_2(x_1,x_2,\cdots,x_n)$ 的偏导数 $\left[\dfrac{\partial f_2}{\partial x_i}\right]\bigg|_{x_i=b_i}$,计算 $f_2(x_1,x_2,\cdots,x_n)$ 的标准差[11]:

$$\sigma_{f2}=\sqrt{\sum_{i=1}^{n}\left\{\left[\frac{\partial f_2}{\partial x_i}\right]\bigg|_{x_i=b_i}\sigma_i\right\}^2} \qquad (24-10)$$

式中 $\quad\sigma_{f2}$——$f_2(x_1,x_2,\cdots,x_n)$ 的标准差。

由于使用截短的级数展开式,对于非线性函数的误差估计是有偏的。该偏离的范围依赖于函数的性质[11]。

24.3.4 噪声的合成

5.1节指出,噪声是频率在测量带宽内(有时还延伸到高于测量带宽)伴随信号但不是信号的构成部分且倾向于使信号模糊不清的随机起伏。因此,噪声的评定方法与随机误差的评定方法是一致的。24.3.2节指出,观测值的残差是一种随机变量。因此,不存在外来干扰的情况下,观测值的残差就是所用观测仪器的噪声。

24.3.4.1 n 个等权且互相独立的噪声的合成

由式(24-6)得到,n 个等权且互相独立的噪声的合成噪声为

$$\widetilde{f}_1=\sqrt{\sum_{i=1}^{n}\widetilde{x}_{i,o}^2} \qquad (24-11)$$

式中 $\quad\widetilde{f}_1$——n 个等权且互相独立的噪声的合成噪声;

$\widetilde{x}_{i,o}$——第 i 个因素引起、已折算成输出变量的噪声,且该噪声与其他噪声等权并互相独立。

式(24-11)适用于各个因素引起、已分别将各自的输入变量噪声按各自的噪声模型折算成输出变量噪声且与其他输出变量噪声等权并互相独立的场合。需要指出,式(24-11)中的 $\widetilde{x}_{i,o}$ 是第 i 个因素引起、已折算成输出变量的噪声,而不是第 i 个因素作为输入变量的噪声。

24.3.4.2 n 个互相独立变量的非线性组合

由式(24-10)得到,n 个互相独立变量非线性组合的合成噪声为

$$\widetilde{f}_2=\sqrt{\sum_{i=1}^{n}\left\{\left(\frac{\partial f_2}{\partial x_i}\right)\bigg|_{x_i=b_i}\widetilde{x}_i\right\}^2} \qquad (24-12)$$

式中 $\quad\widetilde{f}_2$——n 个互相独立变量非线性组合的合成噪声;

$\widetilde{x}_i$——第 i 个与其他输入噪声互相独立的输入噪声。

式(24-12)适用于输出变量与各个输入变量之间的关系可以用一个数学解析式表达的场合。需要指出,式(24-12)中的 $\widetilde{x}_i$ 是第 i 个输入噪声,即第 i 个因素作为输入变量的噪声,而不是第 i 个因素引起、已折算成输出变量的噪声。

24.4 电容位移检测引起的加速度测量噪声

24.4.1 电极面积不对称引起的加速度测量噪声

静电悬浮加速度计电极面积如果不对称,不对称比值为 δ_a,设上电极面积为 $A-\delta_aA$,下

电极面积为 $A+\delta_a A$，当检验质量距上电极间隙为 $d-\delta_a d$，距下电极间隙为 $d+\delta_a d$ 时，上电

容为 $C_{top}=\dfrac{\varepsilon_0(A-\delta_a A)}{d-\delta_a d}=\dfrac{\varepsilon_0 A}{d}$，下电容为 $C_{bottom}=\dfrac{\varepsilon_0(A+\delta_a A)}{d+\delta_a d}=\dfrac{\varepsilon_0 A}{d}$，电容传感器会认为检验

质量处于平衡位置，从而在没有外来加速度的情况下会使反馈电压 $V_f(t)=0$。此时，由式

（17-5）得到

$$
\left.
\begin{aligned}
F_1(t) &= -\frac{\varepsilon_0(A+\delta_a A)}{2}\left(\frac{V_p+\sqrt{2}V_d\cos\omega_d t}{d+\delta_a d}\right)^2 \\
F_2(t) &= \frac{\varepsilon_0(A-\delta_a A)}{2}\left(\frac{V_p+\sqrt{2}V_d\cos\omega_d t}{d-\delta_a d}\right)^2
\end{aligned}
\right\}
\tag{24-13}
$$

式中　$F_1(t)$——检验质量与下电极间形成的、施加到检验质量上的静电力（向上为正），N；

　　　　$F_2(t)$——检验质量与上电极间形成的、施加到检验质量上的静电力（向上为正），N；

　　　　δ_a——电极面积不对称比值；

　　　　V_d——电容位移检测电压的有效值，即 RMS 值，V；

　　　　ω_d——位移检测的抽运角频率，rad/s；

　　　　t——时间，s。

将式（24-13）代入式（17-8），并进行整理，得到检验质量受到的静电力偏值为

$$
F_{bias,\delta_a}=\frac{\varepsilon_0 A}{d^2}\left(\frac{\delta_a}{1-\delta_a^2}\right)(V_p^2+V_d^2+2\sqrt{2}V_p V_d\cos\omega_d t+V_d^2\cos2\omega_d t)
\tag{24-14}
$$

式中　F_{bias,δ_a}——电极面积不对称且电容传感器无输出时检验质量所受到的静电力偏

　　　　　　值，N。

鉴于：

（1）δ_a 本身是微小量，作为一级近似，可以忽略其二次项的影响；

（2）位移检测的抽运频率高达 100 kHz，检验质量对于这么高的频率无法响应。

因此，式（24-14）中含有 $\cos\omega_d t$ 和 $\cos2\omega_d t$ 的项应该剔除。式（24-14）简化为

$$
F_{bias,\delta_a}\approx\frac{\varepsilon_0 A}{d^2}\delta_a(V_p^2+V_d^2)
\tag{24-15}
$$

达到稳定平衡后伺服控制电路会施加相应的反馈控制电压以抵消式（24-15）所示静电

力偏值的影响，因而电极面积不对称引起的加速度测量偏值为

$$
\gamma_{bias,\delta_a}\approx\frac{\varepsilon_0 A}{m_i d^2}\delta_a(V_p^2+V_d^2)
\tag{24-16}
$$

式中　γ_{bias,δ_a}——电极面积不对称引起的加速度测量偏值，m/s^2。

当 V_p 和 V_d 存在噪声时会引起加速度测量噪声。由式（24-16）可以看到，γ_{bias,δ_a} 是互相

独立的变量 V_p 和 V_d 的非线性组合。因此，将式（24-12）应用于式（24-16），解算后得到

$$
\tilde{\gamma}_{bias,\delta_a}=\frac{2\varepsilon_0 A}{m_i d^2}\delta_a\sqrt{(V_p\tilde{V}_p)^2+(V_d\tilde{V}_d)^2}
\tag{24-17}
$$

式中　$\tilde{\gamma}_{bias,\delta_a}$——电极面积不对称引起的加速度计偏值噪声，m·s^{-2}/Hz$^{1/2}$；

　　　　$\tilde{V}_p$——固定偏压噪声，V/Hz$^{1/2}$；

　　　　$\tilde{V}_d$——电容位移检测电压有效值的噪声，V/Hz$^{1/2}$。

由于电极面积不对称引起的加速度计偏值噪声是由检验质量受到的静电力偏值噪声引

起的，而检验质量对于高达 100 kHz 的抽运频率无法响应，所以对于式（24-17）中 $\tilde{V}_p$ 和 $\tilde{V}_d$

而言，绝不是指 100 kHz 下的噪声。由图 18-15 归一化闭环传递函数幅值谱可以看到，需

要关注的频率无论如何也不会超过 1 000 Hz。

1995—1996 年间的文献给出 GRADIO 加速度计 $V_p = 10$ V，$V_d = 5$ V，V_p 和 V_d 的噪声为[15]

$$\left.\begin{array}{l} \{\widetilde{V}_p\}_{V/\sqrt{Hz}} = 12 \times 10^{-8} \cdot \{V_p\}_V \cdot \sqrt{1 + 7/\{f\}_{Hz}} \\ \{\widetilde{V}_d\}_{V/\sqrt{Hz}} = 2 \times 10^{-6} \cdot \{V_d\}_V \cdot \sqrt{1 + 0.3/\{f\}_{Hz}} \end{array}\right\} \quad (24-18)$$

据此绘出 $V_p = 10$ V，$V_d = 5$ V 时的 V_p 和 V_d 的噪声功率谱密度曲线，如图 24-5 所示。

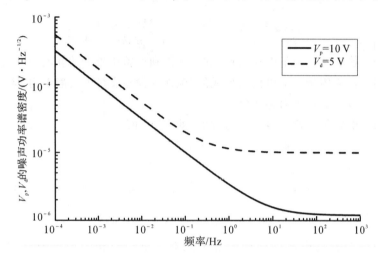

图 24-5　$V_p = 10$ V，$V_d = 5$ V 时的 V_p 和 V_d 的噪声功率谱密度曲线

2012 年的文献给出 GRADIO 加速度计 $V_p = 7.5$ V，$V_d = 7.6$ V（见 17.4.4 节）。若 V_p 和 V_d 的噪声仍由式（24-18）表达，则可绘出 $V_p = 7.5$ V，$V_d = 7.6$ V 时的 V_p 和 V_d 的噪声功率谱密度曲线，如图 24-6 所示。

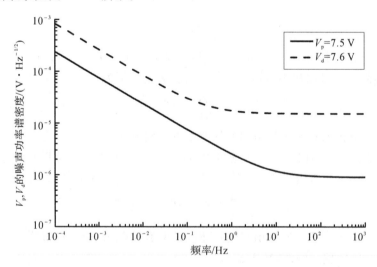

图 24-6　$V_p = 7.5$ V，$V_d = 7.6$ V 时的 V_p 和 V_d 的噪声功率谱密度曲线

文献[4]之图 7 给出了 GRADIO 加速度计科学模式下 US 轴的总噪声规范谱，如图 24-7 中的虚线所示。用图片中曲线变成 Excel 表数据的软件 GetData Graph Digitizer 采

集该噪声规范谱的数据,并分段进行线性拟合,得到在测量带宽($5\times10^{-3}\sim0.1$) Hz 内为 2×10^{-12} m $\cdot$ s^{-2}/Hz$^{1/2}$,与表 17-2 给出的值一致,在($1\times10^{-4}\sim5\times10^{-3}$) Hz 内为 $1\times10^{-14}/\{f\}_{Hz}$ m $\cdot$ s^{-2}/Hz$^{1/2}$,在($0.1\sim0.715$) Hz 内为 $2\times10^{-10}\cdot(\{f\}_{Hz})^2$ m $\cdot$ s^{-2}/Hz$^{1/2}$。文献[16]给出了 GRADIO 加速度计科学模式下 LS 轴的噪声指标为 1×10^{-10} m $\cdot$ s^{-2}/Hz$^{1/2}$,但未给出所对应的带宽[按理应指测量带宽($5\times10^{-3}\sim0.1$) Hz 内]。

17.3.2 节给出 $A_x=9.92$ cm^2,$A_y=A_z=2.08$ cm^2,对于 GRADIO 加速度计 $m_i=0.318$ kg,$d_x=32$ μm,$d_y=d_z=299$ μm,文献[3]给出 $\delta_a=2\times10^{-3}$(电极尺寸的线度误差 0.1%),17.4.4 节给出 $V_p=7.5$ V,$V_d=7.6$ V,将以上参数及式(24-18)代入式(24-17),得到 US 轴 $\{\tilde{\gamma}_{bias,\delta_a}\}_{m\cdot s^{-2}/\sqrt{Hz}}=2.998\times10^{-14}\sqrt{1+0.322\ 8/\{f\}_{Hz}}$,LS 轴 $\{\tilde{\gamma}_{bias,\delta_a}\}_{m\cdot s^{-2}/\sqrt{Hz}}=1.014\times10^{-11}\sqrt{1+0.322\ 8/\{f\}_{Hz}}$。图 24-7 和图 24-8 据此分别绘出了 GRADIO 加速度计 US 轴和 LS 轴电极面积不对称引起的加速度计偏值噪声和总噪声的对比谱图。

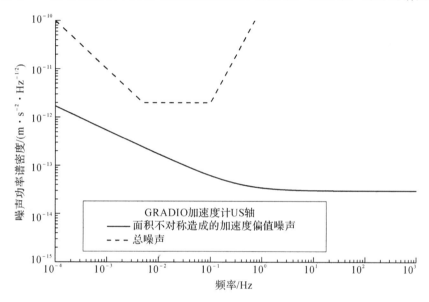

图 24-7　GRADIO 加速度计 US 轴电极面积不对称引起的加速度计偏值噪声和总噪声的对比谱图

从图 24-7 所对应的数据可以得到,US 轴电极面积不对称引起的加速度计偏值噪声在全频段内均不超过总噪声的 12%,即电极面积不对称比值 $\delta_a=2\times10^{-3}$ 和图 24-6 所示 V_p 和 V_d 的噪声功率谱密度曲线能够充分保证 US 轴电极面积不对称引起的加速度计偏值噪声功率谱密度足够小。

从图 24-8 可以看到,在靠近 GRADIO 加速度计测量带宽上限处,电极面积不对称比值 $\delta_a=2\times10^{-3}$ 和图 24-6 所示 V_p 和 V_d 的噪声功率谱密度曲线能够保证 LS 轴电极面积不对称引起的加速度计偏值噪声功率谱密度足够小,而在靠近 GRADIO 加速度计测量带宽下限处,仅电极面积不对称引起的加速度计偏值噪声功率谱密度一项已接近该轴的总噪声指标。

对于 SuperSTAR 加速度计,17.3.2 节给出 $m_i=0.072$ kg,$d_x=60$ μm,$d_y=d_z=175$ μm,17.4.4 节给出 $V_p=10$ V,$V_d=5$ V,若沿用式(24-18)表达的 V_p 和 V_d 的噪声指标,并保持 $\delta_a=2\times10^{-3}$,则由式(24-17)得到 US 轴 $\{\tilde{\gamma}_{bias,\delta_a}\}_{m\cdot s^{-2}/\sqrt{Hz}}=1.718\times10^{-13}\times$

$\sqrt{1+0.664\ 9/\{f\}_{Hz}}$，LS 轴 $\{\tilde{\gamma}_{bias,\delta_a}\}_{m\cdot s^{-2}/\sqrt{Hz}}=6.970\times10^{-12}\sqrt{1+0.6649/\{f\}_{Hz}}$。23.3.2.2 节第（4）条给出 SuperSTAR 加速度计的噪声指标，US 轴为 $(1+0.005\ Hz/\{f\}_{Hz})^{1/2}\times10^{-10}\ m\cdot s^{-2}/Hz^{1/2}$，LS 轴为 $(1+0.1\ Hz/\{f\}_{Hz})^{1/2}\times10^{-9}\ m\cdot s^{-2}/Hz^{1/2}$。据此分别绘出 SuperSTAR 加速度计 US 轴和 LS 轴电极面积不对称引起的加速度计偏值噪声和总噪声的对比曲线，如图 24-9 和图 24-10 所示。

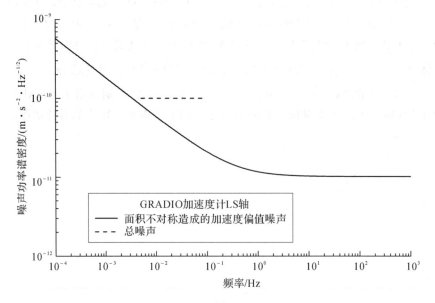

图 24-8　GRADIO 加速度计 LS 轴电极面积不对称引起的
加速度计偏值噪声和总噪声的对比谱图

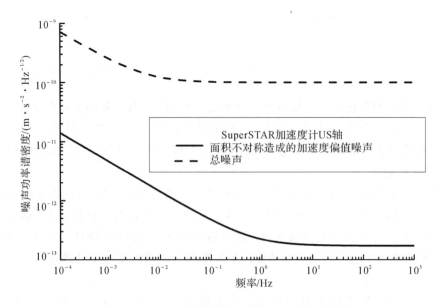

图 24-9　SuperSTAR 加速度计 US 轴电极面积不对称引起的
加速度计偏值噪声和总噪声的对比曲线

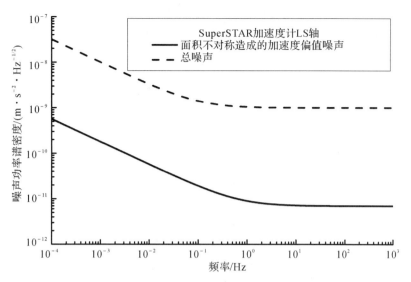

图 24 - 10 SuperSTAR 加速度计 LS 轴电极面积不对称引起的
加速度计偏值噪声和总噪声的对比曲线

从图 24 - 9 和图 24 - 10 所对应的数据可以得到，US 轴和 LS 轴电极面积不对称引起的
加速度计偏值噪声在全频段内均不足总噪声的 2%。因此，若保持 $\delta_a = 2 \times 10^{-3}$，则 V_p 和
V_d 的噪声指标可以比式（24 - 18）所示噪声功率谱密度放大一个量级，即对于 SuperSTAR
加速度计：

$$\left.\begin{array}{l} \{\widetilde{V}_p\}_{V/\sqrt{Hz}} = 12 \times 10^{-7} \{V_p\}_V \sqrt{1 + 7/\{f\}_{Hz}} \\ \{\widetilde{V}_d\}_{V/\sqrt{Hz}} = 2 \times 10^{-5} \{V_d\}_V \sqrt{1 + 0.3/\{f\}_{Hz}} \end{array}\right\} \qquad (24 - 19)$$

24.4.2 电容位移检测电路噪声

24.4.2.1 概述

文献[17]提出，考虑位移检测电路噪声时，第一级放大器是最主要的，只要这一级达到
了可检测水平，系统就能达到可检测水平，后面的放大器一般不会带来显著的噪声。因此，
24.4.2 节讨论电容位移检测电路的噪声时只分析到电荷放大器第一级为止。19.2.2.3 节
指出，从差动变压器输出端向前看的机电转换器阻抗 $Z_{transducer}(\omega_d)$ 等效于一个并联 LCR 网
络，并且分别给出了该等效 L, C, R 的表达式。我们知道，电阻会产生热噪声，这点对于并联
LCR 网络的等效电阻 R 也不例外。19.2.3 节图 19 - 5 给出了电荷放大器第一级的电原理
图。19.2.5 节阐明了电容位移检测电路的第一级选择电荷放大器的原因。然而，电荷放大
器本身也产生噪声。综合这些噪声因素，我们有图 24 - 11 所示的噪声模型[3,16]。图 24 - 11
中，C_f 为电荷放大器的反馈电容，$\tilde{i}_{th}$ 为以电流形式表示的机电转换器阻抗 $Z_{transducer}$ 中等效电
阻 R 产生的热噪声[17]，$\tilde{e}_{fet}$ 和 $\tilde{i}_{fet}$ 分别表示放大器的输入电压噪声和输入电流噪声[3]，$\tilde{i}_f$ 为以
电流形式表示的、由反馈电阻 R_f 产生的热噪声[16]，$\widetilde{V}_{out}$ 为电荷放大器输出噪声。所有噪声
都以功率谱密度的平方根（$\sqrt{\Gamma_{PSD}}$）表示。

19.2.1 节指出，电容位移检测电路以调幅波的形式运行，其载波频率（即位移检测的抽
运频率）为 100 kHz，因而 19.2 节中涉及电容位移检测电路的各种电压和电流，均为频率

100 kHz 的有效值。然而，讨论电容位移检测电路的噪声时，对各种噪声源关心的却是载波频率为 100 kHz 的调幅波在伺服控制环路能够响应的频率范围内的低频噪声，而不是 100 kHz 附近的噪声。

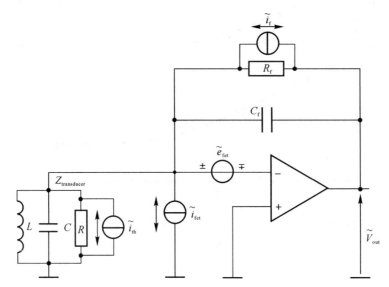

图 24 - 11　电荷放大器型电容位移检测电路噪声模型[3,16]

24.4.2.2　机电转换器阻抗中等效电阻热噪声引起的位移噪声

我们知道，电阻热噪声称为 Johnson-Nyguist 噪声，以电压形式表示的 Johnson-Nyguist 噪声为[18]

$$\tilde{u}_{th} = 2\sqrt{k_B T R} \tag{24-20}$$

式中　$\tilde{u}_{th}$——以电压形式表示的 Johnson-Nyguist 噪声，$V/Hz^{1/2}$；

　　　k_B——Boltzmann 常数，5.7.3 节给出 $k_B = (1.380\ 658 \pm 0.000\ 012) \times 10^{-23}\ J/K$；

　　　T——热力学温度，K；

　　　R——电阻，Ω。

由式(24-20)得到，以电流形式表示的电阻热噪声为

$$\tilde{i}_{th} = 2\sqrt{\frac{k_B T}{R}} \tag{24-21}$$

式中　$\tilde{i}_{th}$——以电流形式表示的 Johnson-Nyguist 噪声，$A/Hz^{1/2}$。

将式(19-42)代入式(24-21)，得到以电流形式表示的机电转换器阻抗中等效电阻产生的热噪声[17]：

$$\tilde{i}_{th} = \frac{2}{n}\sqrt{\frac{\omega_d C_{pri} k_B T}{Q}} \tag{24-22}$$

式中　$\tilde{i}_{th}$——以电流形式表示的机电转换器阻抗中等效电阻产生的热噪声，$A/Hz^{1/2}$；

　　　n——次级绕组与单个初级绕组的匝数比；

　　　C_{pri}——映射到差动变压器初级的单边等效电容，F；

　　　Q——差动变压器的品质因数。

从图 24-11 可以得到，由于电荷放大器用足够的增益将其输入端强加一个虚地，$\tilde{i}_{th}$ 没

有流向输入端并联 LCR 网络的电流，因此，$\tilde{i}_{th}$ 引起的噪声电压输出（单位为 $V/Hz^{1/2}$）为

$$\widetilde{V}_{th} = \frac{\tilde{i}_{th}}{\dfrac{1}{R_f} + j\omega_d C_f} \qquad (24-23)$$

式中　$\widetilde{V}_{th}$——$\tilde{i}_{th}$ 引起的噪声电压输出，$V/Hz^{1/2}$；

　　　R_f——电荷放大器的反馈电阻，Ω；

　　　j——虚数单位，$j = \sqrt{-1}$；

　　　C_f——电荷放大器的反馈电容，F。

将式（24-22）代入式（24-23），得到

$$\widetilde{V}_{th} = \frac{2\sqrt{\dfrac{\omega_d C_{pri} k_B T}{Q}}}{n\left(\dfrac{1}{R_f} + j\omega_d C_f\right)} \qquad (24-24)$$

利用式（19-50）折算成位移噪声为

$$\tilde{x}_{th} = \frac{\widetilde{V}_{th}}{K_x} \qquad (24-25)$$

式中　$\tilde{x}_{th}$——机电转换器阻抗中等效电阻热噪声引起的位移噪声，$m/Hz^{1/2}$；

　　　K_x——从位移到电荷放大器第一级（FET 级）输出的增益，V/m。

将式（19-49）和式（24-24）代入式（24-25），得到

$$\tilde{x}_{th} = \frac{d^2}{k_c \varepsilon_0 A_c V_d} \sqrt{\frac{C_{pri} k_B T}{\omega_d Q}} \qquad (24-26)$$

式中　k_c——差动变压器的耦合系数；

　　　A_c——单通道的电极面积，m^2。

从式（24-26）可以看到，为了控制机电转换器阻抗中等效电阻热噪声引起的位移噪声，应保证差动变压器的品质因数 Q 足够高。

24.4.2.3　放大器输入电流噪声引起的位移噪声

从图 24-11 可以得到，由于电荷放大器用足够的增益将其输入端强加一个虚地，$\tilde{i}_{fet}$ 没有流向输入端并联 LCR 网络的电流，因此，$\tilde{i}_{fet}$ 引起的噪声电压输出为

$$\widetilde{V}_i = \frac{\tilde{i}_{fet}}{\dfrac{1}{R_f} + j\omega_d C_f} \qquad (24-27)$$

式中　$\tilde{i}_{fet}$——放大器的输入电流噪声，$A/Hz^{1/2}$；

　　　$\widetilde{V}_i$——$\tilde{i}_{fet}$ 引起的噪声电压输出，$V/Hz^{1/2}$。

利用式（19-50）折算成位移噪声为

$$\tilde{x}_i = \frac{\widetilde{V}_i}{K_x} \qquad (24-28)$$

式中　$\tilde{x}_i$——放大器输入电流噪声引起的位移噪声，$m/Hz^{1/2}$。

将式（19-49）和式（24-27）代入式（24-28），得到

$$\tilde{x}_i = \frac{nd^2 \tilde{i}_{fet}}{2\omega_d k_c \varepsilon_0 A_c V_d} \qquad (24-29)$$

24.4.2.4　放大器输入电压噪声引起的位移噪声

由图 24-11 得到

$$\left(\widetilde{V}_e - \tilde{e}_{fet}\right)\left(\frac{1}{R_f} + j\omega_d C_f\right) = \frac{\tilde{e}_{fet}}{Z_{transducer}(\omega_d)} \tag{24-30}$$

式中　　$\tilde{e}_{fet}$——放大器的输入电压噪声，$V/Hz^{1/2}$；

$\widetilde{V}_e$——放大器输入电压噪声引起的噪声电压输出，$V/Hz^{1/2}$；

$Z_{transducer}(\omega_d)$——从差动变压器输出端向前看的机电转换器阻抗，Ω。

即

$$\widetilde{V}_e = \left[1 + \frac{1}{Z_{transducer}(\omega_d)\left(\frac{1}{R_f} + j\omega_d C_f\right)}\right]\tilde{e}_{fet} \tag{24-31}$$

利用式（19-50）折算成位移噪声为

$$\tilde{x}_e = \frac{\widetilde{V}_e}{K_x} \tag{24-32}$$

式中　　$\tilde{x}_e$——放大器输入电压噪声引起的位移噪声，$m/Hz^{1/2}$。

将式（19-49）和式（24-31）代入式（24-32），得到

$$\tilde{x}_e = \frac{jnd^2\left[\frac{1}{R_f} + j\omega_d C_f + \frac{1}{Z_{transducer}(\omega_d)}\right]\tilde{e}_{fet}}{2\omega_d k_c \varepsilon_0 A_c V_d} \tag{24-33}$$

将式（19-39）代入式（24-33），得到

$$\tilde{x}_e = \frac{jnd^2\left[\frac{1}{R_f} + j\omega_d C_f + \frac{1}{j\omega_d n^2 L_{pri}} + \frac{j\omega_d(1+k_c)C_{pri}}{n^2} + \frac{\omega_d C_{pri}}{n^2 Q}\right]\tilde{e}_{fet}}{2\omega_d k_c \varepsilon_0 A_c V_d} \tag{24-34}$$

式中　　L_{pri}——差动变压器单个初级绕组的电感，H。

即

$$\tilde{x}_e = \frac{nd^2\tilde{e}_{fet}}{2k_c\varepsilon_0 A_c V_d}\sqrt{\left(\frac{1}{\omega_d R_f} + \frac{C_{pri}}{n^2 Q}\right)^2 + \left[C_f + \frac{(1+k_c)C_{pri}}{n^2} - \frac{1}{\omega_d^2 n^2 L_{pri}}\right]^2} \tag{24-35}$$

为了减小放大器输入电压噪声引起的位移噪声，需要调整参数使得式（19-39）所示从差动变压器输出端向前看的机电转换器阻抗 $Z_{transducer}(\omega_d)$ 恰好调谐在 ω_d 上[3]，由式（19-39）得到，这意味着 $\omega_d^2(1+k_c)L_{pri}C_{pri}=1$，代入式（24-35）得到

$$\tilde{x}_e = \frac{nd^2\tilde{e}_{fet}}{2k_c\varepsilon_0 A_c V_d}\sqrt{\left(\frac{1}{\omega_d R_f} + \frac{C_{pri}}{n^2 Q}\right)^2 + C_f^2} \tag{24-36}$$

24.4.2.5　反馈回路电阻热噪声引起的位移噪声

由式（24-21）得到，以电流形式表示的反馈回路电阻产生的热噪声为

$$\tilde{i}_f = 2\sqrt{\frac{k_B T}{R_f}} \tag{24-37}$$

式中　　$\tilde{i}_f$——以电流形式表示的、由反馈电阻产生的热噪声，$A/Hz^{1/2}$。

从图24-11可以得到，由于电荷放大器用足够的增益将其输入端强加一个虚地，$\tilde{i}_f$ 没有流向输入端并联 LCR 网络的电流，因此，$\tilde{i}_f$ 引起的噪声电压输出（单位为 $V/Hz^{1/2}$）为

$$\widetilde{V}_f = \frac{\tilde{i}_f}{\frac{1}{R_f} + j\omega_d C_f} \tag{24-38}$$

式中　　$\widetilde{V}_f$——$\tilde{i}_f$ 引起的噪声电压输出，$V/Hz^{1/2}$。

将式（24-37）代入式（24-38），得到

$$\tilde{V}_f = \frac{2}{\dfrac{1}{R_f} + j\omega_d C_f}\sqrt{\frac{k_B T}{R_f}} \tag{24-39}$$

利用式(19-50)折算成位移噪声为

$$\tilde{x}_f = \frac{\tilde{V}_f}{K_x} \tag{24-40}$$

式中　$\tilde{x}_f$——反馈回路电阻热噪声引起的位移噪声,$m/Hz^{1/2}$。

将式(19-49)和式(24-39)代入式(24-40),得到

$$\tilde{x}_f = \frac{nd^2}{\omega_d k_c \varepsilon_0 A_c V_d}\sqrt{\frac{k_B T}{R_f}} \tag{24-41}$$

从式(24-41)可以看到,为了控制反馈回路电阻热噪声,应保证反馈电阻 R_f 足够大。

24.4.2.6　差动变压器不对称与电容位移检测电压有效值的噪声联合作用引起的位移噪声

(1)差动变压器不对称引起的检验质量平衡位置偏离。

实际情况下,差动变压器不可能完全对称。不妨设[17]

$$\left.\begin{array}{l} L_1 = \left(1 + \dfrac{\delta_L}{2}\right)L_{pri} \\[2mm] L_2 = \left(1 - \dfrac{\delta_L}{2}\right)L_{pri} \end{array}\right\} \tag{24-42}$$

式中　L_1——差动变压器第一个初级绕组的电感,H;

　　　L_2——差动变压器第二个初级绕组的电感,H;

　　　δ_L——差动变压器两个初级绕组的不对称性。

差动变压器的对称性缺陷会引入一个正比于 V_d 和 δ_L 的输出电压。ONERA 考虑到差动变压器的对称性十分重要,谨慎地把 δ_L 限制到 1×10^{-5}[3]。

我们把单因素非理想情况的影响称为一次效应,多因素非理想情况协同作用的影响称为二次效应。显然。二次效应比一次效应弱得多。因此,我们仅考虑一次效应。即除了不对称外,认为其他因素是理想的,即绕组之间全耦合,不考虑绕组电阻。于是,式(19-16)改写为[17]

$$\left.\begin{array}{l} M_{1,2} = \sqrt{L_1 L_2} = \sqrt{\left(1 - \dfrac{\delta_L^2}{4}\right)L_{pri}^2} \approx L_{pri} \\[3mm] M_{1,sec} = \sqrt{L_1 L_{sec}} = \sqrt{\left(1 + \dfrac{\delta_L}{2}\right)L_{pri} n^2 L_{pri}} \approx \left(1 + \dfrac{\delta_L}{4}\right)n L_{pri} \\[3mm] M_{2,sec} = \sqrt{L_2 L_{sec}} = \sqrt{\left(1 - \dfrac{\delta_L}{2}\right)L_{pri} n^2 L_{pri}} \approx \left(1 - \dfrac{\delta_L}{4}\right)n L_{pri} \end{array}\right\} \tag{24-43}$$

式中　$M_{1,2}$——差动变压器两个初级绕组之间的互感,H;

　　　$M_{1,sec}$——差动变压器第一个初级绕组与次级绕组之间的互感,H;

　　　$M_{2,sec}$——差动变压器第二个初级绕组与次级绕组之间的互感,H。

将式(19-14)中的 L_{pri} 区分为 L_1 或 L_2,并将(24-43)代入其中,得到[17]

$$\left.\begin{array}{l} V_1 = j\omega_d\left(1 + \dfrac{\delta_L}{2}\right)L_{pri} I_1 - j\omega_d L_{pri} I_2 + j\omega_d\left(1 + \dfrac{\delta_L}{4}\right)n L_{pri} I_{sec} \\[3mm] V_2 = j\omega_d\left(1 - \dfrac{\delta_L}{2}\right)L_{pri} I_2 - j\omega_d L_{pri} I_1 - j\omega_d\left(1 - \dfrac{\delta_L}{4}\right)n L_{pri} I_{sec} \\[3mm] V_{sec} = j\omega_d n^2 L_{pri} I_{sec} + j\omega_d\left(1 + \dfrac{\delta_L}{4}\right)n L_{pri} I_1 - j\omega_d\left(1 - \dfrac{\delta_L}{4}\right)n L_{pri} I_2 \end{array}\right\} \tag{24-44}$$

式中　V_1——桥式电路上端的输出电压，V；

　　　I_1——桥式电路上端的输出电流，A；

　　　I_2——桥式电路下端的输出电流，A；

　　　I_{sec}——通过变压器次级绕组的电流，A；

　　　V_2——桥式电路下端的输出电压，V；

　　　V_{sec}——变压器次级绕组两端的电压差，V。

由式(24-44)得到[17]

$$V_1+V_2=\mathrm{j}\omega_{\mathrm{d}}L_{\mathrm{pri}}\frac{\delta_L}{2}(I_1-I_2)+\mathrm{j}\omega_{\mathrm{d}}L_{\mathrm{pri}}\frac{\delta_L}{2}nI_{\mathrm{sec}} \qquad (24-45)$$

$$V_1-V_2=2\mathrm{j}\omega_{\mathrm{d}}L_{\mathrm{pri}}\left[(I_1-I_2)+\frac{\delta_L}{4}(I_1+I_2)\right]+2\mathrm{j}\omega_{\mathrm{d}}nL_{\mathrm{pri}}I_{\mathrm{sec}} \qquad (24-46)$$

$$\mathrm{j}\omega_{\mathrm{d}}L_{\mathrm{pri}}\left[(I_1-I_2)+\frac{\delta_L}{4}(I_1+I_2)\right]=\frac{V_{\mathrm{sec}}}{n}-\mathrm{j}\omega_{\mathrm{d}}nL_{\mathrm{pri}}I_{\mathrm{sec}} \qquad (24-47)$$

将式(24-47)代入式(24-45)，得到

$$V_1+V_2=\frac{\delta_L}{2n}V_{\mathrm{sec}}-\mathrm{j}\omega_{\mathrm{d}}L_{\mathrm{pri}}\frac{\delta_L^2}{8}(I_1+I_2) \qquad (24-48)$$

由于δ_L本身是微小量，作为一级近似，可以忽略其二次项的影响，因此，式(24-48)简化为

$$V_1+V_2\approx\frac{\delta_L}{2n}V_{\mathrm{sec}} \qquad (24-49)$$

将式(24-47)代入式(24-46)，得到

$$V_1-V_2=\frac{2}{n}V_{\mathrm{sec}} \qquad (24-50)$$

将式(24-49)和式(24-50)代入式(19-12)和式(19-13)，得到[17]

$$I_1+I_2\approx2\mathrm{j}\omega_{\mathrm{d}}C_{\mathrm{mean}}V_{\mathrm{d}}-\frac{\mathrm{j}\omega_{\mathrm{d}}}{2n}(\delta_L C_{\mathrm{pri}}+4\Delta C)V_{\mathrm{sec}} \qquad (24-51)$$

$$I_1-I_2\approx2\mathrm{j}\omega_{\mathrm{d}}\Delta CV_{\mathrm{d}}-\frac{\mathrm{j}\omega_{\mathrm{d}}}{2n}(4C_{\mathrm{pri}}+\delta_L\Delta C)V_{\mathrm{sec}} \qquad (24-52)$$

式中　I_1——桥式电路上端的输出电流，A；

　　　I_2——桥式电路下端的输出电流，A。

由于$x\ll d$，由式(19-5)、式(19-9)和式(19-10)可以得到$\Delta C\ll C_{\mathrm{pri}}$，而$\delta_L$又是微小量，所以式(24-52)简化为[17]

$$I_1-I_2\approx2\mathrm{j}\omega_{\mathrm{d}}\Delta CV_{\mathrm{d}}-\frac{2}{n}\mathrm{j}\omega_{\mathrm{d}}C_{\mathrm{pri}}V_{\mathrm{sec}} \qquad (24-53)$$

将式(24-51)和式(24-53)代入式(24-47)，得到

$$2\omega_{\mathrm{d}}\left(\Delta C+\frac{\delta_L}{4}C_{\mathrm{mean}}\right)V_{\mathrm{d}}\approx\frac{1}{n}\left\{\omega_{\mathrm{d}}\left[\left(2+\frac{\delta_L^2}{8}\right)C_{\mathrm{pri}}+\frac{\delta_L}{2}\Delta C\right]-\frac{1}{\omega_{\mathrm{d}}L_{\mathrm{pri}}}\right\}V_{\mathrm{sec}}+\mathrm{j}nI_{\mathrm{sec}} \qquad (24-54)$$

由于$\Delta C\ll C_{\mathrm{pri}}$，而$\delta_L$又是微小量，所以式(24-54)简化为[17]

$$2\left(\frac{\Delta C}{C_{\mathrm{mean}}}+\frac{\delta_L}{4}\right)V_{\mathrm{d}}\approx\frac{1}{\mathrm{j}\omega_{\mathrm{d}}nC_{\mathrm{mean}}}\left(2\mathrm{j}\omega_{\mathrm{d}}C_{\mathrm{pri}}+\frac{1}{\mathrm{j}\omega_{\mathrm{d}}L_{\mathrm{pri}}}\right)V_{\mathrm{sec}}-\frac{n}{\mathrm{j}\omega_{\mathrm{d}}C_{\mathrm{mean}}}I_{\mathrm{sec}} \qquad (24-55)$$

将式(19-5)和式(19-9)代入式(24-55)，得到

$$\frac{2}{d}\left(x+\frac{\delta_L d}{4}\right)V_{\mathrm{d}}\approx\frac{1}{\mathrm{j}\omega_{\mathrm{d}}nC_{\mathrm{mean}}}\left(2\mathrm{j}\omega_{\mathrm{d}}C_{\mathrm{pri}}+\frac{1}{\mathrm{j}\omega_{\mathrm{d}}L_{\mathrm{pri}}}\right)V_{\mathrm{sec}}-\frac{n}{\mathrm{j}\omega_{\mathrm{d}}C_{\mathrm{mean}}}I_{\mathrm{sec}} \qquad (24-56)$$

将式(24-56)与式(19-35)~式(19-37)相比较,并考虑到式(24-56)是在 $k_c=1$,$R_{pri}=0$,因而 $Q \to \infty$ 下得到的,不难发现式(24-56)与式(19-37)二者的等式右端是完全一致的,而等式左端的差异——式(24-56)中的 $(x+\delta_L d/4)$ 对应式(19-37)中的 x,即多了 $\delta_L d/4$ 这一项——则反映了差动变压器不对称的影响。也就是说,差动变压器不对称使得平衡状态下检验质量偏离几何对称中心 $\delta_L d/4$,利用所给参数得到偏离值 US 轴为 0.44 nm,LS 轴为 0.15 nm。

(2)δ_L 与 $\widetilde{V}_d$ 联合作用引起的位移噪声。

由式(24-56)得到,单独考虑差动变压器不对称的影响时[17]:

$$\frac{\delta_L}{2}V_d \approx \frac{1}{j\omega_d n C_{mean}}\left(2j\omega_d C_{pri}+\frac{1}{j\omega_d L_{pri}}\right)V_{sec}-\frac{n}{j\omega_d C_{mean}}I_{sec,\delta} \tag{24-57}$$

式中　$I_{sec,\delta}$——差动变压器不对称引起的、通过变压器次级绕组的电流,A。

由于 $V_{sec}=0$(原因如 19.2.1 节所述),式(24-57)可以进一步简化为

$$\frac{\delta_L}{2}V_d \approx -\frac{n}{j\omega_d C_{mean}}I_{sec,\delta} \tag{24-58}$$

并有

$$I_{sec,\delta}=\left(\frac{1}{R_f}+j\omega_d C_f\right)V_\delta \tag{24-59}$$

式中　V_δ——差动变压器不对称引起的电荷放大器输出电压有效值,V。

将式(19-5)代入式(24-58),再代入式(24-59),得到

$$V_\delta \approx \frac{\varepsilon_0 A_c \delta_L}{2nd\left(\dfrac{j}{\omega_d R_f}-C_f\right)}V_d \tag{24-60}$$

由式(24-60)得到,差动变压器不对称与电容位移检测电压有效值的噪声联合作用引起的噪声电压输出为

$$\widetilde{V}_\delta \approx \frac{\varepsilon_0 A_c \delta_L}{2nd\left(\dfrac{j}{\omega_d R_f}-C_f\right)}\widetilde{V}_d \tag{24-61}$$

式中　$\widetilde{V}_\delta$——差动变压器不对称与电容位移检测电压有效值的噪声联合作用引起的噪声电压输出,$V/Hz^{1/2}$。

利用式(19-50)折算成位移噪声为

$$\widetilde{x}_\delta=\frac{\widetilde{V}_\delta}{K_x} \tag{24-62}$$

式中　$\widetilde{x}_\delta$——差动变压器不对称与电容位移检测电压有效值的噪声联合作用引起的位移噪声,$m/Hz^{1/2}$。

将式(19-49)和式(24-61)代入式(24-62),得到

$$\widetilde{x}_\delta=\frac{\delta_L d \widetilde{V}_d}{4k_c V_d} \tag{24-63}$$

24.4.2.7　电容位移检测电路的合成位移噪声

由于 24.4.2.2 节至 24.4.2.6 节所分析的五种噪声互相独立,且均已折算为位移噪声,因此,由式(24-11)得到,合成的位移噪声为

$$\widetilde{x}=\sqrt{\widetilde{x}_{th}^2+\widetilde{x}_i^2+\widetilde{x}_e^2+\widetilde{x}_f^2+\widetilde{x}_\delta^2} \tag{24-64}$$

式中　$\tilde{x}$——合成的位移噪声，$\mathrm{m/Hz^{1/2}}$。

以下具体计算合成的位移噪声水平。

首先列出 SuperSTAR 加速度计和 GRADIO 加速度计的共用参数：17.3.2 节给出 x 向每块电极面积 $A_{x/4}=2.48\ \mathrm{cm}^2$，$y,z$ 向每块电极面积 $A_{y/2}=A_{z/2}=1.04\ \mathrm{cm}^2$；19.2.2.3 节给出 $C_{\mathrm{pri}}=400\ \mathrm{pF}$，$n=1$，$k_c=0.999\ 9$，$Q=50$，$\omega_\mathrm{d}=6.283\ 2\times10^5\ \mathrm{rad/s}$；24.4.2.6 节第（1）条给出 $\delta_L=1\times10^{-5}$；19.2.3 节给出 $C_\mathrm{f}=10\ \mathrm{pF}$，$R_\mathrm{f}=16\ \mathrm{M\Omega}$；文献[16]给出 $T=300\ \mathrm{K}$；文献[19]给出 1.6 GHz、低噪声、FET 输入运算放大器 OPA657 输入电流和输入电压噪声谱密度如图 24-12 所示，可以看到，100 kHz 下 $\tilde{i}_\mathrm{fet}=1.3\ \mathrm{fA/Hz^{1/2}}$，$\tilde{e}_\mathrm{fet}=4.8\ \mathrm{nV/Hz^{1/2}}$；文献[20]给出超低失真、超低噪声运算放大器 AD797 电源电压 ±15 V 和 1 kHz 下的输入电流噪声典型值 $\tilde{i}_\mathrm{fet}=2.0\ \mathrm{pA/Hz^{1/2}}$，输入电压噪声谱密度如图 24-13 所示，可以看到，100 kHz 下 $\tilde{e}_\mathrm{fet}=0.9\ \mathrm{nV/Hz^{1/2}}$。

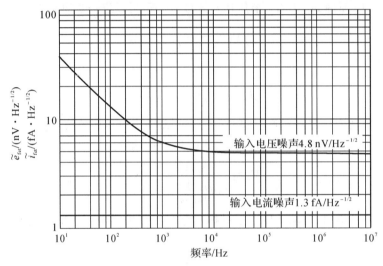

图 24-12　OPA657 输入电流和输入电压噪声谱密度

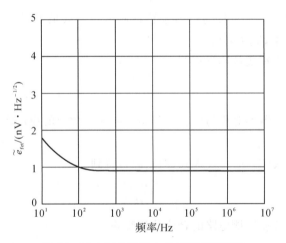

图 24-13　AD797 输入电压噪声谱密度

对于 SuperSTAR 加速度计，17.3.2 节给出 $d_x=60\ \mu\mathrm{m}$，$d_y=d_z=175\ \mu\mathrm{m}$，表 17-4 给

出 $V_d = 5$ V，24.4.1 节给出 $\{\widetilde{V}_d\}_{V/\sqrt{Hz}} = 2 \times 10^{-5} \cdot \{V_d\}_V \cdot \sqrt{1 + 0.3/\{f\}_{Hz}}$，由此计算出 100 kHz 下 $\widetilde{V}_d = 1 \times 10^{-4}$ V/Hz$^{1/2}$。

对于 GRADIO 加速度计，17.3.2 节给出 $d_x = 32$ μm，$d_y = d_z = 299$ μm，表 17-4 给出 $V_d = 7.6$ V，24.4.1 节给出 $\{\widetilde{V}_d\}_{V/\sqrt{Hz}} = 2 \times 10^{-6} \cdot \{V_d\}_V \cdot \sqrt{1 + 0.3/\{f\}_{Hz}}$，由此计算出 100 kHz 下 $\widetilde{V}_d = 1.52 \times 10^{-5}$ V/Hz$^{1/2}$。

将以上参数代入式(24-26)、式(24-29)、式(24-36)、式(24-41)、式(24-63)和式(24-64)，得到 SuperSTAR 和 GRADIO 加速度计 US 轴单通道(两对电极中的一对)和 LS 轴单通道(四对电极中的一对)各种噪声源引起的位移噪声，分别如表 24-1 和表 24-2 所示。

表 24-1　加速度计 US 轴单通道(两对电极中的一对)各种噪声源引起的位移噪声

单位：m/Hz$^{1/2}$

噪声源	位移噪声	公式		SuperSTAR	GRADIO
机电转换器阻抗中等效电阻的热噪声	$|\widetilde{x}_{th}|$	式(24-26)		1.53×10^{-12}	2.93×10^{-12}
放大器输入电流噪声	$|\widetilde{x}_i|$	式(24-29)	OPA657	6.88×10^{-15}	1.32×10^{-14}
			AD797	1.06×10^{-11}	2.03×10^{-11}
放大器输入电压噪声	$|\widetilde{x}_e|$	式(24-36)	OPA657	2.05×10^{-13}	3.95×10^{-13}
			AD797	3.85×10^{-14}	7.40×10^{-14}
反馈回路电阻热噪声	$|\widetilde{x}_f|$	式(24-41)		1.70×10^{-13}	3.27×10^{-13}
差动变压器不对称与电容位移检测电压有效值的噪声联合作用	$|\widetilde{x}_\delta|$	式(24-63)		8.75×10^{-15}	1.50×10^{-15}
合成的位移噪声	$\widetilde{x}$	式(24-64)	OPA657	1.55×10^{-12}	2.97×10^{-12}
			AD797	1.07×10^{-11}	2.05×10^{-11}

表 24-2　加速度计 LS 轴单通道(四对电极中的一对)各种噪声源引起的位移噪声

单位：m/Hz$^{1/2}$

噪声源	位移噪声	公式		SuperSTAR	GRADIO
机电转换器阻抗中等效电阻的热噪声	$|\widetilde{x}_{th}|$	式(24-26)		7.53×10^{-14}	1.41×10^{-14}
放大器输入电流噪声	$|\widetilde{x}_i|$	式(24-29)	OPA657	3.39×10^{-16}	6.35×10^{-17}
			AD797	5.22×10^{-13}	9.77×10^{-14}
放大器输入电压噪声	$|\widetilde{x}_e|$	式(24-36)	OPA657	1.01×10^{-14}	1.90×10^{-15}
			AD797	1.90×10^{-15}	3.55×10^{-16}
反馈回路电阻热噪声	$|\widetilde{x}_f|$	式(24-41)		8.40×10^{-15}	1.57×10^{-15}
差动变压器不对称与电容位移检测电压有效值的噪声联合作用	$|\widetilde{x}_\delta|$	式(24-63)		3.00×10^{-15}	1.60×10^{-16}
合成的位移噪声	$\widetilde{x}$	式(24-64)	OPA657	7.65×10^{-14}	1.43×10^{-14}
			AD797	5.27×10^{-13}	9.87×10^{-14}

从表 24-1 和表 24-2 可以看到,差动变压器不对称引起的位移噪声 $|\tilde{x}_\delta|$ 远小于合成位移噪声 $\tilde{x}$。由此可见,ONERA 把差动变压器两个初级绕组的电感差 δ_L 限制到 1×10^{-5},确实是非常谨慎的做法。

从表 24-1 和表 24-2 还可以看到,在指定参数下,采用 1.6 GHz、低噪声、FET 输入运算放大器 OPA657 时,机电转换器阻抗中的等效电阻的热噪声是第一级电路合成位移噪声的决定性因素;而改用超低失真、超低噪声运算放大器 AD797 时,放大器输入电流噪声跃升为第一级电路合成位移噪声的决定性因素。因此,采用高性能的 FET 输入运算放大器是必要的。

24.4.2.8 位移噪声引起的加速度测量噪声

由图 17-17 所示八个通道(分别与图 17-4 展示的八对电极相对应)位移检测电压转换到三个平动轴方向的表达式可知,US 轴的位移检测电压是 US 轴两个通道输出的平均值。由于各个通道的位移噪声互相独立,因此,由式(24-11)表达的等权、互相独立的噪声的合成公式得到,US 轴电容位移检测电路合成位移噪声是表 24-1 所列 US 轴单通道(两对电极中的一对)合成位移噪声值的 $1/\sqrt{2}$;同理,LS 轴的位移检测电压是 LS 轴四个通道输出的平均值,因而 LS 轴电容位移检测电路合成位移噪声是表 24-2 所列 LS 轴单通道(四对电极中的一对)合成位移噪声值的 $1/2$。如表 24-3 所示。

表 24-3 US 轴和 LS 轴电容位移检测电路合成位移噪声   单位:$\mathrm{m/Hz^{1/2}}$

运放型号	US 轴		LS 轴	
	SuperSTAR	GRADIO	SuperSTAR	GRADIO
OPA657	1.10×10^{-12}	2.10×10^{-12}	3.83×10^{-14}	7.15×10^{-15}
AD797	7.57×10^{-12}	1.45×10^{-11}	2.64×10^{-13}	4.94×10^{-14}

式(17-90)或式(17-91)给出了作为时间函数的测量带宽内合成的位移噪声引起加速度测量噪声的数学表达式,很容易将其改换为功率谱密度的表达形式:

$$\tilde{\gamma}_{\tilde{x}} = |\omega_p^2|\tilde{x} = \frac{2\varepsilon_0 A}{m_i d^3}(V_p^2 + V_d^2)\tilde{x}, \quad f \ll f_0 \ll f_c \tag{24-65}$$

式中 $\tilde{\gamma}_{\tilde{x}}$——位移噪声引起的加速度测量噪声,$\mathrm{m \cdot s^{-2}/Hz^{1/2}}$;

ω_p——受静电负刚度制约的角频率,$\mathrm{rad/s}$。

我们知道,功率谱密度是幅度谱的衍生产品,而幅度谱中不含相位信息(参见 5.7.1 节),因而功率谱密度也不含相位信息。因此,将式(17-90)和式(17-91)转换为式(24-65)时,ω_p^2 取绝对值,并去掉了等式右端的负号。

19.1 节第(1)条指出,电容位移检测电路包括电荷放大器、选频交流放大器、同步检测和直流输出放大器。其中:电荷放大器实际上有两级,第一级采用场效应晶体管(FET)以完成阻抗匹配,第二级采用双极结型晶体管(BJT)以便在 100 kHz 处达到 200 的增益;同步检测在乘法器之后还跟随有环内一阶有源低通滤波器。24.4.2.1 节指出,考虑位移检测电路噪声时,第一级放大器是最主要的,只要这一级达到了可检测水平,系统就能达到可检测水平,后面的放大器一般不会带来显著的噪声,因而 24.4.2 节讨论电容位移检测电路的噪声时只分析到电荷放大器第一级为止。而由式(24-65)可以看到,位移噪声引起的加速度测量噪声只与敏感结构的几何参数、检验质量上施加的固定偏压和电容位移检测电压的有效值有关,而与电荷放大器第一级之后、ADC1 之前的各级增益无关。因此,如果以为电荷放大器第一级之后、ADC1 之前的各级增益越大,位移噪声就会被放大得越多的观点是错误的(也可以从闭环增益不同于开环增益的角度认识这一问题)。

17.3.2 节给出 $A_x = 9.92$ cm^2,$A_y = A_z = 2.08$ cm^2,SuperSTAR 加速度计 $m_i = 0.072$ kg,$d_x = 60$ μm,$d_y = d_z = 175$ μm,GRADIO 加速度计 $m_i = 0.318$ kg,$d_x = 32$ μm,$d_y = d_z = 299$ μm。表 17-4 给出 SuperSTAR 加速度计 $V_d = 5$ V,$V_p = 10$ V,GRADIO 加速度计 $V_d = 7.6$ V,$V_p = 7.5$ V。将以上参数及表 24-3 给出的加速度计 US 轴和 LS 轴电容位移检测电路合成位移噪声代入式(24-65),得到电容位移检测电路位移噪声引起的加速度测量噪声如表 24-4 所示。

表 24-4 电容位移检测电路位移噪声引起的加速度测量噪声

单位:m·s^{-2}/Hz$^{1/2}$

运放型号	US 轴		LS 轴	
	SuperSTAR	GRADIO	SuperSTAR	GRADIO
OPA657	1.3×10^{-12}	1.0×10^{-13}	5.4×10^{-12}	1.4×10^{-12}
AD797	9.0×10^{-12}	7.2×10^{-13}	3.7×10^{-11}	9.5×10^{-12}

23.3.2.2 节第(4)条给出 SuperSTAR 加速度计的噪声指标 US 轴为 $(1 + 0.005$ Hz$/\{f\}_{Hz})^{1/2} \times 10^{-10}$ m·s^{-2}/Hz$^{1/2}$,LS 轴为 $(1 + 0.1$ Hz$/\{f\}_{Hz})^{1/2} \times 10^{-9}$ m·s^{-2}/Hz$^{1/2}$。24.4.1 节给出 GRADIO 加速度计的噪声指标 US 轴在测量带宽 $(5 \times 10^{-3} \sim 0.1)$ Hz 内为 2×10^{-12} m·s^{-2}/Hz$^{1/2}$,在 $(1 \times 10^{-4} \sim 5 \times 10^{-3})$ Hz 内为 $1 \times 10^{-14}/\{f\}_{Hz}$ m·s^{-2}/Hz$^{1/2}$,在 $(0.1 \sim 0.715)$ Hz 内为 $2 \times 10^{-10} \cdot (\{f\}_{Hz})^2$ m·s^{-2}/Hz$^{1/2}$;LS 轴在测量带宽 $(5 \times 10^{-3} \sim 0.1)$ Hz 内为 1×10^{-10} m·s^{-2}/Hz$^{1/2}$。将其与表 24-4 相对照,可以看到,在指定参数下,从控制电容位移检测电路位移噪声引起的加速度测量噪声角度,对于 SuperSTAR 加速度计 x,y,z 轴和 GRADIO 加速度计 LS 轴,电荷放大器采用 OPA657 或 AD797 都可以,而对于 GRADIO 加速度计 US 轴,与 AD797 相比,采用 OPA657 更为妥当。

需要说明,上述电容位移检测电路噪声的分析未包含 $1/f$ 噪声。

24.5 本章阐明的主要论点

24.5.1 引言

(1)CHAMP 和 GRACE 卫星的加速度计仅用来改正卫星的非保守摄动数据。也就是说,对于 CHAMP 任务,加速度计协助 GPS 定位系统完成卫星重力测量任务;对于 GRACE 任务,加速度计协助星载 K 波段测距系统和 GPS 定位系统完成卫星重力测量任务。而对于 GOCE 任务,直接由六台加速度计组成重力梯度仪,因此,可以说是 GPS 定位系统协助加速度计完成卫星重力测量任务。

(2)静电悬浮加速度计噪声直接影响反演重力场的水平,因而受到高度关注。

24.5.2 静电悬浮加速度计噪声的主要来源

(1)静电悬浮加速度计是重力测量卫星的重要载荷,对于卫-卫跟踪模式,它的作用是消除非保守力的影响,由于扰动引力加速度分量随轨道高度衰减非常快,所以要求加速度计具有很低的噪声水平;对于重力梯度模式,为了通过梯度测量敏感引力场的短波变化,要求加速度计的噪声水平更低。影响静电悬浮加速度计噪声的主要来源有探测器噪声(即电容位移检测噪声)、驱动噪声、测量噪声、驱动检验质量的寄生力(简称寄生噪声)以及加速度计偏值的热敏感性(简称热噪声)。

(2)探测器噪声、驱动噪声、测量噪声归类为闭环控制与读出电路引起的加速度测量噪声,简称"电路噪声",其中探测器噪声包括电容电容位移检测噪声和 ADC1 的噪声,驱动噪声包括 DAC 的噪声和 DVA 的噪声,测量噪声包括读出放大器的噪声和 ADC2 的噪声。

(3)电容位移检测噪声包括电极面积不对称引起的加速度测量噪声和电容位移检测电路噪声。

(4)ADC1 噪声包括量化噪声和参考电压噪声。从原理角度,DAC 噪声也包括量化噪声和参考电压噪声。ADC 或 DAC 位数越多和/或采样率越高,量化噪声功率谱密度越小。由于 DAC 的采样率较高,所以其位数并不需要达到 ADC2 的位数那么高。

(5)因为用相同的输入供给每对电极的两个 DVA,所以不存在 DAC 量化噪声的贡献。

(6)通常在数字电路中,测量装置的量化步长被设计为充分低于仪器的噪声水平,因而量化噪声不是限制点。但在 GOCE 任务的情况下,由于 GRADIO 加速度计的动态范围特别大,因而需要 ADC2 的有效位数特别多,已不可能靠进一步减小量化步长的办法降低 ADC2 的量化噪声。

(7)加速度计偏值的热敏感性和寄生噪声归类为非电路因素引起的加速度测量噪声,简称"非电路噪声"。其中:加速度计偏值的热敏感性是由囚禁检验质量的电极笼在敏感方向上两相向内侧存在温度差引起的,包括辐射计效应的热敏感性和热辐射压力的热敏感性;而寄生噪声的来源主要为接触电位差、金丝刚度和阻尼、气体阻尼、磁场扰动等。

(8)由于 STAR 加速度计分辨力较低,在 STAR 加速度计 US 轴噪声评估谱图中没有考虑热辐射压力的热敏感性,也没有考虑金丝刚度和阻尼的影响。SuperSTAR 加速度计 US 轴噪声评估谱图中偏值温度起伏和偏值温度梯度属于热噪声。由于采取了充分的技术措施,SuperSTAR 和 GRADIO 加速度计中电干扰已处于可以忽略的程度,所以在各自的 US 轴噪声评估谱图中不再呈现。GRADIO 加速度计 US 轴的探测器噪声靠无拖曳姿态控制系统数据确认,而测量噪声在飞行试验中确认。

(9)在 $(1 \times 10^{-4} \sim 5 \times 10^{-2})$ Hz 范围内,探测器(即电容位移检测)噪声对 STAR 加速度计而言居于各项噪声之首位,对 SuperSTAR 加速度计而言既低于接触电位差噪声也低于测量和驱动器噪声,对 GRADIO 加速度计而言居于各项噪声之末位。然而,探测器噪声(单位为 m·s^{-2}/Hz$^{1/2}$)是位移噪声(单位为 m/Hz$^{1/2}$)与 $|\omega_p^2|$(ω_p 为受静电负刚度制约的角频率)的乘积,而探测器性能的优劣应该从位移噪声的角度评价。就位移噪声而言,SuperSTAR 加速度计仅比 STAR 加速度计略有改进,GRADIO 加速度计则有显著改进。因此,分析清楚电容位移检测噪声产生的机理和关系对于电路器件的选择乃至结构设计都有重要的意义。

24.5.3 n 个互相独立自变量的噪声合成原理

(1)若 ξ 是离散型随机变量,其可能取值为 $x_k(k=1,2,\cdots,\infty)$,且 $\xi = x_k$ 的概率 $P(\xi =$

$x_k)=p_k$,则当 $\sum\limits_{k=1}^{\infty} x_k p_k$ 绝对收敛时,ξ 的数学期望 $E\xi=\sum\limits_{k=1}^{\infty} x_k p_k$ 描述了 ξ 的取值中心,而随机变量 $(\xi-E\xi)^2$ 的数学期望 $E\big[(\xi-E\xi)^2\big]$ 称为 ξ 的方差,记作 $D\xi$,并有 $D\xi=\sum\limits_{k=1}^{\infty}(x_k-E\xi)^2 p_k$,其平方根称为 ξ 的均方差(或标准差),记作 $\sigma_\xi=\sqrt{D\xi}$,它们描述了随机变量的可能取值与均值的偏差的疏密程度。常数 C_v 的方差等于零;$D(C_v\xi)=C_v^2 D\xi$;两个互相独立的离散型随机变量 ξ_1,ξ_2 之和的方差等于 $D\xi_1+D\xi_2$。

(2)$D(-\xi)=D\xi$,因此,$D(\xi_1-\xi_2)=D(\xi_1+\xi_2)$。

(3)观测值的残差是一种随机变量,随机误差常用表征其取值分散程度的标准差来评定。因此,只要得到函数 $y=f(x_1,x_2,\cdots,x_n)$ 的标准差与各输入变值 $x_i(i=1,2,\cdots,n)$ 的标准差之间的关系,就可以计算出函数 y 的随机误差。

(4)如果函数(输出变量)$f_1(x_1,x_2,\cdots,x_n)$ 是具有组合系数 $a_i(i=1,2,\cdots,n)$ 的 n 个互相独立的变量(输入变量)$x_i(i=1,2,\cdots,n)$ 的线性组合,则 $f_1(x_1,x_2,\cdots,x_n)$ 的标准差 $\sigma_{f1}=\sqrt{\sum\limits_{i=1}^{n}(a_i\sigma_i)^2}$,其中 σ_i 为 x_i 的标准差。

(5)当 $f_2(x_1,x_2,\cdots,x_n)$ 是 n 个互相独立的自变量 $x_i(i=1,2,\cdots,n)$ 的非线性组合时,通常必须用近似值将该函数线性化为一阶 Taylor 级数展开式。然后,将 f_2 对 x_i 的偏导数作为与 x_i 相对应的线性组合系数,就可以计算出 $f_2(x_1,x_2,\cdots,x_n)$ 的标准差。由于使用截短的级数展开式,对于非线性函数的误差估计是有偏的。该偏离的范围依赖于函数的性质。

(6)由于噪声是频率在测量带宽内(有时还延伸到高于测量带宽)、伴随信号但不是信号的构成部分且倾向于使信号模糊不清的随机起伏,所以噪声的评定方法与随机误差的评定方法是一致的。由于观测值的残差是一种随机变量,所以不存在外来干扰的情况下,观测值的残差就是所用观测仪器的噪声。

24.5.4　电容位移检测引起的加速度测量噪声

(1)电极面积不对称会造成加速度测量偏值,而电极面积不对称与固定偏压噪声、电容位移检测电压有效值的噪声联合作用会引起加速度计偏值噪声。由于电极面积不对称引起的加速度计偏值噪声是由检验质量受到的静电力偏值噪声引起的,而检验质量对于高达 100 kHz 的抽运频率无法响应,所以与该噪声有关的固定偏压噪声和电容位移检测电压有效值的噪声绝不是指 100 kHz 下的噪声。由归一化闭环传递函数幅值谱可以看到,需要关注的频率无论如何也不会超过 1 000 Hz。

(2)电容位移检测电路第一级通常采用电荷放大器。考虑位移检测电路噪声时,第一级放大器是最主要的,只要这一级达到了可检测水平,系统就能达到可检测水平,后面的放大器一般不会带来显著的噪声。因此,讨论电容位移检测电路的噪声时只分析到电荷放大器第一级为止。

(3)电阻会产生热噪声,这点对于并联 LCR 网络的等效电阻 R 也不例外;电荷放大器存在输入电压噪声和输入电流噪声;反馈电阻会产生热噪声;差动变压器不对称使得平衡状态下检验质量偏离几何对称中心,与电容位移检测电压有效值的噪声联合作用会引起位移噪声。

（4）由于电容位移检测电路以调幅波的形式运行，其载波频率为 100 kHz，因而电容位移检测电路的各种电压和电流，均为频率 100 kHz 的有效值。然而，讨论电容位移检测电路的噪声时，对各种噪声源关心的却是载波频率为 100 kHz 的调幅波在伺服控制环路能够响应的频率范围内的低频噪声，而不是 100 kHz 附近的噪声。

（5）为了控制机电转换器阻抗中等效电阻的热噪声，应保证差动变压器的品质因数 Q 足够高。

（6）为了减小放大器输入电压噪声引起的位移噪声，需要调整参数使得从差动变压器输出端向前看的机电转换器阻抗恰好调谐在载波频率上。

（7）为了控制反馈回路电阻热噪声，应保证反馈电阻足够大。

（8）ONERA 把差动变压器两个初级绕组的电感差 δ_L 限制到 1×10^{-5}，确实是非常谨慎的做法。

（9）在指定参数下，使用 1.6 GHz、低噪声、FET 输入运算放大器 OPA657 时，机电转换器阻抗中的等效电阻的热噪声是第一级电路合成位移噪声的决定性因素；而改用超低失真、超低噪声运算放大器 AD797 时，放大器输入电流噪声跃升为第一级电路合成位移噪声的决定性因素。因此，采用高性能的 FET 输入运算放大器是必要的。

（10）US 轴的位移检测电压是 US 轴两个通道输出的平均值。由于各个通道的位移噪声互相独立，因此，由等权、互相独立的噪声的合成公式得到，US 轴电容位移检测电路合成位移噪声是 US 轴单通道（两对电极中的一对）合成位移噪声值的 $1/\sqrt{2}$；同理，LS 轴的位移检测电压是 LS 轴四个通道输出的平均值，因而 LS 轴电容位移检测电路合成位移噪声是 LS 轴单通道（四对电极中的一对）合成位移噪声值的 1/2。

（11）功率谱密度是幅度谱的衍生产品，而幅度谱中不含相位信息，因而功率谱密度也不含相位信息。因此，用功率谱密度表达的位移噪声引起的加速度测量噪声不带负号。

（12）位移噪声引起的加速度测量噪声只与敏感结构的几何参数、检验质量上施加的固定偏压和电容位移检测电压的有效值有关。因此，以为电容位移检测电路电荷放大器第一级之后、ADC1 之前的各级的增益越大，位移噪声就会被放大得越多的观点是错误的。

（13）在指定参数下，从控制第一级电路位移噪声引起的加速度测量噪声角度，对于 SuperSTAR 加速度计 x, y, z 轴和 GRADIO 加速度计 LS 轴，电荷放大器采用 OPA657 或 AD797 都可以，而对于 GRADIO 加速度计 US 轴，与 AD797 相比，采用 OPA657 更为妥当。

（14）需要说明，上述电容位移检测电路噪声的分析未包含 $1/f$ 噪声。

参 考 文 献

[1] MARQUE J-P, CHRISTOPHE B, FOULON B. Accelerometers of the GOCE mission: return of experience from one year of in-orbit [C]//Gravitation and Fundamental Physics in Space, Paris, France, June 22 – 24, 2010.

[2] CHRISTOPHE B, MARQUE J-P, FOULON B. Accelerometers for the ESA GOCE mission: one year of in-orbit results [C/OL]//GPHYS (Gravitation and Fundamental Physics in Space) symposium, Paris, France, June 22 – 24, 2010. http://gphys. obspm. fr/Paris2010/mardi%2022/GPHYS-GOCE-final. pdf.

[3]　JOSSELIN V, TOUBOUL P, KIELBASA R. Capacitive detection scheme for space accelerometers applications [J]. Sensors and Actuators, 1999, 78 (2/3): 92 – 98.

[4]　MARQUE J-P, CHRISTOPHE B, LIORZOU F, et al. Preliminary in-orbit data of the accelerometers of the ESA GOCE mission: IAC – 09 – B. 1. 3. 1 [C]//The 60th International Astronautical Congress, Daejeon, Republic of Korea, October 12 – 16, 2009.

[5]　TOUBOUL P. Accéléromètres spatiaux [C/OL]//La 2ème Ecole d'été GRGS "Géodésie spatiale, physique de la mesure et physique fondamentale", Forcalquier, France, August 30 – September 4, 2004. http://www-g. oca. eu/gemini/ecoles_colloq/ecoles/grgs_04/pdf/PTouboul1. pdf.

[6]　SCHUMAKER B L. Overview of disturbance reduction requirements for LISA [C/J/OL]//The 4th Annual LISA Symposium, Pennsylvania, United State, July 20 – 24, 2002. Classical and Quantum Gravity, 2003, 20: 239 – 253. https://www. researchgate. net/profile/Bonny_Schumaker/publication/228394131_Overview_of_Disturbance_Reduction_Requirements_for_LISA/links/55d4727d08ae7fb244f6d20a/Overview-of-Disturbance-Reduction-Requirements-for-LISA. pdf?origin=publication_ detail.

[7]　TOUBOUL P, FOULON B, LE CLERC G M. STAR, the accelerometer of geodesic mission CHAMP: IAF – 98 – B. 3. 07 [C]//The 49th International Astronautical Congress, Melbourne, Australia, September 28 – October 2, 1998.

[8]　BOULANGER D, CHRISTOPHE B, FOULON B. Improvment of the thermal characteristics of the GRACE-FO accelerometer [C]//GRACE science team meeting, Austin, Texas, United State, August 8 – 9, 2011.

[9]　CHRISTOPHE B, MARQUE J-P, FOULON B. Accelerometers for the ESA GOCE mission: one year of in-orbit results [C/OL]//EGU (European Geosciences Union) General Assembly 2010, Vienna, Austria, May 2 – 7, 2010. https://earth. esa. int/pub/ESA_DOC/GOCE/Accelerometers％20for％20the％20ESA％20GOCE％20Mission％20-％20one％20year％20of％20in-orbit％20results. pdf. https://earth. esa. int/c/document_library/get_file？folderId=14168&name=DLFE-678. pdf.

[10]　MARQUE J-P, CHRISTOPHE B, FOULON B, et al. The ultra sensitive GOCE accelerometers and their future developments [C]//Towards a Roadmap for Future Satellite Gravity Missions, Graz, Austria, September 30 – October 02, 2009.

[11]　Wikipedia. Propagation of uncertainty [DB/OL]. (2018 – 05 – 24). https://en. wikipedia. org/wiki/Propagation_of_uncertainty.

[12]　数学手册编写组. 数学手册[M]. 北京：人民教育出版社，1979.

[13]　沙定国. 误差分析与测量不确定度评定[M]. 北京：中国计量出版社，2003.

[14]　张传义，包革军，张彪. 工科数学分析：下[M]. 北京：科学出版社，2001.

[15]　TOUBOUL P, RODRIGUES M, WILLEMENOT E. Electrostatic accelerometers for the equivalence principle test in space [C/J]//ESA Symposium on Fundamental Physics in Space, London, UK, October 16 – 19, 1995. Classical and Quantum Gravity, 1996, 13: A67 – A78.

［16］ JOSSELIN V. Architecture mixte pour les accéléromètres ultrasensibles dédiés aux missions spatiales de physique fondamentale［D］. Paris：Université de Paris Ⅺ，1999.

［17］ 廖成旺，李树德. 重力卫星微加速度计位移检测电路噪声分析［J］. 大地测量与地球动力学，2005，25（2）：82 - 87.

［18］ Anon. MEMS Tutorial：Mechanical Noise in microelectromechanical systems［EB/OL］. http：//www. kaajakari. net/～ville/research/tutorials/mech_noise_tutorial. pdf.

［19］ Texas Instruments. 1. 6 GHz，low-noise，FET-input operational amplifier OPA657［EB/OL］. http：//www. ti. com/lit/ds/symlink/opa657. pdf.

［20］ Analog Devices，Inc.. Ultralow distortion，ultralow noise op. Amp. AD797［EB/OL］. http：//www. analog. com/static/imported-files/data_sheets/AD797. pdf.

第25章 静电悬浮加速度计的偏值热敏感性及寄生噪声

本章的物理量符号

A	电极面积，m^2
a_E	地球长半轴：$a_E = 6.378\ 137\ 0 \times 10^6$ m
$a_{hous}(p, T)$	出气效应引起加速度测量噪声的壳因子，与壳的几何形状、材料、平均运行温度和气压有关，$Pa \cdot K$
A_{pm}	检验质量上表面的面积，m^2
$\boldsymbol{B}_E$	卫星受到的地磁场的磁感应强度矢量，T
$\widetilde{B}_E$	卫星受到的地磁场磁感应强度起伏，$T/Hz^{1/2}$
B_s	卫星残余磁感应强度，T
$\widetilde{B}_s$	卫星残余磁感应强度起伏，$T/Hz^{1/2}$
C	电容，F
c	在固体内部 x 处所溶解气体的浓度（单位体积分子数），m^{-3}；电磁波在真空中的传播速度：$c = 2.997\ 924\ 58 \times 10^8$ m/s
c_0	平板内部在 $t = 0$ 时溶解气体的浓度，m^{-3}
$c_{0,og}$	出气效应直接引起的加速度计偏值，m/s^2
$\widetilde{c}_{0,og}$	出气效应直接引起的加速度计偏值噪声，$m \cdot s^{-2}/Hz^{1/2}$
$c_{0,re}$	辐射计效应引起的加速度计偏值，m/s^2
$\widetilde{c}_{0,re}$	辐射计效应引起的加速度计偏值噪声，$m \cdot s^{-2}/Hz^{1/2}$
$c_{0,trp}$	热辐射压力效应引起的加速度计偏值，m/s^2
$\widetilde{c}_{0,trp}$	热辐射压力效应引起的加速度计偏值噪声，$m \cdot s^{-2}/Hz^{1/2}$
$c(x, t)$	在固体内部 x 处、时间 t 时溶解气体的浓度，m^{-3}
D	扩散系数，m^2/s
d	检验质量与电极间的平均间隙，m
D_0	与气体-固体配偶有关的常数，m^2/s
dA_{pm}	检验质量上表面的元面，m^2
$dA_{pm,x}$	朝向正 x 方向的检验质量表面的元面，m^2
$dA_{pm,y}$	朝向正 y 方向的检验质量表面的元面，m^2
$d\boldsymbol{F}_x$	从上电极板下表面逸出，单位时间打到 $dA_{pm,x}$ 上的所有气体分子对该元面的作用力矢量，N
$d\boldsymbol{F}_y$	从左电极板右表面逸出，单位时间打到 $dA_{pm,y}$ 上的所有气体分子对该元面的作用力矢量，N

$\mathrm{d}\boldsymbol{F}_{\theta,v}$	$\mathrm{d}N_{\theta,v}$ 对检验质量上表面的元面 $\mathrm{d}A_{\mathrm{pm}}$ 的法向作用力,N
$\mathrm{d}\boldsymbol{F}_{\theta,v,x}$	$\mathrm{d}N_{\theta,v,x}$ 对 $\mathrm{d}A_{\mathrm{pm},x}$ 的作用力矢量,N
$\mathrm{d}\boldsymbol{F}_{\theta,v,y}$	$\mathrm{d}N_{\theta,v,y}$ 对 $\mathrm{d}A_{\mathrm{pm},y}$ 的作用力矢量,N
$\mathrm{d}n_v$	从笼上侧逸出的气体分子单位体积内速率在 $v\sim v+\mathrm{d}v$ 间的分子数,m^{-3}
$\mathrm{d}N_{\theta,v}$	在 $\theta\sim\theta+\mathrm{d}\theta$ 所包容的立体角内,单位时间打到检验质量上表面的元面 $\mathrm{d}A$ 上、速率在 $v\sim v+\mathrm{d}v$ 间的分子数,s^{-1}
$\mathrm{d}N_{\theta,v,x}$	在 $\theta\sim\theta+\mathrm{d}\theta$ 所包容的立体角内,单位时间打到 $\mathrm{d}A_{\mathrm{pm},x}$ 上、速率在 $v\sim v+\mathrm{d}v$ 间的分子数,s^{-1}
$\mathrm{d}N_{\theta,v,y}$	在 $\theta\sim\theta+\mathrm{d}\theta$ 所包容的立体角内,单位时间打到 $\mathrm{d}A_{\mathrm{pm},y}$ 上、速率在 $v\sim v+\mathrm{d}v$ 间的分子数,s^{-1}
$\mathrm{d}\alpha$	连续变量 α 的微分,由式(25-67)表达
$\mathrm{d}\Omega$	θ 方向上的立体角元,sr
E	光子的能量,J;金丝的杨氏模量,$\mathrm{N/m^2}$
E_{a}	吸附活化能,J/mol
E_{D}	扩散活化能,J/mol
E_{d}	脱附活化能,J/mol
$\boldsymbol{e}_x$	x 方向的单位矢量
$\boldsymbol{e}_y$	y 方向的单位矢量
f	频率,Hz
$\boldsymbol{F}_1$	从上电极板下表面逸出,单位时间打到正 x 方向的检验质量表面的所有气体分子对该表面的作用力矢量,N
$\boldsymbol{F}_2$	从下电极板上表面逸出,单位时间打到负 x 方向的检验质量表面的所有气体分子对该表面的作用力矢量,N
$\boldsymbol{F}_3$	从左电极板右表面逸出,单位时间打到正 y 方向的检验质量表面的所有气体分子对该表面的作用力矢量,N
$\boldsymbol{F}_4$	从右电极板左表面逸出,单位时间打到负 y 方向的检验质量表面的所有气体分子对该表面的作用力矢量,N
$\boldsymbol{F}_{\mathrm{L}}$	检验质量块受到的 Lorentz 力矢量,N
$\boldsymbol{F}_l$	y 方向(长度 l 的方向)检验质量表面受到的气体阻尼力矢量,N
$\boldsymbol{F}_h$	x 方向(高度 h 的方向)检验质量表面受到的气体阻尼力矢量,N
F_{og}	直接从笼下侧出气逸出、打到检验质量下表面的所有气体分子对该表面的作用力,N
$F_{\mathrm{og},0}$	直接从笼上侧出气逸出、打到检验质量上表面的所有气体分子对该表面的作用力,N
$F_{\mathrm{p-pm}}$	从笼下侧辐射出来、打到检验质量下表面的所有光子对该表面的作用力,Pa
$F_{\mathrm{p-pm},0}$	从笼上侧辐射出来、打到检验质量上表面的所有光子对该表面的作用力,Pa
F_{re}	从笼下侧逸出、打到检验质量下表面的所有气体分子对该表面的作用力,N

$F_{re,0}$	从笼上侧逸出、打到检验质量上表面的所有气体分子对该表面的作用力,N
$f(v)$	麦克斯韦速率分布函数,s/m
$\boldsymbol{F}_w$	z 方向(宽度 w 的方向)检验质量表面受到的气体阻尼力矢量,N
$\boldsymbol{F}_\eta$	检验质量所有表面受到的气体阻尼力矢量,N
$\widetilde{F}_\eta$	阻尼力噪声,N/Hz$^{1/2}$
GM	地球的地心引力常数:$GM=3.986\ 004\ 418\times10^{14}$ m^3/s^2(包括地球大气质量)
G_p	物理增益,m $\cdot$ s^{-2}/V
h	Planck 常数:$h=(6.626\ 075\ 5\pm0.000\ 004\ 0)\times10^{-34}$ J $\cdot$ s;检验质量的高度（x 向尺度),m;轨道高度,m
i	以频率不同相区分的光子种类的序号
k	刚度,N/m
k_B	Boltzmann 常数:$k_B=(1.380\ 658\pm0.000\ 012)\times10^{-23}$ J/K
K_{CPD}	由接触电位差起伏引起、只依赖于表面涂覆的材料和实验状态(尤其是温度)的噪声,m^2 V^2/Hz
k_f	一级脱附系数,s^{-1}
k_s	二级脱附系数,m^2/s
k_{theo}	金丝刚度的理论值,N/m
k_{wire}	金丝刚度,N/m
L	辐射亮度,W/(sr $\cdot$ m^2);电感,H
l	平板的半厚度,上下电极板的半厚度,电极框边框的半宽度,检验质量的长度(y 向尺度),m
L_0	笼上侧的辐射亮度,W/(sr $\cdot$ m^2)
l_s	卫星的典型长度水平,m
l_{wire}	金丝的长度,m
m	气体分子的质量,kg
M_e	辐射出射度,W/m^2
m_{og}	直接从电极笼出气逸出的分子的质量,kg
m_i	检验质量的惯性质量,kg
n	从笼下侧逸出的气体分子单位体积内的分子数,单位体积内残余气体分子数,m^{-3};笼上侧的辐射亮度 L_0 中包含的、以频率不同相区分的光子种类
n_0	从笼上侧逸出的气体分子单位体积内的分子数,m^{-3}
p	热力学温度 T 下残余气体的压力,Pa
p_0	热力学温度 T_0 下残余气体的压力,Pa
P_{CPD}	接触电位差起伏引起的电极电位噪声,V^2/Hz
p_D	扩散出气直接导致的电极笼中的气体分压力,Pa
$p_{d,f}$	一级脱附直接导致的电极笼中的气体分压力,Pa
$p_{D,p}$	平板扩散出气直接导致的电极笼中气体分压力,Pa
$p_{D,p,hif}$	半无穷厚型扩散出气直接导致的电极笼中的气体分压力,Pa
$p_{D,p,sht}$	薄片型扩散出气直接导致的电极笼中的气体分压力,Pa

p_{og}	出气效应直接导致的电极笼中的气体分压力,Pa
p_p	光子的动量,kg·m/s
$p_{p,i}$	笼上侧的辐射亮度 L_0 中频率为 ν_i 的单个光子的动量,kg·m/s
$p_{p,L0}$	笼上侧在辐射亮度 L_0 所给定的单位立体角和单位面积中单位时间发射的光子的动量和,kg/(sr·m·s²)
Q	检验质量块上所带的束缚电荷,C
q	由式(25-114)表达
Q_a	吸附热,J/mol
q_D	通过单位面积参考平面的扩散出气速率,m⁻²·s⁻¹
$q_{d,f}$	吸附分子从电极笼单位面积一级脱附的速率,m⁻²s⁻¹
$q_{d,f,0}$	$t=0$ 时吸附分子从电极笼单位面积一级脱附的速率,m⁻²·s⁻¹
$q_{D,p}$	平板单位表面积的扩散出气速率,m⁻²·s⁻¹
$q_{D,p,hif}$	半无穷厚型单位面积扩散出气速率,m⁻²·s⁻¹
$q_{D,p,sht}$	薄片型单位面积扩散出气速率,m⁻²·s⁻¹
$q_{d,s}$	吸附分子从电极笼单位面积二级脱附的速率,m⁻²·s⁻¹
$q_{d,s,0}$	$t=0$ 时吸附分子从电极笼单位面积二级脱附的速率,m⁻²·s⁻¹
Q_i	笼上侧在辐射亮度 L_0 所给定的单位立体角和单位面积中单位时间发射的第 i 种光子的光子数,sr⁻¹·m⁻²·s⁻¹
q_{og}	笼下侧单位面积出气速率,m⁻²·s⁻¹
$q_{og,0}$	笼上侧单位面积出气速率,m⁻²·s⁻¹
$Q_{wire}(\omega)$	金丝的品质因数,是与频率有关的量,无量纲
R	摩尔气体常数:$R=(8.314\,510\pm0.000\,070)$ J/(mol·K);电阻,Ω
r	光子在检验质量上表面与笼上侧间的往返反射次数
R_0	笼上侧的反射率
R_{pm}	检验质量上表面的反射率
r_{wire}	金丝的半径,m
s	由式(25-114)表达
T	笼下侧的热力学温度,热力学温度,K
t	时间,s
T_0	笼上侧的热力学温度,K
T_1	第一种热力学温度,K
t_1	热力学温度 T_1 下达到同样 $-\dfrac{\partial c}{\partial x}$ 值所需的时间,s
T_2	第二种热力学温度,K
t_2	热力学温度 T_2 下达到同样 $-\dfrac{\partial c}{\partial x}$ 值所需的时间,s
t_{cnvrsn}	扩散出气从半无穷厚型转化为薄片型的转化时刻,s 或 d
$\tilde{u}_{th}$	Johnson-Nyguist 电压噪声,V/Hz¹ᐟ²
v	分子运动速率,m/s
$\bar{v}$	气体分子的平均热运动速率,m/s

$\overline{v}_0$	从笼上侧逸出的气体分子的平均热运动速率,m/s
V_A	平行板电容器中的 A 板电位,V
V_B	平行板电容器中的 B 板电位,V
V_d	电容位移检测电压的有效值,即 RMS 值,V
V_f	电极上施加的反馈控制电压,V
v_f	一级脱附速率常数,在真空技术的计算中一般取 $v_f = 1 \times 10^{13}$ s^{-1}
$\overline{v}_{og}$	直接从笼下侧出气逸出的分子的平均热运动速率,m/s
$\overline{v}_{og,0}$	直接从笼上侧出气逸出的分子的平均热运动速率,m/s
V_p	检验质量上施加的固定偏压,V
v_s	二级脱附速率常数:$v_s = (10^{-7} \sim 10^{-6})$ m^2/s;卫星的飞行速率,m/s
$\boldsymbol{v}_s$	卫星沿圆轨道绕地球飞行的轨道速度矢量,m/s
w	检验质量的宽度(z 向尺度),m
X	归一化的时间,无量纲
x	与参考平面垂直的坐标,m;检验质量运动的方向;检验质量高度 h 的方向
$\widetilde{x}$	合成的位移噪声,m/Hz$^{1/2}$
x'	检验质量沿 x 正向运动的速率,m/s
Y	归一化的扩散出气速率,无量纲
y	检验质量长度 l 的方向
$Y_{D,p}$	归一化的平板扩散出气速率,无量纲
$Y_{D,p,hif}$	归一化的半无穷厚型扩散出气速率,无量纲
Y_{sheet}	归一化的薄片型扩散出气速率,无量纲
z	检验质量宽度 w 的方向
α	连续变量,由式(25 - 67)表达
$\alpha(n)$	离散变量,由式(25 - 63)表达
$\widetilde{\gamma}_{bts}$	加速度计偏值热敏感性引起的加速度测量噪声,m·s^{-2}/Hz$^{1/2}$
$\widetilde{\gamma}_{CPD}$	接触电位差起伏引起的加速度测量噪声,m·s^{-2}/Hz$^{1/2}$
$\widetilde{\gamma}_D$	扩散出气引起的加速度测量噪声,m·s^{-2}/Hz$^{1/2}$
$\widetilde{\gamma}_{d,f}$	一级脱附引起的加速度测量噪声,m·s^{-2}/Hz$^{1/2}$
$\widetilde{\gamma}_{D,p,hif}$	半无穷厚型扩散出气直接引起的加速度测量噪声,m·s^{-2}/Hz$^{1/2}$
$\widetilde{\gamma}_{k\,wire}$	位移噪声与金丝刚度相耦合诱导出的加速度测量噪声,m·s^{-2}/Hz$^{1/2}$
γ_{msr}	加速度测量值,m/s^2
$\widetilde{\gamma}_{og}$	出气效应直接引起的加速度测量噪声,m·s^{-2}/Hz$^{1/2}$
$\widetilde{\gamma}_{prstc}$	合成的寄生噪声引起的加速度测量噪声,m·s^{-2}/Hz$^{1/2}$
$\widetilde{\gamma}_{QE}$	检验质量带有的电荷受地磁场扰动引起的加速度测量噪声,m·s^{-2}/Hz$^{1/2}$
$\widetilde{\gamma}_{re}$	辐射计效应引起的加速度测量噪声,m·s^{-2}/Hz$^{1/2}$
γ_s	卫星的非重力加速度,m·s^{-2}
$\widetilde{\gamma}_{sE}$	卫星残余磁感应强度受地磁场扰动引起的加速度测量噪声,m·s^{-2}/Hz$^{1/2}$
$\widetilde{\gamma}_{ss}$	卫星残余磁感应强度受本身扰动引起的加速度测量噪声,m·s^{-2}/Hz$^{1/2}$

$\tilde{\gamma}_{\mathrm{trp}}$	热辐射压力效应引起的加速度测量噪声,$\mathrm{m} \cdot \mathrm{s}^{-2}/\mathrm{Hz}^{1/2}$
$\tilde{\gamma}_{\eta\mathrm{gas}}$	气体阻尼产生的加速度热噪声,$\mathrm{m} \cdot \mathrm{s}^{-2}/\mathrm{Hz}^{1/2}$
$\tilde{\gamma}_{\eta\mathrm{wire}}$	金丝平动阻尼产生的加速度热噪声,$\mathrm{m} \cdot \mathrm{s}^{-2}/\mathrm{Hz}^{1/2}$
$\Delta[\alpha(n)]$	离散变量 $\alpha(n)$ 的差分
$\tilde{\delta}_T$	笼上下侧间的温差噪声,$\mathrm{K}/\mathrm{Hz}^{1/2}$
ε	发射率
ε_0	笼上侧的发射率;真空介电常数:$\varepsilon_0 = 8.854\ 188 \times 10^{-12}\ \mathrm{F/m}$
$\varepsilon_{\mathrm{pm}}$	检验质量上表面的发射率
η	阻尼系数,$\mathrm{N}/(\mathrm{m} \cdot \mathrm{s}^{-1})$
η_{gas}	检验质量沿 x 向运动时,残余气体平衡态阻尼的阻尼系数,$\mathrm{N}/(\mathrm{m} \cdot \mathrm{s}^{-1})$
$\eta_{\mathrm{wire}}(\omega)$	金丝的阻尼系数,是与频率有关的量,$\mathrm{N}/(\mathrm{m} \cdot \mathrm{s}^{-1})$
Θ	E_{d}/R 或 E_{D}/R,K
θ	分子运动方向与检验质量上表面法线方向间的角度;笼上侧法线与发射光子方向的夹角,rad
μ	磁导率,$\mathrm{H/m}$
μ_0	真空磁导率:$\mu_0 = 4\pi \times 10^{-7}\ \mathrm{H/m}$
ν	单位时间从单位面积重新逸出的分子数,$\mathrm{m}^{-2} \cdot \mathrm{s}^{-1}$;光子的频率,$\mathrm{Hz}$
ν_0	单位时间从笼上侧单位面积重新逸出的分子数,$\mathrm{m}^{-2} \cdot \mathrm{s}^{-1}$
ν_i	笼上侧的辐射亮度 L_0 中第 i 种光子的频率,Hz
ξ	由式(25-60)表达,s^{-1}
ξ_{e}	电屏蔽因子
ξ_{m}	由加速度计壳和处于加速度计周围的护罩导致的磁屏蔽因子,无量纲
ρ	检验质量材料的密度,$\mathrm{kg/m}^3$
σ	电极笼单位面积剩余的吸附分子数,m^{-2}
σ_0	$t=0$ 时电极笼单位面积剩余的吸附分子数,m^{-2}
σ_{a}	电极笼单位面积剩余的吸附原子数,m^{-2}
σ_{a0}	$t=0$ 时电极笼单位表面单层吸附的原子数,m^{-2}
σ_{SB}	Stefan-Boltzmann 常数:$\sigma_{\mathrm{SB}} = (5.670\ 51 \pm 0.000\ 19) \times 10^{-8}\ \mathrm{W}/(\mathrm{m}^2 \cdot \mathrm{K}^4)$
τ	脱附时间常数(或称为平均滞留时间),s
τ_0	吸附态分子垂直于表面方向的振动周期,在真空技术的计算中一般取 $\tau_0 = 1 \times 10^{-13}\ \mathrm{s}$
χ_{m}	检验质量材料的磁化率:无量纲,$\chi_{\mathrm{m}} = \mu/\mu_0 - 1$
ω	角频率,$\mathrm{rad/s}$

本章独有的缩略语

CPD	Contact Potential Difference,接触电位差
EUCASS	European Conference for Aerospace Sciences,欧洲航空航天科学会议

24.2 节已经指出,影响静电悬浮加速度计科学数据噪声的主要来源有探测器噪声(即电容位移检测噪声)、驱动噪声、测量噪声、驱动检验质量的寄生力(简称寄生噪声)以及加速度计偏值的热敏感性(简称热噪声)。该节还指出,探测器噪声包括电容位移检测噪声和ADC 1 的噪声;驱动噪声包括 DAC 的噪声和 DVA 的噪声;测量噪声包括读出放大器的噪声和 ADC2 的噪声;热噪声是由囚禁检验质量的电极笼在敏感方向上两相向内侧间存在温差噪声引起的,包括辐射计效应的热敏感性和热辐射压力的热敏感性;而寄生噪声的来源有接触电位差、金丝刚度和阻尼、气体阻尼、磁场扰动等。

24.4 节已经详细讨论了电容位移检测引起的加速度测量噪声,本章专门讨论加速度计偏值的热敏感性和寄生噪声。

25.1　偏值热敏感性

25.1.1　辐射计效应引起的加速度测量噪声

25.1.1.1　辐射计效应及由此引起的加速度计偏值

17.3.2 节已经指出,检验质量上、下和四周围绕着电极,因此,将承载这些电极的结构称为电极笼或传感器笼;含有检验质量的传感器笼是加速度计传感头的敏感结构,简称芯(core)。敏感结构的外观如图 17-5 所示,从图 17-6 和图 17-7 可以更完整地看到包含有机械限位的上下电极板和电极框内侧的外观。从图 17-3 可以看到,敏感结构处于由溅射离子泵和吸气材料维持的高真空下,因而气体分子的空间碰撞可以忽略。

如果在静电悬浮加速度计的某一敏感方向上电极笼两内侧存在温度差,如图 25-1 所示。设图中检验质量上方电极笼内侧(简称笼上侧)温度为 T_0,下方电极笼内侧(简称笼下侧)温度为 T,则打到检验质量上下两侧的气体存在压力差,从而产生加速度偏值。需要说明的是,图 25-1 上下方向所对应的敏感方向,既可以是敏感结构的 x 向,也可以是 y,z 向。

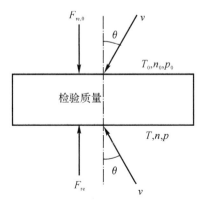

图 25-1　辐射计效应示意图

图 25-1 中 $F_{re,0}$ 为从笼上侧逸出、打到检验质量上表面的所有气体分子对该表面的作用力,F_{re} 为从笼下侧逸出、打到检验质量下表面的所有气体分子对该表面的作用力,θ 为分子运动方向与检验质量表面法线方向间的角度,T_0 为笼上侧的温度,T 为笼下侧的温度,

n_0 为从笼上侧逸出的气体分子单位体积内的分子数，n 为从笼下侧逸出的气体分子单位体积内的分子数，p_0 为热力学温度 T_0 下残余气体的压力，p 为热力学温度 T 下残余气体的压力，v 为分子运动速率。

如图 25-2 所示，在 $\theta \sim \theta + \mathrm{d}\theta$ 所包容的立体角内，单位时间打到检验质量上表面的元面 $\mathrm{d}A_{\mathrm{pm}}$ 上、速率在 $v \sim v + \mathrm{d}v$ 间的分子数为[1]

$$\mathrm{d}N_{\theta, v} = \frac{v \mathrm{d}n_v}{2} \cos\theta \sin\theta \mathrm{d}\theta \mathrm{d}A_{\mathrm{pm}} \tag{25-1}$$

式中　　　v——分子运动速率，$\mathrm{m/s}$；

$\mathrm{d}n_v$——从笼上侧逸出的气体分子单位体积内速率在 $v \sim v + \mathrm{d}v$ 间的分子数，$\mathrm{m^{-3}}$；

θ——分子运动方向与检验质量上表面法线方向间的角度，rad；

$\mathrm{d}A_{\mathrm{pm}}$——检验质量上表面的元面，$\mathrm{m^2}$；

$\mathrm{d}N_{\theta, v}$——在 $\theta \sim \theta + \mathrm{d}\theta$ 所包容的立体角内，单位时间打到检验质量上表面的元面 $\mathrm{d}A_{\mathrm{pm}}$ 上、速率在 $v \sim v + \mathrm{d}v$ 间的分子数，$\mathrm{s^{-1}}$。

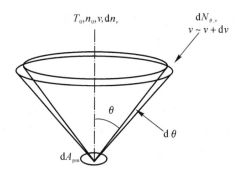

图 25-2　式(25-1)各参数的含义

其中[1]

$$\mathrm{d}n_v = n_0 f(v) \mathrm{d}v \tag{25-2}$$

式中　　　n_0——从笼上侧逸出的气体分子单位体积内的分子数，$\mathrm{m^{-3}}$；

$f(v)$——麦克斯韦速率分布函数，$\mathrm{s/m}$。

其中[1]

$$f(v) = 4\pi \left(\frac{m}{2\pi k_{\mathrm{B}} T_0} \right)^{3/2} v^2 \mathrm{e}^{-\frac{mv^2}{2k_{\mathrm{B}} T_0}} \tag{25-3}$$

式中　m——气体分子的质量，kg；

k_{B}——Boltzmann 常数，5.7.3 节给出 $k_{\mathrm{B}} = (1.380\ 658 \pm 0.000\ 012) \times 10^{-23}\ \mathrm{J/K}$；

T_0——笼上侧的热力学温度，K。

根据 Knudsen 的"吸附层"假说[1]，打到笼上侧的气体分子会作短暂停留，然后以热力学温度 T_0、按余弦定律重新逸出，打到检验质量上表面上。因此，气体分子与表面的碰撞必然是完全非弹性碰撞，气体分子的动量全部传递给检验质量。由此可知，$\mathrm{d}N_{\theta, v}$ 对检验质量上表面的元面 $\mathrm{d}A_{\mathrm{pm}}$ 的法向作用力为[2]

$$\mathrm{d}F_{\theta, v} = -mv\cos\theta \mathrm{d}N_{\theta, v} \tag{25-4}$$

式中　$\mathrm{d}F_{\theta, v}$——$\mathrm{d}N_{\theta, v}$ 对检验质量上表面的元面 $\mathrm{d}A_{\mathrm{pm}}$ 的法向作用力，N。

将式(25-3)代入式(25-2)后,再代入式(25-1),将所得结果代入式(25-4),并且在忽略边缘效应的前提下积分之,得到从笼上侧逸出、打到检验质量上表面的所有气体分子对该表面的作用力为

$$F_{\mathrm{re},0} = \frac{n_0 m^{5/2} A_{\mathrm{pm}}}{(k_{\mathrm{B}} T_0)^{3/2} \sqrt{2\pi}} \left(\int_0^\infty v^4 \mathrm{e}^{-\frac{mv2}{2kBT0}} \mathrm{d}v \right) \left[\int_0^{\pi/2} \cos^2\theta \mathrm{d}(\cos\theta) \right] \tag{25-5}$$

式中　$F_{\mathrm{re},0}$——从笼上侧逸出、打到检验质量上表面的所有气体分子对该表面的作用力,N;

　　　A_{pm}——检验质量上表面的面积,m^2。

由于对称性,从笼上侧逸出、打到检验质量上表面的元面 $\mathrm{d}A_{\mathrm{pm}}$ 上的所有气体分子对该元面的切向作用力相互抵消,所以式(25-5)得到的法向作用力就是全部作用力之矢量和。我们知道[3]

$$\int_0^\infty x^{2n} \mathrm{e}^{-ax^2} \mathrm{d}x = \frac{(2n-1)!!}{2^{n+1} a^n} \sqrt{\frac{\pi}{a}}, \quad a > 0 \tag{25-6}$$

其中$(2n-1)$的双阶乘[3] 为

$$(2n-1)!! = 1 \cdot 3 \cdot 5 \cdots \cdot (2n-1) \tag{25-7}$$

因此,由式(25-5)解得

$$F_{\mathrm{re},0} = -\frac{n_0 k_{\mathrm{B}} T_0 A_{\mathrm{pm}}}{2} \tag{25-8}$$

平衡态下有[1]

$$p = n k_{\mathrm{B}} T \tag{25-9}$$

式中　T——热力学温度,K;

　　　n——单位体积内残余气体分子数,m^{-3};

　　　p——热力学温度 T 下残余气体的压力,Pa。

将式(25-9)代入式(25-8),得到

$$F_{\mathrm{re},0} = -\frac{p_0 A_{\mathrm{pm}}}{2} \tag{25-10}$$

式中　p_0——热力学温度 T_0 下残余气体的压力,Pa。

需要说明的是,如果整个敏感结构(包括电极笼和检验质量)的温度均为 T_0,则根据 Knudsen 的"吸附层"假说,打到检验质量上表面的气体分子作短暂停留后,仍以热力学温度 T_0,按余弦定律重新逸出,所引起的对检验质量上表面的反作用力与式(25-10)等号右端相同,即检验质量上表面单位面积受到气体分子完全非弹性碰撞及重新逸出引起的总作用力为 $p_0 A_{\mathrm{pm}}$,与平衡态下气体压力的定义没有矛盾。

同理,设笼下侧的温度为 T,则从笼下侧逸出、打到检验质量下表面的所有气体分了对该表面的作用力为

$$F_{\mathrm{re}} = \frac{p A_{\mathrm{pm}}}{2} \tag{25-11}$$

式中　F_{re}——从笼下侧逸出、打到检验质量下表面的所有气体分子对该表面的作用力,N。

我们规定作用力的正方向向上,因而式(25-10)中 $F_{\mathrm{re},0}$ 为负值,式(25-11)中 F_{re} 为正值。

由于敏感结构处于高真空下,因此有[1]

$$p = p_0 \sqrt{\frac{T}{T_0}} \tag{25-12}$$

将式(25-12)代入式(25-11),并与式(25-10)求和,得到分别从笼上侧和笼下侧逸出、打到检验质量上表面和下表面的所有分子对检验质量的作用力之代数和为[4]

$$F_{\text{re}} + F_{\text{re},0} = \frac{p_0 A_{\text{pm}}}{2} \left(\sqrt{\frac{T}{T_0}} - 1 \right) \tag{25-13}$$

应该说明的是,只要检验质量导热足够好,则其上表面与下表面的温度相同,因而从检验质量上下表面重新逸出的气体对检验质量不引起附加作用力[2]。

式(25-12)所示分子流下温度差引起的作用力称之为辐射计效应[1]。由此引起的加速度计偏值为

$$c_{0,\text{re}} = \frac{F_{\text{re}} + F_{\text{re},0}}{m_{\text{i}}} \tag{25-14}$$

式中 $c_{0,\text{re}}$——辐射计效应引起的加速度计偏值,m/s²;

m_{i}——检验质量的惯性质量,kg。

将式(25-13)代入式(25-14),得到

$$c_{0,\text{re}} = \frac{p_0 A_{\text{pm}}}{2 m_{\text{i}}} \left(\sqrt{\frac{T}{T_0}} - 1 \right) \tag{25-15}$$

25.1.1.2   辐射计效应与温差噪声联合作用引起的加速度测量噪声

当笼下侧相对于笼上侧存在温差噪声时,上述辐射计效应引起的加速度计偏值会引起加速度计偏值噪声。

从式(25-15)可以看到,$c_{0,\text{re}}$ 与 T 之间为非线性关系。为此,将式(24-12)应用于式(25-15),得到

$$\tilde{\gamma}_{\text{re}} = \tilde{c}_{0,\text{re}} = \frac{\mathrm{d}c_{0,\text{re}}}{\mathrm{d}T} \tilde{\delta}_T = \frac{p_0 A_{\text{pm}}}{4 m_{\text{i}} \sqrt{T T_0}} \tilde{\delta}_T \tag{25-16}$$

式中 $\tilde{\gamma}_{\text{re}}$——辐射计效应引起的加速度测量噪声,m·s⁻²/Hz^{1/2};

$\tilde{c}_{0,\text{re}}$——辐射计效应引起的加速度计偏值噪声,m·s⁻²/Hz^{1/2};

$\tilde{\delta}_T$——笼上下侧间的温差噪声,K/Hz^{1/2}。

如果笼下侧相对于笼上侧只存在温差噪声,而不存在固定的温度差,则

$$\left.\begin{array}{r} T = T_0 \\ p = p_0 \end{array}\right\} \tag{25-17}$$

将式(25-17)代入式(25-16),得到[5-6]

$$\tilde{\gamma}_{\text{re}} = \frac{p A_{\text{pm}}}{4 m_{\text{i}} T} \tilde{\delta}_T \tag{25-18}$$

25.1.1.3   讨论

我们知道,高真空下残余气体的压力与温度有关,如式(25-12)所示,而单位体积内残余气体分子数 n 更适于表征高真空下残余气体的多寡,为此将式(25-9)代入式(25-18),得到

$$\tilde{\gamma}_{\text{re}} \approx \frac{n k_{\text{B}} A_{\text{pm}}}{4 m_{\text{i}}} \tilde{\delta}_T \tag{25-19}$$

从式(25-19)可以看到,辐射计效应引起的加速度测量噪声与高真空下单位体积内残余气体分子数及温差噪声成正比,而与基础温度高低无关[2]。

需要说明的是,文献[7,8]给出的辐射计效应引起的加速度测量噪声表达式的系数为式(25-18)的 2 倍。其原因是认为气体分子与表面的碰撞是完全弹性碰撞(这意味着完全抛开了 Knudsen 的"吸附层"假说),从而使得式(25-4)等式右端需添加因子 2。

进一步的讨论将在 25.1.2.7 节中进行。

25.1.2　出气效应引起的加速度测量噪声

25.1.2.1　概述

材料在真空中会出气 —— 包括原来暴露于大气下时吸附于表面的气体的脱附以及材料在制造过程中或原来暴露于大气下时溶解到内部的气体的扩散出气,后者是造成真空中材料出气的最主要原因[1,4,9-10]。这些直接从电极笼内侧因脱附或扩散出气逸出 —— 而不是与表面完全非弹性碰撞后重新逸出 —— 的气体分子在分子流状态下直接打在检验质量表面,由于出气速率会随电极笼内侧温度起伏而起伏,从而引起加速度测量噪声,称为出气效应引起的加速度测量噪声。

25.1.2.2　出气对加速度测量噪声的影响

25.1.1.1 节式(25-8)给出了从笼上侧逸出、打到检验质量上表面的所有气体分子对该表面的作用力的表达式。我们知道,处于热力学温度 T 下的气体分子的平均热运动速率为[1]

$$\bar{v} = \sqrt{\frac{8k_{\rm B}T}{\pi m}} \qquad (25-20)$$

式中　$\bar{v}$ —— 气体分子的平均热运动速率,m/s。

我们还知道,单位时间从单位面积重新逸出的分子数为[1]

$$\nu = \frac{1}{4}n\bar{v} \qquad (25-21)$$

式中　ν —— 单位时间从单位面积重新逸出的分子数,$m^{-2}\cdot s^{-1}$。

将式(25-20)式(25-21)代入式(25-8),并忽略边缘效应,得到

$$F_{\rm re,0} = -\frac{\pi}{4}m\bar{v}_0\nu_0 A_{\rm pm} \qquad (25-22)$$

式中　$\bar{v}_0$ —— 从笼上侧逸出的气体分子的平均热运动速率,m/s;

　　　ν_0 —— 单位时间从笼上侧单位面积重新逸出的分子数,$m^{-2}\cdot s^{-1}$。

式(25-22)本身是从辐射计效应导出的,然而,我们可以将其改造以适用于出气效应。考虑到笼上侧单位面积出气速率(此处速率指单位时间逸出的分子数)取决于出气的规律,当真空度足够高时,与外部真空环境单位体积内残余气体分子数无关,因而对于出气效应而言,式(25-21)不再适用;与此相应,对于出气效应而言,气体分子专指直接从电极笼出气逸出的分子。因此,对于出气效应而言,式(25-22)改写为

$$F_{\rm og,0} = -\frac{\pi}{4}m_{\rm og}\bar{v}_{\rm og,0}q_{\rm og,0}A_{\rm pm} \qquad (25-23)$$

式中　$F_{\rm og,0}$ —— 直接从笼上侧出气逸出、打到检验质量上表面的所有气体分子对该表面的作用力,N;

m_{og}——直接从电极笼出气逸出的分子的质量,kg;

$\bar{v}_{og,0}$——直接从笼上侧出气逸出的分子的平均热运动速率,m/s;

$q_{og,0}$——笼上侧单位面积出气速率,$m^{-2} \cdot s^{-1}$。

同理,直接从温度为 T 的笼下侧出气逸出、打到检验质量下表面的所有气体分子对该表面的作用力为

$$F_{og} = \frac{\pi}{4} m_{og} \bar{v}_{og} q_{og} A_{pm} \qquad (25-24)$$

式中　F_{og}——直接从笼下侧出气逸出、打到检验质量下表面的所有气体分子对该表面的作用力,N;

$\bar{v}_{og}$——直接从笼下侧出气逸出的分子的平均热运动速率,m/s;

q_{og}——笼下侧单位面积出气速率,$m^{-2} \cdot s^{-1}$。

我们规定作用力的正方向向上,因而式(25-23)中 $F_{og,0}$ 为负值,式(25-24)中 F_{og} 为正值。

由此引起的加速度计偏值为

$$c_{0,og} = \frac{F_{og} + F_{og,0}}{m_i} \qquad (25-25)$$

式中　$c_{0,og}$——出气效应直接引起的加速度计偏值,m/s^2。

将式(25-23)和式(25-24)代入式(25-25),得到

$$c_{0,og} = \frac{\pi m_{og} A_{pm}}{4 m_i} (\bar{v}_{og} q_{og} - \bar{v}_{og,0} q_{og,0}) \qquad (25-26)$$

当笼下侧相对于笼上侧存在温差噪声时,直接从笼下侧出气逸出的分子的平均热运动速率 $\bar{v}_{og}$ 和笼下侧单位面积出气速率 q_{og} 将随之存在热噪声,从而引起加速度计偏值噪声。

从式(25-20)可以看到,$\bar{v}_{og}$ 与 T 之间为非线性关系;从25.1.2.3节和25.1.2.4节的叙述可以看到,无论是脱附还是扩散出气,q_{og} 与 T 之间均为非线性关系。为此,将式(24-12)应用于式(25-26),得到

$$\tilde{\gamma}_{og} = \tilde{c}_{0,og} = \frac{dc_{0,og}}{dT} \tilde{\delta}_T = \frac{\pi m_{og} A_{pm}}{4 m_i} \left(q_{og} \frac{d\bar{v}_{og}}{dT} + \bar{v}_{og} \frac{dq_{og}}{dT} \right) \tilde{\delta}_T \qquad (25-27)$$

式中　$\tilde{\gamma}_{og}$——出气效应直接引起的加速度测量噪声,$m \cdot s^{-2}/Hz^{1/2}$;

$\tilde{c}_{0,og}$——出气效应直接引起的加速度计偏值噪声,$m \cdot s^{-2}/Hz^{1/2}$。

需要说明的是,由于 $\bar{v}_{og}$,q_{og} 均为 T 的函数,所以 $\bar{v}_{og}$,q_{og} 间相互不独立。因此

$$\tilde{\gamma}_{og} \neq \frac{\pi m_{og} A_{pm} \tilde{\delta}_T}{4 m_i} \sqrt{\left(q_{og} \frac{d\bar{v}_{og}}{dT} \right)^2 + \left(\bar{v}_{og} \frac{dq_{og}}{dT} \right)^2} \qquad (25-28)$$

对于分析出气效应直接导致的电极笼中的气体分压力而言,既不考虑出气分子与检验质量表面完全非弹性碰撞后重新逸出的影响,也不考虑出气分子与电极笼表面完全非弹性碰撞后重新逸出的影响,在此前提下,参考式(25-10)及其后的说明,可以得到出气效应直接导致的电极笼中的气体分压力为

$$p_{og} = \frac{2 F_{og}}{A_{pm}} \qquad (25-29)$$

式中　p_{og}——出气效应直接导致的电极笼中的气体分压力,Pa。

将式(25-24)代入式(25-29),得到

$$p_{og} = \frac{\pi}{2} m_{og} \bar{v}_{og} q_{og} \tag{25-30}$$

25.1.2.3　脱附速率

本节从脱附角度讨论单位时间直接从电极笼内侧单位面积逸出的分子数的表达式。

（1）一级脱附。

对于物理吸附或非离解化学吸附分子的脱附而言，吸附分子间无结合、离解等相互作用，吸附分子从电极笼单位面积脱附的速率与电极笼单位面积剩余的吸附分子数成正比[1]：

$$q_{d,f} = -\frac{d\sigma}{dt} = k_f \sigma \tag{25-31}$$

式中　$q_{d,f}$——吸附分子从电极笼单位面积一级脱附的速率，$m^{-2} \cdot s^{-1}$；

　　　σ——电极笼单位面积剩余的吸附分子数，m^{-2}；

　　　t——时间，s；

　　　k_f——一级脱附系数，s^{-1}。

依 Frenkel 公式[1,4]：

$$\frac{1}{k_f} = \tau = \tau_0 \exp\left(\frac{E_d}{RT}\right) \tag{25-32}$$

式中　τ——脱附时间常数（或称为平均滞留时间），s；

　　　τ_0——吸附态分子垂直于表面方向的振动周期，在真空技术的计算中一般取 $\tau_0 = 1 \times 10^{-13}$ s[11]；

　　　E_d——脱附活化能，J/mol；

　　　R——摩尔气体常数，2.3.7 节给出 $R = (8.314\ 510 \pm 0.000\ 070)$ J/(mol · K)。

其中[10]

$$E_d = E_a + Q_a \tag{25-33}$$

式中　E_a——吸附活化能，J/mol；

　　　Q_a——吸附热，J/mol。

在吸附过程中，被吸附分子释放出吸附热[10]，因而 Q_a 为正值。

文献[4]指出，吸附热可分为积分吸附热和微分吸附热：积分吸附热是当吸附平衡时已经被气体所覆盖的吸附剂表面的平均吸附热；物理吸附的积分吸附热较小，一般为几百至几千 cal/mol，与气体的液化热接近；化学吸附的积分吸附热一般大于几十 kcal/mol，与化学反应的反应热接近；微分吸附热是吸附剂在原来吸附量的基础上，再吸附少量气体引起的热量变化，且随覆盖度增加而变小；在低覆盖度下，随着覆盖度增加，微分吸附热下降很快。

我们知道，cal 是由于历史原因引入作为量度热量单位的。由于热量本质上是传递的能量，所以在国际单位制中，规定热量的单位为 J，而把 cal 列为暂时与国际单位制并用的单位。1 cal 定义为使 1 g 无空气的纯水在 101.325 kPa 恒定压力下，温度升高 1 ℃ 所需的热量。由于水的比热容随温度不同而有微小的差别，所以有各种不同的 cal。一般教科书中都采用 cal₁₅（15℃ 卡），即温度条件为从 14.5℃ 升高到 15.5℃，1 cal₁₅ = 4.185 5 J[12]。

对于物理吸附和非活性的化学吸附，$E_a = 0$[10]。

令[1]

$$v_f = \frac{1}{\tau_0} \tag{25-34}$$

式中 v_f—— 一级脱附速率常数，s^{-1}。

将 $\tau_0 = 1 \times 10^{-13}$ s 代入式（25-34），得到 $v_f = 1 \times 10^{13}$ s^{-1}。

将式（25-34）代入式（25-32）得到

$$k_f = v_f \exp\left(-\frac{E_d}{RT}\right) \tag{25-35}$$

将式（25-35）代入式（25-31），得到[1]

$$q_{d,f} = \sigma v_f \exp\left(-\frac{E_d}{RT}\right) \tag{25-36}$$

式（25-36）称为一级脱附速率方程。

由式（25-31）解得[1]

$$\sigma = \sigma_0 \exp(-k_f t) \tag{25-37}$$

式中 σ_0—— $t=0$ 时电极笼单位面积剩余的吸附分子数，m^{-2}。

将式（25-37）代入式（25-31），得到

$$q_{d,f} = k_f \sigma_0 \exp(-k_f t) \tag{25-38}$$

由式（25-38）得到

$$q_{d,f,0} = k_f \sigma_0 \tag{25-39}$$

式中 $q_{d,f,0}$—— $t=0$ 时吸附分子从电极笼单位面积一级脱附的速率，$m^{-2} \cdot s^{-1}$。

将式（25-39）代入式（25-38），得到[10]

$$q_{d,f} = q_{d,f,0} \exp\left(-\frac{q_{d,f,0}}{\sigma_0}t\right) \tag{25-40}$$

由式（25-40）得到[10]

$$\ln q_{d,f} = \ln q_{d,f,0} - \frac{q_{d,f,0}}{\sigma_0}t \tag{25-41}$$

或

$$\lg q_{d,f} = \lg q_{d,f,0} - \frac{q_{d,f,0}}{\sigma_0 \ln 10}t \tag{25-42}$$

由式（25-42）可以看到，在温度不变的前提下，$q_{d,f}$-t 关系曲线在半对数坐标图上是一条直线，斜率为 $-q_{d,f,0}/(\sigma_0 \cdot \ln 10)$。

将式（25-35）代入式（25-38），得到

$$q_{d,f} = v_f \sigma_0 \exp\left(-\frac{E_d}{RT}\right) \exp\left[-v_f t \exp\left(-\frac{E_d}{RT}\right)\right] \tag{25-43}$$

（2）二级脱附。

文献[1]指出，真空技术中大多数化学性活泼的气体是双原子分子气体，如 H_2，N_2，O_2，CO 等。它们吸附于金属表面时，会发生离解（CO 例外），这是由于它们的分解热小于原子吸附热的缘故。这种以原子态吸附于表面的气体，脱附前必须先结合为分子，才能脱离表面。设以 σ_a 表示电极笼单位面积剩余的吸附原子数。由于结合为分子的条件是在表面上发生两个原子碰撞，其碰撞概率正比于 σ_a^2，所以脱附速率也正比于 σ_a^2，而结合为分子并从电极笼单位面积脱附的速率则为 $-2d\sigma_a/dt$，并与 σ_a^2 成正比：

$$q_{d,s} = -\frac{2d\sigma_a}{dt} = k_s \sigma_a^2 \tag{25-44}$$

式中 $q_{d,s}$—— 吸附分子从电极笼单位面积二级脱附的速率，$m^{-2} \cdot s^{-1}$；

σ_a——电极笼单位面积剩余的吸附原子数，m^{-2}；

k_s——二级脱附系数，m^2/s。

二级脱附的情况下 Frenkel 公式改写为

$$k_s = v_s \exp\left(-\frac{E_d}{RT}\right) \tag{25-45}$$

式中　v_s——二级脱附速率常数：$v_s = (10^{-7} \sim 10^{-6})\ m^2/s$[1]。

将式(25-45)代入式(25-44)，得到[11]

$$q_{d,s} = \sigma_a^2 v_s \exp\left(-\frac{E_d}{RT}\right) \tag{25-46}$$

式(25-46)称为二级脱附速率方程。

由式(25-44)解得

$$\sigma_a = \frac{\sigma_{a0}}{1 + 0.5 k_s \sigma_{a0} t} \tag{25-47}$$

式中　σ_{a0}——$t = 0$ 时电极笼单位表面单层吸附的原子数，m^{-2}。

将式(25-47)代入式(25-44)，得到

$$q_{d,s} = \frac{k_s \sigma_{a0}^2}{(1 + 0.5 k_s \sigma_{a0} t)^2} \tag{25-48}$$

由式(25-48)得到

$$q_{d,s,0} = \sigma_{a0}^2 k_s \tag{25-49}$$

式中　$q_{d,s,0}$——$t = 0$ 时吸附分子从电极笼单位面积二级脱附的速率，$m^{-2} \cdot s^{-1}$。

将式(25-49)代入式(25-48)，得到

$$q_{d,s} = \frac{q_{d,s,0}}{\left(1 + \dfrac{q_{d,s,0}}{2\sigma_{a0}} t\right)^2} \tag{25-50}$$

当 t 足够大时，式(25-50)简化为

$$q_{d,s} = \frac{4\sigma_{a0}^2}{q_{d,s,0} t^2} \tag{25-51}$$

由式(25-51)得到[①]

$$\lg q_{d,s} = \lg \frac{4\sigma_{a0}^2}{q_{d,s,0}} - 2\lg t \tag{25-52}$$

由式(25-52)可以看到，在温度不变的前提下，$q_{d,s}$-t 关系曲线在双对数坐标图上是一条直线，斜率为 -2[10]。

（3）讨论。

以上推导假设脱附活化能 E_d 与表面覆盖度无关（Langmuir 理论），实际上二者间有紧密关系，一般脱附活化能 E_d 总是随覆盖度降低而增高。因此，在开始时，脱附较快，愈往后脱附愈慢[1]。

脱附活化能还取决于气体在表面上的吸附态，不同吸附态有不同大小的脱附活化能。例如氮在钨上有 α, β, γ 三种吸附态，其脱附活化能分别为 83.6 kJ/mol，334.4 kJ/mol，

---

①　文献[4，10]给出的相应表达式等号右端第一项分子上没有系数 4，其原因是此二文献用的是 $t = 0$ 时单位表面吸附的单层分子数而非原子数。

43.2 kJ/mol，γ 和 α 吸附态是分子吸附，束缚较弱；β 吸附态是原子吸附，脱附时首先要变成分子，才能脱附(二级脱附)[1]。由此可见，二级脱附的活化能远高于一级脱附。

25.1.4.1 节和 25.1.4.2 节分别指出，对于 SuperSTAR 和 GRADIO 加速度计都按在轨运行时 $T=293$ K 进行热分析。文献[10]指出，当 $T \approx 300$ K 时，脱附活化能 $E_d < 15$ kcal/mol（$E_d < 63$ kJ/mol，$E_d/R < 7\,600$ K）的吸附分子在几分钟内就几乎脱附殆尽；而 $E_d > 25$ kcal/mol（$E_d > 105$ kJ/mol，$E_d/R > 12\,600$ K）的吸附分子可以使气相分压长时间维持在 10^{-9} Pa 以下。只有 15 kcal/mol $< E_d < 25$ kcal/mol 的吸附分子对系统的抽气效果有显著影响，其中以 $E_d \approx 20$ kcal/mol（84 kJ/mol）的吸附分子影响最大。

因此，在随后 25.1.2.5 节的分析中只考虑 63 kJ/mol $\leqslant E_d \leqslant 105$ kJ/mol（$7\,600$ K $\leqslant E_d/R \leqslant 12\,600$ K）的一级脱附。

25.1.2.4 扩散出气速率

本节从扩散出气角度讨论单位时间直接从电极笼内侧单位面积逸出的分子数的表达式。

在固体中，如果所溶解的气体浓度 c 不是到处一致，而是存在有浓度差，则气体将在固体内扩散。在稳定状态下，气体扩散遵从 Fick 第一定律（设只在 x 方向有浓度差）[1, 11]：

$$q_D = -D\frac{\partial c}{\partial x} \tag{25-53}$$

式中　q_D——通过单位面积参考平面的扩散出气速率，$m^{-2} \cdot s^{-1}$；

　　　D——扩散系数，m^2/s；

　　　x——与参考平面垂直的坐标，m；

　　　c——在固体内部 x 处所溶解气体的浓度（单位体积分子数），m^{-3}。

式(25-53)等号右端的负号表示扩散的方向逆于浓度增加方向。

如为非稳定流动，则遵从 Fick 第二定律[1, 11]：

$$\frac{\partial c}{\partial t} = D\frac{\partial^2 c}{\partial x^2} \tag{25-54}$$

对于厚度为 $2l$ 的平板，将坐标原点设在平板内部、厚度方向的正中央，如果初始条件为[4]

$$c(x,t) = c_0, \quad \begin{cases} -l \leqslant x \leqslant l \\ t = 0 \end{cases} \tag{25-55}$$

式中　$c(x,t)$——在固体内部 x 处、时间 t 时溶解气体的浓度，m^{-3}；

　　　c_0——平板内部在 $t=0$ 时溶解气体的浓度，m^{-3}；

　　　l——平板的半厚度，m。

边界条件为[4]

$$c = 0, \quad \begin{cases} x = \pm l \\ t \geqslant 0 \end{cases} \tag{25-56}$$

则由式(25-53)和式(25-54)可以解出平板表面积的扩散出气速率为[13]

$$q_{D,p} = \frac{2c_0 D}{l}\sum_{n=0}^{\infty}\exp\left[-\frac{(2n+1)^2\pi^2 Dt}{4l^2}\right] \tag{25-57}$$

式中　$q_{D,p}$——平板单位表面积的扩散出气速率，$m^{-2} \cdot s^{-1}$。

其中扩散系数为[1]

$$D = D_0 \exp\left(-\frac{E_D}{RT}\right) \qquad (25-58)$$

式中 　D_0—— 与气体-固体配偶有关的常数，m^2/s；

　　　E_D—— 扩散活化能，J/mol。

由式(25-58)得到

$$\lg D = \lg D_0 - \frac{1}{\ln 10}\frac{E_D}{RT} \qquad (25-59)$$

文献[1，9]给出了各种气体-玻璃配偶的 $\lg D - (1/T)$ 关系曲线，如图 25-3 所示。

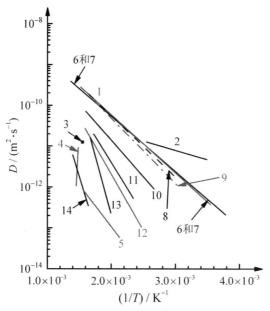

图 25-3 　各种气体-玻璃配偶的扩散系数[1，9]

1—He-派勒克斯玻璃 7740；2—He-外柯玻璃；3—H_2-外柯玻璃；4—N_2-外柯玻璃；5—H_2-石英玻璃；

6—He-Duran 玻璃；7～12—He-玻璃(成分见附表)；13～14—H_2-玻璃(成分见附表)

附　表

图线号	玻璃成分/(%)					
	SiO_2	B_2O_3	Al_2O_3	Na_2O	K_2O	PdO
7	76.1	16.0	1.75	5.4	0.6	—
8	75.9	16.0	0.4	4.9	0.8	—
9	64.7	23.2	4.0	4.0	4.1	—
10	75.3	7.6	6.2	5.7	0.8	—
11	56.2	—	1.2	7.6	4.5	30.0
12	69.1	—	3.3	13.2	1.7	
13	76.1	16.0	1.75	5.4	0.6	—
14	75.9	16.0	0.4	4.9	0.8	—

图 25-3 中图线 3 只有一个点，图线 4 具有正斜率，即 E_D 为负值。用图片中曲线变成 Excel 表数据的软件 GetData Graph Digitizer 采集图 25-3 中其他各图线的数据，并分别进行线性拟合，对照式(25-59)，可以得到各图线的 D_0，E_D，E_D/R 值。

25.1.4.1 节和 25.1.4.2 节分别指出，对于 SuperSTAR 和 GRADIO 加速度计都按在轨运行时 $T=293$ K 进行热分析。因此，我们将各图线的 D_0，E_D/R 值代入式(25-58)，得到 293 K(20 ℃)下各图线的 D 值，如表 25-1 所示。

表 25-1 图 25-3 中各图线的 D_0，E_D，E_D/R 及 293 K 下的 D 值

图线号	$\lg D_0$	$\dfrac{D_0}{\mathrm{m^2 \cdot s^{-1}}}$	$\dfrac{E_D/(R\ln 10)}{\mathrm{K}}$	$\dfrac{E_D}{\mathrm{J \cdot mol^{-1}}}$	$\dfrac{E_D/R}{\mathrm{K}}$	$\dfrac{D(293\ \mathrm{K})}{\mathrm{m^2 \cdot s^{-1}}}$
1	$-7.410\ 3$	3.888×10^{-8}	$1\ 415.5$	2.71×10^4	$3\ 259$	5.74×10^{-13}
2	$-9.735\ 3$	1.839×10^{-10}	455.07	8.71×10^3	$1\ 048$	5.15×10^{-12}
5	$-8.884\ 4$	1.305×10^{-9}	$2\ 048.6$	3.92×10^4	$4\ 717$	1.33×10^{-16}
6 和 7	$-7.557\ 7$	2.769×10^{-8}	$1\ 351.1$	2.59×10^4	$3\ 109$	6.83×10^{-13}
8	$-7.334\ 6$	4.628×10^{-8}	$1\ 474.9$	2.82×10^4	$3\ 396$	4.28×10^{-13}
9	$-7.126\ 8$	7.468×10^{-8}	$1\ 597.7$	3.06×10^4	$3\ 679$	2.63×10^{-13}
10	$-7.291\ 6$	5.110×10^{-8}	$1\ 780.5$	3.41×10^4	$4\ 050$	5.07×10^{-14}
11	$-6.338\ 3$	4.589×10^{-7}	$2\ 536.5$	4.86×10^4	$5\ 841$	1.01×10^{-15}
12	$-6.264\ 4$	5.441×10^{-7}	$2\ 717.5$	5.20×10^4	$6\ 257$	2.89×10^{-16}
13	$-1.166\ 6$	6.814×10^{-2}	$5\ 745.4$	1.10×10^5	$13\ 230$	1.68×10^{-21}
14	$-4.194\ 4$	6.391×10^{-5}	$5\ 045.4$	9.66×10^4	$11\ 620$	3.85×10^{-22}

从表 25-1 可以看到，各种气体-玻璃配偶的 E_D/R 在(1 048 ～ 13 230) K 之间。令

$$\xi = \frac{\pi^2 D}{4l^2} \tag{25-60}$$

将式(25-60)代入式(25-57)，得到

$$q_{\mathrm{D,p}} = \frac{2c_0 D}{l} \sum_{n=0}^{\infty} \exp\left\{-\left[(2n+1)\sqrt{\xi t}\right]^2\right\} \tag{25-61}$$

式(25-61)表达的平板扩散出气速率在 $2\sqrt{\xi t}$ 足够小时可以转化为半无穷厚型扩散出气速率，在 $2\sqrt{\xi t}$ 足够大时可以转化为薄片型扩散出气速率。

(1)半无穷厚型。

将式(25-60)代入式(25-61)，得到

$$q_{\mathrm{D,p}} = \frac{2c_0}{\pi}\sqrt{\frac{D}{t}}\, 2\sqrt{\xi t} \sum_{n=0}^{\infty} \exp\left\{-\left[(2n+1)\sqrt{\xi t}\right]^2\right\} \tag{25-62}$$

令

$$\alpha(n) = (2n+1)\sqrt{\xi t} \tag{25-63}$$

将式(25-63)代入式(25-62)，得到

$$q_{\mathrm{D,p}} = \frac{2c_0}{\pi}\sqrt{\frac{D}{t}}\, 2\sqrt{\xi t} \sum_{n=0}^{\infty} \exp\left[-\alpha^2(n)\right] \tag{25-64}$$

引入差分概念，由式(25-63)得到

$$\Delta[\alpha(n)] = \alpha(n+1) - \alpha(n) = 2\sqrt{\xi t} \qquad (25-65)$$

式中　$\Delta[\alpha(n)]$——离散变量 $\alpha(n)$ 的差分。

将式(25-65)代入式(25-64),得到

$$q_{D,p} = \frac{2c_0}{\pi}\sqrt{\frac{D}{t}}\sum_{n=0}^{\infty}\{\exp[-\alpha^2(n)]\Delta[\alpha(n)]\} \qquad (25-66)$$

当 $2\sqrt{\xi t}$ 足够小时,离散变量 $\alpha(n)$ 可视为连续变量 α,离散变量 $\alpha(n)$ 的差分 $\Delta[\alpha(n)]$ 可视为连续变量 α 的微分 $d\alpha$:

$$\left.\begin{array}{l}\alpha = \lim\limits_{2\sqrt{\xi t}\to 0}\alpha(n) \\[2mm] d\alpha = \lim\limits_{2\sqrt{\xi t}\to 0}\Delta[\alpha(n)]\end{array}\right\} \qquad (25-67)$$

因而

$$\lim_{2\sqrt{\xi t}\to 0}\sum_{n=0}^{\infty}\{\exp[-\alpha^2(n)]\Delta[\alpha(n)]\} = \int_0^{\infty}\exp(-\alpha^2)d\alpha \qquad (25-68)$$

我们知道[3]

$$\int_0^{\infty}\exp(-\alpha^2)d\alpha = \frac{\sqrt{\pi}}{2} \qquad (25-69)$$

将(25-69)代入式(25-68),再代入式(25-66),得到[13]

$$q_{D,p,hif} = \lim_{2\sqrt{\xi t}\to 0}q_{D,p} = c_0\sqrt{\frac{D}{\pi t}} \qquad (25-70)$$

式中　$q_{D,p,hif}$——半无穷厚型单位面积扩散出气速率,$m^{-2}\cdot s^{-1}$。

由式(25-70)得到

$$\lg q_{D,p,hif} = \lg\left(c_0\sqrt{\frac{D}{\pi}}\right) - \frac{1}{2}\lg t \qquad (25-71)$$

由式(25-71)可以看到,在温度不变的前提下,$q_{D,p,hif}$ - t 关系曲线在双对数坐标图上是一条直线,斜率为 $-1/2$。

(2) 薄片型。

当 $2\sqrt{\xi t}$ 足够大时,式(25-61)中的和式可以只取第一项:

$$q_{D,p} \approx q_{D,p,sht} = \frac{2c_0 D}{l}\exp(-\xi t), \quad 2\sqrt{\xi t} \text{ 足够大} \qquad (25-72)$$

式中　$q_{D,p,sht}$——薄片型单位面积扩散出气速率,$m^{-2}\cdot s^{-1}$。

将式(25-60)代入式(25-72),得到[13]

$$q_{D,p,sht} = \frac{2c_0 D}{l}\exp\left(-\frac{\pi^2 D t}{4l^2}\right) \qquad (25-73)$$

由式(25-73)得到

$$\lg q_{D,p,sht} = \lg\left(\frac{2c_0 D}{l}\right) - \frac{\pi^2 D}{4l^2\ln 10}t \qquad (25-74)$$

由式(25-74)可以看到,在温度不变的前提下,$q_{D,p,sht}$ - t 关系曲线在半对数坐标图上是一条直线,斜率为 $-\pi^2 D/(4l^2\ln 10)$。

(3) 半无穷厚型和薄片型的误差。

对式(25-57)、式(25-70)、式(25-73)进行归一化处理,令

$$\left. \begin{array}{l} X = \dfrac{\pi^2 D}{4l^2} t \\[3mm] Y = \dfrac{l}{c_0 D} q_{D,p} \end{array} \right\} \tag{25-75}$$

式中 X—— 归一化的时间，无量纲；

Y—— 归一化的扩散出气速率，无量纲。

将式(25-75)代入式(25-57)，得到

$$Y_{D,p} = 2 \sum_{n=0}^{\infty} \exp\left[-(2n+1)^2 X\right] \tag{25-76}$$

式中 $Y_{D,p}$—— 归一化的平板扩散出气速率，无量纲。

将式(25-75)代入式(25-70)，得到

$$Y_{D,p,hif} = \frac{1}{2}\sqrt{\frac{\pi}{X}} \tag{25-77}$$

式中 $Y_{D,p,hif}$—— 归一化的半无穷厚型扩散出气速率，无量纲。

将式(25-75)代入式(25-73)，得到

$$Y_{D,p,sht} = 2\exp(-X) \tag{25-78}$$

式中 Y_{sheet}—— 归一化的薄片型扩散出气速率，无量纲。

依据式(25-76)至式(25-78)可以绘出 $\dfrac{lq_{D,p}}{c_0 D} - \dfrac{\pi^2 Dt}{4l^2}$ 的关系曲线，如图 25-4 所示。

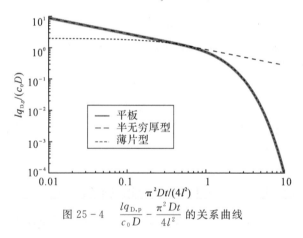

图 25-4 $\dfrac{lq_{D,p}}{c_0 D} - \dfrac{\pi^2 Dt}{4l^2}$ 的关系曲线

图 25-5 以算术刻度的形式给出了图 25-4 的局域图。

从图 25-5 可以看到：

1) 随着 $\pi^2 Dt/(4l^2)$ 增大，半无穷厚型的 $lq_{D,p,hif}/(c_0 D)$ 越来越偏离平板的 $lq_{D,p}/(c_0 D)$，而薄片型的 $lq_{D,p,sht}/(c_0 D)$ 越来越靠拢平板的 $lq_{D,p}/(c_0 D)$。

2) 在 $\pi^2 Dt/(4l^2) = 0.5$ 处，半无穷厚型 $lq_{D,p,hif}/(c_0 D)$ 对平板 $lq_{D,p}/(c_0 D)$ 的相对偏差为 1.46%；薄片型 $lq_{D,p,sht}/(c_0 D)$ 对平板 $lq_{D,p}/(c_0 D)$ 的相对偏差为 -1.80%。即二者相对偏差的绝对值相当接近，且对于并非精密的出气速率来说，它是如此之小，因而完全可以忽略。

上述事实说明，用式(25-61)(无穷多项和式)表达的平板型单位表面积扩散出气速率完全可以分别被半无穷厚型和薄片型取代，当 $\pi^2 Dt/(4l^2) \leqslant 0.5$ 时用式(25-70)表达的半

无穷厚型，当 $\pi^2 Dt/(4l^2) \geqslant 0.5$ 时用式(25-73)表达的薄片型[13]：

$$q_{D,p} \approx \begin{cases} q_{D,p,hif} = c_0 \sqrt{\dfrac{D}{\pi t}}, & \dfrac{\pi^2 Dt}{4l^2} \leqslant 0.5 \\[4mm] q_{D,p,sht} = \dfrac{2c_0 D}{l} \exp\left(-\dfrac{\pi^2 Dt}{4l^2}\right), & \dfrac{\pi^2 Dt}{4l^2} \geqslant 0.5 \end{cases} \tag{25-79}$$

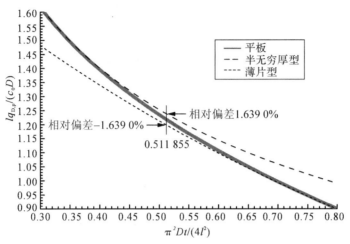

图 25-5　图 25-4 的局部放大图

25.1.2.5　脱附引起的加速度测量噪声

本节从脱附角度讨论温差噪声与脱附共同作用引起的加速度测量噪声。

(1) 脱附引起的加速度测量噪声表达式。

25.1.2.3 节第(3)条指出，当 $T \approx 300$ K 时，$E_d/R < 7\,600$ K 的吸附分子在几分钟内就几乎脱附殆尽；而 $E_d/R > 12\,600$ K 的吸附分子可以使气相分压长时间维持在 10^{-9} Pa 以下。因此，我们只考虑 $7\,00$ K $\leqslant E_d/R \leqslant 12\,600$ K 的一级脱附。

从式(25-27)可以看到，只要求出与 $\tilde{\delta}_T$ 相关联的 $\mathrm{d}\bar{v}_{og}/\mathrm{d}T$ 和 $\mathrm{d}q_{og}/\mathrm{d}T$，就可以计算出 $\tilde{\gamma}_{og}$。由式(25-20)得到

$$\frac{\mathrm{d}\bar{v}_{og}}{\mathrm{d}T} = \frac{\bar{v}_{og}}{2T} \tag{25-80}$$

计算与 $\tilde{\delta}_T$ 相关联的 $\mathrm{d}q_{d,f}/\mathrm{d}T$ 要用到式(25-36)，值得注意的是，式中 σ 不会受到温差噪声的影响，因而求 $\mathrm{d}q_{d,f}/\mathrm{d}T$ 时应该视 σ 为常数，这一点非常关键。在此前提下由式(25-36)得到

$$\frac{\mathrm{d}q_{d,f}}{\mathrm{d}T} = \frac{E_d}{RT^2} q_{d,f} \tag{25-81}$$

将式(25-80)和式(25-81)代入式(25-27)，得到

$$\tilde{\gamma}_{d,f} = \frac{\pi A_{pm}}{8m_i T} m_{og} \bar{v}_{og} q_{d,f} \left(1 + \frac{2E_d}{RT}\right) \tilde{\delta}_T \tag{25-82}$$

式中　$\tilde{\gamma}_{d,f}$——一级脱附引起的加速度测量噪声，m·s^{-2}/Hz$^{1/2}$。

将式(25-30)代入式(25-82)，得到

$$\tilde{\gamma}_{d,f} = \frac{p_{d,f} A_{pm}}{4 m_i T} \left(1 + \frac{2 E_d}{RT} \right) \tilde{\delta}_T \tag{25-83}$$

式中 $p_{d,f}$ —— 一级脱附直接导致的电极笼中的气体分压力，Pa。

（2）脱附直接导致的电极笼中的气体分压力随时间变化的表达式。

25.1.2.3节第（1）条指出，在温度不变的前提下，$q_{d,f}$-t关系曲线在半对数坐标图上是一条直线，斜率为 $-q_{d,f,0}/(\sigma_0 \ln 10)$。从式（25-30）可以看到，$p_{d,f}$ 与 $q_{d,f}$ 成正比；从式（25-83）可以看到，$\tilde{\gamma}_{d,f}$ 与 $p_{d,f}$ 成正比。因此，$p_{d,f}$-t，$\tilde{\gamma}_{d,f}$-t 关系曲线也在半对数坐标图上是一条直线，斜率为 $-q_{d,f,0}/(\sigma_0 \ln 10)$。这就是 $q_{d,f}$，$p_{d,f}$，$\tilde{\gamma}_{d,f}$ 随时间推移而减小的规律。

将式（25-20）和式（25-43）代入式（25-30），得到

$$p_{d,f} = v_f \sigma_0 \sqrt{2 \pi k_B T m_{og}} \exp\left(-\frac{E_d}{RT} \right) \exp\left[-v_f t \exp\left(-\frac{E_d}{RT} \right) \right] \tag{25-84}$$

由式（25-84）得到

$$\frac{p_{d,f}}{\sigma_0 \sqrt{2 \pi k_B T m_{og}}} = v_f \exp\left(-\frac{E_d}{RT} \right) \exp\left[-v_f t \exp\left(-\frac{E_d}{RT} \right) \right] \tag{25-85}$$

（3）室温下脱附直接导致的电极笼中的气体分压力随时间变化的趋势。

25.1.4.1节和25.1.4.2节分别给出，对于SuperSTAR和GRADIO加速度计我们都取 $T = 293$ K。25.1.2.3节第（1）条给出，真空技术的计算中一般取 $v_f = 1 \times 10^{13}$ s^{-1}。图25-6 给出了 $T = 293$ K，$v_f = 1 \times 10^{13}$ s^{-1} 下 $v_f \exp[-E_d/(RT)] \exp\{-v_f t \exp[-E_d/(RT)]\}$-$t$ 关系曲线。

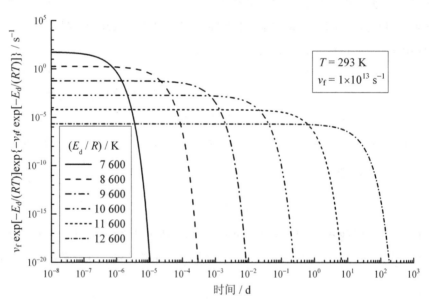

图 25-6　$T = 293$ K，$v_f = 1 \times 10^{13}$ s^{-1} 下 $v_f \exp[-E_d/(RT)] \exp\{-v_f t \exp[-E_d/(RT)]\}$-$t$ 关系曲线

从式（25-85）可以看到，图25-6所示关系曲线反映了 $p_{d,f}$ 随时间变化的规律。从图 25-6 可以看到，$T = 293$ K，$v_f = 1 \times 10^{13}$ s^{-1}，$E_d/R = 12\,600$ K 时，200 d 之后，$p_{d,f}$ 衰减到了 不足初始值的 $1/10^{14}$；若 $E_d/R < 12\,600$ K，则衰减更甚。鉴于 25.1.2.3节第（3）条指出， $E_d/R > 12\,600$ K 时 $p_{d,f}$ 的初始值在 10^{-9} Pa 以下，且只需考虑 $7\,600$ K $\leqslant E_d/R \leqslant 12\,600$ K

的一级脱附,因此,由式(25-83)可以得到,不论E_d/R为何值,200 d之后脱附引起的加速度测量噪声绝对可以忽略。由于静电悬浮加速度计从完成真空封装到随卫星上天,至少要经过 200 d,所以在轨运行时绝对不需要考虑脱附引起的加速度测量噪声。

25.1.2.6　扩散出气引起的加速度测量噪声

本节从扩散出气角度讨论温差噪声与扩散出气共同作用引起的加速度测量噪声。

(1) 扩散出气引起的加速度测量噪声表达式。

将式(25-58)代入式(25-53),得到

$$q_D = -D_0 \exp\left(-\frac{E_D}{RT}\right)\frac{\partial c}{\partial x} \tag{25-86}$$

从式(25-86)可以看到,与本节第(1)条相类似,计算与$\tilde{\delta}_T$相关联的dq_D/dT时应该考虑到$\partial c/\partial x$不会受到温差噪声的影响,即应该视$\partial c/\partial x$为常数,这一点非常关键。在此前提下,由式(25-86)得到

$$\frac{dq_D}{dT} = \frac{E_D}{RT^2}q_D \tag{25-87}$$

将式(25-80)和式(25-87)代入式(25-27),得到

$$\tilde{\gamma}_D = \frac{\pi A_{pm}}{8m_i T}m_{og}\bar{v}_{og}q_D\left(1+\frac{2E_D}{RT}\right)\tilde{\delta}_T \tag{25-88}$$

式中　$\tilde{\gamma}_D$——扩散出气引起的加速度测量噪声,$m \cdot s^{-2}/Hz^{1/2}$。

将式(25-30)代入式(25-88),得到

$$\tilde{\gamma}_D = \frac{p_D A_{pm}}{4m_i T}\left(1+\frac{2E_D}{RT}\right)\tilde{\delta}_T \tag{25-89}$$

式中　p_D——扩散出气直接导致的电极笼中的气体分压力,Pa。

(2) 扩散出气直接导致的电极笼中的气体分压力随时间变化的表达式。

1) 半无穷厚型。

25.1.2.4 节第(1)条指出,在温度不变的前提下,$q_{D,p,hif}-t$关系曲线在双对数坐标图上是一条直线,斜率为$-1/2$。从式(25-30)可以看到,半无穷厚型扩散出气直接导致的电极笼中的气体分压力$p_{D,p,hif}$与$q_{D,p,hif}$成正比;从式(25-89)可以看到,半无穷厚型扩散出气直接引起的加速度测量噪声$\tilde{\gamma}_{D,p,hif}$与$p_{D,p,hif}$成正比。因此,$p_{D,p,hif}-t$、$\tilde{\gamma}_{D,p,hif}-t$关系曲线也在双对数坐标图上是一条直线,斜率为$-1/2$。这就是$q_{D,p,hif}$、$p_{D,p,hif}$、$\tilde{\gamma}_{D,p,hif}$随时间推移而减小的规律。

将式(25-20)和式(25-70)代入式(25-30),得到

$$p_{D,p,hif} = c_0\sqrt{\frac{2k_B T m_{og} D}{t}} \tag{25-90}$$

式中　$p_{D,p,hif}$——半无穷厚型扩散出气直接导致的电极笼中的气体分压力,Pa。

由式(25-90)得到

$$\frac{p_{D,p,hif}}{c_0\sqrt{2\pi k_B T m_{og}}} = \sqrt{\frac{D}{\pi t}} \tag{25-91}$$

2)薄片型。

25.1.2.4 节第(2)条指出,在温度不变的前提下,$q_{D,p,sht}-t$关系曲线在半对数坐标图上

是一条直线，斜率为 $-\pi^2 D/(4l^2\ln 10)$。从式（25-30）可以看到，薄片型扩散出气直接导致的电极笼中的气体分压力 $p_{D,p,sht}$ 与 $q_{D,p,sht}$ 成正比；从式（25-89）可以看到，薄片型扩散出气引起的加速度测量噪声 $\tilde{\gamma}_{D,p,sht}$ 与 $p_{D,p,sht}$ 成正比。因此，$p_{D,p,sht}-t$，$\tilde{\gamma}_{D,p,sht}-t$ 关系曲线也在半对数坐标图上是一条直线，斜率为 $-\pi^2 D/(4l^2\ln 10)$。这就是 $q_{D,p,sht}$，$p_{D,p,sht}$，$\tilde{\gamma}_{D,p,sht}$ 均随时间推移而减小的规律。

将式（25-20）和式（25-73）代入式（25-30），得到

$$p_{D,p,sht} = \frac{2c_0 D}{l}\sqrt{2\pi k_B T m_{og}}\exp\left(-\frac{\pi^2 D}{4l^2}t\right) \qquad (25-92)$$

式中　　$p_{D,p,sht}$——薄片型扩散出气直接导致的电极笼中的气体分压力，Pa。

由式（25-92）得到

$$\frac{p_{D,p,sht}}{c_0\sqrt{2\pi k_B T m_{og}}} = \frac{2D}{l}\exp\left(-\frac{\pi^2 D}{4l^2}t\right) \qquad (25-93)$$

3）室温下扩散出气从半无穷厚型转化为薄片型的转化时刻。

图 17-5 所示敏感结构中上下电极板的 $l \approx 6.3$ mm（l 为上下电极板的半厚度），电极框的 $l \approx 7.5$ mm（l 为边框的半宽度），此处取平均值 $l=6.9$ mm。由式（25-79）得到，扩散出气从半无穷厚型转化为薄片型的转化时刻 $t_{cnvrsn}=2l^2/(\pi^2 D)$。代入表 25-1 所示图 25-3 中除图线 3、图线 4 外各图线 293 K 下的 D 值，得到 293 K 下的 t_{cnvrsn}，如表 25-2 所示。

表 25-2　图 25-3 中各图线的 E_D/R 及 293 K 下的 D，t_{cnvrsn} 值

图线号	$\dfrac{E_D/R}{K}$	$\dfrac{D(293\ K)}{m^2 \cdot s^{-1}}$	$\dfrac{t_{cnvrsn}(293\ K)}{d}$
1	3 259	5.74×10^{-13}	195
2	1 048	5.15×10^{-12}	21.7
5	4 717	1.33×10^{-16}	8.40×10^5
6 和 7	3 109	6.83×10^{-13}	163
8	3 396	4.28×10^{-13}	261
9	3 679	2.63×10^{-13}	425
10	4 050	5.07×10^{-14}	2.20×10^3
11	5 841	1.01×10^{-15}	1.11×10^5
12	6 257	2.89×10^{-16}	3.86×10^5
13	13 230	1.68×10^{-21}	6.65×10^{10}
14	11 620	3.85×10^{-22}	2.90×10^{11}

（3）室温下扩散出气直接导致的电极笼中的气体分压力随时间变化的趋势。

将表 25-2 列出的各图线 293 K 下的 D，t_{cnvrsn} 值代入式（25-91）和式（25-93），可以绘出 $\left[p_{D,p}/(c_0\sqrt{2\pi k_B T m_{og}})\right]-t$ 关系曲线，其中 $p_{D,p}$ 为平板扩散出气直接导致的电极笼中气体分压力（Pa），如图 25-7 所示。图 25-7 中为避免图线过于拥挤，未绘出图线 1 和图线 8。鉴于它们的 D 值介于图线 6 和 7 与图线 9 之间，其变化趋势也介于图线 6 和 7 与图线 9 之间，

读者可以大致估计其在图 25 - 7 中的位置。

(4) 室温下扩散出气对加速度测量噪声的影响。

从图 25 - 7 可以看到,在 293 K 且 c_0,m_{og} 相同的条件下,图线 2 的 $E_D/R = 1\,048$ K,其 D 值(5.15×10^{-12} m²/s)最大,1 d 后的 $p_{D,p}$ 也最大,但 200 d 后 $p_{D,p}$ 仅为 1 d 后的 1/291;再往后衰减更快,且由表 25 - 2 得到,式(25 - 89)中的 $[1 + 2E_D/(RT)]$ 因子仅为 8.15,因而在轨运行时不需要考虑扩散出气引起的加速度测量噪声。图线 11、图线 12、图线 5、图线 13、图线 14 的 $E_D/R = (4\,717 \sim 13\,230)$ K,其 D 值(3.85×10^{-22} m²/s ~ 1.01×10^{-15} m²/s)足够小,虽然 1 000 d 内均处于半无穷厚型扩散出气,$p_{D,p}$ 随时间推移而衰减得较慢,且由表 25 - 2 得到,式(25 - 89)中的 $[1 + 2E_D/(RT)]$ 因子为 33.2 ~ 91.3,但由于 1 d 后的 $p_{D,p}$ 已足够小,所以在轨运行时也不需要考虑扩散出气引起的加速度测量噪声。只有图线 6 和 7、图线 9、图线 10 的 $E_D/R = (3\,109 \sim 4\,050)$ K,其 D 值(5.07×10^{-14} m²/s ~ 6.83×10^{-13} m²/s)不大不小,1 d 后的 $p_{D,p}$ 不够小,200 d 后刚脱离或尚未脱离半无穷厚型扩散出气,$p_{D,p}$ 随时间推移而衰减得仍较慢,且由表 25 - 2 得到,式(25 - 89)中的 $[1 + 2E_D/(RT)]$ 因子为 22.2 ~ 28.6,在轨运行时其扩散出气可能会对加速度测量噪声带来少许影响。之所以顶多只带来少许影响,是因为从图 17 - 5 所示敏感结构的外观可以看到,电极笼内侧扩散出气的分子逸出电极笼前,在电极笼内侧与检验质量表面之间的来回碰撞次数会非常多,根据 Knudsen 的"吸附层"假说,从电极笼内侧扩散出气的分子只要与检验质量碰撞过一次之后,就会以余弦定律所揭示的角度方向,在电极笼内侧与检验质量表面之间来回碰撞,成为参与辐射计效应的气体分子,直至逸出电极笼,并最终被维持真空的吸气剂泵或 mini 型溅射离子泵抽走。也就是说,从电极笼内侧扩散出气的分子只要与检验质量碰撞过一次之后,就只能参与辐射计效应,不再参与出气效应;况且,参与辐射计效应的气体分子很可能原本就不是来源于电极笼内侧面的扩散出气。因此,$p_{D,p}$ 在电极笼内总气压中所占的比例是非常低的,也就是对加速度测量噪声带来的影响是非常小的。

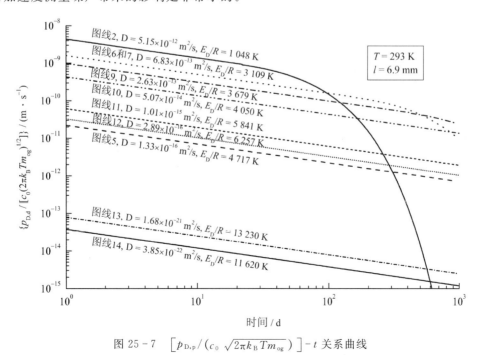

图 25 - 7　$\left[p_{D,p}/(c_0\sqrt{2\pi k_B T m_{og}})\right]$ - t 关系曲线

(5) 低温烘烤对快速降低出气速率的作用。

进一步考虑,静电悬浮加速度计的传感器头制造时会在真空排气台上经历 100 ℃ (423 K) 左右的长时间低温烘烤,使得室温下的真空度得到明显改善,这对于降低 $p_{D,p}$ 很有好处。

将式 (25-70) 与式 (25-53) 相对照,可以看到,对于半无穷厚型扩散出气,$q_{D,p,hif}$ 随时间推移而减小的规律就是 $-\partial c/\partial x$ 随时间推移而减小的规律;只要设法使 $-\partial c/\partial x$ 更快地减小,就可以使 $q_{D,p,hif}$ 更快地减小。将式 (25-70) 代入式 (25-53),得到

$$-\frac{\partial c}{\partial x}=c_0\sqrt{\frac{1}{\pi Dt}} \qquad (25-94)$$

将式 (25-58) 代入式 (25-94),得到

$$-\frac{\partial c}{\partial x}=c_0\sqrt{\frac{1}{\pi D_0 t}\exp\left(\frac{E_D}{RT}\right)} \qquad (25-95)$$

由式 (25-95) 得到不同温度下达到同样 $-\partial c/\partial x$ 值所需的时间之比:

$$\frac{t_1}{t_2}=\exp\left[\frac{E_D}{R}\left(\frac{1}{T_1}-\frac{1}{T_2}\right)\right] \qquad (25-96)$$

式中 T_1—— 第一种热力学温度,K;

    T_2—— 第二种热力学温度,K;

    t_1—— 热力学温度 T_1 下达到同样 $-\partial c/\partial x$ 值所需的时间,s;

    t_2—— 热力学温度 T_2 下达到同样 $-\partial c/\partial x$ 值所需的时间,s。

与此类似,将式 (25-73) 与式 (25-53) 相对照,可以看到,对于薄片型扩散出气,$q_{D,p,sht}$ 随时间推移而减小的规律就是 $-\partial c/\partial x$ 随时间推移而减小的规律;只要设法使 $-\partial c/\partial x$ 更快地减小,就可以使 $q_{D,p,sht}$ 更快地减小。将式 (25-73) 代入式 (25-53),得到

$$-\frac{\partial c}{\partial x}=\frac{2c_0}{l}\exp\left(-\frac{\pi^2 Dt}{4l^2}\right) \qquad (25-97)$$

将式 (25-58) 代入式 (25-97),得到

$$-\frac{\partial c}{\partial x}=\frac{2c_0}{l}\exp\left[-\frac{\pi^2 D_0 t}{4l^2}\exp\left(-\frac{E_D}{RT}\right)\right] \qquad (25-98)$$

由式 (25-98) 也得到式 (25-96)。

设 $T_1=293$ K,$T_2=373$ K,将表 25-2 所列图 25-3 中各图线的 E_D/R 值代入式 (25-96),即可得到对应的 t_1/t_2,如表 25-3 所示。

表 25-3   图 25-3 中各图线的 E_D/R 值及 $T_1=293$ K, $T_2=373$ K 的 t_1/t_2 值

图线号	1	2	5	6 和 7	8	9	10	11	12	13	14
(E_D/R)/K	3 259	1 048	4 717	3 109	3 396	3 679	4 050	5 841	6 257	13 230	11 620
t_1/t_2	10.9	2.15	31.6	9.74	12.0	14.8	19.4	71.9	97.5	1.61×10^4	4.94×10^3

从表 25-3 可以看到,在真空排气台上经历 100 ℃ (373 K) 左右的低温烘烤,再回到 20 ℃ (293 K),与不经过 100 ℃ 低温烘烤,始终维持在 20 ℃ 相比,$q_{D,p}$ 降低到同一值所需时间之比是 $1/(t_1/t_2)$。在同样抽速下,$p_{D,p}$ 降低到同一值所需的时间之比同样是 $1/(t_1/t_2)$。

25.1.2.7   讨论

(1) 出气效应与辐射计效应的影响程度对比。

25.1.2.6 节第（4）条指出："从电极笼内侧扩散出气的分子只要与检验质量碰撞过一次之后，就只能参与辐射计效应，而不再参与出气效应；况且，参与辐射计效应的气体分子很可能原本就不是来源于电极笼内侧面的扩散出气。因此，$p_{D,p}$ 在电极笼内总气压（p）中所占的比例是非常低的，也就是对加速度测量噪声带来的影响是非常小的。"

由此可见，将式（25-83）或式（25-89）与式（25-20）相比较时，如果误以为 $p_{d,f}$ 或 $p_{D,p}$ 就是 p 的话，必然会误以为式（25-83）或式（25-89）表达的出气效应与式（25-20）表达的辐射计效应相比，增加了因子 $[1+2E_d/(RT)]$ 或 $[1+2E_D/(RT)]$。文献［14］正是出于这一认知误区，而误以为该因子"第一项令人回想起辐射计效应，但是物理性质是不同的；第二项是依赖于出气的温度新效应，比所谓的辐射计效应大一到两个数量级"。"因此，我们必须留意出气的温度相关性效应比辐射计效应大许多，而且它将会是一个制约材料选择、烘烤方式选择以及在位置传感器中抽气需求选择的新效应"。

该文献之所以误以为"依赖于出气的温度新效应比所谓的辐射计效应大一到两个数量级"还有一个原因，就是对 E_d/R 和 E_D/R 可能影响加速度测量噪声的范围估计不正确。该文献误以为"可以安全地假定 Θ（即 E_d/R 或 E_D/R）在（3 000～30 000 K）的范围内，因而它比周围温度 T 高一个到两个数量级"。而 25.1.2.3 节第（3）条指出，当 $T\approx 300$ K 时，$E_d/R<7\,600$ K 的吸附分子在几分钟内就几乎脱附殆尽；$E_d/R>12\,600$ K 的吸附分子可以使气相分压长时间维持在 10^{-9} Pa 以下；25.1.2.5 节第（3）条指出，$E_d/R=12\,600$ K 时，200 d 之后，$p_{d,f}$ 衰减到了不足初始值的 $1/10^{14}$；$E_d/R<12\,600$ K，则衰减更甚。因此，"不论 E_d/R 为何值，200 d 之后脱附引起的加速度测量噪声绝对可以忽略。由于静电悬浮加速度计从完成真空封装到随卫星上天，至少要经过 200 d，所以在轨运行时绝对不需要考虑脱附引起的加速度测量噪声。"25.1.2.4 节针对 E_D/R 给出："各种气体-玻璃配偶的 E_D/R 在（1 048～13 230）K 之间。"25.1.2.6 节第（4）条指出："从图 25-7 可以看到，在 293 K 和 c_0，m_{og} 相同的条件下，图线 2 的 $E_D/R=1\,048$ K，其……1 d 后的 $p_{D,p}$……最大，但 200 d 后 $p_{D,p}$ 仅为 1 d 后的 $1/291$……，且……$[1+2E_D/(RT)]$ 因子仅为 8.15，因而在轨运行时不需要考虑扩散出气引起的加速度测量噪声。""图线 11、图线 12、图线 5、图线 13、图线 14 的 $E_D/R=$（4 717～13 230）K，……虽然……$[1+2E_D/(RT)]$ 因子为 33.2～91.3，但由于 1 d 后的 $p_{D,p}$ 已足够小，所以在轨运行时也不需要考虑扩散出气引起的加速度测量噪声。""图线 6 和 7、图线 9、图线 10 的 $E_D/R=$（3 109～4 050）K，……1 d 后的 $p_{D,p}$ 不够小，200 d 后刚脱离或尚未脱离半无穷厚型扩散出气，$p_{D,p}$ 随时间推移而衰减得仍较慢，且由表 25-2 得到，式（25-89）中的 $[1+2E_D/(RT)]$ 因子为 22.2～28.6，在轨运行时其扩散出气可能会对加速度测量噪声带来少许影响。"由此可见，对于 E_d/R 而言，不论为何值，在轨运行时对加速度测量噪声的影响都可以忽略；对于 E_D/R 而言，仅在明显大于 1 048 K 且明显小于 4 717 K 的范围内，在轨运行时对加速度测量噪声有少许影响。

在文献［14］的影响下，文献［15］给出了含有 Θ/T 因子的出气效应引起的加速度测量噪声表达式，但未给出 Θ 的范围；文献［16］给出了类似的表达式，并承认文献［14］提出的 $\Theta\approx$（3 000～30 000 K），但在误差预计图中，出气效应的噪声谱密度曲线比辐射计效应的噪声谱密度曲线低，其比值保持在 0.73：1 的水准上；文献［17］给出了含有相同比值的误差预计图，但未给出表达式；文献［8］给出了含有壳因子 $a_{hous}(p,T)$ 的出气效应引起的加速度测量噪声表达式，并指出 $a_{hous}(p,T)$ 与壳的几何形状、材料、平均运行温度和气压有关；文献［5］对于 LISA 带有激光孔的电极笼，采用了两种抑制因子，即（$p-p_{out}$）$/p$（p 为电极笼内平均压力,p_{out} 为笼外压力) 和 $4C_{hole}(4C_{chanel}+C_{hole})/[(2C_{chanel}+C_{hole})(6C_{chanel}+C_{hole})]$($C_{chanel}$ 为围绕检验质量一个面的流导,C_{hole} 为一面电极笼壁上激光孔的流导),得到出气引起的加速度噪声仅为辐射计效应引起的加速度噪声 $1/10$ 的结论。这些文献的共同特点是既承认出气效应会引起加速度测量噪声,又没有照搬文献[14]"依赖于出气的温度新效应比所谓的辐射计效应大一到两个数量级" 的判断,尽管它们仍有值得商榷之处,但不失为一个进步。

(2)Knudsen "吸附层" 假说对辐射计效应的影响。

25.1.1.1 节推导辐射计效应引起的加速度测量噪声时,引用了 Knudsen 的"吸附层"假说,即打到检验质量表面(或电极笼内侧)的气体分子会作短暂停留,然后以热力学温度 T,按余弦定律重新逸出,打到电极笼内侧(或检验质量表面)。而从 25.1.2.3 节第(1)条的叙述可以知道,吸附分子脱附时需要克服脱附活化能。这似乎使辐射计效应又变成了脱附效应,即需要增加因子 $[1+2E_d/(RT)]$。

实际上,这与 25.1.2.5 节讨论的脱附效应是不同的。其不同点在于所研究的对象不是原来暴露于大气下时吸附于表面的气体,而是 Knudsen "吸附层" 假说中打到表面后作短暂停留再重新逸出的气体。因此,它属于 25.1.2.3 节第(1)条所述的物理吸附,且其吸附热为微分吸附热。由于物理吸附的吸附活化能 $E_a=0$,所以由式(25−33)得到,因子 $[1+2E_d/(RT)]$ 中的 E_d 等于微分吸附热。鉴于:

1)25.1.2.3 节第(1)条给出,物理吸附的积分吸附热一般为几百至几千 cal/mol。即 $2E_d/R$ 为几百至几千 K。

2)25.1.2.3 节第(1)条指出,微分吸附热是吸附剂在原来吸附量的基础上,再吸附少量气体引起的热量变化,在低覆盖度下,随着覆盖度增加,微分吸附热下降很快。即微分吸附热比物理吸附的积分吸附热要小得多。

所以在 $T=293$ K 下不会使因子 $[1+2E_d/(RT)]$ 比 1 大很多。

换一个角度思考,25.1.1.3 节指出,文献[7,8]认为气体分子与表面的碰撞是完全弹性碰撞,这意味着完全抛开了 Knudsen 的"吸附层"假说,其结果是辐射计效应的系数为按 Knudsen "吸附层" 假说、但不考虑微分吸附热导出的式(25−18)的 2 倍。由此可见,按 Knudsen "吸附层" 假说,并考虑微分吸附热的话,因子 $[1+2E_d/(RT)]$ 不会超过 2。

因此,我们对加速度测量噪声作综合评估时使用文献[7−8]给出的辐射计效应引起的加速度测量噪声表达式:

$$\tilde{\gamma}_{re}=\frac{pA_{pm}}{2m_i T}\tilde{\delta}_T \tag{25−99}$$

25. 1. 2. 8 小结

在满足下列条件的情况下,出气效应引起的加速度测量噪声可以忽略不计:

(1)传感器头制造时在真空排气台上经历 100 ℃(373 K)左右长时间低温烘烤,使得室温下的真空度得到明显改善;

(2)静电悬浮加速度计从完成真空封装到随卫星上天,至少经过 200 d;

(3)使用式(25−99)计算辐射计效应引起的加速度测量噪声。

25. 1. 3 热辐射压力效应引起的加速度测量噪声

热辐射可以在真空中传递能量,且有能量形式的转换,即热能转换为辐射能及从辐射能转换成热能。如果在静电悬浮加速度计的某一敏感方向上电极笼两内侧存在温度差,如图 25-8 所示。设图中笼上侧温度为 T_0,笼下侧温度为 T,则检验质量上下两侧受到的热辐射压力不相等,从而产生加速度偏值。需要说明的是,图 25-8 上下方向所对应的敏感方向,既可以是敏感结构的 x 向,也可以是 y,z 向。

热辐射压力效应涉及以下几个有关的辐射量[18]:

(1) 辐[射]功率(辐[射能]通量):以辐射的形式发射、传播和接收的功率,符号为 P,$\Phi(\Phi_e)$。

(2) 辐[射]强度:在给定方向上的立体角元内,离开点辐射源(或辐射源面元)的辐射功率除以该立体角元,符号为 $I(I_e)$。

(3) 辐[射]亮度(辐射度):表面一点处的面元在给定方向上的辐射强度,除以该面元在垂直于给定方向的平面上的正投影面积,符号为 $L(L_e)$。

(4) 辐[射]出[射]度:离开表面一点处的面元的辐射能通量,除以该面元面积,符号为 $M(M_e)$。

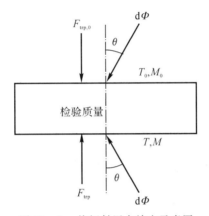

图 25-8　热辐射压力效应示意图

推导热辐射压力效应引起的加速度测量噪声涉及以下两个前提:

(1) 电极笼内侧的热辐射特性基本符合朗伯辐射体的热辐射特性,即辐射亮度与方向无关。

(2) 图 17-5 给出了敏感结构的外观,可以看到,检验质量被囚禁在电极笼中;17.3.2 节给出了电极面积和检验质量至极板的平均间隙 d,对照图 17-4 所示敏感结构的电极安排,由此可知 d 远小于电极的线度。因此,笼上侧对检验质量块上表面的热辐射可视为两块无穷大平板间的辐射。

朗伯辐射体指的是发光强度的空间分布符合余弦定律的发光体,其在不同角度的辐射强度会依余弦公式变化,角度越大强度越弱,因而朗伯辐射体又称为余弦辐射体[19]。

我们知道,发射率 ε 为热辐射体的辐射出射度与处于相同温度的全辐射体(黑体)的辐射出射度之比,而处于热力学温度 T 下的非偏振黑体全辐射的辐射亮度和辐射出射度为[18]

$$\left. \begin{array}{l} L = \dfrac{\sigma_{SB}}{\pi} T^4 \\[2mm] M_e = \sigma_{SB} T^4 \end{array} \right\} \tag{25-100}$$

式中　　L—— 辐射亮度，$W/(sr \cdot m^2)$；

　　　　M_e—— 辐射出射度，W/m^2；

　　　　σ_{SB}—— Stefan-Boltzmann 常数：$\sigma_{SB} = (5.670\,51 \pm 0.000\,19) \times 10^{-8}\ W/(m^2 \cdot K^4)$ [18]。

　　L 的单位中，sr 是球面度的符号，它是立体角的单位，球内任意一点所张的立体角为 4π sr [20]。

　　因此，作为朗伯辐射体，笼上侧的辐射亮度为

$$L_0 = \frac{\varepsilon_0 \sigma_{SB}}{\pi} T_0^4 \tag{25-101}$$

式中　　L_0—— 笼上侧的辐射亮度，$W/(sr \cdot m^2)$；

　　　　ε_0—— 笼上侧的发射率。

　　设笼上侧的辐射亮度 L_0 中包含有 n 种频率 $\nu_i (i = 1, 2, \cdots, n)$ 的光子，在辐射亮度 L_0 所给定的单位立体角和单位面积中，每种频率单位时间发射的光子数为 $Q_i (i = 1, 2, \cdots, n)$。由于每个光子的能量为 [21]

$$E = h\nu \tag{25-102}$$

式中　　E—— 光子的能量，J；

　　　　h—— Planck 常数：$h = (6.626\,075\,5 \pm 0.000\,004\,0) \times 10^{-34}\ J \cdot s$ [22]；

　　　　ν—— 光子的频率，Hz。

因此

$$L_0 = h \sum_{i=1}^{n} Q_i \nu_i \tag{25-103}$$

式中　　n—— 笼上侧的辐射亮度 L_0 中包含的、以频率不同相区分的光子种类；

　　　　i—— 以频率不同相区分的光子种类的序号；

　　　　ν_i—— 笼上侧的辐射亮度 L_0 中第 i 种光子的频率，Hz；

　　　　Q_i—— 笼上侧在辐射亮度 L_0 所给定的单位立体角和单位面积中单位时间发射的第 i 种光子的光子数，$sr^{-1} \cdot m^{-2} \cdot s^{-1}$。

　　由于每个光子的动量为 [21]

$$p_p = \frac{h\nu}{c} \tag{25-104}$$

式中　　p_p—— 光子的动量，$kg \cdot m/s$；

　　　　c—— 电磁波在真空中的传播速度：$c = 2.997\,924\,58 \times 10^8\ m/s$ [23]。

所以笼上侧在辐射亮度 L_0 所给定的单位立体角和单位面积中单位时间发射的光子的动量和为

$$p_{p,L_0} = \sum_{i=1}^{n} Q_i p_{p,i} \tag{25-105}$$

式中　　p_{p,L_0}—— 笼上侧在辐射亮度 L_0 所给定的单位立体角和单位面积中单位时间发射的光子的动量和，$kg/(sr \cdot m \cdot s^2)$；

　　　　$p_{p,i}$—— 笼上侧的辐射亮度 L_0 中频率为 ν_i 的单个光子的动量，$kg \cdot m/s$。

　　将式（25-104）代入式（25-103），再代入式（25-105），得到

$$p_{p,L_0} = \frac{L_0}{c} \tag{25-106}$$

由于检验质量上表面的反射率不为零,因此,打到检验质量上表面的光子还包括检验质量和电极间相互反射的作用。而由反射-吸收-透射定律得知,对于不透辐射材料而言,反射率与吸收率之和为 1。由于任何材料在一定温度下的发射率等于同一温度下的吸收率[20],因此

$$R_0 = 1 - \varepsilon_0 \\ R_{\mathrm{pm}} = 1 - \varepsilon_{\mathrm{pm}} \Big\}$$ (25 - 107)

式中　R_0——笼上侧的反射率;

　　R_{pm}——检验质量上表面的反射率;

　　$\varepsilon_{\mathrm{pm}}$——检验质量上表面的发射率。

于是,从笼上侧辐射出来、打到检验质量上表面的所有光子对该表面的作用力为[24]

$$F_{\mathrm{p\text{-}pm},0} = -\left(\int_0^{2\pi} \cos^2\theta\,\mathrm{d}\Omega\right) \left[(1 - R_{\mathrm{pm}}) + 2R_{\mathrm{pm}}\right]\left\{\frac{L_0}{c}\sum_{r=0}^{\infty}\left[R_{\mathrm{pm}}R_0\right]^r\right\}A_{\mathrm{pm}}$$ (25 - 108)

式中　$F_{\mathrm{p\text{-}pm},0}$——从笼上侧辐射出来、打到检验质量上表面的所有光子对该表面的作用力,Pa;

　　θ——笼上侧法线与发射光子方向的夹角,rad;

　　$\mathrm{d}\Omega$——θ 方向上的立体角元,sr;

　　r——光子在检验质量上表面与笼上侧间的往返反射次数。

其中[1]

$$\mathrm{d}\Omega = 2\pi\sin\theta\,\mathrm{d}\theta$$ (25 - 109)

对式(25 - 108)的解释如下:

(1)积分因子中,检验质量上表面对 θ 方向射来的光子倾斜造成一个因子 $\cos\theta$,光子的动量在检验质量表面法线方向上的分量造成另一个因子 $\cos\theta$。

(2)仅由反射率构成的因子中,第一项对应吸收部分,该部分符合塑性碰撞原理,由于光速远大于检验质量的运动速度,光子的动量全部传递给检验质量;第二项对应反射部分,该部分符合弹性碰撞原理,检验质量表面的动量变化等于光子的动量在检验质量表面法线方向上的分量的两倍。

(3)花括号内为单位立体角、单位面积、单位时间入射到检验质量上表面的光子的动量和,其中的和式表示需要考虑光子在检验质量上表面与笼上侧间的历次反射,而所以是单位立体角、单位面积、单位时间,是由辐射亮度(L_0)的定义决定的。

我们的实际情况是,电极笼和检验质量表面均镀金,因而检验质量上表面的发射率与笼上侧的发射率相同,即

$$\varepsilon_{\mathrm{pm}} = \varepsilon_0$$ (25 - 110)

将式(25 - 110)代入式(25 - 107),再代入式(25 - 108),得到

$$F_{\mathrm{p\text{-}pm},0} = -\left(\int_0^{2\pi} \cos^2\theta\,\mathrm{d}\Omega\right)(2 - \varepsilon_0)\frac{L_0}{c}A_{\mathrm{pm}}\sum_{r=0}^{\infty}(1 - \varepsilon_0)^{2r}$$ (25 - 111)

将式(25 - 109)等式两端分别在下式所给出的区间求定积分,可以看到,积分值相等:

$$\int_0^{2\pi}\mathrm{d}\Omega = 2\pi \\ \int_0^{\pi/2} 2\pi\sin\theta\,\mathrm{d}\theta = 2\pi \Big\}$$ (25 - 112)

将式(25 - 112)代入式(25 - 111),得到

$$F_{\text{p-pm},0} = -\frac{2\pi L_0 (2-\varepsilon_0)}{c} \left(\int_0^{\pi/2} \cos^2\theta \sin\theta \, d\theta \right) A_{\text{pm}} \sum_{r=0}^{\infty} (1-\varepsilon_0)^{2r} \quad (25-113)$$

令

$$\left. \begin{array}{c} q = (1-\varepsilon_0)^2 \\ s = r+1 \end{array} \right\} \quad (25-114)$$

显然 $0 < q < 1$。

已知无穷递减等比级数的和为[3]

$$\sum_{s=1}^{\infty} a_1 q^{s-1} = \frac{a_1}{1-q}, \quad |q| < 1 \quad (25-115)$$

将式（25-114）代入式（25-115），再代入式（25-113），得到

$$F_{\text{p-pm},0} = -\frac{2\pi L_0}{c\varepsilon_0} A_{\text{pm}} \int_0^{\pi/2} \cos^2\theta \sin\theta \, d\theta \quad (25-116)$$

计算定积分：

$$\int_0^{\pi/2} \cos^2\theta \sin\theta \, d\theta = \frac{1}{3} \cos^3\theta \Big|_{\pi/2}^0 = \frac{1}{3} \quad (25-117)$$

将式（25-117）代入式（25-116），得到

$$F_{\text{p-pm},0} = -\frac{2\pi L_0}{3c\varepsilon_0} A_{\text{pm}} \quad (25-118)$$

将式（25-101）代入式（25-118），得到

$$F_{\text{p-pm},0} = -\frac{2\sigma_{\text{SB}}}{3c} A_{\text{pm}} T_0^4 \quad (25-119)$$

从式（25-119）可以看到，只要电极笼内侧和检验质量表面发射率相同，光子产生的压力就与发射率大小无关，尽管金膜 300 K 下的发射率仅为 $\varepsilon = 0.03$[25]。

同理，若笼下侧的温度为 T，则从笼下侧辐射出来、打到检验质量下表面的所有光子对该表面的作用力为

$$F_{\text{p-pm}} = \frac{2\sigma_{\text{SB}}}{3c} A_{\text{pm}} T^4 \quad (25-120)$$

式中　$F_{\text{p-pm}}$——从笼下侧辐射出来、打到检验质量下表面的所有光子对该表面的作用力，Pa。

我们规定作用力的正方向向上，因而式（25-119）中 $F_{\text{p-pm},0}$ 为负值，式（25-120）中 $F_{\text{p-pm}}$ 为正值。

将式（25-120）与式（25-119）求和，得到分别从笼上侧和笼下侧辐射出来、打到检验质量上表面和下表面的所有光子对该表面的作用力之代数和为

$$F_{\text{trp}} + F_{\text{trp},0} = \frac{2\sigma_{\text{SB}} A_{\text{pm}}}{3c} (T^4 - T_0^4) \quad (25-121)$$

应该说明的是，只要检验质量导热足够好，则其上表面与下表面的温度相同，因而从检验质量上下表面辐射出去的光子对检验质量不引起附加作用力。

式（25-121）所示温度差引起的作用力称之为热辐射压力效应[7]。由此引起的加速度计偏值为

$$c_{0,\text{trp}} = \frac{F_{\text{trp}} + F_{\text{trp},0}}{m_{\text{i}}} \quad (25-122)$$

式中　$c_{0,\text{trp}}$——热辐射压力效应引起的加速度计偏值，m/s²。

将式(25-121)代入式(25-122),得到

$$c_{0,\mathrm{trp}} = \frac{2\sigma_{\mathrm{SB}} A_{\mathrm{pm}}}{3cm_{\mathrm{i}}}(T^4 - T_0^4) \tag{25-123}$$

当笼下侧相对于笼上侧存在温差噪声时,会引起加速度计偏值噪声。

从式(25-123)可以看到,$c_{0,\mathrm{trp}}$ 与 T 之间为非线性关系。为此,将式(24-12)应用于式(25-123),得到[7]

$$\tilde{\gamma}_{\mathrm{trp}} = \tilde{c}_{0,\mathrm{trp}} = \frac{\mathrm{d}c_{0,\mathrm{trp}}}{\mathrm{d}T}\tilde{\delta}_T = \frac{8\sigma_{\mathrm{SB}} A_{\mathrm{pm}} T^3}{3cm_{\mathrm{i}}}\tilde{\delta}_T \tag{25-124}$$

式中　$\tilde{\gamma}_{\mathrm{trp}}$ —— 热辐射压力效应引起的加速度测量噪声,$\mathrm{m \cdot s^{-2}/Hz^{1/2}}$;

　　　$\tilde{c}_{0,\mathrm{trp}}$ —— 热辐射压力效应引起的加速度计偏值噪声,$\mathrm{m \cdot s^{-2}/Hz^{1/2}}$。

25.1.4　示例

25.1.4.1　SuperSTAR 加速度计

17.3.2 节给出加速度计检验质量尺寸为 40 mm×40 mm×10 mm,因而 US 轴检验质量面积 $A_{\mathrm{pm}} = 4 \times 10^{-4}\ \mathrm{m}^2$;给出 SuperSTAR 检验质量材料为 TA6V,相应的惯性质量为 $m_{\mathrm{i}} = 0.072\ \mathrm{kg}$。23.3.2.2 节第(4)条给出 SuperSTAR 加速度计的噪声指标超灵敏(US)轴为 $(1 + 0.005\ \mathrm{Hz}/\{f\}_{\mathrm{Hz}})^{1/2} \times 10^{-10}\ \mathrm{m \cdot s^{-2}/Hz^{1/2}}$。

SuperSTAR 加速度计传感器单元的标称温度为(10 ~ 30) ℃[26],因而我们取 $T = 293$ K。23.6.4 节给出,GRACE 任务规定加速度计的温度稳定度优于 0.1 K,横跨加速度计两侧的温度梯度稳定在 0.1 K 量级;文献[27]给出,GRACE 卫星 K 波段测距系统和加速度计热控稳定性的需求高达 0.1℃/轨;文献[16]给出,GRACE 卫星飞行时观察到的加速度计敏感结构温度变化为 $\tilde{\delta}_T = 0.2\ \mathrm{K/Hz^{1/2}}$。由式(25-99)和式(25-124)可以看到,与偏值热敏感性相关的温度指标是电极笼互为对侧方向的温差噪声,而不是每轨的热控稳定性,更不是不提持续时间多长的温度稳定度,因而计算偏值热敏感性时采纳 $\tilde{\delta}_T = 0.2\ \mathrm{K/Hz^{1/2}}$ 这一指标,而不采纳诸如 0.1℃/轨或 0.1 K 级这样的指标。

若 $p = 1 \times 10^{-5}$ Pa,则由式(25-99)得到 US 轴 $\tilde{\gamma}_{\mathrm{re}} = 1.90 \times 10^{-11}\ \mathrm{m \cdot s^{-2}/Hz^{1/2}}$。由式(25-124)得到 US 轴 $\tilde{\gamma}_{\mathrm{trp}} = 1.41 \times 10^{-11}\ \mathrm{m \cdot s^{-2}/Hz^{1/2}}$。合成的加速度计偏值热敏感性引起的加速度测量噪声为 $\tilde{\gamma}_{\mathrm{re}}$ 和 $\tilde{\gamma}_{\mathrm{trp}}$ 的线性组合:

$$\tilde{\gamma}_{\mathrm{bts}} = \tilde{\gamma}_{\mathrm{re}} + \tilde{\gamma}_{\mathrm{trp}} \tag{25-125}$$

式中　$\tilde{\gamma}_{\mathrm{bts}}$ —— 加速度计偏值热敏感性引起的加速度测量噪声,$\mathrm{m \cdot s^{-2}/Hz^{1/2}}$。

需注意,由于 $\tilde{\gamma}_{\mathrm{re}}$ 和 γ_{trp} 均为 $\tilde{\delta}_T$ 的函数,而不是互相独立的噪声,因而不能使用式(24-11)表达的等权且互相独立的噪声合成公式,即 $\tilde{\gamma}_{\mathrm{bts}}$ 不等于 $\tilde{\gamma}_{\mathrm{re}}$ 和 $\tilde{\gamma}_{\mathrm{trp}}$ 的方和根。由式(25-125)得到,US 轴 $\tilde{\gamma}_{\mathrm{bts}} = 3.3 \times 10^{-11}\ \mathrm{m \cdot s^{-2}/Hz^{1/2}}$。

可以看到,在所给参数下加速度计偏值热敏感性引起的加速度测量噪声是可以接受的,因而 $p \leqslant 1 \times 10^{-5}$ Pa 和 $\tilde{\delta}_T \leqslant 0.2\ \mathrm{K/Hz^{1/2}}$ 是必要的。这也说明,从控制加速度计偏值热敏感性的角度看,应该控制以功率谱密度表示的温差噪声,而不是控制每轨的温度起伏,更不是控制不计时间长短的温度起伏。

25.1.4.2 GRADIO 加速度计

24.4.1 节给出 GRADIO 加速度计 US 轴的总噪声规范谱在测量带宽$(5 \times 10^{-3} \sim 0.1)$ Hz 内为 2×10^{-12} m·s^{-2}/Hz$^{1/2}$，在$(1 \times 10^{-4} \sim 5 \times 10^{-3})$ Hz 内为 $1 \times 10^{-14}/\{f\}_{\mathrm{Hz}}$ m·s^{-2}/Hz$^{1/2}$，在$(0.1 \sim 0.715)$ Hz 内为 $2 \times 10^{-10} \cdot (\{f\}_{\mathrm{Hz}})^2$ m·s^{-2}/Hz$^{1/2}$。

17.3.2 节给出检验质量尺寸为 40 mm × 40 mm × 10 mm，因而 US 轴检验质量面积 $A_{\mathrm{pm}} = 4 \times 10^{-4}$ m^2；给出 GRADIO 加速度计检验质量材料为 PtRh10，相应的惯性质量为 $m_{\mathrm{i}} = 0.318$ kg。文献[28]给出传感头设计的运行温度最低值为 20℃，最高值为 25℃。按最低值估计，即 $T = 293$ K。文献[29]指出 GOCE 卫星重力梯度仪芯具有前所未有的热控性能：测量带宽内稳定性优于 $5 \times (0.1$ Hz $/ \{f\}_{\mathrm{Hz}})^2$ μK/Hz$^{1/2}$，比先进的光学仪器的需求好一个量级。若仍然 $p = 1 \times 10^{-5}$ Pa，则由式$(25-99)$得到 US 轴 $\tilde{\gamma}_{\mathrm{re}} = 1.07 \times 10^{-16} \times (0.1$ Hz $/ \{f\}_{\mathrm{Hz}})^2$ m·s^{-2}/Hz$^{1/2}$。由式$(25-124)$得到 US 轴 $\tilde{\gamma}_{\mathrm{trp}} = 7.98 \times 10^{-17} \times (0.1$ Hz $/ \{f\}_{\mathrm{Hz}})^2$ m·s^{-2}/Hz$^{1/2}$。由式$(25-125)$得到 US 轴 $\tilde{\gamma}_{\mathrm{bts}} = 1.87 \times 10^{-16} \times (0.1$ Hz $/ \{f\}_{\mathrm{Hz}})^2$ m·s^{-2}/Hz$^{1/2}$。图 25-9 据此绘出了相应的谱图，同时标出了 GRADIO 加速度计 US 轴总噪声规范谱。可以看到，在实际达到的热控稳定性下，偏值热敏感性引起的 US 轴加速度测量噪声是可以接受的，因而仍可以保持 $p \leqslant 1 \times 10^{-5}$ Pa 的要求。

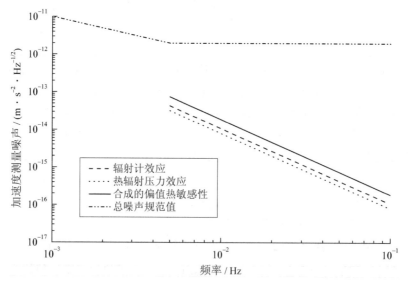

图 25-9　在实际达到的热控稳定性下，GRADIO 加速度计偏值热敏感性引起的 US 轴加速度测量噪声

25.2　寄 生 噪 声

25.2.1　金丝刚度和阻尼引起的加速度测量噪声

25.2.1.1　检验质量通过金丝导入固定偏压的原因

17.3.1 节指出，检验质量通过金丝导入电容位移检测电压和固定偏压。我们知道，电容位移检测电压和固定偏压不一定要导入到检验质量上，也可以导入到成对的电极上。之

所以将固定偏压导入到检验质量上是因为：

（1）来自宇宙空间的高能粒子流，特别是能量超过 200 MeV 的质子，会穿透卫星蒙皮和加速度计壳，以大约 30 s^{-1} 的频度与检验质量上的原子核相撞，产生次级辐射，使检验质量积累电荷并拌随有电荷波动噪声[7]。

（2）卫星以 7.6 km/s 的速度与地磁场交叉，检验质量上的电荷会因为切割磁力线而产生 Lorentz 力[30]：

$$\boldsymbol{F}_L = \boldsymbol{Q} \cdot \boldsymbol{v}_s \times \boldsymbol{B}_E \qquad (25-126)$$

式中　$\boldsymbol{F}_L$——检验质量块受到的 Lorentz 力矢量，N；

　　　$\boldsymbol{Q}$——检验质量块上所带的束缚电荷，C；

　　　$\boldsymbol{v}_s$——卫星沿圆轨道绕地球飞行的轨道速度矢量，m/s；

　　　$\boldsymbol{B}_E$——卫星受到的地磁场的磁感应强度矢量，T。

因此，由上述第（1）条产生的检验质量电荷波动噪声会因第（2）条产生 Lorentz 力波动噪声，从而引起加速度测量噪声[7]。通过在检验质量上连接金丝以施加固定偏压，使检验质量上的电荷不受高能粒子流辐射的影响，从而完全消除了该项噪声。

25.2.1.2　刚度

一根几微米直径和几厘米长的非常细的金丝已经被用于若干静电悬浮加速度计中。这根丝被当作在检验质量和笼之间的电连接使用。它是使漂浮于笼中的检验质量放电的精致解决办法。它比采用紫外线灯的电荷控制器容易使用且容易在一个小装置中实现。但是这样一根丝有缺点，缺点来自它的刚度 k_{wire} 和阻尼 $\eta_{wire}(\omega)$，其中阻尼是主要的。阻尼力本身是可以忽略的，但是它带来的热噪声（起伏-耗散定理）可能是一种性能限制[31]。

法国 ONERA 研制了一种静电悬浮扭摆，该扭摆被最优化，其转矩噪声和力噪声极佳（分别为 $1.3 \times 10^{-14} \sqrt{1 + 10^{-2}/\{f\}_{Hz}}$ N·m/Hz$^{1/2}$ 和 $5.9 \times 10^{-13} \sqrt{1 + 10^{-2}/\{f\}_{Hz}}$ N/Hz$^{1/2}$），专门用以测量非常弱的转矩和力，而不是加速度[32]，包括[31]：

（1）来自非常细的导线的刚度和阻尼；

（2）静电悬浮加速度计内部接触电位差；

（3）来自未知来源的附加阻尼。

出于同样目的，意大利 Trento 大学研制了用于 LISA 引力传感器地面试验的扭摆装置。该装置采用一根 1 m 长和 25 μm 粗的钨纤维将检验质量悬吊起来。所用的检验质量虽然外形与 LISA 引力传感器一样，都是边长 40 cm 的立方体，但不是 LISA 所用的 10%Pt-90%Au 实心立方，而是壁厚仅 2 mm 的镀金钛空心立方，这样做的目的是对引力、惯性力不敏感（即对加速度不敏感），对磁力也不敏感，但对表面效应却照样敏感[33]。该装置主要用于：获得对于杂散力更严格的上限（引伸到低频）；测量全部类似于弹性的耦合；测量介电损耗角；研究热梯度感生效应；证明电荷测量技术；证明基于紫外光的电荷控制；改进杂散直流偏值电压测量和补偿[15]。

法国 ONERA 使用静电悬浮扭摆检测金丝的刚度和阻尼时，为了从刚度和阻尼的其他来源中（主要从静电寄生效应中）区分出丝的刚度和阻尼，做两组测量。第一组用两根金丝，一根在检验质量的侧面，另一根在顶部[见图 25-10（a）]，第二组切除侧面的金丝而保留顶部的金丝[见图 25-10（b）]。侧丝的扭转臂长 2.2 cm；顶丝不承受臂力，安装它以便控制检验质量的电压，正如在若干静电悬浮加速度计中所做的那样。仪器的核心部分在两个步骤间不需要拆卸,因而由安装缺陷引起的虚拟静电效应应该是同样的(寄生转动刚度 k_{el}[①] 和寄生阻尼 η_{el}[②] 不可能变化)[31]。

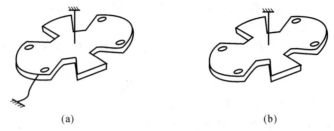

(a)　　　　　　　　　　　(b)

图 25 - 10　静电悬浮扭摆的检验质量及与其相连的金丝[31]

(a)第一组测量用二根金丝；　(b)第二组测量仅用在顶部的一根金丝

据此得到金丝的刚度为[31]

$$k_{wire} = 2.91 \times 10^{-5} \, \text{N/m} \qquad (25 - 127)$$

式中　k_{wire}——金丝刚度,N/m。

金丝刚度的理论值 k_{theo} 可以按垂直于主轴方向经受平移形变的梁计算[31]:

$$k_{theo} = \frac{3\pi E r_{wire}^4}{l_{wire}^3} \qquad (25 - 128)$$

式中　k_{theo}——金丝刚度的理论值,N/m;

　　　　E——金丝的杨氏模量,N/m²;

　　r_{wire}——金丝的半径,m;

　　l_{wire}——金丝的长度,m。

文献[31]给出 $E = 7.85 \times 10^{10} \, \text{N/m}^2$, $r_{wire} = 3.75 \, \mu\text{m}$, $l_{wire} = 1.7 \, \text{cm}$,代入式(25 - 128)得到 $k_{theo} = 2.98 \times 10^{-5} \, \text{N/m}$。式(25 - 127)所示的实验结果与此理论值良好一致[31]。

位移噪声与金丝刚度相耦合诱导出加速度测量噪声[34]:

$$\tilde{\gamma}_{k_{wire}} = \frac{k_{wire}}{m_i} \tilde{x} \qquad (25 - 129)$$

式中　$\tilde{\gamma}_{k_{wire}}$——位移噪声与金丝刚度相耦合诱导出的加速度测量噪声,$\text{m} \cdot \text{s}^{-2}/\text{Hz}^{1/2}$;

　　$\tilde{x}$——合成的位移噪声,$\text{m/Hz}^{1/2}$。

25.2.1.3　阻尼

金丝的阻尼系数与其刚度和品质因数的关系为[31]

$$\eta_{wire}(\omega) = \frac{k_{wire}}{\omega Q_{wire}(\omega)} \qquad (25 - 130)$$

式中　　　ω——角频率,rad/s;

　　$\eta_{wire}(\omega)$——金丝的阻尼系数,是与频率有关的量,$\text{N}/(\text{m} \cdot \text{s}^{-1})$;

　　$Q_{wire}(\omega)$——金丝的品质因数,是与频率有关的量,无量纲。

用静电悬浮扭摆(参见 25.2.1.2 节)所测数据得到的金丝品质因数 $Q_{wire}(\omega)$ 与频率关系如图 25 - 11 所示,该结果与在低频范围内对各种不同材料测到的常见值良好一致[31]。

----

① 寄生转动刚度是由元件尺度为厘米级而元件间的缝隙仅数十微米这种特殊结构的弱耦合和边缘效应引起的。

② 寄生阻尼指既非来自检验质量侧面金丝,也非来自顶部金丝的阻尼,尚不可预见。

24.4.2.2 节指出,电阻热噪声称为 Johnson-Nyguist 噪声,式(24 - 20)给出了以电压形式表示的 Johnson-Nyguist 噪声表达式。与此类似,由惯性质量 m_i、刚度 k 和阻尼系数 η 构成的机械谐振器存在阻尼热噪声,其中 η 对应电阻 R,m_i 对应电感 L,$1/k$ 对应电容 C,阻尼力噪声 $\widetilde{F}_\eta$ 对应以电压形式表示的 Johnson-Nyguist 噪声 $\widetilde{u}_{th}$[35]。因此,若金丝处于温度 T 下,则金丝阻尼产生的加速度热噪声为[34]

$$\widetilde{\gamma}_{\eta\,wire} = \frac{2\sqrt{k_B T \eta_{wire}(\omega)}}{m_i} \qquad (25-131)$$

式中　$\widetilde{\gamma}_{\eta\,wire}$ —— 金丝平动阻尼产生的加速度热噪声,$m \cdot s^{-2}/Hz^{1/2}$。

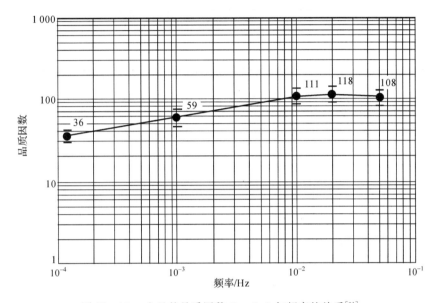

图 25 - 11　金丝的品质因数 $Q_{wire}(\omega)$ 与频率的关系[31]

25.2.2　接触电位差起伏引起的加速度测量噪声

在导体之间的接触电位差(CPD)已经被人们广泛地研究:接触电位差取决于表面涂覆的材料,而且会因表面变化而随时间变化,压力变化、温度变化、物理吸着和化学吸着等等都会使表面发生变化。尽管静电悬浮加速度计敏感结构的所有表面镀金,电位的演变进程依然存在,而且在检验质量和电极笼之间导致起伏不定的静电力。因此,接触电位差起伏是一个需要被研究的噪声来源。鉴于上述现象很多依赖于实验状况,故而 ONERA 在静电悬浮加速度计上开展了针对性研究[31]。

金属表面斑点状的接触电位差起伏简称"斑点效应"。在一个清洁多晶金属表面上暴露的不同晶向导致表面电位的变化,这被归结为"斑点效应",表面污染以及合金中化学组成的变化也生成和影响斑点电位[36]。

由此可知,接触电位差起伏是一种微观的随机效应。从统计学的观点可以知道,观察的面积越小,微观的随机效应越明显;反言之,微观的随机效应会因为观察的面积增大而受到平抑。因此,接触电位差起伏引起的电极电位噪声反比于电极的表面积[31]:

$$P_{CPD} = K_{CPD}/A \qquad (25-132)$$

式中　　P_{CPD}——接触电位差起伏引起的电极电位噪声，V^2/Hz；

　　　　A——电极面积，m^2；

　　　　K_{CPD}——由接触电位差起伏引起、只依赖于表面涂覆的材料和实验状态（尤其是温度）的噪声，$m^2 \cdot V^2/Hz$。

对于具有不同几何结构但是用同一技术和清洗规程建造的仪器，例如 ONERA 的加速度计，K_{CPD} 应该是相同的[31]。

25.2.1.2 节给出，ONERA 研制的静电悬浮扭摆的转矩噪声仅为 $1.3 \times 10^{-14} \times \sqrt{1 + 10^{-2}/\{f\}_{Hz}}$ $N \cdot m/Hz^{1/2}$。来自 CPD 起伏的噪声显然低于转矩噪声，由此得到[31]

$$\{P_{CPD}\}_{V^2/Hz} < 6 \times 10^{-10}(1 + 10^{-2}/\{f\}_{Hz}) \tag{25-133}$$

将静电悬浮扭摆的电极面积 $A = 3.33 \times 10^{-7}$ m^2 代入到式（25-132），得到[31]

$$\{K_{CPD}\}_{m^2 V^2/Hz} < 2 \times 10^{-16}(1 + 10^{-2}/\{f\}_{Hz}) \tag{25-134}$$

该结果仅为相同状态下由其他仪器所得上限的 0.4%。借助于更灵敏的实验再次减小此上限也许是可能的[31]。

接触电位差起伏引起的电极电位噪声会被认为是施加到电极上的反馈控制电压噪声，因此，仿照式（17-23）和式（17-24），可以给出接触电位差起伏引起的加速度测量噪声为[34]

$$\tilde{\gamma}_{CPD} = G_p\sqrt{P_{CPD}} = \frac{2\varepsilon_0 A}{m_i d^2}V_p\sqrt{P_{CPD}} \tag{25-135}$$

式中　　$\tilde{\gamma}_{CPD}$——接触电位差起伏引起的加速度测量噪声，$m \cdot s^{-2}/Hz^{1/2}$；

　　　　G_p——物理增益，$m \cdot s^{-2}/V$；

　　　　ε_0——真空介电常数，17.4.3 节给出 $\varepsilon_0 = 8.854\,188 \times 10^{-12}$ F/m；

　　　　d——检验质量与电极间的平均间隙，m；

　　　　V_p——检验质量上施加的固定偏压，V。

用图片中曲线变成 Excel 表数据的软件 GetData Graph Digitizer 采集图 24-2 所示 STAR 加速度计 y 轴接触电位差噪声的数据，得到 0.1 Hz 下为 6.69×10^{-10} $m \cdot s^{-2}/Hz^{1/2}$；用同一软件采集图 24-3 所示 SuperSTAR 加速度计 z 轴接触电位差噪声的数据，得到 0.1 Hz 下为 4.05×10^{-11} $m \cdot s^{-2}/Hz^{1/2}$；用同一软件采集图 24-4 所示 GRADIO 加速度计 US 轴寄生噪声的数据，得到 0.1 Hz 下为 3.51×10^{-13} $m \cdot s^{-2}/Hz^{1/2}$。表 17-4 给出 STAR 加速度计 y，z 轴 $G_p = 1.818\,9 \times 10^{-4}$ $m \cdot s^{-2}/V$，SuperSTAR 加速度计 y，z 轴 $G_p = 1.670\,4 \times 10^{-5}$ $m \cdot s^{-2}/V$，GRADIO 加速度计 y，z 轴 $G_p = 9.717\,0 \times 10^{-7}$ $m \cdot s^{-2}/V$。于是，由式（25-135）得到 STAR 加速度计 0.1 Hz 下 $\sqrt{P_{CPD}} = 3.68 \times 10^{-6}$ $V/Hz^{1/2}$；SuperSTAR 加速度计 0.1 Hz 下 $\sqrt{P_{CPD}} = 2.42 \times 10^{-6}$ $V/Hz^{1/2}$；从图 25-17 可以看到，GRADIO 加速度计寄生噪声引起的加速度测量噪声的最主要来源是接触电位差噪声，因而 GRADIO 加速度计 0.1 Hz 下 $\sqrt{P_{CPD}}$ 略小于 3.61×10^{-7} $V/Hz^{1/2}$。由此可见，就接触电位差起伏引起的电极电位噪声而言，SuperSTAR 加速度计仅比 STAR 加速度计略有改进，GRADIO 加速度计则有明显改进。

从图 24-2 可以看到，STAR 加速度计 y 轴噪声的来源中接触电位差噪声在 $(1 \times 10^{-4} \sim 0.07)$ Hz 范围内位居第二，仅次于电容位移检测噪声，而在测量通带其余 $(0.07 \sim 0.1)$ Hz 范围内位居第一；从图 24-3 可以看到，SuperSTAR 加速度计 z 轴噪声的来源中接触电位差噪声在 $(1 \times 10^{-4} \sim 0.1)$ Hz 测量通带范围内位居第一；从图 24-4 可以看到，GRADIO 加速度计 US 轴噪声的来源中寄生噪声在 $(1 \sim 8) \times 10^{-4}$ Hz 范围内位居第二,仅次于热噪声,在 $(8 \times 10^{-4} \sim 2 \times 10^{-3})$ Hz 范围内位居第一,在 $(2 \times 10^{-3} \sim 4 \times 10^{-2})$ Hz 范围内位居第二,仅次于测量噪声,在 $(4 \times 10^{-2} \sim 0.1)$ Hz 范围内位居第三,次于测量噪声和探测器噪声。由此可见,采用优良的清洗和真空排气规程以降低接触电位差噪声是非常重要的。

文献[37]给出了目视检查敏感结构的现场照片,如图 25-12 所示。可以看到,为了保持环境清洁,工作台上超净气流从照片偏左位置的设备箱前方送出,工作台两侧和上方都用有机玻璃遮挡,工作人员身着超净工作服、戴口罩、手套和薄橡胶指套。由此可见,静电悬浮加速度计敏感结构表面在装配-检验过程中对清洁的要求,绝不逊于光学表面对清洁的要求。

图 25-12　目视检查敏感结构的现场照片[37]

将式(25-132)和式(25-134)代入式(25-135),得到

$$\tilde{\gamma}_{\text{CPD}} < \frac{2 \ \{\varepsilon_0\}_{\text{F/m}} \ \{V_p\}_{\text{V}}}{\{m_i\}_{\text{kg}} \ \{d\}^2_{\text{m}}} \sqrt{2 \times 10^{-16} \ \{A\}_{\text{m}^2} \left(1 + \frac{10^{-2}}{\{f\}_{\text{Hz}}}\right)} \qquad (25-136)$$

25.2.3　残余气体平衡态阻尼引起的加速度热噪声

由于静电悬浮加速度计的敏感结构处于高真空下,因此,气体阻尼作用的性质属于残余气体平衡态阻尼,而非压膜阻尼,即认为检验质量块运动时,运动方向上的气体有足够的自由空间,气体仍处于平衡态[2]。

25.2.3.1　与运动方向垂直的检验质量表面受到的气体阻尼力

设检验质量以速率 x' 沿 x 正向(高度 h 的方向)运动,如图 25-13 所示。

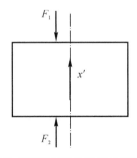

图 25-13　与运动方向垂直的检验质量表面受到的气体阻尼

如图 25-14 所示,考虑朝向正 x 方向的检验质量表面(即图 25-13 中检验质量上表面)

的元面 $dA_{pm,x}$，仿照式(25-1)可以给出，在 $\theta \sim \theta + d\theta$ 所包容的立体角内，单位时间打到 $dA_{pm,x}$ 上、速率在 $v \sim v + dv$ 间的分子数为

$$dN_{\theta,v,x} = \frac{(v\cos\theta + x')\,dn_v}{2}\sin\theta\,d\theta\,dA_{pm,x} \tag{25-137}$$

式中　　x'——检验质量沿 x 正向运动的速率，m/s；

$dA_{pm,x}$——朝向正 x 方向的检验质量表面的元面，m^2；

$dN_{\theta,v,x}$——在 $\theta \sim \theta + d\theta$ 所包容的立体角内，单位时间打到 $dA_{pm,x}$ 上、速率在 $v \sim v + dv$ 间的分子数，s^{-1}。

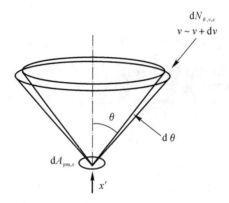

图 25-14　式(25-137) 各参数的含义

其中[1]

$$dn_v = nf(v)\,dv \tag{25-138}$$

处于热力学温度 T 下的气体的麦克斯韦速率分布函数为[1]

$$f(v) = 4\pi\left(\frac{m}{2\pi k_B T}\right)^{3/2} v^2 e^{-\frac{mv^2}{2k_B T}} \tag{25-139}$$

仿照式(25-4)可以给出，$dN_{\theta,v,x}$ 对 $dA_{pm,x}$ 的作用力矢量为[2]

$$d\boldsymbol{F}_{\theta,v,x} = -m(v\cos\theta + x')\,dN_{\theta,v,x}\cdot\boldsymbol{e}_x \tag{25-140}$$

式中　　$d\boldsymbol{F}_{\theta,v,x}$——$dN_{\theta,v,x}$ 对 $dA_{pm,x}$ 的作用力矢量，N；

$\boldsymbol{e}_x$——x 方向的单位矢量。

由式(25-137)至式(25-140)得到，从上电极板下表面逸出，单位时间打到 $dA_{pm,x}$ 上的所有气体分子对该元面的作用力矢量为

$$d\boldsymbol{F}_x = \frac{nm^{5/2}}{(k_B T)^{3/2}\sqrt{2\pi}}\left\{\left(\int_0^\infty v^4 e^{-\frac{mv^2}{2k_B T}}dv\right)\left[\int_0^{\pi/2}\cos^2\theta\,d(\cos\theta)\right]+\right.$$

$$2x'\left(\int_0^\infty v^3 e^{-\frac{mv^2}{2k_B T}}dv\right)\left[\int_0^{\pi/2}\cos\theta\,d(\cos\theta)\right]-$$

$$\left. x'^2\left(\int_0^\infty v^2 e^{-\frac{mv^2}{2k_B T}}dv\right)\left(\int_0^{\pi/2}\sin\theta\,d\theta\right)\right\}dA_{pm,x}\cdot\boldsymbol{e}_x \tag{25-141}$$

式中　　$d\boldsymbol{F}_x$——从上电极板下表面逸出，单位时间打到 $dA_{pm,x}$ 上的所有气体分子对该元面的作用力矢量，N。

解得

$$d\boldsymbol{F}_x = -\frac{nk_B T}{2}\left(1 + 2\sqrt{\frac{2m}{\pi k_B T}}x' + \frac{m}{k_B T}x'^2\right)dA_{pm,x}\cdot\boldsymbol{e}_x \tag{25-142}$$

忽略边缘效应,由式(25-142)得到从上电极板下表面逸出,单位时间打到正 x 方向的检验质量表面的所有气体分子对该表面的作用力矢量为

$$\boldsymbol{F}_1 = -\frac{nk_{\mathrm{B}}T}{2}\left(1 + 2\sqrt{\frac{2m}{\pi k_{\mathrm{B}}T}}x' + \frac{m}{k_{\mathrm{B}}T}x'^2\right)lw \cdot \boldsymbol{e}_x \qquad (25-143)$$

式中　$\boldsymbol{F}_1$——从上电极板下表面逸出,单位时间打到正 x 方向的检验质量表面的所有气体分子对该表面的作用力矢量,N;

　　　l——检验质量的长度(y 向尺度),m;

　　　w——检验质量的宽度(z 向尺度),m。

同理,从下电极板上表面逸出,单位时间打到负 x 方向的检验质量表面的所有气体分子对该表面的作用力矢量为

$$\boldsymbol{F}_2 = \frac{nk_{\mathrm{B}}T}{2}\left(1 - 2\sqrt{\frac{2m}{\pi k_{\mathrm{B}}T}}x' + \frac{m}{k_{\mathrm{B}}T}x'^2\right)lw \cdot \boldsymbol{e}_x \qquad (25-144)$$

式中　$\boldsymbol{F}_2$——从下电极板上表面逸出,单位时间打到负 x 方向的检验质量表面的所有气体分子对该表面的作用力矢量,N。

分别从上电极板下表面和下电极板上表面逸出,单位时间分别打到正 x 和负 x 方向检验质量表面的所有分子对检验质量的作用力之矢量和即为 x 方向(高度 h 的方向)检验质量表面受到的气体阻尼力矢量。由式(25-143)和式(25-144)得到

$$\boldsymbol{F}_h = \boldsymbol{F}_1 + \boldsymbol{F}_2 = -2nlw\sqrt{\frac{2mk_{\mathrm{B}}T}{\pi}}x' \cdot \boldsymbol{e}_x \qquad (25-145)$$

式中　$\boldsymbol{F}_h$——x 方向(高度 h 的方向)检验质量表面受到的气体阻尼力矢量,N。

从式(25-145)可以看到,x 方向(高度 h 的方向)检验质量表面受到的气体阻尼力矢量的方向是速率 x' 的反方向。

25.2.3.2　与运动方向平行的检验质量表面受到的气体阻尼力

先考虑 y 方向(长度 l 的方向)检验质量表面受到的气体阻尼力,如图 25-15 所示。

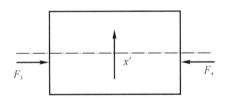

图 25-15　检验质量表面在 y 方向受到的气体阻尼

考虑朝向正 y 方向的检验质量表面(即图 25-15 中检验质量左表面)的元面 $\mathrm{d}A_{\mathrm{pm},y}$。由于所考虑的表面与运动方向平行,仿照式(25-1)可以给出,在 $\theta \sim \theta + \mathrm{d}\theta$ 所包容的立体角内,单位时间打到 $\mathrm{d}A_{\mathrm{pm},y}$ 上、速率在 $v \sim v + \mathrm{d}v$ 间的分子数为

$$\mathrm{d}N_{\theta,v,y} = \frac{v\mathrm{d}n_v}{2}\cos\theta\sin\theta\,\mathrm{d}\theta\,\mathrm{d}A_{\mathrm{pm},y} \qquad (25-146)$$

式中　$\mathrm{d}A_{\mathrm{pm},y}$——朝向正 y 方向的检验质量表面的元面,m²;

　　　$\mathrm{d}N_{\theta,v,y}$——在 $\theta \sim \theta + \mathrm{d}\theta$ 所包容的立体角内,单位时间打到 $\mathrm{d}A_{\mathrm{pm},y}$ 上、速率在 $v \sim v + \mathrm{d}v$ 间的分子数,s^{-1}。

仿照式(25-4)可以给出,$\mathrm{d}N_{\theta,v,y}$ 对 $\mathrm{d}A_{\mathrm{pm},y}$ 的作用力矢量为[2]

$$\mathrm{d}\boldsymbol{F}_{\theta,v,y} = m(v\cos\theta \cdot \boldsymbol{e}_y - x' \cdot \boldsymbol{e}_x)\mathrm{d}N_{\theta,v,y} \qquad (25-147)$$

式中 $\mathrm{d}\boldsymbol{F}_{\theta,v,y}$——$\mathrm{d}N_{\theta,v,y}$ 对 $\mathrm{d}A_{\mathrm{pm},y}$ 的作用力矢量,N;

$\boldsymbol{e}_y$——y 方向的单位矢量。

由式(25-138)、式(25-139)、式(25-146)、式(25-147)得到,从左电极板右表面逸出,单位时间打到 $\mathrm{d}A_{\mathrm{pm},y}$ 上的所有气体分子对该元面的作用力矢量为

$$\mathrm{d}\boldsymbol{F}_y = \frac{nm^{5/2}}{(k_\mathrm{B}T)^{3/2}\sqrt{2\pi}}\left\{x'\left(\int_0^\infty v^3 \mathrm{e}^{-\frac{mv2}{2k_\mathrm{B}T}}\mathrm{d}v\right)\left[\int_0^{\pi/2}\cos\theta\,\mathrm{d}(\cos\theta)\right]\cdot\boldsymbol{e}_x -\right.$$
$$\left.\left(\int_0^\infty v^4 \mathrm{e}^{-\frac{mv2}{2k_\mathrm{B}T}}\mathrm{d}v\right)\left[\int_0^{\pi/2}\cos^2\theta\,\mathrm{d}(\cos\theta)\right]\cdot\boldsymbol{e}_y\right\}\mathrm{d}A_{\mathrm{pm},y} \qquad (25-148)$$

式中 $\mathrm{d}\boldsymbol{F}_y$——从左电极板右表面逸出,单位时间打到 $\mathrm{d}A_{\mathrm{pm},y}$ 上的所有气体分子对该元面的作用力矢量,N。

解得

$$\mathrm{d}\boldsymbol{F}_y = \frac{nk_\mathrm{B}T}{2}\left(\boldsymbol{e}_y - \sqrt{\frac{2m}{\pi k_\mathrm{B}T}}x' \cdot \boldsymbol{e}_x\right)\mathrm{d}A_{\mathrm{pm},y} \qquad (25-149)$$

忽略边缘效应,由式(25-149)得到从左电极板右表面逸出,单位时间打到正 y 方向的检验质量表面的所有气体分子对该表面的作用力矢量为

$$\boldsymbol{F}_3 = \frac{nk_\mathrm{B}T}{2}\left(\boldsymbol{e}_y - \sqrt{\frac{2m}{\pi k_\mathrm{B}T}}x' \cdot \boldsymbol{e}_x\right)wh \qquad (25-150)$$

式中 $\boldsymbol{F}_3$——从左电极板右表面逸出,单位时间打到正 y 方向的检验质量表面的所有气体分子对该表面的作用力矢量,N;

h——检验质量的高度(x 向尺度),m。

同理,从右电极板左表面逸出,单位时间打到负 y 方向的检验质量表面的所有气体分子对该表面的作用力为

$$\boldsymbol{F}_4 = -\frac{nk_\mathrm{B}T}{2}\left(\boldsymbol{e}_y + \sqrt{\frac{2m}{\pi k_\mathrm{B}T}}x' \cdot \boldsymbol{e}_x\right)wh \qquad (25-151)$$

式中 $\boldsymbol{F}_4$——从右电极板左表面逸出,单位时间打到负 y 方向的检验质量表面的所有气体分子对该表面的作用力矢量,N。

分别从左电极板右表面和右电极板左表面逸出,单位时间分别打到正 y 和负 y 方向检验质量表面的所有分子对检验质量的作用力之矢量和即为 y 方向(长度 l 的方向)检验质量表面受到的气体阻尼力矢量。由式(25-150)和式(25-151)得到

$$\boldsymbol{F}_l = \boldsymbol{F}_3 + \boldsymbol{F}_4 = -nwh\sqrt{\frac{2mk_\mathrm{B}T}{\pi}}x' \cdot \boldsymbol{e}_x \qquad (25-152)$$

式中 $\boldsymbol{F}_l$——y 方向(长度 l 的方向)检验质量表面受到的气体阻尼力矢量,N。

从式(25-152)可以看到,y 方向(长度 l 的方向)检验质量表面受到的气体阻尼力矢量的方向是速率 x' 的反方向。

同理,z 方向(宽度 w 的方向)检验质量表面受到的气体阻尼力矢量为

$$F_w = F_5 + F_6 = -nlh\sqrt{\frac{2mk_\mathrm{B}T}{\pi}}x' \cdot \boldsymbol{e}_x \qquad (25-153)$$

式中 F_w——z 方向(宽度 w 的方向)检验质量表面受到的气体阻尼力矢量,N。

式(25-153)显示,z 方向(宽度 w 的方向)检验质量表面受到的气体阻尼力矢量的方向

是速率 x' 的反方向。

25.2.3.3　检验质量所有表面受到的气体阻尼力

检验质量所有表面受到的气体阻尼力矢量为

$$\boldsymbol{F}_\eta = \boldsymbol{F}_h + \boldsymbol{F}_l + \boldsymbol{F}_w = -n(2lw + wh + lh)\sqrt{\frac{2mk_BT}{\pi}}\, x' \cdot \boldsymbol{e}_x \qquad (25-154)$$

式中　　$\boldsymbol{F}_\eta$——检验质量所有表面受到的气体阻尼力矢量,N。

式(25-154)可以表示为

$$\boldsymbol{F}_\eta = -\eta_{gas} x' \cdot \boldsymbol{e}_x \qquad (25-155)$$

式中　　η_{gas}——检验质量沿 x 向运动时,残余气体平衡态阻尼的阻尼系数,$N/(m \cdot s^{-1})$。

由式(25-154)和式(25-155)得到

$$\eta_{gas} = n(2lw + wh + lh)\sqrt{\frac{2mk_BT}{\pi}} \qquad (25-156)$$

从式(25-156)可以看到,残余气体平衡态阻尼系数与温度的开方成正比[2]。

将式(25-9)代入式(25-156),得到

$$\eta_{gas} = p(2lw + wh + lh)\sqrt{\frac{2m}{\pi k_BT}} \qquad (25-157)$$

将式(25-20)代入式(25-157),得到[2]

$$\eta_{gas} = \frac{4}{\pi}\frac{p}{v}(2lw + wh + lh) \qquad (25-158)$$

从式(25-158)可以看出,残余气体平衡态阻尼的阻尼系数与气体的压力成正比,而与气体分子的平均热运动速率成反比[2]。

25.2.3.4　引入的加速度热噪声

与式(25-131)相类似,气体阻尼引起的加速度热噪声为[34]

$$\tilde{\gamma}_{\eta gas} = \frac{2\sqrt{k_BT\eta_{gas}}}{m_i} \qquad (25-159)$$

式中　　$\tilde{\gamma}_{\eta gas}$——气体阻尼产生的加速度热噪声,$m \cdot s^{-2}/Hz^{1/2}$。

将式(25-157)代入式(25-159),得到

$$\tilde{\gamma}_{\eta gas} = \frac{2}{m_i}\left[p(2lw + wh + lh)\right]^{1/2}\left(\frac{2mk_BT}{\pi}\right)^{1/4} \qquad (25-160)$$

将式(25-157)代入式(25-160),得到

$$\tilde{\gamma}_{\eta gas} = \frac{2}{m_i}\left(\frac{2m}{\pi}\right)^{1/4}\left[n(2wl + wh + lh)\right]^{1/2}(k_BT)^{3/4} \qquad (25-161)$$

从式(25-161)可以看到,气体阻尼引起的加速度热噪声与高真空下单位体积内残余气体分子数的平方根及温度的 3/4 次方成正比[2]。

需要说明的是,有的文献对残余气体平衡态阻尼引起的加速度热噪声所做的推导和陈述与本节有差异,文献[2]为此进行了详细的讨论,感兴趣的读者可以自行参阅。

25.2.4 磁场引起的加速度测量噪声

25.2.4.1 检验质量上的电荷扰动受地磁场影响引起的加速度测量噪声

25.2.1.1 节已经指出,通过在检验质量上连接金丝以施加固定偏压,使悬浮的检验质量上的电荷不受高能粒子流辐射的影响,已经完全消除了因检验质量受高能粒子流辐射造成的电荷扰动,从而完全消除了检验质量上的电荷扰动受地磁场影响引起的加速度测量噪声。

25.2.4.2 检验质量带有的电荷受地磁场扰动引起的加速度测量噪声

(1)检验质量带有的电荷。

从 25.2.1.1 节的叙述可知,检验质量通过连接的金丝施加固定电位后,电位不会因能量超过 200 MeV 的质子通量而改变。因此,检验质量上带有的电荷可依平行板电容器带有的电荷进行计算[21]:

$$Q = \frac{\varepsilon_0 A}{d}(V_A - V_B) \qquad (25-162)$$

式中 V_A——平行板电容器中的 A 板电位,V;

V_B——平行板电容器中的 B 板电位,V。

对于静电悬浮加速度计而言,如 17.3.5 节所述,检验质量上施加的是固定偏压 V_p 和抽动频率 100 kHz 的检测电压 V_d,成对电极上施加的是正负相反的反馈控制电压 V_f。考虑检验质量块上所带的束缚电荷对测量带宽不超过 0.1 Hz 的加速度测量的影响时,可以不计 V_d 的影响,因而

$$\left.\begin{array}{c} V_A = V_p \\ V_B = \pm V_f \end{array}\right\} \qquad (25-163)$$

将式(17-24)和式(25-163)代入式(25-162),得到

$$Q = \frac{\varepsilon_0 A V_p}{d} \pm \frac{m_i d \gamma_{msr}}{2 V_p} \qquad (25-164)$$

式中 γ_{msr}——加速度测量值,m/s²。

对于静电悬浮加速度计而言,如 17.3.4 节所述,PID 的积分时间常数使得检验质量块的运动被限制到小于 1 nm。因此,考虑检验质量块上所带的束缚电荷时,d 为检验质量与电极间的平均间隙;而 γ_{msr} 反映的就是卫星的非重力加速度 γ_s。因此,由式(25-164)可以看到,检验质量通过连接的金丝施加固定电位后,所带的束缚电荷仅随卫星的非重力加速度变化。

文献[30]指出,该电荷能以不超过 0.3% 的相对误差[①]被计算。

(2)卫星受到的地磁场扰动。

卫星受到的地磁场磁感应强度 $\boldsymbol{B}_E$ 随穿越的磁场起伏,随轨道倾角而变,随卫星的姿态和高度起伏[30]。特别是穿越位于南大西洋(南美洲东海岸)的地磁负磁异常区(东西在 15°E ~ 120°W,南北在赤道 ~ 60°S 之间)时,$\boldsymbol{B}_E$ 变化很大[38]。文献[39]给出,地球沿 GOCE 轨道产生的磁场模量起伏的谱密度在测量带宽内的最大值 $\widetilde{B}_E = 2 \times 10^{-6}$ T/Hz^{1/2}。

(3)引起的加速度测量噪声。

由式(25-126)可以看到,$\boldsymbol{B}_E$ 的起伏会引起 $\boldsymbol{F}_L$ 起伏,即引起加速度测量噪声[7]:

$$\widetilde{\gamma}_{QE} = \frac{v_s}{\xi_e m_i} Q \widetilde{B}_E \qquad (25-165)$$

[①] 文献[30]原文为"至少 0.3% 的相对准确度(at least a 0.3% relative accuracy)",不妥(参见 4.1.3.1 节)。

式中　$\tilde{\gamma}_{QE}$——检验质量带有的电荷受地磁场扰动引起的加速度测量噪声，$m \cdot s^{-2}/Hz^{1/2}$；

　　　v_s——卫星的飞行速率，m/s；

　　　ξ_e——电屏蔽因子；

　　　$\tilde{B}_E$——卫星受到的地磁场磁感应强度起伏，$T/Hz^{1/2}$。

从式(25-165)可以看到，做好电屏蔽对于降低 $\tilde{\gamma}_{QE}$ 是至关重要的。

将式(2-14)代入式(25-165)，得到

$$\tilde{\gamma}_{QE} = \frac{Q\tilde{B}_E}{\xi_e m_i}\sqrt{\frac{GM}{a_E + h}} \tag{25-166}$$

式中　GM——地球的地心引力常数，1.2 节给出 $GM = 3.986\ 004\ 418 \times 10^{14}\ m^3/s^2$（包括地球大气质量）；

　　　a_E——地球长半轴，1.6.2 节给出 $a_E = 6.378\ 137\ 0 \times 10^6\ m$；

　　　h——轨道高度，m。

25.2.4.3　卫星残余磁感应强度受地磁场扰动引起的加速度测量噪声

卫星残余磁感应强度受地磁场扰动引起的加速度测量噪声为[7]

$$\tilde{\gamma}_{sE} = \frac{3\chi_m}{\rho\mu_0\xi_m l_s}B_s\tilde{B}_E \tag{25-167}$$

式中　$\tilde{\gamma}_{sE}$——卫星残余磁感应强度受地磁场扰动引起的加速度测量噪声，$m \cdot s^{-2}/Hz^{1/2}$；

　　　χ_m——检验质量材料的磁化率，无量纲，17.3.2 节给出 $\chi_m = \mu/\mu_0 - 1$；

　　　μ——磁导率，H/m；

　　　μ_0——真空磁导率，17.3.2 节给出 $\mu_0 = 4\pi \times 10^{-7}\ H/m$；

　　　ρ——检验质量材料的密度，kg/m^3；

　　　ξ_m——围绕加速度计的软磁材料薄板导致的[39] 磁屏蔽因子，无量纲；

　　　l_s——卫星的典型长度水平，m；

　　　B_s——卫星残余磁感应强度，T。

从式(25-167)可以看到，使用低 χ_m 材料、做好磁屏蔽、控制卫星残余磁感应强度是降低 $\tilde{\gamma}_{sE}$ 的三项重要措施。

25.2.4.4　卫星残余磁感应强度受本身扰动引起的加速度测量噪声

卫星残余磁场受到其本身起伏的影响，会产生扰动加速度[7]：

$$\tilde{\gamma}_{ss} = \frac{6\chi_m}{\rho\mu_0\xi_m l_s}B_s\tilde{B}_s \tag{25-168}$$

式中　$\tilde{\gamma}_{ss}$——卫星残余磁感应强度受本身扰动引起的加速度测量噪声，$m \cdot s^{-2}/Hz^{1/2}$；

　　　$\tilde{B}_s$——卫星残余磁感应强度起伏，$T/Hz^{1/2}$。

从式(25-168)可以看到，使用低 χ_m 材料、做好磁屏蔽、控制卫星残余磁感应强度及其起伏是降低 $\tilde{\gamma}_{ss}$ 的四项重要措施。

25.2.5　示例

25.2.5.1　GRADIO 加速度计

(1)金丝刚度诱导出的加速度测量噪声。

GRADIO 加速度计 $r_{wire} = 2.5\ \mu m$，$l_{wire} = 2.5\ cm$[40]；代入式(25-128)得到 $k_{theo} = $

1.85×10^{-6} N/m；17.3.2 节给出 $m_i = 0.318$ kg；表 24-3 给出其 US 轴电容位移检测电路合成位移噪声当使用 OPA657 时为 2.10×10^{-12} m/Hz$^{1/2}$。于是，由式（25-129）得到 $\tilde{\gamma}_{k\,\text{wire}} = 1.2 \times 10^{-17}$ m·s^{-2}/Hz$^{1/2}$。

由此可见，金丝刚度诱导出的加速度测量噪声对于所有被研究的空间任务是足够低的[31]。

（2）金丝阻尼产生的加速度热噪声。

将本节第（1）条 $r_{\text{wire}} = 2.5$ μm，$l_{\text{wire}} = 2.5$ cm 的金丝刚度 $k_{\text{theo}} = 1.85 \times 10^{-6}$ N/m 及图 25-11 所示金丝的品质因数 $Q_{\text{wire}}(\omega)$ 与频率的关系代入式（25-130），得到金丝阻尼系数与频率的关系，如图 25-16 所示。图中给出了 $r_{\text{wire}} = 2.5$ μm，$l_{\text{wire}} = 2.5$ cm 金丝阻尼系数为

$$\{\eta_{\text{wire}}\}_{\text{N}/(\text{m}\cdot\text{s}^{-1})} = \frac{1.2 \times 10^{-9}}{\{f\}_{\text{Hz}}^{1.20}} \tag{25-169}$$

式中　f——频率，Hz。

将 17.3.2 节给出的 $m_i = 0.318$ kg、25.1.4.2 节所取 $T = 293$ K 以及式（25-169）代入式（25-131），得到 $\{\tilde{\gamma}_{\eta\,\text{wire}}\}_{\text{m}\cdot\text{s}^{-2}/\text{Hz}^{1/2}} = 1.4 \times 10^{-14}/\{f\}_{\text{Hz}}^{0.60}$。

（3）接触电位差起伏引起的加速度测量噪声。

对于 GRADIO 加速度计，表 17-4 给出 $V_p = 7.5$ V；17.3.2 节给出 $m_i = 0.318$ kg，US 轴 $d = 299$ μm；17.3.2 节给出 US 轴 $A = 2.08$ cm^2。于是，由式（25-136）得到 $\{\tilde{\gamma}_{\text{CPD}}\}_{\text{m}\cdot\text{s}^{-2}/\text{Hz}^{1/2}} < 9.53 \times 10^{-13}\sqrt{1 + 10^{-2}/\{f\}_{\text{Hz}}}$。

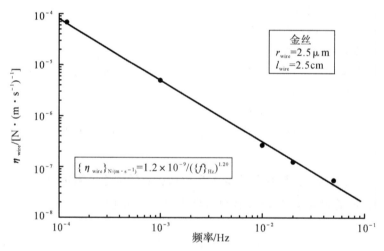

图 25-16　$r_{\text{wire}} = 2.5$ μm，$l_{\text{wire}} = 2.5$ cm 金丝阻尼系数与频率的关系

（4）残余气体平衡态阻尼引起的加速度热噪声。

25.1.4 节对 SuperSTAR 和 GRADIO 加速度计取 $T_0 = 293$ K，并指出，在 SuperSTAR 加速度计温度变化 $\tilde{\delta}_T = 0.2$ K/Hz$^{1/2}$、GRADIO 加速度计测量带宽内热稳定性优于 $5 \times (0.1$ Hz$/\{f\}_{\text{Hz}})^2$ μK/Hz$^{1/2}$ 的情况下，为了保证偏值热敏感性引起的加速度测量噪声可以接受，$p \leqslant 1 \times 10^{-5}$ Pa 是必要的，因而计算残余气体平衡态阻尼的阻尼系数时取 $T = 293$ K，$p = 1 \times 10^{-5}$ Pa。8.1.3.1 节给出空气的摩尔质量 $M_{\text{air}} = 2.896 \times 10^{-2}$ kg/mol。17.3.2 节指出 ASTRE，STAR，SuperSTAR 和 GRADIO 加速度计的检验质量尺寸均为 40 mm×40 mm×10 mm，因而计算残余气体平衡态阻尼的阻尼系数时，对于加速度计 US 轴，$w = 0.01$ m，

$l=0.04$ m，$h=0.04$ m。将以上参数代入式(25-157)，得到对于加速度计 US 轴，$\eta_{gas}=1.10\times10^{-10}$ N/(m/s)。17.3.2 节给出，GRADIO 加速度计检验质量的惯性质量 $m_i=318$ g。于是，由式(25-159)得到 $\tilde{\gamma}_{\eta gas}=4.20\times10^{-15}$ m·s^{-2}/Hz$^{1/2}$。

(5) 检验质量带有的电荷受地磁场扰动引起的加速度测量噪声。

17.3.2 节给出 US 轴 $A=2.08$ cm^2。对于 GRADIO 加速度计，表 17-4 给出 $V_p=7.5$ V；17.3.2 节给出 US 轴 $d=299$ μm，$m_i=0.318$ kg；表 17-2 给出 US 轴输入范围为 $\pm6.5\times10^{-6}$ m/s^2（即 $|\gamma_{msr}|\leqslant6.5\times10^{-6}$ m/s^2）。于是，由式(25-164)得到 $Q\leqslant8.74\times10^{-11}$ C。

25.2.4.2 节第(2)条给出，沿 GOCE 轨道 $\tilde{B}_E=2\times10^{-6}$ T/Hz$^{1/2}$；文献[7]中按 $\xi_e=10$ 估计；17.4.5.2 节第(1)条第2)点给出，GOCE 卫星测量阶段的实际轨道高度为 259.6 km。于是，由式(25-166)得到 $\tilde{\gamma}_{QE}\leqslant4.26\times10^{-13}$ m·s^{-2}/Hz$^{1/2}$。

(6) 卫星残余磁感应强度受地磁场扰动引起的加速度测量噪声。

对于 GRADIO 加速度计，17.3.2 节给出检验质量所用 Pt-Rh 合金 PtRh10 的 $\chi_m=3\times10^{-4}$，$\rho=20\times10^3$ kg/m^3。文献[7]指出，可以做到 $\xi_m=10\sim20$。文献[39]给出由加速度计殷钢壳的屏蔽效应引起的磁场衰减因子为 0.02，由围绕加速度计的 0.63 mm 厚 mumetal（一种由大约 77% 镍、16% 铁、5% 铜和 2% 铬或钼组成的镍-铁合金，它是"软"磁材料，具有高的磁导率和低的磁滞损失[41]）薄板引起的磁场衰减因子为 -12 dB，即 0.25，于是 $\xi_m=1/(0.02\times0.25)=200$，由此可见，按 $\xi_m=10$ 估计是很容易实现的。文献[42]给出 GOCE 卫星长 $l_s=4.8$ m。文献[39]表 6.1-13（原文误为表 6.1-10）给出，卫星在加速度计处产生的磁场模量从直流到 5 mHz 范围内的需求为 $B_s\leqslant2\times10^{-6}$ T。25.2.4.2 节第(2)条指出，地球沿 GOCE 轨道产生的磁场模量起伏的谱密度在测量带宽内的最大值 $\tilde{B}_E=2\times10^{-6}$ T/Hz$^{1/2}$。于是，由式(25-167)得到 $\tilde{\gamma}_{sE}\leqslant2.98\times10^{-15}$ m·s^{-2}/Hz$^{1/2}$。

(7) 卫星残余磁感应强度受本身扰动引起的加速度测量噪声。

沿用本节第(6)条的 χ_m，ρ，ξ_m，l_s；文献[39]表 6.1-13（原文误为表 6.1-10）给出，对于 GRADIO 加速度计，卫星在加速度计处产生的磁场模量起伏的谱密度在测量带宽(5$\sim$100) mHz 范围内的需求为 $\tilde{B}_s\leqslant5\times10^{-7}$ T/Hz$^{1/2}$。于是，由式(25-168)得到 $\tilde{\gamma}_{ss}\leqslant1.49\times10^{-15}$ m·s^{-2}/Hz$^{1/2}$。

(8) 合成的寄生噪声引起的加速度测量噪声。

24.4.1 节给出 GRADIO 加速度计 US 轴的总噪声规范谱在测量带宽(5$\times10^{-3}\sim0.1$) Hz 内为 2×10^{-12} m·s^{-2}/Hz$^{1/2}$，在(1$\times10^{-4}\sim5\times10^{-3}$) Hz 内为 $1\times10^{-14}/\{f\}_{Hz}$ m·s^{-2}/Hz$^{1/2}$，在(0.1$\sim$0.715) Hz 内为 $2\times10^{-10}(\{f\}_{Hz})^2$ m·s^{-2}/Hz$^{1/2}$。

合成的寄生噪声引起的加速度测量噪声为 $\tilde{\gamma}_{k\,wire}$，$\tilde{\gamma}_{\eta\,wire}$，$\tilde{\gamma}_{CPD}$，$\tilde{\gamma}_{\eta gas}$，$\tilde{\gamma}_{QE}$，$\tilde{\gamma}_{sE}$，$\tilde{\gamma}_{ss}$ 的线性组合。其中 $\tilde{\gamma}_{QE}$ 和 $\tilde{\gamma}_{sE}$ 均为 $\tilde{B}_E$ 的函数，而不是互相独立的噪声，因而其合成噪声应为($\tilde{\gamma}_{QE}+\tilde{\gamma}_{sE}$)。而 $\tilde{\gamma}_{k\,wire}$，$\tilde{\gamma}_{\eta\,wire}$，$\tilde{\gamma}_{CPD}$，$\tilde{\gamma}_{\eta gas}$，($\tilde{\gamma}_{QE}+\tilde{\gamma}_{sE}$)，$\tilde{\gamma}_{ss}$ 互相独立且均已折算为加速度测量噪声，由式(24-11)表达的等权、互相独立的噪声合成公式得到，合成的加速度计偏值热敏感性引起的加速度测量噪声为 $\tilde{\gamma}_{k\,wire}$，$\tilde{\gamma}_{\eta\,wire}$，$\tilde{\gamma}_{CPD}$，$\tilde{\gamma}_{\eta gas}$，($\tilde{\gamma}_{QE}+\tilde{\gamma}_{sE}$)，$\tilde{\gamma}_{ss}$ 的方均根：

$$\tilde{\gamma}_{prstc}=\sqrt{\tilde{\gamma}_{k\,wire}^2+\tilde{\gamma}_{\eta\,wire}^2+\tilde{\gamma}_{CPD}^2+\tilde{\gamma}_{\eta gas}^2+(\tilde{\gamma}_{QE}+\tilde{\gamma}_{sE})^2+\tilde{\gamma}_{ss}^2} \tag{25-170}$$

式中　$\tilde{\gamma}_{prstc}$——合成的寄生噪声引起的加速度测量噪声，m·s^{-2}/Hz$^{1/2}$。

将本节第(1)$\sim$(7)条分别给出的 $\tilde{\gamma}_{k\,wire}$，$\tilde{\gamma}_{\eta\,wire}$，$\tilde{\gamma}_{CPD}$，$\tilde{\gamma}_{\eta gas}$，$\tilde{\gamma}_{QE}$，$\tilde{\gamma}_{sE}$，$\tilde{\gamma}_{ss}$ 代入式(25-

170)，可以绘出 $\tilde{\gamma}_{\text{prstc}}-f$ 关系曲线如图 25-17 所示。图中同时标出了 GRADIO 加速度计 US 轴总噪声规范谱。

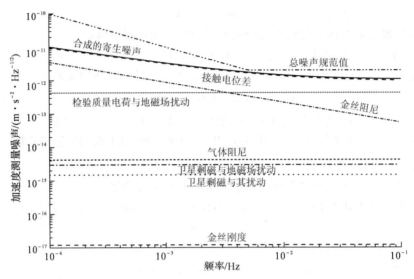

图 25-17　GRADIO 加速度计寄生噪声引起的加速度测量噪声

25.2.5.2　SuperSTAR 加速度计

（1）金丝刚度诱导出的加速度测量噪声。

SuperSTAR 加速度计 $r_{\text{wire}}=3.75\ \mu\text{m}$[43]，按 GRADIO 加速度计 $l_{\text{wire}}=2.5\ \text{cm}$ 计算，代入式（25-128）得到 $k_{\text{theo}}=9.4\times10^{-6}\ \text{N/m}$；17.3.2 节给出 $m_{\text{i}}=0.072\ \text{kg}$；表 24-3 给出其 US 轴电容位移检测电路总位移噪声当使用 OPA657 时为 $1.10\times10^{-12}\ \text{m/Hz}^{1/2}$。于是，由式（25-129）得到 $\tilde{\gamma}_{k\,\text{wire}}=1.4\times10^{-16}\ \text{m}\cdot\text{s}^{-2}/\text{Hz}^{1/2}$。

由此可见，金丝刚度诱导出的加速度测量噪声对于所有被研究的空间任务是足够低的[31]。

（2）金丝阻尼产生的加速度热噪声。

将本节第（1）条 $r_{\text{wire}}=3.75\ \mu\text{m}$，$l_{\text{wire}}=2.5\ \text{cm}$ 的金丝刚度 $k_{\text{theo}}=9.4\times10^{-6}\ \text{N/m}$ 及图 25-11 所示金丝的品质因数 $Q_{\text{wire}}(\omega)$ 与频率的关系代入式（25-130），得到金丝阻尼系数与频率的关系，如图 25-18 所示。图中给出了 $r_{\text{wire}}=3.75\ \mu\text{m}$，$l_{\text{wire}}=2.5\ \text{cm}$ 金丝阻尼系数为

$$\{\eta_{\text{wire}}\}_{\text{N}/(\text{m}\cdot\text{s}^{-1})}=\frac{6.2\times10^{-9}}{\{f\}_{\text{Hz}}^{1.20}} \tag{25-171}$$

将 17.3.2 节给出的 $m_{\text{i}}=0.072\ \text{kg}$、25.1.4.1 节所取 $T=293\ \text{K}$ 以及式（25-171）代入式（25-131），得到 $\{\tilde{\gamma}_{\eta\,\text{wire}}\}_{\text{m}\cdot\text{s}^{-2}/\text{Hz}^{1/2}}=1.4\times10^{-13}/\{f\}_{\text{Hz}}^{0.60}$。

（3）接触电位差起伏引起的加速度测量噪声。

对于 SuperSTAR 加速度计，表 17-4 给出 $V_{\text{p}}=10\ \text{V}$，17.3.2 节给出 $m_{\text{i}}=0.072\ \text{kg}$，US 轴 $d=175\ \mu\text{m}$，17.3.2 节给出 US 轴 $A=2.08\ \text{cm}^2$，于是，由式（25-136）得到 $\{\tilde{\gamma}_{\text{CPD}}\}_{\text{m}\cdot\text{s}^{-2}/\text{Hz}^{1/2}}<1.64\times10^{-11}\sqrt{1+10^{-2}/\{f\}_{\text{Hz}}}$。

（4）残余气体平衡态阻尼引起的加速度热噪声。

25.2.5.1 节第（4）条给出，对于加速度计 US 轴，$w=0.01\ \text{m}$，$l=0.04\ \text{m}$，$h=0.04\ \text{m}$，$T=$

293 K，$p = 1 \times 10^{-5}$ Pa 时 $\eta_{\text{gas}} = 1.10 \times 10^{-10}$ N/(m/s)；17.3.2 节给出，SuperSTAR 加速度计检验质量的惯性质量 $m_i = 72$ g。于是，由式(25-159)得到 $\tilde{\gamma}_{\eta\text{gas}} = 1.85 \times 10^{-14}$ m·s^{-2}/Hz$^{1/2}$。

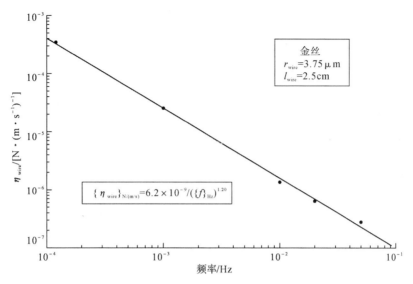

图 25-18　$r_{\text{wire}} = 3.75$ μm，$l_{\text{wire}} = 2.5$ cm 金丝阻尼系数与频率的关系

（5）检验质量带有的电荷受地磁场扰动引起的加速度测量噪声。

17.3.2 节给出 US 轴 $A = 2.08$ cm^2。对于 SuperSTAR 加速度计，表 17-4 给出 $V_p = 10$ V；17.3.2 节给出 US 轴 $d = 175$ μm，$m_i = 0.072$ kg；表 17-2 给出 US 轴输入范围为 $\pm 5 \times 10^{-5}$ m/s^2（即 $|\gamma_{\text{msr}}| \leqslant 5 \times 10^{-5}$ m/s^2）。于是，由式(25-164)得到 $Q \leqslant 1.37 \times 10^{-10}$ C。

沿用 GOCE 轨道 $\tilde{B}_E = 2 \times 10^{-6}$ T/Hz$^{1/2}$；文献[7]中按 $\xi_e = 10$ 估计，23.1 节给出，GRACE 卫星设计轨道高度为（500 ~ 300）km。于是，式(25-166)得到 $\tilde{\gamma}_{\text{QE}} \leqslant 2.93 \times 10^{-12}$ m·s^{-2}/Hz$^{1/2}$。

（6）卫星残余磁感应强度受地磁场扰动引起的加速度测量噪声。

对于 SuperSTAR 加速度计，17.3.2 节给出检验质量所用钛合金 TA6V 的 $\chi_m = 2 \times 10^{-4}$，$\rho = 4.43 \times 10^3$ kg/m^3。文献[7]指出，可以做到 $\xi_m = 10 \sim 20$，25.2.5.1 节第（6）条指出，按 $\xi_m = 10$ 估计是很容易实现的。图 23-5 给出 GRACE 卫星长 $l_s = 3.123$ m。GRACE 科学和任务需求文档[44]规定 $B_s < 0.3$ Gs（即 30 μT，含射前检验）。沿用 GOCE 轨道 $\tilde{B}_E = 2 \times 10^{-6}$ T/Hz$^{1/2}$。于是，由式(25-167)得到 $\tilde{\gamma}_{\text{sE}} < 2.07 \times 10^{-13}$ m·s^{-2}/Hz$^{1/2}$。

（7）卫星残余磁感应强度受本身扰动引起的加速度测量噪声。

沿用本节第（6）条的 χ_m，ρ，ξ_m，l_s；对于 SuperSTAR 加速度计若仿照 GRADIO 的 $\tilde{B}_s$ 数值与 B_s 数值之间的比例关系取 $\tilde{B}_s < 7.5 \times 10^{-6}$ T/Hz$^{1/2}$，则由式(25-168)得到 $\tilde{\gamma}_{\text{ss}} < 1.55 \times 10^{-12}$ m·s^{-2}/Hz$^{1/2}$。

（8）合成的寄生噪声引起的加速度测量噪声。

将本节第（1）至（7）条分别给出的 $\tilde{\gamma}_{k\text{wire}}$，$\tilde{\gamma}_{\eta\text{wire}}$，$\tilde{\gamma}_{\text{CPD}}$，$\tilde{\gamma}_{\eta\text{gas}}$，$\tilde{\gamma}_{\text{QE}}$，$\tilde{\gamma}_{\text{sE}}$，$\tilde{\gamma}_{\text{ss}}$ 代入式(25-170)，可以绘出 $\tilde{\gamma}_{\text{prstc}}$-$f$ 关系曲线如图 25-19 所示。图中同时依据 23.3.2.2 节第（4）条给出

的 SuperSTAR 加速度计 US 轴噪声指标标出了总噪声规范谱。

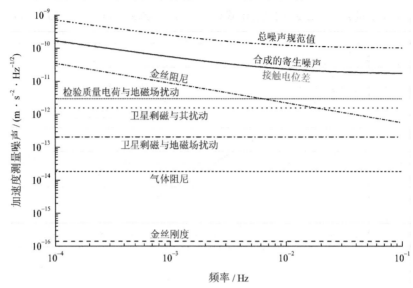

图 25 - 19　SuperSTAR 加速度计寄生噪声引起的加速度测量噪声

25.3　本章阐明的主要论点

25.3.1　辐射计效应引起的加速度测量噪声

(1)敏感结构处于由溅射离子泵和吸气材料维持的高真空下,因而气体分子的空间碰撞可以忽略。

(2)根据 Knudsen 的"吸附层"假说,打到电极笼内侧的气体分子会作短暂停留,然后以该内侧的热力学温度、按余弦定律重新逸出,打到检验质量相对应的表面上。因此,气体分子与表面的碰撞必然是完全非弹性碰撞,气体分子的动量全部传递给检验质量。

(3)由于对称性,从电极笼内侧逸出、打到检验质量表面上的所有气体分子对该表面的切向作用力相互抵消,因而得到的法向作用力就是全部作用力之矢量和。

(4)如果整个敏感结构(包括电极笼和检验质量)的温度相同,则根据 Knudsen 的"吸附层"假说,打到检验质量表面上的气体分子作短暂停留后,仍以该温度、按余弦定律重新逸出,所引起的对检验质量表面的反作用力与打到检验质量表面上的气体分子对检验质量表面的作用力相同,即检验质量表面上单位面积受到气体分子完全非弹性碰撞及重新逸出引起的总作用力为 p_0,与平衡态下气体压力的定义没有矛盾。

(5)只要检验质量导热足够好,则其上表面与下表面的温度相同,因而从检验质量上下表面重新逸出的气体对检验质量不引起附加作用力。

(6)分子流下温度差引起的气体分子对表面的作用力称之为辐射计效应,辐射计效应是加速度计偏值的来源之一。当存在温差噪声时,辐射计效应引起的加速度计偏值会引起加速度计偏值噪声。辐射计效应引起的加速度测量噪声与高真空下残余气体的密度及温差噪声成正比,而与基础温度高低无关。

（7）有文献认为气体分子与表面的碰撞是完全弹性碰撞（这意味着完全抛开了 Knudsen 的"吸附层"假说），这会给辐射计效应引起的加速度测量噪声添加因子 2。

25.3.2　关于出气效应引起加速度测量噪声的概述

材料在真空中会出气——包括原来暴露于大气下时吸附于表面的气体的脱附以及材料在制造过程中或原来暴露于大气下时溶解到内部的气体的扩散出气，后者是造成真空中材料出气的最主要原因。这些直接从电极笼内侧因脱附或扩散出气逸出——而不是与表面完全非弹性碰撞后重新逸出——的气体分子在分子流状态下直接打在检验质量表面，其出气速率会随电极笼内侧温度起伏而起伏，从而引起加速度测量噪声，称为出气引起的加速度测量噪声。

25.3.3　出气对加速度测量噪声的影响

电极笼内侧单位面积出气速率（此处速率指单位时间逸出的分子数）取决于出气的规律，而与单位体积内气体分子数无关。与此相应，对于出气效应而言，气体分子专指直接从电极笼出气逸出的分子。对于分析出气效应直接导致的电极笼中的气体分压力而言，既不考虑出气分子与检验质量表面完全非弹性碰撞后重新逸出的影响，也不考虑出气分子与电极笼表面完全非弹性碰撞后重新逸出的影响。

25.3.4　脱附速率

（1）对于物理吸附或非离解化学吸附分子的脱附而言，吸附分子间无结合、离解等相互作用，吸附分子从电极笼单位面积脱附的速率与电极笼单位面积剩余的吸附分子数成正比。

（2）吸附热可分为积分吸附热和微分吸附热。积分吸附热是当吸附平衡时已经被气体所覆盖的吸附剂表面的平均吸附热。物理吸附的积分吸附热较小，一般为几百至几千 cal/mol，与气体的液化热接近；化学吸附的积分吸附热一般大于几十 kcal/mol，与化学反应的反应热接近。微分吸附热是吸附剂原来吸附量的基础上，再吸附少量气体引起的热量变化，它往往与吸附量有关，是覆盖度的函数。吸附热随覆盖度增加而变小。在低覆盖度下，随着覆盖度增加，吸附热下降很快。

（3）cal 是由于历史原因引入作为量度热量单位的。由于热量本质上是传递的能量，所以在国际单位制中，规定热量的单位为 J，而把 cal 列为暂时与国际单位制并用的单位。1 cal 定义为使 1 g 无空气的纯水在 101.325 kPa 恒定压力下，温度升高 1 ℃所需的热量。由于水的比热容随温度不同而有微小的差别，所以有各种不同的 cal。一般教科书中都采用 cal_{15}（15 ℃卡），即温度条件为从 14.5 ℃升高到 15.5 ℃，1 cal_{15} ＝ 4.185 5 J。

（4）真空技术中大多数化学性活泼的气体是双原子分子气体，如 H_2，N_2，O_2，CO 等。它们吸附于金属表面时，会发生离解（CO 例外），这是由于它们的分解热小于原子吸附热的缘故。这种以原子态吸附于表面的气体，脱附前必须先结合为分子，才能脱离表面。设以 σ_a 表示电极笼单位面积剩余的吸附原子数。由于结合为分子的条件是在表面上发生两个原子碰撞，其碰撞概率正比于 σ_a^2，所以脱附速率也正比于 σ_a^2，而结合为分子并从电极笼单位面积脱附的速率则为 $-2d\sigma_a/dt$，并与 σ_a^2 成正比。

（5）Langmuir 理论假设脱附活化能 E_d 与表面覆盖度无关，实际上二者间有紧密关系，一般脱附活化能 E_d 总是随覆盖度降低而增高。因此，在开始时，脱附较快，愈往后脱附愈慢。

(6)脱附活化能还取决于气体在表面上的吸附态,不同吸附态有不同大小的脱附活化能。例如氮在钨上有 α,β,γ 三种吸附态,其脱附活化能分别为 83.6 kJ/mol,334.4 kJ/mol,43.2 kJ/mol,γ 和 α 吸附态是分子吸附,束缚较弱;β 吸附态是原子吸附,脱附时首先要变成分子,才能脱附(二级脱附)。由此可见,二级脱附的活化能远高于一级脱附。

(7)当 $T \approx 300$ K 时,脱附活化能 $E_d < 15$ kcal/mol 的吸附分子在几分钟内就几乎脱附殆尽;而 $E_d > 25$ kcal/mol 的吸附分子可以使气相分压长时间维持在 10^{-9} Pa 以下。只有 15 kcal/mol $< E_d < 25$ kcal/mol(7 600 K $\leqslant E_d/R \leqslant$ 12 600 K)的吸附分子对系统的抽气效果有显著影响,其中以 $E_d \approx 20$ kcal/mol 的吸附分子影响最大。

25.3.5 扩散出气速率

(1)在固体中,如果所溶解的气体浓度 c(单位体积分子数)不是到处一致,而是存在有浓度差,则气体将在固体内扩散。在稳定状态下,气体扩散遵从 Fick 第一定律,即通过固体内部 x 处的单位面积扩散出气速率 q_D 与该处 c 的一阶导数 $\partial c/\partial x$ 成正比,其比例系数称之为扩散系数 D。如为非稳定流动,则遵从 Fick 第二定律,即该处所溶解气体浓度随时间的变化 $\partial c/\partial t$ 与该处 c 的二阶导数 $\partial^2 c/\partial x^2$ 成正比,且其比例系数亦为 D。

(2)扩散活化能 E_D 对 D 的影响呈负指数关系。

(3)对于厚度为 $2l$ 的平板,将坐标原点设在平板内部、厚度方向的正中央,如果初始条件为平板内部 $c = c_0$(即溶解气体的浓度均匀分布),边界条件为平板表面 $c = 0$(即出气分子不再返回),则可由 Fick 第一定律和第二定律解出平板单位表面积扩散出气速率 $q_{D,p}$ 的无穷级数表达式。当 Dt/l^2 足够小时可以转化为半无穷扩散出气速率 $q_{D,p,hif} = c_0 \sqrt{D/(\pi t)}$;当 Dt/l^2 足够大时可以转化为薄片扩散出气速率 $q_{D,p,sht} = (2c_0 D/l) \exp[-\pi^2 Dt/(4l^2)]$。对于并非精密的出气速率来说,可以认为当 $\pi^2 Dt/(4l^2) \leqslant 0.5$ 时为半无穷厚型,而当 $\pi^2 Dt/(4l^2) \geqslant 0.5$ 时为薄片型。

25.3.6 脱附引起的加速度测量噪声

(1)计算与电极笼互为对侧间的温差噪声 $\tilde{\delta}_T$ 相关联的吸附分子从电极笼单位面积一级脱附速率随温度的变化 $dq_{d,f}/dT$ 时,电极笼单位面积剩余的吸附分子数 σ 不会受到温差噪声的影响,因而求 $dq_{d,f}/dT$ 时应该视 σ 为常数,这一点非常关键。

(2)$T = 293$ K,E_d 与摩尔气体常数 R 之比小于 7 600 K 时,吸附分子在几分钟内就几乎脱附殆尽;大于 12 600 K 时,吸附分子可以使气相分压长时间维持在 10^{-9} Pa 以下;等于 12 600 K 时,200 d 之后,一级脱附直接导致的电极笼中的气体分压力 $p_{d,f}$ 衰减到了不足初始值的 $1/10^{14}$;若 $E_d/R < 12$ 600 K,则衰减更甚。因此,不论 E_d 与摩尔气体常数 R 之比为何值,200 d 之后脱附引起的加速度测量噪声绝对可以忽略。由于静电悬浮加速度计从完成真空封装到随卫星上天,至少要经过 200 d,所以在轨运行时绝对不需要考虑脱附引起的加速度测量噪声。

25.3.7 扩散出气引起的加速度测量噪声

(1)计算与 $\tilde{\delta}_T$ 相关联的通过固体内部 x 处的扩散出气速率随温度的变化 dq_D/dT 时,

该处 $\partial c/\partial x$ 不会受到温差噪声的影响,因而求 $\mathrm{d}q_\mathrm{D}/\mathrm{d}T$ 时应该视 $\partial c/\partial x$ 为常数,这一点非常关键。

(2)在轨运行时若 E_D/R 很小,则平板扩散出气直接导致的电极笼中气体分压力 $p_{\mathrm{D,p}}$ 衰减很快,因而在轨运行时不需要考虑扩散出气引起的加速度测量噪声;若 E_D/R 很大,由于 1 d 后的 $p_{\mathrm{D,p}}$ 已足够小,所以在轨运行时也不需要考虑扩散出气引起的加速度测量噪声。仅当 E_D/R 居中,处于(3 109~4 050)K 范围时,其扩散出气可能会对加速度测量噪声带来少许影响。之所以顶多只带来少许影响,是因为从敏感结构的外观可以看到,电极笼内侧扩散出气的分子逸出电极笼前,在电极笼内侧与检验质量表面之间的来回碰撞次数会非常多,根据克努曾的"吸附层"假说,从电极笼内侧扩散出气的分子只要与检验质量碰撞过一次之后,就会以余弦定律所揭示的角度方向,在电极笼内侧与检验质量表面之间来回碰撞,成为参与辐射计效应的气体分子,直至逸出电极笼,并最终被维持真空的吸气剂泵或 mini 型溅射离子泵抽走。也就是说,从电极笼内侧扩散出气的分子只要与检验质量碰撞过一次之后,就只能参与辐射计效应,不再参与出气效应,将脱附或扩散出气直接导致的电极笼中的气体分压力当成是电极笼中的气体总压力,这是一种认知误区;况且,参与辐射计效应的气体分子很可能原本就不是来源于电极笼内侧面的扩散出气。因此,$p_{\mathrm{D,p}}$ 在电极笼内总气压中所占的比例是非常低的,也就是对加速度测量噪声带来的影响是非常小的。

(3)进一步考虑,静电悬浮加速度计的传感器头制造时会在真空排气台上经历 100 ℃(373 K)左右的长时间低温烘烤,使得室温下的真空度得到明显改善,这对于降低扩散出气直接导致的电极笼中气体分压力很有好处。在真空排气台上经历 100 ℃(373 K)左右的低温烘烤,再回到 20 ℃(293 K),与不经过 100 ℃低温烘烤,始终维持在 20 ℃相比,单位表面积的扩散出气速率降低到同一值所需时间之比从几分之一直至不足万分之一,随不同的气体-固体配偶而异。在同样抽速下,扩散出气直接导致的电极笼中气体分压力降低到同一值所需的时间之比也是这样。

25.3.8　关于出气效应引起加速度测量噪声的讨论

(1)以为"依赖于出气的温度新效应,比辐射计效应大一到两个数量级""必须留意出气的温度相关性效应比辐射计效应大许多,而且它将会是一个制约材料选择、烘烤方式选择以及在位置传感器中抽气需求选择的新效应"是完全错误的。

(2)以为"可以安全地假定脱附活化能或扩散活化能与摩尔气体常数之比在(3 000~30 000)K 的范围内,比周围温度 T 高一个到两个数量级"是"依赖于出气的温度新效应比所谓的辐射计效应大一到两个数量级"的另一原因也是错误的,因为实际上不论脱附活化能与摩尔气体常数之比为何值,在轨运行时对加速度测量噪声的影响都可以忽略;而对于扩散活化能与摩尔气体常数之比而言,仅在明显大于 1 048 K 且明显小于 4 717 K 的范围内,在轨运行时对加速度测量噪声有少许影响。

(3)依据 Knudsen 的"吸附层"假说,打到检验质量表面(或电极笼内侧)的气体分子会作短暂停留,然后以热力学温度 T,按余弦定律重新逸出,打到电极笼内侧(或检验质量表面)。该假说与脱附效应的不同点在于所研究的对象不是原来暴露于大气下时吸附于表面的气体,而是 Knudsen"吸附层"假说中打到表面后作短暂停留再重新逸出的气体。它属于物理吸附,且其吸附热为微分吸附热。由于物理吸附的吸附活化能 $E_\mathrm{a}=0$,所以符合 Knudsen"吸附层"假说的脱附活化能等于微分吸附热。鉴于积分吸附热一般为几百至几千

cal/mol,即 $2E_{\mathrm{d}}/R$ 为几百至几千 K,而微分吸附热比物理吸附的积分吸附热要小得多,所以在 $T=293$ K 下考虑微分吸附热的话,不会使辐射计效应引起的加速度测量噪声添加的因子超过 2。

25.3.9 关于出气效应引起加速度测量噪声的小结

在满足下列条件的情况下,出气效应引起的加速度测量噪声可以忽略不计:

(1)传感器头制造时在真空排气台上经历 100 ℃ (373 K)左右长时间低温烘烤,使得室温下的真空度得到明显改善;

(2)静电悬浮加速度计从完成真空封装到随卫星上天,至少经过 200 d;

(3)根据 Knudsen 的"吸附层"假说导出的辐射计效应引起的加速度测量噪声表达式增添因子 2。

25.3.10 热辐射压力效应引起的加速度测量噪声

(1)热辐射可以在真空中传递能量,且有能量形式的转换,即热能转换为辐射能及从辐射能转换成热能。如果在静电悬浮加速度计的某一敏感方向上电极笼两内侧存在温度差,则检验质量与之相应的两侧受到的热辐射压力不相等,从而产生加速度偏值。

(2)推导热辐射压力效应引起的加速度测量噪声涉及两个前提:①电极笼内侧的热辐射特性基本符合朗伯辐射体的热辐射特性,即辐射亮度与方向无关;②笼内侧对检验质量块表面的热辐射可视为两块无穷大平板间的辐射。

(3)朗伯辐射体指的是发光强度的空间分布符合余弦定律的发光体,其在不同角度的辐射强度会依余弦公式变化,角度越大强度越弱,因而朗伯辐射体又称为余弦辐射体。

(4)发射率 ε 为热辐射体的辐射出射度与处于相同温度的全辐射体(黑体)的辐射出射度之比。

(5)由于检验质量上表面的反射率不为零,因此,打到检验质量表面的光子还包括检验质量和电极间相互反射的作用。而由反射-吸收-透射定律得知,对于不透辐射材料而言,反射率与吸收率之和为 1,且任何材料在一定温度下的发射率等于同一温度下的吸收率。

(6)对从笼上侧辐射出来、打到检验质量上表面的所有光子对该表面的作用力 $F_{\mathrm{p\text{-}pm,0}}$ 的表达式解释如下:①积分因子中,检验质量表面对 θ 方向射来的光子倾斜造成一个因子 $\cos\theta$,光子的动量在检验质量表面法线方向上的分量造成另一个因子 $\cos\theta$。②仅由反射率构成的因子中,第一项对应吸收部分,该部分符合塑性碰撞原理,由于光速远大于检验质量的运动速度,光子的动量全部传递给检验质量;第二项对应反射部分,该部分符合弹性碰撞原理,检验质量表面的动量变化等于光子的动量在检验质量表面法线方向上的分量的两倍。③计算单位立体角、单位面积、单位时间入射的光子的动量和时必须考虑光子在检验质量表面与电极笼内侧间的历次反射。

(7)由于电极笼和检验质量表面均镀金,因此,检验质量表面的发射率与电极笼内侧的发射率相同。而只要电极笼内侧和检验质量表面发射率相同,光子产生的压力就与发射率大小无关,尽管金膜 300 K 下的发射率仅为 $\varepsilon=0.03$。

(8)只要检验质量导热足够好,则其上表面与下表面的温度相同,因而从检验质量上下表面辐射出去的光子对检验质量不引起附加作用力。

(9)温度差引起的从笼上侧和笼下侧辐射出来、打到检验质量上表面和下表面的所有光子对该表面的作用力称之为热辐射压力效应。当笼肉侧存在温差噪声时,会引起加速度计偏值噪声。

(10)与偏值热敏感性相关的温度指标是电极笼互为对侧方向的温差噪声,而不是每轨的热控稳定性,更不是不提持续时间多长的温度稳定度,因而计算偏值热敏感性时采纳电极笼互为对侧间的温差噪声为 $0.2\ \text{K/Hz}^{1/2}$ 这一指标,而不采纳诸如 0.1℃/轨或 0.1 K 级这样的指标。

25.3.11　金丝刚度和阻尼引起的加速度测量噪声

(1)之所以将固定偏压导入到检验质量上是因为:①来自宇宙空间的高能粒子流,特别是能量超过 200 MeV 的质子,会穿透卫星蒙皮和加速度计外壳,以大约 $30\ \text{s}^{-1}$ 的频度与检验质量上的原子核相撞,产生次级辐射,使检验质量积累电荷并拌随有电荷波动噪声;②卫星以 7.6 km/s 的速度与地磁场交叉,检验质量上的电荷会因为切割磁力线而产生 Lorentz力,因此,宇宙空间的高能粒子流与检验质量上的原子核相撞产生的检验质量电荷波动噪声会造成 Lorentz 力波动噪声,从而引起加速度测量噪声。通过在检验质量上连接金丝以施加固定偏压,使检验质量上的电荷不受高能粒子流辐射的影响,从而完全消除了该项噪声。

(2)检验质量上连接的金丝是使漂浮于笼中的检验质量放电的精妙解决办法。它比采用紫外线灯的电荷控制器容易使用且容易在一个小装置中实现。但是这样一根丝有缺点,缺点来自它的刚度和阻尼,其中阻尼是主要的。阻尼力本身是可以忽略的,但是它带来的热噪声(起伏–耗散定理)可能是一种性能限制。

(3)法国 ONERA 研制了一种静电悬浮扭摆,该扭摆被最优化,其转矩噪声和力噪声极佳,专门用以测量非常弱的转矩和力,而不是加速度,包括:①来自非常细的导线的刚度和阻尼;②静电悬浮加速度计内部接触电位差;③来自未知来源的附加阻尼。出于同样目的,意大利 Trento 大学研制了用于 LISA 引力传感器地面试验的扭摆装置。该装置采用一根 1 m长和 25 μm 粗的钨纤维将检验质量悬吊起来。所用的检验质量虽然外形与 LISA 引力传感器一样,都是边长 40 cm 的立方体,但不是 LISA 所用的 10%Pt-90%Au 实心立方,而是壁厚仅 2 mm 的镀金钛空心立方,这样做的目的是对引力、惯性力不敏感(即对加速度不敏感),对磁力也不敏感,但对表面效应却照样敏感。该装置主要用于:获得对于杂散力更严格的上限(引伸到低频);测量全部类似于弹性的耦合;测量介电损耗角;研究热梯度感生效应;证明电荷测量技术;证明基于紫外光的电荷控制;改进杂散直流偏值电压测量和补偿。

(4)位移噪声与金丝刚度相耦合诱导出加速度测量噪声。

(5)由惯性质量 m_i、刚度 k 和阻尼系数 η 构成的机械谐振器存在阻尼热噪声,其中 η 对应电阻 R，m_i 对应电感 L，$1/k$ 对应电容 C，阻尼力噪声对应以电压形式表示的 Johnson-Nyguist 噪声。

25.3.12　接触电位差起伏引起的加速度测量噪声

(1)导体之间的接触电位差取决于表面涂覆的材料,而且会因表面变化而随时间变化,压力变化、温度变化、物理吸着和化学吸着等等都会使表面发生变化。尽管静电悬浮加速度计敏感结构的所有表面镀金,电位的演变进程依然存在,而且在检验质量和电极笼之间导致起伏不定的静电力。因此,接触电位差起伏是一个需要被研究的噪声来源。

(2)金属表面斑点状的接触电位差起伏简称"斑点效应"。在一个清洁多晶金属表面上暴露的不同晶向导致表面电位的变化,这被归结为"斑点效应",表面污染以及合金中化学组成的变化也生成和影响斑点电位。

(3)接触电位差起伏是一种微观的随机效应。从统计学的观点可以知道,观察的面积越小,微观的随机效应越明显;反言之,微观的随机效应会因为观察的面积增大而受到平抑。因此,接触电位差起伏引起的电极电位噪声 P_{CPD} 反比于电极的表面积 A,$P_{CPD} = K_{CPD}/A$,其中 K_{CPD} 称为由接触电位差起伏引起、只依赖于表面涂覆的材料和实验状态(尤其是温度)的噪声。对于具有不同几何结构但是用同一技术和清洗规程建造的仪器,例如 ONERA 的加速度计,K_{CPD} 应该是相同的。

(4)接触电位差起伏引起的电极电位噪声会被认为是施加到电极上的反馈控制电压噪声。

(5)就 P_{CPD} 而言,SuperSTAR 加速度计仅比 STAR 加速度计略有改进,GRADIO 加速度计则有明显改进。

(6)STAR 加速度计 y 轴噪声的来源中接触电位差噪声在 $(1 \times 10^{-4} \sim 0.07)$ Hz 范围内位居第二,仅次于电容位移检测噪声,而在测量通带余下 $(0.07 \sim 0.1)$ Hz 范围内位居第一;SuperSTAR 加速度计 z 轴噪声的来源中接触电位差噪声在 $(1 \times 10^{-4} \sim 0.1)$ Hz 测量通带范围内位居第一;GRADIO 加速度计 US 轴噪声的来源中寄生噪声在 $(1 \sim 8) \times 10^{-4}$ Hz 范围内位居第二,仅次于热噪声,在 $(8 \times 10^{-4} \sim 2 \times 10^{-3})$ Hz 范围内位居第一,在 $(2 \times 10^{-3} \sim 4 \times 10^{-2})$ Hz 范围内位居第二,仅次于测量噪声,在 $(4 \times 10^{-2} \sim 0.1)$ Hz 范围内位居第三,次于测量噪声和探测器噪声。由此可见,采用优良的清洗和真空排气规程以降低接触电位差噪声是非常重要的。

(7)从目视检查敏感结构的现场照片中可以看到,为了保持环境清洁,工作台上超净气流从照片偏左位置的设备箱前方送出,工作台两侧和上方都用有机玻璃遮挡,工作人员身着超净工作服、戴口罩、手套和薄橡胶指套。由此可见,静电悬浮加速度计敏感结构表面在装配-检验过程中对清洁的要求,绝不逊于光学表面对清洁的要求。

25.3.13 残余气体平衡态阻尼引起的加速度热噪声

(1)由于静电悬浮加速度计的敏感结构处于高真空下,因此,气体阻尼作用的性质属于残余气体平衡态阻尼,而非压膜阻尼,即认为检验质量块运动时,运动方向上的气体有足够的自由空间,气体仍处于平衡态。

(2)设检验质量以速率 x' 沿 x 正向(高度 h 的方向)运动,x 方向(高度 h 的方向)、y 方向(长度 l 的方向)、z 方向(宽度 w 的方向)检验质量表面受到的气体阻尼力矢量的方向均为速率 x' 的反方向。

(3)残余气体平衡态阻尼系数与温度的开方成正比。也可以说,与气体的压力成正比,而与气体分子的平均热运动速率成反比。

(4)气体阻尼引起的加速度热噪声与高真空下残余气体密度的平方根及温度的 3/4 次方成正比。

25.3.14 磁场引起的加速度测量噪声

(1)检验质量通过连接的金丝施加固定电位后,所带的束缚电荷仅随卫星的非重力加速度变化。该电荷能以不超过 0.3% 的相对误差被计算。

(2)卫星受到的地磁场磁感应强度 B_E 随穿越的磁场起伏,随轨道倾角而变,随卫星的姿态和高度起伏。特别是穿越位于南大西洋(南美洲东海岸)的地磁负磁异常区(东西在 $15°E \sim 120°W$,南北在赤道~$60°S$ 之间)时,B_E 变化很大。地球沿 GOCE 轨道产生的磁场模量起伏的谱密度在测量带宽内的最大值 $\widetilde{B}_E = 2 \times 10^{-6}$ T/Hz$^{1/2}$。

(3)做好电屏蔽对于降低检验质量带有的电荷受地磁场扰动引起的加速度测量噪声是至关重要的。

(4)检验质量使用低磁化率材料、做好磁屏蔽、控制卫星残余磁感应强度是降低卫星残余磁感应强度受地磁场扰动引起的加速度测量噪声的三项重要措施。

(5)检验质量使用低磁化率材料、做好磁屏蔽、控制卫星残余磁感应强度及其起伏是降低卫星残余磁感应强度受本身扰动引起的加速度测量噪声的四项重要措施。

25.3.15　关于寄生噪声的示例

(1)金丝刚度诱导出的加速度测量噪声对于所有被研究的空间任务是足够低的。

(2)对于 GRADIO 加速度计和 SuperSTAR 加速度计而言,寄生噪声引起的加速度测量噪声的噪声源最主要是接触电位差和金丝阻尼,其次是检验质量带有的电荷受地磁场扰动。

参 考 文 献

[1]　王欲知,陈旭.真空技术[M].2 版.北京:北京航空航天大学出版社,2007.

[2]　薛大同.静电悬浮加速度计与真空有关的噪声分析[J].真空科学与技术学报,2011,31(5):633 – 940.

[3]　数学手册编写组.数学手册[M].北京:人民教育出版社,1979.

[4]　高本辉,崔素言.真空物理[M].北京:科学出版社,1983.

[5]　DOLESI R, BORTOLUZZI D, BOSETTI P. Gravitational sensor for LISA and its technology demonstration mission [J]. Classical and Quantum Gravity, 2003, 20(10): 99 – 108.

[6]　HANSON J, KEISER G M, BUCHMAN S, et al. The Disturbance Reduction System: Testing Technology for Drag-Free Operation [C/J/OL]//SPIE (Society of Photo-Optical Instrumentation Engineers) Conference 2003, Orlando, FL, United States, January 20 – 24, 2003. Gravitational-Wave Detection, 2003, 4856 (1): 9 – 18. https://web.stanford.edu/~rlbyer/PDF_AllPubs/2002/386.pdf.DOI 10.1117/12.458565.

[7]　SCHUMAKER B L. Overview of disturbance reduction requirements for LISA [C/J/OL]//The 4th Annual LISA Symposium, Pennsylvania, United States, July 20 – 24, 2002. Classical and Quantum Gravity, 2003, 20 (10): 239 – 253. https://www.researchgate.net/profile/Bonny_Schumaker/publication/228394131_Overview_of_Disturbance_Reduction_Requirements_for_LISA/links/55d4727d08ae7fb244f6d20a/Overview-of-Disturbance-Reduction-Requirements-for-LISA. pdf? origin = publication_detail.

[8]　RODRIGUES M, FOULON B, LIORZOU F, et al. Flight experience on CHAMP

and GRACE with ultra-sensitive accelerometers and return for LISA [J]. Classical and Quantum Gravity, 2003, 20 (10): 291 – 300.

[9] 达道安.真空设计手册[M].3版.北京:国防工业出版社,2004.

[10] 胡汉泉,王迁.真空物理与技术及其在电子器件中的应用:上[M].北京:国防工业出版社,1982.

[11] 陈丕瑾.真空技术的科学基础[M].北京:国防工业出版社,1987.

[12] 中国大百科全书总编辑委员会《物理学》编辑委员会.卡[M/CD]//中国大百科全书:物理学.北京:中国大百科全书出版社,1987.

[13] 高本辉,薛大同.真空中某些非晶体材料出气的扩散理论[J].物理学报,1980,29(1): 93 – 105.

[14] RÜDIGER A. Residual gas effects in space-borne position sensors [EB/OL]. (2002 – 04 – 30). https://www.researchgate.net/profile/Albrecht_Ruediger/publication/229048690_Residual_gas_effects_in_space-borne_position_sensors/links/540456260cf2c48563b07aee/Residual-gas-effects-in-space-borne-position-sensors.pdf? origin＝publication_detail.

[15] CARBONE L, CAVALLERI A, DOLESI R, et al. Results from torsion pendulum ground testing of LISA Gravitational Reference Sensors [C]//The 5th International LISA Symposium and the 38th ESLAB Symposium, ESTEC, Noordwijk, The Netherlands, July 12 – 15, 2004.

[16] TOUBOUL P. MICROSCOPE status [C]//GREX (GRavitation and EXperiments meeting) workshop, Pisa, Italy, October 7 – 10, 2002.

[17] CHHUN R. The MICROSCOPE mission [C]//The 1st International Conference on Particle and Fundamental Physics in Space: Space Part, La Biodola, Isola d'Elba, Italy, May 14 – 19, 2002.

[18] 全国量和单位标准化技术委员会.光及有关电磁辐射的量和单位:GB 3102.6 — 1993 [S].北京:中国标准出版社,1994.

[19] 维基百科.余弦辐射体[DB/OL].(2013 – 12 – 10).http://zh.wikipedia.org/wiki/余弦辐射体.

[20] 李万彪.大气物理:热力学与辐射基础[M].北京:北京大学出版社,2010.

[21] 诸葛向彬.工程物理学[M].杭州:浙江大学出版社,1999.

[22] 全国量和单位标准化技术委员会.原子物理学和核物理学的量和单位:GB 3102.9 — 1993[S].北京:中国标准出版社,1994.

[23] 全国量和单位标准化技术委员会.电学和磁学的量和单位:GB 3102.5 — 1993[S].中国标准出版社,1994.

[24] 王佐磊.静电悬浮加速度计的控制模式研究与分析[D].北京:中国空间技术研究院,2005.

[25] 机械电子工业部标准化研究所.电子设备可靠性热设计手册:GJB/Z 27 — 1992[S]. 北京:国防科工委军标出版发行部,1992.

[26] SCHELKLE M. Small satellite design: thermal control [EB/OL]. http://www.irs.uni-stuttgart.de/skript/KSE/KSE-WS051104_WWW.pdf.

[27]　TAPLEY B，REIGBER Ch. GRACE newsletter No.1 [N/OL]，August 1，2002，http://www2.csr.utexas.edu/grace/newsletter/pdf/august2002.pdf.

[28]　VALENTINI D，VACANCE M，BATTAGLIA D，et al. GOCE instrument thermal control：SAE Technical Paper 2006 – 01 – 2044 [C/OL]//The 36th international conference on environmental systems (ICES)，Norfolk，Virginia，July 17 – 20，2006. http://www.doc88.com/p-6781329009941.html. DOI 10.4271/2006-01-2044.

[29]　ALLASIO A，MUZI D，VINAI B，et al. GOCE：space technology for the reference earth gravity field determination [C/OL]//The 3rd European Conference for Aerospace Sciences (EUCASS)，Versailles，France，July 6 – 9，2009. http://www.goceitaly.asi.it/GoceIT/EUCASS2009.pdf.

[30]　TOUBOUL P，FOULON B，LE CLERC G M. STAR，the accelerometer of geodesic mission CHAMP：IAF – 98 – B.3.07 [C]//The 49th International Astronautical Congress，Melbourne，Australia，September 28 – October 2，1998.

[31]　WILLEMENOT E，TOUBOUL P. On-ground investigation of space accelerometers noise with an electrostatic torsion pendulum [J]. Review of Scientific Instruments，2000，71 (1)：302 – 309.

[32]　WILLEMENOT E，TOUBOUL P. Electrostatically suspended torsion pendulum [J]. Review of Scientific Instruments，2000，71 (1)：310 – 314.

[33]　CARBONE L，CAVALLERI A，DOLESI R，et al. Characterization of disturbance sources for LISA：torsion pendulum results [J/OL]. Classical and Quantum Gravity，2005，22 (10)：S509 – S519. https://arxiv.org/pdf/gr-qc/0412103v1.pdf.

[34]　TOUBOUL P. Accéléromètres spatiaux [C/OL]//La 2ème Ecole d'été GRGS "Géodésie spatiale，physique de la mesure et physique fondamentale"，Forcalquier，France，August 30 – September 4，2004. http://www-g.oca.eu/gemini/ecoles_colloq/ecoles/grgs_04/pdf/PTouboul1.pdf.

[35]　ANON. MEMS Tutorial：Mechanical Noise in microelectromechanical systems [EB/OL]. http://www.kaajakari.net/~ville/research/tutorials/mech_noise_tutorial.pdf.

[36]　SPEAKE C C，TRENKEL C. Forces between conducting surfaces due to spatial variations of surface potential [J/OL]. Physical Review Letters，2003，90 (16)：160403 –1 – 160403 – 4. DOI：10.1103/PhysRevLett.90.160403. https://sci-hub.mksa.top/10.1103/PhysRevLett.90.160403.

[37]　TOUBOUL P. MICROSCOPE status，mission definition and recent instrument development [C]//GREX (GRavitation and EXperiments meeting) workshop，Florence，Italy，september 30，2006.

[38]　都亨，叶宗海.低轨道航天器空间环境手册[M].北京:国防工业出版社,1996:398.

[39]　CESARE S. Performance requirements and budgets for the gradiometric mission：Thales Alenia Space Reference GO – TN – Al – 0027 [R/OL]. Issue 04. Vidauban，France：Thales Alenia Space，2008. https://earth.esa.int/eogateway/documents/20142/37627/Performance％20Requirements％20and％20Budgets％20for％20the％20Gradiometric％20Mission.

[40] BODOVILLÉ G, LEBAT V. Development of the acceleromefer sensor heads for the GOCE satellile: assessmenr of the critical items and qualification: IAC – 10 – C2.1.1 [C]//The 61st International Astronautical Congress, Prague, Czech Republic, September 27 – October 1, 2010.

[41] Wikipedia. Mu-metal [DB/OL]. (2018 – 07 – 05). https://en.wikipedia.org/wiki/Mu-metal.

[42] STEIGER C, PIÑEIRO J, EMANUELLI P P. Operating GOCE, the European space agency's low-flying gravity mission: AIAA – 2010 – 2125 [C/OL]//SpaceOps 2010 Conference, Huntsville, Alabama, United State, April 25 – 30, 2010. https://arc.aiaa.org/doi/pdf/10.2514/6.2010-2125.

[43] TOUBOUL P, FOULON B, CHRISTOPHE B. CHAMP, GRACE, GOCE instruments and beyond [C/J/OL]//IAG (International Association of Geodesy) Symposium, Buenos Aires, Argentina, August 31 – September 4, 2009, Kenyon S, Pacino M C, Marti U. Geodesy for Planet Earth: Proceedings of the 2009 IAG Symposium, 2012: 215 – 221. http://www.doc88.com/p-4475270495180.html. DOI 10.1007/978-3-642-203381_26.

[44] STANTON R, BETTADPUR S, DUNN C, et al. Science & Mission Requirements Document GRACE 327 – 200(JPL D – 15928) [R]. Revision D. Pasadena, California: Jet Propulsion Laboratory (JPL), 2002.

第26章 　静电悬浮加速度计噪声的地基检测与飞行检测

本章的物理量符号

A	电极面积，m^2
$\boldsymbol{A}$	方阵
$a_{1,x}$	加速度计 1 沿卫星 x 轴（即沿加速度计 z 轴）的输出，m/s^2
$a_{2,y}$	加速度计 2 沿卫星 y 轴（即沿加速度计 z 轴）的输出，m/s^2
$a_{3,z}$	加速度计 3 沿卫星 z 轴（即沿加速度计 z 轴）的输出，m/s^2
$a_{4,x}$	加速度计 4 沿卫星 x 轴（即沿加速度计 z 轴）的输出，m/s^2
$a_{5,y}$	加速度计 5 沿卫星 y 轴（即沿加速度计 z 轴）的输出，m/s^2
$a_{6,z}$	加速度计 6 沿卫星 z 轴（即沿加速度计 z 轴）的输出，m/s^2
$a_{d,1,4,x}$	沿卫星 x 轴的加速度计 1 和 4 沿该轴（即沿加速度计 z 轴）输出的差模，m/s^2
$a_{d,2,5,y}$	沿卫星 y 轴的加速度计 2 和 5 沿该轴（即沿加速度计 z 轴）输出的差模，m/s^2
$a_{d,3,6,z}$	沿卫星 z 轴的加速度计 3 和 6 沿该轴（即沿加速度计 z 轴）输出的差模，m/s^2
$\boldsymbol{a}_{\mathrm{drag}}$	卫星受到的拖曳加速度矢量，m/s^2
a_{drag}	$\boldsymbol{a}_{\mathrm{drag}}$ 的模，m/s^2
a_{ij}	方阵 $\boldsymbol{A}$ 的第 i 行第 j 列的元素
$\boldsymbol{a}_{\mathrm{r}}$	加速度计所在位置的微重力加速度矢量，m/s^2
A_y	y 向电极面积，m^2
A_z	z 向电极面积，m^2
$C_{yz}(i\Delta f)$	两个信号 $y(k\Delta t)$ 和 $z(k\Delta t)$ 的谱相干性
$\boldsymbol{D}$	"可观测"张量，s^{-2}
d	检验质量与电极间的平均间隙，m
d_y	y 向检验质量至极板的平均间隙，m
d_z	z 向检验质量至极板的平均间隙，m
$\boldsymbol{e}_x$	地心空间直角坐标系 x 方向的单位矢量
$\boldsymbol{e}_y$	地心空间直角坐标系 y 方向的单位矢量
$\boldsymbol{e}_z$	地心空间直角坐标系 z 方向的单位矢量
f	频率，Hz
$\boldsymbol{g}$	重力加速度矢量，m/s^2

$G_{\mathrm{ip},y}(i\Delta f)$	$\bar{P}_{yy}(i\Delta f)$ 中的非相干功率谱密度,$\mathrm{V^2/Hz}$
$G_{\mathrm{ip},z}(i\Delta f)$	$\bar{P}_{zz}(i\Delta f)$ 中的非相干功率谱密度,$\mathrm{V^2/Hz}$
L_x	沿卫星 x 轴的一对加速度计的检验质量质心间的距离,m
L_y	沿卫星 y 轴的一对加速度计的检验质量质心间的距离,m
L_z	沿卫星 z 轴的一对加速度计的检验质量质心间的距离,m
$\boldsymbol{M}$	引力梯度张量,$\mathrm{s^{-2}}$
m_{i}	检验质量的惯性质量,kg
$\bar{P}_{yy}(i\Delta f)$	用 Welch 平均周期图法得到的信号 $y(k\Delta t)$ 的自谱,$\mathrm{V^2/Hz}$
$\bar{P}_{zz}(i\Delta f)$	用 Welch 平均周期图法得到的信号 $z(k\Delta t)$ 的自谱,$\mathrm{V^2/Hz}$
V	地球引力位,$\mathrm{m^2/s^2}$
V_{d}	电容位移检测电压的有效值,即 RMS 值,V
$\widetilde{V}_{\mathrm{d}}$	电容位移检测电压有效值的噪声,$\mathrm{V/Hz^{1/2}}$
V_{health}	科学健康状况,V
$\widetilde{V}_{\mathrm{health}}$	V_{health} 的功率谱密度,$\mathrm{V/Hz^{1/2}}$
$\widetilde{V}_{\mathrm{health},y}$	y 轴以功率谱密度表示的科学健康状况,$\mathrm{V/Hz^{1/2}}$
$\widetilde{V}_{\mathrm{health},z}$	z 轴以功率谱密度表示的科学健康状况,$\mathrm{V/Hz^{1/2}}$
V_{p}	检验质量上施加的固定偏压,V
$\widetilde{V}_{\mathrm{p}}$	固定偏压噪声,$\mathrm{V/Hz^{1/2}}$
$\boldsymbol{v}_{\mathrm{s}}$	卫星速度矢量,m/s
v_{s}	$\boldsymbol{v}_{\mathrm{s}}$ 的模,m/s
V_{xx}	由式(26-7)表达,$\mathrm{s^{-2}}$
V_{xy}	由式(26-7)表达,$\mathrm{s^{-2}}$
V_{xz}	由式(26-7)表达,$\mathrm{s^{-2}}$
$\widetilde{V}_y$	y 轴闭环控制与读出电路引起的科学数据输出噪声,$\mathrm{V/Hz^{1/2}}$
V_{y1}	y_1 通道科学数据输出,V
V_{y2}	y_2 通道科学数据输出,V
V_{yx}	由式(26-7)表达,$\mathrm{s^{-2}}$
V_{yy}	由式(26-7)表达,$\mathrm{s^{-2}}$
V_{yz}	由式(26-7)表达,$\mathrm{s^{-2}}$
$\widetilde{V}_z$	z 轴闭环控制与读出电路引起的科学数据输出噪声,$\mathrm{V/Hz^{1/2}}$
V_{z1}	z_1 通道科学数据输出,V
V_{z2}	z_2 通道科学数据输出,V
V_{zx}	由式(26-7)表达,$\mathrm{s^{-2}}$
V_{zy}	由式(26-7)表达,$\mathrm{s^{-2}}$
V_{zz}	由式(26-7)表达,$\mathrm{s^{-2}}$
$V_{\phi,y}$	用 V_{y1},V_{y2} 差模的形式反映的、含有"非电路噪声"的检验质量绕 ϕ 轴滚动角加速度,V
$V_{\phi,z}$	由 V_{z2},V_{z1} 差模的形式反映的、含有"非电路噪声"的检验质量绕 ϕ 轴滚动角加速度,V

W	地球重力位，$\mathrm{m^2/s^2}$
x	空间任一点 p（所关心重力位置）在地心空间直角坐标系横轴上的坐标，m
y	空间任一点 p（所关心重力位置）在地心空间直角坐标系纵轴上的坐标，m
$y(k\Delta t)$	信号 y 在 $k\Delta t$ 时刻的值，V
z	空间任一点 p（所关心重力位置）在地心空间直角坐标系竖轴上的坐标，m
$z(k\Delta t)$	信号 z 在 $k\Delta t$ 时刻的值，V
$\tilde{\gamma}_{\mathrm{el},y}$	y 轴闭环控制与读出电路引起的加速度测量噪声，$\mathrm{m \cdot s^{-2}/Hz^{1/2}}$
$\tilde{\gamma}_{\mathrm{el},z}$	z 轴闭环控制与读出电路引起的加速度测量噪声，$\mathrm{m \cdot s^{-2}/Hz^{1/2}}$
δ_{a}	电极面积不对称比值
ε_0	真空介电常数：$\varepsilon_0 = 8.854\,188 \times 10^{-12}$ F/m
$\boldsymbol{\rho}$	加速度计所在位置相对瞬间非惯性参考系原点的矢径，m
$\boldsymbol{\rho}_x$	$\boldsymbol{\rho}$ 沿卫星 x 轴的分矢量，m
$\boldsymbol{\rho}_y$	$\boldsymbol{\rho}$ 沿卫星 y 轴的分矢量，m
$\boldsymbol{\rho}_z$	$\boldsymbol{\rho}$ 沿卫星 z 轴的分矢量，m
Φ	地球离心力位，$\mathrm{m^2/s^2}$
ϕ	静电悬浮加速度计的滚动轴（绕静电悬浮加速度计的 x 轴转动）
$\boldsymbol{\omega}$	瞬间非惯性参考系绕原点自转的角速度矢量，rad/s
$\dot{\boldsymbol{\omega}}$	角加速度张量，$\mathrm{s^{-2}}$
$\overline{\boldsymbol{\omega}^2}$	离心加速度张量，$\mathrm{s^{-2}}$
ω_x	卫星绕其 x 轴旋转的角速度，rad/s
ω_y	卫星绕其 y 轴旋转的角速度，rad/s
ω_z	卫星绕其 z 轴旋转的角速度，rad/s

26.1　地基检测静电悬浮加速度计噪声的可能性

26.1.1　概述

从 23.3.3 节导出的第 n 阶扰动引力加速度分量与轨道高度的关系可以看到，在规定的截断阶下恢复地球重力场的误差与加速度计分辨力及轨道高度关系密切。23.3.1 节指出，对静电悬浮加速度计而言，分辨力仅受噪声限制。因此，静电悬浮加速度计闭环噪声是反演地球重力场所关心的重要指标。

20.1 节指出，法国 ONERA 设计的加速度计的一个基本特点是靠重力下浮起检验质量的办法提供广泛的地基功能测试可能性；为了克服重力举起检验质量，GRADIO 加速度计向 x 轴（铅垂轴）上电极引入一个适当的电压（稳定状态下在正上方 $30\ \mu\mathrm{m}$ 处施加 -900 V）以便地基测试时支撑检验质量使之垂直悬浮。由于施加的电压绝对值比在轨运行时高了数百倍，因此不可能指望地基检测时能够检测 x 轴（铅垂轴）在轨运行时的各项指标。也就是说，地基检测静电悬浮加速度计性能均只针对 y，z 轴（水平轴）。

如果地面环境噪声远小于加速度计噪声，地基检测加速度计噪声从机理角度似乎是十分简单的事情：利用重力场倾角法在加速度计敏感轴方向产生输入范围以内任意大小，但又稳定不变的加速度分量，由加速度计感知该加速度，并检测其输出噪声，利用已测定的标度因数转换为加速度测量噪声,经过频谱分析(FFT),得到噪声频谱,以功率谱密度的平方根($\sqrt{\Gamma_{PSD}}$)表示,单位为 m·s^{-2}/Hz$^{1/2}$,或 g$_n$/Hz$^{1/2}$,如 13.3.3 节在地震基准台的百米深山洞中具有隔振地基的房间内进行微重力测量装置噪声测试那样。相应的示例见 5.9.3.2 节第(4)条。纵然环境噪声明显大于加速度计噪声,如果能使一对加速度计处于同一环境噪声下,采用 5.9.4 节介绍的相干性检测法,也可以检测出加速度计噪声。

然而,对于 STAR、SuperSTAR、GRADIO 等静电悬浮加速度计而言,事情没有这样简单。

26.1.2 大地脉动的噪声水平

首先考察环境噪声。环境噪声包括人工振源和自然振源产生的振动。13.3.3 节图 13-12~图 13-19 给出了北京中关村微重力国家实验室落塔 0 m 大厅无人值守下水平方向 y,z 轴的环境振动,以此作为人工振源产生的振动的一个示例。

自然振源产生的振动又称为大地脉动,或环境地震噪声。我们知道,强震带来灾难,但持续的时间很短,而微震却是经常发生的,极其平静的时刻并不多。图 26-1 展示了 California 大学 San Diego 分校 J. Berger 等人对全球地震网 118 个台站一年的数据进行综合分析得到的覆盖率 1%,5%,25% 和 50% 的低噪声功率谱密度(即噪声不超过该功率谱密度的时间占比为 1%,5%,25% 和 50%)。图中虚线是 Peterson 低噪声模型(Peterson,1993)[1]。

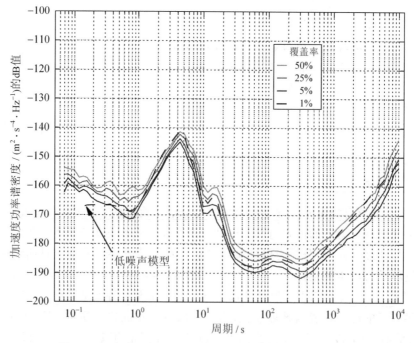

图 26-1　全球地震网低噪声模型(来源于 Berger,2004)[1]

图 26-1 的纵坐标为加速度功率谱密度的 dB 值,我们可以将其改换为加速度功率谱密度的平方根;横坐标为周期(s),我们可以将其改换为频率(Hz)。结果如图 26-2 所示[2]。

表 17-2 给出 SuperSTAR 加速度计 US 轴在测量带宽(1×10^{-4}~0.1) Hz 内的噪声指标为 1×10^{-10} m·s^{-2}/Hz$^{1/2}$,而从图 26-2 可以看到,在此频率范围内,只有 1% 的时刻

环境地震噪声有可能低于$(2.7\times10^{-10}\sim2\times10^{-8})$ m·s^{-2}/Hz$^{1/2}$量级(因频率而异);表 17 - 2 给出 GRADIO 加速度计 US 轴在测量带宽$(5\times10^{-3}\sim0.1)$ Hz 内的噪声指标为2×10^{-12} m·s^{-2}/Hz$^{1/2}$,而从图 26 - 2 可以看到,在此频率范围内,只有 1 ‰的时刻环境地震噪声有可能低于$(3.3\times10^{-10}\sim4\times10^{-9})$ m·s^{-2}/Hz$^{1/2}$量级(因频率而异)。而且,地震噪声是大地脉动,再好的山洞也不可能隔离它,事实上地震网的台站都是建立在山洞里的,已尽可能消除了人工振源的影响。因此,SuperSTAR 和 GRADIO 的噪声不可能直接测出。

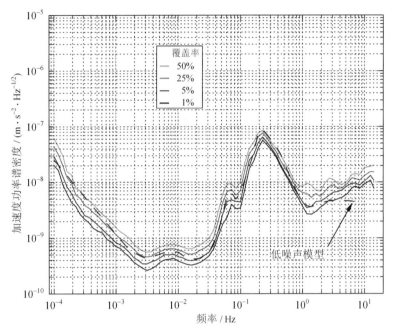

图 26 - 2　全球地震网低噪声模型(以加速度功率谱密度的平方根 - 频率表示)[2]

表 17 - 2 给出 STAR 加速度计 US 轴在测量带宽$(1\times10^{-4}\sim0.1)$ Hz 内的噪声指标为$<1\times10^{-8}$ m·s^{-2}/Hz$^{1/2}$,从图 26 - 2 可以看到,该指标理论上是可以直接测出的,然而考虑到测试平台的噪声水平,实际上还是无法直接测出。

26.1.3　法国 ONERA 双级摆测试台的性能

26.1.3.1　原型

由表 17 - 2 可以看到,STAR 加速度计 US 轴输入范围为$\pm1\times10^{-4}$ m/s^2,这相当于重力场倾角法的倾角为$\pm2''$;SuperSTAR 加速度计 US 轴输入范围为$\pm5\times10^{-5}$ m/s^2,这相当于重力场倾角法的倾角为$\pm1''$;GRADIO 加速度计 US 轴输入范围为$+6.5\times10^{-6}$ m/s^2,这相当于重力场倾角法的倾角为$\pm0.14''$。因此,地基测试中为使加速度不超出输入范围,必须使用可精密调整倾角的测试平台。法国 ONERA 在 20 世纪 90 年代研制了一种双级摆测试台,其原理如图 26 - 3 所示:第一级设立一块水平板,其上安装一组电极,以判定相应的水平基准。水平基准是由两个正交的水银测斜仪组成的,水银测斜仪安装在一个构件上,而该构件则放置在压电致动器上。两个伺服回路控制这些压电致动器的高度,以便将测斜仪的输出维持在零位。第二级由悬挂在四根殷钢条上的重型平台(简称平台)和通过铰链系在支架上的弹性圈组成。借助于电容传感器和磁力器控制该平台相对于第一级电极的方位[3]。摆测试台最重要的特征是试验时保持其平台的方向稳定性(相对于当地重力)。获得的方向稳定性优于 2×10^{-9} rad/h $[(4\times10^{-4})''/h]$[4]。对于大于 0.5 Hz 的频率,摆相当于一个二阶低通滤波器,对地面扰动有被动隔振作用[5]。

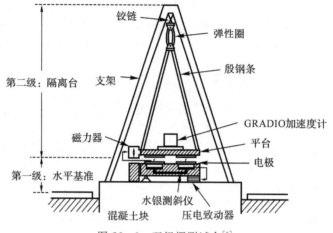

图 26-3　双级摆测试台[3]

图 26-4 给出了置于摆测试台的平台(以下简称摆平台)上的加速度计 US 轴对标定台阶 10 ng_local 的响应,该台阶是靠 1×10^{-8} rad 的摆平台方向变化得到的,该方向变化也被一个倾斜仪测出,清楚呈现在两种测量之间良好相关[6]。

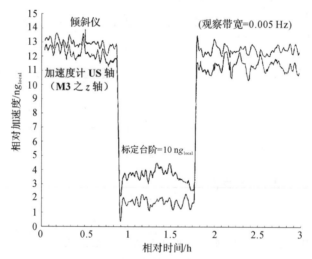

图 26-4　置于摆平台上的加速度计 US 轴对标定台阶 10 ng_local
(即重力场倾角 10 nrad)的响应[6]

从图 26-4 可以看到,置于该摆平台上的加速度计 US 轴对 10 nrad(1 g_n 下的重力场分量为 9.8×10^{-8} m/s²)台阶的响应在观察带宽 0.005 Hz 下具有很高的信噪比。粗略估计,该台阶约为分辨力的 5 倍,即双级摆测试台分辨力可达 2 nrad(1 g_n 下的重力场分量为 1.96×10^{-8} m/s²)。

表 17-2 给出 GRADIO 加速度计 US 轴在科学模式下的输入范围为 $\pm6.5\times10^{-6}$ m/s²,若在输入范围内做 21 点等间隔小角度静态标定,即间隔为 6.5×10^{-7} m/s²,间隔为双级摆测

试台分辨力的 33 倍。由此可见,可以用该摆测试台对 GRADIO 加速度计 US 轴做小角度静态标定,以得到输入范围、标度因数,并可观察输入范围内的线性(参见 17.6.2 节和 27.6.3.2 节)。

26.1.3.2　改进型

由文献[7-8]的叙述可以知道,ONERA 随后对摆测试台作了改进:用设置在平台上的参考静电悬浮加速度计取代水银测斜仪和压电制动器,并加大测试台的面积。摆测试台有两种控制方式:通过平台下方的电容传感和电磁致动器,对平台的四种主要模式和方位(绕两个水平轴摆动和调整两个水平轴的倾角)实施伺服控制;利用参考加速度计的输出来驱动六个电磁致动器以阻尼平台的运动,并控制平台相对于垂线的方位。使用参考加速度计的另一好处是可以对低于 0.1 Hz 的干扰实施主动控制。图 26-5 为改进后摆测试台工作原理。图 26-6 为实物照片。可以看到弹性圈已改为多圈弹簧,殷钢条已改为钢索,摆测试台四周有塑料屏风。

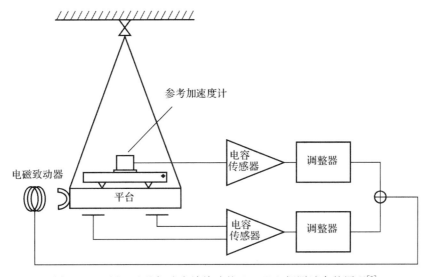

图 26-5　用于地基加速度计检验的 ONERA 摆测试台的原理[8]

图 26-6　用于重力梯度测量对功能测试(两台加速度计)的摆测试台[8]

该平台的典型性能示于图 26-7。从该图可以看到,ONERA 用摆测试台实现的地基测试噪声水平在 $(0.01\sim0.1)$ Hz 范围内大约为 3×10^{-8} m·s^{-2}/Hz$^{1/2}$。在较高频率处,噪声水平跨越式增大[①],从而限制了测试[8]。表 17-2 给出 STAR 加速度计的噪声水平 $<1\times10^{-8}$ m·s^{-2}/Hz$^{1/2}$。因此,即使对于 STAR 加速度计,也无法直接测出仪器噪声。

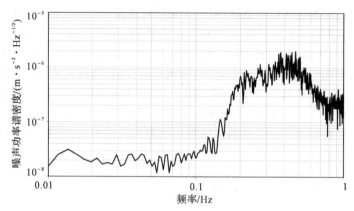

图 26-7   在摆平台上得到的噪声水平[8]

由文献[9]的叙述可知,置于充分抑制了地基振动的摆平台上的 GRADIO 加速度计实现了高电压悬浮,并给出科学模式下仅 $\pm6\times10^{-6}$ m/s^2(对应的重力场倾角为 0.66 μrad,即 0.13″)的输入范围(表 17-2 给出的输入范围为 $\pm6.5\times10^{-6}$ m/s^2),由避免饱和可知,其水平状态肯定达到了优于 0.66 μrad(即 0.13″)。

由文献[10-11]的叙述可以知道,摆平台有 4 个自由度。可以在已知的频率下作角秒量级来回摆动,通过重力场倾角的来回变化,将该频率的重力加速度信号投影到捕获模式下的加速度计 US 轴上。26.1.4 节和 27.8 节指出,由此可以检验一对加速度计的差模和共模标度因数,二者的比值反映了该对加速度计标度因数的一致性。

26.1.4   一对静电悬浮加速度计处于同一环境噪声下的可能性

ONERA 用上述摆测试台检验了一对 GRADIO 加速度计的共模和差模标度因数,具体做法是:

(1)一对加速度计同方向安装在摆平台上,以捕获模式工作;

(2)平台以 0.1 Hz 的频率不断摆动,摆动幅度约为 1.5″;

(3)以输出数据率 10 Sps 获取一对加速度计所指示的加速度值的平均值(共模)和半差分值(差模);

(4)为了得到低于 10^{-4} 的试验误差[②],采用 5.9.4.3 节第(2)条所述的平均周期图法获得功率谱密度以减少方差;

(5)每段的数据长度为 8 192(持续 819.2 s),相应的频率间隔为 1.22×10^{-3} Hz;

(6)做了超过 7 h 测量试验;

(7)为了减弱非整周期采样(0.1 Hz 摆动频率的周期为 10 s)引起的频谱泄漏,采用非矩

---

①   文献[8]原文为"残余地震噪声占主导地位",然而,将图 26-7 与图 26-2 相比较可以看到,将主导地位归结为残余地震噪声是错误的。

②   文献[11]原文为"优于 10^{-4} 的试验准确度(an accuracy of the test better than 10^{-4})",不妥(参见 4.1.3.1 节)。

形的窗函数(很可能是 Hann 窗)[11]。

图 26-8 为获得的多张功率谱密度图中的一张[12]。

将图 26-8 中除 0.1 Hz 及其倍频以外的差模加速度谱与图 26-7 比较,可以看到,差模并不能显著改善噪声水平。究其原因,正如文献[7]所指出的,由于摆平台存在热弹性形变和水平方向的测量数据中含有垂直轴($1\ g_{local}$)的耦合,使得一对加速度计并非处于同一环境噪声下。

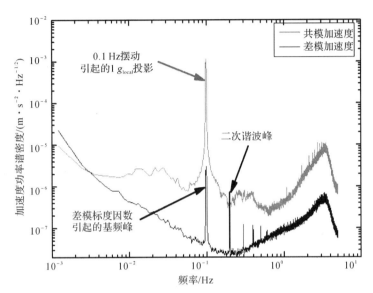

图 26-8　标度因数验证时的共模和差模加速度谱密度[12]

附录 A 指出,使用相干性检测法可以比共模-差模检测法更好地分离外来信号与仪器噪声。但是,两种方法都要求一对仪器处于同一环境噪声下。因此,无论共模-差模检测法还是相干性检测法,均不适用于检测 STAR、SuperSTAR 和 GRADIO 加速度计的综合噪声。

26.1.5　小结

26.1.2 节指出,大地脉动的噪声谱远大于 SuperSTAR 和 GRADIO 加速度计的噪声指标;26.1.3 节指出,法国 ONERA 为研制静电悬浮加速度计开发了摆测试台,但其平台的噪声谱甚至还超过了 STAR 加速度计的噪声指标;26.1.4 节指出,由于摆平台存在热弹性形变和水平方向的测量数据中含有垂直轴($1\ g_{local}$)的耦合,使得一对加速度计并非处于同一环境噪声下,因而无论共模-差模检测法还是相干性检测法,均不适用于检测 STAR、SuperSTAR 和 GRADIO 加速度计的综合噪声。因此,STAR、SuperSTAR 和 GRADIO 等静电悬浮加速度计对其噪声指标均采用分析评估方法(参见图 24-2～图 24-4)。

我们知道,为了保证噪声评估的有效性,必须保证不遗漏主要噪声源,必须每个单项测试均不改变该项测试所涉及的评估对象的状态且采用的测试方法和分析方法正确。因此,单项测试越接近加速度计实际工作状态且含盖越多噪声源越好。如果能够找到一种符合该原则的 US 轴闭环控制与读出电路综合噪声检测方法①,不仅有利于保证噪声评估的有效

---

① "闭环控制与读出电路综合噪声检测方法"指的是直接检测而非通过分析评估获得闭环控制与读出电路引起的加速度测量噪声的方法。

性,而且撇开其他影响因素后,有可能降低对测试条件的要求,从而有利于判别 US 轴闭环控制与读出电路综合噪声是否达标。

26.2 US 轴闭环控制与读出电路的综合噪声检测

26.2.1 各种噪声源是否在各个通道中独立起作用

下面分别分析 24.2 节所述各种噪声源在 y_1, y_2, z_1, z_2 四个通道中是否各自独立起作用。

26.2.1.1 电路噪声

24.2.2 节指出,闭环控制与读出电路引起的加速度测量噪声简称"电路噪声",包括探测器噪声、驱动噪声和测量噪声。

(1)探测器噪声。

24.2.2 节指出,探测器噪声包括电极面积不对称引起的加速度测量噪声、电容位移检测电路噪声和 ADC1 的噪声。24.4.2 节指出,其中位移噪声的来源有:从差动变压器输出端向前看的机电转换器阻抗的等效并联 LCR 网络中的等效电阻的热噪声、电荷放大器输入电流和输入电压噪声、反馈回路电阻热噪声以及差动变压器不对称与电容位移检测电压有效值的噪声的联合作用。在 y_1, y_2, z_1, z_2 四个通道中,以上各项噪声源绝大多数各自独立起作用,只有两种噪声源并非完全独立起作用:由式(24-17)可以看到,电极面积不对称引起的加速度计偏值噪声是电极面积不对称、固定偏压噪声、电容位移检测电压有效值的噪声联合作用的结果;由式(24-63)可以看到,差动变压器不对称引起的位移噪声是差动变压器不对称与电容位移检测电压有效值的噪声联合作用的结果。而固定偏压和电容位移检测电压是施加到检验质量上的,因而其噪声在四个通道中所起的作用是共同的。由于 24.4.1 节已经指出,文献提供的电极面积不对称比值 $\delta_a = 2 \times 10^{-3}$、固定偏压 V_p 的噪声 $\{\tilde{V}_p\}_{V/\sqrt{Hz}} = 12 \times 10^{-8} \cdot \{V_p\}_V \cdot \sqrt{1 + 7/\{f\}_{Hz}}$、电容位移检测电压有效值 V_d 的噪声 $\{\tilde{V}_d\}_{V/\sqrt{Hz}} = 2 \times 10^{-6} \cdot \{V_d\}_V \cdot \sqrt{1 + 0.3/\{f\}_{Hz}}$ 无论对于 GRADIO 还是 SuperSTAR 加速度计的 US 轴,均能够充分保证电极面积不对称引起的加速度计偏值噪声功率谱密度足够小;从表 24-1 可以得到,当电荷放大器第一级采用 FET 输入运算放大器 OPA657 时,差动变压器不对称引起的位移噪声与电容位移检测电路总位移噪声相比,对于 SuperSTAR 加速度计 US 轴为 0.56%,对于 GRADIO 加速度计 US 轴为 0.05%,因而差动变压器不对称引起的位移噪声可以忽略。因此,探测器噪声在 y_1, y_2, z_1, z_2 四个通道中大体上是各自独立起作用的。

应该说明,严格地说,电容位移检测噪声中的电极面积不对称引起的加速度计偏值噪声虽然与电容位移检测电压有效值的噪声有关,但也与敏感结构的几何形状有关,因而不完全是"电路噪声",然而,如上一自然段所述,在给定的电极面积不对称比值 δ_a、固定偏压噪声 $\tilde{V}_p$、电容位移检测电压有效值的噪声 $\tilde{V}_d$ 下,无论对于 GRADIO 还是 SuperSTAR 加速度计的 US 轴,均能够充分保证电极面积不对称引起的加速度计偏值噪声功率谱密度足够小,因此,将探测器噪声归入"电路噪声"是合理的。

(2)驱动噪声。

24.2.2 节指出,驱动噪声包括 DAC 的噪声和 DVA 的噪声。DAC 噪声和 DVA 噪声

均在 y_1, y_2, z_1, z_2 四个通道中各自独立起作用。

（3）测量噪声。

24.2.2 节指出，测量噪声包括读出放大器的噪声和 ADC2 的噪声。无论是读出差动放大器噪声，还是 ADC2 的量化噪声和参考电压噪声，都在 y_1, y_2, z_1, z_2 四个通道中各自独立起作用。

（4）小结。

由上述（1）、（2）、（3）条所述可知，可以认为"电路噪声"是 y_1, y_2, z_1, z_2 四个通道中各自独立起作用的噪声。

26.2.1.2　非电路噪声

24.2.3 节指出，非电路因素引起的加速度测量噪声简称"非电路噪声"，包括加速度计偏值的热敏感性和寄生噪声。

（1）加速度计偏值的热敏感性。

24.2.3 节指出，加速度计偏值的热敏感性是由囚禁检验质量的电极笼在敏感方向上两相向内侧存在温度差引起的，包括辐射计效应的热敏感性和热辐射压力的热敏感性。25.1.1 节已经指出，辐射计效应与残余气体压力及温差噪声有关。前者是 y_1, y_2, z_1, z_2 四个通道中共同起作用的因素，后者在 y_1, y_2, z_1, z_2 四个通道中虽有差别，但并不独立。25.1.3 节已经指出，热辐射压力也与温差噪声有关。而温差噪声在 y_1, y_2, z_1, z_2 四个通道中虽有差别，但并不独立。

（2）寄生噪声。

24.2.3 节指出，寄生噪声的来源主要为接触电位差、金丝刚度和阻尼、气体阻尼、磁场扰动。寄生噪声中金丝阻尼和刚度是 y_1, y_2, z_1, z_2 四个通道中共同起作用的因素；依据 25.2.2 节所述原理，接触电位差的影响在 y_1, y_2, z_1, z_2 四个通道中虽有差别，但并不独立；依据 25.2.3 节和 25.2.4 节所述原理，残余气体平衡态阻尼和磁场扰动为 y_1, y_2, z_1, z_2 四个通道中共同起作用的因素。

（3）小结。

由上述（1）、（2）条所述可知，可以认为"非电路噪声"是 y_1, y_2, z_1, z_2 四个通道中共同起作用的噪声。

26.2.2　用共模-差模法检测 US 轴闭环控制与读出电路综合噪声

26.2.2.1　用共模-差模法定义科学健康状况

针对图 17-4 展示的敏感结构的电极安排及图中规定的电极位置编号，文献[13]指出，可以由 y_1 和 y_2 两个通道通过差模导出检验质量绕 ϕ 轴（x 轴）的滚动角加速度，也可以由 z_1 和 z_2 两个通道做，在每个通道的偏值差模范围内，两者的计算应该是相等的，据此可以定义科学健康状况为

$$V_{health} = -V_{y1} + V_{y2} - V_{z1} + V_{z2} \qquad (26-1)$$

式中　　V_{health} —— 科学健康状况，V；

　　　　V_{y1} —— y_1 通道科学数据输出，V；

　　　　V_{y2} —— y_2 通道科学数据输出，V；

　　　　V_{z1} —— z_1 通道科学数据输出，V；

　　　　V_{z2} —— z_2 通道科学数据输出，V。

参考图 17-17 所展示的八个通道(分别与图 17-4 展示的八对电极相对应)位移检测电压转换到三个平动轴、三个转轴方向的表达式,可以得到,以上定义的科学健康状况有如下特点:

(1)$(V_{y1} - V_{y2})/2$ 反映了检验质量绕 ϕ 轴的滚动角加速度,而扣除了 y 轴的线加速度;

(2)$(V_{z2} - V_{z1})/2$ 反映了检验质量绕 ϕ 轴的滚动角加速度,而扣除了 z 轴的线加速度;

(3)$(V_{z2} - V_{z1})/2$ 与 $(V_{y1} - V_{y2})/2$ 的共模反映了检验质量绕 ϕ 轴的滚动角加速度;

(4)V_{health} 是 $(V_{z2} - V_{z1})/2$ 与 $(V_{y1} - V_{y2})/2$ 差模的 4 倍;

(5)V_{health} 既扣除了 y 轴和 z 轴的线加速度,也扣除了绕 ϕ 轴的滚动角加速度;

(6)V_{health} 还扣除了 y_1, y_2, z_1, z_2 四个通道中共同起作用的噪声;

(7)V_{health} 仅与 y_1, y_2, z_1, z_2 四个通道中各自独立起作用的噪声有关;

(8)由于 V_{health} 只含有噪声信息,所以 V_{health} 的功率谱密度的平方根即 V_{health} 的噪声谱 $\tilde{V}_{\text{health}}$。

由以上特点可知,式(26-1)定义的科学健康状况采用的是附录 A 中为了与相干性检测法对照而列出的共模-差模检测法。

26.2.2.2 US 轴闭环控制与读出电路综合噪声的获取

由于 $\tilde{V}_{\text{health}}$ 仅与 y_1, y_2, z_1, z_2 四个通道中各自独立起作用的噪声有关,所以由 26.2.1 节各种噪声源是否在各个通道中独立起作用的叙述可知,$\tilde{V}_{\text{health}}$ 几乎含盖了各种"电路噪声"源,几乎不含盖各种"非电路噪声"源。具体地说,除了起源于电容位移检测电压有效值噪声的差动变压器不对称效应以外,$\tilde{V}_{\text{health}}$ 含盖了 y_1, y_2, z_1, z_2 四个通道闭环控制与读出电路的各种噪声源;除了起源于电容位移检测电压有效值噪声的电极面积不对称效应以外,$\tilde{V}_{\text{health}}$ 不含盖与 y_1, y_2, z_1, z_2 四个通道闭环控制及读出电路无关的其他各种噪声源。鉴于 26.2.1.1 节第(1)条已经指出电极面积不对称引起的加速度计偏值噪声、差动变压器不对称引起的位移噪声在 US 轴探测器噪声中的影响可以忽略,所以 $\tilde{V}_{\text{health}}$ 是一种以闭环控制与读出电路引起的科学数据输出噪声是否足够小为依据的健康状况判据。经过适当处理,可以由 $\tilde{V}_{\text{health}}$ 得到闭环控制与读出电路综合噪声。

我们将每个通道闭环控制与读出电路引起的科学数据输出噪声简称为通道电路噪声。鉴于:

(1)由于 V_{health} 仅与 y_1, y_2, z_1, z_2 四个通道中各自独立起作用的噪声有关,因此,由式(26-1)表达的科学健康状况定义和式(24-11)表达的等权、互相独立的噪声合成公式得到,$\tilde{V}_{\text{health}}$ 为每个通道电路噪声的 2 倍;

(2)我们知道,将反馈控制电压乘以物理增益即得到加速度测量值[参见式(17-23)],而不论电极是否被拆分,物理增益的值是不变的(详见 17.4.4 节),因而 y 轴反馈控制电压为 y_1 和 y_2 两通道科学数据输出的共模 $(V_{y1} + V_{y2})/2$,z 轴反馈控制电压为 z_1 和 z_2 两通道科学数据输出的共模 $(V_{z2} + V_{z1})/2$,进一步由各个通道电路噪声具有互相独立性,通过式(24-11)表达的等权、互相独立的噪声合成公式得到,y 轴、z 轴闭环控制与读出电路引起的科学数据输出噪声 $\tilde{V}_y, \tilde{V}_z$ 为各自每个通道电路噪声的 $1/\sqrt{2}$。

因此

$$\tilde{V}_y = \tilde{V}_z = \frac{\tilde{V}_{\text{health}}}{2\sqrt{2}} \tag{26-2}$$

式中　$\widetilde{V}_y$——y 轴闭环控制与读出电路引起的科学数据输出噪声，$V/Hz^{1/2}$；

$\quad\quad\quad\widetilde{V}_z$——$z$ 轴闭环控制与读出电路引起的科学数据输出噪声，$V/Hz^{1/2}$；

$\quad\quad\quad\widetilde{V}_{health}$——$V_{health}$ 的功率谱密度，$V/Hz^{1/2}$。

仿照式（17-24），可以给出 $\widetilde{V}_y$，$\widetilde{V}_z$ 引起的加速度测量噪声为

$$\left.\begin{aligned}\widetilde{\gamma}_{el,y}&=\frac{2\varepsilon_0 A}{m_i d^2}V_p\widetilde{V}_y\\[1mm]\widetilde{\gamma}_{el,z}&=\frac{2\varepsilon_0 A}{m_i d^2}V_p\widetilde{V}_z\end{aligned}\right\}\tag{26-3}$$

式中　$\widetilde{\gamma}_{el,y}$——$y$ 轴闭环控制与读出电路引起的加速度测量噪声，$m \cdot s^{-2}/Hz^{1/2}$；

$\quad\quad\quad\widetilde{\gamma}_{el,z}$——$z$ 轴闭环控制与读出电路引起的加速度测量噪声，$m \cdot s^{-2}/Hz^{1/2}$；

$\quad\quad\quad\varepsilon_0$——真空介电常数，17.4.3 节给出 $\varepsilon_0 = 8.854\ 188\times10^{-12}$ F/m；

$\quad\quad\quad A$——电极面积，m^2；

$\quad\quad\quad m_i$——检验质量的惯性质量，kg；

$\quad\quad\quad d$——检验质量与电极间的平均间隙，m；

$\quad\quad\quad V_p$——检验质量上施加的固定偏压，V。

26.2.3 节给出，GOCE 任务飞行中、检验质量漂浮下 GRADIO 加速度计的 $\widetilde{V}_{health}$ 在测量带宽（0.005～0.1）Hz 内具有大约 5 $\mu V/Hz^{1/2}$ 的噪声水平。因此，由式（26-2）得到，在此测量带宽内大约 $\widetilde{V}_y = \widetilde{V}_z = 1.8\ \mu V/Hz^{1/2}$。

17.3.2 节给出 y，z 向电极面积 $A_y = A_z = 2.08$ cm^2，GRADIO 加速度计检验质量 $m_i = 0.318$ kg，检验质量至极板的平均间隙 $d_y = d_z = 299\ \mu m$，表 17-4 给出固定偏压 $V_p = 7.5$ V。因此，由式（26-3）得到，在测量带宽（0.005～0.1）Hz 内大约 $\widetilde{\gamma}_{el,y} = \widetilde{\gamma}_{el,z} = 1.7\times10^{-12}$ m $\cdot$ s$^{-2}/Hz^{1/2}$。

鉴于式（26-1）定义的科学健康状况采用的是附录 A 中为了与相干性检测法对照而列出的共模-差模检测法（详见 26.2.2.1 节），所以由这种科学健康状况得到的 US 轴闭环控制与读出电路综合噪声采用的也是共模-差模检测法。如附录 A 所述，共模-差模检测法对外来信号与仪器噪声的分离显然不如相干性检测法。

26.2.3　用相干性检测 US 轴闭环控制与读出电路综合噪声

我们从 26.2.2.2 节看到，可由式（26-2）得到 $\widetilde{V}_y$ 或 $\widetilde{V}_z$ 并由式（26-3）进一步得到"电路噪声" $\widetilde{\gamma}_{el,y}$ 或 $\widetilde{\gamma}_{el,z}$。然而，这一做法的缺点是无法区分 $\widetilde{V}_y$ 和 $\widetilde{V}_z$ 的差异。这也正是共模-差模检测法的共同缺点。

26.2.2.1 节指出，$(V_{y1}-V_{y2})/2$ 和 $(V_{z2}-V_{z1})/2$ 所反映的都是检验质量绕 ϕ 轴的滚动角加速度。然而，$(V_{y1}-V_{y2})/2$ 中的噪声和 $(V_{z2}-V_{z1})/2$ 中的噪声尽管由于结构和电路的相似性，会有相似的谱特性，但各个通道电路噪声具有不相干性，因此，二者所反映的通道电路噪声不会彼此相关，不仅二者所反映的电路噪声的时间历程不会相同，而且其差别会是随机的。实际上，二者所反映的通道电路噪声完全是彼此无关的。

由于 $(V_{y1}-V_{y2})/2$ 或 $(V_{z2}-V_{z1})/2$ 均为两个通道科学数据输出的差模，而各个通道电路噪声具有互相独立性，因此，由式（24-11）表达的等权、互相独立的噪声合成公式得到，

$(V_{y1}-V_{y2})/2$ 或 $(V_{z2}-V_{z1})/2$ 所反映的电路噪声为每个通道电路噪声的 $1/\sqrt{2}$ 倍。由于 26.2.2.2 节已经指出 $\tilde{V}_y$，$\tilde{V}_z$ 为每个通道电路噪声的 $1/\sqrt{2}$，所以 $(V_{y1}-V_{y2})/2$ 所反映的电路噪声等于 $\tilde{V}_y$，$(V_{z2}-V_{z1})/2$ 所反映的电路噪声等于 $\tilde{V}_z$，且 $\tilde{V}_y$，$\tilde{V}_z$ 是独立的，这为准确表征 $\tilde{V}_y$ 和 $\tilde{V}_z$ 提供了基础。

如上所述，$\tilde{V}_y$ 和 $\tilde{V}_z$ 是彼此无关的。同样重要的是，认识到 $\tilde{V}_y$ 的影响并不出现在 $(V_{z2}-V_{z1})/2$ 中。类似地，$\tilde{V}_z$ 的影响并不出现在 $(V_{y1}-V_{y2})/2$ 中。然而，检验质量绕 ϕ 轴的滚动角加速度以及"非电路噪声"会同时反映在 $(V_{y1}-V_{y2})/2$ 和 $(V_{z2}-V_{z1})/2$ 中。因此，假定 $(V_{y1}-V_{y2})/2$，$(V_{z2}-V_{z1})/2$ 的相同成分，即其中并非彼此无关的成分必定与检验质量绕 ϕ 轴的滚动角加速度以及"非电路噪声"有关是合理的。与此相应，$(V_{y1}-V_{y2})/2$，$(V_{z2}-V_{z1})/2$ 各自的自谱中的非相干功率谱密度则反映了各自的电路噪声 $\tilde{V}_y$ 和 $\tilde{V}_z$。孤立出 $\tilde{V}_y$ 和 $\tilde{V}_z$ 的关键是把 $(V_{y1}-V_{y2})/2$，$(V_{z2}-V_{z1})/2$ 的相同部分与不同部分分离。

根据以上分析可知，$(V_{y1}-V_{y2})/2$，$(V_{z2}-V_{z1})/2$ 完全相当于 5.9.4 节所述的两个传感器的输出，因而完全可以使用该节所述的相干性检测法获得 $\tilde{V}_y$ 和 $\tilde{V}_z$。而且，在 $\tilde{V}_y$ 和 $\tilde{V}_z$ 有相似谱特性的前提下，能够区分出 $\tilde{V}_y$ 和 $\tilde{V}_z$ 的差异：

参照 5.9.4.3 节 ～ 5.9.4.5 节的叙述，采用 Welch 平均周期图法求自谱、互谱、相干性和非相干功率谱密度，可以给出

$$
\left.
\begin{aligned}
V_{\phi,y} &= y(k\Delta t) = \frac{V_{y1}-V_{y2}}{2} \\
V_{\phi,z} &= z(k\Delta t) = \frac{V_{z2}-V_{z1}}{2}
\end{aligned}
\right\}
\tag{26-4}
$$

式中　　　$V_{\phi,y}$——用 V_{y1}，V_{y2} 差模的形式反映的、含有"非电路噪声"的检验质量绕 ϕ 轴滚动角加速度，V；

　　　　　$V_{\phi,z}$——由 V_{z2}，V_{z1} 差模的形式反映的、含有"非电路噪声"的检验质量绕 ϕ 轴滚动角加速度，V；

　　　　　$y(k\Delta t)$——信号 y 在 $k\Delta t$ 时刻的值，V；

　　　　　$z(k\Delta t)$——信号 z 在 $k\Delta t$ 时刻的值，V。

$$
\left.
\begin{aligned}
\tilde{V}_y^2 &= G_{\mathrm{ip},y}(i\Delta f) = [1-C_{yz}(i\Delta f)]\,\bar{P}_{yy}(i\Delta f) \\
\tilde{V}_z^2 &= G_{\mathrm{ip},z}(i\Delta f) = [1-C_{yz}(i\Delta f)]\,\bar{P}_{zz}(i\Delta f)
\end{aligned}
\right\},\quad i=0,1,2,\cdots,N/2
\tag{26-5}
$$

式中　　　$\bar{P}_{yy}(i\Delta f)$——用 Welch 平均周期图法得到的信号 $y(k\Delta t)$ 的自谱，V^2/Hz；

　　　　　$\bar{P}_{zz}(i\Delta f)$——用 Welch 平均周期图法得到的信号 $z(k\Delta t)$ 的自谱，V^2/Hz；

　　　　　$C_{yz}(i\Delta f)$——两个信号 $y(k\Delta t)$ 和 $z(k\Delta t)$ 的谱相干性；

　　　　　$G_{ip,y}(i\Delta f)$——$\bar{P}_{yy}(i\Delta f)$ 中的非相干功率谱密度，V^2/Hz；

　　　　　$G_{ip,z}(i\Delta f)$——$\bar{P}_{zz}(i\Delta f)$ 中的非相干功率谱密度，V^2/Hz。

从式(26-5)可以看到，能够区分出 $\tilde{V}_y$ 和 $\tilde{V}_z$ 的差异。

由 $y(k\Delta t)$ 和 $z(k\Delta t)$ 求得 $G_{\mathrm{ip},y}(i\Delta f)$ 和 $G_{\mathrm{ip},z}(i\Delta f)$ 的具体步骤与附录 A 所述的步骤相同。

将式(26-5)得到的 $\tilde{V}_y$ 和 $\tilde{V}_z$ 代入式(26-3)，即可得到 US 轴闭环控制与读出电路引起的加速度测量噪声 $\tilde{\gamma}_{\mathrm{el},y}$ 和 $\tilde{\gamma}_{\mathrm{el},z}$。

如 5.9.4.1 节所述,相干性检测法的优点在于可以准确地分离两个传感器输出中的相同部分与不同部分,从而可以准确表征两个传感器输出中的噪声。

将式(26-5)得到的 $\widetilde{V}_y$ 和 $\widetilde{V}_z$ 代入式(26-2),即可分别得到 y 轴、z 轴以功率谱密度表示的科学健康状况 $\widetilde{V}_{health,y}$,$\widetilde{V}_{health,z}$,即相干性检测法能够区分出二者的差异。

文献[14]给出 GOCE 任务飞行中、检验质量漂浮下 6 台 GRADIO 加速度计 z 轴的科学健康状况 $\widetilde{V}_{health}$,如图 26-9 所示,可以看到它们的表现相同,在测量带宽$(0.005 \sim 0.1)$ Hz 内具有大约 $5\ \mu V/Hz^{1/2}$ 的噪声水平,比预期值高 2 倍。

由于图 26-9 明确给出的是 6 个加速度度计 z 轴的科学健康状况 $\widetilde{V}_{health,z}$,所以其获得科学健康状况所用的方法,很可能是相干性检测法,而不是共模-差模检测法。

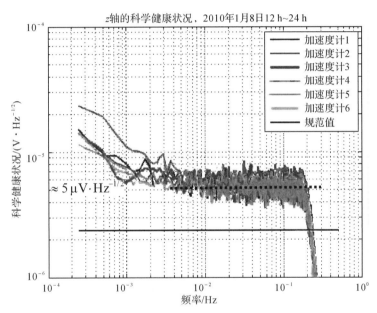

图 26-9　GOCE 任务飞行中、检验质量漂浮下 6 台 GRADIO 加速度计
z 轴的科学健康状况 $\widetilde{V}_{health}$ 噪声谱图[14]

26.2.4　与 US 轴噪声地基评估结果的比较

24.2.2 节指出,闭环控制与读出电路引起的加速度测量噪声简称"电路噪声",包括探测器噪声、驱动噪声和测量噪声;24.2.3 节指出,非电路因素引起的加速度测量噪声简称"非电路噪声",包括加速度计偏值的热敏感性和寄生噪声;图 24-4 所示的 GRADIO 加速度计 US 轴噪声评估谱图中分别展示了探测器噪声、驱动噪声、测量噪声、加速度计偏值的热敏感性和寄生噪声。因此,可以依据式(24-11)表达的等权、互相独立的噪声合成公式,将图中探测器噪声、驱动噪声和测量噪声合并为"电路噪声",而将图 24-4 中加速度计偏值的热敏感性和寄生噪声合并为"非电路噪声",如图 26-10 所示。

从图 26-10 可以看到,"电路噪声"和"非电路噪声"在对数噪声谱图中大致呈对称犄角之势,犹如"各占半边天"。

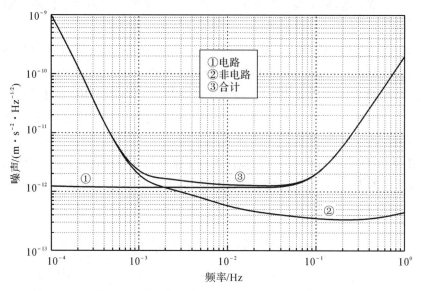

图 26-10　按是否电路因素分类的 GRADIO 加速度计 US 轴噪声谱图

从图 26-10 还可以得到，在测量带宽(0.005 ~ 0.1) Hz 内"电路噪声"为$(1.2 ~ 2.0) \times 10^{-12}$ m·s^{-2}/Hz$^{1/2}$，而 26.2.2.2 节由 GOCE 任务飞行中、检验质量漂浮下得到的 $\widetilde{V}_{\mathrm{health}}$ 导出此测量带宽内"电路噪声"大约为 $\widetilde{\gamma}_{\mathrm{el,y}} = \widetilde{\gamma}_{\mathrm{el,z}} = 1.7 \times 10^{-12}$ m·s^{-2}/Hz$^{1/2}$，二者之比为 0.7 ~ 1.2，相当接近。即地基测试时对影响"电路噪声"的各种噪声源所做的分析评估与通过 GOCE 任务飞行中得到的 $\widetilde{V}_{\mathrm{health}}$ 导出的"电路噪声"二者之间相当接近。

26.2.5　讨论

26.2.5.1　注意事项

(1) 关于同步采集。

26.2.2.1 节指出，$(V_{y1} - V_{y2})/2$ 扣除了 y 轴的线加速度，$(V_{z2} - V_{z1})/2$ 扣除了 z 轴的线加速度，$(V_{z2} - V_{z1})/2$ 与 $(V_{y1} - V_{y2})/2$ 的共模反映了检验质量绕 ϕ 轴的滚动角加速度；26.2.2.2 节指出，$\widetilde{V}_{\mathrm{health}}$ 几乎含盖了各种"电路噪声"源，几乎不含盖各种"非电路噪声"源；26.2.3 节指出，$(V_{y1} - V_{y2})/2$，$(V_{z2} - V_{z1})/2$ 的相同成分必定与检验质量绕 ϕ 轴的滚动角加速度以及"非电路噪声"有关，$(V_{y1} - V_{y2})/2$，$(V_{z2} - V_{z1})/2$ 各自的自谱中的非相干功率谱密度反映了各自的电路噪声。以上这些推断都是以同步采集 V_{y1}，V_{y2}，V_{z1}，V_{z2} 数据为前提的。因此，ADC2 不能采用模拟开关巡检方式。

(2) 关于噪声谱图的频率上限和总采样时间。

图 17-1 已经给出，科学数据的输出数据率为 1 Sps。根据 Nyquist 采样定理，得到的噪声谱图的频率上限为 0.5 Hz，而不是图 24-4 所示噪声评估谱图的频率上限 1 Hz。

图 26-8 所示标度因数验证得到的谱线的最低频率为 1.221×10^{-3} Hz，根据式(5-9)，对应的采样时间 T_{s} 为 819.2 s。5.9.4.3 节第(2)条指出，直接法得到的自谱(即功率谱密度)性能不好，当数据长度 N 太大时，谱曲线起伏加剧，当 N 太小时，频谱分辨力又不好；为此可以采用采用平均周期图法，平均周期图法分段越多，方差越小。因此，为减小方差需采用平均周期图法，相应的总采样时间需为 T_{s} 的数倍，即总采样时间应为数千秒。再考虑到一次实验应获得多张谱图，因而 26.1.4 节给出，连续做了超过 7 h 测量试验。也就是说，静

电悬浮加速度计在地面高电压悬浮的情况下,要保持一天的连续工作时间内处于稳定工作和持续测量状态。

（3）关于地基测试时的加速度计输入范围。

表 17-2 给出 GRADIO 加速度计 US 轴输入范围为 $\pm 6.5 \times 10^{-6}$ m/s²。在地面 1 g_{local} 环境下测试时 x 轴（LS 轴）为铅垂轴,y,z 轴（US 轴）为水平轴。为了保证重力场倾角不至使 US 轴饱和,倾角必须小于 0.14″,即倾斜度必须小于 0.66 μm/m。

由式（17-24）可知,在电路所能提供的最大反馈控制电压下,检验质量越轻,输入范围越大。因此,当受到地面试验条件的限制,无法保证轴线的安装倾斜度在一天的连续工作时间内处于以上限额以内时,作为变通措施,检验质量可以改用密度较小的材料[15]。17.3.2 节给出,GRADIO 加速度计飞行件检验质量采用 PtRh10 合金,密度 $\rho = 20 \times 10^3$ kg/m³,质量 $m_i = 0.318$ kg。地基测试时检验质量若改用钛合金 TC4,密度 $\rho = 4.45 \times 10^3$ kg/m³ （20℃）[16],则会使同样反馈控制电压下输入范围扩大至 4.5 倍,相应在地面 1 g_{local} 环境下测试时轴线的安装倾角可放宽至小于 0.61″,即倾斜度可放宽到小于 3.0 μm/m;若改用石英玻璃（或称熔融石英）,密度 $\rho = 2.2 \times 10^3$ kg/m³[17],则会使同样反馈控制电压下输入范围扩大至 9.1 倍,相应在地面 1 g_{local} 环境下测试时轴线的安装倾角可放宽到小于 1.2″,即倾斜度可放宽到小于 6.0 μm/m。

如果检验质量改用密度较小的材料后安装倾斜度还达不到要求,则需采用捕获模式,即较高的固定偏压 V_p,以进一步扩大输入范围。

扩大输入范围后,为了预估加速度计在空间飞行状态下的"电路噪声"而用式（26-3）由 $\tilde{V}_y$、$\tilde{V}_z$ 计算 $\tilde{\gamma}_{el,y}$、$\tilde{\gamma}_{el,z}$ 时,该式中的 m_i 和 V_p 还应采用空间飞行状态下的值,即 17.3.2 节给出的 GRADIO 加速度计 $m_i = 0.318$ kg,表 17-4 给出的 GRADIO 加速度计 $V_p = 7.5$ V。

除了安装倾角外,为了保证加速度计正常工作,还要控制实际反映到 US 轴上的环境噪声干扰和垂直轴 1 g_{local} 加速度对 US 轴的耦合在加速度计的闭环伺服控制通带内不超出输入范围。需要注意的是,若输入加速度大于静电控制能力,检验质量会从中心"跌落",沿着输入加速度的方向与机械限位相贴（参见 17.6.2 节）。另外,还需要注意,此处"闭环伺服控制通带"远大于测量带宽（参见 23.4 节）。

（4）关于"电路噪声"未包含的几个效应。

1）电极面积不对称效应。

26.2.1.1 节第（1）条所述电极面积不对称效应在探测器噪声中的影响可以忽略是以 24.4.1 节所述电极面积不对称比值 $\delta \leqslant 2 \times 10^{-3}$、$V_p$ 的噪声 $\{\tilde{V}_p\}_{V/\sqrt{Hz}} = 12 \times 10^{-8} \{V_p\}_V \times \sqrt{1 + 7/\{f\}_{Hz}}$、$V_d$ 的噪声 $\{\tilde{V}_d\}_{V/\sqrt{Hz}} = 2 \times 10^{-6} \{V_d\}_V \sqrt{1 + 0.3/\{f\}_{Hz}}$ 为前提的,如此前提不满足,则需重新评估电极面积不对称效应在探测器噪声中的影响是否可以忽略。

2）敏感结构的不平行度、不垂直度产生的交叉轴灵敏度。

敏感结构的不平行度、不垂直度会产生交叉轴灵敏度,其中地面垂直轴对水平 US 轴的交叉轴灵敏度是地基检测到的 US 轴总噪声的主要构成因素之一,但它是在 y_1,y_2,z_1,z_2 四个通道中共同起作用的因素,在轨飞行时其影响极度减小,因而在加速度计噪声评估中并不需要关注。

3）差动变压器不对称效应。

26.2.1.1 节第（1）条所述差动变压器不对称效应在探测器噪声中的影响可以忽略是以 24.4.2.6 节第（1）条提供的差动变压器两个初级绕组的不对称性 $\delta_L = 1 \times 10^{-5}$,以及 24.4.2.7 节给出的 100 kHz 下电容位移检测电压有效值 V_d 的噪声 $\tilde{V}_d$ 对于 SuperSTAR 加速度计为 1×10^{-4} V/Hz$^{1/2}$、对于 GRADIO 加速度计为 1.52×10^{-5} V/Hz$^{1/2}$ 为前提的,如此前提不满足,则需重新评估差动变压器不对称效应在探测器噪声中的影响是否可以忽略。

4)加速度计偏值的热敏感性和寄生噪声。

24.2.3 节指出加速度计偏值的热敏感性和寄生噪声为"非电路噪声"。由于其影响未包含在"电路噪声"$\tilde{\gamma}_{el,y}$ 或 $\tilde{\gamma}_{el,z}$ 中,所以需要对其所包含的各种噪声源的影响逐一进行检测评估。

26.2.5.2 检测 US 轴闭环控制与读出电路综合噪声的意义

(1)用共模-差模法或相干性检测"电路噪声"$\tilde{\gamma}_{el,y}$ 和 $\tilde{\gamma}_{el,z}$ 是在 US 轴电路处于闭环控制、正常工作的情况下得到的,而常规方法得到的电路噪声是在电路处于零输入或恒定非零输入的情况下得到的。显然,本方法得到的检测结果更为真实。

(2)无论是在地基,还是在空间,只要电路处于闭环控制、正常工作,都可以依据本方法得到"电路噪声"$\tilde{\gamma}_{el,y}$ 和 $\tilde{\gamma}_{el,z}$,这就保证了地基所测"电路噪声"$\tilde{\gamma}_{el,y}$ 和 $\tilde{\gamma}_{el,z}$ 完全适用于空间飞行状态。

(3)地基测试中为了使静电悬浮加速度计处于闭环控制、正常工作状态,需要在 x 轴(铅垂轴)克服 $1\,g_{local}$ 重力的影响,为此需要在该轴上施加高电压。由于高电压悬浮的控制精密度不高,因此,采用常规方法检测 y,z 轴(水平轴)噪声时,敏感结构的不平行度、不垂直度所产生的交叉轴灵敏度会将 x 轴测量噪声耦合到 y,z 轴。而对于本方法来说,通过交叉灵敏度耦合到 y,z 轴的噪声功率谱密度属于相干功率谱密度,因而是可以被分离出去的,不会明显影响"电路噪声"$\tilde{\gamma}_{el,y}$ 和 $\tilde{\gamma}_{el,z}$ 的测量结果。

(4)由 26.1.2 节所述可知,对于采用常规方法测量 US 轴噪声而言,大地脉动低噪声功率谱密度明显大于 US 轴噪声是致命的,而对于本方法来说,该大地脉动低噪声功率谱密度属于相干功率谱密度,因而是可以被分离出去的,这就为测试"电路噪声"$\tilde{\gamma}_{el,y}$ 和 $\tilde{\gamma}_{el,z}$ 提供了可能性。

(5)由于加速度计偏值的热敏感性和寄生噪声功率谱密度属于相干功率谱密度,不会明显影响"电路噪声"$\tilde{\gamma}_{el,y}$ 和 $\tilde{\gamma}_{el,z}$ 的测量结果,所以使用本方法时,不要求真空度、温度噪声、金丝粗细、敏感结构表面洁净状态等完全满足要求。

(6)常规的噪声评估方法对每一项噪声源逐一进行检测评估,这种方法如 26.1.5 节所述,必须保证不遗漏主要噪声源,必须每个单项测试均不改变该项测试所涉及的评估对象的状态且采用的测试方法和分析方法正确。这总让人感到不够放心,而且十分费时费力。而本方法如 26.2.2.2 节所述,除了起源于电容位移检测电压有效值噪声的差动变压器不对称效应以外,含盖了 y_1,y_2,z_1,z_2 四个通道闭环控制与读出电路的各种噪声源;如 26.2.3 节所述,可以区分出其中 y,z 轴电路噪声的差异。此外,本方法除了加速度计正常工作所需要的条件以外,没有附加的测试条件要求,相比之下优势十分明显。

(7)从图 26-10 可以看到,US 轴加速度计总噪声可以分解为"电路噪声"与"非电路噪声"两大类,它们大致呈对称犄角之势,犹如"各占半边天"。使用共模-差模法或相干性检测"电路噪声",给出了其中"半边天"的综合检测方法,对验证总噪声所起的作用自不待言。

26.3 GRADIO 加速度计噪声的飞行验证

26.3.1 概述

GRACE 任务每颗卫星上只有一台加速度计,因而 SuperSTAR 加速度计噪声的飞行验证只能使用无加热器运作、无推进器运作及接近无 twangs、持续(70~300)s 周期的加速度计信号。图 23-27 给出了这种条件下加速度计信号的功率谱密度,认为该图显示了 SuperSTAR 加速度计 30 mHz 以上噪声水平。表 23-6 给出了同样条件下 GRACE A 星第 10 圈和 GRACE B 星第 9 圈加速度计参考系三轴(35~200) mHz 频率下的加速度计噪声水平。23.7 节指出,0.5 Hz 以上,沿迹方向和径向中的噪声可能受时间序列中不明显的小残余 twangs 的影响;30 mHz 以下,加速度计噪声被淹没在非重力加速度的信号中。

GOCE 卫星由六台加速度计构成重力梯度仪,因而可以利用引力位二阶偏导数估算出卫星三轴成对加速度计沿其所在的卫星轴线方向各自的总噪声。

26.3.2　引力梯度张量

图 17-20 展示了 6 台 GRADIO 加速度计各自的坐标系与 GOCE 卫星坐标系的关系,式(23-19)给出了重力加速度矢量 $\boldsymbol{g}$ 与地球重力位 W 的关系,式(23-22)指出 W 是地球引力位 V 与地球离心力位 Φ 之和。

在自由漂移的卫星上,重力梯度仪仅能感应 V 的二阶导数张量$\boldsymbol{\nabla}\boldsymbol{\nabla}V$。由于$\boldsymbol{\nabla}\boldsymbol{\nabla}V$反映了地球实体外部等引力位面的曲率和引力场的变化率,因而梯度测量更能反映引力场的精细结构,敏感引力场的短波变化,这就是梯度测量的优势[18]。$\boldsymbol{\nabla}\boldsymbol{\nabla}V$ 在地心空间直角坐标系[①]中的表达式为[19]

$$\boldsymbol{\nabla}\boldsymbol{\nabla}V = (V_{xx} + V_{yx} + V_{zx}) \cdot \boldsymbol{e}_x + (V_{yy} + V_{xy} + V_{zy}) \cdot \boldsymbol{e}_y + (V_{zz} + V_{xz} + V_{yz}) \cdot \boldsymbol{e}_z \tag{26-6}$$

式中　　　　V——地球引力位,$\mathrm{m}^2/\mathrm{s}^2$;

x,y,z——空间任一点 p(所关心引力位置)在地心空间直角坐标系中的坐标,m;

$\boldsymbol{e}_x$——地心空间直角坐标系 x 方向的单位矢量;

$\boldsymbol{e}_y$——地心空间直角坐标系 y 方向的单位矢量;

$\boldsymbol{e}_z$——地心空间直角坐标系 z 方向的单位矢量;

$\boldsymbol{\nabla}$——哈密顿算子(Hamiltonian),1.8 节给出$\boldsymbol{\nabla} = \boldsymbol{e}_x \dfrac{\partial}{\partial x} + \boldsymbol{e}_y \dfrac{\partial}{\partial y} + \boldsymbol{e}_z \dfrac{\partial}{\partial z}$;

$\boldsymbol{\nabla}\boldsymbol{\nabla}V$——$V$ 的二阶导数张量,s^{-2}。

式(26-6)中引力位二阶偏导数为

$$\left. \begin{array}{lll} V_{xx} = \dfrac{\partial^2 V}{\partial x^2}, & V_{xy} = \dfrac{\partial^2 V}{\partial x \partial y}, & V_{xz} = \dfrac{\partial^2 V}{\partial x \partial z} \\[3mm] V_{yx} = \dfrac{\partial^2 V}{\partial y \partial x}, & V_{yy} = \dfrac{\partial^2 V}{\partial y^2}, & V_{yz} = \dfrac{\partial^2 V}{\partial y \partial z} \\[3mm] V_{zx} = \dfrac{\partial^2 V}{\partial z \partial x}, & V_{zy} = \dfrac{\partial^2 V}{\partial z \partial y}, & V_{zz} = \dfrac{\partial^2 V}{\partial z^2} \end{array} \right\} \tag{26-7}$$

23.3.3.1 节给出,上述地心空间直角坐标系的定义是:该坐标系原点 O 与包括海洋和大气的整个地球的质量中心重合,z 轴与地球平均自转轴重合,与 z 轴垂直的平赤道面构成 xy 平面;xz 平面是包含平均自转轴和 Greenwich 平均天文台的平面;y 轴的指向使该坐标系成为右手坐标系。

式(26-6)可以用矩阵相乘[20]的形式表达为

$$\boldsymbol{\nabla}\boldsymbol{\nabla}V = \begin{bmatrix} V_{xx} & V_{xy} & V_{xz} \\ V_{yx} & V_{yy} & V_{yz} \\ V_{zx} & V_{zy} & V_{zz} \end{bmatrix} \cdot \begin{bmatrix} \boldsymbol{e}_x \\ \boldsymbol{e}_y \\ \boldsymbol{e}_z \end{bmatrix} \tag{26-8}$$

---

① 在 GJB 1028A — 2017《航天器坐标系》中称为"地心固连直角坐标系"。

令[21]

$$\boldsymbol{M} = \begin{bmatrix} V_{xx} & V_{xy} & V_{xz} \\ V_{yx} & V_{yy} & V_{yz} \\ V_{zx} & V_{zy} & V_{zz} \end{bmatrix} \tag{26-9}$$

式中　　$\boldsymbol{M}$——引力梯度张量[21]，s^{-2}。

　　张量概念是矢量和矩阵概念的推广，标量是零阶张量，矢量是一阶张量，矩阵（方阵）是二阶张量[20]。有时将引力梯度张量称为重力梯度张量[18]。

　　由 23.3.3.1 节的叙述可知，地球引力加速度为地球引力位的梯度，且地球引力位是个标量场。由于标量场之梯度的旋度为零[20]，所以地球引力加速度的旋度为零，即 x，y，z 三方向的旋度分量均为零。由旋度定义[20]及式（23-18）可知，这意味着：

$$\left.\begin{array}{l} \dfrac{\partial^2 V}{\partial z \partial y} = \dfrac{\partial^2 V}{\partial y \partial z} \\[3mm] \dfrac{\partial^2 V}{\partial x \partial z} = \dfrac{\partial^2 V}{\partial z \partial x} \\[3mm] \dfrac{\partial^2 V}{\partial y \partial x} = \dfrac{\partial^2 V}{\partial x \partial y} \end{array}\right\} \tag{26-10}$$

将式（26-7）代入式（26-10），得到

$$\left.\begin{array}{l} V_{zy} = V_{yz} \\ V_{xz} = V_{zx} \\ V_{yx} = V_{xy} \end{array}\right\} \tag{26-11}$$

　　我们知道，满足下列条件的方阵 $\boldsymbol{A} = (a_{ij})$ 称为对称矩阵[20]：

$$a_{ij} = a_{ji}, \quad i,j = 1,2,\cdots,n \tag{26-12}$$

　　用此定义比照式（26-9）与式（26-11），可知引力梯度张量 $\boldsymbol{M}$ 是对称矩阵。

　　由于卫星重力梯度仪处在地球外真空环境下（密度 $\rho = 0$），因而 $\boldsymbol{M}$ 的迹（n 阶方阵 $\boldsymbol{A}$ 的主对角线上各元素之和称为 $\boldsymbol{A}$ 的迹[20]）满足 Laplace 方程[18,22]。即

$$V_{xx} + V_{yy} + V_{zz} = 0 \tag{26-13}$$

　　由式（26-11）和式（26-13）可知，$\boldsymbol{M}$ 的 9 个分量只有 5 个是独立的[18,22]。

　　文献[23]给出引力梯度张量的各分量（即引力位二阶偏导数）与各对加速度计沿卫星三轴所测加速度之差模间的关系（加速度计编号的含义及各对加速度计三轴与卫星三轴的关系参见图 17-20）为

$$\left.\begin{array}{l} V_{xx} = -2 \dfrac{a_{\mathrm{d},1,4,x}}{L_x} - \omega_y^2 - \omega_z^2 \\[4mm] V_{yy} = -2 \dfrac{a_{\mathrm{d},2,5,y}}{L_y} - \omega_x^2 - \omega_z^2 \\[4mm] V_{zz} = -2 \dfrac{a_{\mathrm{d},3,6,z}}{L_z} - \omega_x^2 - \omega_y^2 \\[4mm] V_{xy} = -\dfrac{a_{\mathrm{d},2,5,x}}{L_y} - \dfrac{a_{\mathrm{d},1,4,y}}{L_x} + \omega_x \omega_y \\[4mm] V_{xz} = -\dfrac{a_{\mathrm{d},1,4,z}}{L_x} - \dfrac{a_{\mathrm{d},3,6,x}}{L_z} + \omega_x \omega_z \\[4mm] V_{yz} = -\dfrac{a_{\mathrm{d},3,6,y}}{L_z} - \dfrac{a_{\mathrm{d},2,5,z}}{L_y} + \omega_y \omega_z \end{array}\right\} \tag{26-14}$$

式中 $a_{d,1,4,x}$—— 成对加速度计($i=1$，$j=4$ 或 $i=2$，$j=5$ 或 $i=3$，$j=6$)沿卫星 x 轴所测加速度之差模，m/s^2；

$a_{d,2,5,y}$—— 成对加速度计($i=1$，$j=4$ 或 $i=2$，$j=5$ 或 $i=3$，$j=6$)沿卫星 y 轴所测加速度之差模，m/s^2；

$a_{d,3,6,z}$—— 成对加速度计($i=1$，$j=4$ 或 $i=2$，$j=5$ 或 $i=3$，$j=6$)沿卫星 z 轴所测加速度之差模，m/s^2；

L_x —— 沿卫星 x 轴的一对加速度计的检验质量质心间的距离，m；

L_y —— 沿卫星 y 轴的一对加速度计的检验质量质心间的距离，m；

L_z —— 沿卫星 z 轴的一对加速度计的检验质量质心间的距离，m；

ω_x —— 卫星绕其 x 轴旋转的角速度，rad/s；

ω_y —— 卫星绕其 y 轴旋转的角速度，rad/s；

ω_z —— 卫星绕其 z 轴旋转的角速度，rad/s。

其中

$$\left.\begin{aligned}
a_{d,1,4,x} &= \frac{a_{1x} - a_{4x}}{2}, & a_{d,1,4,y} &= \frac{a_{1y} - a_{4y}}{2}, & a_{d,1,4,z} &= \frac{a_{1z} - a_{4z}}{2} \\
a_{d,2,5,x} &= \frac{a_{2x} - a_{5x}}{2}, & a_{d,2,5,y} &= \frac{a_{2y} - a_{5y}}{2}, & a_{d,2,5,z} &= \frac{a_{2z} - a_{5z}}{2} \\
a_{d,3,6,x} &= \frac{a_{3x} - a_{6x}}{2}, & a_{d,3,6,y} &= \frac{a_{3y} - a_{6y}}{2}, & a_{d,3,6,z} &= \frac{a_{3z} - a_{6z}}{2}
\end{aligned}\right\} \tag{26-15}$$

式中 $a_{i,x}$—— 加速度计 i($i=1$，2，3)沿卫星 x 轴所测加速度，m/s^2；

$a_{j,x}$—— 加速度计 j($j=4$，5，6)沿卫星 x 轴所测加速度，m/s^2；

$a_{i,y}$—— 加速度计 i($i=1$，2，3)沿卫星 y 轴所测加速度，m/s^2；

$a_{j,y}$—— 加速度计 j($j=4$，5，6)沿卫星 y 轴所测加速度，m/s^2；

$a_{i,z}$—— 加速度计 i($i=1$，2，3)沿卫星 z 轴所测加速度，m/s^2；

$a_{j,z}$—— 加速度计 j($j=4$，5，6)沿卫星 z 轴所测加速度，m/s^2。

原理上，从重力梯度仪 6 台加速度计所测加速度可以导出引力梯度张量的所有元素。兹证明如下：

式(1-44)给出了加速度计所在位置的微重力加速度表达式。该式中角加速度引起的切向加速度[24] 为

$$-\frac{d\boldsymbol{\omega}}{dt} \times \boldsymbol{\rho} = -\begin{bmatrix} 0 & -\dfrac{d\omega_z}{dt} & \dfrac{d\omega_y}{dt} \\[2ex] \dfrac{d\omega_z}{dt} & 0 & -\dfrac{d\omega_x}{dt} \\[2ex] -\dfrac{d\omega_y}{dt} & \dfrac{d\omega_x}{dt} & 0 \end{bmatrix} \cdot \begin{bmatrix} \boldsymbol{\rho}_x \\ \boldsymbol{\rho}_y \\ \boldsymbol{\rho}_z \end{bmatrix} \tag{26-16}$$

式中 $\boldsymbol{\omega}$ —— 瞬间非惯性参考系统原点自转的角速度矢量，rad/s；

$\boldsymbol{\rho}$ —— 加速度计所在位置相对瞬间非惯性参考系原点的矢径，m；

$\boldsymbol{\rho}_x$—— $\boldsymbol{\rho}$ 沿卫星 x 轴的分矢量，m；

$\boldsymbol{\rho}_y$—— $\boldsymbol{\rho}$ 沿卫星 y 轴的分矢量，m；

$\boldsymbol{\rho}_z$—— $\boldsymbol{\rho}$ 沿卫星 z 轴的分矢量，m。

其中

$$\boldsymbol{\rho} \xlongequal{\text{def}} \begin{bmatrix} \boldsymbol{\rho}_x \\ \boldsymbol{\rho}_y \\ \boldsymbol{\rho}_z \end{bmatrix} \tag{26-17}$$

上述瞬间非惯性参考系原点处于卫星质心,且其绝对加速度仅由引力场的强度决定。

令[21]

$$\dot{\underline{\boldsymbol{\omega}}} = \begin{bmatrix} 0 & -\dfrac{\mathrm{d}\omega_z}{\mathrm{d}t} & \dfrac{\mathrm{d}\omega_y}{\mathrm{d}t} \\[2ex] \dfrac{\mathrm{d}\omega_z}{\mathrm{d}t} & 0 & -\dfrac{\mathrm{d}\omega_x}{\mathrm{d}t} \\[2ex] -\dfrac{\mathrm{d}\omega_y}{\mathrm{d}t} & \dfrac{\mathrm{d}\omega_x}{\mathrm{d}t} & 0 \end{bmatrix} \tag{26-18}$$

式中 $\dot{\underline{\boldsymbol{\omega}}}$——角加速度张量[21],$\mathrm{s}^{-2}$

我们知道,满足下列条件的方阵 $\boldsymbol{A} = (a_{ij})$ 称为反对称矩阵[20]:

$$a_{ij} = \begin{cases} 0, & i = j \\ -a_{ji} & i \neq j, \end{cases} \quad i,j = 1,2,\cdots,n \tag{26-19}$$

用此定义比照式(26-18),可知角加速度张量 $\dot{\underline{\boldsymbol{\omega}}}$ 是反对称矩阵。

将式(26-18)代入式(26-16),得到

$$-\frac{\mathrm{d}\boldsymbol{\omega}}{\mathrm{d}t} \times \boldsymbol{\rho} = -\dot{\underline{\boldsymbol{\omega}}} \cdot \boldsymbol{\rho} \tag{26-20}$$

式(1-44)中角速度 $\boldsymbol{\omega}$ 引起的离心加速度为[24]

$$-\boldsymbol{\omega} \times (\boldsymbol{\omega} \times \boldsymbol{\rho}) = -\begin{bmatrix} -\omega_y^2 - \omega_z^2 & \omega_x\omega_y & \omega_x\omega_z \\ \omega_x\omega_y & -\omega_x^2 - \omega_z^2 & \omega_y\omega_z \\ \omega_x\omega_z & \omega_y\omega_z & -\omega_x^2 - \omega_y^2 \end{bmatrix} \cdot \begin{bmatrix} \boldsymbol{\rho}_x \\ \boldsymbol{\rho}_y \\ \boldsymbol{\rho}_z \end{bmatrix} \tag{26-21}$$

令[21]

$$\underline{\boldsymbol{\omega}}^2 = \begin{bmatrix} -\omega_y^2 - \omega_z^2 & \omega_x\omega_y & \omega_x\omega_z \\ \omega_x\omega_y & -\omega_x^2 - \omega_z^2 & \omega_y\omega_z \\ \omega_x\omega_z & \omega_y\omega_z & -\omega_x^2 - \omega_y^2 \end{bmatrix} \tag{26-22}$$

式中 $\underline{\boldsymbol{\omega}}^2$——离心加速度张量[21],$\mathrm{s}^{-2}$

由上述对称矩阵的定义可知,离心加速度张量 $\underline{\boldsymbol{\omega}}^2$ 是对称矩阵。

将式(26-22)代入式(26-21),得到

$$-\boldsymbol{\omega} \times (\boldsymbol{\omega} \times \boldsymbol{\rho}) = -\underline{\boldsymbol{\omega}}^2 \cdot \boldsymbol{\rho} \tag{26-23}$$

将式(26-20)和式(26-23)代入式(1-44),并忽略加速度计所在位置受到的瞬态加速度矢量和振动加速度矢量,得到

$$\boldsymbol{a}_r = \boldsymbol{a}_{\mathrm{drag}} + (\boldsymbol{M} - \dot{\underline{\boldsymbol{\omega}}} - \underline{\boldsymbol{\omega}}^2) \cdot \boldsymbol{\rho} \tag{26-24}$$

式中 $\boldsymbol{a}_r$——加速度计所在位置的微重力加速度矢量,$\mathrm{m/s}^2$;

$\boldsymbol{a}_{\mathrm{drag}}$——卫星受到的拖曳加速度矢量,$\mathrm{m/s}^2$。

1.8节指出,由于近地轨道(LEO)卫星受到的最大拖曳力为大气阻力,其方向与卫星的运动速度方向相反,且通常定义卫星速度矢量 $\boldsymbol{v}_s$ 的模 v_s 为正值,所以拖曳加速度矢量 $\boldsymbol{a}_{\mathrm{drag}}$ 的模 a_{drag} 为负值。

令[21]

$$\boldsymbol{D} = \boldsymbol{M} - \dot{\underline{\boldsymbol{\omega}}} - \underline{\boldsymbol{\omega}}^2 \tag{26-25}$$

式中 D——"可观测"张量[21],s^{-2}。

将式(26-25)代入式(26-24),得到

$$a_r = a_{drag} + D \cdot \rho \qquad (26-26)$$

用每一轴线上成对加速度计沿每个轴所测加速度之共模可以扣除 a_{drag}。由于 ρ 已知,所以可获得"可观测"张量 D。

我们知道,把 $m \times n$ 矩阵 $A = (a_{ij})$ 的列与行互换,互换后所得到的 $n \times m$ 矩阵称为 A 的转置矩阵[20],记作 A^T[25]。我们还知道,同类型的矩阵才能相加减,相加减后所得矩阵的转置矩阵可以通过相加减的各矩阵分别转置后再相加减的办法得到[20]。因此,由式(26-25)得到

$$D^T = M^T - \dot{\underline{\omega}}^T - (\underline{\omega}^2)^T \qquad (26-27)$$

式中 ^{T}——转置矩阵的符号,例如 A^T 为 A 的转置矩阵。

我们知道,对称矩阵的转置矩阵与原矩阵相同,而反对称矩阵的转置矩阵为原矩阵的负矩阵[20]。由于 M 和 $\underline{\omega}^2$ 是对称矩阵,$\dot{\underline{\omega}}$ 是反对称矩阵,因此

$$\left.\begin{array}{r} \dot{\underline{\omega}}^T = -\dot{\underline{\omega}} \\ M^T = M \\ (\underline{\omega}^2)^T = \underline{\omega}^2 \end{array}\right\} \qquad (26-28)$$

将式(26-28)代入式(26-27),再与式(26-25)联立求解,得到[21]

$$\dot{\underline{\omega}} = \frac{1}{2}(D^T - D) \qquad (26-29)①$$

$$M - \underline{\omega}^2 = \frac{1}{2}(D + D^T) \qquad (26-30)$$

用式(26-26)获得"可观测"张量 D 后,由式(26-29)可获得角加速度张量 $\dot{\underline{\omega}}$,利用式(26-18)对 $\dot{\underline{\omega}}$ 的各元素作时间积分可获得角速度 ω 的各个分量,再利用式(26-22)可获得离心加速度张量 $\underline{\omega}^2$,最后由式(26-30)可获得引力梯度张量 M。

事实上,需要用相关的星敏感器观测数据改正单纯的加速度计观测数据中的转动项。换言之,要通过 Kalman 滤波器将 $\dot{\underline{\omega}}$ 各元素的时间积分与星敏感器的观测数据相结合,才能得到具有非常小的噪声水平的方位角[26]。

26.3.3 引力梯度张量的迹及 V_{xx},V_{yy},V_{zz} 的噪声谱

文献[14]给出了由 GOCE 任务飞行数据演绎出来的 M 的迹的功率谱密度(以下简称"迹值"),如图 26-11 所示,其中灰色曲线为未经调准②的迹值,而黑色曲线为充分调准了重力梯度仪轴的耦合和对中并充分调准了加速度计群的标度因数和二次因子后的迹值。该文献指出,黑色迹值在 8 mHz 以上大于规范值,在测量带宽的较高段(40~100)mHz 内为 24 mE/Hz$^{1/2}$(为纪念设计第一台重力梯度仪的匈牙利物理学家 R. Eötvös,将重力梯度单位称为 Eötvös,简称 E[18],1 mE=1×10^{-12} s^{-2}[27],即 1 mE=1×10^{-10} Gal/s),是在此带宽段内迹

---

① 文献[21]误为

$$\dot{\underline{\omega}} = \frac{1}{2}(D - D^T)$$

② 文献[14]原文为"校准"。4.1.1.1 节给出,校准(calibration,本书称为标定)的定义为:"在规定条件下的一组操作,其第一步是确定由测量标准提供的量值与示值之间的关系,第二步则是用此信息确定由示值获得测量结果的关系,这里测量标准提供的量值与相应示值都具有测量不确定度。"此处的含义与该定义不同,所以改用"调准"。

的规范值 11 mE/Hz$^{1/2}$ 的 2.18 倍,其中 V_{xx},V_{yy},V_{zz} 的噪声在此带宽段内分别为 11 mE/Hz$^{1/2}$,9 mE/Hz$^{1/2}$,19 mE/Hz$^{1/2}$,而将迹的规范值均等分配到 V_{xx},V_{yy},V_{zz},其噪声应该都是 $(11/\sqrt{3})$ mE/Hz$^{1/2}$ = 6.35 mE/Hz$^{1/2}$。

文献[28]分别给出了已经调准的 V_{xx},V_{yy},V_{zz} 的噪声谱,如图 26-12 所示。

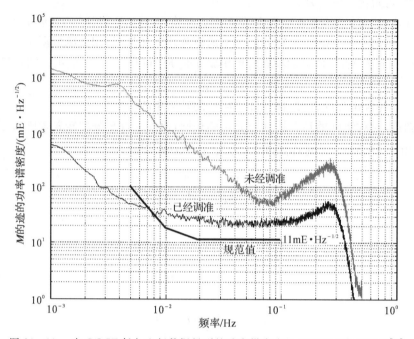

图 26-11　由 GOCE 任务飞行数据得到的重力梯度张量的迹的功率谱密度[14]

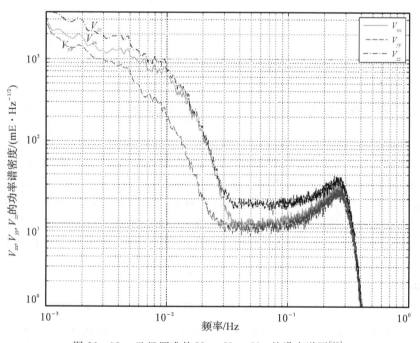

图 26-12　已经调准的 V_{xx},V_{yy},V_{zz} 的噪声谱图[28]

26.3.4　加速度计沿自身 z 轴的总噪声

根据文献[14]的论述,在测量带宽的较高段(40～100)mHz 内规范迹值 11 mE/Hz$^{1/2}$ 中扣除预计的卫星迹、仪器-卫星的耦合或处理误差的贡献后,3 对加速度计的噪声对迹值的额定合成贡献应为 10 mE/Hz$^{1/2}$。因此,均分到互相独立、线性组合为迹值的 V_{xx},V_{yy},V_{zz},由式(24-11)表达的等权、互相独立的噪声合成公式得到,沿卫星三轴的每对加速度计沿该轴的噪声对该轴 V_{xx},V_{yy},V_{zz} 噪声的额定合成贡献应该都是 $10/\sqrt{3}$ mE/Hz$^{1/2}$。由于 $L_x=L_y=L_z=0.5$ m[29],由式(26-14)和 26.3.3 节给出的 1 mE$=1\times10^{-12}$ s^{-2} 可以得到,沿卫星三轴的每对加速度计沿该轴输出的差模噪声应该都是 $(10/\sqrt{3})(0.5/2)\times10^{-12}$ m·s^{-2}/Hz$^{1/2}$,依据式(24-11)表达的等权、互相独立的噪声合成公式及式(26-15)表达的差模是半差分值, 沿卫星三轴的每台加速度计沿该轴的总噪声应该都是 $(10/\sqrt{3})(0.5/2)(2/\sqrt{2})\times10^{-12}$ m·s^{-2}/Hz$^{1/2}=2.04\times10^{-12}$ m·s^{-2}/Hz$^{1/2}$。因此,文献[14]指出,2.0×10^{-12} m·s^{-2}/Hz$^{1/2}$ 是得到 10 mE/Hz$^{1/2}$ 的额定贡献所需要的条件。

依据式(24-11)表达的等权、互相独立的噪声合成公式,在测量带宽的较高段(40-100)mHz 内由规范迹值 11 mE/Hz$^{1/2}$ 和 6 台加速度计的噪声对迹值的额定贡献 10 mE/Hz$^{1/2}$ 得到,卫星迹、仪器-卫星的耦合或处理误差的贡献应控制在 $\sqrt{11^2-10^2}$ mE/Hz$^{1/2}$,均分到 V_{xx},V_{yy},V_{zz},应该都是 $\sqrt{(11^2-10^2)/3}$ mE/Hz$^{1/2}$,如果飞行中该误差保持像预计那样,依据同样的分析计算方法,由 V_{xx},V_{yy},V_{zz} 的噪声在此带宽段内分别为 11 mE/Hz$^{1/2}$,9 mE/Hz$^{1/2}$,19 mE/Hz$^{1/2}$ 得到,沿卫星三轴的每对加速度计沿该轴的噪声对 V_{xx},V_{yy},V_{zz} 噪声的额定贡献分别为 $\sqrt{11^2-(11^2-10^2)/3}$ mE/Hz$^{1/2}$, $\sqrt{9^2-(11^2-10^2)/3}$ mE/Hz$^{1/2}$,$\sqrt{19^2-(11^2-10^2)/3}$ mE/Hz$^{1/2}$,因此,沿卫星三轴的每台加速度计沿该轴的总噪声分别为 $\left[\sqrt{11^2-(11^2-10^2)/3}\times(0.5/2)\times\sqrt{2}\right]\times10^{-12}$ m·s^{-2}/Hz$^{1/2}$,$\left[\sqrt{9^2-(11^2-10^2)/3}\times(0.5/2)\times\sqrt{2}\right]\times10^{-12}$ m·s^{-2}/Hz$^{1/2}$,$\left[\sqrt{19^2-(11^2-10^2)/3}\times(0.5/2)\times\sqrt{2}\right]\times10^{-12}$ m·s^{-2}/Hz$^{1/2}$。即由 V_{xx} 的噪声得到沿卫星 x 轴的一对加速度计沿该轴(即沿加速度计 z 轴)各自的总噪声为 3.8×10^{-12} m·s^{-2}/Hz$^{1/2}$,由 V_{yy} 的噪声得到沿卫星 y 轴的一对加速度计沿该轴(即沿加速度计 z 轴)各自的总噪声为 3.0×10^{-12} m·s^{-2}/Hz$^{1/2}$,由 V_{zz} 的噪声得到沿卫星 z 轴的一对加速度计沿该轴(即沿加速度计 z 轴)各自的总噪声为 6.7×10^{-12} m·s^{-2}/Hz$^{1/2}$。

由于 6 台加速度计是同样的,没有理由认为它们在飞行中处于不同轴线上会导致沿加速度计 z 轴的噪声发生改变,从图 26-9 也可以看到,飞行中 6 台加速度计 z 轴的 $\tilde{V}_{\text{health}}$ 是相同的。因此,以上得到的沿卫星 x 轴和 z 轴的加速度计 z 轴噪声比沿卫星 y 轴的加速度计 z 轴噪声大的原因有可能不是来自加速度计本身,而是来自影响 V_{xx},V_{yy},V_{zz} 的其他噪声源,至少可以确认:通过飞行验证,构成 GOCE 重力梯度仪的 6 台加速度计 z 轴各自的总噪声,在测量带宽的较高段(40～100)mHz 内最好水平为 3.0×10^{-12} m·s^{-2}/Hz$^{1/2}$。

26.4　本章阐明的主要论点

26.4.1　关于地基检测静电悬浮加速度计噪声可能性的概述

(1)静电悬浮加速度计闭环噪声是反演地球重力场所关心的重要指标。由于地基测试时除了落塔等微重力试验外均存在 $1\ g_{\text{local}}$ 重力,为了使检验质量垂直悬浮,必须向 x 轴(铅垂轴)上电极施加比在轨运行高数百倍的高压,因此不可能指望地基检测时能够检测 x 轴(铅垂轴)在轨运行时的各项指标。也就是说,地基检测静电悬浮加速度计性能均只针对 y,z(水平轴)。

(2)如果地面环境噪声远小于加速度计噪声,地基检测加速度计噪声从机理角度似乎是十分简单的事情:利用重力场倾角法在加速度计敏感轴方向产生输入范围以内任意大小,但又稳定不变的加速度分量,由加速度计感知该加速度,并检测其输出噪声,利用已测定的标度因数转换为加速度测量噪声,经过频谱分析(FFT),得到噪声频谱,以功率谱密度的平方根($\sqrt{\Gamma_{\text{PSD}}}$)表示,单位为 $\text{m}\cdot\text{s}^{-2}/\text{Hz}^{1/2}$,或 $g_{\text{n}}/\text{Hz}^{1/2}$。纵然环境噪声明显大于加速度计噪声,如果能使一对加速度计处于同一环境噪声下,采用相干性检测法,也可以检测出加速度计噪声。然而,对于 STAR、SuperSTAR、GRADIO 等静电悬浮加速度计而言,事情没有这样简单。

26.4.2　大地脉动的噪声水平

(1)环境噪声包括自然振源和人工振源产生的振动,自然振源产生的振动又称为大地脉动,或环境地震噪声。我们知道,强震带来灾难,但持续的时间很短,而微震却是经常发生的,极其平静的时刻并不多。

(2)在 SuperSTAR 加速度计和 GRADIO 加速度计测量带宽内,即使只要求 1% 的可能性,环境地震噪声仍然明显大于所要求的 US 轴噪声,因而 SuperSTAR 和 GRADIO 的 US 轴噪声不可能直接测出。而对于 STAR 加速度计,虽然理论上可以直接测出其 US 轴在测量带宽内的噪声,然而考虑到测试平台的噪声水平,实际上还是无法直接测出。

26.4.3　法国 ONERA 双级摆测试台的性能

(1)STAR 加速度计 US 轴输入范围为 $\pm 1\times 10^{-4}\ \text{m/s}^2$,这相当于重力场倾角法的倾角为 $\pm 2''$;SuperSTAR 加速度计 US 轴输入范围为 $\pm 5\times 10^{-5}\ \text{m/s}^2$,这相当于重力场倾角法的倾角为 $\pm 1''$;GRADIO 加速度计 US 轴输入范围为 $\pm 6.5\times 10^{-6}\ \text{m/s}^2$,这相当于重力场倾角法的倾角为 $\pm 0.14''$。因此,地基测试中为使加速度不超出输入范围,必须使用可精密调整倾角的测试平台。

(2)法国 ONERA 在 20 世纪 90 年代研制了一种双级摆测试台:第一级设立一块水平板,其上安装一组电极,以判定相应的水平基准。水平基准是由两个正交的水银测斜仪组成的,水银测斜仪安装在一个构件上,而该构件则放置在压电致动器上。两个伺服回路控制这些压电致动器的高度,以便将测斜仪的输出维持在零位。第二级由悬挂在四根殷钢条上的重型平台(简称平台)和通过铰链系在支架上的弹性圈组成。借助于电容传感器和磁力器控制该平台相对于第一级电极的方位。摆测试台最重要的特征是试验时保持该平台的方向稳定性(相对于当地重力)。获得的方向稳定性优于 $2\times 10^{-9}\ \text{rad/h}[(4\times 10^{-4})''/\text{h}]$。对于大于 0.5 Hz 的频率,摆相当于一个二阶低通滤波器,对地面扰动有被动隔振作用。置于该摆平台上的加速度计 US 轴对 10 nrad($1\ g_{\text{n}}$ 下的重力场分量为 $9.8\times 10^{-8}\ \text{m/s}^2$)台阶的响应在观察带宽 0.005 Hz 下具有很高的信噪比。粗略估计,该台阶约为分辨力的 5 倍,即双级摆测试台分辨力可达 2 nrad($1\ g_{\text{n}}$ 下的重力场分量为 $1.96\times 10^{-8}\ \text{m/s}^2$)。

(3)GRADIO 加速度计 US 轴在科学模式下的输入范围为 $\pm 6.5\times 10^{-6}\ \text{m/s}^2$,若在输入范围内做 21 点等间隔小角度静态标定,即间隔为 $6.5\times 10^{-7}\ \text{m/s}^2$,间隔为双级摆测试台分辨力的 33 倍。由此可见,可以用该摆测试台对 GRADIO 加速度计 US 轴做小角度静态标定,以得到输入范围、标度因数,并可观察输入范围内的线性。

(4) ONERA 随后对摆测试台作了改进:弹性圈改为多圈弹簧,殷钢条改为钢索,摆测试台四周有塑料屏风。用设置在平台上的参考静电悬浮加速度计取代水银测斜仪和压电制动器,并加大测试台的面积。摆测试台有两种控制方式:通过平台下方的电容传感和电磁致动器,对平台的四种主要模式和方位(绕两个水平轴摆动和调整两个水平轴的倾角)实施伺服控制;利用参考加速度计的输出来驱动六个电磁致动器以阻尼平台的运动,并控制平台相对于垂线的方位。使用参考加速度计的另一好处是可以对低于 0.1 Hz 的干扰实施主动控制。

(5) ONERA 用摆测试台实现的地基测试噪声水平在 $(0.01 \sim 0.1)$ Hz 范围内大约为 3×10^{-8} m·s^{-2}/Hz$^{1/2}$。在较高频率处,噪声水平跨越式增大,从而限制了测试。因此,即使对于 STAR 加速度计,也无法直接测出仪器噪声。

(6) 由于使用摆测试台成功测出了 GRADIO 加速度计科学模式下仅 $\pm 6 \times 10^{-6}$ m/s^2 的输入范围,所以由避免饱和可知,该摆平台的水平状态肯定达到了优于 0.66 μrad(即 0.13″)。

(7) 摆平台有 4 个自由度。可以在已知的频率下作角秒量级来回摆动,通过重力场倾角的来回变化,将该频率的重力加速度信号投影到捕获模式下的加速度计 US 轴上,由此可以检验一对加速度计的差模和共模标度因数,二者的比值反映了该对加速度计标度因数的一致性。

26.4.4　一对静电悬浮加速度计处于同一环境噪声下的可能性

(1) 用摆测试台检验一对加速度计的共模和差模标度因数的具体做法是:①一对加速度计同方向安装在摆平台上,以捕获模式工作;②平台以 0.1 Hz 的频率不断摆动,摆动幅度约为 1.5″;③以输出数据率 10 Sps 获取一对加速度计所指示的加速度值的平均值(共模)和半差分值(差模);④为了得到低于 10^{-4} 的试验误差,采用平均周期图法获得功率谱密度以减少方差;⑤每段的数据长度为 8192(持续 819.2 s),相应的频率间隔为 1.22×10^{-3} Hz;⑥做了超过 7 h 测量试验;⑦为了减弱非整周期(0.1 Hz 摆动频率的周期为 10 s)采样引起的频谱泄漏,采用 Hann 窗函数。

(2) 由于摆平台存在热弹性形变和水平方向的测量数据中含有垂直轴(1 g_{local})的耦合,使得一对加速度计并非处于同一环境噪声下,因而差模加速度谱并不能显著改善噪声水平。

26.4.5　关于地基检测静电悬浮加速度计噪声可能性的小结

(1) 大地脉动的噪声谱远大于 SuperSTAR 和 GRADIO 加速度计的噪声指标;摆平台的噪声谱甚至还超过了 STAR 加速度计的噪声指标;摆平台存在热弹性形变和水平方向的测量数据中含有垂直轴(1 g_{local})的耦合,使得一对加速度计并非处于同一环境噪声下。因此,无论共模-差模检测法还是相干性检测法,均不适用于检测 STAR、SuperSTAR 和 GRADIO 加速度计的综合噪声。为此,STAR、SuperSTAR 和 GRADIO 等静电悬浮加速度计对其噪声指标均采用分析评估方法。

(2) 为了保证噪声评估的有效性,必须保证不遗漏主要噪声源,必须每个单项测试均不改变该项测试所涉及的评估对象的状态且采用的测试方法和分析方法正确。因此,单项测试越接近加速度计实际工作状态且含盖越多噪声源越好。如果能够找到一种符合该原则的 US 轴闭环控制与读出电路综合噪声检测方法,不仅有利于保证噪声评估的有效性,而且撇开其他影响因素后,有可能降低对测试条件的要求,从而有利于判别 US 轴闭环控制与读出电路综合噪声是否达标。

26.4.6　各种噪声源是否在各个通道中独立起作用

（1）在 y_1, y_2, z_1, z_2 四个通道中，各项噪声源绝大多数各自独立起作用，只有电极面积不对称引起的加速度计偏值噪声是电极面积不对称、固定偏压噪声、电容位移检测电压有效值噪声联合作用的结果；差动变压器不对称引起的位移噪声是差动变压器不对称与电容位移检测电压有效值的噪声联合作用的结果。而固定偏压和电容位移检测电压是施加到检验质量上的，因而其噪声在四个通道中所起的作用是共同的。但是，能够充分保证电极面积不对称引起的加速度计偏值噪声功率谱密度足够小、差动变压器不对称引起的位移噪声可以忽略。因此，探测器噪声在 y_1, y_2, z_1, z_2 四个通道中大体上是各自独立起作用的。

（2）DAC 噪声和 DVA 噪声均在 y_1, y_2, z_1, z_2 四个通道中各自独立起作用。

（3）无论是读出差动放大器噪声，还是 ADC2 的量化噪声和参考电压噪声，都在 y_1, y_2, z_1, z_2 四个通道中各自独立起作用。

（4）辐射计效应与残余气体压力及温差噪声有关。前者是 y_1, y_2, z_1, z_2 四个通道中共同起作用的因素，后者在 y_1, y_2, z_1, z_2 四个通道中虽有差别，但并不独立。热辐射压力也与温差噪声有关，在 y_1, y_2, z_1, z_2 四个通道中虽有差别，但并不独立。

（5）寄生噪声中接触电位差的影响在 y_1, y_2, z_1, z_2 四个通道中虽有差别，但并不独立；金丝阻尼和刚度是 y_1, y_2, z_1, z_2 四个通道中共同起作用的因素；残余气体平衡态阻尼和磁场扰动为 y_1, y_2, z_1, z_2 四个通道中共同起作用的因素。

26.4.7　用共模-差模法测 US 轴闭环控制与读出电路综合噪声

（1）可以由 y_1 和 y_2 两个通道通过差模导出检验质量绕 ϕ 轴（x 轴）的滚动角加速度，也可以由 z_1 和 z_2 两个通道做，在每个通道的偏值差模范围内，两者的计算应该是相等的，据此可以定义科学健康状况为 y_2, y_1 两通道科学数据输出之差与 z_2, z_1 两通道科学数据输出之差的和，它既扣除了 y 轴和 z 轴的线加速度，也扣除了绕 ϕ 轴的滚动角加速度，还扣除了 y_1, y_2, z_1, z_2 四个通道中共同起作用的噪声，因而仅与 y_1, y_2, z_1, z_2 四个通道中各自独立起作用的噪声有关。由于科学健康状况只含有噪声信息，所以科学健康状况的功率谱密度的平方根即科学健康状况的噪声谱。如此定义的科学健康状况依据的是共模-差模检测法。

（2）科学健康状况的噪声谱几乎含盖了各种"电路噪声"源，几乎不含盖各种"非电路噪声"源。它除了起源于电容位移检测电压有效值噪声的差动变压器不对称效应以外，含盖了 y_1, y_2, z_1, z_2 四个通道闭环控制与读出电路的各种噪声源；除了起源于电容位移检测电压有效值噪声的电极面积不对称效应以外，不含盖与 y_1, y_2, z_1, z_2 四个通道闭环控制及读出电路无关的其他各种噪声源。鉴于电极面积不对称引起的加速度计偏值噪声、差动变压器不对称引起的位移噪声在 US 轴探测器噪声中的影响可以忽略，因此，科学健康状况的噪声谱是一种以闭环控制与读出电路引起的科学数据输出噪声是否足够小为依据的健康状况判据。经过适当处理，可以由科学健康状况的噪声谱得到闭环控制与读出电路综合噪声。

（3）我们将每个通道闭环控制与读出电路引起的科学数据输出噪声简称为通道电路噪声。由于科学健康状况仅与 y_1, y_2, z_1, z_2 四个通道中各自独立起作用的噪声有关，因此，由科学健康状况定义和等权、互相独立的噪声合成公式得到，科学健康状况的噪声谱为每个通道电路噪声的 2 倍；由于将反馈控制电压乘以物理增益即得到加速度测量值，而不论电极是否被拆分，物理增益的值是不变的，因而 y 轴反馈控制电压为 y_1 和 y_2 两通道科学数据输出的共模，z 轴反馈控制电压为 z_1 和 z_2 两通道科学数据输出的共模，进一步由各个通道电路噪声具有互相独立性及等权、互相独立的噪声合成公式得到，y 轴、z 轴闭环控制与读出电路引起的科学数据输出噪声为各自每个通道电路噪声的 $1/\sqrt{2}$。

26.4.8　用相干性检测 US 轴闭环控制与读出电路综合噪声

（1）以 y_1，y_2 两通道科学数据输出之差模、z_2，z_1 两通道科学数据输出之差模为对象，可以采用相干性检测法获得 y 轴闭环控制与读出电路引起的科学数据输出噪声 $\tilde{V}_y$ 和 z 轴闭环控制与读出电路引起的科学数据输出噪声 $\tilde{V}_z$，而且，在二者有相似谱特性的前提下，能够区分出二者的差异。

（2）由相干性检测法得到的 $\tilde{V}_y$，$\tilde{V}_z$ 可以分别导出 y 轴、z 轴以功率谱密度表示的科学健康状况 $\tilde{V}_{\text{health},y}$，$\tilde{V}_{\text{health},z}$，即相干性检测法能够区分出二者的差异。

26.4.9　与 US 轴噪声地基评估结果的比较

（1）"电路噪声"和"非电路噪声"在对数噪声谱图中大致呈对称犄角之势，犹如"各占半边天"。

（2）地基测试时对影响"电路噪声"的各种噪声源所做的分析评估与通过 GOCE 任务飞行中得到的科学健康状况的功率谱密度导出的"电路噪声"二者之间相当接近。

26.4.10　关于检测 US 轴闭环控制与读出电路综合噪声的注意事项

（1）基于 y_1，y_2，z_1，z_2 四个通道科学数据输出得到的有关各种噪声的推断都是以同步采集 y_1，y_2，z_1，z_2 四个通道科学数据输出为前提的。因此，读出电路的模数变换不能采用模拟开关巡检方式。

（2）科学数据的采样率为 1 Sps。根据 Nyquist 采样定理，得到的噪声谱图的频率上限为 0.5 Hz，而不是地基评估给出的噪声谱图的频率上限 1 Hz。

（3）为使谱图的频率下限达到 1.221×10^{-3} Hz，需要相应的采样时间为 819.2 s。而采用平均周期图法获得功率谱密度以减少方差所需的总采样时间为其数倍，即数千秒。再考虑到一次实验应获得多张谱图，则需静电悬浮加速度计在地面高电压悬浮的情况下，保持一天的连续工作时间内处于稳定工作和持续测量状态。

（4）GRADIO 加速度计 US 轴输入范围为 $\pm 6.5\times10^{-6}$ m/s²。在地面 1 g_{local} 环境下测试时，为了保证重力场倾角不至使 US 轴饱和，倾角必须小于 $0.14''$，即倾斜度必须小于 0.66 μm/m。若受到地面试验条件的限制，无法保证轴线的安装倾斜度在一天的连续工作时间内处于以上限额以内时，作为变通措施，检验质量可以改用密度较小的材料，以扩大输入范围。如果检验质量改用密度较小的材料后安装倾斜度还达不到要求，则需采用捕获模式，即较高的固定偏压，以进一步扩大输入范围。扩大输入范围后，为了预估加速度计在空间飞行状态下的"电路噪声"，计算时检验质量和固定偏压还应采用空间飞行状态下的值。

（5）为了保证加速度计正常工作，还要控制实际反映到 US 轴上的环境噪声干扰和垂直轴 1 g_{local} 加速度对 US 轴的耦合在加速度计的闭环伺服控制通带内不超出输入范围。需要注意的是，若输入加速度大于静电控制能力，检验质量会从中心"跌落"，沿着对应的方向与机械限位相贴。另外，还需要注意，此处"闭环伺服控制通带"远大于测量带宽。

（6）电极面积不对称效应在探测器噪声中的影响是否可以忽略与电极面积不对称比值、固定偏压噪声、电容位移检测电压有效值噪声的大小有关。

（7）敏感结构的不平行度、不垂直度会产生交叉轴灵敏度，其中地面垂直轴对水平 US

轴的交叉轴灵敏度是地基检测到的 US 轴总噪声的主要构成因素之一,但它是在 y_1, y_2, z_1, z_2 四个通道中共同起作用的因素,在轨飞行时其影响极度减小,因而在加速度计噪声评估中并不需要关注。

(8)差动变压器不对称效应在探测器噪声中的影响是否可以忽略与差动变压器两个初级绕组的电感差、电容位移检测电压有效值噪声的大小有关。

(9)加速度计偏值的热敏感性和寄生噪声为"非电路噪声",因而其影响未包含在"电路噪声"中,需对其所包含的各种噪声源的影响逐一进行检测评估。

26.4.11 检测 US 轴闭环控制与读出电路综合噪声的意义

(1)用共模-差模法或相干性检测"电路噪声"是在 US 轴电路处于闭环控制、正常工作的情况下得到的,而常规方法得到的电路噪声是在电路处于零输入或恒定非零输入的情况下得到的。显然,本方法得到的检测结果更为真实。

(2)无论是在地基,还是在空间,只要电路处于闭环控制、正常工作,都可以依据本方法得到"电路噪声",这就保证了地基所测"电路噪声"完全适用于空间飞行状态。

(3)地基测试中为了使静电悬浮加速度计处于闭环控制、正常工作状态,需要在 x 轴(铅垂轴)克服 $1\,g_{\text{local}}$ 重力的影响,为此需要在该轴上施加高电压。由于高电压悬浮的控制精密度不高,因此,采用常规方法检测 y, z 轴(水平轴)噪声时,敏感结构的不平行度、不垂直度所产生的交叉轴灵敏度会将 x 轴测量噪声耦合到 y, z 轴。而对于本方法来说,通过交叉灵敏度耦合到 y, z 轴的噪声功率谱密度属于相干功率谱密度,因而是可以被分离出去的,不会明显影响"电路噪声"$\tilde{\gamma}_{\text{el},y}$ 和 $\tilde{\gamma}_{\text{el},z}$ 的测量结果。

(4)对于采用常规方法测量 US 轴噪声而言,大地脉动低噪声功率谱密度明显大于 US 轴噪声是致命的,而对于本方法来说,该大地脉动低噪声功率谱密度属于相干功率谱密度,因而是可以被分离出去的,这就为测试"电路噪声"$\tilde{\gamma}_{\text{el},y}$ 和 $\tilde{\gamma}_{\text{el},z}$ 提供了可能性。

(5)由于加速度计偏值的热敏感性和寄生噪声功率谱密度属于相干功率谱密度,不会明显影响"电路噪声"的测量结果,因而使用本方法时,不要求真空度、温度噪声、金丝粗细、敏感结构表面洁净状态等完全满足要求。

(6)常规的噪声评估方法对每一项噪声源逐一进行检测评估,这种方法必须保证不遗漏主要噪声源,必须每个单项测试均不改变该项测试所涉及的评估对象的状态且采用的测试方法和分析方法正确。这总让人感到不够放心,而且十分费时费力。而本方法除了起源于电容位移检测电压有效值噪声的差动变压器不对称效应以外,含盖了 y_1, y_2, z_1, z_2 四个通道闭环控制与读出电路的各种噪声源,而且可以区分出其中 y, z 轴"电路噪声"的差异。此外,本方法除了加速度计正常工作所需要的条件以外,没有附加的测试条件要求,相比之下优势十分明显。

(7)US 轴加速度计总噪声可以分解为"电路噪声"与"非电路噪声"两大类,它们大致呈对称犄角之势,犹如"各占半边天"。使用共模-差模法或相干性检测"电路噪声",给出了其中"半边天"的综合检测方法,对验证总噪声所起的作用自不待言。

26.4.12 关于 GRADIO 加速度计噪声飞行验证的概述

GOCE 卫星由六台加速度计构成重力梯度仪,因而可以利用引力位二阶偏导数估算出卫星三轴成对加速度计沿其所在的卫星轴线方向各自的总噪声。

26.4.13　引力梯度张量

（1）在自由漂移的卫星上，重力梯度仪仅能感应地球引力位的二阶导数张量$\boldsymbol{VVV}$。由于$\boldsymbol{VVV}$反映了地球实体外部等引力位面的曲率和引力场的变化率，因而梯度测量更能反映引力场的精细结构，敏感引力场的短波变化，这就是梯度测量的优势。

（2）张量概念是矢量和矩阵概念的推广，标量是零阶张量，矢量是一阶张量，矩阵（方阵）是二阶张量。有时将引力梯度张量称为重力梯度张量。

（3）地球引力加速度为地球引力位的梯度，且地球引力位是个标量场。由于标量场之梯度的旋度为零，所以地球引力加速度的旋度为零，即x，y，z三方向的旋度分量均为零。

（4）引力梯度张量$\boldsymbol{M}$是对称矩阵；由于卫星重力梯度仪处在地球外真空环境下（密度$\rho=0$），所以$\boldsymbol{M}$的迹（n阶方阵$\boldsymbol{A}$的主对角线上各元素之和称为$\boldsymbol{A}$的迹）等于零，即满足Laplace 方程。因此，$\boldsymbol{M}$的 9 个分量只有 5 个是独立的。

（5）原理上，从重力梯度仪 6 台加速度计的输出可以导出$\boldsymbol{M}$的所有元素。

（6）同类型的矩阵才能相加减，将相加减的各矩阵分别转置后再相加减即可得到相加减后所得矩阵的转置矩阵。

（7）对称矩阵的转置矩阵与原矩阵相同，而反对称矩阵的转置矩阵为原矩阵的负矩阵。

（8）需要用相关的星敏感器观测数据改正单纯的加速度计观测数据中的转动项。换言之，要通过 Kalman 滤波器将卫星绕其各轴旋转的角加速度的时间积分与星敏感器的观测数据相结合，才能得到具有非常小的噪声水平的方位角。

26.4.14　加速度计沿自身 z 轴的总噪声

利用引力位二阶偏导数估算出在测量带宽的较高段（40～100）mHz 内沿卫星 x 轴、y 轴、z 轴的成对加速度计沿其所在的卫星轴线方向（即沿加速度计 z 轴）各自的总噪声分别为 3.8×10^{-12} m·s^{-2}/Hz$^{1/2}$，3.0×10^{-12} m·s^{-2}/Hz$^{1/2}$，6.7×10^{-12} m·s^{-2}/Hz$^{1/2}$。由于 6 台加速度计是同样的，没有理由认为它们在飞行中处于不同轴线上会导致沿加速度计 z 轴的噪声发生改变，因此，沿卫星 x 轴和 z 轴的加速度计 z 轴噪声比沿卫星 y 轴的加速度计 z 轴噪声大的原因有可能不是来自加速度计本身，而是来自影响引力梯度张量主对角线上各元素的其他噪声源，至少可以确认：通过飞行验证，构成 GOCE 重力梯度仪的 6 台加速度计 z 轴各自的总噪声，在测量带宽的较高段（40～100）mHz 内最好水平为 3.0×10^{-12} m·s^{-2}/Hz$^{1/2}$。

参 考 文 献

[1] NGATE S，BERGER J.Prospects for low frequency Iseismometry[C/OL]//The IRIS（the Incorporated Research Institutions for Seismology）Broadband Seismometer Workshop，Granlibakken，California，United States，March 24 - 26，2004. http://www.iris.edu/stations/seisWorkshop04/iris_sensor_ws_9.19.05.pdf.

[2] 薛大同.重力测量卫星专用加速度计的关键技术[C]//二十一世纪航天科学技术发展与前景高峰论坛暨中国宇航学会第二届学术年会，北京，12 月 4 - 6 日，2006.二十一世纪航天科学技术发展与前景高峰论坛暨中国宇航学会第二届学术年会论文集.北京：宇航出版社，2007：262 - 270.

[3] BERNARD A，TOUBOUL P.The GRADIO accelerometer：design and development status：

ONERA - TAP - 91 - 134 [C]//Workshop ESA/NASA on Solid-Earth Mission Aristoteles, Anacapri, Italy, September 23 - 24, 1991. Proceedings of the Workshop ESA/NASA on Solid-Earth Mission Aristoteles: 61 - 67.

[4] BERNARD A. A three-axis ultrasensitive accelerometer for space [C]//The 1st Space Microdynamics and Accurate Control Symposium, Nice, France, November 30 - December 3, 1992.

[5] TOUBOUL P, FOULON B. Space accelerometer developments and drop tower experiments [J]. Space Forum, 1998, 4: 145 - 165.

[6] PAWLAK D, MEYER P, BERNARD A. GRADIO: earth gravity field measurement on aristoteles: IAF - 91 - 133 [C]//The 42nd congress of the international astronautical federation, Montreal, Canada, October 5 - 11, 1991.

[7] TOUBOUL P. μSCOPE [C]//ESA-CERN Workshop: Fundamental Physics in Space and Related Topics, Geneva, Switzerland, April 5 - 7, 2000.

[8] LIORZOU F, CHHUN R, FOULON B. Ground based tests of ultra sensitive accelerometers for space mission: IAC - 09. A2. 4. 3 [C]//The 60th International Astronautical Congress, Daejeon, Republic of Korea, October 12 - 16, 2009.

[9] BORTOLUZZI D, FOULON B, MARIRRODRIGA C G, et al. Object injection in geodesic conditions: In-flight and on-ground testing issues [J]. Advances in Space Research, 2010, 45 (11): 1358 - 1379.

[10] DRINKWATER M, KERN M. GOCE: calibration & validation plan for L1b data products: Ref EOP - SM/1363/MD - md [R/OL]. Issue 1. 2. Noordwijk, The Netherlands: ESTEC (European Space Technonlogy Centre), 2006. http://esamultimedia.esa.int/docs/GOCE_CalValPlan_L1b_v1_2.pdf.

[11] MARQUE J-P, CHRISTOPHE B, LIORZOU F, et al. The ultra sensitive accelerometers of the ESA GOCE mission: IAC - 08 - B1.3.7 [C]//The 59th International Astronautical Congress, Glasgow, UK, September 28 - October 2, 2008.

[12] MARQUE J-P, CHRISTOPHE B, FOULON B, et al. The ultra sensitive GOCE accelerometers and their future developments [C]//Towards a Roadmap for Future Satellite Gravity Missions, Graz, Austria, September 30 - October 02, 2009.

[13] MARQUE J-P, CHRISTOPHE B, LIORZOU F, et al. Preliminary in-orbit data of the accelerometers of the ESA GOCE mission: IAC - 09 - B.1.3.1 [C]//The 60th International Astronautical Congress, Daejeon, Republic of Korea, October 12 - 16, 2009.

[14] MARQUE J-P, CHRISTOPHE B, FOULON B. Accelerometers of the GOCE mission: return of experience from one year of in-orbit [C]//Gravitation and Fundamental Physics in Space, Paris, France, June 22 - 24, 2010.

[15] JOSSELIN V. Architecture mixte pour les accéléromètres ultrasensibles dédiés aux missions spatiales de physique fondamentale[D]. Paris: Université de Paris XI, 1999.

[16] 方昆凡. 工程材料手册: 有色金属材料卷[M]. 北京: 北京出版社, 2000.

[17] 百度百科. 石英玻璃[DB/OL]. https://baike.baidu.com/item/石英玻璃/4325089? fr＝aladdin.

[18]　武汉大学测绘学院. 卫星重力场测量发展研究[R]."中国空间技术研究院战略发展研究"课题研究报告：内部报告,7 月,2002.

[19]　陈俊勇. 地球重力场、重力、重力梯度在三维直角坐标系中的表达式 [J]. 武汉大学学报(信息科学版),2004,29(5):377 - 379.

[20]　数学手册编写组. 数学手册[M]. 北京:人民教育出版社,1979.

[21]　ALBERTELLA A，MIGLIACCIO F，SANSÓ F. GOCE：The Earth Gravity Field by Space Gradiometry [J/OL]. Celestial Mechanics and Dynamical Astronomy，2002，83 (1/4)：1 - 15. https://www.researchgate.net/profile/Fernando_Sanso/publication/226959203_GOCE_The_Earth_gravity_field_by_space_gradiometry/links/54ede01a0cf25238f9392818/GOCE-The-Earth-gravity-field-by-space-gradiometry.pdf? origin=publication_detail.

[22]　邹正波，罗志才，邢乐林. 卫星重力梯度恢复地球重力场的时域法研究[J]. 大地测量与地球动力学，2007，27 (3)：44 - 49.

[23]　CESARE S. Performance requirements and budgets for the gradiometric mission：Thales Alenia Space Reference GO - TN - Al - 0027 [R/OL]. Issue：04. Vidauban, France：Thales Alenia Space，2008. https://earth.esa.int/eogateway/documents/20142/37627/Performance％20Requirements％20and％20Budgets％20for％20the％20Gradiometric％20Mission.

[24]　GRUBER T. ESA's Earth Gravity Field Mission GOCE：Status，Observation Technique and Data Analysis [C/OL]//Kolloquium Satellitennavigation (Colloquium Satellite Navigation)，Winter Term 2009/2010，January 12，2010，München，Germany：Technische Universität München. http://www.iapg.bv.tum.de/mediadb/133827/133828/20100112_Kolloquium_Satellitennavigation_GOCE.pdf.

[25]　全国量和单位标准化技术委员会. 物理科学和技术中使用的数学符号:GB 3102.11 — 1993 [S]. 北京:中国标准出版社,1994.

[26]　VISSER P N A M. GOCE gradiometer：estimation of biases and scale factors of all six individual accelerometers by precise orbit determination [J/OL]. Journal of Geodesy，2009，83 (1)：69 - 85. DOI：10.1007/s00190-008-0235-8. http://citeseerx.ist.psu.edu/viewdoc/download? doi=10.1.1.1024.6653&rep=rep1&type=pdf.

[27]　CANUTO E，MASSOTTI L. All-propulsion design of the drag-free and attitude control of the European satellite GOCE [J/OL]. Acta Astronautica，2009，64 (2/3)：325 - 344. https://core.ac.uk/download/pdf/11403062.pdf. DOI：10.1016/j.actaastro.2008.07.017.

[28]　CHRISTOPHE B，MARQUE J-P，FOULON B. Accelerometers for the ESA GOCE mission：one year of in-orbit results [C/OL]//GPHYS (Gravitation and Fundamental Physics in Space) symposium，Paris，France，June 22 - 24，2010. http://gphys.obspm.fr/Paris2010/mardi％2022/GPHYS-GOCE-final.pdf.

[29]　JOHANNESSEN J A，MARTINEZ M A. Gravity Field and Steady-State Ocean Circulation Mission：ESA SP - 1233 (1) [R/OL]. Noordwijk，The Netherlands：ESA Publications Division care of ESTEC (European Space Research and Technology Centre)，1999. http://esamultimedia.esa.int/docs/goce_sp1233_1.pdf.

第 27 章　静电悬浮加速度计的性能试验方法

本章的物理量符号

a	加速度输入值，m/s^2；地基测试时重力加速度在敏感轴倾角方向上的分量，g_n
A	针对待求量的输入矩阵
A_1	第一个余弦信号的幅度，m/s^2
A_2	第二个余弦信号的幅度，m/s^2
a_e	正弦载波频率 320 Hz、幅度 5×10^{-4} m/s^2、数字基带 1，0 等间隔排列、重复周期 25.6 s 的 2ASK 信号
a_i	第 i 个测点的输入加速度$(i = 1, 2, \cdots, 2n+1), g_n$
a_m	重力场倾角小角度静态标定线性区域的最大加速度绝对值，g_n
a_r	检验质量对非惯性参考系的相对加速度矢量，m/s^2
a_t	检验质量在非惯性参考系中得到的输运加速度矢量，m/s^2
a_s	卫星的非重力加速度矢量，m/s^2
A_y	y 向电极面积，m^2
A_z	z 向电极面积，m^2
B	A 的转置矩阵，即 $B = A^T$
C	式(27-53)所示正规方程组矩阵中待求量矩阵 x 的系数矩阵
c_0	偏值与理论标度因数的比值，习惯上仍称为偏值，m/s^2 或 g_n
c_1	标度因数与理论标度因数的比值，习惯上仍称为标度因数，无量纲
c_{11}	第一台加速度计的标度因数，无量纲
c_{12}	第二台加速度计的标度因数，无量纲
c_2	二阶非线性系数与理论标度因数的比值，习惯上仍称为二阶非线性系数，$m^{-1} \cdot s^2$
c_3	三阶非线性系数与理论标度因数的比值，习惯上仍称为三阶非线性系数，$m^{-2} \cdot s^4$
d	气体放电的间隙长度，m
d_{11}	倾角方差引起偏值方差的误差传播系数
d_{22}	倾角方差引起标度因数方差的误差传播系数，g_n^{-2}
d_{ij}	逆矩阵 C^{-1} 第 i 行第 j 列的元素$(i = 1, 2; j = 1, 2)$
d_y	y 向检验质量至极板的平均间隙，m
d_z	z 向检验质量至极板的平均间隙，m
F	除引力和惯性力之外所有其他作用在质点上的力(包括支持力)之矢量和

	（简称外力），支持力矢量，N
f	频率，Hz
f_0	加速度计的基础频率，Hz
f_1	第一个余弦信号的频率，Hz
f_2	第二个余弦信号的频率，Hz
$f_{-3\ \mathrm{dB}}$	环内一阶有源低通滤波器的截止频率（-3 dB 处的角频率），Hz
f_c	环内一阶有源低通滤波器的截止频率，Hz
f_cw	载波频率，Hz
$\boldsymbol{F}_\mathrm{e}$	施加在检验质量块上的反馈控制静电力矢量，N
$\boldsymbol{F}_\mathrm{gr}$	地球对检验质量的引力矢量，N
f_H	测试信号中高频信号的频率，Hz
f_L	测试信号中低频信号的频率，Hz
$G_2(s)$	前向通道总增益及 PID 校正器造成的传递函数，V/m
$G_3(s)$	一阶有源低通滤波电路的传递函数
$\boldsymbol{g}_\mathrm{f}$	检验质量所在位置的地球引力场强度矢量，m/s^2
G_local	当地重力加速度，m/s^2
g_n	标准重力加速度，即北纬 45° 的海平面上的重力加速度：$g_\mathrm{n}=9.806\ 65$ m/s^2
G_p	物理增益，m $\cdot$ s^{-2}/V
h	幅值裕度 K_g 的 dB 数：$h=20\ \lg K_\mathrm{g}$
$\boldsymbol{I}_\mathrm{C}$	质点在非惯性参考系中受到的 Coriolis 惯性力矢量，N
$\boldsymbol{I}_\mathrm{t}$	检验质量在非惯性参考系中受到的输运惯性力矢量，N
K_0	偏值，V
$\hat{K}_0$	偏值 K_0 的解，V
K_1	标度因数，V/(m $\cdot$ s^{-2}) 或 V/g_n
$\hat{K}_1$	标度因数 K_1 的解，V/g_n
k_1	实际标度因数对理论标度因数的相对偏差，无量纲
k_{11}	第一台加速度计实际标度因数对理论标度因数的相对偏差，无量纲
$K_{1,\mathrm{theory}}$	理论标度因数，V/(m $\cdot$ s^{-2})
k_{12}	第二台加速度计实际标度因数对理论标度因数的相对偏差，无量纲
K_2	二阶非线性系数，V/(m^2 $\cdot$ s^{-4})
K_3	三阶非线性系数，V/(m^3 $\cdot$ s^{-6})
K_g	幅值裕度
k_neg	静电负刚度，N/m
K_s	前向通道的总增益，V/m
m_g	检验质量的引力质量，kg
m_i	检验质量的惯性质量，kg
n	正（或负）加速度的测点数
p	热力学温度 T 下残余气体的压力，Pa
r_db	数字基带重复频率，Sps
s	Laplace 变换建立的的复数角频率，也称为 Laplace 算子，rad/s

t	时间,s
V	重力场倾角试验下的加速度计输出,V
$\boldsymbol{v}$	测量残差矩阵,V
V_{d}	电容位移检测电压的有效值,即 RMS 值,V
V_{f}	反馈控制电压,V
$V_{f\mathrm{H}}$	频率为 f_{H} 的高频信号方均根幅值,V
$V_{f\mathrm{H}-2f\mathrm{L}}$	边带频率为 $f_{\mathrm{H}}-2f_{\mathrm{L}}$ 的方均根调幅值,V
$V_{f\mathrm{H}+2f\mathrm{L}}$	边带频率为 $f_{\mathrm{H}}+2f_{\mathrm{L}}$ 的方均根调幅值,V
$V_{f\mathrm{H}-f\mathrm{L}}$	边带频率为 $f_{\mathrm{H}}-f_{\mathrm{L}}$ 的方均根调幅值,V
$V_{f\mathrm{H}+f\mathrm{L}}$	边带频率为 $f_{\mathrm{H}}+f_{\mathrm{L}}$ 的方均根调幅值,V
$V_{\mathrm{f}}(s)$	反馈控制电压 $V_{\mathrm{f}}(t)$ 的 Laplace 变换
$V_{\mathrm{f}}(t)$	反馈控制电压,V
V_i	第 i 个测点加速度计输出的理论值 $(i=1,2,\cdots,2n+1)$,V
v_i	第 i 个测点的测量残差 $(i=1,2,\cdots,2n+1)$,V
V_{p}	检验质量上施加的固定偏压,V
x	检验质量相对电极笼的位移(即检验质量相对电极笼中心的偏离),m
$\boldsymbol{x}$	待求量矩阵
$\hat{\boldsymbol{x}}$	式(27-55)表达的正规方程组矩阵的解,即 $\boldsymbol{x}$ 的解
$X(s)$	$x(t)$ 的 Laplace 变换
$x(t)$	检验质量相对电极笼的位移(即检验质量相对电极笼中心的偏离),m
$\boldsymbol{y}$	加速度计输出矩阵,V
y_i	第 i 个测点的测得值,V
γ_{msr}	加速度测量值,m/s^2
$\tilde{\gamma}_{\mathrm{msr}}$	加速度测量噪声,m/s^2
$\tilde{\gamma}_{\mathrm{re}}$	辐射计效应引起的加速度测量噪声,m·s^{-2}/Hz$^{1/2}$
γ_{s}	输入加速度,即加速度计所在位置的微重力加速度,m/s^2
$\Gamma_{\mathrm{s}}(s)$	$\gamma_s(t)$ 的 Laplace 变换
$\gamma_{\mathrm{s}}(t)$	输入加速度,即加速度计所在位置的微重力加速度,m/s^2
δ_0	敏感轴与安装面间的夹角,即输入轴失准角,rad
Δa	等间隔测试点的间隔,g_{n}
$\delta_{\mathrm{IMD,dB}}$	以 dB 表示的相互调制失真,dB
$\delta_{\mathrm{IMD,pct}}$	以百分比表示的相互调制失真
$\tilde{\delta}_T$	笼上下侧间的温差噪声,K/Hz$^{1/2}$
σ_a	倾角误差引起的输入加速度误差,g_{n}
σ_{c0}	倾角误差引起的 c_0 标准差,g_{n}
σ_{c1}	倾角误差引起的 c_1 标准差,无量纲
σ_{K_0}	倾角误差引起的偏值标准差,V
σ_{K_1}	倾角误差引起的标度因数标准差,V/g_{n}
σ_{msr}	倾角误差造成的加速度计测量误差,V
θ	平台的重力场倾角,rad

θ_0	使加速度测量值仅呈现为加速度测量噪声所对应的平台重力场倾角,rad
θ_m	平台正弦摆动的最大角位移,rad
τ_d	PID 校正器的微分时间常数,s
τ_i	PID 校正器的积分时间常数,s
ω	摆动的角频率,rad/s
ω_0	加速度计的基础角频率,rad/s
ω_1	第一个余弦信号的角频率,rad/s
ω_2	第二个余弦信号的角频率,rad/s
ω_c	一阶有源低通滤波电路的截止角频率(-3 dB 处的角频率),rad/s
ω_p	受静电负刚度制约的角频率,rad/s

本章独有的缩略语

2ASK	Binary Amplitude-Shift Keying,二进制幅移键控,即正弦载波二进制数字幅度调制
DIN	Deutsches Institut für Normung e.V.,德国标准化学会
IM	Intermodulation,相互调制
IMD	Intermodulation Distortion,相互调制失真
OOK	on off Keying,开关键控
SMPTE	Society of Motion Picture and Television Engineers,电影与电视工程师学会(美国)

27.1　引　　言

17.1 节和 17.2 节介绍的各项应用对静电悬浮加速度计分辨力的要求依次提高。与此相应,对静电悬浮加速度计性能指标的测试难度也依次提高。如何对静电悬浮加速度计性能指标进行可信、准确的测试,是研制和应用静电悬浮加速度计的科研人员共同关注的问题。

由文献[1]的规定可以知道,加速度计试验包括一般性试验、工作性能测试、寿命试验、可靠性试验、环境试验等。其中,一般性试验包括外观、质量、阻抗、绝缘电阻、绝缘介电常数、密封性、磁泄漏等的检查、检测;工作性能测试包括功能、噪声、模型方程的各项系数(参见 4.2.2 节)、阈值和分辨力(参见 23.3.1 节)、开机稳定时间(参见 13.3.4 节)、偏值和标度因数的稳定性和重复性、电磁兼容性、偏值和标度因数的温度系数、阶跃响应、频响特性等等的测试。

静电悬浮加速度计由于输入范围小、分辨力/噪声指标要求越来越高,其指标在地面上不可能全面准确地最终评定,但是,在可能的情况下,作为一种加速度测量仪器,应遵循传统加速度计和测量仪器的测试原则。

以 SuperSTAR 和/或 GRADIO 静电悬浮加速度计为例,我们在第 17 章讨论了构成、工作原理、受伺服控制的检验质量运动方程、实施捕获所需的反馈控制电压范围,在第 18 章分析了传递函数、稳定性及伺服控制参数整定方法,在第 19 章分析了前向通道增益与分配及相应性能,在第 20 章分析了地面 x 轴高电压悬浮参数,在第 21 章对位移检测电路带通滤波器作了需求分析与物理设计,在第 22 章提供了环外 Butterworth 有源低通滤波器的设计方法,在第 23 章分析了分辨力、测量带宽、输入范围、加速度测量值被限制的范围等指标和 error tones，twangs，spikes 对重力场恢复的影响，在第 24 章分析了噪声的主要来源及电容位移检测噪声，在第 25 章分析了偏值热敏感性（包括辐射计效应、出气效应和热辐射压力效应）和寄生效应（包括金丝刚度和阻尼、接触电位差起伏、残余气体平衡态阻尼、磁场扰动）引起的加速度测量噪声，在第 26 章分析讨论了噪声的地基检测与飞行检测方法。它们从各种不同的角度反映了加速度计的性能。

关于测量带宽，6.1.2 节指出，对于含有有源低通滤波的系统而言，其测量带宽的上限除了受限于有源低通滤波的通带外，还可能受限于其他更为严格的要求，这时该系统测量带宽的上限会比有源低通滤波器的特征频率或截止频率低，甚至低很多；23.4 节讨论重力测量卫星静电悬浮加速度计测量带宽时指出：测量带宽的含义应为反演规定阶次的重力场所需要的带宽，该带宽内数据的正确度和精密度经过标定和修正后是有保证的，既不允许含有超越正确度和精密度要求的带内衰减和干扰，也不允许含有超越精密度要求的带外镜频干扰，因而绝不是加速度计的 -3 dB 带宽；6.1.1 节指出，为了考察加速度尖峰的影响，以及验证加速度计的噪声水平，必须使用该加速度计的 1a 级原始观测数据，输出数据率为每秒 10 次；6.1.2 节第（2）条和 6.1.3 节第（2）条给出了加速度计每秒 10 次采样下归一化闭环传递函数在测量带宽内的振幅不平坦度、相频特性相对于线性变化的离差、群时延的标定误差和最大不稳定性指标；23.3.2.2 节第（4）条给出了加速度计测量带宽内的噪声水平及其最大不稳定性指标；23.6.1 节给出了加速度计测量带宽内由于轨道周围温度变化、磁场和加速度计相互作用、大气阻力的水平和方向变化、姿态控制推进器工作等引起的误差音调（error tones）指标；27.5.2.4 节给出了加速度计在任何频率下 50 $\mu m/s^2$ 音调的信号带相互调制指标。由此可知，考察加速度计是否达到所要求的测量带宽，要从以下几方面入手：

（1）每秒 10 次采样下归一化闭环传递函数在测量带宽内的振幅不平坦度；

（2）相频特性相对于线性变化的离差；

（3）群时延的标定误差和最大不稳定性；

（4）噪声水平及其最大不稳定性；

（5）测量带宽内由于磁场、温度、电压等变化而产生的误差音调量值；

（6）任何频率下 50 $\mu m/s^2$ 音调的信号带相互调制。

本章重点讨论上述章节未包含的静电悬浮加速度计性能试验方法。

20.1 节指出，法国 ONERA 设计的加速度计的一个基本特点是靠重力下浮起检验质量的办法提供广泛的地基功能测试可能性；对于 GOCE 任务而言，仍然可能获得一种传感器的设计，使之兼容 1 g_{local} 静电悬浮和噪声性能需求；检验质量是一块质量 320 g、材质为铂铑合金、形状为 4 cm×4 cm×1 cm 的正四棱柱，引入一个适当的电压（上电极最初施加 1 300 V，一旦实现检验质量悬浮，则降到 900 V）以便地基测试时支撑检验质量。

幸亏采用了地面高电压悬浮，才得以制定一个非常完备的试验计划，以便尽可能地在地面评定加速度计的标称性能[2]。

由于飞行电路的设计完全不同于 1 g_{local} 轴的浮起，因此使用下述在地面上的测试配置：1 g_{local} 电路用其施加高电压的能力控制垂直轴，而飞行电路和单元仅被连接到水平轴的电极（y，z 轴）[3]。

26.1.3 节介绍了 ONERA 研制的摆测试台。在加速度计验证的三个不同阶段需要摆测试台[3]：

（1）针对传感器的功能验证。以下几种测试用于检查敏感结构整合后的自身状况：加速度计对浮起过程的正常响应；y，z 轴传递函数、静电负刚度、线性、标度因数的标称测量；保证敏感结构的良好整合,没有附加的灰尘或瑕疵。

(2)针对带有 y,z 轴飞行件电路的功能验证。这是对 y,z 轴整个加速度测量链路的功能验证,它允许对 y,z 轴整个链路的硬件和软件进行电子验证。

(3)针对 y,z 轴标度因数和二次因子的验证。借助于摆的受控倾斜,应用外部激励是可能的,它是加速度计标度因数和二次因子测量方法的基础。

27.2　功 能 测 试

对于每一对加速度的试验包括[2]:

(1)试验加速度计传感头的飞行件;

(2)试验前端电路单元和数字电路单元的飞行件;

(3)试验一对加速度计传感头＋前端电路单元＋数字电路单元。

试验顺序为[2]:

(1)在地检设备和地检仪器支持下的加速度计传感头飞行件独自功能综合试验(悬浮情况、转递函数、标称静电负刚度、线性、标度因数),试验是在摆测试台的平台(以下简称摆平台)上完成的,要求在试验之后检查加速度计传感头飞行件的完整状态;

(2)加速度计传感头飞行件环境试验;

(3)重复(1),以确认通过了环境试验;

(4)加速度计传感头飞行件与前端电路单元飞行件联合的功能试验,要求在摆平台上检查二者的集成化和功能性;

(5)带有前端电路单元的一对加速度计传感头的落塔试验(详见 27.10 节);

(6)差模标度因数验证(详见 27.8 节);

(7)二阶非线性系数验证(详见 27.9 节);

(8)一对加速度计传感头＋前端电路单元＋数字电路单元功能试验(详见 27.11 节)。

为了在摆平台上完成各项试验,加速度计检验质量需要在地面重力下悬浮。而在正式交付之后,有可能在重力梯度仪集成和卫星集成期间不再需要将检验质量在地面重力下悬浮;但是,也有可能还要对加速度计作局部验证,因而仍需将检验质量在地面重力下悬浮,以便在发射场和尽可能靠近发射的日期,再次评定重力梯度仪的良好健康状况[2]。

27.3　敏感结构安装完好的地基检测方法

27.3.1　概述

文献[3]指出,在上述测试序列中,加速度计的地基静电负刚度测量试验是最挑剔的步骤之一。该测试的确是敏感结构安装完好性的一个可靠指示器,因为该结果允许保证:

(1)敏感结构无任何残余的瑕疵;

(2)敏感结构的静电状态是正常的,具有与理论值一致的静电负刚度值。

该文献介绍了一种借助于围绕零位轻微移动检验质量 $\pm 3.5~\mu m$ 来检测静电负刚度的方法。我们在此基础上演绎出来另外一种借助于围绕零位轻微移动检验质量 $\pm 3.5~\mu m$ 以检测加速度计敏感结构安装完好的地基检测方法。

27.3.2 原理

17.3.4 节指出,PID 的积分时间常数使得输入范围内不论非重力阶跃加速度是大是小,检验质量经历最初的运动之后,都能逐渐回复到准平衡位置,检验质量块的运动被限制到小于 1 nm 对加速度计的线性度及其特性的稳定性有益。因此,为了控制检验质量围绕零位轻微移动 $\pm 3.5~\mu\mathrm{m}$,必须取消积分作用,即令积分时间常数的倒数 $1/\tau_i = 0$。

式(18-44)给出了 PID 校正下位移对非重力加速度的传递函数,取消积分作用后,式(18-44)变为

$$-\frac{X(s)}{\Gamma_s(s)} = \frac{\dfrac{1}{\omega_c}s + 1}{\dfrac{1}{\omega_c}s^3 + s^2 + \left(\tau_d\omega_0^2 + \dfrac{\omega_p^2}{\omega_c}\right)s + (\omega_0^2 + \omega_p^2)} \qquad (27-1)$$

式中　　　　s——Laplace 变换建立的的复数角频率,也称为 Laplace 算子,rad/s;

$X(s)$——$x(t)$ 的 Laplace 变换;

$x(t)$—— 检验质量相对电极笼的位移(即检验质量相对电极笼中心的偏离),m;

$\Gamma_s(s)$——$\gamma_s(t)$ 的 Laplace 变换;

$\gamma_s(t)$—— 输入加速度,即加速度计所在位置的微重力加速度,m/s²;

ω_c——一阶有源低通滤波电路的截止角频率(-3 dB 处的角频率),rad/s;

τ_d——PID 校正器的微分时间常数,s;

ω_0—— 加速度计的基础角频率,rad/s;

ω_p—— 受静电负刚度制约的角频率,rad/s。

由式(27-1)得到

$$-\frac{X(s)}{\Gamma_s(s)} \rightarrow \frac{1}{\omega_0^2 + \omega_p^2}, \quad s \rightarrow 0 \qquad (27-2)$$

现在来分析取消积分作用后的 ω_0 值和 ω_p 值。

取消积分作用后式(18-5)变为

$$G_2(s) = K_s(1 + \tau_d s) \qquad (27-3)$$

式中　$G_2(s)$—— 前向通道总增益及 PID 校正器造成的传递函数,V/m;

K_s—— 前向通道的总增益,V/m。

由图 18-7 得到

$$-\frac{V_f(s)}{X(s)} = G_2(s)G_3(s) \qquad (27-4)$$

式中　$V_f(s)$—— 反馈控制电压 $V_f(t)$ 的 Laplace 变换;

$G_3(s)$—— 一阶有源低通滤波电路的传递函数。

将式(18-28)和式(27-3)代入式(27-4),得到

$$-\frac{V_f(s)}{X(s)} = \frac{K_s(1 + \tau_d s)}{\dfrac{1}{\omega_c}s + 1} \qquad (27-5)$$

由式(27-5)得到

$$-\frac{V_f(s)}{X(s)} \rightarrow K_s, \quad s \rightarrow 0 \qquad (27-6)$$

17.6.2 节给出,捕获模式下 US 轴反馈控制电压 V_f 被限制在 $(-18.6 \sim 18.7)$ V。因此,欲控制检验质量围绕零位轻微移动 ± 3.5 μm,K_s 不可超过 5.31×10^6 V/m。

对于 GRADIO 加速度计,17.3.2 节给出 y,z 向电极面积 $A_y = A_z = 2.08$ cm²,y,z 向检验质量至极板的平均间隙 $d_y = d_z = 299$ μm,检验质量的惯性质量 $m_i = 0.318$ kg,17.4.4 节给出电容位移检测电压的有效值 $V_d = 7.6$ V,17.6.2 节给出捕获模式下检验质量上施加的固定偏压 $V_p = 40$ V。

将以上数据代入式(17-20),得到捕获模式下 y,z 向静电负刚度 $k_{neg} = -0.228\ 4$ N/m;代入式(17-21),得到 y,z 向物理增益 $G_p = 5.182 \times 10^{-6}$ m·s⁻²/V;代入式(17-29),得到 ω_0 不可超过 5.246 rad/s,即 f_0 不可超过 0.834 9 Hz;代入式(17-30),得到 $\omega_p^2 = -0.718\ 2$ rad²/s²。

于是,由式(27-2)得到

$$-\frac{\{X(s)\}_m}{\{\Gamma_s(s)\}_{m/s^2}\big|_{max}} \rightarrow \frac{1}{26.80}, \quad s \rightarrow 0 \tag{27-7}$$

因此,欲控制检验质量围绕零位轻微移动 ± 3.5 μm,应在 y,z 向产生不超过 $\pm 9.380 \times 10^{-5}$ m/s² 的加速度,即标准重力加速度 $g_n = 9.806\ 65$ m/s² 下倾斜不超过 $\pm 1.973''$。

将式(27-2)与式(27-6)相乘,得到

$$\frac{V_f(s)}{\Gamma_s(s)} \rightarrow \frac{K_s}{\omega_0^2 + \omega_p^2}, \quad s \rightarrow 0 \tag{27-8}$$

由式(27-8)可以得到,为控制检验质量围绕零位轻微移动而取消积分作用,并大幅度降低前向通道的总增益 K_s,从而大幅度降低基础角频率 ω_0 后,为克服重力场倾角造成的外来加速度 Γ_s 所需要的反馈控制电压 V_f。

27.3.3　位移对非重力加速度阶跃响应的稳定时间

我们知道,17.5.1 节给出 GRADIO 加速度计科学模式下 US 轴的基础频率为 $f_0 = 20$ Hz,19.5.1.1 节第(2)条给出相应环内一阶有源低通滤波电路的截止频率 $f_c = 7.5\ f_0$,即 $f_c = 150$ Hz。然而,27.3.2 节指出,欲控制检验质量围绕零位轻微移动 ± 3.5 μm,K_s 不可超过 5.31×10^6 V/m。若取 $K_s = 5.0 \times 10^6$ V/m,由式(17-29)得到 $\omega_0 = 5.090$ rad/s,即 $f_0 = 0.810\ 1$ Hz。为了保证系统稳定,我们保持 $f_c = 7.5\ f_0$,即 $f_c = 6.076$ Hz,或 $\omega_c = 38.18$ rad/s。与此相应,由(27-6)得到检验质量移动 ± 3.5 μm 时 V_f 的变化范围为 ± 17.5 V,而由式(27-2)得到,为获得检验质量围绕零位轻微移动 ± 3.5 μm,重力在敏感轴方向上的分量应不超过 $\pm 8.816 \times 10^{-5}$ m/s²,即标准重力加速度 $g_n = 9.806\ 65$ m/s² 下敏感轴偏离水平方向倾斜不超过 $\pm 1.854''$。另外,17.5.1 节给出 $\tau_d = 3/\omega_0$,为了保证系统稳定,我们保持 $\tau_d = 3/\omega_0$。此前已给出 $\omega_p^2 = -0.718\ 2$ rad²/s²,将以上数据代入式(27-1),得到

$$-\frac{\{X(s)\}_m}{\{\Gamma_s(s)\}_{m/s^2}} = \frac{2.619 \times 10^{-2}s + 1}{2.619 \times 10^{-2}s^3 + s^2 + 15.25s + 25.19} \tag{27-9}$$

将 MATLAB 软件的单位阶跃响应函数 step 用于由式(27-9)表达的位移对非重力加速度的传递函数,就可以得到位移对非重力加速度的阶跃响应,具体程序为

```
g = tf([2.619e-2  1],[2.619e-2  1  15.25  25.19]);step(g,10)
```

图 27 – 1 即为绘制出来的位移对非重力加速度的阶跃响应。

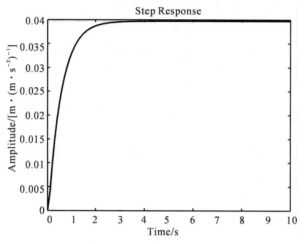

图 27 – 1   位移对非重力加速度的阶跃响应

由图 27 1 所对应的 MATLAB 原图可以得到,产生阶跃加速度后 2 s,$x/\gamma_s = 0.038\ 67$ s^{-2};产生阶跃加速度后 4 s,$x/\gamma_s = 0.039\ 67\ s^{-2}$,而 $1/(\omega_0^2 + \omega_p^2)$ 的值为 $0.039\ 698\ s^{-2}$,二者非常相近。因此,测试稳定状态下 $x - \gamma_s$ 关系曲线时,每调整一个 γ_s 值,应停留 4 s 以上,然后再读 x 值。

27.3.4   检测方法描述

依据以上原理演绎出来的加速度计敏感结构安装完好的地基检测方法为:取消积分作用,大幅度降低前向通道的总增益 K_s,使之不超过 5.31×10^6 V/m,依靠敏感轴偏离水平方向倾斜不超过 $\pm 1.973''$ 来获得检验质量围绕零位轻微移动不超过 ± 3.5 μm,由倾角计算在敏感轴方向上产生的加速度 γ_s,用式(27 – 6)由 K_s 和稳定时间 4 s 后的反馈控制电压 V_f 得到与加速度 γ_s 对应的检验质量相对电极笼中心的偏离 x,绘制稳定状态下 $x - \gamma_s$ 关系曲线,并进行线性拟合,得到拟合线的斜率,用式(27 – 2)确定受静电负刚度制约的角频率 ω_p;或绘制 $V_f - \gamma_s$ 关系曲线,并进行线性拟合,用式(27 – 8)确定 ω_p。

27.3.5   稳定性分析

式(18 – 54)给出了 PID 校正下静电悬浮加速度计系统稳定的充分必要条件,由该式得到,取消积分作用后,系统稳定的充分必要条件为

$$\tau_d > \frac{1}{\omega_c} \tag{27 – 10}$$

19.5.1.1 节第(2)条给出 $f_c = 7.5\ f_0$,17.5.1 节给出 $\tau_d = 3/\omega_0$,因而

$$\tau_d = \frac{22.5}{\omega_c} \gg \frac{1}{\omega_c} \tag{27 – 11}$$

从式(27 – 11)可以看到,取消积分作用后仍保持 $f_c = 7.5\ f_0$,$\tau_d = 3/\omega_0$,系统不仅满足稳定的充分必要条件,而且有充足的幅值裕度。

18.4.6.3 节第(1)条指出,幅值裕度通常用 K_g 的 dB 数 h 表示,$h=20\lg K_g$;当 $K_g>1$ 时,$h>0$ dB,称幅值裕度为正;当 $K_g<1$ 时,$h<0$ dB,则称幅值裕度为负。18.4.6.3 节第 (3)条指出,从控制工程实践得出,为使控制系统具有满意的相对稳定性及对高频干扰的必要抑制能力,要求 $h>6$ dB,即 $K_g>2$。

通过观察位移对非重力加速度阶跃响应曲线的形状可以直观了解稳定裕度的状况。若将 $\tau_d=3/\omega_0$ 改为 $\tau_d=4/(15\omega_0)$,其他参数保持不变,则 $\tau_d=2/\omega_c$。由式(27-10)可知,幅值裕度 $K_g=2$,即 K_g 的 dB 数 $h=6$ dB。因此,此时 b 的幅值裕度刚满足起码要求。由式(27-1)得到

$$-\frac{\{X(s)\}_m}{\{\varGamma_s(s)\}_{m/s^2}}=\frac{2.619\times10^{-2}s+1}{2.619\times10^{-2}s^3+s^2+1.339s+25.19} \tag{27-12}$$

将 MATLAB 软件的单位阶跃响应函数 step 用于由式(27-12)表达的位移对非重力加速度的传递函数,就可以得到位移对非重力加速度的阶跃响应,具体程序为

$g=\mathrm{tf}([2.619\mathrm{e}-2\quad1],[2.619\mathrm{e}-2\quad1\quad1.339\quad25.19]);\mathrm{step}(g,10)$

图 27-2 即为绘制出来的位移对非重力加速度的阶跃响应。

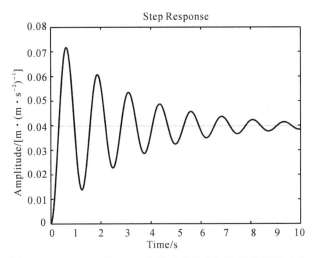

图 27-2　$b=4/(15\omega_0)$ 位移对非重力加速度的阶跃响应

而若改为 $\tau_d=2/(15\omega_0)$,其他参数保持不变,则 $\tau_d=1/\omega_c$,由式(27-10)可知,幅值裕度 $K_g=1$,即 K_g 的 dB 数 $h=0$ dB,处于临界稳定状态。由式(27-1)得到

$$-\frac{\{X(s)\}_m}{\{\varGamma_s(s)\}_{m/s^2}}=\frac{2.619\times10^{-2}s+1}{2.619\times10^{-2}s^3+s^2+0.659\,9s+25.19} \tag{27-13}$$

将 MATLAB 软件的单位阶跃响应函数 step 用于由式(27-13)表达的位移对非重力加速度的传递函数,就可以得到位移对非重力加速度的阶跃响应,具体程序为

$g=\mathrm{tf}([2.619\mathrm{e}-2\quad1],[2.619\mathrm{e}-2\quad1\quad0.6599\quad25.19]);\mathrm{step}(g,10)$

图 27 - 3 即为绘制出来的位移对非重力加速度的阶跃响应。

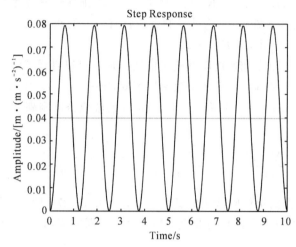

图 27 - 3　$b = 2/(15\omega_0)$ 位移对非重力加速度的阶跃响应

再若改为 $\tau_d = 1/(15\omega_0)$,其他参数保持不变,则 $\tau_d = 0.5/\omega_c$,由式(27 - 10)可知,幅值裕度 $K_g = 0.5$,即 K_g 的 dB 数 $h = -6$ dB,幅值裕度为负,处于不稳定状态。由式(27 - 1)得到

$$-\frac{\{X(s)\}_m}{\{\Gamma_s(s)\}_{m/s^2}} = \frac{2.619 \times 10^{-2}s + 1}{2.619 \times 10^{-2}s^3 + s^2 + 0.320\,5s + 25.19} \tag{27 - 14}$$

将 MATLAB 软件的单位阶跃响应函数 step 用于由式(27 - 14)表达的位移对非重力加速度的传递函数,就可以得到位移对非重力加速度的阶跃响应,具体程序为

```
g = tf([2.619e - 2  1],[2.619e - 2  1  0.3205  25.19]);step(g,10)
```

图 27 - 4 即为绘制出来的位移对非重力加速度的阶跃响应。

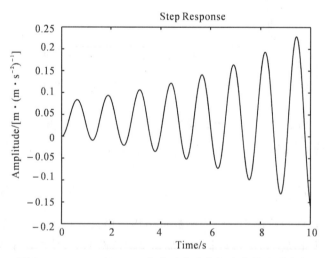

图 27 - 4　$b = 1/(15\omega_0)$ 位移对非重力加速度的阶跃响应

27.4　模　型　方　程

17.4.4 节式(17-24)给出了由反馈控制电压计算所检测到的加速度的理论公式。实际上,静电悬浮加速度计与其他类型的加速度计类似,存在偏值、标度因数偏差、非线性、失准角等等。式(4-3)给出了摆式线加速度计的模型方程。从式(4-3)可以看到,交叉耦合效应是加速度计敏感轴的标度因数会受到与之正交方向加速度影响的现象。其原因与支承、位移检测、伺服反馈驱动或阻尼等在输入轴、输出轴、摆轴之间存在一定程度的耦合作用有关。但是对于静电悬浮加速度计来说,由于支承、位移检测、伺服反馈驱动、电阻尼等均通过检验质量与电极间形成的电容来实施,而且各轴向基本上是独立的,仅共用电源、电容位移检测电压、固定偏压、检验质量及在其上施加电容位移检测电压和固定偏压的金丝,所以式(4-3)中的交叉耦合系数可以忽略[4]。但是,检验质量及电极笼的不平行度和不垂直度会使式(4-3)中的安装误差角(即交叉轴灵敏度)依然存在。为此,要求质量块的不平行度和不垂直度小于 1×10^{-5} rad (2″)[5-6]。特别是地基测试时,铅垂方向欠灵敏(LS)轴为克服 1 g_{local} 重力而施加的高电压悬浮作用力,会由于质量块的不平行度和不垂直度,在水平方向超灵敏(US)轴上产生交叉加速度,其恒定部分会表现为偏值,其起伏不定部分会表现为噪声;而另一水平方向,由质量块的不平行度和不垂直度引起的交叉加速度相对而言则弱得多,以至于对于地基测试的要求而言可以忽略。因此,式(4-3)所示的模型方程可改写为

$$V = K_0 + K_1 a + K_2 a^2 + K_3 a^3 \tag{27-15}$$

式中　　V——重力场倾角试验下的加速度计输出,V;

　　　　K_0——偏值,V;

　　　　K_1——标度因数,V/(m·s^{-2});

　　　　a——加速度输入值,m/s^2;

　　　　K_2——二阶非线性系数,V/(m^2·s^{-4});

　　　　K_3——三阶非线性系数,V/(m^3·s^{-6})。

显然,式(27-15)中的 K_0 对于地基测试而言,包含有高电压悬浮的铅垂方向 LS 轴对水平方向 US 轴引起的交叉轴灵敏度部分,而非真正的偏值。

将式(17-23)与式(27-15)相对照,可知

$$K_{1,\text{theory}} = \frac{1}{G_p} \tag{27-16}$$

式中　　$K_{1,\text{theory}}$——理论标度因数,V/(m·s^{-2});

　　　　G_p——物理增益,m·s^{-2}/V。

令

$$\left.\begin{array}{l} c_0 = \dfrac{K_0}{K_{1,\text{theory}}} \\[3mm] c_1 = \dfrac{K_1}{K_{1,\text{theory}}} \\[3mm] c_2 = \dfrac{K_2}{K_{1,\text{theory}}} \\[3mm] c_3 = \dfrac{K_3}{K_{1,\text{theory}}} \end{array}\right\} \tag{27-17}$$

式中　c_0—— 偏值与理论标度因数的比值,习惯上仍称为偏值,m/s^2;

c_1—— 标度因数与理论标度因数的比值,习惯上仍称为标度因数,无量纲;

c_2—— 二阶非线性系数与理论标度因数的比值,习惯上仍称为二阶非线性系数,m$^{-1}\cdot$s^2;

c_3—— 三阶非线性系数与理论标度因数的比值,习惯上仍称为三阶非线性系数,m$^{-2}\cdot$s^4。

将式(17-23)、式(27-16)和式(27-17)代入式(27-15),并考虑到对于静电悬浮加速度计而言,加速度测量噪声是加速度测量值的重要组成部分,得到[7]

$$\gamma_{msr} = c_0 + c_1 a + c_2 a^2 + c_3 a^3 + \tilde{\gamma}_{msr} \qquad (27-18)$$

式中　γ_{msr}—— 加速度测量值,m/s^2;

$\tilde{\gamma}_{msr}$—— 加速度测量噪声,m/s^2。

令

$$k_1 = \frac{K_1 - K_{1,\text{theory}}}{K_{1,\text{theory}}} \qquad (27-19)$$

式中　k_1—— 实际标度因数对理论标度因数的相对偏差,无量纲。

将式(27-19)代入式(27-17)中的c_1表达式,得到

$$c_1 = 1 + k_1 \qquad (27-20)$$

23.3.2.2节第(2)条已经指出,GRACE科学和任务需求文档规定,SuperSTAR加速度计x_s/z_{ACC}轴(沿迹方向,下标s为卫星坐标系,下标ACC为加速度计坐标系,参见图17-19)和z_s/y_{ACC}轴(径向,参见图17-19)$|c_0|$应小于2×10^{-6} m$\cdot$s^{-2},y_s/x_{ACC}轴(轨道面法线方向,参见图17-19)$|c_0|$应小于5×10^{-5} m$\cdot$s^{-2};射前检验时三个轴的$|c_0|$均应小于1×10^{-5} m/s^2,$|k_1|$均应小于2%;飞行中c_1的标定误差x_s/z_{ACC}轴应小于0.01%,z_s/y_{ACC}轴应小于0.2%,y_s/x_{ACC}轴应小于1%;c_1的最大不稳定性x_s/z_{ACC}轴应小于0.01%/年,z_s/y_{ACC}轴应小于0.2%/年,y_s/x_{ACC}轴应小于1%/年。

除此而外,GRACE科学和任务需求文档[7]还规定,SuperSTAR加速度计x_s/z_{ACC}轴$|c_2|$应小于10 m$^{-1}\cdot$s^2,$|c_3|$应小于1×10^4 m$^{-2}\cdot$s^4;z_s/y_{ACC}轴$|c_2|$应小于20 m$^{-1}\cdot$s^2,$|c_3|$应小于1×10^5 m$^{-2}\cdot$s^4;y_s/x_{ACC}轴$|c_2|$应小于50 m$^{-1}\cdot$s^2,$|c_3|$应小于2×10^5 m$^{-2}\cdot$s^4;射前检验时x_s/z_{ACC}轴和z_s/y_{ACC}轴$|c_2|$应小于10 m$^{-1}\cdot$s^2,$|c_3|$应小于3×10^5 m$^{-2}\cdot$s^4;$|c_2|$和$|c_3|$的最大不稳定性三个轴均应小于20%。

以下以z_s/y_{ACC}轴为例,证明满足GRACE科学和任务需求文档[7]规定的前提下,在SuperSTAR加速度计输入范围内,若忽略三阶非线性系数,只会引起标度因数1.5×10^{-4}的变化;若忽略二阶和三阶非线性系数,还会引起偏值1.67×10^{-8} m/s^{2}的变化。

用Origin软件绘制如下四条曲线:

$$\left.\begin{array}{l} \{\gamma_{msr}\}_{m/s^2} = \{a\}_{m/s^2} + 20\{a\}^2_{m/s^2} + 1\times10^5\{a\}^3_{m/s^2} \\ \{\gamma_{msr}\}_{m/s^2} = \{a\}_{m/s^2} - 20\{a\}^2_{m/s^2} + 1\times10^5\{a\}^3_{m/s^2} \\ \{\gamma_{msr}\}_{m/s^2} = \{a\}_{m/s^2} + 20\{a\}^2_{m/s^2} - 1\times10^5\{a\}^3_{m/s^2} \\ \{\gamma_{msr}\}_{m/s^2} = \{a\}_{m/s^2} - 20\{a\}^2_{m/s^2} - 1\times10^5\{a\}^3_{m/s^2} \end{array}\right\} \qquad (27-21)$$

(1)对此四条曲线分别用最小二乘法做二次多项式拟合,得到

$$\left. \begin{array}{l} \{\gamma_{\mathrm{msr}}\}_{\mathrm{m/s^2}} = -2.117\ 58 \times 10^{-21} + 1.000\ 15\ \{a\}_{\mathrm{m/s^2}} + 20.000\ 0\ \{a\}^{2}_{\mathrm{m/s^2}} \\ \{\gamma_{\mathrm{msr}}\}_{\mathrm{m/s^2}} = -3.077\ 11 \times 10^{-22} + 1.000\ 15\ \{a\}_{\mathrm{m/s^2}} - 20.000\ 0\ \{a\}^{2}_{\mathrm{m/s^2}} \\ \{\gamma_{\mathrm{msr}}\}_{\mathrm{m/s^2}} = -7.117\ 06 \times 10^{-21} + 0.999\ 85\ \{a\}_{\mathrm{m/s^2}} + 20.000\ 0\ \{a\}^{2}_{\mathrm{m/s^2}} \\ \{\gamma_{\mathrm{msr}}\}_{\mathrm{m/s^2}} = -2.117\ 58 \times 10^{-22} + 0.999\ 85\ \{a\}_{\mathrm{m/s^2}} - 20.000\ 0\ \{a\}^{2}_{\mathrm{m/s^2}} \end{array} \right\} \tag{27-22}$$

由于 $|c_0| < 2 \times 10^{-6}$ m/s²,而式(27-22)中零次项的绝对值比 2×10^{-6} m/s² 小 14 个量级以上,所以用二次多项式代替三次多项式对于零次项的影响可以忽略;将式(27-22)与式(27-21)相比较,可以看到用二次多项式代替三次多项式引起一次项的变化(即引起标度因数的变化)为 1.5×10^{-4},而对于二次项则完全没有影响。

(2) 对此四条曲线分别用最小二乘法做线性拟合,得到

$$\left. \begin{array}{l} \{\gamma_{\mathrm{msr}}\}_{\mathrm{m/s^2}} = 1.670\ 00 \times 10^{-8} + 1.000\ 15\ \{a\}_{\mathrm{m/s^2}} \\ \{\gamma_{\mathrm{msr}}\}_{\mathrm{m/s^2}} = -1.670\ 00 \times 10^{-8} + 1.000\ 15\ \{a\}_{\mathrm{m/s^2}} \\ \{\gamma_{\mathrm{msr}}\}_{\mathrm{m/s^2}} = 1.670\ 00 \times 10^{-8} + 0.999\ 850\ \{a\}_{\mathrm{m/s^2}} \\ \{\gamma_{\mathrm{msr}}\}_{\mathrm{m/s^2}} = -1.670\ 00 \times 10^{-8} + 0.999\ 850\ \{a\}_{\mathrm{m/s^2}} \end{array} \right\} \tag{27-23}$$

由式(27-23)可以看到,用线性关系代替三次多项式会引起零次项(即偏值变化)的绝对值发生 1.67×10^{-8} m/s² 的变化;将式(27-23)与式(27-21)相比较,可以看到用线性关系代替三次多项式引起一次项的变化(即引起标度因数的变化)为 1.5×10^{-4}。

因此,文献[2]给出的模型方程不含三阶非线性系数,文献[8]给出的在轨每天一次 GRACE-A 卫星 SuperSTAR 加速度计标定参数只有偏值和标度因数。

需要注意的是,如前所述,地面重力下测试时得到的 c_0 主要来自于质量块的不平行度和不垂直度引起、铅垂方向 LS 轴高电压悬浮在水平方向 US 轴上产生的交叉加速度,其值比在轨飞行时的真实偏值要大得多。

27.5　测　试　项　目

27.5.1　概述

GRACE 科学和任务需求文档[7]列出的 SuperSTAR 加速度计性能项目可以归为五类,如表 27-1 所示[9]。

表 27-1　SuperSTAR 加速度计性能项目[9]

类别	性能项目
标定项目	偏值、标度因数、二阶非线性系数、三阶非线性系数、失准角、输入范围、控制范围①
分析验证项目	噪声功率谱密度、error tones(误差音调,由轨道周围温度变化、磁场和加速度计相互作用、大气阻力的水平和方向变化、姿态控制推进器工作等引起,在频域的轨道谐波处造成的加速度尖峰干扰)、相互调制(两个或多个信号在非线性元件中混合后,在输入信号频率或它们的谐波频率的和值与差值上产生新的频率信号的调制现象)
靠设计保证的项目	规定输出数据率下闭环传递函数带宽、测量带宽内的振幅平坦度、测量带宽内的相位偏移和群时延

续表

类别	性能项目
设计应遵守的规定	输出数据率、每个样本的模数变换比特数、关于卫星钟的时间标记误差、测量带宽
对环境的要求	温度漂移、温度梯度、磁环境

① 受反馈控制电压极限值和固定偏压制约，若输入加速度超过控制范围，则检验质量会失控，即从中心"跌落"（参见 17.6.2 节）

表 27-1 所示"标定项目"中偏值、标度因数、二阶非线性系数、三阶非线性系数是静电悬浮加速度计模型方程的各阶系数，它们仅在规定的输入范围内才成立，失准角影响加速度计轴与卫星轴的重合度；"分析验证项目"用于确定加速度计的分辨力；"靠设计保证的项目"来源于防止信号失真的需要；"设计应遵守的规定"直接来源于反演重力场的需要；"对环境的要求"是保证加速度计指标所必须的条件[9]。

23.4 节已经指出，闭环传递函数带宽和测量带宽是两个不同的概念：SuperSTAR 加速度计 US 轴归一化闭环传递函数的截止频率 $f_{-3\,dB}=89.2$ Hz，而用于反演重力场的测量带宽 $(1\times10^{-4}\sim0.1)$ Hz，相应的科学数据输出数据率为 1 Sps。此外，考察加速度尖峰的影响，以及验证加速度计的噪声水平，必须使用 10 Sps 加速度计原始观测数据，此前的四阶 Butterworth 低通滤波器的截止频率为 3 Hz。

GRACE 科学和任务需求文档[7] 规定，SuperSTAR 加速度计的传递函数在测量带宽内的振幅不平坦度应小于 -90 dB，相位偏移应小于 $0.002°$，群时延应小于 10 ms。为了满足这样高的指标，闭环传递函数带宽必须远大于测量带宽。这再一次表明闭环传递函数带宽绝不能像测量带宽那样窄。

表 27-1 所列的性能项目中，值得单独一提的是"相互调制"。

27.5.2　相互调制

27.5.2.1　相互调制的含义和指标的由来

（1）含义。

相互调制（IM）或相互调制失真（IMD）是具有非线性的系统中包含两种（或更多）不同频率信号的幅度调制。在每种频率成分之间的相互调制不仅会在各自泛音频率（整数倍）处形成附加的信号，而且会在两种（或更多）原始频率的相加频率和相减频率处以及一种原始频率与另一种（或更多）泛音频率的相加频率和相减频率处以边带的形式产生不受欢迎的附加信号（请参阅文献[10]）。

（2）指标的由来。

"相互调制"是音频装置常见的一项重要指标。几乎所有的音频装置都会有一些非线性，因此，它会展现一些相互调制失真。由于人类听觉系统的特性，感觉同一百分量的相互调制似乎比同量的泛音失真更讨厌。此外，在收音机中相互调制经常以边带的形式增加被占用的带宽，导致相邻频道干扰，从而降低声音的清晰度[10]。

27.5.2.2　音频装置的"相互调制"标准

美国电影与电视工程师学会（SMPTE）标准 RP120—2005（最新版本）《音频系统中相互调制失真的测量》(The Measurement of Intermadulation Distrotion in Audio Systems) 规定采用双正弦测试信号，由 60 Hz 信号和振幅为其 1/4 的 7 kHz 信号线性混合，计算中所

采用的边带为 $f_H - f_L$，$f_H + f_L$，$f_H - 2f_L$，$f_H + 2f_L$，其中 f_H 和 f_L 分别为测试信号中的高频信号和低频信号，并定义相互调制失真为边带功率与高频信号功率之比的开方，以百分比或 dB 表示为[11]

$$\left. \begin{array}{l} \delta_{\text{IMD,pct}} = \dfrac{\sqrt{V_{f_H-2f_L}^2 + V_{f_H-f_L}^2 + V_{f_H+f_L}^2 + V_{f_H+2f_L}^2}}{V_{f_H}} \times 100\% \\[4mm] \delta_{\text{IMD,dB}} = 20\lg\left(\dfrac{\sqrt{V_{f_H-2f_L}^2 + V_{f_H-f_L}^2 + V_{f_H+f_L}^2 + V_{f_H+2f_L}^2}}{V_{f_H}}\right) \end{array} \right\} \qquad (27-24)$$

式中　　$\delta_{\text{IMD,pct}}$ —— 以百分比表示的相互调制失真；

　　　　　f_H —— 测试信号中高频信号的频率，Hz；

　　　　　f_L —— 测试信号中低频信号的频率，Hz；

　　　　$V_{f_H-f_L}$ —— 边带频率为 $f_H - f_L$ 的方均根调幅值，V；

　　　　$V_{f_H+f_L}$ —— 边带频率为 $f_H + f_L$ 的方均根调幅值，V；

　　　　$V_{f_H-2f_L}$ —— 边带频率为 $f_H - 2f_L$ 的方均根调幅值，V；

　　　　$V_{f_H+2f_L}$ —— 边带频率为 $f_H + 2f_L$ 的方均根调幅值，V；

　　　　V_{f_H} —— 频率为 f_H 的高频信号方均根幅值，V；

　　　　$\delta_{\text{IMD,dB}}$ —— 以 dB 表示的相互调制失真，dB。

德国标准化学会(DIN)标准 DIN 45403 与 SMPTE RP120 类似，但定义了多种双频率组合，其中最常见的是 250 Hz 和 8 kHz[11]。

CCIF IMD 是另外一种常见的 IMD 测量，它采用两个频率相近的等幅信号线性混合来作为测试信号。它可进一步细分为两类：CCIF2 IMD 和 CCIF3 IMD。对于 CCIF2 IMD，通常采用的双频组合为 19 kHz 和 20 kHz，互调失真部分的功率只考虑 $f_H - f_L$，即只用到了低频的二阶分量。对于 CCIF3 IMD，通常采用的双频组合为 13 kHz 和 14 kHz、14 kHz 和 15 kHz、15 kHz 和 16 kHz。互调失真部分的功率只考虑 $f_H - f_L$，$2f_L - f_H$，$2f_H - f_L$，即用到了二阶和三阶分量[11]。

专业性鉴定超越测试频率的理想比例，而呈现不同的比例(例如 3∶4，再如接近、但非确切的 3∶1)[10]。

27.5.2.3　"相互调制"的测试手段

在相互调制测试过程中将低失真输入正弦波馈送给设备后，可以用电子滤波器去除原始频率，以测量输出失真，或者可以在软件或专用谱分析仪中使用 Fourier 变换做谱分析，还可以用处于自身测试状态下的接收机做谱分析[10]。

5.3.4 节指出，使用 Fourier 变换做谱分析时，对正弦信号进行非整周期采样会出现频谱泄漏。按理，为了防止出现由频谱泄漏产生的相互调制边带以外的谱线，似乎应保证双频及相互调制失真产生的边带均符合整周期采样。然而，这往往是不现实的。5.6 节给出："以 256 Sps 的采样率，对幅度为 1 的单一频率信号，持续采集 16 s，得到 4 096 个数据，对其进行 FFT 变换，得到频率间隔为 62.5 mHz 的幅度谱。若 $f = 3.937\,5$ Hz，则正好采集 63 个整周期，因而采用矩形窗时，只出现一根幅度为 1 的谱线，如图 5-17 所示；改用 Hann 窗时，分裂为三根相邻的谱线，如图 5-18 所示，主谱线高 0.5，左右两旁瓣高 0.25，三根谱线高度之和为 1。而若 $f = 3.906\,25$ Hz，则 16 s 采集到 62.5 个周期，因而采用矩形窗时，频谱泄漏严重，如图 5-19 所示，仅两根最主要谱线高度之和已超过 1.27；改用 Hann 窗时，频谱泄漏得到明显的抑制,如图 5 - 20 所示,真实频率附近四根谱线高度之和为 1.018 6,基本上与振动幅度相同。"由此可见,采用 Hann 窗做相互调制测试的方根谱分析,无论是频率为 f_H 的高频信号,还是频率为 $f_H - f_L, f_H + f_L, f_H - 2f_L$ 或 $f_H + 2f_L$ 的边带,也不管各自是否整周期采样,均分别取其 3 ~ 4 根主要谱线之和作为其方均根值,代入式(27-24),就可以得到以百分比或 dB 表示的相互调制失真。

27.5.2.4 SuperSTAR 加速度计对"相互调制"的需求

GRACE 科学和任务需求文档[7]规定,SuperSTAR 加速度计任何频率下 $50\ \mu m/s^2$ 音调(tone)的信号带相互调制不大于 -90 dB。

式(27-18)给出了静电悬浮加速度计的模型方程。分析相互调制失真时,不考虑加速度测量噪声的影响,于是,式(27-18)可改写为

$$\gamma_{msr} = c_0 + c_1 a + c_2 a^2 + c_3 a^3 \qquad (27-25)$$

由式(27-25)可以看到,这是一个三阶非线性系统。若加速度输入值为双余弦信号:

$$a = A_1 \cos\omega_1 t + A_2 \cos\omega_2 t \qquad (27-26)$$

式中　　A_1——第一个余弦信号的幅度,m/s^2;

　　　　ω_1——第一个余弦信号的角频率,rad/s;

　　　　A_2——第二个余弦信号的幅度,m/s^2;

　　　　ω_2——第二个余弦信号的角频率,rad/s。

将式(27-26)代入式(27-25),得到

$$\gamma_{msr} = c_0 + c_1(A_1\cos\omega_1 t + A_2\cos\omega_2 t) + c_2 (A_1\cos\omega_1 t + A_2\cos\omega_2 t)^2 + $$
$$c_3 (A_1\cos\omega_1 t + A_2\cos\omega_2 t)^3 \qquad (27-27)$$

解得

$$\gamma_{msr} = c_0 + \frac{c_2}{2}(A_1^2 + A_2^2) + \left(c_1 A_1 + \frac{3c_3 A_1 A_2^2}{2} + \frac{3c_3 A_1^3}{4}\right)\cos\omega_1 t +$$

$$\frac{c_2 A_1^2}{2}\cos 2\omega_1 t + \frac{c_3 A_1^3}{4}\cos 3\omega_1 t + \frac{3c_3 A_1^2 A_2}{4}\cos(\omega_2 - 2\omega_1)t +$$

$$c_2 A_1 A_2 \cos(\omega_2 - \omega_1)t + \left(c_1 A_2 + \frac{3c_3 A_1^2 A_2}{2} + \frac{3c_3 A_2^3}{4}\right)\cos\omega_2 t +$$

$$c_2 A_1 A_2 \cos(\omega_2 + \omega_1)t + \frac{3c_3 A_1^2 A_2}{4}\cos(\omega_2 + 2\omega_1)t +$$

$$\frac{3c_3 A_1 A_2^2}{4}\cos(2\omega_2 - \omega_1)t + \frac{c_2 A_2^2}{2}\cos 2\omega_2 t +$$

$$\frac{3c_3 A_1 A_2^2}{4}\cos(2\omega_2 + \omega_1)t + \frac{c_3 A_2^3}{4}\cos 3\omega_2 t \qquad (27-28)$$

从式(27-28)可以看到,将双余弦信号输入三阶非线性系统,不仅会在双余弦信号各自的二倍频、三倍频处形成附加的信号,而且会在双余弦信号的相加频率和相减频率处以及一种信号的频率与另一种信号的二倍频之和及之差处以边带的形式产生不受欢迎的附加信号。

以 SuperSTAR 加速度计 z_s/y_{acc} 轴为例,取 c_1, c_2, c_3 的极限值(参见 27.4 节):$c_1 = 1$,$c_2 = \pm 20\ s^2/m$,$c_3 = \pm 1 \times 10^5\ s^4/m^2$。若 $A_1 = A_2 = 5 \times 10^{-5}\ m/s^2$,则由式(27-28)得到边带频率 $f_2 - 2f_1$ 和 $f_2 + 2f_1$ 处的幅度为 $9.375 \times 10^{-9}\ m/s^2$,而边带频率 $f_2 - f_1$ 和 $f_2 + f_1$ 处的幅度为 $5 \times 10^{-8}\ m/s^2$,代入式(27-24)得到

$$\left.\begin{array}{l} \delta_{\text{IMD,pct}} = 0.144\% \\ \delta_{\text{IMD,dB}} = -57 \text{ dB} \end{array}\right\} \tag{27-29}$$

而若 $A_1 = 1 \times 10^{-6}$ m/s², $A_2 = 5 \times 10^{-5}$ m/s²,则由式(27-28)得到边带频率 $f_2 - 2f_1$ 和 $f_2 + 2f_1$ 处的幅度为 3.75×10^{-12} m/s²,而边带频率 $f_2 - f_1$ 和 $f_2 + f_1$ 处的幅度为 1×10^{-9} m/s²,代入式(27-24)得到

$$\left.\begin{array}{l} \delta_{\text{IMD,pct}} = 0.002\,83\% \\ \delta_{\text{IMD,dB}} = -91 \text{ dB} \end{array}\right\} \tag{27-30}$$

由此可见,对于 SuperSTAR 加速度计 z_s/y_{acc} 轴来说,在非线性指标符合 GRACE 科学和任务需求文档[7] 规定的情况下,若要符合该文档规定的"任何频率下 50 μm/s² 音调(tone)的信号带相互调制不大于 -90 dB"这一要求,必须同时发生的其他音调的幅度不大于 1 μm/s²。

值得注意的是,GRACE 科学和任务需求文档[7] 对相互调制的上述要求与其直接理解为控制相互调制水平,不如理解为控制非线性指标的一种测试方法。

26.1.3 节介绍了法国 ONERA 在 20 世纪 90 年代研制并随后作了改进的一种摆测试台,该平台可以在已知的频率下作角秒量级来回摆动,通过重力场倾角的来回变化,将该频率的重力加速度信号投影到捕获模式下的加速度计 US 轴上。我们可以设想,如果用数学方法生成具有各自频率和振幅的两个余弦波之和的时域信号,再通过数模转换和致动器施加到摆台上,使之作两个余弦波之和的角秒量级摆动,似乎有可能对加速度计实施相互调制测试。然而,文献[2]指出,摆控制回路具有非线性。而相互调制测试要求输入的余弦波是低失真的,因而用 ONERA 的摆测试台来检测 SuperSTAR 加速度计"相互调制"的设想是不可行的。我们没有查到 ONERA 是否已经建立了 SuperSTAR 加速度计"相互调制"的测试手段。或许采用电模拟的方法可以解决问题。

27.6　测量标准复现加速度值的方法

27.6.1　概述

4.1.1.1 节给出,校准(calibration,本书称为标定)的定义为:"在规定条件下的一组操作,其第一步是确定由测量标准提供的量值与示值之间的关系,第二步则是用此信息确定由示值获得测量结果的关系,这里测量标准提供的量值与相应示值都具有测量不确定度。"通常,测量标准提供加速度量值的方法有:

(1) 离心试验:利用精密离心机产生的向心加速度作为测量标准提供加速度量值,主要用于标定在大加速度(1 g_{local} ～ 100 g_{local})情况下的性能[12]。

(2) 线振动试验:利用精密线振动台产生的线振动加速度作为测量标准提供加速度量值,主要用于标定二阶非线性系数和频率响应特性,还可以用来校验加速度计标度因数和偏值的长期稳定性以及结构强度等[12]。

(3) 地面重力场倾角法:4.2.1 节指出,根据等效原理,惯性加速度与引力加速度等效,因而可以利用地面重力加速度在加速度计输入轴方向上的分量作为测量标准提供加速度量值。

由于静电悬浮加速度计的输入范围远小于 ± 1 g_n,离心试验、线振动试验不适合于静电

悬浮加速度计的标定,因此,只能考虑采用地面重力场倾角法。

27.6.2 地面重力场倾角测试与在轨测试的等效性

27.6.2.1 在轨测试原理

将加速度计的检验质量视为式(1-1)所指的质点,除引力和惯性力之外作用于检验质量上的力 $\boldsymbol{F}$ 为施加在检验质量块上的反馈控制静电力 $\boldsymbol{F}_e$;17.3.4 节指出,PID 的积分时间常数使得输入范围内不论非重力阶跃加速度是大是小,检验质量经历最初的运动之后,都能逐渐回复到准平衡位置。因此,反馈控制稳定后,检验质量在非惯性参考系(1.8 节指出,该非惯性参考系在引力场中自由漂移) 中受到的 Coriolis 惯性力 $\boldsymbol{I}_c \approx 0$。于是,由式(1-1) 得到

$$m_i \boldsymbol{a}_r = \boldsymbol{F}_e + \boldsymbol{F}_{gr} + \boldsymbol{I}_t \tag{27-31}$$

式中　　m_i —— 检验质量的惯性质量,kg;

　　　　$\boldsymbol{a}_r$ —— 检验质量对非惯性参考系的相对加速度矢量,m/s²;

　　　　$\boldsymbol{F}_e$ —— 施加在检验质量块上的反馈控制静电力矢量,N;

　　　　$\boldsymbol{F}_{gr}$ —— 地球对检验质量的引力矢量,N;

　　　　$\boldsymbol{I}_t$ —— 检验质量在非惯性参考系中受到的输运惯性力矢量,N。

其中

$$\boldsymbol{F}_{gr} = m_g \boldsymbol{g}_f \tag{27-32}$$

式中　　m_g —— 检验质量的引力质量,kg;

　　　　$\boldsymbol{g}_f$ —— 检验质量所在位置的地球引力场强度矢量,m/s²。

$$\boldsymbol{I}_t = -m_i \boldsymbol{a}_t \tag{27-33}$$

式中　　$\boldsymbol{a}_t$ —— 检验质量在非惯性参考系中得到的输运加速度矢量,m/s²。

　　将式(27-32)、式(27-33) 代入式(27-31),得到

$$m_i \boldsymbol{a}_r = \boldsymbol{F}_e + m_g \boldsymbol{g}_f - m_i \boldsymbol{a}_t \tag{27-34}$$

　　由于所选的非惯性参考系在引力场中自由漂移,因此 $\boldsymbol{a}_t = \boldsymbol{g}_f$,加之惯性质量与引力质量等效,因而

$$\boldsymbol{F}_e = m_i \boldsymbol{a}_r \tag{27-35}$$

　　由于检验质量经历最初的运动之后,都能逐渐回复到准平衡位置,所以

$$\boldsymbol{a}_r = \boldsymbol{a}_s \tag{27-36}$$

式中　　$\boldsymbol{a}_s$ —— 卫星的非重力加速度矢量,m/s²。

　　将式(27-36) 代入式(27-35),得到

$$\boldsymbol{F}_e = m_i \boldsymbol{a}_s \tag{27-37}$$

27.6.2.2 地面重力场倾角测试原理

地面上作重力场倾角静态测试时,非惯性参考系为地固系。若环境加速度为零,即壳体保持静止,由式(1-1) 得到

$$m_i \boldsymbol{a}_r = \boldsymbol{F}_e + \boldsymbol{F}_{gr} \tag{27-38}$$

　　由于检验质量经历最初的运动之后,都能逐渐回复到准平衡位置,所以反馈控制稳定后 $\boldsymbol{a}_r = 0$,并将式(27-32) 代入式(27-38),得到

$$F_e = -m_g g_f \qquad\qquad (27-39)$$

27.6.2.3　地面重力场倾角测试与在轨测试的比较

比较式(27-37)和式(27-39),可以看到,地面测试时用检验质量所在位置的地球引力场强度矢量 g_f 在所测敏感轴方向上的分量代替卫星非重力加速度矢量 a_s 在所测敏感轴方向上的分量是合理的,但应注意二者的方向正好相反。这与 4.2.1 节对加速度计、13.4.1 节对石英挠性加速度计所做的分析是一致的。

27.6.3　对地面重力场倾角测试具体方法可用性的分析

地面重力场倾角法可以细分为重力场翻滚试验、小角度静态标定和小角度动态标定。

27.6.3.1　重力场翻滚试验

4.2.1 节指出,对于输入范围超过 $\pm 1\, g_{local}$ 的加速度计而言,可以采用重力场翻滚试验分离出加速度计模型方程的各项系数;重力场静态翻滚试验是重力场倾角法的一种形式,它使用精密光栅分度头或精密端齿盘,在重力场内进行 360° 多点翻滚测试,以分离出加速度计模型方程的各项系数,其测试范围限制在实验室当地重力加速度正负值($\pm 1\, g_{local}$)以内。由于静电悬浮加速度计的输入范围远小于 $\pm 1\, g_n$,重力场静态翻滚试验不适合于静电悬浮加速度计的标定。

27.6.3.2　小角度静态标定

26.1.3 节介绍了法国 ONERA 研制的一种摆测试台:其平台在(0.01~0.1)Hz 范围内提供的最好分辨力大约为 3×10^{-8} m·s^{-2}/Hz$^{1/2}$;在较高频率处,残留的环境噪声是显著的,且限制了测试——直到加速度计的截止频率(即大约 10 Hz)为 10^{-6} m·s^{-2}/Hz$^{1/2}$;该平台的水平状态肯定可以调节到优于 $0.66\ \mu rad$(即 0.13″)。此节图 26-4 给出了置于摆平台上的加速度计 US 轴对标定台阶 10 ng$_{local}$(即重力场倾角 10 nrad)的响应。此节据该图指出:置于该摆测试台上的加速度计 US 轴对 10 nrad($1\, g_n$ 下的重力场分量为 9.8×10^{-8} m/s^2)台阶的响应在观察带宽 0.005 Hz 下具有很高的信噪比。粗略估计,该台阶约为分辨力的 5 倍,即双级摆测试台分辨力可达 2 nrad($1\, g_n$ 下的重力场分量为 1.96×10^{-8} m/s^2)。而表 17-2 给出 GRADIO 加速度计 US 轴在科学模式下的输入范围为 $\pm6.5\times10^{-6}$ m/s^2,若在输入范围范围内做 21 点等间隔小角度静态标定,即间隔为 6.5×10^{-7} m/s^2,间隔为双级摆测试台分辨力的 33 倍。由此可见,可以用该摆测试台对 GRADIO 加速度计 US 轴做小角度静态标定,以得到输入范围、标度因数,并可观察输入范围内的线性。

17.6.2 节图 17-30 可以做为小角度静态标定的一个示例:该图给出了 GRADIO 加速度计飞行件♯3 捕获模式下沿 z 轴来回倾斜摆平台时加速度测量值的变化。此节据该图指出:捕获后受到"反馈控制电压 V_f 被限制的范围"的制约,加速度测量值被限制的范围 $\gamma_{msr} = (-96.44\sim96.94)\ \mu m/s^2$。我们从该图可以看到,捕获后外来加速度的变化如不超出此范围,加速度测量值与倾角间具有很好的线性,可以由其斜率计算出加速度计的标度因数。23.3.2.2 节第(2)条给出 SuperSTAR 加速度计射前检验时三个轴的标度因数相对偏差均应小于 2%。

27.6.3.3　小角度动态标定

将静电悬浮加速度计固定在摆平台上,该平台的倾角在加速度计通带范围内的已知的频率下实施角秒量级的正弦摆动,通过重力场倾角的变化,将该频率的重力加速度信号投影到加速度计 US 轴上[2]。我们可以设想,对加速度测量值 γ_{msr} 随时间变化曲线作频谱分析,根据幅度谱在各阶频率处的幅值确定加速度计模型方程各参数。

27.7　小角度静态标定法

13.3.1 节给出了使用精密光栅分度头进行输入范围不足 $\pm 1\ g_{local}$ 的微重力测量仪小角度静态标定的方法,并指出,该方法可以得到微重力测量仪的输入范围、输出灵敏度和 0 g_{local} 输出,而不能得到失准角;其中 0 g_{local} 的准确位置是通过相隔 $180°$ 左右,具有接近 0 g_{local} 位置同一输出的两个角度 θ_1 和 θ_2 得到的。然而,"相隔 $180°$ 左右,具有接近 0 g_{local} 位置同一输出的两个角度 θ_1 和 θ_2"对于静电悬浮加速度计而言,对应的是检验质量 x 轴向分别处于十分接近 $+1\ g_{local}$ 和 $-1\ g_{local}$ 的状态,而 x 轴高电压悬浮装置不能应对 $-1\ g_{local}$ 这样的反向重力(详见 27.7.2 节),所以无法用此法得到 0 g_{local} 的准确位置。

13.3.1 节还指出,输出灵敏度指微重力测量仪输出电压变化与输入加速度变化之比,0 g_{local} 输出指微重力测量仪的偏值。显然,对于静电悬浮加速度计而言,输出灵敏度应改称标度因数,0 g_{local} 输出应改称偏值。

由式(27-15)得到,不考虑二阶非线性系数 K_2 和三阶非线性系数 K_3 时,模型方程进一步改写为

$$V = K_0 + K_1 a \tag{27-40}$$

式中　　K_1——标度因数,V/g_n;

　　　　a——地基测试时重力加速度在敏感轴倾角方向上的分量,g_n。

如 27.4 节所述,对于地基测试而言,K_0 包含有高电压悬浮的铅垂方向 LS 轴对水平方向 US 轴引起的交叉轴灵敏度部分,而非真正的偏值。

27.7.1　倾角误差引起的标定误差

由于静电悬浮加速度计的输入范围很小,所以必须考虑小角度静态标定时不可避免的倾角误差引起的标定误差问题:

设倾角误差引起的输入加速度误差为 σ_a,则由此造成的加速度计测量误差为

$$\sigma_{msr} = K_1 \sigma_a \tag{27-41}$$

式中　　σ_{msr}——倾角误差造成的加速度计测量误差,V;

　　　　σ_a——倾角误差引起的输入加速度误差,g_n。

设重力场倾角小角度静态标定的线性区域为 $[-a_m \sim +a_m]$,在此范围内等间隔测试 $2n+1$ 个点,即间隔为

$$\Delta a = \frac{a_m}{n} \tag{27-42}$$

式中　　Δa——等间隔测试点的间隔,g_n;

　　　　a_m——重力场倾角小角度静态标定线性区域内最大的加速度绝对值,g_n;

　　　　n——正(或负)加速度的测点数。

则各个测点的输入加速度为

$$
\left.\begin{array}{l}
a_1 = -n\Delta a \\
a_2 = -(n-1)\Delta a \\
a_3 = -(n-2)\Delta a \\
\qquad \cdots\cdots \\
a_{n-1} = -2\Delta a \\
a_n = -\Delta a \\
a_{n+1} = 0 \\
a_{n+2} = \Delta a \\
a_{n+3} = 2\Delta a \\
\qquad \cdots\cdots \\
a_{2n-1} = (n-2)\Delta a \\
a_{2n} = (n-1)\Delta a \\
a_{2n+1} = n\Delta a
\end{array}\right\} \tag{27-43}
$$

式中　a_i —— 第 i 个测点的输入加速度 $(i=1,2,\cdots,2n+1)$，g_n。

以下依据文献[13]关于线性参数最小二乘法的论述展开讨论。

由式(27-40)和式(27-43)得到线性测量方程为

$$
V_i = K_0 + K_1 a_i, \quad i = 1,2,\cdots,2n+1 \tag{27-44}
$$

式中　V_i —— 第 i 个测点加速度计输出的理论值 $(i=1,2,\cdots,2n+1)$，V。

因 V_i 的测量存在误差，测得值 $y_i \neq K_0 + K_1 a_i$，故相应的测量残差方程为

$$
v_i = y_i - (K_0 + K_1 a_i), \quad i = 1,2,\cdots,2n+1 \tag{27-45}
$$

式中　v_i —— 第 i 个测点的测量残差 $(i=1,2,\cdots,2n+1)$，V；

$\quad\quad y_i$ —— 第 i 个测点的测得值 $(i=1,2,\cdots,2n+1)$，V。

为便于讨论，下面借助矩阵工具导出倾角误差造成的待求量方差。

由式(27-45)得到，残差方程组的矩阵形式为

$$
\boldsymbol{v} = \boldsymbol{y} - \boldsymbol{A}\boldsymbol{x} \tag{27-46}
$$

式中　$\boldsymbol{v}$ —— 测量残差矩阵，V；

$\quad\quad \boldsymbol{y}$ —— 加速度计输出矩阵，V；

$\quad\quad \boldsymbol{A}$ —— 针对待求量的输入矩阵；

$\quad\quad \boldsymbol{x}$ —— 待求量矩阵。

并有

$$
\boldsymbol{v} = \begin{bmatrix} v_1 \\ v_2 \\ \vdots \\ v_{2n+1} \end{bmatrix} \tag{27-47}
$$

$$
\boldsymbol{y} = \begin{bmatrix} y_1 \\ y_2 \\ \vdots \\ y_{2n+1} \end{bmatrix} \tag{27-48}
$$

$$
\boldsymbol{A} = \begin{bmatrix} 1 & a_1 \\ 1 & a_2 \\ \vdots & \vdots \\ 1 & a_{2n+1} \end{bmatrix} \tag{27-49}
$$

$$
\boldsymbol{x} = \begin{bmatrix} K_0 \\ K_1 \end{bmatrix} \tag{27-50}
$$

按最小二乘法原理,待求量矩阵 x 应满足

$$v^{\mathrm{T}}v = (y - Ax)^{\mathrm{T}}(y - Ax) = \min \tag{27-51}$$

式中 ^{T}——转置矩阵的符号,例如 A^{T} 为 A 的转置矩阵。

用式(27-51)对待求量矩阵 x 求偏导数,且令其等于零,所得到的矩阵称之为正规方程组的矩阵。

利用矩阵的导数及其性质(见文献[13]之附录F),有

$$\frac{\partial}{\partial x}(v^{\mathrm{T}}v) = 2A^{\mathrm{T}}y - 2A^{\mathrm{T}}Ax \tag{27-52}$$

令 $\dfrac{\partial}{\partial x}(v^{\mathrm{T}}v) = 0$,由式(27-52)得到正规方程组矩阵为

$$A^{\mathrm{T}}Ax = A^{\mathrm{T}}y \tag{27-53}$$

令

$$C = A^{\mathrm{T}}A \tag{27-54}$$

式中 C——式(27-53)所示正规方程组矩阵中待求量矩阵 x 的系数矩阵。

我们知道,矩阵中线性无关的行或列的数目称为矩阵的秩,秩等于或小于矩阵的行数或列数,当 $n \times n$ 矩阵 C 的秩等于 n 时,称 C 满秩[14]。

将式(27-54)代入式(27-53),得到

$$Cx = A^{\mathrm{T}}y \tag{27-55}$$

当 C 满秩时,由式(27-55)得到正规方程组解的矩阵表达式为

$$\hat{x} = \begin{bmatrix} \hat{K}_0 \\ \hat{K}_1 \end{bmatrix} = C^{-1}A^{\mathrm{T}}y \tag{27-56}$$

式中 $\hat{x}$——式(27-55)表达的正规方程组矩阵的解,即 x 的解;

$\hat{K}_0$——偏值 K_0 的解,V;

$\hat{K}_1$——标度因数 K_1 的解,V/g_n;

$^{-1}$——逆矩阵的符号,C^{-1} 为 C 的逆矩阵。

由式(27-56)得到待求量矩阵 x 的协方差(具体证明见文献[13]之附录F)为

$$Dx = C^{-1}\sigma^2_{\mathrm{msr}} \tag{27-57}$$

式中 D——方差记号。

下面进入具体计算:

我们知道,将矩阵 A 的列同行互换后所得到的矩阵称为矩阵 A 的转置矩阵[15]。因此,由式(27-49)得到

$$B = A^{\mathrm{T}} = \begin{bmatrix} 1 & 1 & \cdots & 1 \\ a_1 & a_2 & \cdots & a_{2n+1} \end{bmatrix} \tag{27-58}$$

式中 B——A 的转置矩阵,即 $B = A^{\mathrm{T}}$。

由式(27-58)得到

$$A^{\mathrm{T}}y = \begin{bmatrix} \sum\limits_{i=1}^{2n+1} V_i \\ \sum\limits_{i=1}^{2n+1} V_i a_i \end{bmatrix} \tag{27-59}$$

将式(27-49)、式(27-58)代入式(27-54),得到

$$C = BA = \begin{bmatrix} 1 & 1 & \cdots & 1 \\ a_1 & a_2 & \cdots & a_{2n+1} \end{bmatrix} \begin{bmatrix} 1 & a_1 \\ 1 & a_2 \\ \vdots & \vdots \\ 1 & a_{2n+1} \end{bmatrix} \qquad (27-60)$$

由于 B 为 $2 \times (2n+1)$ 矩阵,A 为 $(2n+1) \times 2$ 矩阵,因此,$C = BA$ 为 2×2 矩阵,且 C 的各元素为[15]

$$c_{ij} = \sum_{k=1}^{2n+1} b_{ik} a_{kj}, \qquad \begin{cases} i = 1, 2 \\ j = 1, 2 \end{cases} \qquad (27-61)$$

将式(27-61)代入式(27-60),得到

$$C = \begin{bmatrix} 2n+1 & \sum_{i=1}^{2n+1} a_i \\ \sum_{i=1}^{2n+1} a_i & \sum_{i=1}^{2n+1} a_i^2 \end{bmatrix} \qquad (27-62)$$

由式(27-43)得到

$$\sum_{i=1}^{2n+1} a_i = 0 \qquad (27-63)$$

由式(27-43)还得到

$$\sum_{i=1}^{2n+1} a_i^2 = 2\Delta^2 a \sum_{k=1}^{n} k^2 \qquad (27-64)$$

我们知道[15]

$$\sum_{k=1}^{n} k^2 = \frac{1}{6} n(n+1)(2n+1) \qquad (27-65)$$

将式(27-65)代入式(27-64),得到

$$\sum_{i=1}^{2n+1} a_i^2 = \frac{1}{3} n(n+1)(2n+1) \Delta^2 a \qquad (27-66)$$

将式(27-63)和式(27-66)代入式(27-62),得到

$$C = \begin{bmatrix} 2n+1 & 0 \\ 0 & \dfrac{1}{3} n(n+1)(2n+1) \Delta^2 a \end{bmatrix} \qquad (27-67)$$

可以看到,式(27-67)为对角矩阵,因此,其逆矩阵为[15]

$$C^{-1} = \begin{bmatrix} d_{11} & d_{12} \\ d_{21} & d_{22} \end{bmatrix} = \begin{bmatrix} \dfrac{1}{2n+1} & 0 \\ 0 & \dfrac{3}{n(n+1)(2n+1) \Delta^2 a} \end{bmatrix} \qquad (27-68)$$

式中　d_{ij} —— 逆矩阵 C^{-1} 第 i 行第 j 列的元素($i = 1, 2$; $j = 1, 2$)。

由式(27-68)得到

$$\left. \begin{aligned} d_{11} &= \frac{1}{2n+1} \\ d_{22} &= \frac{3}{n(n+1)(2n+1) \Delta^2 a} \end{aligned} \right\} \qquad (27-69)$$

将式(27-50)和式(27-68)代入式(27-57)可以看到,逆矩阵 $\boldsymbol{C}^{-1}$ 中对角元素 d_{11},d_{22} 就是误差传播系数,即待求量 K_0,K_1 的标准差为

$$\left.\begin{array}{l} \sigma_{K_0} = \sigma_{\mathrm{msr}} \sqrt{d_{11}} \\[2mm] \sigma_{K_1} = \sigma_{\mathrm{msr}} \sqrt{d_{22}} \end{array}\right\} \tag{27-70}$$

式中　　σ_{K_0}——倾角误差引起的偏值标准差,V;

$\qquad d_{11}$——倾角方差引起偏值方差的误差传播系数;

$\qquad \sigma_{K_1}$——倾角误差引起的标度因数标准差,$\mathrm{V}/g_{\mathrm{n}}$;

$\qquad d_{22}$——倾角方差引起标度因数方差的误差传播系数,g_{n}^{-2}。

将式(27-69)代入式(27-70),得到

$$\left.\begin{array}{l} \sigma_{K_0} = \dfrac{\sigma_{\mathrm{msr}}}{\sqrt{2n+1}} \\[4mm] \sigma_{K_1} = \dfrac{\sigma_{\mathrm{msr}}}{\Delta a} \sqrt{\dfrac{3}{n(n+1)(2n+1)}} \end{array}\right\} \tag{27-71}$$

将式(27-41)和式(27-42)代入式(27-71),得到

$$\left.\begin{array}{l} \sigma_{c_0} = \dfrac{\sigma_{K_0}}{K_1} = \dfrac{\sigma_a}{\sqrt{2n+1}} \\[4mm] \sigma_{c_1} = \dfrac{\sigma_{K_1}}{K_1} = \dfrac{\sigma_a}{a_{\mathrm{m}}} \sqrt{\dfrac{3n}{(n+1)(2n+1)}} \end{array}\right\} \tag{27-72}$$

式中　　σ_{c_0}——倾角误差引起的 c_0 标准差,g_{n};

$\qquad \sigma_{c_1}$——倾角误差引起的 c_1 标准差,无量纲。

从式(27-72)可以看到,倾角误差越大和/或静态标定线性区域内的测点数越少,都使得 σ_{c_0} 和 σ_{c_1} 越大;此外,在同样的倾角误差和测点数下,静态标定线性区域的最大加速度绝对值越小,σ_{c_1} 越大。

需要说明的是,由于式(27-72)是以式(27-43)为基础得到的,而式(27-43)设定各个测点的输入加速度以 $a_{n+1}=0$ 为中心对称展开,所以应保证摆平台的零点与所测敏感轴的水平状态相一致,否则结果会有所不同,有必要时需依上述推导过程重新计算。

从表17-2可以看到,ASTRE 加速度计输入范围为 $\pm 1 \times 10^{-2}$ m/s²。对应的重力场倾角为 $\pm 210''$。若倾角误差为 $1''$,相当于 $\sigma_a = 5 \times 10^{-6}$ g_{n},取 $\Delta a = 1.02 \times 10^{-4}$ g_{n}(即 $21''$),得到 $n=10$,由式(27-72)得到 $\sigma_{c_0} = 1.09 \times 10^{-6}$ g_{n},即 1.07×10^{-5} m/s²;$\sigma_{c_1} = 1.77 \times 10^{-3}$。

从该表还可以看到,STAR 输入范围为 $\pm 1 \times 10^{-4}$ m/s²。对应的重力场倾角为 $\pm 2.10''$。若仍取 $n=10$,即 $\Delta a = 1.02 \times 10^{-6}$ g_{n}(即 $0.21''$),则要想保持 $\sigma_{c_1} = 1.77 \times 10^{-3}$,需 $\sigma_a = 5 \times 10^{-8}$ g_{n},即倾角误差为 $0.01''$。

26.1.3节根据图26-4估计 ONERA 研制的摆测试台分辨力可达 2 nrad。因此,倾角误差引起的输入加速度误差约为 $\sigma_a = 2 \times 10^{-9}$ g_{n},取 $\Delta a = 6.63 \times 10^{-8}$ g_{n},则在 GRADIO 加速度计 US 轴在科学模式下的输入范围 $\pm 6.63 \times 10^{-7}$ g_{n} 内 $n=10$。由式(27-72)得到 $\sigma_{c_0} = 4.36 \times 10^{-10}$ g_{n},即 4.28×10^{-9} m/s²;$\sigma_{c_1} = 1.09 \times 10^{-3}$。

27.7.2　失准角的检测方法

GRACE科学和任务需求文档[7]规定加速度计轴的方向误差小于 1×10^{-4} rad(即21″)。文献[16]也提出"准备好飞行的加速度计的失准角也将会被确认到 1×10^{-4} rad以内"。

关于检测敏感轴与安装面间的夹角,即输入轴失准角 δ_0 的方法,对于输入范围超过 ± 1 g_{local} 的加速度计而言,从 4.2.3.1 节第(1)条可以看到,若三阶非线性系数 c_3 可以忽略,用重力场翻滚试验 4 点法就可以。而从式(4-17)可以看到,如果已知标度因数 K_1,只需将精密光栅分度头或精密端齿盘分别置于 0° 和 180° 下测其输出,就可以得到失准角,即输入范围可以远小于 ± 1 g_{local}。然而,静电悬浮加速度计 y,z 轴处于 180° 时加速度计为倒置悬挂状态,通过对 20.3.3 节所述内容作延伸分析可以知道,x 轴高电压悬浮装置不能应对 -1 g_{local} 这样的反向重力,且静电悬浮加速度计体积大,没有与之相配的超大精密光栅分度头或超大精密端齿盘,所以不可能采用这种方法。

确定失准角的可行方法是用光学-精密机械方法测定静电悬浮加速度计敏感结构的几何轴与静电悬浮加速度计传感头安装面之间的夹角。而敏感结构几何轴与敏感轴的一致性则靠加工保证。17.3.2 节指出,要求检验质量各面间以及电极笼内侧各电极间的不垂直度和不平行度小于 1×10^{-5} rad(相当于 2″);敏感结构安装在经过研磨等精细加工的殷钢基座上,该基座的垂直度和平行度公差为 5×10^{-5} rad(相当于 10″)。在此前提下,加速度计失准角被确定到 10^{-4} rad 以内是有保证的。

27.7.3　确定加速度计模型方程各项系数的可能性

4.2.1 节指出,对于输入范围超过 ± 1 g_{local} 的加速度计而言,可以采用重力场翻滚试验分离出加速度计模型方程的各项系数。由此,似乎可以设想,将静电悬浮加速度计固定在摆平台上,然后该平台在输入范围内实施标定好了的静态倾斜[17],先后调出若干个稳定不变且准确知道其数值的 θ,分别测出加速度测量值,并据此确定加速度计模型方程各项系数。

我们有

$$a = g_{local} \sin(\theta + \delta_0) \qquad (27-73)$$

式中　　g_{local}——当地重力加速度,m/s^2;

　　　　θ——平台的重力场倾角,rad;

　　　　δ_0——敏感轴与安装面间的夹角,即输入轴失准角,rad。

实施地面重力场倾角标定时,加速度计的输出必须处于输入范围内。以 SuperSTAR 加速度计为例,表 17-2 给出输入范围为 $\pm 5 \times 10^{-5}$ m/s^2(对应的重力场倾角为 5×10^{-6} rad),因而要求 $\theta + \delta_0$ 不超过 5×10^{-6} rad (1″)。在此条件下

$$a_{local} \approx g(\theta + \delta_0) \qquad (27-74)$$

将式(27-74)代入式(27-18),得到

$$\gamma_{msr} = c_0 + c_1 g_{local}(\theta + \delta_0) + c_2 g_{local}^2 (\theta + \delta_0)^2 + c_3 g_{local}^3 (\theta + \delta_0)^3 + \tilde{\gamma}_{msr}$$

$$(27-75)$$

式(27-75)即为静电悬浮加速度计地面重力场倾角标定的模型方程。

以下分析小角度静态标定是否可以得到模型方程各参数。

由式(27-75)得知,除加速度测量噪声 $\tilde{\gamma}_{msr}$ 外,模型方程的未知参数共有5个,即 $c_0,c_1,$ c_2,c_3,δ_0,因而必须至少有5个 θ 值,对应5个 γ_{msr} 值,形成5个方程。它们对于 c_0,c_1,c_2,c_3 来说,是线性方程,可以由其中4个方程用克莱姆法则联立求解,分别得到 c_0,c_1,c_2,c_3 对 δ_0 的函数关系[15]。原则上似乎将它们再代入第5个方程,就可以解出 δ_0,再分别代回 $c_0,c_1,$ c_2,c_3 对 δ_0 的函数关系,即可解出 c_0,c_1,c_2,c_3。但是对于 δ_0 来说,是三次方程,有三个根,且运算极为复杂,从工程观点来说,精密度也无法保证。因此,迄今未见静电悬浮加速度计采用小角度静态标定得到模型方程各参数的报道[4]。

27.8　小角度动态标定法

27.6.3.3节给出了小角度动态标定法的基本构想。为了防止频谱泄漏,即防止在各次谐波峰的两旁出现旁瓣峰,影响主峰峰高,要保证整周期采样(参见5.3.4节)。为此,可选择摆动频率为0.156 25 Hz,即摆动周期为6.4 s。由于 SuperSTAR 加速度计 1a 级原始观测数据输出数据率为 10 Sps,所以一个摆动周期内恰好采集 64 个数据[4]。这样,只要采样持续时间为摆动周期的 2 的整数次幂,就符合快速 Fourier 变换的要求,且基频 0.156 25 Hz 与测量带宽上限 0.1 Hz[2] 很接近。

为了减小方差,以得到低于 10^{-4} 的试验误差,可以采用平均周期图法;而为了保证有足够的频谱分辨力,每段的数据长度应足够长。例如,在原始观测数据的输出数据率已经确定为 10 Sps 的情况下,取每段数据长度 $L = 8\ 192$,则频谱间隔为 1.22×10^{-3} Hz(参见26.1.4节)。

为了在摆动过程中保证加速度计的输出始终处于输入范围内,需在摆动前先调整该平台的重力场倾角 θ,使加速度测量值 γ_{msr} 仅呈现为加速度测量噪声 $\tilde{\gamma}_{msr}$,这时,由式(27-75)得到

$$(\theta + \delta_0)^3 + \frac{c_2}{c_3 g_{local}}(\theta + \delta_0)^2 + \frac{c_1}{c_3 g_{local}^2}(\theta + \delta_0) + \frac{c_0}{c_3 g_{local}^3} = 0 \qquad (27-76)$$

以 z_s/y_{acc} 轴为例,取 c_0,c_1,c_2,c_3 和 $\theta + \delta_0$ 的极限值(分别参见 27.4 节和 27.7 节) $c_0 = \pm 2 \times 10^{-6}$ m/s^2,$c_1 = 1$,$c_2 = \pm 20$ s^2/m,$c_3 = \pm 1 \times 10^5$ s^4/m^2,$\theta + \delta_0 = \pm 5 \times 10^{-6}$ rad 代入式(27-76),并以标准重力加速度 $g_n = 9.806\ 65$ m/s^2 代入该式中的 g_{local},得到

$$\pm 1.25 \times 10^{-16} \pm 5.10 \times 10^{-16} \pm 5.20 \times 10^{-13} \pm 2.12 \times 10^{-14} = 0 \qquad (27-77)$$

将式(27-77)与式(27-76)相比较,可以看到式(27-76)中前两项所占的份额不足第三项的 0.2%,因而可以忽略。于是,式(27-76)可以改写为

$$\theta_0 + \delta_0 = -\frac{c_0}{c_1 g_{local}} \qquad (27-78)$$

式中　θ_0——使加速度测量值仅呈现为加速度测量噪声所对应的平台重力场倾角,rad。

该平台应在 θ_0 基础上再施加一个正弦摆动[18],即

$$\theta = \theta_0 + \theta_m \sin\omega t \qquad (27-79)$$

式中　θ_m——平台正弦摆动的最大角位移,rad;

　　　ω——摆动的角频率,rad/s;

　　　t——时间,s。

为了不超出输入范围,要求 θ_m 不超过 5×10^{-6} rad (1″)。

由式(27-78)和式(27-79)得到

$$\theta + \delta_0 = \theta_m \sin \omega t - \frac{c_0}{c_1 g_{local}} \tag{27-80}$$

将式(27-80)代入式(27-75),得到

$$\gamma_{msr} = \frac{c_0^2}{c_1^2}\left(c_2 - \frac{c_0}{c_1}c_3\right) + \left(c_1 - 2\frac{c_0 c_2}{c_1} + \frac{3c_0^2 c_3}{c_1^2}\right)g_{local}\theta_m \sin \omega t +$$

$$\left(c_2 - \frac{3c_0 c_3}{c_1}\right)g_{local}^2 \theta_m^2 \sin^2 \omega t + c_3 g_{local}^3 \theta_m^3 \sin^3 \omega t + \tilde{\gamma}_{msr} \tag{27-81}$$

将式(4-7)给出的三角函数降幂公式代入式(27-81),得到

$$\gamma_{msr} = \frac{c_0^2 c_2}{c_1^2} - \frac{c_0^3 c_3}{c_1^3} + \frac{c_2 g_{local}^2 \theta_m^2}{2} - \frac{3c_0 c_3 g_{local}^2 \theta_m^2}{2c_1} +$$

$$\left(c_1 - \frac{2c_0 c_2}{c_1} + \frac{3c_0^2 c_3}{c_1^2} + \frac{3c_3 g_{local}^2 \theta_m^2}{4}\right)g_{local}\theta_m \sin \omega t +$$

$$\left(\frac{3c_0 c_3}{c_1} - c_2\right)\frac{g_{local}^2 \theta_m^2}{2}\cos 2\omega t - \frac{c_3 g_{local}^3 \theta_m^3}{4}\sin 3\omega t + \tilde{\gamma}_{msr} \tag{27-82}$$

图 26-7 给出了在摆平台上得到的噪声水平。可以看到,该平台在 $(0.01 \sim 0.1)$ Hz 范围内的噪声功率谱密度不大于 3×10^{-8} m $\cdot$ s^{-2}/Hz$^{1/2}$,在摆动频率 0.156 25 Hz 处约为 1×10^{-7} m $\cdot$ s^{-2}/Hz$^{1/2}$,在摆动二倍频 0.312 5 Hz 处约为 7×10^{-7} m $\cdot$ s^{-2}/Hz$^{1/2}$,在摆动三倍频 0.468 75 Hz 处约为 1×10^{-6} m $\cdot$ s^{-2}/Hz$^{1/2}$。因此,式(27-82)中的 $\tilde{\gamma}_{msr}$ 实际反映的是该平台的噪声。在原始观测数据的输出数据率为 10 Sps、每段数据长度为 4 096 并采用矩形窗的情况下,将以上数据代入式(5-37),可知在幅度谱中反映出来的该平台噪声在 $(0.01 \sim 0.1)$ Hz 范围内约为 2×10^{-9} m $\cdot$ s^{-2},在摆动频率 0.156 25 Hz 处约为 7×10^{-9} m $\cdot$ s^{-2},在摆动二倍频 0.312 5 Hz 处约为 5×10^{-8} m $\cdot$ s^{-2},在摆动三倍频 0.468 75 Hz 处约为 7×10^{-8} m $\cdot$ s^{-2}。再将式(27-82)中各参数的极限值 $\theta_m = 5 \times 10^{-6}$ rad,$c_0 = \pm 2 \times 10^{-6}$ m/s^2,$c_1 = 1$,$c_2 = \pm 20$ s^2/m,$c_3 = \pm 1 \times 10^5$ s^4/m^2 代入该式,并以标准重力加速度 $g_n = 9.806\ 65$ m/s^2 代入该式中的 g_{local},且保持各项的先后顺序,得到

$$\{\gamma_{msr}\}_{m/s^2} = \pm 8.00 \times 10^{-11} \pm 8.00 \times 10^{-13} \pm 2.40 \times 10^{-8} \pm 7.21 \times 10^{-10} +$$

$$(1 \pm 8.00 \times 10^{-5} \pm 1.20 \times 10^{-6} \pm 1.80 \times 10^{-4}) \times 4.90 \times 10^{-5}\sin \omega t +$$

$$(\pm 0.600 \pm 20) \times 1.20 \times 10^{-9}\cos 2\omega t - 2.95 \times 10^{-9}\sin 3\omega t +$$

$$\begin{cases} 2 \times 10^{-9}, 0.01 \sim 0.1 \text{ Hz} \\ 7 \times 10^{-9}, 0.156\ 25 \text{ Hz} \\ 5 \times 10^{-8}, 0.312\ 5 \text{ Hz} \\ 7 \times 10^{-8}, 0.468\ 75 \text{ Hz} \end{cases}$$

$$\tag{27-83}$$

将式(27-83)与式(27-82)相比较,可以看到:

(1)γ_{msr} 的四项直流分量涉及 c_0,c_1,c_2,c_3 各参数,且从式(27-83)可以看到,不含 c_0 的项明显大于含 c_0 的项,因而无法从 γ_{msr} 的直流分量得到加速度计的偏值 c_0(从 27.10 节的叙述可知,通过落塔试验可以检验一对加速度计偏值的一致性)。

(2)从式(27-83)可以看到,γ_{msr} 的四项基频分量中第一项比后三项均大 3 个量级以上,因而后三项可以忽略,即式(27-82)中基频分量的幅度可表达为 $c_1 g_{local}\theta_m$,由 $c_1 = 1$,$g_{local} \approx 9.8$ m/s^2,$\theta_m = 5 \times 10^{-6}$ rad 得到该幅度为 4.9×10^{-5} m $\cdot$ s^{-2},比幅度谱中反映出来的

该平台在摆动频率为 0.156 25 Hz 处的噪声 7.0×10^{-9} m·s^{-2} 大 7 000 倍。因此,如果能得到准确的 θ_m 值,就可以从 γ_{msr} 的基频分量的幅度得到加速度计的标度因数 c_1;如果得不到准确的 θ_m 值,也可以在该平台上同时放一对加速度计,其基频分量的幅度分别为 $c_{1,1} g_{local} \theta_m$ 和 $c_{1,2} g_{local} \theta_m$,其中 $c_{1,1}$ 为第一台加速度计的标度因数,$c_{1,2}$ 为第二台加速度计的标度因数,其差模与共模的比值为 $|c_{1,1} - c_{1,2}| / (c_{1,1} + c_{1,2})$。由 27.4 节式(27-20)及 $|k_1| < 0.02$ 得到,该比值近似等于 $|k_{1,1} - k_{1,2}| / 2$,其中 $k_{1,1}$ 为第一台加速度计实际标度因数对理论标度因数的相对偏差,$k_{1,2}$ 为第二台加速度计实际标度因数对理论标度因数的相对偏差[2]。由此可见,可以通过基频分量考察一对加速度计标度因数的一致性。

(3)γ_{msr} 的两项二次谐波分量中第二项比第一项大 30 多倍,因而式(27-82)中二次谐波分量的幅度大致可表达为 $c_2 g_{local}^2 \theta_m^2 / 2$,由此,似乎只要能得到准确的 θ_m 值,就可以从 γ_{msr} 的二次谐波分量的幅度得到加速度计的二阶非线性系数 c_2。然而,正如文献[2]所指出的,摆控制回路的二次因子会掺入到加速度计的二次因子中。而且,由 $c_2 = \pm 20$ s^2/m,$g_{local} \approx 9.8$ m/s^2,$\theta_m = 5 \times 10^{-6}$ rad 得到该幅度为 2.4×10^{-8} m·s^{-2},从式(27-83)可以看到,二次谐波分量的幅度顶多为 $2.47 \times 10 - 8$ m·s^{-2},明显比幅度谱中反映出来的该平台在摆动二倍频 0.312 5 Hz 处的噪声 5×10^{-8} m·s^{-2} 小。因此,难以从 γ_{msr} 的二次谐波分量得到加速度计的二阶非线性系数 c_2(27.9 节指出,可采用电模拟的方法突出 c_2 的贡献)。由此可见,文献[16]所说"靠摆测试台在已知的频率下来回摆动,可以测定并物理调整加速度计的二次标度因数(即二阶非线性系数)"是值得怀疑的。

(4)γ_{msr} 的三次谐波分量只有一项,但从式(27-83)可以看到,其幅度为 2.95×10^{-9} m·s^{-2},仅为幅度谱中反映出来的该平台在摆动三倍频 0.468 75 Hz 处噪声 7.0×10^{-8} m·s^{-2} 的 1/24。因此,不能从 γ_{msr} 的三次谐波分量得到三阶非线性系数 c_3。

以下用图 26-8(引自本章文献[19])提供的实例讨论通过基频分量考察一对加速度计标度因数的一致性问题。

由于图 26-8 中 0.1 Hz 处的共模加速度是 0.1 Hz 摆动引起的 $1\ g_{local}$ 投影,即共模标度因数引起的基频峰,而 0.1 Hz 处的差模加速度是差模标度因数引起的基频峰,且共模峰是差模峰的 400 倍,所以一对加速度计的标度因数之差模与共模的比值为 1/400,这与文献[16]给出的"一对加速度计间的标度因数之差模被配对到 1/10 000 以内"相比,有很大差距。兹证明如下:

设一对加速度计的标度因数分别为 c_{11} 和 c_{12},由式(27-20)得到

$$c_{11} = 1 + k_{11} \left.\begin{array}{c}\\\\\end{array}\right\}$$
$$c_{12} = 1 + k_{12} \qquad\qquad (27-84)$$

式中　c_{11}——第一台加速度计的标度因数,无量纲;

　　　k_{11}——第一台加速度计的标度因数偏差,无量纲;

　　　c_{12}——第二台加速度计的标度因数,无量纲;

　　　k_{12}——第二台加速度计的标度因数偏差,无量纲。

一对加速度计标度因数之差模为 $(c_{11} - c_{12}) / 2$,共模为 $(c_{11} + c_{12}) / 2$,因而

$$\frac{c_{11} + c_{12}}{c_{11} - c_{12}} = 400 \qquad\qquad (27-85)$$

将式(27-84)代入式(27-85),得到

$$k_{11} - k_{12} = \frac{2 + k_{11} + k_{12}}{400} \qquad\qquad (27-86)$$

27.4 节给出 $|k_1|$ 应小于 2%，因而式(27-86)可以简化为

$$k_{11} - k_{12} \approx 5 \times 10^{-3} \tag{27-87}$$

文献[16]要求"一对加速度计间标度因数之差模被配对到 1/10 000 以内"，即

$$\frac{c_{11} - c_{12}}{2} \leqslant 1 \times 10^{-4} \tag{27-88}$$

将式(27-84)代入式(27-88)，得到

$$k_{11} - k_{12} \leqslant 2 \times 10^{-4} \tag{27-89}$$

将式(27-89)与式(27-87)相比较，得到

$$\frac{c_{11} + c_{12}}{c_{11} - c_{12}} \geqslant 1 \times 10^4 \tag{27-90}$$

从图 26-8 可以看到，式(27-90)相当于要求 0.1 Hz 处的差模加速度降至 1.2×10^{-7} m·s^{-2}/Hz$^{1/2}$。从图 26-8 可以看到，这一要求仍明显高于 0.1 Hz 处的差模加速度噪声谱，因而是可识别的。

需要说明的是，图 26-8 中"0.1 Hz 摆动引起的 1 g_{local} 投影"是稳态确定性信号，如 5.7.2 节所述，不应该用功率谱密度表达，而应该用幅度谱表达(图 26-8 中"差模标度因数引起的基频峰""二次谐波峰"等也同样)。由于 26.1.4 节已经指出该图是基于输出数据率 10 Sps、每段数据长度 8 192、采用非矩形的窗函数(很可能是 Hann 窗)得到的，因此由图 26-8 中所示该值为 1.2×10^{-3} m·s^{-2}/Hz$^{1/2}$ 以及式(5-37)所示的幅度谱与功率谱密度之间的关系、表 5-3 给出的 Hann 窗的表达式、式(5-23)给出的窗函数归一化因子 U 的计算公式，通过数值模拟可以得到，0.1 Hz 正弦摆动的幅度约为 7×10^{-5} m/s^2。由于表 17-2 给出 GRADIO 加速度计 US 轴科学模式下的输入范围为 $\pm 6.5 \times 10^{-6}$ m/s^2，17.6.2 节给出其捕获模式下受到"反馈控制电压被限制的范围"的制约，"加速度测量值被限制的范围"为 $\gamma_{msr} = (-9.64 \sim 9.69) \times 10^{-5}$ m/s^2，所以图 26-8 所示的标度因数一致性验证是在捕获模式下完成的。

可以设想，如果不改变输出数据率 10 Sps、每段数据长度 8 192、采用 Hann 窗等条件，而改为科学模式，则受输入范围限制，0.1 Hz 正弦摆动的幅度应降为 1/15，若一对加速度计的标度因数之差模与共模的比值为 1/400，则图 26-8 中的"差模标度因数引起的基频峰"高度降为 1/15，即 2×10^{-7} m·s^{-2}/Hz$^{1/2}$，仍高于 0.1 Hz 处的差模加速度噪声谱；若一对加速度计的标度因数之差模为文献[16]给出的 1/10 000，则图 26-8 中的"差模标度因数引起的基频峰"高度降为 8×10^{-9} m·s^{-2}/Hz$^{1/2}$，从图 26-8 可以看到，这么小的信号将淹没在 0.1 Hz 处的差模加速度噪声谱内。

由此可见，文献[19]之所以没在科学模式下进行标度因数一致性验证，很可能是受到摆测试台噪声的限制。

此外，从图 26-8 一对加速度计差模加速度谱不仅可以看到基频分量、二次谐波分量、三次谐波分量的尖峰，甚至可以看到四至六次谐波分量的尖峰，其原因显然不能用 27.4 节的分析和本节的上述分析来解释，而文献[2]指出的摆控制回路具有非线性，倒是可以用于解释的原因。看来，这正是不能用本节所述的方法准确给出加速度计二次谐波分量和三次谐波分量的主要原因。

在地面成对加速度计标度因数一致性检验已通过的基础上，GRACE 卫星通过比较原始加速度计数据与基于模型计算出来的非重力加速度的方法对加速度计标度因数和偏值进行在轨标定，使其偏移的影响变得可忽略[详见 23.3.2.2 节第(2)条第 3)款]。

27.9　检验二阶非线性系数的方法

二阶非线性系数起因于加速度计笼的最终缺陷,例如在成对电极表面或在电子元件真实数据方面的差异。结果是,施加的静电力中心与笼中心不完全相配[2]。

为了解决 27.8 节所述无法用小角度动态标定法从二倍频处的幅值判断二阶非线性系数 c_2 大小的问题,可采用电模拟的方法:先调整该平台的重力场倾角 θ,使加速度测量值 γ_{msr} 仅呈现为加速度测量噪声 $\tilde{\gamma}_{msr}$,然后在加速度计 PID 的输出处发送一个特定的二阶非线性系数标定信号[2]。这样做,既可以显著增加信号幅度,又可以保证信号不含二次谐波,还可以突出 c_2 的贡献[4]。

特定的二阶非线性系数标定信号为 2ASK(Binary Amplitude Shift Keying,二进制幅移键控)信号,也称为 OOK(on off Keying,开关键控)信号[20],即正弦载波的幅度随二进制数字基带信号而变化的数字调制信号。我们采用 1,0 等间隔排列的二进制数字基带。为了突出 c_2 的作用,载波频率 f_{cw} 和幅度要尽量高,数字基带的重复频度 r_{db} 要尽量低。由于载波幅度高,加速度计噪声的影响可以忽略[4]。

载波频率 f_{cw} 可超出加速度计回路带宽[2]。载波幅度应保证带外抑制后的信号不超出加速度计输入范围[4]。数字基带重复频度 r_{db} 应处于加速度计测量带宽内[2]。为了防止频谱泄漏,数字基带重复频度 r_{db}、采样率、载波频率 f_{cw} 间应符合 2 的整数次幂关系[4]。

图 18-15 给出了 SuperSTAR 加速度计 US 轴归一化闭环传递函数幅度谱。以正弦载波频率 320 Hz、数字基带 1,0 等间隔排列、重复周期 25.6 s(即 $r_{db}=0.039\,062\,5$ Hz)的 2ASK 信号(即 320 Hz 的正弦波以满幅度呈现 12.3 s 后中止 12.3 s 作为一个周期)为例,从图 18-15 可以看到,载波信号幅度将衰减至不足 10%,考虑到 SuperSTAR 加速度计输入范围 $\pm 5 \times 10^{-5}$ m/s^2(见表 17-2),载波幅度可以取 5×10^{-4} m/s^2,由于物理增益 $G_p = 1.67 \times 10^{-5}$ m·s^{-2}/V,由式(17-23)得到,载波信号通过驱动电路施加到电极板上的电压幅度为 30 V,以此作为加速度的电模拟信号[4]。若以 a_e 表示,则加速度计感受到的加速度为 $a = a_e + g_{local}(\theta + \delta_0)$,以此代入式(27-18),并忽略加速度测量噪声 $\tilde{\gamma}_{msr}$(因为载波信号很强),得到

$$\gamma_{msr} \approx c_0 + c_1 [a_e + g_{local}(\theta + \delta_0)] + c_2 [a_e + g_{local}(\theta + \delta_0)]^2 + c_3 [a_e + g_{local}(\theta + \delta_0)]^3 \qquad (27-91)$$

式中　a_e——正弦载波频率 320 Hz、幅度 5×10^{-4} m/s^2、数字基带 1,0 等间隔排列、重复周期 25.6 s 的 2ASK 信号。

将式(27-78)代入式(27-91),得到

$$\gamma_{msr} \approx c_1 a_e + c_2 \left(a_e - \frac{c_0}{c_1}\right)^2 + c_3 \left(a_e - \frac{c_0}{c_1}\right)^3 \qquad (27-92)$$

27.4 节给出了射前检验时 c_0,c_1,c_2,c_3 的范围。考虑到对式(27-92)可能带来的影响,我们对 c_1 取中值,对 c_0,c_2,c_3 取正极值或负极值,以使表达式中不出现负号,即取 $c_0 = -1 \times 10^{-5}$ m/s^2,$c_1 = 1$,$c_2 = +10$ s^2/m,$c_3 = +3 \times 10^5$ s^4/m^2,代入式(27-92),得到

$$\{\gamma_{msr}\}_{m/s^2} \approx \{a_e\}_{m/s^2} + 10 (\{a_e\}_{m/s^2} + 1 \times 10^{-5})^2 + 3 \times 10^5 (\{a_e\}_{m/s^2} + 1 \times 10^{-5})^3 \qquad (27-93)$$

假设加速度计无通带限制,采样率为 5 120 Sps,数据长度为 2^{20} 个,得到式(27-93)中的一次项、二次项、三次项幅度谱分别如图 27-5 ～ 图 27-7 所示。

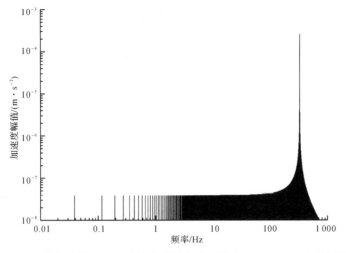

图 27 - 5 在指定的 2ASK 信号和采样条件下的式(27 - 93)一次项幅度谱

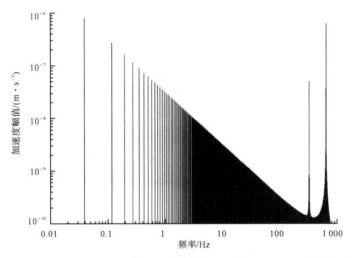

图 27 - 6 在指定的 2ASK 信号和采样条件下的式(27 - 93)二次项幅度谱

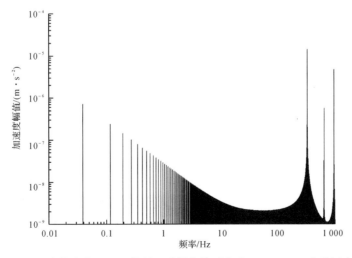

图 27 - 7 在指定的 2ASK 信号和采样条件下的式(27 - 93)三次项幅度谱

从如下所述各图所对应的 Origin 原图可以得到，$r_{db}=0.039\ 062\ 7$ Hz 处的尖峰幅度在图 27-5 所示的一次项幅度谱中最低，仅为 3.836×10^{-8} m/s²；在图 27-7 所示的三次项幅度谱中其次，达到 7.162×10^{-7} m/s²；在图 27-6 所示的二次项幅度谱中最高，为 7.958×10^{-7} m/s²。也就是说，三次项对全幅度谱中 r_{db} 处尖峰的贡献仅比二次项的贡献略小，而一次项的贡献则小得多。

为了了解 c_0 对 r_{db} 处尖峰幅度的影响，我们改设 $c_0=0$ m/s²，而其他条件不变。此时，式(27-93)变为

$$\{\gamma_{\mathrm{msr}}\}_{\mathrm{m/s^2}}\approx\{a_{\mathrm{e}}\}_{\mathrm{m/s^2}}+10\ \{a_{\mathrm{e}}\}^2_{\mathrm{m/s^2}}+3\times10^5\ \{a_{\mathrm{e}}\}^3_{\mathrm{m/s^2}} \qquad (27-94)$$

将式(27-94)与式(27-93)相比较，可以看到，二者的一次项是相同的。即图 27-5 对于式(27-94)也同样适用。仍假设加速度计无通带限制，采样率为 5 120 Sps，数据长度为 2^{20} 个，得到式(27-94)中的二次项、三次项幅度谱分别如图 27-8、图 27-9 所示。

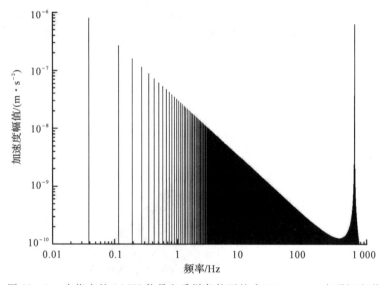

图 27-8　在指定的 2ASK 信号和采样条件下的式(27-94)二次项幅度谱

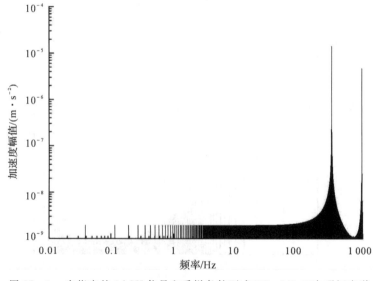

图 27-9　在指定的 2ASK 信号和采样条件下式(27-94)三次项幅度谱

从如下所述各图所对应的 Origin 原图可以得到，r_{db} 处的尖峰幅度在图 $27-8(c_0=0\ \text{m/s}^2)$ 所示的二次项幅度谱中为 $7.958\times10^{-7}\ \text{m/s}^2$，与图 $27-6(c_0=-1\times10^{-5}\ \text{m/s}^2)$ 所示的二次项幅度谱中的值相同，说明 c_0 对二次项幅度谱中 r_{db} 处的尖峰幅度没有影响；在图 $27-9(c_0=0\ \text{m/s}^2)$ 所示的三次项幅度谱中为 $1.943\times10^{-9}\ \text{m/s}^2$，仅为图 $27-7(c_0=-1\times10^{-5}\ \text{m/s}^2)$ 所示的三次项幅度谱中该值的 0.27%，说明 c_0 对三次项幅度谱中 r_{db} 处的尖峰幅度有决定性影响。

由于 c_0 对二次项幅度谱中 r_{db} 处的尖峰幅度没有影响，而对三次项幅度谱中 r_{db} 处的尖峰幅度有决定性影响，且三次项对全幅度谱中 r_{db} 处尖峰的贡献仅比二次项的贡献略小，而一次项的贡献则小得多，所以如果 c_3（即三次项）可以忽略，就不需要知道 c_0,c_1 的具体数值，从而可以根据全幅度谱中 r_{db} 处的尖峰，确定 c_2 的实际值。也就是说，为了突出 c_2 的贡献，必须设法使 c_3 可以忽略。此时，式（27-92）变为

$$\gamma_{\text{msr}}\approx c_1 a_e + c_2\left(a_e-\frac{c_0}{c_1}\right)^2 \tag{27-95}$$

27.4 节已经指出，在 GRACE 科学和任务需求文档[7] 规定射前检验时 $|c_0|<1\times10^{-5}$ m/s^2，$|k_1|<0.02$（即 $0.98<c_1<1.02$），$|c_2|<10\ \text{s}^2/\text{m}$，$|c_3|<3\times10^5\ \text{s}^4/\text{m}^2$ 的前提下，在 SuperSTAR 加速度计输入范围内，若忽略 c_3，用二次多项式代替三次多项式对于 c_0 的影响可以忽略，引起 c_1 的变化为 1.5×10^{-4}，而对于 c_2 则完全没有影响。因此，我们仍取 $c_0=-1\times10^{-5}\ \text{m/s}^2$，$c_1=1$，$c_2=+10\ \text{s}^2/\text{m}$，代入式（27-95），得到

$$\{\gamma_{\text{msr}}\}_{\text{m/s}^2}\approx\{a_e\}_{\text{m/s}^2}+10\ (\{a_e\}_{\text{m/s}^2}+1\times10^{-5})^2 \tag{27-96}$$

仍假设加速度计无通带限制，采样率为 $5\,120\ \text{Sps}$，数据长度为 2^{20} 个，得到式（27-96）的全幅度谱如图 $27-10$ 所示。

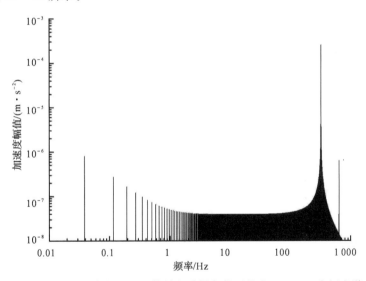

图 27-10　在指定的 2ASK 信号和采样条件下的式（27-96）全幅度谱

从如下所述各图所对应的 Origin 原图可以得到，r_{db} 处的尖峰幅度在图 $27-10$ 中为 $7.967\times10^{-7}\ \text{m/s}^2$，仅比图 $27-6$、图 $27-8$ 中该值大 0.1%。

若改设 $c_0=0\ \text{m/s}^2$，而其他条件不变。此时，式（27-95）变为

$$\gamma_{\text{msr}}\approx c_1 a_e + c_2 a_e^2 \tag{27-97}$$

我们仍取 $c_1=1$，$c_2=+10\ \text{s}^2/\text{m}$，代入式（27-97），得到

$$\{\gamma_{\text{msr}}\}_{\text{m/s}^2}\approx\{a_e\}_{\text{m/s}^2}+10\ \{a_e\}_{\text{m/s}^2}^2 \tag{27-98}$$

仍假设加速度计无通带限制,采样率为 5 120 Sps,数据长度为 2^{20} 个,得到式(27-98)的全幅度谱如图 27-11 所示。

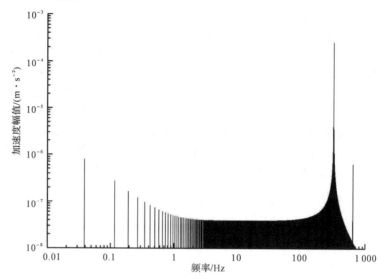

图 27-11 在指定的 2ASK 信号和采样条件下的式(27-98)全幅度谱

从如下所述各图所对应的 Origin 原图可以得到,r_{db} 处的尖峰幅度在图 27-11 中为 7.967×10^{-7} m/s^2,与图 27-10 中的值相同,仅比图 27-6、图 27-8 中该值大 0.1%。

如果仍取 $c_1 = 1$,但是取 $c_2 = +2$ s^2/m,代入式(27-97),得到

$$\{\gamma_{\mathrm{msr}}\}_{\mathrm{m/s^2}} \approx \{a_{\mathrm{e}}\}_{\mathrm{m/s^2}} + 2\,\{a_{\mathrm{e}}\}^2_{\mathrm{m/s^2}} \tag{27-99}$$

仍假设加速度计无通带限制,采样率 5 120 Sps,数据长度 2^{20} 个,得到式(27-99)的全幅度谱如图 27-12 所示,其中二次项幅度谱如图 27-13 所示。

从如下所述各图所对应的 Origin 原图可以得到,r_{db} 处的尖峰幅度在图 27-13 中为 1.592×10^{-7} m/s^2,与其在图 27-8 中的值之比为 2∶10,与二图所取 c_2 之比相同。而在图 27-12 中为 1.637×10^{-7} m/s^2,与其在图 27-11 中的值之比为 2.06∶10,接近 2∶10。

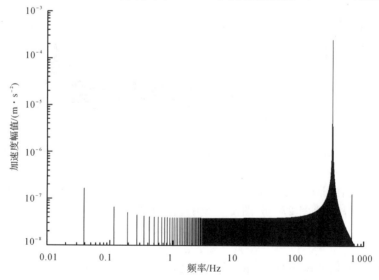

图 27-12 在指定的 2ASK 信号和采样条件下的式(27-99)全幅度谱

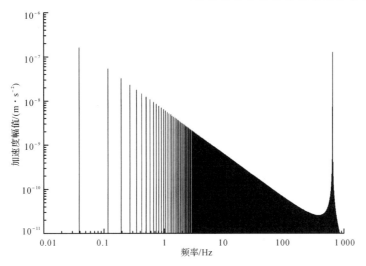

图 27 - 13　在指定的 2ASK 信号和采样条件下的式(27 - 99)二次项幅度谱

综上所述,由不忽略 c_3 的图 27 - 6($c_0 = -1 \times 10^{-5}$ m/s², $c_2 = +10$ s²/m)和图 27 - 8($c_0 = 0$ m/s², $c_2 = +10$ s²/m)以及忽略 c_3 的图 27 - 13($c_0 = 0$ m/s², $c_2 = +2$ s²/m)三者所示的二次项幅度谱得到 r_{db} 处的尖峰幅度(单位 m/s²)除以 c_2 值所得的商均为 8.0×10^{-8} m²/s⁴。由忽略 c_3 的图 27 - 10($c_0 = -1 \times 10^{-5}$ m/s², $c_2 = +10$ s²/m)、图 27 - 11($c_0 = 0$ m/s², $c_2 = +10$ s²/m)和图 27 - 12($c_0 = 0$ m/s², $c_2 = +2$ s²/m)所示的全幅度谱得到 r_{db} 处的尖峰幅度(单位 m/s²)除以 8.0×10^{-8} m²/s⁴ 所得的商分别为 10.0 s²/m、10.0 s²/m、2.0 s²/m,均与各自的 c_2 设定值相同。

由此证明,在采用规定的 2ASK 信号且三阶非线性系数 c_3 可以忽略的情况下,可以认为 r_{db} 处的尖峰幅度仅取决于二阶非线性系数 c_2,而与标度因子 c_1 及偏值 c_0 无关。也就是说,在采用规定的 2ASK 信号且三阶非线性系数 c_3 可以忽略的情况下,可以由全幅度谱在 r_{db} 处的尖峰幅度(单位 m/s²)除以 8.0×10^{-8} m²/s⁴,得到二阶非线性系数 c_2(单位 s²/m)。

需要强调的是,假设加速度计无通带限制,才得到图 27 - 5 ～ 图 27 - 13。实际上加速度计存在通带限制,即归一化闭环传递函数幅度谱在测量带宽外会随频率增长而出现明显的起伏变化(参见图 18 - 9),好在 r_{db}(0.039 062 7 Hz)低于测量带宽上限0.1 Hz,因而其幅值不会受到影响(参见图 18 - 10)。至于实际输出数据率较低,数据长度较小,只要有与之相应低通,从而符合采样定理,且数据长度保证清晰识别 r_{db} 值,就不会影响判读。但如果实际采用的 2ASK 信号与此不同,则应根据实际采用的 2ASK 信号重新作频谱分析[4]。

文献[16] 提出,在轨时通过控制电极向检验质量施加高频正弦加速度,可以确定二次因子的更新值,从而调准加速度计。

27.10　落塔试验

落塔试验是关于飞行状况的最有代表性的试验[2],但并非加速度计性能指标的量化评定试验,因为它不能准确复现加速度值。它的好处是将铅垂方向的加速度从地面的 $1g_{local}$ 降低到不超过 2×10^{-4} m/s²[19]。落塔试验的功用有三个[2]:

(1)校核加速度计传感头飞行件与前端电路单元飞行件集成后在低重力环境中的三轴工作情况;

（2）观测沿加速度计传感头 x 轴（在下落期间的垂直轴）的加速度输出，是否实现了从捕获模式向科学模式的转换，以确认检验质量在下落期间（4.7 s）完全地捕获和控制在电极笼的中心；

（3）针对 GRACE 和 GOCE 卫星均需要成对使用静电悬浮加速度计的特点，观察一对加速度计传感头性能的相似性和科学模式灵敏度（即标度因数）的相似性是否满意。

图 27-14 为带有前端电路单元的一对 GRADIO 加速度计传感头飞行件沿 x 轴（铅垂轴）的无拖曳和姿态控制输出[21]。落舱经历大约（1.5～2）s 后稳定。在 3.7 s 以内获得检验质量的控制和对中，此时触发向良好科学模式的转换[2]。

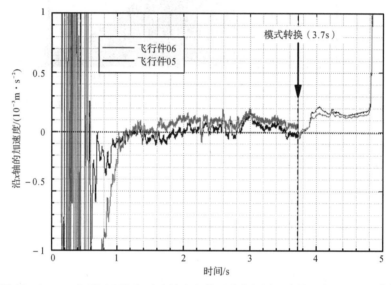

图 27-14　一对 GRADIO 加速度计飞行件下落期间沿垂直轴的加速度输出[19]

图 27-15 为一对 SuperSTAR 加速度计飞行件下落期间沿 z 轴（水平轴）的输出[21]。两台加速度计的输出十分相似，表明它们很好地反映了加速度的变化，且它们的标度因数很相近；3.5 s 以后此对加速度计输出的差模在 $\pm 1~\mu m/s^2$ 范围内均衡起伏，表明它们的偏值相差远小于 $1~\mu m/s^2$。

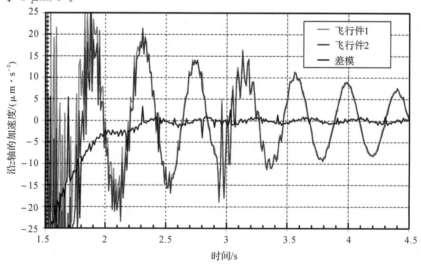

图 27-15　一对 SuperSTAR 加速度计飞行件下落期间沿水平轴的加速度输出[21]

27.11　一对加速度计传感头＋前端电路单元＋数字电路单元功能试验

本试验用一对(仅限一对)加速度计传感头＋前端电路单元＋数字电路单元在悬浮状态中进行试验,靠数字电路单元中的软件实现故障检测和恢复功能,以检验其贴合性[2]。

在图 27－16 中呈现了一个例子。该例子模拟 $t＝357$ s 时检测器 y_1 失灵,其输出电压负饱和,随即自动触发了一个恢复程序。失灵前检测器的输出反映出检测器偏值的影响,失灵后恢复程序即刻重新配置检测器组合关系:检测器 y_1 不再用于加速度计的控制回路,只用检测器 y_2,z_1,z_2 应付与 y 和 z 轴关连的三个自由度,为了弥补故障,PID 成功消除 y_2,z_1,z_2 三个检测器不同的偏值贡献,使之输出均置 0,并由检测器 y_1 承受所有检测器的所有残留偏值[2]。

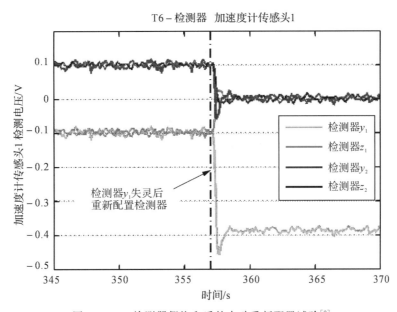

图 27－16　检测器假饱和后的自动重新配置试验[2]

27.12　讨　　论

27.12.1　在轨飞行时敏感结构维持清洁真空的必要性和方法

27.12.1.1　必要性

(1)减小辐射计效应引起的加速度测量噪声。

从 25.1.4.1 节的叙述可以得到,对于 SuperSTAR 加速度计,热力学温度 293 K 下残余气体的压力 $p \leqslant 1 \times 10^{-5}$ Pa,电极笼互为对侧间的温差噪声 $\tilde{\delta}_T \leqslant 0.2$ K/Hz$^{1/2}$ 下 US 轴辐射计效应引起的加速度测量噪声 $\tilde{\gamma}_{re} \leqslant 1.90 \times 10^{-11}$ m $\cdot$ s^{-2}/Hz$^{1/2}$,这是可以接受的。从 25.1.4.2 节的叙述可以得到,对于 GRADIO 加速度计,热力学温度 293 K 下由于测量带宽内

热控稳定性优于 $5\times(0.1\ \mathrm{Hz}\ /\ \{f\}_{\mathrm{Hz}})^2\ \mu\mathrm{K/Hz}^{1/2}$，所以仍可以保持 $p\leqslant1\times10^{-5}\ \mathrm{Pa}$ 的要求，由此得到 US 轴辐射计效应引起的加速度测量噪声 $\tilde{\gamma}_{\mathrm{re}}\leqslant1.07\times10^{-16}\times(0.1\ \mathrm{Hz}\ /\ \{f\}_{\mathrm{Hz}})^2$ $\mathrm{m\cdot s}^{-2}/\mathrm{Hz}^{1/2}$。这是可以接受的。

（2）减小接触电位差起伏引起的加速度测量噪声。

第 25.2.2 节指出，接触电位差取决于表面涂覆的材料，而且会因表面变化而随时间变化，压力变化、温度变化、物理吸着和化学吸着等等都会使表面发生变化；尽管静电悬浮加速度计敏感结构的所有表面镀金，电位的演变进程依然存在，而且在检验质量和电极笼之间导致起伏不定的静电力；因此，接触电位差起伏是一个需要被研究的噪声来源；接触电位差起伏引起的电极电位噪声与电极表面积的乘积取决于表面涂覆的材料和实验状态（尤其是温度）；具有不同几何结构但是用同一技术和清洗规程建造的仪器，该乘积应该是相同的。金属表面斑点状的接触电位差起伏简称"斑点效应"。在一个清洁多晶金属表面上暴露的不同晶向导致表面电位的变化，这被归结为"斑点效应"，表面污染以及合金中化学组成的变化也生成和影响斑点电位。由此可见，污染会严重影响接触电位差起伏引起的加速度测量噪声。为了防止污染，对包括敏感结构在内的加速度计传感头采用优良的清洗规程、超净装配-检验、无油真空排气规程并维持清洁真空是很重要的。

（3）减小气体阻尼引起的加速度测量噪声。

从 25.2.5.1 节图 25-17 和 25.2.5.2 节图 25-19 可以看到，$p\leqslant1\times10^{-5}\ \mathrm{Pa}$ 时气体阻尼所引起的加速度测量噪声对于 GRADIO 和 SuperSTAR 加速度计都远低于总噪声规范值。

（4）减小出气引起的加速度测量噪声。

从 25.1.2 节的分析可以知道，只有在加速度计制造过程中对敏感结构进行了认真的清洁处理和真空除气处理之后，出气引起的加速度测量噪声才可能远低于辐射计效应引起的加速度测量噪声。为了减少出气，敏感结构维持清洁真空是很重要的。

27.12.1.2　方法

为了减小 27.12.1.1 节所述的四项噪声，在轨飞行时 $p\leqslant1\times10^{-5}\ \mathrm{Pa}$ 是必须的。GRACE 卫星的设计寿命为 5 年[7]，GOCE 卫星的设计寿命为 2 年[22]。在此期间，必须连续维持 $p\leqslant1\times10^{-5}\ \mathrm{Pa}$。

文献[5]指出，加速度计传感器的敏感结构被整合在一个真空密封的壳里；该真空既可以靠吸气剂材料，也可以靠打开到空间真空的装置或者靠低温下运行来维持；预期的压力能在 $(10^{-3}\sim10^{-9})\ \mathrm{Pa}$ 之间改变；该残气效应主要是当压力不是充分低时引起的阻尼和当在加速度计笼上温度不是一致时的辐射计效应；在低温中，这些效应是可以忽略的；在室温下需要高热稳定性和低压力。

需要说明的是，打开到空间真空与暴露于航天器舱内是不同的。尽管无特殊需求时航天器舱通常是不密闭的，但舱内的气压与外太空的气压之差取决于舱内材料出气、水蒸气、有机物污染等因素以及航天器舱相对于外太空的有效流导。因此，外太空的气压越低，对舱内气压的影响越小。

17.3.1 节指出，ASTRE、STAR、SuperSTAR、GRADIO 加速度计具有相似的结构；17.3.2 节指出，这几种加速度计在轨运行期间用吸气材料维持高真空。

文献[5，23-25]指出，LISA 任务的 CAESAR 惯性传感器源于 GRADIO 加速度计的构形，运行原理上与加速度计的差别仅在于不是靠伺服反馈施加电压到电极上使检验质量相对于电极笼不动,而是靠卫星阻力补偿系统使卫星无拖曳飞行,从而电极笼也跟着相对于检验质量不动;传感器会被安装在 ULE 光具座上以确保高的几何稳定性,传感器会受益于该光具座的预期热稳定性(10^{-6} K/Hz$^{1/2}$),热辐射压力效应被评估为少于 2×10^{-16} m·s^{-2}/Hz$^{1/2}$;钛密封壳是必要的,以保持全部传感器敏感结构在除过气的部件集成后处于一个非常清洁的真空中;吸气剂材料也可以集成在壳体内,就像对已经开发的静电悬浮加速度计所做的那样;在飞行中,密封壳被烟火阀①打开到空间真空中,预期在电极笼内部有一个非常低的残余压力($<10^{-6}$ Pa),以使气体阻尼的影响减至最小程度。图 27 - 17 和图 27 - 18 分别为 LISA 任务 CAESAR 惯性传感器的机械构形和实物图片,烟火阀在图 27 -17 中处于最下端,在图 27 -18 中处于右下侧[26]。

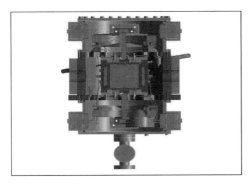

图 27 - 17　LISA 任务 CAESAR 惯性传感器的机械构形[26]

图 27 - 18　LISA 任务 CAESAR 惯性传感器的实物图片[26]

27. 12. 2　传感头飞行件地面验证试验所需的基本条件

传感头飞行件地面验证试验所需的基本条件有三条,即采用高电压悬浮、采用摆测试台、采用真空壳。这三条不仅是缺一不可的,而且必须满足各自的指标要求。

27. 12. 2. 1　采用高电压悬浮的必要性

20.1 节指出,法国 ONERA 设计的加速度计的一个基本特点是靠重力下浮起检验质量的办法提供广泛的地基功能测试可能性。27.1 节指出,幸亏采用了地面高电压悬浮,才得以制定一个非常完备的试验计划,以便尽可能地在地面评定加速度计的标称性能。因此,地面高电压悬浮是传感头飞行件验证试验所需的基本条件之一。对高电压悬浮的指标要求分析详见第 20 章。

27. 12. 2. 2　采用摆测试台的必要性

27.1 节还指出,在加速度计验证的三个不同阶段需要摆测试台。可以看到,这实际上包含了除环境试验和落塔试验外本章各节所述的众多试验。因此,摆测试台也是传感头飞行件验证试验所需的基本条件之一。

26.1.3 节指出,法国 ONERA 研制的摆测试台最重要的特征是试验时保持该平台的方向稳定性(相对于当地重力);获得的方向稳定性优于 2×10^{-9} rad/h [$(4\times10^{-4})''$/h];对于

---

① 烟火阀是一种利用火药燃烧产生的化学能一次性将原本闭合状态转变为打开状态的真空阀。

大于 0.5 Hz 的频率，摆相当于一个二阶低通滤波器，对地面扰动有被动隔振作用；双级摆测试台在观察带宽 0.005 Hz 下分辨力可达 2 nrad；用摆测试台实现的地基测试噪声水平在 $(0.01 \sim 0.1)$ Hz 范围内大约为 3×10^{-8} m · s^{-2}/Hz$^{1/2}$；在较高频率处，噪声水平跨越式增大，从而限制了测试；该平台的水平状态可以控制到优于 0.66 μrad（即 $0.13''$），以保证置于该平台上的 GRADIO 加速度计 US 轴在科学模式下也不饱和；在此基础上，该平台还可以在已知的频率下作角秒量级来回摆动，通过重力场倾角的来回变化，将该频率的重力加速度信号投影到捕获模式下的加速度计 US 轴上。

27.8 节指出，摆控制回路具有非线性；因此，使用摆测试台不能准确给出加速度计二次谐波分量和三次谐波分量。

27.12.2.3　采用真空壳的必要性

（1）保证高电压下不发生气体放电。

20.2.2 节指出，地基测试时为了使 GRADIO 加速度计检验质量沿 x 向离开下限位，必须给上电极施加绝对值超过 1 238.80 V 的负高电压。而检验质量上施加的固定偏压为 $+40$ V，二者的电压差超过 1 278.80 V，而间隙仅为 48 μm。这么小的间隙下有这么高的电压差，必须防止发生气体放电。我们知道，气体放电的击穿电压是气体压力 p 与间隙长度 d 乘积的函数，称为 Paschen 定律，而表达击穿电压与 pd 关系的曲线则称为 Paschen 曲线，针对 He，Ne，Ar，H$_2$，N$_2$ 得到的 Paschen 曲线如图 27-19 所示[27]。

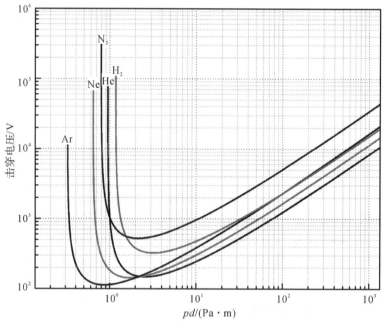

图 27-19　针对 He，Ne，Ar，H$_2$，N$_2$ 得到的 Paschen 曲线[27]

从图 27-19 针对 N$_2$ 得到的 Paschen 曲线可以看到，在 1.3 kV 高电压下，pd 小于 0.93 Pa · m 或大于 16 Pa · m 才不会发生气体放电。即对于 48 μm 的间隙而言，p 小于 1.9×10^4 Pa 或大于 3.3×10^5 Pa 才不会发生气体放电。由于标准压力 $p^\circ = 100$ kPa（参见 8.1.3.1 节），所以对于 1.3 kV 高电压和 48 μm 的间隙而言，标准大气压下会发生气体放电。因此，敏感结构必须安装在密封的真空壳内，且该真空壳需具有足够的抗压强度，以耐受地面试验时一个大气压的压差(不论壳内真空度有多高,地面试验时壳内外压差总是一个大气压)。

(2)保持敏感结构清洁。

27.12.1.1 节第(2)条和第(4)条已经指出,为了减少出气和污染,敏感结构维持清洁真空是很重要的。从真空获得技术的专业角度看,敏感结构维持清洁真空的工作不能等到上天之后再做,因而文献[23]指出,钛密封壳是必要的,以保持全部传感器敏感结构在除过气的部件集成后处于一个非常清洁的真空中。

(3)保证辐射计效应和气体阻尼引起的加速度测量噪声足够小。

由式(25-99)可以看到,辐射计效应引起的加速度测量噪声与电极笼内残余气体的压力 p 成正比。为此 25.1.4 节指出,对于 SuperSTAR 加速度计和 GRADIO 加速度计,在所给参数下,$p \leqslant 1 \times 10^{-5}$ Pa 是必要的。

然而,需要说明的是,26.1.2 节指出,大地脉动的噪声谱远大于 SuperSTAR 和 GRADIO 加速度计的噪声指标;26.1.3 节指出,法国 ONERA 研制了摆测试台,但其平台的噪声谱甚至还超过了 STAR 加速度计的噪声指标;26.1.4 节指出,由于该平台存在热弹性形变和水平方向的测量数据中含有垂直轴($1\ g_{local}$)的耦合,使得一对加速度计并非处于同一环境噪声下,所以无论共模-差模检测法还是相干性检测法,均不适用于检测 STAR、SuperSTAR 和 GRADIO 加速度计的综合噪声;26.1.5 节指出,因此,STAR、SuperSTAR 和 GRADIO 等静电悬浮加速度计对其噪声指标均采用分析评估方法。由此得到的推论是,既然地面测试不可能直接测出噪声指标,影响噪声指标的残气压力指标和热控稳定性指标在地面测试时就可以放宽。

(4)阻挡磁场。

25.2.5.1 节第(6)条指出,加速度计殷钢壳的屏蔽效应引起的磁场衰减因子为 0.02。由此可见,真空壳阻挡磁场的作用是明显的。从 25.2.5.1 节图 25-17 和 25.2.5.2 节图 25-19 可以看到,卫星剩磁引起的加速度测量噪声对于 GRADIO 和 SuperSTAR 加速度计都远低于总噪声规范值。因此,与本节第(3)条类似,地面测试时对环境剩磁的要求可以放宽。据此,似乎地面测试时对真空壳磁屏蔽效果的要求也可以放宽。然而,由于不可能在上天前更换真空壳,所以制造时必须考虑真空壳的磁屏蔽效果。

(5)小结。

由上述 4 点可以看到,尽管如 27.12.1.2 节所述,在轨飞行时传感器所需的真空环境既可以靠吸气剂材料,也可以靠打开到空间真空的装置或者靠低温下运行来维持;但是,传感器可以打开到空间真空并不等于不需要真空壳。既然必须有真空壳,该真空壳就需具有足够的抗压强度。为此,文献[2]指出,为了保持敏感结构清洁、从阻挡磁场角度保护检验质量和确保传感器的性能,敏感结构被围在一个密封的壳中。

文献[23]给出,LISA 标称的任务寿命是 2 年,扩展的任务寿命是 10 年。27.12.1.2 节指出,内部残气压力低于 10^{-6} Pa 使辐射计效应、阻尼、声音传递、统计学涨落等扰动甚至低于不足 2×10^{-16} m·s^{-2}/Hz$^{1/2}$ 的热辐射压力扰动。由于靠吸气剂材料难以在 10 年的扩展寿命期间保持内部残气压力低于 10^{-6} Pa,而真空壳又是不可缺省的,所以用传感器打开到空间真空的办法代替内部配备吸气剂材料的目的并不是为了省去真空壳所占据的体积和重量,而是为了在更长的寿命期间内保持更低的残气压力。文献[23]给出,LISA 任务 CAESAR 惯性传感器的真空壳用钛制成,厚度为 5 mm。从图 27-18 也可以直观感觉到,

LISA 采用传感器打开到空间真空的办法不可能节省体积和重量。

27.12.2.4 地面试验时敏感结构维持清洁真空的方法

(1)对应在轨运行期间靠吸气材料的方案。

17.3.2 节指出,与真空壳相通的溅射离子泵用以在加速度计整合和地面验收试验期间维持高真空;而真空壳内部的吸气材料用以在落塔试验、存储和在轨运行期间维持高真空。由于传感头自身携带的这种超小型、长寿命高真空维持装置是随传感头上天的,所以它既不能影响静电悬浮加速度计正常工作,也不能影响卫星本体或其他有效载荷正常工作,且所需的体积、重量、功耗及遥控、遥测资源均应符合空间飞行的要求[28]。受这些条件约束,该高真空维持装置不可能承担传感头制造过程中的主抽气任务。也就是说,从真空获得的专业角度来看,传感头制造过程要靠一套主抽气系统获得所需要的稳定高真空,而配属在传感头中的高真空维持装置只是一种辅助抽气手段[28]。因此,如 17.3.2 节所述,图 17-3 中溅射离子泵旁侧有一根预抽管道,制造过程中通过它将传感头与主抽气系统连接,获得所需要的稳定高真空后再将其夹死。有关这方面的具体考虑,读者如有兴趣,可以自行参阅文献[29]。

(2)对应在轨运行期间靠打开到空间真空的方案。

27.12.1.2 节指出,LISA 任务 CAESAR 惯性传感器的真空壳在轨飞行时被烟火阀打开到空间真空中。文献[23]给出了 CAESAR 的概观,如图 27-20 所示。

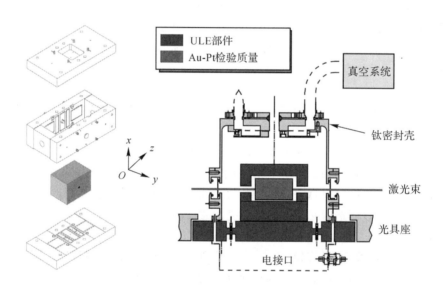

图 27-20 CAESAR 的概观[23]

从图 27-20 可以看到,地面试验时 CAESAR 惯性传感器的真空壳是接通真空系统的。

27.12.1.2 节已经指出,LISA 任务的 CAESAR 惯性传感器不是靠伺服反馈施加电压到电极上使检验质量相对于电极笼不动,而是靠卫星阻力补偿系统使卫星无拖曳飞行,从而电极笼也跟着相对于检验质量不动。因此,文献[30]指出,CAESAR 惯性传感器在卫星控制回路频带宽度内不会对检验质量施加静电力,因而不必提供加速度的准确测量,包括不必提供完全已知和稳定的标度因数,然而,其配置却专注于减少所有的寄生力。由此可见,惯性传感器飞行件的地面验证试验比加速度计来得简单。这就为惯性传感器不自身携带溅射离子泵提供了可能性。

换句话说,不自身携带溅射离子泵和吸气材料等高真空维持装置并不适合于加速度计。正如 17.3.2 节已经指出,传感头自身携带的溅射离子泵用以在加速度计整合和地面验收试验期间维持高真空,而传感头自身携带的吸气材料用以在落塔试验、存储和在轨运行期间维持高真空。如果传感头自身不携带这些高真空维持装置,那就只好依靠外接苯重的地面抽真空设备来获得敏感结构所需要的环境真空度,这样一来,本章中所有针对传感头飞行件的各项地面试验都只能不予安排,考虑到航天工程的高投入高产出特性,我们认为由此带来的风险对主载荷而言是不能接受的。

27.13　本章阐明的主要论点

27.13.1　引言

(1)随着静电悬浮加速度计各项应用对其分辨力要求越来越高,对静电悬浮加速度计性能指标的测试难度也越来越高。如何对静电悬浮加速度计性能指标进行可信、准确的测试,是研制和应用静电悬浮加速度计的科研人员共同关注的问题。

(2)加速度计试验包括一般性试验、工作性能测试、寿命试验、可靠性试验、环境试验等。其中,一般性试验包括外观、质量、阻抗、绝缘电阻、绝缘介电常数、密封性、磁泄漏等的检查、检测;工作性能测试包括功能、噪声、模型方程的各项系数、阈值和分辨力、开机稳定时间、偏值和标度因数的稳定性和重复性、电磁兼容性、偏值和标度因数的温度系数、阶跃响应、频响特性等等的测试。

(3)静电悬浮加速度计由于输入范围小、分辨力/噪声指标要求越来越高,其指标在地面上不可能全面准确地最终评定,但是,在可能的情况下,作为一种加速度测量仪器,应遵循传统加速度计和测量仪器的测试原则。

(4)考察加速度计是否达到所要求的测量带宽,要从以下几方面入手:①每秒 10 次采样下归一化闭环传递函数在测量带宽内的振幅不平坦度;②相频特性相对于线性变化的离差;③群时延的标定误差和最大不稳定性;④噪声水平及其最大不稳定性;⑤测量带宽内由于磁场、温度、电压等变化而产生的误差音调量值;⑥任何频率下 $50\ \mu m/s^2$ 音调的信号带相互调制。

(5)幸亏采用了地面高电压悬浮,才得以制定一个非常完备的试验计划,以便尽可能地在地面评定加速度计的标称性能。由于飞行电路的设计完全不同于 $1\ g_{local}$ 轴的浮起,因此使用下述在地面上的测试配置:$1\ g_{local}$ 电路用其施加高电压的能力控制垂直轴,而飞行电路和单元仅被连接到水平轴的电极(y,z 轴)。

(6)在加速度计验证的三个不同阶段需要摆测试台:①针对传感器的功能验证。以下几种测试用于检查敏感结构整合后的自身状况:加速度计对浮起过程的正常响应;y,z 轴传递函数、静电负刚度、线性、标度因数的标称测量;保证敏感结构的良好整合,没有附加的灰尘或瑕疵。②针对带有 y,z 轴飞行件电路的功能验证。这是对 y,z 轴整个加速度测量链路的功能验证,它允许对 y,z 轴整个链路的硬件和软件进行电子验证。③针对 y,z 轴标度因数和二次因子的验证。借助于摆的受控倾斜,应用外部激励是可能的,它是加速度计标度因数和二次因子测量方法的基础。

27.13.2 功能测试

(1)对于每一对加速度的试验包括:①试验加速度计传感头的飞行件;②试验前端电路单元和数字电路单元的飞行件;③试验一对加速度计传感头＋前端电路单元＋数字电路单元。

(2)对于每一对加速度的试验顺序为:①在地检设备和地检仪器支持下的加速度计传感头飞行件独自功能综合试验(悬浮情况、转递函数、标称静电负刚度、线性、标度因数),试验是在摆测试台的平台(以下简称摆平台)上完成的,要求在试验之后检查加速度计传感头飞行件的完整状态;②加速度计传感头飞行件环境试验;③重复①,以确认通过了环境试验;④加速度计传感头飞行件与前端电路单元飞行件联合的功能试验,要求在摆平台上检查二者的集成化和功能性;⑤带有前端电路单元的一对加速度计传感头的落塔试验;⑥差模标度因数验证;⑦二阶非线性系数验证;⑧一对加速度计传感头＋前端电路单元＋数字电路单元功能试验。

(3)为了在摆平台上完成各项试验,加速度计检验质量需要在地面重力下悬浮。而在正式交付之后,有可能在重力梯度仪集成和卫星集成期间不再需要将检验质量在地面重力下悬浮;但是,也有可能还要对加速度计作局部验证,因而仍需将检验质量在地面重力下悬浮,以便在发射场和尽可能靠近发射的日期,再次评定重力梯度仪的良好健康状况。

27.13.3 敏感结构安装完好的地基检测方法

(1)加速度计的地基静电负刚度测量试验是最挑剔的步骤之一。该测试的确是敏感结构安装完好性的一个可靠指示器,因为该结果允许保证:①敏感结构无任何残余的瑕疵;②敏感结构的静电状态是正常的,具有与理论值一致的静电负刚度值。

(2)我们知道,PID 的积分时间常数 τ_i 使得输入范围内不论非重力阶跃加速度是大是小,检验质量经历最初的运动之后,都能逐渐回复到准平衡位置。因此,为了控制检验质量围绕零位轻微移动 $\pm 3.5\ \mu m$,必须取消积分作用,即令 $1/\tau_i=0$。

(3)由于捕获模式下 US 轴反馈控制电压 V_f 被限制在$(-18.6\sim18.7)$ V,所以欲控制检验质量围绕零位轻微移动 $\pm 3.5\ \mu m$,前向通道的总增益 K_s 不可超过 5.31×10^6 V/m。

(4)若取 $K_s=5.0\times10^6$ V/m,则基础角频率降为 $\omega_0=5.090$ rad/s,即基础频率 $f_0=0.810\ 1$ Hz。保持环内一阶有源低通滤波器的截止频率 $f_c=7.5\ f_0$,即 $f_c=6.076$ Hz。检验质量移动 $\pm 3.5\ \mu m$ 时 V_f 的变化范围为 ± 17.5 V。

(5)欲控制检验质量围绕零位轻微移动 $\pm 3.5\ \mu m$,在 y,z 向产生的输入加速度 γ_s 应不超过 $\pm 8.816\times10^{-5}$ m/s^2,即标准重力加速度 $g_n=9.806\ 65$ m/s^2 下倾斜不超过 $\pm 1.854''$。

(6)保持微分时间常数 $\tau_d=3/\omega_0$。由位移 x 对 γ_s 的阶跃响应得到,测试稳定状态下 x-γ_s 关系曲线时,每调整一个 γ_s 值,应停留 4 s 以上,然后再读 x 值。

(7)绘制稳定状态下 x-γ_s 关系曲线,并进行线性拟合,得到拟合线的斜率。用此方法可实验确定受静电负刚度制约的角频率 ω_p,因为理论上拟合线的斜率为 $1/(\omega_0^2+\omega_p^2)$。

(8)取消积分作用后仍保持 $f_c=7.5\ f_0$,$\tau_d=3/\omega_0$,系统不仅满足稳定的充分必要条件,而且有充足的幅值裕度。

27.13.4 模型方程

(1)交叉耦合效应是加速度计敏感轴的标度因数会受到与之正交方向加速度影响的现

象。其原因与支承、位移检测、伺服反馈驱动或阻尼等在输入轴、输出轴、摆轴之间存在一定程度的耦合作用有关。但是对于静电悬浮加速度计来说，由于支承、位移检测、伺服反馈驱动、电阻尼等均通过检验质量与电极间形成的电容来实施，而且各轴向基本上是独立的，仅共用电源、电容位移检测电压、固定偏压、检验质量及在其上施加电容位移检测电压和固定偏压的金丝，所以交叉耦合系数可以忽略。但是，检验质量及电极笼的不平行度和不垂直度会使安装误差角（即交叉轴灵敏度）依然存在。为此，要求质量块的不平行度和不垂直度小于 1×10^{-5} rad（$2''$）。特别是地基测试时，铅垂方向 LS 轴为克服 1 g_{local} 重力而施加的高电压悬浮作用力，会由于质量块的不平行度和不垂直度，在水平方向 US 轴上产生交叉加速度，其恒定部分会表现为偏值，其起伏不定部分会表现为噪声；而另一水平方向，由质量块的不平行度和不垂直度引起的交叉加速度相对而言则弱得多，以至于对于地基测试的要求而言可以忽略。因此，于静电悬浮加速度计的模型方程仅含偏值 K_0、标度因数 K_1、二阶非线性系数 K_2、三阶非线性系数 K_3 四项，其中 K_0 对于地基测试而言，包含有高电压悬浮的铅垂方向 LS 轴对水平方向 US 轴引起的交叉轴灵敏度部分。

（2）静电悬浮加速度计的理论标度因数 $K_{1,theory}$ 等于物理增益 G_p 的倒数。$c_0 = K_0/K_{1,theory}$ 习惯上仍称为偏值，$c_1 = K_1/K_{1,theory}$ 习惯上仍称为标度因数，$c_2 = K_2/K_{1,theory}$ 习惯上仍称为二阶非线性系数，$c_3 = K_3/K_{1,theory}$ 习惯上仍称为三阶非线性系数。

（3）$c_1 = 1 + k_1$，式中 k_1 为实际标度因数对理论标度因数的相对偏差。

（4）有文献给出的 GRADIO 加速度计的模型方程不含三阶非线性系数；SuperSTAR 加速度计在轨每天一次的标定参数只有偏值和标度因数。

（5）地面重力下测试时得到的 c_0 主要来自于质量块的不平行度和不垂直度引起、铅垂方向 LS 轴高电压悬浮在水平方向 US 轴上产生的交叉加速度，其值比在轨飞行时的真实偏值要大得多。

27.13.5　测试项目

（1）GRACE 科学和任务需求文档列出的 SuperSTAR 加速度计性能项目可以归为五类：①标定项目：偏值、标度因数、二阶非线性系数、三阶非线性系数、失准角、输入范围、控制范围。②分析验证项目：噪声功率谱密度、误差音调、相互调制。③靠设计保证的项目：规定输出数据率下闭环传递函数带宽、测量带宽内的振幅平坦度、测量带宽内的相位偏移和群时延。④设计应遵守的规定：输出数据率、每个样本的模数变换比特数、关于卫星钟的时间标记误差、测量带宽。⑤对环境的要求：温度漂移、温度梯度、磁环境。

（2）受反馈控制电压极限值和固定偏压制约，若输入加速度超过控制范围，则检验质量会失控，即从中心"跌落"。

（3）"标定项目"中偏值、标度因数、二阶非线性系数、三阶非线性系数是静电悬浮加速度计模型方程的各阶系数，它们仅在规定的输入范围内才成立，失准角影响加速度计轴与卫星轴的重合度；"分析验证项目"用于确定加速度计的分辨力；"靠设计保证的项目"来源于防止信号失真的需要；"设计应遵守的规定"直接来源于反演重力场的需要；"对环境的要求"是保证加速度计指标所必须的条件。

（4）GRACE 科学和任务需求文档规定，SuperSTAR 加速度计的传递函数在测量带宽内的振幅不平坦度应小于 -90 dB，相位偏移应小于 $0.002°$，群时延小于 10 ms。为了满足这样高的指标，闭环传递函数带宽必须远大于测量带宽。这再一次表明闭环传递函数带宽绝不能像测量带宽那样窄。

(5)相互调制(IM)或相互调制失真(IMD)是具有非线性的系统中包含两种(或更多)不同频率信号的幅度调制。在每种频率成分之间的相互调制不仅会在各自泛音频率(整数倍)处形成附加的信号,而且会在两种(或更多)原始频率的相加频率和相减频率处以及一种原始频率与另一种(或更多)泛音频率的相加频率和相减频率处以边带的形式产生不受欢迎的附加信号。

(6)将双余弦信号输入三阶非线性系统,不仅会在双余弦信号各自的二倍频、三倍频处形成附加的信号,而且会在双余弦信号的相加频率和相减频率处以及一种信号的频率与另一种信号的二倍频之和及之差处以边带的形式产生不受欢迎的附加信号。

(7)GRACE 科学和任务需求文档对相互调制的要求与其直接理解为控制相互调制水平,不如理解为控制非线性指标的一种测试方法。

(8)如果用数学方法生成具有各自频率和振幅的两个余弦波之和的时域信号,再通过数模转换和致动器施加到 ONERA 的摆测试台上,使之作两个余弦波之和的角秒量级摆动,似乎有可能对加速度计实施相互调制测试。然而,摆控制回路具有非线性,而相互调制测试要求输入的余弦波是低失真的,因而用摆台来检测 SuperSTAR 加速度计"相互调制"的设想是不可行的。我们没有查到 ONERA 是否已经建立了 SuperSTAR 加速度计"相互调制"的测试手段。或许采用电模拟的方法可以解决问题。

27.13.6　测量标准复现加速度值的方法

(1)通常,测量标准提供加速度量值的方法有:①离心试验:利用精密离心机产生的向心加速度作为测量标准提供加速度量值,主要用于标定在大加速度($1\ g_{local} \sim 100\ g_{local}$)情况下的性能;②线振动试验:利用精密线振动台产生的线振动加速度作为测量标准提供加速度量值,主要用于标定二阶非线性系数和频率响应特性,还可以用来校验加速度计标度因数和偏值的长期稳定性以及结构强度等;③地面重力场倾角法:根据等效原理,惯性加速度与引力加速度等效,因而可以利用地面重力加速度在加速度计输入轴方向上的分量作为测量标准提供加速度量值。由于静电悬浮加速度计的输入范围远小于 $\pm 1\ g_n$,离心试验、线振动试验不适合于静电悬浮加速度计的标定,因此,只能考虑采用地面重力场倾角法。

(2)地面测试时用检验质量所在位置的地球引力场强度矢量 g_f 在所测敏感轴方向上的分量代替卫星非重力加速度矢量 a_s 在所测敏感轴方向上的分量是合理的,但应注意二者的方向正好相反。

(3)由于静电悬浮加速度计的输入范围远小于 $\pm 1\ g_n$,重力场静态翻滚试验不适合于静电悬浮加速度计的标定。

(4)可以用 ONERA 研制的摆测试台对 GRADIO 加速度计 US 轴做小角度静态标定,以得到输入范围、标度因数,并可观察输入范围内的线性。

27.13.7　小角度静态标定法

(1)由于静电悬浮加速度计小角度静态标定无法得到相隔 180° 左右的两个角度 θ_1 和 θ_2,所以无法使用 13.3.1 节所述方法,通过相隔 180° 左右、具有接近 0 g_{local} 位置同一输出的两个角度 θ_1 和 θ_2 得到 0 g_{local} 的准确位置。

(2)由于静电悬浮加速度计的输入范围很小,所以必须考虑小角度静态标定时不可避免的倾角误差引起的标定误差问题。

（3）如能保证摆平台的零点与所测敏感轴的水平状态相一致，就可能在重力场倾角小角度静态标定的线性区域$[-a_m \sim +a_m]$内等间隔测试 $2n+1$ 个点，导出了这种情况下倾角误差引起的 c_0 标准差 σ_{c0} 和倾角误差引起的 c_1 标准差 σ_{c1} 的表达式。

（4）倾角误差越大和/或静态标定线性区域内的测点数越少，都使得 σ_{c0} 和 σ_{c1} 越大；此外，在同样的倾角误差和测点数下，静态标定线性区域的最大加速度绝对值越小，σ_{c1} 越大。

（5）关于检测敏感轴与安装面间的夹角，即输入轴失准角 δ_0 的方法，对于输入范围超过 $\pm 1\ g_{local}$ 的加速度计而言，若三阶非线性系数 c_3 可以忽略，用重力场翻滚试验 4 点法就可以。如果已知 K_1，只需将精密光栅分度头或精密端齿盘分别置于 $0°$ 和 $180°$ 下测其输出，就可以得到失准角，即输入范围可以远小于 $\pm 1\ g_{local}$。由于静电悬浮加速度计 y，z 轴处于 $180°$ 时加速度计为倒置悬挂状态，而 x 轴高电压悬浮装置不能应对 $-1\ g_{local}$ 这样的反向重力，且静电悬浮加速度计体积大，没有与之相配的超大精密光栅分度头或超大精密端齿盘，所以不可能采用这种方法。

（6）确定失准角的可行方法是用光学-精密机械方法测定静电悬浮加速度计敏感结构的几何轴与静电悬浮加速度计传感头安装面之间的夹角。而敏感结构几何轴与敏感轴的一致性则靠加工保证。

（7）GRACE 科学和任务需求文档规定加速度计轴的方向误差小于 1×10^{-4} rad（即 $21''$）。由于要求检验质量各面间以及电极笼内侧各电极间的不垂直度和不平行度小于 1×10^{-5} rad（相当于 $2''$）；敏感结构安装在经过研磨等精细加工的殷钢基座上，该基座的垂直度和平行度公差为 5×10^{-5} rad（相当于 $10''$）。在此前提下，加速度计失准角被确定到 10^{-4} rad 以内是有保证的。

（8）似乎可以设想，将静电悬浮加速度计固定在摆平台上，然后该平台在输入范围内实施标定好了的静态倾斜，先后调出若干个稳定不变且准确知道其数值的平台重力场倾角 θ，分别测出加速度测量值，并据此确定加速度计模型方程各项系数。然而，除加速度测量噪声 $\tilde{\gamma}_{msr}$ 外，模型方程的未知参数共有 5 个，即 $c_0, c_1, c_2, c_3, \delta_0$，因而必须至少有 5 个 θ 值，对应 5 个 γ_{msr} 值，形成 5 个方程。它们对于 c_0, c_1, c_2, c_3 来说，是线性方程，可以由其中 4 个方程用克莱姆法则联立求解，分别得到 c_0, c_1, c_2, c_3 对 δ_0 的函数关系。原则上似乎将它们再代入第 5 个方程，就可以解出 δ_0，再分别代回 c_0, c_1, c_2, c_3 对 δ_0 的函数关系，即可解出 c_0, c_1, c_2, c_3。但是对于 δ_0 来说，是三次方程，有三个根，且运算极为复杂，从工程观点来说，精密度也无法保证。因此，迄今未见静电悬浮加速度计采用小角度静态标定得到模型方程各参数的报道。

27.13.8　小角度动态标定法

（1）小角度动态标定的方法是：将静电悬浮加速度计固定在摆平台上，该平台的倾角在加速度计通带范围内的已知的频率下实施角秒量级的正弦摆动，通过重力场倾角的变化，将该频率的重力加速度信号投影到加速度计 US 轴上。为了防止频谱泄漏，即防止在各次谐波峰的两旁出现旁瓣峰，影响主峰峰高，要保证整周期采样。为此，可选择摆动频率为 $0.156\ 25$ Hz，即摆动周期为 6.4 s。由于 SuperSTAR 加速度计 1 a 级原始观测数据输出数据率为 10 Sps，所以一个摆动周期内恰好采集 64 个数据。这样，只要采样持续时间为摆动周期的 2 的整数次幂，就符合快速 Fourier 变换的要求，且基频 $0.156\ 25$ Hz 与测量带宽上限 0.1 Hz 很接近。

（2）为了减小方差，以得到低于 10^{-4} 的试验误差，可以采用平均周期图法；而为了保证有足够的频谱分辨力，每段的数据长度应足够长。例如，在原始观测数据的输出数据率已经确定为 10 Sps 的情况下，取每段数据长度 $L=8\,192$，则频谱间隔为 1.22×10^{-3} Hz。

（3）为了在摆动过程中保证加速度计的输出始终处于输入范围内，需在摆动前先调整 θ，使加速度测量值 γ_{msr} 仅呈现为 $\tilde{\gamma}_{msr}$。

（4）分析表明，γ_{msr} 的四项直流分量涉及 c_0,c_1,c_2,c_3 各参数，由于不含 c_0 的项明显大于含 c_0 的项，因此无法从 γ_{msr} 的直流分量得到加速度计的偏值 c_0。

（5）分析表明，γ_{msr} 的四项基频分量中第一项比后三项均大 3 个量级以上，因而后三项可以忽略，即基频分量的幅度可表达为 $c_1 g_{local}\theta_m$，其中 θ_m 为平台正弦摆动的最大角位移，且该幅度比幅度谱中反映出来的比该平台在同一频率处的噪声大 7 000 倍。因此，如果能得到准确的 θ_m 值，就可以从 γ_{msr} 的基频分量的幅度得到 c_1；如果得不到准确的 θ_m 值，也可以在该平台上同时放一对加速度计，其基频分量的幅度分别为 $c_{1,1} g_{local}\theta_m$ 和 $c_{1,2} g_{local}\theta_m$，其中 $c_{1,1}$ 为第一台加速度计的标度因数，$c_{1,2}$ 为第二台加速度计的标度因数，其差模与共模的比值为 $|c_{1,1}-c_{1,2}|/(c_{1,1}+c_{1,2})$。该比值近似等于 $|k_{1,1}-k_{1,2}|/2$，其中 $k_{1,1}$ 为第一台加速度计的标度因数偏差，$k_{1,2}$ 为第二台加速度计的标度因数偏差。由此可见，可以通过基频分量考察一对加速度计标度因数的一致性。

（6）γ_{msr} 的两项二次谐波分量中第二项比第一项大 30 多倍，因而二次谐波分量的幅度大致可表达为 $c_2 g_{local}^2\theta_m^2/2$，由此，似乎只要能得到准确的 θ_m 值，就可以从 γ_{msr} 的二次谐波分量的幅度得到加速度计的二阶非线性系数 c_2。然而，摆控制回路的二次因子会掺入到加速度计的二次因子中。而且，二次谐波分量的幅度明显比幅度谱中反映出来的该平台在摆动二倍频处的噪声小。因此，难以从 γ_{msr} 的二次谐波分量得到加速度计的二阶非线性系数 c_2。

（7）γ_{msr} 的三次谐波分量只有一项，但其幅度仅为幅度谱中反映出来的该平台在摆动三倍频处噪声的 1/24，因而不能从 γ_{msr} 的三次谐波分量得到三阶非线性系数 c_3。

（8）"0.1 Hz 摆动引起的 $1\,g_{local}$ 投影"是稳态确定性信号，不应该用功率谱密度表达，而应该用幅度谱表达。

（9）分析表明，成对 GRADIO 加速度计标度因数一致性验证是在捕获模式下完成的。之所以没在科学模式下进行标度因数一致性验证，很可能是受到摆测试台噪声的限制。

（10）由于摆控制回路具有非线性，所以不能用小角度动态标定准确给出加速度计二次谐波分量和三次谐波分量。

27.13.9　检验二阶非线性系数的方法

（1）二阶非线性系数起因于加速度计笼的最终缺陷，例如在成对电极表面或在电子元件真实数据方面的差异。结果是，施加的静电力中心与笼中心不完全相配。

（2）为了解决无法用小角度动态标定法从二倍频处的幅值判断 c_2 大小的问题，可采用电模拟的方法：先调整 θ，使 γ_{msr} 仅呈现为 $\tilde{\gamma}_{msr}$，然后在加速度计 PID 的输出处发送一个特定的二阶非线性系数标定信号。这样做，既可以显著增加信号幅度，又可以保证信号不含二次谐波，还可以突出 c_2 的贡献。

（3）特定的二阶非线性系数标定信号为 2ASK（二进制幅移键控）信号，也称为 OOK（开关键控）信号，即正弦载波的幅度随二进制数字基带信号而变化的数字调制信号。我们采用

1，0 等间隔排列的二进制数字基带。为了突出 c_2 的作用，载波频率 f_{cw} 和幅度要尽量高，数字基带的重复频率 r_{db} 要尽量低。由于载波幅度高，加速度计噪声的影响可以忽略。

（4）f_{cw} 可超出加速度计回路带宽。载波幅度应保证带外抑制后的信号不超出加速度计输入范围。r_{db} 值应处于加速度计测量带宽内。为了防止频谱泄漏，r_{db}、采样率、f_{cw} 间应符合 2 的整数次幂关系。

（5）由于 c_0 对二次项幅度谱中 r_{db} 处的尖峰幅度没有影响，而对三次项幅度谱中 r_{db} 处的尖峰幅度有决定性影响，且三次项对全幅度谱中 r_{db} 处尖峰的贡献仅比二次项的贡献略小，而一次项的贡献则小得多，所以如果 c_3（即三次项）可以忽略，就不需要知道 c_0，c_1 的具体数值，从而可以根据全幅度谱中 r_{db} 处的尖峰，确定 c_2 的实际值。

（6）采用规定的 2ASK 信号，且三阶非线性系数 c_3 可以忽略的情况下，可以认为 r_{db} 处的尖峰幅度仅取决于二阶非线性系数 c_2，而与标度因数 c_1 及偏值 c_0 无关。也就是说，采用规定的 2ASK 信号，且三阶非线性系数 c_3 可以忽略的情况下，可以由全幅度谱在 r_{db} 处的尖峰幅度（单位 m/s^2）除以 8.0×10^{-8} m^2/s^4，得到二阶非线性系数 c_2（单位 s^2/m）。

（7）需要强调的是，实际上加速度计存在通带限制，即归一化闭环传递函数幅度谱在测量带宽外会随频率增长而出现明显的起伏变化，好在 r_{db}（0.039 062 7 Hz）低于测量带宽上限 0.1 Hz，因而其幅值不会受到影响。至于实际输出数据率较低，数据长度较小，只要有与之相应低通，从而符合采样定理，且数据长度保证清晰识别 r_{db} 值，就不会影响判读。但如果实际采用的 2ASK 信号与此不同，则应根据实际采用的 2ASK 信号重新作频谱分析。

（8）在轨时通过控制电极向检验质量施加高频正弦加速度，可以确定二次因子的更新值，从而调准加速度计。

27.13.10　落塔试验

落塔试验是关于飞行状况的最有代表性的试验，但并非加速度计性能指标的量化评定试验，因为它不能准确复现加速度值。它的好处是将铅垂方向的加速度从地面的 $1\,g_{local}$ 降低到不超过 2×10^{-4} m/s^2。落塔试验的功用有三个：①校核加速度计传感头飞行件与前端电路单元飞行件集成后在低重力环境中的三轴工作情况；②观测沿加速度计传感头 x 轴（在下落期间的垂直轴）的加速度输出，是否实现了从捕获模式向科学模式的转换，以确认检验质量在下落期间（4.7 s）完全地捕获和控制在电极笼的中心；③针对 GRACE 和 GOCE 卫星均需要成对使用静电悬浮加速度计的特点，观察一对加速度计传感头性能的相似性和科学模式标度因数的相似性是否满意。

27.13.11　一对加速度计传感头＋前端电路单元＋数字电路单元功能试验

（1）本试验用一对（仅限一对）加速度计传感头＋前端电路单元＋数字电路单元在悬浮状态中进行试验，靠数字电路单元中的软件实现故障检测和恢复功能，以检验其符合性。

（2）模拟检测器 y_1 失灵，其输出电压负饱和，随即自动触发了一个恢复程序。失灵前检测器的输出反映出检测器偏值的影响，失灵后恢复程序即刻重新配置检测器组合关系：检测器 y_1 不再用于加速度计的控制回路，只用检测器 y_2，z_1，z_2 应付与 y 和 z 轴关连的三个自由度，为了弥补故障，PID 成功消除 y_2，z_1，z_2 三个检测器不同的偏值贡献，使之输出均置 0，并由检测器 y_1 承受所有检测器的所有残留偏值。

27.13.12 在轨飞行时敏感结构维持清洁真空的必要性

(1)对于 SuperSTAR 加速度计,热力学温度 293 K 下残余气体的压力 $p \leqslant 1 \times 10^{-5}$ Pa 和电极笼互为对侧间的温差噪声 $\tilde{\delta}_T \leqslant 0.2$ K/Hz$^{1/2}$ 下 US 轴辐射计效应引起的加速度测量噪声 $\tilde{\gamma}_{re} \leqslant 1.90 \times 10^{-11}$ m·s^{-2}/Hz$^{1/2}$,这是可以接受的;对于 GRADIO 加速度计,热力学温度 293 K 下由于测量带宽内热控稳定性优于 $5 \times (0.1$ Hz $/ \{f\}_{Hz})^2$ μK/Hz$^{1/2}$,因而仍可保持 $p \leqslant 1 \times 10^{-5}$ Pa 的要求,由此得到 US 轴辐射计效应引起的加速度测量噪声 $\tilde{\gamma}_{re} \leqslant 1.07 \times 10^{-16} \times (0.1$ Hz $/ \{f\}_{Hz})^2$ m·s^{-2}/Hz$^{1/2}$。这是可以接受的。

(2)污染会严重影响接触电位差起伏引起的加速度测量噪声。为了防止污染,对包括敏感结构在内的加速度计传感头采用优良的清洗规程、超净装配-检验、无油真空排气规程并维持清洁真空是很重要的。

(3)$p \leqslant 1 \times 10^{-5}$ Pa 时气体阻尼所引起的加速度测量噪声对于 GRADIO 和 SuperSTAR 加速度计都远低于总噪声规范值。

(4)只有在加速度计制造过程中对敏感结构进行了认真的清洁处理和真空除气处理之后,出气引起的加速度测量噪声才可能远低于辐射计效应引起的加速度测量噪声。为了减少出气,敏感结构维持清洁真空是很重要的。

27.13.13 在轨飞行时敏感结构维持清洁真空的方法

(1)在轨飞行时 $p \leqslant 1 \times 10^{-5}$ Pa 是必须的。GRACE 卫星的设计寿命为 5 年,GOCE 卫星的设计寿命为 2 年。在此期间,必须连续维持 $p \leqslant 1 \times 10^{-5}$ Pa。

(2)加速度计传感器的敏感结构被整合在一个真空密封的壳里;该真空既可以靠吸气剂材料,也可以靠打开到空间真空的装置或者靠低温下运行来维持;预期的压力能在 10^{-3} Pa 到少于 10^{-9} Pa 之间改变;该残气效应主要是当压力不是充分低时引起的阻尼和当在加速度计笼上温度不是一致时的辐射计效应;在低温中,这些效应是可以忽略的;在室温下需要高热稳定性和低压力。

(3)打开到空间真空与暴露于航天器舱内是不同的。尽管无特殊需求时航天器舱通常是不密闭的,但舱内的气压与外太空的气压之差取决于舱内材料出气、水蒸气、有机物污染等因素以及航天器舱相对于外太空的有效流导。因此,外太空的气压越低,对舱内气压的影响越小。

(4)ASTRE、STAR、SuperSTAR、GRADIO 加速度计具有相似的结构。这几种加速度计在轨运行期间用吸气材料维持高真空。

(5)LISA 任务的 CAESAR 惯性传感器源于 GRADIO 加速度计的构形,运行原理上与加速度计的差别仅在于不是靠伺服反馈施加电压到电极上使检验质量相对于电极笼不动,而是靠卫星阻力补偿系统使卫星无拖曳飞行,从而电极笼也跟着相对于检验质量不动;传感器会被安装在 ULE 光具座上以确保高的几何稳定性,传感器会受益于该光具座的预期热稳定性(10^{-6} K/Hz$^{1/2}$),热辐射压力效应被评估为少于 2×10^{-16} m·s^{-2}/Hz$^{1/2}$;钛密封壳是必要的,以保持全部传感器敏感结构在除过气的部件集成后处于一个非常清洁的真空中;吸气剂材料也可以集成在壳内,就像对已经开发的静电悬浮加速度计所做的那样;在飞行中,密封壳被烟火阀打开到空间真空中,预期在电极笼内部有一个非常低的残余压力($<10^{-6}$

Pa),以使气体阻尼的影响减至最小程度。

27.13.14　传感头飞行件地面验证试验采用高电压悬浮的必要性

地面高电压悬浮是传感头飞行件验证试验所需的基本条件之一。

27.13.15　传感头飞行件地面验证试验采用摆测试台的必要性

在加速度计验证的三个不同阶段需要摆测试台。可以看到,这实际上包含了除环境试验和落塔试验外的众多试验。因此,摆测试台也是传感头飞行件验证试验所需的基本条件之一。

27.13.16　传感头飞行件地面验证试验采用真空壳的必要性

(1)地基测试时为了使 GRADIO 加速度计检验质量沿 x 向离开下限位,必须给上电极施加绝对值超过 1 238.80 V 的负高电压。而检验质量上施加的固定偏压为 +40 V,二者的电压差超过 1 278.80 V,而间隙仅为 48 μm。这么小的间隙下有这么高的电压差,必须防止发生气体放电。

(2)从针对 N_2 得到的 Paschen 曲线可以看到,在 1.3 kV 高电压下,p 与间隙长度 d 乘积小于 0.93 Pa·m 或大于 16 Pa·m 才不会发生气体放电。即对于 48 μm 的间隙而言,p 小于 1.9×10^4 Pa 或大于 3.3×10^5 Pa 才不会发生气体放电。由于标准大气压 $p_0 = 1.013\ 25 \times 10^5$ Pa,所以对于 1.3 kV 高电压和 48 μm 的间隙而言,标准大气压下会发生气体放电。因此,敏感结构必须安装在密封的真空壳内,且该真空壳需具有足够的抗压强度,以耐受地面试验时一个大气压的压差(不论壳内真空度有多高,地面试验时壳内外压差总是一个大气压)。

(3)为了减少出气和污染,敏感结构维持清洁真空是很重要的。从真空获得技术的专业角度看,敏感结构维持清洁真空的工作不能等到上天之后再做,钛密封壳是必要的,以保持全部传感器敏感结构在除过气的部件集成后处于一个非常清洁的真空中。

(4)由于辐射计效应引起的加速度测量噪声与电极笼内残余气体的压力 p 成正比,所以对于 SuperSTAR 加速度计和 GRADIO 加速度计,在所给参数下,$p \leqslant 1 \times 10^{-5}$ Pa 是必要的。然而,由于地面测试不可能直接测出噪声指标,所以影响噪声指标的残气压力指标和热控稳定性指标在地面测试时就可以放宽。

(5)既然地面测试不可能直接测出噪声指标,地面测试时对环境剩磁的要求就可以放宽。据此,似乎地面测试时对真空壳磁屏蔽效果的要求也可以放宽。然而,不可能在上天前更换真空壳,因而制造时必须考虑真空壳的磁屏蔽效果。

(6)虽然在轨飞行时传感器所需要的真空环境既可以靠吸气剂材料,也可以靠打到空间真空的装置或者靠低温下运行来维持。但是,传感器可以打开到空间真空并不等于不需要真空壳。既然必须有真空壳,该真空壳就需具有足够的抗压强度。

(7)LISA 标称的任务寿命是 2 年,扩展的任务寿命是 10 年。由于靠吸气剂材料难以在 10 年的扩展寿命期间保持内部残气压力低于 10^{-6} Pa,而真空壳又是不可缺省的,所以用传感器打开到空间真空的办法代替内部配备吸气剂材料的目的并不是为了省去真空壳所占据的体积和重量,而是为了在更长的寿命期间内保持更低的残气压力。LISA 任务 CAESAR

惯性传感器的真空壳用钛制成,厚度为 5 mm。因此,LISA 采用传感器打开到空间真空的办法不可能节省体积和重量。

27.13.17 传感头飞行件地面验证试验时敏感结构维持清洁真空的方法

(1)与真空壳相通的溅射离子泵用以在加速度计整合和地面验收试验期间维持高真空;而真空壳内部的吸气材料用以在落塔试验、存储和在轨运行期间维持高真空。由于传感头自身携带的这种超小型、长寿命高真空维持装置是随传感头上天的,所以它既不能影响静电悬浮加速度计正常工作,也不能影响卫星本体或其他有效载荷正常工作,且所需的体积、重量、功耗及遥控、遥测资源均应符合空间飞行的要求。受这些条件约束,该高真空维持装置不可能承担传感头制造过程中的主抽气任务。也就是说,从真空获得的专业角度来看,传感头制造过程要靠一套主抽气系统获得所需要的稳定高真空,而配属在传感头中的高真空维持装置只是一种辅助抽气手段。因此,溅射离子泵旁侧有一根预抽管道,制造过程中通过它将传感头与主抽气系统连接,获得所需要的稳定高真空后再将其夹死。

(2)LISA 任务 CAESAR 惯性传感器的真空壳在轨飞行时被烟火阀打开到空间真空中。地面试验时 CAESAR 惯性传感器的真空壳是接通真空系统的。LISA 任务的 CAESAR惯性传感器不是靠伺服反馈施加电压到电极上使检验质量相对于电极笼不动,而是靠卫星阻力补偿系统使卫星无拖曳飞行,从而电极笼也跟着相对于检验质量不动。因此,CAESAR 惯性传感器在卫星控制回路频带宽度内不会对检验质量施加静电力,因而不必提供加速度的准确测量,包括不必提供完全已知和稳定的标度因数,然而,其配置却专注于减少所有的寄生力。由此可见,惯性传感器飞行件的地面验证试验比加速度计来得简单。这就为惯性传感器不自身携带溅射离子泵提供了可能性。

(3)不自身携带溅射离子泵和吸气材料等高真空维持装置并不适合于加速度计。如果传感头自身不携带这些高真空维持装置,那就只好依靠外接苯重的地面抽真空设备来获得敏感结构所需的环境真空度,这样一来,所有针对传感头飞行件的各项地面试验都只能不予安排,考虑到航天工程的高投入高产出特性,我们认为由此带来的风险对主载荷而言是不能接受的。

参 考 文 献

[1] 中国航天标准化研究所.单轴摆式伺服线加速度计试验方法:GJB 1037A — 2004[S].北京:国防科工委军标出版发行部,2004.

[2] MARQUE J-P, CHRISTOPHE B, LIORZOU F, et al. The ultra sensitive accelerometers of the ESA GOCE mission:IAC – 08 – B1.3.7 [C]//The 59th International Astronautical Congress, Glasgow, UK, September 28 – October 2, 2008.

[3] LIORZOU F, CHHUN R, FOULON B. Ground based tests of ultra sensitive accelerometers for space mission:IAC – 09.A2.4.3 [C]//The 60th International Astronautical Congress, Daejeon, Republic of Korea, October 12 – 16, 2009.

[4] 薛大同.静电悬浮加速度计的地面重力倾角标定方法[J].宇航学报,2011,32(3):

688 - 696.

[5]　TOUBOUL P, FOULON B, WILLEMENOT E. Electrostatic Space Accelerometers for Present and Future Missions：IAF - 96 - J.1.02 [C/J]//The 47th International Astronautical Congress，Beijing，China，October 7 - 11，1996. Acta Astronautica，1999，45 (10)：605 - 617.

[6]　TOUBOUL P, FOULON B. Space Accelerometer Developments and Drop Tower Experiments [J]. Space Forum，1998，4：145 - 165.

[7]　STANTON R, BETTADPUR S, DUNN C, et al. Science & Mission Requirements Document：GRACE 327 - 200(JPL D - 15928) [R]. Revision D. Pasadena，California：Jet Propulsion Laboratory (JPL)，2002.

[8]　BRUINSMA S, BIANCALE R, PEROSANZ F. Calibration parameters of the CHAMP and GRACE accelerometers [EB/OL]. http://www. massentransporte. de/fileadmin/20071015-17-Postdam/di_1800_05_bruinsma.pdf.

[9]　薛大同.静电悬浮加速度计的地面测试与评定方法综述[J].宇航学报,2011,32(8)：1655 - 1662.

[10]　Wikipedia. Intermodulation [DB/OL].(2018 - 07 - 04). https://en.wikipedia.org/wiki/intermodulation.

[11]　王洪伟.小众声学＞音频杂谈＞基于声卡的多功能测试系统[EB/OL].(2014 - 12 - 17).http://www.audio6.com/test/.

[12]　何铁春,周世勤.惯性导航加速度计[M].北京:国防工业出版社,1983.

[13]　沙定国.误差分析与测量不确定度评定[M].北京:中国计量出版社,2003.

[14]　张贤达.矩阵分析与应用[M].北京:清华大学出版社,2004.

[15]　数学手册编写组.数学手册[M].北京:人民教育出版社,1979.

[16]　DRINKWATER M, KERN M. GOCE：calibration & validation plan for L1b data products：Ref：EOP - SM/1363/MD - md [R/OL]. Issue：1.2. Noordwijk，The Netherlands：ESTEC (European Space Technonlogy Centre)，2006. http://esam-ultimedia.esa.int/docs/GOCE_CalValPlan_L1b_v1_2.pdf.

[17]　BERNARD A, TOUBOUL P. The GRADIO accelerometer：design and development status：ONERA - TAP - 1991 - 134 [C]//Proceedings of the Workshop ESA/NASA on Solid-Earth Mission Aristoteles，Anacapri，Italy，September 23 - 24,1991;61 - 67.

[18]　TOUBOUL P. Microscope instrument development，lessons for goce [J]. Space Science Reviews，2003，108 (1)：393 - 408.

[19]　MARQUE J-P, CHRISTOPHE B, FOULON B, et al. The ultra sensitive GOCE Accelerometers and their future developments [C]//Towards a Roadmap for Future Satellite Gravity Missions，Graz，Austria，September 30 - October 2,2009.

[20]　谭扬林,谢冬青.数字通信原理[M].长沙:湖南大学出版社,1999.

[21]　RODRIGUES M. Flight experience on CHAMP and GRACE with ultrasensitive accelerometers [C]//The 4th International LISA Symposium，Penn State College，

Pennsylvania，United State，July 19 - 24，2002.

[22] CESARE S，AGUIRRE M，ALLASIO A，et al. The measurement of Earth's gravity field after the GOCE mission [J]. Acta Astronautica，2010，67 (7/8)：702 - 712.

[23] LISA Study Team. LISA：Pre-Phase A Report [R/OL]. 2nd edition. Garching，Germany：Max-Planck-Institut für Quantenoptik，1999. https://lisa.nasa.gov/archive2011/Documentation/ppa2.08.pdf.

[24] TOUBOUL P，RÜDIGER A. Accelerometric Reference Sensor for Interferometer Space Antenna [C]//The 7th Marcel Grossmann Meeting on General Relativity，Stanford University，July 24 - 30，1994. Proceedings of the 7th Marcel Grossmann Meeting on recent developments in theoretical and experimental general relativity，gravitation，and relativistic field theories，1996：1563 - 1564.

[25] TOUBOUL P，FOULON B，BERNARD A. Electrostatic Servocontrolled Accelerometers for Future Space Missions [C]//Future Fundamental Physics Missions in Space and Enabling Technologies，EI Escorial，Spain，April 5 - 7，1994.

[26] TOUBOUL P，FOULON B. LISA Senseur Gravitationnel & Accéléromètres Electrostatiques [C]//La 1ères journées LISA-France，Paris，France，janvier 20 - 21，2005.

[27] Wikipedia. Paschen's law [DB/OL]. (2018 - 07 - 05). https://en.wikipedia.org/wiki/Paschen%27s_law.

[28] 薛大同.重力测量卫星专用加速度计的关键技术[C]//二十一世纪航天科学技术发展与前景高峰论坛暨中国宇航学会第二届学术年会，北京，12 月 4 — 6 日，2006.二十一世纪航天科学技术发展与前景高峰论坛暨中国宇航学会第二届学术年会论文集.北京：宇航出版社，2007：262 - 270.

[29] 薛大同，张剑威，王佐磊，等.静电悬浮加速度计真空装置的研制[C/J]//中国真空学会 2006 年学术会议，西安，陕西，10 月 21 — 24 日，2006.真空科学与技术学报，2007，27(增刊 1)：10 - 14.

[30] TOUBOUL P.Space Accelerometers：Present Status [J].Lecture Notes in Physics，2001，562 (1)：273 - 291.

附　录

附录 A　使用相干性检测 MHD 角速率传感器的噪声基底的示例

图 A-1 为兰州空间技术物理研究所 2011—2013 年研制的 MHD 角速率传感器原理样机,图 A-2 为一对 MHD 角速率传感器原理样机进行噪声测试的安装示意图,可以看到它们背靠背安装在角振动转台的刚性安装架上,其中传感器 x 的标度因数约为 1 000 V/(rad·s^{-1}),传感器 y 的标度因数约为 50 V/(rad·s^{-1})。

图 A-1　兰州空间技术物理研究所研制的
MHD 角速率传感器原理样机

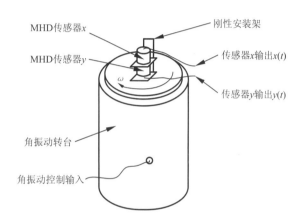

图 A-2　一对 MHD 角速率传感器原理样机
进行噪声测试的安装示意图

角振动转台控制输入一个正弦变化角速率 $\omega_0\sin(2\pi f_0 t)$ rad/s,式中 $\omega_0 \approx 6\times10^{-3}$ rad/s,$f_0 \approx 8.4$ Hz,以 2 000 Sps 的稳定采样率同步、不间断地采集两个 MHD 角速率传感器原理样机的输出,共计 31.5 s,采集到 63 000 对时域数据,依据两个传感器各自的标度因数将输出的电压值转换为 rad/s。采用每段数据长度 $L=16$ 384、毗连段重叠样点数 $D=8$ 192 的 Welch 法求相干性和自谱。为了充分利用所采集到的数据,取分段数 $K=6$,即总数据长度 $N=57$ 344($=7\times2^{13}$)。照搬文献[1]所采用的对时域数据实施去均值、去线性趋势和修正标度因数误差等方法。图 A-3 为预处理后的局部时域曲线,图 A-4 为图 A-3 中圆圈内曲线的放大图。

计算机预先装有 OriginPro 8.5.1 和 MATLAB R2008a。将 57 344($=7\times2^{13}$)对处理后的数据导入到 OriginPro 8.5.1 中,如图 A-5 所示。

在 OriginPro 8.5.1 中调出 MATLAB 控制台,如图 A-6 所示。

单击 MATLAB Console...栏,出现 MATLAB Console 窗口和 MATLAB Command Window 窗口,如图 A-7 和图 A-8 所示。

在 MATLAB Console 窗口中单击 Export...按钮,出现 MATLAB Export 窗口,如图 A-9 所示。

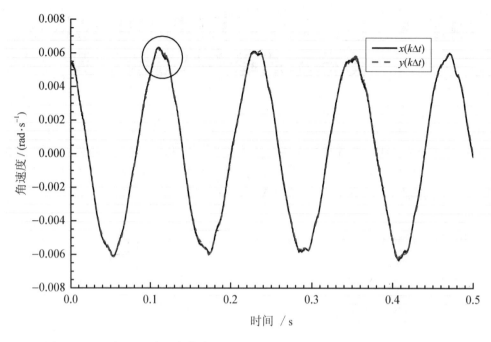

图 A-3 一对 MHD 角速率传感器原理样机检测正弦变化角速率的局部时域曲线

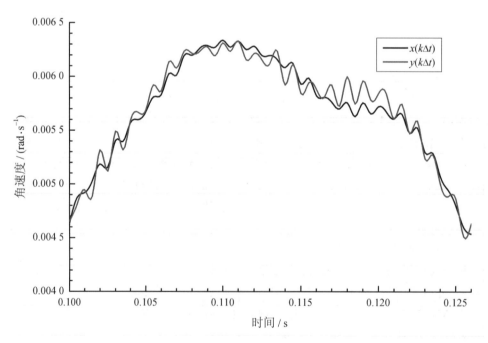

图 A-4 图 A-3 中圆圈内曲线的放大图

图 A - 5 导入到 OriginPro 8.5.1 中的 57 344(＝7×2¹³)对处理后数据

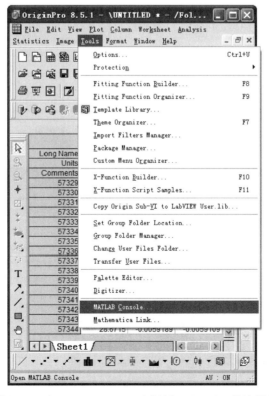

图 A - 6 在 OriginPro 8.5.1 中调用 MATLAB 的控制台

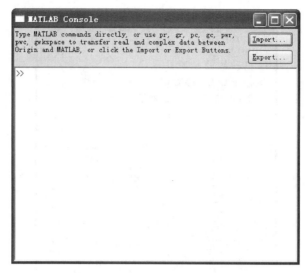

图 A－7　MATLAB Console 窗口

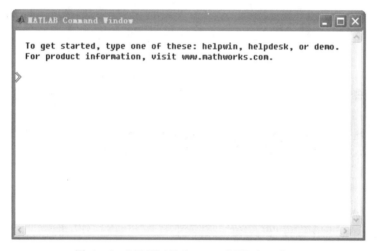

图 A－8　MATLAB Command Window 窗口

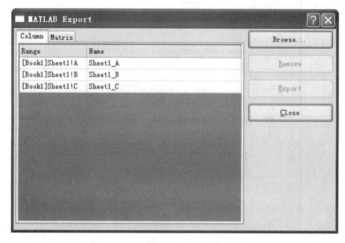

图 A－9　MATLAB Export 窗口

在 MATLAB Export 窗口中单击 Sheet1_B 栏,输入"X"并回车运行,Sheet1_B 变成 X;
单击 Sheet1_C 栏,输入"Y"并回车运行,Sheet1_C 变成 Y,如图 A-10 所示。

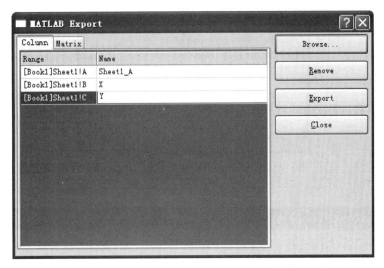

图 A-10　Sheet1_B 栏输入"X",Sheet1_C 栏输入"Y"

在 MATLAB Export 窗口中用拖动鼠标的办法选中 X 栏和 Y 栏,如图 A-11 所示。

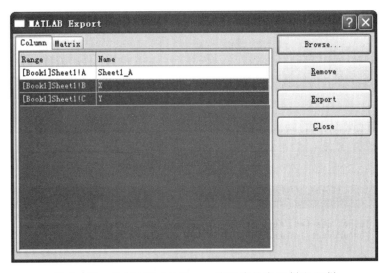

图 A-11　在 MATLAB Export 窗口中选中 X 栏和 Y 栏

在 MATLAB Export 窗口中单击 Export 按钮,弹出 Script Window 窗口,如图 A-12
所示,表明已经成功导出到 MATLAB 中。

在 MATLAB Command Window 窗口输入"whos"并回车运行,即显示 MATLAB 已收
到的数据名称、数据长度、字节数和数据等级,如图 A-13 所示。

在 MATLAB Command Window 窗口依次输入以下内容并回车运行,如图 A-14 所示。

```
[Pxx,f] = pwelch(X,hann(16384),8192,16384,2000);
[Pyy,f] = pwelch(Y,hann(16384),8192,16384,2000);
```

[Cxy,f] = mscohere (X,Y,hann(16384),8192,16384,2000);

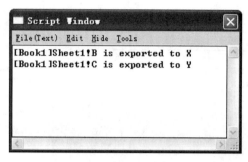

图 A-12 弹出 Script Window 窗口

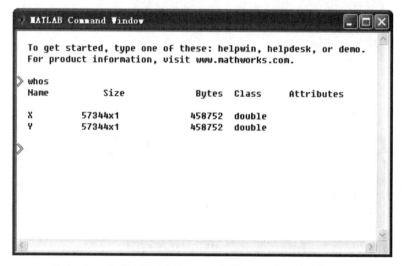

图 A-13 在 MATLAB Command Window 窗口输入"whos"

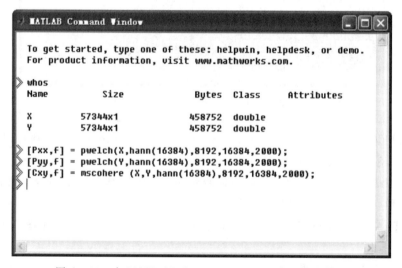

图 A-14 在 MATLAB Command Window 窗口输入针对
X 和 Y 的 pwelch 函数和 mscohere 函数

在 MATLAB Export 窗口中单击 Close 按钮,使该窗口关闭。然后,在 MATLAB Console窗口中单击 Import...按钮,出现 MATLAB Import 窗口,如图 A-15 所示。

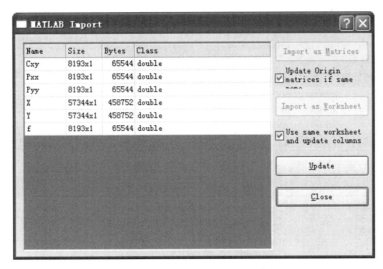

图 A-15 MATLAB Import 窗口

在 Script Window 窗口中单击右上角的⊠按钮,使该窗口关闭。在 MATLAB Import 窗口中,用鼠标点中 f 栏,并点击 Import as Worksheet 按钮,将该栏数据导入到 OriginPro 8.5.1 中,如图 A-16 所示。

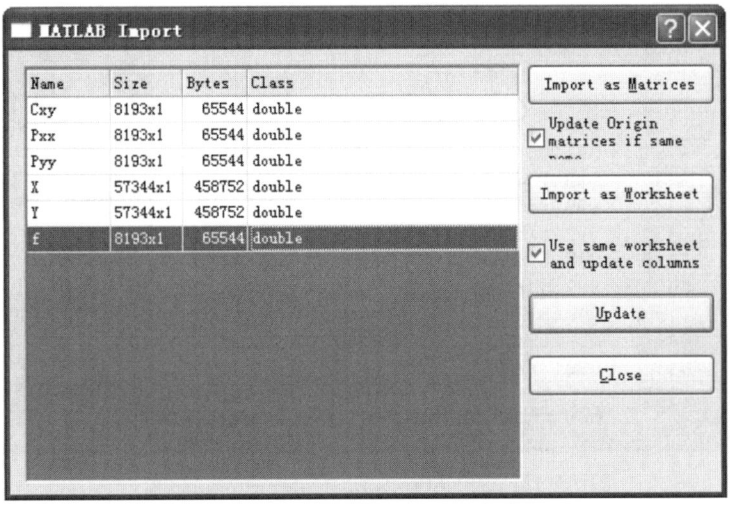

图 A-16 在 MATLAB Import 窗口中选中 f 栏

在 MATLAB Import 窗口中,用拖动鼠标的办法选中 Cxy, Pxx, Pyy 栏,并点击 Import as Worksheet 按钮,将这三栏数据导入到 OriginPro 8.5.1 中,如图 A-17 所示。

在 MATLAB Import 窗口中单击 Close 按钮,在 MATLAB Console 窗口和 MATLAB Command Window 窗口中单击右上角的⊠按钮,使这三个窗口关闭。这时,可以看到在 OriginPro 8.5.1中已多出一个 Matlab 窗口,如图 A-18 所示。

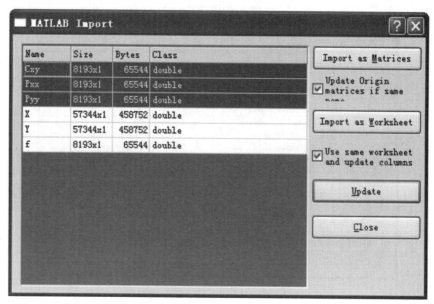

图 A-17　在 MATLAB Import 窗口中选中 Cxy，Pxx，Pyy 栏

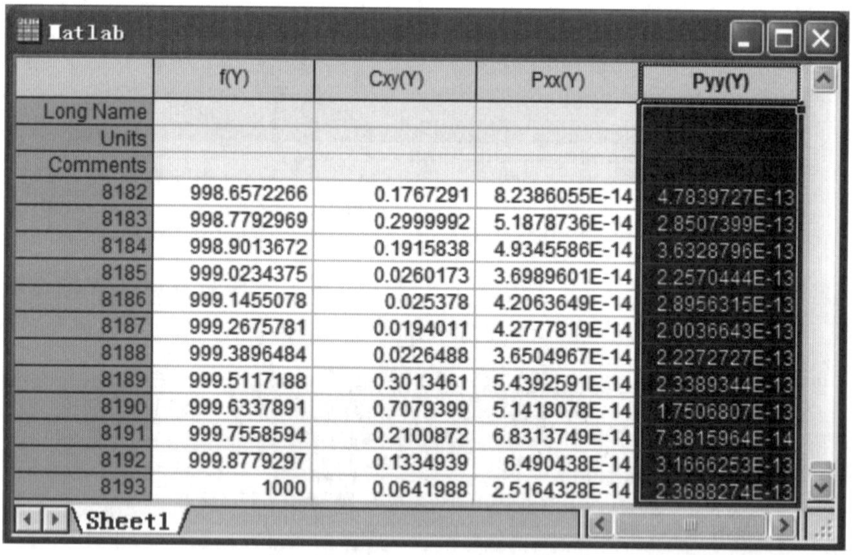

图 A-18　OriginPro 8.5.1 中出现的 Matlab 窗口

在 OriginPro 8.5.1 的 Matlab 窗口中双击 f(Y)列，弹出 Column Properties 窗口，如图 A-19 所示。

在 f(Y)列的 Column Properties 窗口中将 Options →Plot Designation 栏中的选项 Y 改选为 X，单击 OK 按钮，该窗口关闭，且 f(Y)已改成 f(X)。在 OriginPro 8.5.1 的 Matlab 窗口中添加 Gcpx，Gcpy，Gipx，Gipy 列，双击各列，分别在 Long Name，Nnits，Comments 栏中添加合适的内容，并分别对添加的各列单击鼠标右键，在弹出的窗口中单击 Set Column Values 栏，在弹出的 Set Values 窗口中依式(5-64)和式(5-65)输入算式，考虑到

5.7.3 节所述国际上习惯用功率谱密度的平方根值表示功率谱密度,应将算式取 sqrt,结果如图 A-20 所示。

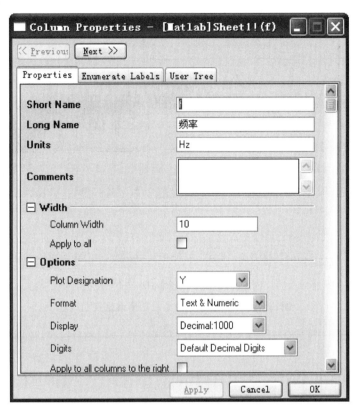

图 A-19　f(Y)列的 Column Properties 窗口

	f(X)	Cxy(Y)	Pxx(Y)	Pyy(Y)	Gcpx(Y)	Gcpy(Y)	Gipx(Y)	Gipy(Y)
Long Name	频率	相干函数	X的自谱	Y的自谱	X的相干功率谱密度	Y的相干功率谱密度	X的噪声功率谱密度	Y的噪声功率谱密度
Units	Hz		(rad/s)^2/Hz	(rad/s)^2/Hz	(rad/s)/Hz^0.5	(rad/s)/Hz^0.5	(rad/s)/Hz^0.5	(rad/s)/Hz^0.5
Comments		r12^2						
8182	998.6572266	0.1765527	8.23905E-14	4.7867649E-13	1.2060788E-7	2.907088E-7	2.6046927E-7	6.2782552E-7
8183	998.7792969	0.3005658	5.1871323E-14	2.8552489E-13	1.2486291E-7	2.9294883E-7	1.9047461E-7	4.4688463E-7
8184	998.9013672	0.1918553	4.9337986E-14	3.6392283E-13	9.7292116E-8	2.6423576E-7	1.9968032E-7	5.4231199E-7
8185	999.0234375	0.0259465	3.6984846E-14	2.2561385E-13	3.0977826E-8	7.6510652E-8	1.8980311E-7	4.6878563E-7
8186	999.1455078	0.0253208	4.2060703E-14	2.8971203E-13	3.2634518E-8	8.5648981E-8	2.0247393E-7	5.3139089E-7
8187	999.2675781	0.0196581	4.2777924E-14	2.0026893E-13	2.8998812E-8	6.2744716E-8	2.0478524E-7	4.4309371E-7
8188	999.3896484	0.0225901	3.6499113E-14	2.2285324E-13	2.8714403E-8	7.0952568E-8	1.888772E-7	4.667108E-7
8189	999.5117188	0.301662	5.4399706E-14	2.3372851E-13	1.2810279E-7	2.6553157E-7	1.9490865E-7	4.040068E-7
8190	999.6337891	0.7084027	5.1417134E-14	1.7513552E-13	1.9085082E-7	3.5223072E-7	1.224463E-7	2.2598461E-7
8191	999.7558594	0.211587	6.8302947E-14	7.3766214E-14	1.2021655E-7	1.2493188E-7	2.3205803E-7	2.411602E-7
8192	999.8779297	0.1335648	6.4911099E-14	3.1636246E-13	9.3111957E-8	2.0555992E-7	2.371524E-7	5.2355285E-7
8193	1000	0.0640004	2.5174611E-14	2.3660922E-13	4.0139586E-8	1.2305729E-7	1.5350382E-7	4.7060188E-7

Sheet1

图 A-20　在 OriginPro 8.5.1 的 Matlab 窗口中所做的运算

分别用 Gipx 列和 Gipy 列作图,分别得到传感器 x 和传感器 y 各自的噪声功率谱密度曲线,如图 A-21 和图 A-22 所示。

由图 A-21 和图 A-22 可以看到,1.5 Hz 以下及 186 Hz 以上传感器 x 的噪声功率谱密度明显比传感器 y 的小。这显然与传感器 x 的标度因数比传感器 y 的高 20 倍有关。

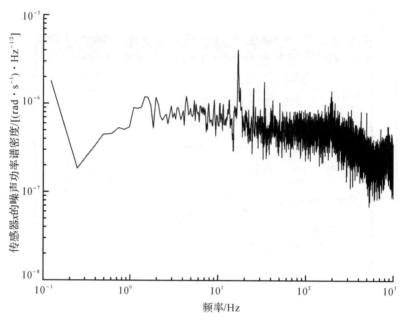

图 A-21　传感器 x 的噪声功率谱密度曲线

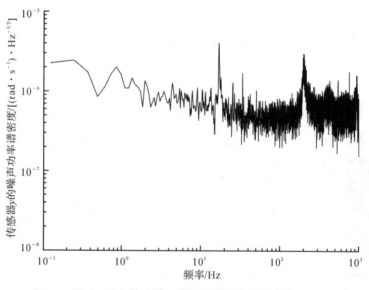

图 A-22　传感器 y 的噪声功率谱密度曲线

　　用式(5-40)对图 A-21 进行处理,得到在(1~1 000) Hz 范围内传感器 x 的噪声等效角速率为 12 μrad/s (RMS)。

　　分别用 Gcpx 列和 Gcpy 列作图,分别得到由传感器 x 和由传感器 y 得到的外来扰动 $\omega_0\sin(2\pi f_0 t)$ 的功率谱密度曲线,如图 A-23 和图 A-24 所示。

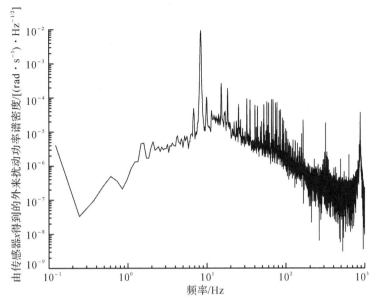

图 A-23 由传感器 x 得到的外来扰动功率谱密度曲线

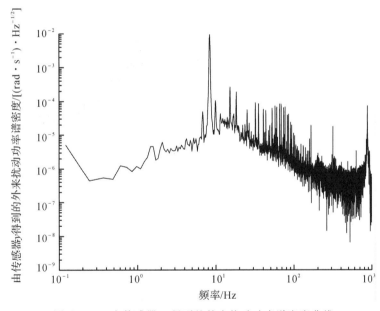

图 A-24 由传感器 y 得到的外来扰动功率谱密度曲线

由图 A-23 和图 A-24 可以看到,两条曲线在(1.5～186) Hz 吻合得很好,而在 1.5 Hz 以下及 186 Hz 以上吻合得不好,这与图 A-21 和图 A-22 所示两个传感器噪声功率谱密度的一致性好坏相吻合。这证明了文献[2]所述采用两个同样的传感器,以保证它们产生的噪声有相似的谱特性(但并不彼此相关)的重要性。

从此示例可以看到,用相干性检测仪器噪声基底的方法尽管要求两个传感器的噪声有相似的谱特性,但也允许有一些差别,而且可以分别得到两个传感器的噪声基底。

作为一种极端情况,文献[1]甚至分别采用了两种不同型号的传感器做相干性的计算与分析,一个传感器为 FBS-3A 宽频带地震仪,而另一个传感器为 JCY-100 型短周期地震仪,对外来扰动的检测不要求十分准确时,这也是可行的。

以上事实证明,用相干性检测仪器噪声基底的方法可适用于各类仪器的外来信号与仪器噪声的分离。

法国国家航空航天工程研究局(ONERA)用自行研制的摆测试台检验了一对 GRADIO 加速度计在标度因数检测时的共模(平均值)和差模(半差分值)加速度的功率谱密度(详见 26.1.4 节),其中共模谱线反映了外来的 0.1 Hz 标度因数检测信号和外来的噪声干扰,差模谱线反映了两台加速度计的标度因数不一致性和两台加速度计自身的平均噪声。从机理上讲,这种共模-差模检测法对外来信号与仪器噪声的分离显然不如相干性检测法。作为旁证,我们对传感器 x 和 y 的预处理后角速率数据作共模和差模计算后,仿照图 A-6～图 A-20 所示的 $L=16\,384$,$D=8\,192$ 之 Welch 法求得共模和差模功率谱密度,如图 A-25 和图 A-26 所示。

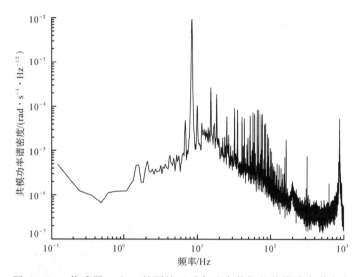

图 A-25　传感器 x 和 y 的预处理后角速率数据的共模功率谱密度

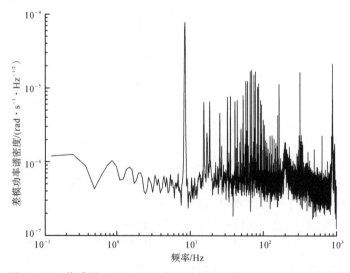

图 A-26　传感器 x 和 y 的预处理后角速率数据的差模功率谱密度

可以看到,图 A-25 所示的共模功率谱密度与图 A-23 和图 A-24 所示的相干功率谱密度相似;而图 A-26 所示的差模功率谱密度与图 A-21 和图 A-22 所示的非相干功率谱密度差别较大。

在 OriginPro 8.5.1 中不能用 Welch 法直接计算自谱,但能直接计算相干性:在图 A-5 所示的电子表格中选中传感器 x 和传感器 y 两栏,在菜单栏中点击 Analysis →Signal Processing → Coherence →Open Dialog...,弹出 Signal Processing: cohere 窗口,如图 A-27 所示。

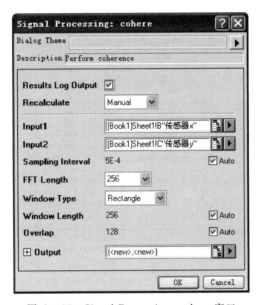

图 A-27 Signal Processing: cohere 窗口

在 FFT Length 栏中输入"16384",在 Window Type 栏中选择 Hanning,如图 A-28 所示。

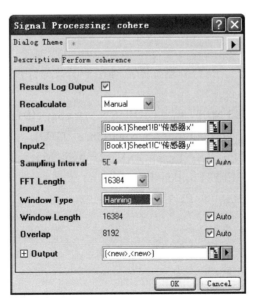

图 A-28 在 FFT Length 栏中输入"16384",在 Window Type 栏中选择 Hanning

单击 OK 按扭,可以看到在电子表格中已增加了 Frequency1,Coherel 两列,如图 A - 29 所示。Frequency1 列的单位为 Hz,Coherel 列相当于图 A - 18 中的 Cxy 列。

图 A - 29　电子表格中已增加了 Frequency1,Coherel 两列

参 考 文 献

[1]　郝春月,郑重,牟磊育.兰州台阵勘址测点对相干函数的计算与分析[J].地震地磁观测与研究,2002,23(4):29 - 33.

[2]　PINNEY C, HAWES M A, BLACKBURN J.A cost-effective inertial motion sensor for short-duration autonomous navigation［C/OL］//Position Location and Navigation Symposium, Las Vegas, NV, United States, Apr 11 - 15,1994,IEEE. Proceedings of 1994 IEEE Position Location and Navigation Symposium（PLANS'94）, 1994:591 - 594.DOI 10.1109/PLANS.1994.303402.

附录 B 密封器件氦质谱细检漏用表

表 B-1 压氦法的试验条件、空气的严酷等级、任务允许的最大标准漏率和允许的最大测量漏率

内腔有效容积 V/cm^3	压氦压力 $p_e/10^5\,\text{Pa}$	压氦时间 t_1/min	候检时间 t_{2e}/min	空气的严酷等级 $\theta_{air}=20\,\text{h}$ 任务允许的最大标准准漏率 $L_{max}/\text{Pa·cm}^3/\text{s}$	允许的最大测量漏率 $R_{e,max}/\text{Pa·cm}^3/\text{s}$	空气的严酷等级 $\theta_{air}=60\,\text{h}$ 任务允许的最大标准准漏率 $L_{max}/\text{Pa·cm}^3/\text{s}$	允许的最大测量漏率 $R_{e,max}/\text{Pa·cm}^3/\text{s}$	空气的严酷等级 $\theta_{air}=200\,\text{h}$ 任务允许的最大标准准漏率 $L_{max}/\text{Pa·cm}^3/\text{s}$	允许的最大测量漏率 $R_{e,max}/\text{Pa·cm}^3/\text{s}$	空气的严酷等级 $\theta_{air}=600\,\text{h}$ 任务允许的最大标准准漏率 $L_{max}/\text{Pa·cm}^3/\text{s}$	允许的最大测量漏率 $R_{e,max}/\text{Pa·cm}^3/\text{s}$	空气的严酷等级 $\theta_{air}=2\,000\,\text{h}$ 任务允许的最大标准准漏率 $L_{max}/\text{Pa·cm}^3/\text{s}$	允许的最大测量漏率 $R_{e,max}/\text{Pa·cm}^3/\text{s}$	空气的严酷等级 $\theta_{air}=6\,000\,\text{h}$ 任务允许的最大标准准漏率 $L_{max}/\text{Pa·cm}^3/\text{s}$	允许的最大测量漏率 $R_{e,max}/\text{Pa·cm}^3/\text{s}$
0.01	2	80	30	1.4×10^{-1}	1.1×10^{-2} (t_{2e} 29.1 min)	4.7×10^{-3}	1.4×10^{-3}	1.4×10^{-3}	1.3×10^{-4}	4.7×10^{-4}	1.5×10^{-5}	1.4×10^{-4}	1.3×10^{-6}		
			60								1.5×10^{-5}		1.3×10^{-6}		
			120												
			240												
			480												
	4	40	30		1.2×10^{-2}		1.4×10^{-3}		1.3×10^{-4}		1.5×10^{-5}		1.3×10^{-6}		
			60								1.5×10^{-5}		1.3×10^{-6}		
			120												
			240												
			480												
	8	20	30		1.2×10^{-2}		1.5×10^{-3}		1.3×10^{-4}		1.5×10^{-5}		1.3×10^{-6}		
			60								1.5×10^{-5}		1.3×10^{-6}		
			120												
			240												
			480												
	2	480	30		4.6×10^{-2} (t_{2e} 22.8 min)		7.4×10^{-3}		7.5×10^{-4}		8.8×10^{-5}		7.9×10^{-6}		
			60										7.9×10^{-6}		
			120												
			240												
			480												

续 表

内腔有效容积 V/cm³	压氦压力 p_e/10⁵ Pa	压氦时间 t_1/min	候检时间 t_{2e}/min	空气的严酷等级 $\theta_{air}=20$ h 任务允许的最大标准准漏率 L_{max}/Pa·cm³/s	空气的严酷等级 $\theta_{air}=20$ h 允许的最大测量漏率 $R_{e,max}$/Pa·cm³/s	空气的严酷等级 $\theta_{air}=60$ h 任务允许的最大标准准漏率 L_{max}/Pa·cm³/s	空气的严酷等级 $\theta_{air}=60$ h 允许的最大测量漏率 $R_{e,max}$/Pa·cm³/s	空气的严酷等级 $\theta_{air}=200$ h 任务允许的最大标准准漏率 L_{max}/Pa·cm³/s	空气的严酷等级 $\theta_{air}=200$ h 允许的最大测量漏率 $R_{e,max}$/Pa·cm³/s	空气的严酷等级 $\theta_{air}=600$ h 任务允许的最大标准准漏率 L_{max}/Pa·cm³/s	空气的严酷等级 $\theta_{air}=600$ h 允许的最大测量漏率 $R_{e,max}$/Pa·cm³/s	空气的严酷等级 $\theta_{air}=2\,000$ h 任务允许的最大标准准漏率 L_{max}/Pa·cm³/s	空气的严酷等级 $\theta_{air}=2\,000$ h 允许的最大测量漏率 $R_{e,max}$/Pa·cm³/s	空气的严酷等级 $\theta_{air}=6\,000$ h 任务允许的最大标准准漏率 L_{max}/Pa·cm³/s	空气的严酷等级 $\theta_{air}=6\,000$ h 允许的最大测量漏率 $R_{e,max}$/Pa·cm³/s
0.01	4	240	30	1.4×10^{-2}	5.8×10^{-2} ($t_{2e}=24.9$ min)	4.7×10^{-3}	8.0×10^{-3}	1.4×10^{-3}	7.7×10^{-4}	4.7×10^{-4}	8.9×10^{-5}	1.4×10^{-4}	7.9×10^{-6}		
			60										7.9×10^{-6}		
			120												
			240												
			480												
	8	120	30		6.6×10^{-2} ($t_{2e}=27.4$ min)		8.4×10^{-3}		7.8×10^{-4}		8.9×10^{-5}		7.9×10^{-6}		
			60										7.9×10^{-6}		
			120												
			240												
			480												
0.03	2	80	30	4.2×10^{-2}	3.4×10^{-2}	1.4×10^{-2}	4.2×10^{-3}	4.2×10^{-3}	3.9×10^{-4}	1.4×10^{-3}	4.4×10^{-5}	4.2×10^{-4}	4.0×10^{-6}	1.4×10^{-4}	
			60		3.2×10^{-2}		4.1×10^{-3}		3.9×10^{-4}		4.4×10^{-5}		4.0×10^{-6}		
			120						3.8×10^{-4}		4.4×10^{-5}		4.0×10^{-6}		
			240												
			480												
	4	40	30		3.6×10^{-2}		4.3×10^{-3}		3.9×10^{-4}		4.4×10^{-5}		4.0×10^{-6}		
			60		3.3×10^{-2}		4.2×10^{-3}		3.9×10^{-4}		4.4×10^{-5}		4.0×10^{-6}		
			120						3.9×10^{-4}		4.4×10^{-5}		4.0×10^{-6}		
			240												
			480												

续表

内腔有效容积 V/cm^3	压氦压力 $p_e/10^5\,\mathrm{Pa}$	压氦时间 t_1/min	候检时间 t_{2e}/min	空气的严酷等级 $\theta_{air}=20\,\mathrm{h}$ 任务允许的最大标准漏率 $L_{max}/\mathrm{Pa\cdot cm^3/s}$	允许的最大测量漏率 $R_{e,max}/\mathrm{Pa\cdot cm^3/s}$	空气的严酷等级 $\theta_{air}=60\,\mathrm{h}$ 任务允许的最大标准漏率 $L_{max}/\mathrm{Pa\cdot cm^3/s}$	允许的最大测量漏率 $R_{e,max}/\mathrm{Pa\cdot cm^3/s}$	空气的严酷等级 $\theta_{air}=200\,\mathrm{h}$ 任务允许的最大标准漏率 $L_{max}/\mathrm{Pa\cdot cm^3/s}$	允许的最大测量漏率 $R_{e,max}/\mathrm{Pa\cdot cm^3/s}$	空气的严酷等级 $\theta_{air}=600\,\mathrm{h}$ 任务允许的最大标准漏率 $L_{max}/\mathrm{Pa\cdot cm^3/s}$	允许的最大测量漏率 $R_{e,max}/\mathrm{Pa\cdot cm^3/s}$	空气的严酷等级 $\theta_{air}=2\,000\,\mathrm{h}$ 任务允许的最大标准漏率 $L_{max}/\mathrm{Pa\cdot cm^3/s}$	允许的最大测量漏率 $R_{e,max}/\mathrm{Pa\cdot cm^3/s}$	空气的严酷等级 $\theta_{air}=6\,000\,\mathrm{h}$ 任务允许的最大标准漏率 $L_{max}/\mathrm{Pa\cdot cm^3/s}$	允许的最大测量漏率 $R_{e,max}/\mathrm{Pa\cdot cm^3/s}$
0.03	8	20	30		3.6×10^{-2}		4.3×10^{-3}		3.9×10^{-4}		4.4×10^{-5}		4.0×10^{-6}		
			60		3.4×10^{-2}		4.2×10^{-3}		3.9×10^{-4}		4.4×10^{-5}		4.0×10^{-6}		
			120						3.9×10^{-4}		4.4×10^{-5}		4.0×10^{-6}		
			240												
			480	4.2×10^{-2}		1.4×10^{-2}		4.2×10^{-3}		1.4×10^{-3}		4.2×10^{-4}		1.4×10^{-4}	
	2	480	30		1.4×10^{-1}		2.2×10^{-2}		2.2×10^{-3}		2.6×10^{-4}		2.4×10^{-5}		2.6×10^{-6}
			60		1.3×10^{-1}		2.1×10^{-2}		2.2×10^{-3}		2.6×10^{-4}		2.4×10^{-5}		2.6×10^{-6}
			120								2.6×10^{-4}		2.4×10^{-5}		2.6×10^{-6}
			240												
			480												
	4	240	30		1.7×10^{-1}		2.4×10^{-2}		2.3×10^{-3}		2.6×10^{-4}		2.4×10^{-5}		2.6×10^{-6}
			60		1.6×10^{-1}		2.3×10^{-2}		2.3×10^{-3}		2.6×10^{-4}		2.4×10^{-5}		2.6×10^{-6}
			120								2.6×10^{-4}		2.4×10^{-5}		2.6×10^{-6}
			240												
			480												
	8	120	30		2.0×10^{-1}		2.5×10^{-2}		2.3×10^{-3}		2.6×10^{-4}		2.4×10^{-5}		2.7×10^{-6}
			60		1.8×10^{-1}		2.4×10^{-2}		2.3×10^{-3}		2.6×10^{-4}		2.4×10^{-5}		2.6×10^{-6}
			120								2.6×10^{-4}		2.4×10^{-5}		2.6×10^{-6}
			240												
			480												

续 表

内腔有效容积 V/cm³	压氦压力 p_e/10^5Pa	压氦时间 t_1/min	候检时间 t_{2e}/min	空气的严酷等级 $\theta_{air}=20$ h		空气的严酷等级 $\theta_{air}=60$ h		空气的严酷等级 $\theta_{air}=200$ h		空气的严酷等级 $\theta_{air}=600$ h		空气的严酷等级 $\theta_{air}=2000$ h		空气的严酷等级 $\theta_{air}=6000$ h	
				任务允许的最大标准漏率 L_{max} $\mathrm{Pa \cdot cm^3/s}$	允许的最大测量漏率 $R_{e,max}$ $\mathrm{Pa \cdot cm^3/s}$	任务允许的最大标准漏率 L_{max} $\mathrm{Pa \cdot cm^3/s}$	允许的最大测量漏率 $R_{e,max}$ $\mathrm{Pa \cdot cm^3/s}$	任务允许的最大标准漏率 L_{max} $\mathrm{Pa \cdot cm^3/s}$	允许的最大测量漏率 $R_{e,max}$ $\mathrm{Pa \cdot cm^3/s}$	任务允许的最大标准漏率 L_{max} $\mathrm{Pa \cdot cm^3/s}$	允许的最大测量漏率 $R_{e,max}$ $\mathrm{Pa \cdot cm^3/s}$	任务允许的最大标准漏率 L_{max} $\mathrm{Pa \cdot cm^3/s}$	允许的最大测量漏率 $R_{e,max}$ $\mathrm{Pa \cdot cm^3/s}$	任务允许的最大标准漏率 L_{max} $\mathrm{Pa \cdot cm^3/s}$	允许的最大测量漏率 $R_{e,max}$ $\mathrm{Pa \cdot cm^3/s}$
0.1	2		30	1.4×10^{-1}	1.1×10^{-1}	4.7×10^{-2}	1.4×10^{-2}	1.4×10^{-2}	1.3×10^{-3}	4.7×10^{-3}	1.5×10^{-4}	1.4×10^{-3}	1.3×10^{-5}	4.7×10^{-4}	1.5×10^{-6}
			60		1.1×10^{-1}		1.4×10^{-2}		1.3×10^{-3}		1.5×10^{-4}		1.3×10^{-5}		1.5×10^{-6}
			120		1.0×10^{-1}		1.3×10^{-2}		1.3×10^{-3}		1.5×10^{-4}		1.3×10^{-5}		1.5×10^{-6}
			240		1.0×10^{-1}		1.2×10^{-2}		1.2×10^{-3}		1.5×10^{-4}		1.3×10^{-5}		1.5×10^{-6}
			480										1.3×10^{-5}		1.5×10^{-6}
	4		30		1.2×10^{-1}		1.4×10^{-2}		1.3×10^{-3}		1.5×10^{-4}		1.3×10^{-5}		1.5×10^{-6}
			60		1.1×10^{-1}		1.4×10^{-2}		1.3×10^{-3}		1.5×10^{-4}		1.3×10^{-5}		1.5×10^{-6}
			120		1.0×10^{-1}		1.3×10^{-2}		1.3×10^{-3}		1.5×10^{-4}		1.3×10^{-5}		1.5×10^{-6}
			240		1.0×10^{-1}		1.2×10^{-2}				1.5×10^{-4}		1.3×10^{-5}		1.5×10^{-6}
			480										1.3×10^{-5}		1.5×10^{-6}
	8		30		1.2×10^{-1}		1.5×10^{-2}		1.3×10^{-3}		1.4×10^{-4}		1.3×10^{-5}		1.5×10^{-6}
			60		1.1×10^{-1}		1.4×10^{-2}		1.3×10^{-3}		1.5×10^{-4}		1.3×10^{-5}		1.5×10^{-6}
			120		1.0×10^{-1}		1.4×10^{-2}		1.3×10^{-3}		1.5×10^{-4}		1.3×10^{-5}		1.5×10^{-6}
			240		1.0×10^{-1}		1.2×10^{-2}		1.3×10^{-3}		1.5×10^{-4}		1.3×10^{-5}		1.5×10^{-6}
			480								1.4×10^{-4}		1.3×10^{-5}		1.5×10^{-6}
	2		30		4.6×10^{-1}		7.4×10^{-2}		7.5×10^{-3}		8.8×10^{-4}		7.9×10^{-5}		8.9×10^{-6}
			60		4.3×10^{-1}		7.2×10^{-2}		7.4×10^{-3}		8.8×10^{-4}		7.9×10^{-5}		8.9×10^{-6}
			120		3.7×10^{-1}		6.9×10^{-2}		7.3×10^{-3}		8.7×10^{-4}		7.9×10^{-5}		8.9×10^{-6}
			240						7.2×10^{-3}		8.7×10^{-4}		7.9×10^{-5}		8.9×10^{-6}
			480										7.9×10^{-5}		8.9×10^{-6}

续表

$\dfrac{V}{\text{cm}^3}$	$\dfrac{p_e}{10^5\,\text{Pa}}$	$\dfrac{t_1}{\text{min}}$	$\dfrac{t_{2e}}{\text{min}}$	空气的严酷等级 $\theta_{air}=20\,\text{h}$		空气的严酷等级 $\theta_{air}=60\,\text{h}$		空气的严酷等级 $\theta_{air}=200\,\text{h}$		空气的严酷等级 $\theta_{air}=600\,\text{h}$		空气的严酷等级 $\theta_{air}=2\,000\,\text{h}$		空气的严酷等级 $\theta_{air}=6\,000\,\text{h}$	
				任务允许的最大标准漏率 L_{max} /Pa·cm³/s	允许的最大测量漏率 $R_{e,max}$ /Pa·cm³/s	任务允许的最大标准漏率 L_{max} /Pa·cm³/s	允许的最大测量漏率 $R_{e,max}$ /Pa·cm³/s	任务允许的最大标准漏率 L_{max} /Pa·cm³/s	允许的最大测量漏率 $R_{e,max}$ /Pa·cm³/s	任务允许的最大标准漏率 L_{max} /Pa·cm³/s	允许的最大测量漏率 $R_{e,max}$ /Pa·cm³/s	任务允许的最大标准漏率 L_{max} /Pa·cm³/s	允许的最大测量漏率 $R_{e,max}$ /Pa·cm³/s	任务允许的最大标准漏率 L_{max} /Pa·cm³/s	允许的最大测量漏率 $R_{e,max}$ /Pa·cm³/s
0.1	4		30	1.4×10^{-1}	5.8×10^{-1}	4.7×10^{-2}	8.0×10^{-2}	1.4×10^{-2}	7.7×10^{-3}	4.7×10^{-3}	8.9×10^{-4}	1.4×10^{-3}	7.9×10^{-5}	4.7×10^{-4}	9.0×10^{-6}
			60		5.4×10^{-1}		7.8×10^{-2}		7.6×10^{-3}		8.8×10^{-4}		7.9×10^{-5}		9.0×10^{-6}
			120		4.7×10^{-1}		7.5×10^{-2}		7.5×10^{-3}		8.8×10^{-4}		7.9×10^{-5}		8.9×10^{-6}
			240				6.9×10^{-2}		7.3×10^{-3}		8.7×10^{-4}		7.9×10^{-5}		8.9×10^{-6}
			480										7.9×10^{-5}		8.9×10^{-6}
	8	80	30	1.4×10^{-1}	6.5×10^{-1}	4.7×10^{-2}	8.4×10^{-2}	1.4×10^{-2}	7.8×10^{-3}	4.7×10^{-3}	8.9×10^{-4}	1.4×10^{-3}	7.9×10^{-5}	4.7×10^{-4}	9.0×10^{-6}
			60		6.1×10^{-1}		8.2×10^{-2}		7.7×10^{-3}		8.9×10^{-4}		7.9×10^{-5}		9.0×10^{-6}
			120		5.3×10^{-1}		7.8×10^{-2}		7.6×10^{-3}		8.8×10^{-4}		7.9×10^{-5}		9.0×10^{-6}
			240				7.2×10^{-2}		7.4×10^{-3}		8.8×10^{-4}		7.9×10^{-5}		9.0×10^{-6}
			480										7.9×10^{-5}		8.9×10^{-6}
0.3	2		30	4.2×10^{-1}	3.4×10^{-1}	1.4×10^{-1}	4.2×10^{-2}	4.2×10^{-2}	3.9×10^{-3}	1.4×10^{-2}	4.4×10^{-4}	4.2×10^{-3}	4.0×10^{-5}	1.4×10^{-3}	4.4×10^{-6}
			60		3.2×10^{-1}		4.1×10^{-2}		3.9×10^{-3}		4.4×10^{-4}		4.0×10^{-5}		4.4×10^{-6}
			120		2.8×10^{-1}		3.9×10^{-2}		3.8×10^{-3}		4.4×10^{-4}		4.0×10^{-5}		4.4×10^{-6}
			240		2.1×10^{-1}		3.6×10^{-2}		3.7×10^{-3}		4.3×10^{-4}		4.0×10^{-5}		4.4×10^{-6}
			480				3.0×10^{-2}		3.5×10^{-3}		4.3×10^{-4}		3.9×10^{-5}		4.4×10^{-6}
	4	40	30	4.2×10^{-1}	3.6×10^{-1}	1.4×10^{-1}	4.3×10^{-2}	4.2×10^{-2}	3.9×10^{-3}	1.4×10^{-2}	4.4×10^{-4}	4.2×10^{-3}	4.0×10^{-5}	1.4×10^{-3}	4.4×10^{-6}
			60		3.3×10^{-1}		4.2×10^{-2}		3.9×10^{-3}		4.4×10^{-4}		4.0×10^{-5}		4.4×10^{-6}
			120		2.9×10^{-1}		4.0×10^{-2}		3.9×10^{-3}		4.4×10^{-4}		4.0×10^{-5}		4.4×10^{-6}
			240		2.2×10^{-1}		3.6×10^{-2}		3.8×10^{-3}		4.3×10^{-4}		4.0×10^{-5}		4.4×10^{-6}
			480				3.0×10^{-2}		3.6×10^{-3}		4.3×10^{-4}		3.9×10^{-5}		4.4×10^{-6}

续 表

内腔有效容积 $V/\mathrm{cm^3}$	压氦压力 $p_e/10^5\,\mathrm{Pa}$	压氦时间 t_1/min	候检时间 t_{2e}/min	空气的严酷等级 $\theta_{air}=20\,\mathrm{h}$ 任务允许的最大标准漏率 $L_{max}/\mathrm{Pa\cdot cm^3/s}$	允许的最大测量漏率 $R_{e,max}/\mathrm{Pa\cdot cm^3/s}$	$\theta_{air}=60\,\mathrm{h}$ $L_{max}/\mathrm{Pa\cdot cm^3/s}$	$R_{e,max}/\mathrm{Pa\cdot cm^3/s}$	$\theta_{air}=200\,\mathrm{h}$ $L_{max}/\mathrm{Pa\cdot cm^3/s}$	$R_{e,max}/\mathrm{Pa\cdot cm^3/s}$	$\theta_{air}=600\,\mathrm{h}$ $L_{max}/\mathrm{Pa\cdot cm^3/s}$	$R_{e,max}/\mathrm{Pa\cdot cm^3/s}$	$\theta_{air}=2\,000\,\mathrm{h}$ $L_{max}/\mathrm{Pa\cdot cm^3/s}$	$R_{e,max}/\mathrm{Pa\cdot cm^3/s}$	$\theta_{air}=6\,000\,\mathrm{h}$ $L_{max}/\mathrm{Pa\cdot cm^3/s}$	$R_{e,max}/\mathrm{Pa\cdot cm^3/s}$
	8	20	30		3.6×10^{-1}		4.3×10^{-2}		3.9×10^{-3}		4.4×10^{-4}		4.0×10^{-5}		4.4×10^{-6}
			60		3.4×10^{-1}		4.2×10^{-2}		3.9×10^{-3}		4.4×10^{-4}		4.0×10^{-5}		4.4×10^{-6}
			120		3.0×10^{-1}		4.0×10^{-2}		3.9×10^{-3}		4.4×10^{-4}		4.0×10^{-5}		4.4×10^{-6}
			240		2.3×10^{-1}		3.7×10^{-2}		3.8×10^{-3}		4.3×10^{-4}		4.0×10^{-5}		4.4×10^{-6}
			480				3.1×10^{-2}		3.6×10^{-3}		4.3×10^{-4}		3.9×10^{-5}		4.4×10^{-6}
	2	480	30		1.4		2.2×10^{-1}		2.2×10^{-2}		2.6×10^{-3}		2.4×10^{-4}		2.6×10^{-5}
0.3			60		1.3		2.1×10^{-1}		2.2×10^{-2}		2.6×10^{-3}		2.4×10^{-4}		2.6×10^{-5}
			120		1.1		2.0×10^{-1}		2.2×10^{-2}		2.6×10^{-3}		2.4×10^{-4}		2.6×10^{-5}
			240		8.6×10^{-1}		1.9×10^{-1}		2.1×10^{-2}		2.6×10^{-3}		2.3×10^{-4}		2.6×10^{-5}
			480	4.2×10^{-1}		1.4×10^{-1}	1.6×10^{-1}	4.2×10^{-2}	2.0×10^{-2}	1.4×10^{-2}	2.5×10^{-3}	4.2×10^{-3}	2.3×10^{-4}	1.4×10^{-3}	2.6×10^{-5}
	4	240	30		1.7		2.4×10^{-1}		2.3×10^{-2}		2.6×10^{-3}		2.4×10^{-4}		2.6×10^{-5}
			60		1.6		2.3×10^{-1}		2.3×10^{-2}		2.6×10^{-3}		2.4×10^{-4}		2.6×10^{-5}
			120		1.4		2.2×10^{-1}		2.3×10^{-2}		2.6×10^{-3}		2.4×10^{-4}		2.6×10^{-5}
			240		1.1		2.0×10^{-1}		2.2×10^{-2}		2.6×10^{-3}		2.4×10^{-4}		2.6×10^{-5}
			480				1.7×10^{-1}		2.1×10^{-2}		2.5×10^{-3}		2.4×10^{-4}		2.7×10^{-5}
	8	120	30		2.0		2.5×10^{-1}		2.3×10^{-2}		2.6×10^{-3}		2.4×10^{-4}		2.6×10^{-5}
			60		1.8		2.4×10^{-1}		2.3×10^{-2}		2.6×10^{-3}		2.4×10^{-4}		2.6×10^{-5}
			120		1.6		2.3×10^{-1}		2.3×10^{-2}		2.6×10^{-3}		2.4×10^{-4}		2.6×10^{-5}
			240		1.2		2.1×10^{-1}		2.2×10^{-2}		2.6×10^{-3}		2.4×10^{-4}		2.6×10^{-5}
			480				1.8×10^{-1}		2.1×10^{-2}		2.5×10^{-3}		2.4×10^{-4}		2.6×10^{-5}

续 表

内腔有效容积 V/cm^3	压氦压力 $p_e/10^5\,\mathrm{Pa}$	压氦时间 t_1/min	候检时间 t_{2c}/min	空气的严酷等级 $\theta_{air}=20\,\mathrm{h}$ 任务允许的最大标准漏率 $L_{max}/\mathrm{Pa\cdot cm^3/s}$	允许的最大测量漏率 $R_{e,max}/\mathrm{Pa\cdot cm^3/s}$	空气的严酷等级 $\theta_{air}=60\,\mathrm{h}$ 任务允许的最大标准漏率 $L_{max}/\mathrm{Pa\cdot cm^3/s}$	允许的最大测量漏率 $R_{e,max}/\mathrm{Pa\cdot cm^3/s}$	空气的严酷等级 $\theta_{air}=200\,\mathrm{h}$ 任务允许的最大标准漏率 $L_{max}/\mathrm{Pa\cdot cm^3/s}$	允许的最大测量漏率 $R_{e,max}/\mathrm{Pa\cdot cm^3/s}$	空气的严酷等级 $\theta_{air}=600\,\mathrm{h}$ 任务允许的最大标准漏率 $L_{max}/\mathrm{Pa\cdot cm^3/s}$	允许的最大测量漏率 $R_{e,max}/\mathrm{Pa\cdot cm^3/s}$	空气的严酷等级 $\theta_{air}=2\,000\,\mathrm{h}$ 任务允许的最大标准漏率 $L_{max}/\mathrm{Pa\cdot cm^3/s}$	允许的最大测量漏率 $R_{e,max}/\mathrm{Pa\cdot cm^3/s}$	空气的严酷等级 $\theta_{air}=6\,000\,\mathrm{h}$ 任务允许的最大标准漏率 $L_{max}/\mathrm{Pa\cdot cm^3/s}$	允许的最大测量漏率 $R_{e,max}/\mathrm{Pa\cdot cm^3/s}$
1	2	80	30	1.4	1.1	4.7×10^{-1}	1.4×10^{-1}	1.4×10^{-1}	1.3×10^{-2}	4.7×10^{-2}	1.5×10^{-3}	1.4×10^{-2}	1.3×10^{-4}	4.7×10^{-3}	1.5×10^{-5}
			60		1.1		1.4×10^{-1}		1.3×10^{-2}		1.5×10^{-3}		1.3×10^{-4}		1.5×10^{-5}
			120		9.3×10^{-1}		1.3×10^{-1}		1.3×10^{-2}		1.5×10^{-3}		1.3×10^{-4}		1.5×10^{-5}
			240		7.1×10^{-1}		1.2×10^{-1}		1.2×10^{-2}		1.5×10^{-3}		1.3×10^{-4}		1.5×10^{-5}
			480		4.2×10^{-1}		1.0×10^{-1}		1.2×10^{-2}		1.4×10^{-3}		1.3×10^{-4}		1.5×10^{-5}
	4	40	30		1.2		1.4×10^{-1}		1.3×10^{-2}		1.5×10^{-3}		1.3×10^{-4}		1.5×10^{-5}
			60		1.1		1.4×10^{-1}		1.3×10^{-2}		1.5×10^{-3}		1.3×10^{-4}		1.5×10^{-5}
			120		9.7×10^{-1}		1.3×10^{-1}		1.3×10^{-2}		1.5×10^{-3}		1.3×10^{-4}		1.5×10^{-5}
			240		7.4×10^{-1}		1.2×10^{-1}		1.3×10^{-2}		1.5×10^{-3}		1.3×10^{-4}		1.5×10^{-5}
			480		4.3×10^{-1}		1.0×10^{-1}		1.2×10^{-2}		1.4×10^{-3}		1.3×10^{-4}		1.4×10^{-5}
	8	20	30		1.2		1.5×10^{-1}		1.3×10^{-2}		1.5×10^{-3}		1.3×10^{-4}		1.5×10^{-5}
			60		1.1		1.4×10^{-1}		1.3×10^{-2}		1.5×10^{-3}		1.3×10^{-4}		1.5×10^{-5}
			120		9.9×10^{-1}		1.4×10^{-1}		1.3×10^{-2}		1.5×10^{-3}		1.3×10^{-4}		1.5×10^{-5}
			240		7.6×10^{-1}		1.2×10^{-1}		1.3×10^{-2}		1.5×10^{-3}		1.3×10^{-4}		1.5×10^{-5}
			480		4.4×10^{-1}		1.0×10^{-1}		1.2×10^{-2}		1.4×10^{-3}		1.3×10^{-4}		1.5×10^{-5}
	2	480	30		4.6		7.4×10^{-1}		7.5×10^{-2}		8.8×10^{-3}		7.9×10^{-4}		8.9×10^{-5}
			60		4.3		7.2×10^{-1}		7.4×10^{-2}		8.8×10^{-3}		7.9×10^{-4}		8.9×10^{-5}
			120		3.7		6.9×10^{-1}		7.3×10^{-2}		8.7×10^{-3}		7.9×10^{-4}		8.9×10^{-5}
			240		2.9		6.3×10^{-1}		7.2×10^{-2}		8.7×10^{-3}		7.9×10^{-4}		8.9×10^{-5}
			480		1.7		5.3×10^{-1}		6.8×10^{-2}		8.5×10^{-3}		7.8×10^{-4}		8.9×10^{-5}

续 表

内腔有效容积 V/cm³	压氦压力 p_e/10⁵Pa	压氦时间 t_1/min	候检时间 t_{2e}/min	空气的严酷等级 $\theta_{air}=20$ h		空气的严酷等级 $\theta_{air}=60$ h		空气的严酷等级 $\theta_{air}=200$ h		空气的严酷等级 $\theta_{air}=600$ h		空气的严酷等级 $\theta_{air}=2\,000$ h		空气的严酷等级 $\theta_{air}=6\,000$ h	
				任务允许的最大标准漏率 L_{max}/Pa·cm³/s	允许的最大测量漏率 $R_{e,max}$/Pa·cm³/s	任务允许的最大标准漏率 L_{max}/Pa·cm³/s	允许的最大测量漏率 $R_{e,max}$/Pa·cm³/s	任务允许的最大标准漏率 L_{max}/Pa·cm³/s	允许的最大测量漏率 $R_{e,max}$/Pa·cm³/s	任务允许的最大标准漏率 L_{max}/Pa·cm³/s	允许的最大测量漏率 $R_{e,max}$/Pa·cm³/s	任务允许的最大标准漏率 L_{max}/Pa·cm³/s	允许的最大测量漏率 $R_{e,max}$/Pa·cm³/s	任务允许的最大标准漏率 L_{max}/Pa·cm³/s	允许的最大测量漏率 $R_{e,max}$/Pa·cm³/s
1	4	240	30		5.8		8.0×10^{-1}		7.7×10^{-2}		8.9×10^{-3}		7.9×10^{-4}		9.0×10^{-5}
			60		5.4		7.8×10^{-1}		7.6×10^{-2}		8.8×10^{-3}		7.9×10^{-4}		9.0×10^{-5}
			120		4.7		7.5×10^{-1}		7.5×10^{-2}		8.8×10^{-3}		7.9×10^{-4}		8.9×10^{-5}
			240		3.6		6.9×10^{-1}		7.3×10^{-2}		8.7×10^{-3}		7.9×10^{-4}		8.9×10^{-5}
			480	1.4	2.1	4.7×10^{-1}	5.7×10^{-1}	1.4×10^{-1}	7.0×10^{-2}	4.7×10^{-2}	8.6×10^{-3}	1.4×10^{-2}	7.8×10^{-4}	4.7×10^{-3}	8.9×10^{-5}
	8	120	30		6.5		8.4×10^{-1}		7.8×10^{-2}		8.9×10^{-3}		7.9×10^{-4}		9.0×10^{-5}
			60		6.1		8.2×10^{-1}		7.7×10^{-2}		8.9×10^{-3}		7.9×10^{-4}		9.0×10^{-5}
			120		5.3		7.8×10^{-1}		7.6×10^{-2}		8.8×10^{-3}		7.9×10^{-4}		9.0×10^{-5}
			240		4.1		7.2×10^{-1}		7.4×10^{-2}		8.6×10^{-3}		7.9×10^{-4}		8.9×10^{-5}
			480		2.4		6.0×10^{-1}		7.1×10^{-2}		8.6×10^{-3}		7.9×10^{-4}		8.9×10^{-5}
3	2	80	30				4.2×10^{-1}		3.9×10^{-2}		4.4×10^{-3}		4.0×10^{-4}		4.4×10^{-5}
			60				4.1×10^{-1}		3.9×10^{-2}		4.4×10^{-3}		4.0×10^{-4}		4.4×10^{-5}
			120				3.9×10^{-1}		3.8×10^{-2}		4.4×10^{-3}		4.0×10^{-4}		4.4×10^{-5}
			240				3.6×10^{-1}		3.7×10^{-2}		4.3×10^{-3}		4.0×10^{-4}		4.4×10^{-5}
			480			1.4	3.0×10^{-1}	4.2×10^{-1}	3.5×10^{-2}	1.4×10^{-1}	4.3×10^{-3}	4.2×10^{-2}	3.9×10^{-4}	1.4×10^{-2}	4.4×10^{-5}
	4	40	30				4.3×10^{-1}		3.9×10^{-2}		4.4×10^{-3}		4.0×10^{-4}		4.4×10^{-5}
			60				4.2×10^{-1}		3.9×10^{-2}		4.4×10^{-3}		4.0×10^{-4}		4.4×10^{-5}
			120				4.0×10^{-1}		3.9×10^{-2}		4.4×10^{-3}		4.0×10^{-4}		4.4×10^{-5}
			240				3.6×10^{-1}		3.8×10^{-2}		4.4×10^{-3}		4.0×10^{-4}		4.4×10^{-5}
			480				3.0×10^{-1}		3.6×10^{-2}		4.3×10^{-3}		3.9×10^{-4}		4.4×10^{-5}

续　表

内腔有效容积 V/cm³	压氢压力 p_e/10^5Pa	压氢时间 t_1/min	候检时间 t_{2e}/min	空气的严酷等级 $\theta_{air}=20$ h 任务允许的最大标准漏率 L_{max}/Pa·cm³/s	空气的严酷等级 $\theta_{air}=20$ h 允许的最大测量漏率 $R_{e,max}$/Pa·cm³/s	空气的严酷等级 $\theta_{air}=60$ h 任务允许的最大标准漏率 L_{max}/Pa·cm³/s	空气的严酷等级 $\theta_{air}=60$ h 允许的最大测量漏率 $R_{e,max}$/Pa·cm³/s	空气的严酷等级 $\theta_{air}=200$ h 任务允许的最大标准漏率 L_{max}/Pa·cm³/s	空气的严酷等级 $\theta_{air}=200$ h 允许的最大测量漏率 $R_{e,max}$/Pa·cm³/s	空气的严酷等级 $\theta_{air}=600$ h 任务允许的最大标准漏率 L_{max}/Pa·cm³/s	空气的严酷等级 $\theta_{air}=600$ h 允许的最大测量漏率 $R_{e,max}$/Pa·cm³/s	空气的严酷等级 $\theta_{air}=2\,000$ h 任务允许的最大标准漏率 L_{max}/Pa·cm³/s	空气的严酷等级 $\theta_{air}=2\,000$ h 允许的最大测量漏率 $R_{e,max}$/Pa·cm³/s	空气的严酷等级 $\theta_{air}=6\,000$ h 任务允许的最大标准漏率 L_{max}/Pa·cm³/s	空气的严酷等级 $\theta_{air}=6\,000$ h 允许的最大测量漏率 $R_{e,max}$/Pa·cm³/s
3	8	20	30				4.3×10^{-1}		3.9×10^{-2}		4.4×10^{-3}		4.0×10^{-4}		4.4×10^{-5}
			60				4.2×10^{-1}		3.9×10^{-2}		4.4×10^{-3}		4.0×10^{-4}		4.4×10^{-5}
			120				4.0×10^{-1}		3.9×10^{-2}		4.4×10^{-3}		4.0×10^{-4}		4.4×10^{-5}
			240				3.7×10^{-1}		3.8×10^{-2}		4.3×10^{-3}		4.0×10^{-4}		4.4×10^{-5}
			480			1.4	3.1×10^{-1}		3.6×10^{-2}		4.3×10^{-3}		3.9×10^{-4}		4.4×10^{-5}
	2	480	30				2.2		2.2×10^{-1}		2.6×10^{-2}		2.4×10^{-3}		2.6×10^{-4}
			60				2.1		2.2×10^{-1}		2.6×10^{-2}		2.4×10^{-3}		2.6×10^{-4}
			120				2.0	4.2×10^{-1}	2.2×10^{-1}	1.4×10^{-1}	2.6×10^{-2}	4.2×10^{-2}	2.4×10^{-3}	1.4×10^{-2}	2.6×10^{-4}
			240				1.9		2.1×10^{-1}		2.6×10^{-2}		2.3×10^{-3}		2.6×10^{-4}
			480				1.6		2.0×10^{-1}		2.5×10^{-2}		2.4×10^{-3}		2.6×10^{-4}
	4	240	30				2.4		2.3×10^{-1}		2.6×10^{-2}		2.4×10^{-3}		2.6×10^{-4}
			60				2.3		2.3×10^{-1}		2.6×10^{-2}		2.4×10^{-3}		2.6×10^{-4}
			120				2.2		2.3×10^{-1}		2.6×10^{-2}		2.4×10^{-3}		2.6×10^{-4}
			240				2.0		2.2×10^{-1}		2.6×10^{-2}		2.4×10^{-3}		2.6×10^{-4}
			480				1.7		2.1×10^{-1}		2.5×10^{-2}		2.4×10^{-3}		2.6×10^{-4}
	8	120	30				2.5		2.3×10^{-1}		2.6×10^{-2}		2.4×10^{-3}		2.6×10^{-4}
			60				2.4		2.3×10^{-1}		2.6×10^{-2}		2.4×10^{-3}		2.7×10^{-4}
			120				2.3		2.3×10^{-1}		2.6×10^{-2}		2.4×10^{-3}		2.6×10^{-4}
			240				2.1		2.2×10^{-1}		2.6×10^{-2}		2.4×10^{-3}		2.6×10^{-4}
			480				1.8		2.1×10^{-1}		2.5×10^{-2}		2.4×10^{-3}		2.6×10^{-4}

续表

内腔有效容积 $V/\mathrm{cm^3}$	压氢压力 $p_e/10^5\,\mathrm{Pa}$	压氢时间 t_1/min	候检时间 t_{2e}/min	空气的严酷等级 $\theta_{air}=20\,\mathrm{h}$ 任务允许的最大标准漏率 $L_{max}/\mathrm{Pa\cdot cm^3/s}$	允许的最大测量漏率 $R_{e,max}/\mathrm{Pa\cdot cm^3/s}$	空气的严酷等级 $\theta_{air}=60\,\mathrm{h}$ 任务允许的最大标准漏率 $L_{max}/\mathrm{Pa\cdot cm^3/s}$	允许的最大测量漏率 $R_{e,max}/\mathrm{Pa\cdot cm^3/s}$	空气的严酷等级 $\theta_{air}=200\,\mathrm{h}$ 任务允许的最大标准漏率 $L_{max}/\mathrm{Pa\cdot cm^3/s}$	允许的最大测量漏率 $R_{e,max}/\mathrm{Pa\cdot cm^3/s}$	空气的严酷等级 $\theta_{air}=600\,\mathrm{h}$ 任务允许的最大标准漏率 $L_{max}/\mathrm{Pa\cdot cm^3/s}$	允许的最大测量漏率 $R_{e,max}/\mathrm{Pa\cdot cm^3/s}$	空气的严酷等级 $\theta_{air}=2\,000\,\mathrm{h}$ 任务允许的最大标准漏率 $L_{max}/\mathrm{Pa\cdot cm^3/s}$	允许的最大测量漏率 $R_{e,max}/\mathrm{Pa\cdot cm^3/s}$	空气的严酷等级 $\theta_{air}=6\,000\,\mathrm{h}$ 任务允许的最大标准漏率 $L_{max}/\mathrm{Pa\cdot cm^3/s}$	允许的最大测量漏率 $R_{e,max}/\mathrm{Pa\cdot cm^3/s}$
10	2	80	30						1.3×10^{-1}		1.5×10^{-2}		1.3×10^{-3}		1.5×10^{-4}
			60						1.3×10^{-1}		1.5×10^{-2}		1.3×10^{-3}		1.5×10^{-4}
			120						1.3×10^{-1}		1.5×10^{-2}		1.3×10^{-3}		1.5×10^{-4}
			240						1.2×10^{-1}		1.5×10^{-2}		1.3×10^{-3}		1.5×10^{-4}
			480						1.2×10^{-1}		1.4×10^{-2}		1.3×10^{-3}		1.5×10^{-4}
	4	40	30						1.3×10^{-1}		1.5×10^{-2}		1.3×10^{-3}		1.5×10^{-4}
			60						1.3×10^{-1}		1.5×10^{-2}		1.3×10^{-3}		1.5×10^{-4}
			120						1.3×10^{-1}		1.5×10^{-2}		1.3×10^{-3}		1.5×10^{-4}
			240						1.3×10^{-1}		1.5×10^{-2}		1.3×10^{-3}		1.5×10^{-4}
			480					1.4	1.2×10^{-1}	4.7×10^{-1}	1.4×10^{-2}	1.4×10^{-1}	1.3×10^{-3}	4.7×10^{-2}	1.5×10^{-4}
	8	20	30						1.3×10^{-1}		1.5×10^{-2}		1.3×10^{-3}		1.5×10^{-4}
			60						1.3×10^{-1}		1.5×10^{-2}		1.3×10^{-3}		1.5×10^{-4}
			120						1.3×10^{-1}		1.5×10^{-2}		1.3×10^{-3}		1.5×10^{-4}
			240						1.3×10^{-1}		1.5×10^{-2}		1.3×10^{-3}		1.5×10^{-4}
			480						1.2×10^{-1}		1.4×10^{-2}		1.3×10^{-3}		1.5×10^{-4}
	2	480	30						7.5×10^{-1}		8.8×10^{-2}		7.9×10^{-3}		8.9×10^{-4}
			60						7.4×10^{-1}		8.8×10^{-2}		7.9×10^{-3}		8.9×10^{-4}
			120						7.3×10^{-1}		8.7×10^{-2}		7.9×10^{-3}		8.9×10^{-4}
			240						7.2×10^{-1}		8.7×10^{-2}		7.9×10^{-3}		8.9×10^{-4}
			480						6.8×10^{-1}		8.5×10^{-2}		7.8×10^{-3}		8.9×10^{-4}

续表

内腔有效容积 V/cm³	压氦压力 p_e/10⁵ Pa	压氦时间 t_1/min	候检时间 t_{2e}/min	空气的严酷等级 $\theta_{air}=20$ h 任务允许的最大标准漏率 L_{max} Pa·cm³/s	允许的最大测量漏率 $R_{e,max}$ Pa·cm³/s	空气的严酷等级 $\theta_{air}=60$ h 任务允许的最大标准漏率 L_{max} Pa·cm³/s	允许的最大测量漏率 $R_{e,max}$ Pa·cm³/s	空气的严酷等级 $\theta_{air}=200$ h 任务允许的最大标准漏率 L_{max} Pa·cm³/s	允许的最大测量漏率 $R_{e,max}$ Pa·cm³/s	空气的严酷等级 $\theta_{air}=600$ h 任务允许的最大标准漏率 L_{max} Pa·cm³/s	允许的最大测量漏率 $R_{e,max}$ Pa·cm³/s	空气的严酷等级 $\theta_{air}=2\,000$ h 任务允许的最大标准漏率 L_{max} Pa·cm³/s	允许的最大测量漏率 $R_{e,max}$ Pa·cm³/s	空气的严酷等级 $\theta_{air}=6\,000$ h 任务允许的最大标准漏率 L_{max} Pa·cm³/s	允许的最大测量漏率 $R_{e,max}$ Pa·cm³/s
10	4	240	30						7.6×10^{-1}		8.9×10^{-2}		7.9×10^{-3}		9.0×10^{-4}
			60						7.6×10^{-1}		8.8×10^{-2}		7.9×10^{-3}		9.0×10^{-4}
			120					1.4	7.5×10^{-1}	4.7×10^{-1}	8.8×10^{-2}	1.4×10^{-1}	7.9×10^{-3}	4.7×10^{-2}	8.9×10^{-4}
			240						7.3×10^{-1}		8.7×10^{-2}		7.9×10^{-3}		8.9×10^{-4}
			480						7.0×10^{-1}		8.6×10^{-2}		7.8×10^{-3}		8.9×10^{-4}
	8	120	30						7.8×10^{-1}		8.9×10^{-2}		7.9×10^{-3}		9.0×10^{-4}
			60						7.7×10^{-1}		8.9×10^{-2}		7.9×10^{-3}		9.0×10^{-4}
			120						7.6×10^{-1}		8.8×10^{-2}		7.9×10^{-3}		9.0×10^{-4}
			240						7.4×10^{-1}		8.8×10^{-2}		7.9×10^{-3}		8.9×10^{-4}
			480						7.1×10^{-1}		8.6×10^{-2}		7.9×10^{-3}		8.9×10^{-4}
30	2	80	30								4.4×10^{-2}		4.0×10^{-3}		4.4×10^{-4}
			60								4.4×10^{-2}		4.0×10^{-3}		4.4×10^{-4}
			120							1.4	4.4×10^{-2}	4.2×10^{-1}	4.0×10^{-3}	1.4×10^{-1}	4.4×10^{-4}
			240								4.3×10^{-2}		4.0×10^{-3}		4.4×10^{-4}
			480								4.3×10^{-2}		3.9×10^{-3}		4.4×10^{-4}
	4	40	30								4.4×10^{-2}		4.0×10^{-3}		4.4×10^{-4}
			60								4.4×10^{-2}		4.0×10^{-3}		4.4×10^{-4}
			120								4.4×10^{-2}		4.0×10^{-3}		4.4×10^{-4}
			240								4.4×10^{-2}		4.0×10^{-3}		4.4×10^{-4}
			480								4.3×10^{-2}		3.9×10^{-3}		4.4×10^{-4}

续表

内腔有效容积 V/cm³	压氦压力 p_e/10⁵ Pa	压氦时间 t_1/min	候检时间 t_{2e}/min	空气的严酷等级 $\theta_{air}=20$ h 任务允许的最大准漏率 L_{max}/Pa·cm³/s	空气的严酷等级 $\theta_{air}=20$ h 允许的最大测量漏率 $R_{e,max}$/Pa·cm³/s	空气的严酷等级 $\theta_{air}=60$ h 任务允许的最大准漏率 L_{max}/Pa·cm³/s	空气的严酷等级 $\theta_{air}=60$ h 允许的最大测量漏率 $R_{e,max}$/Pa·cm³/s	空气的严酷等级 $\theta_{air}=200$ h 任务允许的最大准漏率 L_{max}/Pa·cm³/s	空气的严酷等级 $\theta_{air}=200$ h 允许的最大测量漏率 $R_{e,max}$/Pa·cm³/s	空气的严酷等级 $\theta_{air}=600$ h 任务允许的最大准漏率 L_{max}/Pa·cm³/s	空气的严酷等级 $\theta_{air}=600$ h 允许的最大测量漏率 $R_{e,max}$/Pa·cm³/s	空气的严酷等级 $\theta_{air}=2\,000$ h 任务允许的最大准漏率 L_{max}/Pa·cm³/s	空气的严酷等级 $\theta_{air}=2\,000$ h 允许的最大测量漏率 $R_{e,max}$/Pa·cm³/s	空气的严酷等级 $\theta_{air}=6\,000$ h 任务允许的最大准漏率 L_{max}/Pa·cm³/s	空气的严酷等级 $\theta_{air}=6\,000$ h 允许的最大测量漏率 $R_{e,max}$/Pa·cm³/s
30	8	20	30								4.4×10^{-2}		4.0×10^{-3}		4.4×10^{-4}
			60								4.4×10^{-2}		4.0×10^{-3}		4.4×10^{-4}
			120								4.4×10^{-2}		4.0×10^{-3}		4.4×10^{-4}
			240								4.3×10^{-2}		4.0×10^{-3}		4.4×10^{-4}
			480								4.3×10^{-2}		3.9×10^{-3}		4.4×10^{-4}
	2	480	30								2.6×10^{-1}		2.4×10^{-2}		2.6×10^{-3}
			60								2.6×10^{-1}		2.4×10^{-2}		2.6×10^{-3}
			120								2.6×10^{-1}		2.4×10^{-2}		2.6×10^{-3}
			240								2.6×10^{-1}		2.4×10^{-2}		2.6×10^{-3}
			480							1.4	2.5×10^{-1}	4.2×10^{-1}	2.3×10^{-2}	1.4×10^{-1}	2.6×10^{-3}
	4	240	30								2.6×10^{-1}		2.4×10^{-2}		2.6×10^{-3}
			60								2.6×10^{-1}		2.4×10^{-2}		2.6×10^{-3}
			120								2.6×10^{-1}		2.4×10^{-2}		2.6×10^{-3}
			240								2.5×10^{-1}		2.4×10^{-2}		2.6×10^{-3}
			480								2.6×10^{-1}		2.4×10^{-2}		2.7×10^{-3}
	8	120	30								2.6×10^{-1}		2.4×10^{-2}		2.6×10^{-3}
			60								2.6×10^{-1}		2.4×10^{-2}		2.6×10^{-3}
			120								2.6×10^{-1}		2.4×10^{-2}		2.6×10^{-3}
			240								2.6×10^{-1}		2.4×10^{-2}		2.6×10^{-3}
			480								2.5×10^{-1}		2.4×10^{-2}		2.6×10^{-3}

续 表

内腔有效容积 $\frac{V}{cm^3}$	压氦压力 $\frac{p_e}{10^5\,Pa}$	压氦时间 $\frac{t_1}{min}$	候检时间 $\frac{t_{2e}}{min}$	空气的严酷等级 $\theta_{air}=20\,h$ 任务允许的最大标准漏率 $\frac{L_{max}}{Pa\cdot cm^3/s}$	允许的最大测量漏率 $\frac{R_{e,max}}{Pa\cdot cm^3/s}$	空气的严酷等级 $\theta_{air}=60\,h$ 任务允许的最大标准漏率 $\frac{L_{max}}{Pa\cdot cm^3/s}$	允许的最大测量漏率 $\frac{R_{e,max}}{Pa\cdot cm^3/s}$	空气的严酷等级 $\theta_{air}=200\,h$ 任务允许的最大标准漏率 $\frac{L_{max}}{Pa\cdot cm^3/s}$	允许的最大测量漏率 $\frac{R_{e,max}}{Pa\cdot cm^3/s}$	空气的严酷等级 $\theta_{air}=600\,h$ 任务允许的最大标准漏率 $\frac{L_{max}}{Pa\cdot cm^3/s}$	允许的最大测量漏率 $\frac{R_{e,max}}{Pa\cdot cm^3/s}$	空气的严酷等级 $\theta_{air}=2\,000\,h$ 任务允许的最大标准漏率 $\frac{L_{max}}{Pa\cdot cm^3/s}$	允许的最大测量漏率 $\frac{R_{e,max}}{Pa\cdot cm^3/s}$	空气的严酷等级 $\theta_{air}=6\,000\,h$ 任务允许的最大标准漏率 $\frac{L_{max}}{Pa\cdot cm^3/s}$	允许的最大测量漏率 $\frac{R_{e,max}}{Pa\cdot cm^3/s}$
100	2	80	30										1.3×10^{-2}		1.5×10^{-3}
			60										1.3×10^{-2}		1.5×10^{-3}
			120										1.3×10^{-2}		1.5×10^{-3}
			240										1.3×10^{-2}		1.5×10^{-3}
			480										1.3×10^{-2}		1.5×10^{-3}
	4	40	30										1.3×10^{-2}		1.5×10^{-3}
			60										1.3×10^{-2}		1.5×10^{-3}
			120										1.3×10^{-2}		1.5×10^{-3}
			240									1.4	1.3×10^{-2}	4.7×10^{-1}	1.5×10^{-3}
			480										1.3×10^{-2}		1.5×10^{-3}
	8	20	30										1.3×10^{-2}		1.5×10^{-3}
			60										1.3×10^{-2}		1.5×10^{-3}
			120										1.3×10^{-2}		1.5×10^{-3}
			240										1.3×10^{-2}		1.5×10^{-3}
			480										1.3×10^{-2}		1.5×10^{-3}
	2	480	30										7.9×10^{-2}		8.9×10^{-3}
			60										7.9×10^{-2}		8.9×10^{-3}
			120										7.9×10^{-2}		8.9×10^{-3}
			240										7.9×10^{-2}		8.9×10^{-3}
			480										7.8×10^{-2}		8.9×10^{-3}

续表

内腔有效容积 $\frac{V}{cm^3}$	压氦压力 $\frac{p_e}{10^5 Pa}$	压氦时间 $\frac{t_1}{min}$	候检时间 $\frac{t_{2e}}{min}$	空气的严酷等级 $\theta_{air}=20$ h 任务允许的最大标准漏率 $\frac{L_{max}}{Pa·cm^3/s}$	允许的最大测量漏率 $\frac{R_{e,max}}{Pa·cm^3/s}$	空气的严酷等级 $\theta_{air}=60$ h $\frac{L_{max}}{Pa·cm^3/s}$	$\frac{R_{e,max}}{Pa·cm^3/s}$	空气的严酷等级 $\theta_{air}=200$ h $\frac{L_{max}}{Pa·cm^3/s}$	$\frac{R_{e,max}}{Pa·cm^3/s}$	空气的严酷等级 $\theta_{air}=600$ h $\frac{L_{max}}{Pa·cm^3/s}$	$\frac{R_{e,max}}{Pa·cm^3/s}$	空气的严酷等级 $\theta_{air}=2\,000$ h $\frac{L_{max}}{Pa·cm^3/s}$	$\frac{R_{e,max}}{Pa·cm^3/s}$	空气的严酷等级 $\theta_{air}=6\,000$ h $\frac{L_{max}}{Pa·cm^3/s}$	$\frac{R_{e,max}}{Pa·cm^3/s}$
100	4	240	30											4.7×10⁻¹	9.0×10⁻³
			60										7.9×10⁻²		9.0×10⁻³
			120									1.4	7.9×10⁻²		8.9×10⁻³
			240										7.9×10⁻²		8.9×10⁻³
			480										7.9×10⁻²		8.9×10⁻³
	8	120	30										7.8×10⁻²		9.0×10⁻³
			60										7.9×10⁻²		9.0×10⁻³
			120										7.9×10⁻²		9.0×10⁻³
			240										7.9×10⁻²		8.9×10⁻³
			480										7.9×10⁻²		8.9×10⁻³
300	2	80	30												4.4×10⁻³
			60												4.4×10⁻³
			120												4.4×10⁻³
			240												4.4×10⁻³
			480											1.4	4.4×10⁻³
	4	40	30												4.4×10⁻³
			60												4.4×10⁻³
			120												4.4×10⁻³
			240												4.4×10⁻³
			480												4.4×10⁻³

续表

内腔有效容积 V/cm^3	压氦压力 $p_\mathrm{c}/10^5\,\mathrm{Pa}$	压氦时间 t_1/min	候检时间 $t_{2\mathrm{e}}/\mathrm{min}$	空气的严酷等级 $\theta_\mathrm{air}=20\ \mathrm{h}$ 任务允许的最大标准漏率 $L_\mathrm{max}/\mathrm{Pa\cdot cm^3/s}$	允许的最大测量漏率 $R_\mathrm{e,max}/\mathrm{Pa\cdot cm^3/s}$	空气的严酷等级 $\theta_\mathrm{air}=60\ \mathrm{h}$ 任务允许的最大标准漏率 $L_\mathrm{max}/\mathrm{Pa\cdot cm^3/s}$	允许的最大测量漏率 $R_\mathrm{e,max}/\mathrm{Pa\cdot cm^3/s}$	空气的严酷等级 $\theta_\mathrm{air}=200\ \mathrm{h}$ 任务允许的最大标准漏率 $L_\mathrm{max}/\mathrm{Pa\cdot cm^3/s}$	允许的最大测量漏率 $R_\mathrm{e,max}/\mathrm{Pa\cdot cm^3/s}$	空气的严酷等级 $\theta_\mathrm{air}=600\ \mathrm{h}$ 任务允许的最大标准漏率 $L_\mathrm{max}/\mathrm{Pa\cdot cm^3/s}$	允许的最大测量漏率 $R_\mathrm{e,max}/\mathrm{Pa\cdot cm^3/s}$	空气的严酷等级 $\theta_\mathrm{air}=2000\ \mathrm{h}$ 任务允许的最大标准漏率 $L_\mathrm{max}/\mathrm{Pa\cdot cm^3/s}$	允许的最大测量漏率 $R_\mathrm{e,max}/\mathrm{Pa\cdot cm^3/s}$	空气的严酷等级 $\theta_\mathrm{air}=6000\ \mathrm{h}$ 任务允许的最大标准漏率 $L_\mathrm{max}/\mathrm{Pa\cdot cm^3/s}$	允许的最大测量漏率 $R_\mathrm{e,max}/\mathrm{Pa\cdot cm^3/s}$
300	8	20	30												4.4×10^{-3}
			60												4.4×10^{-3}
			120												4.4×10^{-3}
			240												4.4×10^{-3}
			480												4.4×10^{-3}
	2	480	30												2.6×10^{-2}
			60												2.6×10^{-2}
			120												2.6×10^{-2}
			240												2.6×10^{-2}
			480											1.4	2.6×10^{-2}
	4	240	30												2.6×10^{-2}
			60												2.6×10^{-2}
			120												2.6×10^{-2}
			240												2.6×10^{-2}
			480												2.6×10^{-2}
	8	120	30												2.7×10^{-2}
			60												2.6×10^{-2}
			120												2.6×10^{-2}
			240												2.6×10^{-2}
			480												2.6×10^{-2}

续 表

内腔有效容积 $\dfrac{V}{\text{cm}^3}$	压氦压力 $\dfrac{p_e}{10^5\,\text{Pa}}$	压氦时间 $\dfrac{t_1}{\text{min}}$	候检时间 $\dfrac{t_{2e}}{\text{min}}$	空气的严酷等级 $\theta_{\text{air}}=2\times10^1$ h		空气的严酷等级 $\theta_{\text{air}}=6\times10^1$ h		空气的严酷等级 $\theta_{\text{air}}=2\times10^5$ h		空气的严酷等级 $\theta_{\text{air}}=6\times10^5$ h	
				任务允许的最大标准漏率 $\dfrac{L_{\max}}{\text{Pa}\cdot\text{cm}^3/\text{s}}$	允许的最大测量漏率 $\dfrac{R_{e,\max}}{\text{Pa}\cdot\text{cm}^3/\text{s}}$	任务允许的最大标准漏率 $\dfrac{L_{\max}}{\text{Pa}\cdot\text{cm}^3/\text{s}}$	允许的最大测量漏率 $\dfrac{R_{e,\max}}{\text{Pa}\cdot\text{cm}^3/\text{s}}$	任务允许的最大标准漏率 $\dfrac{L_{\max}}{\text{Pa}\cdot\text{cm}^3/\text{s}}$	允许的最大测量漏率 $\dfrac{R_{e,\max}}{\text{Pa}\cdot\text{cm}^3/\text{s}}$	任务允许的最大标准漏率 $\dfrac{L_{\max}}{\text{Pa}\cdot\text{cm}^3/\text{s}}$	允许的最大测量漏率 $\dfrac{R_{e,\max}}{\text{Pa}\cdot\text{cm}^3/\text{s}}$
0.3	2	80	30								
			60								
			120								
			240								
			480	4.2×10^{-4}							
	4	40	30								
			60								
			120								
			240								
			480								
	8	20	30								
			60								
			120								
			240								
			480								
	2	480	30		2.4×10^{-6}						
			60		2.4×10^{-6}						
			120		2.4×10^{-6}						
			240		2.4×10^{-6}						
			480		2.4×10^{-6}						

续表

内腔有效容积 $\dfrac{V}{cm^3}$	压氦压力 $\dfrac{p_e}{10^5\,Pa}$	压氦时间 $\dfrac{t_1}{min}$	候检时间 $\dfrac{t_{2e}}{min}$	空气的严酷等级 $\theta_{air}=2\times10^4$ h 任务允许的最大标准漏率 $\dfrac{L_{max}}{Pa\cdot cm^3/s}$	允许的最大测量漏率 $\dfrac{R_{e,max}}{Pa\cdot cm^3/s}$	空气的严酷等级 $\theta_{air}=6\times10^4$ h 任务允许的最大标准漏率 $\dfrac{L_{max}}{Pa\cdot cm^3/s}$	允许的最大测量漏率 $\dfrac{R_{e,max}}{Pa\cdot cm^3/s}$	空气的严酷等级 $\theta_{air}=2\times10^5$ h 任务允许的最大标准漏率 $\dfrac{L_{max}}{Pa\cdot cm^3/s}$	允许的最大测量漏率 $\dfrac{R_{e,max}}{Pa\cdot cm^3/s}$	空气的严酷等级 $\theta_{air}=6\times10^5$ h 任务允许的最大标准漏率 $\dfrac{L_{max}}{Pa\cdot cm^3/s}$	允许的最大测量漏率 $\dfrac{R_{e,max}}{Pa\cdot cm^3/s}$
0.3	4	240	30	4.2×10^{-4}	2.4×10^{-6}						
			60		2.4×10^{-6}						
			120		2.4×10^{-6}						
			240		2.4×10^{-6}						
			480		2.4×10^{-6}						
	8	120	30		2.4×10^{-6}						
			60		2.4×10^{-6}						
			120		2.4×10^{-6}						
			240		2.4×10^{-6}						
			480		2.4×10^{-6}						
1	2	80	30	1.4×10^{-3}	1.3×10^{-6}						
			60		1.3×10^{-6}						
			120		1.3×10^{-6}						
			240		1.3×10^{-6}						
			480		1.3×10^{-6}						
	4	40	30		1.3×10^{-6}						
			60		1.3×10^{-6}						
			120		1.3×10^{-6}						
			240		1.3×10^{-6}						
			480		1.3×10^{-6}						

续表

内腔有效容积 V/cm^3	压氦压力 $p_e/10^5\,\text{Pa}$	压氦时间 t_1/min	候检时间 t_{2e}/min	空气的严酷等级 $\theta_{air}=2\times10^4\,\text{h}$ 任务允许的最大标准漏率 $L_{max}/\text{Pa·cm}^3/\text{s}$	允许的最大测量漏率 $R_{e,max}/\text{Pa·cm}^3/\text{s}$	空气的严酷等级 $\theta_{air}=6\times10^4\,\text{h}$ 任务允许的最大标准漏率 $L_{max}/\text{Pa·cm}^3/\text{s}$	允许的最大测量漏率 $R_{e,max}/\text{Pa·cm}^3/\text{s}$	空气的严酷等级 $\theta_{air}=2\times10^5\,\text{h}$ 任务允许的最大标准漏率 $L_{max}/\text{Pa·cm}^3/\text{s}$	允许的最大测量漏率 $R_{e,max}/\text{Pa·cm}^3/\text{s}$	空气的严酷等级 $\theta_{air}=6\times10^5\,\text{h}$ 任务允许的最大标准漏率 $L_{max}/\text{Pa·cm}^3/\text{s}$	允许的最大测量漏率 $R_{e,max}/\text{Pa·cm}^3/\text{s}$
1	8	20	30	1.4×10^{-3}	1.3×10^{-6}						
			60		1.3×10^{-6}						
			120		1.3×10^{-6}						
			240		1.3×10^{-6}						
			480		1.3×10^{-6}						
	2	480	30		8.0×10^{-6}						
			60		8.0×10^{-6}						
			120		7.9×10^{-6}						
			240		7.9×10^{-6}						
			480		7.9×10^{-6}						
	4	240	30		8.0×10^{-6}						
			60		8.0×10^{-6}						
			120		7.9×10^{-6}						
			240		7.9×10^{-6}						
			480		7.9×10^{-6}						
	8	120	30		8.0×10^{-6}						
			60		8.0×10^{-6}						
			120		8.0×10^{-6}						
			240		8.0×10^{-6}						
			480		7.9×10^{-6}						

续表

内腔有效容积 V/cm^3	压氦压力 $p_e/10^5\,\text{Pa}$	压氦时间 t_1/min	候检时间 t_{2c}/min	空气的严酷等级 $\theta_{air}=2\times10^4\,\text{h}$ 任务允许的最大标准漏率 $L_{max}/\text{Pa·cm}^3/\text{s}$	允许的最大测量漏率 $R_{e,max}/\text{Pa·cm}^3/\text{s}$	空气的严酷等级 $\theta_{air}=6\times10^4\,\text{h}$ 任务允许的最大标准漏率 $L_{max}/\text{Pa·cm}^3/\text{s}$	允许的最大测量漏率 $R_{e,max}/\text{Pa·cm}^3/\text{s}$	空气的严酷等级 $\theta_{air}=2\times10^5\,\text{h}$ 任务允许的最大标准漏率 $L_{max}/\text{Pa·cm}^3/\text{s}$	允许的最大测量漏率 $R_{e,max}/\text{Pa·cm}^3/\text{s}$	空气的严酷等级 $\theta_{air}=6\times10^5\,\text{h}$ 任务允许的最大标准漏率 $L_{max}/\text{Pa·cm}^3/\text{s}$	允许的最大测量漏率 $R_{e,max}/\text{Pa·cm}^3/\text{s}$
3	2	80	30	4.2×10^{-3}	4.0×10^{-6}	1.4×10^{-3}					
			60		4.0×10^{-6}						
			120		4.0×10^{-6}						
			240		4.0×10^{-6}						
			480		4.0×10^{-6}						
	4	40	30		4.0×10^{-6}						
			60		4.0×10^{-6}						
			120		4.0×10^{-6}						
			240		4.0×10^{-6}						
			480		4.0×10^{-6}						
	8	20	30		4.0×10^{-6}						
			60		4.0×10^{-6}						
			120		4.0×10^{-6}						
			240		4.0×10^{-6}						
			480		4.0×10^{-6}						
	2	480	30		2.4×10^{-5}		2.7×10^{-6}				
			60		2.4×10^{-5}		2.7×10^{-6}				
			120		2.4×10^{-5}		2.7×10^{-6}				
			240		2.4×10^{-5}		2.7×10^{-6}				
			480		2.4×10^{-5}		2.7×10^{-6}				

续表

内腔有效容积 V/cm^3	压氦压力 $p_e/10^5\,\mathrm{Pa}$	压氦时间 t_1/min	候检时间 t_{2e}/min	空气的严酷等级 $\theta_{air}=2\times10^4$ h 任务允许的最大标准漏率 $L_{max}/\mathrm{Pa\cdot cm^3/s}$	空气的严酷等级 $\theta_{air}=2\times10^4$ h 允许的最大测量漏率 $R_{e,max}/\mathrm{Pa\cdot cm^3/s}$	空气的严酷等级 $\theta_{air}=6\times10^4$ h 任务允许的最大标准漏率 $L_{max}/\mathrm{Pa\cdot cm^3/s}$	空气的严酷等级 $\theta_{air}=6\times10^4$ h 允许的最大测量漏率 $R_{e,max}/\mathrm{Pa\cdot cm^3/s}$	空气的严酷等级 $\theta_{air}=2\times10^5$ h 任务允许的最大标准漏率 $L_{max}/\mathrm{Pa\cdot cm^3/s}$	空气的严酷等级 $\theta_{air}=2\times10^5$ h 允许的最大测量漏率 $R_{e,max}/\mathrm{Pa\cdot cm^3/s}$	空气的严酷等级 $\theta_{air}=6\times10^5$ h 任务允许的最大标准漏率 $L_{max}/\mathrm{Pa\cdot cm^3/s}$	空气的严酷等级 $\theta_{air}=6\times10^5$ h 允许的最大测量漏率 $R_{e,max}/\mathrm{Pa\cdot cm^3/s}$
3	4	240	30	4.2×10^{-3}	2.4×10^{-5}	1.4×10^{-3}	2.7×10^{-6}				
			60		2.4×10^{-5}		2.7×10^{-6}				
			120		2.4×10^{-5}		2.7×10^{-6}				
			240		2.4×10^{-5}		2.7×10^{-6}				
			480		2.4×10^{-5}		2.7×10^{-6}				
	8	120	30		2.4×10^{-5}		2.7×10^{-6}				
			60		2.4×10^{-5}		2.7×10^{-6}				
			120		2.4×10^{-5}		2.7×10^{-6}				
			240		2.4×10^{-5}		2.7×10^{-6}				
			480		2.4×10^{-5}		2.7×10^{-6}				
10	2	80	30	1.4×10^{-2}	1.3×10^{-5}	4.7×10^{-3}	1.5×10^{-6}				
			60		1.3×10^{-5}		1.5×10^{-6}				
			120		1.3×10^{-5}		1.5×10^{-6}				
			240		1.3×10^{-5}		1.5×10^{-6}				
			480		1.3×10^{-5}		1.5×10^{-6}				
	4	40	30		1.3×10^{-5}		1.5×10^{-6}				
			60		1.3×10^{-5}		1.5×10^{-6}				
			120		1.3×10^{-5}		1.5×10^{-6}				
			240		1.3×10^{-5}		1.5×10^{-6}				
			480		1.3×10^{-5}		1.5×10^{-6}				

续表

内腔有效容积 $\dfrac{V}{cm^3}$	压氦压力 $\dfrac{p_e}{10^5\,Pa}$	压氦时间 $\dfrac{t_1}{min}$	候检时间 $\dfrac{t_{2c}}{min}$	空气的严酷等级 $\theta_{air}=2\times10^1$ h		空气的严酷等级 $\theta_{air}=6\times10^1$ h		空气的严酷等级 $\theta_{air}=2\times10^5$ h		空气的严酷等级 $\theta_{air}=6\times10^5$ h	
				任务允许的最大标准漏率 $\dfrac{L_{max}}{Pa\cdot cm^3/s}$	允许的最大测量漏率 $\dfrac{R_{e,max}}{Pa\cdot cm^3/s}$	任务允许的最大标准漏率 $\dfrac{L_{max}}{Pa\cdot cm^3/s}$	允许的最大测量漏率 $\dfrac{R_{e,max}}{Pa\cdot cm^3/s}$	任务允许的最大标准漏率 $\dfrac{L_{max}}{Pa\cdot cm^3/s}$	允许的最大测量漏率 $\dfrac{R_{e,max}}{Pa\cdot cm^3/s}$	任务允许的最大标准漏率 $\dfrac{L_{max}}{Pa\cdot cm^3/s}$	允许的最大测量漏率 $\dfrac{R_{e,max}}{Pa\cdot cm^3/s}$
10	8	20	30	1.4×10^{-2}	1.3×10^{-5}	4.7×10^{-3}	1.5×10^{-6}				
			60		1.3×10^{-5}		1.5×10^{-6}				
			120		1.3×10^{-5}		1.5×10^{-6}				
			240		1.3×10^{-5}		1.5×10^{-6}				
			480		1.3×10^{-5}		1.5×10^{-6}				
	2	480	30		8.0×10^{-5}		9.0×10^{-6}				
			60		8.0×10^{-5}		9.0×10^{-6}				
			120		7.9×10^{-5}		9.0×10^{-6}				
			240		7.9×10^{-5}		9.0×10^{-6}				
			480		7.9×10^{-5}		9.0×10^{-6}				
	4	240	30		8.0×10^{-5}		9.0×10^{-6}				
			60		8.0×10^{-5}		9.0×10^{-6}				
			120		7.9×10^{-5}		9.0×10^{-6}				
			240		7.9×10^{-5}		9.0×10^{-6}				
			480		8.0×10^{-5}		9.0×10^{-6}				
	8	120	30		8.0×10^{-5}		9.0×10^{-6}				
			60		8.0×10^{-5}		9.0×10^{-6}				
			120		8.0×10^{-5}		9.0×10^{-6}				
			240		8.0×10^{-5}		9.0×10^{-6}				
			480		7.9×10^{-5}		9.0×10^{-6}				

续表

内腔有效容积 $\dfrac{V}{\mathrm{cm^3}}$	压氦压力 $\dfrac{p_e}{10^5\,\mathrm{Pa}}$	压氦时间 $\dfrac{t_1}{\mathrm{min}}$	候检时间 $\dfrac{t_{2e}}{\mathrm{min}}$	空气的严酷等级 $\theta_{\mathrm{air}}=2\times10^4$ h 任务允许的最大标准准漏率 $\dfrac{L_{\max}}{\mathrm{Pa\cdot cm^3/s}}$	允许的最大测量漏率 $\dfrac{R_{e,\max}}{\mathrm{Pa\cdot cm^3/s}}$	空气的严酷等级 $\theta_{\mathrm{air}}=6\times10^4$ h 任务允许的最大标准准漏率 $\dfrac{L_{\max}}{\mathrm{Pa\cdot cm^3/s}}$	允许的最大测量漏率 $\dfrac{R_{e,\max}}{\mathrm{Pa\cdot cm^3/s}}$	空气的严酷等级 $\theta_{\mathrm{air}}=2\times10^5$ h 任务允许的最大标准准漏率 $\dfrac{L_{\max}}{\mathrm{Pa\cdot cm^3/s}}$	允许的最大测量漏率 $\dfrac{R_{e,\max}}{\mathrm{Pa\cdot cm^3/s}}$	空气的严酷等级 $\theta_{\mathrm{air}}=6\times10^5$ h 任务允许的最大标准准漏率 $\dfrac{L_{\max}}{\mathrm{Pa\cdot cm^3/s}}$	允许的最大测量漏率 $\dfrac{R_{e,\max}}{\mathrm{Pa\cdot cm^3/s}}$
30	2	80	30	4.2×10^{-2}	4.0×10^{-5}	1.4×10^{-2}	4.4×10^{-6}	4.2×10^{-3}			
			60		4.0×10^{-5}		4.4×10^{-6}				
			120		4.0×10^{-5}		4.4×10^{-6}				
			240		4.0×10^{-5}		4.4×10^{-6}				
			480		4.0×10^{-5}		4.4×10^{-6}				
	4	40	30		4.0×10^{-5}		4.4×10^{-6}				
			60		4.0×10^{-5}		4.4×10^{-6}				
			120		4.0×10^{-5}		4.4×10^{-6}				
			240		4.0×10^{-5}		4.4×10^{-6}				
			480		4.0×10^{-5}		4.4×10^{-6}				
	8	20	30		4.0×10^{-5}		4.4×10^{-6}				
			60		4.0×10^{-5}		4.4×10^{-6}				
			120		4.0×10^{-5}		4.4×10^{-6}				
			240		4.0×10^{-5}		4.4×10^{-6}				
			480		4.0×10^{-5}		4.4×10^{-6}				
	2	480	30		2.4×10^{-4}		2.7×10^{-5}		2.4×10^{-6}		
			60		2.4×10^{-4}		2.7×10^{-5}		2.4×10^{-6}		
			120		2.4×10^{-4}		2.7×10^{-5}		2.4×10^{-6}		
			240		2.4×10^{-4}		2.7×10^{-5}		2.4×10^{-6}		
			480		2.4×10^{-4}		2.7×10^{-5}		2.4×10^{-6}		

续表

内腔有效容积 $V/\mathrm{cm^3}$	压氦压力 $p_e/10^5\,\mathrm{Pa}$	压氦时间 t_1/min	候检时间 t_{2e}/min	空气的严酷等级 $\theta_{air}=2\times10^1\,\mathrm{h}$ 任务允许的最大标准漏率 $L_{max}/(\mathrm{Pa\cdot cm^3/s})$	允许的最大测量漏率 $R_{e,max}/(\mathrm{Pa\cdot cm^3/s})$	空气的严酷等级 $\theta_{air}=6\times10^1\,\mathrm{h}$ 任务允许的最大标准漏率 $L_{max}/(\mathrm{Pa\cdot cm^3/s})$	允许的最大测量漏率 $R_{e,max}/(\mathrm{Pa\cdot cm^3/s})$	空气的严酷等级 $\theta_{air}=2\times10^5\,\mathrm{h}$ 任务允许的最大标准漏率 $L_{max}/(\mathrm{Pa\cdot cm^3/s})$	允许的最大测量漏率 $R_{e,max}/(\mathrm{Pa\cdot cm^3/s})$	空气的严酷等级 $\theta_{air}=6\times10^5\,\mathrm{h}$ 任务允许的最大标准漏率 $L_{max}/(\mathrm{Pa\cdot cm^3/s})$	允许的最大测量漏率 $R_{e,max}/(\mathrm{Pa\cdot cm^3/s})$
30	4	240	30		2.4×10^{-4}		2.7×10^{-5}		2.4×10^{-6}		
			60		2.4×10^{-4}		2.7×10^{-5}		2.4×10^{-6}		
			120	4.2×10^{-2}	2.4×10^{-4}	1.4×10^{-2}	2.7×10^{-5}	4.2×10^{-3}	2.4×10^{-6}		
			240		2.4×10^{-4}		2.7×10^{-5}		2.4×10^{-6}		
			480		2.4×10^{-4}		2.7×10^{-5}		2.4×10^{-6}		
	8	120	30		2.4×10^{-4}		2.7×10^{-5}		2.4×10^{-6}		
			60		2.4×10^{-4}		2.7×10^{-5}		2.4×10^{-6}		
			120		2.4×10^{-4}		2.7×10^{-5}		2.4×10^{-6}		
			240		2.4×10^{-4}		2.7×10^{-5}		2.4×10^{-6}		
			480		2.4×10^{-4}		2.7×10^{-5}		2.4×10^{-6}		
100	2	80	30		1.3×10^{-4}		1.5×10^{-5}		1.3×10^{-6}		
			60		1.3×10^{-4}		1.5×10^{-5}		1.3×10^{-6}		
			120	1.4×10^{-1}	1.3×10^{-4}	4.7×10^{-2}	1.5×10^{-5}	1.4×10^{-2}	1.3×10^{-6}		
			240		1.3×10^{-4}		1.5×10^{-5}		1.3×10^{-6}		
			480		1.3×10^{-4}		1.5×10^{-5}		1.3×10^{-6}		
	4	40	30		1.3×10^{-4}		1.5×10^{-5}		1.3×10^{-6}		
			60		1.3×10^{-4}		1.5×10^{-5}		1.3×10^{-6}		
			120		1.3×10^{-4}		1.5×10^{-5}		1.3×10^{-6}		
			240		1.3×10^{-4}		1.5×10^{-5}		1.3×10^{-6}		
			480		1.3×10^{-4}		1.5×10^{-5}		1.3×10^{-6}		

续　表

内腔有效容积 V/cm^3	压氦压力 $p_e/10^5\,\text{Pa}$	压氦时间 t_1/min	候检时间 t_{2e}/min	空气的严酷等级 $\theta_{air}=2\times10^4\,\text{h}$ 任务允许的最大标准漏率 $L_{max}/\text{Pa}\cdot\text{cm}^3/\text{s}$	允许的最大测量漏率 $R_{e,max}/\text{Pa}\cdot\text{cm}^3/\text{s}$	空气的严酷等级 $\theta_{air}=6\times10^4\,\text{h}$ 任务允许的最大标准漏率 $L_{max}/\text{Pa}\cdot\text{cm}^3/\text{s}$	允许的最大测量漏率 $R_{e,max}/\text{Pa}\cdot\text{cm}^3/\text{s}$	空气的严酷等级 $\theta_{air}=2\times10^5\,\text{h}$ 任务允许的最大标准漏率 $L_{max}/\text{Pa}\cdot\text{cm}^3/\text{s}$	允许的最大测量漏率 $R_{e,max}/\text{Pa}\cdot\text{cm}^3/\text{s}$	空气的严酷等级 $\theta_{air}=6\times10^5\,\text{h}$ 任务允许的最大标准漏率 $L_{max}/\text{Pa}\cdot\text{cm}^3/\text{s}$	允许的最大测量漏率 $R_{e,max}/\text{Pa}\cdot\text{cm}^3/\text{s}$
100	8	20	30	1.4×10^{-1}	1.3×10^{-4}	4.7×10^{-2}	1.5×10^{-5}	1.4×10^{-2}	1.3×10^{-6}		
			60		1.3×10^{-4}		1.5×10^{-5}		1.3×10^{-6}		
			120		1.3×10^{-4}		1.5×10^{-5}		1.3×10^{-6}		
			240		1.3×10^{-4}		1.5×10^{-5}		1.3×10^{-6}		
			480		1.3×10^{-4}		1.5×10^{-5}		1.3×10^{-6}		
	2	480	30		8.0×10^{-4}		9.0×10^{-5}		8.0×10^{-6}		
			60		8.0×10^{-4}		9.0×10^{-5}		8.0×10^{-6}		
			120		7.9×10^{-4}		9.0×10^{-5}		8.0×10^{-6}		
			240		7.9×10^{-4}		9.0×10^{-5}		8.0×10^{-6}		
			480		7.9×10^{-4}		9.0×10^{-5}		8.0×10^{-6}		
	4	240	30		8.0×10^{-4}		9.0×10^{-5}		8.0×10^{-6}		
			60		8.0×10^{-4}		9.0×10^{-5}		8.0×10^{-6}		
			120		8.0×10^{-4}		9.0×10^{-5}		8.0×10^{-6}		
			240		7.9×10^{-4}		9.0×10^{-5}		8.0×10^{-6}		
			480		7.9×10^{-4}		9.0×10^{-5}		8.0×10^{-6}		
	8	120	30		8.0×10^{-4}		9.0×10^{-5}		8.0×10^{-6}		
			60		8.0×10^{-4}		9.0×10^{-5}		8.0×10^{-6}		
			120		8.0×10^{-4}		9.0×10^{-5}		8.0×10^{-6}		
			240		8.0×10^{-4}		9.0×10^{-5}		8.0×10^{-6}		
			480		7.9×10^{-4}		9.0×10^{-5}		8.0×10^{-6}		

续 表

内腔有效容积 $\dfrac{V}{\mathrm{cm}^3}$	压氦压力 $\dfrac{p_e}{10^5\,\mathrm{Pa}}$	压氦时间 $\dfrac{t_1}{\mathrm{min}}$	候检时间 $\dfrac{t_{2e}}{\mathrm{min}}$	空气的严酷等级 $\theta_{air}=2\times10^4$ h 任务允许的最大标准漏率 $\dfrac{L_{\max}}{\mathrm{Pa\cdot cm^3/s}}$	允许的最大测量漏率 $\dfrac{R_{e,\max}}{\mathrm{Pa\cdot cm^3/s}}$	空气的严酷等级 $\theta_{air}=6\times10^4$ h 任务允许的最大标准漏率 $\dfrac{L_{\max}}{\mathrm{Pa\cdot cm^3/s}}$	允许的最大测量漏率 $\dfrac{R_{e,\max}}{\mathrm{Pa\cdot cm^3/s}}$	空气的严酷等级 $\theta_{air}=2\times10^5$ h 任务允许的最大标准漏率 $\dfrac{L_{\max}}{\mathrm{Pa\cdot cm^3/s}}$	允许的最大测量漏率 $\dfrac{R_{e,\max}}{\mathrm{Pa\cdot cm^3/s}}$	空气的严酷等级 $\theta_{air}=6\times10^5$ h 任务允许的最大标准漏率 $\dfrac{L_{\max}}{\mathrm{Pa\cdot cm^3/s}}$	允许的最大测量漏率 $\dfrac{R_{e,\max}}{\mathrm{Pa\cdot cm^3/s}}$
300	2	80	30	4.2×10^{-1}	4.0×10^{-4}	1.4×10^{-1}	4.4×10^{-5}	4.2×10^{-2}	4.0×10^{-6}	1.4×10^{-2}	
			60		4.0×10^{-4}		4.4×10^{-5}		4.0×10^{-6}		
			120		4.0×10^{-4}		4.4×10^{-5}		4.0×10^{-6}		
			240		4.0×10^{-4}		4.4×10^{-5}		4.0×10^{-6}		
			480		4.0×10^{-4}		4.4×10^{-5}		4.0×10^{-6}		
	4	40	30		4.0×10^{-4}		4.4×10^{-5}		4.0×10^{-6}		
			60		4.0×10^{-4}		4.4×10^{-5}		4.0×10^{-6}		
			120		4.0×10^{-4}		4.4×10^{-5}		4.0×10^{-6}		
			240		4.0×10^{-4}		4.4×10^{-5}		4.0×10^{-6}		
			480		4.0×10^{-4}		4.4×10^{-5}		4.0×10^{-6}		
	8	20	30		4.0×10^{-4}		4.4×10^{-5}		4.0×10^{-6}		
			60		4.0×10^{-4}		4.4×10^{-5}		4.0×10^{-6}		
			120		4.0×10^{-4}		4.4×10^{-5}		4.0×10^{-6}		
			240		4.0×10^{-4}		4.4×10^{-5}		4.0×10^{-6}		
			480								

续表

内腔有效容积 V/cm^3	压氦压力 $p_e/10^5\text{Pa}$	压氦时间 t_1/min	候检时间 t_{2e}/min	空气的严酷等级 $\theta_{air}=2\times10^4$ h		空气的严酷等级 $\theta_{air}=6\times10^4$ h		空气的严酷等级 $\theta_{air}=2\times10^5$ h		空气的严酷等级 $\theta_{air}=6\times10^5$ h	
				任务允许的最大标准漏率 $L_{\max}/\text{Pa}\cdot\text{cm}^3/\text{s}$	允许的最大测量漏率 $R_{e,\max}/\text{Pa}\cdot\text{cm}^3/\text{s}$	任务允许的最大标准漏率 $L_{\max}/\text{Pa}\cdot\text{cm}^3/\text{s}$	允许的最大测量漏率 $R_{e,\max}/\text{Pa}\cdot\text{cm}^3/\text{s}$	任务允许的最大标准漏率 $L_{\max}/\text{Pa}\cdot\text{cm}^3/\text{s}$	允许的最大测量漏率 $R_{e,\max}/\text{Pa}\cdot\text{cm}^3/\text{s}$	任务允许的最大标准漏率 $L_{\max}/\text{Pa}\cdot\text{cm}^3/\text{s}$	允许的最大测量漏率 $R_{e,\max}/\text{Pa}\cdot\text{cm}^3/\text{s}$
300	2	480	30	4.2×10^{-1}	2.4×10^{-3}	1.4×10^{-1}	2.7×10^{-4}	4.2×10^{-2}	2.4×10^{-5}	1.4×10^{-2}	2.7×10^{-6}
			60		2.4×10^{-3}		2.7×10^{-4}		2.4×10^{-5}		2.7×10^{-6}
			120		2.4×10^{-3}		2.7×10^{-4}		2.4×10^{-5}		2.7×10^{-6}
			240		2.4×10^{-3}		2.7×10^{-4}		2.4×10^{-5}		2.7×10^{-6}
			480		2.4×10^{-3}		2.7×10^{-4}		2.4×10^{-5}		2.7×10^{-6}
	4	240	30		2.4×10^{-3}		2.7×10^{-4}		2.4×10^{-5}		2.7×10^{-6}
			60		2.4×10^{-3}		2.7×10^{-4}		2.4×10^{-5}		2.7×10^{-6}
			120		2.4×10^{-3}		2.7×10^{-4}		2.4×10^{-5}		2.7×10^{-6}
			240		2.4×10^{-3}		2.7×10^{-4}		2.4×10^{-5}		2.7×10^{-6}
			480		2.4×10^{-3}		2.7×10^{-4}		2.4×10^{-5}		2.7×10^{-6}
	8	120	30		2.4×10^{-3}		2.7×10^{-4}		2.4×10^{-5}		2.7×10^{-6}
			60		2.4×10^{-3}		2.7×10^{-4}		2.4×10^{-5}		2.7×10^{-6}
			120		2.4×10^{-3}		2.7×10^{-4}		2.4×10^{-5}		2.7×10^{-6}
			240		2.4×10^{-3}		2.7×10^{-4}		2.4×10^{-5}		2.7×10^{-6}
			480		2.4×10^{-3}		2.7×10^{-4}		2.4×10^{-5}		2.7×10^{-6}

表 B-2　与表 B-1 所列内腔有效容积、压氦时间及任务允许的最大标准漏率相呼应的最长候检时间

内腔有效容积 $\dfrac{V}{cm^3}$	压氦时间 $\dfrac{t_1}{min}$	空气的严酷等级 $\theta_{air}=20\ h$ 任务允许的最大标准漏率 $\dfrac{L_{max}}{Pa\cdot cm^3/s}$	最长候检时间 $\dfrac{t_{2e,max}}{min}$	空气的严酷等级 $\theta_{air}=60\ h$ 任务允许的最大标准漏率 $\dfrac{L_{max}}{Pa\cdot cm^3/s}$	最长候检时间 $\dfrac{t_{2e,max}}{min}$	空气的严酷等级 $\theta_{air}=200\ h$ 任务允许的最大标准漏率 $\dfrac{L_{max}}{Pa\cdot cm^3/s}$	最长候检时间 $\dfrac{t_{2e,max}}{min}$	空气的严酷等级 $\theta_{air}=600\ h$ 任务允许的最大标准漏率 $\dfrac{L_{max}}{Pa\cdot cm^3/s}$	最长候检时间 $\dfrac{t_{2e,max}}{min}$	空气的严酷等级 $\theta_{air}=2\,000\ h$ 任务允许的最大标准漏率 $\dfrac{L_{max}}{Pa\cdot cm^3/s}$	最长候检时间 $\dfrac{t_{2e,max}}{min}$	空气的严酷等级 $\theta_{air}=6\,000\ h$ 任务允许的最大标准漏率 $\dfrac{L_{max}}{Pa\cdot cm^3/s}$	最长候检时间 $\dfrac{t_{2e,max}}{min}$
0.01	80	1.4×10^{-2}	29.1	4.7×10^{-3}	38.4	1.4×10^{-3}	49.1	4.7×10^{-4}	58.9	1.4×10^{-4}	69.7		
	40		32.0		41.5		52.2		62.0		72.8		
	20		35.0		44.5		55.3		65.0		75.9		
	480		22.8		31.0		41.3		50.9		61.7		
	240		24.9		33.8		44.3		54.0		64.8		
	120		27.4		36.7		47.3		57.0		67.9		
0.03	80	4.2×10^{-2}	73.7	1.4×10^{-2}	101	4.2×10^{-3}	133	1.4×10^{-3}	162	4.2×10^{-4}	194	1.4×10^{-4}	224
	40		82.0		110		141		171		203		233
	20		88.5		116		148		177		210		239
	480		54.5		78.9		109		138		170		200
	240		60.9		87.2		118		147		180		209
	120		68.7		96.0		127		157		189		218
0.1	80	1.4×10^{-1}	196	4.7×10^{-2}	281	1.4×10^{-2}	383	4.7×10^{-3}	479	1.4×10^{-3}	586	4.7×10^{-4}	684
	40		211		297		399		494		602		699
	20		220		305		408		503		611		708
	480		136		213		312		407		514		612
	240		158		241		342		437		545		642
	120		183		268		370		465		573		670

续表

内腔有效容积 V/cm³	压氦时间 t_1/min	空气的严酷等级 $\theta_{air}=20$ h		空气的严酷等级 $\theta_{air}=60$ h		空气的严酷等级 $\theta_{air}=200$ h		空气的严酷等级 $\theta_{air}=600$ h		空气的严酷等级 $\theta_{air}=2\,000$ h		空气的严酷等级 $\theta_{air}=6\,000$ h	
		任务允许的最大标准漏率 L_{max}/(Pa·cm³/s)	最长候检时间 $t_{2e,max}$/min	任务允许的最大标准漏率 L_{max}/(Pa·cm³/s)	最长候检时间 $t_{2e,max}$/min	任务允许的最大标准漏率 L_{max}/(Pa·cm³/s)	最长候检时间 $t_{2e,max}$/min	任务允许的最大标准漏率 L_{max}/(Pa·cm³/s)	最长候检时间 $t_{2e,max}$/min	任务允许的最大标准漏率 L_{max}/(Pa·cm³/s)	最长候检时间 $t_{2e,max}$/min	任务允许的最大标准漏率 L_{max}/(Pa·cm³/s)	最长候检时间 $t_{2e,max}$/min
0.3	80	4.2×10^{-1}	425	1.4×10^{-1}	651	4.2×10^{-2}	935	1.4×10^{-2}	1.21×10^{3}	4.2×10^{-3}	1.53×10^{3}	1.4×10^{-3}	1.82×10^{3}
	40		444		669		953		1.23×10^{3}		1.55×10^{3}		1.84×10^{3}
	20		453		679		963		1.24×10^{3}		1.56×10^{3}		1.85×10^{3}
	480	1.4	307	4.7×10^{-1}	520	1.4×10^{-1}	800	4.7×10^{-2}	1.08×10^{3}	1.4×10^{-2}	1.39×10^{3}	4.7×10^{-3}	1.69×10^{3}
	240		365		588		871		1.15×10^{3}		1.47×10^{3}		1.76×10^{3}
	120		409		633		917		1.20×10^{3}		1.51×10^{3}		1.81×10^{3}
1	80	1.4	858	4.7×10^{-1}	1.43×10^{3}	1.4×10^{-1}	2.26×10^{3}	4.7×10^{-2}	3.11×10^{3}	1.4×10^{-2}	4.13×10^{3}	4.7×10^{-3}	5.09×10^{3}
	40		877		1.45×10^{3}		2.27×10^{3}		3.13×10^{3}		4.15×10^{3}		5.11×10^{3}
	20		887		1.46×10^{3}		2.28×10^{3}		3.14×10^{3}		4.16×10^{3}		5.12×10^{3}
	480		699	1.4	1.26×10^{3}	4.2×10^{-1}	2.08×10^{3}		2.93×10^{3}		3.95×10^{3}		4.91×10^{3}
	240		788		1.36×10^{3}		2.18×10^{3}		3.04×10^{3}		4.06×10^{3}		5.01×10^{3}
	120		840		1.42×10^{3}		2.24×10^{3}		3.09×10^{3}		4.11×10^{3}		5.07×10^{3}
3	80			1.4	2.65×10^{3}	4.2×10^{-1}	4.59×10^{3}	1.4×10^{-1}	6.84×10^{3}	4.2×10^{-2}	9.69×10^{3}	1.4×10^{-2}	1.25×10^{4}
	40				2.67×10^{3}		4.61×10^{3}		6.86×10^{3}		9.71×10^{3}		1.25×10^{4}
	20				2.68×10^{3}		4.62×10^{3}		6.87×10^{3}		9.72×10^{3}		1.25×10^{4}
	480				2.47×10^{3}		4.40×10^{3}		6.65×10^{3}		9.49×10^{3}		1.23×10^{4}
	240				2.57×10^{3}		4.51×10^{3}		6.77×10^{3}		9.61×10^{3}		1.24×10^{4}
	120				2.63×10^{3}		4.57×10^{3}		6.82×10^{3}		9.67×10^{3}		1.25×10^{4}

续表

内腔有效容积 V/cm^3	压氦时间 t_1/min	空气的严酷等级 $\theta_{air}=20\ \text{h}$ 任务允许的最大标准准漏率 $L_{max}/\text{Pa·cm}^3/\text{s}$	最长候检时间 $t_{2e,max}/\text{min}$	空气的严酷等级 $\theta_{air}=60\ \text{h}$ 任务允许的最大标准准漏率 $L_{max}/\text{Pa·cm}^3/\text{s}$	最长候检时间 $t_{2e,max}/\text{min}$	空气的严酷等级 $\theta_{air}=200\ \text{h}$ 任务允许的最大标准准漏率 $L_{max}/\text{Pa·cm}^3/\text{s}$	最长候检时间 $t_{2e,max}/\text{min}$	空气的严酷等级 $\theta_{air}=600\ \text{h}$ 任务允许的最大标准准漏率 $L_{max}/\text{Pa·cm}^3/\text{s}$	最长候检时间 $t_{2e,max}/\text{min}$	空气的严酷等级 $\theta_{air}=2\,000\ \text{h}$ 任务允许的最大标准准漏率 $L_{max}/\text{Pa·cm}^3/\text{s}$	最长候检时间 $t_{2e,max}/\text{min}$	空气的严酷等级 $\theta_{air}=6\,000\ \text{h}$ 任务允许的最大标准准漏率 $L_{max}/\text{Pa·cm}^3/\text{s}$	最长候检时间 $t_{2e,max}/\text{min}$
10	80					1.4	8.93×10^3	4.7×10^{-1}	1.47×10^4	1.4×10^{-1}	2.29×10^4	4.7×10^{-2}	3.15×10^4
	40						8.95×10^3		1.47×10^4		2.29×10^4		3.15×10^4
	20						8.96×10^3		1.47×10^4		2.29×10^4		3.15×10^4
	480						8.73×10^3		1.45×10^4		2.27×10^4		3.13×10^4
	240						8.85×10^3		1.46×10^4		2.28×10^4		3.14×10^4
	120						8.91×10^3		1.47×10^4		2.29×10^4		3.14×10^4
30	80							1.4	2.69×10^4	4.2×10^{-1}	4.62×10^4	1.4×10^{-1}	6.89×10^4
	40								2.69×10^4		4.63×10^4		6.88×10^4
	20								2.69×10^4		4.63×10^4		6.88×10^4
	480								2.67×10^4		4.60×10^4		6.86×10^4
	240								2.68×10^4		4.62×10^4		6.87×10^4
	120								2.69×10^4		4.62×10^4		6.88×10^4
100	80									1.4	8.97×10^4	4.7×10^{-1}	1.47×10^5
	40										8.97×10^4		1.47×10^5
	20										8.97×10^4		1.47×10^5
	480										8.95×10^4		1.47×10^5
	240										8.96×10^4		1.47×10^5
	120										8.96×10^4		1.47×10^5
300	80											1.4	2.69×10^5
	40												2.69×10^5
	20												2.69×10^5
	480												2.69×10^5
	240												2.69×10^5
	120												2.69×10^5

续表

内腔有效容积 V/cm³	压氦时间 t_1/min	空气的严酷等级 $\theta_{air}=2\times10^4$ h 任务允许的最大标准漏率 $\dfrac{L_{max}}{Pa\cdot cm^3/s}$	允许的最大测量漏率 $\dfrac{R_{e,max}}{Pa\cdot cm^3/s}$	空气的严酷等级 $\theta_{air}=6\times10^4$ h 任务允许的最大标准漏率 $\dfrac{L_{max}}{Pa\cdot cm^3/s}$	允许的最大测量漏率 $\dfrac{R_{e,max}}{Pa\cdot cm^3/s}$	空气的严酷等级 $\theta_{air}=2\times10^5$ h 任务允许的最大标准漏率 $\dfrac{L_{max}}{Pa\cdot cm^3/s}$	允许的最大测量漏率 $\dfrac{R_{e,max}}{Pa\cdot cm^3/s}$	空气的严酷等级 $\theta_{air}=6\times10^5$ h 任务允许的最大标准漏率 $\dfrac{L_{max}}{Pa\cdot cm^3/s}$	允许的最大测量漏率 $\dfrac{R_{e,max}}{Pa\cdot cm^3/s}$
0.3	80	4.2×10^{-1}	2.15×10^3						
	40		2.16×10^3						
	20		2.17×10^3						
	480		2.01×10^3						
	240		2.08×10^3						
	120		2.13×10^3						
1	80	1.4×10^{-3}	6.16×10^3						
	40		6.18×10^3						
	20		6.19×10^3						
	480		5.98×10^3						
	240		6.09×10^3						
	120		6.14×10^3						
3	80	4.2×10^{-3}	1.56×10^4	1.4×10^{-3}	1.86×10^4				
	40		1.57×10^4		1.86×10^4				
	20		1.57×10^4		1.86×10^4				
	480		1.54×10^4		1.84×10^4				
	240		1.56×10^4		1.85×10^4				
	120		1.56×10^4		1.85×10^4				
10	80	1.4×10^{-2}	4.17×10^4	4.7×10^{-3}	5.12×10^4				
	40		4.17×10^4		5.12×10^4				
	20		4.17×10^4		5.13×10^4				
	480		4.15×10^4		5.10×10^4				
	240		4.16×10^4		5.11×10^4				
	120		4.17×10^4		5.12×10^4				

续　表

内腔有效容积 V/cm^3	压氦时间 t_1/min	空气的严酷等级 $\theta_{air}=2\times10^4$ h 任务允许的最大标准漏率 $L_{max}/(\text{Pa}\cdot\text{cm}^3/\text{s})$	允许的最大测量漏率 $R_{e,max}/(\text{Pa}\cdot\text{cm}^3/\text{s})$	空气的严酷等级 $\theta_{air}=6\times10^4$ h 任务允许的最大标准漏率 $L_{max}/(\text{Pa}\cdot\text{cm}^3/\text{s})$	允许的最大测量漏率 $R_{e,max}/(\text{Pa}\cdot\text{cm}^3/\text{s})$	空气的严酷等级 $\theta_{air}=2\times10^5$ h 任务允许的最大标准漏率 $L_{max}/(\text{Pa}\cdot\text{cm}^3/\text{s})$	允许的最大测量漏率 $R_{e,max}/(\text{Pa}\cdot\text{cm}^3/\text{s})$	空气的严酷等级 $\theta_{air}=6\times10^5$ h 任务允许的最大标准漏率 $L_{max}/(\text{Pa}\cdot\text{cm}^3/\text{s})$	允许的最大测量漏率 $R_{e,max}/(\text{Pa}\cdot\text{cm}^3/\text{s})$
30	80	4.2×10^{-2}	9.72×10^4	1.4×10^{-2}	1.25×10^5	4.2×10^{-3}	1.57×10^5		
	40		9.73×10^4		1.25×10^5		1.57×10^5		
	20		9.73×10^4		1.25×10^5		1.57×10^5		
	480		9.70×10^4		1.25×10^5		1.57×10^5		
	240		9.72×10^4		1.25×10^5		1.57×10^5		
	120		9.72×10^4		1.25×10^5		1.57×10^5		
100	80	1.4×10^{-1}	2.29×10^5	4.7×10^{-2}	3.15×10^5	1.4×10^{-2}	4.17×10^5		
	40		2.29×10^5		3.15×10^5		4.17×10^5		
	20		2.29×10^5		3.15×10^5		4.17×10^5		
	480		2.29×10^5		3.15×10^5		4.17×10^5		
	240		2.29×10^5		3.15×10^5		4.17×10^5		
	120		2.29×10^5		3.15×10^5		4.17×10^5		
300	80	4.2×10^{-1}	4.63×10^5	1.4×10^{-1}	6.88×10^5	4.2×10^{-2}	9.73×10^5	1.4×10^{-2}	1.25×10^6
	40		4.63×10^5		6.88×10^5		9.73×10^5		1.25×10^6
	20		4.63×10^5		6.88×10^5		9.73×10^5		1.25×10^6
	480		4.63×10^5		6.88×10^5		9.72×10^5		1.25×10^6
	240		4.63×10^5		6.88×10^5		9.73×10^5		1.25×10^6
	120		4.63×10^5		6.88×10^5		9.73×10^5		1.25×10^6

表 B-3　预充氦法的检漏试验条件、空气的严酷等级与相应的 $t_{2i,cp2}$ 值、任务允许的最大标准漏率和相应的测量漏率

预充氦压力 p_i/10^5 Pa	内腔有效容积 V/cm³	候检时间 t_{2i}/h	$R_{,i}-L$ 关系曲线的极大值点 $L_{,i,M}$/(Pa·cm³/s)	空气的严酷等级 $\theta_{air}=20$ h $t_{2i,cp2}=7.436$ h 任务允许的最大标准漏率 L_{max}/(Pa·cm³/s)	与 L_{max} 对应的测量漏率 $R_{,i,max}$/(Pa·cm³/s)	$\theta_{air}=60$ h $t_{2i,cp2}=22.31$ h L_{max}	$R_{,i,max}$	$\theta_{air}=200$ h $t_{2i,cp2}=74.36$ h L_{max}	$R_{,i,max}$	$\theta_{air}=600$ h $t_{2i,cp2}=223.1$ h L_{max}	$R_{,i,max}$	$\theta_{air}=2000$ h $t_{2i,cp2}=743.6$ h L_{max}	$R_{,i,max}$	$\theta_{air}=6000$ h $t_{2i,cp2}=2231$ h L_{max}	$R_{,i,max}$
1.01	0.01	1	1.0×10^{-1}	1.4×10^{-2}	3.3×10^{-2}	4.7×10^{-3}	1.2×10^{-2}	1.4×10^{-3}	3.7×10^{-3}	4.7×10^{-4}	1.3×10^{-3}	1.4×10^{-4}	$\mathbf{3.8\times10^{-4}}$	4.7×10^{-5}	1.3×10^{-4}
		3	3.5×10^{-2}		2.5×10^{-2}		1.1×10^{-2}		3.6×10^{-3}		1.2×10^{-3}		3.8×10^{-4}		1.3×10^{-4}
		10	1.0×10^{-2}		9.8×10^{-3}		8.0×10^{-3}		3.3×10^{-3}		1.2×10^{-3}		3.7×10^{-4}		1.3×10^{-4}
		30	3.5×10^{-3}		6.7×10^{-4}		3.3×10^{-3}		2.5×10^{-3}		1.1×10^{-3}		3.6×10^{-4}		1.2×10^{-4}
		100	1.0×10^{-3}				1.4×10^{-4}		9.8×10^{-4}		8.0×10^{-4}		3.3×10^{-4}		1.2×10^{-4}
		300	3.5×10^{-4}						6.7×10^{-5}		3.3×10^{-4}		2.5×10^{-4}		1.1×10^{-4}
		1 000	1.0×10^{-4}								1.4×10^{-4}		9.8×10^{-5}		8.0×10^{-5}
	0.03	1	3.1×10^{-1}	4.2×10^{-2}	9.9×10^{-2}	1.4×10^{-2}	3.6×10^{-2}	4.2×10^{-3}	1.1×10^{-2}	1.4×10^{-3}	$\mathbf{3.8\times10^{-3}}$	4.2×10^{-4}	1.1×10^{-3}	1.4×10^{-4}	$\mathbf{3.8\times10^{-4}}$
		3	1.0×10^{-1}		7.6×10^{-2}		3.3×10^{-2}		1.1×10^{-2}		3.7×10^{-3}		1.1×10^{-3}		3.8×10^{-4}
		10	3.1×10^{-2}		3.0×10^{-2}		2.4×10^{-2}		9.9×10^{-3}		3.6×10^{-3}		1.1×10^{-3}		3.8×10^{-4}
		30	1.0×10^{-2}		2.0×10^{-3}		9.8×10^{-3}		7.6×10^{-3}		3.3×10^{-3}		9.9×10^{-4}		3.7×10^{-4}
		100	3.1×10^{-3}				4.3×10^{-3}		3.0×10^{-3}		2.4×10^{-3}		7.6×10^{-4}		3.6×10^{-4}
		300	1.0×10^{-3}						2.0×10^{-3}		9.8×10^{-4}		3.0×10^{-4}		3.3×10^{-4}
		1 000	3.1×10^{-4}								4.3×10^{-4}				2.4×10^{-4}
	0.1	1	1.0	1.4×10^{-1}	3.3×10^{-1}	4.7×10^{-2}	1.2×10^{-1}	1.4×10^{-2}	3.7×10^{-2}	4.7×10^{-3}	$\mathbf{1.3\times10^{-2}}$	1.4×10^{-3}	$\mathbf{3.8\times10^{-3}}$	4.7×10^{-4}	$\mathbf{1.3\times10^{-3}}$
		3	3.5×10^{-1}		2.5×10^{-1}		1.1×10^{-1}		3.6×10^{-2}		1.2×10^{-2}		3.8×10^{-3}		1.3×10^{-3}
		10	1.0×10^{-1}		9.8×10^{-2}		8.0×10^{-2}		3.3×10^{-2}		1.2×10^{-2}		3.7×10^{-3}		1.3×10^{-3}
		30	3.5×10^{-2}		6.7×10^{-2}		3.3×10^{-2}		2.5×10^{-2}		1.1×10^{-2}		3.6×10^{-3}		1.2×10^{-3}
		100	1.0×10^{-2}				1.4×10^{-2}		9.8×10^{-3}		8.0×10^{-3}		3.3×10^{-3}		1.2×10^{-3}
		300	3.5×10^{-3}						6.7×10^{-3}		3.2×10^{-3}		2.5×10^{-3}		1.1×10^{-3}
		1 000	1.0×10^{-3}								1.4×10^{-3}		9.8×10^{-4}		8.0×10^{-4}

续表

表中各栏含义：p_1 — 预充氦压力 $/10^5$ Pa；V — 内腔有效容积 $/cm^3$；t_{2i} — 候检时间 $/h$；$L_{LM,max}$ — R_i-L 关系曲线的极大值点 $/Pa\cdot cm^3/s$；各空气严酷等级下 L_{max} — 任务允许的最大漏率 $/Pa\cdot cm^3/s$；$R_{i,max}$ — 与 L_{max} 对应的测量漏率 $/Pa\cdot cm^3/s$。

$p_1/10^5$Pa	V/cm^3	t_{2i}/h	$L_{LM,max}$	$\theta_{air}=20$h ($t_{2i,cp2}=7.436$h)		$\theta_{air}=60$h ($t_{2i,cp2}=22.31$h)		$\theta_{air}=200$h ($t_{2i,cp2}=74.36$h)		$\theta_{air}=600$h ($t_{2i,cp2}=223.1$h)		$\theta_{air}=2000$h ($t_{2i,cp2}=743.6$h)		$\theta_{air}=6000$h ($t_{2i,cp2}=2231$h)	
				L_{max}	$R_{i,max}$	L_{max}	$R_{i,max}$	L_{max}	$R_{i,max}$	L_{max}	$R_{i,max}$	L_{max}	$R_{i,max}$	L_{max}	$R_{i,max}$
1.01	0.3	1	3.1	4.2×10^{-1}	9.9×10^{-1}	1.4×10^{-1}	3.6×10^{-1}	4.2×10^{-2}	1.1×10^{-1}	1.4×10^{-2}	3.8×10^{-2}	4.2×10^{-3}	1.1×10^{-2}	1.4×10^{-3}	3.8×10^{-3}
		3	1.0		7.6×10^{-1}		3.3×10^{-1}		1.1×10^{-1}		3.7×10^{-2}		1.1×10^{-2}		3.8×10^{-3}
		10	3.1×10^{-1}		3.0×10^{-1}		2.4×10^{-1}		9.9×10^{-2}		3.6×10^{-2}		1.1×10^{-2}		3.8×10^{-3}
		30	1.0×10^{-1}		2.0×10^{-1}		9.8×10^{-2}		7.6×10^{-2}		3.3×10^{-2}		1.1×10^{-2}		3.7×10^{-3}
		100	3.1×10^{-2}				4.3×10^{-2}		3.0×10^{-2}		2.4×10^{-2}		9.9×10^{-3}		3.6×10^{-3}
		300	1.0×10^{-2}						2.0×10^{-3}		9.8×10^{-3}		7.6×10^{-3}		3.3×10^{-3}
		1000	3.1×10^{-3}								*4.3×10^{-3}*		*3.0×10^{-3}*		2.4×10^{-3}
	1	1	10	1.4	3.3	4.7×10^{-1}	1.2	1.4×10^{-1}	3.7×10^{-1}	4.7×10^{-2}	1.3×10^{-1}	1.4×10^{-2}	3.8×10^{-2}	4.7×10^{-3}	1.3×10^{-2}
		3	3.5		2.5		1.1		3.6×10^{-1}		1.2×10^{-1}		3.8×10^{-2}		1.3×10^{-2}
		10	1.0		9.8×10^{-1}		8.0×10^{-1}		3.3×10^{-1}		1.2×10^{-1}		3.7×10^{-2}		1.3×10^{-2}
		30	3.5×10^{-1}		6.7×10^{-1}		3.3×10^{-1}		2.5×10^{-1}		1.1×10^{-1}		3.6×10^{-2}		1.2×10^{-2}
		100	1.0×10^{-1}		5.4×10^{-6}		1.4×10^{-2}		9.8×10^{-2}		8.0×10^{-2}		3.3×10^{-2}		1.2×10^{-2}
		300	3.5×10^{-2}						6.7×10^{-3}		3.3×10^{-2}		2.5×10^{-2}		1.1×10^{-2}
		1000	1.0×10^{-2}								*1.4×10^{-2}*		*9.8×10^{-3}*		8.0×10^{-3}
	3	1	31			1.4	3.6	4.2×10^{-1}	1.1	1.4×10^{-1}	3.8	4.2×10^{-2}	1.1×10^{-1}	1.4×10^{-2}	3.8×10^{-2}
		3	10				3.3		1.1		3.7×10^{-1}		1.1×10^{-1}		3.8×10^{-2}
		10	3.1				2.4		9.9×10^{-1}		3.6×10^{-1}		1.1×10^{-1}		3.8×10^{-2}
		30	1.0				9.8×10^{-1}		7.6×10^{-1}		3.3×10^{-1}		1.1×10^{-1}		3.7×10^{-2}
		100	3.1×10^{-1}				4.3×10^{-1}		3.0×10^{-1}		2.4×10^{-1}		9.9×10^{-2}		3.6×10^{-2}
		300	1.0×10^{-1}				5.4×10^{-6}		2.0×10^{-2}		9.8×10^{-2}		7.6×10^{-2}		3.3×10^{-2}
		1000	3.1×10^{-2}								*4.3×10^{-2}*		*3.0×10^{-2}*		2.4×10^{-2}

续表

p_i/10^5Pa	V/cm³	t_{2i}/h	$L_{i,M}$/(Pa·cm³/s)	空气的严酷等级 $\theta_{air}=20$ h, $t_{2i,cp2}=7.436$ h L_{max}/(Pa·cm³/s)	$R_{i,max}$/(Pa·cm³/s)	空气的严酷等级 $\theta_{air}=60$ h, $t_{2i,cp2}=22.31$ h L_{max}/(Pa·cm³/s)	$R_{i,max}$/(Pa·cm³/s)	空气的严酷等级 $\theta_{air}=200$ h, $t_{2i,cp2}=74.36$ h L_{max}/(Pa·cm³/s)	$R_{i,max}$/(Pa·cm³/s)	空气的严酷等级 $\theta_{air}=600$ h, $t_{2i,cp2}=223.1$ h L_{max}/(Pa·cm³/s)	$R_{i,max}$/(Pa·cm³/s)	空气的严酷等级 $\theta_{air}=2\,000$ h, $t_{2i,cp2}=743.6$ h L_{max}/(Pa·cm³/s)	$R_{i,max}$/(Pa·cm³/s)	空气的严酷等级 $\theta_{air}=6\,000$ h, $t_{2i,cp2}=2\,231$ h L_{max}/(Pa·cm³/s)	$R_{i,max}$/(Pa·cm³/s)
1.01	10	1	100					1.4	3.7	4.7×10^{-1}	1.3	1.4×10^{-1}	3.8×10^{-1}	4.7×10^{-2}	1.3×10^{-1}
		3	35						3.6		1.2		3.8×10^{-1}		1.3×10^{-1}
		10	10						3.3		1.2		3.7×10^{-1}		1.3×10^{-1}
		30	3.5						2.5		1.1		3.6×10^{-1}		1.2×10^{-1}
		100	1.0						9.8×10^{-1}		8.0×10^{-1}		3.3×10^{-1}		1.2×10^{-1}
		300	3.5×10^{-1}						6.7×10^{-2}		3.3×10^{-1}		2.5×10^{-1}		1.1×10^{-1}
		1 000	1.0×10^{-1}						5.4×10^{-6}		1.4×10^{-2}		9.8×10^{-2}		8.0×10^{-2}
	30	1	310							1.4	3.8	4.2×10^{-1}	1.1	1.4×10^{-1}	3.8×10^{-1}
		3	100								3.7		1.1		3.8×10^{-1}
		10	31								3.6		1.1		3.8×10^{-1}
		30	3.1								3.3		1.1		3.7×10^{-1}
		100	1.0								2.4		9.9×10^{-1}		3.6×10^{-1}
		300	3.1×10^{-1}								9.8×10^{-1}		7.6×10^{-1}		3.3×10^{-1}
		1 000									4.3×10^{-2}		3.0×10^{-1}		2.4×10^{-1}
	100	1	1.0×10^{3}									1.4	3.8	4.7×10^{-1}	1.3
		3	350										3.8		1.3
		10	100										3.7		1.3
		30	35										3.6		1.2
		100	10										3.3		1.2
		300	3.5										2.5		1.1
		1 000	1.0										9.8×10^{-1}		8.0×10^{-1}

续表

预充氦压力 p_i = 1.01 (10^5 Pa)，内腔有效容积 V = 300 cm³

t_{2i}/h	R_i-L 关系曲线的极大值点 $L_{i,M}$/(Pa·cm³/s)	$\theta_{air}=20$ h $t_{2i,cp2}=7.436$ h L_{max}	$R_{i,max}$	$\theta_{air}=60$ h $t_{2i,cp2}=22.31$ h L_{max}	$R_{i,max}$	$\theta_{air}=200$ h $t_{2i,cp2}=74.36$ h L_{max}	$R_{i,max}$	$\theta_{air}=600$ h $t_{2i,cp2}=223.1$ h L_{max}	$R_{i,max}$	$\theta_{air}=2000$ h $t_{2i,cp2}=743.6$ h L_{max}	$R_{i,max}$	$\theta_{air}=6000$ h $t_{2i,cp2}=2231$ h L_{max}	$R_{i,max}$
1	3.1×10^{3}												3.8
3	1.0×10^{3}												3.8
10	31											1.4	3.8
30	100												3.7
100	31												3.6
300	12												3.3
1000	3.1												2.4

（L_{max}、$R_{i,max}$ 单位：Pa·cm³/s）

预充氦压力 p_i = 1.01 (10^5 Pa)，内腔有效容积 V = 0.01 cm³

t_{2i}/h	R_i-L 关系曲线的极大值点 $L_{i,M}$/(Pa·cm³/s)	$\theta_{air}=2\times10^{4}$ h $t_{2i,cp2}=7436$ h L_{max}	$R_{i,max}$	$\theta_{air}=6\times10^{4}$ h $t_{2i,cp2}=2.231\times10^{4}$ h L_{max}	$R_{i,max}$	$\theta_{air}=2\times10^{5}$ h $t_{2i,cp2}=7.436\times10^{4}$ h L_{max}	$R_{i,max}$	$\theta_{air}=6\times10^{5}$ h $t_{2i,cp2}=2.231\times10^{5}$ h L_{max}	$R_{i,max}$	$\theta_{air}=2\times10^{6}$ h $t_{2i,cp2}=7.436\times10^{5}$ h L_{max}	$R_{i,max}$	$\theta_{air}=6\times10^{6}$ h $t_{2i,cp2}=2.231\times10^{6}$ h L_{max}	$R_{i,max}$
1	1.0×10^{-1}		3.8×10^{-5}		1.3×10^{-5}		3.8×10^{-6}		1.3×10^{-6}				
3	3.5×10^{-2}		3.8×10^{-5}		1.3×10^{-5}		3.8×10^{-6}		1.3×10^{-6}				
10	1.0×10^{-2}		3.8×10^{-5}		1.3×10^{-5}		3.8×10^{-6}		1.3×10^{-6}				
30	3.5×10^{-3}	1.4×10^{-5}	3.8×10^{-5}	1.4×10^{-5}	1.3×10^{-5}	1.4×10^{-6}	3.8×10^{-6}	4.7×10^{-7}	1.3×10^{-6}				
100	1.0×10^{-3}		3.7×10^{-5}		1.3×10^{-5}		3.8×10^{-6}		1.3×10^{-6}				
300	3.5×10^{-4}		3.6×10^{-5}		1.2×10^{-5}		3.8×10^{-6}		1.3×10^{-6}				
1000	1.0×10^{-4}		3.3×10^{-5}		1.2×10^{-5}		3.7×10^{-6}		1.3×10^{-6}				

（L_{max}、$R_{i,max}$ 单位：Pa·cm³/s）

续表

预充氦压力 p_i/10^5Pa	内腔有效容积 V/cm³	候检时间 t_{2i}/h	R_i-L关系曲线的拐点大值点 $L_{i,M}$/Pa·cm³/s	空气的严酷等级 $\theta_{air}=2\times10^4$ h $t_{2i,cp2}=7436$ h 任务允许的最大漏率 L_{max}/Pa·cm³/s	与L_{max}对应的测量漏率 $R_{i,max}$/Pa·cm³/s	空气的严酷等级 $\theta_{air}=6\times10^4$ h $t_{2i,cp2}=2.231\times10^4$ h 任务允许的最大漏率 L_{max}/Pa·cm³/s	与L_{max}对应的测量漏率 $R_{i,max}$/Pa·cm³/s	空气的严酷等级 $\theta_{air}=2\times10^5$ h $t_{2i,cp2}=7.436\times10^4$ h 任务允许的最大漏率 L_{max}/Pa·cm³/s	与L_{max}对应的测量漏率 $R_{i,max}$/Pa·cm³/s	空气的严酷等级 $\theta_{air}=6\times10^5$ h $t_{2i,cp2}=2.231\times10^5$ h 任务允许的最大漏率 L_{max}/Pa·cm³/s	与L_{max}对应的测量漏率 $R_{i,max}$/Pa·cm³/s	空气的严酷等级 $\theta_{air}=2\times10^6$ h $t_{2i,cp2}=7.436\times10^5$ h 任务允许的最大漏率 L_{max}/Pa·cm³/s	与L_{max}对应的测量漏率 $R_{i,max}$/Pa·cm³/s	空气的严酷等级 $\theta_{air}=6\times10^6$ h $t_{2i,cp2}=2.231\times10^6$ h 任务允许的最大漏率 L_{max}/Pa·cm³/s	与L_{max}对应的测量漏率 $R_{i,max}$/Pa·cm³/s
1.01	0.03	1	3.1×10^{-1}	4.2×10^{-5}	$\mathbf{1.1\times10^{-4}}$	1.4×10^{-5}	$\mathbf{3.8\times10^{-5}}$	4.2×10^{-6}	1.1×10^{-5}	1.4×10^{-6}	3.8×10^{-6}	4.2×10^{-7}	$\mathbf{1.1\times10^{-6}}$		
		3	1.0×10^{-1}		1.1×10^{-4}		3.8×10^{-5}		$\mathbf{3.8\times10^{-5}}$		3.8×10^{-6}		$\mathbf{1.1\times10^{-6}}$		
		10	3.1×10^{-2}		1.1×10^{-4}		3.8×10^{-5}		3.8×10^{-5}		3.8×10^{-6}		1.1×10^{-6}		
		30	1.0×10^{-2}		1.1×10^{-4}		3.8×10^{-5}		3.8×10^{-5}		3.8×10^{-6}		1.1×10^{-6}		
		100	3.1×10^{-3}		1.1×10^{-4}		3.8×10^{-5}		3.8×10^{-5}		3.8×10^{-6}		1.1×10^{-6}		
		300	1.0×10^{-3}		1.1×10^{-4}		3.7×10^{-5}		3.8×10^{-5}		3.8×10^{-6}		1.1×10^{-6}		
		1 000	3.1×10^{-4}		1.0×10^{-4}		3.6×10^{-5}		3.8×10^{-5}		3.8×10^{-6}		1.1×10^{-6}		
	0.1	1	1.0	1.4×10^{-4}	$\mathbf{3.8\times10^{-4}}$	4.7×10^{-5}	$\mathbf{1.3\times10^{-4}}$	1.4×10^{-5}	$\mathbf{3.8\times10^{-5}}$	4.7×10^{-6}	$\mathbf{1.3\times10^{-5}}$	1.4×10^{-6}	3.8×10^{-6}	4.7×10^{-7}	$\mathbf{1.3\times10^{-6}}$
		3	3.5×10^{-1}		$\mathbf{3.8\times10^{-4}}$		$\mathbf{1.3\times10^{-4}}$		$\mathbf{3.8\times10^{-5}}$		$\mathbf{1.3\times10^{-5}}$		3.8×10^{-6}		$\mathbf{1.3\times10^{-6}}$
		10	1.0×10^{-1}		3.8×10^{-4}		1.3×10^{-4}		3.8×10^{-5}		1.3×10^{-5}		3.8×10^{-6}		1.3×10^{-6}
		30	3.5×10^{-2}		3.8×10^{-4}		1.3×10^{-4}		3.8×10^{-5}		1.3×10^{-5}		3.8×10^{-6}		1.3×10^{-6}
		100	1.0×10^{-2}		3.7×10^{-4}		1.3×10^{-4}		3.8×10^{-5}		1.3×10^{-5}		3.8×10^{-6}		1.3×10^{-6}
		300	3.5×10^{-3}		3.6×10^{-4}		1.2×10^{-4}		3.8×10^{-5}		1.3×10^{-5}		3.8×10^{-6}		1.3×10^{-6}
		1 000	1.0×10^{-3}		3.3×10^{-4}		1.2×10^{-4}		3.7×10^{-5}		1.3×10^{-5}		3.8×10^{-6}		1.3×10^{-6}
	0.3	1	3.1	4.2×10^{-4}	$\mathbf{1.1\times10^{-3}}$	1.4×10^{-4}	$\mathbf{3.8\times10^{-4}}$	4.2×10^{-5}	$\mathbf{1.1\times10^{-4}}$	1.4×10^{-5}	$\mathbf{3.8\times10^{-5}}$	4.2×10^{-6}	$\mathbf{1.1\times10^{-5}}$	1.4×10^{-6}	$\mathbf{3.8\times10^{-6}}$
		3	1.0		$\mathbf{1.1\times10^{-3}}$		$\mathbf{3.8\times10^{-4}}$		$\mathbf{1.1\times10^{-4}}$		$\mathbf{3.8\times10^{-5}}$		$\mathbf{1.1\times10^{-5}}$		$\mathbf{3.8\times10^{-6}}$
		10	3.1×10^{-1}		$\mathbf{1.1\times10^{-3}}$		$\mathbf{3.8\times10^{-4}}$		$\mathbf{1.1\times10^{-4}}$		$\mathbf{3.8\times10^{-5}}$		$\mathbf{1.1\times10^{-5}}$		$\mathbf{3.8\times10^{-6}}$
		30	1.0×10^{-1}		1.1×10^{-3}		3.8×10^{-4}		1.1×10^{-4}		3.8×10^{-5}		1.1×10^{-5}		3.8×10^{-6}
		100	3.1×10^{-2}		1.1×10^{-3}		3.8×10^{-4}		1.1×10^{-4}		3.8×10^{-5}		1.1×10^{-5}		3.8×10^{-6}
		300	1.0×10^{-2}		1.1×10^{-3}		3.7×10^{-4}		1.1×10^{-4}		3.8×10^{-5}		1.1×10^{-5}		3.8×10^{-6}
		1 000	3.1×10^{-3}		1.0×10^{-3}		3.6×10^{-4}		1.1×10^{-4}		3.8×10^{-5}		1.1×10^{-5}		3.8×10^{-6}

续　表

预充氦压力 p_i/10^5Pa	内腔有效容积 V/cm³	候检时间 t_{2i}/h	R_i-L关系曲线陡峭段大重点 L_M/Pa·cm³/s	空气的严酷等级 $\theta_{air}=2\times10^4$ h, $t_{2i,cp2}=7\,436$ h		空气的严酷等级 $\theta_{air}=6\times10^4$ h, $t_{2i,cp2}=2.231\times10^4$ h		空气的严酷等级 $\theta_{air}=2\times10^5$ h, $t_{2i,cp2}=7.436\times10^4$ h		空气的严酷等级 $\theta_{air}=6\times10^5$ h, $t_{2i,cp2}=2.231\times10^5$ h		空气的严酷等级 $\theta_{air}=2\times10^6$ h, $t_{2i,cp2}=7.436\times10^5$ h		空气的严酷等级 $\theta_{air}=6\times10^6$ h, $t_{2i,cp2}=2.231\times10^6$ h	
				任务允许的最大标准漏率 L_{max}/Pa·cm³/s	与L_{max}对应的测量漏率 $R_{i,max}$/Pa·cm³/s	任务允许的最大标准漏率 L_{max}/Pa·cm³/s	与L_{max}对应的测量漏率 $R_{i,max}$/Pa·cm³/s	任务允许的最大标准漏率 L_{max}/Pa·cm³/s	与L_{max}对应的测量漏率 $R_{i,max}$/Pa·cm³/s	任务允许的最大标准漏率 L_{max}/Pa·cm³/s	与L_{max}对应的测量漏率 $R_{i,max}$/Pa·cm³/s	任务允许的最大标准漏率 L_{max}/Pa·cm³/s	与L_{max}对应的测量漏率 $R_{i,max}$/Pa·cm³/s	任务允许的最大标准漏率 L_{max}/Pa·cm³/s	与L_{max}对应的测量漏率 $R_{i,max}$/Pa·cm³/s
1.01	1	1	10		3.8×10^{-3}		1.3×10^{-3}		3.8×10^{-4}		1.3×10^{-4}		3.8×10^{-5}		1.3×10^{-5}
		3	3.5		3.8×10^{-3}		1.3×10^{-3}		3.8×10^{-4}		1.3×10^{-4}		3.8×10^{-5}		1.3×10^{-5}
		10	1.0		3.8×10^{-3}		1.3×10^{-3}		3.8×10^{-4}		1.3×10^{-4}		3.8×10^{-5}		1.3×10^{-5}
		30	3.5×10^{-1}	1.4×10^{-3}	3.8×10^{-3}	4.7×10^{-4}	1.3×10^{-3}	1.4×10^{-4}	3.8×10^{-4}	4.7×10^{-5}	1.3×10^{-4}	1.4×10^{-5}	3.8×10^{-5}	4.7×10^{-6}	1.3×10^{-5}
		100	1.0×10^{-1}		3.7×10^{-3}		1.3×10^{-3}		3.8×10^{-4}		1.3×10^{-4}		3.8×10^{-5}		1.3×10^{-5}
		300	3.5×10^{-2}		3.6×10^{-3}		1.2×10^{-3}		3.8×10^{-4}		1.3×10^{-4}		3.8×10^{-5}		1.3×10^{-5}
		1 000	1.0×10^{-2}		3.3×10^{-3}		1.2×10^{-3}		3.7×10^{-4}		1.3×10^{-4}		3.8×10^{-5}		1.3×10^{-5}
	3	1	31		1.1×10^{-2}		3.8×10^{-3}		1.1×10^{-3}		3.8×10^{-4}		1.1×10^{-4}		3.8×10^{-5}
		3	10		1.1×10^{-2}		3.8×10^{-3}		1.1×10^{-3}		3.8×10^{-4}		1.1×10^{-4}		3.8×10^{-5}
		10	3.1		1.1×10^{-2}		3.8×10^{-3}		1.1×10^{-3}		3.8×10^{-4}		1.1×10^{-4}		3.8×10^{-5}
		30	1.0	4.2×10^{-3}	1.1×10^{-2}	1.4×10^{-3}	3.8×10^{-3}	4.2×10^{-4}	1.1×10^{-3}	1.4×10^{-4}	3.8×10^{-4}	4.2×10^{-5}	1.1×10^{-4}	1.4×10^{-5}	3.8×10^{-5}
		100	3.1×10^{-1}		1.1×10^{-2}		3.7×10^{-3}		1.1×10^{-3}		3.8×10^{-4}		1.1×10^{-4}		3.8×10^{-5}
		300	1.0×10^{-1}		1.1×10^{-2}		3.6×10^{-3}		1.1×10^{-3}		3.8×10^{-4}		1.1×10^{-4}		3.8×10^{-5}
		1 000	3.1×10^{-2}		1.0×10^{-2}		3.3×10^{-3}		1.1×10^{-3}		3.8×10^{-4}		1.1×10^{-4}		3.8×10^{-5}
	10	1	100		3.8×10^{-2}		1.3×10^{-2}		3.8×10^{-3}		1.3×10^{-3}		3.8×10^{-4}		1.3×10^{-4}
		3	35		3.8×10^{-2}		1.3×10^{-2}		3.8×10^{-3}		1.3×10^{-3}		3.8×10^{-4}		1.3×10^{-4}
		10	10		3.8×10^{-2}		1.3×10^{-2}		3.8×10^{-3}		1.3×10^{-3}		3.8×10^{-4}		1.3×10^{-4}
		30	3.5	1.4×10^{-2}	3.8×10^{-2}	4.7×10^{-3}	1.3×10^{-2}	1.4×10^{-3}	3.8×10^{-3}	4.7×10^{-4}	1.3×10^{-3}	1.4×10^{-4}	3.8×10^{-4}	4.7×10^{-5}	1.3×10^{-4}
		100	1.0		3.7×10^{-2}		1.3×10^{-2}		3.8×10^{-3}		1.3×10^{-3}		3.8×10^{-4}		1.3×10^{-4}
		300	3.5×10^{-1}		3.6×10^{-2}		1.2×10^{-2}		3.8×10^{-3}		1.3×10^{-3}		3.8×10^{-4}		1.3×10^{-4}
		1 000	1.0×10^{-1}		3.3×10^{-2}		1.2×10^{-2}		3.7×10^{-3}		1.3×10^{-3}		3.8×10^{-4}		1.3×10^{-4}

续表

预充氢压力/10^5 Pa	内腔有效容积 V/cm³	候检时间 t_{2i}/h	R_i-L关系曲线的极大值点 $L_{i,M}$/Pa·cm³/s	空气的严酷等级 $\theta_{air}=2\times10^1$ h, $t_{2i,cp2}=7\,436$ h 任务允许的最大标准漏率 L_{max}/Pa·cm³/s	与L_{max}对应的测量漏率 $R_{i,max}$/Pa·cm³/s	空气的严酷等级 $\theta_{air}=6\times10^4$ h, $t_{2i,cp2}=2.231\times10^4$ h 任务允许的最大标准漏率 L_{max}/Pa·cm³/s	与L_{max}对应的测量漏率 $R_{i,max}$/Pa·cm³/s	空气的严酷等级 $\theta_{air}=2\times10^5$ h, $t_{2i,cp2}=7.436\times10^4$ h 任务允许的最大标准漏率 L_{max}/Pa·cm³/s	与L_{max}对应的测量漏率 $R_{i,max}$/Pa·cm³/s	空气的严酷等级 $\theta_{air}=6\times10^5$ h, $t_{2i,cp2}=2.231\times10^5$ h 任务允许的最大标准漏率 L_{max}/Pa·cm³/s	与L_{max}对应的测量漏率 $R_{i,max}$/Pa·cm³/s	空气的严酷等级 $\theta_{air}=2\times10^6$ h, $t_{2i,cp2}=7.436\times10^5$ h 任务允许的最大标准漏率 L_{max}/Pa·cm³/s	与L_{max}对应的测量漏率 $R_{i,max}$/Pa·cm³/s	空气的严酷等级 $\theta_{air}=6\times10^6$ h, $t_{2i,cp2}=2.231\times10^6$ h 任务允许的最大标准漏率 L_{max}/Pa·cm³/s	与L_{max}对应的测量漏率 $R_{i,max}$/Pa·cm³/s
1.01	30	1	310	4.2×10^{-2}	1.1×10^{-1}	1.4×10^{-2}	3.8×10^{-2}	4.2×10^{-3}	1.1×10^{-2}	1.4×10^{-3}	3.8×10^{-3}	4.2×10^{-4}	1.1×10^{-3}	1.4×10^{-4}	3.8×10^{-4}
		3	100		1.1×10^{-1}		3.8×10^{-2}		1.1×10^{-2}		3.8×10^{-3}		1.1×10^{-3}		3.8×10^{-4}
		10	31		1.1×10^{-1}		3.8×10^{-2}		1.1×10^{-2}		3.8×10^{-3}		1.1×10^{-3}		3.8×10^{-4}
		30	10		1.1×10^{-1}		3.8×10^{-2}		1.1×10^{-2}		3.8×10^{-3}		1.1×10^{-3}		3.8×10^{-4}
		100	3.1		1.1×10^{-1}		3.8×10^{-2}		1.1×10^{-2}		3.8×10^{-3}		1.1×10^{-3}		3.8×10^{-4}
		300	1.0		1.1×10^{-1}		3.7×10^{-2}		1.1×10^{-2}		3.8×10^{-3}		1.1×10^{-3}		3.8×10^{-4}
		1 000	3.1×10^{-1}		1.0×10^{-1}		3.6×10^{-2}		1.1×10^{-2}		3.8×10^{-3}		1.1×10^{-3}		3.8×10^{-4}
	100	1	1.0×10^3	1.4×10^{-1}	3.8×10^{-1}	4.7×10^{-2}	1.3×10^{-1}	1.4×10^{-2}	3.8×10^{-2}	4.7×10^{-3}	1.3×10^{-2}	1.4×10^{-3}	3.8×10^{-3}	4.7×10^{-4}	1.3×10^{-3}
		3	350		3.8×10^{-1}		1.3×10^{-1}		3.8×10^{-2}		1.3×10^{-2}		3.8×10^{-3}		1.3×10^{-3}
		10	100		3.8×10^{-1}		1.3×10^{-1}		3.8×10^{-2}		1.3×10^{-2}		3.8×10^{-3}		1.3×10^{-3}
		30	35		3.8×10^{-1}		1.3×10^{-1}		3.8×10^{-2}		1.3×10^{-2}		3.8×10^{-3}		1.3×10^{-3}
		100	10		3.7×10^{-1}		1.3×10^{-1}		3.8×10^{-2}		1.3×10^{-2}		3.8×10^{-3}		1.3×10^{-3}
		300	3.5		3.6×10^{-1}		1.2×10^{-1}		3.8×10^{-2}		1.3×10^{-2}		3.8×10^{-3}		1.3×10^{-3}
		1 000	1.0		3.3×10^{-1}		1.2×10^{-1}		3.7×10^{-2}		1.3×10^{-2}		3.8×10^{-3}		1.3×10^{-3}
	300	1	3.1×10^3	4.2×10^{-1}	1.1	1.4×10^{-1}	3.8×10^{-1}	4.2×10^{-2}	1.1×10^{-1}	1.4×10^{-2}	3.8×10^{-2}	4.2×10^{-3}	1.1×10^{-2}	1.4×10^{-3}	3.8×10^{-3}
		3	1.0×10^3		1.1		3.8×10^{-1}		1.1×10^{-1}		3.8×10^{-2}		1.1×10^{-2}		3.8×10^{-3}
		10	310		1.1		3.8×10^{-1}		1.1×10^{-1}		3.8×10^{-2}		1.1×10^{-2}		3.8×10^{-3}
		30	100		1.1		3.8×10^{-1}		1.1×10^{-1}		3.8×10^{-2}		1.1×10^{-2}		3.8×10^{-3}
		100	31		1.1		3.8×10^{-1}		1.1×10^{-1}		3.8×10^{-2}		1.1×10^{-2}		3.8×10^{-3}
		300	10		1.1		3.7×10^{-1}		1.1×10^{-1}		3.8×10^{-2}		1.1×10^{-2}		3.8×10^{-3}
		1 000	3.1		1.0		3.6×10^{-1}		1.1×10^{-1}		3.8×10^{-2}		1.1×10^{-2}		3.8×10^{-3}

续表

预充氦压力 p_1/10^5 Pa	内腔有效容积 V/cm³	候检时间 t_{2i}/h	R_i-L 关系曲线的极大值点 $L_{i,M}$/Pa·cm³/s	空气的严酷等级 $\theta_{air}=2\times10^7$ h $t_{2i,cp2}=7.436\times10^6$ h 任务允许的最大标准漏率 L_{max}/Pa·cm³/s	与 L_{max} 对应的测量漏率 $R_{i,max}$/Pa·cm³/s	空气的严酷等级 $\theta_{air}=6\times10^7$ h $t_{2i,cp2}=2.231\times10^7$ h 任务允许的最大标准漏率 L_{max}/Pa·cm³/s	与 L_{max} 对应的测量漏率 $R_{i,max}$/Pa·cm³/s	空气的严酷等级 $\theta_{air}=2\times10^8$ h $t_{2i,cp2}=7.436\times10^7$ h 任务允许的最大标准漏率 L_{max}/Pa·cm³/s	与 L_{max} 对应的测量漏率 $R_{i,max}$/Pa·cm³/s	空气的严酷等级 $\theta_{air}=6\times10^8$ h $t_{2i,cp2}=2.231\times10^8$ h 任务允许的最大标准漏率 L_{max}/Pa·cm³/s	与 L_{max} 对应的测量漏率 $R_{i,max}$/Pa·cm³/s	空气的严酷等级 $\theta_{air}=2\times10^9$ h $t_{2i,cp2}=7.436\times10^8$ h 任务允许的最大标准漏率 L_{max}/Pa·cm³/s	与 L_{max} 对应的测量漏率 $R_{i,max}$/Pa·cm³/s	空气的严酷等级 $\theta_{air}=6\times10^9$ h $t_{2i,cp2}=2.231\times10^9$ h 任务允许的最大标准漏率 L_{max}/Pa·cm³/s	与 L_{max} 对应的测量漏率 $R_{i,max}$/Pa·cm³/s
1.01	0.3	1	3.1		1.1×10^{-6}										
		3	1.0		1.1×10^{-6}										
		10	3.1×10^{-1}		1.1×10^{-6}										
		30	1.0×10^{-1}	4.2×10^{-7}	1.1×10^{-6}										
		100	3.1×10^{-2}		1.1×10^{-6}										
		300	1.0×10^{-2}		1.1×10^{-6}										
		1 000	3.1×10^{-3}		1.1×10^{-6}										
	1	1	10		3.8×10^{-6}		1.3×10^{-6}								
		3	3.5		3.8×10^{-6}		1.3×10^{-6}								
		10	1.3		3.8×10^{-6}	4.7×10^{-7}	1.3×10^{-6}								
		30	3.5×10^{-1}	1.4×10^{-6}	3.8×10^{-6}		1.3×10^{-6}								
		100	1.0×10^{-1}		3.8×10^{-6}		1.3×10^{-6}								
		300	3.5×10^{-2}		3.8×10^{-6}		1.3×10^{-6}								
		1 000	1.0×10^{-2}		3.8×10^{-6}		1.3×10^{-6}								
	3	1	35		1.1×10^{-5}		3.8×10^{-6}		1.1×10^{-6}						
		3	10		1.1×10^{-5}		3.8×10^{-6}		1.1×10^{-6}						
		10	3.1		1.1×10^{-5}		3.8×10^{-6}	4.2×10^{-7}	1.1×10^{-6}						
		30	1.3	4.2×10^{-6}	1.1×10^{-5}	1.4×10^{-6}	3.8×10^{-6}		1.1×10^{-6}						
		100	3.1×10^{-1}		1.1×10^{-5}		3.8×10^{-6}		1.1×10^{-6}						
		300	1.0×10^{-1}		1.1×10^{-5}		3.8×10^{-6}		1.1×10^{-6}						
		1 000	3.1×10^{-2}		1.1×10^{-5}		3.8×10^{-6}		1.1×10^{-6}						

续 表

预充氦压力 p_i / 10^5 Pa	内腔有效容积 V / cm³	候检时间 t_{2i} / h	R_i-L关系曲线的极大值点 $L_{i,M}$ / Pa·cm³/s	空气的严酷等级 $\theta_{air}=2\times10^7$ h ($t_{2i,cp2}=7.436\times10^6$ h)		空气的严酷等级 $\theta_{air}=6\times10^7$ h ($t_{2i,cp2}=2.231\times10^7$ h)		空气的严酷等级 $\theta_{air}=2\times10^8$ h ($t_{2i,cp2}=7.436\times10^7$ h)		空气的严酷等级 $\theta_{air}=6\times10^8$ h ($t_{2i,cp2}=2.231\times10^8$ h)		空气的严酷等级 $\theta_{air}=2\times10^9$ h ($t_{2i,cp2}=7.436\times10^8$ h)		空气的严酷等级 $\theta_{air}=6\times10^9$ h ($t_{2i,cp2}=2.231\times10^9$ h)	
				任务允许的最大标准漏率 L_{max} / Pa·cm³/s	与 L_{max} 对应的测量漏率 $R_{i,max}$ / Pa·cm³/s	任务允许的最大标准漏率 L_{max} / Pa·cm³/s	与 L_{max} 对应的测量漏率 $R_{i,max}$ / Pa·cm³/s	任务允许的最大标准漏率 L_{max} / Pa·cm³/s	与 L_{max} 对应的测量漏率 $R_{i,max}$ / Pa·cm³/s	任务允许的最大标准漏率 L_{max} / Pa·cm³/s	与 L_{max} 对应的测量漏率 $R_{i,max}$ / Pa·cm³/s	任务允许的最大标准漏率 L_{max} / Pa·cm³/s	与 L_{max} 对应的测量漏率 $R_{i,max}$ / Pa·cm³/s	任务允许的最大标准漏率 L_{max} / Pa·cm³/s	与 L_{max} 对应的测量漏率 $R_{i,max}$ / Pa·cm³/s
	10	1	100	1.4×10^{-5}	3.8×10^{-5}	4.7×10^{-6}	1.3×10^{-5}	1.4×10^{-6}	3.8×10^{-6}	4.7×10^{-7}	1.3×10^{-6}				
		3	35		3.8×10^{-5}		1.3×10^{-5}		3.8×10^{-6}		1.3×10^{-6}				
		10	10		3.8×10^{-5}		1.3×10^{-5}		3.8×10^{-6}		1.3×10^{-6}				
		30	3.5		3.8×10^{-5}		1.3×10^{-5}		3.8×10^{-6}		1.3×10^{-6}				
		100	1.0		3.8×10^{-5}		1.3×10^{-5}		3.8×10^{-6}		1.3×10^{-6}				
		300	3.5×10^{-1}		3.8×10^{-5}		1.3×10^{-5}		3.8×10^{-6}		1.3×10^{-6}				
		1 000	1.0×10^{-1}		3.8×10^{-5}		1.3×10^{-5}		3.8×10^{-6}		1.3×10^{-6}				
1.01	30	1	310	4.2×10^{-5}	1.1×10^{-4}	1.4×10^{-5}	3.8×10^{-5}	4.2×10^{-6}	1.1×10^{-5}	1.4×10^{-6}	3.8×10^{-6}	4.2×10^{-7}	1.1×10^{-6}		
		3	100		1.1×10^{-4}		3.8×10^{-5}		1.1×10^{-5}		3.8×10^{-6}		1.1×10^{-6}		
		10	31		1.1×10^{-4}		3.8×10^{-5}		1.1×10^{-5}		3.8×10^{-6}		1.1×10^{-6}		
		30	10		1.1×10^{-4}		3.8×10^{-5}		1.1×10^{-5}		3.8×10^{-6}		1.1×10^{-6}		
		100	3.1		1.1×10^{-4}		3.8×10^{-5}		1.1×10^{-5}		3.8×10^{-6}		1.1×10^{-6}		
		300	1.0		1.1×10^{-4}		3.8×10^{-5}		1.1×10^{-5}		3.8×10^{-6}		1.1×10^{-6}		
		1 000	3.1×10^{-1}		1.1×10^{-4}		3.8×10^{-5}		1.1×10^{-5}		3.8×10^{-6}		1.1×10^{-6}		
	100	1	1.0×10^3	1.4×10^{-4}	3.8×10^{-4}	4.7×10^{-5}	1.3×10^{-4}	1.4×10^{-5}	3.8×10^{-5}	4.7×10^{-6}	1.3×10^{-5}	1.4×10^{-6}	3.8×10^{-6}	4.7×10^{-7}	1.3×10^{-6}
		3	350		3.8×10^{-4}		1.3×10^{-4}		3.8×10^{-5}		1.3×10^{-5}		3.8×10^{-6}		1.3×10^{-6}
		10	100		3.8×10^{-4}		1.3×10^{-4}		3.8×10^{-5}		1.3×10^{-5}		3.8×10^{-6}		1.3×10^{-6}
		30	35		3.8×10^{-4}		1.3×10^{-4}		3.8×10^{-5}		1.3×10^{-5}		3.8×10^{-6}		1.3×10^{-6}
		100	10		3.8×10^{-4}		1.3×10^{-4}		3.8×10^{-5}		1.3×10^{-5}		3.8×10^{-6}		1.3×10^{-6}
		300	3.5		3.8×10^{-4}		1.3×10^{-4}		3.8×10^{-5}		1.3×10^{-5}		3.8×10^{-6}		1.3×10^{-6}
		1 000	1.0		3.8×10^{-4}		1.3×10^{-4}		3.8×10^{-5}		1.3×10^{-5}		3.8×10^{-6}		1.3×10^{-6}

续表

预充氦压力 p_i/10^5 Pa	内腔有效容积 V/cm³	候检时间 t_{2i}/h	R_i-L 关系曲线的极大值点 $L_{i,M}$/Pa·cm³/s	空气的严酷等级 $\theta_{air}=2\times10^7$ h　$t_{2i,cp2}=7.436\times10^6$ h		空气的严酷等级 $\theta_{air}=6\times10^7$ h　$t_{2i,cp2}=2.231\times10^7$ h		空气的严酷等级 $\theta_{air}=2\times10^8$ h　$t_{2i,cp2}=7.436\times10^7$ h		空气的严酷等级 $\theta_{air}=6\times10^8$ h　$t_{2i,cp2}=2.231\times10^8$ h		空气的严酷等级 $\theta_{air}=2\times10^9$ h　$t_{2i,cp2}=7.436\times10^8$ h		空气的严酷等级 $\theta_{air}=6\times10^9$ h　$t_{2i,cp2}=2.231\times10^9$ h	
				任务允许的最大标准漏率 L_{max}/Pa·cm³/s	与 L_{max} 对应的测量漏率 $R_{i,max}$/Pa·cm³/s	任务允许的最大标准漏率 L_{max}/Pa·cm³/s	与 L_{max} 对应的测量漏率 $R_{i,max}$/Pa·cm³/s	任务允许的最大标准漏率 L_{max}/Pa·cm³/s	与 L_{max} 对应的测量漏率 $R_{i,max}$/Pa·cm³/s	任务允许的最大标准漏率 L_{max}/Pa·cm³/s	与 L_{max} 对应的测量漏率 $R_{i,max}$/Pa·cm³/s	任务允许的最大标准漏率 L_{max}/Pa·cm³/s	与 L_{max} 对应的测量漏率 $R_{i,max}$/Pa·cm³/s	任务允许的最大标准漏率 L_{max}/Pa·cm³/s	与 L_{max} 对应的测量漏率 $R_{i,max}$/Pa·cm³/s
1.01	300	1	3.1×10^3		1.1×10^{-3}		3.8×10^{-4}		1.1×10^{-4}		3.8×10^{-5}		1.1×10^{-5}		3.8×10^{-6}
		3	1.0×10^3		1.1×10^{-3}		3.8×10^{-4}		1.1×10^{-4}		3.8×10^{-5}		1.1×10^{-5}		3.8×10^{-6}
		10	310		1.1×10^{-3}		3.8×10^{-4}		1.1×10^{-4}		3.8×10^{-5}		1.1×10^{-5}		3.8×10^{-6}
		30	100	4.2×10^{-4}	1.1×10^{-3}	1.4×10^{-4}	3.8×10^{-4}	4.2×10^{-5}	1.1×10^{-4}	1.4×10^{-5}	3.8×10^{-5}	4.2×10^{-6}	1.1×10^{-5}	1.4×10^{-6}	3.8×10^{-6}
		100	31		1.1×10^{-3}		3.8×10^{-4}		1.1×10^{-4}		3.8×10^{-5}		1.1×10^{-5}		3.8×10^{-6}
		300	10		1.1×10^{-3}		3.8×10^{-4}		1.1×10^{-4}		3.8×10^{-5}		1.1×10^{-5}		3.8×10^{-6}
		1 000	3.1		1.1×10^{-3}		3.8×10^{-4}		1.1×10^{-4}		3.8×10^{-5}		1.1×10^{-5}		3.8×10^{-6}

预充氦压力 p_i/10^5 Pa	内腔有效容积 V/cm³	候检时间 t_{2i}/h	R_i-L 关系曲线的极大值点 $L_{i,M}$/Pa·cm³/s	空气的严酷等级 $\theta_{air}=2\times10^{10}$ h　$t_{2i,cp2}=7.436\times10^9$ h	
				任务允许的最大标准漏率 L_{max}/Pa·cm³/s	与 L_{max} 对应的测量漏率 $R_{i,max}$/Pa·cm³/s
1.01	300	1	3.1×10^3		1.1×10^{-6}
		3	1.0×10^3		1.1×10^{-6}
		10	31		1.1×10^{-6}
		30	100	4.2×10^{-7}	1.1×10^{-6}
		100	31		1.1×10^{-6}
		300	10		1.1×10^{-6}
		1 000	3.1		1.1×10^{-6}

注：
① 预充氦压力 p_i 值与表中设定值不一致时，$R_{i,max}$ 以同样比例改变。
② "与 L_{max} 对应的测量漏率"栏目中数据排为黑体字和正体字时，表示 $L_{max} < L_{i,M}$；其中黑体字辅以粗检即可判断漏率是否合格。
③ "与 L_{max} 对应的测量漏率"栏目中数据排为灰底斜体字时，表示 $L_{max} > L_{i,M}$。

表 B-4 与表 B-3 所列内腔有效容积及任务允许的最大标准漏率相呼应的 $t_{2i, cpl}$ 值

内腔有效容积 $\dfrac{V}{cm^3}$	空气的严酷等级 $\theta_{air}=20$ h		空气的严酷等级 $\theta_{air}=60$ h		空气的严酷等级 $\theta_{air}=200$ h		空气的严酷等级 $\theta_{air}=600$ h		空气的严酷等级 $\theta_{air}=2\,000$ h		空气的严酷等级 $\theta_{air}=6\,000$ h	
	任务允许的最大标准漏率 $\dfrac{L_{max}}{Pa \cdot cm^3/s}$	$\dfrac{t_{2i,\,cpl}}{h}$	任务允许的最大标准漏率 $\dfrac{L_{max}}{Pa \cdot cm^3/s}$	$\dfrac{t_{2i,\,cpl}}{h}$	任务允许的最大标准漏率 $\dfrac{L_{max}}{Pa \cdot cm^3/s}$	$\dfrac{t_{2i,\,cpl}}{h}$	任务允许的最大标准漏率 $\dfrac{L_{max}}{Pa \cdot cm^3/s}$	$\dfrac{t_{2i,\,cpl}}{h}$	任务允许的最大标准漏率 $\dfrac{L_{max}}{Pa \cdot cm^3/s}$	$\dfrac{t_{2i,\,cpl}}{h}$	任务允许的最大标准漏率 $\dfrac{L_{max}}{Pa \cdot cm^3/s}$	$\dfrac{t_{2i,\,cpl}}{h}$
0.01	1.4×10^{-2}	0.347 3	4.7×10^{-3}	0.427 4	1.4×10^{-3}	0.516 4	4.7×10^{-4}	0.598 2	1.4×10^{-4}	0.688 1	4.7×10^{-5}	0.770 2
0.03	4.2×10^{-2}	0.809 5	1.4×10^{-2}	1.042	4.2×10^{-3}	1.305	1.4×10^{-3}	1.549	4.2×10^{-4}	1.818	1.4×10^{-4}	2.064
0.1	1.4×10^{-1}	1.909	4.7×10^{-2}	2.626	1.4×10^{-2}	3.473	4.7×10^{-3}	4.274	1.4×10^{-3}	5.164	4.7×10^{-4}	5.982
0.3	4.2×10^{-1}	3.849	1.4×10^{-1}	5.727	4.2×10^{-2}	8.095	1.4×10^{-2}	10.42	4.2×10^{-3}	13.05	1.4×10^{-3}	15.49
1	1.4	7.474	4.7×10^{-1}	12.29	1.4×10^{-1}	19.09	4.7×10^{-2}	26.26	1.4×10^{-2}	34.73	4.7×10^{-3}	42.74
3			1.4	22.42	4.2×10^{-1}	38.49	1.4×10^{-1}	57.27	4.2×10^{-2}	80.95	1.4×10^{-2}	104.2
10					1.4	74.74	4.7×10^{-1}	122.9	1.4×10^{-1}	190.9	4.7×10^{-2}	262.6
30							1.4	224.2	4.2×10^{-1}	384.9	1.4×10^{-1}	572.7
100									1.4	747.4	4.7×10^{-1}	1 229
300											1.4	2 242

内腔有效容积 $\dfrac{V}{cm^3}$	空气的严酷等级 $\theta_{air}=2\times10^4$ h		空气的严酷等级 $\theta_{air}=6\times10^4$ h		空气的严酷等级 $\theta_{air}=2\times10^5$ h		空气的严酷等级 $\theta_{air}=6\times10^5$ h		空气的严酷等级 $\theta_{air}=2\times10^6$ h		空气的严酷等级 $\theta_{air}=6\times10^6$ h	
	任务允许的最大标准漏率 $\dfrac{L_{max}}{Pa \cdot cm^3/s}$	$\dfrac{t_{2i,\,cpl}}{h}$	任务允许的最大标准漏率 $\dfrac{L_{max}}{Pa \cdot cm^3/s}$	$\dfrac{t_{2i,\,cpl}}{h}$	任务允许的最大标准漏率 $\dfrac{L_{max}}{Pa \cdot cm^3/s}$	$\dfrac{t_{2i,\,cpl}}{h}$	任务允许的最大标准漏率 $\dfrac{L_{max}}{Pa \cdot cm^3/s}$	$\dfrac{t_{2i,\,cpl}}{h}$	任务允许的最大标准漏率 $\dfrac{L_{max}}{Pa \cdot cm^3/s}$	$\dfrac{t_{2i,\,cpl}}{h}$	任务允许的最大标准漏率 $\dfrac{L_{max}}{Pa \cdot cm^3/s}$	$\dfrac{t_{2i,\,cpl}}{h}$
0.01	1.4×10^{-5}	0.860 1	4.7×10^{-6}	0.942 3	1.4×10^{-6}	1.032	4.7×10^{-7}	1.114	1.4×10^{-7}			

续表

内腔有效容积 $\dfrac{V}{cm^3}$	空气的严酷等级 $\theta_{air}=2\times10^4$ h — 任务允许的最大标准漏率 $\dfrac{L_{max}}{Pa\cdot cm^3/s}$	$\dfrac{t_{2i,cpl}}{h}$	空气的严酷等级 $\theta_{air}=6\times10^4$ h — $\dfrac{L_{max}}{Pa\cdot cm^3/s}$	$\dfrac{t_{2i,cpl}}{h}$	空气的严酷等级 $\theta_{air}=2\times10^5$ h — $\dfrac{L_{max}}{Pa\cdot cm^3/s}$	$\dfrac{t_{2i,cpl}}{h}$	空气的严酷等级 $\theta_{air}=6\times10^5$ h — $\dfrac{L_{max}}{Pa\cdot cm^3/s}$	$\dfrac{t_{2i,cpl}}{h}$	空气的严酷等级 $\theta_{air}=2\times10^6$ h — $\dfrac{L_{max}}{Pa\cdot cm^3/s}$	$\dfrac{t_{2i,cpl}}{h}$	空气的严酷等级 $\theta_{air}=6\times10^6$ h — $\dfrac{L_{max}}{Pa\cdot cm^3/s}$	$\dfrac{t_{2i,cpl}}{h}$
0.03	4.2×10^{-5}	2.334	1.4×10^{-5}	2.580	4.2×10^{-6}	2.850	1.4×10^{-6}	3.097	4.2×10^{-7}	3.367		
0.1	1.4×10^{-4}	6.881	4.7×10^{-5}	7.702	1.4×10^{-5}	8.601	4.7×10^{-6}	9.423	1.4×10^{-6}	10.32	4.7×10^{-7}	11.14
0.3	4.2×10^{-4}	15.18	1.4×10^{-4}	20.64	4.2×10^{-5}	23.34	1.4×10^{-5}	25.80	4.2×10^{-6}	28.50	1.4×10^{-6}	30.97
1	1.4×10^{-3}	51.64	4.7×10^{-4}	59.82	1.4×10^{-4}	68.81	4.7×10^{-5}	77.02	1.4×10^{-5}	86.01	4.7×10^{-6}	94.23
3	4.2×10^{-3}	150.5	1.4×10^{-3}	154.9	4.2×10^{-4}	181.8	1.4×10^{-4}	206.4	4.2×10^{-5}	233.4	1.4×10^{-5}	258.0
10	1.4×10^{-2}	357.3	4.7×10^{-3}	427.4	1.4×10^{-3}	516.4	4.7×10^{-4}	598.2	1.4×10^{-4}	688.1	4.7×10^{-5}	770.2
30	4.2×10^{-2}	809.5	1.4×10^{-2}	1 042	4.2×10^{-3}	1 305	1.4×10^{-3}	1 549	4.2×10^{-4}	1 818	1.4×10^{-4}	2 064
100	1.4×10^{-1}	1 909	4.7×10^{-2}	2 626	1.4×10^{-2}	3 473	4.7×10^{-3}	4 274	1.4×10^{-3}	5 164	4.7×10^{-4}	5 982
300	4.2×10^{-1}	3 849	1.4×10^{-1}	5 727	4.2×10^{-2}	8 095	1.4×10^{-2}	1.042×10^4	4.2×10^{-3}	1.305×10^4	1.4×10^{-3}	1.549×10^4

内腔有效容积 $\dfrac{V}{cm^3}$	空气的严酷等级 $\theta_{air}=2\times10^7$ h — 任务允许的最大标准漏率 $\dfrac{L_{max}}{Pa\cdot cm^3/s}$	$\dfrac{t_{2i,cpl}}{h}$	空气的严酷等级 $\theta_{air}=6\times10^7$ h — $\dfrac{L_{max}}{Pa\cdot cm^3/s}$	$\dfrac{t_{2i,cpl}}{h}$	空气的严酷等级 $\theta_{air}=2\times10^8$ h — $\dfrac{L_{max}}{Pa\cdot cm^3/s}$	$\dfrac{t_{2i,cpl}}{h}$	空气的严酷等级 $\theta_{air}=6\times10^8$ h — $\dfrac{L_{max}}{Pa\cdot cm^3/s}$	$\dfrac{t_{2i,cpl}}{h}$	空气的严酷等级 $\theta_{air}=2\times10^9$ h — $\dfrac{L_{max}}{Pa\cdot cm^3/s}$	$\dfrac{t_{2i,cpl}}{h}$	空气的严酷等级 $\theta_{air}=6\times10^9$ h — $\dfrac{L_{max}}{Pa\cdot cm^3/s}$	$\dfrac{t_{2i,cpl}}{h}$
0.3	4.2×10^{-7}	33.67										

续 表

内腔有效容积 V/cm³	空气的严酷等级 $\theta_{air}=2\times10^7$ h 任务允许的最大标准漏率 L_{max}/(Pa·cm³/s)	$t_{2i,cpl}$/h	空气的严酷等级 $\theta_{air}=6\times10^7$ h 任务允许的最大标准漏率 L_{max}/(Pa·cm³/s)	$t_{2i,cpl}$/h	空气的严酷等级 $\theta_{air}=2\times10^8$ h 任务允许的最大标准漏率 L_{max}/(Pa·cm³/s)	$t_{2i,cpl}$/h	空气的严酷等级 $\theta_{air}=6\times10^8$ h 任务允许的最大标准漏率 L_{max}/(Pa·cm³/s)	$t_{2i,cpl}$/h	空气的严酷等级 $\theta_{air}=2\times10^9$ h 任务允许的最大标准漏率 L_{max}/(Pa·cm³/s)	$t_{2i,cpl}$/h	空气的严酷等级 $\theta_{air}=6\times10^9$ h 任务允许的最大标准漏率 L_{max}/(Pa·cm³/s)	$t_{2i,cpl}$/h
1	1.4×10^{-6}	103.2	4.7×10^{-7}	111.4								
3	4.2×10^{-6}	285.0	1.4×10^{-6}	309.7	4.2×10^{-7}	336.7						
10	1.4×10^{-5}	860.1	4.7×10^{-6}	942.3	1.4×10^{-6}	1 032	4.7×10^{-7}	1 114				
30	4.2×10^{-5}	2 334	1.4×10^{-5}	2 580	4.2×10^{-6}	2 850	1.4×10^{-6}	3 097	4.2×10^{-7}	3 367		
100	1.4×10^{-4}	6 881	4.7×10^{-5}	7 702	1.4×10^{-5}	8 601	4.7×10^{-6}	9 423	1.4×10^{-6}	1.032×10^4	4.7×10^{-7}	1.114×10^4
300	4.2×10^{-4}	1.818×10^4	1.4×10^{-4}	2.064×10^4	4.2×10^{-5}	2.334×10^4	1.4×10^{-5}	2.580×10^4	4.2×10^{-6}	2.850×10^4	1.4×10^{-6}	3.097×10^4

内腔有效容积 V/cm³	空气的严酷等级 $\theta_{air}=2\times10^{10}$ h 任务允许的最大标准漏率 L_{max}/(Pa·cm³/s)	$t_{2i,cpl}$/h
300	4.2×10^{-7}	3.367×10^4

表 B-5 预充氦法检测程序一览表

检测状况		节条号	测试方法	判定
$t_{2i} \leq t_{2i, cp1}$	$R_i > R_{i, max}$	& 5.5.2 (3)	进行粗检	被检器件漏率不合格
	$R_i \leq R_{i, max}$	& 5.5.3 (3)		若粗检有漏，被检器件漏率不合格；若粗检无漏，被检器件漏率合格
$t_{2i} > t_{2i, cp1}$	$R_i > R_{i, max}$ 且 $t_{2i} \leq t_{2i, cp2}$	& 5.5.3 (4)	采用压氦法复检： 1) 依据 V 和 t_{2i} 的实际值选择恰当的 p_e，t_1 和 t_{2e}，使得 $t_{2i} > t_{2i, max}$，$t_{2e} \leq t_{2e, max}$； 2) 复检时显示的测量漏率 R_e，扣除本底 R_{i-e} 后得到 R_e； 3) 用式(8-76)计算与 $L_{i, M}$ 所对应的压氦法测量漏率 $R_{e, Li, M}$	被检器件漏率不合格
	$R_i > R_{i, max}$ 但 $t_{2i} > t_{2i, cp2}$ 或 $R_i \leq R_{i, max}$			若 $R_e \leq R_{e, Li, M}$，且粗检无漏，被检器件漏率合格
				若 $R_e > R_{e, Li, M}$：按压氦法的规定，区分 R_e 是否小于被检器件允许的最大测量漏率 $R_{e, max}$，并采取相应的措施，确定被检器件漏率是否合格 对于 $R_i > R_{i, max}$ 但 $t_{2i} > t_{2i, cp2}$ 对于 $R_i \leq R_{i, max}$，被检器件漏率合格

附录 C Turbo C 2.0 应用程序示例

本附录所列 7 个应用程序示例均系笔者采用最基本的 Turbo C 2.0 语句与规则编写，兼顾了与 BASIC 相通的编程习惯和风格，并避免采用可能引起读者困惑不解的技巧，以便读者对 C 语言稍有入门即可理解和套用，注重的是实用、易读、通用，而非效率（包括对系统资源的利用程度和运行速度）。

这 7 个应用程序示例均经过实际运行和使用的检验，其源程序（＊.C）均可从西北工业大学出版社网站 http://www.nwpup.com 上下载。虽然我们建议有条件的读者自行将其编译为可执行程序（＊.EXE），以免对下载的可执行程序是否安全存在疑惑，但为了方便尚不具备自行编译条件的读者，还是在上述网站上提供了用 Turbo C 2.0 编程工具编译好的可执行程序。

需要说明，压氦法和预充氦法实际计算程序运行后的显示采用了中文页面，以便在相应的程序使用示例中显示的众多参数和结果更易阅读，然而，显示出来的中文页面是靠具有 DOS 汉字系统的个人计算机实现的。如今市面上流行的个人计算机已不能使 Turbo C 编译的可执行程序直接显示中文，网上介绍有多种显示中文的办法，感兴趣的读者可以自行解决显示中文的问题。为了方便读者使用，在上述网站上提供压氦法源程序中运行页面显示中文（LEAK_E.C）和显示英文（LEAK－E.C）两种版本，并附带提供这两种显示方式的英中文对照表。预充氦法源程序与此类似，也提供运行页面显示中文（LEAK_I.C）和显示英文（LEAK－I.C）两种版本，亦附带提供这两种显示方式的英中文对照表。

C.1 Hann 窗功率谱密度平方根计算程序示例

本示例是在文献[1]提供的"快速 Fourier 分解"BASIC 语言程序清单基础上用 Turbo C 2.0 编制的、带有 $t=0.5\,T_s$ 时幅度不变的 Hann 窗的功率谱密度的平方根计算程序，附带给出了相位谱。如果采样点有空缺，则空缺处会补以平均值，其目的是考虑到空间微重力时域数据经天地传输后会有漏码或误码，经过数据预处理后均成为漏码。如果空缺处补点后数据长度仍不足 2 的整数次幂时，在真实采样点后会用平均值补足 2 的整数次幂个采样点，其目的是当所关心工况持续时间内采集的数据长度略少于 2 的整数次幂时，不必显著截短。包括补点在内，允许的最大数据长度为 4 096。采用表5－3所列 Hann 窗算法、式(5－11)中的 $X_1(i\Delta f)$ 表达式和式(5－28)所示的 Γ_{PSD} 表达式，并将 Hann 窗算法代入式(5－23)，得到 $U=0.375$。示例中的行号只是为了便于阅读和程序后的说明，并非必要。本程序需要使用 Turbo C 2.0 以上版本编程工具编译，生成可执行程序前应将 Turbo C 2.0 窗口 Options→Compiler→Model 中的选项选为 Compact。使用的时域文件名要求以 DAT 为后缀，生成的频域文件为以 FFT 为后缀的同名文件。

```
/* 1 */          /* FFTPSDH. C：Program of Calculating Fast Fourea Transform （FFT） with Hann
                 window */
```

```
/ * 2 * /      / * for square root of Power Spectral Density (sqrt_PSD) in form of Origin-file * /
/ * 3 * /      #include "stdio.h"       / * fopen, fclose, gets, printf, fscanf, fprintf * /
/ * 4 * /      #include "string.h"       / * strcat, strcpy * /
/ * 5 * /      #include "stdlib.h"       / * calloc, free * /
/ * 6 * /      #include "math.h" / * floor, pow, log, ceil, cos, sin, atan2, sqrt * /
/ * 7 * /      #include "process.h" / * exit * /
/ * 8 * /
/ * 9 * /
/ * 10 * /    main( ) {
/ * 11 * /
/ * 12 * /        char name[40], tname[40], fname[40];
/ * 13 * /        register int i;
/ * 14 * /        unsigned int nr, ni, j, k, q, power, k1, s, m, n, n1, overflow;
/ * 15 * /        float dataf, deltasec, deltaf;
/ * 16 * /        double sec, seclast, sum, mean, t1, t2, u1, u2, w1, w2, z;
/ * 17 * /        double pi = 3.14159265358979;
/ * 18 * /        double * real;
/ * 19 * /        double * imag;
/ * 20 * /        float * frequency;
/ * 21 * /        float * psd;
/ * 22 * /        float * phase;
/ * 23 * /        FILE * fp;
/ * 24 * /
/ * 25 * /        printf("Enter float time-domain filename(without extending name!) for read: ");
/ * 26 * /        gets(name);
/ * 27 * /        strcpy(tname, name);
/ * 28 * /        strcat(tname, ".dat");
/ * 29 * /        if ((fp = fopen(tname, "r")) == NULL) {
/ * 30 * /            printf("cannot open %s file\n", tname);
/ * 31 * /            exit (1);
/ * 32 * /        }
/ * 33 * /        sum = 0;
/ * 34 * /        nr = 0;
/ * 35 * /        while (fscanf(fp, "%lf %f\n", &sec, &dataf) ! = EOF) {
```

```
/ * 36 * /          sum = sum + dataf;

/ * 37 * /          nr ++;

/ * 38 * /          }

/ * 39 * /          mean = sum / nr;/ * 实际数据长度为 nr * /

/ * 40 * /          if(fclose(fp)){

/ * 41 * /              printf("cannot close %s file\n", tname);

/ * 42 * /              exit(2);

/ * 43 * /          }

/ * 44 * /          strcpy(tname, name);

/ * 45 * /          strcat(tname, ".dat");

/ * 46 * /          if ((fp = fopen(tname, "r")) == NULL) {

/ * 47 * /              printf("cannot open %s file\n", tname);

/ * 48 * /              exit (1);

/ * 49 * /          }

/ * 50 * /          printf("Input delta t(s) = ");

/ * 51 * /          scanf("%f", &deltasec);

/ * 52 * /          real = calloc(4098, sizeof(double));

/ * 53 * /          if (! real) {

/ * 54 * /              puts("Allocation failure – aborting for real\n");

/ * 55 * /              exit(1);

/ * 56 * /          }

/ * 57 * /          imag = calloc(4096, sizeof(double));

/ * 58 * /          if (! imag) {

/ * 59 * /              puts("Allocation failure – aborting for imag\n");

/ * 60 * /              exit(1);

/ * 61 * /          }

/ * 62 * /          frequency = calloc(2049, sizeof(float));

/ * 63 * /          if (! frequency) {

/ * 64 * /              puts("Allocation failure – aborting for frequency\n");

/ * 65 * /              exit(1);

/ * 66 * /          }

/ * 67 * /          psd = calloc(2049, sizeof(float));

/ * 68 * /          if (! psd) {

/ * 69 * /              puts("Allocation failure – aborting for psd\n");
```

```
/* 70 */        exit(1);
/* 71 */      }
/* 72 */        phase = calloc(2049, sizeof(float));
/* 73 */        if (! phase) {
/* 74 */          puts("Allocation failure—aborting for phase\n");
/* 75 */          exit(1);
/* 76 */        }
/* 77 */        overflow = 0;
/* 78 */        fscanf(fp, "%lf %f\n", &seclast, &dataf);/* seclast 为上一个样点的时间 */
/* 79 */        real[0] = (double)dataf;
/* 80 */        ni = 1;
/* 81 */        while (fscanf(fp, "%lf %f\n", &sec, &dataf) ! = EOF) {
/* 82 */          q = floor((sec - seclast) / deltasec + 0.5);/* 与上一个样点相差几个采样间隔 */
/* 83 */          for (j = 1; j < q; j ++) {/* 空缺处补以平均值 */
/* 84 */            real[ni] = mean;
/* 85 */            ni ++;
/* 86 */            if (ni > 4096) {
/* 87 */              printf("when run FFT for %s: \n", tname);
/* 88 */              printf("After %u points were inserted by average, n > 4096, but the program
          does not allow it! \n", q - 1);
/* 89 */              overflow = 1;
/* 90 */              break;
/* 91 */            }
/* 92 */          }
/* 93 */          if (overflow == 1) break;
/* 94 */          real[ni] = (double)dataf;
/* 95 */          seclast = sec;
/* 96 */          ni ++;
/* 97 */          if (ni > 4096) {
/* 98 */            printf("when run FFT for %s: \n", tname);
/* 99 */            printf("n > 4096, but the program does not allow it! \n");
/* 100 */           overflow = 1;
/* 101 */           break;
/* 102 */         }
/* 103 */       }
```

```
/ * 104 * /        if(fclose(fp)){
/ * 105 * /            printf("cannot close %s file\n", tname);
/ * 106 * /            exit(2);
/ * 107 * /        }
/ * 108 * /        if (overflow == 0) {/ * 空缺处补点后数据长度仍不超过 4096 * /
/ * 109 * /            power = ceil(log(ni) / log(2));
/ * 110 * /            n = pow(2, power);/ * 按 2 的整数次幂计算应达到的数据长度 * /
/ * 111 * /            printf("n = %u\n", n);
/ * 112 * /            for (j = ni; j < n; j ++) real[j] = mean;/ * 空缺处补点后数据长度仍不足 2 的整
                   数次幂时,在真实样点后用平均值补足 2 的整数次幂个样点 * /
/ * 113 * /            for (j = 0; j < n; j ++) real[j] = ((double)0.5 − cos(pi * 2 * j / n) * 0.5) *
                   real[j] / n;/ * 采用 t = 0.5T 时幅度不变的 Hann 窗函数对数据加权 * /
/ * 114 * /
/ * 115 * /            / * FFT 变换程序段 * /
/ * 116 * /            n1 = n / 2;
/ * 117 * /            j = 0;
/ * 118 * /            for (k = 0; k < n − 1; k ++) {
/ * 119 * /                if (k < j) {
/ * 120 * /                    t1 = real[j];
/ * 121 * /                    t2 = imag[j];
/ * 122 * /                    real[j] = real[k];
/ * 123 * /                    imag[j] = imag[k];
/ * 124 * /                    real[k] = t1;
/ * 125 * /                    imag[k] = t2;
/ * 126 * /                }
/ * 127 * /                s = n1;
/ * 128 * /                while (s <= j) {
/ * 129 * /                    j −= s;
/ * 130 * /                    s /= 2;
/ * 131 * /                }
/ * 132 * /                j += s;
/ * 133 * /            }
/ * 134 * /            for (i = 1; i <= power; i ++) {
/ * 135 * /                u1 = (double) 1;
/ * 136 * /                u2 = (double) 0;
```

```
/ * 137 * /          m = pow(2, i);

/ * 138 * /          s = m / 2;

/ * 139 * /          w1 = cos(pi / s);

/ * 140 * /          w2 = -1 * sin(pi / s);

/ * 141 * /          for (j = 0; j < s; j ++) {

/ * 142 * /            for (k = j; k < n; k += m) {

/ * 143 * /              k1 = k + s;

/ * 144 * /              t1 = real[k1] * u1 - imag[k1] * u2;

/ * 145 * /              t2 = real[k1] * u2 + imag[k1] * u1;

/ * 146 * /              real[k1] = real[k] - t1;

/ * 147 * /              imag[k1] = imag[k] - t2;

/ * 148 * /              real[k] += t1;

/ * 149 * /              imag[k] += t2;

/ * 150 * /            }

/ * 151 * /            z = u1 * w1 - u2 * w2;

/ * 152 * /            u2 = u1 * w2 + u2 * w1;

/ * 153 * /            u1 = z;

/ * 154 * /          }

/ * 155 * /        }

/ * 156 * /

/ * 157 * /        strcpy(fname, name);

/ * 158 * /        strcat(fname, ".fft");

/ * 159 * /        if ((fp = fopen(fname, "w")) == NULL) {

/ * 160 * /          printf("cannot open %s file\n", fname);

/ * 161 * /          exit (1);

/ * 162 * /        }

/ * 163 * /        frequency[0] = (float) 0;

/ * 164 * /        deltaf = (float) 1 / deltasec / n;

/ * 165 * /        psd[0] = (float) sqrt((real[0] * real[0] + imag[0] * imag[0]) * deltasec * n /
                     2 / 0.375);

/ * 166 * /        if (real[0] == 0) {

/ * 167 * /          if (imag[0] > 0) phase[0] = (float) pi / 2;

/ * 168 * /          else {

/ * 169 * /            if (imag[0] < 0) phase[0] = (float) pi / -2;

/ * 170 * /            else phase[0] = 0;
```

```
/ * 171 * /              }

/ * 172 * /            }

/ * 173 * /            else phase[0] = (float) atan2(imag[0], real[0]);

/ * 174 * /            fprintf(fp, "%e %e %e\n", frequency[0], psd[0], phase[0]);

/ * 175 * /            for (j = 1; j < n1; j ++) {

/ * 176 * /                frequency[j] = frequency[j - 1] + deltaf;

/ * 177 * /                psd[j] = (float) sqrt((real[j] * real[j] + imag[j] * imag[j]) * deltasec * n *
                         2 / 0.375);

/ * 178 * /                if (real[j] == 0) {

/ * 179 * /                    if (imag[j] > 0) phase[j] = (float) pi / 2;

/ * 180 * /                    else {

/ * 181 * /                        if (imag[j] < 0) phase[j] = (float) pi / -2;

/ * 182 * /                        else phase[j] = 0;

/ * 183 * /                    }

/ * 184 * /                }

/ * 185 * /                else phase[j] = (float) atan2(imag[j], real[j]);

/ * 186 * /                fprintf(fp, "%e %e %e\n", frequency[j], psd[j], phase[j]);

/ * 187 * /            }

/ * 188 * /            frequency[n1] = frequency[n1 - 1] + deltaf;

/ * 189 * /            psd[n1] = (float) sqrt((real[n1] * real[n1] + imag[n1] * imag[n1]) * deltasec
                         * n / 2 / 0.375);

/ * 190 * /            if (real[n1] == 0) {

/ * 191 * /                if (imag[n1] > 0) phase[n1] = (float) pi / 2;

/ * 192 * /                else {

/ * 193 * /                    if (imag[n1] < 0) phase[n1] = (float) pi / -2;

/ * 194 * /                    else phase[n1] = 0;

/ * 195 * /                }

/ * 196 * /            }

/ * 197 * /            else phase[n1] = (float) atan2(imag[n1], real[n1]);

/ * 198 * /            fprintf(fp, "%e %e %e\n", frequency[n1], psd[n1], phase[n1]);

/ * 199 * /            if (fclose(fp)) {

/ * 200 * /            printf("cannot close %s file\n", fname);

/ * 201 * /            exit(2);

/ * 202 * /            }

/ * 203 * /        }
```

```
/ * 204 * /      if (real) free(real);

/ * 205 * /      if (imag) free(imag);

/ * 206 * /      if (frequency) free(frequency);

/ * 207 * /      if (psd) free(psd);

/ * 208 * /      if (phase) free(phase);

/ * 209 * /    }
```

该程序很容易修改为采用 Hann 窗的幅度谱计算程序,仍附带有相位谱,只需把上述程序中的参数 psd 改为 afs,将计算 psd[0]值的 165 行改为计算 afs[0]值:"afs[0]=(float) sqrt(real[0] * real[0] + imag[0] * imag[0]);",将计算 psd[j]值的 177 行改为计算 afs[j]值:"afs[j]=(float)2 * sqrt(real[j] * real[j] + imag[j] * imag[j]);",将计算 psd[n1]值的 189 行改为计算 afs[n1j]值:"afs[n1]=(float) sqrt(real[n1] * real[n1] + imag[n1] * imag[n1]);"。

若修改为采用矩形窗的幅度谱计算程序,则需进一步将 113 行中与 $t=0.5\ T_s$ 时幅度不变的 Hann 窗有关的因子删除。

C.2　矩形窗幅度谱逆变换计算程序示例

本示例是在文献[1]提供的"快速 Fourier 分解"BASIC 语言程序清单基础上用 Turbo C 2.0 编制的、采用矩形窗的幅度谱逆变换计算程序,这里,幅度谱正变换应采用矩形窗的幅度谱计算程序,并附带有相位谱,否则不可能做幅度谱逆变换。

本程序采用式(5-11)中的 $x(k\Delta t)$ 表达式。为了实施幅度谱逆变换,必须将式(5-22)所示的单边频谱还原为双边频谱,为此,程序中将 $i=1,2,\cdots,N/2-1$ 的每根谱线的幅度减半,并根据谱线幅度关于 $i=N/2$ 对称但相位相反的原则,将谱线扩展到 $N/2<i\leqslant N-1$ 范围内。示例中的行号只是为了便于阅读,并非必要。本程序需要使用 Turbo C 2.0 以上版本编程工具编译,生成可执行文件前应将 Turbo C 2.0 窗口 Options→Compiler→Model 中的选项选为 Compact。使用的频域文件名要求以 FFT 为后缀,生成的时域文件为以 DAT 为后缀的同名文件。最大数据长度为 4 096。

```
/ * 1 * /      / * IFFTAFSR.C: Program of Calculating Inverse Fast Fourea Transform (IFFT) with rec-
              tangular window * /

/ * 2 * /      / * from AFS in form of Origin - file * /

/ * 3 * /      # include "stdio.h"      / * printf, gets, fopen, fscanf, fclose, fprintf * /

/ * 4 * /      # include "string.h"      / * strcpy, strcat * /

/ * 5 * /      # include "stdlib.h"      / * calloc, free * /

/ * 6 * /      # include "math.h"      / * cos, sin, ceil, log, pow, sqrt, atan2 * /

/ * 7 * /      # include "process.h"      / * exit * /
```

```
/ * 8 * /

/ * 9 * /

/ * 10 * /     main( ) {

/ * 11 * /

/ * 12 * /         char name[40], fname[40], tname[40];

/ * 13 * /         register int i, j;

/ * 14 * /         unsigned int n, k1, power, n1, k, s, m;

/ * 15 * /         float fr, am, ph, deltafr, deltat;

/ * 16 * /         double t1, t2, u1, u2, w1, w2, z;

/ * 17 * /         double pi = 3.14159265358979;

/ * 18 * /         double * real;

/ * 19 * /         double * imag;

/ * 20 * /         float * time;

/ * 21 * /         float * amplitude;

/ * 22 * /         float * phase;

/ * 23 * /         FILE * fp;

/ * 24 * /

/ * 25 * /         printf("Enter float Frequency-domain filename(without extending name!) for read: ");

/ * 26 * /         gets(name);

/ * 27 * /         strcpy(fname, name);

/ * 28 * /         strcat(fname, ".fft");

/ * 29 * /         if ((fp = fopen(fname, "r")) == NULL) {

/ * 30 * /           printf("cannot open %s file\n", fname);

/ * 31 * /             exit (1);

/ * 32 * /         }

/ * 33 * /         real = calloc(4098, sizeof(double));

/ * 34 * /         if (! real) {

/ * 35 * /           puts("Allocation failure-aborting for real\n");

/ * 36 * /             exit(1);

/ * 37 * /         }

/ * 38 * /         imag = calloc(4096, sizeof(double));

/ * 39 * /         if (! imag) {

/ * 40 * /           puts("Allocation failure-aborting for imag\n");

/ * 41 * /             exit(1);
```

```
/ * 42 * /        }
/ * 43 * /        time = calloc(4096, sizeof(float));
/ * 44 * /        if (! time) {
/ * 45 * /          puts("Allocation failure—aborting for time\n");
/ * 46 * /          exit(1);
/ * 47 * /        }
/ * 48 * /        amplitude = calloc(4096, sizeof(float));
/ * 49 * /        if (! amplitude) {
/ * 50 * /          puts("Allocation failure—aborting for amplitude\n");
/ * 51 * /          exit(1);
/ * 52 * /        }
/ * 53 * /        phase = calloc(4096, sizeof(float));
/ * 54 * /        if (! phase) {
/ * 55 * /          puts("Allocation failure—aborting for phase\n");
/ * 56 * /          exit(1);
/ * 57 * /        }
/ * 58 * /        i = 0;
/ * 59 * /        fscanf(fp, "%f %f %f\n", &fr, &am, &ph);
/ * 60 * /        deltafr = fr;
/ * 61 * /        amplitude[i] = am;
/ * 62 * /        phase[i] = ph;
/ * 63 * /        real[i] = (double) amplitude[i] * cos(phase[i]);
/ * 64 * /        imag[i] = (double) amplitude[i] * sin(phase[i]);
/ * 65 * /        while (fscanf(fp, "%f %f %f\n", &fr, &am, &ph) ! = EOF) {
/ * 66 * /          i ++;
/ * 67 * /          amplitude[i] = am / 2;
/ * 68 * /          phase[i] = ph;
/ * 69 * /          real[i] = (double) amplitude[i] * cos(phase[i]);
/ * 70 * /          imag[i] = (double) amplitude[i] * sin(phase[i]);
/ * 71 * /        }
/ * 72 * /        deltafr = (fr — deltafr) / i;
/ * 73 * /        if(fclose(fp)){
/ * 74 * /          printf("cannot close %s file\n", fname);
/ * 75 * /          exit(2);
```

```
/ * 76 * /        }
/ * 77 * /        amplitude[i] = amplitude[i] * 2;
/ * 78 * /        n = 2 * i;
/ * 79 * /        for (j = i + 1; j < n; j ++) {
/ * 80 * /          k1 = n - j;
/ * 81 * /          real[j] = real[k1];
/ * 82 * /          imag[j] = imag[k1] * -1;
/ * 83 * /        }
/ * 84 * /        power = ceil(log(n) / log(2));
/ * 85 * /
/ * 86 * /        / * FFT 变换程序段 * /
/ * 87 * /        n1 = n / 2;
/ * 88 * /        j = 0;
/ * 89 * /        for (k = 0; k < n - 1; k ++) {
/ * 90 * /          if (k < j) {
/ * 91 * /            t1 = real[j];
/ * 92 * /            t2 = imag[j];
/ * 93 * /            real[j] = real[k];
/ * 94 * /            imag[j] = imag[k];
/ * 95 * /            real[k] = t1;
/ * 96 * /            imag[k] = t2;
/ * 97 * /          }
/ * 98 * /          s = n1;
/ * 99 * /          while (s <= j) {
/ * 100 * /           j -= s;
/ * 101 * /           s /= 2;
/ * 102 * /         }
/ * 103 * /         j += s;
/ * 104 * /       }
/ * 105 * /       for (i = 1; i <= power; i ++) {
/ * 106 * /         u1 = (double) 1;
/ * 107 * /         u2 = (double) 0;
/ * 108 * /         m = pow(2, i);
/ * 109 * /         s = m / 2;
```

```
/* 110 */        w1 = cos(pi / s);
/* 111 */        w2 = sin(pi / s);
/* 112 */        for (j = 0; j < s; j++) {
/* 113 */          for (k = j; k < n; k += m) {
/* 114 */            k1 = k + s;
/* 115 */            t1 = real[k1] * u1 - imag[k1] * u2;
/* 116 */            t2 = real[k1] * u2 + imag[k1] * u1;
/* 117 */            real[k1] = real[k] - t1;
/* 118 */            imag[k1] = imag[k] - t2;
/* 119 */            real[k] += t1;
/* 120 */            imag[k] += t2;
/* 121 */          }
/* 122 */          z = u1 * w1 - u2 * w2;
/* 123 */          u2 = u1 * w2 + u2 * w1;
/* 124 */          u1 = z;
/* 125 */        }
/* 126 */      }
/* 127 */
/* 128 */      strcpy(tname, name);
/* 129 */      strcat(tname, ".dat");
/* 130 */      if ((fp = fopen(tname, "w")) == NULL) {
/* 131 */        printf("cannot open %s file\n", tname);
/* 132 */        exit(1);
/* 133 */      }
/* 134 */      time[0] = (float) 0;
/* 135 */      amplitude[0] = (float) sqrt(real[0] * real[0] + imag[0] * imag[0]);
/* 136 */      if (real[0] < 0) {
/* 137 */        real[0] = real[0] * -1;
/* 138 */        amplitude[0] = amplitude[0] * -1;
/* 139 */      }
/* 140 */      if (real[0] == 0) {
/* 141 */        if (imag[0] > 0) phase[0] = (float) pi / 2;
/* 142 */        else {
/* 143 */          if (imag[0] < 0) phase[0] = (float) pi / -2;
```

```
/ * 144 * /          else phase[0] = 0;

/ * 145 * /       }

/ * 146 * /     }

/ * 147 * /     else phase[0] = (float) atan2(imag[0], real[0]);

/ * 148 * /     fprintf(fp, "%e %e %e\n", time[0], amplitude[0], phase[0]);

/ * 149 * /     deltat = (float) 1 / deltafr / n;

/ * 150 * /     for (j = 1; j < n; j ++) {

/ * 151 * /        time[j] = time[j - 1] + deltat;

/ * 152 * /        amplitude[j] = (float) sqrt(real[j] * real[j] + imag[j] * imag[j]);

/ * 153 * /        if (real[j] < 0) {

/ * 154 * /           real[j] = real[j] * -1;

/ * 155 * /           amplitude[j] = amplitude[j] * -1;

/ * 156 * /        }

/ * 157 * /        if (real[j] == 0) {

/ * 158 * /           if (imag[j] > 0) phase[j] = (float) pi / 2;

/ * 159 * /           else {

/ * 160 * /              if (imag[j] < 0) phase[j] = (float) pi / -2;

/ * 161 * /              else phase[j] = 0;

/ * 162 * /           }

/ * 163 * /        }

/ * 164 * /        else phase[j] = (float) atan2(imag[j], real[j]);

/ * 165 * /        fprintf(fp, "%e %e %e\n", time[j], amplitude[j], phase[j]);

/ * 166 * /     }

/ * 167 * /     if (fclose(fp)) {

/ * 168 * /     printf("cannot close %s file\n", tname);

/ * 169 * /     exit(2);

/ * 170 * /     }

/ * 171 * /     if (real) free(real);

/ * 172 * /     if (imag) free(imag);

/ * 173 * /     if (time) free(time);

/ * 174 * /     if (amplitude) free(amplitude);

/ * 175 * /     if (phase) free(phase);

/ * 176 * /   }
```

C.3　三分之一倍频程频带方均根加速度谱计算程序示例

　　2.2.2.5 节第(1)条介绍了国际空间站对振动加速度的需求规定,该规定引入了三分之一倍频程频带(OTOB)方均根加速度谱的概念,并规定了关心的频率范围为(0.01～300) Hz。而 2.2.2.5 节第(2)条对三分之一倍频程的概念作了具体介绍,并在表 2-1 中给出了每一子频带的频率下限、中心频率和频率上限,式(2-6)还给出了对某个 OTOB 累积的方均根加速度的计算公式。本示例在此基础上用 Turbo C 2.0 编制了调用 Hann 窗幅度谱的 OTOB 方均根加速度谱计算程序,式(2-6)中的 $U=0.375$(见附录 C.1 节)。因此。本程序要求幅度谱的文件名以 FFT 为后缀,其格式与附录 C.1 节所给程序一致,即每一行有三列浮点数据,分别为频率(单位为 Hz)、幅度和相位,三列数据间用空格隔开。但程序中并不使用相位数据。为了与国际空间站对振动加速度的需求规定一致,首个子频带的中心频率定为0.01 Hz,因而该子频带的频率下限为 $8.912\ 51\times10^{-3}$ Hz;末个子频带的中心频率应不小于 300 Hz,由于每个子频带的宽度均为三分之一倍频程,因而该子频带的中心频率定为316.2 Hz,该子频带的频率上限为 354.813 Hz;因此共有 46 个子频带。为了便于编程和绘图,本程序规定每个子频带用其上限值(而不是中心频率,也不是下限频率)来表征该子频带。生成的 OTOB 方均根加速度谱文件为以 OTB 为后缀的同名文件。本程序需要使用 Turbo C 2.0 以上版本编程工具编译。

```
/* OTOBHANN.C: Program of Calculating One Third Octave Band RMS Acceleration versus Frequency
with Hann window in form of Origin-file */
# include "stdio.h"      /* printf, gets, fopen, fscanf, fclose, fprintf */
# include "string.h"     /* strcpy, strcat */
# include "math.h"       /* pow, sqrt */
# include "process.h"    /* exit */


main( ) {

  char name[40], fname[40], tname[40];
  register int i, j;
  unsigned int k;
  float fr, am, ph;
  double otob_f[47], otob_rms[47];
  FILE *fp1, *fp2;

  printf("Enter float frequency-domain amplitude spectrum with Hann window filename(without extending
name!) for read: ");
  gets(name);
  strcpy(fname, name);
  strcat(fname, ".fft");
  if ((fp1 = fopen(fname, "r")) == NULL) {
```

```
    printf("cannot open %s file\n", fname);
    exit (1);
  }
  strcpy(tname, name);
  strcat(tname, ".otb");
  if ((fp2 = fopen(tname, "w")) == NULL) {
    printf("cannot open %s file\n", tname);
    exit (1);
  }
  otob_f[0] = (double)0.01 / pow(10, 0.05);
  fscanf(fp1, "%f %f %f\n", &fr, &am, &ph);
  for (; otob_f[0] >= fr;) fscanf(fp1, "%f %f %f\n", &fr, &am, &ph);
  k = 0;
  for (j = 1; j < 47; j++) {
    otob_f[j] = otob_f[0] * pow(10, 0.1 * j);
    otob_rms[j] = 0;
    for (; otob_f[j] >= fr;) {
      otob_rms[j] = otob_rms[j] + am * am;
      if (fscanf(fp1, "%f %f %f\n", &fr, &am, &ph) != EOF);
      else {
        k = 1;
        break;
      }
    }
    otob_rms[j] = sqrt(otob_rms[j] / 2 / 0.375);
    fprintf(fp2, "%f %g\n", otob_f[j], otob_rms[j]);
    if (k == 1) {
      for (i = j + 1; i < 47; i++) {
        otob_f[i] = otob_f[0] * pow(10, 0.1 * i);
        otob_rms[i] = 0;
        fprintf(fp2, "%f %g\n", otob_f[i], otob_rms[i]);
      }
      break;
    }
  }
  if(fclose(fp1)){
    printf("cannot close %s file\n", fname);
    exit(2);
  }
  if (fclose(fp2)) {
  printf("cannot close %s file\n", tname);
  exit(2);
}}
```

该程序很容易修改为调用矩形窗幅度谱的 OTOB 方均根加速度谱计算程序:将文件名改为 OTOBRECT.C,所有"with Hann window"改为"with Rectangular window","otob_rms[j] = sqrt(otob_rms[j] / 2 / 0.375);"改为"otob_rms[j] = sqrt(otob_rms[j] / 2);"。

C.4　压氦法的实际计算程序及其使用示例

C.4.1　功能

本示例是用 Turbo C 2.0 编制的压氦法程序。本示例的功能可以完全取代 8.5.2.1 节第(2)条、8.5.2.3 节第(3)条、8.5.2.3 节第(4)条第 1)点和表 B-1,各项参数可依据任务、产品、设备、人员状况自由选择,如超过压氦法的约束条件会自动提示。

C.4.1.1　压氦法参数的输入、产生和检查

(1)输入所列参数("允许的最大标准漏率"与"要求的空气严酷等级"互相联动)。

(2)给出"允许的最长候检时间"、"R_e-L 关系曲线极大值点 $L_{e,M}$"、"R_e-L 关系曲线极大值 $R_{e,M}$"和"允许的最大测量漏率"。

(3)检查"允许的最大标准漏率"是否超过分子流范围。

(4)检查"要求的空气严酷等级"是否满足军工产品要求。

(5)检查"候检时间"是否太长,导致不满足"判定漏率合格准则"成立的条件。

(6)检查"允许的最大测量漏率"是否能够被密封器件氦质谱细检漏装置有效检出。

(7)输入"检漏仪上显示的测量漏率"。

C.4.1.2　结果的判定与显示

检查"检漏仪上显示的测量漏率"是否大于"允许的最大测量漏率":

(1)若大于,提示"被检器件漏率不合格"。

(2)若不大于,提示"如果通过粗检排除了大漏,则被检器件漏率合格":当"检漏仪上显示的测量漏率"已被密封器件氦质谱细检漏装置有效检出时,同时给出"被检器件的等效标准漏率"和"相应的空气泄漏时间常数";当输入的"检漏仪上显示的测量漏率"$<1\times10^{-6}$ Pa·mL/s 时,同时提示"< 1E-6 Pa·mL/s 的测量漏率不可信";当检不出"检漏仪上显示的测量漏率"的具体数值时,同时提示"因为检不出测量漏率,所以给不出等效标准漏率的具体数值"。

C.4.2　源程序

```
/*  LEAK_E.C:压氦法计算漏率的程序  */
# include "stdio.h"        /*  fopen, fscanf, fclose, scanf, cprintf, puts  */
# include "math.h"         /*  sqrt, log, exp  */
# include "ctype.h"        /*  tolower  */
# include "conio.h"        /*  getch, window, textbackground, clrscr, gotoxy, textattr, textcolor  */
# include "process.h"      /*  exit  */

main( ) {
```

```
    char fname[40];
    unsigned char ch1, sign;
    register int k, keyp;
    double v_ml, theta, pe, t1_min, t2e_min, re, l_max, f, tau_he0, tau_hemin, t1_s, t2e_s, t2e_max, re_
max, l_lower_limit, l_upper_limit, l_em, r_em, l, re_temp, tau_a;
    FILE * fp;


    do {
        window(1, 25, 80, 25);
        textattr(WHITE | RED * 16);
        clrscr();
        cprintf("     无损检测    泄漏检测    密封器件氦质谱细检漏    压氦法    计算程序示例     ");
        window(1, 1, 80, 1);
        textattr(WHITE | BROWN * 16);
        clrscr();
        cprintf(" [I]进入                          软件功能                         [E]退出 ");
        window(1, 2, 80, 24);
        textattr(WHITE | CYAN * 16);
        clrscr();
        gotoxy(2, 3);
        cprintf("1   压氦法参数的输入、产生和检查                                    ");
        gotoxy(2, 4);
        cprintf("1.1   输入所列参数("允许的最大标准漏率"与"要求的空气严酷等级"互相联动)。   ");
        gotoxy(2, 5);
        cprintf("1.2   给出"允许的最长候检时间"、"Re-L关系曲线极大值点 Lem"、"Re-L关系曲线极");
        gotoxy(2, 6);
        cprintf("     大值 Rem"和"允许的最大测量漏率"。                              ");
        gotoxy(2, 7);
        cprintf("1.3   检查"允许的最大标准漏率"是否超过分子流范围。                    ");
        gotoxy(2, 8);
        cprintf("1.4   检查"要求的空气严酷等级"是否满足军工产品要求。                  ");
        gotoxy(2, 9);
        cprintf("1.5   检查"候检时间"是否太长,导致不满足"判定漏率合格准则"成立的条件。     ");
        gotoxy(2, 10);
        cprintf("1.6   检查"允许的最大测量漏率"是否能够被密封器件氦质谱细检漏装置有效检出。    ");
        gotoxy(2, 11);
        cprintf("1.7   输入" 检漏仪上显示的测量漏率"。                              ");
        gotoxy(2, 12);
        cprintf("2   结果的判定与显示                                            ");
        gotoxy(2, 13);
        cprintf("     检查" 检漏仪上显示的测量漏率"是否大于"允许的最大测量漏率":          ");
        gotoxy(2, 14);
        cprintf("2.1   若大于,提示"被检器件漏率不合格"。                            ");
        gotoxy(2, 15);
```

cprintf("2.2　若不大于,提示"如果通过粗检排除了大漏,则被检器件漏率合格"; 　　　　　 ");

gotoxy(2, 16);

cprintf("　　a.　当"检漏仪上显示的测量漏率"已被密封器件氦质谱细检漏装置有效检出时,同时 ");

gotoxy(2, 17);

cprintf("　　　　给出"被检器件的等效标准漏率"和"相应的空气泄漏时间常数"; 　　　　　　 ");

gotoxy(2, 18);

cprintf("　　b.　当输入的"检漏仪上显示的测量漏率"< 1E−6 Pa"); cprintf("%c", 250); cprintf("

mL/s 时,同时提示"< 1E−6 Pa　 ");

gotoxy(2, 19);

cprintf("　　　　mL/s 的测量漏率不可信"; 　　　　　　　　　　　　　　　　　 ");

gotoxy(2, 20);

cprintf("　　c.　当检不出"检漏仪上显示的测量漏率"的具体数值时,同时提示"因为检不出测量 ");

gotoxy(2, 21);

cprintf("　　　　漏率,所以给不出等效标准漏率的具体数值"。　　　　　　　 ");

ch1 = tolower(getch());

if(ch1 == 'ÿ') {/ * 进入 * /

　window(1, 1, 80, 1);

　textattr(WHITE | MAGENTA * 16);

　clrscr();

　cprintf("　　　操作说明:　[↓ / ↑]选择　　[空格键]修改　　[R]刷新屏幕　　[Q]离开　　 ");

　strcpy(fname, "leak_e.txt");

　if((fp = fopen(fname, "r")) == NULL) {/ * 如果打不开 leak_e.txt * /

　　v_ml = 1;/ * 被检器件内腔的有效容积缺省值(mL) * /

　　theta = 600;/ * 空气的严酷等级缺省值(h) * /

　　pe = 4e5;/ * 压氦箱氦气绝对压力缺省值(Pa) * /

　　t1_min = 40;/ * 压氦时间缺省值(min) * /

　　t2e_min = 30;/ * 候检时间缺省值(min) * /

　}

　else {/ * 如果能打开 leak_e.txt * /

　　fscanf(fp, "%lf %lf %lf %lf %lf", &v_ml, &theta, &pe, &t1_min, &t2e_min);/ * 输入保存

在 leak_e.txt 中的参数 * /

　　if(fclose(fp)) {/ * 关闭 leak_e.txt * /

　　　printf("cannot close %s file\n", fname);

　　　exit(2);

　　}

　}

　if (theta > 0) l_max = v_ml * 100000 / theta / 3600;/ * 相应允许的最大标准漏率(Pa * mL/s) * /

　if (v_ml > 0) f = sqrt((double)28.96 / 4.003) / v_ml / 100000;/ * 2.69/V/p0[1/(Pa * mL)] * /

　if (v_ml > 0) tau_he0 = (double)1 / f / 1.4;

　if (v_ml > 0 && l_max > 0) tau_hemin = (double)1 / f / l_max;

　t1_s = t1_min * 60;/ * 压氦时间(s) * /

　t2e_s = t2e_min * 60;/ * 候检时间(s) * /

　if (l_max > 0 && l_max < 1.4 && v_ml > 0 && t1_s > 0) t2e_max = (log(tau_hemin / tau_

he0) + log(((double)1 − exp((double)−1 * t1_s / tau_he0)) / ((double)1− exp((double)−1 * t1_s /

```
tau_hemin))))/((double)1/tau_he0 - (double)1/tau_hemin)/60;/* 保证 Lmax_H ≥ L0 的最长候
检时间(min)*/
        else if (l_max == 1.4 && v_ml > 0 && t1_s > 0) t2e_max = tau_he0 * ((double)1 + t1_s/
tau_he0/(exp(t1_s/tau_he0) - 1))/60;/* 保证 Lmax_H ≥ L0 的最长候检时间(min)*/
        if (t2e_s > 0) l_em = v_ml * 100000/t2e_s * ((double)1 + (double)0.9 * exp((double)-0.68
* t1_s/t2e_s)) * sqrt((double)4.003/28.96);/* Re-L 关系曲线极大值点(Pa * mL/s)*/
        if (v_ml > 0 && t2e_s > 0) r_em = f * v_ml * pe * l_em * ((double)1 - exp((double)-1 * f
* t1_s * l_em)) * exp((double)-1 * f * t2e_s * l_em);/* Re-L 关系曲线极大值(Pa * mL/s)*/
        if (v_ml > 0 && theta > 0) re_max = f * v_ml * pe * l_max * ((double)1 - exp((double)-
1 * f * t1_s * l_max)) * exp((double)-1 * f * t2e_s * l_max);/* 相应的允许最大测量漏率(Pa *
mL/s)*/
        do {
          window(1, 2, 80, 24);
          textattr(WHITE | CYAN * 16);
          clrscr();
          gotoxy(12, 4);
          cprintf("                 被检器件内腔的有效容积(mL):");
          gotoxy(12, 5);
          cprintf("                 允许的最大标准漏率(Pa"); cprintf("%c", 250); cprintf("mL/s):");
          gotoxy(12, 6);
          cprintf("                   要求的空气严酷等级(h):");
          gotoxy(12, 7);
          cprintf("                   压氦箱氦气绝对压力(Pa):");
          gotoxy(12, 8);
          cprintf("                        压氦时间(min):");
          gotoxy(12, 10);
          cprintf("                        候检时间(min):");
          gotoxy(12, 14);
          cprintf("              检漏仪上显示的测量漏率(Pa"); cprintf("%c", 250); cprintf("mL/s):");
          gotoxy(12, 15);
          cprintf("            (检不出具体数值时输入"0")   ");
          textattr(BLACK | CYAN * 16);
          gotoxy(12, 9);
          cprintf("                   允许的最长候检时间(min):");
          gotoxy(12, 11);
          cprintf("        Re-L 关系曲线极大值点 Lem(Pa"); cprintf("%c", 250); cprintf("mL/s):");
          gotoxy(12, 12);
          cprintf("            Re-L 关系曲线极大值 Rem(Pa"); cprintf("%c", 250); cprintf("mL/s):");
          gotoxy(12, 13);
          cprintf("              允许的最大测量漏率(Pa"); cprintf("%c", 250); cprintf("mL/s):");
          for (k = 0; k < 11; k ++) {
            gotoxy(60, k + 4);
            textattr(WHITE | BLACK * 16);
            if (k == 0) cprintf("%10.4g", v_ml);/* 被检器件内腔的有效容积(mL)*/
```

```
    else if (k == 1) cprintf("%10.4g", l_max);/*允许的最大标准漏率(Pa*mL/s)*/
    else if (k == 2) cprintf("%10.4g", theta);/*要求的空气严酷等级(h)*/
    else if (k == 3) cprintf("%10.4g", pe);/*压氦箱氦气绝对压力(Pa)*/
    else if (k == 4) cprintf("%10.4g", t1_min);/*压氦时间(min)*/
    else if (k == 5) {
        if (((l_max > 0 && l_max < 1.4) || l_max == 1.4) && v_ml > 0 && t1_s > 0)
cprintf("%10.4g", t2e_max);/*允许的最长候检时间(min)*/
        else cprintf("          ");
    }
    else if (k == 6) cprintf("%10.4g", t2e_min);/*候检时间(min)*/
    else if (k == 7) {
        if (t2e_s > 0) cprintf("%10.4g", l_em);/*Re-L关系曲线极大值点(Pa*mL/s)*/
        else cprintf("          ");
    }
    else if (k == 8) {
        if (v_ml > 0 && t2e_s > 0) cprintf("%10.4g", r_em);/*Re-L关系曲线极大值(Pa*
mL/s)*/
        else cprintf("          ");
    }
    else if (k == 9) {
        if (v_ml > 0 && theta > 0) cprintf("%10.4g", re_max);/*允许的最大测量漏率(Pa*
mL/s)*/
        else cprintf("          ");
    }
    else if (k == 10) cprintf("          ");/*尚未输入检漏仪上显示的测量漏率*/
}
k = 0;/*输入参数序号的缺省值*/
re = 0;/*检漏仪上显示的测量漏率缺省值*/
sign = 0;/*尚未修改压氦法参数*/
textattr(WHITE | CYAN * 16);
gotoxy(13, 17);
cprintf("          已列出的压氦法参数如不合适,请予修改!          ");
gotoxy(13, 18);
cprintf("                                              ");
gotoxy(13, 19);
cprintf("          尚未输入检漏仪上显示的测量漏率!          ");
gotoxy(13, 20);
cprintf("                                              ");
do {
    gotoxy(60, k + 4);
    keyp = bioskey(0);/*读取键盘值*/
    ch1 = tolower(keyp);/*变为小写字母*/
    if (keyp == 0x4800 && k > 0 && k < 5) k = k - 1;/*按了↑键*/
    else if (keyp == 0x4800 && k == 6) k = k - 2;/*按了↑键*/
```

```c
    else if (keyp == 0x4800 && k == 10) k = k - 4;/* 按了↑键 */
    else if (keyp == 0x5000 && k < 4) k = k + 1;/* 按了↓键 */
    else if (keyp == 0x5000 && k == 4) k = k + 2;/* 按了↓键 */
    else if (keyp == 0x5000 && k == 6) k = k + 4;/* 按了↓键 */
    else if (ch1 == 0x20 ) {/* 按了空格键 */
      textattr(BLACK | BROWN * 16);/* 设置前景色和背景色 */
      cprintf("          ");
      gotoxy(60, k + 4);
      textattr(YELLOW | BLACK * 16);
      if (k == 0) {
        scanf("%lf", &v_ml);/* 键入被检器件内腔的有效容积(mL) */
        gotoxy(60, k + 4);
        cprintf("%10.4g", v_ml);
        gotoxy(60, k + 5);
        if (theta > 0) {
          l_max = v_ml * 100000 / theta / 3600;/* 相应的允许最大等效标准漏率(Pa * mL/
s) */
          cprintf("%10.4g", l_max);
        }
        if (v_ml > 0) f = sqrt((double)28.96 / 4.003) / v_ml / 100000;/* 2.69/V/p0[1/(Pa *
mL)] * /
        if (v_ml > 0) tau_he0 = (double)1 / f / 1.4;              }
      else if (k == 1) {
        scanf("%lf", &l_max);/* 键入允许的最大标准漏率(Pa * mL/s) */
        gotoxy(60, k + 4);
        cprintf("%10.4g", l_max);
        gotoxy(60, k + 5);
        if (l_max > 0) {
          theta = v_ml * 100000 / l_max / 3600;/* 相应的空气严酷等级(h) */
          cprintf("%10.4g", theta);
        }
        else {/* l_max = 0 或 l_max < 0 */
          theta = 1e99;
          cprintf("          ");
        }
      }
      else if (k == 2) {
        scanf("%lf", &theta);/* 键入要求的空气严酷等级(h) */
        gotoxy(60, k + 4);
        cprintf("%10.4g", theta);
        gotoxy(60, k + 3);
        if (theta > 0) {
          l_max = v_ml * 100000 / theta / 3600;/* 相应的允许最大等效标准漏率(Pa * mL/
s) */
```

```
              cprintf("%10.4g", l_max);
          }
        else {/* theta = 0 或 theta < 0 */
          l_max = 1e99;
          cprintf("          ");
        }
      }
    else if (k == 3) {
      scanf("%lf", &pe);/* 键入压氦箱氦气绝对压力(Pa) */
      gotoxy(60, k + 4);
      cprintf("%10.4g", pe);
    }
    else if (k == 4) {
      scanf("%lf", &t1_min);/* 键入压氦时间(min) */
      gotoxy(60, k + 4);
      cprintf("%10.4g", t1_min);
      t1_s = t1_min * 60;/* 压氦时间(s) */
    }
    else if (k == 6) {
      scanf("%lf", &t2e_min);/* 键入候检时间(min) */
      gotoxy(60, k + 4);
      cprintf("%10.4g", t2e_min);
      t2e_s = t2e_min * 60;/* 候检时间(s) */
    }
    else if (k == 10) {
      scanf("%lf", &re);/* 键入检漏仪上显示的测量漏率(Pa * mL/s) */
      gotoxy(60, k + 4);
      cprintf("%10.4g", re);
      sign = 2;/* 已经输入检漏仪上显示的测量漏率 */
    }
    if (k < 10) {
      re = 0;/* 检漏仪上显示的测量漏率缺省值 */
      gotoxy(60, 14);
      textattr(WHITE | BLACK * 16);
      cprintf("          ");
      sign = 1;/* 尚未输入检漏仪上显示的测量漏率 */
    }
    if (v_ml > 0 && l_max > 0) tau_hemin = (double)1 / f / l_max;
    if (l_max > 0 && l_max < 1.4 && v_ml > 0 && t1_s > 0) t2e_max = (log(tau_hemin
/ tau_he0) + log(((double)1 − exp((double)−1 * t1_s / tau_he0)) / ((double)1− exp((double)−1 *
t1_s / tau_hemin)))) / ((double)1 / tau_he0 − (double)1 / tau_hemin) / 60;/* 保证 Lmax_H ≥ L0 的
最长候检时间(min) */
    else if (l_max == 1.4 && v_ml > 0 && t1_s > 0) t2e_max = tau_he0 * ((double)1 +
t1_s / tau_he0 / (exp(t1_s / tau_he0) − 1)) / 60;/* 保证 Lmax_H ≥ L0 的最长候检时间 */
```

```
        if (t2e_s > 0) l_em = v_ml * 100000 / t2e_s * ((double)1 + (double)0.9 * exp
((double)−0.68 * t1_s / t2e_s)) * sqrt((double)4.003 / 28.96);/* Re−L 关系曲线极大值点(Pa * mL/
s) */

        if (v_ml > 0 && t2e_s > 0) r_em = f * v_ml * pe * l_em * ((double)1 − exp((doub-
le)−1 * f * t1_s * l_em)) * exp((double)−1 * f * t2e_s * l_em);/* Re−L 关系曲线极大值(Pa *
mL/s) */

        if (v_ml > 0 && theta > 0) re_max = f * v_ml * pe * l_max * ((double)1 − exp
((double)−1 * f * t1_s * l_max)) * exp((double)−1 * f * t2e_s * l_max);/* 相应的允许最大测
量漏率(Pa * mL/s) */

        textattr(WHITE | BLACK * 16);

        gotoxy(60, 9);

        if (l_max > 0 && l_max <= 1.4 && v_ml > 0 && t1_s > 0) cprintf("%10.4g", t2e_
max);/* 允许的最长候检时间(min) */

        else cprintf("            ");

        gotoxy(60, 11);

        if (t2e_s > 0) cprintf("%10.4g", l_em);/* Re−L 关系曲线极大值点(Pa * mL/s) */

        else cprintf("            ");

        gotoxy(60, 12);

        if (v_ml > 0 && t2e_s > 0) cprintf("%10.4g", r_em);/* Re−L 关系曲线极大值(Pa *
mL/s) */

        else cprintf("            ");

        gotoxy(60, 13);

        if (v_ml > 0 && theta > 0 && t2e_min <= t2e_max) cprintf("%10.4g", re_max);/* 允
许的最大测量漏率(Pa * mL/s) */

        else cprintf("            ");

        textattr(WHITE | CYAN * 16);

        gotoxy(13, 17);

        if (sign == 1) {/* 尚未输入检漏仪上显示的测量漏率 */

          if (l_max > 1.4 || theta < 20 || (re_max < 1e−6 && l_max > 0 && pe > 0)) {

            if (l_max > 1.4) {

              cprintf("    允许的最大标准漏率超过分子流范围(> 1.4 Pa"); cprintf("%c", 250);
cprintf("mL/s)!    ");

              gotoxy(13, 18);

              cprintf("              (应加大空气严酷等级)              ");

            }

            else if (theta < 20) {

              cprintf("    空气严酷等级太低(< 20 h),不满足军工产品要求!      ");

              gotoxy(13, 18);

              cprintf("            (应减小允许的最大标准漏率)              ");

            }

            else if (re_max < 1e−6) {

              cprintf("      允许的最大测量漏率太小(< 1E−6 Pa"); cprintf("%c", 250);
cprintf("mL/s)!      ");

              gotoxy(13, 18);
```

```
                cprintf("                    （请加大压氦箱氦气绝对压力或延长压氦时间）                ");
            }
        }
        else {
            if (v_ml <= 0) cprintf("                    内腔的有效容积必须大于 0!                ");
            else if (l_max <= 0) cprintf("                    允许的最大标准漏率必须大于 0!            ");
            else if (pe <= 0)cprintf("                压氦箱氦气绝对压力必须大于 0!                ");
            else if (t1_s <= 0) cprintf("                    压氦时间必须大于 0!                ");
            else if (t2e_s <= 0) cprintf("                    候检时间必须大于 0!                ");
            else if (t2e_min > t2e_max) cprintf("    候检时间太长,不满足"判定漏率合格准则"成立
的条件!        ");
            else cprintf("                                                    ");/ * 压
氦法的各项参数孤立看并非不合理 * /
            gotoxy(13, 18);
            cprintf("                                                    ");
        }
        gotoxy(13, 19);
        cprintf("                    尚未输入检漏仪上显示的测量漏率!                ");
        gotoxy(13, 20);
        cprintf("                                                    ");
    }
    else {/ * 已输入检漏仪上显示的测量漏率 * /
        if (re < 0) {
            cprintf("                    检漏仪上显示的测量漏率不可能小于 0!                ");
            gotoxy(13, 18);
            cprintf("                                                    ");
            gotoxy(13, 19);
            cprintf("                                                    ");
            gotoxy(13, 20);
            cprintf("                                                    ");
        }
        else {/ * 检漏仪上显示的测量漏率等于或大于零 * /
            if (re > r_em) {
                cprintf("检漏仪上显示的测量漏率不可能大于 Re - L 关系曲线极大值 Rem!");
                gotoxy(13, 18);
                cprintf("                                                    ");
                gotoxy(13, 19);
                cprintf("                                                    ");
                gotoxy(13, 20);
                cprintf("                                                    ");
            }
            else if (re > re_max) {
                cprintf("                        被检器件漏率不合格!                ");
                gotoxy(13, 18);
```

```
                    cprintf("                                                ");
                    gotoxy(13, 19);
                    cprintf("                                                ");
                    gotoxy(13, 20);
                    cprintf("                                                ");
        }
        else {/ * re <= re_max * /
            cprintf("        如果通过粗检排除了大漏,则被检器件漏率合格!        ");
            gotoxy(13, 18);
            cprintf("                                                ");
            gotoxy(13, 19);
            if (re > 0 && re < 1e-6) {
                cprintf("                    < 1E-6 Pa"); cprintf("%c", 250); cprintf("mL/s 的测量
漏率不可信!              ");
                gotoxy(13, 20);
                cprintf("                                                ");
            }
            else if (re == 0) {
                cprintf(" 因为检不出测量漏率,所以给不出等效标准漏率的具体数值! ");
                gotoxy(13, 20);
                cprintf("                                                ");
            }
            else {/ * re >= 1e-6 Pa * mL/s * /
                l_lower_limit = 0;
                l_upper_limit = l_em;
                do {/ * 将漏率范围黄金分割为 0.381966 : 0.618034,计算确定等效标准漏率 L 在哪
段,把该段作为新的漏率范围,重新黄金分割…… * /
                    l = l_lower_limit * 0.618034 + l_upper_limit * 0.381966;
                    re_temp = f * v_ml * pe * l * ((double)1 - exp((double)-1 * f * t1_s *
l)) * exp((double)-1 * f * t2e_s * l);
                    if (re > re_temp) l_lower_limit = l;
                    else l_upper_limit = l;
                }while ((l_upper_limit - l_lower_limit) / l > 0.001);/ * 不断缩小漏率范围,直至
足够精密 * /
                l = (l_lower_limit + l_upper_limit) / 2;/ * 被检器件的等效标准漏率 * /
                tau_a = v_ml * 100000 / l / 3600;/ * 相应的空气泄漏时间常数(h) * /
                cprintf("        被检器件的等效标准漏率为%10.4g Pa", l); cprintf("%c", 250);
cprintf("mL/s!        ");
                gotoxy(13, 20);
                cprintf("        相应的空气泄漏时间常数为%10.4g h!              ", tau_a);
            }
        }
    }
}
```

```
          }
        }
      } while (ch1 ! = ′r′ && ch1 ! = ′q′);
    } while (ch1 ! = ′q′);
    if((fp = fopen(fname, "w")) == NULL) {/ * 按"[Q]离开"后打开 leak_e.txt * /
      printf("cannot open %s file\n", fname);
      exit (2);
    }
    fprintf(fp, "%10.4g %10.4g %10.4g %10.4g %10.4g\n", v_ml, theta, pe, t1_min, t2e_min);/ *
将参数保存在 leak_e.txt 中 * /
    if(fclose(fp)) {/ * 关闭 leak_e.txt * /
      printf("cannot close %s file\n", fname);
      exit(2);
    }
  }
} while(ch1 ! = ′e′);
window(1, 1, 80, 25);
textbackground(BLACK);
clrscr();
}
```

C.4.3　程序使用示例

C.4.3.1　概述

附录 C.4.2 所列源程序 LEAK_E.C 需要使用 Turbo C 2.0 以上版本编程工具编译,生成可执行程序 LEAK_E.EXE。双击运行 LEAK_E.EXE 后,页面如图 C-1 所示,可以选择"[I]进入"或"[E]退出"。

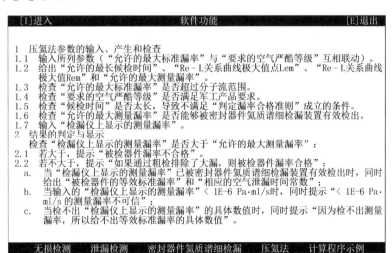

图 C-1　运行 LEAK_E.EXE 后的页面

依提示按"I"键后,页面如图 C-2 所示。

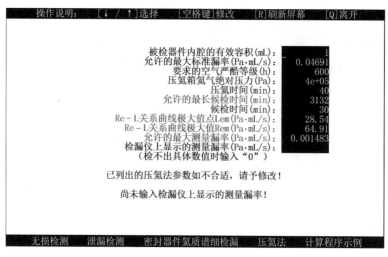

图 C-2　图 C-1 按"I"键后的页面

可以看到,程序已给出各个参数的缺省值,并已计算出"允许的最长候检时间"(即保证 $L_{\max,H} \geqslant L_0$ 的最长候检时间)、"$R_e - L$ 关系曲线极大值点 $L_{e,M}$"、"$R_e - L$ 关系曲线极大值 $R_{e,M}$"和"允许的最大测量漏率",而"检漏仪上显示的测量漏率"栏目的数值空缺;同时,程序提示"已列出的压氦法参数如不合适,请予修改"和"尚未输入检漏仪上显示的测量漏率"。如果此前已经运行过本程序,则无论是否退出过本程序,也不论是否关过机,这些参数会自动恢复最后的数值。

由式(8-38)可以看到,"$R_e - L$ 关系曲线极大值点 $L_{e,M}$"仅与"被检器件内腔的有效容积"V、"压氦时间"t_1 和"候检时间"t_{2e} 有关;而由式(8-32)可以看到,"$R_e - L$ 关系曲线极大值 $R_{e,M}$"还与"压氦箱氦气绝对压力"p_e 有关。

若需修改某参数或输入"检漏仪上显示的测量漏率",可以依提示按"↓""↑"键,移动光标至需要修改处,再按"空格键",即可输入该项参数。需要提醒的是,最靠近顶部的 3 个栏目间存在联动关系:① 只要在"允许的最大标准漏率"和"要求的空气严酷等级"两个栏目之一中输入规定的值,就会自动按式(8-15)计算出另一个栏目的相应值;② 鉴于这两个栏目的换算关系与"被检器件内腔的有效容积"有关,所以一旦改变了"被检器件内腔的有效容积",程序会自动按"要求的空气严酷等级"修改"允许的最大标准漏率 $L_{\max}$";③ 如果应该修改的不是"允许的最大标准漏率 $L_{\max}$",而是"要求的空气严酷等级",则需重新输入正确的"允许的最大标准漏率 $L_{\max}$",此时程序会自动修改"要求的空气严酷等级"。

C. 4. 3. 2　$R_e > R_{e,\max}$

例如,图 C-2 所示各参数均正确,"候检时间"也不超过"允许的最长候检时间",但是"检漏仪上显示的测量漏率"为 0.001 5 Pa·mL/s,大于"允许的最大测量漏率",按 6 次"↓"键和"空格键",输入"1.5e-3 ↵"[①]后,页面如图 C-3 所示,修改过的参数呈黄色(本书黑白印刷下呈灰色,下同)。从图中可以看到,程序提示"被检器件漏率不合格"。

---

①　"↵"键即"Enter"键、回车键。

C.4.3.3 $R_e \leqslant R_{e,\max}$

如果图 C-2 所示各参数均正确,"候检时间"也不超过"允许的最长候检时间",且"检漏仪上显示的测量漏率"为 0.001 Pa·mL/s,不超过"允许的最大测量漏率",则如图 C-4 所示,程序提示"如果通过粗检排除了大漏,则被检器件漏率合格",并计算出"被检器件的等效标准漏率为 0.038 5 Pa·mL/s","相应的空气泄漏时间常数为 731 h"。

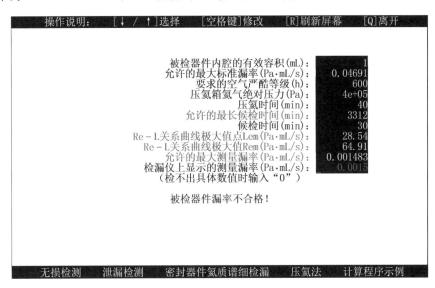

图 C-3 "检漏仪上显示的测量漏率"大于"允许的最大测量漏率"的页面

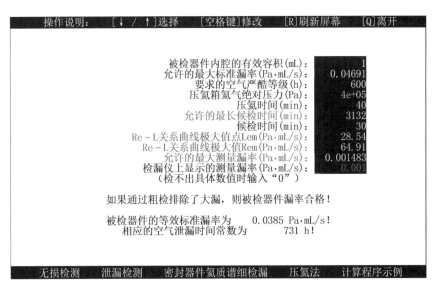

图 C-4 "检漏仪上显示的测量漏率"小于等于"允许的最大测量漏率"的页面

使用式(8-51)绘制 $p_{\mathrm{He},0} = 0.566$ Pa 下图 C-4 所示参数的 $L - R_e$ 关系曲线,如图 C-5 所示。可以看到,$L_{\max,\mathrm{H}} > L_0$(即 $t_{2e} < t_{2e,\max}$),$R_e < R_{e,\max}$,依据 8.2.3.1 节的分析结论,如果通过粗检排除了大漏,则被检器件漏率合格。可见,程序的计算结果是正确的。

又如,"允许的最大标准漏率"实际为 0.01 Pa·mL/s,则该栏目输入"0.01 ↵"后,页面如图 C-6 所示。从图中可以看到，程序已计算出"要求的空气严酷等级"为 2 815 h，"允许的最长候检时间"为 4 444 min，"R_e-L 关系曲线极大值点 $L_{e,M}$"为 28.54 Pa·mL/s，"R_e-L 关系曲线极大值 $R_{e,M}$"为 64.91 Pa·mL/s，"允许的最大测量漏率"为 6.759×10^{-5} Pa·mL/s；同时，由于修改了参数，因此取消"检漏仪上显示的测量漏率"数值和原来的结果显示，改为提示"尚未输入检漏仪上显示的测量漏率"。

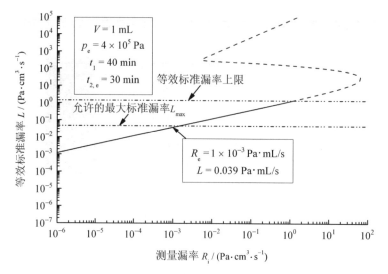

图 C-5　图 C-4 示例的 L-R_e 关系曲线

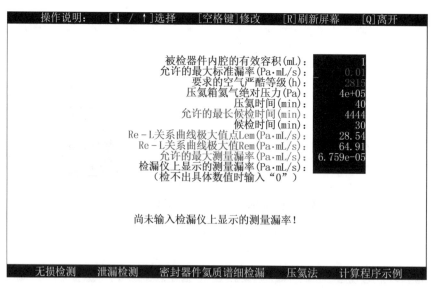

图 C-6　"允许的最大标准漏率"输入"1e-2 ↵"后的页面

如果"检漏仪上显示的测量漏率"实际为 6×10^{-5} Pa·mL/s，则该栏目输入"6e-5 ↵"后，页面如图 C-7 所示。可以看到，程序提示"如果通过粗检排除了大漏，则被检器件漏率合格"，并计算出"被检器件的等效标准漏率为 0.009 42 Pa·mL/s"，"相应的空气泄漏时间常数为 2 988 h"。

对于下一个被检器件,相同的参数不必重新输入,只要修改不同的参数,即可得到结果。

依提示按"R"键后,如图 C-8 所示,将使黄色参数变白,同时取消"检漏仪上显示的测量漏率"数值和结果显示,并提示"已列出的压氦法参数如不合适,请予修改"和"尚未输入检漏仪上显示的测量漏率"。

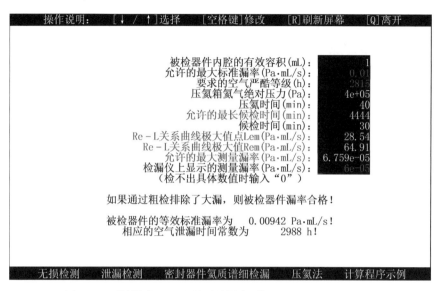

图 C-7　"检漏仪上显示的测量漏率"输入"6e-5 ↵"后的页面

图 C-8　图 C-7 按"R"键后的页面

利用这一功能,先输入相同的参数,按"R"键后再输入不同的参数,便可做到用颜色区别两种参数——相同参数为白色,不同参数为黄色。

依提示按"Q"键,则返回到图 C-1 所示页面,此时,程序会自动将最后输入的各个参数记录在文件 LEAK_E.TXT 中。此时如再按"I"键则呈现的页面就和按"Q"键前按了"R"键的页面一样(见图 C-8)。

图 C-1 所示页面下如依提示按"E"键,则退出程序。即使退出程序,LEAK_E.TXT 依然存在,因此,下次重新运行时,上次最后输入的各个参数得以恢复。这一功能保证了即使计算机重新开机,与上次运行时相同的参数也不必重新输入。

如果"检漏仪上显示的测量漏率"输入了小于 1×10^{-6} Pa·mL/s 的值,则如图 C-9 所示,提示"如果通过粗检排除了大漏,则被检器件漏率合格"和"< 1E-6 Pa·mL/s 的测量漏率不可信"。

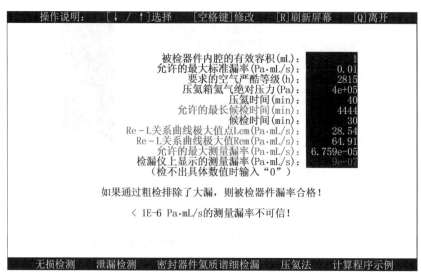

图 C-9 "检漏仪上显示的测量漏率"输入了小于 1×10^{-6} Pa·mL/s 的值后的页面

8.5.7 节第(4)条指出,检漏装置的有效最小可检漏率应不大于要求的最小测量漏率的 1/10。因此,当被检器件的测量漏率不到检漏装置有效最小可检漏率 $q_{e,\ min}$ 的 10 倍时,应视为检漏仪检不出测量漏率的具体数值,按提示,"检漏仪上显示的测量漏率"应输入"0 ↵",此时,页面如图 C-10 所示。可以看到,程序提示"如果通过粗检排除了大漏,则被检器件漏率合格"和"因为检不出测量漏率,所以给不出等效标准漏率的具体数值"。

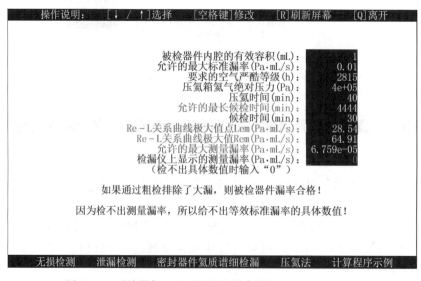

图 C-10 "检漏仪上显示的测量漏率"输入"0 ↵"后的页面

C.4.3.4 输入参数超过允许的范围

如果图 C-8 所示页面中"被检器件内腔的有效容积"误输为 0 或负值,则如图 C-11 所示,提示"内腔的有效容积必须大于 0"和"尚未输入检漏仪上显示的测量漏率",且"允许的最大标准漏率"及"$R_e - L$ 关系曲线极大值点 $L_{e,m}$"为 0 或负值,"允许的最长候检时间"、"$R_e - L$ 关系曲线极大值 $R_{e,M}$"和"允许的最大测量漏率"栏目中无值;同时,由于修改了参数,因此取消"检漏仪上显示的测量漏率"数值和原来的结果显示。

图 C-11 "被检器件内腔的有效容积"必须大于 0 的页面

如果图 C-8 所示页面中"允许的最大标准漏率"输为 0 或负值,则如图 C-12 所示,提示"允许的最大标准漏率必须大于 0"和"尚未输入检漏仪上显示的测量漏率",且"允许的最大测量漏率"为 0 或负值,"要求的空气严酷等级"和"允许的最长候检时间"栏目中无值;同时,由于修改了参数,因此取消"检漏仪上显示的测量漏率"数值和原来的结果显示。

图 C-12 "允许的最大标准漏率"必须大于 0 的页面

如果图 C-8 所示页面中"允许的最大标准漏率"大于 1.4 Pa·mL/s,则如图 C-13 所示,提示"允许的最大标准漏率超出分子流范围(> 1.4 Pa·mL/s)!(应加大空气严酷等级)"和"尚未输入检漏仪上显示的测量漏率",且"允许的最长候检时间"栏目中无值;同时,由于修改了参数,因此取消"检漏仪上显示的测量漏率"数值和原来的结果显示。

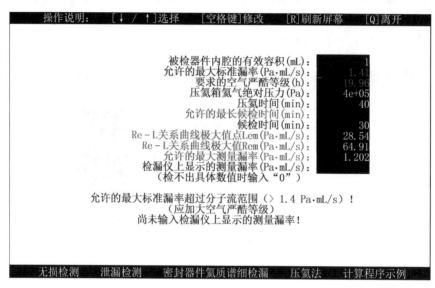

图 C-13 "允许的最大标准漏率"超出分子流范围的页面

如果图 C-8 所示页面中"被检器件内腔的有效容积"改为 0.1 mL,"允许的最大标准漏率"改为 0.15 Pa·mL/s,则如图 C-14 所示,提示"空气严酷等级太低(< 20 h),不满足军工产品要求(应减小允许的最大标准漏率)"和"尚未输入检漏仪上显示的测量漏率";同时,由于修改了参数,因此取消"检漏仪上显示的测量漏率"数值和原来的结果显示。

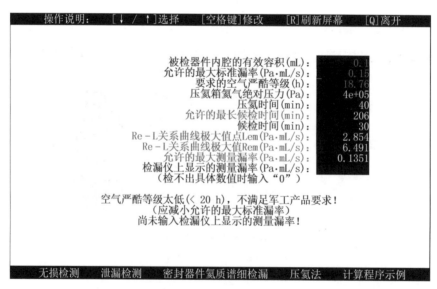

图 C-14 "要求的空气严酷等级"太低(<20 h),不满足军工产品要求的页面

如果图 C-14 所示页面中"允许的最大标准漏率 L_{max}"改为 0.000 38 Pa·mL/s,则如

图 C-15 所示,程序计算出"允许的最大测量漏率"为 $9.765e-7$ Pa・mL/s,并提示"允许的最大测量漏率太小($<1E-6$ Pa・mL/s)(请加大压氦箱氦气绝对压力或延长压氦时间)"和"尚未输入检漏仪上显示的测量漏率";同时,由于修改了输入参数,因此取消"检漏仪上显示的测量漏率"数值和原来的结果显示。

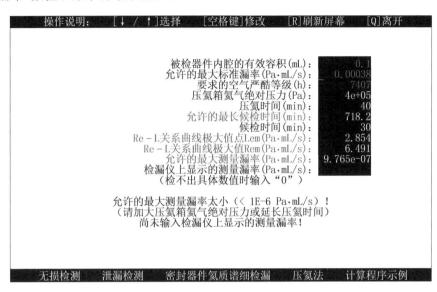

图 C-15　"允许的最大测量漏率"太小($<1E-6$ Pa・mL/s)的页面

如果图 C-8 所示页面中"要求的空气严酷等级"输为 0 或负值,则如图 C-16 所示,提示"允许的最大标准漏率超过分子流范围(>1.4 Pa mL/s)(应加大空气严酷等级)"和"尚未输入检漏仪上显示的测量漏率",且"允许的最大标准漏率"、"允许的最长候检时间"和"允许的最大测量漏率"栏目中无值;同时,由于修改了参数,因此取消"检漏仪上显示的测量漏率"数值和原来的结果显示。

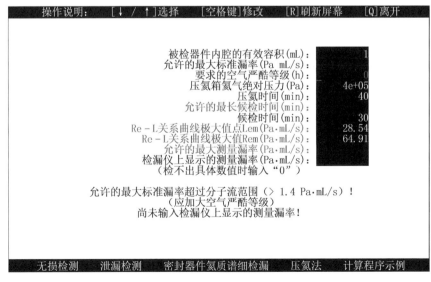

图 C-16　"要求的空气严酷等级"必须大于 0 的页面

如果图 C-8 所示页面中"压氦箱氦气绝对压力"输为 0 或负值,则如图 C-17 所示,提示"压氦箱氦气绝对压力必须大于 0"和"尚未输入检漏仪上显示的测量漏率",且"R_e-L 关系曲线极大值 $R_{e,M}$"及"允许的最大测量漏率"为 0 或负值;同时,由于修改了参数,因此取消"检漏仪上显示的测量漏率"数值和原来的结果显示。

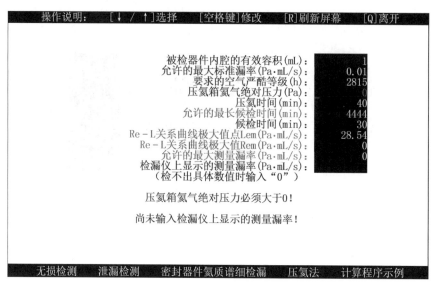

图 C-17 "压氦箱氦气绝对压力"必须大于的页面

如果图 C-8 所示页面中"压氦时间"输为 0 或负值,则如图 C-18 所示,提示"允许的最大测量漏率太小(＜1E-6 Pa·mL/s)(请加大压氦箱氦气绝对压力或延长压氦时间)"和"尚未输入检漏仪上显示的测量漏率",且"R_e-L 关系曲线极大值 $R_{e,M}$"及"允许的最大测量漏率"为 0 或负值,"允许的最长候检时间"栏目中无值;同时,由于修改了参数,因此取消"检漏仪上显示的测量漏率"数值和原来的结果显示。

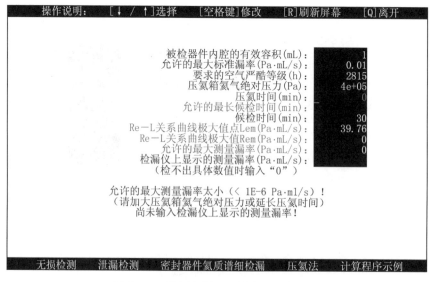

图 C-18 "压氦时间"必须大于 0 的页面

如果图 C-8 所示页面中"候检时间"输为 0 或负值，则如图 C-19 所示，提示"候检时间必须大于 0"和"尚未输入检漏仪上显示的测量漏率"，且"R_e-L 关系曲线极大值点 $L_{e,M}$"和"R_e-L 关系曲线极大值 $R_{e,M}$"栏目中无值；同时，由于修改了参数，因此取消"检漏仪上显示的测量漏率"数值和原来的结果显示。

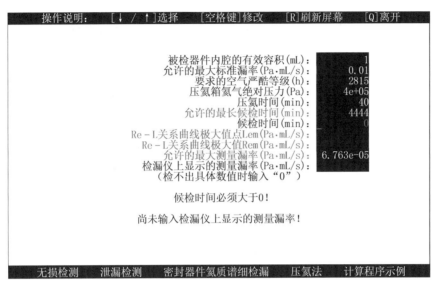

图 C-19　"候检时间"必须大于 0 的页面

如果图 C-14 所示页面中将"允许的最大标准漏率"改为 0.14 Pa·mL/s，则如图 C-20 所示，给出"允许的最长候检时间"为 211.1 min，此时如将"候检时间"改为 212 min，则提示'候检时间太长，不满足"判定漏率合格准则"成立的条件'和"尚未输入检漏仪上显示的测量漏率"，且"允许的最大测量漏率"栏目中无值；同时，由于修改了参数，因此取消"检漏仪上显示的测量漏率"数值和原来的结果显示。

图 C-20　"候检时间"超过"允许的最长候检时间"的页面

如果图 C-8 所示页面中"检漏仪上显示的测量漏率"输入了小于 0 的值,则如图 C-21 所示,提示"检漏仪上显示的测量漏率不可能小于 0"。

图 C-21 "检漏仪上显示的测量漏率"不能小于 0 的页面

如果图 C-8 所示页面中"检漏仪上显示的测量漏率"输入了大于"R_e-L 关系曲线极大值 $R_{e,M}$"的值,则如图 C-22 所示,提示"检漏仪上显示的测量漏率不可能大于 R_e-L 关系曲线极大值 $R_{e,M}$"。

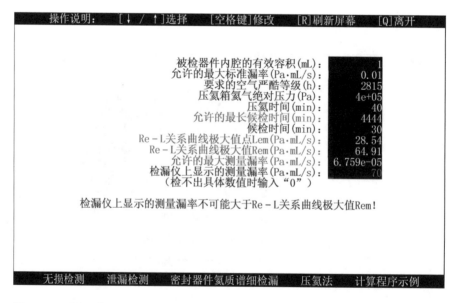

图 C-22 "检漏仪上显示的测量漏率"不能大于"R_e-L 关系曲线极大值 $R_{e,M}$"的页面

C.5　预充氦法的实际计算程序及其使用示例

C.5.1　功能

本示例是用 Turbo C 2.0 编制的预充氦法程序。本示例的功能可以完全取代 8.5.5.1 节、8.5.5.2 节第(3)条、第(4)条第 1)点、8.5.5.3 节第(3)条、第(4)条和表 B-3~表 B-5，各项参数可依据任务、产品、设备、人员状况自由选择，如超过预充氦法的约束条件会自动提示。

C.5.1.1　预充氦法参数的输入、产生和检查

(1)输入所列参数("允许的最大标准漏率 L_{max}"与"要求的空气严酷等级"联动)。

(2)给出"保证 $L_{max, H} \geq L_0$ 的最长候检时间 $t_{2i, cp1}$"、"$R_i - L$ 关系曲线极大值点 $L_{i, M}$"、"保证 $L_{max} \leq L_{i, M}$ 的最长候检时间 $t_{2i, cp2}$"、"$R_i - L$ 关系曲线极大值 $R_{i, M}$"和"与 L_{max} 对应的测量漏率 $R_{i, max}$"。

(3)检查 L_{max} 是否超过分子流范围。

(4)检查"要求的空气严酷等级"是否满足军工产品要求。

(5)检查 $R_{i, max}$ 是否能够被密封器件氦质谱细检漏装置有效检出。

(6)输入"显示的测量漏率 R_i"。

C.5.1.2　结果的直接判定与显示

(1)若 $t_{2i} \leq t_{2i, cp1}$，但 $R_i > R_{i, max}$，提示"被检器件漏率不合格"。

(2)若 $t_{2i} \leq t_{2i, cp1}$，且 $R_i \leq R_{i, max}$，提示"如果通过粗检排除了大漏，则被检器件漏率合格"；当 R_i 已被密封器件氦质谱细检漏装置有效检出时，同时给出"被检器件的等效标准漏率"和"相应的空气泄漏时间常数"；当输入的 $R_i < 1 \times 10^{-6}$ Pa・mL/s 时，同时提示"$< 1 \times 10^{-6}$ Pa・mL/s 的测量漏率 R_i 不可信"；当检不出 R_i 的具体数值时，同时提示"因为检不出测量漏率 R_i，所以给不出等效标准漏率的具体数值"。

(3)若 $t_{2i} > t_{2i, cp1}$，且 $R_i > R_{i, max}$，但 $t_{2i} \leq t_{2i, cp2}$，提示"被检器件漏率不合格"。

(4)若 $t_{2i} > t_{2i, cp1}$，且 $R_i > R_{i, max}$，及 $t_{2i} > t_{2i, cp2}$，或 $t_{2i} > t_{2i, cp1}$，但 $R_i \leq R_{i, max}$，需压氦法复检。

C.5.1.3　压氦法复检参数的输入、产生和检查

(1)输入压氦法复检参数(由于压氦具有不可逆性，应在压氦前确认输入参数是否正确)。

(2)给出"允许的最长候检时间"、"$R_e - L$ 关系曲线极大值点 $L_{e, M}$"、"$R_e - L$ 关系曲线极大值 $R_{e, M}$"和"与 $L_{i, M}$ 对应的测量漏率"。

(3)检查"候检时间"是否太长，导致不满足"判定漏率合格准则"成立的条件。

(4)检查"允许的最大测量漏率"是否能够被密封器件氦质谱细检漏装置有效检出。

(5)输入"显示的测量漏率"，显示"扣除本底后的测量漏率"。

C.5.1.4　压氦法复检后结果的判定与显示

(1)若"扣除本底后的测量漏率"不大于"与 $L_{i, M}$ 对应的测量漏率"，提示"如果通过粗检

排除了大漏,则被检器件漏率合格",同时给出"被检器件的等效标准漏率"和"相应的空气泄漏时间常数"。

(2)若"扣除本底后的测量漏率"大于"与 $L_{i,M}$ 对应的测量漏率",且 $R_i > R_{i,max}$, $t_{2i} > t_{2i,cp2}$,则"与 $L_{i,M}$ 对应的测量漏率"自动改为"允许的最大测量漏率",并检查"扣除本底后的测量漏率"是否大于"允许的最大测量漏率",若不大于,提示"如果通过粗检排除了大漏,则被检器件漏率合格",同时给出"被检器件的等效标准漏率"和"相应的空气泄漏时间常数";若大于,提示"被检器件漏率不合格"。

(3)若"扣除本底后的测量漏率"大于"与 $L_{i,M}$ 对应的测量漏率",且 $R_i \leqslant R_{i,max}$,提示"被检器件漏率不合格"。

C.5.2　源程序

```c
/* LEAK_I.C:预充氦法计算漏率的程序 */
#include "stdio.h"      /* fopen, fscanf, fclose, scanf, cprintf, puts */
#include "math.h"        /* sqrt, log, exp */
#include "ctype.h"       /* tolower */
#include "conio.h"       /* getch, window, textbackground, clrscr, gotoxy, textattr, textcolor */
#include "process.h"   /* exit */

main( ) {

  char fname[40];
  unsigned char ch1, sign;
  register int k, keyp;
  double v_ml, theta, pi, t2i_h, ri, l_max, f, tau_he0, tau_hemin, t2i_cp1, t2i_cp2, t2i_s, l_im, r_im, ri_max, l_lower_limit, l_upper_limit, l, ri_temp, tau_a;
  double pe, t1_min, t2e_min, ri_e, re, t1_s, t2e_s, t2e_max, re_l_im, re_max, l_em, r_em, re_temp;
  FILE *fp;

  do {
    window(1, 25, 80, 25);
    textattr(WHITE | RED * 16);
    clrscr();
    cprintf("      无损检测      泄漏检测      密封器件氦质谱细检漏        预充氦法      计算程序示例 ");
    window(1, 1, 80, 1);
    textattr(WHITE | BROWN * 16);
    clrscr();
    cprintf("  [S]第二页                          软件功能(第一页)                   [E]退出 ");
    window(1, 2, 80, 24);
    textattr(WHITE | CYAN * 16);
    clrscr();
    gotoxy(2, 2);
```

```
cprintf("1    预充氦法参数的输入、产生和检查                                    ");
gotoxy(2,3);
cprintf("1.1    输入所列参数("允许的最大标准漏率 Lmax"与"要求的空气严酷等级"联动)。    ");
gotoxy(2,4);
cprintf("1.2    给出"保证 Lmax_H≥L0 的最长候检时间 t2i_cp1"、"Ri-L 关系曲线极大值点 Lim"、");
gotoxy(2,5);
cprintf("       "保证 Lmax≤Lim 的最长候检时间 t2i_cp2"、"Ri-L 关系曲线极大值 Rim"和    ");
gotoxy(2,6);
cprintf("       "与 Lmax 对应的测量漏率 Ri_Lmax"。                                ");
gotoxy(2,7);
cprintf("1.3    检查 Lmax 是否超过分子流范围。                                  ");
gotoxy(2,8);
cprintf("1.4    检查"要求的空气严酷等级"是否满足军工产品要求。              ");
gotoxy(2,9);
cprintf("1.5    检查 Ri_Lmax 是否能够被密封器件氦质谱细检漏装置有效检出。        ");
gotoxy(2,10);
cprintf("1.6    输入"显示的测量漏率 Ri"。                                      ");
gotoxy(2,11);
cprintf("2    结果的直接判定与显示                                            ");
gotoxy(2,12);
cprintf("2.1    若 t2i≤t2i_cp1,但 Ri>Ri_Lmax,提示"被检器件漏率不合格"。          ");
gotoxy(2,13);
cprintf("2.2    若 t2i≤t2i_cp1,且 Ri≤Ri_Lmax,提示"如果通过粗检排除了大漏,则被检器件漏 ");
gotoxy(2,14);
cprintf("       率合格":                                                      ");
gotoxy(2,15);
cprintf("    a.    当 Ri 已被密封器件氦质谱细检漏装置有效检出时,同时给出"被检器件的等效标准 ");
gotoxy(2,16);
cprintf("          漏率"和"相应的空气泄漏时间常数";                              ");
gotoxy(2,17);
cprintf("    b.    当输入的 Ri<1E-6 Pa");cprintf("%c",250);cprintf("mL/s 时,同时提示"< 1E-
6 Pa");cprintf("%c",250);cprintf("mL/s 的测量漏率 Ri 不可信";");
gotoxy(2,18);
cprintf("    c.    当检不出 Ri 的具体数值时,同时提示"因为检不出测量漏率 Ri,所以给不出等效标 ");
gotoxy(2,19);
cprintf("          准漏率的具体数值"。                                          ");
gotoxy(2,20);
cprintf("2.3    若 t2i>t2i_cp1,且 Ri>Ri_Lmax,但 t2i≤t2i_cp2,提示"被检器件漏率不合格"。");
gotoxy(2,21);
cprintf("2.4    若 t2i>t2i_cp1,且 Ri>Ri_Lmax,及 t2i>t2i_cp2,或 t2i>t2i_cp1,但 Ri≤Ri_Lmax,");
gotoxy(2,22);
cprintf("       需压氦法复检。                                                ");
ch1 = tolower(getch());
if(ch1 == 's') {/*第二页*/
```

```
        do {
        window(1, 1, 80, 1);
        textattr(WHITE | BROWN * 16);
        clrscr();
        cprintf("  [I]进入                    软件功能(第二页)                    [F]第一页");
        window(1, 2, 80, 24);
        textattr(WHITE | CYAN * 16);
        clrscr();
        gotoxy(2, 2);
        cprintf("3   压氦法复检参数的输入、产生和检查                              ");
        gotoxy(2, 3);
        cprintf("3.1   输入压氦法复检参数(由于压氦具有不可逆性,应在压氦前确认输入参数是否正确)");
        gotoxy(2, 4);
        cprintf("3.2   给出"允许的最长候检时间"、"Re-L关系曲线极大值点Lem"、"Re-L关系曲线极");
        gotoxy(2, 5);
        cprintf("      大值Rem"和"与Lim对应的测量漏率"。                         ");
        gotoxy(2, 6);
        cprintf("3.3   检查"候检时间"是否太长,导致不满足"判定漏率合格准则"成立的条件。   ");
        gotoxy(2, 7);
        cprintf("3.4   检查"允许的最大测量漏率"是否能够被密封器件氦质谱细检漏装置有效检出。   ");
        gotoxy(2, 8);
        cprintf("3.5   输入"显示的测量漏率",显示"扣除本底后的测量漏率"。             ");
        gotoxy(2, 9);
        cprintf("4   压氦法复检后结果的判定与显示                              ");
        gotoxy(2, 10);
        cprintf("4.1   若"扣除本底后的测量漏率"不大于"与Lim对应的测量漏率",提示"如果通过粗");
        gotoxy(2, 11);
        cprintf("      检排除了大漏,则被检器件漏率合格",同时给出"被检器件的等效标准漏率"和 ");
        gotoxy(2, 12);
        cprintf("      "相应的空气泄漏时间常数"。                              ");
        gotoxy(2, 13);
        cprintf("4.2   若"扣除本底后的测量漏率"大于"与Lim对应的测量漏率",且Ri>Ri_Lmax, t2i>");
        gotoxy(2, 14);
        cprintf("      t2i_cp2,则"与Lim对应的测量漏率"自动改为"允许的最大测量漏率",并检查 ");
        gotoxy(2, 15);
        cprintf("      "扣除本底后的测量漏率"是否大于"允许的最大测量漏率":             ");
        gotoxy(2, 16);
        cprintf("      a.  若不大于,提示"如果通过粗检排除了大漏,则被检器件漏率合格",同时给出 ");
        gotoxy(2, 17);
        cprintf("        "被检器件的等效标准漏率"和"相应的空气泄漏时间常数";             ");
```

```
gotoxy(2, 18);
cprintf("    b.  若大于,提示"被检器件漏率不合格"。                            ");
gotoxy(2, 19);
cprintf("4.3  若"扣除本底后的测量漏率"大于"与 Lim 对应的测量漏率",且 Ri≤Ri_Lmax,提 ");
gotoxy(2, 20);
cprintf("       示"被检器件漏率不合格"。                                      ");
ch1 = tolower(getch());
if(ch1 == 'í') {/* 进入 */
  window(1, 1, 80, 1);
  textattr(WHITE | MAGENTA * 16);
  clrscr();
  cprintf("      操作说明:  [↓ / ↑]选择    [空格键]修改    [R]刷新屏幕    [Q]离开      ");
  strcpy(fname, "leak_i.txt");
  if((fp = fopen(fname, "r")) == NULL) {/* 如果打不开 leak_i.txt */
    v_ml = 1;/* 被检器件内腔的有效容积缺省值(mL) */
    theta = 600;/* 空气的严酷等级缺省值(h) */
    pi = 1e5;/* 预充氦绝对压力缺省值(Pa) */
    t2i_h = 1;/* 候检时间缺省值(h) */
    pe = 4e5;/* 压氦箱氦气绝对压力缺省值(Pa) */
    t1_min = 40;/* 压氦时间缺省值(min) */
    t2e_min = 30;/* 候检时间缺省值(min) */
  }
  else {/* 如果能打开 leak_i.txt */
    fscanf(fp, "%lf %lf %lf %lf %lf %lf %lf", &v_ml, &theta, &pi, &t2i_h, &pe, &t1_
min, &t2e_min);/* 输入保存在 leak_i.txt 中的参数 */
    if(fclose(fp)) {/* 关闭 leak_i.txt */
      printf("cannot close %s file\n", fname);
      exit(2);
    }
  }
  if (theta > 0) l_max = v_ml * 100000 / theta / 3600;/* 相应允许的最大标准漏率(Pa * mL/
s) */
  if (v_ml > 0) f = sqrt((double)28.96 / 4.003) / v_ml / 100000;/* 2.69/V/p0[1/(Pa *
mL)] */
  if (v_ml > 0) tau_he0 = (double)1 / f / 1.4;
  if (v_ml > 0 && l_max > 0) tau_hemin = (double)1 / f / l_max;
  t1_s = t1_min * 60;/* 压氦时间(s) */
  t2e_s = t2e_min * 60;/* 候检时间(s) */
  if (l_max > 0 && l_max < 1.4 && v_ml > 0) t2i_cp1 = log(tau_hemin / tau_he0) /
((double)1 / tau_he0 - (double)1 / tau_hemin) / 3600;/* 保证 Lmax_H ≥ L0 的最长候检时间(h) */
  else if (l_max == 1.4 && v_ml > 0) t2i_cp1 = tau_he0 / 3600;/* 保证 Lmax_H ≥ L0 的最
长候检时间(h) */
  t2i_cp2 = tau_hemin / 3600;/* 保证 Lmax ≤ Li, M 的最长候检时间(h) */
  if (t2i_cp2 < 0.1) t2i_cp2 = 0;
```

```
        t2i_s = t2i_h * 3600;/*候检时间(s)*/
        if (t2i_s > 0) l_im = v_ml * 100000 / t2i_s * sqrt((double)4.003 / 28.96);/*Ri-L关系曲
线极大值点(Pa*mL/s)*/
        if (v_ml > 0 && t2i_s > 0) r_im = f * v_ml * pi * l_im * exp((double)-1 * f * t2i_s
* l_im);/*Ri-L关系曲线极大值(Pa*mL/s)*/
        if (v_ml > 0 && theta > 0) ri_max = f * v_ml * pi * l_max * exp((double)-1 * f *
t2i_s * l_max);/*与Lmax对应的测量漏率(Pa*mL/s)*/
        do {
          window(1, 2, 80, 24);
          textattr(WHITE | CYAN * 16);
          clrscr();
          gotoxy(12, 1);
          cprintf("                    被检器件内腔的有效容积(mL):");
          gotoxy(12, 2);
          cprintf("               允许的最大标准漏率 Lmax(Pa"); cprintf("%c", 250); cprintf("
mL/s):");
          gotoxy(12, 3);
          cprintf("                      要求的空气严酷等级(h):");
          gotoxy(12, 4);
          cprintf("                        预充氦绝对压力(Pa):");
          gotoxy(12, 6);
          cprintf("                         候检时间 t2i(h):");
          gotoxy(12, 11);
          cprintf("显示的测量漏率 Ri(检不出时输入"0")(Pa"); cprintf("%c", 250); cprintf("mL/
s):");
          textattr(BLACK | CYAN * 16);
          gotoxy(12, 5);
          cprintf("        保证 Lmax_H ≥ L0 的最长候检时间 t2i_cp1(h):");
          gotoxy(12, 7);
          cprintf("               Ri-L关系曲线极大值点 Lim(Pa"); cprintf("%c", 250); cprintf("
mL/s):");
          gotoxy(12, 8);
          cprintf("        保证 Lmax ≤ Lim 的最长候检时间 t2i_cp2(h):");
          gotoxy(12, 9);
          cprintf("                Ri-L关系曲线极大值 Rim(Pa"); cprintf("%c", 250); cprintf("
mL/s):");
          gotoxy(12, 10);
          cprintf("            与 Lmax 对应的测量漏率 Ri_Lmax(Pa"); cprintf("%c", 250); cprintf
("mL/s):");
          for (k = 0; k < 11; k++) {
            gotoxy(60, k + 1);
            textattr(WHITE | BLACK * 16);
            if (k == 0) cprintf("%10.4g", v_ml);/*被检器件内腔的有效容积(mL)*/
            else if (k == 1) cprintf("%10.4g", l_max);/*允许最大标准漏率(Pa*mL/s)*/
```

```
            else if (k == 2) cprintf("%10.4g", theta);/* 要求的空气严酷等级(h) */
            else if (k == 3) cprintf("%10.4g", pi);/* 预充氦绝对压力(Pa) */
            else if (k == 4) {
                if ((((l_max > 0 && l_max < 1.4) || l_max == 1.4) && v_ml > 0) cprintf("%10.
4g", t2i_cp1);/* 保证 Lmax_H ≥ L0 的最长候检时间(h) */
                else cprintf("          ");
            }
            else if (k == 5) cprintf("%10.4g", t2i_h);/* 候检时间(h) */
            else if (k == 6) {
                if (t2i_s > 0) cprintf("%10.4g", l_im);/* Ri-L 关系曲线极大值点(Pa * mL/s) */
                else cprintf("          ");
            }
            else if (k == 7) {
                if (v_ml > 0 && l_max > 0) cprintf("%10.4g", t2i_cp2);/* 保证 Lmax ≤ Lim 的最
长候检时间(h) */
                else cprintf("          ");
            }
            else if (k == 8) {
                if (v_ml > 0 && t2i_s > 0) cprintf("%10.4g", r_im);/* Ri-L 关系曲线极大值(Pa *
mL/s) */
                else cprintf("          ");
            }
            else if (k == 9) {
                if (v_ml > 0 && theta > 0) cprintf("%10.4g", ri_max);/* 与 Lmax 对应的测量漏率
(Pa * mL/s) */
                else cprintf("          ");
            }
            else if (k == 10) cprintf("          ");/* 尚未输入"显示的测量漏率 Ri" */
        }
        k = 0;/* 输入参数序号的缺省值 */
        ri = 0;/* "显示的测量漏率 Ri"缺省值 */
        sign = 0;/* 尚未修改预充氦法参数 */
        textattr(WHITE | CYAN * 16);
        gotoxy(13, 21);
        cprintf("          已列出的预充氦法参数如不合适,请予修改!          ");
        gotoxy(13, 22);
        cprintf("                                        ");
        gotoxy(13, 23);
        cprintf("          尚未输入"显示的测量漏率 Ri"!          ");
        do {
            gotoxy(60, k + 1);
            keyp = bioskey(0);/* 读取键盘值 */
            ch1 = tolower(keyp);/* 变为小写字母 */
            if (keyp == 0x4800 && ((k > 0 && k < 4) || k == 11 || k == 12)) k = k - 1;/
```

```
* 按了↑键 * /
        else if (keyp == 0x4800 && (k == 5 || k == 14)) k = k − 2;/ * 按了↑键 * /
        else if (keyp == 0x4800 && k == 10) k = k − 5;/ * 按了↑键 * /
        else if (keyp == 0x4800 && k == 18) k = k − 4;/ * 按了↑键 * /
        else if (keyp == 0x5000 && (k < 3 || k == 11)) k = k + 1;/ * 按了↓键 * /
        else if (keyp == 0x5000 && (k == 3 || k == 12)) k = k + 2;/ * 按了↓键 * /
        else if (keyp == 0x5000 && k == 5) k = k + 5;/ * 按了↓键 * /
        else if (keyp == 0x5000 && k == 14) k = k + 4;/ * 按了↓键 * /
        else if (keyp == 0x5000 && k == 10 && sign > 1 && t2i_h > t2i_cp1 && ((ri > ri
_max && t2i_h > t2i_cp2) || ri <= ri_max )) k = k + 1;/ * 按了↓键 * /
        else if (k > 10 && (t2i_h <= t2i_cp1 || t2i_h > t2i_cp1 && ri > ri_max && t2i_h
<= t2i_cp2))) k = 10;
        else if (ch1 == 0x20 ) {/ * 按了空格键 * /
        textattr(BLACK | BROWN * 16);/ * 设置前景色和背景色 * /
        cprintf("            ");
        gotoxy(60，k + 1);
        textattr(YELLOW | BLACK * 16);
        if (k == 0) {
          scanf("%lf"，&v_ml);/ * 键入被检器件内腔的有效容积(mL) * /
          gotoxy(60，k + 1);
          cprintf("%10.4g", v_ml);
          gotoxy(60，k + 2);
          if (theta > 0) {
            l_max = v_ml * 100000 / theta / 3600;/ * 相应的允许最大等效标准漏率(Pa *
mL/s) * /
            cprintf("%10.4g", l_max);
          }
          if (v_ml > 0) f = sqrt((double)28.96 / 4.003) / v_ml / 100000;/ * 2.69/V/p0[1/
(Pa * mL)] * /
          if (v_ml > 0) tau_he0 = (double)1 / f / 1.4;              }
        else if (k == 1) {
          scanf("%lf"，&l_max);/ * 键入允许的最大标准漏率(Pa * mL/s) * /
          gotoxy(60，k + 1);
          cprintf("%10.4g", l_max);
          gotoxy(60，k + 2);
          if (l_max > 0) {
            theta = v_ml * 100000 / l_max / 3600;/ * 相应的空气严酷等级(h) * /
            cprintf("%10.4g", theta);
          }
          else {/ * l_max = 0 或 l_max < 0 * /
            theta = 1e99;
            cprintf("          ");
          }
        }
```

```
else if (k == 2) {
    scanf("%lf", &theta);/* 键入要求的空气严酷等级(h) */
    gotoxy(60, k + 1);
    cprintf("%10.4g", theta);
    gotoxy(60, k);
    if (theta > 0) {
        l_max = v_ml * 100000 / theta / 3600;/* 相应的允许最大等效标准漏率(Pa *
mL/s) */
        cprintf("%10.4g", l_max);
    }
    else {/* theta = 0 或 theta < 0 */
        l_max = 1e99;
        cprintf("          ");
    }
}
else if (k == 3) {
    scanf("%lf", &pi);/* 键入预充氦绝对压力(Pa) */
    gotoxy(60, k + 1);
    cprintf("%10.4g", pi);
}
else if (k == 5) {
    scanf("%lf", &t2i_h);/* 键入候检时间(h) */
    gotoxy(60, k + 1);
    cprintf("%10.4g", t2i_h);
    t2i_s = t2i_h * 3600;/* 候检时间(s) */
}
else if (k == 10) {
    scanf("%lf", &ri);/* 键入"显示的测量漏率 Ri"(Pa * mL/s) */
    gotoxy(60, k + 1);
    cprintf("%10.4g", ri);
    sign = 2;/* 已经输入"显示的测量漏率 Ri" */
}
else if (k == 11) {
    scanf("%lf", &pe);/* 压氦法复检:键入压氦箱氦气绝对压力(Pa) */
    gotoxy(60, k + 1);
    cprintf("%10.4g", pe);
}
else if (k == 12) {
    scanf("%lf", &t1_min);/* 压氦法复检:键入压氦时间(min) */
    gotoxy(60, k + 1);
    cprintf("%10.4g", t1_min);
    t1_s = t1_min * 60;/* 压氦时间(s) */
}
else if (k == 14) {
```

```
        scanf("%lf", &t2e_min);/ * 压氦法复检:键入候检时间(min) * /
        gotoxy(60, k + 1);
        cprintf("%10.4g", t2e_min);
        t2e_s = t2e_min * 60;/ * 候检时间(s) * /
    }
    else if (k == 18) {
        scanf("%lf", &ri_e);/ * 键入"压氦法复检:显示的测量漏率"(Pa * mL/s) * /
        gotoxy(60, k + 1);
        cprintf("%10.4g", ri_e);
        gotoxy(60, k + 2);
        textattr(WHITE | BLACK * 16);
        re = ri_e - ri;
        cprintf("%10.4g", re);
        sign = 4;/ * 已经输入"压氦法复检:显示的测量漏率" * /
    }
    if (k < 10) {
        ri = 0;/ * "显示的测量漏率 Ri"缺省值 * /
        gotoxy(60, 11);
        textattr(WHITE | BLACK * 16);
        cprintf("          ");
        sign = 1;/ * 尚未输入"显示的测量漏率 Ri" * /
    }
    if (k > 10 && k < 18) {
        ri_e = 0;/ * "压氦法复检:显示的测量漏率 Ri"缺省值 * /
        textattr(WHITE | BLACK * 16);
        gotoxy(60, 19);
        cprintf("          ");
        gotoxy(60, 20);
        cprintf("          ");
        sign = 3;/ * 尚未输入"压氦法复检:显示的测量漏率 Ri" * /
    }
    if (v_ml > 0 && l_max > 0) tau_hemin = (double)1 / f / l_max;
    if (l_max > 0 && l_max < 1.4 && v_ml > 0) t2i_cp1 = log(tau_hemin / tau_he0) /
((double)1 / tau_he0 - (double)1 / tau_hemin) / 3600;/ * 保证 Lmax_H ≥ L0 的最长候检时间(h) * /
    else if (l_max == 1.4 && v_ml > 0) t2i_cp1 = tau_he0 / 3600;/ * 保证 Lmax_H ≥
L0 的最长候检时间(h) * /
    t2i_cp2 = tau_hemin / 3600;/ * 保证 Lmax ≤ Li, M 的最长候检时间(h) * /
    if (t2i_cp2 < 0.1) t2i_cp2 = 0;
    if (t2i_s > 0) l_im = v_ml * 100000 / t2i_s * sqrt((double)4.003 / 28.96);/ * Ri - L
关系曲线极大值点(Pa * mL/s) * /
    if (v_ml > 0 && t2i_s > 0) r_im = f * v_ml * pi * l_im * exp((double)-1 * f *
t2i_s * l_im);/ * Ri - L 关系曲线极大值(Pa * mL/s) * /
    if (v_ml > 0 && theta > 0) ri_max = f * v_ml * pi * l_max * exp((double)-1 *
f * t2i_s * l_max);/ * 与 Lmax 对应的测量漏率(Pa * mL/s) * /
```

```
                textattr(WHITE | BLACK * 16);
                gotoxy(60, 5);
                if ((((l_max > 0 && l_max < 1.4) || l_max == 1.4) && v_ml > 0) cprintf("%10.
4g", t2i_cp1);/* 保证 Lmax_H ≥ L0 的最长候检时间(h) */
                else cprintf("          ");
                gotoxy(60, 7);
                if (t2i_s > 0) cprintf("%10.4g", l_im);/* Ri－L 关系曲线极大值点(Pa * mL/s) */
                else cprintf("          ");
                gotoxy(60, 8);
                if (v_ml > 0 && l_max > 0) cprintf("%10.4g", t2i_cp2);/* 保证 Lmax ≤ Lim 的最
长候检时间(h) */
                else cprintf("          ");
                gotoxy(60, 9);
                if (v_ml > 0 && t2i_s > 0) cprintf("%10.4g", r_im);/* Ri－L 关系曲线极大值(Pa *
mL/s) */
                else cprintf("          ");
                gotoxy(60, 10);
                if (v_ml > 0 && theta > 0) cprintf("%10.4g", ri_max);/* 与 Lmax 对应的测量漏率
(Pa * mL/s) */
                else cprintf("          ");
                if (sign > 1 && t2i_h > t2i_cp1 && ((ri > ri_max && t2i_h > t2i_cp2) || (ri <=
ri_max && ri >= 0))) {/* 需采用压氦法复检 */
                    if (v_ml > 0 && t1_s > 0) {/* 保证 Lmax_H ≥ L0 的最长候检时间(min) */
                      if (l_max > 0 && l_max < 1.4) {
                        if (ri > ri_max && t2i_h > t2i_cp2) t2e_max = (log(tau_hemin / tau_he0) +
log(((double)1 － exp((double)－1 * t1_s / tau_he0)) / ((double)1－ exp((double)－1 * t1_s / tau_he-
min)))) / ((double)1 / tau_he0 － (double)1 / tau_hemin) / 60;
                          else if (ri <= ri_max && ri >= 0) t2e_max = (log(t2i_s / tau_he0) + log
(((double)1 － exp((double)－1 * t1_s / tau_he0)) / ((double)1－ exp((double)－1 * t1_s / t2i_s))))
/ ((double)1 / tau_he0 － (double)1 / t2i_s) / 60;
                      }
                      else if (l_max == 1.4 && ri > ri_max && t2i_h > t2i_cp2) t2e_max = tau_he0
* ((double)1 ＋ t1_s / tau_he0 / (exp(t1_s / tau_he0) － 1)) / 60;
                    }
                    if (t2i_s > 0) re_l_im = v_ml * pe / t2i_s * ((double)1 － exp((double)－1 * t1_
s / t2i_s)) * exp((double)－1 * t2e_s / t2i_s);/* 与 Li, M 对应的测量漏率 Re_Li, M(Pa ₊ mL/s) */
                    if (ri > ri_max && t2i_h > t2i_cp2 && v_ml > 0 && theta > 0) re_max = f * v
_ml * pe * l_max * ((double)1 － exp((double)－1 * f * t1_s * l_max)) * exp((double)－1 * f *
t2e_s * l_max);/* 相应的允许最大测量漏率 Re, max(Pa * mL/s) */
                    if (t2e_s > 0) l_em = v_ml * 100000 / t2e_s * ((double)1 ＋ (double)0.9 * exp
((double)－0.68 * t1_s / t2e_s )) * sqrt((double)4.003 / 28.96);/* Re-L 关系曲线大值点(Pa * mL/
s) */
                    if (v_ml > 0 && t2e_s > 0) r_em = f * v_ml * pe * l_em * ((double)1 － exp
((double)－1 * f * t1_s * l_em)) * exp((double)－1 * f * t2e_s * l_em);/* Re－L 关系曲线极大
```

值(Pa * mL/s) * /

```c
                textattr(WHITE | CYAN * 16);
                gotoxy(12, 12);
                cprintf(" 压氦法复检:              压氦箱氦气绝对压力(Pa):");
                gotoxy(12, 13);
                cprintf(" 压氦法复检:                   压氦时间(min):");
                gotoxy(12, 15);
                cprintf(" 压氦法复检:                   候检时间(min):");
                gotoxy(12, 19);
                cprintf(" 压氦法复检:显示的测量漏率(或"0",Pa"); cprintf("%c", 250); cprintf("
mL/s):");
                textattr(BLACK | CYAN * 16);
                gotoxy(12, 14);
                cprintf(" 压氦法复检:            允许的最长候检时间(min):");
                gotoxy(12, 16);
                cprintf(" 压氦法复检:分子流下 Re - L 极大值点 Lem(Pa"); cprintf("%c", 250);
cprintf("mL/s):");
                gotoxy(12, 17);
                cprintf(" 压氦法复检:   Re - L 关系曲线极大值 Rem(Pa"); cprintf("%c", 250);
cprintf("mL/s):");
                gotoxy(12, 18);
                cprintf(" 压氦法复检:      与 Lim 对应的测量漏率(Pa"); cprintf("%c", 250);
cprintf("mL/s):");
                gotoxy(12, 20);
                cprintf(" 压氦法复检:      扣除本底后的测量漏率(Pa"); cprintf("%c", 250);
cprintf("mL/s):");
                textattr(WHITE | BLACK * 16);
                if (sign == 2) {/ * 已经输入"显示的测量漏率 Ri" * /
                  gotoxy(60, 12);
                  cprintf("%10.4g", pe);/ * 压氦箱氦气绝对压力(Pa) * /
                  gotoxy(60, 13);
                  cprintf("%10.4g", t1_min);/ * 压氦时间(min) * /
                  gotoxy(60, 15);
                  cprintf("%10.4g", t2e_min);/ * 候检时间(min) * /
                  gotoxy(60, 19);
                  cprintf("              ");/ * "压氦法复检:显示的测量漏率"(Pa * mL/s) * /
                  gotoxy(60, 20);
                  cprintf("              ");/ * "压氦法复检:扣除本底后的测量漏率"(Pa * mL/s) * /
                }
                gotoxy(60, 14);
                if (((l_max > 0 && l_max < 1.4) || l_max == 1.4) && v_ml > 0 && t1_s >
0) cprintf("%10.4g", t2e_max);/ * 允许的最长候检时间(min) * /
                else cprintf("             ");
                gotoxy(60, 16);
```

```
            if (t2e_s > 0) cprintf("%10.4g", l_em);/* Re-L 关系曲线极大值点(Pa*mL/
s) */

            else cprintf("          ");
            gotoxy(60, 17);
            if (v_ml > 0 && t2e_s > 0) cprintf("%10.4g", r_em);/* Re-L 关系曲线极大值
(Pa*mL/s) */

            else cprintf("          ");
            gotoxy(60, 18);
            if (t2i_s > 0 && t2e_min <= t2e_max) cprintf("%10.4g", re_l_im);/* "压氢法复
检:与 Lim 对应的测量漏率"(Pa*mL/s) */

            else cprintf("          ");
        }
        else if (sign == 1 || t2i_h <= t2i_cp1 || (t2i_h > t2i_cp1 && ((ri > ri_max &&
t2i_h <= t2i_cp2) || ri < 0))) {
            window(1, 13, 80, 21);
            textattr(WHITE | CYAN * 16);
            clrscr();
            window(1, 2, 80, 24);
        }
        textattr(WHITE | CYAN * 16);
        gotoxy(13, 21);
        if (sign == 1) {/* 尚未输入"显示的测量漏率 Ri" */
            if (l_max > 1.4 || theta < 20 || (ri_max < 1e-6 && l_max > 0 && pi > 0)) {
                if (l_max > 1.4) {
                    cprintf(" 允许的最大标准漏率 Lmax 超过分子流范围(> 1.4 Pa"); cprintf("%
c", 250); cprintf("mL/s)!");
                    gotoxy(13, 22);
                    cprintf("              (应加大空气严酷等级)              ");
                }
                else if (theta < 20) {
                    cprintf("     空气严酷等级太低(< 20 h),不满足军工产品要求!     ");
                    gotoxy(13, 22);
                    cprintf("           (应减小允许的最大标准漏率 Lmax)           ");
                }
                else {/* ri_max < 1e-6 && l_max > 0 */
                    cprintf("   与 Lmax 对应的测量漏率 Ri_Lmax 太小(< 1E-6 Pa"); cprintf("%
c", 250); cprintf("ml/s!   ");
                    gotoxy(13, 22);
                    cprintf("(候检时间过长或预充氢绝对压力过低,可能影响漏率判定)");
                }
            }
            else {
                if (v_ml <= 0) cprintf("              内腔的有效容积必须大于 0!
    ");
```

```
                else if (l_max <= 0) cprintf("                                允许的最大标准漏率 Lmax 必须大于
0!              ");
                else if (pi <= 0) cprintf("                                预充氦绝对压力必须大于 0!
        ");
                else if (t2i_s <= 0) cprintf("                            候检时间 t2i 必须大于 0!
        ");
                else cprintf("                                                  ");/
* 预充氦法的各项参数孤立看并非不合理 */
                gotoxy(13, 22);
                cprintf("                                                   ");
            }
        gotoxy(13, 23);
        cprintf("            尚未输入"显示的测量漏率 Ri"!               ");
        }
    else {/ * 已输入"显示的测量漏率 Ri" * /
      if (ri < 0) {
        cprintf("             "显示的测量漏率 Ri"不可能小于 0!          ");
        gotoxy(13, 22);
        cprintf("                                                ");
        gotoxy(13, 23);
        cprintf("                                                 ");
      }
      else {/ * "显示的测量漏率 Ri"等于或大于零 * /
        if (ri > r_im) {
          cprintf("    显示的测量漏率 Ri 不可能大于 Ri - L 关系曲线极大值 Rim!    ");
          gotoxy(13, 22);
          cprintf("                                                ");
          gotoxy(13, 23);
          cprintf("                                              ");
        }
        else if (t2i_h <= t2i_cp1) {/ * 传统预充氦法的要求 * /
          if (ri > ri_max) {
            cprintf("                  被检器件漏率不合格!            ");
            gotoxy(13, 22);
            cprintf("                                              ");
            gotoxy(13, 23);
            cprintf("                                              ");
          }
          else {/ * ri <= ri_max * /
            cprintf("         如果通过粗检排除了大漏,则被检器件漏率合格!       ");
            gotoxy(13, 22);
            if (ri > 0 && ri < 1e-6) {
              cprintf("            < 1E-6 Pa"); cprintf("%c", 250); cprintf("mL/s 的
测量漏率 Ri 不可信!          ");
```

```
                    gotoxy(13，23)；
                    cprintf("                                    ")；
                }
                else if (ri == 0) {
                    cprintf("因为检不出测量漏率 Ri，所以给不出等效标准漏率的具体数值!")；
                    gotoxy(13，23)；
                    cprintf("                                    ")；
                }
                else {/ * ri >= 1e-6 Pa * mL/s * /
                    l_lower_limit = 0；
                    l_upper_limit = l_im；
                    do {/ * 将漏率范围黄金分割为 0.381966：0.618034，计算确定等效标准漏率
L 在哪段，把该段作为新的漏率范围，重新黄金分割…… * /
                        l = l_lower_limit * 0.618034 + l_upper_limit * 0.381966；
                        ri_temp = f * v_ml * pi * l * exp((double)-1 * f * t2i_s * l)；
                        if (ri > ri_temp) l_lower_limit = l；
                        else l_upper_limit = l；
                    }while ((l_upper_limit - l_lower_limit) / l > 0.001)；/ * 不断缩小漏率范
围，直至足够精密 * /
                    l = (l_lower_limit + l_upper_limit) / 2；/ * 被检器件的等效标准漏率 * /
                    tau_a = v_ml * 100000 / l / 3600；/ * 相应的空气泄漏时间常数(h) * /
                    cprintf("        被检器件的等效标准漏率为%10.4g Pa"，l)；cprintf("%c"，
250)；cprintf("mL/s!      ")；
                    gotoxy(13，23)；
                    cprintf("        相应的空气泄漏时间常数为%10.4g h!        "，tau_a)；
                }
            }
        }
        else {/ * t2i_h > t2i_cp1，预充氦法的扩展应用 * /
            if (ri > ri_max && t2i_h <= t2i_cp2) {/ * 无需采用压氦法复检 * /
                cprintf("                被检器件漏率不合格!                ")；
                gotoxy(13，22)；
                cprintf("                                    ")；
                gotoxy(13，23)；
                cprintf("                                    ")；
            }
            else {
                if (sign == 2) {/ * 已输入"显示的测量漏率 Ri" * /
                    cprintf("   已列出的压氦法复检参数如不合适，请在压氦前修改!   ")；
                    gotoxy(13，22)；
                    cprintf("                                    ")；
                    gotoxy(13，23)；
                    cprintf("        尚未输入"压氦法复检：显示的测量漏率"!        ")；
```

```
            }
            else if (sign == 3) {/*尚未输入"压氦法复检:显示的测量漏率"*/
                if (re_l_im < 1e-6 && pe > 0 && t1_s > 0) {
                    cprintf("            与 Lim 对应的测量漏率太小(< 1E-6 Pa"); cprintf("%
c", 250); cprintf("mL/s)!            ");
                    gotoxy(13, 22);
                    cprintf("            (请加大压氦箱氦气绝对压力或延长压氦时间)            ");
                }
                else if (re_max < 1e-6 && pe > 0 && t1_s > 0) {
                    cprintf("            允许的最大测量漏率太小(< 1E-6 Pa"); cprintf("%c",
250); cprintf("mL/s)!            ");
                    gotoxy(13, 22);
                    cprintf("            (请加大压氦箱氦气绝对压力或延长压氦时间)            ");
                }
                else {
                    if (pe <= 0) {
                        cprintf("                压氦箱氦气绝对压力必须大于 0!            ");
                    }
                    else if (t1_s <= 0) {
                        cprintf("                压氦时间必须大于 0!            ");
                    }
                    else if (t2e_s <= 0) {
                        cprintf("                候检时间必须大于 0!            ");
                    }
                    else if (t2e_min > t2e_max) {
                        cprintf("  候检时间太长,不满足"判定漏率合格准则"成立的条件!");
                    }
                    else cprintf("                            ");
                    gotoxy(13, 22);
                    cprintf("                            ");
                }
                gotoxy(13, 23);
                cprintf("        尚未输入"压氦法复检:显示的测量漏率"!            ");
            }
            else {/*sign = 4,已输入"压氦法复检:显示的测量漏率"*/
                if (re > r_em) {
                    cprintf("  扣除本底后的测量漏率不可能大于 Re-L 关系曲线极大值
Rem! ");
                    gotoxy(13, 22);
                    cprintf("                            ");
                    gotoxy(13, 23);
                    cprintf("                            ");
                }
```

```
                    else if (re < 0) {
                        cprintf("                  扣除本底后的测量漏率不应小于 0!                ");
                        gotoxy(13, 22);
                        cprintf("                                                          ");
                        gotoxy(13, 23);
                        cprintf("                                                          ");
                    }
                    else if (re > re_l_im) {
                        if (ri > ri_max && t2i_h > t2i_cp2) {
                            tcxtattr(BLACK | CYAN * 16);
                            gotoxy(12, 18);
                            cprintf(" 压氦法复检:           允许的最大测量漏率(Pa"); cprintf("%
c", 250); cprintf("mL/s):");
                            textattr(WHITE | BLACK * 16);
                            gotoxy(60, 18);
                            if (v_ml > 0 && theta > 0 && t2e_min <= t2e_max) cprintf("%10.
4g", re_max);/*"压氦法复检:允许的最大测量漏率"(Pa * mL/s)*/
                            textattr(WHITE | CYAN * 16);
                            gotoxy(13, 21);
                            if (re > re_max) {
                                cprintf("                    被检器件漏率不合格!              ");
                                gotoxy(13, 22);
                                cprintf("                                                      ");
                                gotoxy(13, 23);
                                cprintf("                                                      ");
                            }
                            else {/* re_l_im < re <= re_max */
                                cprintf("    如果通过粗检排除了大漏,则被检器件漏率合格!     ");
                                gotoxy(13, 22);
                                l_lower_limit = 0;
                                l_upper_limit = l_em;
                                do {/* 将漏率范围黄金分割为 0.381966 : 0.618034,计算确定等效标
准漏率 L 在哪段,把该段作为新的漏率范围,重新黄金分割…… */
                                    l = l_lower_limit * 0.618034 + l_upper_limit * 0.381966;
                                    re_temp = f * v_ml * pe * l * ((double)1 - exp((double)-1
* f * t1_s * l)) * exp((double)-1 * f * t2e_s * l);
                                    if (re > re_temp) l_lower_limit = l;
                                    else l_upper_limit = l;
                                }while ((l_upper_limit - l_lower_limit) / l > 0.001);/* 不断缩小
漏率范围,直至足够精密 */
                                l = (l_lower_limit + l_upper_limit) / 2;/* 被检器件的等效标准漏
率 */
                                tau_a = v_ml * 100000 / l / 3600;/* 相应的空气泄漏时间常数
```

(h)＊/

```
                              cprintf("          被检器件的等效标准漏率为％10.4g Pa", l)；cprintf
("％c", 250)；cprintf("mL/s!          ")；
                              gotoxy(13, 23)；
                              cprintf("          相应的空气泄漏时间常数为％10.4g h!
", tau_a)；
                         }
                    }
                    else if (ri <= ri_max && ri >= 0) {
                         cprintf("                    被检器件漏率不合格!                ")；
                         gotoxy(13, 22)；
                         cprintf("                                                ")；
                         gotoxy(13, 23)；
                         cprintf("                                                ")；
                    }
               }
               else {/＊0 <= re <= re_l_im ＊/
                    cprintf("          如果通过粗检排除了大漏,则被检器件漏率合格!          ")；
                    gotoxy(13, 22)；
                    if (ri > 0 && ri < 1e-6) {
                         cprintf("                < 1E-6 Pa")；cprintf("％c", 250)；cprintf("
mL/s 的测量漏率 Ri 不可信!          ")；
                         gotoxy(13, 23)；
                         cprintf("                                                ")；
                    }
                    else if (ri == 0) {
                         cprintf("因为检不出测量漏率 Ri,所以给不出等效标准漏率的具体
数值!")；
                         gotoxy(13, 23)；
                         cprintf("                                                ")；
                    }
                    else {/＊ri >= 1e-6 Pa ＊ mL/s ＊/
                         l_lower_limit = 0；
                         l_upper_limit = l_im；
                         do {/＊将漏率范围黄金分割为 0.381966：0.618034,计算确定等效标准
漏率 L 在哪段,把该段作为新的漏率范围,重新黄金分割…… ＊/
                              l = l_lower_limit ＊ 0.618034 + l_upper_limit ＊ 0.381966；
                              ri_temp = f ＊ v_ml ＊ pi ＊ l ＊ exp((double)-1 ＊ f ＊ t2i_s ＊ l)；
                              if (ri > ri_temp) l_lower_limit = l；
                              else l_upper_limit = l；
                         }while ((l_upper_limit - l_lower_limit) / l > 0.001)；/＊不断缩小漏
率范围,直至足够精密 ＊/
                         l = (l_lower_limit + l_upper_limit) / 2；/＊被检器件的等效标准漏
```

率 * /

```
                                tau_a = v_ml * 100000 / l / 3600;/ * 相应的空气泄漏时间常数
(h) * /
                                cprintf("            被检器件的等效标准漏率为%10.4g Pa", l); cprintf
("%c", 250); cprintf("mL/s!        ");
                                gotoxy(13, 23);
                                cprintf("            相应的空气泄漏时间常数为%10.4g h!        ",
tau_a);
                              }
                             }
                            }
                          }
                         }
                        }
                       }
                     }
                } while (ch1 ! = 'r' && ch1 ! = 'q');
             } while (ch1 ! = 'q');
             if((fp = fopen(fname, "w")) == NULL) {/ * 按"[Q]离开"后打开 leak_i.txt * /
                printf("cannot open %s file\n", fname);
                exit (2);
             }
             fprintf(fp, "%10.4g %10.4g %10.4g %10.4g %10.4g %10.4g %10.4g\n", v_ml, theta, pi, t2i
_h, pe, t1_min, t2e_min);/ * 将参数保存在 leak_i.txt 中 * /
             if(fclose(fp)) {/ * 关闭 leak_i.txt * /
                printf("cannot close %s file\n", fname);
                exit(2);
             }
          }
      } while (ch1 ! = 'f');
   }
} while(ch1 ! = 'e');
window(1, 1, 80, 25);
textbackground(BLACK);
clrscr();
}
```

C.5.3 程序运行示例

C.5.3.1 概述

附录 C.5.2 所列源程序 LEAK_I.C 需要使用 Turbo C 2.0 以上版本编程工具编译,生成可执行程序 LEAK_I.EXE。双击运行 LEAK_I.EXE 后,页面如图 C - 23 所示,可以选择

"[S]第二页"或"[E]退出"。

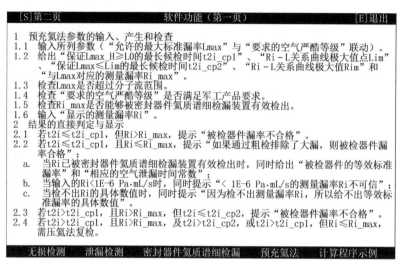

图 C-23　运行 LEAK_I.EXE 后的页面

依提示按"S"键后,页面如图 C-24 所示,可以选择"[I]进入"或"[F]第一页"。

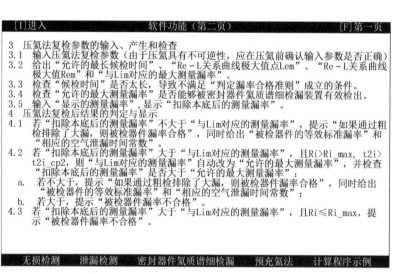

图 C-24　图 C-23 按"S"键后的页面

依提示按"I"键后,页面如图 C-25 所示。

可以看到,程序已给出各个输入参数的缺省值,并已计算出"保证 $L_{max,H} \geq L_0$ 的最长候检时间 $t_{2i,cp1}$"、"R_i-L 关系曲线极大值点 $L_{i,M}$"、"保证 $L_{max} \leq L_{i,M}$ 的最长候检时间 $t_{2i,cp2}$"、"R_i-L 关系曲线极大值 $R_{i,M}$"和"与 L_{max} 对应的测量漏率 $R_{i,max}$",而"显示的测量漏率 R_i"栏目的数值空缺;同时,程序提示"已列出的预充氦法参数如不合适,请予修改"和"尚未输入'显示的测量漏率 R_i'"。如果此前已经运行过本程序,则无论是否退出过本程序,也不论是否关过机,这些参数会自动恢复最后的数值。

由式(8-57)可以看到,"$R_i - L$ 关系曲线极大值点 $L_{i, M}$"仅与"被检器件内腔的有效容积"和"候检时间 t_{2i}"有关;而由式(8-55)可以看到,"$R_i - L$ 关系曲线极大值 $R_{i, M}$"还与"预充氦绝对压力"p_i 有关。

图 C-25 图 C-24 按"I"键后的页面

若需修改某参数或输入"显示的测量漏率 R_i",可以依提示按"↓""↑"键,移动光标至需要修改处,再按"空格键",即可输入该项参数。需要提醒的是,最靠近顶部的 3 个栏目间存在联动关系:①只要在"允许的最大标准漏率 L_{max}"和"要求的空气严酷等级"两个栏目之一中输入规定的值,就会自动按式(8-15)计算出另一个栏目的相应值;②鉴于这两个栏目的换算关系与"被检器件内腔的有效容积"有关,所以一旦改变了"被检器件内腔的有效容积",程序会自动按"要求的空气严酷等级"修改"允许的最大标准漏率 L_{max}";③如果应该修改的不是"允许的最大标准漏率 L_{max}",而是"要求的空气严酷等级",则需重新输入正确的"允许的最大标准漏率 L_{max}",此时程序会自动修改"要求的空气严酷等级"。

C.5.3.2 $t_{2i} \leqslant t_{2i, cp1}$

(1)$R_i > R_{i, max}$。

例如,图 C-25 所示各参数均正确,"候检时间 t_{2i}"也不超过"保证 $L_{max, H} \geqslant L_0$ 的最长候检时间 $t_{2i, cp1}$",但是"显示的测量漏率 R_i"为 0.13 Pa·mL/s,大于"与 L_{max} 对应的测量漏率 $R_{i, max}$",按 5 次"↓"键和"空格键",输入"0.13 ↵"后,页面如图 C-26 所示,修改过的参数呈黄色。按 8.5.5.2 节第(3)条的叙述,程序提示"被检器件漏率不合格"。

(2)$R_i \leqslant R_{i, max}$。

而若"显示的测量漏率 R_i"为 0.1 Pa·mL/s,不超过"与 L_{max} 对应的测量漏率 $R_{i, max}$",则如图 C-27 所示,按 8.5.5.2 节第(3)条的叙述,程序提示"如果通过粗检排除了大漏,则被检器件漏率合格",并计算出"被检器件的等效标准漏率为 0.037 82 Pa·mL/s","相应的空气泄漏时间常数为 744.2 h"。

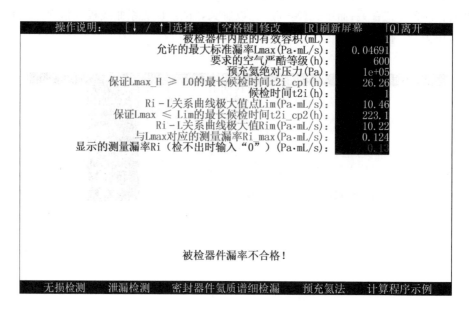

图 C-26　$t_{2i} \leqslant t_{2i, cp1}$，但 $R_i > R_{i, max}$ 的页面

图 C-27　$t_{2i} \leqslant t_{2i, cp1}$，且 $R_i \leqslant R_{i, max}$ 的页面之一

　　使用式(8-80)绘制图 C-27 所示参数的 $L-R_i$ 关系曲线，如图 C-28 所示。可以看到，$L_{max, H} > L_0$（即 $t_{2i} < t_{2i, cp1}$），$R_i < R_{i, max}$，按 8.5.5.2 节第(3)条的叙述，如果通过粗检排除了大漏，则被检器件漏率合格。可见，程序的计算结果是正确的。

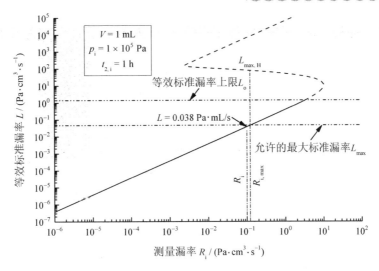

图 C-28　图 C-27 示例的 L-R_i 关系曲线

又如，"允许的最大标准漏率 L_{max}"实际为 0.01 Pa·mL/s，则该栏目输入"0.01 ↵"后，页面如图 C-29 所示。从图中可以看到，程序已计算出"要求的空气严酷等级"为 $2\ 815$ h，"保证 $L_{max,\ H} \geqslant L_0$ 的最长候检时间 $t_{2i,\ cp1}$"为 37.2 h，"R_i-L 关系曲线极大值点 $L_{i,\ M}$"为 10.46 Pa·mL/s，"保证 $L_{max} \leqslant L_{i,\ M}$ 的最长候检时间 $t_{2i,\ cp2}$"为 $1\ 046$ h，"R_i-L 关系曲线极大值 $R_{i,\ M}$"为 10.22 Pa·mL/s，"与 L_{max} 对应的测量漏率 $R_{i,\ max}$"为 $0.026\ 52$ Pa·mL/s；同时，由于修改了参数，因此取消"显示的测量漏率 R_i"数值和原来的结果显示，改为提示"尚未输入'显示的测量漏率 R_i'"。

如果"显示的测量漏率 R_i"实际为 0.02 Pa·mL/s，则该栏目输入"0.02 ↵"后，页面如图 C-30 所示。可以看到，由于"候检时间 t_{2i}"不大于"保证 $L_{max,\ H} \geqslant L_0$ 的最长候检时间 $t_{2i,\ cp1}$"，且"显示的测量漏率 R_i"不大于"与 L_{max} 对应的测量漏率 $R_{i,\ max}$"，按 8.5.5.2 节第 (3)条的叙述，程序提示"如果通过粗检排除了大漏，则被检器件漏率合格"，并计算出"被检器件的等效标准漏率为 $0.007\ 54$ Pa·mL/s"，"相应的空气泄漏时间常数为 $3\ 733$ h"。

图 C-29　"允许的最大标准漏率 L_{max}"输入"$1e-2$ ↵"后的页面

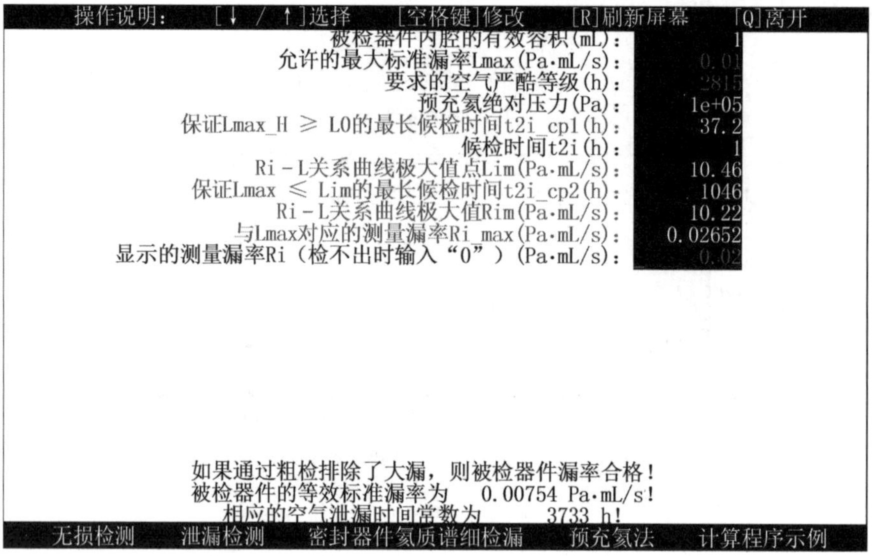

图 C-30 $t_{2i} \leqslant t_{2i, cp1}$，且 $R_i \leqslant R_{i, \max}$ 的页面之二

对于下一个被检器件，相同的参数不必重新输入，只要修改不同的参数，即可得到结果。

依提示按"R"键后，如图 C-31 所示，将使黄色参数变白，同时取消"显示的测量漏率 R_i"数值和结果显示，并提示"已列出的预充氦法参数如不合适，请予修改"和"尚未输入'显示的测量漏率 R_i'"。

```
操作说明： [↓ / ↑]选择    [空格键]修改    [R]刷新屏幕    [Q]离开
                          被检器件内腔的有效容积(mL)：       1
                    允许的最大标准漏率Lmax(Pa·mL/s)：     0.01
                        要求的空气严酷等级(h)：         2815
                        预充氦绝对压力(Pa)：           1e+05
          保证Lmax_H ≥ L0的最长候检时间t2i_cp1(h)：     37.2
                        候检时间t2i(h)：               1
            Ri-L关系曲线极大值点Lim(Pa·mL/s)：        10.46
        保证Lmax ≤ Lim的最长候检时间t2i_cp2(h)：      1046
            Ri-L关系曲线极大值Rim(Pa·mL/s)：          10.22
            与Lmax对应的测量漏率Ri_max(Pa·mL/s)：     0.02652
  显示的测量漏率Ri(检不出时输入"0")(Pa·mL/s)：



              已列出的预充氦法参数如不合适，请予修改！

                 尚未输入"显示的测量漏率Ri"！

  无损检测    泄漏检测    密封器件氦质谱细检漏        预充氦法    计算程序示例
```

图 C-31 图 C-30 按"R"键后的页面

利用这一功能，先输入相同的参数，按"R"键后再输入不同的参数，便可做到用颜色区别两种参数——相同参数为白色，不同参数为黄色。

依提示按"Q"键，则返回到图 C-24 所示页面，此时，程序会自动将最后输入的各个参数记录在文件 LEAK_I.TXT 中。此时如再按"I"键则呈现的页面就和按"Q"键前按了"R"键的页面一样(见图 C-31)。

图 C-24 所示页面下如依提示按"F"键,则返回到图 C-23 所示页面,再依提示按"E"键,则退出程序。即使退出程序,LEAK_I.TXT 依然存在,因此,下次重新运行时,上次最后输入的各个参数得以恢复。这一功能保证了即使计算机重新开机,与上次运行时相同的参数也不必重新输入。

如果"显示的测量漏率 R_i"输入了小于 1×10^{-6} Pa·mL/s 的值,则如图 C-32 所示,提示"如果通过粗检排除了大漏,则被检器件漏率合格"和"$< 1E-6$ Pa·mL/s 的测量漏率 R_i 不可信"。

8.5.7 节第(4)条指出,检漏装置的有效最小可检漏率应不大于要求的最小测量漏率的 1/10。因此,当被检器件的测量漏率不到检漏装置有效最小可检漏率 $q_{e, min}$ 的 10 倍时,应视为检漏仪检不出测量漏率 R_i 的具体数值,按提示,"显示的测量漏率 R_i"应输入"0 ↵",此时,页面如图 C-33 所示。按 8.5.5.2 节第(3)条的叙述,程序提示"如果通过粗检排除了大漏,则被检器件漏率合格"。同时,程序还提示"因为检不出测量漏率,所以给不出等效标准漏率的具体数值"。

图 C-32　$t_{2i} \leqslant t_{2i, cp1}$,且 $0 < R_i < 1 \times 10^{-6}$ Pa·mL/s 的页面

C.5.3.3　$t_{2i, cp1} < t_{2i} \leqslant t_{2i, cp2}$,但 $R_i > R_{i, max}$

如果"候检时间 t_{2i}"实际为 100 h,"显示的测量漏率 R_i"实际为 0.03 Pa·mL/s,则页面如图 C-34 所示。从图中可以看到,程序已计算出"$R_i - L$ 关系曲线极大值点 $L_{i, M}$"为 0.104 6 Pa·mL/s,"$R_i - L$ 关系曲线极大值 $R_{i, M}$"为 0.102 2 Pa·mL/s,"与 L_{max} 对应的测量漏率 $R_{i, max}$"为 0.024 13 Pa·mL/s,由于 $t_{2i, cp1} < t_{2i} \leqslant t_{2i, cp2}$,但 $R_i > R_{i, max}$,按 8.5.5.3 节第(3)条的叙述,程序提示"被检器件漏率不合格"。

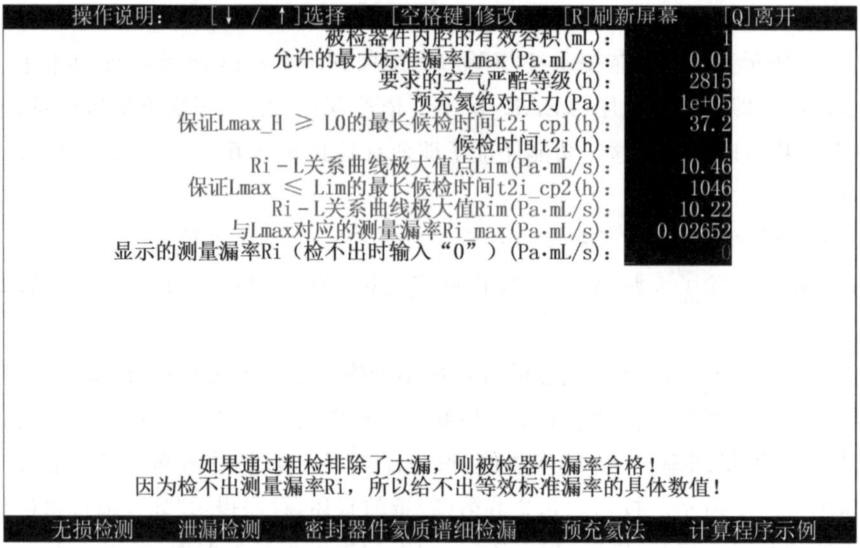

图 C-33　$t_{2i} \leqslant t_{2i,\,cp1}$，且检不出 R_i 的具体数值的页面

图 C-34　$t_{2i,\,cp1} < t_{2i} \leqslant t_{2i,\,cp2}$，但 $R_i > R_{i,\,max}$ 的页面

C.5.3.4　$t_{2i} > t_{2i,\,cp2} \geqslant t_{2i,\,cp1}$，且 $R_i > R_{i,\,max}$

（1）概述。

如果"候检时间 t_{2i}"实际为 9 000 h，"显示的测量漏率 R_i"实际为 1.5×10^{-5} Pa·mL/s，则页面如图 C-35 所示。从图中可以看到，程序已计算出"R_i-L 关系曲线极大值点 $L_{i,\,M}$"为 0.001 163 Pa·mL/s，"R_i-L 关系曲线极大值 $R_{i,\,M}$"为 0.001 135 Pa·mL/s，"与 L_{max} 对应的测量漏率 $R_{i,\,max}$"为 4.884×10^{-6} Pa·mL/s，由于 $t_{2i} > t_{2i,\,cp2} \geqslant t_{2i,\,cp1}$，且 $R_i > R_{i,\,max}$，按 8.5.5.3 节第（4）条的叙述，需进一步用压氦法复检，因而相应增加了"压氦法复检："各参数栏目，给出了缺省值，但"压氦法复检：显示的测量漏率"及"压氦法复检：扣除本底后的测量

漏率"栏目的数值空缺。并提示"已列出的压氦法复检参数如不合适,请在压氦前修改"及"尚未输入'压氦法复检:显示的测量漏率'"。

操作说明: [↓ / ↑]选择　　[空格键]修改　　[R]刷新屏幕　　[Q]离开	
被检器件内腔的有效容积(mL):	1
允许的最大标准漏率Lmax(Pa·mL/s):	0.01
要求的空气严酷等级(h):	2815
预充氦绝对压力(Pa):	1e+05
保证Lmax_H ≥ L0的最长候检时间t2i_cp1(h):	37.2
候检时间t2i(h):	9000
Ri-L关系曲线极大值点Lim(Pa·mL/s):	0.001163
保证Lmax ≤ Lim的最长候检时间t2i_cp2(h):	1046
Ri-L关系曲线极大值Rim(Pa·mL/s):	0.001135
与Lmax对应的测量漏率Ri_max(Pa·mL/s):	4.884e-06
显示的测量漏率Ri(检不出时输入"0")(Pa·mL/s):	1.5e-05
压氦法复检: 压氦箱氦气绝对压力(Pa):	4e+05
压氦法复检: 压氦时间(min):	40
压氦法复检: 允许的最长候检时间(min):	4444
压氦法复检: 候检时间(min):	30
压氦法复检: 分子流下Re-L极大值点Lem(Pa·mL/s):	28.54
压氦法复检: Re-L关系曲线极大值Rem(Pa·mL/s):	64.91
压氦法复检: 与Lim对应的测量漏率(Pa·mL/s):	9.144e-07
压氦法复检: 显示的测量漏率(或"0",Pa·mL/s):	
压氦法复检: 扣除本底后的测量漏率(Pa·mL/s):	
已列出的压氦法复检参数如不合适,请在压氦前修改!	
尚未输入"压氦法复检:显示的测量漏率"!	
无损检测　　泄漏检测　　密封器件氦质谱细检漏　　预充氦法　　计算程序示例	

图 C-35　$t_{2i} > t_{2i, cp2} \geq t_{2i, cp1}$,且 $R_i > R_{i, max}$ 的页面之一

使用式(8-80)绘制图 C-35 所示预充氦法参数的 L-R_i 关系曲线,使用式(8-51)绘制 $p_{He, 0} = 0.566$ Pa 下图 C-35 所示压氦法复检参数的 L-R_e 关系曲线,如图 C-36 所示。可以看到,L-R_i 关系曲线中 $L_{max, H} < L_0$(即 $t_{2i} > t_{2i, cp1}$),$L_{max} > L_{i, M}$(即 $t_{2i} > t_{2i, cp2}$)。而 L-R_e 关系曲线中,若不考虑候检环境大气中氦分压的影响,则 $L_{max, H} > L_0$(即 $t_{2e} < t_{2e, max}$),且与 $L_{i, M}$ 对应的测量漏率大约为 1×10^{-6} Pa·mL/s。这些结果都与图 C-35 所示数据一致。可见,程序的计算结果是正确的。

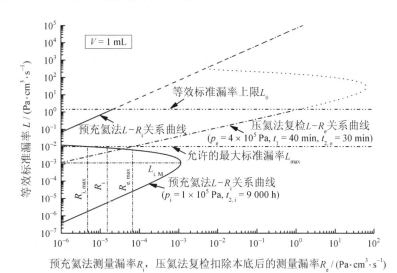

图 C-36　图 C-35 示例的预充氦法 L-R_i 关系曲线、压氦法复检 L-R_e 关系曲线

从图 C-35 可以看到,"压氦法复检:与 $L_{i, M}$ 对应的测量漏率"太小($< 1 \times 10^{-6}$ Pa·mL/s),因而理应修改压氦法复检参数。而若不修改,例如"压氦法复检:压氦时间"仍输入 40 min,

则如图 C-37 所示,程序提示"与 $L_{i,M}$ 对应的测量漏率太小($<$1E－6 Pa·mL/s)(请加大压氦箱氦气绝对压力或延长压氦时间)"和"尚未输入'压氦法复检:显示的测量漏率'"。

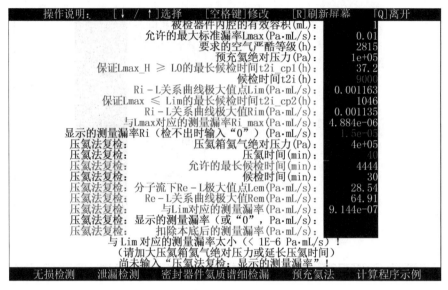

图 C-37　"压氦法复检:与 $L_{i,M}$ 对应的测量漏率"太小($<1*10^{-6}$ Pa·mL/s)的页面

而若将"压氦法复检:压氦箱氦气绝对压力"改为 8×10^5 Pa,"压氦法复检:压氦时间"改为 480 min,"压氦法复检:候检时间"改为 60 min,则如图 C-38 所示,程序计算出"压氦法复检:允许的最长候检时间"为 4 246 min,"压氦法复检:R_e-L 关系曲线极大值点 $L_{e,M}$"为 10.51 Pa·mL/s,"压氦法复检:R_e-L 关系曲线极大值 $R_{e,M}$"为 81.72 Pa·mL/s,"压氦法复检:与 $L_{i,M}$ 对应的测量漏率"为 2.194×10^{-5} Pa·mL/s,已不小于 1×10^{-6} Pa·mL/s,因而仅提示"尚未输入'压氦法复检:显示的测量漏率'"。

图 C-38　$t_{2i}>t_{2i,cp2}\geqslant t_{2i,cp1}$,且 $R_i>R_{i,max}$ 的页面之二

（2）$R_e \leqslant R_{e\text{\_Li, M}}$。

如果"压氦法复检：显示的测量漏率"为 1.5×10^{-5} Pa·mL/s，则页面如图 C-39 所示。从图中可以看到，程序已计算出"压氦法复检：扣除本底后的测量漏率"为 0 Pa·mL/s，显然小于"压氦法复检：与 $L_{i, M}$ 对应的测量漏率" 2.194×10^{-5} Pa·mL/s，因此，按 8.5.5.3 节第 (4)条第 2)点的叙述，程序提示"如果通过粗检排除了大漏，则被检器件漏率合格"，并计算出"被检器件的等效标准漏率为 5.68e－06 Pa·mL/s"，"相应的空气泄漏时间常数为 4.955e＋06 h"。

使用式(8-80)绘制图 C-39 所示预充氦法参数的 $L-R_i$ 关系曲线，使用式(8-51)绘制 $p_{\text{He, 0}} = 0.566$ Pa 下图 C-39 所示压氦法复检参数的 $L-R_e$ 关系曲线，如图 C-40 所示。可以看到，$L-R_i$ 关系曲线中 $L_{\max, H} < L_0$（即 $t_{2i} > t_{2i, cp1}$），$L_{\max} > L_{i, M}$（即 $t_{2i} > t_{2i, cp2}$），$R_i > R_{i, \max}$，而 $L-R_e$ 关系曲线中若不考虑候检环境大气中氦分压的影响，则 $L_{\max, H} > L_0$（即 $t_{2e} < t_{2e, \max}$）并且 $R_e < R_{e\text{\_Li, M}}$，按 8.5.5.3 节第(4)条第 2)点的叙述，如果通过粗检排除了大漏，则被检器件漏率合格。可见，程序的计算结果是正确的。

（3）$R_e > R_{e\text{\_Li, M}}$。

而若"压氦法复检：显示的测量漏率"为 0.001 2 Pa·mL/s，则页面如图 C-41 所示。从图中可以看到，程序已计算出"压氦法复检：扣除本底后的测量漏率"为 0.001 185 Pa·mL/s，显然大于"压氦法复检：与 $L_{i, M}$ 对应的测量漏率"，因此，按 8.5.5.3 节第(4)条第 3)点的叙述，"压氦法复检：与 $L_{i, M}$ 对应的测量漏率"自动改为"压氦法复检：允许的最大测量漏率"，且"压氦法复检：允许的最大测量漏率"为 0.001 616 Pa·mL/s。由于"压氦法复检：扣除本底后的测量漏率"不大于"压氦法复检：允许的最大测量漏率"，按 8.5.2.3 节第(3)条的叙述，程序提示"如果通过粗检排除了大漏，则被检器件漏率合格"，并计算出"被检器件的等效标准漏率为 0.008 563 Pa·mL/s"，"相应的空气泄漏时间常数为 3 287 h"。

图 C-39　$t_{2i} > t_{2i, cp2} \geqslant t_{2i, cp1}$，且 $R_i > R_{i, \max}$，$R_e \leqslant R_{e, \max}$ 的页面之一

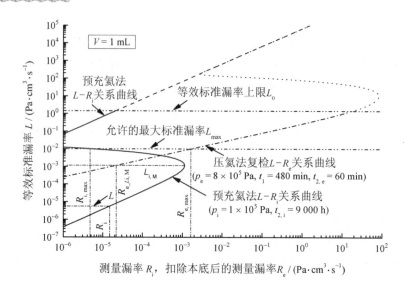

图 C-40　图 C-39 示例的预充氦法 $L-R_i$ 关系曲线、压氦法复检 $L-R_e$ 关系曲线

图 C-41　$t_{2i}>t_{2i,\,cp2}\geqslant t_{2i,\,cp1}$，且 $R_i>R_{i,\,max}$，$R_e\leqslant R_{e,\,max}$ 的页面

使用式(8-80)绘制图 C-41 所示预充氦法参数的 $L-R_i$ 关系曲线，使用式(8-51)绘制 $p_{He,0}=0.566\ Pa$ 下图 C-41 所示压氦法复检参数的 $L-R_e$ 关系曲线，如图 C-42 所示。可以看到，$L-R_i$ 关系曲线中 $L_{max,H}<L_0$（即 $t_{2i}>t_{2i,\,cp1}$），$L_{max}>L_{i,M}$（即 $t_{2i}>t_{2i,\,cp2}$），$R_i>R_{i,\,max}$，而 $L-R_e$ 关系曲线中若不考虑候检环境大气中氦分压的影响，则 $L_{max,H}>L_0$（即 $t_{2e}<t_{2e,\,max}$）并且 $R_e>R_{e_{Li,M}}$，$R_e<R_{e,\,max}$，按 8.5.5.3 节第(4)条第 3)点和 8.5.2.3 节第(3)条的叙述，如果通过粗检排除了大漏，则被检器件漏率合格。可见，程序的计算结果是正确的。

而若"压氦法复检：显示的测量漏率"为 11 Pa·mL/s，则页面如图 C-43 所示。从图中可以看到，程序已计算出"压氦法复检：扣除本底后的测量漏率"为 11 Pa·mL/s，大于"压氦法复检:允许的最大测量漏率",按 8.5.2.3 节第(3)条的叙述,程序提示"被检器件漏率不合格"。

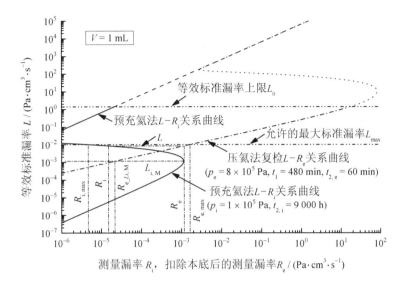

图 C-42 图 C-41 示例的预充氦法 L-R_i 关系曲线、压氦法复检 L-R_e 关系曲线

图 C-43 $t_{2i} > t_{2i, cp2} \geq t_{2i, cp1}$,且 $R_i > R_{i, max}$,$R_e > R_{e, max}$ 的页面

使用式(8-80)绘制图 C-43 所示预充氦法参数的 L-R_i 关系曲线,使用式(8-51)绘制 $p_{He,0} = 0.566$ Pa 下图 C-43 所示压氦法复检参数的 L-R_e 关系曲线,如图 C-44 所示。可以看到,L-R_i 关系曲线中 $L_{max, H} < L_0$(即 $t_{2i} > t_{2i, cp1}$),$L_{max} > L_{i, M}$(即 $t_{2i} > t_{2i, cp2}$),$R_i > R_{i, max}$,而 L-R_e 关系曲线中若不考虑候检环境大气中氦分压的影响,则 $L_{max, H} > L_0$(即 $t_{2e} < t_{2e, max}$)并且 $R_e > R_{e_{Li}, M}$,$R_e > R_{e, max}$,按 8.5.5.3 节第(4)条第 3)点和 8.5.2.3 节第(3)条的叙述,被检器件漏率不合格。可见,程序的计算结果是正确的。

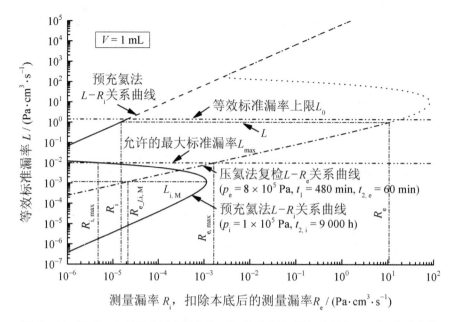

图 C-44 图 C-43 示例的预充氦法 L-R_i 关系曲线、压氦法复检 L-R_e 关系曲线

C.5.3.5 $t_{2i} > t_{2i, cp1}$，且 $R_i \leqslant R_{i, max}$

(1)概述。

图 C-38 所示页面中，如果"允许的最大标准漏率 L_{max}"为 0.006 Pa·mL/s，则页面如图 C-45 所示。从图中可以看到，程序已计算出"要求的空气严酷等级"为 4 691 h，"保证 $L_{max, H} \geqslant L_0$ 的最长候检时间 $t_{2i, cp1}$"为 40.93 h，"保证 $L_{max} \leqslant L_{i, M}$ 的最长候检时间 $t_{2i, cp2}$"为 1744 h，"与 L_{max} 对应的测量漏率 $R_{i, max}$"为 9.141×10^{-5} Pa·mL/s。由于"显示的测量漏率 R_i"仍为 1.5×10^{-5} Pa·mL/s，所以 $R_i \leqslant R_{i, max}$；由于"候检时间 t_{2i}"仍为 9 000 h，所以 $t_{2i} > t_{2i, cp1}$。按 8.5.5.3 节第(4)条的叙述，需进一步用压氦法复检，因而相应增加了"压氦法复检:"各参数栏目，并给出了此前的输入值:"压氦法复检:压氦箱氦气绝对压力"8×10^5 Pa、"压氦法复检:压氦时间"480 min、"压氦法复检:候检时间"60 min，以及程序计算出的派生值:"压氦法复检:允许的最长候检时间"6149 min，而"压氦法复检:分子流下 R_e-L 极大值点 $L_{e, M}$"仍为 10.51 Pa·mL/s，"压氦法复检:R_e-L 关系曲线极大值 $R_{e, M}$"仍为 81.72 Pa·mL/s，"压氦法复检:与 $L_{i, M}$ 对应的测量漏率"仍为 2.194×10^{-5} Pa·mL/s，"压氦法复检:显示的测量漏率"及"压氦法复检:扣除本底后的测量漏率"栏目仍然数值空缺，并提示"已列出的压氦法复检参数如不合适，请在压氦前修改"及"尚未输入'压氦法复检:显示的测量漏率'"。

(2)$R_e \leqslant R_{e\_Li, M}$。

如果"压氦法复检:显示的测量漏率"为 1.5×10^{-5} Pa·mL/s，则页面如图 C-46 所示。从图中可以看到，程序已计算出"压氦法复检:扣除本底后的测量漏率"为 0 Pa·mL/s，显然小于"压氦法复检:与 $L_{i, M}$ 对应的测量漏率"，因此，按 8.5.5.3 节第(4)条第 2)点的叙述，程序提示"如果通过粗检排除了大漏，则被检器件漏率合格"，并计算出"被检器件的等效标准漏率为 5.68e-06 Pa·mL/s"，"相应的空气泄漏时间常数为 4.955e+06 h"。

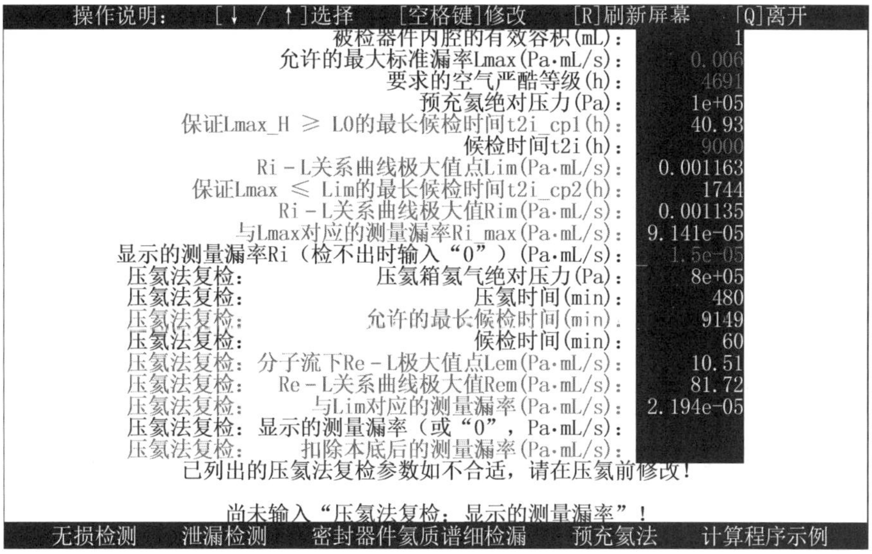

图 C-45 $t_{2i} > t_{2i, cp1}$，且 $R_i \leqslant R_{i, max}$ 的页面

图 C-46 $t_{2i} > t_{2i, cp1}$，且 $R_i \leqslant R_{i, max}$，$R_e \leqslant R_{e, max}$ 的页面

使用式(8-80)绘制图 C-46 所示预充氦法参数的 $L-R_i$ 关系曲线,使用式(8-51)绘制 $p_{He, 0} = 0.566$ Pa 下图 C-46 所示压氦法复检参数的 $L-R_e$ 关系曲线,如图 C-47 所示。可以看到,$L-R_i$ 关系曲线中 $L_{max, H} < L_0$(即 $t_{2i} > t_{2i, cp1}$),$R_i \leqslant R_{i, max}$,而 $L-R_e$ 关系曲线中若不考虑候检环境大气中氦分压的影响,则 $L_{max, H} > L_0$(即 $t_{2e} < t_{2e, max}$)并且 $R_e < R_{e\_Li, M}$,按 8.5.5.3 节第(4)条第2)点的叙述,如果通过粗检排除了大漏,则被检器件漏率合格。可见,程序的计算结果是正确的。

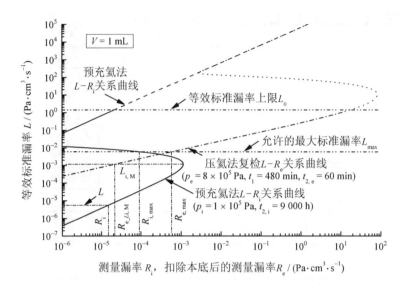

图 C-47　图 C-46 示例的预充氦法 $L-R_i$ 关系曲线、压氦法复检 $L-R_e$ 关系曲线

$(3) R_e > R_{e\_Li, M}$。

而若"压氦法复检:显示的测量漏率"为 0.001 2 Pa·mL/s,则页面如图 C-48 所示。从图中可以看到,程序已计算出"压氦法复检:扣除本底后的测量漏率"为 0.001 185 Pa·mL/s,大于"压氦法复检:与 $L_{i, M}$ 对应的测量漏率",按 8.5.5.3 节第(4)条第 3)点的叙述,程序提示"被检器件漏率不合格"。

图 C-48　$t_{2i} > t_{2i, cp1}$,且 $R_i \leqslant R_{i, max}$,但 $R_e > R_{e\_Li, M}$ 的页面之一

使用式(8-80)绘制图 C-48 所示预充氦法参数的 $L-R_i$ 关系曲线,使用式(8-51)绘制 $p_{He, 0} = 0.566$ Pa 下图 C-48 所示压氦法复检参数的 $L-R_e$ 关系曲线,如图 C-49 所示。可以看到,$L-R_i$ 关系曲线中 $L_{max, H} < L_0$ (即 $t_{2i} > t_{2i, cp1}$),$R_i \leqslant R_{i, max}$,而 $L-R_e$ 关系曲线中若

不考虑候检环境大气中氦分压的影响,则 $L_{max,H} > L_0$(即 $t_{2e} < t_{2e,max}$)并且 $R_e > R_{e\_Li,M}$,按 8.5.5.3 节第(4)条第 3)点的叙述,被检器件漏率不合格。可见,程序的计算结果是正确的。

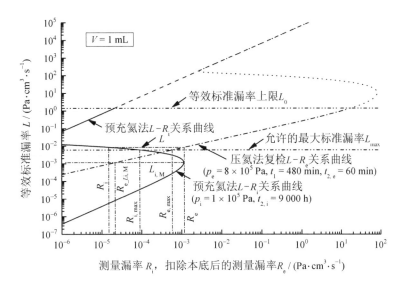

图 C-49　图 C-48 示例的预充氦法 $L-R_i$ 关系曲线、压氦法复检 $L-R_e$ 关系曲线

而若"压氦法复检:显示的测量漏率"为 11 Pa·mL/s,则页面如图 C-50 所示。从图中可以看到,程序已计算出"压氦法复检:扣除本底后的测量漏率"为 11 Pa·mL/s,大于"压氦法复检:与 $L_{i,M}$ 对应的测量漏率",按 8.5.5.3 节第(4)条第 3)点的叙述,程序提示"被检器件漏率不合格"。

图 C-50　$t_{2i} > t_{2i,cp1}$,且 $R_i \leqslant R_{i,max}$,但 $R_e > R_{e\_Li,M}$ 的页面之二

使用式(8-80)绘制图 C-50 所示预充氦法参数的 $L-R_i$ 关系曲线,使用式(8-51)绘制 $p_{He,0} = 0.566$ Pa 下图 C-50 所示压氦法复检参数的 $L-R_e$ 关系曲线,如图 C-51 所示。可以看到,$L-R_i$ 关系曲线中 $L_{max,H} < L_0$(即 $t_{2i} > t_{2i,cp1}$),$R_i \leqslant R_{i,max}$,而 $L-R_e$ 关系曲线中若不考

虑候检环境大气中氦分压的影响,则 $L_{max,H} > L_0$(即 $t_{2e} < t_{2e,max}$)并且 $R_e > R_{e\_Li,M}$,按 8.5.5.3 节第(4)条第3)点的叙述,被检器件漏率不合格。可见,程序的计算结果是正确的。

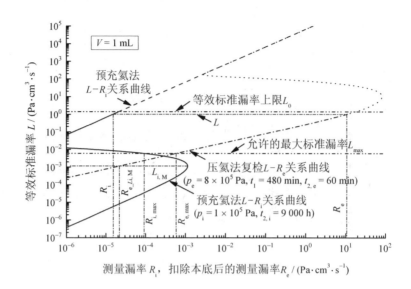

图 C-51　图 C-50示例的预充氦法 L-R_i 关系曲线、压氦法复检 L-R_e 关系曲线

C.5.3.6　输入参数超过允许的范围

如果图 C-34 所示页面中"被检器件内腔的有效容积"误输为 0 或负值,则如图 C-52 所示,提示"内腔的有效容积必须大于 0"和"尚未输入'显示的测量漏率 R_i'",且"允许的最大标准漏率 L_{max}"及"R_i-L 关系曲线极大值点 $L_{i,M}$"为 0 或负值,"保证 $L_{max,H} \geq L_0$ 的最长候检时间 $t_{2i,cp1}$"、"保证 $L_{max} \leq L_{i,M}$ 的最长候检时间 $t_{2i,cp2}$"、"R_i-L 关系曲线极大值 $R_{i,M}$"和"与 L_{max} 对应的测量漏率 $R_{i,max}$"栏目中无值;同时,由于修改了输入参数,因此取消"显示的测量漏率 R_i"数值和原来的结果显示。

图 C-52　"被检器件内腔的有效容积"必须大于 0 的页面

如果图 C-34 所示页面中"允许的最大标准漏率 L_{max}"输入为 0 或负值,则如图 C-53 所示,提示"允许的最大标准漏率 L_{max} 必须大于 0"和"尚未输入'显示的测量漏率 R_i'",且"与 L_{max} 对应的测量漏率 $R_{i, max}$"为 0 或负值,"要求的空气严酷等级"、"保证 $L_{max, H} \geqslant L_0$ 的最长候检时间 $t_{2i, cp1}$"和"保证 $L_{max} \leqslant L_{i, M}$ 的最长候检时间 $t_{2i, cp2}$"栏目中无值;同时,由于修改了输入参数,因此取消"显示的测量漏率 R_i"数值和原来的结果显示。

如果图 C-34 所示页面中"允许的最大标准漏率 L_{max}"大于 1.4 Pa·mL/s,则如图 C-54 所示,提示"允许的最大标准漏率 L_{max} 超出分子流范围(>1.4 Pa·mL/s)!(应加大空气严酷等级)"和"尚未输入'显示的测量漏率 R_i'",且"保证 $L_{max, H} \geqslant L_0$ 的最长候检时间 $t_{2i, cp1}$"栏目中无值;同时,由于修改了输入参数,因此取消"显示的测量漏率 R_i"数值和原来的结果显示。

如果图 C-34 所示页面中"被检器件内腔的有效容积"改为 0.1 mL,"允许的最大标准漏率 L_{max}"改为 0.15 Pa·mL/s,则如图 C-55 所示,提示"空气严酷等级太低(<20 h),不满足军工产品要求(应减小允许的最大标准漏率 L_{max})"和"尚未输入'显示的测量漏率 R_i'";同时,由于修改了输入参数,因此取消"显示的测量漏率 R_i"数值和原来的结果显示。

图 C-53 "允许的最大标准漏率 L_{max}"必须大于 0 的页面

图 C-54 "允许的最大标准漏率 L_{max}"超出分子流范围的页面

图 C-55　"要求的空气严酷等级"太低（<20 h），不满足军工产品要求的页面

如果图 C-55 所示页面中"允许的最大标准漏率 L_{max}"改为 $3.5×10^{-7}$ Pa·mL/s，则如图 C-56 所示，程序计算出"与 L_{max} 对应的测量漏率 $R_{i,max}$"为 $9.291×10^{-7}$ Pa·mL/s，并提示"与 L_{max} 对应的测量漏率 $R_{i,max}$ 太小（<1E−6 Pa·mL/s）（候检时间过长或预充氦绝对压力过低，可能影响漏率判定）"和"尚未输入'显示的测量漏率 R_i'"；同时，由于修改了输入参数，因此取消"显示的测量漏率 R_i"数值和原来的结果显示。

图 C-56　"与 L_{max} 对应的测量漏率 $R_{i,max}$"太小（<1E−6 Pa·mL/s）的页面

如果图 C-34 所示页面中"要求的空气严酷等级"输为 0 或负值，则如图 C-57 所示，提示"允许的最大标准漏率 L_{max} 超过分子流范围（>1.4 Pa·mL/s）（应加大空气严酷等级）"和"尚未输入'显示的测量漏率 R_i'"，且"保证 $L_{max}≤L_{i,M}$ 的最长候检时间 $t_{2i,cp2}$"为 0 h，"允许的最大标准漏率 L_{max}"、"保证 $L_{max,H}≥L_0$ 的最长候检时间 $t_{2i,cp1}$"和"与 L_{max} 对应的测量漏率 $R_{i,max}$"栏目中无值；同时，由于修改了输入参数，因此取消"显示的测量漏率 R_i"数值和原

来的结果显示。

图 C-57　"要求的空气严酷等级"必须大于 0 的页面

如果图 C-34 所示页面中"预充氦绝对压力"输为 0 或负值,则如图 C-58 所示,提示"预充氦绝对压力必须大于 0"和"尚未输入'显示的测量漏率 R_i'",且" R_i-L 关系曲线极大值 $R_{i, M}$ "及"与 L_{max} 对应的测量漏率 $R_{i, max}$ "为 0 或负值;同时,由于修改了输入参数,因此取消"显示的测量漏率 R_i "数值和原来的结果显示。

图 C-58　"预充氦绝对压力"必须大于 0 的页面

如果图 C-34 所示页面中"候检时间 t_{2i} "输为 0 或负值,则如图 C-59 所示,提示"候检时间 t_{2i} 必须大于 0"和"尚未输入'显示的测量漏率 R_i'",且" R_i-L 关系曲线极大值点 $L_{i, M}$ "及" R_i-L 关系曲线极大值 $R_{i, M}$ "栏目中无值;同时,由于修改了输入参数,因此取消"显示的测量漏率 R_i "数值和原来的结果显示。

图 C-59 "候检时间 t_{2i}"必须大于 0 的页面

如果图 C-34 所示页面中"显示的测量漏率 R_i"输入了小于 0 的值,则如图 C-60 所示,提示"'显示的测量漏率 R_i'不可能小于 0"。

图 C-60 "显示的测量漏率 R_i"不能小于 0 的页面

如果图 C-34 所示页面中"显示的测量漏率 R_i"输入了大于"R_i-L 关系曲线极大值 $R_{i,M}$"的值,则如图 C-61 所示,提示"显示的测量漏率 R_i 不可能大于 R_i-L 关系曲线极大值 $R_{i,M}$"。

如果图 C-38 所示页面中"压氦法复检:压氦箱氦气绝对压力"输为 0 或负值,则如图 C-62 所示,提示"压氦箱氦气绝对压力必须大于 0"及"尚未输入'压氦法复检:显示的测量漏率'",且"压氦法复检:R_e-L 关系曲线极大值 $R_{e,M}$"及"压氦法复检:允许的最大测量漏率"为 0 或负值;同时,由于修改了参数,因此取消"压氦法复检:显示的测量漏率"及"压氦法复检:扣除本底后的测量漏率"的数值和原来的结果显示。

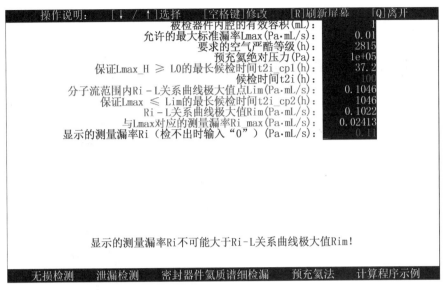

图 C-61 "显示的测量漏率 R_i"不能大于"$R_i - L$ 关系曲线极大值 $R_{i,M}$"的页面

图 C-62 "压氦法复检:压氦箱氦气绝对压力"必须大于的页面

如果图 C-38 所示页面中"压氦法复检:压氦时间"输为 0 或负值,则如图 C-63 所示,提示"压氦时间必须大于 0"及"尚未输入'压氦法复检:显示的测量漏率'",且"压氦法复检:$R_e - L$ 关系曲线极大值 $R_{e,M}$"及"压氦法复检:允许的最大测量漏率"为 0 或负值,"压氦法复检:允许的最长候检时间"栏目中无值;同时,由于修改了参数,因此取消"压氦法复检:显示的测量漏率"及"压氦法复检:扣除本底后的测量漏率"的数值和原来的结果显示。

如果图 C-38 所示页面中"压氦法复检:候检时间"超过"压氦法复检:允许的最长候检

时间",则如图 C-64 所示,提示"候检时间太长,不满足'判定漏率合格准则'成立的条件"及"尚未输入'压氦法复检:显示的测量漏率'",且"压氦法复检:允许的最大测量漏率"栏目中无值;同时,由于修改了参数,因此取消"压氦法复检:显示的测量漏率"及"压氦法复检:扣除本底后的测量漏率"的数值和原来的结果显示。

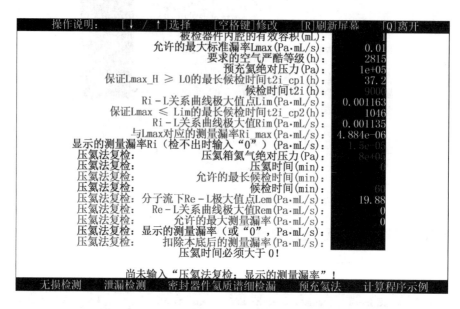

图 C-63　"压氦法复检:压氦时间"必须大于的页面

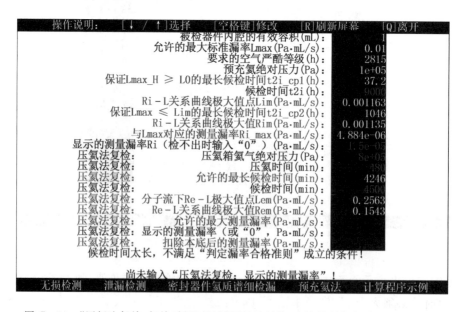

图 C-64　"压氦法复检:候检时间"超过"压氦法复检:允许的最长候检时间"的页面

如果图 C-38 所示页面中"压氦法复检:候检时间"输为 0 或负值,则如图 C-65 所示,提示"候检时间必须大于 0"及"尚未输入'压氦法复检:显示的测量漏率'",且"压氦法复检:R_e-L 关系曲线极大值点 $L_{e,M}$"及"压氦法复检:R_e-L 关系曲线极大值 $R_{e,M}$"栏目中无值;

同时,由于修改了参数,因此取消"压氦法复检:显示的测量漏率"及"压氦法复检:扣除本底后的测量漏率"的数值和原来的结果显示。

图 C-65　"压氦法复检:候检时间"必须大于 0 的页面

如果图 C-38 所示页面中"压氦法复检:显示的测量漏率"输入了小于"显示的测量漏率 R_i"的值,则如图 C-66 所示,程序提示"扣除本底后的测量漏率不应小于 0"。

图 C-66　"压氦法复检:显示的测量漏率"小于"显示的测量漏率 R_i"的页面

如果图 C-38 所示页面中"扣除本底后的测量漏率"大于"R_e-L 关系曲线极大值 $R_{e,M}$",则如图 C-67 所示,程序提示"扣除本底后的测量漏率不可能大于 R_e-L 关系曲线极大值 $R_{e,M}$"。

图 C-67 "压氦法复检:显示的测量漏率"大于"$R_e - L$ 关系曲线极大值 $R_{e,M}$"的页面

C.6 Chebyshev-Ⅰ有源低通滤波器的实际计算程序及其使用示例

C.6.1 源程序

本示例是用 Turbo C 2.0 编制的、由若干个单一正反馈二阶滤波器(可设定直流增益)级联构成 Chebyshev-Ⅰ有源低通滤波器的各相关参数计算程序。

```
/* CHI_PSTV.C:计算由若干个单一正反馈二阶滤波器(可设定直流增益)级联构成 Chebyshev—Ⅰ低通滤波器的各相关参数 */
# include "stdio.h"        /* printf, gets, fopen, scanf, fprintf, fclose, puts */
# include "conio.h"        /* window, textbackground, clrscr, textcolor, cprintf, getch, gotoxy, wherey */
# include "ctype.h"        /* tolower */
# include "process.h"      /* exit */
# include "math.h"         /* cosh, sqrt, pow, log, sinh, cos */


main( ) {

  char fname[40];
  unsigned char ch1;
  register int i;
  unsigned int n, vertical_position, a0;
```

```
float rp, fc, c12_min, c12_max, ci1_min, ci1_max, c2_c1_min, c2_c1_max;
double epsilon, x, arcosh, omega_minus3db, arsinh, gamma, trigonometric;
double ai[11], a[11], b[11], q[11], f[11], c1[11], r1[11], c2[11], r2[11], rf[11], rr[11];
double s, u, c2_c1_extreme;
double pi = 3.14159265358979323846;
FILE *fp;

do {
  /* 在第 25 行列出电阻、电容允差±5％的标称系列值 */
  clrscr();
  window(1, 25, 2, 25);
  textbackground(LIGHTGRAY);
  textcolor(BLACK);
  cprintf(" ");
  window(2, 25, 8, 25);
  textbackground(RED);
  textcolor(WHITE);
  cprintf("+/-5％:");
  window(8, 25, 11, 25);
  textbackground(LIGHTGRAY);
  textcolor(BLACK);
  cprintf("1.0");
  window(11, 25, 14, 25);
  textbackground(RED);
  textcolor(WHITE);
  cprintf("1.1");
  window(14, 25, 17, 25);
  textbackground(LIGHTGRAY);
  textcolor(BLACK);
  cprintf("1.2");
  window(17, 25, 20, 25);
  textbackground(RED);
  textcolor(WHITE);
  cprintf("1.3");
  window(20, 25, 23, 25);
  textbackground(LIGHTGRAY);
  textcolor(BLACK);
  cprintf("1.5");
  window(23, 25, 26, 25);
  textbackground(RED);
  textcolor(WHITE);
  cprintf("1.6");
```

```
window(26, 25, 29, 25);
textbackground(LIGHTGRAY);
textcolor(BLACK);
cprintf("1.8");
window(29, 25, 32, 25);
textbackground(RED);
textcolor(WHITE);
cprintf("2.0");
window(32, 25, 35, 25);
textbackground(LIGHTGRAY);
textcolor(BLACK);
cprintf("2.2");
window(35, 25, 38, 25);
textbackground(RED);
textcolor(WHITE);
cprintf("2.4");
window(38, 25, 41, 25);
textbackground(LIGHTGRAY);
textcolor(BLACK);
cprintf("2.7");
window(41, 25, 44, 25);
textbackground(RED);
textcolor(WHITE);
cprintf("3.0");
window(44, 25, 47, 25);
textbackground(LIGHTGRAY);
textcolor(BLACK);
cprintf("3.3");
window(47, 25, 50, 25);
textbackground(RED);
textcolor(WHITE);
cprintf("3.6");
window(50, 25, 53, 25);
textbackground(LIGHTGRAY);
textcolor(BLACK);
cprintf("3.9");
window(53, 25, 56, 25);
textbackground(RED);
textcolor(WHITE);
cprintf("4.3");
window(56, 25, 59, 25);
textbackground(LIGHTGRAY);
```

```
textcolor(BLACK);
cprintf("4.7");
window(59,25,62,25);
textbackground(RED);
textcolor(WHITE);
cprintf("5.1");
window(62,25,65,25);
textbackground(LIGHTGRAY);
textcolor(BLACK);
cprintf("5.6");
window(65,25,68,25);
textbackground(RED);
textcolor(WHITE);
cprintf("6.2");
window(68,25,71,25);
textbackground(LIGHTGRAY);
textcolor(BLACK);
cprintf("6.8");
window(71,25,74,25);
textbackground(RED);
textcolor(WHITE);
cprintf("7.5");
window(74,25,77,25);
textbackground(LIGHTGRAY);
textcolor(BLACK);
cprintf("8.2");
window(77,25,80,25);
textbackground(RED);
textcolor(WHITE);
cprintf("9.1");
window(80,25,80,25);
textbackground(LIGHTGRAY);
textcolor(BLACK);
cprintf(" ");
/* 在第 1 行列出进入或退出程序的方法 */
window(1,1,80,1);
textbackground(BROWN);
textcolor(WHITE);
clrscr();
cprintf("Direction：[C]alculate the parameters of the Chebyshev－I low－pass filter [Q]uit");
/* 第 2 行至第 24 行用于计算过程所需的显示 */
window(1,2,80,24);
```

```
textbackground(CYAN);
textcolor(WHITE);
clrscr();
ch1 = tolower(getch());
if (ch1 == 'c') {
  cprintf("Input n = ");
  scanf("%d", &n);
  puts(" ");
  do {
    vertical_position = wherey();
    gotoxy(41, vertical_position - 2);
    cprintf("                          \n");
    vertical_position = wherey();
    gotoxy(41, vertical_position - 1);
    if (n / 2 * 2 == n) cprintf("Input Rp(dB) = ");/* n 为偶数 */
    else cprintf("Input Rp(dB, must <= 3.01) = ");/* 当 n 为奇数时必须 epsilon 不大于 1 */
    scanf("%f", &rp);
    if (n / 2 * 2 != n && rp > 3.01) printf("Rp is too large! \n");
  } while (n / 2 * 2 != n && rp > 3.01);
  cprintf("                  \n");
  vertical_position = wherey();
  gotoxy(1, vertical_position - 1);
  cprintf("Input fc(Hz) = ");
  scanf("%f", &fc);

  epsilon = sqrt(pow((double)10, ((double)0.1 * rp)) - 1);

  if (n / 2 * 2 == n) x = sqrt((double)1 / epsilon / epsilon + 2);/* n 为偶数 */
  else x = (double)1 / epsilon;/* n 为奇数 */
  arcosh = log(x + sqrt(x * x - 1));
  omega_minus3db = cosh(arcosh / n);

  x = (double)1 / epsilon;
  arsinh = log(x + sqrt(x * x + 1));
  gamma = arsinh / n;

  vertical_position = wherey();
  gotoxy(41, vertical_position - 1);
  cprintf("A0 = 1? [y/ * ]");
  ch1 = tolower(getch());
  puts(" ");
  if (ch1 == 'y') a0 = 1;
```

```
  else a0 = 0;

  if (n / 2 * 2 ! = n) {/ * n 为奇数,第一级为一阶滤波器 * /
    a[1] = omega_minus3db / sinh(gamma);
    b[1] = 0;
    puts(" ");
    printf("a[1] = %.4f, b[1] = 0\n", a[1]);
    c12_min = a[1] * 1e4 / 2 / pi / fc;
    c12_max = a[1] * 1e7 / 2 / pi / fc;
    cprintf("Input C12(nF)(usually: %G < C12 < %G) = ", c12_min, c12_max);/ * 对应 R12 大
致处于 100 kOmega 与 100 Omega 间 * /
    scanf("%lf", &c2[1]);
    r2[1] = a[1] / 2 /pi / fc / c2[1] * 1e6;
    printf("R12 = %.3f k\n", r2[1]);
    if (a0 = = 1) ai[1] = 1;
    else {
      cprintf("                                                    ");
      cprintf("                                                    ");
      do {
        vertical_position = wherey();
        gotoxy(1, vertical_position - 2);
        cprintf("                                                  ");
        vertical_position = wherey();
        gotoxy(1, vertical_position - 1);
        cprintf("Input A01 (You must keep A01 >= 1 !) = ");
        scanf("%lf", &ai[1]);
        if (ai[1] < 1) printf("You must keep A01 >= 1 ! \n");
      } while (ai[1] < 1);
    }
    cprintf("                                                      ");
    vertical_position = wherey();
    gotoxy(1, vertical_position - 1);
    if (ai[1] = = 1) {
      rf[1] = 0;
      rr[1] = 1;
    }
    else {
      cprintf("Input R1f(kOmega)(usually: 0.1 < R1f < 100) = ");
      scanf("%lf", &rf[1]);
      rr[1] = rf[1] / (ai[1] - 1);
      printf("R1r = %.3f k\n", rr[1]);
    }
```

```
    }
    for (i = 1; i <= (n + 1) / 2; i++) {
      if (n / 2 * 2 == n || i != 1) {/* n 为偶数或 n 为奇数的非第一级滤波器 */
        vertical_position = wherey();
        if (vertical_position > 16) gotoxy(1, 3);
        if (n / 2 * 2 == n) trigonometric = ((double)2 * i - 1) / 2 / n * pi;/* n 为偶数 */
        else trigonometric = ((double)i - 1) / n * pi;/* n 为奇数,i = 2, 3,...,m */
        b[i] = omega_minus3db * omega_minus3db / (cosh(gamma) * cosh(gamma) - cos(trigo-
nometric) * cos(trigonometric));
        a[i] = b[i] / omega_minus3db * 2 * sinh(gamma) * cos(trigonometric);
        q[i] = sqrt(b[i]);
        f[i] = fc / q[i];
        q[i] = q[i] / a[i];
        cprintf("                                                          ");
        cprintf("                                                          ");
        cprintf("                                                          ");
        vertical_position = wherey();
        gotoxy(1, vertical_position - 2);
        printf("a[%d] = %.4f, b[%d] = %.4f, f[%d] = %.2fHz, Q[%d] = %.4f\n", i, a[i], i,
b[i], i, f[i], i, q[i]);
        if (a0 == 1) ai[i] = 1;
        else {
          cprintf("                                                        ");
          cprintf("                                                        ");
          do {
            vertical_position = wherey();
            gotoxy(1, vertical_position - 2);
            cprintf("                                                      ");
            vertical_position = wherey();
            gotoxy(1, vertical_position - 1);
            cprintf("Input A0%d (You must keep A0%d >= 1 !) = ", i, i);
            scanf("%lf", &ai[i]);
            if (ai[i] < 1) printf("You must keep A0%d >= 1 ! \n", i);
          } while (ai[i] < 1);
        }
        cprintf("                                                          ");
        cprintf("                                                          ");
        cprintf("                                                          ");
        do {
          vertical_position = wherey();
          gotoxy(1, vertical_position - 3);
          c2_c1_extreme = (double)a[i] * a[i] / 4 / b[i] + ai[i] - 1;
```

```
        ci1_min = (a[i] + sqrt(b[i] * c2_c1_extreme) * 0.8165) * 3e3 / pi / f[i] / c2_c1_ex-
treme;
        ci1_max = (a[i] + sqrt(b[i] * c2_c1_extreme) * 0.8165) * 3e6 / pi / f[i] / c2_c1_ex-
treme;
        cprintf("
    ");
        cprintf("
    ");
        vertical_position = wherey();
        gotoxy(1, vertical_position - 2);
        cprintf("Input C%d1(nF)(usually: %G < C%d1 < %G) = ", i, ci1_min, i, ci1_max);/ *
对应 Ri1 大致处于 100 kOmega 与 100 Omega 间 * /
        scanf("%lf", &c1[i]);
        c2_c1_min = c2_c1_extreme / 1.3;
        c2_c1_max = c2_c1_extreme / 1.1;
        cprintf("
    ");
        cprintf("
    ");
        vertical_position = wherey();
        gotoxy(1, vertical_position - 2);
        cprintf("Input C%d2(nF)(You must keep %G < C%d2 / C%d1 < %G!) = ", i, c2_c1_
min, i, i, c2_c1_max);
        scanf("%lf", &c2[i]);
        cprintf("
    ");
        cprintf("
    ");
        vertical_position = wherey();
        gotoxy(1, vertical_position - 2);
        if (c2[i] / c1[i] > c2_c1_max) printf("C%d2 / C%d1 is too large! \n", i, i);
        else if (c2[i] / c1[i] < c2_c1_min) printf("C%d2 / C%d1 is too small! \n", i, i);
    } while (c2[i] / c1[i] > c2_c1_max || c2[i] / c1[i] < c2_c1_min);
        u = c2[i] - c1[i] * (ai[i] - 1);
        s = sqrt(a[i] * a[i] - b[i] / c1[i] * 4 * u);
        r1[i] = (a[i] - s) * 2.5e5 / pi / fc / u;
        r2[i] = (a[i] + s) * 2.5e5 / pi / fc / c2[i];
        cprintf("
    ");
        cprintf("
    ");
        vertical_position = wherey();
```

```
        gotoxy(1, vertical_position - 2);
        printf("R%d1 = %.3f k, R%d2 = %.3f k\n", i, r1[i], i, r2[i]);
        if (ai[i] == 1) {
            rf[i] = 0;
            rr[i] = 1;
        }
        else {
            cprintf("
");
            cprintf("
");
            vertical_position = wherey();
            gotoxy(1, vertical_position - 2);
            cprintf("Input R%df(kOmega)(usually: 0.1 < R%df < 100) = ", i, i);
            scanf("%lf", &rf[i]);
            rr[i] = rf[i] / (ai[i] - 1);
            printf("R%dr = %.3f k\n", i, rr[i]);
        }
    }
}
gotoxy(1, 22);
cprintf(" Save to file? [y/ * ]");
ch1 = tolower(getch());
if (ch1 == 'y') {
    gotoxy(1, 23);
    cprintf("Enter the Chebyshev-I low-pass filter parameters filename: ");
    gets(fname);
    gets(fname);
    if ((fp = fopen(fname, "w")) == NULL) {
        printf("Connot open %s file\n", fname);
        exit(1);
    }
    fprintf(fp, "Chebyshev-I low pass filter based on positive feedback with n = %d, Rp = %.2f dB, fc = %.2f Hz\n", n, rp, fc);
    fprintf(fp, "i ai bi fi/Hz Qi\n");
    if (n / 2 * 2 ! = n ) fprintf(fp, "1 %.4f 0  \n", a[1]);
    for (i = 1; i <= (n + 1) / 2; i ++) {
        if (n / 2 * 2 == n || i ! = 1) fprintf(fp, "%d %.4f %.4f %.2f %.4f\n", i, a[i], b[i], f[i], q[i]);
    }
    fprintf(fp, "\n");
    fprintf(fp, "i Ci1/nF Ci2/nF Ri1/kOmega Ri2/kOmega A0i Rif/kOmega Rir/kOmega\n");
```

```
        if (n / 2 * 2 ! = n) {/ * n 为奇数,第一级为一阶滤波器 * /
            if (a0 == 1) fprintf(fp, "1    %.3f    %.3f %.3f %.3f infinity\n", c2[1], r2[1], ai[1], rf
[1]);
            else fprintf(fp, "1    %.3f    %.3f %.3f %.3f %.3f\n", c2[1], r2[1], ai[1], rf[1], rr[1]);
        }
        for (i = 1; i < = (n + 1) / 2; i + +) {
        if (n / 2 * 2 == n || i ! = 1) {/ * n 为偶数或 n 为奇数的非第一级滤波器 * /
            if (ai[i] == 1) fprintf(fp, "%d %.3f %.3f %.3f %.3f %.3f %.3f infinity\n", i, c1[i], c2
[i], r1[i], r2[i], ai[i], rf[i]);
            else fprintf(fp, "%d %.3f %.3f %.3f %.3f %.3f %.3f %.3f\n", i, c1[i], c2[i], r1[i], r2
[i], ai[i], rf[i], rr[i]);
            }
        }
        if (fclose(fp)) {
            printf("connot close %s file\n", fname);
            exit(1);
        }
        }
    }
} while (ch1 ! = 'q');
window(1, 1, 80, 25);
textbackground(BLACK);
clrscr();
}
```

读者可以将上述"由若干个单一正反馈二阶滤波器(可设定直流增益)级联构成 Chebyshev-Ⅰ 有源低通滤波器的各相关参数计算程序"与附录 C.7.1 提供的"由若干个多重负反馈二阶有源低通滤波器级联构成 Butterworth 有源低通滤波器的各相关参数计算程序"拆解拼合成"由若干个多重负反馈二阶有源低通滤波器级联构成 Butterworth 有源低通滤波器的各相关参数计算程序"。

C.6.2　程序使用示例

本节与附录 C.6.1 提供的适用于若干个单一正反馈二阶有源低通滤波器级联的程序相呼应。读者很容易据此示例并参考 12.9.1.2 节的程序说明去理解适用于若干个多重负反馈二阶有源低通滤波器级联的程序的使用方法。

附录 C.6.1 所列源程序 CHI_PSTV.C 需要使用 Turbo C 2.0 以上版本编程工具编译,生成可执行程序 CHI_PSTV.EXE。以阶数 $n = 6$,通带内增益幅值波动的 dB 数 $R_p = 0.5$ dB,-3 dB 截止频率 $f_c = 108.5$ Hz,$A_0 = 1$ 为例,双击运行 CHI_PSTV.EXE 后,界面如图 C-68 所示,底部列出了电阻、电容允差 $\pm 5\%$ 的标称系列值。可以选择"[C]"计算 Chebyshev-Ⅰ 低通滤波器参数或"[Q]"退出。

依提示按"C"键后,界面如图 C-69 所示,提示输入阶数 n。

输入"6 ↵"后,界面如图 C-70 所示,提示输入 R_p 的 dB 数。

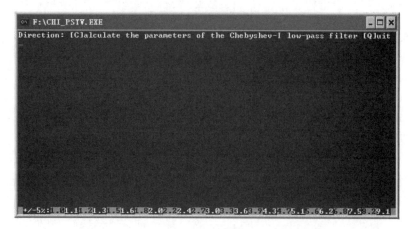

图 C-68　运行 CHI_PSTV.EXE 后的界面

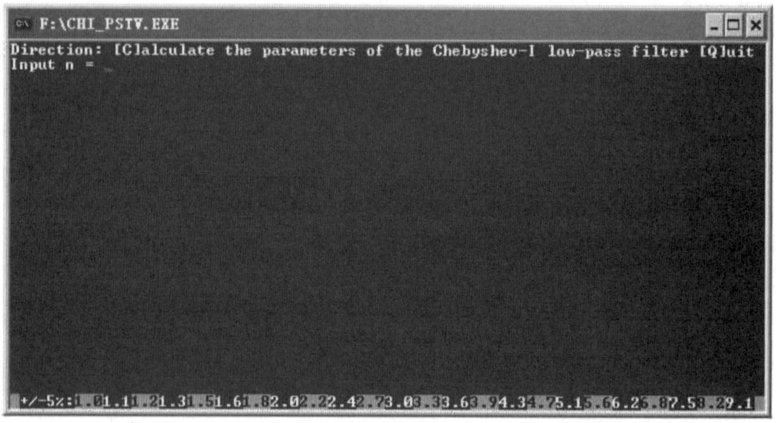

图 C-69　图 C-68 按"C"键后的界面

图 C-70　图 C-69 输入"6 ↵"后的界面

输入"0.5 ↵"后,界面如图 C-71 所示,提示输入-3 dB 的频率 f_c。

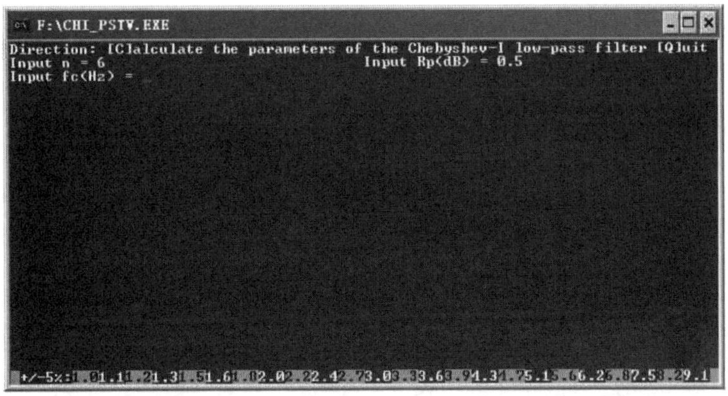

图 C－71　图 C－70 输入"0.5 ↵"后的界面

　　输入"108.5 ↵"后,界面如图 C－72 所示,询问 A_0 是否等于 1,按"y"为是,按其他键为否。

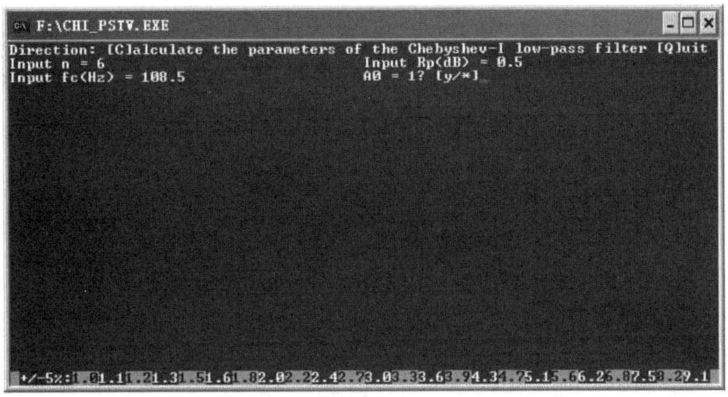

图 C－72　图 C－71 输入"108.5 ↵"后的界面

　　输入"y"后,界面如图 C－73 所示。可以看到,已计算出第一级滤波器的 a_1,b_1,f_1,Q_1。提示输入 C_{11},并告之其通常所处的范围。

图 C－73　图 C－72 输入"y"后的界面

　　从额定电压、允差、环境温度范围、可靠性、货源、尺寸、安装方式等各个角度确定采用允差±5% 的 CL12 型聚酯膜介质电容器,其标称电容量范围为(1～470) nF[39]。参考图

C-73 提示的 C_{11} 通常所处的范围,利用图底部提供的误差 5%系列值,输入"200 ↵"后,界面如图 C-74 所示。

图 C-74　图 C-73 输入"200 ↵"后的界面

依据图 C-74 中提醒第一级 C_{12}/C_{11} 必须保持的范围,利用图底部提供的误差 5%系列值,输入"91 ↵"后,界面如图 C-75 所示。可以看到,已计算出第一级 R_{11} 和 R_{12} 的值及第二级滤波器的 a_2,b_2,f_2,Q_2。提示输入 C_{21},并告之其通常所处的范围。

图 C-75　图 C-74 输入"100 ↵"后的界面

参考图 C-75 提示的 C_{21} 通常所处的范围,利用图底部提供的误差 5%系列值,输入"470 ↵"后,界面如图 C-76 所示。

图 C-76　图 C-75 输入"470 ↵"后的界面

依据图 C - 76 中提醒第二级 C_{22}/C_{21} 必须保持的范围,利用图底部提供的误差 5% 系列值,输入"30 ↵"后,界面如图 C - 77 所示。可以看到,已计算出第二级 R_{21} 和 R_{22} 的值及第三级滤波器的 a_3,b_3,f_3,Q_3。提示输入 C_{31},并告之其通常所处的范围。

图 C - 77　图 C - 76 输入"33 ↵"后的界面

考虑到 CL12 型聚酯膜介质电容器,其标称电容量范围为(1~470) nF,参考图 C - 77 提示的 C_{31} 通常所处的范围,利用图底部提供的误差 5% 系列值,输入"470 ↵"后,界面如图 C - 78 所示。

图 C - 78　图 C - 77 输入"470 ↵"后的界面

依据图 C 78 中提醒第二级 C_{32}/C_{31} 必须保持的范围,利用图底部提供的误差 5% 系列值,输入"2.4 ↵"后,界面如图 C - 79 所示。可以看到,已计算出第三级 R_{31} 和 R_{32} 的值。询问是否把所有参数存入文件,按"y"为是,按其他键为否。

输入"y"后,界面如图 C - 80 所示,提示输入 Chebyshev - Ⅰ 低通滤波器参数文件名,文件名只能使用英文、数字及除 \ / : * ? " < > | 以外的符号[①],长度不超过 8 个字符。由

①　所指均为键盘符号,因而双引号不分前引号、后引号。

于保存的是文本文件,为便于打开,可以设后缀为 TXT。

例如,输入"n6f108ps.txt ↵"后,界面回到运行 CHI_PSTV.EXE 后的界面,如图 C-68 所示。同时,存储了文件 N6F108PS.TXT,与 CHI_PSTV.EXE 处于同一目录下。该文件如表 C-1 所示。

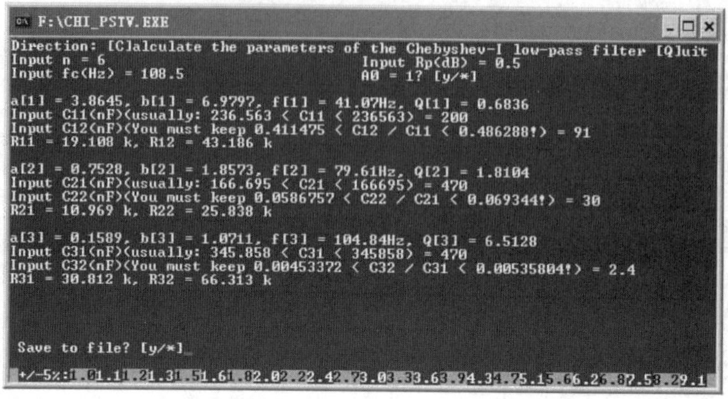

图 C-79 图 C-78 输入"2.4 ↵"后的界面

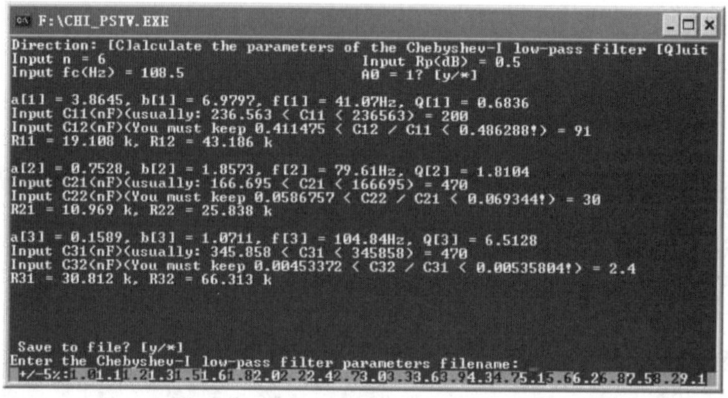

图 C-80 图 C-79 输入"y"后的界面

表 C-1 存储的 $n=6$, $R_p=0.5$ dB, $f_c=108.5$ Hz, $A_0=1$ 的 Chebyshev-I 低通滤波器参数文件示例

Chebyshev-I low pass filter with n = 6, Rp = 0.50 dB, fc = 108.50 Hz

i	ai	bi	fi/Hz	Qi
1	3.8645	6.9797	41.07	0.6836
2	0.7528	1.8573	79.61	1.8104
3	0.1589	1.0711	104.84	6.5128

i	Ci1/nF	Ci2/nF	Ri1/kOmega	Ri2/kOmega	A0i	Rif/kOmega	Rir/kOmega
1	200.000	91.000	19.108	43.186	1.000	0.000	infinity
2	470.000	30.000	10.969	25.838	1.000	0.000	infinity
3	470.000	2.400	30.812	66.313	1.000	0.000	infinity

C.7 Butterworth 有源低通滤波器的
实际计算程序及其使用示例

C.7.1 源程序

本示例是用 Turbo C 2.0 编制的、由若干个多重负反馈二阶有源低通滤波器级联构成
Butterworth 有源低通滤波器的各相关参数计算程序。

```
/* BTT_NGTV.C：计算由若干个多重负反馈二阶有源低通滤波器级联构成 Butterworth 低通滤波器的各
相关参数 */
# include "stdio.h"        /* printf, gets, fopen, scanf, fprintf, fclose, puts */
# include " conio. h"         /* window, textbackground, clrscr, textcolor, cprintf, getch, gotoxy,
wherey */
# include "ctype.h"        /* tolower */
# include "process.h"       /* exit */
# include "math.h"         /* sqrt, cos */


main( ) {

  char fname[40];
  unsigned char ch1;
  register int i;
  unsigned int n, vertical_position, a0;
  float fc, c12_min, c12_max, ci1_min, ci1_max, c2_c1_min, c2_c1_max;
  double trigonometric;
  double ai[11], a[11], b[11], q[11], f[11], c1[11], r1[11], c2[11], r2[11], r3[11];
  double s, t, u, c2_c1_extreme;
  double pi = 3.14159265358979323846;
  FILE * fp;

  do {
  /* 在第 25 行列出电阻、电容允差±5% 的标称系列值 */
  clrscr();
  window(1, 25, 2, 25);
  textbackground(LIGHTGRAY);
  textcolor(BLACK);
  cprintf(" ");
  window(2, 25, 8, 25);
  textbackground(RED);
  textcolor(WHITE);
```

```
cprintf("＋/－5％:");
window(8, 25, 11, 25);
textbackground(LIGHTGRAY);
textcolor(BLACK);
cprintf("1.0");
window(11, 25, 14, 25);
textbackground(RED);
textcolor(WHITE);
cprintf("1.1");
window(14, 25, 17, 25);
textbackground(LIGHTGRAY);
textcolor(BLACK);
cprintf("1.2");
window(17, 25, 20, 25);
textbackground(RED);
textcolor(WHITE);
cprintf("1.3");
window(20, 25, 23, 25);
textbackground(LIGHTGRAY);
textcolor(BLACK);
cprintf("1.5");
window(23, 25, 26, 25);
textbackground(RED);
textcolor(WHITE);
cprintf("1.6");
window(26, 25, 29, 25);
textbackground(LIGHTGRAY);
textcolor(BLACK);
cprintf("1.8");
window(29, 25, 32, 25);
textbackground(RED);
textcolor(WHITE);
cprintf("2.0");
window(32, 25, 35, 25);
textbackground(LIGHTGRAY);
textcolor(BLACK);
cprintf("2.2");
window(35, 25, 38, 25);
textbackground(RED);
textcolor(WHITE);
cprintf("2.4");
window(38, 25, 41, 25);
```

```
textbackground(LIGHTGRAY);
textcolor(BLACK);
cprintf("2.7");
window(41, 25, 44, 25);
textbackground(RED);
textcolor(WHITE);
cprintf("3.0");
window(44, 25, 47, 25);
textbackground(LIGHTGRAY);
textcolor(BLACK);
cprintf("3.3");
window(47, 25, 50, 25);
textbackground(RED);
textcolor(WHITE);
cprintf("3.6");
window(50, 25, 53, 25);
textbackground(LIGHTGRAY);
textcolor(BLACK);
cprintf("3.9");
window(53, 25, 56, 25);
textbackground(RED);
textcolor(WHITE);
cprintf("4.3");
window(56, 25, 59, 25);
textbackground(LIGHTGRAY);
textcolor(BLACK);
cprintf("4.7");
window(59, 25, 62, 25);
textbackground(RED);
textcolor(WHITE);
cprintf("5.1");
window(62, 25, 65, 25);
textbackground(LIGHTGRAY);
textcolor(BLACK);
cprintf("5.6");
window(65, 25, 68, 25);
textbackground(RED);
textcolor(WHITE);
cprintf("6.2");
window(68, 25, 71, 25);
textbackground(LIGHTGRAY);
textcolor(BLACK);
```

```
cprintf("6.8");
window(71, 25, 74, 25);
textbackground(RED);
textcolor(WHITE);
cprintf("7.5");
window(74, 25, 77, 25);
textbackground(LIGHTGRAY);
textcolor(BLACK);
cprintf("8.2");
window(77, 25, 80, 25);
textbackground(RED);
textcolor(WHITE);
cprintf("9.1");
window(80, 25, 80, 25);
textbackground(LIGHTGRAY);
textcolor(BLACK);
cprintf(" ");
/* 在第 1 行列出进入或退出程序的方法 */
window(1, 1, 80, 1);
textbackground(BROWN);
textcolor(WHITE);
clrscr();
cprintf("Direction: [C]alculate the parameters of the Butterworth low-pass filter [Q]uit");
/* 第 2 行至第 24 行用于计算过程所需的显示 */
window(1, 2, 80, 24);
textbackground(CYAN);
textcolor(WHITE);
clrscr();
ch1 = tolower(getch());
if (ch1 == 'c') {
  cprintf("Input n = ");
  scanf("%d", &n);
  vertical_position = wherey();
  gotoxy(41, vertical_position - 1);
  cprintf("Input fc(Hz) = ");
  scanf("%f", &fc);
  cprintf("|A0| = 1? [y/*]");
  ch1 = tolower(getch());
  puts(" ");
  if (ch1 == 'y') a0 = 1;
  else a0 = 0;
```

```
if (n / 2 * 2 ! = n ) {/ * n 为奇数,第一级为一阶滤波器 * /
    a[1] = 1;
    b[1] = 0;
    puts(" ");
    printf("a[1] = 1, b[1] = 0\n");
    c12_min = (double)1e4 / 2 / pi / fc;
    c12_max = (double)1e7 / 2 / pi / fc;
    cprintf("Input C12(nF)(usually: %G < C12 < %G) = ", c12_min, c12_max);/ * 对应 R12 大
致处于 100 kOmega 与 100 Omega 间 * /
    scanf("%lf", &c2[1]);
    r2[1] = (double)1 / 2 / pi / fc / c2[1] * 1e6;
    printf("R12 = %.3f k\n", r2[1]);
    if (a0 == 1) ai[1] = -1;
    else {
        cprintf("                                                    ");
        cprintf("                                                    ");
        do {
            vertical_position = wherey();
            gotoxy(1, vertical_position - 2);
            cprintf("                                                       ");
            vertical_position = wherey();
            gotoxy(1, vertical_position - 1);
            cprintf("Input A01 (You must keep A01 < 0 !) = ");
            scanf("%lf", &ai[1]);
            if (ai[1] >= 0) printf("You must keep A01 < 0 ! \n");
        } while (ai[1] >= 0);
    }
    cprintf("                                                      ");
    vertical_position = wherey();
    gotoxy(1, vertical_position - 1);
    r3[1] = r2[1] / (0 - ai[1]);
    printf("R13 = %.3f k\n", r3[1]);
}
for (i = 1; i <= (n + 1) / 2; i ++) {
    if (n / 2 * 2 == n || i ! = 1) {/ * n 为偶数或 n 为奇数的非第一级滤波器 * /
        vertical_position = wherey();
        if (vertical_position > 16) gotoxy(1, 3);
        if (n / 2 * 2 == n) trigonometric = ((double)2 * i - 1) / 2 / n * pi;/ * n 为偶数 * /
        else trigonometric = ((double)i - 1) / n * pi;/ * n 为奇数,i = 2, 3,...,m * /
        b[i] = 1;
        a[i] = cos(trigonometric) * 2;
        q[i] = sqrt(b[i]);
```

```
        f[i] = fc / q[i];
        q[i] = q[i] / a[i];
        cprintf("                                                        ");
        cprintf("                                                        ");
        cprintf("                                                        ");
        vertical_position = wherey();
        gotoxy(1, vertical_position - 2);
        printf("a[%d] = %.4f, b[%d] = %.4f, f[%d] = %.2fHz, Q[%d] = %.4f\n", i, a[i], i,
b[i], i, f[i], i, q[i]);
        if (a0 == 1) ai[i] = -1;
        else {
            cprintf("                                                    ");
            cprintf("                                                    ");
            do {
                vertical_position = wherey();
                gotoxy(1, vertical_position - 2);
                cprintf("                                                ");
                vertical_position = wherey();
                gotoxy(1, vertical_position - 1);
                cprintf("Input A0%d (You must keep A0%d < 0 !) = ", i, i);
                scanf("%lf", &ai[i]);
                if (ai[i] >= 0) printf("You must keep A0%d < 0 ! \n", i);
            } while (ai[i] >= 0);
        }
        cprintf("                                                        ");
        cprintf("                                                        ");
        cprintf("                                                        ");
        do {
            vertical_position = wherey();
            gotoxy(1, vertical_position - 3);
            c2_c1_extreme = (double)a[i] * a[i] / 4 / b[i] / (1 - ai[i]);
            ci1_min = a[i] * 4.2247e3 / pi / f[i] / c2_c1_extreme;
            ci1_max = a[i] * 4.2247e6 / pi / f[i] / c2_c1_extreme;
            cprintf("                                                    ");
            cprintf("                                                    ");
            vertical_position = wherey();
            gotoxy(1, vertical_position - 2);
            cprintf("Input C%d1(nF)(usually: %G < C%d1 < %G) = ", i, ci1_min, i, ci1_max);/*
对应 Ri1 大致处于 100 kOmega 与 100 Omega 间 */
            scanf("%lf", &c1[i]);
            c2_c1_min = c2_c1_extreme / 1.3;
            c2_c1_max = c2_c1_extreme / 1.1;
```

```
            cprintf("                                              ");
            cprintf("                                              ");
            vertical_position = wherey();
            gotoxy(1, vertical_position - 2);
            cprintf("Input C%d2(nF)(You must keep %G < C%d2 / C%d1 < %G!) = ", i, c2_c1_
min, i, i, c2_c1_max);
            scanf("%lf", &c2[i]);
            cprintf("                                              ");
            cprintf("                                              ");
            vertical_position = wherey();
            gotoxy(1, vertical_position - 2);
            if (c2[i] / c1[i] > c2_c1_max) printf("C%d2 / C%d1 is too large! \n", i, i);
            else if (c2[i] / c1[i] < c2_c1_min) printf("C%d2 / C%d1 is too small! \n", i, i);
        } while (c2[i] / c1[i] > c2_c1_max || c2[i] / c1[i] < c2_c1_min);
        u = c2[i] * (1 - ai[i]);
        s = sqrt(a[i] * a[i] - b[i] / c1[i] * 4 * u);
        r1[i] = (a[i] - s) * 2.5e5 / pi / fc / u;
        r2[i] = (a[i] + s) * 2.5e5 / pi / fc / c2[i];
        r3[i] = r2[i] / (0 - ai[i]);
        cprintf("                                              ");
        cprintf("                                              ");
        vertical_position = wherey();
        gotoxy(1, vertical_position - 2);
        printf("R%d1 = %.3f k, R%d2 = %.3f k, R%d3 = %.3f k\n", i, r1[i], i, r2[i], i, r3[i]);
      }
    }
    gotoxy(1, 22);
    cprintf(" Save to file? [y/ * ]");
    ch1 = tolower(getch());
    if (ch1 == 'y') {
      gotoxy(1, 23);
      cprintf("Enter the Butterworth low-pass filter parameters filename: ");
      gets(fname);
      gets(fname);
      if ((fp - fopen(fname, "w")) == NULL) {
        printf("Connot open %s file\n", fname);
        exit(1);
      }
    fprintf(fp, "Butterworth low pass filter based on negative feedback with n = %d, fc = %.2f Hz\
n", n, fc);
      fprintf(fp, "i ai bi fi/Hz Qi\n");
      if (n / 2 * 2 ! = n ) fprintf(fp, "1 1 0  \n");
```

```
        for (i = 1; i <= (n + 1) / 2; i + +) {
            if (n / 2 * 2 == n || i ! = 1) fprintf(fp, "%d %.4f %.4f %.2f %.4f\n", i, a[i], b[i], f
[i], q[i]);
        }
        fprintf(fp, "\n");
        fprintf(fp, "i Ci1/nF Ci2/nF Ri1/kOmega Ri2/kOmega A0i Ri3/kOmega\n");
        if (n / 2 * 2 ! = n) fprintf(fp, "1    %.3f    %.3f %.3f %.3f\n", c2[1], r2[1], ai[1], r3
[1]);/* n 为奇数,第一级为一阶滤波器 */
        for (i = 1; i <= (n + 1) / 2; i + +) {
            if (n / 2 * 2 == n || i ! = 1) fprintf(fp, "%d %.3f %.3f %.3f %.3f %.3f %.3f\n", i, c1
[i], c2[i], r1[i], r2[i], ai[i], r3[i]);/* n 为偶数或 n 为奇数的非第一级滤波器 */
        }
        if (fclose(fp)) {
            printf("connot close %s file\n", fname);
            exit(1);
        }
    }
} while (ch1 ! = 'q');
window(1, 1, 80, 25);
textbackground(BLACK);
clrscr();
}
```

按 12.8.2.2 节所述,本程序使用式(12-125)时,等式右端分子上的±号取−号;使用式(12-126)时,等式右端分子上的干号取+号。

读者可以将附录 C.6.1 节所提供的"由若干个单一正反馈二阶滤波器(可设定直流增益)级联构成 Chebyshev-I 有源低通滤波器的各相关参数计算程序"与上述"由若干个多重负反馈二阶有源低通滤波器级联构成 Butterworth 有源低通滤波器的各相关参数计算程序"拆解拼合成"由若干个单一正反馈二有源低通阶滤波器(可设定直流增益)级联构成 Butterworth 有源低通滤波器的各相关参数计算程序"。

C.7.2 程序使用示例

本节与附录 C.7.1 节所提供的适用于若干个多重负反馈二阶有源低通滤波器级联的程序相呼应。读者很容易据此示例并参考 22.6.1.1 节的程序说明去理解适用于若干个单一正反馈二阶有源低通滤波器级联的程序的使用方法。

附录 C.7.1 节所列源程序 BTT_NGTV.C 需要使用 Turbo C 2.0 以上版本编程工具编译,生成可执行程序 BTT_NGTV.EXE。以阶数 $n = 4$, -3 dB 截止频率 $f_c = 3$ Hz, $A_0 = 1$ 为例,双击运行 BTT_NGTV.EXE 后,界面如图 C-81 所示,底部列出了电阻、电容允差 $\pm 5\%$ 的标称系列值。可以选择"[C]"计算 Butterworth 低通滤波器参数或"[Q]"退出。

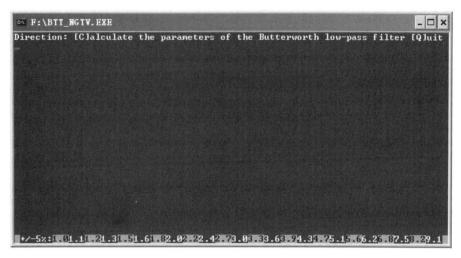

图 C-81 运行 BTT_NGTV.EXE 后的界面

依提示按"C"键后,界面如图 C-82 所示,提示输入阶数 n。

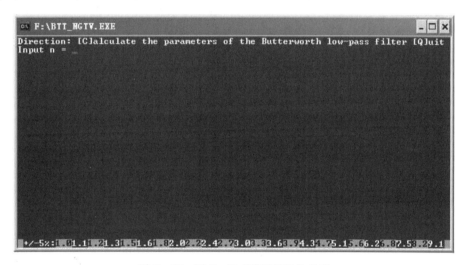

图 C-82 图 C-81 按"C"键后的界面

输入"4 ↵"后,界面如图 C-83 所示,提示输入 -3 dB 的频率 f_c。

输入"3 ↵"后,界面如图 C-84 所示,询问 A_0 是否等于 1,按"y"为是,按其他键为否。

输入"y"后,界面如图 C-85 所示。可以看到,已计算出第一级级滤波器的 a_1,b_1,f_1,Q_1,提示输入 C_{11},并告之其通常所处的范围。

从额定电压、允差、环境温度范围、可靠性、货源、尺寸、安装方式等各个角度确定采用允差最小为 $\pm 0.25\%$,损耗角正切 $\leqslant 0.0015$ 的 CLSK43 聚碳酸酯膜介质电容器,其额定电压范围为 $(30\sim400)$ V,标称电容量范围为 1 nF$\sim$22 μF,标称电容量基本上按 E12 系列确定,即每个量级除了依等比级数均匀安排 12 个标称值外,插入了 2 和 5.1 两个值,此外还单独在 1 μF 以上插入了 3.0 μF[5]。参考图 C-85 提示的 C_{11} 通常所处的范围,利用图底部提供的黑字误差 10% 系列值,输入"2200 ↵"后,界面如图 C-86 所示。

图 C - 83　图 C - 82 输入"4 ↵"后的界面

图 C - 84　图 C - 83 输入"3 ↵"后的界面

图 C - 85　图 C - 84 输入"y"后的界面

依据图 C-86 中提醒第一级 C_{12}/C_{11} 必须保持的范围,利用图底部提供的黑字误差 10%系列值,输入"820 ↵"后,界面如图 C-87 所示。可以看到,已计算出第一级 R_{11} 和 R_{12} 的值及第二级滤波器的 a_2,b_2,f_2,Q_2。提示输入 C_{21},并告之其通常所处的范围。

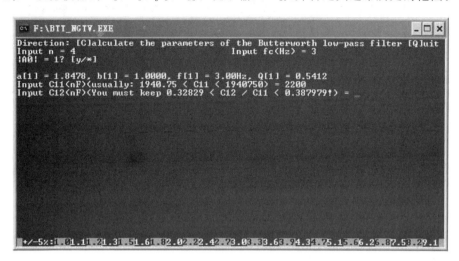

图 C-86　图 C-85 输入"2200 ↵"后的界面

参考图 C-87 提示的 C_{21} 通常所处的范围,利用图底部提供的黑字误差 10%系列值,输入"4700 ↵"后,界面如图 C-88 所示。

依据图 C-88 中提醒第二级 C_{22}/C_{21} 必须保持的范围,利用图底部提供的黑字误差 10%系列值,输入"270 ↵"后,界面如图 C-89 所示。可以看到,已计算出第二级 R_{21} 和 R_{22} 的值。询问是否把所有参数存入文件,按"y"为是,按其他键为否。

输入"y"后,界面如图 C-90 所示,提示输入 Butterworth 低通滤波器参数文件名,文件名只能使用英文、数字及除\ / ∶ ＊ ？ " ＜ ＞ | 以外的符号[①],长度不超过 8 个字符。由于保存的是文本文件,为便于打开,可以设后缀为 TXT。

图 C-87　图 C-86 输入"820 ↵"后的界面

①　所指均为键盘符号,因而双引号不分前引号、后引号。

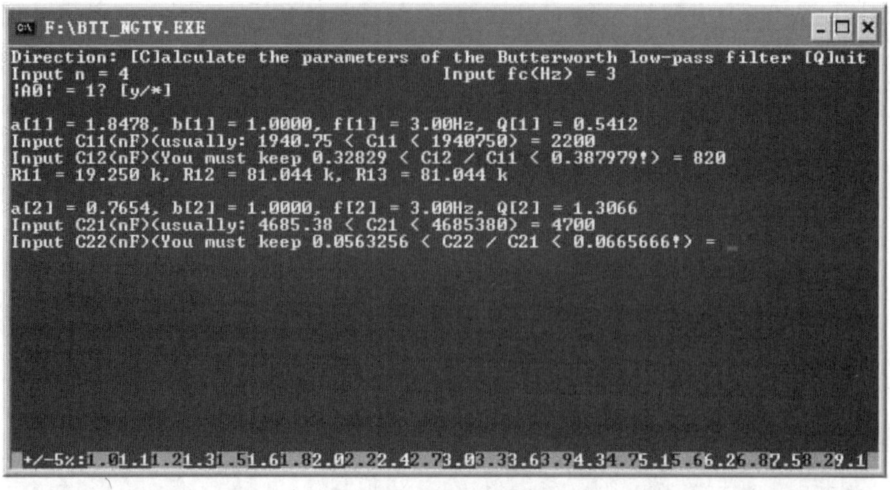

图 C-88　图 C-87 输入"4700 ↵"后的界面

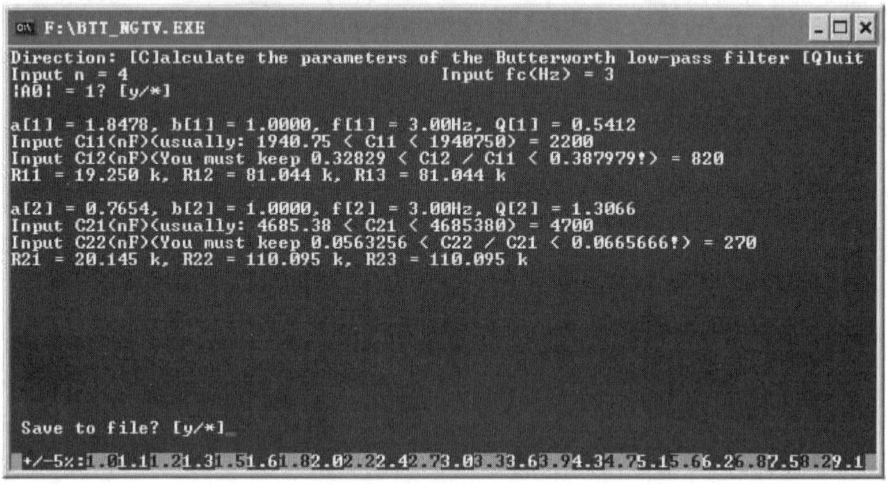

图 C-89　图 C-88 输入"270 ↵"后的界面

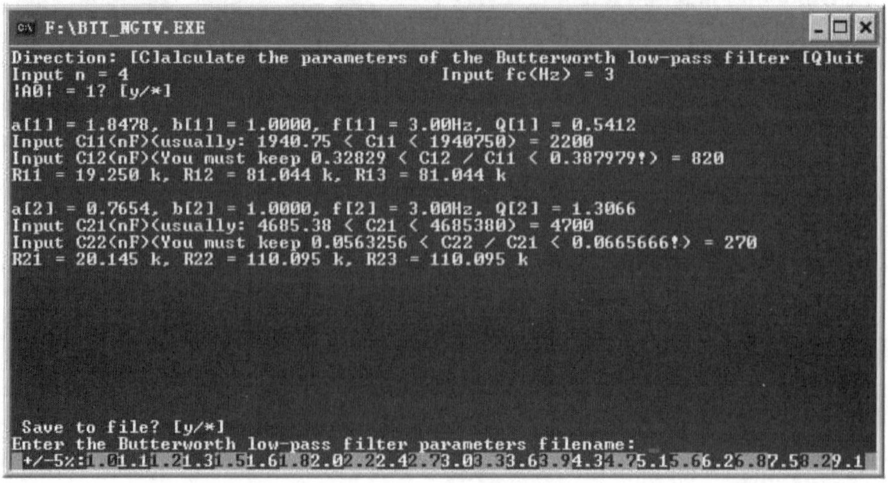

图 C-90　图 C-89 输入"y"后的界面

例如,输入"n4f3ngtv.txt↵"后,界面回到运行 BTT_NGTV.EXE 后的界面,如图 C-81 所示。同时,存储了文件 N4F3NGTV.TXT,与 BTT_NGTV.EXE 处于同一目录下。该文件如表 C-2 所示。

表 C-2 存储的 $n=4$, $f_c=3$ Hz, $A_0=1$ 的 Butterworth 低通滤波器参数文件示例

Butterworth low pass filter based on negative feedback with n = 4, fc = 3.00 Hz

i ai bi fi/Hz Qi

1 1.8478 1.0000 3.00 0.5412

2 0.7654 1.0000 3.00 1.3066

i Ci1/nF Ci2/nF Ri1/kOmega Ri2/kOmega A0i Ri3/kOmega

1 2200.000 820.000 19.250 81.044 −1.000 81.044

2 4700.000 270.000 20.145 110.095 −1.000 110.095

参 考 文 献

[1] 张巨洪,朱军,刘祖照,等. BASIC 语言程序库:自动化工程中常用算法[M]. 北京:清华大学出版社,1983.

附录 D 加速度计产品的性能

D.1 石英挠性加速度计产品

D.1.1 北京自动化控制设备研究所

北京自动化控制设备研究所生产的与空间微重力测量有关的石英挠性加速度计产品主要有 JN-06 系列、JN-11 系列、JN-20 系列和 JN-30 系列,可为各类系统的导航、制导、控制、调平、监测等提供信息,已成功用于卫星控制、微重力测量、飞船返回舱主惯导中,其中 JN-20 系列为轻量化产品。JN-06 系列的技术指标如表 D-1 所示,其中 JN-06A、JN-06D、JN-06E、JN-06F、JN-06K 的机械接口和电气引脚定义分别如图 D-1~图 D-10 所示;JN-11 系列、JN-20 系列和 JN-30 系列的技术指标如表 D-2 所示,其中 JN-11、JN-20A、JN-20K、JN-30B 的机械接口和电气引脚定义分别如图 D-11~图 D-18 所示[1]。该所生产的石英挠性加速度计已成功地应用于 1990 年发射的中国返回式卫星 FSW-1(F3)、1994 年发射的中国返回式卫星 FSW-2(F2)的微重力加速度测量。

表 D-1 北京自动化控制设备研究所 JN-06 系列石英挠性加速度计技术指标[1]

参数	计量单位	JN-06A-I	JN-06A-II	JN-06D-I	JN-06D-II	JN-06D-III	JN-06E-I	JN-06E-II	JN-06F	JN-06K
性能指标										
偏值	mg_n	≤3	≤5	≤3	≤5	≤8	≤5	≤5	≤20	≤20
标度因数	mA/g_n	1.2~1.6		1.0~1.3			1.2~1.6		2.3~3.5	2.3~3.5
二阶非线性系数	$\mu g_n/g_n^2$	≤10	≤50	≤50			≤15	≤50		
偏值月重复性(1σ)	μg_n	≤10	≤60	≤60			≤30	≤60		
标度因数月重复性(1σ)	10^{-6}	≤10	≤80	≤80			≤50	≤80		
偏值半年重复性(1σ)	μg_n	≤30								
标度因数半年重复性(1σ)	10^{-6}	≤50								
偏值温度系数	$\mu g_n/℃$	≤10	≤50	≤50	≤80	≤80	≤30	≤50	≤150	≤150
标度因数温度系数	$10^{-6}/℃$	≤10	≤80	≤100			≤40	≤80	≤150	≤150
偏值 3 h 稳定性(1σ)	μg_n								≤100	≤100
标度因数 3 h 稳定性	10^{-6}								≤100	≤100
阈值	μg_n	≤1	≤5	≤5	≤5					

续　表

参数	计量单位	JN-06A-I	JN-06A-II	JN-06D-I	JN-06D-II	JN-06D-III	JN-06E-I	JN-06E-II	JN-06F	JN-06K
静态分辨力	μg_n	≤1	≤5	≤5	≤5					
工作范围										
输入范围	g_n	±20	±20	±70	±50	±40	±20	±20	±10	±10
工作温度	℃	−45～+70		−45～+70			−45～+70		−40～+100	−40～+125
贮存温度	℃	−55～+80		−55～+80			−55～+80		−55～+120	−55～+130
振动峰值（20 Hz～2 000 Hz 正弦振动）	g_n	15		20			15			
冲击（半正弦）	g_n	100（8 ms～12 ms）		200（8 ms～12 ms）			100（8 ms～12 ms）		500（0.5 ms～12 ms）	1 000（0.5 ms～12 ms）
接口										
供电电压	V	±(12～18)		±(12～18)			±(12～18)		±(12～18)	±(12～18)
是否具备温度输出功能		可选（数字输出、模拟输出）		数字输出	否	否	否		否	
机械接口		见图 D-1		见图 D-3			见图 D-5		见图 D-7	见图 D-9
电气引脚定义		见图 D-2		见图 D-4			见图 D-6		见图 D-8	见图 D-10
物理特性										
外形尺寸	mm	φ25.4×30		φ25.4×30			25×25×32		25×25×25	25×25×25
质量	g	≤70		≤80			≤70		≤60	≤60

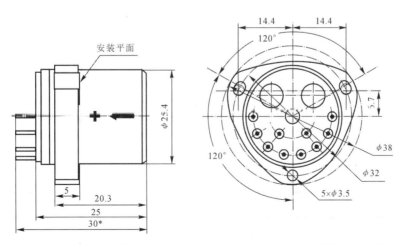

图 D-1　北京自动化控制设备研究所 JN-06A 型石英挠性加速度计的机械接口[1]

（图中 30* 为修剪接线柱的参考尺寸）

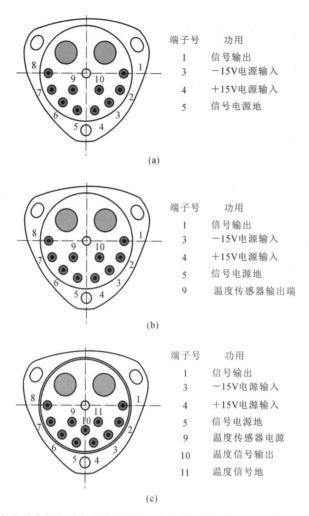

图 D-2　北京自动化控制设备研究所 JN-06A 型石英挠性加速度计的电气引脚定义[1]

(a)无温度传感器；　(b)带模拟信号温度传感器；　(c)带数字信号温度传感器

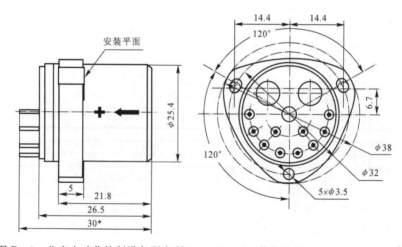

图 D-3　北京自动化控制设备研究所 JN-06D 型石英挠性加速度计的机械接口[1]

(图中 30* 为修剪接线柱的参考尺寸)

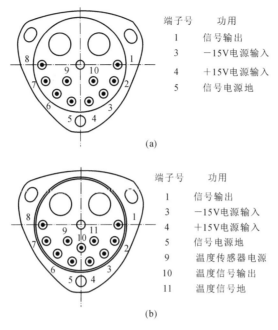

(a)

端子号　功用
1　信号输出
3　－15V电源输入
4　＋15V电源输入
5　信号电源地

(b)

端子号　功用
1　信号输出
3　－15V电源输入
4　＋15V电源输入
5　信号电源地
9　温度传感器电源
10　温度信号输出
11　温度信号地

图 D-4　北京自动化控制设备研究所 JN-06D 型石英挠性加速度计的电气引脚定义[1]
(a)无温度传感器；(b)带数字信号温度传感器

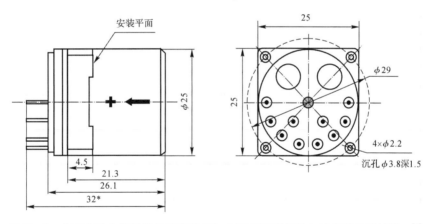

图 D-5　北京自动化控制设备研究所 JN-06E 型石英挠性加速度计的机械接口[1]
(图中 32* 为修剪接线柱的参考尺寸)

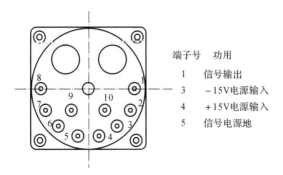

端子号　功用
1　信号输出
3　－15V电源输入
4　＋15V电源输入
5　信号电源地

图 D-6　北京自动化控制设备研究所 JN-06E 型石英挠性加速度计的电气引脚定义[1]

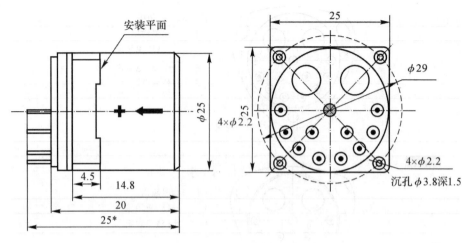

图 D-7　北京自动化控制设备研究所 JN-06F 型石英挠性加速度计的机械接口[1]

（图中 25* 为修剪接线柱的参考尺寸）

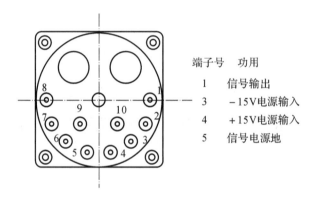

端子号	功用
1	信号输出
3	−15V电源输入
4	+15V电源输入
5	信号电源地

图 D-8　北京自动化控制设备研究所 JN-06F 石英挠性加速度计的电气引脚定义[1]

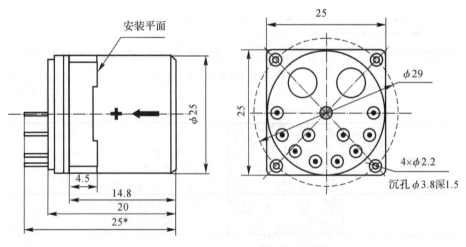

图 D-9　北京自动化控制设备研究所 JN-06K 型石英挠性加速度计的机械接口[1]

（图中 25* 为修剪接线柱的参考尺寸）

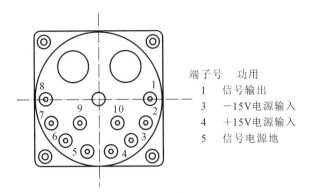

端子号　功用
1　信号输出
3　－15V电源输入
4　＋15V电源输入
5　信号电源地

图 D－10　北京自动化控制设备研究所 JN－06K 石英挠性加速度计的电气引脚定义[1]

表 D－2　北京自动化控制设备研究所 JN－11 系列、JN－20 系列和 JN－30 系列石英挠性加速度计技术指标[1]

系列号		JN－11		JN－20		JN－30	
参数	计量单位	JN－11－Ⅰ	JN－11－Ⅱ	JN－20A	JN－20K	JN－30B－Ⅰ	JN－30B－Ⅱ
性能指标							
偏值	mg_n	≤5	≤8	≤5	≤20	≤3	≤5
标度因数	mA/g_n	1.0～1.6		0.9～1.3	2.3～3.5	1.2～1.6	
二阶非线性系数	$\mu g_n/g_n^2$	≤50	≤50	≤50		≤10	≤50
偏值月重复性(1σ)	μg_n	≤30	≤100	≤100		≤10	≤30
标度因数月重复性(1σ)	10^{-6}	≤50	≤100	≤100		≤10	≤50
偏值半年重复性(1σ)	μg_n					≤15	
标度因数半年重复性(1σ)	10^{-6}					≤30	
偏值温度系数	$\mu g_n/℃$	≤50	≤50	≤50		≤10	≤50
标度因数温度系数	$10^{-6}/℃$	≤80	≤150	≤80		≤10	≤80
偏值 3 h 稳定性(1σ)	μg_n				≤100		
标度因数 3 h 稳定性	10^{-6}				≤100		
阈值	μg_n	≤5	≤50	≤5		≤1	≤5
静态分辨力	μg_n	≤5	≤50	≤5		≤1	≤5
工作范围							
输入范围	g_n	±20		±20	±20	±40	±40
工作温度	℃	－45～＋70	－45～＋100	－45～＋70	－40～＋125	－45～＋70	
贮存温度	℃	－55～＋80	55～＋120	－55～＋80	－55～＋130	－55～＋80	
振动峰值(正弦振动)	g_n	15(20 Hz～2 000 Hz)	25(30 Hz～500 Hz)	15(20 Hz～2 000 Hz)		15(20 Hz～2 000 Hz)	

续 表

系列号		JN-11		JN-20		JN-30	
参数	计量单位	JN-11-Ⅰ	JN-11-Ⅱ	JN-20A	JN-20K	JN-30B-Ⅰ	JN-30B-Ⅱ
冲击(半正弦)	g_n	100(8 ms~12 ms)	500(1 ms~3 ms)	100(8 ms~12 ms)	1 000 (0.5 ms~12 ms)	100(8 ms~12 ms)	
接口							
供电电压	V	±(12~18)		±(12~18)		±(12~18)	
是否具备温度输出功能		否	数字输出	否	否	数字输出	
机械接口		见图D-11		见图D-13	见图D-15	见图D-17	
电气引脚定义		见图D-12		见图D-14	见图D-16	见图D-18	
物理特性							
外形尺寸	mm	25×25×25		22×22×25	19×19×21	φ25.4×30	
质量	g	≤60		≤35	≤25	≤70	

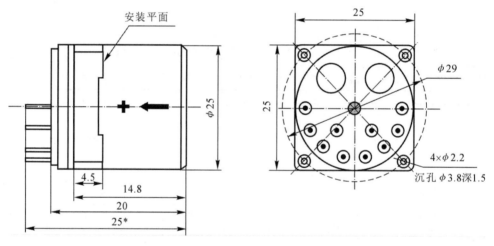

图D-11　北京自动化控制设备研究所JN-11型石英挠性加速度计的机械接口[1]

(图中25*为修剪接线柱的参考尺寸)

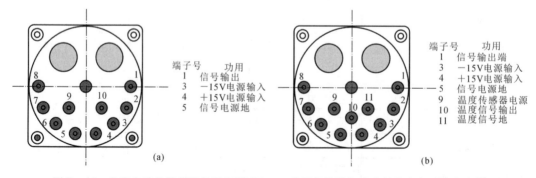

图D-12　北京自动化控制设备研究所JN-11型石英挠性加速度计的电气引脚定义[1]

(a)无温度传感器；　(b)带数字信号温度传感器

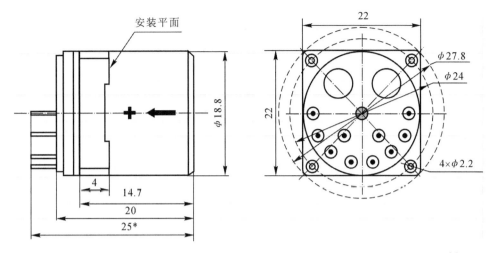

图 D-13 北京自动化控制设备研究所 JN-20A 型石英挠性加速度计的机械接口[1]

（图中 25* 为修剪接线柱的参考尺寸）

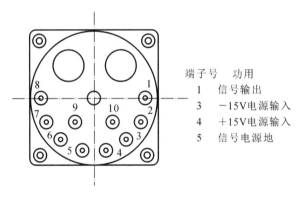

端子号	功用
1	信号输出
3	-15V电源输入
4	+15V电源输入
5	信号电源地

图 D-14 北京自动化控制设备研究所 JN-20A 型石英挠性加速度计的电气引脚定义[1]

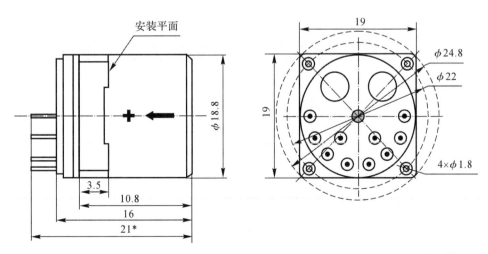

图 D-15 北京自动化控制设备研究所 JN-20K 型石英挠性加速度计的机械接口[1]

（图中 21* 为修剪接线柱的参考尺寸）

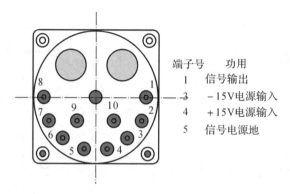

端子号　功用
1　信号输出
3　−15V电源输入
4　+15V电源输入
5　信号电源地

图 D-16　北京自动化控制设备研究所 JN-20K 型石英挠性加速度计的电气引脚定义[1]

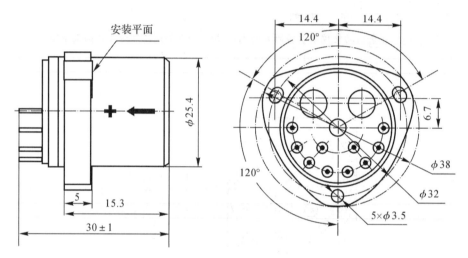

图 D-17　北京自动化控制设备研究所 JN-30B 型石英挠性加速度计的机械接口[1]

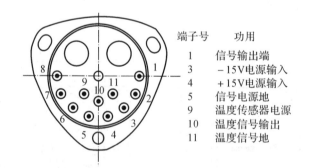

端子号　功用
1　信号输出端
3　−15V电源输入
4　+15V电源输入
5　信号电源地
9　温度传感器电源
10　温度信号输出
11　温度信号地

图 D-18　北京自动化控制设备研究所 JN-30B 石英挠性加速度计的电气引脚定义[1]

D.1.2　北京航天时代惯性仪表科技有限公司

北京航天时代惯性仪表科技有限公司研制、生产的与空间微重力测量有关的石英挠性加速度计产品主要有 SNJ-6000 系列、SNJ-4200 系列和 SNJ-5100 系列,具体情况分别如表 D-3～表 D-5 所示。其中,SNJ-6000 系列是目前市场上惯性导航领域最高精度的惯性导航级产品,SNJ-4200 系列为近年来开发的小型化惯性导航级产品,SNJ-5100 系列为最新研制的高静态分辨力产品[2]。该公司生产的石英挠性加速度计已成功地应用于神舟一号至五号飞船、神舟七号飞船、天宫二号空间实验室、实践十号微重力科学试验卫星的微重力加速度测量，以及高分九号卫星角振动测量（应用了 16.12 节阐述的用加速度计检测随机角振动在频率区间$[f_1，f_2]$内的角速度方均根值的方法和 5.9.5 节阐述的用加速度计检测振动位移随时间变化所采取的措施），并多次应用于地基整星微振动测量（详见 16.5 节）。

表 D - 3　北京航天时代惯性仪表科技有限公司 SNJ - 6000 石英挠性加速度计[2]

外形	
应用领域	战略导弹、战术导弹、运载火箭、空间飞行器
产品技术特点	精度高、可靠性高、长期重复性好、稳定性好
安装尺寸	

参数	计量单位	SNJ - 6010	SNJ - 6020	SNJ - 6030	SNJ - 6050	SNJ - 6080
性能指标						
输入范围	g_n	±40	±40	±40	±40	±40
阈值/静态分辨力	μg_n	<5	<5	<5	<5	<5
偏值	mg_n	<5	<5	<5	<5	<5
偏值温度系数	$\mu g_n/℃$	<10	<20	<30	<50	<80
偏值重复性（三个月）	μg_n	<10（六个月）	<20	<30	<50	<80
标度因数	mA/g_n	1.1±0.10	1.1±0.10	1.1±0.10	1.1±0.10	1.1±0.10
标度因数温度系数	$10^{-6}/℃$	<10	<20	<30	<50	<80
标度因数重复性（三个月）	10^{-6}	<10（六个月）	<20	<30	<50	<80
二阶非线性系数	$\mu g_n/g_n^2$	<10	<10	<10	<10	<10
失准角	μrad	<500	<500	<500	<500	<500
0 g_n 4 h 稳定性	μg_n	<10	<20	<20	<20	<20
1 g_n 4 h 稳定性	μg_n	<10	<20	<20	<20	<20

续 表

电噪声(负载 840 Ω)	mV	<8.4	<8.4	<8.4	<8.4	<8.4
滞环	μg_n	<60	<60	<60	<60	<60
通断电重复性	μg_n	<20	<20	<20	<20	<20

环境适应性		
抗冲击(半正弦,8 ms~12 ms)	g_n	50
抗振动(20 Hz~2 000 Hz)	g_n	10

其他		
工作电压	V	+15±3,−15±3
质量	g	80

表 D-4　北京航天时代惯性仪表科技有限公司 SNJ-4200 石英挠性加速度计[2]

外形	
应用领域	战术导弹、无人机、空间飞行器
产品技术特点	尺寸小、质量轻、精度水平中上等级、抗力学环境能力强、性价比高
安装尺寸	

性能指标

参数	计量单位	SNJ-4220	SNJ-4250	SNJ-4299
输入范围	g_n	±60	±50	±40
阈值/静态分辨力	μg_n	<5	<10	<10
偏值	mg_n	<5	<7	<7
偏值温度系数	$\mu g_n/℃$	<30	<50	<100
偏值重复性(一个月)	μg_n	<20	<50	<100

续　表

标度因数	mA/g_n	1±0.15	1±0.15	1±0.15
标度因数温度系数	10^{-6}/℃	<30	<50	<100
标度因数重复性(一个月)	10^{-6}	<20	<50	<100
抗振动	g_n	12	12	12
工作温度范围	℃	−45～+80	−45～+80	−45～+80
工作电压	V	+15±3，−15±3		
质量	g	<30		

表 D-5　北京航天时代惯性仪表科技有限公司 SNJ-5100 石英挠性加速度计[2]

外形	
应用领域	重力测量、重力梯度测量、空间微重力测量
产品技术特点	静态分辨力高、量程小、精度高
安装尺寸	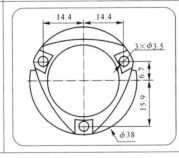 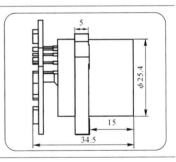

性能指标

参数	计量单位	SNJ-5107	SNJ-5108
输入范围	g_n	±5	±2
静态分辨力	μg_n	<0.5	<0.05
偏值	mg$_n$	<5	<5
偏值温度系数	μg_n/℃	<20	<20
偏值重复性	μg_n(24 h)	<20	<20
标度因数	mA/g_n	3±0.3	10±1
标度因数温度系数	10^{-6}/℃	<20	<20
标度因数重复性(24 h)	10^{-6}	<20	<50
工作温度范围	℃	55±0.05	55±0.05
质量	g	90	100

D.1.3 美国 Honeywell 国际公司

美国 Honeywell 国际公司生产的与空间微重力测量有关的石英挠性加速度计产品主要有 QA2000 系列和 QA3000 系列。

QA2000 为惯性导航标准等级的产品,在当代商业和军事飞行器的捷联式惯性导航系统中占主导地位。其性能特性如表 D-6 所示,外形如图 D-19 所示,尺寸如图 D-20 所示[3]。

表 D-6 Honeywell 国际公司 QA2000 石英挠性加速度计的性能特性[3]

参数	计量单位	QA2000-030	QA2000-020	QA2000-010
性能指标				
输入范围	g_n	± 60		
偏值	mg_n	<4		
偏值年综合可重复性	μg_n	<160	<220	<550
偏值温度灵敏度	$\mu g_n/℃$	<30		
标度因数	mA/g_n	$1.20\sim1.46$		
标度因数年综合可重复性	10^{-6}	<310	<500	<600
标度因数温度灵敏度	$10^{-6}/℃$	<180		
输入轴失准角	μrad	$<2\,000$		
输入轴失准角年综合可重复性	μrad	<100		
振动整流误差(方均根值)	$\mu g_n/g_n^2$	$<20(50\ Hz\sim500\ Hz)$ <60 $(500\ Hz\sim2\,000\ Hz)$	$<40(50\ Hz\sim500\ Hz)$ <60 $(500\ Hz\sim2\,000\ Hz)$	$<40(50\ Hz\sim500\ Hz)$ <150 $(500\ Hz\sim2\,000\ Hz)$
固有噪声(方均根值)	μg_n	$<7(0\ Hz\sim10\ Hz)$ $<70(10\ Hz\sim500\ Hz)$ $<1\,500(500\ Hz\sim10\,000\ Hz)$		
环境参数				
运行温度范围	℃	$-55\sim+95$		
冲击	g_n	250		
振动峰值(正弦,20 Hz~2 000 Hz 下)	g_n	15		
静态分辨力/阈值	μg_n	<1		
带宽	Hz	>300		
热建模				
		是		
电参数				
每路电源的静态电流	mA	<16		

续 表

参数	计量单位	QA2000 - 030	QA2000 - 020	QA2000 - 010
静态功率 （直流±15 V 下）	mW	<480		
电接口		温度传感器		
		电压自检试验		
		电流自检试验		
		电源/信号地		
		−10 V 直流输出 +10 V 直流输出		
输入电压(直流)	V	±13～±28		
物理参数				
质量	g	71±4		
安装表面下面的直径	mm	最大 ϕ 25.53		
从底到安装表面的高度	mm	最大 14.86		
壳材料		300 系列不锈钢		

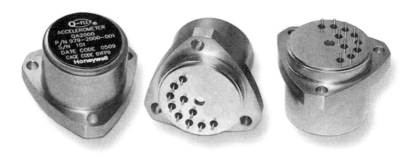

图 D - 19 Honeywell 国际公司 QA2000 石英挠性加速度计的外形[3]

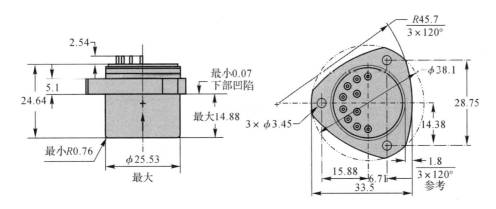

图 D - 20 Honeywell 国际公司 QA2000 和 QA3000 石英挠性加速度计的尺寸[3, 4]

QA3000 为最高惯性导航等级的产品,主要应用包括航行器的导航和控制系统。其性能特性如表 D-7 所示,外形如图 D-21 所示,尺寸如图 D-20 所示[4]。

表 D-7　Honeywell 国际公司 QA3000 石英挠性加速度计的性能特性[4]

参数	计量单位	QA3000-030	QA3000-020	QA3000-010
性能指标				
输入范围	g_n	±60		
偏值	mg_n	<4		
偏值年综合可重复性	μg_n	<40	<80	<125
偏值温度灵敏度	$\mu g_n/℃$	<15		<25
标度因数	mA/g_n	1.20～1.46		
标度因数年综合可重复性	10^{-6}	<80	<160	<250
标度因数温度灵敏度	$10^{-6}/℃$	<120		
输入轴失准角	μrad	<1 000		<500
输入轴失准角年综合可重复性	μrad	<70	<80	<100
振动整流误差（方均根值）	$\mu g_n/g_n^2$	<10(50 Hz～500 Hz)	<15(50 Hz～500 Hz)	<20(50 Hz～500 Hz)
		<35 (500 Hz～2 000 Hz)	<40 (500 Hz～2 000 Hz)	<50 (500 Hz～2 000 Hz)
固有噪声(方均根值)	μg_n	<7(0 Hz～10 Hz)	<7(0 Hz～10 Hz)	
		<7(10 Hz～500 Hz)	<70(10 Hz～500 Hz)	
		<1 500 (500 Hz～10 000 Hz)	<1 500 (500 Hz～10 000 Hz)	
环境参数				
运行温度范围	℃	-28～+78	-55～+95	
冲击	g_n	100	150	
振动峰值(正弦), 20 Hz～2 000 Hz 下	g_n	15		
静态分辨力/阈值	μg_n	<1		
带宽	Hz	>300		
热建模				
		是		
电参数				
每路电源的静态电流	mA	<16		

续 表

参数	计量单位	QA3000 - 030	QA3000 - 020	QA3000 - 010
静态功率 （直流±15 V 下）	mW	<480		
电接口		温度传感器		
		电压自检试验		
		电流自检试验		
		电源/信号地		
		−10 V 直流输出 +10 V 直流输出		
输入电压（直流）	V	±13～±28		
物理参数				
质量	g	71±4		
安装表面下面的直径	mm	最大 φ 25.53		
从底到安装表面的高度	mm	最大 14.86		
壳材料		300 系列不锈钢		

图 D-21 Honeywell 国际公司 QA3000 石英挠性加速度计的外形[4]

15.9 节指出 SAMS 的 TSH-ES 振动传感器采用 QA3100 加速度计，并采用 24 位 Δ-Σ ADC，测量的动态范围为 135 dB（0.1 μg_n～1 g_n），但在脚注中指出，动态范围 135 dB 对应的量程与分辨力之比为 5.6×10^6，即输入范围 ±1 g_n 时的分辨力为 0.36 μg_n，而不是 0.1 μg_n。24 位 Δ-Σ ADC 在输入范围 ±1 g_n 时的显示分辨力为 0.12 μg_n。由此可见，不能由此证明 QA3100 加速度计的静态分辨力达到了 0.1 μg_n。

D.2 石英振梁加速度计产品

D.2.1 北京自动化控制设备研究所

石英振梁加速度计具有体积小、功耗低、量程大、全数字信号输出等特点，可应用于航天、航空、船舶、兵器、石油、车辆、测绘等。目前，北京自动化控制设备研究所已经实现批量生产,具备全闭环产品研制和生产能力,产品性能处于国内领先水平。技术指标如表 D-8 所示。图 D-22 和图 D-23 分别给出了机械接口和电气引脚定义[5]。

表 D-8　北京自动化控制设备研究所 JL-01 系列石英振梁加速度计技术指标[5]

参数	计量单位	JL-01A	JL-01B
性能指标			
标度因数	Hz/g_n	50	20
二阶非线性系数	$\mu g_n/g_n^2$	$\leqslant 30$	$\leqslant 50$
偏值月重复性(1σ)	μg_n	$\leqslant 100$	$\leqslant 300$
标度因数月重复性(1σ)	10^{-6}	$\leqslant 50$	$\leqslant 80$
偏值温度系数	$\mu g_n/℃$	$\leqslant 100$	$\leqslant 200$
标度因数温度系数	$10^{-6}/℃$	$\leqslant 25$	$\leqslant 25$
$0\ g_n\ 3\ h$ 稳定性(1σ)	μg_n	40	100
阈值	μg_n	$\leqslant 5$	$\leqslant 25$
带宽	Hz	>400	$>1\ 000$
工作范围			
输入范围	g_n	± 70	± 300
工作温度	℃	$-45\sim +85$	
贮存温度	℃	$-55\sim +100$	
振动峰值 (20 Hz~2 000 Hz 正弦振动)	g_n	20	
冲击(半正弦,8 ms~12 ms)	g_n	100g	
接口			
供电电压	V	15 ± 1	
机械接口		见图 D-22	
电气引脚定义		见图 D-23	
物理特性			
外形尺寸	mm	$22\times 22\times 15$	
质量	g	$\leqslant 25$	
+15 V 直流功率	mW	$\leqslant 75$	

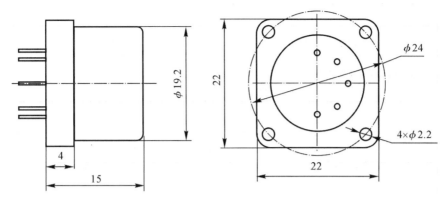

图 D-22　北京自动化控制设备研究所 JL-01 系列石英振梁加速度计的机械接口[5]

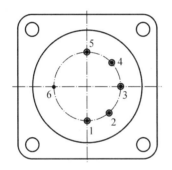

序号	点定义
1	地
2	f_1(加速度信号)
3	f_3(温度信号)
4	f_2(加速度信号)
5	+15 V
6	壳

图 D-23　北京自动化控制设备研究所 JL-01 系列石英振梁加速度计的电气引脚定义[5]

D.2.2　RBA500

RBA500 是美国 Honeywell 国际公司为低成本的战术导弹和飞行控制应用而生产的，主要地用作全球定位系统(Global Position System，or GPS)的补充。采用挠性结构，具有双端固定音叉结构的一对石英振梁谐振器推挽配置。带有内部温度传感器，可利用 Honeywell 提供的系数对加速度计的输出进行热补偿。对时间积分之后，速度增量直接提供给用户系统[6-7]。其性能特性如表 D-9 所示，外形如图 D-24 所示，尺寸如图 D-25、图 D-26 所示[7]。

表 D-9　RBA500 石英振梁加速度计的性能特性[7]

参数	数值
性能指标	
输入范围	$\pm 70\ g_n$
偏值	
偏值一年可重复性	$< 4\ mg_n$

续 表

参数	数值
标度因数	80 Hz/g_n
标度因数一年可重复性	$<4.5 \times 10^{-4}$
输入轴失准角	<12 mrad
输入轴失准角一年可重复性	<400 μrad
静态分辨力/阈值	<1 μg_n
带宽	>400 Hz
环境参数	
运行温度范围	$(-55 \sim +105)$ ℃
冲击	250 g_n
振动(峰值,0 Hz~2 000 Hz)	20 g_n
电参数	
输入电压(直流)	$(+14 \sim +16)$ V
电流	<5 mA
功耗(在直流+15 V下)	<75 mW
物理参数	
质量	12 g
尺寸	ϕ 20.32 mm$\times$10.67 mm
壳材料	不锈钢

图 D - 24　RBA500 石英振梁加速度计的外形[7]

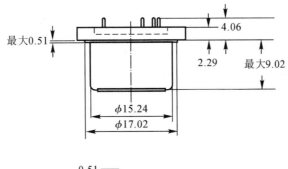

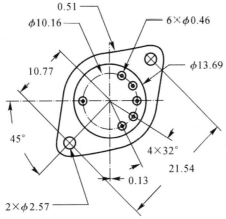

图 D-25　带法兰的 RBA500 石英振梁加速度计的尺寸[7]

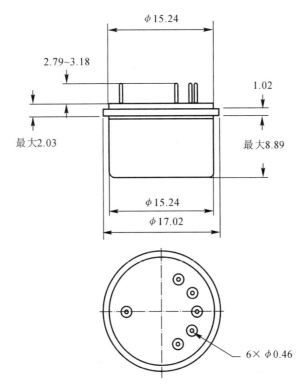

图 D-26　不带法兰的 RBA500 石英振梁加速度计的尺寸[7]

D.3　差动电容检测、静电力反馈微机械加速度计产品 MSA100

D.3.1　说明

Endevco 公司获有专利的 MSA100 或 MSA110 型伺服加速度计采用了微细加工成形的力平衡式敏感元件,因而它具有极好的稳定性,具有耐受高 g 值冲击和振动环境的能力,能提供很高的准确度[①],具有很低的振动修正误差,具有 $1~\mu g_n$ 的高静态分辨力,且频率响应宽、尺寸小、质量轻等优点。其温度输出和标定系数均为标准值,从而有利于批量生产,同时也降低了误差[②]。由于采用了多层的硅材料微细加工技术,因此与现有的采用电磁式伺服机构加速度计相比,其生产成本下降了[8]。

MSA100 敏感元件的结构原理如图 D-27 所示。其核心是一个三层的由微细加工成形的硅敏感元件。中间一层里带有检测质量块,上下层提供检测质量块的活动间隙。在受到加速度作用时,由静电力使其始终保持在上下层之间的平衡零位上。恢复平衡的静电力具有频带宽、非线性度小以及能耐受高冲击和振动环境的能力。外接的电阻用来调节输入范围大小,由标准的 $\pm 50~g_n$ 一直可调到 $\pm 0.5~g_n$,这种调节并不影响整个加速度计的电路。MSA100 具有自测功能,在自测时输出的信号与检测质量块的运动成正比[8]。

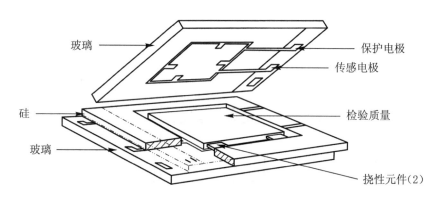

玻璃　　保护电极　　传感电极　　硅　　检验质量　　玻璃　　挠性元件(2)

图 D-27　MSA100 中微型敏感元件的结构原理图[8]

该惯性系统中的检测质量块由两个弹性元件支承,它们都是在多层硅片上由微细加工成形的,成形后的多层硅片被粘接到两个玻璃片之间,在玻璃片上事先已积淀有薄膜电极。MSA100 中采用的微型敏感元件的尺寸为 8 mm×4 mm×2 mm。多层硅片由化学刻蚀法成形。中间的检测质量块离上下极板的间距仅 3 μm,以此来作为电容间隙,其间的空气为质量块的运动提供压膜阻尼。弹性支承元件的厚度仅几微米,它由局部刻蚀法成形[8]。

---

① 文献[8]原文为"很高的精确度",不妥(参见 4.1.3.1 节)。
② 文献[8]原文为"提高了精度",不妥(参见 4.1.3.1 节)。

MSA100 的功能方框如图 D－28 所示。受到加速度作用时,检测质量块围绕着弹性支承元件的中心位置转动。加速度引入的运动由差动式电容器检测,并作为误差信号输给伺服系统。该信号由伺服零位放大器放大,并给每个玻璃片电极上施加反馈电压,由其在电容器极板间产生静电力,此静电力产生的力矩使检测质量块保持在零位,它与加速度作用所引入的力矩大小相等、方向相反。获得这种平衡的伺服电压与施加的加速度成正比[8]。

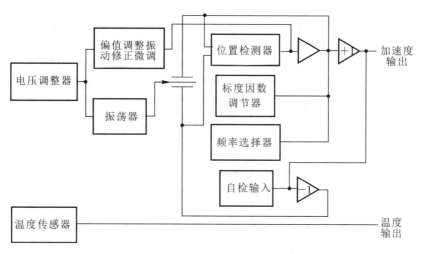

图 D－28 MSA100 的功能方框图[8]

微细加工成形的硅敏感元件和混合电路均被气密封地装在不锈钢外壳中,以防止周围环境的影响[8]。

MSA100 的外形如图 D－29 所示,尺寸如图 D－30 所示,引脚功能如图 D－31 所示。从图 D－30 可以看到,MSA110 为三角形安装[9]。

图 D－29 MSA100 的外形[9]

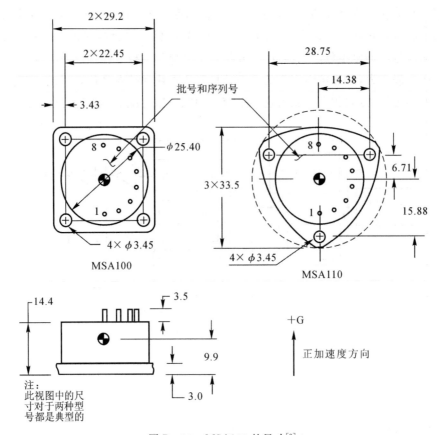

图 D-30　MSA100 的尺寸[9]

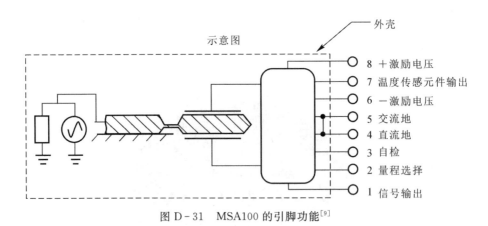

图 D-31　MSA100 的引脚功能[9]

D.3.2　特点

MSA100 有以下特点[8]：

- 误差低①——偏置合成误差仅 3 mg_n；
- 输入范围可调——从 ±0.5 g_n 可调到 ±50 g_n；

---

① 文献[8]原文为"高精度"，不妥（参见 4.1.3.1 节）。

- 结构牢固——至少可耐受 5 000 g_n,200 μs 的冲击;
- 振动修正误差低——振动修正系数仅 30 $\mu g_n/g_n^2$;
- 高静态分辨力——静态分辨力为 1 μg_n;
- 高灵敏度——输出范围为 ±10 V;
- 内装温度传感器——从而可进行温度标准化;
- 自试功能——在使用前输入电压信号进行验证;
- 非线性度低——仅为满量程的 ±0.1 %;
- 频率响应宽——频率范围为 0～500 Hz;
- 对激励电压要求不严——直流 ±13 V～±18 V 均可;
- 尺寸小——见图 D-30;
- 质量轻——仅重 40 g;
- 工作温度范围宽—— -55 ℃～+105 ℃;
- 不受温度和高度影响——采用了气密封结构;
- 外形结构可选择——可选用 MSA100 或 MSA110;
- 性价比高——与同类型产品相比,质优价廉。

D.3.3　技术规格

MSA100 的技术规格如表 D-10 所示。所有值在 +24 ℃和 ±15 V 直流激励下是典型的且具有 ±50 g_n 范围,除非另有规定。应用了起源于美国国家标准和技术研究所(National Institute of Standards and Technology,or NIST)的标定数据。该所是依据电气和电子工程师学会(Institute for Electrical and Electronic Engineers,or IEEE)标准 337 — 1972《对于线性、单轴、摆式、模拟和力矩平衡加速度计的标准技术规格格式指南和试验程序》进行标定的[9]。

表 D-10　MSA100 的技术规格[9]

参数	单位(条件)	MSA100	MSA110
性能指标			
范围①	g_n	±50,可调整到 ±0.5⑥	
偏值	g_n(最大值)	±1.5	
偏值合成误差②	mg_n(方均根值,典型值)	3	
	mg_n(方均根值,最大值)	5	
偏值温度灵敏度	μg_n/℃(典型值)	600	
标度因数	mV/g_n	200±40	
标度因数合成误差②	10^{-6}(最大值)	1 000	
标度因数温度灵敏度	10^{-6}/℃(典型值)	-90	
非线性	%(满刻度,典型值)	±0.1	

续 表

参数	单位（条件）	MSA100	MSA110
性能指标			
频率响应（幅值为 100 Hz 处的 95%～105%）	Hz	0～500	
共振频率	Hz（典型值）	2 000	
相位响应（0 Hz～500 Hz）	(°)（典型值）		−10
	(°)（最大值）	−15	
输入轴失准角	mrad（最大值）	±10	
振动修正系数[③]（0 Hz～2 000 Hz）	$\mu g_n/g_n^2$（最大值）	30	
振动摆性	$\mu g_n/g_n^2$（最大值）	10	
自检	g_n/V（典型值）	2.5	
温度传感元件输出（+24℃下[④]）	V（典型值）	0.630	
温度传感器灵敏度	mV/℃（典型值）	2.1	
启动时间	s（最大值）	0.5	
电参数			
激励		±13 V 至 ±18 V（直流）	
偏值电压灵敏度		<1 μg_n/V（直流）	
标度因数电压灵敏度		<200 10^{-6}/V（直流）	
输入电流		25 mA（最大值，每路电源）	
输出电阻		1 000 Ω（最大值）	
绝缘电阻		>20 MΩ（50 V 直流下）	
输出噪声[⑤]（典型值）	（0.5～10）Hz	0.4 $\mu V/Hz^{1/2}$（方均根值）	
	（0.5～500）Hz	4 $\mu V/Hz^{1/2}$（方均根值）	
	（0.5～10 000）Hz	40 $\mu V/Hz^{1/2}$（方均根值）	
物理参数			
壳材料		304L 不锈钢	
电连接		八焊脚	
身份证明		工厂标识、型号和序列号	
安装扭矩		0.7 N·m（安装螺钉 M3）	

续 表

参数	单位(条件)	MSA100	MSA110
物理参数			
质量	40 g(最大值)		
环境参数			
运行时温度范围	$(-55 \sim +105)$ ℃		
振动(方均根值,20 Hz~2 000 Hz)	30 g_n		
冲击(半正弦脉冲,200 μs 或更长)	5 000 g_n(最小值)		
湿度	不受影响,密封		
高度	不受影响		
涉及偏值的磁灵敏度(在 1.5×10^{-3} T 磁场中)	0.3 g_n/T		
提供的标定数据			
偏值	mV		
标度因数	mV/g_n		
输入轴失准角	mrad		
温度建模	偏值和标度因数的三阶拟合系数		
频率响应	20 Hz~10 kHz		

①作为最好的结果,当尺度改变时个体将被标定到所需的较低加速度范围。

②温度建模残差和可重复性的方和根。

③专门定制可选择 10 $\mu g_n / g_n^2$。

④温度建模提供对于偏值和标度因数的三阶拟合系数。

⑤对于 50 g_n 全刻度。

⑥从脚 2 连接到脚 4、用于选择输入范围的外部电阻 R_s 为

$$\{R_s\}_\Omega = \frac{1 \times 10^4}{\dfrac{\{K_{1,d}\}_{V/g_n}}{\{K_{1,u}\}_{V/g_n}} - 1} \qquad (D-1)$$

式中　R_s——从脚 2 连接到脚 4、用于选择输入范围的外部电阻,Ω;

$\quad\quad K_{1,d}$——想得到的标度因数,V/g_n;

$\quad\quad K_{1,u}$——未调整的标度因数,V/g_n。

参 考 文 献

[1]　石英挠性加速度计产品样本[Z]. 北京:北京自动化控制设备研究所,2016.

[2]　石英挠性加速度计产品手册[Z]. 北京:北京航天时代惯性仪表科技有限公司,2015.

[3]　Honeywell International, Inc.. Q-flex© QA2000 accelerometer:EXP028 [EB/OL].

Redmond，Washington，United States：Honeywell International，Inc，June 2005. http://pdf-file. ic37. com/pdf6/HONEYWELL-ACC/QA2000-010 _ datasheet _ 1030602/ 167817/QA2000_datasheet.pdf.

[4] Honeywell International，Inc.. Q-flex© QA3000 accelerometer：EXP029 [EB/OL]. Redmond，Washington，United States：Honeywell International，Inc，May 2006. http://pdf-file. ic37. com/pdf6/HONEYWELL-ACC/QA3000-010 _ datasheet _ 1071540/ 174819/QA3000_datasheet.pdf.

[5] 石英振梁加速度计产品样本[Z]. 北京：北京自动化控制设备研究所，2016.

[6] 顾英. 惯导加速度技术综述[J]. 飞航导弹，2001(6)：78－85.

[7] Honeywell International，Inc.. Accelerex© RBA500 accelerometer：EXP030 [EB/OL]. Redmond，Washington，United States：Honeywell International，Inc，August 2005. https://asc-sensors.de/datenblatt/honeywell/beschleunigungssensor/q-flex/rba-500. pdf？x20782.

[8] SUNSTAR 传感与控制. MSA100 型伺服加速度计 [EB/OL]//Endevco 产品样本. http://web.sensor-ic.com：8000/ZL/endevco.pdf

[9] Endevco. Micromachined servo accelerometer model MSA100 [EB/OL]. http:// www. endevco.com.

附录 E 滤波器设计软件 Filter Solutions 2009 简介

本附录独有的缩略语

BW　　　　　　　　　Band Width,带宽

MFB　　　　　　　　Multiple Feed Back,多重反馈

E.1 概　　述

Filter Solutions 2009 是 Nuhertz Technologies,LLC 公司出品的滤波器设计软件,可以选择各种滤波器类型(高斯滤波器、贝塞尔滤波器、巴特沃斯滤波器、勒让德滤波器、切比雪夫 1 滤波器、切比雪夫 2 滤波器、对三角滤波器、椭圆滤波器、自定义滤波器、升余弦滤波器、匹配滤波器、延迟滤波器)、种类(低通、高通、带通、双工器 1、双工器 2、S Trans、Mag Freq)、实施方式(集中参数滤波器、分布参数滤波器、有源滤波器、开关电容滤波器、数字滤波器)。

利用该程序,用户可以得到传递函数、零极点分布、时间响应(包括阶跃、斜坡、脉冲)、频率响应(包括幅度、相位、群时延)、滤波器原理图(包括元件参数),并且可以输入元器件的实际参数(包括分布参数)和选择允差。

Filter Solutions 2009 的显示文字为英文,界面直观,一目了然,鼠标箭头指向一部分词时,还会弹出解释性文字。

打开 Filter Solutions 2009 软件后,出现一个组合窗,如图 E-1 所示。

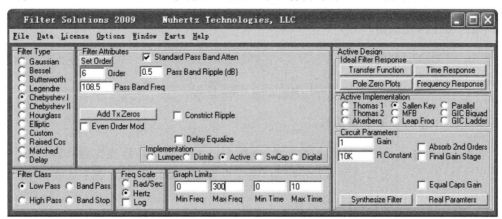

图 E-1　Filter Solutions 2009 软件主界面示例

以下针对 Filter Solutions 12.1.4 作简单介绍。

E.2 Filter Type(滤波器类型)

该子窗用于选择滤波器的类型,包括 Gaussian(高斯滤波器)、Bessel(贝塞尔滤波器)、Butterworth(巴特沃斯滤波器)、Legendre(勒让德滤波器)、Chebyshev Ⅰ(切比雪夫 1 滤波器)、Chebyshev Ⅱ(切比雪夫 2 滤波器)、Hourglass(对三角滤波器)、Elliptic(椭圆滤波器)、Custom(自定义滤波器)、Raised Cos(升余弦滤波器)、Matche(匹配滤波器)、Delay(延迟滤波器)等。

E.3 Filter Class(滤波器种类)

该子窗用于选择滤波器的种类,包括 Low Pass(低通)、High Pass(高通)、Band Pass(带通)、Band Stop(带阻),对于集中参数滤波器和分布参数滤波器还有 Diplexer 1(双工器 1)、Diplexer 2(双工器 2),但在 Raised Cos(升余弦滤波器)、Matche(匹配滤波器)、Delay(延迟滤波器)类型的滤波器中不存在滤波器种类的选择。

E.4 Filter Attributes(滤波器属性)

除 Custom(自定义滤波器)外,均有 Filter Attributes 子窗(如果呈现的不是该子窗,而是 User Time Analysis Data 子窗,只需单击顶端的 Data,就会回到 Filter Attributes 子窗)。在该子窗的内容会随 Filter Type 子窗和 Filter Class 子窗的选择而变化。

E.4.1 Set Oder(设置阶数)按钮

除了 Custom(自定义滤波器)、Raised Cos(升余弦滤波器)、Matche(匹配滤波器)、Delay(延迟滤波器)外都有 Set Oder 按钮,按下此按钮弹出 Set Oder 窗,输入 Stop Band Attenuation (dB)(阻带衰减的 dB 数)和 Stop Band Frequency(阻带频率)后即可通过 Set Minimum Order(设置最小阶数)按钮计算出最小阶数并自动发送到图 E-1 的 Order 窗。

如果知道应选用的阶数,可以直接在图 E-1 的 Order 窗中输入,就不用按下 Set Oder 按钮,进行如上所述操作。

E.4.2 Order(阶数)

除了 Custom(自定义滤波器)外,均包含 Order 设置。

E.4.3 Implementation(实施)

该小子窗用于选择滤波器的实施方式,包括 Lumped(集中参数滤波器)、Distrib(分布参数滤波器)、Active(有源滤波器)、Sw Cap(开关电容滤波器)、Digital(数字滤波器)等。

E.4.4 Pass Band Freq(通带频率)

除 Matche(匹配滤波器)、Delay(延迟滤波器)外还有 Pass Band Freq 设置。

E. 4. 5　**Standard Pass Band Atten**（标准通带衰减）

大部分还有 Standard Pass Band Atten 选项，选中以使用缺省通带衰减。例如，对于 Chebyshev-Ⅰ有源低通滤波，通带指等波纹最高频率；对于 Bessel 有源低通滤波，通带指具有平坦群时延特征的最高频率；对于临界阻尼和 Butterworth 有源低通滤波，通带内衰减不越过-3 dB。

E. 4. 6　**Delay Equalize**（拉平群时延）

大部分还有 Delay Equalize 选项。

E. 4. 7　**Even Order Mod**（等阶修改）

Chebyshev Ⅰ（切比雪夫 1 滤波器）、Chebyshev Ⅱ（切比雪夫 2 滤波器）、Hourglass（对三角滤波器）、Elliptic（椭圆滤波器）还有 Even Order Mod 选项，用于修改滤波器以便在 0 Hz 处放置反射零点和在无穷大处放置传输零点。

E. 4. 8　**Pass Band Ripple(dB)**（通带的波纹 dB 数）

Chebyshev Ⅰ（切比雪夫 1 滤波器）和 Elliptic（椭圆滤波器）还需输入 Pass Band Ripple (dB)的数值。

E. 4. 9　**Constrict Ripple**（压缩波纹）

Chebyshev Ⅰ（切比雪夫 1 滤波器）和 Elliptic（椭圆滤波器）还有 Constrict Ripple 选项，若选中，则需输入收缩等波纹在通带中比例的数值，且等波纹收缩在靠近通带边缘的规定比例范围内。

Even Order Mod 选项和 Constrict Ripple 选项不能同时选中。

E. 4. 10　**Add Tx Zeros**（添加阻带陷波点）

Butterworth（巴特沃斯滤波器）和 Chebyshev Ⅰ（切比雪夫 1 滤波器）还有 Add Tx Zeros 按钮，在弹出的菜单中若选中 Auto Sequence（自动添加阻带陷波点），并在 Select Format（选择形式）中选择 Ratio，则输入一对陷波点之间的频率间隔与通频带宽度的比值；若在 Select Format（选择形式）中选择 Frequency，则输入一对陷波点之间的频率的差值。此时滤波器已经不再是严格意义上的 Buttenvorth 和 Chebyshev Ⅰ滤波器。若不选中 Auto Sequence，则需指定 LC 陷波槽的位置。添加阻带陷波点的好处是截止特性变得陡峭。

E. 5　Freq Scale（频率标度方法）

该子窗用于选择 Hertz 或 Rad/Sec，$\{\omega\}_{rad/s}=2\pi\{f\}_{Hz}$；此外，选中 Log 则为对数刻度。

E. 6　Graph Limits（曲线图界限）

该子窗用于设置曲线图的 Min Freq（最小频率）、Max Freq（最大频率，其值要大于通频带的截止频率);或 Min Time(最小时间)、Max Time(最大时间)。

E.7 Design(设 计)

该子窗的名称在 Design 前自动冠以滤波器实施方式的名称,包括 Lumped(集中参数滤波器)、Distributed(分布参数滤波器)、Active(有源滤波器)、Switched Capacitor(开关电容滤波器)、Digital(数字滤波器)等。

E.7.1 Ideal Filter Response(理想滤波器响应)

该小子窗包括 Transfer Function, Pole Zero Plots, Time Response, Frequency Response(频率响应)按钮。

对于 Lumped(集中参数滤波器)、Distrib(分布参数滤波器)还包括 Reflection Coefficient(反射系数)按钮。

E.7.1.1 Transfer Function(传递函数)按钮

按下该按钮后弹出 Continuous Transfer Function(连续传递函数)窗,给出传递函数公式。

(1)窗口右上角选项和输入栏。

窗口右上角有 Prototype,Stan,Casc,Para,Fit 选项和 Sig Dig 输入栏。

1)Prototype(原型)。

显示原型传递函数。

2)Stan(标准)。

以标准形式显示传递函数。

3)Casc(级联)。

以级联二次幂形式显示传递函数。

4)Para(并联)。

以二次幂之和的形式显示传递函数。

5)Fit(适合)。

传递函数的显示尺寸随窗口大小而改变。

6)Sig Dig(有效位)。

设置有效位数。

(2)窗口左上角按钮。

窗口左上角有 Print,Copy,Vec,Freeze,Exit 按钮。

1)Print。

打印显示的传递函数。

2)Copy。

将显示的传递函数复制到 Windows 剪贴板。

3)Vec。

显示传递函数各个数值的文字矩阵。

4)Freeze。

在一个新的窗口中冻结显示的传递函数。

5)Exit。

退出和关闭。

E.7.1.2　Pole Zero Plots(极点、零点图)按钮

按下该按钮后弹出 Continuous Pole Zero Plot(连续极点、零点图)窗,绘出极点、零点图。

(1)窗口右上角选项。

窗口右上角有 Square,Polar,RTU,Proto,Zeros,Poles 选项。

1)Square(正方形)。

使实轴和虚轴的刻度相等。

2)Polar(极坐标)。

以极坐标形式显示。

3)RTU。

靠滑动极点和零点实时更新滤波器。

4)Proto(原型)。

显示原型极点和零点。

5)Zeros(零点)。

显示零点。

6)Poles(极点)。

显示极点。

(2)窗口左上角按钮。

窗口左上角有 Print,Copy,Limits,Zoom,Drag,Freeze,Exit 按钮。

1)Print。

打印显示的极点、零点图。

2)Copy。

将显示的极点、零点图复制到 Windows 剪贴板。

3)Limits。

设置想得到的图形极限。

4)Zoom。

单击 Zoom 后鼠标的图标变成放大镜状,单击鼠标左键为放大,单击鼠标右键为缩小。再次单击 Zoom 后鼠标的图标变回箭头状。

5)Drag。

单击 Drag 后鼠标的图标变成手状,可以手工拖动显示。再次单击 Drag 后鼠标的图标变回箭头状。

6)Freeze。

在一个新的窗口中冻结显示的极点、零点图。

7)Exit。

退出和关闭。

E.7.1.3　Time Response(时间响应)按钮

按下该按钮后弹出 Continuous Time Response(连续时间响应)窗,绘出时间响应图。

（1）窗口右上角选项。

窗口右上角有 Step，Ramp，Impulse 选项。

1）Step（阶跃）。

显示对阶跃信号的时间响应。

2）Ramp（斜坡）。

显示对斜坡上升信号的时间响应。

3）Impulse（脉冲）。

显示对脉冲信号的时间响应。

（2）窗口左上角按钮。

窗口左上角有 Print，Copy，Limits，Text，Freeze，Exit 按钮。

1）Print。

打印显示的时间响应。

2）Copy。

将显示的时间响应复制到 Windows 剪贴板。

3）Limits。

设置想得到的图形极限。

4）Text。

显示时间响应列表。

5）Freeze。

在一个新的窗口中冻结显示的时间响应。

6）Exit。

退出和关闭。

E.7.1.4　Frequency Response（频率响应）按钮

按下该按钮后弹出 Continuous Frequency Response（连续频率响应）窗，绘出频率响应图。

（1）窗口右上角选项。

窗口右上角有 Mag，Phase，Gip Delay，dB，Deg，Smith，Polar 选项。

1）Mag。

显示幅度谱。

2）Phase。

显示相位谱。

3）Gip Delay。

显示群时延。

4）dB。

选中以 dB 代替算术值表示的幅度谱。

5）Deg。

选中以度代替弧度表示的相位谱。

6）Smith。

选中以显示 Smith 图。

7）Polar。

选中以显示极坐标图。

（2）窗口左上角按钮。

窗口左上角有 Print，Copy，Limits，Text，Freeze，Exit 按钮。

1）Print。

打印显示的频率响应。

2）Copy。

将显示的频率响应复制到 Windows 剪贴板。

3）Limits。

设置想得到的图形极限。

4）Text。

显示频率响应列表。

5）Freeze。

在一个新的窗口中冻结显示的频率响应。

6）Exit。

退出和关闭。

E.7.2　Implementation（实施）

对于 Active（有源滤波器）和 Sw Cap（开关电容滤波器）有该小子窗，该小子窗用于选择电路布局形式，且其名称在 Implementation 前自动冠以滤波器实施方式的名称，即 Active（有源滤波器）或 Switched Capacitor（开关电容滤波器）。

E.7.2.1　Active Implementation（有源滤波器实施）

该小子窗有 Thomas 1，Thomas 2，Akerberg，Sallen Key，MFB，Leap Frog，Parallel，GIC Biquad，GIC Ladder 选项。最常用的是 12.8.2 节讨论的 Sallen Key（单一正反馈有源滤波器）和 MFB（多重负反馈有源滤波器）。

E.7.2.2　Switched Capacitor Implementation（开关电容滤波器实施）

该小子窗有 Cascade（串联）、Parallel（并联）选项。

E.7.3　Parameters（参数）

对于 Lumped（集中参数滤波器）、Active（有源滤波器）、Sw Cap（开关电容滤波器），该小子窗名称在 Parmaters 前自动冠以 Circuit（电路参数）；对于 Distrib（分布参数滤波器），该小子窗名称在 Parmaters 前自动冠以 Line（线性参数）；对于 Digital（数字滤波器），没有该小子窗。

E.7.3.1　输入栏目和选项

该小子窗针对每种滤波器的实施方式有不同的输入栏目和选项。例如，对于有源滤波器有 Gain，R Constant 输入栏和 Absorb 1st Orders，Absorb 2nd Orders，Final Gain Stage，Equal Caps Gain 选项。

（1）Gain（增益）。

设置增益大小。

（2）R Constant（电阻常数）。

设置初始滤波器电阻常数。

（3）Absorb 1st Orders（吸收一阶级）。

选中则吸收一阶级,即三阶以上奇阶滤波器减少一级。

（4）Absorb 2nd Orders（吸收二阶级）。

选中则吸收二阶级,即四阶以上滤波器减少一级（五阶以上奇阶滤波器可以选择吸收一阶级或吸收二阶级,但不能同时选中吸收一阶级和吸收二阶级）。

（5）Final Gain Stage（终了增益级）。

选中则如果必要会包括一个终了增益级。

（6）Equal Caps Gain（使电容相同的增益）。

选中则设置增益以使同一级的电容相同。

E.7.3.2　Synthesize Filter(滤波器合成)按钮

除 Digital(数字滤波器)外都有 Synthesize Filter 按钮,按下该按钮后弹出绘有滤波器原理图(包括元件参数)的窗。

（1）窗口右上角输入栏和选项。

窗口右上角有 Cap Compute,Caps Select,Resis Select,Digs 输入栏和 Fit 选项。

1）Cap Compute。

为电容选择误差等级,并自动算出电阻值。

2）Caps Select。

为电容选择误差等级。

3）Resis Select。

为电阻选择误差等级。

4）Digs。

设置有效位数。

5）Fit。

滤波器原理图的显示尺寸随窗口大小而改变。

（2）窗口左上角按钮。

窗口左上角有 Print,Copy,Freq,Time,Exit,Annote,Net List,Z In,S(S),Freeze,Sens.按钮。

1）Print。

打印电原理图。

2）Copy。

将电原理图复制到 Windows 剪贴板。

3）Freq。

显示电路的频率响应。

4）Time。

显示电路的时间响应。

5）Exit。

退出和关闭。

6）Annote。

在原理图上添加注释。

7)Net List。

导出参数表。

8)Z In。

显示电路的输入阻抗(幅度、相位、群时延)随频率的变化。

9)S(S)。

显示电路的传输函数。

10)Freeze。

在一个新的窗口中冻结电原理图。

11)Sens.。

列出每个元件的敏感度(代号、数值、每百分变化引起的幅度变化 dB 数、相位变化度数、群时延变化百分数)。

(3)图中修改。

可以在滤波器原理图中某一元器件处单击鼠标左键以单独修改其参数和设置公差。

E.7.3.3　Real Parameters(真实参数)

除 Switched Capacitor(开关电容滤波器)、Digital(数字滤波器)外都有 Real Parameters 按钮,以输入运放的实际参数和元件的分布参数。

(1)运放参数。

运放参数包括 R Out,R In,C In,Gain×BW,BW(Hz)输入栏。

1)R Out。

分布输出电阻。

2)R In。

分布输入电阻。

3)C In。

分布输入电容。

4)Gain×BW。

真实运放产品的增益带宽乘积。

5)BW (Hz)。

真实运放带宽。

(2)电阻参数。

电阻参数只有 Def Res Shunt Cap 输入栏,用以输入电阻寄生旁路电容默认值。

(3)电容参数。

电容参数包括 Def Cap Q,Def Cap Rs,Def Cap Rp 输入栏。

1)Def Cap Q。

用于电路分析的电容 Q 值默认值。

2)Def Cap Rs。

用于电路分析的电容串联电阻默认值。

3)Def Cap Rp。

用于电路分析的电容并联电阻默认值。